U0799670

殷瑞钰　院士

2002 年日本铁钢学会会长王寺睦满博士授予殷瑞钰先生名誉会员称号

2012 年中国科学院院士魏寿昆教授亲自授予魏寿昆冶金奖

在唐钢钢研所讨论科研方案

中德双边钢铁学术交流（德国杜塞尔多夫留影）

第 12 届中日双边钢铁技术研讨会

中国工程院 院士文集

Collections from Members of the Chinese Academy of Engineering

殷瑞钰文选（上）

A Collection from Yin Ruiyu（I）

北 京

冶金工业出版社

2014

内 容 提 要

《殷瑞钰文选》是殷瑞钰院士57年漫长科技生涯的历史性回顾。主要包括了殷瑞钰院士在科技期刊上发表的部分论文，在报刊上发表的部分文章，在国际学术交流会上的部分交流材料，以及在企业、高等院校、科研院所和工程设计单位演讲时的部分文稿。由于文章数量较多，本书只选取90篇具有代表性的文章进行了全文收录。这是一本殷瑞钰先生在钢铁冶金方面和工程哲学方面的文选，集中了他长期以来对于钢铁冶金方面的一些见解和新世纪以来在研究新一代钢铁制造流程和工程哲学方面的一些新认识。

图书在版编目(CIP)数据

殷瑞钰文选／殷瑞钰著. —北京：冶金工业出版社，2014.5
(中国工程院院士文集)
ISBN 978-7-5024-6639-8

Ⅰ.①殷… Ⅱ.①殷… Ⅲ.①冶金工业—文集 ②社会科学—文集 Ⅳ.①TF-53 ②C53

中国版本图书馆CIP数据核字(2014)第099222号

出 版 人　谭学余
地　　址　北京北河沿大街嵩祝院北巷39号，邮编100009
电　　话　(010)64027926　电子信箱　yjcbs@cnmip.com.cn
策　　划　张　卫　责任编辑　于昕蕾　美术编辑　彭子赫
版式设计　孙跃红　责任校对　李　娜　刘　倩　责任印制　牛晓波
ISBN 978-7-5024-6639-8
冶金工业出版社出版发行；各地新华书店经销；三河市双峰印刷装订有限公司印刷
2014年5月第1版，2014年5月第1次印刷
787mm×1092mm　1/16；55.5印张；2彩页；1326千字；859页
330.00元（上、下）
冶金工业出版社投稿电话：(010)64027932　投稿信箱：tougao@cnmip.com.cn
冶金工业出版社发行部　电话：(010)64044283　传真：(010)64027893
冶金书店　地址：北京东四西大街46号(100010)　电话：(010)65289081(兼传真)
（本书如有印装质量问题，本社发行部负责退换）

《中国工程院院士文集》总序

2012年暮秋，中国工程院开始组织并陆续出版《中国工程院院士文集》系列丛书。《中国工程院院士文集》收录了院士的传略、学术论著、中外论文及其目录、讲话文稿与科普作品等。其中，既有院士们早年初涉工程科技领域的学术论文，亦有其成为学科领军人物后，学术观点日趋成熟的思想硕果。卷卷文集在手，众多院士数十载辛勤耕耘的学术人生跃然纸上，透过严谨的工程科技论文，院士笑谈宏论的生动形象历历在目。

中国工程院是中国工程科学技术界的最高荣誉性、咨询性学术机构，由院士组成，致力于促进工程科学技术事业的发展。作为工程科学技术方面的领军人物，院士们在各自的研究领域具有极高的学术造诣，为我国工程科技事业发展做出了重大的、创造性的成就和贡献。《中国工程院院士文集》既是院士们一生事业成果的凝炼，也是他们高尚人格情操的写照。工程院出版史上能够留下这样丰富深刻的一笔，余有荣焉。

我向来认为，为中国工程院院士们组织出版院士文集之意义，贵在“真、善、美”三字。他们脚踏实地，放眼未来，自朴实的工程技术升华至引领学术前沿的至高境界，此谓其“真”；他们热爱祖国，提携后进，具有坚定的理想信念和高尚的人格魅力，此谓其“善”；他们治学严谨，著作等身，求真务实，科学创新，此谓其“美”。《中国工程院院士文集》集真、善、美于一体，辩而不华，质而不俚，既有“居高声自远”之澹泊意蕴，又有“大济于苍生”之战略胸怀，斯人斯事，斯情斯志，令人阅后难忘。

读一本文集，犹如阅读一段院士的“攀登”高峰的人生。让我们翻开《中国工程院院士文集》，进入院士们的学术世界。愿后之览者，亦有感于斯文，体味院士们的学术历程。

徐匡迪

2012年7月

序

殷瑞钰院士是我国钢铁冶金界著名学者、战略科学家。他长期在钢铁企业、科研单位和国家产业部门从事生产技术、科学研究和管理工作，经历了中国钢铁工业最重要发展时期的许多重大技术开发和工程实践、结构调整和发展决策全过程，积累了丰富的经验，开创性地进行了深入、系统的探索与研究，为钢铁工业流程优化、结构调整，为流程制造业的绿色制造和可持续发展的理论研究和实践应用作出了历史性的重要贡献。

殷瑞钰院士主持并直接参与了20世纪90年代中国钢铁工业的技术进步和战略决策，直接推动了连铸等6项关键－共性技术的有序开发，促进了钢铁工业快速发展和大幅度节能减排，促进了中国钢厂20世纪90年代以来的技术结构升级，在此基础上，提出了冶金流程集成优化理论。

新世纪以来，殷瑞钰院士对钢铁生产流程和钢厂模式开展了深入的理论研究，准确地提出了若干重要命题并有序实施：指出冶金制造流程中存在着不同时-空尺度上的科学问题，即基础科学、技术科学、工程科学3个层次的学问，从工程科学的高度揭示了钢铁制造流程动态运行的物理本质，从而得出现代钢厂具有3个功能，即钢铁产品制造功能、能源转换功能、废弃物消纳－处理和资源化功能。他深入研究了冶金工序功能集合的解析－优化、工序之间关系集合的协调－优化，钢铁制造流程中工序集合的重构－优化，丰富了冶金学的理论。

特别是近10年中，殷瑞钰院士从工程设计上归纳并提出了钢铁生产流程运行中的4类典型工程效应，提出了不同类型钢厂的结构和模式及其经济评估，阐明了钢铁制造流程的本质、属性、内涵，提出了钢铁制造流程整体优化的理论，为现代冶金流程优化研究提供了重要的理论基础。殷瑞钰院士还领导并开拓了在绿色制造与钢铁工业、钢铁工业生态化和循环经济方面等新领域的研究，提出了循环经济是以“3R”为原则和“物质－能源－时间－空间－资金”五要素集成，以资源“闭环”利用为特征和“经济”合理为边界条件的经济。

殷瑞钰院士也涉猎工程哲学领域，并且有丰厚的研究成果，笔耕不辍，著作等身：陆续出版了《冶金流程工程学》（第1版、第2版、英文版、日文版）、《工程哲学》（第一版、第二版）、《工程演化论》、《冶金流程集成理论与方法》。这些新的理论和方法的诞生及应用，为我国钢铁工业乃至整个流程制造业沿着现代化的道路转型发展奠定了坚实的理论基础。

殷瑞钰是国际钢铁界的活动家。他长期致力于我国钢铁界与国际钢铁界的交流与合作，在国际上享有很高的荣誉和声望。

在殷瑞钰院士80华诞之际，整理殷瑞钰院士在钢铁技术、科学管理和工程哲学方面的文章，编辑出版《殷瑞钰文选》，既是对他学术研究成果的总结和展示，也是对中国钢铁工业由小到大，逐步走向钢铁强国的历史进程的深刻反映。这部文选的问世，是冶金科技界战略发展和科技进步的一次系统总结，是中国冶金科技工作者对世界钢铁领域绿色智能发展未来基础性的理论贡献，我对文集的出版表示衷心的祝贺！并相信该文选的出版，必将对我国流程制造业从“大国”到“强国”的发展进程起到重要的推动作用。

干勇

二〇一〇年〇月

出版者的话

这是殷瑞钰先生在钢铁冶金方面和工程哲学方面的一本文选，集中了他长期以来对于钢铁冶金方面的一些见解和新世纪以来在研究新一代钢铁制造流程和工程哲学方面的一些新认识。主要包括了殷瑞钰先生在科技期刊上发表的部分论文，在报刊上发表的部分文章，在国际学术交流会上的部分交流材料，以及在企业、高等院校、科研院所和工程设计单位演讲时的部分文稿。不少关于管理方面和冶金行业会议上的讲话稿等没有选录在内。

这本文选是他自参加工作后57年漫长科技生涯的历史性回顾，所有文章全部保持原貌，未做修改，因此不免会有不当甚至错误之处，然而这真实地反映了他的学习过程、实践过程、思考过程。从文章的撰写和发表日期中我们可以看出，一些文章是他在工厂工作时期写的，而更多的是在离开领导岗位后撰写的，益显他孜孜以求的探索精神。在文选中也可以看出他在研究学问过程中的深化和演变轨迹，特别是在理论思考方面的深化和拓展。当然，关于冶金工程科学和工程哲学方面学问的系统化、哲理化阐述则比较集中地反映在他新世纪以后出版的几部专著中——《冶金流程工程学》《冶金流程集成理论与方法》《工程哲学》和《工程演化论》。但是这些专著并没有完全反映出他的思考过程和观点的演进，因此本文选的出版，将从另一方面补充并汇集他不同时期的学术观点和研究问题的思想演变，以供业内学者、专家和有关人士参考。

2014年4月6日

殷瑞钰院士大事年表

1935 年 7 月 28 日：出生于江苏苏州市

1941 ~ 1947 年：在吴县（苏州）齐溪镇国民中心小学学习

1947 ~ 1950 年：在苏州晏成中学（现苏州三中）初中部学习

1950 ~ 1953 年：在苏州一中高中部学习

1953 ~ 1957 年：在北京钢铁学院（现名北京科技大学）冶金系学习

1957 ~ 1983 年：在唐钢工作 26 年，历任技术员、转炉工段总工长、技术科副科长、钢铁研究所所长、副经理兼总工程师等职

1983 ~ 1988 年：任河北省冶金厅厅长

1988 ~ 1998 年：任冶金工业部总工程师、副部长

1988 ~ 2005 年：任中国金属学会常务理事、副理事长

1994 年至今：当选中国工程院院士、主席团成员

1994 ~ 2000 年：任中国工程院化工、冶金与材料学部主任（三届）

1995 ~ 2001 年：任钢铁研究总院院长

2000 ~ 2006 年：任中国工程院工程管理学部主任（三届）

2001 年至今：任钢铁研究总院名誉院长

2001 ~ 2011 年：任中国自然辩证法研究会副理事长

2002 年至今：当选日本铁钢学会（ISIJ）名誉会员

2003 年至今：任中国自然辩证法研究会工程哲学专业委员会理事长

2005 年至今：任中国金属学会名誉理事长

目录

上册

科技篇

下　册

演 讲 篇

外 文 篇

报 刊 篇

哲学篇

附　录

科技篇

氧气侧吹转炉炼钢的粘渣操作
——关于炉渣和炉内气氛对炉衬保护作用的讨论*

摘　要　氧气侧吹转炉的特点之一是金属-炉渣界面处搅拌作用特别强烈，它促进了粘渣操作的使用。

对比并分析了氧气侧吹转炉不同类型的终点炉渣，发现一些黏稠的炉渣基本上不侵蚀普通焦油白云石炉衬，在某种情况下还可以在炉衬砖上融接上长，控制处理得当，就有保护炉衬的作用。实践证明：采用粘渣操作有利于转炉炉龄的大幅度提高。

讨论了氧气侧吹转炉冶炼间隙时期中炉内气氛的性质及其与炉渣的作用情况，从热力学角度上可以证明一些炉气对渣中 FeO 具有还原能力。

在我们的情况下，当炉役平均终渣的 Σ(FeO) ≤12% 时，往往形成炉渣在炉衬表面融接上长，其原因主要是该种高熔点的终渣中 FeO 等低熔点组元被炉内气氛还原，使炉渣熔化温度进一步升高，由液态转变为固态。这类上长物的矿物组成主要是 $3CaO \cdot SiO_2$，$2CaO \cdot SiO_2$；其中 $2CaO \cdot Fe_2O_3$ 等含铁矿物甚少。

氧气转炉炉龄的长短，是保证转炉能否高产稳产的重要环节之一。为了提高炉龄，近年来，在炉衬材质、砌筑技术、原材料质量、冶炼工艺以及补炉技术等方面，都做了大量的研究和改进工作。

传统的碱性转炉炼钢造渣制度，为了达到良好的冶金效果，特别强调要造流动性良好的高碱性炉渣。然而，实践表明，它有时会使炉衬受到较严重的侵蚀，对提高炉龄不是完全有利的。自 1976 年以来，我公司大搞氧气侧吹转炉“高寿炉”的群众运动，发现在一味强调“造流动性良好的稀渣”的造渣制度指导下操作的炉龄，一般只有 250 ~ 300 炉左右，当这种“稀渣”的传统造渣观念被破除后，在使用普通焦油白云石质炉衬的条件下，氧气侧吹转炉连续获得了 1000 炉以上的较好水平，目前最高达到了 1402 炉的新水平。

在实践中，我们主要通过充分利用氧气侧吹转炉能灵活地、适当地控制炉渣中 Σ(FeO) 的有利条件，以及在炉渣中配加生白云石、减少萤石的加入量（大都是不加萤石）；并充分发挥氧气侧吹转炉炉内金属-炉渣界面搅拌强烈的长处，使之在吹炼前期适时化渣，在临近终点时，又使炉渣变黏的办法，以达到除了完成传统的造渣任务之外，又能起到保护炉衬的作用。

我公司氧气侧吹转炉高寿炉吹炼过程炉渣和吹炼终点炉渣的部分数据，列于表 1。

实践证明，这种炉渣，尤其是终点炉渣的特点是熔点较高，黏度较大，对炉衬的侵蚀作用较小。有的炉役最严重侵蚀处的侵蚀速度可控制在 0. 557mm/炉的水平上。在适当条件下，这种炉渣还可以融接在炉衬上，并逐渐变厚。

* 本文合作者：吴石麟，刘仁刚。原发表于《金属学报》，1978，14（1）：1 ~16。

表1　高寿炉的部分吹炼过程炉渣及吹炼终点炉渣组成成分　　（%）

炉　号	样　号	SiO_2	CaO	Al_2O_3	MgO	FeO	Fe_2O_3	P_2O_5	S	MnO	$\frac{CaO}{SiO_2}$
Y_2-713	终渣	17.78	53.38	1.27	5.48	8.50	6.50	2.23	0.24	3.80	3.00
Y_2-742	终渣	17.98	56.30	1.53	4.67	10.20	4.06	1.36	0.21	3.00	3.13
Y_2-746	终渣	18.75	56.08	2.63	4.83	7.60	3.50	1.06	0.16	3.40	2.99
Y_2-757	终渣	19.24	62.80	1.68	2.90	4.40	2.78	0.86	0.13	2.40	3.26
Y_2-813	终渣	19.99	53.61	2.63	2.58	7.90	5.78	2.33	0.11	3.70	2.68
Y_1-807	终渣	22.68	58.32	2.73	3.22	4.80	2.11	2.48	0.25	1.80	2.57
Y_1-808	终渣	25.25	57.87	2.65	2.58	4.80	1.50	1.82	0.25	2.10	2.29
Y_1-809	终渣	22.68	58.77	2.29	2.74	5.90	1.94	1.58	0.23	1.75	2.59
Y_1-811	终渣	23.54	58.77	2.29	4.19	4.30	1.33	1.14	0.31	1.25	2.50
Y_2-576	1	31.58	52.47	2.57	3.71	3.50	0.44	0.54	0.18	5.00	1.66
	2	23.19	58.87	2.27	1.13	6.20	3.30	1.96	0.20	3.80	2.54
	3	19.36	60.34	1.84	3.38	5.70	2.28	1.47	0.19	3.00	3.11
	终渣	16.94	62.36	1.73	4.19	5.30	2.39	1.25	0.16	3.10	3.68
Y_2-581	1	33.16	52.04	1.81	5.80	3.00	0.56	0.44	0.14	5.40	1.57
	2	22.19	55.63	1.02	5.16	5.70	2.28	1.47	0.14	5.30	2.51
	3	20.76	55.40	1.89	5.32	6.90	4.00	1.41	0.16	3.70	2.67
	终渣	19.02	58.54	1.10	4.19	7.40	3.45	1.36	0.14	3.60	3.07
Y_2-713	1	31.73	57.65	1.02	4.83	7.30	1.17	0.52	0.14	3.20	1.82
	2	25.07	53.83	1.55	5.22	3.70	1.72	1.58	0.24	1.70	2.15
	终渣	17.78	53.38	1.27	5.48	8.50	6.50	2.23	0.24	3.80	3.00
Y_2-739	1	24.38	56.52	2.50	5.96	5.20	2.06	0.37	0.24	2.40	2.32
	终渣	23.85	56.52	2.40	5.32	6.20	2.89	1.06	0.24	2.60	2.37
Y_2-740	1	22.12	54.95	1.99	4.67	7.40	3.61	0.81	0.21	2.80	2.48
	终渣	22.64	55.63	1.94	5.00	6.80	3.19	1.09	0.26	2.80	2.46
Y_2-741	1	22.64	54.06	2.29	4.13	7.00	3.67	1.25	0.20	3.80	2.39
	2	21.24	54.95	2.09	3.71	8.00	3.61	1.25	0.24	3.60	2.58
	终渣	20.90	53.61	2.04	5.00	9.00	4.78	1.36	0.23	3.60	2.56
Y_2-815	1	17.62	52.93	2.91	4.03	9.00	5.78	2.76	0.15	2.50	3.00
	2	19.16	49.12	3.82	3.06	9.90	5.45	3.50	0.13	2.80	2.56
	终渣	17.13	52.49	2.75	3.22	11.10	6.06	2.45	0.14	2.50	3.06
Y_2-816	1	24.38	52.93	4.36	3.22	5.40	2.67	2.19	0.09	2.05	2.17
	2	23.33	53.14	4.23	3.22	5.60	2.67	2.13	0.10	1.90	2.28
	终渣	22.64	52.04	3.87	3.87	6.90	4.61	2.28	0.09	1.95	2.30
Y_2-817	1	23.38	54.95	2.09	3.54	5.80	4.17	2.02	0.07	2.40	2.35
	2	21.59	56.30	1.89	3.38	6.80	3.83	2.14	0.07	2.30	2.61
	终渣	20.38	54.28	1.91	3.06	7.90	7.22	2.22	0.10	2.50	2.66

碱性转炉终点炉渣中Σ(FeO）的含量对其物理化学性质（如熔化温度、黏度、化学亲和力等）有较大的影响。因而对炉衬的作用（如对焦油白云石砖衬的脱碳作用，以及对其中CaO，MgO的化学侵蚀作用）有明显的反映。不同的终点炉渣Σ(FeO）对

炉衬的作用（如严重侵蚀、基本不侵蚀或不侵蚀）是不同的。

将我公司氧气侧吹转炉的终点炉渣、A 厂顶吹转炉高寿炉的终点炉渣和 B 厂顶吹转炉终点炉渣相应地换算成 CaO－SiO_2－FeO 三元系（这些炉渣中 CaO＋SiO_2＋Σ(FeO)＞80%），并投入相图（图 1）。根据其在相图中的位置，对不同炉渣的熔点进行对比和估计。当然，由于实际炉渣中尚含有多种其他氧化物、硫化物和氟化物，其熔点将明显地低于图示估计值，也许将低 100～200℃。

从图 1 不难看出，随着炉渣 FeO 含量的变化，其熔点有明显的变化。唐钢高寿炉与 A 厂高寿炉的终点炉渣 FeO 的含量低，而熔点明显高，其实际熔化温度估计要在 1600～1700℃之间，甚至更高些。唐钢 1975 年普通终点渣、严重后吹终点渣 FeO 含量较高或过高，熔点则反之。

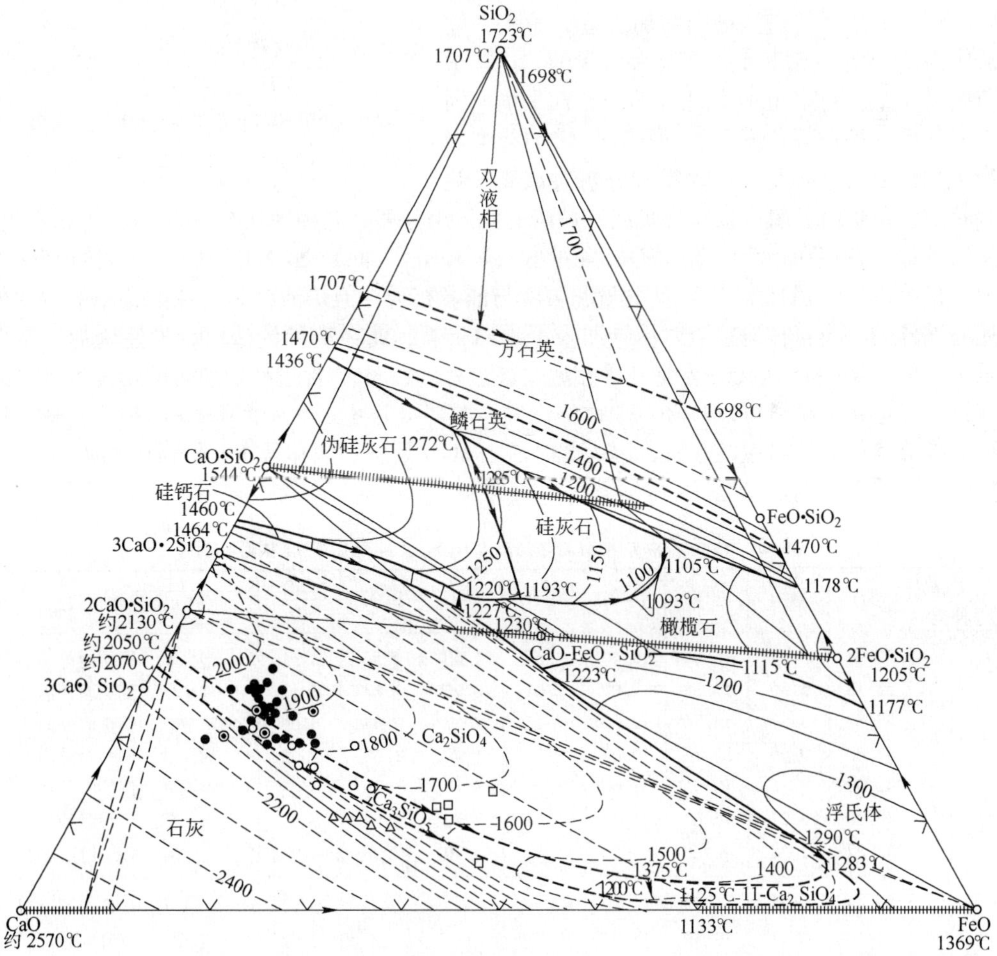

图 1　唐钢、A 厂和 B 厂的转炉终点炉渣在 CaO－SiO_2－FeO 系相图内的分布情况

●—唐钢高寿炉终点粘渣；○—唐钢 1975 年普通终点渣；□—唐钢严重后吹终点渣；

⊙—A 厂高寿炉终点炉渣；△—B 厂终点炉渣

终点炉渣的物理化学性质对炉衬的作用是如此的明显，具体表现在炉龄上，前两者均在 1000 炉以上，而在后者情况下，炉龄较低，在 500 炉以下。同一工厂、同一炉种（氧气侧吹转炉）其炉役平均终渣 Σ(FeO) 含量与炉龄有很好的对应关系（图2）。

经分析有关资料，我们初步感到，碱性转炉终渣 Σ(FeO) <12%，则在一定条件下，将会发生终渣在炉衬上融接并上长的现象；终渣中 Σ(FeO) 为12%～15%时，炉渣对炉衬侵蚀很弱，或称基本上不侵蚀，炉容量增长十分缓慢；而终渣 Σ(FeO) >20%，尤其是 Σ(FeO) ≥25%时，将强烈地侵蚀炉衬，要提高炉龄将受到很大的障碍。

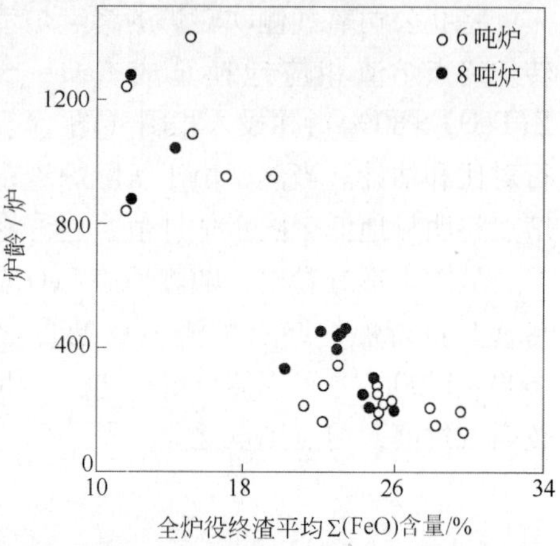

图2　氧气侧吹转炉炉役平均炉渣 Σ(FeO) 含量与炉龄的关系
（在炉役期中出现程度不同的炉衬上长现象，有的炉子未坏，由于装入量变小而计划停炉）

由于在碱性转炉炼钢的情况下，作为造渣剂的石灰为造渣提供的 CaO 一般是过剩的（冶炼高磷生铁的高 P_2O_5 炉渣例外），因而只要石灰熔化就不必担心炉衬中的 CaO 会被严重夺走。而 MgO 则不然，如果不往造渣剂内配加适量的 MgO，则渣中 MgO 含量一般是低于其饱和含量的，这样炉渣就易于与炉衬中 MgO 发生反应以趋向平衡。因而，从保护炉衬等角度上看，在碱性转炉造渣剂中配加白云石是必要的。观察和分析对比氧气侧吹转炉终点炉渣、氧气顶吹转炉终点炉渣的化学组分和高温物理状态（表2），可以看出，粘渣的最大特点在于渣中 Σ(FeO) 含量低（<15%）。而当 Σ(FeO) 较高（例如15%以上）的情况下，虽然渣中 MgO 含量和碱度与前者相近，但炉渣都是泡沫的或稀的。此外还有这样的事实：在造粘渣时尽管加入了生白云石，而在造稀泡渣时，虽然未加入生白云石，但两类终渣中 MgO 含量几乎相近，甚至有后者 MgO 含量高于前者的情况出现。这就进一步证明：粘渣可以减轻对炉衬的侵蚀，减弱或防止炉衬中的 MgO 向炉渣转移。稀泡的终渣往往对炉衬侵蚀严重，因为此时渣中 MgO 处于不饱和状态，炉衬中 MgO 易向炉渣转移，以求平衡。

表2　转炉终点炉渣化学组分（%）及其高温物理状态对比

炉渣种类		CaO	MgO	SiO_2	Σ(FeO)	Al_2O_3	MnO	P_2O_5	$\frac{CaO}{SiO_2}$	炉渣高温物理状态
氧气侧吹转炉	未加生白云石	52.93	3.87	16.00	19.40	1.30	1.60	2.54	3.31	泡沫状，倒炉时外涌
		55.18	5.80	17.38	17.00	2.01	0.90	1.63	3.17	泡沫状，倒炉时外涌
		49.67	3.57	13.76	19.60	2.45	2.57	2.38	3.60	泡沫状，倒炉时外涌
		47.80	9.66	13.18	19.60	1.52	1.40	1.68	3.62	泡沫状，倒炉时外涌
		42.39	5.16	10.96	31.60	1.99	3.70	1.56	3.87	泡沫状，倒炉时外涌
		48.90	3.22	16.60	21.00	2.14	2.70	1.92	2.94	泡沫状，倒炉时外涌
		43.82	3.78	8.82	34.00	1.43	4.90	2.08	4.97	稀，流动性好
	加生白云石	48.45	6.77	16.19	18.70	—	—	—	2.99	泡沫状，倒炉时外涌
		51.14	6.12	19.50	15.95	—	—	—	2.62	较黏，流动性中等
		52.93	8.06	22.64	14.85	—	—	—	2.34	较黏，流动性中等
		56.97	3.71	17.78	15.40	1.53	1.50	1.80	3.20	较黏，流动性中等
		60.11	2.90	19.36	10.96	2.27	3.00	1.40	3.10	黏稠，往炉外流出迅速结块
		62.36	4.19	16.94	8.53	1.73	3.10	1.25	3.68	黏稠，往炉外流出呈块状
		56.08	3.87	20.60	13.33	1.50	3.30	1.52	2.72	黏稠，往炉外流出结块
		58.54	4.19	19.02	11.06	1.10	3.60	1.36	3.08	黏稠，往炉外流出迅速结块
		56.08	4.83	18.75	12.33	2.63	3.40	1.06	2.99	黏稠，往炉外流出迅速结块
		54.28	4.35	18.59	18.80	1.27	1.80	1.71	2.92	泡沫状，倒炉时外涌

续表 2

炉渣种类		CaO	MgO	SiO_2	$\Sigma(FeO)$	Al_2O_3	MnO	P_2O_5	$\frac{CaO}{SiO_2}$	炉渣高温物理状态
氧气顶吹转炉	不加生白云石	53.38	3.87	15.84	13.20	2.80	—	—	3.37	较黏，流动性差
		28.71	4.83	10.40	47.40	1.27	—	—	2.77	很稀，流动性好
		35.89	6.77	11.26	35.20	2.45	—	—	3.19	稀，流动性好
		36.34	6.12	15.18	33.40	2.29	—	—	2.39	稀，流动性好
		43.96	7.41	16.34	23.40	1.48	—	—	2.69	泡沫状，倒炉时外涌
		48.90	7.71	12.27	21.40	1.71	1.47	2.36	3.98	泡沫状，倒炉时外涌

氧气转炉炼钢过程中应加入多少白云石，这取决于铁水成分，炉渣的成分、数量，以及温度等因素。简言之，也就是取决于吹炼过程中不同时期的熔融炉渣的数量与该成分的炉渣中 MgO 的饱和含量，即随吹炼过程中：

$$Q_{渣}^{\mathrm{I}} \times (\mathrm{MgO})_{饱}^{\mathrm{I}}\%$$

$$Q_{渣}^{\mathrm{II}} \times (\mathrm{MgO})_{饱}^{\mathrm{II}}\%$$

$$\vdots \qquad \vdots$$

$$Q_{渣}^{终} \times (\mathrm{MgO})_{饱}^{终}\%$$

等值而定。

上列 $Q_{渣}$ 为吹炼过程中某一时期炉内的熔融渣量；$(\mathrm{MgO})_{饱}\%$ 为该炉渣状态下渣中 MgO 的饱和含量。取其中某一最大乘积数来确定白云石的加入数量，可以较好地预防炉衬中的 MgO 被炉渣熔蚀。

有人曾做过一些工作来估计氧气转炉炉渣中 MgO 饱和含量，如图 3 所示。必须指出，用图 3 估算出的 $(\mathrm{MgO})_{饱}\%$ 值是不太可靠的，有时甚至与实际情况有较大的出入。而根据 $CaO - SiO_2 - FeO_n - MgO$ 四元系中 MgO 饱和面在 $CaO - SiO_2 - FeO_n$ 面上的投影，可作不同的等 $(\mathrm{MgO})_{饱}\%$ 曲线，但在应用到实际炉渣上，其实用性尚受到炉渣温度，以及渣中其他组分（特别是氟化物）含量的影响。

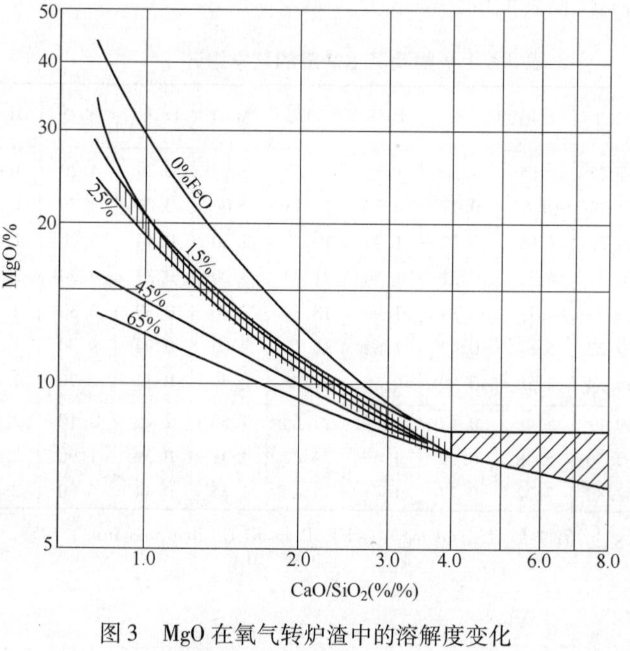

图 3　MgO 在氧气转炉渣中的溶解度变化

因而，不同冶炼条件下，为保护炉衬免遭炉渣侵蚀而加的最佳白云石数量，一般仍是通过具体试验来确定的。国内外在这方面有着不少的实验数据。国内 A 厂认为在它们的条件下，终渣 MgO 掌握在 12% 左右为宜，为此，则轻烧白云石消耗量为 21.9kg/t。B 厂则通过试验推算出在该厂条件下，终渣中 MgO 含量保持在 5% ~6%，即可基本上控制住炉渣对炉衬的侵蚀，相应则需加入 40kg/t 左右的生白云石。国外某厂为了一方面能保证精炼要求，另一方面使 MgO 在渣中达到接近饱和，而将终渣中 MgO 控制在 8% 左右，为此，需要加入 22.5kg/t 轻烧白云石。由此分析，虽然不同的氧气转炉炉渣中（主要是 $CaO-MgO-FeO_n-SiO_2$），MgO 的饱和含量随着碱度、氧化铁等的不同而有较大的变化，但从每吨钢的白云石实际消耗量上来看，都是很接近的。为了较好地保护炉衬，大约每吨钢需要 22kg 轻烧白云石或 40kg 的生白云石。需要指出的是我们的氧气侧吹转炉上，造渣剂中生白云石的加入量尚低于这一数字，但由于渣中 Σ(FeO) 很低，渣黏，仍起到了较好的保护炉衬的作用。

1976 年初，我公司氧气侧吹转炉，由于一方面严格控制降低终渣 Σ(FeO)，一方面适当配加生白云石（约为石灰量的 10% ~20%），进行粘渣操作，此时常有熔池变小和炉底上涨的现象。停炉后经检查发现熔池部位有一“元宝”形上长物（即从氧枪上面 100 ~200mm 开始，经炉底一直到出钢侧的熔池线以上约 400 ~500mm）。此上长物分层明显，炉底部位的总厚度达 170 ~280mm。色泽种类较多，大部分为灰绿色、黑灰色，掺杂有黄绿色、红棕色等。大部分质地坚硬致密，基本上不水化，局部多孔，内含有较多的铁珠，约占 20%，铁珠颗粒大者可达 2 ~3mm 左右。值得指出的是这种炉底上长现象除在我公司氧气侧吹转炉上多次出现外，随后又在兰州钢厂的氧气侧吹转炉上出现。据他们的介绍，当时炉役终渣氧化铁含量平均为 10%，终渣氧化镁含量在 7% 以下，“空吹”小氧控制在 $0.05kg/cm^2$ 以下。

上述上长物与焦油白云石砖有良好的融接。融接层色泽呈灰白色，致密坚硬，厚度一般为 3 ~6mm。此上长物与炉液接触面有黑灰色致密的表面工作层，厚度在 2mm 以下。

曾将此上长物自上而下（即由表面工作层向融接层）分层取样，分析其化学组成，同时也分析了此上长物表面的炉渣成分，如表 3 所示。

表 3　上长物及其上炉渣的化学组分　　(%)

样号			CaO	MgO	S	P_2O_5	SiO_2	MnO	Fe_2O_3	FeO	Al_2O_3	$\frac{CaO}{SiO_2}$	$a_{(FeO)}$ ①
上长物	由表面向炉衬表面方向↓	1	54.73	6.61	0.20	1.50	18.17	2.15	0.39	4.20	1.63	3.01	0.125
		2	58.77	10.63	0.47	0.77	17.18	2.00	0.06	4.70	1.89	3.45	<0.10
		3	60.56	4.99	0.32	1.44	19.17	2.80	0.44	5.00	1.66	3.16	0.125
		4	60.34	4.35	0.21	1.50	21.83	3.20	0.33	4.30	2.75	2.86	0.20
		5	60.34	4.19	0.34	1.96	18.84	2.70	0.39	5.30	2.24	3.20	0.175
		6	59.22	5.64	0.43	1.52	16.19	2.80	0.94	9.30	1.71	3.66	0.25
		7	58.54	3.38	0.60	0.52	30.78	0.50	0.11	1.70	1.84	1.90	0.10
上长物上黏附的炉渣		1	60.11	5.48	0.47	1.09	21.65	1.55	2.22	2.10	2.55	2.78	0.15
		2	60.56	5.48	0.29	1.66	21.82	1.45	0.39	1.90	2.70	2.78	<0.10
		3	62.80	3.22	0.27	1.71	21.30	1.85	0.44	3.90	2.60	2.95	<0.125

①氧化铁活度，$a_{(FeO)}$ 值按 E. T. Turkdogan and J. Pearson, *J. Iron Steel Inst.*, 1953, 173: 217 ~223 中图表查出。

由表3可以分析：

（1）上长物及其上炉渣均属高熔点物质，其首要特点是碱度（CaO/SiO_2）在3左右，而氧化铁很低，一般多在5%左右。

（2）上长物及其上炉渣化学组成基本一致。可以推断，此上长物是在一定条件下由某种特定的炉渣演变而来的。经热力学计算，我们认为这与氧气侧吹转炉炉内气氛有关（下面将作分析）。

（3）虽然向造渣料中配加了一些生白云石，但渣中及上长物中的MgO并不太高，一般是6%以下。

经洛阳耐火材料研究所岩相分析鉴定，上长物的主要矿物组成为$3CaO \cdot SiO_2$，约占45%～65%，其次为$2CaO \cdot SiO_2$，波动在5%～25%之间，铁约占20%，（Mg，Fe）O约占2%～8%，还有极少量$MgO \cdot (Fe_2O_3, Al_2O_3)$，$2CaO \cdot Fe_2O_3$，（$4CaO \cdot Al_2O_3 \cdot Fe_2O_3$），MgO和CaO。

对应此上长物的炉役，我们取得了一部分吹炼过程的金属、炉渣样品和较多的终点炉渣样品，其化学成分分别列于表4和表5。

从表4、表5可以看出其特点是：

（1）出现有上长物的炉役，无论是吹炼过程中还是吹炼终点，炉渣中的$\Sigma(FeO)$含量很低。

（2）氧气侧吹转炉炼钢过程中熔池温度上升很快，终点温度很高。

（3）终点炉渣碱度（CaO/SiO_2）并不很高，大部分在2.5～3.2之间，虽然配加了一些白云石造渣，但渣中MgO含量也不太高，都在6%以下。

过程炉渣经岩相检查，其特点是：初期渣主要是形成了低熔点的硅酸盐，如玻璃相、$CaO \cdot SiO_2$、黄长石和$3CaO \cdot MgO \cdot 2SiO_2$等。铁酸盐数量很少，而不在早期出现大量$2CaO \cdot SiO_2$和$3CaO \cdot SiO_2$黏稠的终渣，其主要物相是高熔点的$2CaO \cdot SiO_2$、$3CaO \cdot SiO_2$，有少量（Mg，Fe）O，而$2CaO \cdot Fe_2O_3$数量甚少。

此外，还统计了一些氧气侧吹转炉高寿炉与发生上长物炉役的平均终渣$\Sigma(FeO)$含量（来自炉前按炉取终点渣样，进行现场分析），如表6所示。不难看出，发生有上长物的炉役，其终渣平均$\Sigma(FeO)$都在12%左右。

为了探索氧气侧吹转炉空炉间隙时间炉内气氛的情况，进而分析它对炉衬的影响，曾与东北工学院的教师和同学共同进行过测定，其结果摘示于表7。

从热力学可以看出，氧气侧吹转炉空炉间隙时间内，在一定的"空吹"小氧❶和油量条件下，可以形成能还原炉渣中FeO的还原性气氛。

已知：

$$FeO_{液} \rightleftharpoons [O]_{\%} + Fe_{液} \qquad \Delta F_1^0 = 28900 - 12.51T \qquad (1)$$

$$H_2O_{气} \rightleftharpoons 2[H]_{\%} + [O]_{\%} \qquad \Delta F_2^0 = 49640 - 0.07T \qquad (2)$$

$$H_{2气} \rightleftharpoons 2[H]_{\%} \qquad \Delta F_3^0 = 17440 + 14.56T \qquad (3)$$

由此可得：

$$FeO_{液} + H_{2气} \rightleftharpoons Fe_{液} + H_2O_{气} \qquad \Delta F_4^0 = -3300 + 2.12T \qquad (4)$$

$$FeO_{液} \rightleftharpoons (FeO) \qquad \Delta F_5^0 = 0 \qquad (5)$$

---

❶ 氧气侧吹转炉在间隙时间内，由于要保证氧枪冷却和操作安全，即不致引起回火爆炸之类的事故，并保证炉内造成还原性气氛，以保护炉衬，除了继续供油外，要给一定数量的氧，称为"空吹"小氧。

表4 出现上长物的炉役内部分炉次吹炼过程中金属、炉渣及熔池温度变化情况

炉号	炉龄	取样编号	吹氧时间	金属成分/%					炉渣成分/%										温度/℃
				C	Mn	S	P	Si	SiO_2	CaO	Al_2O_3	MgO	MnO	FeO	Fe_2O_3	P_2O_5	S	CaO/SiO_2	
Y_2-575	575	铁水	0′0″	4.21	0.40	0.060	0.119	0.96	—	—	—	—	—	—	—	—	—	—	1335
		1	2′40″	3.81	0.20	0.035	0.119	0.25	37.72	44.41	2.50	2.58	6.60	3.90	0.19	0.39	0.12	1.17	1555
		2	9′10″	1.38	0.41	0.023	0.107	—	23.26	45.31	2.17	2.09	2.00	1.80	1.61	1.24	0.23	1.95	1710
		3	12′40″	0.49	0.36	0.022	0.063	—	20.18	60.56	2.14	3.22	3.00	5.20	1.94	1.57	0.24	2.96	1725
		终点	13′45″	0.39	0.26	0.021	0.038	—	19.36	60.11	2.27	2.90	3.00	6.30	3.45	1.41	0.23	3.15	1730
Y_2-572	572	铁水	0′0″	4.21	0.38	0.066	0.104	1.28	—	—	—	—	—	—	—	—	—	—	—
		1	4′30″	3.76	0.28	0.039	0.102	—	39.24	41.27	1.94	3.54	6.40	6.10	0.33	0.56	0.10	1.05	1480
		2	10′20″	2.14	0.29	—	0.122	—	36.14	48.00	1.73	4.51	3.80	2.00	0.33	0.28	0.12	1.32	1590
		3	14′50″	0.48	0.30	—	0.126	—	32.09	50.69	3.26	5.32	3.60	2.60	0.61	0.51	0.12	1.58	1660
		4	15′50″	0.28	0.27	0.049	0.085	—	24.60	55.85	2.24	4.67	3.10	3.80	1.01	1.07	0.10	2.26	1690
		5	17′00″	0.15	0.22	—	0.054	—	22.63	56.08	2.65	4.34	3.40	5.30	1.17	1.40	0.12	2.50	1710
		终点	17′47″	0.08	0.17	0.034	0.036	—	22.09	54.95	2.73	3.71	3.30	8.80	3.56	1.52	0.14	2.48	—
Y_2-580	580	铁水	0′0″	4.21	0.37	0.058	0.143	1.09	—	—	—	—	—	—	—	—	—	—	1370
		1	3′30″	3.47	0.29	0.028	0.148	0.19	36.32	48.90	1.81	2.90	4.40	2.65	0.33	0.49	0.15	1.36	1555
		2	10′00″	0.28	0.23	0.019	0.047	—	23.26	58.77	1.78	3.54	2.90	0.40	5.22	1.36	0.17	2.52	1730
		3	15′00″	0.16	0.22	0.019	0.038	—	21.12	57.87	1.40	3.54	3.10	5.80	2.44	1.52	0.18	2.74	1710
		终点	15′30″	—	—	—	—	—	20.62	56.08	1.53	3.87	3.30	9.10	3.22	1.52	0.16	2.72	1710
Y_2-741	741	铁水	0′0″	4.39	0.34	0.069	0.076	0.81	—	—	—	—	—	—	—	—	—	—	—
		1	12′30″	0.20	0.20	0.047	0.021	—	22.64	54.06	2.29	4.13	3.80	7.00	3.67	1.25	0.20	2.39	1675
		2	13′00″	0.14	0.18	0.050	0.022	—	21.24	54.95	2.09	3.71	3.60	8.00	3.61	1.25	0.24	2.58	1685
		终点	13′30″	0.10	0.14	0.043	0.024	—	20.90	53.61	2.04	5.00	3.60	9.00	4.78	1.36	0.23	2.56	1700
Y_2-739	739	铁水	0′0″	4.19	0.35	0.078	0.084	1.32	—	—	—	—	—	—	—	—	—	—	—
		1	12′30″	0.37	0.27	0.023	0.044	—	24.38	56.52	2.50	5.96	2.40	5.20	2.06	0.37	0.24	2.32	—
		终点	13′45″	0.21	0.21	0.035	0.030	—	23.85	56.52	2.40	5.32	2.60	6.20	2.89	1.06	0.24	2.36	1680
Y_2-740	740	铁水	0′0″	4.24	0.35	0.078	0.072	0.81	—	—	—	—	—	—	—	—	—	—	—
		1	12′10″	0.42	0.21	0.043	0.033	—	22.12	54.95	1.99	4.67	2.80	7.40	3.61	0.81	0.21	2.48	—
		终点	14′0″	0.21	0.20	0.035	0.025	—	22.64	55.63	1.94	5.00	2.80	6.80	3.19	1.09	0.26	2.38	1730

因而：

$$(FeO) + H_{2气} \rightleftharpoons Fe_{液} + H_2O_{气} \qquad \Delta F^0_{\mathrm{I}} = -3300 + 2.12T \tag{6}$$

又：

$$CO_{气} + [O]_{\%} \rightleftharpoons CO_{2气} \qquad \Delta F^0_6 = -38700 + 20.9T \tag{7}$$

可得：

$$(FeO) + CO_{气} \rightleftharpoons Fe_{液} + CO_{2气} \qquad \Delta F^0_{\mathrm{II}} = -9800 + 8.39T \tag{8}$$

就反应（FeO）$+H_{2气} \rightleftharpoons Fe_{液} + H_2O_{气}$ 而言，其实际反应自由能变化为：

$$\Delta F_{\mathrm{I}} = -3300 + 2.12T + RT\ln \frac{p_{H_2O} \times a_{Fe}}{a_{(FeO)} \times p_{H_2}} \tag{9}$$

同样，（FeO）$+CO_{气} \rightleftharpoons Fe_{液} + CO_2$，其实际反应自由能变化为：

$$\Delta F_{\mathrm{II}} = -9800 + 8.39T + RT\ln \frac{p_{CO_2} \times a_{Fe}}{a_{(FeO)} \times p_{CO}} \tag{10}$$

表 5　熔池出现上长物的炉役中吹炼终点的炉渣成分　　（%）

炉号	熔池温度/℃	CaO	MgO	S	P_2O_5	SiO_2	MnO	Fe_2O_3	FeO	Al_2O_3	$\frac{CaO}{SiO_2}$	Σ(FeO)	$a_{(FeO)}$①
Y_2-572	1710	54.95	3.71	0.14	1.52	22.09	3.30	3.56	8.80	2.73	2.48	13.60	0.40
Y_2-581	1670	58.54	4.19	0.14	1.36	19.02	3.60	3.45	7.40	1.10	3.08	12.06	0.37
Y_2-596	1700	62.36	4.19	0.16	1.25	16.94	3.10	2.39	5.30	1.73	3.67	8.53	0.20
Y_2-575	1730	60.11	2.90	0.23	1.41	19.36	3.00	3.45	6.30	2.27	3.15	10.96	0.35
Y_2-580	1710	56.08	3.87	0.16	1.52	20.62	3.30	3.22	9.10	1.53	2.72	13.45	0.40
Y_2-739	1680	56.52	5.32	0.24	1.06	23.85	2.60	2.89	6.20	2.40	2.36	10.10	0.35
Y_2-740	1730	55.63	5.00	0.26	1.09	22.64	2.80	3.11	6.80	1.94	2.38	11.00	0.40
Y_2-721	1700	54.28	4.35	0.15	1.77	18.59	1.80	8.17	7.80	1.27	2.92	18.83	0.58
Y_2-742	1700	56.30	4.67	0.21	1.36	17.98	3.00	4.06	10.20	1.53	3.15	15.68	0.40
Y_2-758	1690	58.54	1.77	0.11	1.32	24.90	1.90	2.12	5.00	2.17	2.34	7.86	0.30
Y_2-813	1670	56.61	2.58	0.11	2.33	19.99	3.70	5.78	7.90	2.63	2.69	15.70	0.56
Y_2-815	1660	52.49	3.22	0.14	2.45	17.13	2.50	6.06	11.10	2.75	3.06	19.28	0.58
Y_2-816	1680	52.04	3.87	0.09	2.28	22.64	1.95	4.61	6.90	3.87	2.30	13.12	0.50
Y_2-817	1700	54.28	3.06	0.10	2.22	20.38	2.50	7.22	7.90	1.91	2.66	17.62	0.47

①氧化铁活度，$a_{(FeO)}$ 值按 E. T. Turkdogan and J. Pearson，*J. Iron Steel Inst.*，1953，173：217 ~ 223 中图表查出。

表 6　高寿炉与发生上长物炉役的终渣平均 Σ(FeO) 含量

炉　龄	750	751	1077	1257	1043	859①	1402
炉役平均终渣 Σ(FeO) /%	19.24	16.62	15.26	11.95	13.90	11.60	15.00

①为发生上长物的炉役，炉龄 859 炉计划停炉。

表 7　氧气侧吹转炉空炉间隙时间炉内气氛测定记录

序号	炉龄	炉子位置	氧压 /mmHg①	油量 /L·h⁻¹	取样部位	炉气成分/% CO	CO_2	O_2	H_2	CH_4	炉口压力 /mmH_2O②	炉气温度/℃	备注
1	60	装铁	40	约 50	出钢侧	35.2	9.2	8.4	28.2	3.6	出钢侧		取气枪头
2	60	装铁	40	约 60	氧枪侧	44.5	3.0	4.6	33.8	4.2	0.19	1320	插入炉口
3	60	装铁	40	约 60	西侧	39.3	1.9	4.5	34.9	7.4	氧枪侧 0		1200mm
4	62	装铁	80	约 60	出钢侧	42.6	9.6	4.0	42.2	3.4	出钢侧		取气枪头
5	62	装铁	80	约 60	氧枪侧	49.3	6.6	5.0	34.1	4.2	0.39	1320	插入炉口
6	62	装铁	80	约 60	西侧	49.8	12.5	5.5	30.1	2.9	氧枪侧 0		1200mm

①1mmHg = 133.3224Pa；②1mmH_2O = 9.80665Pa。

在炉内气体中，由于烷类的燃烧产物中含有水汽，而在取炉气样品的过程中因冷凝该部水分难于测定。因此，我们将采取假定炉内有 $H_2O + CO \rightleftharpoons H_2 + CO_2$ 的平衡关系存在。又因炉内气体总压为 $p_{CO} + p_{CO_2} + p_{H_2} + p_{H_2O} + p_{C_nH_{2n+2}} + p_{O_2} + p_{N_2} + \cdots$。炉内气体总压经实测接近于1atm❶，而 p_{O_2}，p_{N_2}，$p_{C_nH_{2n+2}}$ 均较少，可以近似地看成：

$$p_{CO} + p_{CO_2} + p_{H_2} + p_{H_2O} \approx 1\text{atm}$$

由此求出并调整 p_{CO}，p_{CO_2}，p_{H_2}，p_{H_2O} 等值，其数据见表8。

根据上述数据，分别按方程（9）、方程（10）计算出 ΔF_{I} 和 ΔF_{II}，列于表9。

计算数据表明，氧气侧吹转炉间隙时间内，只要“空吹”小氧和油量控制得当，炉内就存在着还原性气氛，可以还原渣中FeO。

表8　经调整后的炉内气体成分

序号①	实测炉气成分/%			按水煤气反应计算的 H_2O/%	经调整后的炉气成分/%			
	CO_2	H_2	CO		CO	CO_2	H_2	H_2O
1	9.2	28.2	35.2	18.8	38.51	10.06	30.86	20.57
2	3.0	33.8	44.5	6.76	50.53	3.41	38.38	7.68
3	1.9	34.9	39.3	5.37	48.24	2.33	42.84	6.59
4	9.6	42.2	42.6	23.44	36.15	8.15	35.82	19.89
5	6.6	34.1	49.3	13.64	47.57	6.37	32.90	13.16
6	12.5	30.2	49.8	20.1	44.23	11.10	26.82	17.85

①序号同表7。

这还为生产实践中取出的试样所证实，如图4所示。

图4中“空吹”小氧压力较低的三组炉渣，其Σ(FeO)随“空吹”时间的延长有所降低。相反，另外两组则由于“空吹”小氧压力较高，炉内呈相对的氧化性气氛，渣中Σ(FeO)有随着时间延长而上升的趋势。

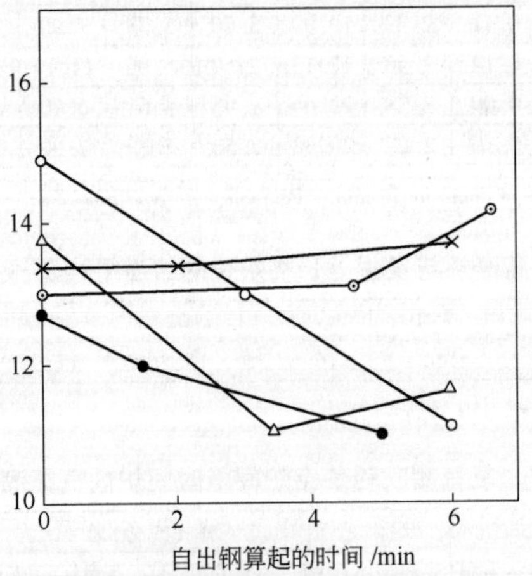

图4　氧气侧吹转炉空炉间隙时炉内渣中Σ(FeO)的变化

符　号	○	●	△	⊙	×
“空吹”小氧压力/$kg \cdot cm^{-2}$	0.035	0.030	0.042	0.25	0.35
油量/L·(h·支枪)$^{-1}$	85×2	70×2	65×2	68×2	50×2

❶1atm = 101325Pa。

表 9　计算的 ΔF_{I} 和 ΔF_{II} 数据

序号	炉号	温度/℃	Σ(FeO)/%	$a_{(FeO)}$	炉内气氛 1(出钢侧) CO 38.51%, CO_2 10.06%, H_2 30.86%, H_2O 20.57%	2(氧枪侧) CO 50.53%, CO_2 3.41%, H_2 38.38%, H_2O 7.68%	3(西侧) CO 48.24%, CO_2 2.33%, H_2 42.84%, H_2O 6.59%	4(出钢侧) CO 36.15%, CO_2 8.15%, H_2 35.82%, H_2O 19.89%	5(氧枪侧) CO 47.57%, CO_2 6.37%, H_2 32.90%, H_2O 13.16%	6(西侧) CO 44.23%, CO_2 11.10%, H_2 26.82%, H_2O 17.85%
1	Y_2-572	1710	13.60	0.40	2936/5148	−1810/−31	−2938/−1318	2157/4667	908/2430	2930/4994
2	Y_2-581	1670	12.06	0.37	3101/5146	−1545/104	−2650/−1190	2342/4675	1118/2483	3101/4996
3	Y_2-580	1710	13.45	0.40	2930/5148	−1810/−31	−2938/−1318	2157/4667	908/2430	2930/4994
4	Y_2-596	1700	8.53	0.20	5600/7776	883/2657	−239/1344	4830/7298	3587/5072	5600/−7642
5	Y_2-742	1700	15.68	0.40	2895/5072	−1821/−80	−2944/−1360	2125/4594	883/2368	2895/4919
6	Y_2-813	1670	15.70	0.56	1507/3554	−3138/−1489	−4244/−2780	749/3082	−474/888	1507/3403
7	Y_2-575	1730	10.96	0.35	3517/5827	−1272/629	−2412/−703	2736/5332	1475/3082	3517/5662
8	Y_2-739	1680	10.10	0.35	3345/5438	−1324/369	−2436/−929	2583/4965	1354/2761	3345/5287
9	Y_2-740	1730	11.00	0.40	2989/5298	−1800/100	−2940/−1333	2208/4813	946/2553	2989/5143
10	Y_2-721	1700	18.83	0.58	1440/3622	−3277/−1500	−4400/−2813	670/3142	−572/916	1440/3469
11	Y_2-758	1690	7.86	0.30	3978/6114	−715/1020	−1832/−3031	3212/5537	1976/3423	3978/5962
12	Y_2-815	1660	19.28	0.58	1345/3351	−3276/−1666	−4376/−2952	591/2882	−627/700	1345/3201
13	Y_2-816	1680	13.12	0.50	1968/4060	−2701/−1009	−3813/−2308	1206/3687	−26/1383	1968/3909
14	Y_2-817	1700	11.97	0.47	2260/4443	−2457/−678	−3580/−1990	1491/4130	249/1737	2260/4209

注：表中所列分子表示 ΔF_{I}，分母表示 ΔF_{II}。

此外，氧气侧吹转炉间隙时间中炉内气氛的还原能力，还可通过计算炉气中的p_{CO}，p_{CO_2}，p_{H_2}，p_{H_2O}与炉渣中的（FeO）处于平衡状态下所得的理论平衡$a_{(FeO)}$值与上长物表面黏附炉渣的$a_{(FeO)}$值（表3）进行比较而进一步得到印证。

即设
$$\Delta F=\Delta F^0+RT\ln Q_p=0$$

则：
$$RT\ln a_{(FeO)}^{H_2}=-3300+2.12T+RT\ln\frac{p_{H_2O}}{p_{H_2}} \tag{11}$$

$$RT\ln a_{(FeO)}^{CO}=-9800+8.39T+RT\ln\frac{p_{CO_2}}{p_{CO}} \tag{12}$$

根据式（11）、式（12），就可以计算出给定的炉内气氛下，不同温度下与炉内气氛呈平衡的渣中$a_{(FeO)}$值。例如：引用表8的一组炉气成分数据（CO 48.24%，CO_2 2.33%，H_2 42.84%，H_2O 6.59%），并考虑出钢后的温度变化，即刚出钢时温度为1700℃，以后降到1400℃（在氧气侧吹转炉中，据连续测温测定，一般空炉间隙时期它的炉温可较稳定地维持在1400℃左右）。以这两个温度进行计算，则可得到：

当$T=1700$℃时　　$a_{(FeO)}^{H_2}=0.1926\approx0.19$

$a_{(FeO)}^{CO}=0.2697\approx0.27$

当$T=1400$℃时　　$a_{(FeO)}^{H_2}=0.1658\approx0.17$

$a_{(FeO)}^{CO}=0.1727\approx0.17$

上述$a_{(FeO)}$的计算值与表3所列的上长物上黏附的炉渣$a_{(FeO)}$值是接近的。上长物的$a_{(FeO)}$值有时高于或低于此值，这可以用炉内气氛的还原性强弱不同和还原时间不同来解释。

这些热力学的运算，可以初步说明上长物主要是由转炉终渣经炉内还原性气氛作用，渣中（FeO）等被还原，熔化温度升高，由液态变成固态而来。当然，经炉内还原性炉气初步还原而黏附在炉底、熔池部位的粘渣（若干未经还原性炉气还原的粘渣也可包括），在下一炉内吹炼过程中，渣中（FeO）等组分与金属液内的［Si］、［C］等元素反应而被进一步还原的可能性也是存在的，其有关热力学计算，此处不赘述。

最后，需要提出的是在我公司条件下，当采用较低含磷铁水时，造粘渣对去磷、去硫并不引起太大困难，见表10。

表10　部分高寿炉粘渣炉次的磷、硫分配系数

编　号	钢水中含量/%		炉渣中含量/%		$\frac{[P_2O_5]}{[P]}$	(S)/[S]	温度/℃	Σ(FeO)
	[S]	[P]	[S]	(P_2O_5)				
1	0.021	0.038	0.23	1.41	37.10	10.95	1730	10.86
2	0.019	0.038	0.18	1.52	40.00	9.47	1710	13.45
3	0.050	0.024	0.16	1.06	44.00	3.20	1710	12.32
4	0.035	0.030	0.24	1.06	44.00	6.85	1680	10.10
5	0.035	0.025	0.20	1.25	50.00	5.70	1730	10.08
6	0.043	0.024	0.23	1.36	56.60	5.35	1700	6.84

结语

通过生产实践及上述分析，可以得出如下看法：

（1）在氧气侧吹转炉炉内，炉渣与焦油白云石炉衬之间的化学作用关系有三：1）

炉渣侵蚀炉衬；2）炉渣基本上不侵蚀炉衬；3）炉渣不侵蚀炉衬，并在适当条件下可以融接、黏附在炉衬的某些部位而上长，控制处理得当就有保护炉衬的作用。

（2）在氧气转炉内，炉渣融接、黏附在炉衬上并且上长的基本条件是：1）有较高熔化温度的终渣。对一般的碱性转炉而言（不包括冶炼高磷生铁的情况）：终渣的$\frac{CaO}{SiO_2}$在2.5～3.2间，Σ(FeO）应≤12%，要在造渣剂中适当配加白云石，要严格控制萤石加入量，从而得到粘渣。2）有还原性气氛。该气氛可将炉渣中 FeO、Fe_2O_3、MnO、P_2O_5等组元部分还原，从而炉渣熔化温度进一步提高，成为固相。

（3）一般而言，氧气转炉的后期炉渣对炉衬的作用相对较强。因而，希望吹炼过程中（特别是后期）造流动性良好的炉渣的传统概念，未必能算是全面考虑的；特别是从保护炉衬的角度来看，粘渣反而有益。为了保证粘渣－金属间反应的充分进行，主要靠加强粘渣-金属界面的搅拌。侧吹的供氧方法，在这方面有优越性，氧气侧吹转炉更适合于造黏稠的终渣。

（4）粘渣操作尚处于摸索发展阶段，由此而引起的一些问题（如粘炉嘴、炉容量小等），尚需在实践中逐步解决，以期日臻完善。

Viscous Slag Operation for Steel-Making in Oxygen Side-Blown Converters

Ruiyu Yin, Shilin Wu, Rengang Liu

(Research Institute of Tangshan Iron and Steel Company)

Abstract The very vigorous agitation at the interface on molten metal and slag in oxygen side-blown steel-making converters is a special feature which promotes the application of viscous slag operation.

An investigation of end-point blow slags in the above-said converter has shown that many different types of viscous slags were corroded a little to the tarred dolomite lining bricks, and in certain cases the fused slags appear to stick and to creep upwards along the brick-lining forming a protection against erosion during operation. Thus, the application of viscous slag operation would appear to be prolonging the life of converter lining in steel-making.

The nature of converter atmosphere at the time interval between the blowing periods and its interaction with slag have been investigated, as certain atmospheres are capable of reducing FeO in slag on thermodynamical considerations.

In such case, it has been observed that when the total FeO of mean end-point blow slags was less than 12%, such slags in their usually fused condition to stick and to creep upwards along lining bricks. The slags crept upwards were chiefly composed of $3CaO \cdot SiO_2$ and $2CaO \cdot SiO_2$, with rather low $2CaO \cdot Fe_2O_3$ and other ferrous minerals content. It would appear that the "Σ(FeO)" in the original end-point blow slag of higher melting-temperature in its course of creeping upwards were progressively reduced by the converter atmosphere with the result of forming solid phases of higher melting-temperature such as $3CaO \cdot SiO_2$ and $2CaO \cdot SiO_2$.

FeO_n 对转炉型（低磷）终渣性质的影响*

摘　要　从相图分析和岩相观察出发，对转炉（低磷）终渣的性质进行分析。在此基础上，用工业生产中氧气转炉出钢渣的数据，计算高温状态下的相平衡，并将计算结果加以数学处理，得到了 FeO_n 含量与经析出晶体（C_2S，C_3S，CaO）后的转炉（低磷）炉渣内所残存的液相量之间关系。论证了控制渣中 FeO_n 对转炉渣性质的重要性。对炉渣黏度、"化渣"概念、转炉造渣原则以及炉渣性质的研究等问题进行了讨论。

碱性转炉的终渣，如在低磷生铁条件下冶炼，由于 CaO，SiO_2，FeO_n 三组元之和一般在 80 % 以上，可以基本上视为一个 $CaO-SiO_2-FeO_n$ 三元系；在高磷生铁条件下冶炼，可视为 $CaO-SiO_2-FeO_n-P_2O_5$ 四元系，对某些特定条件，有时可简化为 $CaO-FeO_n-P_2O_5$ 三元系。

通过冷凝状态下炉渣的岩相观察，有助于对转炉渣性质的了解。观察碱性转炉出钢渣，经常可以看到存有大量的 C_2S，C_3S，C_2F 等晶体以及 RO 相；在吹炼初期炉渣中，则有 CS，C_2MS_2，C_3MS_2 等以及玻璃体、FF′等出现。

在碱性转炉吹炼过程中不同时期内取出的冷凝熔渣，其中往往包含有一部分熔点高于吹炼温度的晶体，也有相当一部分矿物的熔点低于吹炼温度。可以作出这样的判断：于 $CaO-SiO_2-FeO_n$ 三元系中，在一定的工作温度条件下，熔渣将以两种不同的物理状态存在，某些化学组成的熔渣是由熔点高于该工作温度的晶体和液体组成的，呈晶-液平衡共存状态；在另一些化学组成条件下，炉渣大体上可以视为一个液相体系。

为了考察氧气转炉出钢渣的性质，我们将不同成分的出钢渣，使其化学成分模化成为 $CaO-FeO_n-SiO_2$ 三元系加以处理。即将按 $CaO-SiO_2-FeO_n$ 系计算出的模化成分 CaO'，SiO_2'，FeO_n' 投入与纯 Fe 相平衡的 $CaO-SiO_2-FeO_n$ 系的 1600℃ 等温截面内，再按其所在相区计算出晶体和液相数量和成分。

根据 38 炉出钢渣数据的回归分析，可以得到描述炉渣内液相量 L 的如下方程：

$$L\% = 2.57\ (FeO_n')^{0.96} \tag{1}$$

$$(N=38,\ r=0.98,\ s=3.42)$$

鉴于在炼钢实践中，转炉终渣中的 MnO 对炉渣某些性质的影响，与 FeO_n 有相似之处，因此将（$FeO_n'+MnO'$）作为统一的因素处理，并得出如下回归方程：

$$L\% = 2.70\ (FeO_n'+MnO')^{0.94} \tag{2}$$

$$(N=38,\ r=0.99,\ s=1.98)$$

式中，$L\%$ 是在 1600℃ 下转炉出钢渣中的液相量，%；FeO_n'，（$FeO_n'+MnO'$）是将出钢渣模化为 $CaO'-SiO_2'-FeO_n'$ 三元系后，渣中 FeO_n' 和（$FeO_n'+MnO'$）的重量，%。

根据文献的资料，将一些美国工厂的出钢渣数据用同样方法处理，得到了相似的相关关系：

* 本文合作者：张耀辉。原发表于《金属学报》，1981，17（4）：447～453。

$$L\% = 2.90\ (FeO'_n)^{0.93} \tag{3}$$
$$(N=57,\ r=0.96,\ s=2.56)$$

同样，$(FeO'_n + MnO')$ 的影响可用下式表示：

$$L\% = 3.22\ (FeO'_n + MnO')^{0.89} \tag{4}$$
$$(N=56,\ r=0.99,\ s=1.17)$$

式（1）~式（4）说明了吹炼低磷生铁的氧气转炉终渣（在不加萤石或只加少量萤石的情况下）在温度1600℃下一般都处于晶－液共存的相区内，其液相数量在很大程度上取决于渣中FeO'_n或$(FeO'_n + MnO')$含量的多寡（图1）。从而一般地可以认为FeO'_n、$(FeO'_n + MnO')$，对炉渣的物理状态起着支配作用。在一定温度下，FeO'_n或$(FeO'_n + MnO')$高，液相量多，流动性好。渣中FeO'_n或$(FeO'_n + MnO')$低，则反之。从回归方程可以估计，当FeO'_n达到45%左右时（炉渣实际成分为$FeO_n \approx 0.8 \times 45\% = 36\%$）则转炉出钢渣才进入全液相区。

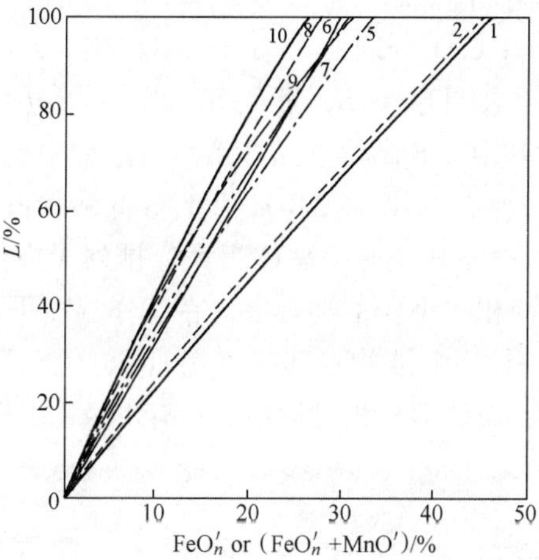

图1　FeO'_n和$(FeO'_n + MnO')$对转炉终渣液相量L的影响

Bardenheuer等提出以实际炉渣为基础的$CaO' - SiO_2' - FeO'_n$准三元系，可以近似地标出不同温度下液相边界的位置，也可计算出不同温度下实际熔渣的饱和晶体析出量和与其平衡的液相量及组分。

处于晶体饱和区的晶－液共存炉渣析晶后的残存液相成分与表征的整体成分之间有较大的差别，而在一定温度下液相的数量也主要取决于表征整体成分中的FeO'_n含量或$(FeO'_n + MnO')$含量。

计算出1600℃、1650℃、1700℃下液相量，进行数学处理，所得回归方程如下：

1600℃
$$L\% = 4.10\ (FeO'_n)^{0.91} \tag{5}$$
$$(N=56,\ r=0.92,\ s=7.63)$$

相应$(FeO'_n + MnO')$的影响如下式：

$$L\% = 2.67\ (FeO'_n + MnO')^{1.07} \tag{6}$$
$$(N=51,\ r=0.92,\ s=7.90)$$

1650℃
$$L\% = 4.58\ (FeO'_n)^{0.90} \tag{7}$$
$$(N=51,\ r=0.84,\ s=10.52)$$
$$L\% = 3.89\ (FeO'_n + MnO')^{0.98} \tag{8}$$

$$(N=47,\ r=0.90,\ s=9.49)$$

1700℃ $$L\% = 8.62\ (FeO'_n)^{0.71} \tag{9}$$

$$(N=48,\ r=0.79,\ s=13.23)$$

$$L\% = 5.11\ (FeO'_n + MnO')^{0.91} \tag{10}$$

$$(N=40,\ r=0.88,\ s=10.04)$$

式（5）~式（10）可以表示为图1。式（5）~式（10）虽然其标准差值较大（可能由于除CaO，SiO_2，FeO_n组元外，其他组元含量有差别而引起），但它们的相关系数仍很大，因而可以预料在实际炉渣的应用中，仍有较大的参考意义。值得提出的是，用（FeO'_n+MnO'）代替FeO'_n处理后各个回归方程的标准差都相应地变小，而相关系数增大，因而有利提高回归方程的可靠性。

一些氧气转炉终渣的岩相观察也证实了在以$CaO-SiO_2-FeO_n$三元系为主体的炉渣中，具有晶-液平衡共存和单一液相两种基本类型。表1示出了不同FeO_n含量的转炉渣成分，其岩相组成分别示于图2。图2a，b，c，d所示炉渣中的CaO/SiO_2分别为4.12，3.80，4.79和3.14；FeO_n分别为35.15%，16.80%，11.85%和8.46%。图2a具有明显方向性排列的白色细针状C_3S，黑色RO相，C_3S边缘的CF呈黑色。这种渣在工作状态下是全液相，其中C_3S高熔点晶体系冷凝过程中饱和析出。图2b中的白色的C_3S针较粗大，方向性排列已不明显，RO，C_2F等低熔物占相当比例。图2c中的白色长柱状C_3S等高熔点矿物发育较好，晶体粗大，排列无方向性，数量较多。而RO相、C_2F等低熔物质所占面积较小。不难看出，在工作温度下此渣呈晶-液共存状态。图2d是一种特例现象——炉底上涨物。其特点是C_2S，C_3S等高熔点晶体发育成巨大的板柱状，C_3S相对量多，而低熔相相对量很少，有少量铁方镁石。

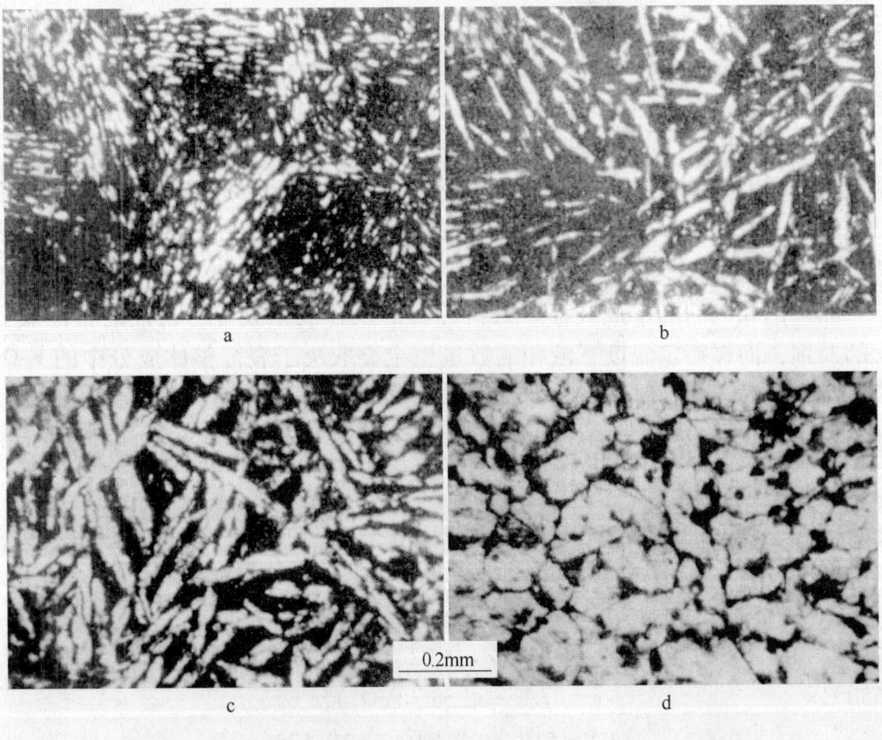

图2　四种渣的岩相特征

(a, b, c and d showing specimens No. 1, 2, 3 and 4 respectively)

表 1　四种渣的化学组成（%）及其岩相特征

No.	CaO	SiO_2	FeO	Fe_2O_3	MnO	MgO	Al_2O_3	P_2O_5	F^-	Petrograph，C_3S
1	43.52	10.57	25.60	10.61	3.33	6.93	1.07	1.63	0.017	Oriented，mobile structure
2	54.06	14.21	11.45	5.95	3.85	7.57	1.63	2.25	0.076	Needle- shaped，non-oriented
3	60.34	12.61	6.70	5.72	4.15	5.0	1.25	0.93	1.15	Long columnar，network
4	67.50	21.60	4.70	4.28	0.63	1.72	1.95	1.05	—	Coarse plate- columnar

从上述实际转炉渣的相图分析和岩相观察，我们认为以 $CaO-SiO_2-FeO_n$ 为主体的转炉终渣，基本上具有随着所含 FeO'_n 的增加呈“固态”—“晶液平衡共存”—“全液态”连续过渡的性质。这种过渡性质已在一些工厂的生产实践中证实，我们曾对此进行过某些讨论。

如果在工业生产中一方面要控制好炉渣中 FeO_n 含量，一方面又希望获得流动性好的炉渣，则往往采取加 CaF_2 的手段。CaF_2 的加入量，我们认为可以根据渣中 C_2S 等晶体数量的多少，从 $CaO-C_2S-CaF_2$ 系相图可以估计不同的炼钢工作温度下炉渣全部液化所需的最小 CaF_2 含量。

近些年来，为了防止转炉炉衬过快地被炉渣侵蚀，转炉造渣中广泛采用加入适量的 MgO（白云石）的方法。在 $CaO-SiO_2-FeO_n-MgO$ 系炉渣中，加入 MgO，将对炉渣的析晶规律和液相边界发生影响，由 Trŏmel 等给出的 1600℃ 下 $Fe-CaO-FeO_n-SiO_2-MgO$ 系平衡图可以看出，增加 MgO 将引起析出 C_2S，C_3S 和石灰等晶体饱和区的缩小。

然而，在 $Fe-CaO-FeO_n-SiO_2-MgO$ 系中，增加 MgO 含量往往可以因之而析出镁方铁矿或含镁橄榄石等固溶体。这类固溶体的化学组成不固定，其析出温度、析出数量也难以确定。因而，现在要从理论上计算出在一定温度下 $Fe-CaO-FeO_n-SiO_2-MgO$ 系中含 Mg 固溶体的饱和析出量还是有困难的。文献提供了 $Fe-CaO-FeO_n-SiO_2-MgO$ 系中含镁橄榄石、镁方铁矿的析出情况。

可见，在 $Fe-CaO-FeO_n-SiO_2-MgO$ 系中，MgO 数量增加，对炉渣在一定温度下析出固体后的平衡液相量的影响具有两重性：一方面对处在晶－液共存区炉渣中硅酸钙、石灰等晶体的饱和析出量有一定量的减少；另一方面则在一定条件下又可以析出含 Mg 固溶体，从而使炉渣中液相量减少。

我们根据相当数量的转炉终渣岩相观察，析出的含 Mg 固溶体都以镁方铁矿或铁方镁石的矿相出现。表 2 所列三炉渣试样，还进行了 Mg，Fe 特征 X 射线面扫描，其图像示于图 3～图 5。从图中可以看出，有 Mg 分布的区域就有 Fe 的分布。说明渣中 MgO 一般以固溶体（mMg，nFe）O 存在。但由于这三个终渣中的 $\sum$FeO 含量不同，其 Mg，Fe 对应关系就各有特点。Ⅰ号样中 Mg，Fe 基本是对应分布，由于 C_2S 边缘有 CF 分布，此处有 Fe 的分布，则 Mg 不出现。Ⅱ号样是转炉炉底上涨物，Mg，Fe 分布对应很好。Ⅲ号渣样属高 FeO 稀渣，有很广阔的 Fe 分布区，Mg 只分布在较小的范围内。

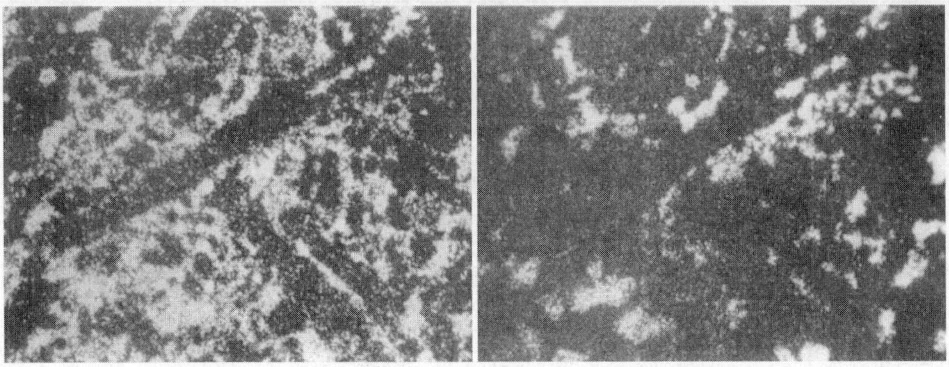

a　　b

图3　Ⅰ号渣样的X射线面扫描图像

a—SlagⅠ，Fe K_α；b—Slag Ⅰ，Mg K_α

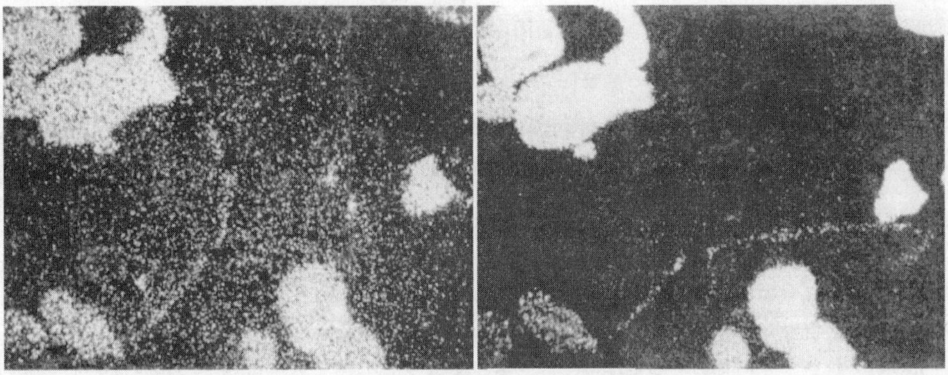

a　　b

图4　Ⅱ号渣样的X射线面扫描图像

a—SlagⅡ，Fe K_α；b—SlagⅡ，Mg K_α

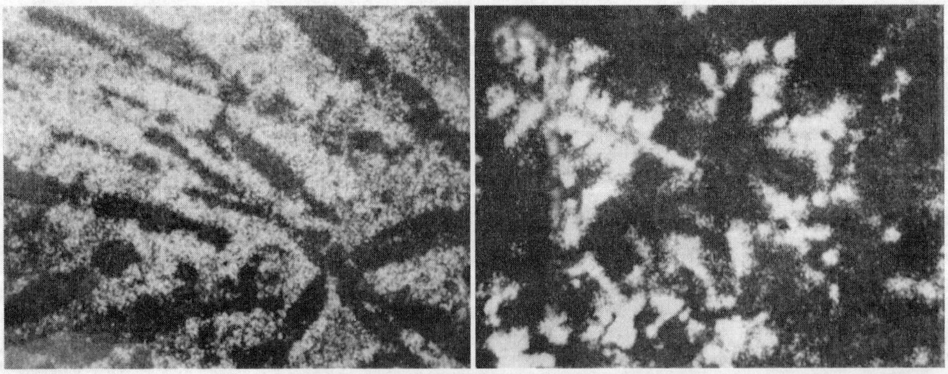

a　　b

图5　Ⅲ号渣样的X射线面扫描图像

a—SlagⅢ，Fe K_α；b—SlagⅢ，Mg K_α

表2　三种渣的化学组成　　（%）

No.	SiO_2	$\sum FeO$	CaO	MgO	MnO	P_2O_5	Al_2O_3
Ⅰ	15.53	14.0	57.42	8.38	4.85	2.53	1.30
Ⅱ	17.78	4.0	65.05	5.48	3.08	1.74	1.79
Ⅲ	8.21	34.95	45.31	6.73	2.33	0.76	1.15

综上所述，可以认为转炉白云石造渣操作，不能只顾控制渣中 MgO 含量，忽视其他重要因素的作用，如渣中 FeO_n 含量（或 FeO_n + MnO 含量）和温度。尤其是在一些 FeO_n 含量很高的渣中，可能会出现虽然加入相当数量的 MgO 而未必能有效地防止炉衬被蚀的现象。有时甚至由于 FeO_n 含量过高，反而侵蚀甚烈。反之，对于 Fe－CaO－FeO_n－SiO_2－MgO 系中，FeO_n 较低，处于 C_2S，C_3S，CaO 等饱和晶体析出区的炉渣，我们认为不能要求与晶体平衡的液相渣中 MgO 含量处于过饱和状态，否则会引起整个炉渣过黏，引起炉子容量和炉嘴变小，不利于其他技术经济指标。

结论

以 CaO－SiO_2－FeO_n 系为主体的转炉型（低磷）终渣，FeO_n 含量对炉渣的性质有着重要的影响，在一定温度下，FeO_n 高于一定值时，炉渣处于全液相区；低于一定值时，往往处于饱和晶体-液体共存区。在工作温度下，上述炉渣随其中 FeO_n 的降低呈现出“液相”—“晶、液共存”—“固相”的连续过渡的性质。

讨论

关于转炉终渣的流动性，对工作状态下处于全液相的渣液，主要取决于某一定温度下其自身的黏度；若对工作温度下处于晶－液平衡共存的炉渣，则应取决于其中析出的饱和晶体数量的多少，可否叫做表征黏度或宏观黏度。

就转炉炼钢而言，“化渣”一词，并不是专指所有石灰熔化完毕并生成流动性良好的均匀渣液，而应是泛指：（1）在吹炼过程中有适当的“泡沫”形成，生成以液相炉渣为基体的有一定数量金属滴、气泡和其他固体渣化质点在其中较好地弥散的乳状－泡沫液；（2）在临近吹炼终点时，在确保石灰渣化的前提下，视冶金任务的需要，决定它应该是全液相渣或有适当饱和晶体析出的稍黏渣、黏稠渣；（3）作为基本要求之一，要消除或防止在石灰表面的 C_2S 包裹膜。

对于晶－液平衡共存的非均质转炉渣，由于析出的晶体和固溶体是固态，其扩散或反应能力明显地低于液态熔渣。因而液态渣是与炉衬乃至金属之间进行反应的主要实体。在研究转炉炉渣性质中，如以工作温度下的析晶规律和与之平衡的液相性质作为主要目标，可能比通常测定熔点和黏度的研究方法更有意义。

当前国内氧气转炉的终渣比较普遍地存在碱度和氧化铁偏高的问题。其实，碱度高于2.5 的 C_2S 型炉渣的脱磷能力并不差，由于 C_2S 的致密结构和稳定性，还能在炉衬表面层形成一“保护墙”，同时 C_2S 型终渣的渣量一般较小，因此，从经济指标考虑，C_2S 型和 C_2S＋ C_3S 型终渣的性质是值得深入研究的。MgO 饱和的终渣，无疑有助于防止炉衬的侵蚀，甚至促使在炉衬表面“挂渣”，或引起炉底上涨。但是，通过岩相观察，无论是什么原因引起的上涨物或挂渣层的组成，在数量上 C_2S，C_3S 总是主要的，而含 MgO 的矿物总是相对地少。至于 CaO＋C_3S 饱和类型的炉渣，一般是不宜采用的。

它除了石灰消耗量高之外，往往伴随着高 FeO_n，在经济上是不好的。全液相的出钢渣恐怕只宜在原料条件差脱硫任务重或成品钢中硫、磷有较高要求的特殊条件下采用。

致谢

唐钢钢研所马天虹参加部分工作，王瑞林、宋实给予帮助，表示谢意。

Effect of FeO_n on Properties of Converter End Slag (Low P Content)

Ruiyu Yin, Yaohui Zhang

(Laboratory of Tangshan Iron and Steel Company)

Abstract The effect of FeO_n on the properties of converter end slag (low P content) has been studied with phase diagram analysis and petrograph observation. Referring data taken from end slag of oxygen blown converter to the $CaO-SiO_2-FeO_n$ system, the phase equilibrium under elevated temperatures is calculated and regressed. Thus, the relationship between FeO_n contained and percentage of balanced liquid phase in converter slag (low P content), of which C_2S, C_3S and CaO already crystallized out, may be obtained. It is demonstrated that adjustment of FeO_n content is significant of relation to the properties of the converter end slag. Furthermore, certain problems such as the slag viscosity, "slag melting" and slag making with respect to slag properties have also been discussed.

低合金半镇静钢 20MnNb（b）、25MnNb（b）凝固过程及其钢锭结构*

摘　要　本文是在试制低合金半镇静小型钢锭的基础上提出的。通过对 20MnNb（b）及 25MnNb（b）钢锭的解剖及相应的热力学计算，重点讨论了下述几个方面：

（1）枝晶凝固过程（考虑了包晶反应）中元素对半镇静钢钢锭结构的影响。由此选择冶炼控制成分。

（2）低合金半镇静钢皮下气泡生成条件的考察。

（3）“氢”半镇静钢钢锭结构的特点。

作为半镇静钢的生产技术，除了合理成分设计外，控制好钢锭头部的结构和防止皮下气泡的产生是十分重要的。本文将着重通过对低合金半镇静钢 20MnNb（b），25 MnNb（b）（其成分见表 1）在凝固过程中元素的偏析和气体析出的情况，对低合金半镇静钢的钢锭（250mm×250mm）结构进行某些分析、讨论。

表 1　低合金半镇静钢 20MnNb（b），25MnNb（b）控制成分

钢号 ＼ 化学成分/%	C	Mn	Si	Nb	S、P
20MnNb（b）	0.16～0.24	1.20～1.40	0.04～0.06	0.015～0.030	≤0.05
25MnNb（b）	0.25～0.30	1.30～1.50	0.05～0.08	0.015～0.030	≤0.05

1　20 锰铌（半）、25 锰铌（半）钢锭凝固过程中某些元素偏析和气体析出情况，及其对钢锭中气泡分布的影响

E. T. Turkdogan 以及 Harkness 研究了钢液凝固过程中元素偏析和钢锭中气泡生成的条件。在吸收他们提出的模型基础上，对凝固过程中发生的包晶反应加以计算分析，来讨论所炼钢种凝固过程中的元素偏析，脱氧和气体析出。

1.1　在钢液凝固过程中，隔离微区内发生包晶反应前后、溶质元素的富化规律

对碳、氢、氮而言，假定在固相中、液相中没有浓度梯度，只是在相界面上才有浓度突变，则可采用公式（1）来简单描述不同凝固率时残余液相元素的浓度：

$$C_L = \frac{C_0}{1-(1-K)g} \tag{1}$$

式中，g 为凝固率；K 为分配系数，$K=\frac{C_S}{C_L}$；C_0为凝固率，$g=0$ 时溶质元素的浓度；C_L

* 本文合作者：邓少妍，徐国伦，王海之。原发表于《钢铁》，1981，16（5）：38，39～45。

为凝固率为 g 时的溶质浓度。

对于硅、锰，假定在固相中分布不均匀，而液相浓度视为均匀；因而可采用公式（2）近似描述不同凝固率时残余液相中的浓度：

$$C_L = C_0 \ (1-g)^{K-1} \tag{2}$$

1.2 关于包晶反应发生过程中溶质元素富化规律

凝固过程中由于液相中溶质元素富化，将发生包晶反应。为了简化包晶反应的计算，作如下假定：(1) 包晶反应的始末凝固率（$g^{\delta}_{始}$；$g^{\gamma}_{末}$）只取决于金属液中的含碳量。(按铁-碳平衡图计算)；(2) 锰、硅等元素在包晶反应发生过程中，它们在 δ－Fe－液相和 γ－Fe－液相之间的分配系数不变，但 δ 相、γ 相的数量取决于相应的凝固率 g。

由物质平衡可得，包晶反应过程中溶质 i 在凝固率为 $g=g^{\gamma}+g^{\delta}$ 时残余液相中的浓度 C^i_g 为：

$$C^i_g = \frac{g^{\delta}}{g}C^i_{\delta} + \frac{g^{\gamma}}{g}C^i_{\gamma} \tag{3}$$

式中，C^i_{δ}、C^i_{γ} 分别为包晶反应过程中析出的 δ－Fe 相、γ－Fe 相中溶质 i 的浓度；C^i_{δ}、C^i_{γ} 将满足 Schiel 公式或杠杆定律（视元素而定）；g^{δ}、g^{γ} 分别为包晶反应过程中析出的 δ－Fe、γ－Fe 的凝固率，$g=g^{\gamma}+g^{\delta}$。

通过上述方程计算可以反证：(1) 在凝固过程中发生包晶反应时，残余液相中含碳量始终不变；(2) 对于锰、硅、氢、氮元素，在包晶反应过程中，其浓度与凝固率之间的关系可近似地表示为，由包晶反应开始点的 C^i_{δ} 与包晶反应终了点的 C^i_{γ} 两点之间的直线。

1.3 凝固过程中钢液内氧的控制和气体析出压力

凝固着的隔离微区中，钢液内溶质逐渐"富化"。富集了的硅、锰、碳和氧之间将发生不同程度的脱氧反应。一般地认为，在凝固过程中硅、锰和氧近似地达到平衡，因此，残余钢液中氧的活度可由硅、锰浓度达到平衡计算而得。同理也可计算出碳－氧之间的平衡关系（在本文的热力学计算中，均引用活度值）。

另外，由于20锰铌（半）、25锰铌（半）这两钢号的含锰量在1.2%～1.5%，含硅量一般在0.03%～0.09%之间，其 $[\%Si]/[\%Mn]^2$ 值很低，即使通过微区的选分结晶，也往往只有在钢液凝固率接近1时，才可能出现二氧化硅处于饱和的情况。所以，在计算钢液内氧含量时仅考虑碳、硅/锰脱氧的平衡。

本文就此两钢号计算了不同凝固率 g 时与硅/锰平衡的氧活度，图1、图2是其中部分计算结果。同时还求出了凝固过程中的 P_{CO}、P_{H_2}、P_{N_2} 以及 $P_{总}=P_{CO}+P_{H_2}+P_{N_2}$ 的曲线（P_{H_2}、P_{N_2}之值见表2、表3）。

表2　各凝固率 g 时的 P_{H_2} 值

原始成分				各凝固率 g 时的 P_{H_2} 值/atm									包晶反应区的 P_{H_2}	
C /%	Mn /%	Si /%	H /ppm	0.10	0.30	0.40	0.50	0.60	0.70	0.80	0.90	0.99	$P_{始}(g^{\delta}_{始})$/atm	$P_{末}(g^{\gamma}_{末})$/atm
0.20	1.30	0.03	3	0.018	0.025	0.031	0.040	0.053	0.074	—	—	0.138	$0.093_{(0.76)}$	$0.085_{(0.95)}$
0.20	1.30	0.05	3	0.018	0.025	0.032	—	0.053	0.074	—	—	0.162	$0.092_{(0.76)}$	$0.087_{(0.95)}$
0.28	1.35	0.03	3	0.019	0.028	0.035	0.043	—	0.049	0.062	0.083	—	$0.051_{(0.56)}$	$0.049_{(0.70)}$
0.28	1.35	0.06	3	0.019	0.028	0.035	0.044	—	0.050	0.064	0.086	—	$0.052_{(0.56)}$	$0.050_{(0.70)}$
0.28	1.35	0.10	3	0.019	0.028	0.035	0.043	—	0.049	0.062	0.083	—	$0.051_{(0.56)}$	$0.049_{(0.70)}$

表3　各凝固率 g 时的 P_{N_2} 值

原始成分				各凝固率 g 时的 P_{N_2} 值/atm									包晶反应区的 P_{N_2}	
C /%	Mn /%	Si /%	H /%	0.10	0.30	0.40	0.50	0.60	0.70	0.80	0.90	0.99	$P_{始}(g^{\delta}_{始})$/atm	$P_{末}(g^{\gamma}_{末})$/atm
0.20	1.30	0.03	0.004	0.010	0.013	0.015	0.015	0.019	0.030	—	—	0.065	$0.035_{(0.76)}$	$0.026_{(0.95)}$
0.20	1.30	0.05	0.004	0.010	0.013	0.015	0.015	0.019	0.030	—	—	0.065	$0.035_{(0.76)}$	$0.026_{(0.95)}$
0.28	1.35	0.03	0.004	0.010	0.014	0.016	0.020	—	0.020	0.027	0.034	—	$0.023_{(0.56)}$	$0.022_{(0.70)}$
0.28	1.35	0.06	0.004	0.010	0.014	0.016	0.020	—	0.020	0.028	0.036	—	$0.023_{(0.56)}$	$0.022_{(0.70)}$
0.28	1.35	0.10	0.004	0.010	0.014	0.016	0.020	—	0.020	0.027	0.035	—	$0.023_{(0.56)}$	$0.022_{(0.70)}$

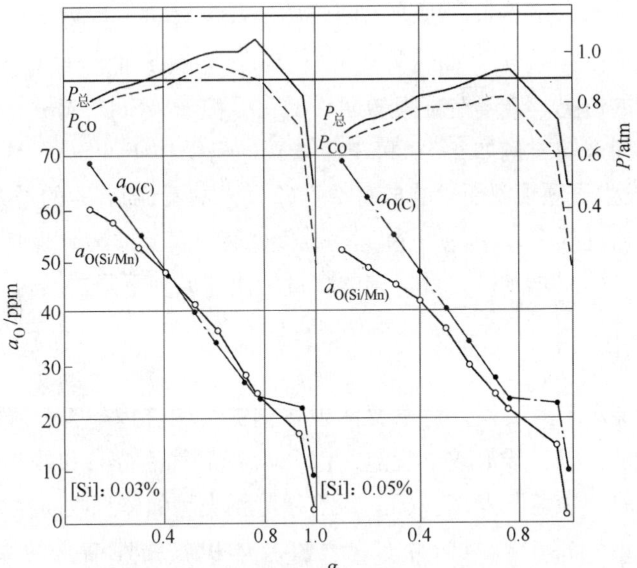

图1　凝固过程残余液相氧活度和气相压力变化

（[C]：0.20%，[Mn]：1.30%，[H]：3ppm❶，[N]：0.004%）

❶1ppm = 10^{-6}。

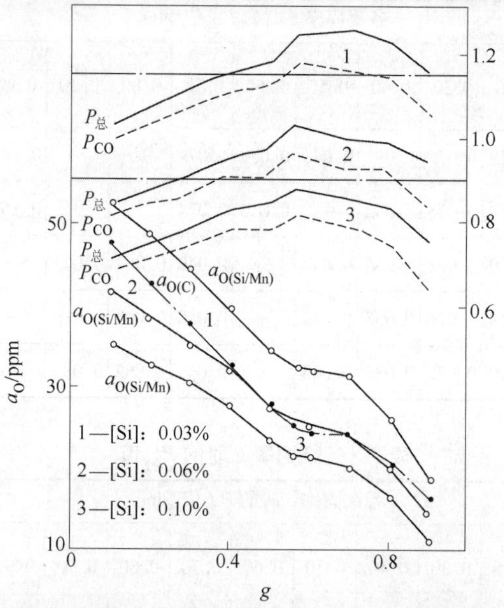

图 2　凝固过程不同 Si 含量与钢中残余氧和气体压力的关系

（[C] 0.28%，[Mn] 1.35%，[H] 3ppm，[N] 0.004%）

关于氧的活度，从图 1、图 2 中可以看到：（1）在不同的碳、锰、硅含量的钢液中，在各凝固率时，a_0 有时受到碳控制，有时为硅/锰控制，其曲线类别大体有四种，即：<a>[C]－[a_0] 曲线的位置在 [Si]/[Mn]－[a_0] 曲线之上，且不相交。此时，钢液内氧含量由硅/锰控制。<b>[C]－[a_0] 曲线的位置在 [Si]/[Mn]－[a_0] 曲线之下，也不相交。此时，钢液内氧含量由碳控制。<c>[C]－[a_0] 曲线与 [Si]/[Mn]－[a_0] 曲线有一个交点。即在不同凝固率的条件下，钢液内氧含量分别由碳或硅/锰控制。<d>[C]－[a_0] 曲线与 [Si]/[Mn]－[a_0] 曲线有两个交点。这是一种氧含量多变受控的情况。希望在凝固初期 [a_0] 受控于 [Si]/[Mn]，以免万一产生皮下气泡。而在凝固末期（例如 $g=0.95$ 时）[a_0] 仍受控于 [Si]/[Mn]，以免浇注末期，$P_总$ 过大，发生透顶现象而影响成材率。(2) 总的看，随着 g 的增大，[a_0] 不断降低。但在包晶反应过程中，[a_0] 下降速率减慢，有时甚至 [a_0] 保持不变，个别情况下还有回升迹象。(3) 增加碳、锰、硅的含量均使 [a_0] 下降。

1.4　关于钢锭结构与 $P_总-g$ 曲线

半镇静钢冶炼水平的高低，将主要体现在钢锭结构合理与否。所谓合理的半镇静钢钢锭结构主要是：(1) 没有皮下气泡；(2) 合理的气泡分布和较小的密封气囊，且钢锭顶部有一定的“顶盖”厚度。(3) 没有镇静钢类型的体积收缩性缩孔。

至于半镇静钢钢锭中气泡的分布，气囊及体积收缩性缩孔的大小，与 [C]－[a_0]，[Si]/[Mn]－[a_0] 以及 $P_总-g$ 曲线的形态与位置密切相关。

就半镇静钢而言，希望在一定的凝固率 g 时，其 $P_总=0.9\sim1.15$atm。对于整个凝固过程中 $P_总<0.9$atm 的钢液而言，其凝固后的钢锭剖面将明显偏于镇静钢，具有明显的体积收缩性缩孔。例如炉号 D3－6021（0.22% C，1.42% Mn，0.09% Si），其钢

锭头部的剖面如照片 1 所示，相应的凝固过程中的 $P_{总}-g$，［C］-［a_0］以及［Si］/［Mn］-［a_0］曲线见图 3。

照片 2 是炉号 D1 - 2443（0.20% C，1.22% Mn，0.05% Si）的钢锭剖面，属半镇静钢，图 4 为其 $P_{总}-g$ 曲线。

综合分析以上情况，我们认为要得到有长形气泡的钢锭头部结构，应符合下列条件：（1）凝固过程中钢液内氧的控制应该是［Si］/［Mn］→［C］→［Si］/［Mn］。（2）$P_{总}$ - g 曲线应该是：当 $g \leq 0.3$ 左右和 $g \geq 0.9$ 左右时，$P_{总} < 0.9$atm。而当 $g = 0.3 \sim 0.9$（或 $g = 0.5 \sim 0.9$）之间，$P_{总} = 0.9 \sim 1.15$atm，这似乎是形成合理长形气泡分布的关键。因此，对于顶吹转炉而言，碳、锰、硅的含量是关键因素之一。对 20MnNb（b）及 25MnNb（b）而言，含硅量分别控制于 0.04% ~0.06% 及 0.05% ~0.08% 是保证钢锭结构的合适范围。而此已为生产实践所证明。

照片 1

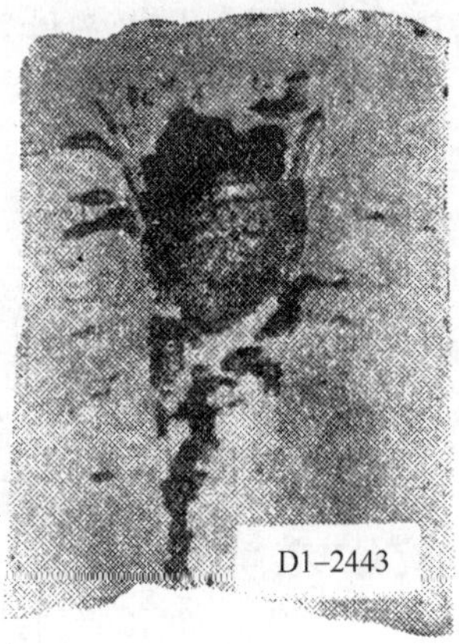

照片 2

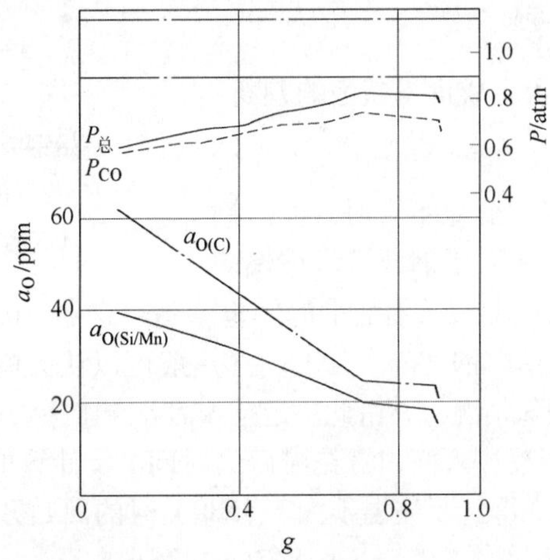

图 3　D3-6021 炉凝固过程残余钢液氧含量与气相压力的变化

（［C］：0.22%，［Mn］：1.42%，［Si］：0.09%，［H］：3ppm，［N］：0.004%）

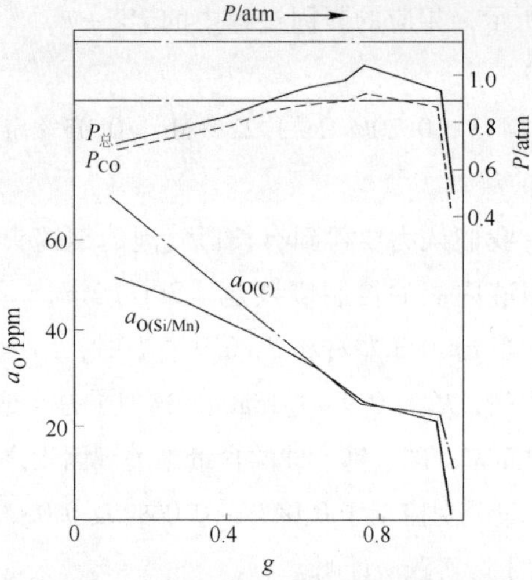

图 4　D1-2443 炉钢液凝固过程残余钢液氧含量与气体压力的变化
（[C]：0.20%，[Mn]：1.22%，[Si]：0.05%，[H]：3ppm，[N]：0.004%）

2　半镇静钢皮下气泡的生成条件及防止

2.1　皮下气泡生成的热力学条件

在分析皮下气泡的热力学条件时，为简化计算，假定：（1）气泡生成时表面张力可被忽略；（2）略去了液柱压力的影响；（3）不考虑激冷层的过冷度。

在此前提下，考察了剖出的钢锭的皮下气泡情况（以皮下气泡指数 $\phi^2 l$ 来表示，ϕ 为气泡直径，l 为气泡长度，单位均为 mm），并且分析了皮下气泡指数与原始钢液在其凝固点时的 $P^0_{总}$ 之间的对照关系（$P^0_{总}=P^0_{CO}+P^0_{H_2}+P^0_{N_2}$）。可以看到：在激冷层中形成皮下气泡与凝固点（计算值）时的气体平衡反应有关（图5）。由图5 还可以看到发生皮下气泡的 $P^0_{总}$ 有一个临界值（0.9atm），超过这一临界值越多，则发生皮下气泡的程度越激烈。

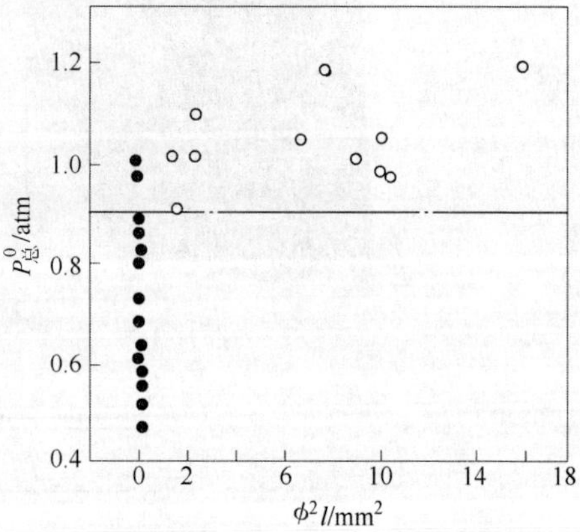

图 5　原始钢液在凝固点处的平衡气体总压 $P^0_{总}$ 与气泡体积指数 $\phi^2 l$ 的关系
（ϕ 为直径，l 为长度）

2.2　半镇静钢生产中是否生成皮下气泡的判断

在半镇静钢钢液注入锭模的过程中，在一定的钢液过热程度及下注速度变化不大时，模内钢液析出气体的时间无疑将滞后于钢液进入锭模的时间。而且就一定溶质浓度而言，滞后的时间也将是一定的。因此在钢的含氢、氮量变化不大时，可以根据注入模内钢液的发气时间（一般可以认为模内钢液滞后冒出火花的时间）来确定该炉次的脱氧情况，并由此决定是否需要在中注管加铝进行调整。

鉴于以上分析，将钢液注入模内冒花滞后的时间 t 及计算的相应 $P^0_{总}$ 值对应得到图6。通过进一步数学处理，得到了注温不大于 1580℃时的回归方程：

$$P^0_{总} = -0.847t + 1.761 \tag{4}$$

式中　$P^0_{总}$——钢液凝固点处的平衡气体总压，atm；

t——钢液注入模内后滞后冒花的时间，min。

由此，当［C］、［H］、［N］量、过热度、冷却强度基本不变时，可以查到对应于$P^0_{总}=0.9\text{atm}$的临界值（例如：如图查出接近1min）。至此，可根据$t_{临界}$来采取措施（加铝），防止皮下气泡的产生。

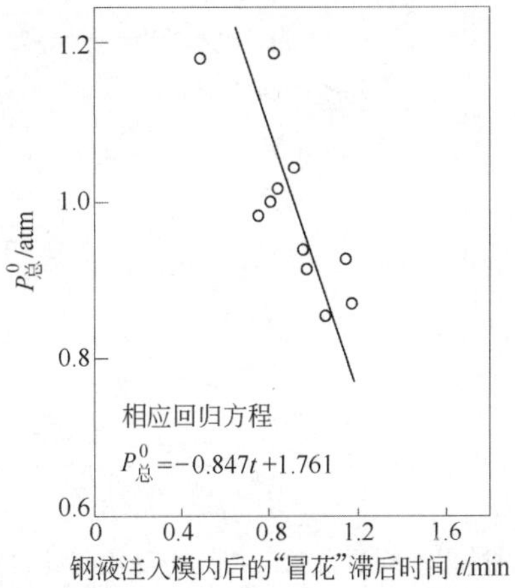

图6　半镇静钢钢液凝固点时气体平衡总压$P^0_{总}$与其注入模内后的滞后“冒花”时间t的关系（注温≤1580℃）

3　“氢”半镇静钢钢锭结构的特点

自从氧气底吹转炉以及国内氧气侧吹转炉相继出现，带来了钢液含氢量高的特点。能否利用这些氢冶炼半镇静钢，我们进行了一些试验，并对含氢半镇静钢头部结构进行了一些探讨。

由于“氢”半镇静钢与一般低含氢量的半镇静钢在凝固过程中析出的气体组成不同，尤其是$P_{总}-g$曲线的形状也不同，从而造成了它们之间钢锭结构也有所差别。

照片3、照片4分别是“氢”半镇静钢与一般半镇静钢的钢锭头部纵剖面，钢号都是20MnNb（b）。可以看出“氢”半镇静钢钢锭头部的结构特点是气囊体积较大，而且在气囊附近出现分散的长形气泡的概率小。

半镇静钢由于含氢量不同，钢液在凝固过程中析出的H_2及CO对$P_{总}$的影响大小是有明显差别的。在图7中给出了在0.28% C、1.35% Mn、0.004% N的前提下，变动［Si］、［H］后，隔离微区内钢液凝固过程中P_{H_2}的变化及其对$P_{总}$的影响程度。

照片3　顶吹转炉冶炼

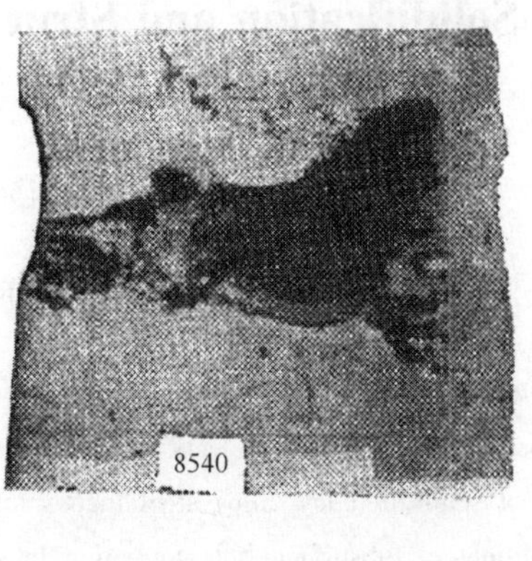

照片4　全氧侧吹转炉冶炼

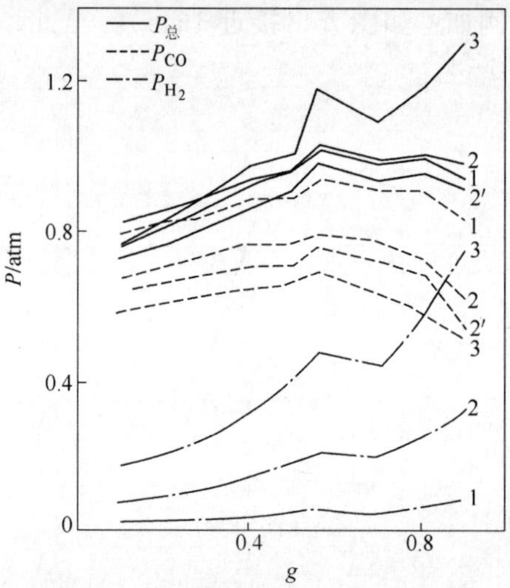

图7 凝固过程不同氢含量气相压力变化与硅含量的关系

([C] 0.28%, [Mn] 1.35%, [N] 0.004%)

1— [H] 3ppm, [Si] 0.06%; 2— [H] 6ppm, [Si] 0.10%; 2′— [H] 6ppm, [Si] 0.12%;

3— [H] 9ppm, [Si] 0.15%

由图7可见，就“氢”半镇静钢而言，凝固开始时的原始含氢量对气泡形成是有多么大的影响。如果考虑到钢锭凝固过程中的偏析，则在整个钢锭凝固末期，P_{H_2}的变化将更为突出，而P_{CO}的作用相应更小。由于P_{H_2}的作用，将引起整个钢锭在最后的非定向传热凝固期气体的大量集聚并析出，从而造成气囊体积的增大。

为了防止“氢”半镇静钢出现皮下气泡缺陷，要靠增加硅含量的方法来降低P_{CO}值。但也正因为硅含量高，P_{CO}值低，所以使得凝固过程中无法产生分散的长形气泡（由CO气体形成），使钢锭剖面类镇静化。

图7还告诉我们，像[H]为9ppm的情形，即使[Si] =0.15%，这种钢液在$g=0.9$时，$P_总$仍等于1.3atm，无疑这种钢锭除了头部气囊体积大之外，还很容易发生钢锭顶部平面的“冲破”现象。这将严重影响“氢”半镇静钢的合格率和成材率。因此，就一定钢号的“氢”半镇静钢而言，严格控制好钢液的氢含量及硅含量是至关重要的。

The Solidification and Structure of Semikilled Low Alloy Steel Ingot 20MnNb (b) and 25MnNb (b)

Ruiyu Yin, Shaoyan Deng, Guolun Xu, Haizhi Wang

(Research Institute of Tangshan Iron and Steel Company)

Abstract This article is based on a pilot run of semi-killed ingots of small size (about 10 inches across). The following aspects are discussed: 1. The effect of segregation of elements on the structure of semikilled low alloy steel ingot, taking into consideration the peritectic reaction. 2. The conditions of subsurface hole formation in semikilled low alloy steel ingots. 3. The "hydrogen" semikilled ingot structure.

冶金工序功能的演进和钢厂结构的优化*

摘　要　本文对钢厂生产流程中各单元工序的功能演进以及整个冶金工程的组成内涵所发生的巨大变化进行了评估。第二次世界大战结束后，以间歇/准连续流型和流程长为特点的钢厂工艺流程进步的基本动向是：单元工序功能的分析、分解和优化；各工序优化了的功能在工程中的组合优化；工序之间的衔接、匹配互程——广义"活套"工程。这实际上是一种长工艺流程中的物流多维管制系统。文中概括了这类物流多维管制系统的几个主要领域。本文对正在发展着的新一代钢厂工艺流程也作了评论。

在上述评估、归纳的基础上，研究了一系列工艺技术的替代/淘汰关系及其对钢厂结构的影响，进而从全球（包括发达国家和发展中国家）视角上讨论了各类有竞争力的钢厂结构的优化方向。

钢铁工业在第二次世界大战后的四十多年中取得了长足的进步，回顾历史可以明确地说，钢铁工业赖以存在的基本原理没有出现根本性的变化，但有关冶金工艺的基础理论得到了深入的发展。与此同时，钢铁生产工艺流程中各工序的技术表达方式以及工程的组成内涵则发生了巨大的变化，由此也就引起了资金投向和企业经济竞争力的变化。

从整体工程的高度出发描述系统的结构、系统中各工序的功能以及各单元工序之间的联系，对于以间歇/ 准连续流型和长流程为特色的钢铁厂的结构调整而言具有重要的现实意义。

从工程科学的观点出发，系统地研究钢铁冶金工序功能的演进及其对钢铁厂结构的影响，无论从科学技术上还是从经济建设上看都是非常重要的。

1　钢铁冶金工序功能的演进及其评估

所谓工序功能即工序在流程中发挥的主要作用。一般而言，在钢铁冶金这种间歇/准连续流型中，每个工序的功能是多元化的，而且有些功能是可以在多个工序中实现的。

战后40多年来，钢铁生产工艺的原理没有重大的革命性变化，依然是氧化物还原—铁水中元素的氧化、升温和钢液的合金化、净化—凝固、成型—热压力加工成型—材料变性处理这样一个过程。当然，从另一个铁源（废钢）的流程（电炉流程）的钢生产过程看也是如此。以氧位-温度为坐标可以概括为图1。

由于冶金物理化学、金属热塑性变形、金属材料科学、材料工程和以电子计算机为核心的自动控制系统等方面在理论上的进展以及大量工业性实验的成功经验，促进了钢铁冶金流程中各工序功能的演进及其技术表达方式的变化。当然，技术表达方式的变化对某些工序来说是革命性的，如氧气转炉取代平炉，连续铸锭取代模铸—初轧（开坯），铁水预处理和钢的二次冶金的在线化，轧钢过程的形变与相变的结合（控轧控冷）等；同时，对另一些工序的技术表达方式的变化则是渐进性的，如高炉、电炉的大型化及炉子结构的改进等。这些技术表达方式的变革和变化发展到一定的成熟程

* 原发表于《金属学报》，1993，29（7）：289～315。

度后，在理论和工程化的推动下，往往使得工序的功能出现新的变化。

统观迄今为止钢铁生产系统流程中各工序科技进步的动向，基本上是立足于：

（1）工序功能的分析、分解和优化；

（2）工序功能在工程上的组合优化；

（3）工序之间的衔接、匹配工程。

上述三方面的综合和发展，推动着钢铁企业的生产流程的进步和工厂结构的优化，从而组成了以传统流程为基础的现代化钢铁厂。

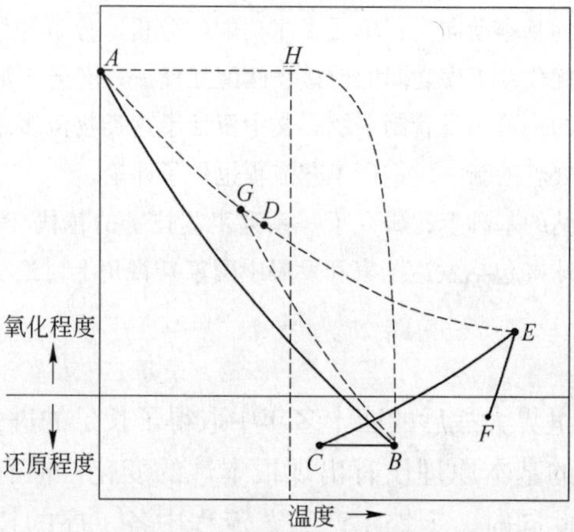

图 1　钢铁生产流程氧化—还原过程的比较

A—铁矿石；*B*—高炉出炉铁水；*C*—装入炼钢炉的铁水；

D—海绵铁；*E*—出炉钢水；*F*—成品钢；*G*—预还原矿石；

A—*B*—高炉过程；*C*—*E*—氧气转炉炼钢过程；*A*—*G*—预还原；*A*—*D*—直接还原；

D—*E*—电炉炼钢；*G*—*E*—终还原；*A*—*G*—*B*—两步法熔融还原；*A*—*H*—*B*—一步法熔融还原

1.1　工序功能的分析、分解和优化

基于上述认识，这里试图对钢铁生产流程中各工序的主要功能从工程的角度进行解析和归纳。

1.1.1　高炉

高炉经过不断的发展和进步，其基本的功能为：

（1）氧化物高效还原器。高炉以竖炉过程为其主要特征，由于原料处理技术的进步，炼焦技术的发展，热风系统的完善化以及高压操作，无料钟炉顶、新一代上料系统的不断开发和应用，并伴随着高炉大型化的趋势，高炉的利用系数已可以稳定地维持在 2 ~ 3t/(m^3 · d)。由于竖炉赖以确立的底焦料柱的不可取代性，高炉中还原 - 渗碳的作用依然存在。

（2）液态金属初始发生器和连续供应器。高炉是以氧化物为铁源的生产流程中生产出液态金属的第一个工艺环节，这是转炉炼钢赖以存在的基础。尽管高炉过程是一种缓慢的移动床方式，但是其还原出热铁水的过程却是连续的。通过多个出铁口技术的开发以及高炉一代炉龄寿命的延长（可达 12 ~ 14 年或更长），其连续性的表达更为明确，而且时限更长。

（3）能量转换和控制器。高炉过程伴随着巨大的能量消耗与转换，其特点是将焦炭、煤粉、天然气、重油等化学能转化为高炉产品（包括铁水、炉渣、煤气等）的物

理显能和化学潜能。随着工艺技术的进步，高炉的热效率不断提高，可达85%以上。作为向炼钢工序提供载能体的铁水，其物理显能和化学潜能之和，是转炉炼钢能量转换的重要基础。由于铁水中含C量是基本稳定的，因此在高炉过程中对于铁水化学能的控制主要体现在含Si量上，它是后续过程中进一步选择能量优化转换的根本。近40多年来，高炉生产的炼钢生铁其含Si量由0.8%～1.2%下降至0.2%～0.4%。现在看来，对于后续处理只进行脱硫的铁水，其Si可控制在0.2%～0.4%；对后续处理要求进行“三脱”处理的铁水，其Si量应尽可能控制在0.18%以下；对要求转炉多配废钢的工艺则铁水含Si量应控制在0.60%以上。这些参数的变化对高炉、转炉的能量平衡产生了重要的影响。现在由于高炉系统人工智能和工艺技术装备的不断提高，高炉能耗已可以做到不超过全厂能耗的56%。

常规鼓风的高炉每千克焦炭可产生高炉煤气7.5m^3（标准状态），约可提供2.30×10^2J的热能。由于高炉炉顶煤气余压发电TRT的应用和其他余热余能的回收利用，精料使得渣量降到300kg/t铁左右，再加上铁水中Si含量降到0.3%等综合措施，炼铁工序的能耗已由20世纪80年代先进水平的1.30×10^{10}J/t铁降到目前的8.99×10^{10}J/t铁的水平。

（4）冶金质量初始控制器。一般而言，高炉过程对于钢铁产品冶金质量的影响主要体现在对铁水含S量的控制。由于对高炉过程的深入研究以及不同钢铁产品在含S量上的要求，在高炉炼铁过程中，对铁水含S量的优化控制值已经逐步明确。就世界范围内看，一般对于不准备进行铁水预处理而供制造碳素钢条材的生铁而言，其含S量应控制在不大于0.030%的范围内；对于准备进行金属级（如金属镁、CaC_2、稀土合金等）预处理的铁水其含S量应控制在0.04%～0.05%；对于准备进行用氧化物-熔剂（如CaO，NaCl，CaF_2等）预处理的铁水，其含S量应控制在不大于0.020%。当然，这些量值的确定非但与整个制造过程工程组成有关，同时也有其经济上的优化内涵。

高炉过程上述四种基本功能将进而引发整个钢铁制造工程的物流控制、能量流控制、质量流控制并将影响信息流控制。

1.1.2 铁水预处理

铁水预处理工序是建立在对冶金过程热力学和动力学深入研究基础上而新确立的一个独立工序。从工程上看其基本功能已远远超越原来的质量调整范畴，主要是：

（1）冶金负荷和质量调节器。铁水预处理一般形式为铁水脱硫或脱硫、脱硅、脱磷两类，这两类处理均将影响高炉、转炉冶炼过程的冶金负荷并将直接对钢铁产品的质量产生重要的影响。由于铁水预处理对脱硫反应具有良好的热力学、动力学条件，脱硫效率很高，因此显示出经济上的重要价值。表1列出了各工序环节每脱除1kg硫所需的费用。

表1 各工序脱除1kg硫所需的费用

工　序	高炉炉内脱S	铁水预处理脱S	转炉炉内脱S	钢包脱S
每脱除1kg硫所需费用/美元	27	10.5	177	64

当然，对于钢铁产品的质量而言，铁水预处理工序属于一种粗调手段，且铁水脱硫只能有助于控制最终成品含S量而不能控制硫化物夹杂的形态。

（2）能量调节器。铁水预处理主要是通过适度的脱硅来调节铁水的化学能，从而为炼钢过程造渣、适度地利用废钢以及控制恰当的出钢温度创造前提条件。

(3) 高炉—转炉过程连续作业的缓冲器。由于高炉属间歇/连续作业，而转炉则是按炉周期作业，两者的衔接协调长期以来主要是通过混铁炉来实现。鱼雷罐运铁车的出现，以及铁水预处理站的建立，逐步取代了混铁炉而使之成为高炉—转炉连续作业的缓冲器。

1.1.3 转炉

氧气转炉由发明成功到成熟而取代平炉经历了一个过程，现在已经成为与高炉配合生产的唯一有竞争力的炼钢装备。氧气转炉的主要功能是：

(1) 快速、高效脱碳器。由于高炉是还原-渗碳反应器，铁水含碳高达4%以上，在钢铁生产流程中脱碳是一项重要任务。在以往相当长的时期内，平炉炼钢的时间长达十几个小时，生产效率极低。氧气转炉由于氧枪设计、炉型设计、冶炼制度直到顶-底复吹工艺等技术的进步，已使其供氧强度可达 $3m^3/(t \cdot min)$ （标准状态）以上，纯吹氧时间可缩到12~16min，是所有冶金工艺中脱碳速度最快的冶金器。大型氧气转炉与真空处理装置有效地配合在一起，使得高质量的低碳、超低碳钢能够高效率地生产。这是现代大型、高效率钢铁厂赖以建立的基本技术之一。

(2) 快速升温器。转炉熔池升温是依靠铁水中C、Si、P以及Fe等元素的化学能，由于氧化反应速度很快，因之熔池升温速度也很快。一般可以保证在12~16min内迅速将熔池温度由1300~1350℃提高到1640~1680℃左右，每分钟升温速度高达20~30℃左右，而且还具有一定的（≤25%）熔化废钢的能力。

(3) 能量转换和发生器。一般而言转炉过程不依靠外加燃料，并且由于冶炼制度的不断完善和OG法回收煤气的显热和化学潜能，使得整个转炉工序消耗的能量可以基本得到补偿，甚至还出现了所谓的“负能炼钢”。现在运营得好的转炉，每吨钢可以回收相当于5~10kg标准煤的能量。与平炉炼钢相比，转炉冶炼每吨钢可以节能 $2.1 \times 10^9 J$ 左右。

(4) 优化脱磷器。由于氧气转炉独特的热力学环境和动力学条件，在转炉中脱磷是一种较为优化的低成本作业。转炉内还可以实现在不同含碳量熔池脱磷的必要条件。转炉还能较好地适应不同含磷量的铁水资源。统观各类冶炼容器的脱磷指标，转炉仍不失为优化的脱磷器。脱硅、脱硫等已不应是现代氧气转炉的任务。

1.1.4 电炉

由于高功率、超高功率电炉的开发成功以及与之相适应的管式水冷炉壁、水冷炉盖、氧燃烧嘴、废钢预热、大型化直流供电系统、钢的二次冶金等工艺、装备的不断进步，使得现代电炉的基本功能主要体现在以下方面：

(1) 废钢快速熔化器。现代超高功率电炉的熔炼周期已经缩短到60~90min，有的甚至已达到每炉钢40~50min的水平。由于废钢预热技术的不断进步，废锭、重切头等重型废钢资源的日趋减少，电炉有可能向每天熔炼36炉钢的体制迈进。现代电炉已经没有还原期，还原期的功能已经转移到钢的二次冶金过程中去。

(2) 适度脱磷、脱碳器。废钢等铁料在电炉的快速熔化的氧化环境中，运用适当的手段进行适度的脱磷、脱碳反应仍然是经济合理的。

(3) 能量转换及控制器。电炉中能量的转换主要是把电能转化为钢液的物理显能（当然也不能排除由于废钢和生铁内元素氧化、废钢预热等带入能量的转换）。废钢预热则是缩短能量转换的时间过程的措施。能量转换的控制则主要体现在通过优化的供电制度、功率因素动态补偿以及氧燃烧嘴的合理使用上，上述工艺的改进已使得电炉的热效率不断提高和合理的出钢温度控制更加准确。

1.1.5 钢的二次冶金

钢的二次冶金这一工序是建立在冶金热力学和动力学深入研究和工艺开发基础上的一个新工序，起先是为了解决质量和品种问题，随着这一工序的不断发展，已进入了“在线化”的应用，现代化的炼钢几乎是100%的钢水经过钢的二次冶金这一工序。这一工序的功能面进一步扩大、成熟。其基本功能主要是：

（1）优化精炼器。钢的二次冶金基本上已经取代了炼钢炉绝大部分的精炼功能，并使之水平更高，能力更强。例如脱除钢中有害元素：O，N，H，S，P等；进行钢水成分的最终调整、精确的合金化和成分均匀化，钢中非金属夹杂物的脱除及形态调整；钢水温度的调控（包括升温）和均匀化等。表2为钢的二次冶金进展情况。

表2 钢的二次冶金进展情况

工序	二次冶金									
主要功能 / 年代	脱气	合金化	均匀化	脱碳	脱氧	脱硫	夹杂形态控制	夹杂上浮	成分微调	升温
20世纪60年代	○	○	○							
20世纪70年代	○	○	○	○	○	○		○	△	
20世纪80年代	○	○	○	○	○	○	○	○	○	△
20世纪90年代	○	○	○	○	○	○	○	○	○	○

注：○表示常规使用的功能；△表示处于发展中的功能。

（2）炼钢炉—连铸机作业缓冲协调器。这种缓冲协调的功能主要是体现在物流（包括时间节奏）、能量流（包括温度的调控）以及质量流（质量参数的优化和传递）的调控上。这对于全连铸车间、连铸坯直接装炉、直接轧制以及薄板坯连铸—连轧等先进工艺技术的实施几乎是必不可少的。

（3）生产效率、效益的倍增器。在许多情况里，钢的二次冶金工序由于取代了电炉的还原期，解放了转炉的脱碳（低C区）、脱硫等任务，使得冶炼时间明显缩短而且稳定，这对于整个流程的生产效率的提高有明显的促进作用。而且，由于在钢的二次冶金过程中合金收得率的提高和稳定，以及在真空或氩-氧吹炼条件下可以用碳素铬铁取代金属铬或是微碳铬铁等因素，使得生产成本明显降低，效益和效率倍增。

现在钢的二次冶金装置正在向着100%钢液“在线化”处理的体制发展，同时，也正在向多功能组合化方向发展。就工程而言，不同类型的钢厂也基本上具备了比较优化的匹配模式。

1.1.6 连续铸锭

作为取代模铸系统凝固、成型作用的连续铸锭装置，其功能已经大为发展了，这主要包括如下几个方面：

（1）高效凝固器。由于连铸机采用了高速流动的水作为冷却介质，使得金属与冷却介质的温差始终保持着一个极高的温度梯度（相反，模铸过程的温度梯度是变化的），因而构成了连铸装置快速高效凝固的特点。当然，也由于连铸坯的断面相对于钢锭而言更接近成品钢材的断面并且连续拉坯，更显出其高效凝固的特点。

（2）优化成型器。连续铸锭作为成型器的优化，首先在于它可以获得与轧钢机能较好地衔接匹配的、经济合理的铸坯断面，而且坯重可以加大，从而在许多情况下可以减少开坯工序和从根本上取消初轧机。同时，连铸的成型方式有助于实现机械化、连续化、自动化作业。接近最终断面的连铸—连轧技术是更进一步的成型优化，它正在促成新一代冶金工艺流程的构成。

(3) 冶金器。连铸装置的冶金器作用随着工艺、装备的成熟而越来越深刻地表现出来，连铸装置既有化学冶金器的内容又有物理冶金器的作用，两者都直接关联到钢产品质量。

从化学冶金器的内涵来看，注流密封技术很好地防止了钢液的再氧化，中间罐冶金以及结晶器内的保护渣技术为进一步净化钢水以及钢液的成分控制和均匀化提供了手段。

从物理冶金的作用来看，结晶器保护渣技术和振动技术为钢产品获得良好的表面质量创造了重要的前提，结晶器内以及液相芯的电磁搅拌技术和快速凝固技术为获得良好的铸坯组织提供了有效的控制手段。

(4) 节能器。连铸工序的节能作用一方面是相对于模铸—均热—初轧（开坯）而言的，一般来讲，连铸工艺可比模铸—均热—初轧流程节能（6.3～8.4）$\times 10^9$ J/t 坯，提高成材率5%～12%；同时也体现在炼钢—钢的二次冶金—连铸—热轧在物流、质量流的高温热连接方面。其节能的效果不仅表现为减少中间加热的能耗和提高成材率上，而且还表现在自高炉开始一直到最终成品工序的工艺优化、输送优化带来的综合节能上。表3列出了炼钢—轧钢不同生产流程的轧钢能耗比较。

表3　炼钢—轧钢不同生产流程的轧钢能耗比较

序号	工艺过程	沿经工序								轧钢燃料消耗/J·t^{-1}
		炼钢	铸锭	均热	初轧开坯	连铸	钢坯清理	加热	轧制	
1	模铸钢锭冷装轧制 IC－CCR	○	○	○	○		○	○	○	2.01×10^9
2	模铸钢锭开坯后直接轧制 IC－DR	○	○	○	○				○	0.920×10^9
3	连铸坯冷装炉轧制 CC－CCR	○				○	○	○	○	1.34×10^9
4	连铸坯热送轧制 CC－HCR	○				○		○	○	0.878×10^9
5	连铸坯直接热装炉轧制 CC－DHCR	○				○		○	○	0.334×10^9
6	连铸坯直接轧制 CC－DR	○				○		角部补热	○	

1.1.7　轧钢

轧钢是为市场提供商品的工序，因此该工序对于企业来说是非常重要的。现代轧钢工序的基本功能可以简要概括为：

(1) 连续形变器。连续形变的含义主要体现在轧件的轧制形变是在一组轧机上按照优化的不同压下量连续完成的。其连续的含义不仅体现在轧机系统内轧机之间的形变量匹配和流量匹配方面，而且还体现在与连铸坯生产的物流连续上以及在冷轧过程的开卷—酸洗—冷轧—卷取—表面处理的连续上。现代连续轧机的另一特点是轧制速度越来越高，例如高速线材轧机的出口速度已可达100m/s左右，热连轧带钢轧机的出口线速度可达25m/s左右，秒流量连续的水平以及连轧过程中高速轧制的时间比越来越大。

（2）组织性能控制器。由于在轧制过程中对温度的控制和形变过程的控制手段日益成熟和精确化，以及在此基础上形变-相变复合技术的开发、成熟和系统配套，使得钢产品的组织、性能的优化控制可以在一套轧钢装置上实现。当然，这种优化控制是和炼钢—钢的二次冶金—连铸坯冶金质量的优化控制过程相衔接的。

（3）多层次附加处理器。轧钢是使产品进入市场的最终工序，面对市场多层次、多样化的需求趋势，轧钢工序逐步向着表面处理、深加工、零件化等高附加值产品方向发展，灵活的柔性轧制技术也渐趋活跃。这本身也代表了钢铁工业未来的发展趋向之一。从轧制工序自身而言，材料综合、过程综合和技术综合为轧钢进一步发展开辟了广阔前景。

1.1.8 钢铁生产工序的功能分解和组成

综上所述，可以归纳出钢铁冶炼工序的功能分布和凝固、轧制工序的功能分布情况以及这些功能的效果，综合于表4、表5。由此可以根据产品的特点，结合资源、能源、资金和运输等综合条件，从工序功能的优化选择出发，选择适当的工艺流程和装备水平。

表4 钢铁冶炼工序的功能分布和组成

任务＼工序	高炉	铁水预处理	转炉	电炉	钢的二次冶金	中间包	结晶器
还原增碳	√	×	×	×	○	×	×
脱碳	×	×	√	○	√	×	×
脱硫	√	√	○	○	√	×	×
脱磷	×	○	√	○	○/×	×	×
脱硅	×	√	√	○	×	×	×
升温	√	×	√	√	√/○	○	×
脱氧	×	×	○	○	√	○	×
脱气	×	×	○	×	√	○	×
除夹杂	×	×	×	×	√	√	○
合金化	×	×	○	○	√	×	×
均匀化	×	×	○	○	√	√	×

注：√表示效果很好；○表示效果一般；×表示没有效果。

表5 凝固、轧制工序功能分布和组成

任务＼工序	结晶器	加热炉（均热炉）	轧机组	中间加热炉	终轧机组
凝固	√	×	×	×	×
成型	√	×	×	×	×

续表 5

任务＼工序	结晶器	加热炉（均热炉）	轧机组	中间加热炉	终轧机组
组织性能	○/√	○/×	○/√	○/√	√
温控	×	√	○	√	○
变形	×	×	√	×	√
表面质量	√	○/×	×	○/√	○/×
内部质量	√	×	○/√	○	○/√

注：√表示效果很好；○表示效果一般；×表示没有效果。

1.2 钢铁生产流程中工序功能在工程上的组合优化

钢铁生产流程科技进步的又一个特点，是在对工序功能分析、分解、优化的基础上，将优化的工序功能在工程上进行组合优化。作为组合优化的起源和支撑点，首先是单体组合优化，进而推进区段过程的组合优化，再实现系统工程的组合优化。

作为单体的组合优化已经有很多成熟的技术，如干熄焦（CDQ）、高炉炉顶煤气余压发电（TRT），LD-OG、转炉提高炉龄、高炉提高一代炉龄的年限、转炉复合吹炼、轧钢加热炉综合节能技术以及以计算机为核心的自动控制与各单体工艺设备相结合的基础自动化等。

作为区段组合优化也有很多成熟的技术，如炼铁—烧结（球团）炼焦的组合工程系统，铁水预处理—转炉—钢的二次冶金—连铸的组合优化车间，废钢预热—电炉—钢的二次冶金—连铸的组合优化车间，无缺陷铸坯生产技术—高温铸坯输送技术—铸坯直接高温装炉技术或直接轧制技术，控温—控轧—控冷技术，MIS 控制技术等。

作为系统工程组合优化，则往往是建立在上述两项优化组合系统的基础上的，从而形成传统流程的现代化组合优化。这种现代化组合优化在高炉—转炉流程或电炉流程均可实现。作为这种系统工程组合优化的标志是在工艺、装备现代化的前提下实现 CIMS。

系统工程组合优化的另一种表达形式则是新一代工艺流程的发展（另述）。

1.3 工序之间的衔接、匹配工程——广义“活套”工程

从工厂的生产效率、生产成本、产品质量、投入-产出的有效性以及尽可能地减少资金一次性投入量等战略性要求出发，现代化钢铁厂在技术进步的过程中，搞好工序之间的衔接、匹配工程，是增强钢厂市场竞争力的重要措施之一。

工序之间的衔接、匹配工程，主要体现在过程的物流管制、能量管制、质量管制，以及在此基础上的信息管制。在这些管制体系中，其基本的主流是物质流管制。钢铁生产流程中物流的管制本身就包含有能量、状态、质量等管制内涵，这是一种长工艺过程中的物流多维管制系统。要解决好钢铁生产流程中物流管制的诸多重要环节，基础在于诸工序间（多工序间）各项重要参数的衔接、匹配、连续、稳定。作为钢铁生产过程的物流多维管制工程，如下工艺参数的衔接、匹配、连续稳定均应在考虑的范围之内：

（1）物流在状态和数量上的转变、传递、衔接、匹配；

（2）物流在时间节奏上的协调、适应、配合；

（3）物流过程中金属由液态转变为固态并获得一定几何尺寸的铸坯断面，进而进行断面形状和尺寸的转变、传递、衔接、配合；

（4）物流在温度和能量上的转变、传递、衔接和节约；

（5）物流过程中钢的表面质量、宏观结构、微观组织以及性能的转变、遗传和调控；

（6）物流传输方向和方式的调整、衔接和优化。

要实现上述诸多方面衔接、匹配，不仅要依靠各主要单体工序的功能优化和装备可靠性、可控性的提高（这一点已为人们认真地关注），而且还要十分重视相邻工序之间起输送和调节作用的机械物理硬件的能力和功能的优化，使之能够成为各工序之间实现匹配、衔接、调控作用的柔性“活套”。

实际上，战后40多年来这类柔性“活套”工程随着工序功能的演进和工序间的组合优化也在不断发展着。

作为高炉—转炉之间匹配、衔接的“活套”，原来是混铁炉。由于鱼雷罐式运铁车和铁水预处理技术的开发，进而成为一个独立工序，并逐步取代了混铁炉。

作为炼钢炉—浇注成型系统之间衔接、配合的“活套”，原来只有盛钢桶。随着二次冶金的发展，炉外精炼装置能够调控的工艺参数更为宽阔、有效，因此现代化钢包精炼站扩大了炼钢炉—浇注成型系统之间衔接、匹配的内涵和“活套”能力。由于中间罐装备技术和中间罐冶金技术的发展，炉外精炼装置与连铸机之间“活套”内涵和能力也进一步扩大。

作为浇注成型系统—热轧机之间的衔接配合的“活套”，原来是均热炉、加热炉以及钢锭库。由于连铸坯—热轧机之间的高温热连接技术的开发成功，其“活套”的形式、内涵和能力也发生了深刻的变化。

因此，高度重视钢铁生产流程中工序之间的衔接、匹配工程，开发和优化广义“活套”工程是传统生产流程的现代化以及新一代工艺流程发展的一个重要课题。对于钢铁生产流程的连续化、自动化发展而言，也必须解决好这些机械物理性的“活套”工程，只有在既能控制好重要的工序硬件装置又能灵活、有效地调控一系列的“活套”工程的条件下才能达到高水平的CIMS。

2　钢铁冶金生产过程的运输问题

钢铁工业在某种意义上讲是“运输工业”。

钢铁生产过程的物流运输是既影响企业结构，又影响市场竞争力的重大问题。同时，厂外运输甚至与钢铁企业的厂址选择、全国钢铁生产厂的地理布局等重大宏观决策直接相关。由于上面涉及的工序功能的演进趋势，对钢铁工业的物流运输的方式、途径和速度也带来了深刻的变化，尤其是钢铁联合企业原来以铁路运输为主的格局发生了重大的变化。

现在总的趋势是：

（1）钢铁企业的物料、能源以及重要产品的总进、总出仍然依赖于铁路、船舶，尤其是矿石、煤炭、石油由于在世界范围内对国际资源的依存关系日增，因而其运输方式更多地依靠巨型船舶。

（2）车间之间、工序之间的物流运输方式，除高炉铁水目前还不能摆脱铁路输送方式以外（国际上已有个别工厂开始采用以专用汽车输送铁水罐的尝试），其他原料、半成品、成品的输送已转变为以不落地的工序间的“在线”工艺输送方式为主（例如皮带、辊道、吊车等输送方式），基本上是不落地、不曲线倒运、不依靠铁路运输、尽量压缩或取消中间库的作用或容量，以尽可能追求“最小运输功”和缩短物流时间周期为主要方向。表6为炼钢—轧钢不同生产流程的过程时间比较。

表6 炼钢—轧钢不同生产流程的过程时间比较

序号	工艺过程	沿经工序								钢水到轧成品所需时间/h
		炼钢	铸锭	均热	初轧开坯	连铸	钢坯清理	加热	轧制	
1	模铸钢锭冷装轧制 IC－CCR	○	○	○	○		○	○	○	85～110
2	模铸钢锭开坯后直接轧制 IC－DR	○	○	○	○				○	60～85
3	连铸坯冷装炉轧制 CC－CCR	○				○	○	○	○	30～40
4	连铸坯热送轧制 CC－HCR	○				○		○	○	5～10
5	连铸坯直接热装炉轧制 CC－DHCR	○				○		○	○	1～2
6	连铸坯直接轧制 CC－DR	○				○		角部补热	○	0.5～1

（3）某些辅助材料的运送则是以大型运输汽车的公路运输为主，尽可能地不采用铁路输送，以避免工厂土地面积因铁路曲率半径、道岔等技术因素占用。钢铁厂内传统的以铁路运输为主的运输方式，弄不好甚至可能由于铁路的因素而使40%左右的土地面积无法合理利用，这也是值得注意的经验教训。

综上所述，钢铁厂的总图布置也将发生明显变化，车间布置更趋紧凑，半成品、成品仓库及其相应作业人员趋于减少，工厂总的占地面积也随之减少。

3 关于新一代工艺流程的认识和评估

所谓新一代的钢铁生产工艺流程，在人们的印象中往往是指薄板坯连铸—连轧工艺，熔融还原等新技术。实际上，所谓新一代流程从化学冶金、物理冶金角度看，在原理上并没有新的突破，而是在工艺技术和工程组成上以更为优化的方式体现出来。新一代工艺流程的特点从技术上看，是以传统流程为基础，以钢液凝固—热连轧和氧化矿物—热铁水发生这两个区段为突破口，组成新的工艺流程。

关于钢液凝固—热连轧区段的工艺革新，现在看来已有成功的先例，但仍在不断发展之中。薄板坯连铸—连轧技术已在美国Nucor公司进行正常的工业生产并已表现出强大的市场竞争力。然而带有铸轧一体化技术的薄板坯连铸—连轧、薄带坯连铸—热连轧甚至带钢连铸—冷轧技术正在研究开发（表7）。连铸方坯的铸轧技术也将进一步开发。看来凝固—成型—形变区段正在酝酿着诸多新的工艺技术生长点，而这些生长点将对未来的炼钢—轧钢过程产生重大影响，进而对工厂结构产生影响。图 2 和图 3 分别为与轧钢厂组合的薄板坯连铸和薄板材生产新技术开发情况。

表 7　连铸新技术开发及相关参数

工　艺		尺寸/mm	v_c 最高/m · min^{-1}	每一流或每一个水口的最大能力/t · a^{-1}
薄板坯技术	弧型连铸机	(120 ~ 10) × 最大 2800	6	100×10^4
	水平连铸机	(120 ~ 50) × 最大 600	3	20×10^4
带材连铸技术	移动式结晶器	(10 ~ 5) × 最大 1000	60	100×10^4
喷射沉积	喷射技术	(50 ~ 5) × 最大 800	3	10×10^4
带钢连铸	浸没工艺	(10 ~ 1) × 最大 1000	60	100×10^4

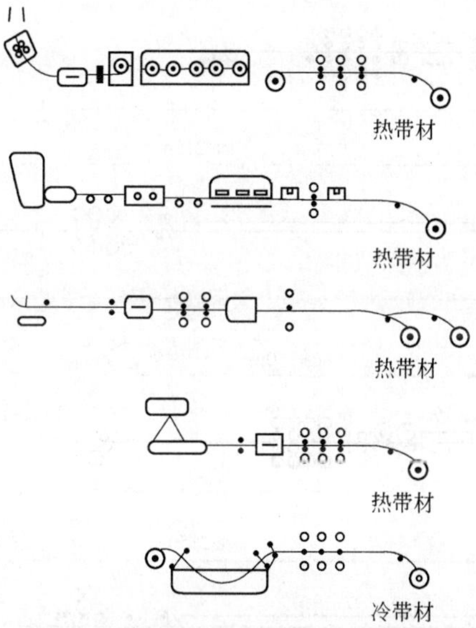

图 2　薄板材生产新技术开发情况

至于氧化矿物—还原过程—热铁水发生过程工艺革新的背景，主要来自 3 个方面的原因：

（1）对高炉以及炼焦、烧结（球团）设备的更新需要巨额的资金投入；

（2）许多主要产钢国家对未来焦煤资源日益短缺的担心；

（3）社会、法律对环境保护的日益重视。

基于上述原因，逐步开始寻找其他途径来取代某些高炉。企图探索以熔融还原工艺生产炼钢铁水，其方法是多种多样的。按其工艺路线大体可分为 4 种类型：

（1）由气体直接还原法派生出来的流程（如 Corex）；

（2）由转炉熔池法派生出来的流程（如日本的 DIOS、美国的 AISI 和澳大利亚的 HI Smelt）；

（3）由电炉炼钢技术或等离子熔化技术派生出来的流程（如 Inred，Elred，Plasmared 等）；

（4）基于高炉技术的熔融还原流程（如 Kawasaki 流程、Suimitomo SC 流程等）。

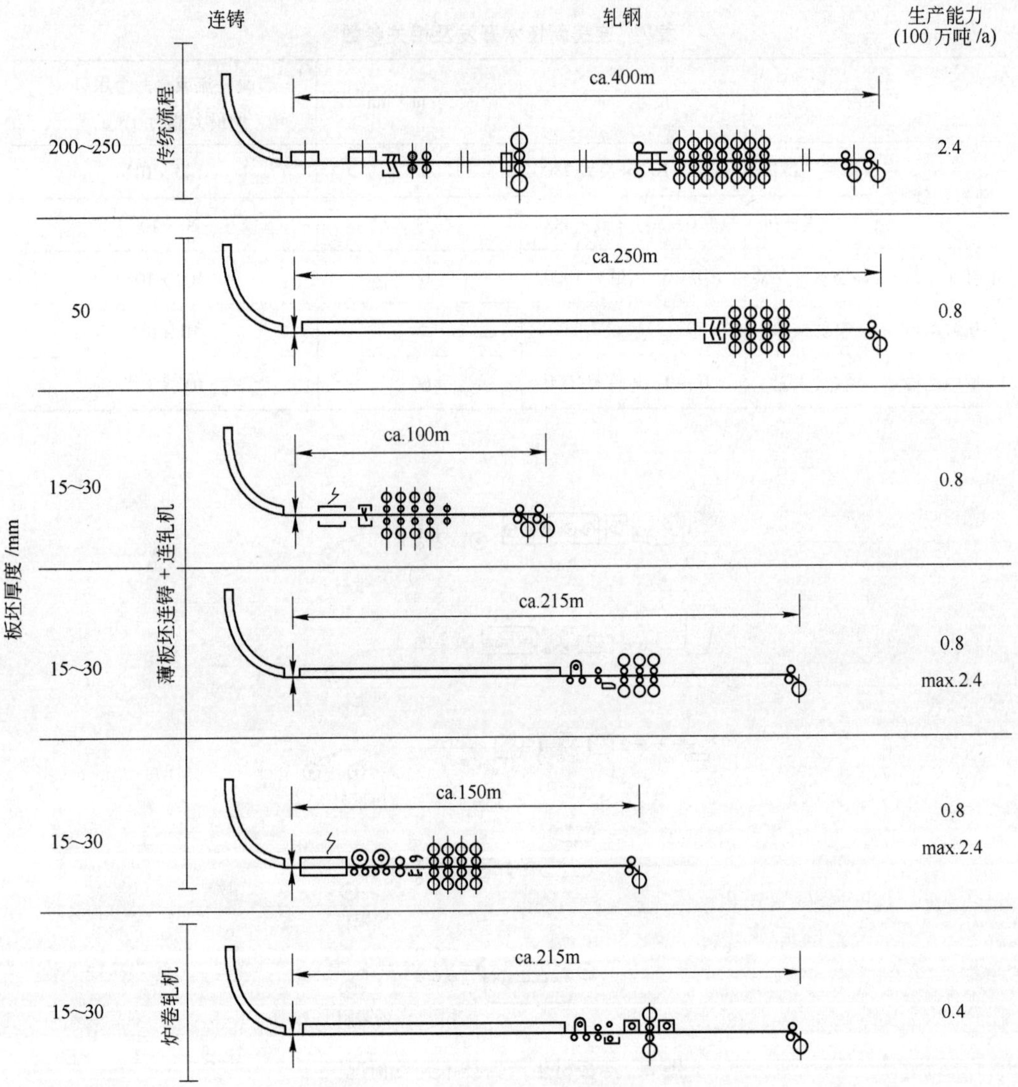

图 3　与轧钢厂组合的薄板坯连铸

从熔融还原炼铁工艺 20 多年的发展过程来看，目前比较成功或有潜力的流程都是采用两步法。即先将铁矿进行不同程度的预还原，然后再进入熔融炉完成终还原，最终熔化成铁水。按照预还原阶段铁矿的预还原程度以及熔融炉中煤气的二次燃烧率来分析，可将熔融还原工艺粗略地分为三代。表 8 示出不同熔融还原工艺的操作机制。

上述不同熔融还原工艺中，日本的 DIOS 和澳大利亚的 HI Smelt 工艺有可能在今后几年或稍长一点的时间内成熟，它们都具有较高的二次燃烧率，与 Corex 工艺相比能有效地降低煤耗，在实现工业化后具有相当的竞争力。但是，在目前情况下，Corex 工艺还是迄今为止唯一工业化了的流程。考虑到 Corex 目前仍然是生产热铁水，因此将主要应用于与转炉配合生产，但是作为整体工程来看，不仅要考虑转炉工艺的配合，而且要进一步考虑生产什么产品、采用何种轧机等一系列问题。看来，就中国而言，Corex

表8　不同熔融还原工艺的操作机制

操作机制	方法名称（开发国别）	熔融炉中二次燃烧率/%	预还原度/%	预还原炉中炉型/矿型
低二次燃烧率	Elred（德）	<10+电热	80~90	流化床/粉矿
	Corex（德、奥）	<10	85~95	竖炉/块矿、烧结、球团
高预还原度（新一代）	BSC/Hoogo-vens（英、荷）	<10	85~95	竖炉/块矿、烧结、球团
	Kawasaki（日）	<10	80~95	循环流化床/粉矿
	Suimitomo（日）	<10	85~95	竖炉/块矿、烧结、球团
中等二次燃烧率中等预还原度（第二代）	Inred	>40	约30	熔化旋风炉/粉矿
	HI smelt（澳）	>45	<30	循环流化床/粉矿
	DIOS（日）	>45	<30	循环流化床/粉矿
	AISI（美）	>40	<30	HYL型竖炉/粉矿
高二次燃烧率低预还原度（第三代）	HI smelt Ⅱ（澳）	>60	<10	循环流化床/粉矿
	DIOS（日）			循环流化床/粉矿

与其用于取代原有1000m^{3}以下的高炉系统，莫如用于新建转炉流程的企业。以Corex与CSP或ISP工艺组合起来生产，当然更具有探索性，然而也应认识到更具风险性。这种风险主要不是来自新装备本身，而是来自在相互衔接、匹配过程中能否优化组合、协调平稳生产。应该看到，对某些国家、某些地区而言，Corex的风险性更大，而与Near Net Shape Casting工艺相比，成熟性也稍差。

另一方面，当冶金学家们热衷于熔融还原工艺研究的同时，产业界对电炉流程的兴趣却有增无减，现在已成为另一种潮流——大力推动利用废钢资源。因此，对于涉及废钢资源的收集、分类、处理、成型、输送、熔化等方面的工艺技术，应作为与熔融还原工艺具有同样的重要性来对待，对于发展新一代工艺流程而言也是必须认真注意开拓的。

对于以废钢为资源的工艺流程重要性的认识，不仅在于解决“铁源”，而且在能源消耗和环境保护方面也具有重要意义；废钢流程吨钢一次能源消耗为高炉—转炉流程的半数以下；如用产生的CO_2进行比较，估算高炉—转炉工艺吨钢产生CO_2为2000~2100kg，而废钢工艺流程则为800kg。此外，废钢资源的利用作为解决固体废弃物的有效方法，也具有重要的环境保护价值。

革新生产工艺不仅是今后10年而且是21世纪钢铁工业的核心命题，它以产品高级化、专业化生产为主要着眼处；同时，新工艺将向着简化生产流程、节能降耗、优化成本、开辟或适应时代提出的不同类型的原料和能源条件迈进，进而构成灵活的经济制造工艺。

4　钢铁厂结构的优化

4.1　工艺技术的替代-淘汰关系及其对工厂结构的影响

钢铁冶金过程各工序功能的演进趋势导致了一系列工艺和装备的替代-淘汰关系。其基本趋势是：在联合企业中，大型高炉逐步替代了原有的为数众多的中、小型高炉；

氧气转炉在全球范围内将平炉工艺淘汰；大型电炉也在某种程度上替代了平炉；连铸工艺（特别是全连铸车间）使得模铸工艺—均热炉—初轧机几乎在全球范围内被淘汰；连铸工艺也使开坯的作用受到限制或被替代；连续轧钢使得横列式、往复式、叠轧式轧机逐步被淘汰；而“控轧控冷”工艺或连续式热处理炉使得箱式/罩式等间歇式热处理装置被取代、淘汰或被限制在很小的使用领域内，如此等等。这些工艺技术和装备的替代、淘汰关系，使工厂结构发生了重大的变化。其中特别是全连铸生产体制的出现，初轧（开坯）工艺的被淘汰/限制，直接影响到钢铁厂产品结构的变动。由于全连铸体制取代了初轧机，钢铁厂的经济规模也发生了变化。以往是以一台或两台初轧机的能力决定钢厂的合理经济规模，而现代化钢厂的经济规模大多数情况下是取决于按市场需求的产品出发所选用热轧一次材轧机的能力。若一个钢厂选定三套热轧一次材轧机，其工厂规模应为三套热轧机能力之和。现在可以讲，在全球范围内以初轧机为支撑核心的钢铁产品“万能供应商”已经完全丧失了竞争力，从而使得钢铁厂逐渐转变成以某些优势产品族为主要生产对象的各具相当特色的工厂结构。

关于以市场为导向来考虑钢铁企业结构的逻辑框图示于图4。该图给出了钢厂结构的内涵。结构的优化首先在于选择适合市场需求的产品系列，从产品系列的制造要求出发选择优化的工艺流程和装备水平、装备能力。值得强调的是，工艺流程和装备的选择不仅取决于产品系列，而且还受到其他一系列因素的影响，其中包括资源、能源、资金、运输、环境和人员素质等，因此，钢厂结构的优化是有制约的优化。钢厂产能（产品）的合理规模并不是任意决定的，它主要取决于工艺流程和装备能力及水平。当然，合理规模可以在某个范围内波动。

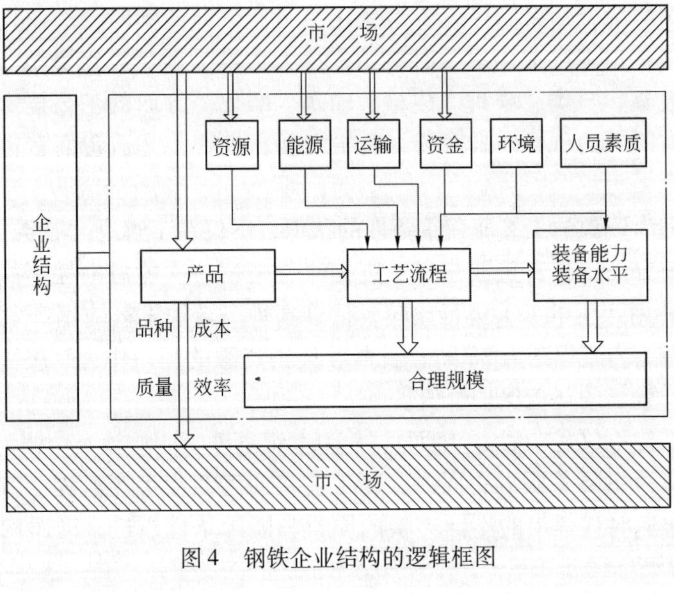

图4　钢铁企业结构的逻辑框图

优化钢厂结构的目的在于增强市场竞争力。对企业而言，其竞争力将最终归结到产品的质量和成本。在当今时代，只有十分重视投资结构的优化才能实现科技进步，更有效地促进企业结构的优化。

4.2　大型钢铁联合企业结构优化的趋势分析

迄今为止，大型钢铁联合企业仍然是生产钢制品的主要支柱，而且目前仍然是以高炉—转炉流程为特色的。然而，20 世纪 80 年代、90 年代的大型钢铁联合企业的结构与 50 年代甚至 60 年代的结构相比发生了明显的变化。

连铸技术的成熟特别是随着全连铸炼钢厂逐步成为主流技术，导致了模铸工序特别是初轧工序被淘汰，这就使得一个联合企业要同时生产板带材、无缝钢管材、大型型钢和轨梁、中型型钢、小型型钢、线材、金属制品等产品的“万能工厂”的结构成为不合理、不经济。在年产量为（300 ~ 400）$\times 10^4$ t 级或（600 ~ 700）$\times 10^4$ t 级的全连铸炼钢厂内，将以配备与热连轧带钢轧机，宽中、厚板轧机相匹配的板坯连铸机为主，这类连铸机每流的能力将达到（80 ~ 120）$\times 10^4$ t/a，其能力与现代板、带轧机有着很好的适应性。

这类全连铸的炼钢厂一般是以 2 ~ 3 座大型转炉（例如 150 ~ 300t）为炼钢手段，因此，在一个大型联合企业中，三个炼钢厂的体制已不复存在，往往是一个炼钢厂，最多是两个炼钢厂。由此不难看到，3 座以上高炉与上述现代化大型炼钢厂难于优化匹配；过多的高炉造成了频繁的铁水罐调度并引起铁道输送热铁水过程中的互相干扰和运送时间的延长，进而造成输送过程的铁水温降过大和回硫，导致铁水预处理难以顺利、有效地进行。过多的高炉座数也造成焦炉、烧结（球团）和高炉之间上料系统的庞杂和不经济，难于实现优化组合，并且占地过多。现代大型联合企业的高炉座数已进展到以 2 ~ 3 座为优化目标。当然也有 1 座高炉的，但其波动性、风险性较大。

经验证明，在这类全连铸的炼钢厂内同时进行板带坯和大、中型无缝钢管坯生产是不协调、不优化的。这是由于一方面两者对钢的二次冶金工艺装置的要求不同；另一方面，由于无缝钢管厂的优化生产规模（最大为（50 ~ 70）$\times 10^4$ t/a）和热连轧板带厂的优化生产规模（一般为（300 ~ 400）$\times 10^4$ t/a）相差悬殊，难于协调生产。而且，兼营板带和大、中口径无缝钢管的联合企业，其资金投入量和占地面积也过大。另外，因与此相似的原因，大型联合企业选择中、小型钢、线材为其经营的产品领域也是不适宜的。

对于现代化大型联合企业的产品系列选择而言，首先是以一套现代化的热连轧板带轧机为主展开的。随后可以配置冷连轧板带轧机（生产冷带卷或横切薄板），进而可进行各类表面处理、覆层处理（镀锌、镀锡、涂塑等）甚至可进行冷轧硅钢片的深加工以及高附加值产品的生产。此外，作为热轧板卷的另一类深加工产品系列则是各种直焊管或螺旋焊管的产品系列。一般来讲，这一产品系统的规模可以在（300 ~ 400）$\times 10^4$ t/a 的水平上。当然，也可以作某些伸缩调整。

对于现代化大型联合企业进一步发展的产品系统还可以有以大方坯连铸机—大型型钢（轨梁）轧机的产品系列，如 H 型钢、钢轨、大型槽钢等，其规模可在（100 ~ 150）$\times 10^4$ t/a 之间。此外，也可以有大板坯铸机—宽中、厚板轧机系统的产品，以生产各类中、厚平板系列产品，其合理规模可在（100 ~ 200）$\times 10^4$ t/a 之间；作为它的进一步延伸深加工，进而可以生产 UOE 特大口径焊管。

由此，大型联合企业的规模可以分别为（300 ~ 500）$\times 10^4$ t/a 级或（600 ~ 700）$\times 10^4$ t/a 级，在市场条件良好的情况下也可以发展到 1000 $\times 10^4$ t/a 级。目前，由于市场需求和资金投入等原因国际上大型联合企业的规模大都在向（400 ~ 500）$\times 10^4$ t/a 级靠拢。图5为大型联合企业的结构优化趋势。

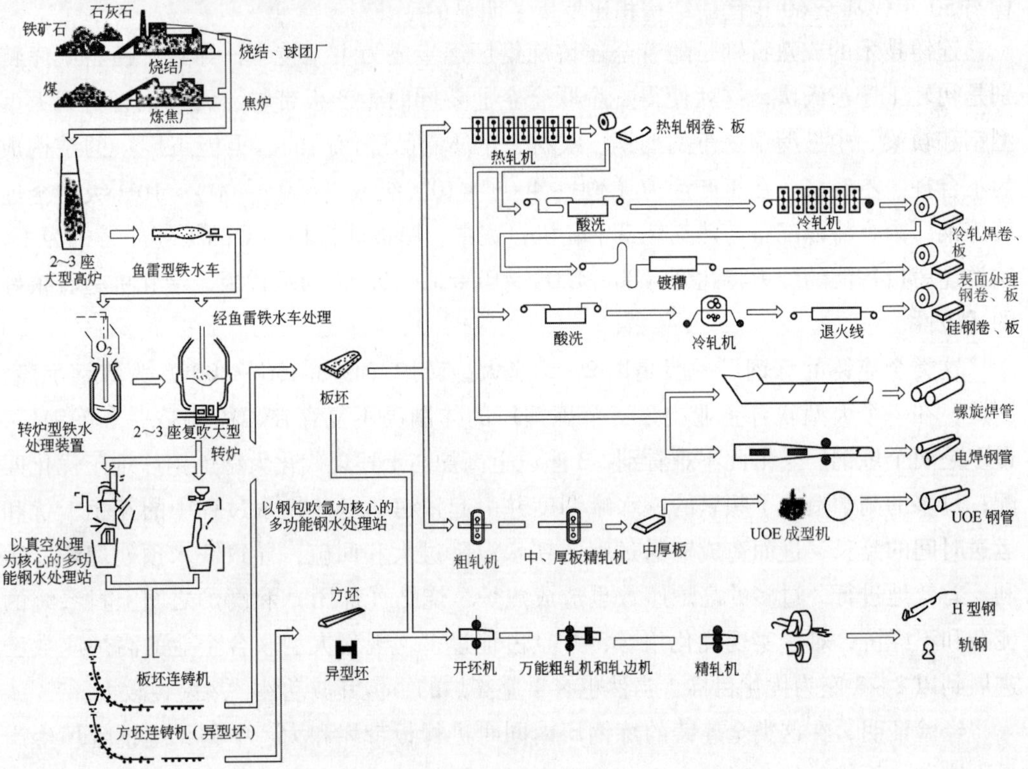

图5　大型联合钢铁企业的结构优化趋势

4.3　以区域资源、区域市场为背景的中、小型高炉—转炉流程企业的结构优化趋势分析

在一些幅员辽阔的大国或发展中国家，由于资源、资金、市场需求或是运输等原因，发展一些中、小型高炉—转炉流程的钢铁厂是可以的。一般而言，这类工厂不适合生产薄板、无缝钢管、各类大型型钢等产品，其主要产品应以满足当地区域市场需求为目标。合理的选择是规模较小的中小棒材、线材或中小型钢甚至较小规模的中板。就普通碳素钢、低合金钢用的连轧、半连轧棒材轧机而言，其合理规模可以是（15~20）$\times10^4$t/a、（25~30）$\times10^4$t/a 和（40~60）$\times10^4$t/a；就高速线材轧机而言，其合理规模可以是（15~20）$\times10^4$t/a、（35~40）$\times10^4$t/a 或（60~80）$\times10^4$t/a；就较窄的普通中板轧机而言，其合理规模可以是（30~50）$\times10^4$t/a。当然，这类中、小型高炉—转炉流程钢铁厂不一定生产上述全部产品，可以根据市场需求适当选择中小型钢、线材或是中小型钢、普通中板等产品方案。总之，这类工厂以建立2~3个成材车间为宜。

这类工厂的炼钢厂也是应以全连铸工艺作为支撑竞争力的主要手段的。铸机主要是配备方坯铸机，小方坯铸机或是小板坯铸机。配备2~3座20~50t转炉和以吹氩、喂丝为主要处理工艺的炉外精炼装置，而且一般宜只设一个炼钢厂。

这类工厂的炼铁工作是以围绕2~3座中、小高炉运营为特点，必要时可以增加到

4 座。随着技术的发展，一座 $300m^3$ 级高炉系统，年生产 20×10^4t 以上热铁水的能力已经成熟，与之配套的烧结机，焦炉也比较可靠，而且有相当的综合水平。这类工厂是否需要采用铁水预处理工艺，应视产品质量的需要和高炉出铁温度等因素综合判断，至少不应追求相当大数量的铁水通过预处理工序的流程。

这类工厂的合理规模可以为（40～60）$\times10^4t/a$ 甚至（80～100）$\times10^4t/a$。应该说这类工厂对于具有一定资源、资金相对分散的发展中国家或地区仍有积极的现实意义。图 6 为此类企业的结构优化趋势。

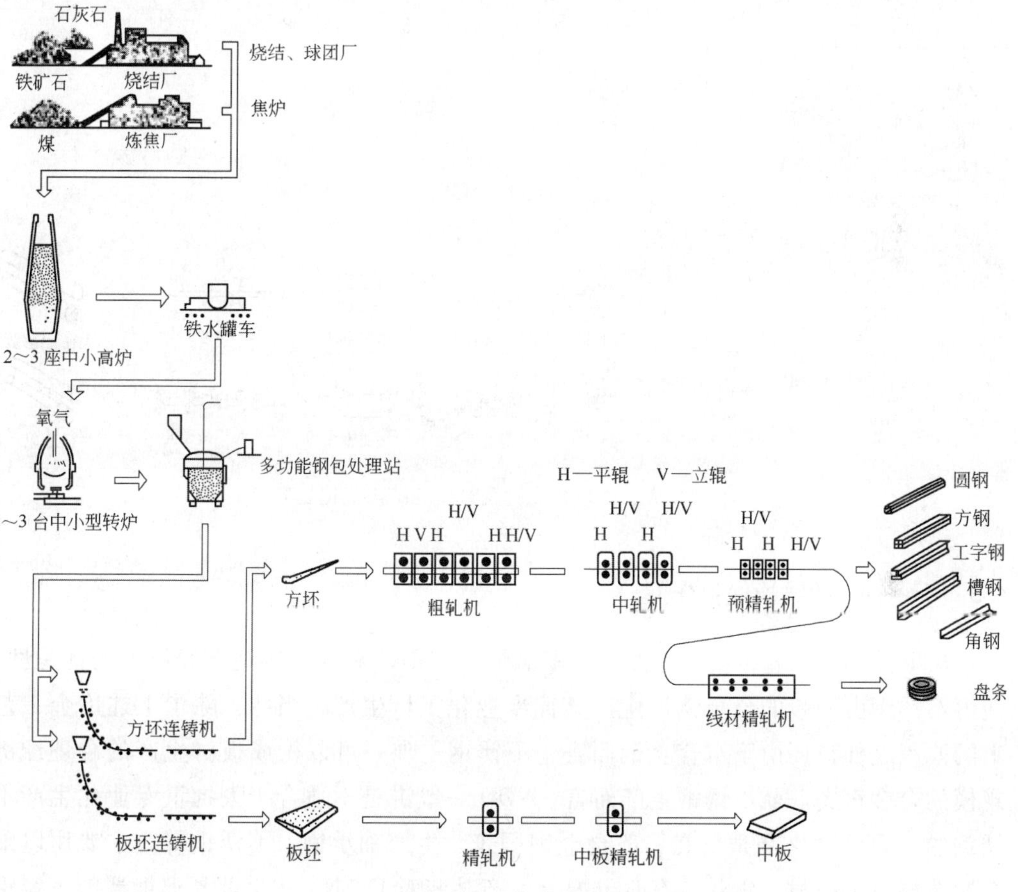

图 6 中、小高炉、转炉钢铁厂的结构优化趋势

4.4 大、中口径的无缝钢管厂的结构优化分析

一般而言，大、中口径的无缝钢管都用于重要用途，由于这些产品对表面质量、内在质量、尺寸精度、定尺要求以及标志包装有着极为严格的要求，从而导致对钢坯的表面质量和内在质量有着专门的要求。另外，此类钢种的二次冶金和连铸工艺装备又不同于一般普通钢厂的条材、板材的处理要求，因此，大、中口径无缝钢管更适合于专业化生产，而不宜混杂在大型联合企业或是其他类型的钢铁厂内生产。

这类工厂的结构经过不断的演进，现在比较优化的结构是以一座大型超高功率电炉，一座以 LF（V）为核心的多功能精炼站（具有喷射冶金、合金微调、吹氩、喂丝等一种或多种功能）和一台圆（方）坯连铸机组成的炼钢厂，同时，配备相应的运动芯棒无缝钢管轧机。现代化的无缝钢管轧机的能力分别为（50～70）$\times 10^4$t/a，（20～40）$\times 10^4$t/a 和（10～15）$\times 10^4$t/a 等级别。过小的规模不仅不经济，而且由于工艺流程等原因质量上也会受到限制。图 7 为此类企业的结构优化趋势。

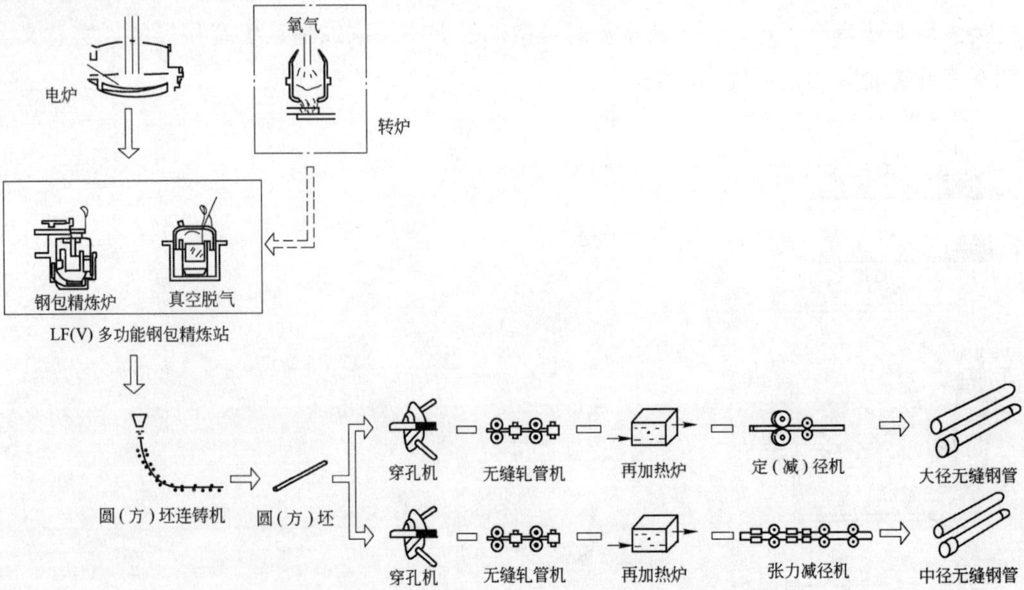

图 7　大、中口径无缝钢管厂的结构优化趋势

4.5　不锈钢厂的结构优化分析

从世界范围内看，由于返回法、氩氧炉（AOD）和连续铸锭在经济上的优越性，使得不锈钢由一般的合金钢厂生产转向专业化工厂生产。当然，除了上述冶金工艺上的原因之外，还由于对合金钢而言，不锈钢是唯一可以构成板材生产的合理经济规模的合金钢类。就不锈钢生产而言，VOD 一般讲是不适合于大批量专业化生产不锈钢的。VOD 工艺更适合在一般合金钢厂兼营生产轴承钢、不锈钢等，主要用以配合制造棒材、线材、钢丝，有时也配合生产某些对 C，N，P 含量要求很严的不锈钢管材。

专业化不锈钢厂的结构，大体上也可以分为两类，一类主要生产板材（包括薄板、中板），一类主要生产管材、棒、线材以及它们的深加工制品。这两种类型的不锈钢厂的冶金工艺流程是相似的，都是以一座高功率（超高功率）电炉与一座 AOD 炉配合生产，分担熔化和精炼任务。值得指出的是，由于这类电炉往往是采用返回法冶炼，要进一步回收渣中 Cr_2O_3，不需分渣出钢而只需混渣出钢，因此，这种用途的电炉不需要配备偏心炉底出钢装置。无论是生产板材还是生产棒、管材的不锈钢厂都是易于适应全连铸化生产的。

对于生产板材的不锈钢厂在板坯连铸机后面可以配备炉卷轧机和冷轧机，分别生产热轧不锈钢板、板卷以及冷轧不锈钢板、板卷。为了获得优良品质的热轧板卷，炉卷轧机已经在向双机架的方向演进。这样，板坯表面的极硬的氧化铁皮可以避免与炉卷精轧的辊面接触，而且精轧机也可以装备有高水平的板型控制装置。但是，这些措施也导致了轧机能力的加大，进而引起这类不锈钢板材厂合理经济规模加大到（40 ~ 50）$\times 10^4$t/a。当然，这类工厂如果靠近有热连轧板带轧机的大型联合企业，也可以通过不同类型联合的手段，将不锈钢连铸坯送到热连轧板带轧机上去轧成热轧板卷，再运回来开卷、酸洗后加工成冷轧不锈钢板、板卷。即使如此，这类不锈钢板厂的合理规模也不应过小。

对于生产不锈钢棒、线材、管材的工厂可在方（圆）坯连铸机后分别设置热连轧棒材轧机/无缝钢管轧机以及随后设置进一步深加工设备。这类工厂的合理规模可以是（20 ~ 30）$\times 10^4$t/a。图 8 为此类企业的结构优化趋势。

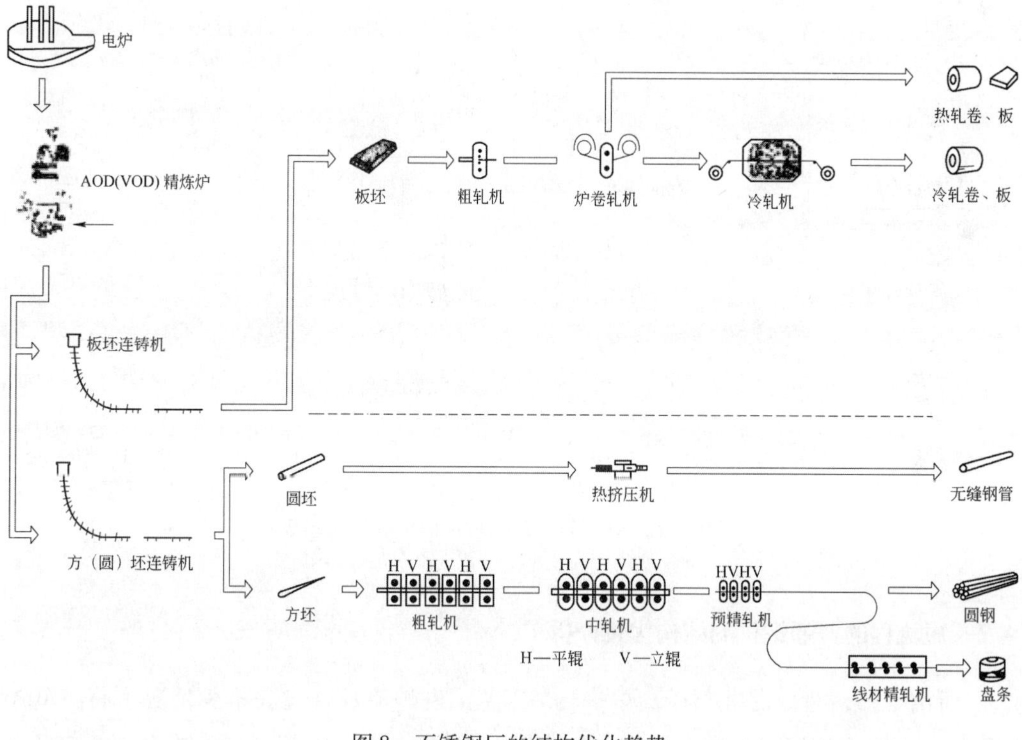

图 8　不锈钢厂的结构优化趋势

4.6　合金钢（非不锈钢）厂的结构优化分析

由于高功率（超高功率）电炉、钢的二次冶金、合金钢连铸以及合金钢连轧技术的发展，使得合金钢（非不锈钢）厂的结构发生了重大的变化。首先是这类工厂再也不应成为八大钢类，板、管、丝、带都能生产的“万能工厂”。同时，它的工艺流程和装备水平，已经向着一台大型高（超高）功率电炉、一座以 LF（V）为核心的多功能钢水精炼站，一台方（圆）坯合金钢连铸机、一台主力连轧机为主要生产流程的方向发展。从国际上看，过去一个炼钢车间内多台电炉配合众多模铸的生产方式以及初轧开坯，横列式、叠轧式成材轧机的生产格局已经因没有市场竞争力而被淘汰。这类工厂的主要产品将是合金钢中小圆钢、方钢、线材、中小口径合金钢无缝管，以及各类锻材。值得指出的是，对于锻材、莱氏体钢、部分马氏体钢以及尺寸较大的滚动体用轴承钢钢材等，一般而言不宜连铸，仍然要通过模铸—锻造工艺或模铸—开坯—轧材工艺生产。

这类合金钢（非不锈钢）厂的合理经济规模一般为 50×10^4 t/a 左右或是（20 ~ 30）$\times10^4$t/a。由于市场等原因，过大的规模已不是发展的主流。图 9 为此类合金钢生产企业的结构优化趋势。

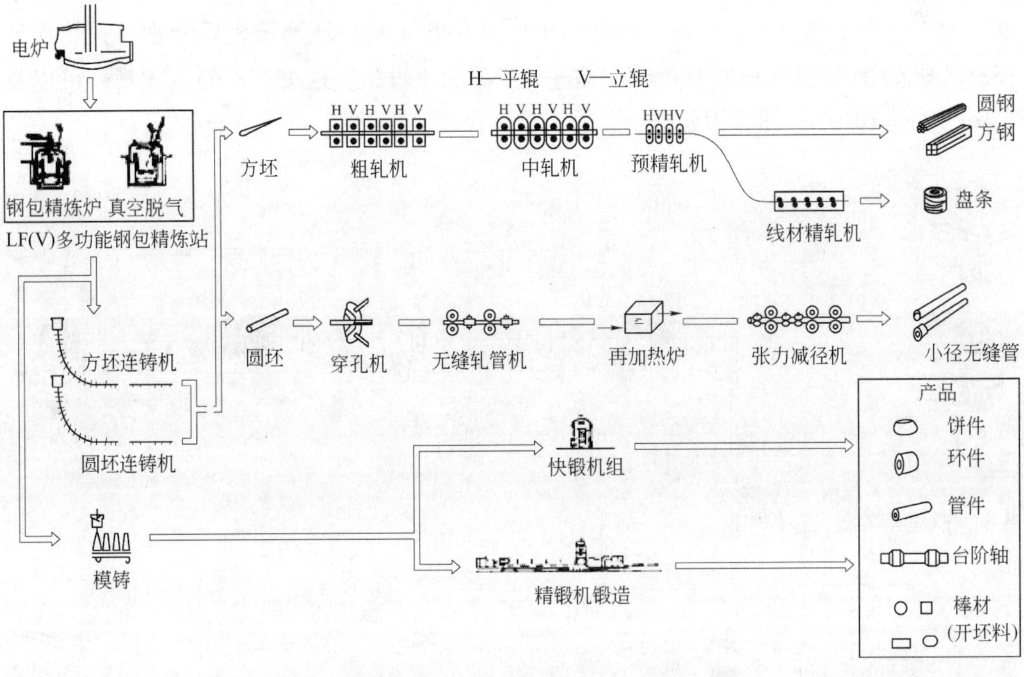

图 9　合金钢（非不锈钢）厂的结构优化趋势

4.7　短流程的普通钢厂的结构优化分析

所谓“短流程”是相对于高炉—转炉工艺的电炉流程（过去不少情况下将“MiNi Mill”翻译成小钢厂是不完全恰当的）。这类以废钢—电炉—钢的二次冶金—全连铸—热连轧棒、线材轧机为特征的工厂，其规模已不是原先意义上的小钢厂，而是可以发展到 50×10^4t/a 甚至 100×10^4t/a 的短流程工厂。

短流程普通钢厂的结构优化趋势：短流程工厂赖以发展的基础是对棒、线材的区域性市场需求以及优越的地区性的废钢资源（包括产生废钢的地区和便于收集、运输废钢的地区等）和充足的能源供应。

短流程普通钢厂的主要产品一般应为碳素钢和低合金钢的中小型棒材（圆钢、螺纹钢、方钢等）、线材等，也不排除部分地生产适合于本地区市场需求的某些专用合金钢棒、线材。这类工厂往往也是以一台高功率（超高功率）电炉、一台钢包精炼炉（不一定要附有真空处理装置）、一台方坯（小方坯）连铸机、一台棒（线）材连轧机为主要工艺流程。但是，当工厂的生产规模大到一台 150t 超高功率电炉的能力不能满足时（一般而言，超高功率电炉每一公称吨每年应生产5000t 铸坯），则应考虑采用两台电炉生产。这是因为大于150t 超高功率电炉的电弧闪烁效应的影响至今仍未得到很好的解决，这将引起对供电网路的干扰。在连铸机的选择方面，当6 ~ 8 流的方坯连铸机的拉坯能力不能满足工厂规模要求时，则应考虑增加另一部连铸机是否更合理。

这类工厂可视市场需求的情况，设置棒材-线材连轧机，也可以只设棒材连轧机或线材连轧机。当规模较大时，则可以分别设棒材连轧机和线材连轧机。短流程普通钢厂的合理规模可以是 30×10^4t/a，（40 ~ 60）$\times10^4$t/a 甚至 80×10^4t/a。图 10 为此类企业的结构优化趋势。

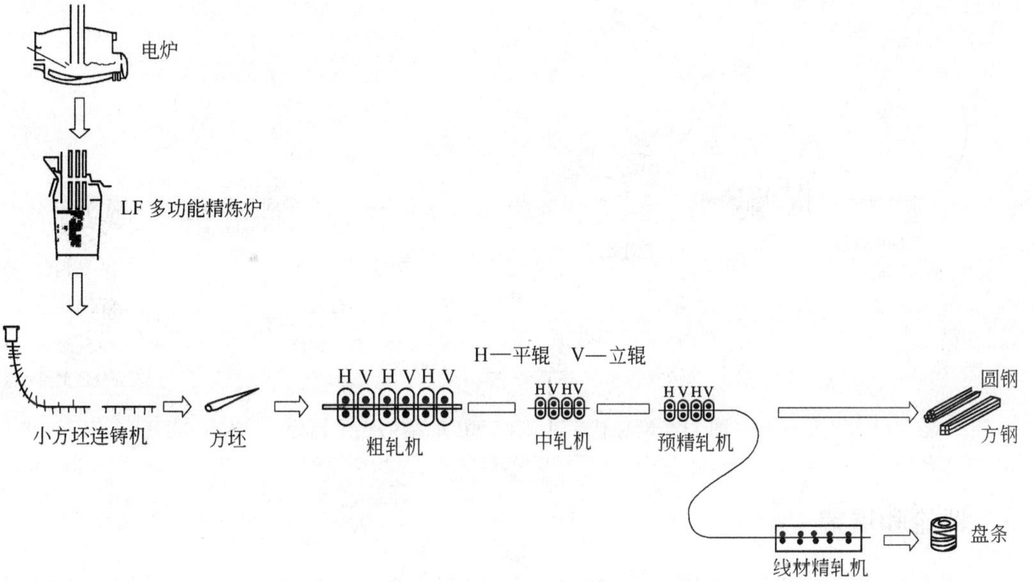

图 10 短流程普通钢厂的结构优化趋势

4.8 新一代工艺流程

新一代工艺流程已在第 3 节进行过讨论。目前，新一代工艺流程的钢厂是以薄板坯连铸—连轧（CSP 或 ISP）为特征的，用于生产薄板。与之配套的炼钢车间是一台超高功率电炉和一台钢包精炼炉。目前这类工厂的生产规模为 30×10^4t/a，50×10^4t/a 或是 80×10^4t/a；进一步可以发展到 150×10^4t/a。

作为进一步开发，这类工厂也有可能与80t 以上的转炉配合生产。当然，如果采用转炉工艺，则其钢水二次冶金的装置应为 RH，因为 LF（V）难于和转炉的时间节奏配合。新一代工艺流程的钢厂除了生产薄板的方案外，也有可能同时生产薄板和中板。

新一代工艺流程的钢厂采用熔融还原工艺作为生产热铁水的发生源头是值得探索的，但也应注意可能遇到的风险性。

在钢的凝固—成型—形变—相变区段存在着许多新的工艺技术的生长点，可以相信这些工艺、装备的开发和成熟将产生更多类型的新一代工艺流程的新型钢铁厂。图 11 为新一代流程企业的结构优化趋势。

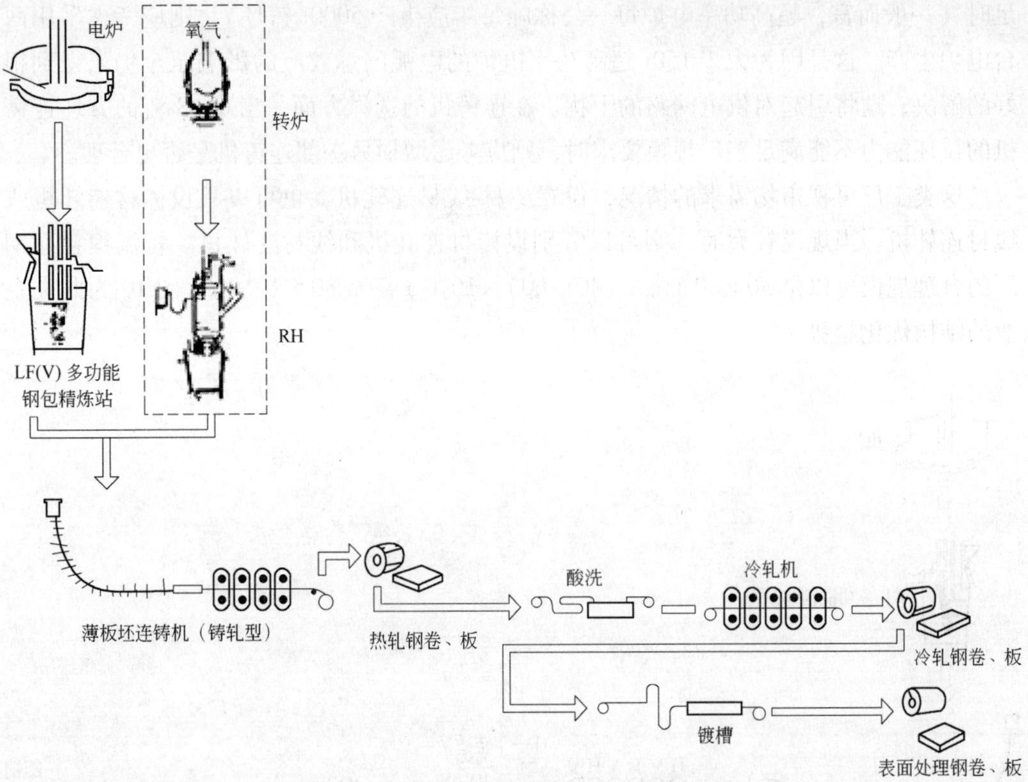

图 11　新一代工艺流程钢厂的结构优化趋势

5　评论和展望

纵观历史，钢铁生产的原理没有出现根本性的变化，而且在可以预见的未来时间内，原理也不会发生根本性的变化，但由于基础理论的深化发展和各种成功的试验开发，钢铁生产过程中各工序的技术表达方式（包括工艺技术、装备和控制手段）已经并将进一步发生明显的变化。这种工序技术的表达方式大体上是按照工序功能的分析、分解和优化，工序功能在工程上的组合优化和工序之间的衔接、匹配等途径，以革命的或是渐进的方式发展的。钢铁生产流程中各工序功能的演进导致了整体工程的内涵和组成——钢铁厂的结构——随之发生了变化。就工序功能演进与工厂结构的优化的关系而言，影响最大的是全连铸生产体制取代了模铸—均热（加热）—初轧（开坯）体制，这一取代-淘汰关系使得以初轧（开坯）为核心的“万能产品供应商”的钢厂结构由于缺乏市场竞争力而逐渐走向消亡，代之以建立在传统流程基础上以某些优势产品族为主要生产对象的各具特色的几类现代化钢厂；与此同时，从 20 世纪 80 年代末期开始，新一代工艺流程的钢厂正在兴起。

20 世纪 90 年代钢铁工业将走向“年轻化”。“年轻化”的主要标志将是改变传统的臃肿的工艺流程，使之进一步简化，进一步优化组合，进一步改变原有的以初轧开坯为基础的庞杂的产品结构，使之达到节约原料和能源，提高材料的性能和利用率，逐步实现连续化和自动化。

钢铁工业走向“年轻化”过程的推动力主要来自科技进步和经过分析判断后优化了的投资。“年轻化”的目标主要是不断提高质量，开发高市场容量、高附加值的产品，不断降低成本，不断提高投入产出的效率等，以适应产业界内部以及与其他材料的市场竞争。

市场需求的变化、技术进步、资金投入的优化和环境保护等方面越来越高的要求进一步推动着钢铁厂结构的优化，同时，也影响着各国乃至全球钢铁工业的布局。各国将根据各自的国情调整钢铁工业的结构、规模和布局。由于国际间资源、能源、资金的融通以及巨型远洋专用运矿船的发展，使得钢铁厂的布局逐步趋向于资源型和市场-资源型的方向发展。

就一些幅员广大的产钢大国而言，将同时发展面向全国市场的大型联合企业和面向区域市场的中、小钢厂。大型钢铁联合企业的主要产品是各类质量要求高而且批量大的扁平材及其延伸产品，还有大型型钢和轨梁系列产品等。面向全国市场的还有专业化生产的大、中口径无缝钢管厂和某些专业化的合金钢厂。面向区域市场的钢厂一般以生产碳素钢、低合金钢棒、线材，中、小型钢和碳素或低合金中板为主。无论是面向全国市场为主的钢厂还是面向区域市场为主的钢厂只要在质量、成本上有竞争力，而且又便于运输，都应考虑在条件成熟时出口至相应的国际市场。因此，需要从整体工程的优化出发，以合理的资金投入和技术进步为主要手段，调整钢厂的结构以增强市场竞争力。上述论及的几类结构，只是作为结构优化的参考坐标系，而绝不是划一的模式系统，因为结构的优化是有制约条件的优化，而不同企业所面临的制约条件是不完全相同的。

中国是20世纪末、21世纪初在世界上少数能够维持年产1亿吨以上钢产量的国家之一。中国未来的钢铁工业是一种“全方位”的钢铁工业，即既有面向全国市场乃至国际市场的大型联合企业和重点合金钢企业，也有以面向区域市场、依赖区域资源和资金的中、小型专业化钢厂；既有大量的普通钢厂，也有各具特色的合金钢厂，还有相应的矿山、焦化、耐火材料、铁合金、碳素材料等工厂；因此，系统地研究工厂结构的优化和全国布局的优化具有重要的意义。

从全球经济进展角度看，发达国家已从“规模经济”为主过渡到“结构经济”为主的阶段，因此，总体上看，全世界钢铁的产量不太可能再发生1973年以前那种快速增长的局面，而是将继续在起伏波动中“爬行”增长，某些发达国家的产钢量将有所下降。然而，就发达国家而言，钢铁工业仍将进一步发展，其发展形势甚至将会出现某些结构落后、缺乏竞争力的钢厂被淘汰关闭，另一些结构合理的新型钢厂将新建（或在老厂基础上改造）并得到发展。与此同时，发展中国家的钢铁工厂将会有所发展，产量将有所增长。中国作为发展中国家的大国，由于市场需求，钢铁产量将进一步快速增长。这种增长既包括以东北、华北地区老基地为主的、主要依靠国内资源、能源为支撑的增长，又包括以东南沿海——长江中、下游地区为主的，主要依靠国际资源、当地市场、当地资金甚至国际资金而发展起来的新的增长。当然，中国中、西部的钢厂也会进一步适当地发展。

中国钢铁工业的增长和发展，既要考虑到我国现在主要是处在“规模经济”阶段，同时又要充分注意国际和国内正在发展的“结构经济”的影响，必须兼顾处理好两者的关系。因此，在未来的发展过程中发展“规模经济”是立足于满足市场需求基础上的以质量、品种为核心的合理规模经济，而不是以盲目追求某一产量为主要目标，不讲究质量品种，不注意效益的“大而全”“小而全”的“规模经济”。我国钢铁企业应该在既注意满足有效供给的前提下发展合理的经济规模，同时又要在适应宏观经济结构变化的过程中以技术进步为前提优化钢铁企业自身的结构。在此基础上进一步展开钢铁工业的全国布局和优化结构的工作，适应社会主义市场经济体制。

立足钢厂结构的优化搞好炼铁系统的科技进步*

摘　要　本文用系统工程和结构优化的观点，从冶金行业生产、建设和科研整体进步的角度论述了炼铁生产工序的行业发展方针。经营管理方针和工艺技术方针。

1　高炉炼铁发展现状

改革开放以来，我国钢铁工业取得了令人瞩目的成就，1989 年铁和钢的产量已跃居世界第三位和第四位，1992 年生铁产量居世界第一，我国已成为世界钢铁生产的大国。

1.1　生产发展

我国生铁产量从 1983 年的 3738 万吨连续增加到 1992 年的 7589 万吨，平均年增长约 385 万吨，1992 年最高年增长为 824 万吨，充分显示了炼铁工业高速发展的势头。其中，重点企业的生铁产量从 1983 年的 2666 万吨增加到 1992 年的 4639. 61 万吨，始终起着主力军的作用。地方骨干企业的产铁比重也在不断增加，生铁产量从 1983 年的 1072 万吨增加到 1992 年的 2949. 8 万吨。

1.2　装备发展

10 年来，我国新建和改建了一批高炉和烧结机，11 座新建高炉总容积为 20759m^3，4 座扩容的高炉共计增加 3354m^3；14 台新烧结机总面积为 2740m^2。这些新装备的建成将为我国炼铁、烧结装备水平大型化起到示范作用。

以宝钢 1 号、2 号高炉、武钢新 3 号高炉和首钢改造后的 2 号、3 号、4 号高炉为代表的新高炉，分别采用了当代先进高炉所采用的多种新装备、新技术。如皮带机上料、无料钟装料装置、高炉炉顶余压发电、微孔碳砖、软水密闭循环冷却技术、外燃式热风炉、高风温内燃式热风炉、顶燃式热风炉、转鼓过滤式炉渣粒化装置、高炉煤气干式电除尘和布袋除尘、轴流型静叶可调式风机、新型冷却壁、优质耐材、各种自动化监测仪表和计算机集散控制系统等；以 300m^3高炉为代表的中小型高炉普遍装备了微机上料系统，大多数采用了布袋除尘，有的炉子采用了球式热风炉。

以宝钢的 450m^2烧结机、鞍钢 265m^2烧结机和正在建设的马钢 300m^2烧结机为代表的大型烧结机采用了微机配料、鼓风环冷、烧结机余热利用等新装备；地方企业与 300m^3高炉配套的 24m^2、50m^2烧结机不断取得技术进步。此外，在一些厂推广和完善了竖炉球团技术。

1.3　工艺技术发展

1.3.1　精料

十年来，不断改进了烧结工艺和烧结产品质量，增加了球团的用量，提高了熟料

---

* 原发表于《钢铁》，1993，28（12）：1 ~6。

率，同时通过改进选矿技术提高精矿品位和采用高品位进口矿，提高了入炉矿石的含铁品位。

原料的精细混匀是高炉稳定、顺行、稳产、高产的基础。十年来，宝钢、鞍钢、武钢、唐钢等企业先后建起了现代化的混匀料场和混料设施；广钢、柳钢、南钢、邯钢、合钢、济钢等中小企业也建立或建设了混匀料场和混匀设备。为了取得更好的技术经济指标，各厂都在探索合理的炉料结构。

近年来研究成功的低温烧结技术、新型节能点火器、厚料层烧结等工艺技术正在逐步推广。球团烧结法、双球烧结法等新工艺、新技术已经过半工业或工业试验，正准备过渡到工业生产，氯化钙溶液喷淋法已在武钢各烧结厂推广使用。

1.3.2 高炉喷煤

自1989年推动全国高炉多喷煤以来，这几年全国喷煤量连年增长，1988年为203.75万吨，1989年为215万吨，1990年为218万吨，1991年为251万吨，1992年为285万吨。

在鞍钢和包钢富氧喷煤试验中，采用了近年来我国在喷煤科研方面的新成果，如烟煤防爆安全技术、煤粉单支管连续计量及调节技术、煤粉罐连续自动称量和自动倒罐技术、氧煤枪技术、煤粉浓相输送技术、煤粉均匀分配技术等。鞍钢和包钢的实践为我国发展高炉喷煤提供了工艺、设备和计量技术的新经验。

1.3.3 高炉操作

多年来，通过反复实践，多数企业在高炉上下部调剂、低硅、低硫、炉前操作等方面建立和完善了一整套使高炉在产量、质量、消耗和寿命各方面均能综合发展和指标不断优化的冶炼操作技术和相关制度，使高炉长期稳产、高产。宝钢、梅山高炉的利用系数、综合焦比、生铁质量和炉子寿命等指标已达到或接近世界水平。

1.3.4 余压发电、余热回收

目前，有6座高炉采用了余压发电装置，60座高炉利用热风炉烟气余热加热助燃空气或煤气，采用了热风炉空气、烟气均匀分配等新技术。

1.3.5 高炉长寿

近年来，各企业除在“八五”国家科技攻关中专门进行长寿技术攻关外，在新建或大修改建高炉时，普遍采用了行之有效的长寿措施。宝钢1号高炉已运行8年（达设计水平），每立方米容积的产铁量达到6190t，梅山1号高炉已运行7年半，每立方米容积的产铁量已大于5500t，这两座大型高炉可望达到我国长寿高炉的奋斗目标。莱钢620m^{3}高炉的寿命已超过11年，每立方米容积的产铁量已大于5500t。马钢的几个300m^{3}级高炉，寿命也较长。

1.4 存在的主要问题和与国际先进水平的差距

1992年我国有生产高炉511座，大于1000m^{3}的高炉35座，总体讲，高炉容积偏小。这些大小不同的高炉，因不同的原料条件和装备水平，企业的技术素质和管理水平等各方面的差别也很大，发展不平衡。

1992年重点企业高炉的平均利用系数为1.772t/(m^3·d)，地方骨干企业高炉的平均利用系数为1.841t/(m^3·d)，分别比国外2.0t/(m^3·d)左右的利用系数低0.2~0.3t/(m^3·d)。

1992 年重点企业的入炉焦比为 514kg/t，综合焦比 558kg/t；地方骨干企业的入炉焦比为 595kg/t，综合焦比为 618kg/t，分别比国际先进水平差 80 ~ 120kg/t。

重点企业入炉风温从 1983 年的 1050℃降到 1992 年的 975℃，明显退步，与国外 1200℃高风温相差甚远。

炼铁行业主要存在以下 6 方面的差距：

（1）劳动生产率低、成本高、消耗高。这是我国与国际先进水平差距的集中表现，特别是中、小高炉的差距更大。多数厂缺乏综合的系统能力和优化的结构，影响企业综合效率的提高。

（2）精料系统工程（包括进口矿选择、混匀料场建设管理、人造富矿品质、焦炭及喷煤质量等）的建立、完善和提高存在较大差距。

（3）高炉装备和工艺水平落后。1000m^3左右的高炉还沿用很多 20 世纪 30 ~ 40 年代的老式装备（料罐式上料设备等）和落后的工艺（热烧结矿入炉等）。

（4）高炉技术操作水平和管理能力在各层次中发展不平衡，和国际水平相比，大部分高炉有较大差距。

（5）高炉喷吹煤粉的数量、覆盖面、装备水平及控制水平和国外同类高炉相比有较大差距。

（6）高炉寿命大部分较短，与国外水平相比，差距更大。

2 发展高炉炼铁的行业指导思想及结构优化

根据我国炼铁行业当前的实际情况和本世纪末的发展目标，在钢产量增长到 1 亿吨规模的情况下，大部分钢厂仍将依靠高炉提供铁水，但在技术进步的年代里，我国的高炉工作者必须充分估计到电炉短流程的发展和复关以后国际市场强有力的竞争，进一步放宽眼界，拓宽思路，努力充实完善高炉流程，进一步改善高炉炼铁在钢铁工业中的市场竞争力。对于大量小高炉劳动生产率低、消耗高以及今后国内矿石供应相对不足的问题，必须考虑正确对策。

为此，要在已有成就和经验的基础上，进一步开拓思路，更新观念，在系统结构不断优化的原则下，全面地提高炼铁水平。

发展高炉炼铁的行业指导思想应该是：坚定不移地以精料化为基础，结合发展和改造，推进高炉容积和炼铁规模的合理化，工艺和装备分层次的现代化，逐步实现企业结构和炼铁工序的系统优化。

2.1 入炉原料精料化

入炉原料精料化是高炉炼铁行业的基础，也是高炉稳定顺行，获得优质、低耗、高产、长寿和良好技术经济指标的前提条件。大中小各高炉必须遵循。精料的核心是入炉铁料的含铁品位高，冶金性能好，粉末少；焦炭强度高，灰分少，块度合理。

精料涉及自产矿、进口矿、选矿、洗煤、烧结、球团和洗煤炼焦，是一项系统工程，需要做一系列切实的工作才能奏效。

关于精料的具体要求，《高炉炼铁工艺设计技术规定》中已有明确规定。

2.2 高炉容积和炼铁规模的合理化

我国大中小高炉并存，大中小炼铁厂并存的格局是在我国特定的社会和经济条件下形成的。十年来，重点企业在向大型化和生产规模合理化方面有较大的进展，新建了一批1200~4000m^3级的大高炉，还有一些高炉从1000多立方米扩大到2000多立方米。1992年重点企业的平均炉容已增大到972.5m^3/炉。部分地方骨干企业的高炉也在炉容升级及规模扩大化方面取得了进展。

各厂高炉新建或改造扩大到多大规模，要结合具体资源条件，即矿石和焦炭供应的数量和质量；企业最终产品的种类；前后工序的衔接、匹配；企业总图布置的优化；生产组织是否方便；资金是否足够；高炉容积扩大后对企业整体效益的影响等各方面情况综合考虑。

炉容合理化的实质就是炉容合理地大型化，即对不同类型、不同规模的企业分层次地炉容大型化。当然，炉容合理大型化一定要和高炉的座数相结合，一般而言，大型高炉不宜超过3座，中小型企业的高炉也不宜超过4座。

在高炉炉容合理化的同时，烧结、球团设备也要配备相应的规模和能力。

2.3 工艺和装备分层次的现代化

我国4000m^3级的高炉具有当代的现代化水平，但不能要求所有的高炉都按4000m^3的高炉那样现代化，不同容积的高炉要实事求是地按不同层次的要求和可能，实现工艺和装备的现代化。

炼铁工序现代化的主要内容是采用一系列新工艺、新技术、新装备和新的管理方法，从而达到精料、高风温、高顶压、高喷煤量、高煤气利用率、高炉长寿和稳定顺利地冶炼低硅、低硫铁。

对不同炉容的高炉其工艺技术也有不同层次的要求，大型高炉可采用无钟炉顶或可调炉喉；新建高炉可采用外燃式热风炉，老厂可采用改进型内燃式热风炉或顶燃式热风炉；耐火材料可采用碳化硅质及高导热微孔碳砖等；冷却系统可采用软水密闭循环和新型高效冷却器；配备炉衬厚度在线监测系统和其他自动控制检测设备及较高水平的环保设施及渣铁处理系统。中小高炉则可采用微机上料、改进型内燃式热风炉、球式热风炉和布袋除尘、自焙炭砖、铝炭砖等延长中小高炉寿命的措施。

2.4 企业结构和炼铁工艺系统的优化

实现企业结构和炼铁系统优化，可以发挥主体设备的生产效率，降低生产工序能耗，增加企业整体的经济效益。企业结构和炼铁系统的优化包括以下几个方面：

（1）钢铁厂布局优化。根据市场需求确定钢铁厂的产品结构，结合资源、能源、运输、资金等方面条件确定建厂的地址和规模，以求布局优化。

（2）企业内部结构优化。现代钢厂都在进行结构调整，科学地协调工序功能，使生产流程优化，结构均衡，以确保整个企业在质量、效率和成本、价格等方面的市场竞争力。

（3）高炉系统内部优化。炼铁系统是以高炉为核心的庞大系统。要以炉料结构优化为基础，积极推进高炉容积和座数的合理化，积极改善运输系统的能力，分层次地，因地制宜地推进工艺、装备的现代化，使炼铁系统的能力和水平均衡、协调，结构优化。

3 高炉经营管理和工艺技术方针

3.1 炼铁系统的经营管理方针是“优质、低耗、高产、长寿”，要全面地贯彻

（1）优质。高炉应为炼钢提供优质铁水，即生产的铁水其成分、温度、纯净度应符合炼钢要求。

在我国当前条件下，大于 50t 的转炉，[Si] 为 0.2% ~5%；小于 30t 的转炉，[Si] 为 0.5% ~0.7%。

近年来，炼钢工序正以实现全连铸为目标的方向发展，转炉基本上不承担脱硫任务，因此，高炉铁水含硫一般为 0.03% 以下。

在条件允许的情况下，要注意矿石含磷的选择和搭配，以满足炼钢对低磷的要求。

从铁水转运过程降温、铁水炉外脱硫降温、炼钢多吃废钢等因素考虑，要求入转炉铁水温度不能过低，高炉铁水出炉温度最好大于 1450℃。进行铁水预处理的铁水在脱硫站处理前的温度应在 1350℃以上，要采用保温铁水罐，并注意降低运输过程中铁水的热损失。

炼钢工艺希望铁水不带渣，因此，应尽量减少渣量。

（2）低耗。高炉能耗占钢铁企业能耗的 50% 以上，炼铁和铁前系统能耗占 70%。高炉节能的重点是节焦。此外，还要注意余热余压的回收利用。近年来有些厂的综合焦比有上升趋势，应尽快改变这一情况。

（3）高产。高产是重要的，但必须是稳定的高产，不能忽高忽低，影响炼钢、轧钢工序。

为实现高产，要保持合理的冶炼强度，要靠发挥高炉的高顶压、高风温、富氧喷煤、提高煤气利用率等综合措施。

（4）长寿。高炉要强调一代炉龄不经中修的长寿。

当前情况下，高炉长寿目标：大于 $1000m^3$ 高炉 8 年以上无中修，一代炉役产铁 $5000t/m^3$，原料条件好的大型高炉要求 10 年以上无中修，一代炉役产铁 $7000t/m^3$。对原料条件和装备水平较低的 300 ~ $750m^3$ 级高炉，6 年以上无中修，一代炉役产铁 $4000t/m^3$。

长寿的关键是：系统设计合理，修建质量高，重视精料，炉衬、冷却系统和冷却介质有较好的基础条件并能及时连续监测，操作好，管理严。

3.2 高炉炼铁的工艺技术方针是：五高一低，要积极争取全面达到

五高即高喷煤量及相应适度富氧，高寿命，高温度，高煤气利用率，高顶压。

一低即低硅，低硫。

（1）喷煤 80 ~ 100kg/t，不用富氧；喷煤 100 ~ 150kg/t，富氧 1% ~ 4%；喷煤 150 ~200kg/t，结合煤的种类、风温等条件，根据需要确定富氧量。

（2）大多数高炉风温应大于 1000℃，条件较好的大型高炉（ $>1000m^3$ ）风温为 1100 ~1200℃，少数条件好的大型高炉风温应为 1200 ~1300℃。

（3）煤气利用率一般应努力达到 40% 以上，少数原料条件好，喷煤多的大型高炉，应达到 45% ~50%。

（4）热矿高炉高顶压为 0.08 ~0.1MPa，冷矿双钟式高炉顶压为 0.10 ~0.15MPa，

冷矿无钟炉顶或钟阀炉顶高炉高顶压应为0.2MPa。

(5) 炼钢需要低硫、低硅铁水，[Si] 为0.2% ~0.7%，[S] ≤0.03%。

“五高一低”的目标，有条件的应全面达到，条件较差的可以先部分达到并创造条件分步达到。

4 主要措施

(1) 切实抓好精料。认真落实精料措施。混匀料场、烧结机、球团机及整粒筛分等设施，各厂应根据具体情况，缺什么补什么。积极采用新工艺、新技术，提高烧结矿和球团矿的产量和质量。

(2) 分层次采用先进技术改造老工艺、老设备。各厂要借大、中修机会，积极采用国内外行之有效的新技术，注意消化吸收宝钢、首钢、武钢、梅山、鞍钢等厂的先进技术，分层次地改造老工艺和老设备。

(3) 狠抓喷煤。炼焦煤短缺是世界性的问题，多喷煤可立即降低成本。我国重点企业喷煤高炉占79%，1992年吨铁平均喷煤50.5kg，喷煤量大于100kg的高炉仅4座，地方骨干企业吨铁平均喷煤29.7kg。日本喷煤高炉已占81.8%，1992年吨铁喷煤量89kg。日、荷、英、法、德等国的个别高炉最高月喷煤量已达吨铁喷煤量200kg，喷煤已成为当今的世界性潮流。我国的高炉喷煤技术应努力赶上世界先进水平。

大多数企业一方面要充分发挥现有喷煤能力，另一方面还要积极扩大喷煤能力，同时各厂要制定多喷煤的奖励政策。新建高炉要同时建喷煤设施。

此外，还要努力提高喷煤系统的装备（包括计量、检测、调控等）水平。为多喷煤，应尽量提高风温，有条件可适当使用富氧鼓风。

喷吹的煤种，应就近选择低灰分的优质煤，并要进一步研究不同煤种的适当搭配。喷煤还必须高度注意安全。

(4) 大力抓高炉长寿综合技术。高炉长寿的意义不仅在于炼铁系统本身的效益，而且更应着眼于炼钢、轧钢系统装备能力的充分利用，充分发挥，以期能得稳定的更高的效益。

高炉长寿要从设计施工抓起，还必须在生产过程中坚持精料和维持炉况稳定顺行，控制边沿气流，还要高度注意炉体结构、冷却器构造、材质，冷却水质量，耐火材料品质及炉衬修补等。

(5) 采用科学的、先进的管理方法来管理炼铁和铁前系统的生产。如宝钢的计划值管理，标准化作业，点检，定修制；首钢的包、保、核管理系统等都应该推广。

(6) 找准高炉的各项基本操作制度。要通过高炉的上下部调剂，搞好煤气分布。煤气分布的基本原则是：中心气流畅通，边沿气流要适当抑制，使高炉稳定顺行。要充分利用无钟炉顶布料的优势，采用多环布料，中心加焦等先进技术。要提倡科学分析和提高冶炼操作技术，找好适宜的冶炼强度与产量、焦比的关系，做到综合指标的全面优化。

根据我国许多高炉的经验，炉渣中MgO含量保持在10%左右，碱度（CaO/SiO_2）在1.1左右是有益的。

(7) 重视炉前工作。炉前出铁场的布置要适应高炉高产的需要。大高炉多铁口化是个方向。在多铁口条件下，随渣量减少，可不放上渣，不设渣口。各厂要根据具体情况，采用不同档次的优质炮泥，铁沟和渣沟采用不同档次的优质衬料和先进的构筑方法，大型高炉应采用优质浇注料，单铁口高炉可采用预制沟衬，有利延长更换周期和渣铁沟盖的使用，改善出铁场环保条件。

（8）加强对企业新建高炉和老企业高炉改造规划和建设项目的行业指导，加强对新技术新装备项目的咨询论证，严格对施工的质量监督，防止只抢进度而忽视施工的质量，确保工程项目的合理性和经济性，促进炼铁系统结构的优化。

（9）按照冶金部最近制定的《高炉炼铁工艺设计技术规定》《高炉炼铁计量器具配备规范》和《高炉炼铁工艺技术规范》三个技术性文件所规定的设计、设备、工艺、计量器具规范和规定的内容逐步实现本单位的结构优化。

（10）搞好国家“八五”科技攻关项目“高炉氧煤强化炼铁新工艺”的科研工作，使我国高炉喷煤的工艺、设备、计量技术、自动控制技术登上新的台阶。

要通过天津钢管厂引进国外直接还原技术的消化吸收，使我国直接还原工业有一个好的起步。

要密切注意国外融熔还原的进展，注意跟踪此项炼铁行业重大技术，并且在条件成熟时，在工业规模上起步。

还要重视炼铁的基础性研究和软科学研究，为应用技术的发展探路。

面对钢铁工业发展的新形势，必须站在钢铁厂结构总体优化的基点上，依靠科技进步，依靠与科技进步的水平相适应的管理方法，发展炼铁工业，使我国炼铁水平登上新的台阶。

Structure Optimization of Steel Works May Promote Technical Advancement of Ironmaking

Ruiyu Yin

(Ministry of Metallurgical Industry, Beijing, 100711, China)

Abstract This paper discusses the policies of development of production, management and technology of ironmaking from the point of view of system engineering and structure optimization considering the whole progresses in iron and steel industry, construction and research.

关于钢铁工业和钢厂结构优化的工程评论*

1 引言

钢铁作为一种重要的基础原材料，在世界各国的经济发展中发挥着举足轻重的作用。钢铁工业百余年的发展，为人类文明和社会进步做出了重大的贡献。二次大战后，世界粗钢总产量得到了迅猛发展。随着世界经济形势的变化，特别是1973年世界石油危机的冲击，全球钢铁工业数量增长的趋势明显放慢；随后，世界各主要产钢国的钢产量相继从顶峰回落。尽管有经济活力较强的亚洲国家钢铁生产的稳步发展做补充，但自20世纪80年代以来，全球总的粗钢产量仍在7.1亿~7.8亿吨之间徘徊（如图1所示）。如果仅从这一表面现象悲观地看待钢铁工业，断言其已是“夕阳工业”，显然是不切实际的和不科学的。

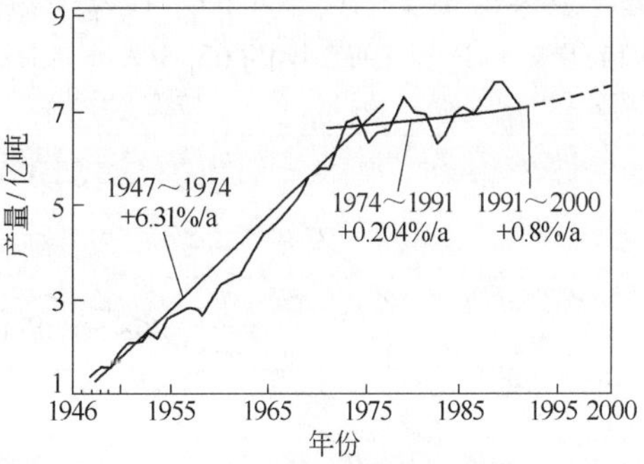

图1　第二次世界大战以来世界粗钢产量的变化趋势

钢铁材料由于其优越的性能，在当今世界的主要产业中（包括机械制造业、建筑业、交通运输业、能源工业和化学工业等）仍是不可替代的重要基础材料。从成本上看，钢铁材料的竞争性也是显而易见的。例如，从结构材料的成本比较分析可知，若按材料的单位强度计，钢的成本仅为铝、陶瓷和炭素材料的1/4~1/5。另外，用于制钢的铁矿石原料储量丰富，易开采，易加工，加之钢铁材料的良好的可再生利用性以及废钢回收率远远高于其他工程材料等多方面的原因，在可以预见的未来，钢铁材料的原材料资源不会枯竭。钢铁材料将继续对人类社会的经济发展和文化进步起到积极的推动作用。

但是，也应该看到，人类历史的发展和社会文明的进步，特别是公众环保意识的加强，对钢铁工业的发展不断提出新的要求。钢铁工业为适应这一要求，一直在不断地进行着自我完善化的努力。

从不同炼钢工艺流程的产钢结构变化情况看，自氧气转炉的出现后，转炉钢产量

---

* 原发表于《钢铁》，1994，29（3）：1~21。

迅速上升，平炉钢产量则逐步下降。从全球角度看，第一次石油危机以后，特别是进入20世纪80年代以来，平炉已基本被电炉和转炉所取代。在世界钢产量徘徊不前的形势下出现的一个新的趋势是，西方国家转炉钢的产量不断下降而电炉钢的产量则持续上升（如图2所示）。

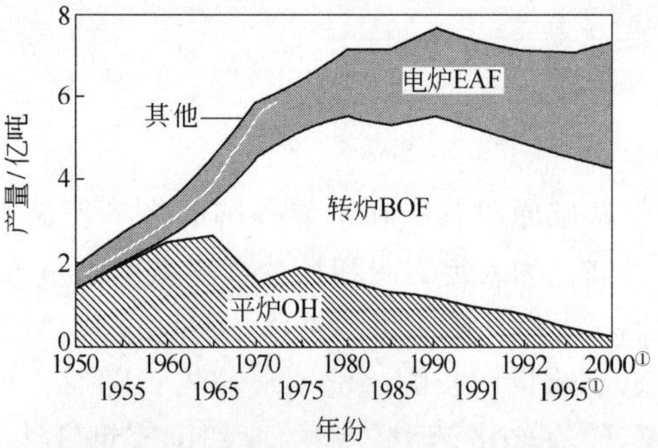

图2　世界钢铁工业不同炼钢工艺流程产钢量的变化过程

（①米德兰公司预测）

从凝固成型工艺看产钢结构，自第一次世界石油危机后，由于能源价格和世界经济形势的变化，直接促进了连续铸锭工艺产钢量的迅速发展。1973年以来，世界钢铁工业连铸比由1974年的11.9%上升到1992年的65.3%（如图3所示）。

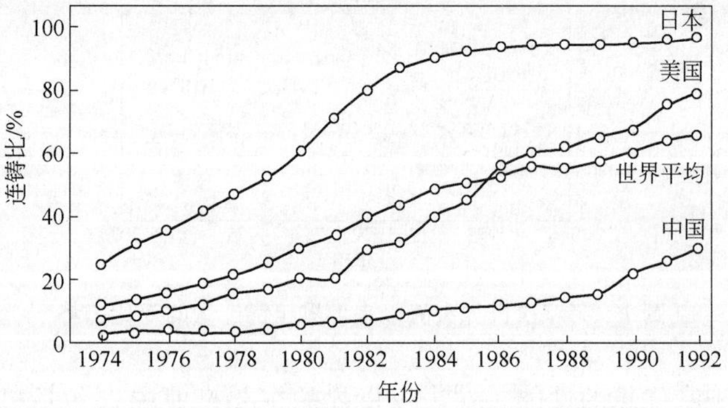

图3　1973年石油危机后世界钢铁工业连铸比的变化过程

从钢铁工业的产品结构的变化情况看，世界扁平材和长材（不含管材）产量在1973年以前增长较快，第一次石油危机以后至20世纪80年代初的大约10年中，两类钢材的产量起伏波动，此后，均开始缓慢回升，其中板材的增长幅度稍快于长材。总体上看，扁平材一直在世界轧材市场上占主导地位。从扁平材和长材在世界轧材总产量的比例看，总的变化不大，扁平材的比例一般维持在52%～57%之间，长材的比例则在35%～38%之间波动。1987年后，扁平材的比例略有增加，同时长材的比例相应稍有下降（如图4所示）。

从世界扁平材品种结构的演变情况看（如图5所示），第一次石油危机对扁平材品种比例的影响不大。自1978年开始，由于世界工业结构的变化，扁平材品种结构出现了明显的转变，其最大的特征是热轧板的比例不断下降，与此同时冷轧板和镀锌板的比例相应增加，而镀锡板和电工板的比例几乎没有变化。

20世纪80年代后期，由于电炉流程的发展以及薄板坯连铸技术的出现，不同类型

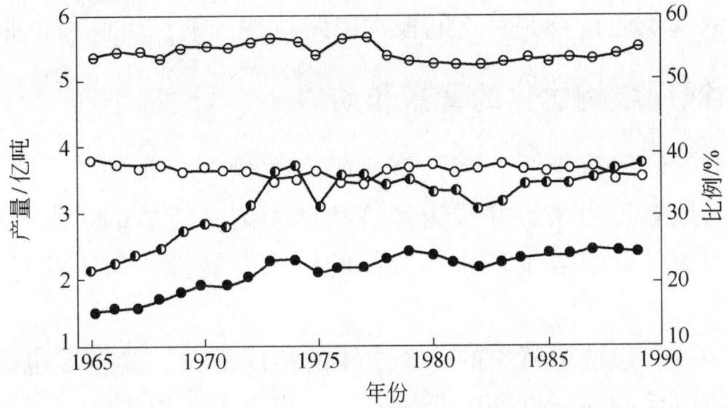

图4　世界扁平材和长材产量（不包括管材）及其占钢材总产量的比例

◐—扁平材产量；●—长材产量；⊖—扁平材比例；○—长材比例

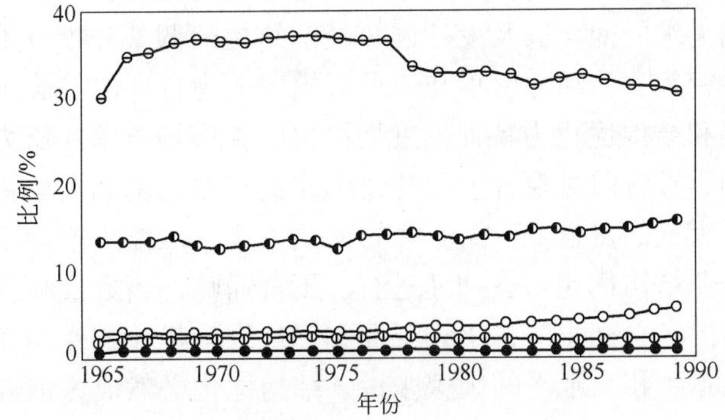

图5　世界扁平材品种结构的演变情况

⊖—热轧板；◐—冷轧板；●—电工钢板；⊕—镀锌板；○—镀锡板

钢厂的产钢量及相应的产品结构又出现了新的变化。以美国为例，美国的六家大型钢铁联合企业生产的板材在国内市场所占的份额日趋减少，相应地，有的电炉短流程企业的板材份额则不断增加，表现出了很强的竞争能力（如图6所示）。

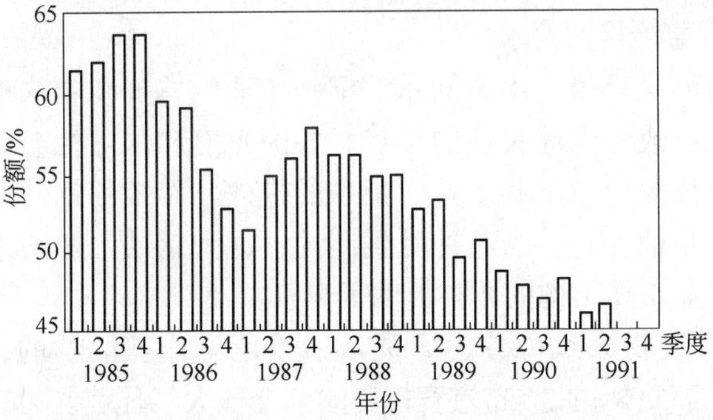

图6　美国六大钢铁公司在美国扁平材市场所占份额的变化情况

从上述这些世界钢铁工业的宏观结构变化可以看出，随着世界经济形势的变化，深刻的技术进步，以及资源条件、能源状况、运输状况和环境保护等多方面因素的共同推动，钢铁工业在满足用户需求方面，已经在自我完善化的进程中迈出了坚实的步伐，并将继续力争以最少的能源投入、资源消耗、资金占用以及对全球生态环境的最低限度污染的基础上，向社会提供优质的钢材，在未来的“绿色”工业中占有一席之地。不难看出，钢铁工业自身完善化的根本出路就在于钢铁工业和企业结构的优化。

2 钢铁工业和钢厂结构优化的背景和动力

从社会经济的发展历程上看，当经济水平在数量上扩张到一定阶段后，结构性的矛盾就会日益突出地表现出来，并成为经济活动中诸多矛盾的焦点，因此相应要求社会经济运营从以粗放经营、数量扩张为特征的传统发展模式向集约经营、结构优化的发展模式转变。

钢铁工业作为社会经济运行中的一个重要的组成部分，其发展也遵循这样的规律。从第二次世界大战以后的国际钢铁工业的发展进程来看，以1973年发生的第一次世界石油危机为界，在此之前，世界钢铁工业主要是以规模发展为特征，数量增长居主导地位。此后，各主要产钢国开始转向以结构优化为主的发展模式。换言之，由于能源价格的上涨，市场需求的变化以及发达国家经济结构的调整和投资重点的转移，国际钢铁工业由以资源密集、劳动力密集和追求规模宏大为特征的发展阶段开始转向以知识密集、技术密集和结构优化为特征的发展阶段。在市场竞争的压力下，各发达的产钢国纷纷把发展的重点转向对现有企业的技术改造和在此基础上的企业结构的优化上来，并为此投入了大量的资金。不少国家的钢铁工业在压缩生产规模、关闭工厂、削减员工的同时，企业结构优化却在加速进行。不言而喻，当数量和规模已不再是一个国家钢铁工业实力的唯一标志时，钢铁工业和钢厂结构优化的作用就日益突出。对于钢的人均占有量已达到相当水平的国家来说，结构优化必然成为钢铁企业增强竞争力的根本性措施，其他国家由于竞争的原因，也将汇入钢厂结构优化的潮流之中。

钢铁工业和企业结构优化受到多种因素的影响和推动，其中最主要的因素有：

（1）市场需求的拉动；

（2）科学技术的进步及其在工程上的系统体现；

（3）经济因素：成本/价格的竞争以及与此相关的资金有效投入；

（4）资源、能源供求关系和价格状况；

（5）运输条件的影响；

（6）环境、生态日益严格的要求。

这里需要强调指出的是环境、生态问题对钢铁工业结构变化带来的深刻影响。近年来，环境和生态问题已成为全球关注的焦点。各国政府和国际社会为此投入了大量的资金，并努力通过立法等手段限制工业污染物的排放。传统的钢铁工业因其超大规模和大量的能源和原材料消耗，首当其冲受到制约，这为钢铁工业的未来发展提出了新的课题，也为钢铁工业整体结构的调整提供了契机。

钢铁工业的污染排放物大致可分为3类，一类是全球扩散性的，如CO_2、SO_2、NO_x以及焦炉排放的有害气体，此类物质直接影响到全球大气环境。另一类是流域扩散性的，主要是工业废水的排放，它将影响到水系和土壤环境，并可能引发地域生态问题。第三类是局部扩散性的，主要是噪声、粉尘以及固体废弃物的堆积等，它直接关系到生产厂的工作人员和周围居民的生活环境。

在目前条件下，引起国际社会普遍关注的、由钢铁工业造成的环境问题的最主要课题是：CO_2等工业废气的排放，焦化系统排放的有害物质，废钢、废渣的再生利用。

钢铁生产中铁矿石还原产生的大量CO_2、转炉炼钢过程和耗能过程相关产生的CO_2

的叠加，使钢铁工业的CO_2的综合排放量在国家工业CO_2排放总量的比例中占有较大的份额。例如日本达到17%左右，中国钢铁工业的CO_2排放量占全国矿物燃料燃烧排放量的12.5%。因此，大力降低钢铁工业CO_2排放量显然是重要课题之一。解决这一问题的途径主要有3条：一是大力发展节能型的钢铁生产工艺流程；二是削减铁矿石的用量；三是开发新的生产工艺，力图减少铁矿石冶炼过程的碳的消耗量，力争使用碳不饱和铁源。

但在目前的国际经济和技术背景下，压缩高炉—转炉流程的产量，适当提高电炉流程的产钢比是最直接的解决办法之一。据分析，高炉流程的CO_2产生量为2000～2100kg/t钢，而电炉法仅有800kg/t钢。这无疑将对当前和未来的钢铁工业的结构产生深远的影响。

焦炭是传统的高炉—转炉流程所必不可少的燃料和还原剂，但焦化系统释放的污染物质难于经济地治理，因此，焦化系统的排污问题已成为关系到发达国家高炉—转炉流程发展的重要制约因素。另外，优质炼焦煤资源的日益短缺，也对高炉的生存和发展构成一定的威胁。非焦炼铁法会在未来得到更多的发展。

迄今为止，全球的钢铁蓄积量已达110亿吨以上，每年可产生的废钢将达7亿吨以上。如何充分利用废钢，解决由此造成的堆积占地和环境问题，已成为发达国家的重要议事日程。可以相信，能够充分回收利用废钢的制钢工艺将得到支持。在当今转炉大量消费废钢的技术仍未有突破的前提下，电炉流程将是利用废钢的重要途径。

总而言之，日益受到社会关注的环境问题将导致整个钢铁工业体系结构的深刻变化。

3 钢铁工业结构优化的内涵和特征

所谓结构，是指系统内各要素之间在一定环境和条件下所形成的有机联系和相互作用的方式及其组织形式。结构的内涵不只是系统内各要素之间简单的数量堆积和数量比例，更主要的是组成系统的各要素质量的先进性、组织的合理性、动态可调性及其内在的活力状况。

企业结构是指企业内部各要素之间合乎规律的——经济发展规律、技术进步规律、企业组织规律、市场竞争规律等——相对稳定的内在联系和作用方式。形成企业结构的基本要素包括市场、资金、资源、能源、运输条件、劳动者素质以及环境状况等。企业结构与其各个要素之间是相互联系、相互作用的，结构对企业整体功能和素质起着决定性的作用，它可以使各要素有效地组合起来，形成整体的综合优势。企业结构一旦形成就具有相对的稳定性和独立性。因此，企业作为市场竞争的行为主体，其自身的产品结构、工序结构、装备水平和能力、合理经济规模及其组织结构就决定了企业的竞争力。同时，企业之间的竞争在很大程度上影响着钢铁工业的结构变化，因此，钢铁工业结构优化的基础在于企业结构的优化。当今国际钢铁工业新一轮钢厂结构优化的目标是一种以质的更新为前提的结构均衡，追求的是系统优化。有时某些企业也会伴随着规模、数量的跃升，而有的企业则会由臃肿庞杂的宏大规模转向精干的有竞争力的适当规模。

4 钢厂结构优化的工程分析

钢厂结构优化的最突出的方面是产品结构和合理经济规模。钢铁工业历来重视合理经济规模，即具有合理结构的经济规模。单纯从数量上难以判断规模的经济与否，其决定性的评价因素在于结构上是否优化。

钢铁企业结构优化的逻辑思路示于图7。该图给出了企业结构的内涵。结构的优化首先在于选择适合市场需求的产品系列，从产品系列的制造要求出发选择优化的工艺流程和装备水平、装备能力。应该指出的是，工艺流程和装备的选择不仅取决于产品系统的选择，而且还受到其他一系列因素的影响，其中包括资源、能源、运输、环境、人员素质以及资金等。因此，企业结构的优化是有制约的优化。企业产能（产品）的合理经济规模的确定并不是任意的，它主要取决于制造该产品的工艺流程和装备水平及能力。当然，合理经济规模可以在某个范围内波动。

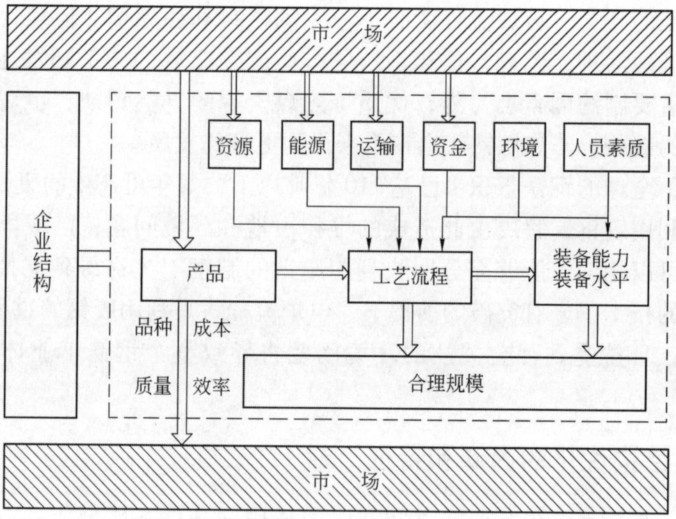

图7　钢铁冶金企业结构逻辑框图

从整体工程的高度出发描述系统的结构，必然要涉及流程系统中各工序的功能以及各单元工序之间的联系，这对于以间歇/准连续流型为特征的钢铁企业结构优化而言，具有重要的现实意义。

4.1　钢铁冶金工序功能的演进与企业结构的优化

所谓工序功能即工序在流程中发挥的主要作用。一般而言，在钢铁冶金这种间歇/准连续流型中，每个工序的功能是多元化的（有些是强相关功能，有些则是弱相关功能），而且有些功能是可以在多个工序中实现的。

战后40多年来，钢铁生产的原理没有重大的革命性变化，依然是氧化物还原—金属液中元素的氧化、升温和钢液的合金化、净化—凝固成型—热压力加工成型—材料变性处理这样一个过程。当然，从另一个铁源（废钢）的流程（电炉流程）的钢生产过程看也是如此。以氧位-温度为坐标可以概括为图8。

由于采选冶炼过程、金属热塑性变形、金属材料科学、材料工程和以计算机为核心的自动控制系统等方面在理论上的进展以及大量工业性试验的成功经验，促进了钢铁冶金流程中各工序功能的演进及其技术表达方式的变化。当然，技术表达方式的变化对某些工序来说是革命性的，如氧气转炉取代平炉、连续铸锭取代模铸—初轧（开坯)、铁水预处理和钢的二次冶金的在线化、轧钢过程的形变与相变的结合（控轧控冷）等；同时，对于另一些工序的技术表达方式的变化则是渐进性的，如高炉、转炉、电炉的大型化、电炉变压器容量的增加及炉体结构的改进等。这些技术表达方式的变革和变化发展到一定的成熟程度后，在理论和工程化的推动下，往往使得工序的功能出现新的变化。

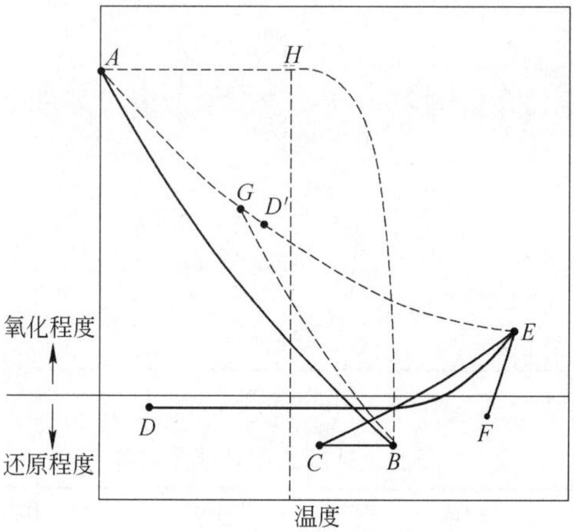

图8　钢铁生产流程中氧位－温度变化历程的比较

A—铁矿石；*B*—高炉出炉铁水；*C*—装入炼钢炉的铁水；*D*—废钢；*D'*—海绵铁；*E*—出炉钢水；*F*—成品钢水；*G*—预还原矿石；*A*—*B*—高炉过程；*C*—*E*—氧气转炉炼钢过程；*A*—*G*—预还原；*A*—*D'*—直接还原；*D*—*E*—电炉炼钢；*G*—*E*—终还原；*A*—*G*—*B* 两步法熔融还原；*A*—*H*—*B*—一步法熔融还原；*D*—*E*—本文作者增补

纵观钢铁生产流程系统中各工序科技进步的动向，基本上是立足于：

（1）工序功能的分析、分解和优化；

（2）工序功能在工程上的组合优化；

（3）工序之间的衔接匹配工程。

上述三方面的综合发展，推动着钢铁企业生产流程的进步和企业结构的优化，从而组成了以工序功能优化、协调为基础的现代化钢铁企业。

4.1.1　钢铁生产工序的功能分析、分解和优化

通过对钢铁生产中各工序的功能分析和研究，可以得出钢铁冶炼工序的功能分布和凝固、轧制工序的功能分布情况及这些功能的效果（综合于表1和表2）。由此可以根据产品的特点，结合资源、能源、资金和运输等综合条件，从工序功能的优化选择出发，选择适当的工艺流程和装备水平。

4.1.2　传统钢铁生产流程中工序功能在工程上的组合优化

钢铁企业结构优化的又一出发点是在对工序功能分析、分解、优化的基础上，将优化了的工序功能在工程上进行组合优化。作为组合优化的起点，首先是单体工序的功能组合优化，进而推进到区段过程的组合优化，最终实现系统工程的组合优化。

作为单体的组合优化已经有了很多成熟的技术，如干熄焦（CDQ），高炉炉顶煤气余压发电（TRT）、转炉煤气综合回收系统（LD—OG）、转炉炉龄的提高、高炉一代炉龄的提高、转炉复合吹炼、电炉底吹搅拌和炉底出钢、轧钢加热炉综合节能技术以及以计算机为核心的自动控制与各单体工艺设备相结合的基础自动化等。

表1 钢铁冶炼工序的功能分布和组成

功 能	高炉	铁水预处理	转炉	电炉	炉外精炼	中间包	结晶器
还原增碳	√	×	×	×	○	×	×
脱碳	×	×	√	○	√	×	×
脱硫	√	√	○	○	√	×	×
脱磷	×	○/×	√	○	○/×	×	×
脱硅	×	√	√	○	×	×	×
升温	√	×	√	√	√/○	○	×
脱氧	×	×	○	×	√	○	×
脱气	×	×	○	×	√	○	×
除夹杂	×	×	×	×	√	√	○
合金化	×	×	○	○/×	√	×	×
均匀化	×	×	○	○	√	○	×

注：√表示效果很好；○表示效果一般；×表示没有效果。

表2 凝固、轧制工序功能分布和组成

功 能	结晶器	加热炉（均热炉）	初轧机组	中间加热炉	终机轧组
凝固	√	×	×	×	×
成型	√	×	×	×	×
组织性能	○/√	○/×	○/√	○/√	√
温控	×	√	○	√	○
变形	×	×	√	×	√
表面质量	√	○/×	○/√	○/×	√
内部质量	○/√	○	○/√	○/√	○/√

注：√表示效果很好；○表示效果一般；×表示没有效果。

作为区段组合优化也有很多成熟的技术，如炼铁—烧结（球团）—炼焦的组合优化工程系统、铁水预处理—转炉—钢的二次冶金—全连铸的组合优化车间、废钢预热—超高功率大型电炉—钢的二次冶金—全连铸的组合优化车间、无缺陷铸坯生产技术—高温铸坯输送技术—铸坯直接高温装炉技术和直接轧制技术、控温—控轧—控冷技术以及MIS控制技术等。

作为系统工程组合优化，则往往是建立在上述两项优化组合系统的基础上的，进而形成传统流程的现代化组合优化。这种现代化组合优化在高炉—转炉流程或电炉流程均可实现。作为这种系统工程组合优化的标志是在工艺、装备现代化的前提下实现CIMS。

4.1.3 工序之间的衔接、匹配工程——广义“活套”工程

从工厂的生产效率、生产成本、产品质量、投入-产出的有效性以及尽可能地减少资金一次性投入量等战略性要求出发，现代化钢铁厂在技术进步的过程中，搞好工序之间的衔接、匹配工程，是增强钢厂市场竞争力的重要措施之一。

工序之间的衔接、匹配工程，主要体现在过程的物流管制、能量管制、质量管制以及在此基础上的信息管制。在这些管制体系中，其基本的主体是物质流管制。钢铁生产流程中物流的管制本身就包含有能量、状态、质量等管制内涵，这是一种长工艺

过程中的物流多维管制系统。要解决好钢铁生产流程中物流管制的诸多重要环节，基础在于诸工序间（多工序间）各项重要参数的衔接、匹配、连续、稳定。作为钢铁生产过程的物流多维管制工程，如下工艺参数的衔接、匹配、连续、稳定均应在考虑的范围之内：

（1）物流在状态和数量上的转变、传递、衔接、匹配；

（2）物流在时间节奏上的协调、适应、配合；

（3）物流过程中金属由液态转变为固态并获得一定几何尺寸的铸坯断面，进而进行断面形状和尺寸的转变、传递、衔接、配合；

（4）物流在温度和能量上的转变、传递、衔接和节约；

（5）物流过程中钢的表面质量、宏观结构、微观组织以及性能的转变、遗传和调控；

（6）物流传输方向和方式的调整、衔接和优化。

要实现上述诸多方面的衔接、匹配，不仅要依靠各主要单体工序的功能优化和装备可靠性、可控性的提高（这一点已为人们认真地关注），而且还要十分重视相邻工序之间起输送和调节作用的机械物理硬件的能力和功能的优化，使之能够成为各工序之间实现匹配、衔接、调控作用的柔性“活套”。

实际上，战后40多年来这类柔性“活套”工程随着工序功能的演进和工序间的组合优化也在不断发展着。

作为高炉—转炉之间匹配、衔接的“活套”，原来是混铁炉。由于鱼雷罐式运铁车和铁水预处理技术的开发，进而成为一个独立工序，并逐步取代了混铁炉。

作为炼钢炉—浇注成型系统之间衔接、配合的“活套”，原来只有盛钢桶。随着二次冶金的发展，炉外精炼装置能够调控的工艺参数更为宽阔、有效，因此现代化钢包精炼站扩大了炼钢炉—浇注成型系统之衔接、匹配的内涵和“活套”能力。由于中间罐装备技术和中间罐冶金技术的发展，炉外精炼装置与连铸机之间“活套”的内涵和能力也进一步扩大。

作为浇注成型系统—热轧机之间衔接配合的“活套”，原来是均热炉、加热炉以及钢锭库。由于连铸坯—热轧机之间的高温热连接技术的开发成功，其“活套”的形式、内涵和能力也发生了深刻的变化。

因此，高度重视钢铁生产流程中工序之间的衔接、匹配工程，开发和优化广义“活套”工程是传统生产流程的现代化以及新一代工艺流程发展的一个重要课题。对于钢铁生产流程的连续化、自动化发展而言，也必须解决好这些机械物理性的“活套”工程，只有在既能控制好重要的工序硬件装置又能灵活、有效地调控一系列的“活套”工程的条件下才能达到高水平的CIMS。

4.2 钢铁冶金生产过程的运输问题

钢铁生产过程的物流运输是既影响企业结构，又影响市场竞争力的重大问题。同时，厂外运输甚至与钢铁企业的厂址选择、全国钢铁生产厂的地理布局等重大宏观决策直接相关。由于上面涉及的工序功能的演进趋势，对钢铁工业的物流运输的方式、途径和速度也带来了深刻的变化，尤其是钢铁联合企业原来以铁路运输为主的格局发生了重大的变化。

现在总的趋势是：

（1）钢铁企业的物料、能源以及重要产品的总进、总出仍然依赖于铁路、船舶。尤其是对于矿石、煤炭、石油，由于在世界范围内对国际资源的依存关系日增，因而其运输方式更多地依靠巨型船舶。

（2）车间之间、工序之间的物流运输方式，除高炉铁水目前还不能摆脱铁路输送方式以外（国际上已有个别工厂开始采用以专用汽车输送铁水罐的尝试），其他原料、半成品、成品的输送已转变为以不落地的工序间的“在线”工艺输送方式为主（例如皮带、辊道、吊车等输送方式），基本上是不落地、不曲线倒运、不依靠铁路运输、尽量压缩或取消中间库的作用或容量，以尽可能追求“最小运输功”和缩短物流时间周期为主要方向。

（3）某些辅助材料的运送则是以大型运输汽车的公路运输为主，尽可能地不采用铁路输送，以避免工厂土地面积因铁路曲率半径、道岔等技术因素被占用。钢铁厂内传统的以铁路运输为主的运输方式，弄不好甚至可能由于铁路的因素而使40%左右的土地面积无法合理利用。

综上所述，钢铁厂的总图布置也将发生明显变化，车间布置更趋紧凑，半成品、成品仓库及其相应作业人员趋于减少，工厂总的占地面积也随之减少。

4.3 工艺技术的替代-淘汰关系及其对工厂结构的影响

钢铁冶金过程各工序功能的演进趋势导致了一系列工艺和装备的替代-淘汰关系。其基本趋势是：在联合企业中，大型高炉逐步替代了原有的为数众多的中、小型高炉；氧气转炉在全球范围内将平炉工艺淘汰；大型电炉也在某种程度上替代了平炉；连铸工艺（特别是全连铸车间）使得模铸—均热炉—初轧机工艺几乎在全球范围内被淘汰；连铸工艺也使开坯的作用受到限制或被替代；连续轧钢使得横列式、往复式、叠轧式轧机被淘汰；而“控轧控冷”工艺或连续式热处理炉使得箱式/罩式等间歇式热处理装置被取代、淘汰或被限制在很小的使用领域内，如此等等。这些工艺技术和装备的替代-淘汰关系，使工厂结构发生了重大的变化，其中特别是全连铸生产体制的出现，初轧（开坯）工艺的被淘汰/限制，直接影响到钢铁厂产品结构的变化。由于全连铸体制取代了初轧机，钢铁厂的经济规模也发生了变化。以往是以一台或两台初轧机的能力决定钢厂的合理经济规模。而现代化钢厂的经济规模大多数情况下是取决于按市场需求的产品出发所选用的热轧一次材轧机的能力。若一个钢厂选定三套热轧一次材轧机，其工厂规模应为三套热轧机能力之和。现在可以讲，在全球范围内以初轧机为支撑核心的钢铁产品“万能供应商”已经完全丧失了竞争力，从而使得钢铁厂逐渐转变成以某些优势产品族为主要生产对象的各具相当特色的工厂结构。

5 当代电炉流程企业的结构优化

在世界钢铁科技界努力开发熔融还原技术的同时，近些年来国际钢铁产业界却把眼光集中到电炉流程的发展上来。尽管全球粗钢年总产量数年来一直徘徊不前，然而以废钢为主原料的电炉钢产量所占的份额却在逐年上升（见图9）。在全球粗钢产量由1970年的5.95亿吨到1990年的7.7亿吨的增长中，电炉钢占了75%的份额，而转炉钢仅占到25%。

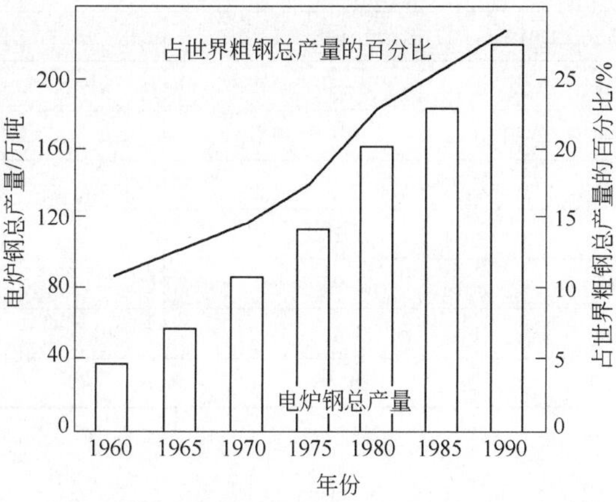

图9 世界电炉钢总产量及占粗钢总产量比例的变化趋势

5.1 电炉流程发展的宏观背景分析

5.1.1 废钢资源及其价格走势

自钢铁工业确立以来，世界钢铁的历史积累量已超过110亿吨。表3是各主要产钢国的累计钢铁蓄积量。

表3 主要产钢国家的累计钢铁蓄积量 (Mt)

国　别	前苏联	美国	日本	原西德	英国	法国	意大利	中国
蓄积量	4000	3300	1055	780	400	104	350	680
统计截止年		1990	1991	1989	1989	1989	1989	1989

若按平均14年折旧计算，每年产生的废钢量将在7亿吨左右。该值几乎与目前世界年粗钢总产量持平。虽然废钢的产生量不等于其可再生利用量，但随着钢铁工业工艺技术的进步以及钢厂与主要钢铁用户工业协调配合的不断加强，可资利用的废钢比例将逐渐提高。例如，美国目前的废钢回收率在多方努力下已达到了66%。由此可见，全球范围内已经蕴藏了相当丰富的可资利用的废钢铁资源。

由于废钢的回收仅需要简单的物理机械加工、分类整理和收集运输，故一般情况下废钢的价格要低于生铁的价格。从全球角度看，未来废钢价格将不会出现太大的波动，其价格增长率一般不会超过通货膨胀率。当然，独联体国家和东欧诸国钢产量的下降也是平抑废钢价格的一个重要因素。

5.1.2 能源背景

废钢实际上已是一种载能体。废钢炼钢主要是完成其熔化过程的物理热增值，故其能耗在理论上要比高炉—转炉流程低得多。理想情况下，用废钢炼钢所需的能量仅为由铁矿石炼钢的1/3，因为矿石还原所需的化学能占整个冶炼能耗的2/3左右。表4列出了不同钢铁生产工艺的吨钢能耗比较。

表4　不同钢铁生产工艺的吨钢能耗比较　（GJ/t）

工　序	钢铁联合企业	以废钢为主原料的电炉炼钢厂	以直接还原铁为主原料的电炉炼钢厂
烧结	2.51	—	—
炼焦	2.51	—	—
高炉炼铁	12.41	—	—
直接还原炼铁	—	—	12.41
炼钢	0.84	6.28	6.28
轧钢	2.93	2.93	2.93
其他	2.09	0.42	1.26
合　计	23.29	9.63	22.61

5.1.3　环境因素

前面已从CO_2排放量、焦化系统和焦煤资源以及固体废弃物方面就电炉流程的优势进行了分析。另据统计，回收1t废钢可节能11.72MJ，节省铁矿石1000kg，煤400kg，石灰石16kg。与此同时，用废钢代替铁矿石炼钢可减少气体污染86%，减少水污染76%，减少耗水量40%，同时减少采矿废弃物97%。电炉炼钢流程的这些优势已使钢铁工业在公众心目中重新树立起良好的形象，这为电炉流程的发展提供了机会。

5.1.4　电炉流程的宏观经济问题

从投资上看，建设高炉—转炉流程的大型联合企业每吨钢的平均投资要1000～1500美元，而电炉厂仅需500～800美元。另外，建设电炉厂与高炉—转炉联合企业相比，占地面积可减少1/2～3/5，建设周期由4年缩短到1.5～2年，资金的回收期相应缩短。

从运输角度看，废钢的运输问题要比铁矿石容易一些。铁矿石运输往往需要大型运矿船和深水港的配合，同时对于有的陆域大国而言，有时还需要有庞大的铁路疏港能力，不仅投资巨大而且运输费用高、成本高。另外，一般地讲，电炉短流程企业与其产品的最终用户市场相邻近，同时，产品的运输费用也较大型联合企业低。

从产品成本上看，电炉流程不仅在所耗原料和能源成本上较联合企业低，而且由于电炉生产工序简化，流程短，在投资以及操作成本等方面均有一定优势。

综上所述，无论从资源、能源、环境还是从宏观经济等方面看，当代电炉流程有着较为宽松的社会、经济条件。在此，必须顺便提及的是，高炉—转炉流程企业并不会由于电炉流程企业的发展而最终退出钢铁生产的舞台，而将在其占有优势的市场领域中生存、发展 。

5.2　电炉流程的产品市场领域

从电炉流程目前的发展趋势上看，电炉钢除了将在传统的合金钢领域继续保持其相对优势以外，已经开始逐步“蚕食”联合企业产品的部分领域，特别是在棒、线、管等长材方面，当代优秀的电炉钢厂已表现出很好的市场占有率。随着薄板坯连铸连轧（Thin-Slab Casting-Rolling）的成功，电炉企业还在热轧薄板市场上表现出强大的竞争力。图10显示了美国Nucor公司Crawfordsville厂生产的热轧带钢价格与典型的现货价格的比较。同时，具有相当戏剧性的现象是H型钢的市场价格，目前，电炉钢厂生产的H型钢的成本已经低于高炉—转炉大型联合企业H型钢的成本（如表5所示）。

短流程电炉厂在普钢长材领域（诸如圆钢、钢筋、线材、小型结构型钢、无缝钢管，甚至部分中型结构型钢等）的成本优势已很明显，例如美国目前生产无缝钢管的大型联合企业只有 U. S. X. 一家。就 H 型钢来讲，美国目前的 H 型钢由四家公司所垄断，其中高炉—转炉联合企业只有一家，即伯利恒钢铁公司，而且很可能在 1997 年左右被电炉厂家挤出市场。日本也出现了利用电炉流程生产 H 型钢的新动向。Nucor 公司的电炉—CSP 流程对高炉—转炉流程生产的热轧板而言也被证明具有明显的优势，从而引起了世界范围的普遍关注。

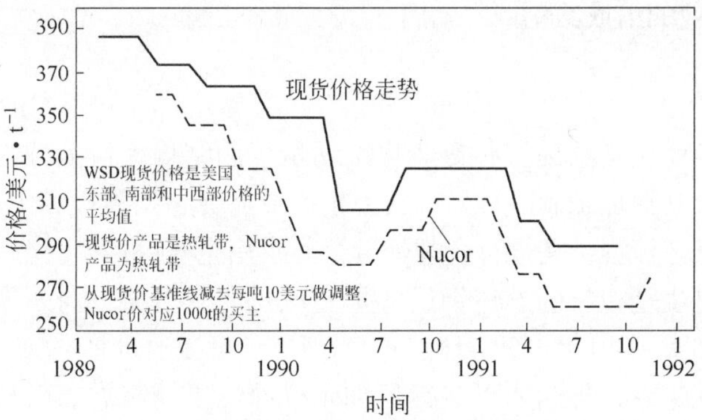

图 10　Nucor Crawfordsville 热轧带钢价格和典型的现货价格

（主要轧钢厂所列价格上涨 3%（15 美元/t），有效期 1991. 1. 10，Nucor 价格上涨 15 美元/t，有效期 1991. 9. 11）

表 5　日本高炉和电炉流程生产 H 型钢成本竞争力比较

项　目	电　炉	高　炉
可变成本	82	63
原始成本	44	35
冶炼成本	22	12
轧制成本	16	16
固定成本	18	54
总成本	100	117

注：以电炉的成本指数为 100 做指标，废钢价格 16000 日元，开工率 80%。

5.3　电炉流程工艺技术的进步和结构优化

近 10 年来，在世界性的能源、资源、环境和经济等背景因素的影响下，当代电炉流程在工艺技术、装备以及整体工程等诸多方面取得了长足的进步。这些进步集中地体现在：

（1）当代大型电炉生产节奏的“转炉化”；

（2）钢的二次冶金的“在线化”；

（3）凝固成型过程的“全连铸化”；

（4）建立在连续轧制基础上的产品专业系列化。

电炉工艺流程的全方位发展，已使电炉企业逐步优化为一座超高功率大型电炉——一座精炼炉——一台连铸机——一部主力热连轧机的配置模式，为电炉流程向大流量、连续化的方向迈进发挥了重要的作用，促进了电炉钢厂的劳动生产率显著提高。目前，当代电炉流程的劳动生产率已经达到了1000~3000t/(人·a)的水平，而日本高炉—转炉大型联合企业平均约为700t/(人·a)。美国U. S. X. 的优秀联合企业Gary钢厂约为850t/(人·a)。从资料统计情况看，到连铸坯为止的生产成本，一般情况下电炉流程已低于高炉—转炉流程。日本可能例外，两者基本持平。

5.4 电炉流程企业的组成结构

5.4.1 不锈钢厂

不锈钢厂以专业化生产为宜。专业化不锈钢厂的结构大体上分为两类，一类为生产管、棒、线材及其深加工制品；另一类为生产板材（包括薄板和中板）。这两类企业均以优化的电炉工艺流程结构进行合理配置，并采用全连铸化生产。

需要指出的是生产板材的不锈钢厂的炉卷轧机向双机架方向发展，从而导致了其合理的经济规模加大到40万~50万吨/a。当然，也可以通过将电炉不锈钢连铸坯经联合企业加工成热轧带卷，再返回不锈钢厂加工成冷轧不锈板卷。以长材为主的不锈钢厂的合理规模则至少是20万~30万吨/a。

5.4.2 合金钢（非不锈钢）厂

一般而言，合金钢、高合金钢的生产批量和市场容量较小，且大多为棒、线、中小口径钢管和锻材，企业规模较小，比较适合于电炉企业进行专业化生产。过去那种炼钢车间内多台电炉配合众多模铸的生产方式以及以初轧开坯为支撑核心的“万能供应商”式产品格局已逐步被淘汰，代之以一台热连轧棒（线）轧机为主，必要时再配备中小口径无缝钢管作业线和锻材作业线，其合理的经济规模一般为20万~40万吨/a或50万~60万吨/a。

5.4.3 普钢长材厂

普钢长材专业化电炉厂是从20世纪70年代发展起来的很有竞争力的一种钢厂结构，其主要产品应为碳素钢和低合金钢的中、小型棒材、线材等，也不排除部分地生产适合于本地区市场需求的某些专用合金钢棒、线材。此类企业也采用上述优化的结构配置；其规模可以是30万吨/a、40万~60万吨/a和80万~100万吨/a。当其规模大到一台150t电炉的能力不能满足时，可考虑以两台电炉供钢水，并可考虑配两台方坯连铸机。

5.4.4 大、中口径无缝钢管厂

从趋势上看，这类产品越来越多地从高炉—转炉大型联合企业分离出来，而由专业化电炉钢厂生产。其优化结构的合理经济规模可以分为50万~70万吨/a、20万~40万吨/a和10万~15万吨/a等级别。当然，在某些条件下，特别是对质量要求很严的无缝管，仍可以在优秀的大型联合企业生产。

5.4.5 H型钢专业化生产厂

以电炉短流程钢厂生产H型钢已成为一种新的动向，此类钢厂以电炉—钢包炉—连铸—万能型钢轧机组成作业线，不仅能生产中小断面的H型钢，而且可生产大断面的H型钢。其规模可在40万~60万吨/a，甚至到100万吨/a左右。

5.4.6 *薄板材专业化电炉厂*

新一代薄板材专业化电炉厂是以薄板坯连铸连轧工艺为特征的，主要用于生产热轧薄板。这类企业目前的规模在70万~80万吨/a或150万~200万吨/a的能力，并有可能同时生产中板和薄板。

6 高炉—转炉联合企业的结构优化

6.1 电炉流程冲击下的联合企业的对策

由于电炉企业在能耗、资金、环境、成本等方面在某些市场领域表现出的相对优势，目前发达国家已经出现了高炉—转炉联合企业的某些产品"电炉化"趋势，这就迫使联合企业在谋求在市场上保持自己优势产品地位的同时，不得不考虑自身的结构优化和合理经济规模的配置。从产品质量、成本和投资等方面综合考虑出发，表6综合地分析了三类钢厂不同类型产品的相对竞争力的强弱。

表6 不同类型钢厂生产的产品品种的相对竞争力分析

产品品种	大型BF-BOF联合企业	当代EAF企业	发展中国家中、小BF-BOF企业
棒材	×	√	√
线材	×	√	√
中、小型钢	×	√	√
热轧薄板	√	√√	×
冷轧薄板	√√	√	×
表面处理薄板	√√	×/√	×
电工用薄板	√√	×	×
宽中、厚板	√√	√	×
普通中板	×	×	√
高级管线	√√	×	×
大型无缝管	√	√	×
中、小口径无缝管	×	√	×
H型钢	√	√√	×
钢轨	√√	×	√
不锈钢	×	√	×

注：×—无竞争力；√—有竞争力；√√—有很好的竞争力。

由表6可见，由于高炉—转炉大型联合企业通常在高纯和超高纯的高级钢种方面占有优势，同时，高炉—转炉流程易于大规模生产，而且铁矿石的价格相对稳定，因此，大型联合企业的对策应是在充分发挥其固有优势的基础上与电炉钢厂在产品领域上拉开档次。从以往的百货公司式的"万能供应商"转向高质量、深加工板、管系列产品的专业化生产厂，即谋求在板材产品的高质量、深加工和高附加值方面进一步发挥优势，甚至可以考虑不出售热轧板材。与此同时，还要千方百计优化企业结构，降低成本，提高劳动生产率，并做好综合利用和环境保护工作。

6.2 高炉——转炉大型联合企业的结构演变趋势

回顾二次世界大战以后的钢铁工业的发展历程，可以将大型钢铁联合企业的演进过程分为3个阶段。

6.2.1 规模型

作为战后大型联合企业的典型，大型钢铁联合企业往往是以初轧机为核心前后展开，产品领域由于有初轧机开坯功能的支撑，往往追求对市场的全方位覆盖，在产量上则追求大规模化或超大规模化，总体上看，属于一种资源密集、劳动力密集的规模型企业。这类企业工序繁多，结构庞杂，往往着眼于工序产能的简单叠加，其结果是信息源多，信息流交错，单个信息源的信息量很小，运输系统复杂，原材料、能源消耗高，对新工艺、新技术的适应性差，产品质量也较低，成本高，劳动生产率低。从国际发展趋势看，除原苏联、东欧诸国和中国等国以外，这类企业已被彻底改造或淘汰。

6.2.2 规模/结构兼顾型

第一次石油危机后，随着能源价格的上涨，钢材市场需求的变化以及钢铁冶金工程技术的不断进步，出现了一大批规模/结构兼顾型的大型钢铁联合企业。这类工厂已经彻底淘汰了模铸—初轧工艺，通常以2~3座大型长寿高炉提供热铁水，并在炼钢厂形成了铁水预处理—大型转炉—钢的二次冶金—全连铸组合优化结构，其产品主要是热连轧带钢以及随后的冷轧板、表面处理板甚至电工板等深加工制品，另外还包括了大、中口径的焊管系列或宽幅的中、厚板系列。这类企业在必要时还可生产深加工的UOE特大口径焊管以及大型型钢（H型钢）、重轨钢等，但不宜生产棒材、线材、中小型钢、中小口径焊管，甚至一般也不宜生产无缝钢管。这类企业的合理经济规模一般在600万~800万吨/a的水平，它是知识密集、技术密集基础上的规模/结构优化兼顾型的典型模式。

6.2.3 纯结构优化型

在当代优秀电炉企业的冲击下，一些高炉—转炉大型联合企业将会演变成结构优化的钢板专业化生产厂，这是发挥自身优势，进一步优化结构的可能趋势。这类企业追求高质量、高附加值和深加工的产品领域。这类钢板专业厂基本上不出售热轧板，其主要产品包括高质量的冷轧板、表面处理板、电工板以及高级管线焊管系列，规模将进一步收缩到300万~500万吨/a的水平。主体结构是2座甚至1座高炉、2~3座160万~250万吨的转炉、采用全连铸生产体制，配备一套热宽带钢轧机和相应的深加工作业线。

这类企业的总图布置和工艺流程将更加紧凑、合理，物流的方式、速度和效率更为先进，信息源更趋集中，信息流的内涵和强度相应提高，并由于适合于CIMS管理而具有相对的灵活性和市场适应性。

6.3 发展中国家的中、小高炉—转炉钢铁厂

对于某些发展中国家而言，从区域市场需求出发，结合本地区的资源、能源、运输条件、环境条件以及有限的资金来源等背景，一些结构合理的中、小型联合企业仍有生存和发展的空间。这类企业一般以采用实用技术为主，并不追求过高的装备水平。

它可以由3~4座300~350m^3或2座750m^3的高炉做铁水供应源，配备3座20~30t或2座50t的转炉，采用全连铸体制生产方坯、小方坯甚至小板坯，产品可以是棒、线、型材，或棒、线材和普通中板，总之，可以根据区域市场的特点选择棒、线、型和普通用途中板等产品的某种组合，其规模应在60万~120万吨/a之间。

由于此类企业能较好地适应当地的社会、经济和资源条件，又能满足发展中国家或地区经济启动阶段的需要，因此，从全球经济发展不平衡的现实状况来看，此类中、小型钢铁企业虽不完美，但仍有存在的价值。

7 世界钢铁工业的布局、结构

从全球的社会经济发展以及地理、资源等情况分析，可以大致地将世界钢铁生产国作如下的划分。

7.1 人口众多的陆域大国

这类国家包括美国、俄罗斯、印度和中国等，其特点是钢材内需比例很大。由于这些国家陆域广大，陆路运输距离长、运量大，陆路运输往往使钢铁工业受到不同程度的制约。但这些国家又具有较为丰富的矿石资源和能源，因此将会走上全方位、多层次发展的道路，既有面向全国甚至全球市场为主的大型钢铁联合企业，也有面向国内区域市场为主的中、小型企业，两者互为补充，以满足市场的不同需求并参与国际市场的竞争。其中美国已率先走上结构优化的道路，大型联合企业的数量和规模逐步缩小，面向区域市场的短流程电炉厂得到较快发展。中国自1958年以来，根据国情发展起一批面向地区经济需求的地方骨干钢厂，和美国不同的是中国的地方钢厂是以当地的矿石资源为依托，主要生产长材满足市场需求。美国由于资源、环保等原因，将可能成为世界上大量缩减高炉的国家，这将进一步促进世界钢铁工业的结构变化。

7.2 发达的海洋国家

这类国家包括日本、德国、英国、法国等。这些国家的资源绝大部分依赖进口，但其资金雄厚、技术先进、水上运输便利、陆路运距短、运量相对较少，故比较适合于大规模的钢铁企业的发展，一方面解决国内市场的需求，一方面也有利于国际市场的竞争。这些国家为了维持钢铁工业的竞争力，追求的目标将转向高质量、深加工、高附加值的产品。对于这类发达国家，国内的废钢蓄积量大多数已达到相当高的水平，废钢的问题将日益突出。因此，短流程企业也会相应得到发展，并最终迫使大型联合企业走上收缩规模的专业化生产的道路。

7.3 发展中的中、小国家

发展中国家所面临的根本性问题是需要加快发展，而经济发展迫切需要钢铁材料的支撑，但是这些国家又面临资金短缺的困难，因此，中、小发展中国家将会因地制宜地发展易于启动建设的钢厂，充分利用本国的资源和能源条件，而不宜在启动阶段就追求大型联合企业。其产品的结构一般将以长材为主，主要解决国内经济发展所急需的品种。中、小发展中国家的钢铁工业仍有可能以利用当地矿石资源发展中、小规模的高炉—转炉流程企业，或者在有条件的情况下进口废钢资源发展电炉流程企业，这要视各国的资源、能源、运输和资金状况等具体条件而定。

7.4 赋存丰富矿石资源的国家

类似巴西、澳大利亚、南非一类铁矿石资源非常丰富的国家，不仅要考虑原料出口，而且必须在综合考虑本国国内市场和周边国家区域市场情况并结合能源和资金等条件下，发展自己的钢铁工业，以带动其他产业的发展，推动社会的综合发展。这类国家将主要面对充分利用矿石资源的高炉—转炉流程或新一代熔融还原工艺流程，尽可能发挥其自身的优势，它们同时也将成为一步炼钢法和非焦炼铁法的主要支持者或开拓者。

8 中国钢铁工业发展过程中的结构变化趋势

作为发展中国家，中国钢铁工业在发展过程中经历了曲折和起伏，近10多年来发展较为顺利。在1952～1957年间大体上是平稳发展阶段；1958～1978年间的特点是起伏波动，曲折发展；1978年后实施改革开放政策，逐步进入较快发展的轨道。表7为中国钢铁工业各个时期钢产量的年平均增长速度。

表7 中国钢铁工业主要产品产量年平均增长速度 (%)

年 份	生 铁	钢	成品钢材	铁矿石
1953～1957	25.2	31.7	31.4	35.2
1958～1962	6.3	4.5	1.9	5.9
1963～1965	10.2	22.6	24.6	6.9
1966～1970	9.6	7.8	6.2	15.3
1971～1975	7.5	6.1	6.4	8.6
1976～1980	9.2	9.2	10.9	3.0
1981～1985	2.9	4.7	6.3	4.1
1986～1990	7.3	7.2	6.9	5.5
1991～1992	10.3	10.4	14.0	8.2

中国钢产量占世界钢产量的比例从1978年的4.43%提高到1992年的11.33%（见图11）。在此期间，中国钢产量的分类构成也发生了相应的变化。转炉钢由1978年的33.4%上升到1992年的60.7%，平炉钢则由35.49%下降到1992年的17.29%（见表8）。同时，钢铁生产的多项技术经济指标在原有基础上有所改善（见表9）。

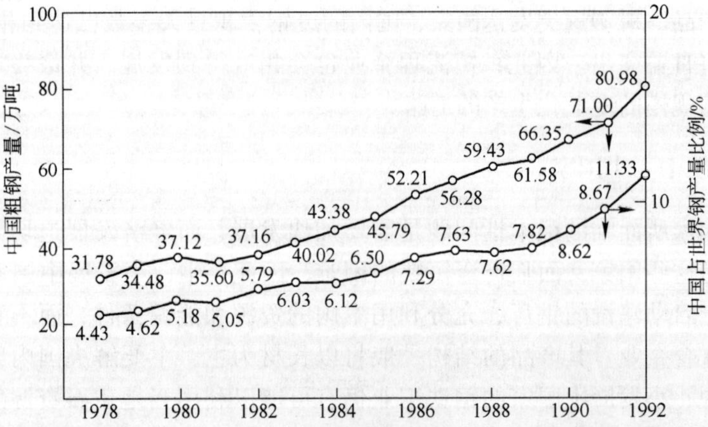

图11 中国钢产量的增长过程及其占世界钢产量比例的变化

表 8　1978 年至 1992 年中国钢产量分类构成

年份	总产量/kt	平炉钢		电炉钢		顶吹氧气转炉钢	
		产量/kt	占总量/%	产量/kt	占总量/%	产量/kt	占总量/%
1978	31780	11271	35. 47	6813	21. 44	10818	33. 41
1979	34480	11348	32. 91	7306	21. 19	12930	37. 50
1980	37120	11690	32. 03	7107	19. 15	15088	40. 64
1981	35600	11188	31. 43	6585	18. 44	15293	42. 98
1982	37160	11648	31. 35	6867	18. 48	16657	44. 83
1983	40020	11907	29. 75	8123	20. 30	18536	46. 32
1984	43460	12145	27. 93	9033	20. 78	20749	47. 72
1985	46790	12303	26. 29	10084	21. 55	23084	49. 34
1986	52210	12356	23. 67	10588	20. 24	28198	54. 00
1987	56280	12778	22. 70	11476	20. 39	30855	54. 82
1988	59430	13044	21. 95	12066	20. 30	33364	56. 14
1989	61580	13130	21. 32	12754	20. 71	34679	56. 32
1990	66350	13157	19. 88	14015	21. 12	38228	57. 80
1991	71000	13092	18. 44	15004	21. 13	42796	60. 28
1992	80930	13992	17. 29	17628	21. 78	49160	60. 74

表 9　中国钢铁工业几项技术经济指标的变化

年份	钢材/钢	铁/钢	连铸比/%	低合金比/%	平炉钢比/%	氧气转炉钢比/%	综合能耗 t 标煤/t 钢
1976	0. 695	1. 095	3. 5	8. 5	35. 6	33. 4	2. 52
1988	0. 789	0. 980	14. 7	14. 6	21. 9	56. 14	1. 647
1989	0. 789	0. 954	16. 32	14. 13	21. 32	56. 32	1. 636
1990	0. 777	0. 940	22. 37	15. 34	19. 83	58. 91	1. 611
1991	0. 794	0. 953	26. 53	16. 04	18. 44	60. 28	1. 601
1992	0. 827	0. 938	30. 0	16. 2	17. 29	60. 74	1. 574

改革开放是中国钢铁工业获得较快发展的政策保证，仅以进口国际矿石资源为例，1981 年以来，进口矿石逐年增加，到 1992 年，进口矿石所生产的生铁已占全国生铁产量的 20. 8%，并且今后进口矿石的数量仍将进一步增加（如表 10 所示）。开放政策也促进了中国的钢材进、出口量的提高（示于表 11），钢材的贸易额不断扩大。

与此同时，中国钢铁工业发展过程中，地方钢厂的产钢比例也在逐年提高，如表 12 所示。

表 10　中国进口铁矿石数量及其产铁量占总产铁量的比例

年　份	进口量/kt	进口矿所产铁占全国生铁产量的比例/%
1981	3336	6.7
1982	3452	5.9
1983	4385	6.9
1984	5970	9.6
1985	10114	15.0
1986	12004	14.1
1987	12098	13.1
1988	10768	12.7
1989	12414	13.3
1990	14191	14.3
1991	19034	17.7
1992	25173	20.8

表 11　中国钢材进、出口量　(kt)

年　份	进口量	出口量
1981	3320	610
1982	3940	1110
1983	9780	490
1984	13310	200
1985	19630	180
1986	17420	200
1987	11750	260
1988	8510	670
1989	8200	780
1990	3680	2090
1991	3320	3290
1992	5180	3270

表 12　中国按生产系统划分的生铁、钢产量情况

年　份	生　铁			粗　钢		
	总产量/kt	重点/%	地方/%	总产量/kt	重点/%	地方/%
1978	31785×10^2	77.03	21.99	31780	78.82	13.20
1979	36725×10^2	70.87	27.28	34484	78.35	13.99
1980	38024×10^2	73.21	25.67	37112	78.02	15.59
1981	31157×10^2	79.23	19.93	35603	76.99	17.41
1982	35509×10^2	72.95	26.33	37158	76.25	17.99
1983	37378×10^2	71.33	27.86	40028	74.20	19.21
1984	40012×10^2	70.16	28.72	43475	72.96	20.18

续表 12

年 份	生 铁			粗 钢		
	总产量/kt	重点/%	地方/%	总产量/kt	重点/%	地方/%
1985	42036×10^2	70.94	27.09	46794	71.39	21.51
1986	50639×10^2	66.01	30.46	48067	70.30	22.76
1987	55932×10^2	68.71	30.99	56280	71.89	21.73
1988	57040×10^2	63.11	32.20	59430	71.04	22.75
1989	58201×10^2	61.30	33.90	61590	69.22	24.82
1990	62372×10^2	60.25	34.44	66348	68.41	26.13
1991	67654×10^2	61.38	33.63	70370	68.02	27.15
1992	75893×10^2	61.13	33.18	80934	65.41	28.17

中国钢铁工业的结构带有鲜明的发展中的陆域大国的特点。总的看，企业数量众多，规模较小，地域分布广阔，工艺技术和装备水平与当代国际水平相比仍有较大的差距，产品质量和劳动生产率偏低、物料消耗和能源消耗偏高，因而经济效益并不理想。当然，在产品数量以及品种、质量上也还不能充分满足国内市场的需求。

展望2000年，中国的钢铁工业仍将持续地、较快地发展，并保持发展中的陆域大国钢铁工业的格局；同时，将会更加开放。今后将在提高质量、发展品种、降低成本、提高效益的原则指导下，通过转换企业经营机制，优化结构，进一步发展中国钢铁工业。其主要特征为：

（1）2000 年中国粗钢产量将突破年产 1 亿吨大关，在产品结构方面，要加快板、带材的发展，然而长材也将发展并保持相当大的比例。

（2）中国的钢铁工业是一个全方位的钢铁工业，全行业是由矿山、各类钢厂、焦化、耐火材料、铁合金、炭素材料、地质勘探、工程设计、建筑施工乃至科学研究等构成的完整系统。

（3）中国钢铁企业将主要由面向全国市场为主的大型联合企业和面向区域市场为主的地方钢厂两类企业构成，这主要是由于中国当前的资源、能源、运输、资金以及市场需求等方面的因素所致。

（4）中国钢铁工业仍将是一种多层次性的结构，即既有具备当代技术、管理水平的企业，也有相当数量的以实用技术为主的带有发展中国家特色的企业，尤其是那些以满足区域市场需要为主的地方钢厂更是如此。当然，不同层次的钢厂在产品品种上有适当的分工和互补性。

（5）中国的钢铁工业将更为开放，并将更多地引进国际资源、技术、装备，人才以及资金。

（6）到2000 年，中国仍将是一个钢材净进口国，钢材的进口量仍会大于出口量。在进口的钢材中以高质量的板、管材为主，而少量的出口钢材则以一般质量水平的长材为主。

（7）中国钢铁工业可能按照三种不同地域的综合条件进一步展开：东南沿海及长江中、下游地区，鞍本、冀东、攀西、包头等以当地铁矿资源为依托的老钢铁基地，其他内陆及边远地区。这些地区条件不同、市场不同，因此，将根据具体的情况形成各自的特色，这也是中国钢铁工业多层次性的重要背景。

（8）中国钢铁工业将进一步通过对老企业的改造、扩建以及某些新钢厂的建设，实现技术进步；从根本上实现钢铁工业结构和钢厂结构的优化，提高中国钢铁产品的市场竞争力，并积极改善环境保护工作。

9 展望与评论

钢铁工业在战后经历了以规模发展为主的快速增长期后，当今世界钢铁工业已进入了以结构优化为主流的发展阶段。日趋激烈的市场竞争要求钢铁企业在成本/价格、质量、品种等多方面提供更具竞争力的产品是钢铁工业结构优化的内在动力。环境/生态对钢铁工业日益严格的要求以及资源、能源、运输和资金等方面的影响也推动了钢厂的结构不断优化。科学技术作为第一生产力已经成为推动钢铁工业结构优化的最有力的杠杆。1973 年以前，以氧气转炉、大型高炉、连轧技术的发展为主要支撑的钢铁工业一直在带动着规模型的大型联合企业发展。1973 年后，由于能源价格上涨带来的冲击，促使连铸技术，特别是全连铸生产体制得到全球性的发展，与此同时，出现了大型高炉一代炉龄的长寿化以及 CDQ、TRT 等一系列节能技术的推广使用；所有这些均使得以模铸—初轧为支撑的“百货公司式”的大型联合企业失去了竞争力而逐步被改造或淘汰。大型高炉—转炉联合企业为提高自身竞争力随之走上了规模/结构兼顾型优化发展的道路。由于废钢资源、工艺能耗和环境/生态等背景条件的变化以及电炉流程工艺、装备水平的提高，以产品专业化生产为主要特色的电炉短流程钢厂表现出了强劲的竞争能力。20 世纪 80 年代以来，西方国家转炉钢产量下降，电炉钢逐步上升。近年来，部分电炉流程企业已开始走上了“紧凑型”结构优化发展的道路。在未来数年内，不同类型的新的“紧凑型”钢厂将会向结构优化的大型高炉—转炉联合企业以及现有的电炉短流程企业（Minimill）提出挑战。这无疑将使现有企业的结构优化出现带有更为深远影响的变革。作为“紧凑型”新钢厂的关键技术首先在于凝固—成型区段的“紧凑化”——Near Net Shape Casting 技术的不同方式，不同水平的体现。当然，熔融还原技术、废钢处理工艺等的进一步开发和完善也将对钢厂结构以及钢铁工业的结构优化产生影响。

作为产品优化的方向，未来的高炉—转炉流程大型联合企业将偏重于生产高质量、深加工和高附加值的高级板、管系列产品。以产品专业系列化生产为特色的短流程电炉钢厂将有条件地逐步“蚕食”传统大型联合企业的棒材、线材、型材（包括大型 H 型钢）、大部分的无缝管甚至热轧板材的市场。当然，高炉—转炉流程企业或者说矿石为铁源的流程并不会因为电炉流程企业（废钢为铁源）的流程的发展而最终退出钢铁生产的舞台，不同情况下，两者会保持适当的平衡。造成这种平衡的原因有经济上的、资源上的、运输上的、环境/生态上的多种因素。某些发展中国家将会根据各自具体情况有条件地利用中、小型高炉—转炉流程钢厂生产棒材、线材、中/小型钢甚至普通质量水平的中板等产品，以满足国内市场日益增长的需求。因此，在某些发展中国家中、小型高炉钢厂仍有作为区域钢厂存在的价值。

按国家类型来看世界钢铁工业将由人口众多的陆域大国，发达的海洋型国家，发展中的中、小国家以及资源丰富国家等类型构成新的格局。不同类型的国家将根据各自的国情进一步发展自己的钢铁工业。

从全球经济进展角度看，世界钢铁总产量不太可能再出现类似 1973 年前那样的快速增长的局面，而是在起伏波动中“爬行”增长。

某些发达国家的产钢量仍将有所下降，然而，其钢铁工业仍会得到进一步的发展。显而易见，其发展的形式将是某些钢厂适当削减能力，调整产品结构，发展高质量、高附加值的产品；而另一些钢厂则实行多元化经营，在兼并和重组的基础上淘汰那些结构落后、缺乏竞争力的钢厂；与此同时，一些结构合理的新型钢厂将逐渐出现（新建或对老企业进行改造），并得到发展。

从发展中国家来看，相当数量的发展中国家已经认识到钢铁工业的重要作用，并将其视为关键的基础工业。一般而言，发展中国家60%以上的钢材被用于建筑业，而用于制造业的比例相对较小。因此，发展中国家将进一步提高钢产量（主要是普通钢长材）以首先满足国内市场的需求。这种状况将对世界钢铁产品的贸易格局产生深刻的影响。

钢铁工业作为经济发展的重要支柱，已经为人类文明做出了巨大的贡献。在发达国家，近年来钢铁工业的公众印象已有所改观，并开始步入高科技时代。在发展中国家，各国政府对钢铁工业的重视程度也逐渐提高。基于钢铁材料多方面的优异性能和世界钢铁界多年的努力，钢铁工业有着广阔的生存空间，仍将继续发展。可以相信，钢铁工业将会继续对全人类的文明与进步做出贡献。

当代电炉流程的工程进展评价*

摘 要 从资源、能源、环境和工程经济等背景分析出发，对比了当代电炉流程和高炉—转炉流程的竞争性，讨论了电炉流程现在与未来的产品领域和市场前景，提出了若干类型电炉流程企业结构优化的参考模式。

关键词 电炉 冶金工艺 短流程

1 引言

全球粗钢产量由1970年的5.95亿吨到1990年的7.7亿吨的增长中，电炉钢占了75%，而转炉钢仅占25%。一个不容忽视的事实是，尽管全球粗钢年总产量数年来一直徘徊在7.2亿~7.8亿吨之间，然而以废钢为主要原料的电炉钢产量所占的份额却在逐年上升。

1992年，西方国家的电炉钢比为33%，据预测，2000年将上升到36%。同期，美国电炉钢比将从37%增加到42%，日本从32%增加到34%，欧洲共同体从32%增加到36%，发展中国家从35%增加到37%。

从目前的发展趋势上看，电炉钢除了将在传统的合金钢领域继续保持其相对优势以外，而且正在普通钢领域表现出强劲的竞争势态。在产品结构上，电炉钢几乎覆盖了整个长材生产领域，诸如圆钢、钢筋、线材、小型结构型钢、无缝钢管甚至部分中型结构型钢等。由于美国NUCOR公司在产业工程上完整地实现了薄板坯连铸—连轧和电炉工艺的配合，使得电炉工艺流程成功地闯入了非合金钢的扁平材市场领域。

2 废钢资源的评估

废钢作为电炉冶炼过程的主要原材料，对目前处于上升期的电炉流程而言是至关重要的。以西方国家为例，L. L. Teoh的分析指出：西欧、美国和日本典型电炉厂的废钢成本分别占到吨材总成本的50%、40%和39%，可见，对废钢资源的调查和评估是未来电炉流程发展的重要前提，这与高炉—转炉流程对焦煤和铁矿石资源的调查和评估具有同等的重要性。

废钢的来源主要有自产、加工和循环3种。自产废钢由于钢铁工业中连铸工艺的广泛采用已经出现了明显的下降趋势。目前自产废钢量约占全球废钢利用量的40%；加工废钢约占制造业产品消耗量的15%，占全球废钢利用量的25%左右，积累量增加；循环废钢的产生量逐年提高，目前全球产生的循环废钢已占到全球废钢利用量的35%。由此可见，循环废钢在钢铁生产中的作用和地位必将不断加强，这一点应引起我们的高度重视。

需要说明的是尽管直接还原铁作为电炉原料在过去的10年中有了较大的增长（从

* 原发表于《特殊钢》，1994，15（6）：1~20。

1981 年的 780 万吨到 1990 年的 1890 万吨），但其在电炉原料市场上仅占极小的比例，不会对钢铁工业产生大的影响。但某些特殊钢对钢中微量元素有严格要求，直接还原铁以其纯净的成分，仍将受到重视和欢迎。

2.1 钢铁蓄积量与废钢资源及价格走势

自钢铁工业确立以来，随着为满足人类生产和生活所需的钢铁制品的大量出现，源于铁矿石的钢铁料也开始了全球范围内的积累过程。尤其是二次世界大战以后，世界钢铁的历史积累量迅速膨胀，构成了极为丰富的潜在废钢资源。据不完全统计，自 1987 年以来世界各主要产钢国的累计钢铁蓄积量之和已超过了 100 亿吨，并呈现出不断增加的趋势。若按平均 14 年折旧计算，每年由此而产生的废钢量将在 7 亿吨左右，该值几乎与目前世界年钢总量持平。虽然废钢的生产量不等于其可再生利用量，但随着钢铁工业技术的进步及与相关工业协调配合的不断深化，可资源利用的废钢比例仍将逐渐提高。例如美国目前的废钢回收利用率在多方努力下已达到了 66% 的高水平，其他国家也在向这方面迈进。从这一点来看可以明确地说，全球范围内已经蕴藏了相当丰富的可资源利用的废钢铁资源。

据预测，未来若干年内东欧和俄罗斯钢产量将大幅度下降，从而使世界钢产量下降 5%。基于钢铁产量降低、钢铁料消耗减少、废钢产生量不断增长（主要是循环废钢）以及转炉大量消化废钢的技术尚不能普及等方面的综合原因，可以认为在可预见的未来废钢供应较为充足，因此，未来废钢价格将不应出现太大的波动，其增长率也不应超过通货膨胀率。

2.2 废钢利用的国际趋势

由于钢的优异的可再生性及环境、资源和能源等方面日益苛刻的要求，尽可能多地利用废钢已成为国际趋势。在 20 世纪 80 年代国际钢铁市场不甚景气的情况下，全世界废钢的消费量仍呈上升趋势，并已达到每年 3.3 亿吨以上。表 1 给出了主要废钢消费国家或地区的废钢消费情况。

表 1 主要废钢消费国家、地区的废钢消费情况 (t)

国家及地区	1971 年	1975 年	1980 年	1985 年	1990 年
西欧	79.0×10^6	80.9×10^6	79.0×10^6	81.2×10^6	75.6×10^6
东欧	$59.1\times10^6$①	$75.3\times10^6$②	$81.6\times10^6$②	114.7×10^6	109.7×10^6
美国	74.9×10^6	74.7×10^6	81.0×10^6	64.0×10^6	63.4×10^6
日本	33.4×10^6	34.2×10^6	43.8×10^6	44.1×10^6	48.2×10^6

①前苏联平炉和转炉用量；②前苏联平炉的用量。

目前，就主要产钢国家来看，吨钢废钢单耗已达到了相当的水平，其中以意大利为最高，达 650kg；美国其次，为 550kg；英国在 400kg 左右；法国、原西德和日本均超过了 300kg。与此同时，上述国家的废钢比也已达到了很高的水平，这里废钢比是指吨钢废钢消耗与吨钢生铁加废钢消耗的比值。表 2 是主要产钢国的废钢比水平。由此可知，这些国家的废钢比均已高于 30%。当然，该废钢比是转炉与电炉消费废钢的总和。事实上，尽管转炉也是废钢的主要用户，但其消费的废钢绝大部分来自联合企业内部的自产废钢，转炉显然不会对商业废钢市场产生大的影响。据统计，高炉—转炉联合企业在废钢商业市场上占不到5%的份额，自产废钢量与转炉消费的废钢量具有一致的递减规律；同时，市场废钢与电炉用废钢量却表现出同步增长的趋势。在国际上大力开发利用废钢的总趋势下出现的一个非常明显的现象是：世界转炉钢占粗钢产量的比例呈不断下降趋势，而电炉钢比例则显著上升。另据分析预测，世界电炉钢比例还将进一步增加（见表3）。

表2　主要产钢国家废钢比　（%）

国　家	美国	日本	原西德	英国	法国	意大利
废钢比	50	30	30~35	40	30~35	60

表3　电炉钢占粗钢产量的比例预测　（%）

年　份	西　欧	美　国	日　本	世　界
1991	32.6	37.3	31.9	28.5
1992	32.9	37.7	32.4	28.8
1993	33.1	38.1	32.9	29.1
1994	33.3	38.4	33.3	29.4
1995	33.5	38.7	33.7	29.7
1996	33.7	39.0	34.1	29.9
1997	33.9	39.2	34.4	30.1
1998	34.0	39.4	34.7	30.3
1999	34.1	39.6	35.1	30.5
2000	34.2	39.7	35.3	30.7
2005	34.6	40.2	36.5	31.3
2010	34.8	40.3	37.3	31.7
2015	34.9	40.6	37.8	31.9
2020	35.0	40.6	38.1	32.0
上限	35	40.7	38.7	32.2

图1是日本1973~1990年间电炉生产不同钢种的产量分布情况。在近2900万吨的电炉钢的增长中，铸钢和锻钢几乎维持稳定，轧制特殊钢的增加仅有70万吨；而轧制普通钢却猛增到2000多万吨。显然，用电炉消费废钢生产轧制普通钢的工艺流程具有很强的竞争力。

从工业和商业角度看，废钢工业目前正趋向于在钢产品制造业的中心附近兴建大规模的废钢收集、处理和加工的基地，具有很强的区域集中的特点。因此，从资源角度看，数量充足的“铁源”——废钢铁料的供给源在今后相当长的一段时期内是无须疑虑的。因此，以废钢为原料的电炉生产流程的前景是好的。

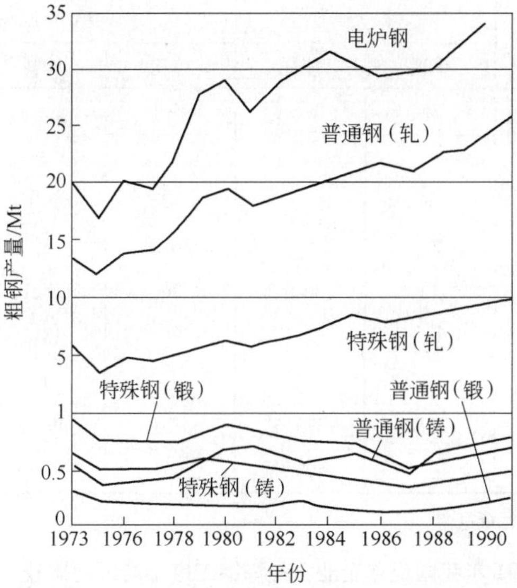

图1　日本石油危机后电炉产钢品种分布情况

3　关于能源消耗问题

3.1　不同钢铁生产工艺流程的能耗比较

废钢由于已经实现了氧化物向金属铁的转化过程，从这一点看废钢实际上已是一种化学能的载能体。在电炉冶炼流程中对于废钢主要是要完成熔化过程的物理热增值，因此其能耗在理论上要比高炉—转炉流程低得多。在理想情况下，用废钢炼钢所需能量仅为高炉—转炉流程的1/3，原因是铁矿石还原所需的化学能占到整个流程能耗的2/3左右，如图2所示。假定铸造以后工序的能耗相同，那么废钢—电炉法的吨钢一次能源总消耗只有高炉—转炉流程的一半。

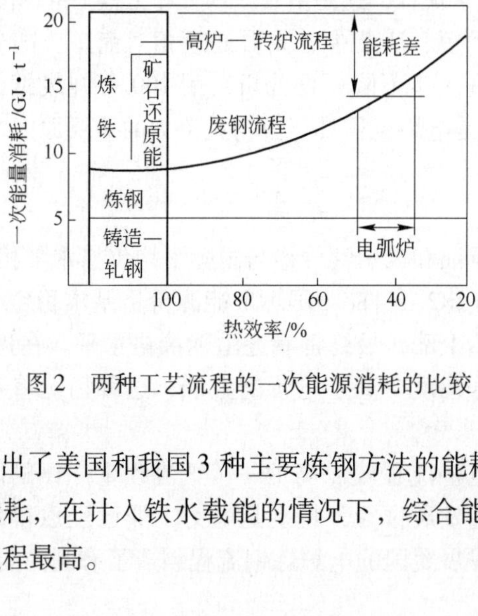

图2　两种工艺流程的一次能源消耗的比较

表4和表5分别示出了美国和我国3种主要炼钢方法的能耗指标的比较。但是考虑整个钢铁生产流程的能耗，在计入铁水载能的情况下，综合能耗则变为电炉最低，平炉次之，高炉—转炉流程最高。

表4　美国3种炼钢方法的能耗比较

项　目	平　炉		转　炉		电　炉	
	单耗	能耗	单耗	能耗	单耗	能耗
重油/kg·t^{-1}	75	107.1	—	—	—	—
焦炭、电极/kg·t^{-1}	—	—	—	—	14	17.1
煤气/m^3·t^{-1}	—	—	12	7.1	12	7.1
氧气/m^3·t^{-1}	28	—	56.5	—	5.6	—
电/kW·h·t^{-1}	30	15.3	26	17.1	—	192.8
扣回收余热/kg标煤·t^{-1}	—	7.1	—	18.2	—	—
净能耗/kg标煤·t^{-1}	—	115.3	—	6	—	217
生铁消耗/kg·t^{-1}	626	375.6	826	495.5	24	14.4
合计/kg标煤·t^{-1}	—	490.9	—	501.6	—	231.1

注：生铁耗能值按600kg标煤/t计。

表5　1991年我国重点企业3种炼钢工序平均能耗比较（统计值）

项　目	平炉流程	转炉流程	电炉流程
炼钢工序能耗（kg标煤/t钢）	123	24	299
吨钢耗生铁（kg生铁/t钢）	850	1012	118
生铁载能（kg标煤/t钢）	625	744	86.8
累计能耗（kg标煤/t钢）	748	768	385.8

注：生铁耗能值按735.5kg标煤/t计。

从工程上对比高炉—转炉流程和电炉流程可以看出，高炉—转炉流程系统庞大、环节多、流程长、无论是原料准备阶段还是冶炼配套设备操作均消耗大量的能源。近年来，尽管针对高炉—转炉流程的高能耗问题在烧结、炼焦及高炉操作和转炉冶炼等各方面采取了一系列节能措施并开发出多种能源回收技术，如干熄焦、高炉炉顶煤气回收系统等，特别是转炉煤气回收OG系统已使转炉工序回收的能量达到或超过了整个转炉工序的能耗甚至实现了“负能炼钢”（现代化转炉炼钢工序已可提供5～10kg标准煤/t钢的能量），但是其能耗仍要远高于电炉流程，这是由其原理上和工程上的原因所决定的。

相反，电炉生产流程短、环节少、原料处理相对简单，随着电炉技术的进步和过程时间的缩短，其能耗进一步下降。据分析，用100万吨废钢代替铁矿石生产钢，可节约煤-焦35万吨。这是电炉流程具有市场竞争力的重要原因之一。

3.2　能源价格

长期以来，我国的重油和天然气价格与国际平均价格水平相比约为1/3，动力煤价格约为1/5，电价则约为1/2。目前，国际上能源价格基本稳定，但在我国由于市场的逐步开放，能源价格必然上涨，最终将靠近国际价格水平。在这一过程中，显然，煤、重油和天然气价格的上涨幅度要高于电价的上涨，这种情况将对我国钢铁工业产生一定的影响。

从上述分析可见，电炉流程较以高炉—转炉流程生产钢的能耗低得多。现在我国能源工业已摆在最突出的发展位置，特别是电力工业已经取得并将进一步得到迅猛发展。这种形势将为大力发展我国的电炉炼钢流程创造了有利的前提条件。

4 钢铁生产流程对环境的影响

随着公众环境意识的不断增强，钢铁工业首当其冲受到来自各方的压力。同时，也因钢铁材料的优异的性能和可再生性而得到进一步的重视。

4.1 钢铁生产流程与大气环境的关系

当前，钢铁工业对环境的影响最主要的问题表现在CO_2的排放量上。以日本为例，1987 年钢铁工业CO_2排放量占全国总排放量的比例按发生源统计为 12.6%，若将能源部门的排放量折算到钢铁消费部门，则钢铁工业的CO_2的排放量将达到 17.3%。我国的情况亦与此相似，1988 年我国钢铁工业的CO_2排放量占全国矿物燃料燃烧排放量的 12.5%。由于排放比例如此之大，因而钢铁工业CO_2的排放问题已引起世界范围的普遍关注，同时也成为钢铁工业迈向 21 世纪的重要课题。

据估算，高炉—转炉流程的CO_2产生量为 2000～2100kg/t 钢，而电炉法仅有 800kg/t 钢，两者相差很大。近年来，在全球总钢产量基本稳定的情况下，电炉钢的比例不断上升，已使CO_2的排放量逐年减少。与此同时，由焦炉和高炉中排放出的有害气体如NO_x、SO_2以及多种碳氢化合物也越来越受到关注。美国 1990 年修订的《大气净化法》对苯排放量的规定已对高炉和焦炉的生存构成威胁。该项法令规定到 2020 年，排放苯含量要降为零。这无疑会对高炉—转炉流程产生重大的影响。

4.2 废钢铁料与生态环境

钢铁工业产生的大量固体钢铁制品若不认真对待，将是巨大的潜在环境污染源，有些甚至可能将对水质、土壤等构成严重威胁。大量锈蚀的钢铁废料也将造成严重的粉尘污染。另外，在一些发达国家，固体废料的堆积也给环境带来不利影响。

钢是世界上回收程度最高的材料，这一特性使其成为制造厂家和消费者在生态环境上的理想选择。美国在过去的 10 年中回收了大约 4.54 亿吨的废钢，并出口了 9100 万吨，这相当于把美国废料废弃场的使用年限延长了 3 年。与此同时，钢的回收性也使能源和资源消耗大规模降低。据分析，回收 1t 废钢可节能 2800MJ，另外还可节省 1000kg 铁矿石、400kg 煤和 16kg 石灰石。上述这些优势已使钢铁工业在公众心目中重新树立起好的形象，并促进了电炉流程的发展。美国最近电炉钢的比例已从 20 世纪 60 年代的 10% 增加到目前的接近 40%，估计到本世纪末这一比例还可能提高。

据权威资料的综合分析，用废钢铁代替铁矿石炼钢，可减少气体污染 86%，减少水污染 76%，减少耗水量 40%，同时减少采矿废弃物 97%。从这些分析不难看出，全球环境问题日益苛刻的要求为电炉流程的发展提供了良好的机会。

5 当代废钢—电炉流程技术进步的起点和工程优化

5.1 废钢

20 世纪 60～70 年代普遍的看法是电炉工艺的精料原则应该是使用精废钢、切头和优质生铁。进入 20 世纪 80 年代后，由于连铸技术的迅速发展以及废钢产生量和产生源的变化，对废钢精料的认识出现了很大的转变。现在看来，电炉流程的精料应该是经过分选处理和预热的轻废钢、汽车废钢、钢厂自产废钢和直接还原铁等。寄希望于获得大量的切头和优质生铁是不切实际的。显而易见，作为大部分废钢来源的社会废钢的轻薄化已成为未来的发展趋势。对于这一现象我们不能仅考虑到其运输、库存和加料方面产生的消极影响，同时也应看到轻薄料有助于电炉快速熔化的积极的一面，它还将对电炉熔炼过程中的连续加料技术的开发和普及起到相应的推动作用。

对于社会废钢的精料化处理，目前已经开发出了功率强大的剪钢机和压块机，同时废钢的分选技术也有了较大的发展。因废钢中掺杂的有害元素的种类和数量逐渐增加，应研制更易拆卸、分类和鉴别的钢铁制成品，以提高废钢的纯净度，减轻熔炼过程的负担。

考虑到电炉冶炼方面的需要，原料处理还必须注意装炉废钢的堆比重和废钢的碳含量等其他因素。堆比重大，熔池内会残留未熔化的块废钢导致熔化时间的延长；相反，堆比重小，炉内废钢不易滑降和崩落，也会影响熔化时间。故在保证高效电力输入时调整合适的废钢堆比重是十分重要的。

与此相应，还应该考虑废钢的装入次数，通常两次废钢装入的热损失较少，因此对于废钢堆比重、装炉次数、炉容量和炉形等因素需要给予综合的考察。

5.2 电炉

当代电炉的技术进步与生产率提高之间的关系归纳如图 3 所示。

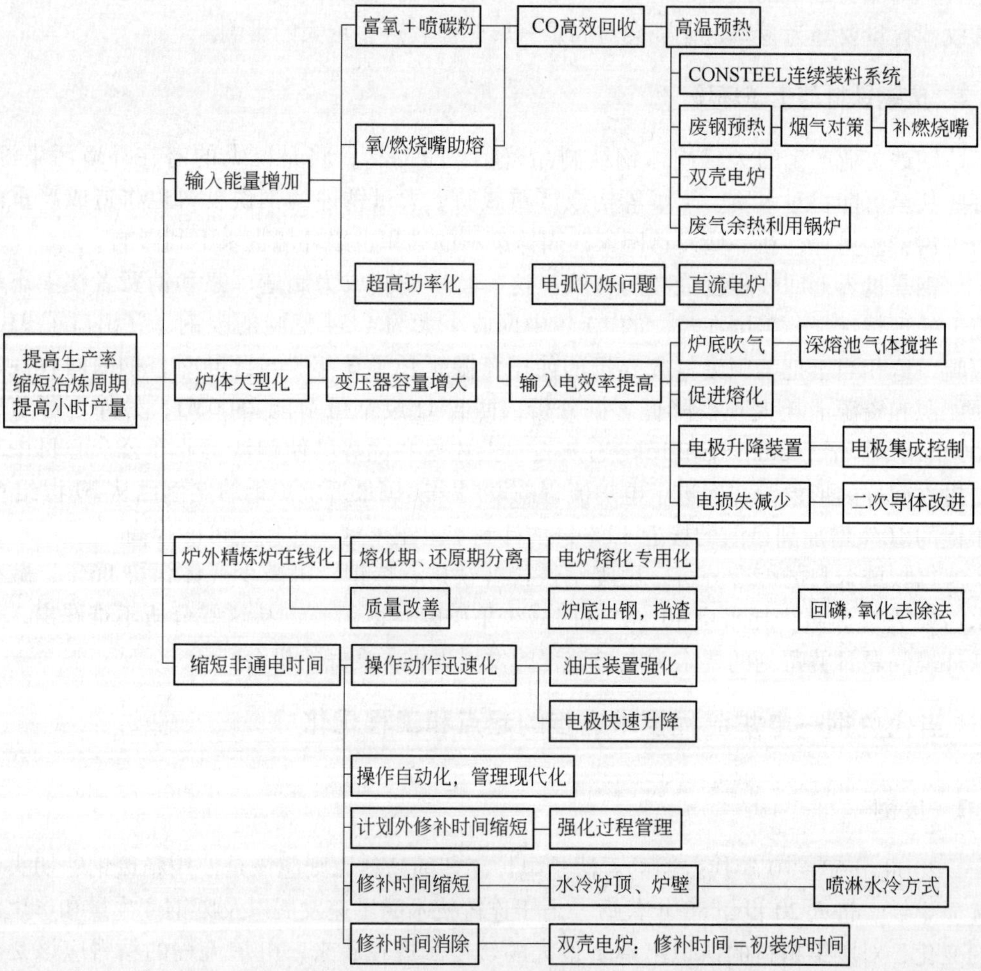

图3　当代电炉的技术进步与生产率提高之间的关系

工业实践中，目前已经开始了电炉生产节奏转炉化的进程。在理论上，电炉工序的冶炼周期与各设备和操作因素之间存在如下的关系：

$$t=\frac{C\times W\times 60}{T\times \cos\theta\times \eta}+t'$$

式中 t——冶炼周期，min；

C——吨钢耗电量，kW · h/t；

W——钢水重量（电炉容量），t；

T——变压器功率，kV · A；

$\cos\theta$——功率因数；

η——电能输入效率；

t'——非通电时间（包括修补作业、废钢装入操作、出钢操作等），min。

由上式可知，为缩短冶炼周期，需要采取如下的对策：

（1）吨钢电耗的降低；

（2）电炉容量的扩大，而不强调超装；

（3）炉用变压器功率的提高和输入效率的改善；

（4）高效功率因数的优化选择；

（5）非通电时间的缩短。

5.2.1 电炉单体技术进步概况

5.2.1.1 电炉的大型化

扩大炉容量是提高电炉生产率的有效手段，这一点已为大量生产实践所证实。炉容量过小不仅生产效率低、技术经济指标差，而且后步配备精炼装置和连铸、轧钢设备十分困难，因此，20 世纪 70 年代以来，许多国家逐渐淘汰了 30t 以下的小电炉，如日本，到 1980 年共淘汰了 281 座；又如美国 1980 年以来很少再建 40t 以下的电炉。强调小吨位的电炉过量超装是不对的，因为这将引起冶炼周期过长，而无法与连铸周期匹配；同时对厂房结构、出钢吊车等也带来诸多不安全因素。当代电炉应该强调大型化，不超装（少超装），快节奏。

5.2.1.2 超高功率化

1960 年美国的 W. E. Schwabe 开始倡导超高功率作业以来，超高功率电炉已在世界范围内得到广泛普及。目前常用的也是最简单的电炉功率水平的指标是变压器比功率，即 kV · A/t。图 4 是以电炉的炉体内径对变压器功率作图划分的电炉功率水平的大致范围，由图可见超高功率的概念也在不断演进，并可判断电炉的功率水平是超高功率（UHP）、高功率（HP）或普通功率（RP）。

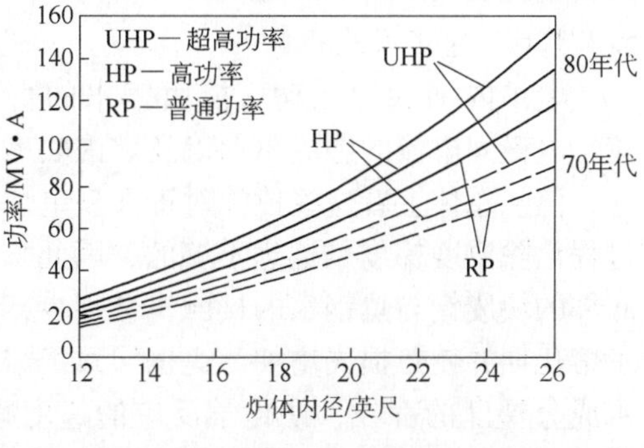

图 4 电炉功率水平的划分及其演进

（1 英尺 = 30.48cm）

电炉超高功率操作的直接结果是冶炼过程通电时间的缩短和电炉生产率的提高。目前，先进电炉的比功率已达到 700 ~ 1000kV · A/t。

5.2.1.3 水冷炉壁和水冷炉顶

当代电炉的平均水冷炉壁面积已达到70%，水冷炉顶面积达85%。尽管这一技术的采用使电炉的热损失增加了5%～10%，但由于节省了50%～75%的耐火材料成本和喷补料成本，并使炉顶寿命提高了50%；另外，渣线上部耐火材料的维护作业被取消使工人的劳动强度大大降低；同时，由于允许电炉改用长弧操作，冶炼时间缩短了5～10min，因此，总体效益非常显著。必须强调指出的是，水冷炉壁、炉顶这一技术是大型电炉派生出的技术，对小型电炉是不适宜的。

目前，水冷炉壁水冷炉顶技术还在不断的发展之中。喷淋式水冷系统、水冷炉壁以及全水冷炉顶等新技术的出现使耐火材料和电极消耗进一步下降。

5.2.1.4 长弧泡沫渣冶炼

在超高功率电炉的实际操作中发现，采用过大的电流输入将引起电耗和电极消耗的增加（图5）。因此，操作电流的选择就存在最佳值的问题。这种情况下只能借助更高的电压来保证超高功率的输入。通常，高电压操作是在长电弧条件下实现的，长弧操作一方面可以提高功率因数，促进废钢熔化；另一方面则增加了电弧辐射热损失，同时使炉壁的热负荷加重。为此，借鉴了直接还原铁电炉冶炼过程中出现的泡化炉渣的现象，利用向渣中喷吹碳粉和氧气产生的气体在熔池表面形成泡沫渣，使电弧埋入渣层。电弧炉在采用泡沫渣操作后产生明显效果，功率因数由0.63提高到0.88。不仅如此，泡沫渣的应用还可使平池条件下的热效率提高30%～270%，并使电流和电压的波动明显减小。更突出的是泡沫渣可以加快电弧热量向熔池的传递，尽管其机理目前尚不十分清楚，但其效果却是非常显著的。

5.2.1.5 留钢留渣操作

留钢留渣操作首先是无渣出钢所需要的，但其优势并不仅限于此。炉内液态钢水和高氧化性炉渣的存在为下一炉冶炼的初期脱磷提供了极好的条件，同时，它还改善了熔化初期电弧的稳定性，使平均输入功率增加并促使供电制度改善及减小对供电系统的干扰。虽然留钢留渣操作可能导致装炉量的减少，但事实证明电炉的生产率却是增加的。操作实践指出优化的留钢比在10%～15%之间。

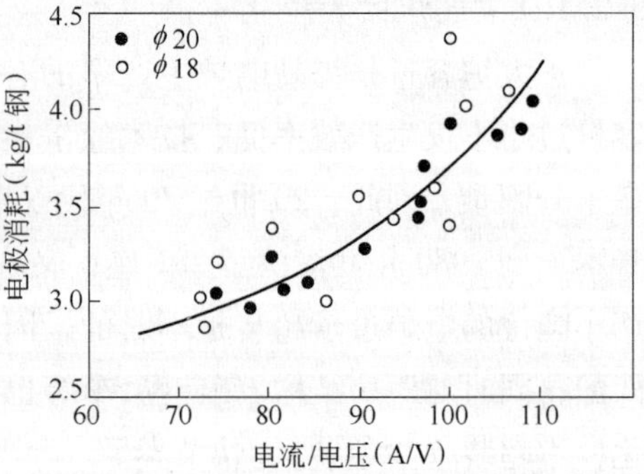

图5 操作电流/电压比与电极消耗的关系

5.2.1.6 电炉底吹搅拌

电炉内钢水的运动可能由钢水的自然对流、电极间电流的感应驱动以及炉内吹氧等引起，但从总体上看这些搅拌对于大型电炉冶炼过程消除温度梯度是远远不够的，因此，熔池底部的块废钢与热钢水的接触机会很少，延长了熔化期并使热损失增加。这也导致了熔池钢水成分梯度的存在，使化学反应的速度减慢。另外，混匀状况不良也给电炉冶炼的精确控制带来了极大的困难。鉴于上述问题，现代化大型电炉已广泛采用了底吹搅拌技术，由此获得的能量效率的改善可从图6看到。据报道，生

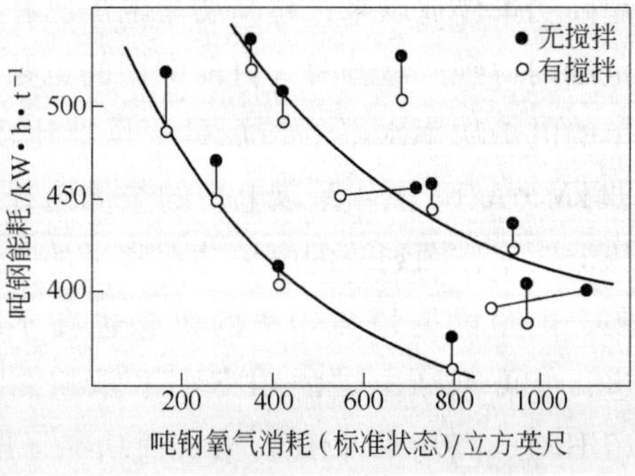

图6 电炉底吹气体搅拌的能量效率的改善

（1英尺＝30.48cm）

产碳素钢的电炉采用底吹搅拌后吨钢电耗可降低 10 ~ 12kW · h，冶炼时间缩短 5 ~ 16min，另外在提高合金和铁回收率、减少氧气消耗、降低电极消耗以及改善脱磷和脱硫等许多方面均收到了明显的效果。

5.2.1.7 氧燃烧嘴及氧枪强化冶炼

为提高电炉生产率，现代大型电炉均配备了氧燃烧嘴作为消除炉内“冷点”的辅助废钢熔化的手段，使电炉的综合熔化功率投入达到了 1000kV · A/t 钢以上。一般而言，在熔化期每吹入 $1m^3$/t 钢的氧气，可缩短熔化时间 2min。通常，对于大型电炉，氧燃烧嘴的耗氧量为 $1m^3$/t 钢可相当于节省 3 ~ 5kW · h/t 钢的电。氧耗和电耗的转化率与电炉变压器的比功率也存在一定的关系，随着比功率的提高该转化率有减低的趋势。

总体上看，目前采用的氧燃烧嘴已可使电炉冶炼过程中的化学能的投入比例达到 35%，电炉热效率提高到 67%。

氧枪在电炉上的使用也促进了电炉各项指标的提高，但传统的由侧壁插入的水冷氧枪一般仅在熔池脱碳期使用，如果操作不当可能导致电极消耗的增加。由德国 Badisch Stahl 工程公司开发的新型多用途氧枪克服了上述缺点，使切割废钢、熔池脱碳和辅助炉渣泡沫化等多项任务用同一部氧枪完成，并使冶炼时间缩短 12%，电耗降低 60kW · h/t 钢，且极大地改善了工人的劳动条件。

5.2.1.8 废钢预热

由于电炉用氧的不断强化，产生的大量炉气使热量损失增加。为降低能耗、回收热源，采用炉气预热废钢是必然的选择。

日本于 1980 年率先开发了废钢预热装置，采用的是远距离分体布置，炉气由管道送入废钢预热炉，入口炉气温度为 700 ~ 800℃，废钢预热至 300℃左右，可节电 30 ~ 45kW · h/t 钢，缩短冶炼时间 5 ~ 8min。但是该废钢预热法存在诸如占地面积大、炉气热损失高、废钢预热温度低以及为处理废钢预热炉排放废气中的白烟和恶臭需要增配补燃烧嘴等难以解决的问题，近年来已很少被采用。

近年来出现的一种废钢预热新技术是双壳电炉，这种电炉在实际操作中使用两个炉体，其中一炉进行冶炼时将其排出的废气送入另一个装满废钢的炉子实施废钢预热处理，当这一炉冶炼完毕后立刻对另一炉预热好的废钢进行冶炼。该方法的缺点是两炉切换的时间节奏不易掌握，操作难度大，要求高，占地面积增大，投资费用也较大，且其与后步工序的配合易出现混乱，因此其适用范围尚待观察。

进入 20 世纪 90 年代以来，电炉技术出现的一个新的发展方向是竖式电炉，其特点是将废钢预热的料篮直接置于电炉炉顶的废气排放口处，使 1200 ~ 1500℃的废气通过废钢进行预热操作，预热废钢后的废气温度仅为 250℃，达到了很好的预热废钢和回收能源的目的。

通常情况下，普通电炉每生产 1t 钢产生的废气将带走相当于 150 度电（150kW · h）的能量。传统的电炉预热废钢的方法仅能回收其中的 30 ~ 40kW · h 电，而竖式电炉则可回收 80kW · h 电以上的能量。英国 Sheerness 钢厂的应用实践表明，使用竖式电炉冶炼可节电 20%，冶炼时间缩短 5 ~ 7min，烟尘排放量减少 20%，金属回收率提高 3% ~ 5%，同时，由于废钢预热良好，电弧闪烁现象明显改善。表 6 示出了该厂竖式电炉的技术经济指标及其与普通电炉的对比。当然，竖式电炉在装料工艺、下料系统、预热料落下的位置等方面尚有一些技术需要进一步考虑。

表6　竖式电炉的技术经济指标

出钢—出钢时间/min	50~55
其中通电时间/min	33
平均电耗（kW·h/t钢）	300~350
氧气总消耗（m^3/t钢）	35
天然气总消耗（m^3/t钢）	11
金属收得率/%	93~94
成本降低（英镑/t钢）	6

5.2.1.9　直流电炉

当代电炉技术发展的重要方面之一是直流电炉。电炉超高功率化和大型化的趋势以及长弧操作的需要使冶炼过程中的电弧稳定性下降，并导致了供电系统无效功率的增加及电弧闪烁效应的加强。采用直流供电由于可控硅整流器对电流波动具有快速响应的特性，电流控制更易于实现，减轻了无效功率消耗，最终降低了闪烁效应。通常，在相同的闪烁效应限定值条件下直流电炉可以将电功率输入（kW/t）提高一倍。另外，直流电炉还能克服交流电炉固有的诸如向熔池传热效率低和熔化不平衡等缺陷，使冶炼周期进一步缩短。现代直流电炉的各项技术经济指标已经达到了相当高的水平。表7列出了现代直流电炉典型的消耗水平和交流电炉与直流电炉作业指标的比较。表8列出了年产50万吨规模的钢厂采用交流电炉和直流电炉的投资成本比较。从中可以比较全面地了解直流电炉的优越性。然而，这种优越性很难充分体现在30t以下的电炉上。

表7　交流电炉与直流电炉作业指标的比较

项　目	交流电炉	直流电炉	差　别
出钢—出钢周期/min	100	95	-5%
电耗（kW·h/t钢）	100	94	-6%
电极消耗（kg/t钢）	100	40	-60%
耐火材料消耗（kg/t钢）	100	90	-10%
维修费用（美元/t钢）	100	80	-20%
噪声/dB	100	85	-15%
电弧闪烁	100	50	-50%

注：以同等条件下的交流电炉的指标为100%计作基准。

表8　交流电炉和直流电炉的投资成本比较　（美元）

项　目	交　流	交流+静态+VAR补偿	直　流
电弧炉	7.3×10^6	9.7×10^6	9.7×10^6
附属设备	1.6×10^6	1.6×10^6	1.6×10^6
除尘装置	4.8×10^6	4.8×10^6	4.8×10^6
钢包炉	3.2×10^6	3.2×10^6	3.2×10^6
小　计	16.9×10^6	19.3×10^6	19.3×10^6

续表 8

项目	交流	交流＋静态＋VAR补偿	直流
废钢仓库	3.9×10^6	3.9×10^6	3.9×10^6
土建工程	16.8×10^6	16.8×10^6	16.8×10^6
水电供给设备	4.8×10^6	4.8×10^6	4.8×10^6
工程设计	1.9×10^6	1.9×10^6	1.9×10^6
设备装配	3.9×10^6	3.9×10^6	3.9×10^6
小计	31.3×10^6	31.3×10^6	31.3×10^6
合计	48.2×10^6	50.6×10^6	50.6×10^6

注：以年产50万吨规模为基准。

5.2.1.10 缩短非通电时间

电炉冶炼过程中的非通电时间包括出钢、装料、修补炉衬和停休及设备检修等。

炉底出钢技术的开发不仅使无渣出钢及留渣操作成为可能，同时由于出钢时炉体倾斜由传统电炉的40°～45°降到10°以下，出钢时的动作时间明显加快，钢流速度也相应提高，使出钢时间大为缩短，出钢过程中钢流温降减少。与此同时获得的另一个效果是水冷炉壁的面积可以进一步扩大。目前，世界上先进电炉均采用了不同形式的炉底出钢技术。

装料次数与装料占用冶炼时间具有明显的相关性。前述的双壳电炉的分炉装料、竖式电炉的半连续化装料及Con-Steel开发的连续装料技术已受到普遍的关注，并已开始逐步推广采用。

炉顶、炉壁水冷技术的开发及高性能耐火材料的使用使炉衬补修时间大大缩短。值得一提的是，双壳电炉操作相当于把补修炉衬的任务移到炉外进行，使冶炼炉的时间利用更加集中，冶炼周期进一步缩短。美国联合碳化物公司开发的喷水冷却系统使水冷系统的寿命延长，安全性提高，不仅缩短了电炉预定外停修时间，也减轻了定期检修的任务，电炉操作的中断率显著减小。另外，喷水冷却还使水冷炉盖的厚度减薄，炉盖总重量减少约20%，使炉盖提升、旋转的动作时间缩短。

与冶炼过程相关的各项操作动作的高速化与计算机辅助作业也是缩短冶炼周期的重要内容。例如，液压强化驱动的炉盖操作系统使装料操作的炉盖开闭时间减少一半。补装炉料断电时的电极升降速度也因采用了VVVF方式的新的电极控制装置和高性能的DICE电极控制系统而得以明显加快。

综合而言，电炉冶炼在对高产率化数十年追求中的技术进步始终围绕着冶炼周期缩短这一中心而展开，这一方面是出于电炉熔炼生产率提高的需要，另一方面也是与后步工序如精炼、连铸和轧钢的生产能力的合理匹配密不可分的。为使电炉流程的整体工程趋于优化，在电炉单体先进技术的选择上，就我国目前的生产和资金条件而言，必须注意选择那些对提高生产率和缩短冶炼周期有突出作用的关键技术，这首先是电炉的大型化和超高功率化。

5.2.2 电炉的吨位发展和工程选择

经过几十年的演进，电炉的吨位不断扩大，炉容量逐渐增加。从目前国际和国内情况看，最大的超高功率电炉已达到了150t。进一步扩大炉容在工程理论上是可行的，经济上也是合理的，但由于吨位过大时的电弧闪烁现象及其对电网的冲击和干扰在目前的技术状况下还未能得到较好的解决，因此，炉容的进一步扩大还有赖于技术的不断完善，估计在不久的将来有可能出现新的突破。当然，ϕ800mm以上电极的制造技术及其昂贵的价格对下一步扩大超高功率电炉的容量也有一定的影响。目前工程上比较优化的电炉吨位在60~120t之间。这不仅是由于该吨位范围内的电炉本身的单体技术已比较完善和成熟，更重要的是由于它与精炼、连铸、轧机和锻机等在工程上的匹配和衔接更容易优化地实现，而且在经济上也更合理。

目前，国际上电炉流程发展的趋势是向着1台电炉→1台精炼炉→1台连铸机→1部主力连轧机的工程优化体制发展。因此，在考虑系统总体效益的前提下，电炉吨位的起点一般要在60t以上才能在工程上实现上述优化的“四个一”体制，最好是由80~120t的电炉吨位起步，这类企业相应的生产能力在30万~60万吨/年之间。

现在看来，30t甚至50t的电炉吨位在工程上已不再是优化的选择。纵观电炉吨位的发展历程可以看到，30t电炉是为满足与模铸-开坯-横列式、往复式、叠轧式轧机相配合的产物。对于30t电炉，一般设计生产能力为10万吨/年，最多达15万吨/年。若将该容量电炉勉强置于现代化流程之中，其与后续工序的配合均无法顺利实现。例如，与精炼手段配合时，由于钢包容量过小，各种精炼操作均较为困难；与连铸配合时，一般而言只宜配双流的小方坯铸机，一旦其中一流发生故障就无法继续进行连浇，造成电炉车间生产节奏混乱，工艺流程的作业稳定性差。与连轧配合时，轧机的能力太小，在工程上、经济上都不合理。由此可见，现代化电炉流程吨位的合理选择是十分关键的问题。

5.2.3 电炉变压器功率的选择与电炉功能的演进

随着电炉单体工序技术的发展以及资源、能源、环境特别是工程经济上的系统优化等方面的进步，电炉的功能已由过去的完成装料、熔化、氧化和还原等任务转化为相对单一的熔化废钢的功能（当然在这一过程中附带进行适度的脱碳、脱磷反应）。传统的电炉炼钢工序已分解为废钢预热、废钢熔化及钢水精炼3个步骤。在这种形势下，电炉配备的变压器功率也随之出现了转变，并促进了高功率、超高功率电炉熔炼技术的出现和完善。

为了配合连铸机和连轧机，电炉冶炼时间必须加快，才能满足要求。废钢预热、氧燃烧嘴、水冷炉壁、水冷炉顶以及偏心炉底出钢等技术的采用均是为此目的而开发的。前述废钢轻薄化的趋势也对缩短冶炼时间起到了一定的积极作用。尤其是高功率、超高功率供电技术和大量吹氧技术的引入有效地促进了电炉流程的“转炉化”进程。电炉功能的分解和转移把二次精炼的地位也突出出来。在高功率、超高功率供电情况下，精炼过程向炉外处理工序的转移不仅是出于时间节奏上的考虑，还涉及了成本-效益方面，因为传统电炉的还原精炼期仅使用了变压器额定功率的30%~50%，自然其投资效益较差，这在工程经济方面是无法接受的。

从发展趋势上看，电炉时间节奏的加快是必然的发展方向，这将使电炉流程的整个工程更趋优化和合理。现代超高功率电炉的冶炼周期已普遍缩短到60~90min，在吨钢变压器额定功率向1000kV·A/t钢的方向迈进的同时，电炉冶炼周期可望达到40~

60min。到21世纪有可能达到40min一炉钢的水平，实现每天冶炼36炉钢的高效目标，从而可以使一个公称吨电炉的年产量达到10000t，这就相当于一个转炉公称吨的年产水平。因此，变压器功率的优化选择的起点应尽可能地向高水平看齐，即一般应在700kV · A/t钢以上，才有可能跟上现代化的发展步伐。

5.3 二次精炼

二次精炼技术开发的最初目的是为了解决品种和质量问题。但该工艺发展到今天，其功能已远远超出了原来预期的质量调整范畴，并已成为电炉与连铸机之间诸多工艺参数的缓冲协调器和生产效率、效益的倍增器。图7是二次精炼对冶炼流程成本－质量的优化作用。

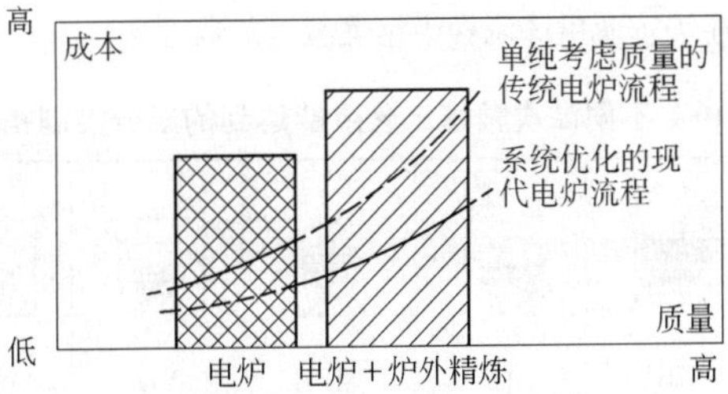

图7　二次精炼对冶炼流程的成本－质量曲线的优化作用

现有的二次精炼方法多种多样，并基本上达到了相当的技术成熟程度。对于电炉流程而言，如何选择在工程上能与电炉优化配合的精炼装置无疑是十分重要的。首要的考虑应该立足产品合理选择。同时，由于要求精炼装置的“在线化”，因此必须注意时间节奏上的配合。表9是几类不同二次精炼方法的大致处理时间范围。

表9　不同二次精炼方法的处理时间范围

方　法	时间范围/min
LF、SKF、VAD	30～90
AOD	60～120
VOD	50～90
CAS、SL、TN	10～20
DH、RH、VD	20～40

当然还要考虑电炉厂的产品结构和品种质量，以确定精炼工序的功能需求和处理水平。对于现代化电炉厂必须考虑电炉与连铸的协调，因此，应选择有升温能力和相当升温速度的二次精炼方法。

例如LF或LF（V），为了适应电炉—连铸轧之间的协调衔接，其升温速度应达到4～6℃/min。根据上述原则并进行系统配套上的综合。可以按工厂产品的不同将精炼方法作如下配置：

（1）不锈钢类企业将以AOD法为主工艺，必要时以VOD辅助；用电炉—转炉—真空处理的“三步法”冶炼不锈钢也应成为方向；

（2）非不锈钢合金钢类企业以LF（V）和喷粉处理为主；

(3) 专业化无缝管厂以 LF/VD 和喷粉处理为主；

(4) 普通钢类企业可以 LF 为主。

表 10 列出了可供电炉流程选择的几种主要二次精炼工艺和设备所能达到的成分控制指标。图 8 是电炉—连铸企业生产流程中精炼装置的典型选择方式与产品的关系。

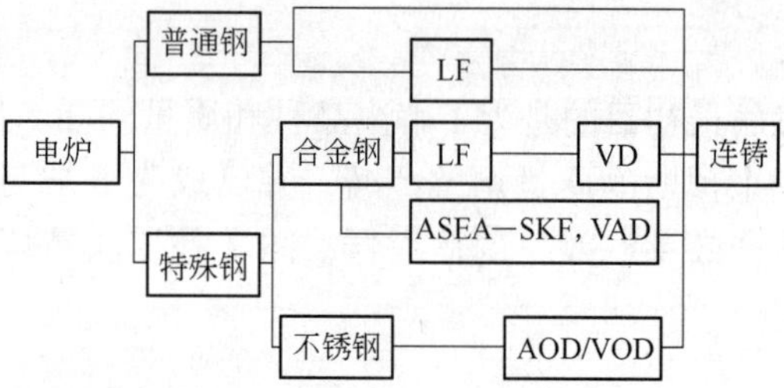

图 8　电炉—连铸企业生产流程中精炼装置的典型选择方式与产品的关系

表 10　不同二次精炼工艺所能达到的成分控制指标

成分	偏心底出钢式电炉	钢包炉	MRP	TN	MPE	VD	VOD	VAD	LTS
[C]	$<300\times10^{-6}$	—	$<50\times10^{-6}$	—	—	VE	$<10\times10^{-6}$	VE	—
[O]	>E	<E	$<50\times10^{-6}$	$<20\times10^{-6}$	$<25\times10^{-6}$	$<20\times10^{-6}$	$<20\times10^{-6}$	$<20\times10^{-6}$	$<20\times10^{-6}$
[S]	$<250\times10^{-6}$	$<100\times10^{-6}$	$<30\times10^{-6}$	$<3\times10^{-6}$	$<3\times10^{-6}$	$<5\times10^{-6}$	$<3\times10^{-6}$	$<3\times10^{-6}$	$<3\times10^{-6}$
[P]	$<300\times10^{-6}$	—	$<10\times10^{-6}$	—	—	—	—	—	—
[N]	R $<150\times10^{-6}$	$(1+20)\times10^{-6}$	$<50\times10^{-6}$	$(1+10)\times10^{-6}$	$(1+10)\times10^{-6}$	$<40\times10^{-6}$	[C] + [N]	$<50\times10^{-6}$	—
[H]	R	$(1+<1)\times10^{-6}$	$<3\times10^{-6}$	$(1+<1)\times10^{-6}$	$(1+<1)\times10^{-6}$	$<2\times10^{-6}$	$<100\times10^{-6}$ $<2\times10^{-6}$	$<2\times10^{-6}$	—

注：1 +—吸收；E—平衡状态；VE—真空平衡状态；R—取决于所用原料。

5.4　连铸

作为取代模铸系统凝固和成型作用的连铸工艺，其功能也较模铸有了很大的改善和发展。在技术进步的推动下，连铸工序已成为一种高效的凝固器、优化的成型器、相对完善的冶金器和节能器。这一技术的出现使钢铁企业的产品、工艺、装备结构的优化出现了明显的改观，特别是全连铸工艺的实现对钢铁企业的结构优化起到了巨大的推动作用。但是若要使连铸工序能真正发挥出巨大的效益，仅仅考虑技术上的实现是远远不够的，关键在工程上和经济上满足连铸机对于电炉与连轧机合理的和优化的匹配。这就涉及一些连铸机本身的关键参数的优化选择问题，其中包括铸坯断面尺寸、铸流数目、生产能力和适用范围以及技术水平等。

关于断面尺寸的选择不仅需要考虑铸坯传热和凝固方面的问题，同时还要考虑到铸机与电炉、轧机在流量方面的匹配以及轧制压下量和物理冶金的要求，另外还必须认真考虑产品的结构。从传热角度看，铸坯厚度是主要的参数。对于板坯来讲，由于有在线调宽和自由轧制等技术做保证，比较容易实现流程中的配合生产，也容易满足用户对产品的要求，因此工程上的关键问题是流量的匹配。比较困难的选择是规格繁杂的小型型钢系列轧机和线材轧机，尤其是特殊钢类和合金钢类的供坯断面尺寸。过去一般认为合金钢质量要求高，比较适合于浇大断面的连铸坯，经开坯后再轧成材。但目前由于二次精炼和连铸技术不断完善，合金钢连铸机的浇注断面也与普通钢一样基本决定于最终产品的尺寸范围和该产品钢种所需的压缩比，可以不经开坯一火成材，钢的质量是完全能够保证的。各钢种要求的最小压缩比的参考数据列入表11。

表11　不同钢种要求的最小压缩比

钢　种	最小压缩比
低碳和低碳合金钢（C<0.25%）	6∶1
中碳和中碳合金钢（C 0.25%～0.5%）	6∶1
高碳和高碳合金钢（C>0.5%）	10～15∶1
轴承钢（非滚动体）和不锈钢等高合金钢	10～15∶1
轴承钢（滚动体）	35～50∶1

从国内和国外的合金钢生产经验来看，对于小型棒、线材轧机，供坯断面在135mm×135mm～160mm×160mm的方坯连铸机是比较优化的选择。对于中型断面的产品而言，220mm×220mm～280mm×280mm的方坯可能是比较优化的选择，但这需要从我国的实际出发，全面、系统地加以深入分析、研究。另外，对于合金钢和低合金钢连铸来讲，弧形（或立弯型）铸机是比较适宜的机型。水平铸机目前由于生产能力低、成本高，较适合于中、小口径无缝管和小批量特殊钢的生产。

关于每台铸机的铸流数目现在已经比较明确。对于大型板坯1～2流较为普遍；大方坯（300mm×300mm以上）和大圆坯连铸机，2～4流的设计比较合适。对于小方坯连铸机来讲，4流、6流或个别情况下的3流设计是比较优化的。表12列出了西欧国家连铸机每流的年产水平，连铸机台数的确定除要考虑能力之外还要考虑正常的生产周期、设备维护、投资效益及车间总图布置等一系列因素。当代电炉厂的铸机台数一般情况下是一台，这样配置有利于电炉—连铸在时间节奏上的协调，同时也使投资和操作成本大幅度降低。

表12　西欧连铸机每流的年产水平

项　目	板　坯	大方坯	小方坯
平均产量/$Mt \cdot a^{-1}$	0.72	0.12	0.07
最高产量/$Mt \cdot a^{-1}$	1.75	0.22	0.13
最高/平均产量	2.4	1.8	1.8

按品种与断面衔接综合考虑确定铸机能力是现代化车间的必然要求，并利于全连铸生产的顺利进行。在综合考虑各方面因素的条件下，断面衔接和能力匹配也可能对轧机能力提出新的要求。

考虑连铸应以全连铸为目标，铸坯热送、热装和直接轧制为归宿，以高起点起步，要在铸坯质量控制和检验、热坯表面清理和热送热装等方面给予充分的考虑。随着冶炼操作和连铸水平的提高，无缺陷合金钢铸坯的生产已成为可能。因此，如果生产的合金钢种许可，也应该考虑合金钢铸坯的热装或直接轧制的问题。

5.5 热轧一次材轧机

轧钢是企业为市场提供产品的最终工序。现代轧钢工序的基本功能已经更为优化和全面，它首先是一连续的形变器，这种连续的含义不仅体现在轧机系统内轧机之间的形变量匹配和流量匹配方面，而且还体现在与连铸坯生产的物流连续上。其次，它是一个钢的组织和性能的控制器，已能使钢产品的组织、性能的优化控制在一套轧机上连续地实现。第三，它还是一个多层次的附加处理器，面对市场多层次、多样化的需求趋势，已逐步向表面处理、深加工、零件化等高附加值产品结构的方向和灵活的柔性轧制技术方向发展，这些重大的技术进步推动了整个钢铁生产流程的结构逐步趋于优化。因此，轧机与流程中其他环节在工程上和物流上的合理匹配，即对轧机生产能力、轧制品种、轧材质量以及轧机柔性化方面优化的选择就显得特别重要。与此同时，关于轧机系统内部的形变量和物流、质量流、温度流的匹配优化也应在系统分析的前提下给予足够的重视。

从国际趋势和国内经验上看，短流程电炉厂以一部热连轧主力轧机为基础的专业化生产模式在工程经济上是比较合理的，这需要在完善市场分析的基础上明确产品的品种、规格范围，进而合理地选择轧机的种类和生产能力，力求在工程经济上取得最佳的效果。

5.6 电炉车间的总图布置

超高功率大型化电炉的最大特点是冶炼周期短、生产率高，故超高功率大型化电炉炼钢车间必须围绕这一特点进行总图设计、选择工艺装备和组织生产。考虑到电炉—精炼—连铸之间的协调配合，车间内应设 1 座电炉，最多设 2 座容量相同的电炉，炉子座数太多或容量相差悬殊将对生产组织造成困难。二次精炼的具体形式必须根据产品质量的要求及生产流程的总体要求来确定，并应以 100% “在线化”为设计原则。连铸则必须根据轧机的类型、能力和产品的种类等认真选择。钢水浇铸除少数锻钢和特殊钢外都应该采用连铸，并应以全连铸生产为目标。另外，在车间生产面积、厂房建筑水平以及环境保护和安全措施的配备上应充分保证良好的生产环境和安全性。

炼钢车间主厂房跨间的配置、各外围辅助生产设施的配备以及主厂房内各工序和生产装备的布置均必须从确保高的生产率出发，保证各种原料、钢水、炉渣、钢坯及耐火材料等的物料流向互不交错干扰，各作业工序以合理的流程顺利进行、协调配合。

传统的电炉车间通常在冶炼跨配置 2 台电炉，废钢由料篮输送车运到冶炼跨，该跨需要配备 2 台天车。采用这种布置，由于要 1 台浇注天车负责 2 座电炉向 1 部连铸机供应钢水，因此造成了时间和能量的浪费。现代电炉车间的总体设计充分考虑了这些问题，取得了良好的效果。

图 9 是 Fettweis 和 Nangia 给出的现代电炉车间的新型紧凑布置图，其中涉及 1 台废钢预热炉、1 台底吹搅拌电炉、1 台钢包炉和 1 钢包脱气站。钢包绝大部分由钢包车运送，大大降低了天车的使用率，使 2 台天车充分发挥了作用，消除了不必要的等待和相互干扰，也使计算机对冶炼流程和全厂的物料流管理的优势更充分地表现出来。

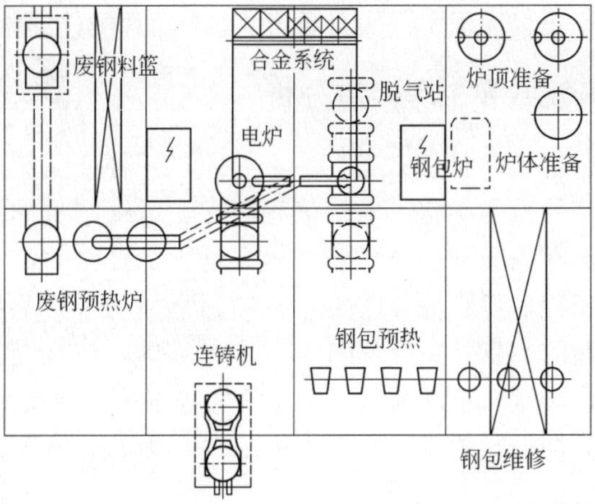

图 9　现代电炉车间紧凑布置实例（1）

德国 Krupp Industries 推出的另一种紧凑布置的电炉炼钢车间，它使用一条流线布置连接废钢料场、废钢预热炉、电炉、钢包预热站、合金系统、钢包炉和连铸机。所有的操作单元均被置于同一条通道上并与轧钢厂直接相连。废钢和辅助原料从全厂的一端输入，约 2 个小时后，轧成的钢材从流线的另一端运出厂外。这种布置的优点是：

（1）需要较小的跨间和辅助设备使投资降低（例如仅需极少的天车和运输设备）；

（2）减少了人力和能量的投入使操作成本下降；

（3）平稳和高效的物料流向形式可获得更高的生产率。

显然，生产率的进一步提高还需要减少浇注包在各工作地之间的运送时间。意大利 Danieli & C SpA 开发了一种称为"熔炼机器人"的操作模式，以避免钢包从电炉出钢、钢包处理、连铸、钢包除渣到钢包预热的整个循环过程中各工作地之间的"瓶颈"现象的出现。它基于 1 个处于中心位置的基座（图 10），由 2 个独立的移动臂在各操作单元之间同时运送两个钢包而不需使用天车。采用"熔炼机器人"系统取得的效果包括：生产率提高 5% ~15%，操作成本降低 15%，工业建筑重量减少 35% ~40%，投资成本下降 25% ~30%，以及取消了相应大吨位的天车。

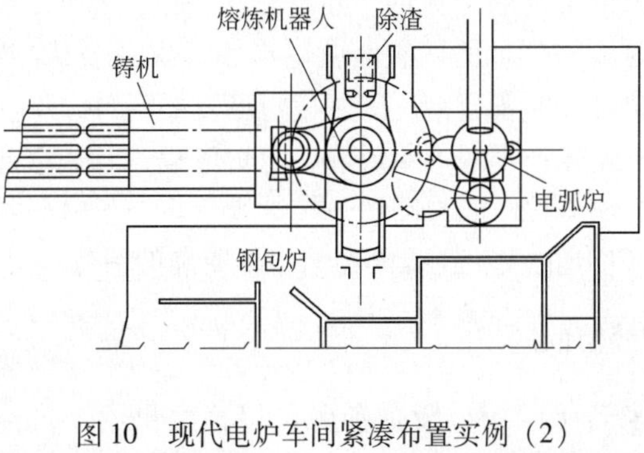

图 10　现代电炉车间紧凑布置实例（2）

由上述分析可以看出，当代电炉流程的整体技术水平已有了突破性的进展，在工程优化上已取得了一些比较成熟的经验和比较一致的认识。在高效率、高质量和低消耗等技术经济指标的要求之下，电炉流程必须向大流量连续化的方向发展，这就要求电炉流程总体的物流量加大和时间节奏不断加快。连铸技术的引入特别是全连铸生产体制的确立，使这一愿望变为现实，从而推动了整个流程的连续化进程。

6 电炉流程的市场领域和工程经济分析

企业生产的最终归宿还是经济效益。一个企业、一种产品甚至一种工艺流程的竞争力的强弱取决于经济效益的优劣。电炉流程能在全球钢产量徘徊不前的情况下脱颖而出并日渐强盛是由其在当前社会条件和技术条件下的经济上的合理性所决定的。专业化生产模式是电炉流程取得经济合理性的内在原因。“万能产品供应商”式的企业已逐渐被淘汰，代之而起的“四个一”的流程体制，使电炉钢在与高炉—转炉流程的激烈竞争中在不少产品市场领域中逐渐显示出竞争优势。从全球角度看，作为中期目标，电炉流程已经开始与高炉—转炉流程争夺热轧扁平材和H型钢市场。

6.1 电炉流程的市场领域

特殊钢是电炉流程的传统优势产品，但近来也部分地面临高炉—转炉流程的冲击，另外特殊钢钢种繁杂，部分产品用户单一、批量小，而且对于合金钢锻材、莱氏体钢、部分马氏体钢、大尺寸滚动体用轴承钢等钢种在目前技术条件下还不能进行连铸；但是应该看到，生产这类产品对于高炉—转炉流程来说也并不经济或更不合理，因此电炉流程在特钢产品市场上仍会占有举足轻重的地位。这里关键问题是尽快处理好大批量订货的钢种的连铸技术，并提高全流程的整体技术和工程组合优化的水平，以低成本和高性能的合金钢产品增强市场的竞争力。对于性能特殊的锻材要关注精锻和快锻技术的开发，甚至可以考虑建设专业化锻造中心，进一步取得锻材市场的优势。

从国际经验看，大、中口径的无缝管材市场也是电炉流程的优势。一般而言，大、中口径的无缝钢管都用于重要用途。由于这些产品对表面质量、内在质量、尺寸精度、定尺以及标志、包装有着极为严格的要求，另外，此类钢种的精炼和连铸又不同于一般的普通钢厂长材、扁平材的处理要求，因此它更适合于专业化生产，而不宜混杂在大型联合企业或是其他类型的钢铁厂内生产。由于无缝钢管轧机的优化生产能力大致为10万~70万吨/年，因此，都比较适合于和一台超高功率电炉配合的生产流程。

从世界范围看，电炉流程在普通钢领域也已取得了巨大的进展，其市场范围几乎覆盖了整个长材领域，包括钢筋、圆钢、线材、小型结构型钢甚至各类H型钢等。短流程电炉厂赖以发展的基础是对长材的区域性市场需求以及优越的地区性废钢资源和充足的能源供应，电炉流程的普通钢厂的规模也已发展到50万吨/年甚至100万吨/年。

随着薄板坯连铸—连轧技术的不断成熟，电炉流程也开始起步迈向板材市场领域，作为一种中期目标，电炉流程已能与高炉—转炉流程争夺板材（特别是热轧板）市场。在这一点上，美国NUCOR的成功经验已经给出了明确的信号。

6.2 电炉流程的宏观经济问题

依前所述，在未来若干年内，废钢资源可以稳定供给，价格也比较稳定。而且，废钢的远洋运输问题要比铁矿石容易得多，因为铁矿石运输往往需要大型运矿船和深水港的配合，而且在我国目前的情况下，有时还进一步要求庞大的铁路运输能力，不仅投资巨大，而且有效运输费用高（矿石中含有大量无价值物质被投入运输过程），成本较高；而废钢的运输则不存在上述问题。在关于能源问题的讨论中已经明确，电炉流程较高炉—转炉流程的能耗要低一半左右。在能源日益短缺的今天，电炉流程生产中能源所占成本显然要比高炉—转炉流程低得多。从操作成本上比较，Barnett 和 Crandall 分析指出：典型的生产线材的美国钢铁联合企业的成本为 339 美元/t 钢，而短流程电炉厂则仅需 244 美元/t 钢。另外，短流程钢厂普遍与其产品的最终用户市场相近邻，相反，大型钢铁联合企业则为解决大批量的原材料问题不得不依赖于重要的原料港口或原料市场，可见，电炉厂在这方面同样存在着优势。

从劳动生产率的角度看，一流的现代化高炉—转炉流程的大型联合企业的生产率为 600t/(人·年)，而以大型电炉为主体的现代化短流程企业的生产率已可达到 1000 ~ 3000t/(人·年)。

从投资角度看，建设高炉—转炉联合企业每吨钢的平均投资要 1000 ~ 1500 美元，而电炉流程仅需 500 ~ 800 美元。另外，建设电炉厂占地面积小、速度快、资金回收期短。与高炉—转炉联合企业的炼钢厂相比，电炉炼钢厂投资可节省 25%，占地面积减少 1/2 ~ 3/5，建设周期由 4 年缩短到 1 ~ 1.5 年。

从环境上看，高炉—转炉流程在今后日益高涨的环保呼声下可能会受到某些限制；相反，电炉流程因其部分地改善污染问题而将从政府、用户和公众中获得支持。

相比之下，电炉流程的社会、经济环境要比高炉—转炉流程宽松一些。

6.3 短流程企业的工厂结构分析

电炉流程的工程经济分析是与钢厂的结构优化密不可分的。为了取得工程经济上的优势，必须优化钢厂结构，增强企业的竞争力。下面就电炉流程涉及的主要钢厂结构的优化做一概要的分析和探讨。

6.3.1 大、中口径无缝钢管厂

从国际动向看，大、中口径无缝钢管的生产越来越多地从高炉—转炉大型联合企业中分离出来，而由独立的电炉流程专业厂家生产。

这类钢厂的结构经过不断的演进，现在比较优化的结构是以 1 座大型超高功率电炉，1 座以 LF（V）为核心的多功能精炼站（具有喷射冶金、合金微调、吹氩、喂丝等一种或多种功能）和 1 台圆（方）坯连铸机组成的炼钢厂。同时，配备相应的运动芯棒无缝钢管轧机。现代化的无缝钢管轧机的年生产能力分别为 50 万 ~ 70 万吨、20 万 ~ 40 万吨和 10 万 ~ 15 万吨等级别。过小的规模既不经济，而且产品质量也不能保证。

6.3.2 不锈钢厂

不锈钢是电炉钢厂的传统市场领域，而且目前仍然很好地保持着。

专业化不锈钢厂的结构，大体上也可以分为两类，一类主要生产板材（包括薄板、中板），一类主要生产管材、棒、线材以及它们的深加工制品。这两种类型的不锈钢厂的冶金工艺流程是相似的，都是以 1 座高功率（超高功率）电炉与 1 座 AOD 炉配合生产，分担熔化和精炼任务。在有些情况下，也可以再配备 1 座 VOD 炉，以生产一些较高要求的产品。值得指出的是，由于这类电炉往往是采用返回法冶炼，要进一步回收渣中 Cr_2O_3，不需分渣出钢而只需混渣出钢，因此这种用途的电炉不一定要配备偏心炉底出钢装置。无论是生产板材还是生产棒、管材的不锈钢厂都可适应全连铸化生产。

对于生产板材的不锈钢厂，在板坯连铸机后可以配备炉卷轧机和冷轧机，分别生产热轧不锈钢板、板卷以及冷轧不锈钢板、板卷。为了获得优良品质的热轧板卷，炉

卷轧机已经向双机架的方向演进。这样，板坯表面的极硬的氧化铁皮可以避免与炉卷精轧的辊面接触，而且精轧机也可以装备有高水平的板型控制装置。但是，这些措施也导致了轧机能力的加大，进而引起这类不锈钢板材厂合理经济规模加大到 40 万 ~50 万吨/年。当然，这类工厂如果靠近有热连轧板带轧机的大型联合企业，也可以通过不同类型联合的手段，将不锈钢连铸坯送到热连轧板带轧机上去轧成热轧板卷，再运回来开卷、酸洗后加工成冷轧不锈钢板、板卷。即使如此，这类不锈钢板厂的合理规模也不应过小。

对于生产不锈钢棒、线材、管材的工厂可在方（圆）坯连铸机后分别设置热连轧棒材轧机/无缝钢管轧机以及随后设置进一步深加工设备。这类工厂的合理规模可以是 20 万 ~30 万吨/年。

6.3.3 合金钢（非不锈钢）厂

一般而言，合金钢、高合金钢的生产批量和市场容量较小，且大多为棒、线类长材，小口径管和锻材等。企业规模相应偏小，比较适合于电炉企业生产。

由于高功率（超高功率）电炉、钢的二次冶金、合金钢连铸以及合金钢连轧技术的发展，使得合金钢（非不锈钢）厂的结构发生了重大的变化。首先是这类工厂再也不应成为八大钢类，板、管、丝、带都能生产的“万能工厂”。同时，它的工艺流程和装备水平，已经向着 1 台大型高（超高）功率电炉、1 座以 LF（V）为核心的多功能钢水精炼站、1 台方（圆）坯合金钢连铸机、1 台主力连轧机为主要生产流程的方向发展。从国际上看，过去一个炼钢车间内多台电炉配合众多模铸的生产方式以及初轧开坯，横列式、叠轧式成材轧机的生产格局已经因没有市场竞争力而被淘汰。这类工厂的主要产品将是合金钢中、小圆钢，方钢，线材，中、小口径合金钢无缝管以及各类锻材。

这类合金钢（非不锈钢）厂的合理经济规模一般为 50 万吨/年左右或是 20 万 ~30 万吨/年。由于市场等原因，过大规模的专业合金钢（非不锈钢）厂已不是发展的主流。看来，这类钢厂的规模不宜超过 70 万吨/年。

6.3.4 普钢长材专业化电炉厂

普钢长材专业化电炉厂是 20 世纪 70 年代以来发展起来的、很有竞争力的一种钢厂结构。

短流程普通钢厂的主要产品一般应为碳素钢和低合金钢的中、小型棒材（圆钢、螺纹钢、方钢等）、线材等，也不排除部分地生产适合于本地区市场需求的某些专用合金钢棒、线材。这类工厂往往也是以 1 台高功率（超高功率）电炉、1 台钢包精炼炉（不一定要附有真空处理装置）、1 台方坯（小方坯）连铸机、1 台棒（线）材连轧机为主要工艺流程。但是，当工厂的生产规模大到 1 台 150t 超高功率电炉的能力不能满足时（一般而言，超高功率电炉每 1 公称吨每年应生产 5000t 铸坯），则应考虑采用 2 台电炉生产。在连铸机的选择方面，当 6 ~8 流的方坯连铸机的拉坯能力不能满足工厂规模要求时，则应考虑增加 1 台连铸机是否更合理。

这类工厂可视市场需求的情况，设置棒材 - 线材连轧机，也可以只设棒材连轧机或线材连轧机。当规模较大时，则可以分别设棒材连轧机和线材连轧机。

短流程普通钢厂的合理规模可以是 30 万吨/年、40 万 ~60 万吨/年甚至 80 万吨/年。

在发达国家，电炉短流程钢厂生产 H 型钢已作为一种新的发展动向引起人们的注意。这类以电炉—钢包炉—连铸—万能型钢轧机组成的作业线，不仅能生产中、小断面的H型钢，而且也能生产大断面的H型钢。其规模可以是40万~60万吨/年，甚至100万吨/年左右。

6.3.5 新一代薄板材专业化电炉厂

新一代薄板材专业化电炉厂是以薄板坯连铸—连轧为特征的，用于生产薄板。与之配套的炼钢车间是1台超高功率电炉和1台钢包精炼炉。目前这类工厂的生产规模可以发展到年产150万吨的能力。新一代工艺流程的钢厂除了生产薄板的方案外，也有可能同时生产薄板和中板。

7 归纳与评估

面对世界上成百亿吨的钢铁蓄积量以及电炉流程已经表现出来的多方面优势，我们必须给予足够的重视，以迎接国际竞争和未来的挑战。从全球角度看，可供利用的废钢铁所炼的粗钢产量已经作为世界粗钢产量的重要组成部分，占有越来越大的份额。从经济和环境角度看，可利用的废钢量应该被认为是世界粗钢产量的“基线”。合理地利用世界范围内的废钢资源，认真抓好废钢的收集、分类、处理、运输、预热等技术以及管理和经营等各环节，使废钢炼钢的比例提高到与上述技术-经济水平相适应的程度，应是开放型国家钢铁工业节能、降耗、降低成本甚至有效满足市场需求的基本策略之一。

近20多年来，电炉流程在工艺技术和工程组合上取得了一系列的重大进步，概括起来就是：大型电炉生产节奏的“转炉化”，钢的二次精炼的100%“在线化”，凝固成型过程的“全连铸化”，建立在连续轧制基础上的产品专业系列化。

当代电炉流程钢厂在劳动生产率方面已经确立了优势。拥有大型电炉企业的劳动生产率已经达到了1000~3000t/(人·年)，而优秀的高炉—转炉大型联合企业只有600~700t/(人·年)。就到连铸坯为止的生产成本方面看，电炉企业已经低于高炉—转炉大型联合企业。在吨钢投资水平和一次性资金投入量方面，电炉流程也显示出很强的吸引力。近期以来在国际上，H型钢、热薄板甚至冷轧薄板等产品的“电炉化”趋势已初露端倪，现代电炉流程企业对高炉—转炉大型联合企业的市场领域已有逐步蚕食之势。

国际上无论是发达国家还是发展中国家都对电炉工艺流程的发展给予高度的重视，发展起来了一批“短流程”钢厂。即使是发达国家的大型联合企业也对电炉流程的发展表现出了浓厚的兴趣，有的正在考虑兴建电炉的计划，有的则积极向电炉厂家参股。

根据我国的电炉钢厂的现状，要赶上国际先进水平，必须走以连铸为中心，带动炼钢—精炼—连铸“三位一体”和主要热轧机连轧化的综合工程优化的路子。现有电炉钢厂（包括普通钢厂和特殊钢厂）均应该按照“面向市场，全面优化，系统改造和专业化生产”的原则，选择高的技术起点，切实地调整企业结构，把我国的电炉钢产业结构在系统优化的基础上推向一个新的层次。

在2000年前，我国钢产量增量的重点除了进一步挖掘东北、华北老基地的潜力以外，重点将在东南沿海和长江中、下游一线展开。这些地区有资金、有市场，但铁矿资源和优质焦煤资源相对贫乏，从铁矿资源的需求情况看，必须越来越多地依靠国际资源。就发展长材市场产品而言，这些地区是继续依靠引进矿石的高炉—转炉流程还是依靠引进废钢资源的电炉流程，应该引起我们认真地分析、评估。看来，在东南沿海和长江中、下游地区积极引进国际废钢资源甚至依靠国际资金大胆地发展一批电炉短流程钢厂已是现实的课题，而且时机已经成熟。

最后，必须顺便提及的是，高炉—转炉流程企业并不会因为电炉流程企业的发展而最终退出生产的舞台，由于资源、能源、资金、汇率以及质量、品种等方面的原因，高炉—转炉流程仍将在其占有优势的市场领域中生存、发展。然而，由于电炉企业的发展和钢产品价格体系的重组，必将会对高炉—转炉联合企业的结构调整和进一步优化产生深刻的影响。

A View on Development of Contemporary Mini Mills with Electric Furnace Steelmaking

Ruiyu Yin

(Ministry of Metallurgical Industry, Beijing, 100711, China)

Abstract Based on the background analyses of resources, power source, environment and engineering economy, the contemporary EAF mini mill are compared with blast furnace-converter route, and the recent and future product development and market of mini mill are discussed. The varieties of optimizing enterprise organization are also presented in this article.

Key words EAF, metallurgical process, mini mill

以精料为基础大力提高高炉喷煤量推进炼铁系统的技术进步*

摘　要　炼铁系统存在的最主要问题是：高炉要消耗大量焦炭，高炉对焦煤的数量和质量的依赖性很强，而焦煤资源有限。对高炉采用大量喷煤技术的经济论证说明，结合炼铁系统的技术改造，以精料为基础，全面推进高炉喷煤技术，大幅度减少焦炭用量是今后炼铁系统工艺结构优化的突破口。

关键词　喷吹煤粉　优化　结构　精料

1　炼铁系统存在的问题和结构优化的要求

1.1　钢铁工业发展对炼铁系统提出的新要求

炼铁系统包括铁、焦、烧，再广义一些还应包括料场在内的矿石和煤的准备和供应系统。以高炉为核心的炼铁系统，经过不断的技术进步和工艺结构优化，工艺技术日臻完善，这大大推动了钢铁工业的发展。20 世纪以来，炼铁系统最主要的结构优化有：高炉原料从用天然块矿为主转变为用人造块矿为主，烧结从热矿工艺转变为冷矿工艺以及高炉的大型化和长寿化等。这些优化在工业发达的国家已经完成，在我国有的还在进行。

虽然炼铁系统已不断优化，但随着钢铁工业的发展，炼铁系统本身所固有的一些问题暴露得更加明显。现有的炼铁系统存在的最主要问题是：高炉要消耗大量的焦炭，高炉对焦煤的数量和质量的依赖性很强。世界范围内，优质炼焦煤的资源是有限的，我国的情况也大体如此，随着钢铁工业的发展，优质炼焦煤的供需矛盾将越来越突出；同时，还伴随着炼焦过程对环境的严重影响，这将影响今后我国钢铁工业的发展；同时由于高炉消耗大量的焦炭，必须配备能力足够的焦炉，这需要大量的投资，也使得炼铁系统的投资在吨钢投资中占有很大的比例。另外，炼铁系统在钢铁联合企业中，消耗了钢铁联合企业大多数的原料和能源，因此，生铁成本在吨钢成本中亦占有很大的比例。

正由于上述问题，现有的高炉炼铁—转炉炼钢流程同已正在兴起的电炉短流程以及用熔融还原炼铁—转炉炼钢的流程相比，不论在投资和生产成本方面，高炉炼铁—转炉炼钢流程的竞争力正在降低，迫切需要高炉应用新技术对炼铁系统进行优化，以进一步提高其竞争能力。

综合国内外炼铁技术的发展，尤其是近十年来高炉工艺技术的进步，以精料为基础，推动高炉大量喷煤是促进长流程钢厂结构优化的重大战略性技术措施。

* 原发表于《炼铁》，1994（4）：1～5。

1.2 炼铁系统技术进步需要解决的问题

虽然，我国炼铁生产技术取得了很大进步，但距钢铁工业结构优化的要求，与国外先进水平相比还有很大差距，主要反映在：高炉生产技术经济指标较差。大多数的高炉指标与国际先进水平还有差距，指标中差距最大的是焦比，重点企业平均水平与国际先进水平相比高 70kg/t 铁左右。这使得炼铁工序能耗也比国际先进水平约高出 70kg 标准煤/t 铁。另外，炼铁系统的差距还表现在劳动生产率低、成本高。这难以满足炼铁生产发展的需要，将要失去竞争力。其主要原因是：（1）高炉精料问题没有根本解决。原料本身质量较差，原料准备中料场是个薄弱环节，炼焦和造块工艺的技术装备与国际先进水平相比也有差距。炼铁工业用的炼焦煤从开采、洗煤到运输等环节也不能满足要求；并且质量较差，从而导致焦炭质量不好，灰分高，强度差，满足不了高炉冶炼的需要。（2）高炉工艺技术、装备和冶炼技术水平先进与落后并存，总体水平仍然较低；高炉寿命短，高炉的顶压和风温也较低。（3）炼铁系统特别是焦化系统对环境的污染，一般而言还比较严重。

我国发展钢铁工业的实际条件是：我国铁矿资源虽然有一定数量，但大多数矿为贫矿，其中有些矿很难选，选出的精矿品位较低。目前我国矿山建设和发展的速度落后于钢铁工业发展的速度，国内矿石在数量和质量上都不能满足钢铁发展的需要。我国炼焦煤资源也是有限的，并且目前洗精煤能力不足，炼焦煤的质量也很差，含硫量和灰分相当高。相当一部分焦炉老化，设备急需改造。这些将对炼铁生产的发展产生不利的影响。

因此，整个炼铁系统的结构优化要以精料为基础，以高炉大量喷煤为突破口，进而少用炼焦煤，节约焦炉投资，带动包括烧结和焦化技术进步的整个炼铁系统的技术进步（包括推动高炉长寿技术等），改善环境污染，从而保证钢铁工业的快速发展。

2 炼铁系统结构优化的主要任务

1993 年，我国生铁产量达到 8730 万吨，占世界第一位，真正成为产铁大国。但随着钢铁工业的发展，钢铁工业中结构不合理的矛盾更加尖锐，成为制约我国钢铁工业进一步发展的主要矛盾。为此，冶金部以连铸为突破口开始对我国钢铁工业进行结构优化，连铸的发展在优化炼钢生产的结构，带动铁水预处理技术发展，优化炼钢—轧钢的衔接匹配，提高成材率方面起到了明显的作用。炼铁系统在钢铁联合企业中是保持企业正常稳定生产、降低消耗、降低成本，从而提高企业经济效益和改善环境的关键，结合目前炼铁系统存在的问题，进行炼铁系统的结构优化势在必行。

把铁、焦、烧作为一个整体考虑，烧结与炼铁之间的结构优化和合理匹配问题经过不断的研究和改进，到目前为止，一些主要问题已逐步解决，但仍要不断改进烧结矿和球团矿的质量来满足高炉的需要。但炼焦与炼铁之间的结构优化和合理匹配问题随着钢铁工业的发展，矛盾日益突出。而近年来高炉技术特别是喷吹煤粉技术的发展给炼焦与高炉之间的结构优化提供了可能性。因此，当前我国炼铁系统的结构优化主要是炼焦与高炉之间的合理匹配和优化。

2.1 关于焦比和炼焦能力问题

现在我国高炉焦比较高，1993 年重点企业入炉焦比 510kg/t 铁，地方骨干企业高炉焦比587kg/t铁，全国焦炭产量达6269万吨，这需要消耗大量的炼焦用煤，引起了炼焦煤的供应、运输日益紧张。高炉入炉焦比较高也造成需要配置的焦炉能力很大。现在我国的一些焦炉已经开始老化，如果还以现在的入炉焦比配置焦炉，随着钢铁工业的发展，则要新建和改造大批焦炉，需要大量的投资，并且由于焦炉对环境的污染比较严重，加上环境治理需要更大的投资，这样将进一步削弱长流程钢厂的经济竞争力。到目前为止，我国有些现代化的高炉设计焦比仍以500kg/t铁来设计，焦炉能力也按此配置，如果全国继续按此设计，焦煤运输更加紧张，焦炉配煤将更难以保证，各厂的焦炭质量将进一步降低，进而使高炉的焦比升高，操作困难，造成炼铁系统的恶性循环。这可以说是一种难以承受的重负，实际上是一种不合潮流的落后设计思路。

目前，我国高炉入炉焦比较高，除了精料水平低及工艺技术落后外，高炉设计时没有考虑喷煤或喷煤量太低也是主要原因，所以今后高炉的建设和喷煤系统的建设要同步。从规划上考虑，钢厂的焦炉设计能力应扣除喷煤代焦，不可过大，否则既造成重复投资，又不利于促进高炉喷煤。今后高炉的设计焦比应结合高炉的喷煤目标确定。

目前，我国焦炭的质量较差，已成为高炉进一步改善指标的主要障碍之一。高炉要实现大量喷煤，焦炭质量差了就更不行。目前，冶金焦炭质量主要差距在：焦炭的M_{40}比国外低6~8个百分点，M_{10}高2~3个百分点，灰分高3~4个百分点，硫含量也较高。如果采取以精料为基础，抓住大量喷吹煤粉这一环节，就有可能把焦比降下来，炼焦的设计和生产能力也相应下降，优质炼焦用煤的供应可以相对充足。这样，焦炉就可以生产优质的焦炭，可充分发挥焦炉的能力，逐步形成良性循环。考虑到钢铁工业还要发展，在现有供煤和炼焦能力条件下，如果进而以节省新建焦炉的投资投向焦炭整粒、干法熄焦、捣固炼焦、配型煤炼焦等方面，焦炭质量还可以大幅度改善，就可以更好地满足高炉大量喷煤对焦炭质量的要求。

2.2 关于能耗问题

考虑到炼铁系统在钢铁生产中能耗占60%~70%，炼铁系统的结构优化的任务之一还要大幅度地降低能耗，而降低能耗的首要任务是降低焦比。把烧结、炼焦和高炉作为一个系统来考虑，由于制备单位煤粉所需的能耗低于制备单位焦炭所需的能耗，所以高炉大量喷吹煤粉可以使炼铁系统的能耗降低。如果再加上由于喷煤后改善了高炉操作，风温得到充分利用，则节能效果更为显著。

2.3 关于成本和投资

由于现有的炼铁系统工艺流程庞杂，投资大，成本高。因此，迫切要求现有的长流程钢厂进行结构优化，以提高企业的竞争力。由于煤的价格远远低于焦炭的价格，高炉利用大量喷煤技术后可降低生产成本，提高了现有高炉炼铁—转炉炼钢流程的竞争力。从投资角度看，采用高炉大量喷煤技术并适度富氧在提高相同产量时比建高炉和焦炉的投资要省。这已在鞍钢富氧喷煤试验基础上，经过详细论证。

2.4 关于减少污染

目前我国钢铁工业的污染问题比较严重。其中炼铁系统的炼焦过程污染问题更尖锐并且难以治理，如要进行治理则要耗用大量的资金，即使这样也难以满足环境保护日益严格的要求。现有的高炉—转炉流程为了缓解这个问题，一条主要的出路就是尽可能减少焦炭的用量。

高炉大量喷吹煤粉可以改善高炉冶炼过程，节约宝贵的焦炭，进而节省大量炼铁成本，是高炉实现优质、低耗、高产的必要技术手段，也是高炉技术发展的主要趋势。近几十年来，高炉大量喷煤技术已在西欧和日本的高炉上取得了飞速发展和普遍推广应用，推动了这些国家炼铁技术的进步。基于我国钢铁工业要继续发展，而优质炼焦用煤供应运输日益紧张，国内一些企业的焦炉已逐渐老化，以及为了满足市场竞争日益激烈的需要，在“八五”期间，我国把高炉大量喷吹煤粉作为发展钢铁工业的战略性技术之一。“八五”期间，在国家计委的支持下，我们对高炉大量喷煤的一些关键技术进行了攻关，并取得了一些突破性的进展。现在可以说，我国高炉喷吹烟煤的技术已过关，高炉吨铁喷吹 150 ~ 170kg 的技术问题也已解决，这为全面推动高炉大量喷煤提供了很好的基础条件。因此，全面推动高炉大量喷煤的时机和条件已经成熟。

为了证实高炉富氧喷煤的技术经济可行性，在 1989 年，冶金部组织有关专家，从煤炭资源、煤炭供应运输、工艺技术、能源消耗、基建投资和生产成本等几方面，以鞍钢、武钢和包钢等企业为基准厂对高炉富氧喷煤技术的技术经济可行性进行了论证，并得出了以下结论：

(1) 高炉富氧喷煤技术可以大幅度增产节焦。根据鞍钢的工业试验，富氧量 1%，可增铁 3% 左右，增加喷煤量 13kg 以上（1993 年的试验增加到 18kg）。根据我国钢铁工业在今后要继续发展，焦炭缺口大，而我国的一批焦炉又将相继进入大修阶段，同时炼焦洗精煤能力严重不足，因此，有针对性地采用富氧喷煤或高风温不富氧喷煤技术是必要的，并且是十分迫切的。鼓风含氧量与喷煤量的关系一般为：不富氧，吨铁喷煤量应达到 80 ~ 100kg 左右；鼓风含氧量 23% ~ 25%，喷煤量达到 150kg 左右；富氧量达到 26% ~ 28%，喷煤量达到 200kg 左右。

(2) 喷吹煤种应就近优化选择。根据我国煤炭资源的特点，为了解决喷吹用煤的供应问题，大多数企业应喷吹烟煤，这样，喷吹用煤可以就近供应，喷入煤粉的质量也有条件提高。

(3) 如果能够实现就近供应喷吹用煤，按 1988 年喷煤量计算，一年全国共可减少运煤量 3.84 亿吨，并节省相应运费。

(4) 煤质要求。对喷吹用煤的要求是灰分、硫含量要低，可磨性与燃烧性要好。喷吹烟煤或烟煤与无烟煤混合喷吹比单吹无烟煤优点多。

(5) 关于能耗。高炉采用富氧鼓风和喷煤后，吨铁可比能耗有所降低。另外，还可提高高炉煤气热值。

(6) 关于技术经济分析。当扩大炼铁能力时，采用富氧喷煤技术，与传统的新建高炉和焦炉相比，当净增生铁能力相同时，大约节省投资 25%。生产成本也有所降低。

以上论证说明高炉采用大量喷煤技术在经济上是可行的，结合我国钢铁工业的发展，高炉采用这项技术是非常迫切和重要的。

3 以精料为基础，大力提高高炉喷煤量，带动炼铁系统的技术进步

如上所述，高炉大量喷煤技术是发展我国钢铁工业的战略性技术之一，更是炼铁系统工艺结构优化的关键技术。要以精料为基础，以高炉应用大量喷吹煤粉技术为炼铁系统结构优化和技术进步的突破口，带动整个炼铁系统的技术进步。结合炼铁系统的技术改造，全面推进高炉喷煤技术，是今后炼铁系统工艺结构优化的首要任务。

纵观国内外高炉炼铁技术的发展，现代化的高效高炉都以精料技术为基础，实现高喷煤量、高风温、高顶压和高炉长寿，从而取得高炉的高指标，这里高喷煤量既是目的又是手段。因此，高炉大量喷煤技术是炼铁技术进步的突破口，它与精料、高风温、长寿技术结合为一体，成为炼铁系统技术进步的主体。

3.1 高炉喷煤可以和高炉精料技术互相促进

高炉应用大量喷煤技术要求有非常好的精料作为基础。如果没有精料工作作为基础，高炉就不能实现大喷煤量。首先，必须解决高炉原料的品位和稳定性问题。有了高品位原料和质量的稳定，高炉操作才能稳定，才能实现高炉的大喷煤量，这也是高炉正常生产的基本保证。解决矿石品位和稳定供应问题要充分认识利用两种资源的重要性，某些沿海沿江企业利用进口矿不仅是弥补矿石的不足，还有利于提高高炉指标，也有利于提高高炉喷煤量。这是一个经济问题，有条件的企业要结合自己的实际确定进口矿的数量。目前，一些企业普遍存在炼铁原料波动大的问题，直接影响高炉的稳定顺行，所以这些企业要考虑上混匀料场，已有的混匀料场要充分发挥作用。

另外，要不断改进烧结矿的质量，这对大量喷煤的高炉尤为重要。要加强烧结矿的筛分，减少粉末，提高烧结矿的强度，改善烧结矿的还原性和高温性能。

关于焦炭质量问题，由于我国优质炼焦煤供应的短缺，要树立多喷煤少用焦炭的指导思想。在同等优质炼焦煤供应量的情况下，如果少用焦炭多喷煤，炼焦的配煤就可改善，焦炭的质量就可以提高。例如：某厂现在炼焦配煤比是强黏结性煤（主焦煤和肥煤）45%，弱黏结性煤 55%，焦炭强度不好。如果拿出 10% 弱黏结性煤喷入高炉，则炼焦配煤中，强黏结性煤就变成了 50%，焦炭强度肯定会有提高。考虑到钢铁工业的发展，今后优质炼焦煤供应紧张的局面会更严重，因此在炼焦工艺上要采取各种提高焦炭质量的措施，这对大型高炉和大喷煤量的高炉更为重要。

3.2 高炉大量喷煤技术和高风温技术可以互相促进

高风温是现代化高炉的基本特征。目前，我国高炉的风温平均水平较低，我国重点企业高炉平均风温一直徘徊在 1000℃左右，这也影响着高炉喷煤水平的提高。风温低的主要问题是热风炉的装备水平低，大多数热风炉仅能提供 1100℃左右的风温。高炉大量喷煤时，为了提高煤粉的燃烧率和保持一定的风口前理论燃烧温度，必须提高风温。喷煤和高风温是相辅相成的。用提高风温来提高喷煤量比用富氧来得快，来得经济。因此，为了提高喷煤量，今后我们要下大力气提高风温。今后改造和新建的热风炉要按高风温热风炉设计。提高风温要开发仅利用高炉煤气就能实现高风温的技术，如利用热风炉烟道废气对煤气和助燃空气进行双预热和自身预热法等。还要采用优质低蠕变耐火材料，使大高炉的风温达到 1150℃甚至 1200℃以上。

3.3 高炉喷煤技术可以与长寿技术相互促进

高炉长寿就意味着减少高炉的大、中修次数，这不仅可以节约大量的大修费用，改善高炉的指标，而且是联合企业保持稳定生产、充分发挥高炉前后工序的设备能力，从而提高整个企业经济效益的基本保证。随着钢铁工业结构优化的进一步进行，高炉向大型化方向发展，高炉的座数一般以 2 ~ 3 座（最多不超过 4 座）为宜，这样高炉的长寿更为重要。

同样，没有高炉的长寿，高炉经常大中修，就不可能长期维持大喷煤量，高炉长寿是高炉实现大喷煤量的保证。另外，长寿的高炉必须是高效的高炉，必须是实现了大喷煤量、高风温的高炉，这样，高炉的长寿才具有实质性的意义。因此，高炉的喷煤技术与长寿技术也是相互促进的。当然，高炉长寿也包括热风炉的长寿。没有长寿的热风炉，高炉就无法实现高风温。高炉大量喷煤需要高炉热风炉的长寿。

根据国内外经验，尤其是近几年富氧喷煤技术攻关取得的经验，提出以下喷煤目标和措施，作为今后的工作方向：

（1）仅利用1000℃以上风温使喷煤量达到80～100kg/t铁。大多数高炉都至少要按此目标对高炉和喷煤系统进行改造。

（2）利用2%～4%的富氧，或是有条件提高风温的企业，要使喷煤量达到150kg/t铁左右。为此，要增加喷煤能力和氧气的制备能力，有的要改造热风炉，鞍钢、包钢、武钢、首钢等企业要率先达到这个目标。

（3）利用1200℃风温和更多的富氧，使喷煤量达到200kg/t铁以上。应在条件好的宝钢等企业和某些企业的个别高炉上实现，为此要对现有的喷煤设备进行改造，以适应高炉大喷煤量的要求。

（4）考虑到煤炭资源分布的特点，今后除西北地区的高炉仍可喷吹无烟煤或无烟煤和烟煤混喷外，其他地区的高炉都应以喷吹烟煤为主或烟煤和无烟煤混合喷吹。

（5）今后喷煤设备必须与高炉同步建设，现在还没有喷煤的高炉，应尽快添建喷煤设备。

（6）今后钢铁联合企业焦炉能力的配置，必须扣除喷煤代焦的部分，不可过大，否则既造成重复投资，又不利于促进高炉多喷煤。

钢厂模式的实质和工程逻辑

——关于钢铁制造流程的工程科学问题*

摘　要　从工程上看，钢铁生产流程的实质是物性转变、物性控制和物流管制的合理结合。二次世界大战结束以来，主要由于科学技术进步的推动，钢厂结构的模式发生了深刻的变化。从总体上看，在石油危机发生以前，钢厂在设计上的特征是以模铸—初轧机为中心前后展开的，其工程逻辑的实质可以用“叠加－蔓延－万能化”概括。石油危机以后，由于全连铸体制钢厂的出现，初轧（开坯）工序被取代，特别是以薄板坯连铸—连轧为代表的近终形连铸技术在工业生产上的突破，钢厂结构发生了重大变化，从工程逻辑上分析，可以概括为“临界－紧凑－系列化、专业化”。从工程本质上看，“紧凑化”将是世纪之交和21世纪初钢厂发展过程的核心问题。

关键词　物性转变　物性控制　物流管制　工程逻辑

从工程科学的角度看，钢铁冶金工艺流程实际上一方面是物性转变和物性控制的工程过程，例如，状态的转变和控制，与质量、品种密切相关的化学成分控制和物理性能控制，钢材的尺寸、形状和表面性能的控制等。这已为人们所熟知并引起高度重视，为此进行了大量的科学研究和技术开发，有力地推动着钢铁工业的发展。冶金过程物理化学、钢铁冶金学、金属压力加工学、金属物理、金属材料学和材料工程等方面的成就大都属于此范畴。但是，不能不指出钢铁制造工程中还有另外一个重要方面——物流的管制，例如，钢厂制造过程中物流各个重要参数（流量、温度、时间节奏等）的衔接、匹配，相关工序间装备能力的匹配，时间节奏的协调、缓冲（炼钢炉与连铸机、连铸机与轧机能力匹配、协调等），物流传输过程的途径工序、方向、距离和方式，物流途径的压缩、紧凑等。这些参数对钢厂的模式、投资的数量和效益，同样是至关重要的。可说，从工程上将物性的转变、控制和物流管制结合起来，通过一系列工艺技术、装备功能和自动化技术等在工程上的组合优化，已对钢厂的发展模式、投资方向、投资强度（包括投资的最低启动额）、投资顺序等方面，产生了重大的影响，引起了深刻的变化。

应该认识到，第二次世界大战以来，从工程哲学角度看，对钢厂建设模式的工程逻辑发生了深刻的变化。而这种变化是科学技术这一第一生产力直接推动的。人们都曾清楚地记得，20世纪50年代初氧气转炉的发明，强烈地推动着钢铁工业在产量上的高速增长，促进了热连轧板带轧机的发展和高炉的大型化进程，并在一些技术先进的国家逐步地淘汰了平炉。在20世纪六七十年代，甚至有人由此设想将单个钢厂的规模推向年产1000万吨、1600万吨、2000万吨的水平，而且有的已投资建厂。然而，直至

* 原发表于《钢铁》，1995，30（6）：1～4，9。

1973～1974 年发生第一次石油危机以前，在世界钢铁工业中占主导地位的大型钢铁联合企业在设计上的特征是以模铸—初轧机为中心，前后展开的。其工程逻辑的实质可用“叠加－蔓延－万能化”概括。即以初轧机为核心，确定钢厂的工艺布置和规模。扩大能力时，一台初轧机不够就搞两台，炼钢厂设一个不够就设两个甚至三个炼钢厂，由此进一步使高炉的座数也不断增加，有的甚至配备 8～10 座高炉。由初轧厂向后的配置，则由于初轧机可以“万能”开坯，成品轧机可以“蔓延”的方式，设置板、管、型、棒、线等，而且某一类轧机一台不够还可以再搞同类的，由此形成了超大规模的“万能钢厂”（图 1）。由这种工程逻辑建造的钢厂，物性的转变、控制有时还可以得到保证，然而由于物流途径工艺流程长，输送方向的复杂，输送节奏缓慢，而且不可避免地会发生中间滞阻（体现为中间产品库存多，热量损失大等），因此，生产效率低，物耗、能耗高。物流输送功大，投资多，缺乏市场竞争力。由于市场需求和运输因素限制等方面的原因，上述原定年产 1000 万吨以上规模的钢厂实际上都没有实现，甚至有的原定年产 2000 万吨规模的钢厂不得不收缩到 600 万吨/a 左右。

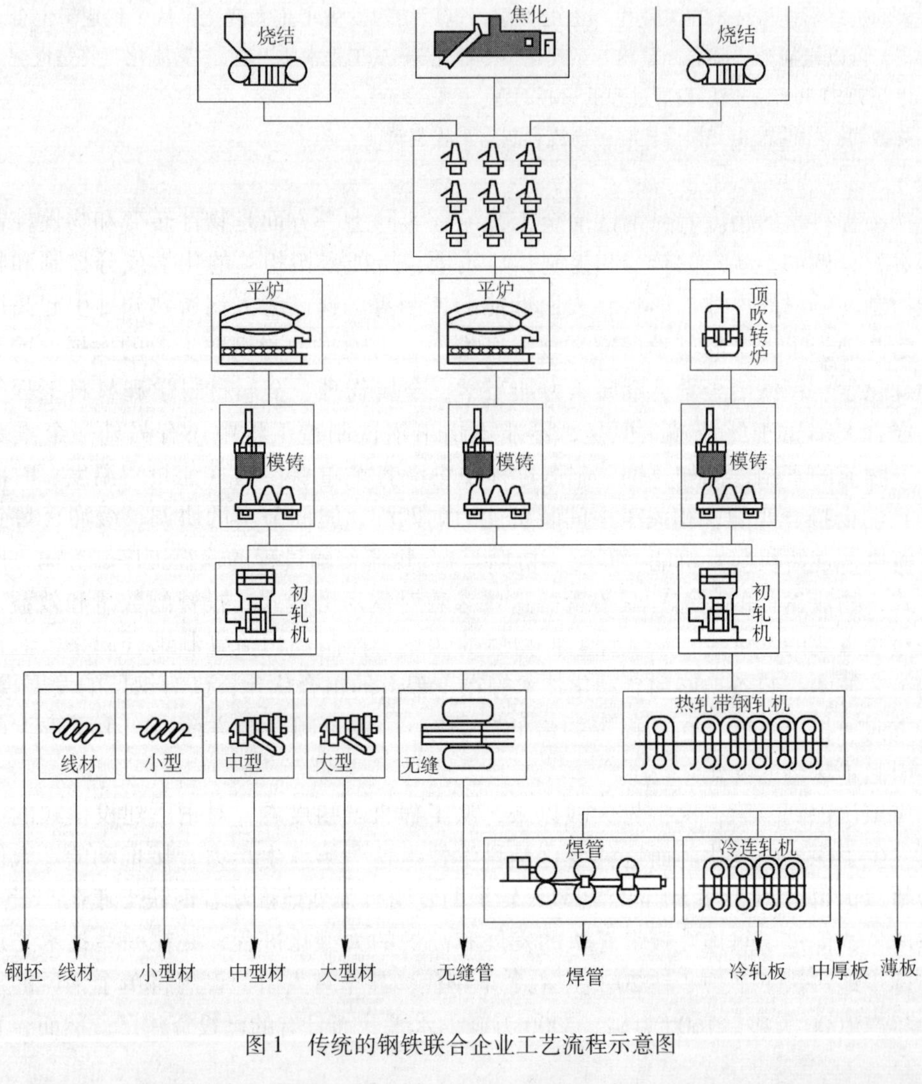

图 1　传统的钢铁联合企业工艺流程示意图

第一次石油危机以后，能源价格上涨，推动了原材料以及装备价格上涨，同时也由于连铸技术的发展和完善，大幅度降低了单位产品的能耗，成材率明显提高。特别值得一提的是全连铸体制钢厂的出现，初轧机从这类工厂中被淘汰，这使得钢厂的结构发生了深刻的变化。由此引发了对钢厂模式的工程逻辑有了根本性的进步，这就是“临界－紧凑－系列化、专业化。”此处所谓临界的含义就是当某一工序的功能（特别是连铸工序）参数达到和超过某一数值后，则将使钢铁生产流程中某一工序（或设备）被淘汰，或是某些工序的若干功能被取代，从而实现钢铁生产流程的“紧凑化”。例如，人们注意到当板坯连铸机的拉速达到某一优化的临界值时（例如≥1.8m/min），就有可能在技术－经济合理的前提下实现全连铸生产体制而取消初轧厂，这不仅使物流过程发生了重大的变化，而且由于初轧厂的被淘汰，从根本上动摇了钢铁联合企业产品万能化的发展趋势。“百货公司式”的钢厂从经济上失去了竞争力。又如，当板坯连铸机的板坯厚度不大于80mm时（或更大一些），就可以实现薄板坯连铸—连轧，从而使热连轧板带机组的粗轧机被省略，实现进一步“紧凑化”的钢厂。今后很有可能突破厚度不大于10mm的薄带坯连铸工艺，这样对某些产品而言将引起整个热轧板带机组的粗轧机、精轧机全部省略，带坯可直接进入冷连轧机加工成冷带，流程更为缩短，更加“紧凑化”（图2）。“临界－紧凑”的发展趋势必然导致钢厂产品的专业化、系列化和高附加值化。

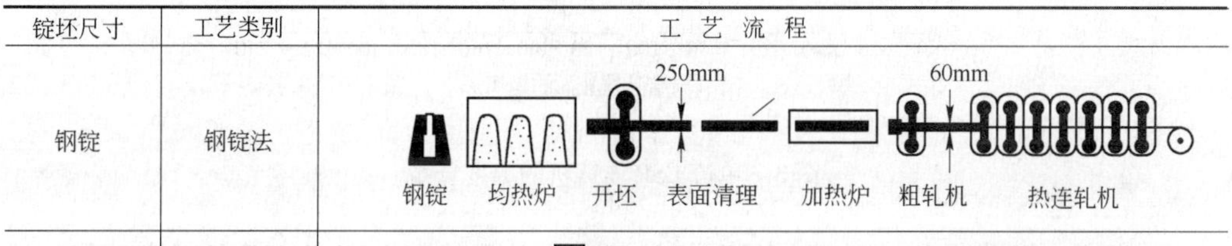

图2 各种薄板制造工艺示意图

从工程本质看，“紧凑化”将是世纪之交和21世纪初钢厂发展过程中的核心问题。所谓“紧凑”，大体可用下述内涵描述。“紧凑”主要是指凝固成型—热轧区段内的工艺过程中金属物流的温度落差小，而且各个工艺点的温度值更趋合理化；金属成型—加工过程的时间短、温降小、节奏快（图3），而且流程中前后工序的金属物流的诸参数衔接匹配合理；物流传递完全以工艺过程的“在线化”方式进行，输送距离大为缩短；在完全保证产品质量的前提下金属成型过程的加工量尽可能地小；工艺过程中装备的重量大大减轻，以及建设的经济规模和投资明显降低等。当然，熔融还原、直接还原等非焦还原过程，甚至高炉大量喷吹煤粉也有某种程度上的“紧凑化”意义。实际上，在钢铁制造流程中各工序的功能参数也往往存在类似的“临界－紧凑”现象。“临界－紧凑”从本质上看，就是优化、简化并逐步“闭环”。

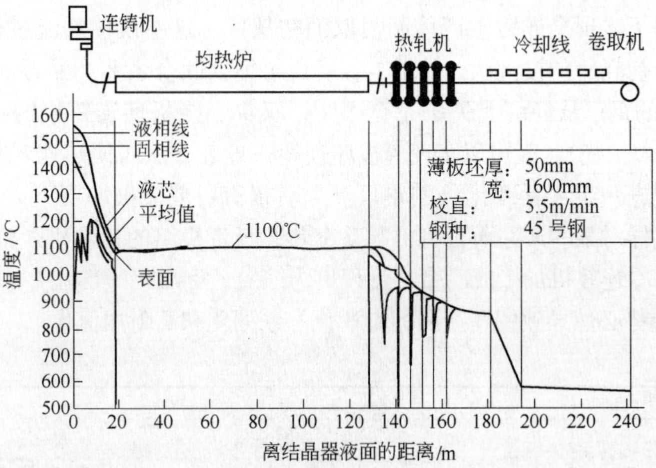

图3　单流CSP连铸机的温度分布

在这种“紧凑化”潮流下，导致钢铁厂在设计和投资上高度注意各工序功能的优化，高度注意前后工序各单体工艺装置间能力的匹配、协调和组合优化，而不仅是前后工序各装备总能力间的匹配、协调。对某些类型的钢厂而言，甚至已经出现各主要工序都是单一装置的格局。例如，电炉短流程钢厂往往是一台超高功率大型电弧炉、一台精炼装置、一台连铸机、一部主力热连轧机的体制。这些都是源于物流管制优化的需要以及投资效益优化的需要。这样也引起了钢厂合理规模的变化，生产不同产品的钢厂都有一个合理的经济规模范围，而不是发展过去那种追求超大规模的“百货公司式”钢厂。

面临世纪之交，中国钢铁工业将更加发展，更加开放。在这一过程中从工程上深刻分析钢铁制造工程中的物性转变、控制和物流管制，而且将两者有机地联系起来，在明确产品结构的前提下选择合理的工艺参数和装备参数，对于选择钢厂模式，引导投资方向，无疑是重要的。

Nature of Steel Works Mode and Logic of Engineering

——The Engineering Subject of Iron and Steel-Making process

Ruiyu Yin

(Ministry of Metallurgical Industry, Beijing, 100711, China)

Abstract　From a point of engineering view, the nature of steel production is of optimal combination of material property transfer, material property control and material flow control. After World War Ⅱ, mainly because of technical progress, the steel work mode has been changed tremendously. In general, before oil crisis, the feature of steel work design was to distribute other shops around the stage of mold casting-blooming as the center, the logic of such engineering can be summarized as *summarization-extension-universalization*. After oil crisis, blooming was replaced by continuous casting, in particular, the steel work mode has been changed a lot because of break through in near-net-shape continuous casting technology. This circumstance can be summarized as *Criticality-compactness-systematization*, *professionalization*. As viewed from the nature of engineering, compactness will be the focus of developing steelmaking process in the period at the turn and in the first decade of next century.

Key words material property transfer, material property control, material flow control, logic of engineering

薄板坯连铸—连轧的发展趋向和工程投资问题*

摘　要　薄板坯连铸—连轧工艺的关键是薄板坯连铸技术，然而要取得良好的投资效益，必须充分发挥热连轧带钢轧机的设备能力。薄板坯连铸—连轧工艺应根据不同的资源、能源条件以及产品质量的要求分别选择与电炉或高炉—转炉流程衔接、匹配，组成合理的生产系统。从产品的成本价格比较来看，薄板坯连铸—连轧工艺的合理经济规模应为年产200万～250万吨钢。经过技术经济分析，得到在不同工艺流程、不同规模情况下废钢价格对热轧卷成本价格影响的一系列临界值，这些废钢价格的临界值对投资决策有一定参考价值。认为利用现有高炉—转炉的存量资产与薄板坯连铸—连轧工艺衔接、匹配，具有良好的经济效益，且受废钢价格的影响很小（转炉吨位应至少在80t以上，也许120～150t较宜）高炉喷吹煤粉（约200kg/$t_{铁}$）有助于高炉—转炉流程的竞争力。产品发展方向，应注意开发1～2mm的薄规格热轧卷，薄板坯连铸—连轧工艺与传统的板坯连铸—传统热连轧带钢轧机工艺之间应是既竞争又分工的关系；与正在开发的薄带钢连铸工艺之间主要是分工关系，一定情况下可能会有某些竞争。

关键词　薄板坯连铸—连轧　发展趋向　工程投资

1　问题的提出

薄板坯连铸—连轧工艺自1989年投产以来，取得了预期的效果，引起了全世界的重视。现在已建和将建的工程项目很多，我国也不例外。不少企业对此怀有强烈的投资兴趣。当然，薄板坯连铸—连轧工艺在这5～6年的时间内无论是工艺技术还是装备及其控制系统，发展很快，逐步完善，作为一个能正常工业生产的工艺已无人怀疑。然而，在此基础上人们对使用此工艺的工厂总体流程应该如何匹配、优化；使用薄板坯连铸—连轧工艺流程的合理经济规模应该是多少，它和使用传统板坯连铸—传统热连轧带钢轧机的大型钢铁联合企业或是正在开发的薄带坯连铸工艺是什么样的竞争/分工关系，有人甚至发问：薄板坯连铸—连轧工艺是不是“过渡技术”；如果是一种分工/竞争关系，那么薄板坯连铸—连轧工艺流程的产品发展方向应该是什么；还有，使用此工艺的铁源是不是只有废钢，一旦废钢价格波动，甚至供应紧张，其经济效益将会受到什么程度的影响；此外，如何在充分利用现有企业（包括大型钢铁联合企业）的存量资产并在此基础上“嫁接”薄板坯连铸—连轧工艺又将会获得什么样的新的竞争力等。这些都是应该研究的问题。当然，薄板坯连铸—连轧工艺在技术上进一步将如何发展也是值得引起注意并加以分析、判断的问题。

2　薄板坯连铸—连轧的系统、工艺本质和流程方案

作为一个钢铁企业，其生产系统不仅包括其核心技术薄板坯连铸—连轧，而且还应包括与之配套的所有工艺和装备。因此，薄板坯连铸—连轧工艺当前面临的工程系

* 本文合作者：王泰昌。原发表于《钢铁》，1996，31（1）：1～9。

统有两个：

——废钢料场—大型电炉—二次冶金装置—薄板坯连铸—连轧。

——原料场—热铁水生产系统—转炉—二次冶金装置—薄板坯连铸—连轧。

系统的选择将直接对企业的生产规模、产品市场、经济效益以及建设（改造）资金的投入量等重大问题产生影响。

从工程角度看，薄板坯连铸—连轧工程的工艺实质是："临界-紧凑"。即当连铸坯的厚度小于某一临界值后，可以省去常规热连轧板带轧机中的粗轧机组，甚至在某些临界厚度下可以进一步减少精轧机组的机架数。由此实现工艺流程的"紧凑化"及一系列工艺参数的优化。

从技术-经济角度看，此工艺流程的技术突破口是薄板坯连铸，连轧则是成熟的常规技术，当然连铸—连轧之间的缓冲、匹配技术对于充分发挥效益而言也是十分重要的。但是，从工程的投资和效益看，应该说热连轧机组是决定工程规模和投资效益的重要因素。一般而言，薄板坯连铸机与热连轧机两者投资的比倒是1/3∶2/3或30%∶70%左右。因此，充分发挥热连轧机组的设备能力应是整个工程建设中的重要着眼点之一。

与薄板坯连铸相对应的热连轧板带轧机的年产能力，经过核算，当生产薄板的平均厚度是2mm，板坯平均宽度是1350mm时，最高年产能力可达280万吨。至于薄板坯连铸机的生产能力，从Nucor（Hickman）厂1993年实际达到的来看，其拉坯速度已可稳定在5.2m/min左右。因此，在对工艺软件和装置性能不断熟悉、完善后，达到每流年产100万~120万吨是可能的。

显然，一流薄板坯连铸机对一套热连轧机从能力的匹配看是不合理的。而以三流薄板坯连铸机对一套热连轧机则铸机能力过剩，而且将增加与薄板坯连铸机相匹配的炼钢炉座数，进而引起车间物流调度的复杂化，看来也是不可取的。由此看来，在薄板坯连铸—连轧工艺系统内，两流薄板坯连铸机对一套热连轧板带轧机是比较合适的，国际上实际的发展方向也是这种趋势。

关于炼钢炉、二次冶金装置与薄板坯连铸机的衔接、匹配关系，就电炉而言，原则上应是一座电炉——套二次冶金装置——流薄板坯连铸机。这样，就一流产量为80万吨左右时，一般应配150t电炉一台。若一流产量达到120万吨时，则应采用150~180t双壳电炉，必要时甚至可以考虑兑入30%~50%的热铁水。

另一个值得思索的问题是薄板坯连铸—连轧工艺是否应该或可以和高炉—转炉匹配。应该看到转炉和薄板坯连铸机组合作业比较容易使整个作业线的年生产能力达到200万~280万吨，而且钢质纯净度比电炉高，有利于产品开发。当然，20~50t的转炉是无法与薄板坯连铸机匹配的，因为转炉容量小很难与二次冶金装置配合作业，而没有二次冶金装置在温度、时间节奏和流量上作缓冲协调，转炉与薄板坯连铸机是无法正常生产的，而且产品质量也没有保证。看来，与薄板坯连铸机匹配作业的转炉吨位至少是80t，比较合适的吨位在"三吹二"的作业体制下应是120~150t。当然在某些情况下也可以考虑"两吹一"的作业体制，这必须根据具体条件核算。

在考虑采用转炉与薄板坯连铸—连轧匹配生产时，必然要联系到热铁水生产系统—高炉或Corex。关于Corex与薄板坯连铸—连轧匹配作为一种钢厂模式，作者曾进行过讨论（见作者1994年金属学会论文：世纪之交钢厂结构的模式研究及其经济评估）。

Corex 工艺一般是使用高品位的块矿为原料，因而只能在沿海新建工厂的情况下考虑，而且其单座装置的年产量只有 30 万吨或 60 万吨，如果与 240 万吨/a 左右规模的流程匹配，可能也有某些风险，但是从发展的观点看，还是值得进行探索的。高炉与转炉联合生产有着丰富的经验而且比较适合较大规模生产。高炉的主要问题是受焦煤资源和价格影响很大，而且面临着越来越严峻的环保压力。作为这一问题的主要对策之一是通过向高炉内大量喷吹煤粉，大幅度降低吨铁焦炭消耗量，减少对焦炉的更新投资和折旧，也相应减少焦化系统对环保的不良影响。从技术和装备上看，向高炉内喷吹 180~250kg 煤粉/$t_{铁}$ 已经突破，而且在西欧的高炉生产过程中被广泛采用。同时，高炉采用大量喷吹煤粉后将对吨铁的投资金额和成本价格产生明显的优化效果，在这方面笔者做了一些工作，列于图 1。

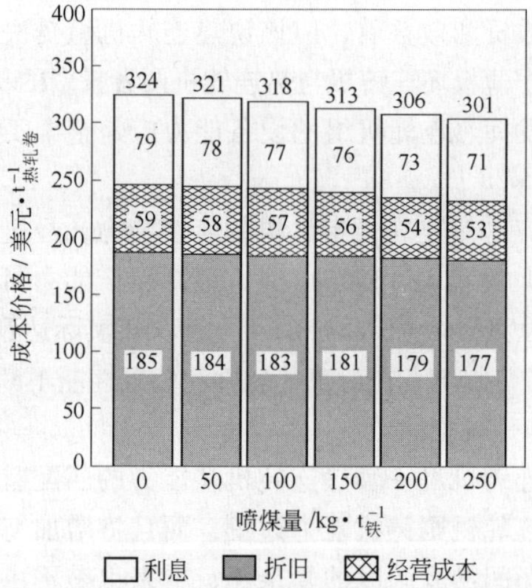

图 1　高炉—转炉流程采用不同喷煤量的成本价格比较

（以薄板坯连铸连轧工艺生产热轧卷，生产规模为 160 万吨/a）

看来，当高炉采用喷吹 200kg/$t_{铁}$ 煤粉后，再和薄板坯—连轧工艺结合起来，组成有效的流程系统，有可能使高炉—转炉联合企业获得世纪之交新一轮的竞争力。当然，如果能充分利用现有高炉系统的存量资产，将可能有更好的效益。

顺便要讨论一下铁料的资源供应和价格问题。在美国废钢作为电炉—薄板坯连铸—连轧工艺的铁料资源取得相当的成功，其主要原因是工厂的总投资金额小而且由于长期以来美国废钢资源丰富，价格低，因此产品成本也低，Nucor 厂的技术经济竞争力很强是必然的。然而，也要看到废钢作为一种商品，它的价格是波动的（见图 2，引自 Peper F M. Steel demand Prospects unrestrained. metallics supply constrained. Beijing: Presentation to Ministry of Metallurgical Industry，1994，36）。实际上废钢价格的波动已经影响到 Nucor 的股票指数（见图 3，引自 Peter F. Marcus & Karlis M. Kirsis. SCRAP IS KING Proceedings of Steel Surival Strategies X Conference，39）。

同时，还要看到由于连铸技术在全球的广泛采用、电炉技术的提高、钢的质量的提高以及使用技术的提高，均将对全球废钢的需求产生影响，这是采用电炉流程必须考虑到的。

铁矿石作为来自大自然的资源，全球有着丰富的蕴藏量，而且长期以来价格相对稳定（见图4）。如果全世界要维持年产7亿~8亿吨粗钢，主要依靠废钢作为铁源是不可能的，必须依靠铁矿资源来支撑全球钢铁生产规模。

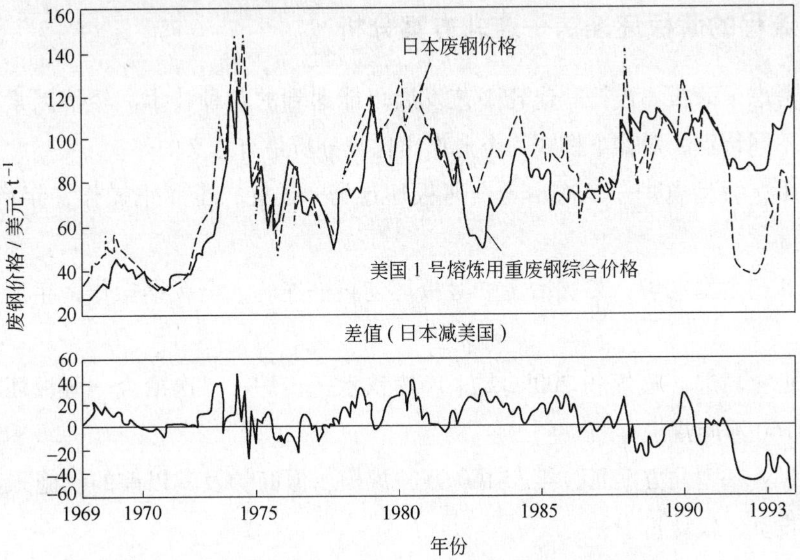

图2　20世纪70年代以来日本、美国的废钢价格情况

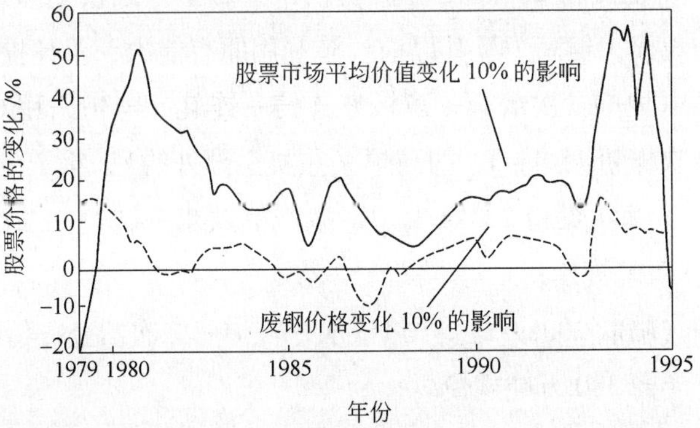

图3　股票市场平均价值变化10%或废钢价格变化10%对纽柯公司普通股票的影响

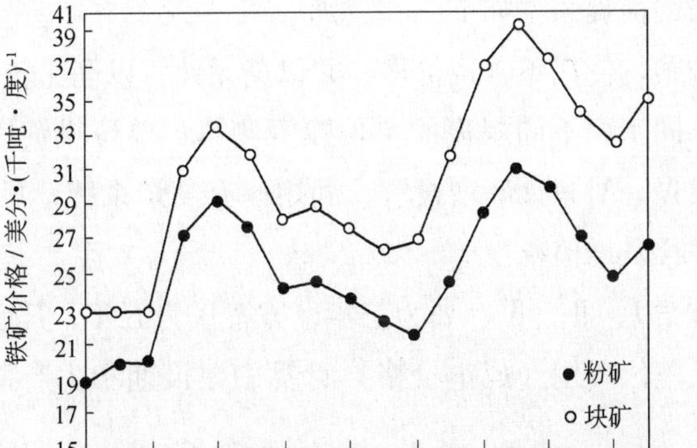

图4　1978~1995年间中国从某国进口铁矿的价格变化

由此可见，在发展薄板坯连铸—连轧工艺的过程中，也要在技术上、经济上综合考虑与不同地区铁料资源的适应问题。

3 不同流程的薄板坯连铸—连轧方案分析

综合考虑了薄板坯连铸—连轧工艺发展可能遇到的各种技术-经济因素以及各地区企业的不同特点，对如下模式的企业作出比较分析是有意义的。

方案Ⅰ：大型电炉—二次冶金—薄板坯连铸—连轧，全废钢操作，年产 80 万吨规模；

方案Ⅱ：大型电炉—二次冶金—薄板坯连铸—连轧，全废钢操作，年产 160 万吨规模；

方案Ⅲ：高炉（喷煤粉 200kg/$t_{铁水}$）热铁水—转炉—二次冶金—薄板坯连铸—连轧，年产 160 万吨规模；

方案Ⅳ：基本同方案Ⅲ，年产 160 万吨规模，但高炉及其以前的设施采用原有能力，不计投资，仅计折旧；

方案Ⅴ：高炉（喷煤粉 200kg/$t_{铁水}$）热铁水—转炉—二次冶金—薄板坯连铸—连轧，年产 240 万吨规模；

方案Ⅵ：高炉（喷煤粉 200kg/$t_{铁水}$）热铁水—转炉—二次冶金—薄板坯连铸—连轧，年产 240 万吨规模，但高炉及其以前设施利用原有能力，不计投资，仅计折旧；

方案Ⅶ：大型电炉—二次冶金—薄板坯连铸—连轧，电炉采用 65% 废钢、35% 热铁水操作，配有喷吹煤粉 150kg/$t_{铁}$ 的高炉（焦炭全部外购），年产 240 万吨规模；

方案Ⅷ：高炉（喷吹煤粉 200kg/$t_{铁水}$）生产热铁水—转炉—二次冶金—薄板坯连铸—连轧,年产 280 万吨规模；

方案Ⅸ：高炉（喷吹 200kg/$t_{铁水}$）热铁水—转炉—二次冶金—传统板坯连铸—传统热连轧板带轧机，年产 380 万吨规模。

其中方案Ⅰ、Ⅱ、Ⅶ属于电炉流程薄板坯方案；方案Ⅲ、Ⅳ、Ⅴ、Ⅵ、Ⅷ属于高炉—转炉流程薄板坯方案；方案Ⅸ属于高炉—转炉传统流程的优化方案，以备比较。

方案间测算比较的前提条件如下：

——价格：各方案均使用不含税价格，并以美元计，以利比较，见表 1。

——投资：按不同工序不同规模的单位投资测算，单位投资中包括辅助、公用设施的分摊资金。方案Ⅳ、Ⅵ只计新增投资；利用原有高炉系统，只计折旧，不计投资。投资中均不计进口关税及增值税。

——建设期：方案Ⅰ、Ⅱ、Ⅳ、Ⅶ为三年，方案Ⅸ为五年，其余方案为四年。

——投资利息：单位费用（成本价格）计算中建设期和生产期的资金利息采用年利率 10%。

——测算范围：除测算不同铁源、规模和不同工艺流程的新建或改造扩建等各种方案对费用的影响外，还分析了废钢价格对各种方案生产热轧带卷费用的影响。

表1　主要原、燃料价格及人时工资

项　目	单　价
1　粉矿/美元·t^{-1}	33.38
2　块矿/美元·t^{-1}	38.11
3　废钢/美元·t^{-1}	130.00
4　电极/美元·kg^{-1}	2.50
5　外购冶金焦/美元·t^{-1}	70.00
6　粉焦/美元·t^{-1}	35.00
7　外购电/美元·$(kW\cdot h)^{-1}$	0.05
8　洗精煤/美元·t^{-1}	49.90
9　动力煤/美元·t^{-1}	35.00
10　喷吹用煤/美元·t^{-1}	35.00
11　炉渣/美元·t^{-1}	2.50
12　煤气/美元·GJ^{-1}	2.00
13　蒸汽/美元·t^{-1}	3.00
14　氮气/美元·m^{-3}	0.0075
15　鼓风/美元·m^{-3}	0.002
16　氧气/美元·m^{-3}	0.04
17　熔剂/美元·t^{-1}	7.00
18　铁合金/美元·t^{-1}	600.00
19　耐火材料/美元·t^{-1}	500.00
20　工资及福利/美元·（人·h）$^{-1}$	3.00

不同方案测算结果的经济分析如下：

（1）不同工艺方案的总投资金额见图5。

（2）不同工艺方案的累计吨材投资量比较见图6。

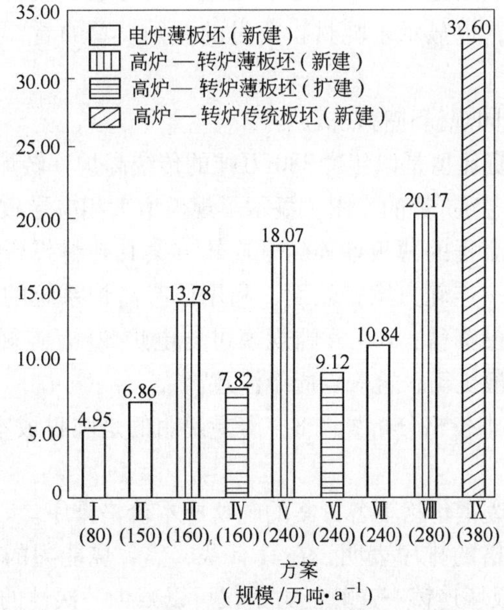

图5　各方案总投资

（未计入进口设备的关税和增值税）

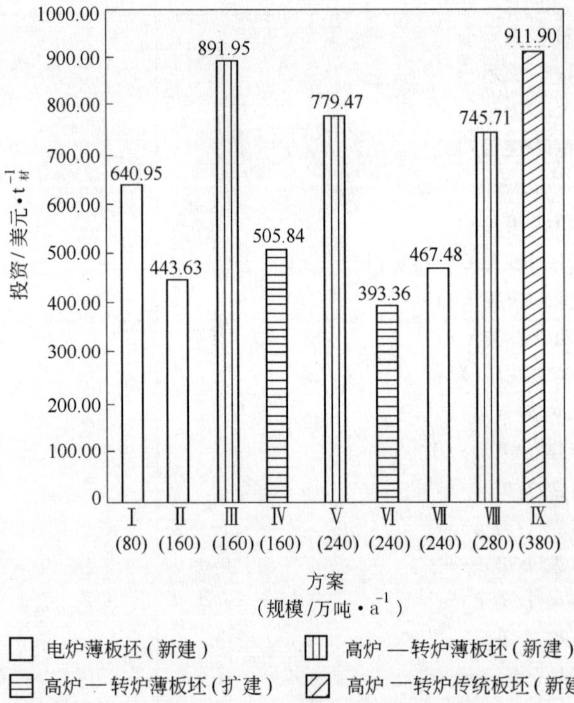

图6　各方案吨材投资比较
（未计入进口设备的关税和增值税）

由图6可见，新建的电炉流程的薄板坯连铸—连轧方案吨材投资量较低，新建的高炉—转炉流程的薄板坯连铸—连轧方案吨材投资较高，但是如果利用原有高炉系统设备则转炉流程的薄板坯连铸—连轧方案完全可以与电炉流程竞争。相同的冶炼连铸工艺方案其规模不同，也显示了吨材投资量的差别。总的看，规模大有利于降低吨材投资量。

（3）各种方案不同规模吨材投资趋势。

图7中的吨材投资比值是以年产380万吨的传统高炉—转炉—连铸—热轧带材流程的吨材投资量为“1”而折算的。图7显示了规模增大相应导致该工艺流程的吨材投资量降低；新建的电炉流程的薄板坯连铸—连轧方案其吨材投资量低于新建的高炉—转炉流程的薄板坯连铸—连轧方案；然而，利用原有高炉系统的设施，扩建转炉—薄板坯连铸—连轧的吨材投资量：160万吨规模可与电炉80万吨规模抗衡，240万吨规模可与电炉160万吨规模抗衡，这一点应予注意。

（4）各方案的成本价格分析见图8。需要说明的是吨材成本价格包括了经营成本、折旧和资金利息。

表2列出了不同废钢价格下各方案的吨材成本价格排序。

上述吨材成本价格的排序表明，在具有铁、焦、烧能力的大型钢铁企业中，增设（或改造）转炉、薄板坯连铸—连轧能力不仅可以减少一次性的投资金额，而且其产品有良好的市场竞争力。在废钢为130美元/t和170美元/t的价格范围内，方案Ⅵ和方案Ⅳ的吨材成本价格都是相对低的。

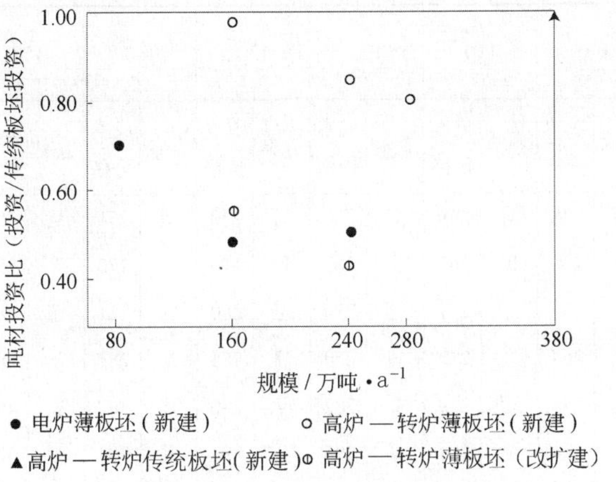

图7 不同规模吨材投资趋势

（未计入进口设备的关税和增值税）

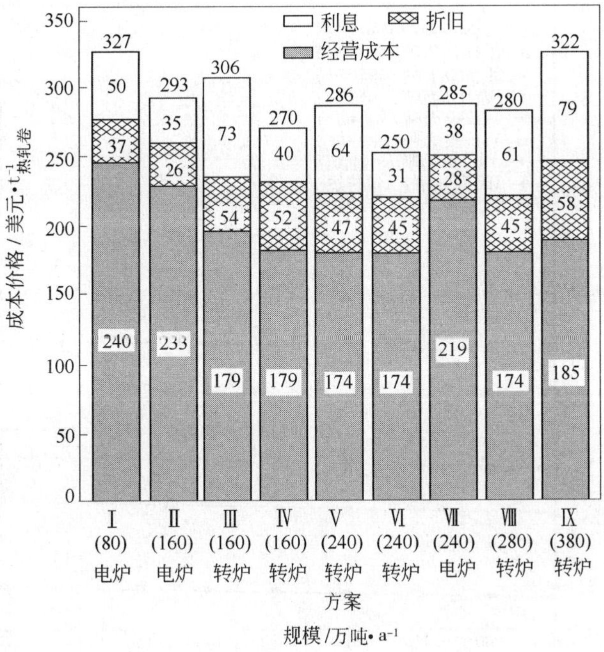

图8 各方案成本价格比较

（投资中未计入进口设备的关税和增值税，废钢价格 130 美元/t）

（5）废钢价格对不同方案吨材成本价格的影响。由图9可见，电炉流程的方案受废钢价格变化的影响是敏感的，其吨材成本价格曲线的斜率都较大；高炉—转炉流程方案的产品成本价格对废钢价格变化的敏感性不大，曲线斜率相对较小。

图9曲线同样表明在使用薄板坯连铸—连轧工艺的各方案中，不管铁源是废钢还是铁矿石，都显示出规模对产品成本价格的有利影响，在讨论的规模范围内，规模越大吨材成本价格越低。值得重视的是：不同工艺流程，不同规模的吨材成本价格，由于受废钢价格影响的敏感程度不同，形成了一系列成本价格优势的临界点。这些临界点有：

表 2　不同废钢价格各方案成本价格排序　　(美元/t)

废钢价格/美元·t^{-1}	100		110		120		130		140		150		160		170	
序　号	方案	成本价格	方案	成本价格	方案	成本价格	方案	成本价格	方案	成本价格	方案	成本价格	方案	成本价格	方案	成本价格
1	Ⅵ	248	Ⅵ	249	Ⅵ	250	Ⅵ	250	Ⅵ	251	Ⅵ	252	Ⅵ	253	Ⅵ	253
2	Ⅱ	260	Ⅳ	268	Ⅳ	269	Ⅳ	270	Ⅳ	270	Ⅳ	271	Ⅳ	272	Ⅳ	273
3	Ⅶ	267	Ⅱ	271	Ⅷ	279	Ⅷ	280	Ⅷ	281	Ⅷ	282	Ⅷ	282	Ⅷ	283
4	Ⅳ	267	Ⅶ	272	Ⅶ	279	Ⅶ	285	Ⅴ	287	Ⅴ	287	Ⅴ	289	Ⅴ	289
5	Ⅷ	278	Ⅷ	279	Ⅱ	282	Ⅴ	286	Ⅶ	292	Ⅶ	299	Ⅶ	306	Ⅲ	309
6	Ⅴ	284	Ⅴ	284	Ⅴ	285	Ⅱ	293	Ⅱ	304	Ⅲ	308	Ⅲ	308	Ⅶ	313
7	Ⅰ	294	Ⅲ	305	Ⅲ	306	Ⅲ	306	Ⅲ	307	Ⅱ	315	Ⅳ	325	Ⅸ	326
8	Ⅲ	304	Ⅰ	305	Ⅰ	316	Ⅸ	322	Ⅸ	323	Ⅸ	324	Ⅱ	326	Ⅱ	337
9	Ⅸ	319	Ⅸ	320	Ⅸ	321	Ⅰ	327	Ⅰ	338	Ⅰ	349	Ⅰ	359	Ⅰ	370

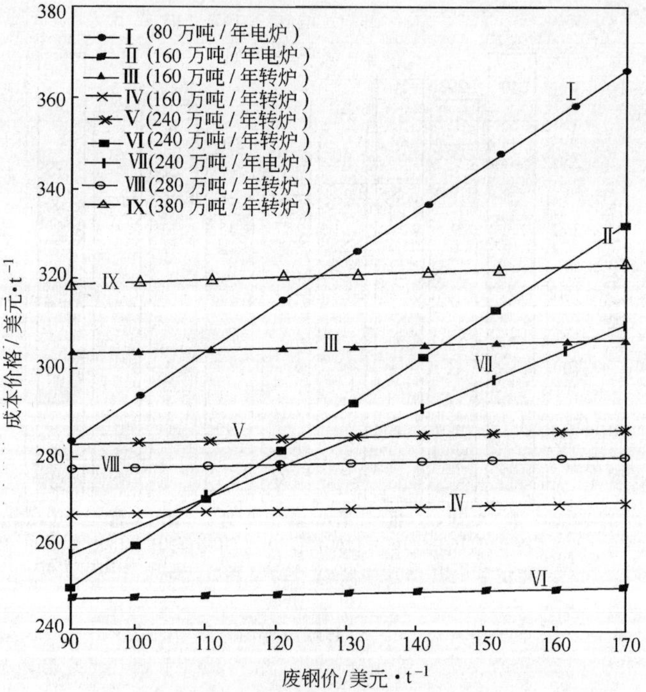

图 9　不同废钢价格的各方案成本价格曲线

(投资中未计入设备的关税和增值税)

(1) 方案Ⅰ与方案Ⅸ、方案Ⅲ、方案Ⅴ之间的废钢价格临界点分别为 125 美元/t、110 美元/t、90 美元/t;

(2) 方案Ⅱ与方案Ⅸ、方案Ⅲ、方案Ⅴ、方案Ⅷ、方案Ⅶ、方案Ⅳ、方案Ⅵ之间的废钢价格临界点分别为 160 美元/t、142 美元/t、123 美元/t、117 美元/t、112 美元/t、107 美元/t、<90 美元/t;

(3) 方案Ⅶ与方案Ⅸ、方案Ⅲ、方案Ⅴ、方案Ⅷ、方案Ⅳ、方案Ⅵ之间的废钢价

格临界点分别为 >170 美元/t、164 美元/t、130 美元/t、121 美元/t、105 美元/t、<90 美元/t。

这些废钢价格临界点有助于对不同规模、不同工艺流程和不同废钢价格下的方案选择。

4 薄板坯连铸—连轧的发展趋向

薄板坯连铸—连轧工艺的技术突破口是薄板坯连铸，但是为了充分发挥其经济效益，必须高度重视发挥连轧机的能力。从技术－经济上综合分析，薄板坯连铸—连轧工程的规模应以年产 200 万～250 万吨为优化目标。在目前的技术条件下，从工程的系统组合看，以两流薄板坯连铸机配合一套热连轧板带轧机生产是优化的。以一流薄板坯连铸机对一套热连轧机组合生产，其经济效益并不能充分发挥，在废钢价格高于 130 美元/t 的情况下缺乏市场竞争力；以三流薄板坯连铸对应一套热连轧机生产时，投资成本高而且难于组织好生产过程的物流。

薄板坯连铸—连轧工艺可以和电炉流程衔接、匹配也可以和高炉—转炉流程衔接、匹配，为了提高高炉—转炉流程的市场竞争力，喷吹 $200kg/t_{铁}$ 的煤粉是必要的。

综合地看，薄板坯连铸—连轧工艺不是一种过渡技术，它与传统的高炉—转炉—传统连铸—传统热连轧板带轧机组成的流程在目前情况下应有一定的分工，当然也有激烈的竞争。与正在开发中的薄带坯连铸工艺也有分工/竞争，薄带坯连铸可能将首先在不锈钢、硅钢等产品上得到突破，其初步的生产规模约为年产 30 万～50 万吨。

与电炉流程匹配时，薄板坯连铸—连轧的产品成本对废钢价格有很大的敏感性，而且生产规模越小，对废钢价格的敏感性越大。在中国目前条件下，如果废钢价格大于 130 美元/t，年产规模为 80 万吨的电炉—薄板坯连铸连轧的产品成本很可能高于年产规模为 380 万吨的传统高炉—转炉流程生产的板材成本。

薄板坯连铸—连轧与高炉—转炉流程匹配生产是可行的，而且有助于向年产 220 万～250 万吨的规模发展，但是对新建这类工厂而言，投资总量较大，如果有条件利用高炉系统的存量资产，进行老厂改造，则投资总量明显降低，而且产品在成本上也有着良好的竞争力。

不同规模的高炉—转炉—二次冶金—薄板坯连铸—连轧工艺和电炉—二次冶金—薄板坯连铸—连轧工艺方案的竞争力与一系列的临界废钢价格相关。当该地该时的废钢价格高于某一临界价格时，电炉流程的市场竞争力将明显降低。然而一般而言，电炉流程的投资启动额较低，应该说也是一种不可忽视的优势。

薄板坯连铸—连轧工艺的产品主要发展方向应该首先着眼于生产 1.0～2.0mm 热轧薄板。这样，一方面可以和传统工艺流程生产的产品有所区别，另一方面也可以代替部分规格的冷轧板，甚至有可能争取进而直接进行镀锌深加工（用于建筑包装等方面），这样做能够较快地取得良好的经济效益。在当前情况下，薄板坯连铸—连轧工厂（特别是电炉流程工厂）不应急于考虑生产汽车深冲薄板，否则将有投资过大、产品过关时间长等方面的风险。

薄板坯连铸—连轧工艺今后在工艺技术上仍将不断发展和完善，主要应着眼于：

——提高铸坯的表面质量（包括不锈钢），为此要进一步优化选择铸坯的厚度（有人主张薄板厚度大于90mm时，有利于带钢表面质量的提高），加强保护渣的开发，不断改进浸入水口的形状和质量，不断改进结晶器构造及其振动装置的设计以及进一步采取措施控制好结晶器内钢液面的波动振幅等。

——进一步开发第二代薄板坯连铸机，例如提高拉坯速度至6.5～8m/min，以及相应加大板坯宽度、厚度等参数，以利每流薄板坯铸机的年产能力可以稳定地达到120万～150万吨,其经济价值是巨大的。

——优化薄板坯连铸机和热连轧机之间缓冲、匹配设计，在提高可靠性的同时，尽量使中间铸坯的温度保持在较高的水平，以利节能，提高效益。这样，将可能有更为优化的工序-装置系统出现，这是值得注意开发的。

Development Trend and Investment of Thin-Slab Casting-Process

Ruiyu Yin[1], Taichang Wang[2]

(1. Ministry of Metallurgical Industry; 2. Beijing Iron and Steel Design and Research Institute)

Abstract The key point of thin-slab casting process is the thin-slab casting technique, it is necessary to match with the capacity of hot rolling mill to gain better benefit as viewed from the investment. Depending on a variety of resources, energy supplies and product quality requirements, a rational production system should be established according to the BF-BOF or EAF route, matched rolling system. From the cost point of view, the rational production scale for thin-slab casting process is ranged from 2000000 to 2500000 t/a. From the technic-economical analysis, a series of critical value of scrap price has been obtained upon the different process route at different scale, which is of importance for investment decision making. It is found that the existing BF and BOF equipments as existed capital will match thin-slab casting process very well, which will be of very attactive economical benefit and is almost free from the influence caused by the scrap price fluctuation. In this case, the optimal BOF capacity should be larger than 80t (may be. 120～150t is better), the coal injection (PCI technique, injected rate of ～ 200kg/t H. M is suggested) is also helpful for competition. It is recommended that the thickness of hot rolled coils for main products should be ranged from 1～2mm. The relationship between conventional process and thin-slab casting process, as suggested, should be cooperated and competitive, or applied independent. The ongoing strip casting process will play separate role in main aspect, and competitive role in some case.

Key words thin-slab casting, development trend, investment

世纪之交的钢铁工业*

20 世纪钢铁工业得到了蓬勃的发展，成为全球经济和社会文明进步的重要物质基础。图 1 给出了自 1900 年以来世界粗钢产量的总的变化趋势。特别值得注意的是第二次世界大战后，世界钢产量的增长，大体上可分为三个阶段：1947 ~ 1974 年间以年均 6.3% 的速度快速增长；1974 ~ 1986 年，由于发生石油危机，国际货币汇率变化以及西方国家经济不景气等原因，世界粗钢产量起伏波动，徘徊不前；1986 年以后，又在起伏波动中逐步回升，1990 年产量已高达 7.7 亿吨，预计 1986 ~ 2000 年可能以年均 0.9% 的速度起伏波动地增长，到 2000 年全球粗钢产量有可能接近 8 亿吨左右，见图 2。20 世纪 90 年代以来，世界格局发生了重大变化，我国国内经济格局在建设有中国特色的社会主义过程中，也发生了深刻的变化，这就是随着改革的深化，经济体制由原来的计划经济向社会主义市场经济转变，经济增长方式从粗放经营向集约经营转变。面对这些重大的变革，面对国际上科学技术迅猛发展，面对国际上钢铁产品市场的激烈竞争，很有必要对世纪之交的钢铁工业进行分析判断。

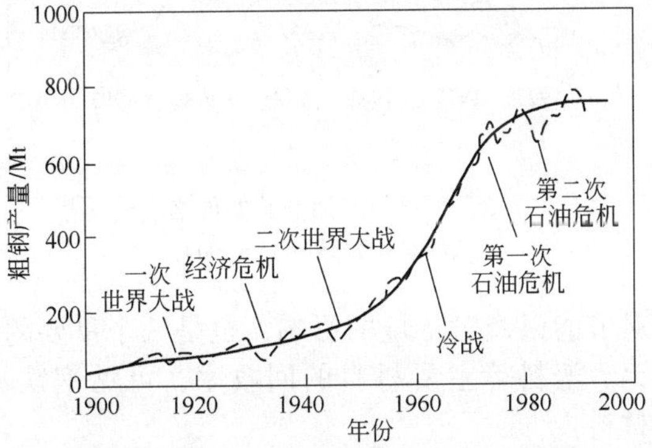

图 1　20 世纪世界粗钢产量总的变化趋势

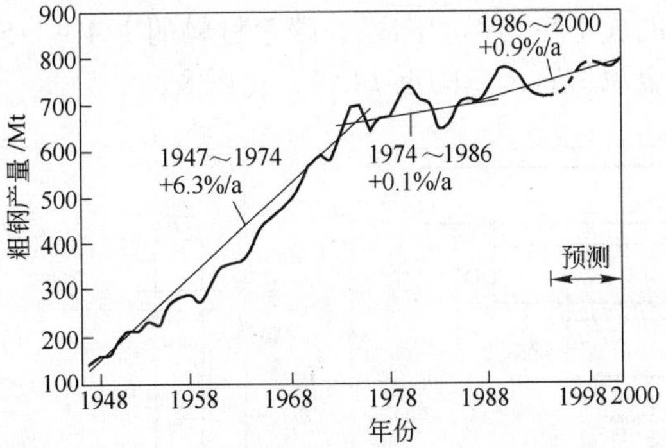

图 2　第二次世界大战后世界粗钢产量

* 原发表于《中国软科学》，1996（11）：10 ~ 17。

1 钢铁在材料中的地位

世纪之交钢铁作为一个重要的结构材料，功能材料的位置会不会发生重大变化，这是人们不断进行讨论分析的问题。

对材料的要求和评价因素，图3（见封面）就工业界对材料性能的要求提出了评价因素，指出强度、变形、断裂、热特性以及综合性能仍是对材料性能的主要要求。图4（见封面）就未来对材料和工业技术的要求提出了评价指标，可见，价格低、容易回收、对环境影响相对好、节能、节材等因素成为评价材料的主要指标。在这些评价因素上，钢铁材料都表现出相应的优势。

关于各种材料的价格变化，图5（见封面）给出了1974～1994年间钢材、铝、塑料、水泥的价格升降关系，可以看出，20年间钢材价格起伏不大，水泥、塑料的价格明显上升，铝的价格有较大的起伏，但升幅高于钢材。

关于钢材及其深加工产品之间的价格关系示于图6，可见20年来钢制民用品、汽车、机械设备等价格的升幅均明显高于钢材。

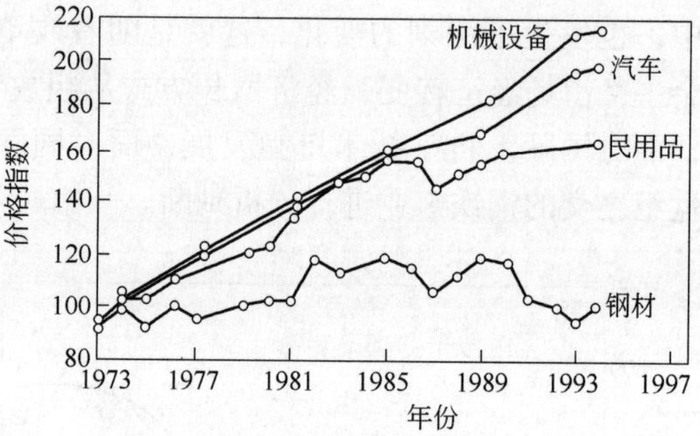

图6 钢材与其他产品的价格比较
（价格指数1974年=100）

材料的循环使用对节能以及对环境的影响，也是一个重要的考虑因素。图7示出了钢铁、玻璃、纸、铝、塑料等主要材料的回收率，可见钢铁材料的回收率已达到55%，明显高于其他材料。

钢铁材料的综合优异性能在世界主要基础工业和基础设施中仍是不可替代的。从成本上看，钢铁材料的竞争性也是显而易见的，从结构材料的成本比较可知，若按材料的单位强度计，钢的成本仅为铝、陶瓷、碳素材料的1/4～1/5。文献指出，1990年世界钢产量约为其他金属材料产量的近14倍，见图8。

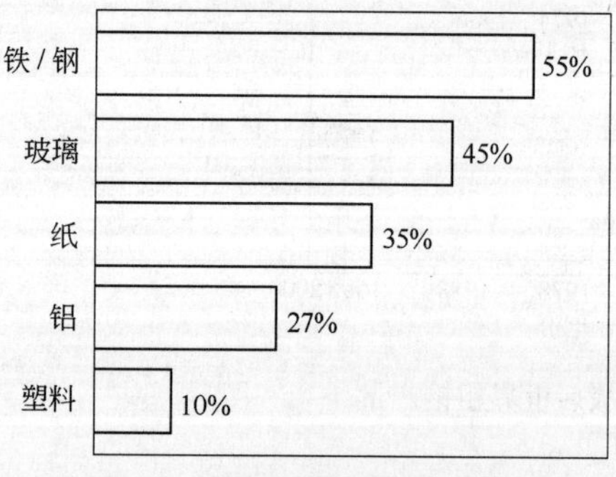

图7 各种材料的回收利用率

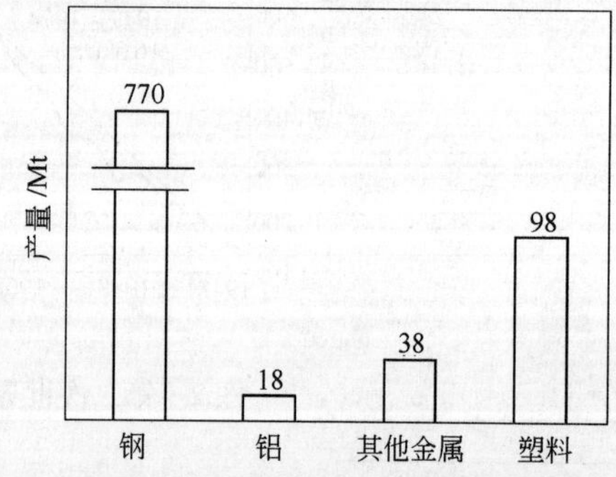

图8 1990年世界上各种材料产量

另外，用于制钢的铁矿石原料储量高，易开采，易加工，加之良好的可再生利用性等原因，在可以预见的未来时间内，钢铁材料仍将是全球性的主要基础原材料，钢铁将继续对全球经济发展和社会文明进步起到积极的支撑作用。

2 世界及中国钢铁工业的发展情况

近20年来，世界钢铁工业的布局发生了明显的变化。西方工业发达国家占全球钢产量的比例由1970年的67%，下降到51%，发展中国家则由1970年的7%上升到23%，见图9。西方国家的粗钢产量变化情况示于图10。从地域分布上看，环太平洋地区的粗钢产量不断上升，而大西洋地区的粗钢产量在起伏波动中逐年下降，见图11。前苏联、东欧地区的粗钢产量则明显下降，见图12。

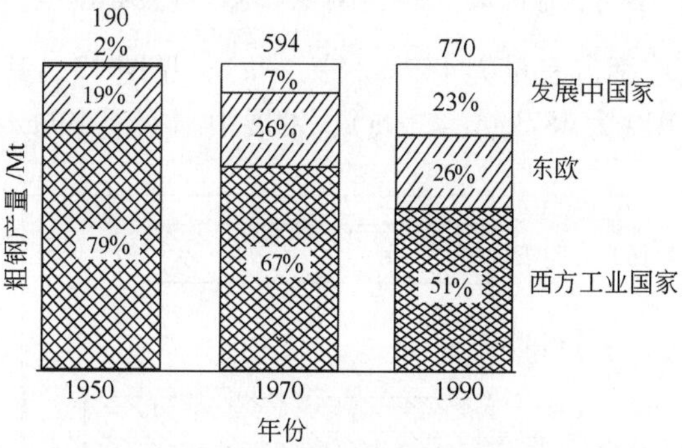

图9 全世界钢的生产量的分布

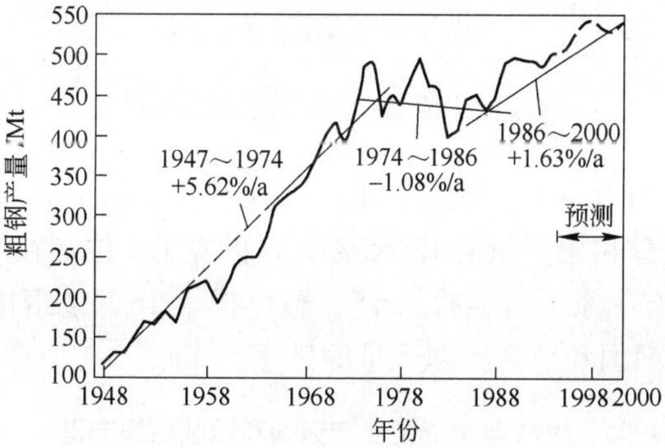

图10 第二次世界大战后西方国家粗钢产量

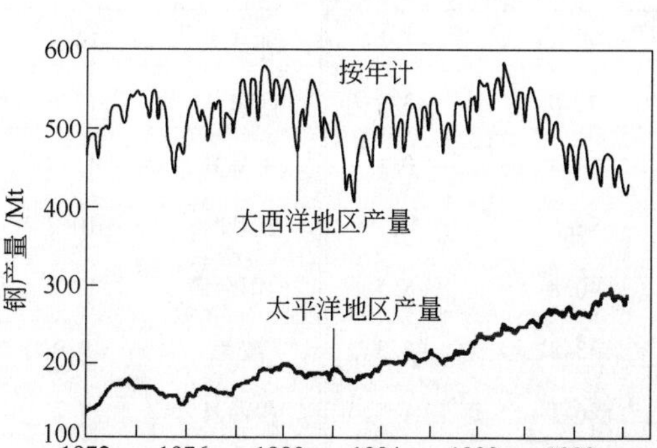

图11 20世纪70年代以来太平洋地区与大西洋地区钢产量对比

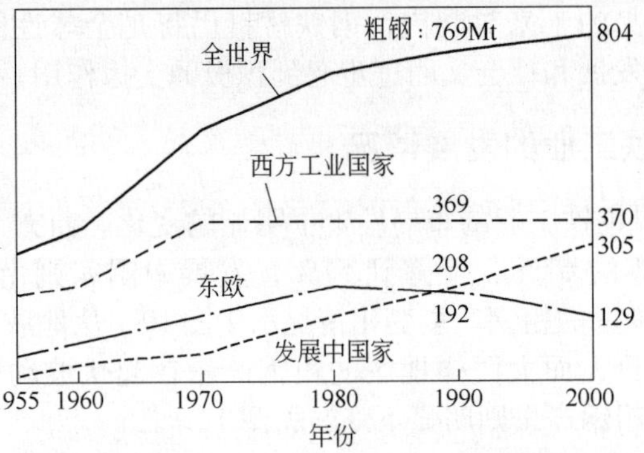

图 12　西方工业国家、发展中国家和东欧国家粗钢产量的变化

1990 年全世界人均钢占有量为 149kg/(人·a)，见图 13，其中西方工业国家平均为 416kg/(人·a)，东欧为 487kg/(人·a)，发展中国家为 49kg/(人·a)。

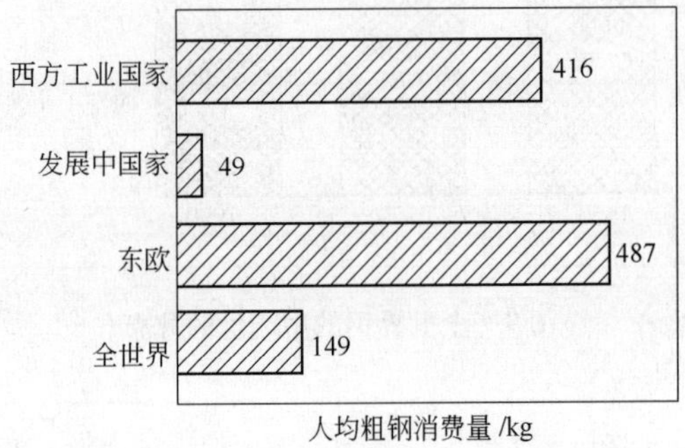

图 13　1990 年人均钢消费量的状况

我国自 1978 年实行改革开放政策以来，钢铁工业得到空前的发展，1994 年粗钢产量达 9261 万吨，占全球粗钢产量的 12.65%，列世界第 2 位。在 1994 年全世界 20 家大型钢铁公司中，中国有三家（首钢排第 15、鞍钢排第 16、宝钢排第 20）。表 1 列出了 1993、1994 年主要产钢国和地区粗钢产量的排序。

表 1　1993、1994 年世界主要产钢国和地区粗钢产量　(Mt)

国家或地区	1993	1994	%	国家或地区	1993	1994	%
日本	99.6	98.3	−1.3	加拿大	14.3	13.9	−3.0
中国	88.7	92.6	+3.9	西班牙	13.0	13.5	+4.5
美国	88.8	88.9	+0.1	土耳其	11.8	12.0	+1.7
俄罗斯	58.3	48.6	−16.7	比利时	10.2	11.3	+11.2
德国	37.6	40.8	+8.5	中国台湾	12.0	11.2	−6.1
韩国	33.0	33.8	+2.3	波兰	9.9	11.0	+10.8
意大利	25.7	26.1	+1.5	墨西哥	9.2	10.2	+11.1
巴西	25.2	25.7	+1.9	澳大利亚	7.9	8.4	+7.3
乌克兰	32.4	23.9	−26.3	南非	8.7	8.3	−4.9

续表 1

国家或地区	1993	1994	%	国家或地区	1993	1994	%
印度	18.2	18.2	+0.4	捷克	6.8	6.8	-
法国	17.1	18.0	+5.4	朝鲜	7.0	6.5	-7.1
英国	16.6	17.4	+4.4	荷兰	6.0	6.2	+2.8
罗马尼亚	5.4	5.7	+5.4	卢森堡	3.3	3.1	-6.7
瑞典	4.6	5.0	+7.9	哈萨克斯坦	4.3	2.8	-34.1
伊朗	3.7	4.5	+22.5	埃及	2.8	2.6	-5.4
奥地利	4.1	4.4	+5.8	沙特阿拉伯	2.4	2.4	+3.3
斯洛伐克	3.9	4.0	+1.0	保加利亚	1.9	2.3	+18.5
印度尼西亚	3.8	3.9	+2.6	匈牙利	1.8	1.9	+8.4
委内瑞拉	3.4	3.9	+34.8	马来西亚	1.8	1.9	+2.4
芬兰	3.3	3.4	+5.0				
阿根廷	2.9	3.3	+15.3	总　计	730.0	723.3	-0.9

有人预测了 2010 年以前全球钢材表观消费量的情况，见图 14，认为在中等经济增长速度的情况下，2010 年全球钢材的表观消费量将达到 9 亿吨左右。

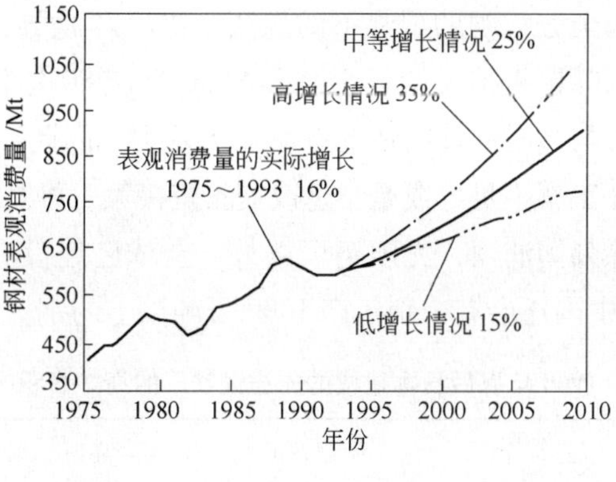

图 14　全球钢材表观消费量展望

随着全球钢铁生产的发展，全世界钢材出口的比例不断增长，1950 年全球产钢 1.9 亿吨，钢材出口比例为 11%；1970 年产钢 5.94 亿吨，钢材出口比例为 20%；1990 年世界产钢 7.70 亿吨，钢材出口比例为 25%，见图 15。可见钢材的国际贸易量越来越大，随着钢材出口量的增加，钢材在价格、质量方面的国际竞争日益激烈。

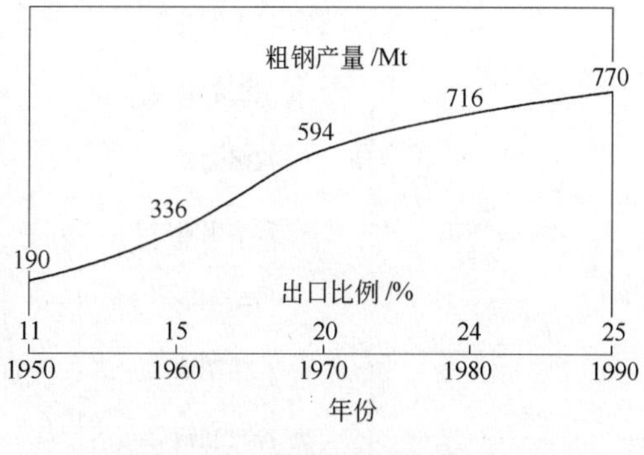

图 15　世界钢产量和出口比例

3 优化结构是当今乃至世纪之交世界钢铁工业发展的共同趋势

第二次世界大战以后至今，钢铁工业发展的轨迹是随着经济发展和科技进步而演变的。自1952年氧气顶吹转炉发明以后直至本世纪末，钢铁工业的发展大体上经历了3个阶段。

第一阶段是1952～1973年间。由于氧气顶吹转炉的发明及其逐步大型化、完善化，推动着钢铁工业飞速发展，使得钢厂获得了巨大的经济效益，并且带动着高炉向大型化发展，尤其是日本的高炉大型化发展具有世界导向性。日本1961～1965年间新建高炉的容积为1350～2047m^3，1966～1970年间新建高炉容积为2004～2843m^3，1971～1980年间新建高炉容积为3159～4052m^3，见表2。与之相应，转炉的最大吨位达到了300～350t。联合企业最主要的轧钢设备热连轧宽带钢轧机，也向着“大型化、连续化、高速化、自动化”方向发展。20世纪70年代初，热连轧宽带钢轧机的最高轧制速度已达到1500m/min（图16）以上。人们知道：一座2500m^3的高炉年产铁约170万～180万吨，一座3200m^3高炉年产铁约为220万～240万吨，而一座4000m^3的高炉年产铁可达300万～320万吨。一个炼钢车间三座300t转炉的年产量可达650万～800万吨，而一部热连轧宽带钢轧机的年产能力可达350万～500万吨。同时，由于在这个时期内巴西、澳大利亚等国的大型富铁矿得到开发，国际铁矿资源供给充裕、价格经济。这样，人们就构思以两台初轧机为核心建设沿海型的1000万吨级大型钢铁联合企业。日本、法国、荷兰、德国、美国等几乎都有这样的投资举动。当然，这是由于当时对钢铁产品市场十分乐观的形势下的想法，1970年世界钢产量约为6亿吨，当时在日本东京举行的国际钢铁冶金会议上曾预测20世纪80年代钢产量可达12亿吨。然而，后来的市场形势与当时估计的情况有明显的差别。因此，不少进行1000万吨级钢厂投资的企业或是开工率不足，或是半途改变投资决策，维持年产500万～600万吨的生产水平。此后，除韩国浦项、光阳钢厂以外，全球已经没有出现新的单个钢厂年产1000万吨钢的。但中国还会有个别年产1000万吨以上的钢厂出现。

表2 1960年以后日本建成的先进钢铁厂的高炉容积的变化

年 份	公 司	制铁所	1号高炉点火时间	炉内容积/m^3
1961～1965	住友金属工业	和歌山	1961年3月	1350
	日本钢管	水江	1962年11月	1709
	东海制铁	名古屋	1964年9月	2021
	八幡制铁	堺	1965年6月	2047
1966～1970	日本钢管	福山	1966年8月	2004
	川崎制铁	水岛	1967年4月	2156
	八幡制铁	君津	1968年11月	2705
	神户制钢	加古川	1970年8月	2843

续表 2

年　份	公　司	制铁所	1 号高炉点火时间	炉内容积/m^3
1971 ~ 1980	住友金属工业	鹿岛	1971 年 1 月	3159
	新日本制铁	大分	1972 年 4 月	4158
	日本钢管	扇岛	1976 年 11 月	4052

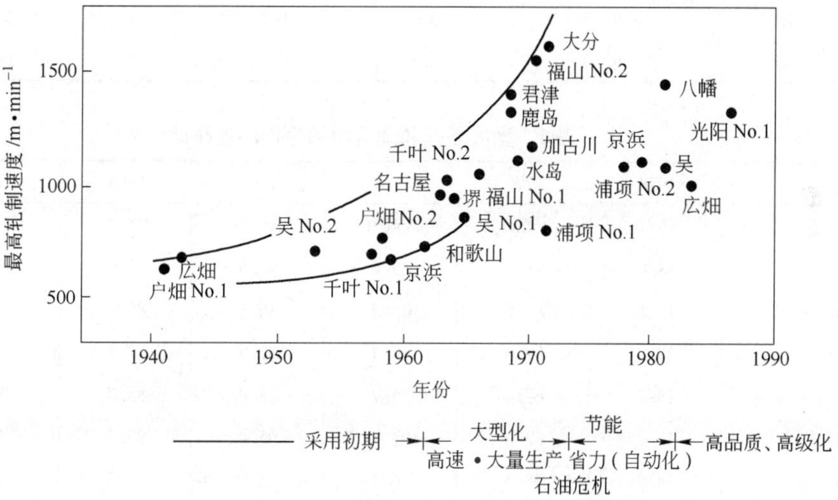

图 16　日本热带轧机的投产时期与最高轧制速度

第二阶段是 1974 ~ 1989 年间。由于发生石油危机，能源价格急剧上涨，国际货币汇率变化以及西方国家经济不景气等原因，1974 年以后国际钢材消费量起伏波动，徘徊不前，促使各国钢厂修改发展战略，积极采用节能，节材技术，削减没有竞争力的产品，采用适应市场需求的生产规模。认真进行企业结构的调整。在这一阶段，技术发展最快、投资最为集中的当推连续铸锭，其中日本仍然是一路领先，特别是新日铁的大分厂在世界上率先实现全连铸生产，彻底淘汰了模铸—初轧、开坯生产工艺，对于以后国际钢铁企业的产品结构调整、工艺流程优化、装备控制水平的提高以及企业经营效益的提高，起到了样板性的作用。连铸工艺对钢厂结构调整、优化和提高市场竞争力的作用不能低估，仅就提高钢材成材率而言，日本 20 世纪 90 年代全国的钢材成材率比 1960 年提高 12% ~ 14%（表 3，1994 年日本连铸比为 96. 9%，成材率为 92. 9%；1960 年没有连铸，成材率 77. 0%）。德国 Thyssen 公司由于采用全连铸，金属收得率提高 14%。与此同时，连铸工艺在全世界得到迅速发展，钢厂竞相投资，连铸技术也不断进步，日益完善。1994 年全世界连铸比已达 72. 6%，全球连铸坯产量已达 5 亿吨以上，见图 17。1978 ~ 1994 年间世界主要产钢国和地区的连铸发展情况列于表 4。

表3 日本提高钢材收得率的变化过程和连铸的粗钢节约效果

年份	连铸比/%	收得率（以正确计算方法的计算）/%	概算	以1950年的收得率计算的必要的粗钢量/Mt	所节约的粗钢量/Mt
1960	—	77.0	76.3	20.895	0.006
1965	—	78.9	78.7	40.879	1.003
1970	5.8	80.6	79.8	94.117	4.194
1975	31.7	84.4	82.7	107.864	10.013
1980	60.7	90.4	90.4	128.118	19.030
1985	92.5	92.1	93.1	125.442	21.683
1990	95.2	93.7	93.0	133.638	23.853
1994	96.9	92.9	92.3	115.725	19.800

表4 世界各国和地区粗钢生产的连铸比 （%）

年　份	1978	1990	1991	1992	1993	1994
丹麦	55.7	100.0	100.0	100.0	100.0	100.0
德国	38.0	91.3	89.6	92.0	93.9	95.6
英国	15.5	83.6	85.5	86.1	86.1	87.2
欧盟	28.9	89.6	90.4	91.9	92.7	93.1
美国	15.2	67.4	75.7	78.9	85.7	86.5
日本	46.2	93.9	94.4	95.4	95.7	96.9
巴西	24.7	58.5	56.1	58.0	57.3	59.3
韩国	36.8	96.1	96.4	96.8	97.8	97.8
罗马尼亚	0.0	36.5	34.8	38.0	46.5	46.2
前苏联	9.5	17.9	17.7	17.1	19.2	22.4
中国大陆	—	22.2	26.5	30.0	35.0	40.3
中国台湾	39.1	96.1	94.7	97.7	98.5	99.0
总生产	22.3	58.6	63.2	65.3	70.0	72.6

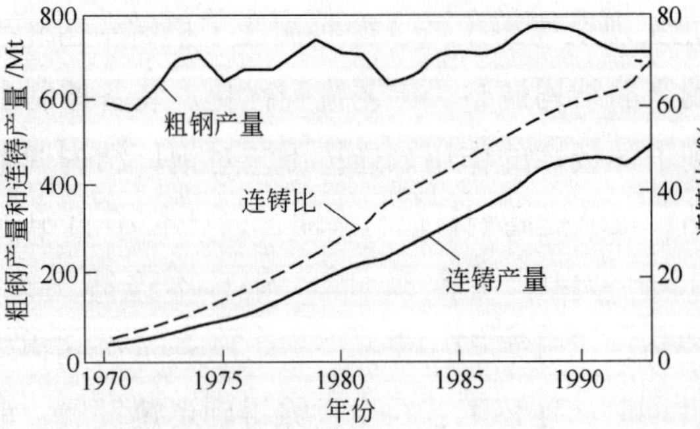

图17 世界钢产量和连铸情况

由于连铸工艺的发展，特别是全连铸生产体制需要提供“定时、定温、定品质”

的钢水，促进了钢的二次冶金和铁水预处理工艺的发展，使之成为现代炼钢厂不可缺少的工序。钢的二次冶金工序的功能从原来提高质量、开发品种的意义上，进而发展到作为钢水在炼钢—连铸之间在温度、成分、时间节奏上的缓冲调节器作用，确保了连铸机多炉连浇的需要，钢的二次精炼还对炼钢厂的增产和降低成本起了相当有益的作用。

现代转炉炼钢厂已向这样的水平发展：铁水100%预处理，转炉100%的炉次分渣处理，钢水100%通过二次冶金装置，进而100%连续铸锭。

在这一时间内还使得一系列的节能、节材技术和装备在钢厂结构优化的过程中得到组合运用，其主要内容列于表5内。

表5　日本钢铁业具有代表性的节能设备及节能技术

名　称	内　容	在日本的普及率/%	节能量×4.18MJ/t
至今的节能设备及节能技术 连续铸造设备	省略模铸、开坯工序，由于是高温出坯，所以可节减加热炉燃料	93	150~200
连轧，热装料	可省略轧钢工序中的加热炉或节减燃料	50~60	250~300
连续退火炉	冷轧精整工序的连续化，炉自身也高效率化	—	70~110
高炉炉顶压差发电设备	回收高炉废气并由其排出压力驱动透平、发电	92	90~120
焦炉干熄焦设备	使用惰性气体使从焦炉出来的赤热焦炭冷却，并利用该气体	72	200~300
转炉废气回收设备	是将转炉废气在未燃烧状态下回收的设备	90	200~240
废钢预热装置	用电炉排出废气的显热来预热原料废钢，节减电炉的使用电力	60座	70~100
水冷炉壁电炉	使炉壁水冷化，以实现高效率、高电压操作	—	70
今后的节能设备及节能技术			
焦炉煤炭调湿装置	是事前减少煤炭所含水分的装置，可节减焦炉燃料		
渣显热回收装置	是将渣显热转移至空气，再行回收的装置		
直流电弧炉	通过将以往的交流式变为直流式，以改善电力单耗		
干式高炉炉顶压差发电设备	通过干式集尘提高发电效率		
密闭式转炉废气回收设备	通过将转炉炉口部改为密闭结构，以防止热回收损失		

由于模铸—初轧/开坯体制被全连铸生产体制所彻底淘汰，钢厂结构得到了彻底的

调整。其产品结构已从万能化转向专业化、系列化生产。一般而言，大型联合企业主要生产扁平材（尤其是薄板类），有的兼生产焊管或高级大、中口径无缝钢管或大型轨梁；其他棒、线、型钢等长材，一般已不由大型联合企业生产。与此同时，从全球角度上看，单个钢厂的生产规模，已不将年产1000万吨级作为主要努力方向。

20世纪80年代以来，以废钢为铁源的电炉短流程“小钢厂”得到非常显著的发展，以生产长材为主要方向。由于大型超高功率电炉在工艺技术上的不断开发，单座电炉的生产效率不断提高，已经发展到每一公称吨的电炉容量可以年产5000t钢的水平，这使得生产长材为主的电炉钢厂生产规模不断得到发展，并且在工艺和装备上逐步形成了“四个一”的模式，即一条生产作业线由一台60t以上的大型超高功率电炉、一台与之相适应的二次精炼装置、一部连续铸锭机和一套热连轧机组成。

在20世纪80年代，世界钢铁工业已经形成高炉—转炉流程和电炉流程两种工艺路线共同发展的格局（而平炉则大量被淘汰，并将继续在全球范围内加速淘汰）。而且，已形成一定的分工，高炉—转炉大型联合企业，主要生产扁平材，有的厂兼营大型型钢、重轨、高级无缝钢管。电炉钢厂则一般主要生产小型型材或优质钢、特殊钢。

值得一提的是20世纪80年代中国的300～350m^3级高炉，30～50t级转炉，(120mm×120mm)～(150mm×150mm)小方坯连铸得到了较大的发展，用这一系列技术可以组成年产60万～120万吨规模的钢厂，用以生产棒、线材、中小型钢和普通级别的中板；这类实用技术对某些缺乏资金、缺乏废钢而又有一定数量煤、铁资源的发展中国家迅速发展钢铁工业是有参考价值的。

第三阶段是1989年以来。以美国NUCOR公司的第一套薄板坯连铸—连轧作业线投入生产开始，使得新一代“紧凑型”钢厂的模式得以正式在工业生产上应用。这种作业流程不仅使电炉可以生产薄板，而且更重要的意义在于在全连铸生产体制的基础上进一步省去热连轧带钢机组中的粗轧机组，进一步节能，进一步降低了制造热轧薄板的投资强度和启动资金额。这种“紧凑”型的流程不仅通过薄板坯连铸机来实现，而且在H型钢的异形坯铸机和方坯、小方坯连铸机上也在逐步实现。工艺流程不断紧凑化、产品方向专业化、系列化将是世纪之交钢厂结构优化的主要方向。当然，这种“紧凑化”的工艺流程也可以在高炉—转炉流程后得到延伸，特别是当废钢价格上升到一定程度后，利用原有高炉—转炉存量资产，以“紧凑化”工艺流程改造原有老设备、老工艺，在某些情况下具有良好的经济效益。

关于钢铁制造流程的发展和重构问题*

摘　要　分析了世界钢铁工业的发展进程。指出了钢厂模式发展和重构的动向。阐述了钢厂结构优化的重要性，指出钢厂结构优化首先应从市场竞争力出发进行产品结构重组，在更深层次上就是制造流程的重构，只谈调整产品结构而不进行制造流程的重组是不能得到有效市场竞争力的。在此基础上重点讨论了不同类型产品的制造流程和合理经济规模，归纳了不同钢厂的模式和钢厂结构选择的工程优化原则。讨论了资源、能源与钢厂制造流程之间的关系。

关键词　钢厂　制造流程　发展　重构

1　认识与思路

制造工艺流程的研究对钢铁工业的发展而言是一个重要的课题。流程研究不仅是一个重要的工程技术评估问题，同时也蕴含着更为广泛、更为深刻的市场评估、经济评估以及资源、能源、环境等可持续发展问题的评估。

从工程技术角度看，制造工艺流程的研究是一种系统的学问，它不仅要从整体上、从不断发展的事物中去分类、分析，客观描述事物发展的规律和本质。而且，还必须在分析、抽象的同时进而考虑重新整合，重构新的系统，形成新的语言、新的秩序、新的思想、新的体系。这样的研究评估是有别于简单地“消极反馈”的正反馈过程，具有主动的创造性。建议最好把钢铁制造流程的评估和钢厂结构优化、钢铁工业的体系优化结合起来，这应该是一种重构研究。在此过程中应该能产生新的研究方向，建立新的术语，确立新的研究方法，形成新的知识结构，推动钢铁工业健康发展。

2　钢铁制造流程的发展趋势

回顾百余年来世界钢铁工业的发展进程，其轨迹大体是：

（1）1856 年至 20 世纪 30 年代：从贝塞麦发明酸性底吹转炉开始，钢铁生产进入了工业化阶段，一直到法拉第学会炼钢物理化学委员会成立前，钢铁厂的发展主要依靠的是对一般工艺原理的发现和原始工业生产装置的发明。总的来看，这一阶段钢铁厂的生产是建立在技艺基础上的。

（2）20 世纪 30 年代至 50 年代：该期间物理化学被应用于钢铁冶炼过程，金属塑性压力加工、金属学、金属物理等理论也蓬勃发展，使得钢铁制造流程内的化学冶金过程和物理冶金过程得到了理论的指导（确切地讲，当时的理论往往还是处于定性指导上），建立了一系列的工艺规章和制度，使得钢铁制造流程逐步由技艺经验传授转到了科学技术导向。

（3）20 世纪 50 年代至 70 年代石油危机发生以前：由于热力学理论的不断发展并

---

* 原发表于《钢铁》，1997，32（4）：1~9。

在相当大程度上具有定量化指导作用，动力学研究和反应工程、金属物理等不断深入提高以及其他工业技术发展的推动（例如：廉价制氧技术的发展，高精度机械加工的发展等），相继出现了氧气转炉、各类二次冶金装置、大型高炉、高速连轧机等装备的发明和发展，推动着钢铁工业快速发展，而且整个流程的技术含量也越来越高。然而在这个阶段内，钢厂结构的特征仍然是以初轧机为核心而前后展开的产品“万能型”结构。设计这一代钢厂的工程逻辑是“叠加－蔓延－万能化”。虽然在这一阶段是以科学技术来解析、指导生产，做了大量工作，取得了很大进步。但是，这些进步往往是停留在对某一反应、某一单元装置功能的研究开发上，还没有达到流程范围内系统性提高的程度。

（4）从20世纪70年代第一次石油危机到80年代末：由于能源价格上涨的推动，金属凝固理论的不断深入，连铸技术不断发展，特别是在工业生产上，日本新日铁大分钢厂率先实现全连铸生产体制。全连铸制造流程的兴起使得初轧机、平炉等设备在全球范围内逐步被淘汰，随之“万能型”产品结构已不再可能，钢厂的产品向专业化、系列化方向发展。在连铸快速发展的同时，由于存在廉价的废钢资源，电炉流程的小钢厂得到了空前的发展。在这一阶段，人们注意到从钢厂整体结构优化出发，在各工序功能分解、优化的基础上，注意相邻工序功能的衔接、匹配以及若干区段内流程系统重组。

（5）1989年以来：由于钢铁工业受投资和成本的压力以及薄板坯连铸—连轧工艺在NUCOR公司得到工业生产上的突破，出现了全新的“紧凑化”流程。在这类工厂内，流程中任一工序、任一装备如果出现不协调/故障，均将影响全流程生产的阻塞/停顿。因此，整个工厂的流程系统结构及其控制、协调和优化提到了突出的位置上，也可以说，整个钢厂在向以多维过程物流管制系统为目标的高技术集成方向升华。这类“紧凑型”钢厂生产流程的物理本质是：不断提高化学冶金过程中钢液的纯净度、化学成分和温度的准确度，并在化学冶金过程中为物理冶金过程的需要作好“孕育/遗传”准备；不断提高凝固过程铸坯的均匀度、细密度（包括析出的碳化物、氮化物的弥散度、柱状晶晶轴间距等）和表面质量；在化学冶金和凝固过程上述成就的基础上，实现物理冶金过程中（压力加工过程、在线处理过程等）加工件压缩比的合理降低及其温度（热量）的充分有效地“在线”利用，使物理冶金过程中形变、物质结构、温度、时间等参数不断优化，从而导致钢厂结构进一步优化。从钢厂设计的工程逻辑上看，由“叠加－蔓延－万能化”向“临界－紧凑－专业化”方向发展。

3　钢铁制造流程的重组和选择问题

从钢铁材料、钢铁行业的市场竞争力来看，钢铁工业遇到了挑战，同时也要看到钢铁工业充满着机遇。

作为挑战，20世纪70年代以来钢铁产品由于全球产能大于市场需求，在行业内存在着成本/质量的竞争。同时钢铁作为一种材料，也面临着铝、塑料、水泥甚至玻璃等大宗工程材料的竞争。作为对策，钢厂除了在材料科学与材料工程方面采取措施，提高质量、开发品种、适应用户需求以外，最主要的对策是以节能、节约劳动力和进行有效投资为主要措施，使得钢材价格从1974年以来基本保持不变，见图1。而其他材料价格在同期内则相应大幅度上涨。此外钢铁在性能/质量以及环境保护方面的开发也在不断地进行，将进一步加强钢铁材料的市场竞争力。

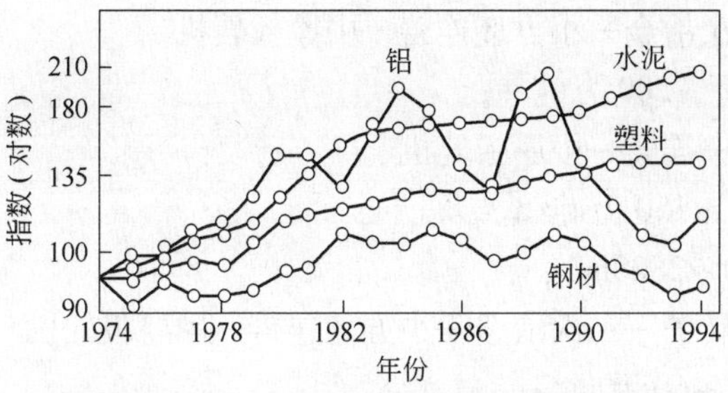

图1　各种材料的价格变化（1974 年为100）

从钢铁材料发展机遇方面看，不能不注意到钢铁制造流程的进展给钢铁工业带来了新的竞争力，粗钢的成材率越来越高，单位制品所消耗的钢材相应减少，单位钢材的能耗、物耗越来越低，单位钢材的人·时消耗大幅度降低，最终归结到产品成本的降低，产品使用效率的提高以及单位钢材的投资额相应降低。不能不提一下，废钢资源的再循环率提高，不仅为钢材降低成本而且给钢材的公众环保形象带来了新的竞争力。这些机遇的取得与钢铁制造流程的发展进步密切相关。

说到制造流程，应该联想到首先是资源、能源—工艺流程—装备系统—合理经济规模—产品系列。当然，深一层次的背景就是：市场需求、科学技术水平以及资金的筹集、环境要求等。

因此，分析制造流程应该是在市场需求的分析、开发基础上，充分考虑科学技术的进步动向及其实用性等因素，进行有效的投资，才能建立起有经济效益的产品制造流程。

作为新建厂和老厂改造的出发点，首先要考虑的是生产什么样的产品。看来从产品出发来分析/选择制造流程是必要的。进入 20 世纪 90 年代以来，我们可以看到各类钢材制造流程的发展趋势：

（1）薄板。

2 ~ 12.5/25.4mm 热轧板卷：

大型高炉—大型转炉—二次冶金—板坯连铸—热轧宽带轧机

合理规模：350 万 ~ 500 万吨/a。

1 ~ 4mm 热轧板卷：

大型高炉—大型转炉—二次冶金—薄板坯连铸—连轧

合理规模：200 万 ~ 250 万吨/a；

电炉—二次冶金—薄板坯连铸—连轧

合理规模：160 万 ~ 220 万吨/a。

0.28 ~ 2mm 冷轧板卷：

连续式冷轧带钢轧机

合理规模：100 万 ~ 200 万吨/a。

0.28 ~ 1.2mm 冷轧板卷：

可逆式冷轧带钢轧机

合理规模：30 万 ~ 50 万吨/a。

（2）中厚板。

4.5 ~50mm/2000 ~5000mm：

高炉—转炉—二次冶金—小方坯连铸—中厚板轧机

合理规模：100 万 ~200 万吨/a；

电炉—二次冶金—连铸—中厚板轧机

合理规模：60 万 ~150 万吨/a。

4.5 ~25mm/1500 ~2800mm：

中小高炉—中小转炉—二次冶金—小方坯连铸—中厚板轧机

合理规模：40 万 ~60 万吨/a。

（3）棒材。

ϕ12 ~40mm（碳钢、低合金钢）：

电炉—二次冶金—小方坯连铸—棒材连轧机

合理规模：30 万 ~60 万吨/a；

中小高炉—中小转炉—二次冶金—小方坯连铸—棒材连轧机

合理规模：30 万 ~60 万吨/a。

ϕ16 ~75mm（合金钢）：

电炉—二次冶金—合金钢方坯连铸—合金钢棒材连轧机

合理规模：30 万 ~40 万吨/a。

（4）线材。

ϕ5.5 ~16mm（碳钢、低合金钢）：

中小高炉—中小转炉—二次冶金—连铸—高速线材轧机

合理规模：30 万 ~50 万吨/a；

电炉—二次冶金—连铸—高速线材轧机

合理规模：30 万 ~50 万吨/a。

ϕ5.5 ~22mm（合金钢）：

在市场需求的情况下，应附设在合金钢棒材作业线内，但只是少数特殊钢厂需要这样做。

（5）重轨及大型型钢。

高炉—转炉—二次冶金—连铸（异型坯）—轨梁轧机

合理规模：60 万 ~100 万吨/a。

（6）无缝钢管。

≥ϕ140mm 口径机组：

电炉—二次冶金—连铸（圆坯）—无缝钢管机组

合理规模：40 万 ~60 万吨/a；

高炉—转炉—二次冶金—连铸（圆坯）—无缝钢管机组

合理规模：50 万 ~70 万吨/a。

<ϕ140mm 口径机组：

电炉—二次冶金—连铸（圆坯）—无缝钢管机组

合理规模：12 万 ~20 万吨/a（这类作业线不应附设在特殊钢厂内）。

（7）不锈钢板材。

2 ~8/12.7mm 热轧板卷：

矿热炉—电炉—（转炉）—二次精炼炉—

板坯连铸—{热宽带轧机（与大型联合企业协作）
炉卷轧机}

合理规模：40 万 ~60 万吨/a。

4 关于钢厂结构问题

从战后三代钢厂的结构模式演进过程可以看出，进入20 世纪80 年代以来，绝大多数钢厂都是以连续铸锭来衔接炼钢过程和轧钢过程的，因此必须以不同钢材的热轧机的合理规模和不同类型连铸机的能力匹配上来思考问题。即先定位好产品，然后分析该类产品现代化轧机生产能力的合理范围，进而分析与之对应的连铸机能力，铸机—轧机的流量衔接、匹配关系、能量（温度）衔接、匹配关系、时间衔接、匹配关系；再上溯至精炼装置、炼钢炉的衔接、匹配关系。在此基础上，分析在同一炼钢车间内若干炼钢炉—精炼装置—连铸机之间的纵向协调性与横向相容性。这实际上是如何处理好不同类型钢材制造流程的合理生产规模以及如何在一个钢厂内、在一个有竞争力的结构体系中，将相关的产品合理地组合起来的问题，是一个既有经济内涵，又有高度工程科学内涵的命题。

要解决上述命题，必须从钢厂产品结构上处理好大型化和多样化的矛盾与统一。一般而言，大型企业总是希望发挥批量大的优势，而小型企业则往往考虑更多地发挥批量小、相对灵活的优势。由于模铸—初轧（开坯）被全连铸结构的钢厂淘汰，因此20 世纪50 ~60 年代钢厂的“万能化”产品结构已不适应时代竞争力，所以为了争取各自的市场空间而出现了新的不同结构的钢厂。

钢厂的具体结构可以这样来设想，即：不同产品的制造流程及其不同组合，将构成各种结构的钢厂。当然，这种组合必须充分考虑流程工艺装置之间的纵向协调性和横向相容性。例如，转炉—钢包精炼炉—高速连铸机在时间节奏上是不能很好协调的。因此，在转炉—高速连铸流程中，钢包炉很难作为经常“在线”的精炼（缓冲）装置，只能是一种离线的“辅助”配合缓冲装置。又如，使大板坯连铸机和圆坯连铸机在同一车间内作业，在物流流量、时间节奏上也是不能良好相容的。更不应出现在电炉—精炼装置—薄板连铸—连轧作业线的炼钢区域内另加一台小方坯连铸机这样的蛇足之举。

从市场、成本、质量、品种、投资额以及资源、能源等方面综合看，如下结构的钢厂将是有竞争力的。

4.1 大型联合企业

4.1.1 扁平材及其延伸产品型

大型高炉（×3）—{大型转炉（×3）—二次冶金—薄板坯连铸—连轧（1 ~4mm，200 万 ~250 万吨/a）
大型转炉（×3）—二次冶金—板坯连铸机—宽带钢热连轧机［（2 ~12.7/25.4）mm，350 万 ~500 万吨/a］}

合理规模：600 万 ~800 万吨/a；

延伸产品：焊管、冷轧板、镀锌板、镀锡板、电工板等。

4.1.2　综合产品型

大型高炉（×3）—
- 大型转炉（×3）—二次冶金—板坯连铸—
  - 宽带钢轧机［（2～12.7/25.4）mm，350万～500万吨/a］
  - 中厚板轧机（4.5～50mm，100万～200万吨/a）
- 大型高炉（×2）—二次冶金—
  - 异型坯连铸—轨梁轧机（60万～100万吨/a）
  - 圆坯连铸—无缝管轧机（50万～70万吨/a）

合理规模：650万～800万吨/a；

延伸产品：焊管、冷轧板、镀锌板。

4.1.3　混合流程型

大型高炉（×2）—大型转炉（×3）—二次冶金—薄板坯连铸—连轧（1－4mm，200万～250万吨/a）

└ 电炉(×1)—二次冶金—小方坯连铸—优质棒材热连轧机［ϕ(12～40/60)mm，60万吨/a］

合理规模：300万～350万吨/a；

延伸产品：焊管、冷轧板、镀锌板。

4.2　中小高炉联合企业

4.2.1　产品综合型

中小高炉（×3~4）—中小转炉（×3）—二次冶金—
- 板坯连铸—中板轧机（4.5~25mm，40万~60万吨/a）
- 小方坯连铸—棒材热连轧机［ϕ(12~40)mm，30万~60万吨/a］
- 小方坯连铸—高速线材轧机［ϕ(5.5~16)mm，30万~50万吨/a］

合理规模：120万～150万吨/a。

4.2.2　长材型

中小高炉（×2~4）—中小转炉（×3）—二次冶金—
- 小方坯连铸—棒材热连轧机［ϕ(12~40)mm，30万~60万吨/a］
- 小方坯连铸—高速线材轧机［ϕ(5.5~16)mm，30万~50万吨/a］

合理规模：80万～100万吨/a。

4.3　电炉流程企业

4.3.1　电炉长材厂

（1）电炉（×1）—二次冶金（×1）—小方坯连铸机（×1）—棒材连轧机［×1，ϕ（12～40）mm］合理规模：30万～60万吨/a。

（2）电炉（×1）—二次冶金（×1）—小方坯连铸机（×1）—高速线材轧机

[×1，ϕ(5.5 ~16/22) mm]；

合理规模：30 万 ~50 万吨/a。

4.3.2 电炉薄板厂

电炉（×2）—二次冶金（×2）—薄板坯连铸（×2）—连轧（×1，厚度：1 ~ 4mm）；

合理规模：160 万 ~220 万吨/a；

延伸产品：冷轧板、镀锌板、焊管。

4.3.3 电炉中板厂

电炉（×2）—二次冶金（×2）—板坯连铸（1 ~2 流）—宽中厚板轧机（×1，4.5 ~50mm/2000 ~5000mm）

合理规模：60 万 ~150 万吨/a。

4.3.4 电炉无缝钢管厂

（1）电炉（×1）—二次冶金—圆坯连铸（×1）—≥ϕ140mm 口径无缝管轧机（×1）

合理规模：40 万 ~60 万吨/a。

（2）电炉（×1）—二次冶金—圆坯连铸（×1）—<ϕ140mm 口径无缝管轧机

合理规模：12 万 ~20 万吨/a。

4.3.5 电炉特殊钢厂

（1）电炉（×1）—二次冶金—
- 合金钢方坯连铸机（×1）—合金钢棒材连轧机（×1）[ϕ (16~75)mm,30万~40万吨/a]
- 模铸钢锭—
  - 快锻机（2万~3万吨/a）
  - 精锻机（3万~4万吨/a）

合理规模：40 万 ~50 万吨/a。

（2）电炉（×1）—二次冶金—合金钢方坯连铸机（×1）—合金钢棒/线材连轧机（×1）[ϕ（16 ~75）mm/ϕ5.5 ~22mm，30 万 ~40 万吨/a]

合理规模：30 万 ~40 万吨/a。

4.3.6 不锈钢板材厂

电炉（×1）—（转炉）—二次冶金—板坯连铸机（×1）—炉卷轧机（厚度：2 ~8/12.7mm）（×1）

合理规模：40 万 ~60 万吨/a；

延伸产品：不锈钢冷轧薄板。

上述不同类型的钢厂可归纳为图 2 所示。在规模上，钢厂呈大批量和小批量两种趋势；在产品结构上，呈专业化和多样化两个方面。在不同规模层次上，可以对钢厂产品结构进行分析。总的讲，必须以实现专业化生产为目标，不能沿袭“小而全”“大而全”的模式。这是钢厂结构优化的前提。要以连铸生产的客观需要及产品性能要求来优化品种系列，当然，其中必须以市场为导向。这里存在中小钢厂结构优化的问题，尽管争议较多，但不去关心，任其自然淘汰是不符合我国现阶段国情的，因此，地方钢厂的结构优化也是势在必行的。

总的来看，钢厂结构的选择应遵循下述工程优化原则：

——市场导向，市场确定产品，再以产品为原点的推理原则；

——生产流程中的工艺、装备的前后纵向协调原则；

——不同类型产品在轧机、铸机之间的横向相容原则；
——轧机—铸机之间的整数对应原则；
——各种不同产品的合理经济规模原则；
——投资方向、投资顺序、投资强度以及投资时机的综合判断原则。

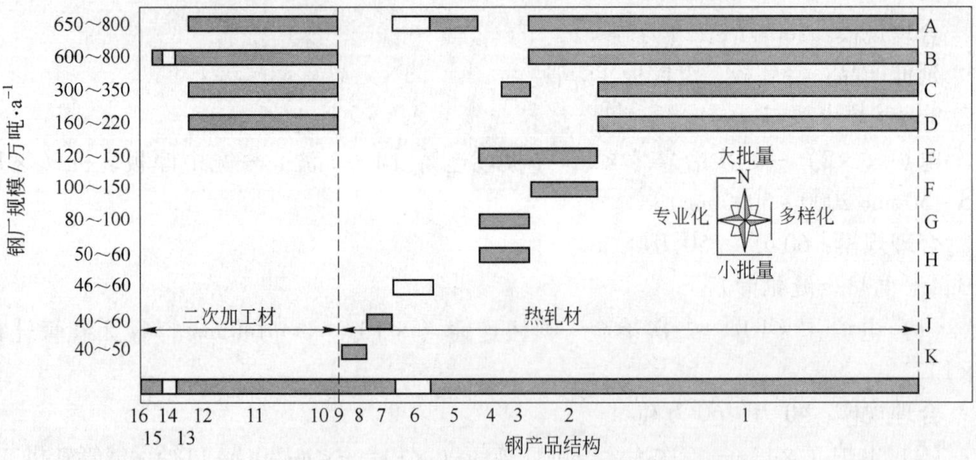

图 2　钢厂产品结构与相应生产规模的关系图

钢产品结构：1—薄板；2—中厚板；3—棒材；4—线材；5—重轨；6—无缝管；
7—不锈钢薄板、中板；8—合金钢棒材；9—合金钢锻材；10—焊管；11—冷轧薄板；12—镀锌板；
13—镀锡板；14—电工板；15—彩涂板；16—冷轧不锈钢薄板
钢厂类型：A—大型联合企业综合产品型；B—大型联合企业扁平材型；
C—大型联合企业混合流程型；D—电炉薄板型；E—中小型联合企业综合产品型；F—电炉中板型；
G—中小型联合企业长材型；H—电炉长材型；I—电炉无缝钢管型；J—不锈钢薄板型；
K—电炉特殊钢型

5　关于资源、能源与制造流程

制造流程的选择、重构与资源、能源有着密切的联系，一段时期以来，以铁矿石为源头的钢厂绝大部分是通过高炉流程来展开的，即：高炉—转炉—连铸—扁平材（为主），某些情况下也生产小部分长材。以废钢为源头的钢厂则通过电弧炉—连铸—长材（为主）。当然，前者的能源是以煤、焦炭（包括焦炉煤气）为主，而后者则以电能为主。需要指出的是，高炉—转炉流程、电炉流程虽然都是生产钢材的，但是两种流程的背景和目的是不同的。高炉流程是依靠利用自然界矿物资源而存在的，而电炉流程则是为了利用废钢，是社会再生资源的利用问题。

随着全球电炉流程的发展，废钢资源需求量剧增，废钢价格随之上涨，引发了废钢代用品的开发与发展（如 DRI、HBI 等）；同时，由于电炉技术的发展和完善以及薄板坯连铸—连轧技术的突破，使得电炉流程得以进入扁平材的生产领域。

从全球角度看，现在资源和流程的对应关系有了新的发展。高炉—转炉流程可以使用铁矿石、废钢代用品、废钢等炉料，主要生产扁平材。而电炉流程则使用废钢、废钢代用品甚至相当数量的生铁（包括热铁水或冷铁块），生产长材或扁平材，见图 3。能源与流程的关系也出现了新的情况，高炉流程中能源的发展趋势是大力发展喷吹煤粉，尽量减少焦炭和油品的使用量，总的趋势是由全部使用焦炭冶炼转向焦炭、煤粉各半的方向发展。目前，高炉使用焦炭 400 ~ 350kg/t + 煤粉 100 ~ 150kg/t 进行炼铁已被大量钢厂的生产实践证明是可行的。由此减少了焦炭的需求量，降低了焦化系统的污染，控制了焦炉系统的投资，经济效益明显。此外，值得一提的是，北美一些大型联合企业提出了这样的目标："高炉钢厂只买煤，不买电"。高炉钢厂通过建设高效率的发电装置，充分利用制造过程中的各种二次能源及余热，并且购入适当数量的煤用于发电，这种方式生产的电能成本很低，使得钢厂不再购入电能甚至向外卖电，其经济效益明显。电炉流程中，使用能源的发展趋势也是戏剧性的，现代电炉不再单纯依靠电能，而是在使用电能的基础上大力发展利用各种化学能（煤粉、氧气、生铁中的发热元素和 CO 的二次燃烧等）以及物理热（例如铁水热装、废钢预热等），使得电炉冶炼电耗得以降到 400kW · h/t 甚至 300kW · h/t 以下。由此，缩短了电炉冶炼时间（冶炼时间降到 70min 以下甚至 50min 左右），使之易于与连铸机衔接匹配运行，促进了电炉流程的结构优化，提高了电炉流程的生产效率，增强了电炉流程的市场竞争力。

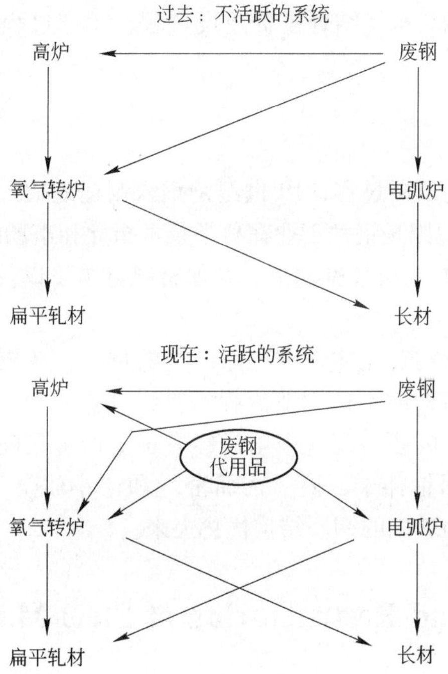

图 3　流程与炉料的关系

用铁矿石生产热铁水的工艺流程也开始出现了多元化的趋势。一般而言，用富块矿和煤适宜于通过 COREX 得到热铁水。需要指出的是，COREX 工艺的煤中的固定碳、灰分特别是挥发分含量也是存在优化选择的。过高的煤中灰分含量不会带来良好的技术经济指标，而煤中挥发分含量更应注意，一般以 20% ~30% 为宜。过高的挥发分含量将引起吨铁煤耗量升高，过低的挥发分含量将使工艺过程难以进行。而高炉则可以利用块矿、粉矿和焦炭/煤粉得到热铁水。以熔池过程为基础的熔融还原工艺则适合于大量利用粉矿和煤。但是总的来看，在可以预见的时间范围内，高炉仍然是获得热铁水的主要工艺装置。铁水生产工艺发展趋势的预测见图 4。

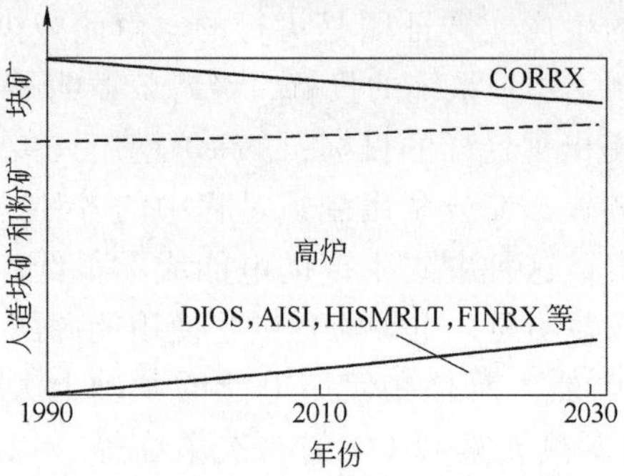

图4　铁水生产工艺发展趋势的预测

从上述分析可以看出，现在钢铁工业已经进入了炉料结构、能源结构和流程结构都在发展、重构的多元化活跃时期。要选择流程必须从市场需求出发，确定产品种类，进而分析资源、能源（矿石、废钢、煤炭、石油、电力等）的供应状况及其价格变化趋势，分析、选择工厂的结构，结合投资建设过程、生产过程中的财务费用和制造成本进行综合评估和决策。

6　结语

纵观世界钢铁工业的发展过程，19 世纪是钢铁制造业通过一系列发明由手工业进入工业化的时期。20 世纪则是钢铁工业在科学技术指导和市场的推动下的大发展时期。而 21 世纪的钢铁工业将在高科技推动下、其他材料竞争下以及社会和环保制约下，进入新的发展和重构时期。

钢铁工业的发展和重构首先体现在产品结构的重组，在更深层次上就是制造流程的重构。只谈调整产品结构而不抓制造流程的重组，犹如隔靴搔痒。而制造流程的重构不可避免地会涉及投资问题。现在中国已经有了实产 1 亿吨钢的基础，进一步发展的关键问题之一是把盲目铺摊子、搞“大而全”和“小而全”、盲目外延发展的投资引导到以制造流程重构为基础的钢厂结构优化上来。

On Development and Restructuring of Steel Manufacturing Route

Ruiyu Yin

(Ministry of Metallurgical Industry, Beijing, 100711, China)

Abstract　In this article the development of steel manufacturing route and the trend of optimizing steel plant structure has been reviewed and mentioned. In order to get the market competitiveness, restructuring of steel product program and manufacturing route must be promoted. The manufacturing route of different steel products and corresponding reasonable production scale have been discussed. The determination reasonable scale of steel plant and the principles of engineering optimization for selecting steel manufacturing route are raised. The relationship between raw material and energy supply and manufacturing process is also expounded.

Key words　steel plant, manufacturing route, development, restructuring

钢铁制造过程的多维物流控制系统*

摘　要　本文将钢铁制造流程模化为物态转变、物性控制和物流控制相互融合的多维物流控制系统。该系统是由“刚性组元”“柔性组元”的集合和各组元间关系集合组成的“黏性”系统，其运行方式为“准连续/间歇”性质的“弹性链/半弹性链”的稳定或非稳定谐振。系统在外界“刺激”作用下，将产生不同类型、不同滞后度的“响应”。在此基础上提出了钢铁制造流程系统集成描述的理论框架，并指出了钢铁工业和钢厂结构优化的目标。

关键词　钢铁制造过程　多维物流控制系统

钢铁是一种重要的基础材料。世纪之交钢铁工业和钢厂面临一系列挑战，需要解决好降低成本、提高质量、可持续发展以及投资决策等问题。解决好这些问题将为钢铁工业的发展提供更多的机遇。

为了建立一个冶金物流控制系统来解决钢厂的实际问题，需从工程哲学的高度来思维、抽象，描述。用新的“眼界”来观察问题，提炼出新的概念，进而构成系统。同时，还应从工程科学的角度来认识钢铁制造流程的演变趋势和当代钢厂结构优化的涵义，进一步指导建立流程系统的模型。

1　钢铁制造流程的过程特征

1.1　简要的描述

钢铁制造流程的变化导致了一代又一代的钢厂模式的演进，但是冶金流程中物态转变、物性控制的一些本质特征并无重大的变化，钢厂的生产流程总是由化学冶金过程和物理冶金过程构成，化学冶金过程主要是体现物质组成、温度、时间之间的关系；物理冶金过程主要是体现形变、物质结构、温度、时间之间的关系。20 世纪 70 年代以来，钢厂生产流程中化学冶金和物理冶金的衔接部——钢液的凝固方式发生了重大的变化，凝固方式变化是促进当代钢铁生产流程演进的诸因素中最为活跃的关键点，它的变化促使钢厂的模式、规模、产品系列、投资量、市场竞争力发生了重大的变化。

1.2　物态转变，物性控制和物流控制的结合——多维物流系统

从工艺上看，钢厂的生产流程实质上一方面是物态转变和物性控制的工艺过程，如状态的转变与控制、品种与质量的控制、钢材形状尺寸和表面状态的控制、产品性能的控制等；另一方面则是过程物流的控制，这种物流控制不仅是物质的输送，而且要求各主要参数衔接、匹配上的优化，如物流流量、温度、时间的合理衔接匹配，相关工序之间装备能力的匹配，时间节奏的协调与缓冲，物质传输过程途经的工序、方向、距离和方式的优化，物流途径及其时间的压缩和紧凑等。这些参数对钢厂模式、

* 原发表于《金属学报》，1997，33（1）：29 ~ 38。

投资数量和投入/产出效益是至关重要的。因此，在工程上讲，钢铁制造流程的特征是物态转变、物性控制与物流控制的优化结合。通过一系列工艺技术、装备功能的提高、健全和自动化技术在工程上的组合优化，才能对钢厂发展模式、投资方向、投资顺序、投资强度等方面起到优化的引导作用。对钢铁制造流程中的生产体而言往往是物态转变、物性控制与物流控制同时/分别进行的。钢厂的物流过程特征从总体上看，是一种准连续/间歇过程。它是明显地有别于铁路运输系统、邮政信件分发系统、百货连锁店物流分配，也有别于汽车装配线或机械加工作业线的物流系统。这种过程物流方式可归纳为多维的物流控制形式（图1）。

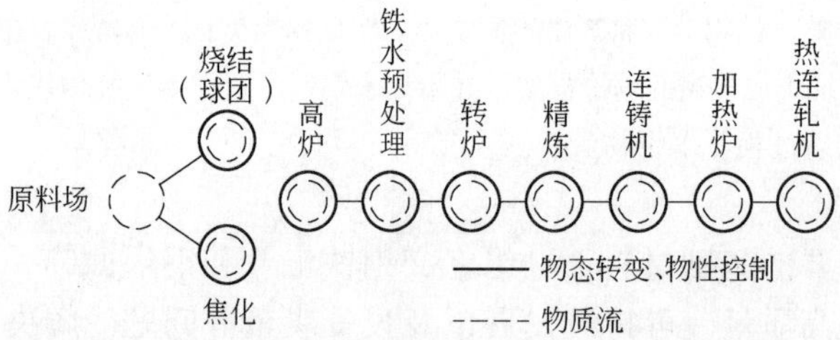

图1　钢铁制造流程系统内物态、物性－物流组合示意图

钢厂的多维物流可以概括地用下式表示：

$$F_m = \sum \int_{w_0}^{w} \int_{T_0}^{T} \int_{t_0}^{t} (P + A_i^j - B_i^j)\,\mathrm{d}w\mathrm{d}T\mathrm{d}t + C$$

式中，F_m为多维物流；P 为生产体（如矿石、生铁、钢液、铸坯、热轧材等）；w 为生产体的重量；T 为过程温度；t 为过程时间；A_i^j 为生产过程中加入的辅加剂等；B_i^j 为生产过程中的排放物、废弃物等；C 为可能出现的某些间歇现象、间歇因素等。

作为钢铁生产过程的多维物流控制工程，如下参数的衔接匹配、连续、稳定，均应在考虑之内：

——物流在状态上和数量上的转变、传递、衔接、匹配；

——物流在时间因素上的协调、缓冲、加速；

——物流过程中金属由液态转变为固态，并获得一定几何尺寸的铸坯断面，进而进行断面形状和尺寸的转变、传递、衔接、配合；

——物流在温度和能量上的转变、传递、衔接和节约；

——物流过程中钢的表面质量、宏观结构、微观组织以及性能的转变、遗传和调控；

——物流传输途径和方式的调整、衔接和优化。

要实现上述诸多方面的衔接、匹配，不仅要依靠各工序的功能优化、装备可靠性与可控性的提高，而且要十分重视相邻工序之间的“柔性”调节作用。依靠流程系统内各工序装备的容量性能力和功能性能力的匹配和优化，激发出相关工序之间匹配、衔接和调节作用的“柔性活套”。实际上，战后50多年来“柔性活套”工程随着工序功能演进和工序功能间的组合优化而不断发展。往往是前后两工序或多个工序之间，在功能上表现出相对的“刚性”－“柔性”关系，从而在不同功能参数上构成“柔性活套”，进而实现整个系统或区段在更高层次上的结构优化。

2　钢铁制造流程系统的概念和抽象

对钢铁制造流程系统的性质进行抽象，提炼出一些本质性的概念，应该充分理解系统各种功能之间的相互关联性，了解规定系统存在价值的诸多功能特性以及彼此关系，并在此基础上进行模型化抽象。

2.1 “刺激”—“响应”

钢铁制造流程系统应该是一种物态、物性－物流优化地融合于一体的系统，系统非常庞大，过程参数众多，在短时间内诸多参数同时或相继迅速变化，而这种变化往往遇到直接测量诸参数值的困难，描述这种系统的复杂性是其他工业制造过程无可比拟的。因此，进行抽象－类比是必要的。

在流体力学中，从流体的应力和应变分析出发，用张量的概念可以给出四维系统的偏微分方程。然而，这些系统均为连续介质系统。这类系统的分析相对于离散系统或准连续/间隙流程系统而言要简单得多。如果将这种方法简单地用于描述一个制造流程，肯定会碰到很大的困难。但是从哲学的角度上看，应力-应变的分析无外乎是一种外界“刺激”—内在“响应”的本质，这种本质对连续介质体系和按流程方式进行生产的企业生产系统而言有其共性，但两者也有明显的差别。主要差别是：对连续介质系统而言，连续介质系统内的任何微元体对外界“刺激”具有一致甚至同时的内在“响应”，而对流程生产方式的系统而言，其诸多组元对外界“刺激”因素（如市场、投资、资源、能源、价格等变化），具有不均匀（甚至不同取向）的或不同滞后度的内在“响应”。

2.2 “黏性系统”和不等滞后度

钢厂的生产流程可以用类比的方法抽象为“黏性”制造流程系统，它的各个工序的功能、各个单体设备的能力是不同的，但在相当大的程度上又有很强的相关性，它近似于不均匀的连续过程（或准连续过程）。当外界有“刺激”时，这类“黏性”系统的各个组元作出的“响应”在时间上表现出不同的滞后度，在容量性能力的发挥上会有不同的增减，甚至对工序的功能性能力的发挥也会有不同的选择或增减。总之，这种“黏性”系统在受到“刺激”时，系统内各组元工序往往表现出不同类型、不同滞后度的“响应”。处理这些过程特性需要自组织化的柔性处理手段。

这种系统分析方法的优点之一是内耗来源于系统本身的特点（如流体的黏性耗散）而非其他人为因素。然而，由于流程生产方式的生产系统不仅具有制造系统本身的“黏性”，同时也不可能没有人为的影响——人为“黏性”，因而，流程优化问题又不可能完全脱离管理哲学问题。

对钢厂制造流程系统而言，要做到真正意义上的“柔性”和“连续性”是很难的，而且实际情况下也不一定过分地追求，现在应该追求的是一种准连续或带有一定设定的“柔性”系统。

3 钢铁制造流程系统发展的方向和发展过程遵循的原则

3.1 流程系统演进方向的描述——工程逻辑的变化

自战后以来，钢厂工艺流程的进步影响着钢厂模式的变化。总的来看，钢厂模式的进化可分为三个阶段：

——1952 年氧气转炉的出现。它对钢铁联合企业的生产规模起到巨大的推动作用。

大型转炉的完善和成熟，诱发或促进了高炉大型化和以宽带热连轧机为代表的各类轧机的大型化、连续化、自动化、高速化。直至石油危机发生以前，各类钢厂都以模铸—初轧机为核心，向前后工序展开，构成板、管、型、棒、线等产品均能生产的“万能”钢厂。而且一度导致联合企业追求建设年产1000万吨级的超大规模钢厂。这一代钢厂在设计上的工程逻辑是“叠加－蔓延－万能化”。

——1973～1974年石油危机发生以后，连铸的快速发展，连铸机的实用化、普及化特别是新日铁大分钢厂的全连铸生产体制的出现，导致了模铸—初轧（开坯）体制的彻底淘汰，充分体现了节能、节材、节人的效果，使得钢厂向节能化、专业化方向发展，这是重大结构性的变化。

——1989年Nucor公司的薄板坯连铸—连轧工艺投入生产，钢厂生产流程进一步呈现紧凑化。这类紧凑化钢厂生产流程的物理本质是：不断提高化学冶金过程中钢液的纯净度、化学成分和温度的准确度，并在化学冶金过程中为物理冶金过程的需要作好结构准备；不断提高凝固过程铸坯的均匀度、细密度和表面质量；在化学冶金和凝固过程上述成就的基础上，实现物理冶金过程中（压力加工过程、在线处理过程等）加工件压缩比的合理降低及其温度（热量）的充分有效地“在线”利用，使物理冶金过程中形变、物质结构、温度、时间等参数不断优化，从而导致钢厂结构进一步优化。从钢厂设计的工程逻辑上看，由“叠加－蔓延－万能化”向“临界－紧凑－专业化”方向发展。因此，必须重视分析、判断钢铁制造工艺过程中各主要参数的“临界点”所在以及有关外界“刺激”对系统内在“响应”的影响。

3.2 系统发展过程遵循的原则

按照控制论的观点，任何系统都是由能量、物质、信息构成的。任何系统的运动都存在着复杂的物质流、能量流和信息流。在钢铁制造系统的运行中，物质流的运动形式主要体现在过程工序中物质流的衔接、转变、匹配、缓冲、调控；能量流的优化方式主要是在工序功能的分解、优化的基础上，实现流程紧凑、简化以及过程中各类能量的充分利用，从而达到节能、节时、节人；信息流主要是通过过程中信息的获取、传递和处理，形成集成网络和人工智能处理系统，这是一种既有数值信息又有知识信息融合在一起的集成系统。

具体到现代钢厂发展过程的原则而言，则有下列特点：

——能量流。主要体现在工艺流程的“紧凑化”和过程中各种能量的充分利用；

——物质流。主要体现在工序间的“衔接、匹配、缓冲、协调”；在工序功能优化的推动下达到整个工厂结构的优化；

——信息流。主要体现在信息的分段网络化和在此基础上的系统集成优化；钢厂作为一个大的“黏性”系统，需要处理众多的信息，一般可用两类方法来解决：（1）用系统工程、运筹学等手段来进行全过程的总体数学描述，这种方法比较适用于思考模型；（2）按照系统内相关工序分段处理，各区段内相关工序形成各自的MIS系统，在分段网络化的基础上优化集成为整个“黏性”系统的CIMS。这种方法比较适用于应用模型。

——产品质量的不断提高和深加工。产品质量的提高主要是来自市场需求，产品的深加工是为了企业能争取更多的经营领域和经济效益。

4　钢铁制造流程系统集成描述的理论框架

对钢铁制造流程系统进行集成描述的目的是为了分析、指导企业生产经营过程中的如下方面：

——企业投资的分析、判断和决策；

——针对市场的产品开发和推销；

——基于多维过程物流控制基础上的生产经营计划制订和智能调度系统开发、应用；

——企业资金运行过程的优化分析。

4.1　准连续/间歇工艺流程的数理描述

用微分方程来描述一个系统的基本条件应该是系统内有可微的连续单元（独立参数）。就钢厂系统而言，在其化学冶金－物理冶金生产过程中只有物质量（重量）、温度和时间这三个参数是独立的、连续可微的，因此是系统内的基本参数，而其他参数（如产品质量、品种、状态、输送等）在系统运行过程中相当大程度上属于派生参数。

为了使钢厂流程系统内各工序在主要参数上“连续可微”，作为准连续/间歇流程系统实际上是在朝着由“刚性组元”和“柔性组元”组成的“黏性”连续系统演进。可以将现代化的钢厂视为由“刚性组元”和“柔性组元”组成的协调系统，即：

$$V.S=f\ (\sum Fl,\ \sum Ri,\ R)$$

式中，$V.S$ 为黏性系统；$\sum Fl$ 为柔性组元集合；$\sum Ri$ 为刚性组元集合；R 为组元（工序）间关系的集合。应该指出，这里所指的“刚性组元”“柔性组元”只是相对意义上的抽象，不能形成绝对化的概念。

上面所指的“刚性组元”“柔性组元”在钢厂流程系统内具体是：

“刚性组元”：烧结机、焦炉、高炉、转炉（电炉）、连铸机、热连轧机等；

“柔性组元”：原料场、各类运输装置、鱼雷罐运铁车、二次冶金装置、加热炉及其附属的铸坯储存库、其他储存容器等。

当然，钢铁制造流程系统的“刚性组元”（“刚性”工序）也不是绝对刚性的，它在许多参数上带有一定的“弹性”（即参数有一定的波动范围）。“柔性组元”也不是无限“可柔”的，而是有一定的极限限制的，超出某一极限范围，“柔性组元”将失去功能，因而无“柔性”可言。

系统内“刚性组元”的“弹性”与“柔性组元”的“极限”以及形成这些性质的参数的组合关系，体现了整个钢厂系统的“黏性”特征。

这类系统的“黏性”特征的变化会引起流程系统内部的“黏性耗散值”的变化，即不同的组元（工序）集合以及组元（工序）间关系的集合的变化将会影响到整个流程系统的“黏性耗散值”，这就是不同钢厂结构的优劣之所在。应该说，这种“黏性耗散值”将反映在产品的成本、质量、劳动生产率以及对环境、投资的影响上；并且将最终影响整个企业的市场竞争力和经济效益。

这种“黏性耗散值”主要取决于系统的结构，即主要地受工厂流程的设计、投资、开工率以及生产经营计划等因素的影响，可以称为机械性的“黏性耗散值”。实际上，流程系统的“黏性耗散值”也受人为因素的影响（诸如管理、人员素质、人员组织等），构成人为性的“黏性耗散值”。因此：

$$\phi = f(\phi_m, \phi_p)$$

式中，ϕ 为系统的“黏性耗散值”；ϕ_m 为机械性的“黏性耗散值”；ϕ_p 为人为性的“黏性耗散值”。

进而可以看出系统的“黏性耗散值”（性能）与钢厂结构、组元工序集合以及工序间组合状况的函数关系。即在一定的社会和自然环境下：

$$\phi = f(s) = f(E, R)$$

式中，s 为钢厂结构；E 为组元工序的集合；R 为工序间关系的集合。

4.2 多维过程物流控制系统内的要素解析

在钢厂多维过程物流控制系统内，无论是化学冶金过程，还是物理冶金过程，物质量（重量、流量）、温度、时间这三个参数在整个流程中都表现出连续“可微”的特征，是系统内的基本变量（基本参数）。这些基本变量（参数）的特点是以同一形式、同一单位贯穿于钢铁制造流程的始末，并且往往直接关联到产量、生产效率、制造成本等重要生产经营指标。

在钢铁制造过程中，还有一些参数，它们对钢厂的生产经营而言也非常重要，这就是产品的质量、品种、规格、物质的状态变化，输送的途径、方式等。这些参数在钢铁制造过程中不是以同一方式、同一单位贯穿于始末。

——就钢厂制造流程系统中生产体的质量、品种、规格而言，在化学冶金过程、凝固过程、物理冶金过程中表现的形式是不同的，不具有连续“可微”的特征。具体是：

（1）化学冶金过程中，质量、品种往往体现为：钢液的化学成分、冶金纯净度、均一性、准确度、为后续的物理冶金过程作好结构准备（例如晶粒控制、非金属夹杂物形态控制）等；

（2）凝固过程中，质量、品种往往体现为：铸坯的偏析程度、组织细密性、表面质量、断面几何尺寸的准确性以及长度方向上的平直性等；

（3）物理冶金过程中，质量、品种往往体现为：组织状态（低倍的、显微的）、形状尺寸的准确性、表面质量、机械－物理性能控制等。

——就生产体的状态变化方式而言，也不具有连续“可微”性，具体表现方式为：

（1）化学冶金过程中状态变化方式有：氧化物－金属、固态－液态、非脱氧状态－脱氧、合金化状态等；

（2）凝固过程中状态变化方式有：液态－铸造固态、不同铸造组织状态、不同偏析状态、不同表面质量状态、不同形状尺寸状态（断面的尺寸、长度的尺寸）等；

（3）物理冶金过程中状态变化方式有：铸造固态－压力加工固态、高温组织状态－常温组织状态、平衡组织状态－非平衡组织状态、压力加工原始表面状态－表面处理状态、不同成品尺寸和不同包装状态等。

——就生产体的输送方式、方向而言，在生产过程中也是不具有连续“可微”性的，具体方式是：

（1）化学冶金过程中输送的方式有：皮带输送、汽车输送、铁路轨道输送、吊车输送等，输送方向有：水平的、垂直的、倾斜的、弧线的等；

（2）凝固过程中输送的方式有：吊车输送、辊道输送、轨道输送等，输送方向有：水平的、垂直的、弧线的，甚至倾斜的等；

(3) 物理冶金过程中输送的方式有：吊车输送、专用工具输送、辊道输送、甚至汽车输送等，输送的方向有：水平的、垂直的、弧线的、甚至倾斜的等。

应该指出的是：钢厂流程系统内生产体的质量、品种、规格、状态变化，以及输送途径、方式等参数往往受到物质量（重量、流量）、温度、时间等基本参数的影响，具有派生性物流参数的属性。

可以将钢铁制造流程中物流的基本参数和派生参数之间的关系进行解析并示于图2。

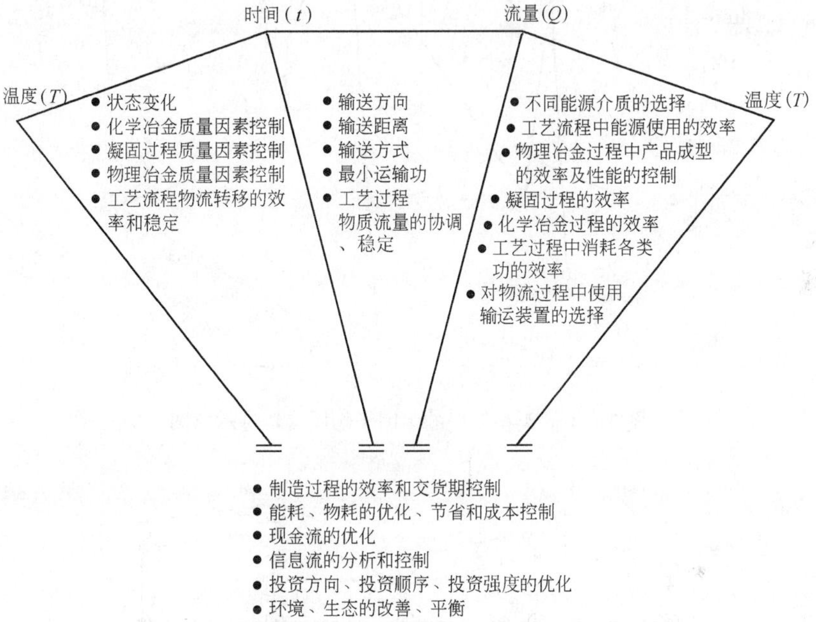

图2　钢铁制造流程系统内物流要素间关系的解析

由图2可以看出钢铁制造系统内物流的基本参数和派生参数之间的相互关系，而系统内各组元的集合以及组元间关系的集合最终将对整个钢厂的生产经营、投资效益以及对环境发生不同的影响，这些影响的关系和结果抽象地示于图2的“倒三角锥”的底点位置上。实际上，不同类型钢厂的物流轨迹都处在图3所示的空间内，只是途径、位置不同而已。

当然，系统内不同的物流轨迹将影响投资量、产品成本、资金周转及其效率、生产规模和效率以及环境等重要投入/产出指标。

4.3　准连续/间歇制造过程系统的运行方式——“弹性链/半弹性链”谐振

我们已经将钢铁制造过程系统模化为“刚性组元”集合、“柔性组元”集合以及具有互相衔接、匹配、缓冲、协调关系的准连续/间歇制造过程。在实际运行过程中，由于不同类型“刚性组元”的“弹性”值不同，不同类型“柔性组元”的“极限”值不同以及各类前后衔接工序的衔接匹配关系不同，因此，这类系统在运行方式上将会表现出不同类型的“弹性链/半弹性链”谐振状态。一般而言，过程的“弹性链/半弹性链”谐振状态大体有两类，即稳定谐振状态、谐振失衡状态。

——就稳定谐振状态而言，可以分为：设定的一般状态、“柔性”正常调控状态、

“柔性”极限调控状态，见图4。

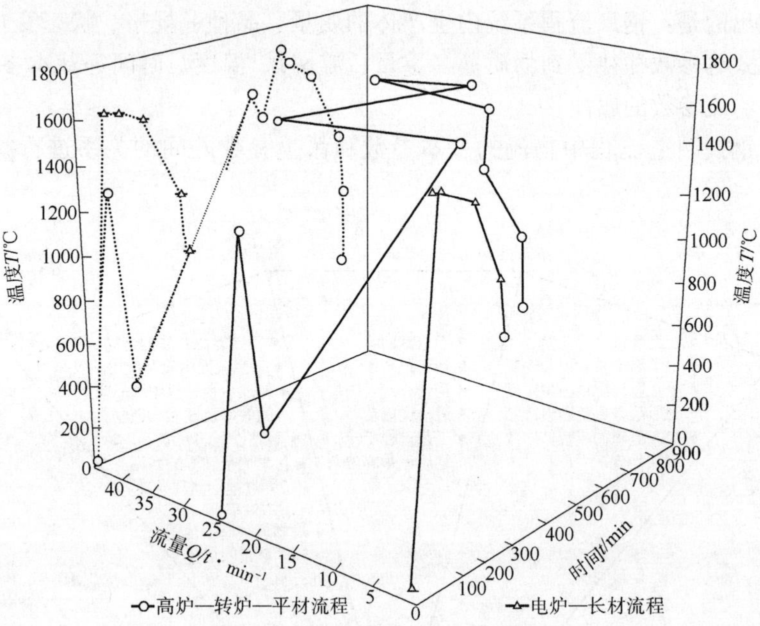

图3　不同类型钢厂的多因子物质流轨迹示意图

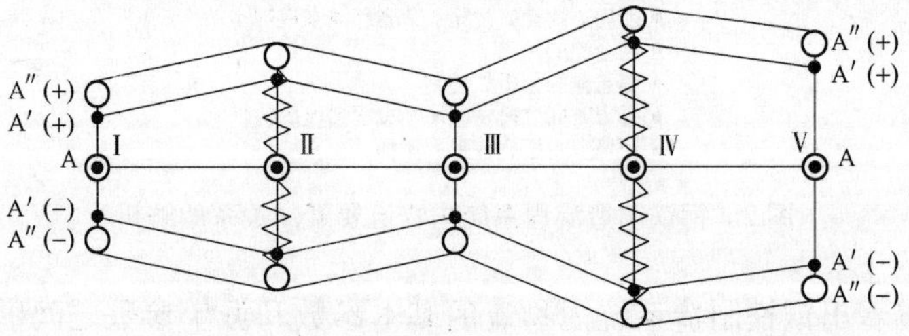

图4　电炉流程运行的“弹性链/半弹性链”稳定谐振状态及其不同类型

A-A—设定的一般状态；A′（+）-A′（-）—正常柔性调控范围；A″（+）-A″（-）—极限柔性调控范围

Ⅰ—电炉；Ⅱ—钢包炉；Ⅲ—连铸机；Ⅳ—加热炉及附属储存库；Ⅴ—热轧机

设定的一般状态是指投资—设计—生产过程中，人们所期望得到的一般运行方式。

“柔性”正常调控状态则是在系统实际运行过程中，由于受不同因素的影响使系统运行虽然偏离设定的一般状态，但仍能正常运行。

“柔性”极限调控状态是指系统中组元工序的功能或工序之间的关系处在某种“极限”状态运行，超过这类“极限”值，系统将失衡、停顿，而丧失“弹性链/半弹性链”谐振运行方式。

——谐振失衡状态是指系统运行过程中，由于外界影响或是自身处置不当，使得“刚性组元”超过其“弹性”值、“柔性组元”超过其“极限”值，或是组元工序间的关系不能互相连续适应等，从而导致整个系统失衡而丧失“弹性链”谐振运行方式。一旦出现这种谐振失衡，就应有简便有效的措施，使各组元（或相关）工序的容量性能力、功能性能力重新恢复或是相关工序间关系的重组（自适应）。当然，遇到这类“弹性链/半弹性链”谐振失衡状态，往往要在经济上付出代价。

4.4 关于外界“刺激”—系统“响应”的分析

对于钢铁制造流程这一“黏性系统”而言，在不同的外界“刺激”作用下，各组元工序将会作出不同类型、不同滞后度的“响应”；不同类型的“响应”其滞后度往往是不同的，即使是同一类型的“响应”，其滞后度也可能是不同的。

一般而言，对钢厂系统的外界“刺激”因素（或称环境因素）的变化大体有：

——市场总容量或不同产品品种、规格需求的变化；

——市场的全球性融通及由此引起的国际竞争；

——资源、能源的供应、运输和价格的变化；

——企业资金的筹集、有效使用程度及资金市场的状况；

——科学技术进步与社会经济发展的状况；

——人员的组织、使用以及工资占成本比例的变化；

——环境、生态的要求和可持续发展等。

一般而言，钢铁制造流程（黏性系统）在上述不同外界“刺激”因素（或称环境因素）的作用下，作出“响应”的类型大体有：“反射”“吸收”“传导”“转换”等。

（1）“反射”类响应：在外界“刺激”因素的作用下，“黏性系统”迅速作出较为直接的“响应”。例如，某一产品出现市场短缺，价格上升，钢厂作出积极增产该产品的生产计划、销售计划，甚至进行适量的投资等。

（2）“吸收”类响应：在外界“刺激”因素的作用下，当“黏性系统”的功能有足够的容量，不需作出“响应”时，仍可按原来的方式运行，例如，某一备件或某一辅料价格上涨，但由于钢厂使用量很小，其涨价因素对产品成本、资金周转等并不发生明显的影响，因而不一定作出“响应”。

（3）“传导”类响应：某些外界“刺激”因素变化对“黏性系统”的影响很大时，它不仅“刺激”系统中某一组元（工序、单元），而且会进一步波及前后工序甚至整个系统，“黏性系统”作出的“响应”具有明显的传导（扩散）性。例如，某一产品被其他产品替代，或是产品标准、工程规范有重大修改时，则系统内若干工序甚至整个钢厂的生产体系和管理体系均将作出一系列的变化。

（4）“转换”类响应：在外界“刺激”因素的作用下，有时钢厂“黏性系统”必须作出带有重大结构性变化的“响应”，才能抵御、平息外界“刺激”的影响，也就是系统要发生根本性的“转换”，才能适应“环境”的变化，争取生存、发展机会。例如，当发生世界性的石油危机时，必须采取一系列的重大节能措施，才能适应当时能源价格上涨的“刺激”，因此，以模铸—初轧为特征的“万能化”钢厂逐步转变为以全连铸生产体制为特征的专业化、系列化产品的钢厂，这是一种结构性的“转换”。

可以看出，上述外界“刺激”—系统“响应”的不同方式，实际上也是钢厂制造流程系统不同类型、不同层次的结构优化表现方式。因为，钢铁工业结构优化的目标主要是为了取得较好（更好）的经济效益，追求在外界“环境因素”限制条件下通过“黏性系统”的适当“响应”机制，实现可以取得“最大”经济效益的钢铁冶金流程系统的优化组合。

5 结语

钢铁制造流程系统是物态转变、物性控制和物流控制相互融合在一起的过程体系，是庞大的多维物流控制系统。

在钢厂多维物流控制系统内，物质量（重量）、温度、时间表现出连续“可微”的特征，是基本的独立参数，其他参数（质量、品种、状态、输送等）属于派生参数。因此，在建立钢厂多维物流控制体系的模型时，首先必须从基本独立参数（物质量、温度、时间）出发，来描述整个系统及其子系统。

用抽象类比的方法描述了多维物流控制系统，系统表现出由“刚性组元”-“柔性组元”的组元集合以及各组元间关系集合组成的“黏性”特征。

系统的运行方式是带有“准连续/间歇”性质的“弹性链/半弹性链”谐振，在钢厂实际生产过程中，表现为稳定谐振状态或谐振失衡状态。

在外界“刺激”因素的作用下，系统会作出不同类型、不同滞后度的“响应”。外界“刺激”—系统“响应”的不同方式，实际上也是钢厂制造流程的不同类型、不同层次结构优化的表现形式。钢铁工业和钢厂结构优化追求的目标应是：建立在一定外界“环境因素”的限制条件下，通过“黏性系统”的适当“响应”机制，实现最小的系统“黏性耗散值”，进而取得“最大”经济效益的钢铁制造流程系统。

The Multi-Dimensional Mass-Flow Control System of Steel Plant Process

Ruiyu Yin

(Ministry of Metallurgical Industry, Beijing, 100711, China)

Abstract The steel plant process has been modeled as a multi-dimensional mass-flow control system in which the transformation of mass states, mass properties and flow control have been mixed. The system shows viscous characteristics of sets of rigid, flexible elements and their relationship. Its running mode appears as a stable or non- stable resonance of elastic/ semi-elastic chain with para-continuous/discrete nature. Influenced by external stimulus, it will produce responses that have different types and sluggishnesses. Based on the above analysis, this paper will propose a theoretical frame of an integrated description of steel plant process. The object of metallurgical industry and the optimization of steel plant structure has also been put forward.

Key words steel plant process, multi-dimensional mass-flow control system

关于薄板坯连铸
—连轧流程的工程分析*

摘　要　从薄板坯连铸—连轧流程的系统层次上讨论了其优化原则和方向：对时间在流程中的表现形式及其内涵进行了系统解析，提出了时间点、时间序、时间域、时间位和时间节奏等概念及其内涵。指出在钢厂生产流程中，时间是一个重要因素且具有既是随机自变量又是目标函数的两重性。时间因素对薄板坯连铸—连轧流程的节律性、协同性而言，其意义尤为重要。本文还讨论了薄板坯连铸—连轧流程的运行特征和整体优化问题。

关键词　薄板坯　连铸—连轧　工程分析

1　前言

生产现象的观察仍然是技术发展的始点，这是辩证唯物主义的原则。但是，仅仅抓住现象、孤立地解释现象，而失去对本质的认识，失去对系统的因果分析，只能是因循守旧，很难有新的创造。从现象/单元出发升华到原理/系统的意义则是巨大的。因而，就工程技术的发展思路而言，应从解决现象型的工程技术，提高到分析现象产生的原理型的工程科学。在现实生产中，我们遇到了若干在技术上多少有些矛盾的问题，而解决这类矛盾的方法往往是以经济来判断，并进行相应的技术选择的。这样，有时也会出现为了满足一时的经济效益而没有完全符合原理准则的现象，这当然不够完美，人们应以解决这一矛盾为出发点，定位未来的技术进步命题方向。

2　薄板坯连铸—连轧流程优化的工程实质

随着全连铸生产体制的实现和薄板坯连铸—连轧工艺的成功工业化，其实质是以化学冶金过程和物理冶金过程之间的“紧凑化”为特征的钢厂生产流程准连续化和“在线”协同化。这意味着生产过程的各工序必须紧密衔接、匹配并具有节律性，必须协同地“在线”/“离线”。在其生产过程中将物态转变、物性控制和物流管制协同地组合起来。这就是要在化学冶金过程优化调控和物理冶金过程优化调控的基础上，进一步通过金属物流量-过程温度-时间这些基本参数的组合调控，实现全流程的准连续化和“在线”/“离线”协同化。显然，流程中每一个工序都应该是优化的，它们相互作用的结果又使得我们必须研究其相互关系。由此构筑起以薄板坯连铸—连轧流程为代表的“紧凑型”钢厂流程优化的工程基础。

2.1　“紧凑型”钢厂流程总的优化方向

（1）建立以合理地、临界地降低压缩比为主要标志的流程“紧凑化”；

* 原发表于《钢铁》1998，33（1）：1~9。

（2）产品专业化、系列化，甚至以热轧超薄板与同规格的冷轧薄板相竞争；

（3）各工序/装备在作业时间上的“在线”/“离线”控制协同化；

（4）生产、管理、经营系统的信息集成。

具体到钢厂的制造过程优化原则，则应从以下几个方面予以确定。

2.2 化学冶金过程优化的原则

基本出发点：

（1）确保连铸机的连浇周期（涉及产量、成本、效率）；

（2）生产高温无缺陷铸坯（涉及质量、成本）；

（3）铸坯断面、钢种与轧机需要（市场销售）在时间上一致（涉及市场、效益）。

工序协调原则：

（1）各工序的工艺过程时间的优化及其时钟推进的优化；

（2）各工序间输送/等待时间的优化、协调和最小化；

（3）连铸中间包内钢水过热度的优化及由此反推二次冶金、炼钢炉离站钢水温度的优化范围；

（4）各工序的合理温度范围及其递次收敛性（图1）；

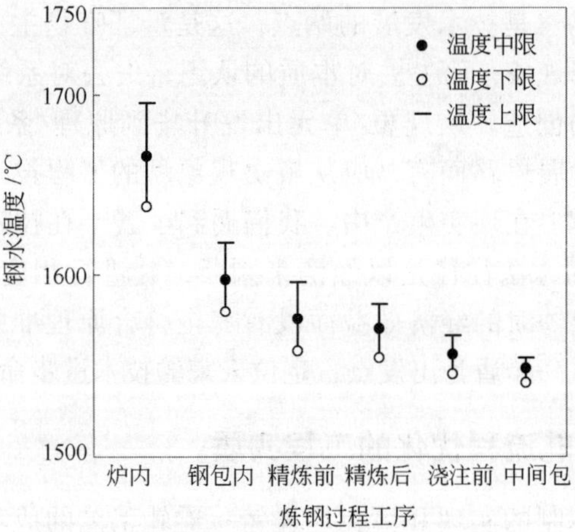

图1　炼钢过程温度“收敛性”分析

（5）工序间物流量－温度－时间（时钟）协调推进；

（6）约束边界条件下的静态优化（收敛）和实际运作条件下的动态调控（发散－收敛）的结合。

表述方式：

工序间操作时间合理调控原则：

$$t_{EF} \leqslant t_{CC},\ t_{LF} \leqslant t_{EF} \leqslant t_{CC}$$

式中　t_{EF}——电炉的作业时间，min；

t_{CC}——连铸机的作业时间，min；

t_{LF}——钢包精炼炉的作业时间，min。

工序操作时间合理波动范围：

$$\Delta t_{CC}^{0} \leqslant t_{EF}^{0} < \Delta t_{LF}^{0}$$

式中　Δt_{CC}^{0}——连铸机工艺操作时间的合理波动范围，min；

Δt_{EF}^{0}——电炉工艺操作时间的合理波动范围，min；

Δt_{LF}^{0}——钢包精炼炉工艺操作时间的合理波动范围，min。

工序间等待时间范围：

$$\Delta t_{CC}^{w} \leqslant \Delta t_{EF}^{w} < \Delta t_{LF}^{w}$$

式中　Δt_{CC}^{w}——连铸机允许等待电炉、钢包精炼炉的合理时间范围，min；

Δt_{LF}^{w}——钢包精炼炉允许等待电炉、连铸机的合理时间范围，min；

Δt_{EF}^{w}——电炉允许等待钢包精炼炉、连铸机的合理时间范围，min。

流程中各工序的等待时间最小原则：

$$\Delta t_{CC}^{w} + \Delta t_{EF}^{w} - \Delta t_{LF}^{w} \rightarrow \text{Min}$$

中间包钢水过热度：

钢液液相线以上 10~20℃。

工序离站目标温度波动范围的约束：

$$\Delta T_{EF}^{Tap}：\pm 20℃，\Delta T_{LF}^{Off}：\pm 10℃$$

式中　ΔT_{EF}^{Tap}——离开电炉工序时钢液的目标温度范围，℃；

ΔT_{LF}^{Off}——离开钢包精炼炉工序时钢液的目标温度范围，℃。

工序目标温度波动值的递次收敛原则：

$$\Delta T_{CC} < \Delta T_{LF}^{Off} < \Delta T_{EF}^{Tap}$$

式中　ΔT_{CC}——连铸机中间罐内钢液的目标温度范围，℃。

工序间的流量协调原则：

$$Q_{EF} = Q_{LF} = Q_{CC}$$

式中　Q_{EF}——电炉每分钟的平均出钢量，t/min；

Q_{LF}——钢包精炼炉每分钟的平均出钢量，t/min；

Q_{CC}——连铸机每分钟的平均出坯量，t/min。

温度—时间的相互关系：

$$\Delta T = f\ (\Delta t^{w},\ Q,\ R)$$

$$\Delta t = f\ (\Delta T,\ R)$$

式中　ΔT——工序间钢水温降，℃；

Δt^{w}——工序间等待/传搁时间，min；

Δt——工序间输送、传搁、等待时间，min；

Q——钢包容量，t；

R——其他相关因素。

2.3　物理冶金过程优化原则

基本出发点：有利于销售效益的产品大纲优化（涉及市场占有－经济效益－技术优化的结合）。

工序协调原则：

（1）合理压缩比的确定以及可能的“最小化”；

（2）一火成材原则；

（3）充分利用铸坯自身热量以及由再加热得到的热量；

（4）形变与相变的结合（涉及轧件的控温轧制与控制冷却）；

（5）轧机系统的“紧凑化”原则以及“临界参数”（如铸坯/轧件尺寸、机架数、产品尺寸范围等）的选择（见图2）；

（6）工序间秒流量—温度—时间的平衡连续/缓冲协调；

（7）形状尺寸控制与表面质量控制；

（8）为后续表面处理的优化创造条件。

表述方式：

工序间流量协调原则：

$$n \cdot Q_{\mathrm{CC}} = n \cdot Q_{\mathrm{rh}} = Q_{\mathrm{ro}}$$

式中 Q_{CC}——连铸机每分钟平均出坯量，t/min；$n=2$（或1）；

Q_{rh}——加（补）热装置每分钟平均出坯量，t/min；$n=2$（或1）；

Q_{ro}——轧机系统每分钟平均轧制量，t/min。

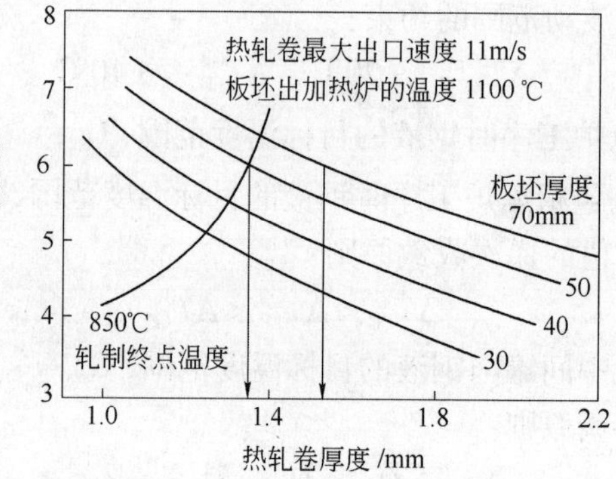

图2 热连轧机架数和铸坯进热轧机前厚度对热轧卷可达最小厚度的影响

过程时间最小化原则：

$$t_{\mathrm{CC}}^{\mathrm{rh}} + t_{\mathrm{rh}} + t_{\mathrm{rh}}^{\mathrm{ro}} + t_{\mathrm{ro}} \rightarrow \mathrm{Min}$$

式中 $t_{\mathrm{CC}}^{\mathrm{rh}}$——铸坯切割后到进入加（补）热装置的输送时间，min；

t_{rh}——铸坯在加（补）热装置内停留的时间，min；

$t_{\mathrm{rh}}^{\mathrm{ro}}$——铸坯出加（补）热装置到进入轧机的输送时间，min；

t_{ro}——铸坯在轧机系统中加工的时间，min。

能源消耗最小原则：

$$\Delta T_{\mathrm{CC}}^{\mathrm{ch}} + \Delta T_{\mathrm{rh}} + \Delta T_{\mathrm{rh}}^{\mathrm{co}} \rightarrow \mathrm{Min}$$

式中 $\Delta T_{\mathrm{CC}}^{\mathrm{ch}}$——铸坯切割后到进入加（补）热装置的温降，℃；

ΔT_{rh}——铸坯在加（补）热装置内的温升，℃；

$\Delta T_{\mathrm{rh}}^{\mathrm{co}}$——铸坯出加（补）热装置到进入轧机的温降，℃。

工序间等待时间范围：

$$\Delta t_{\mathrm{ro}}^{\mathrm{w}} < \Delta t_{\mathrm{rh}}^{\mathrm{w}}$$

式中 $\Delta t_{\mathrm{ro}}^{\mathrm{w}}$——轧钢机等待加（补）热装置供坯的合理时间范围，min；

$\Delta t_{\mathrm{rh}}^{\mathrm{w}}$——加（补）热装置等待铸机供坯的合理时间范围，min。

2.4 化学冶金过程－物理冶金过程的衔接、匹配原则

（1）温度－时间衔接的“紧凑化”（涉及物流、物态、物性、成本）。

（2）流程中生产体物流量衰减的“最小化”或“离线”物流量的“最小化”（涉及效率、成本）。

（3）材料物性控制的“遗传/孕育”准备（涉及质量、品种、市场）。

2.5 薄板坯连铸—连轧流程“在线”/“离线”协调的内涵

（1）流程短，即压缩比的“临界”优化。

（2）工序间传搁、等待时间的最小化。

（3）工序间温降损失的最小化和协调。

（4）工序间时间（时钟推进）-温度协调优化基础上的最佳物流流量。

（5）工序装置“在线”/“离线”的协同化和最佳利用率。

（6）工序间生产体（如钢液、铸坯、轧件等）的收得率最大化。即：

1）物流通过时间的“最小化”，min/t；

2）系统能耗的“最小化”，kJ/t；

3）最大的工艺装备“在线率”，%；

4）投资额、投资效率的优化，￥/t。

3 薄板坯连铸—连轧流程的时间解析

3.1 时间的重要性

时间是一个值得注意讨论的参数，从物理角度上看，时间是一个非常基本的独立参数。时间是连续的而且是不可逆转的。时间的价值是值得研究的。在制造过程中，时间对流程“连续”/“间歇”性的影响，时间对作用过程和作用机理的表征，时间对经营机会、市场竞争等的影响，这些不同层次问题的技术含义、经济含义都是值得研究的。

时间是钢铁制造流程系统中的一个重要参数，是生产、经营过程中的基本参数。随着全球绝大多数钢厂都向着全连铸生产体制演进并进行企业的结构性重组时期的来临，特别是进入20世纪90年代以来，薄板坯连铸—连轧工艺成功地投入生产，“紧凑型”钢厂迅速发展起来，钢铁制造流程的过程时间越来越短，制造过程中的时间因素的调控越来越重要。

就整个钢厂的经营而言，时间的重要性体现在从企业接受用户订货开始，企业购买原、燃料直到产品发货、资金周转整个过程中时间周期的合理安排。

就钢厂的具体制造流程而言，时间则表现为从原料、能源的储运开始到制造流程内各工序间的时钟推进计划以及过程中的时间点等因素的协调和必要的变更等。

3.2 时间在钢铁制造流程中的表现形式及其内涵

在钢厂制造流程中特别是对于“紧凑型”钢厂流程而言，时间在流程中的具体表现形式越来越丰富。时间在钢厂制造流程中的表现形式已不再是简单地表现为过程时间的长短了，而是以时间点、时间域、时间位、时间序、时间节奏、时间周期等形式表现出来，解析这些时间表现形式，对于建立起钢厂的CIMS或MIS系统具有重要的意义。

在传统的间歇性作业工序/装置或间歇性生产流程中，人们往往将时间当作随机自变量看待。而在连续化/准连续化制造过程中，时间不仅是随机自变量，还应该将它作为目标函数来研究，分析它在钢铁制造流程各单元工序间协调（集成）过程中的含义

（实际上，从整体看，钢铁制造流程正在不断地向“连续化”的方向发展，其内涵比单纯的连续反应器要复杂得多）。例如，在研究钢厂生产过程的智能化调度时，必须通过研究各类影响因素及其影响机理，使工厂生产系统在满足各方面要求（或边界条件）的情况下，达到生产过程时间最短或工序之间时间的连续性（包括热连接的要求等）、协调性，或生产效率最高。此时，时间就是作为目标函数（或应变量）出现的。若着眼于制造过程中的温度（热能）变化规律，工序处理时间和传搁过程时间显然对生产体（如铁水、钢水、铸坯、轧件等）的温降有很大影响。此处处理、传输、等待等过程的时间呈现自变量的性质。可见，时间在钢厂制造流程中具有既是自变量又是目标函数（应变量）的两重性。

就某一工序、某一装置而言，其时间消耗值是由化学（物理）冶金时间、辅助作业时间和传输、装卸、等待（缓冲）时间所组成的。其具体表现形式为工序的时间点（开始时间点或离开时间点）、过程时间域（如过程时间的长短和起止时间范围等）和时间节奏（工序作业时间、流程周期时间的节律性等）等的调控。

就前后工序或相邻工序之间的关系而言，则表现为时间序的安排，时间位的调控，时间域的衔接、缓冲、协调范围以及缓冲协调范围的长程性/短程性（相邻两工序之间的时间协调为短程性调控，三个或三个以上工序直到整个流程系统的时间协调属于长程性调控），传输的时间过程，等待时间的长短和时序安排等（图3）。

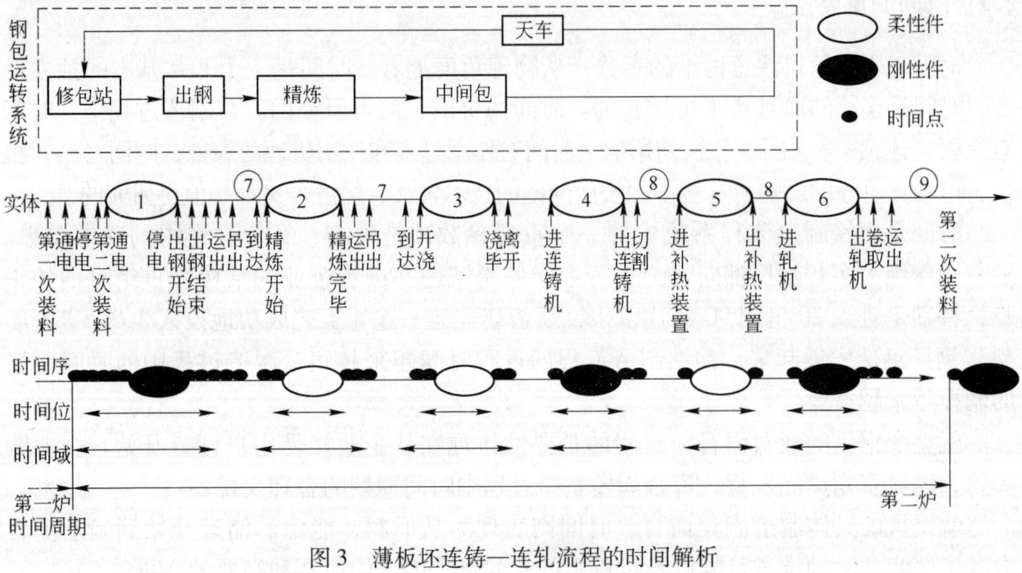

图3 薄板坯连铸—连轧流程的时间解析

1—电弧炉；2—精炼炉；3—中间包；4—连铸机；5—铸坯补热装置；

6—轧机；7—钢水；8—铸坯；9—热轧材

3.3 关于钢铁制造流程中时间概念的数学表示

时间点：制造流程中的生产体（如矿石、废钢、铁水、钢水、钢坯、轧件等，下同）所对应的某个工序O中某操作k的起止时刻，表示为［t_{ks}^{0}，t_{ke}^{0}］见图4a。

时间点的含义不仅表现在某工序内，生产体流经各工序的过程中都有时间点的概念，见图4b。在实际生产过程中，也存在计划时间点与实际作业时间点的差别。

图4中，t_{1s}^{0}，t_{2s}^{0}，t_{3s}^{0}，…，t_{ks}^{0}，…，t_{ns}^{0}为某工序O第1，2，3，…，k，…，n个操作的

起始时间点；t_{1e}^{O}，t_{2e}^{O}，t_{3e}^{O}，…，t_{ke}^{O}，…，t_{ne}^{O}为某工序 O 第 1，2，3，…，k，…，n 个操作的终止时间点；t_{S}^{I}，t_{S}^{II}，t_{S}^{III}，…，t_{S}^{n}为某生产流程第 I，II，III，…，n 个工序的起始时间点；t_{E}^{I}，t_{E}^{II}，t_{E}^{III}，…，t_{E}^{n}为某生产流程第 I，II，III，…，n 个工序的终止时间点。

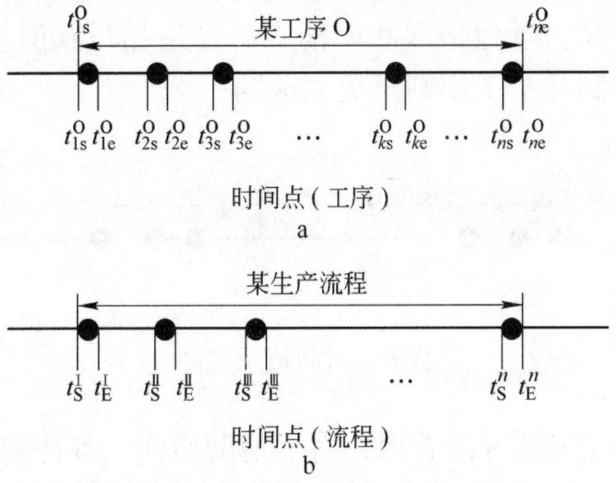

图 4　时间点示意图

时间序：在实际生产过程中，对不同产品而言，为了获得理想的技术经济指标(质量、成本、效率等)，生产体流经各工序的时间需要按照科学的顺序进行顺次排列，形成流程合理途径的时间序。用数学方法可以描述为：

$$\begin{cases} \{t_1^O,\ t_2^O,\ t_3^O,\ \cdots,\ t_k^O,\ \cdots,\ t_n^O\} \\ \{t_{I},\ t_{II},\ t_{III},\ \cdots,\ t_n\} \end{cases}$$

式中，t_1^O，t_2^O，t_3^O，…，t_k^O，…，t_n^O为某工序 O 中第 1，2，3，…，k，…，n 个操作的时间序次；t_{I}，t_{II}，t_{III}，…，t_n为某制造流程中第I，II，III，…，n 个工序的时间序次。 165

时间序包含某工序 O 内若干个操作的时间排列序次和生产流程中若干个工序的排列序次两个概念，见图 5。

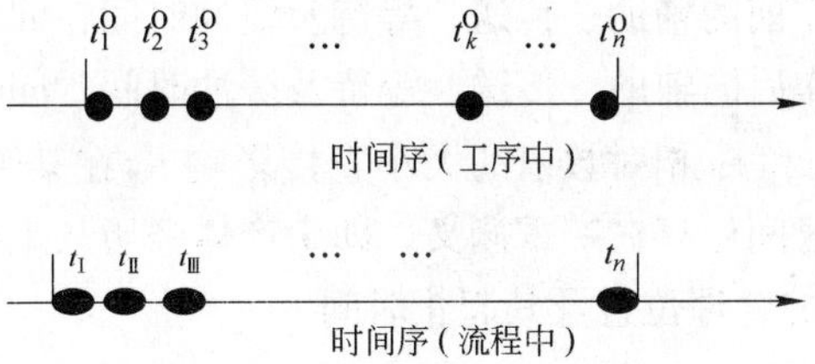

图 5　时间序示意图

时间域：生产体处于某工序 O 的时间一般是由工艺操作（处理）时间、若干辅助操作时间，以及输送、等待、缓冲等时间组成。所谓时间域就是上述过程时间的总和。表示为

$$\begin{cases} t_{SE}^O = \Sigma t_{se}^{r} + \Sigma t_{se}^{a} + \Sigma t_{se}^{w} + \Sigma t_{se}^{buf} + \Sigma t_{se}^{t} \\ [t_S^O,\ t_E^O] \end{cases}$$

式中　t_{SE}^O——某工序 O 的时间域，min ~ min；

Σt_{se}^{r}——某工序 O 中的工艺操作（处理）时间，min；

Σt_{se}^{a}——某工序 O 中的辅助操作时间，min；

Σt_{se}^{w}——某工序 O 中的等待时间，min；

Σt_{se}^{buf}——某工序O中的缓冲时间，min；

Σt_{se}^{t}——某工序O中的输送时间，min；

t_S^O——某工序O时间域的起始时间点，min；

t_E^O——某工序O时间域的终止时间点，min。

时间域具有双重含义，既包括起止时间点，又包括过程时间长短，见图6。另外，时间域的概念也可扩展到几个工序甚至更大范围。

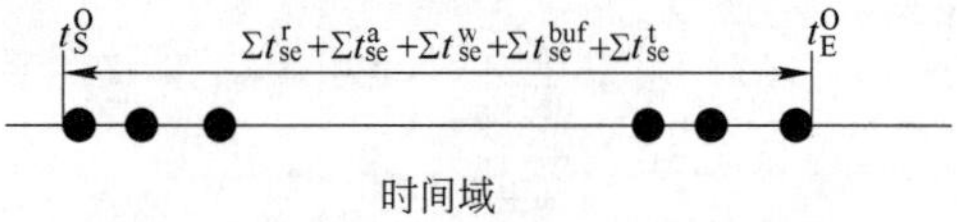

图6　时间域示意图

时间位：从时间域的定义可以看出，由于辅助操作、等待和缓冲时间的存在，某工序的工艺操作（处理）时间在相应的时间域内应具有合理的"位置"，而且这个"位置"将直接影响整个制造流程的调控或优化，由此需要提出"时间位"概念。数学表示为：

$$\begin{cases} t_{SE}^r = t_E^r - t_S^r \\ t_{SE}^r = \Sigma t_{se}^r \\ t_{SE}^O = \{\Delta t_{BE},\ t_{SE}^r,\ \Delta t_{AF}\} \\ [t_s^r,\ t_E^r] \end{cases}$$

式中　t_{SE}^r——某工序工艺操作时间域，min ~ min；

t_{SE}^O——某工序的作业时间域，min ~ min；

t_S^r——某工艺操作的开始时间点，min；

t_E^r——某工艺操作的结束时间点，min；

t_{se}^r——某工序内某一操作的时间域，min ~ min；

Δt_{BE}——工艺操作前的辅助、传送、等待及缓冲时间，min；

Δt_{AF}——工艺操作后的辅助、传送、等待及缓冲时间，min。

上式中的Δt_{BE}、Δt_{AF}和t_{SE}^r相对数值的大小直接影响t_{SE}^r在某工序时间域t_{SE}^O中所处的位置，见图7。因此，时间位存在三重涵义，即生产体经历某工序的工艺操作过程时间的长短、工艺操作时间的合理位置及其起止时间。

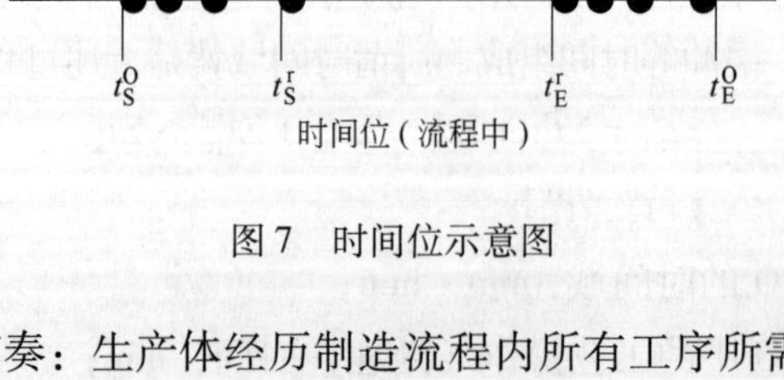

图7　时间位示意图

时间周期、时间节奏：生产体经历制造流程内所有工序所需的时间过程（包括工序工艺加工操作时间，工艺辅助操作时间，输送时间，等待/缓冲时间等）谓之时间周期，表示为：

$$t_C = t_{SE}^{I} + t_{SE}^{II} + t_{SE}^{III} + \cdots + t_{SE}^{n}$$

式中，t_C为时间周期，min ~ min；t_{SE}^{I}，t_{SE}^{II}，t_{SE}^{III}，…，t_{SE}^{n}为工序Ⅰ，Ⅱ，Ⅲ，…，n的时间域，min ~ min。

若干个生产时间周期连续进行时，若各时间周期相等或近似，就会构成时间节奏。即：$t_C^{i} \cong t_C^{ii} \cong \ldots \cong t_C^{n}$时，形成规则有序的时间节奏，见图8。

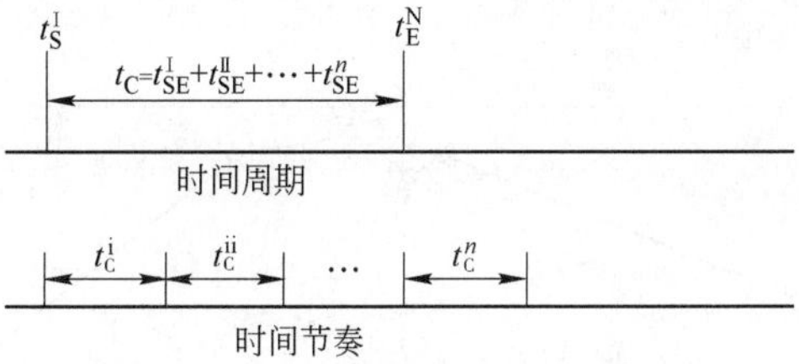

图8　时间周期和时间节奏关系示意图

当然，这类时间周期和时间节奏的表现形式也可以出现在制造流程中的某一工序、某一区段（车间、分厂）的范围内。

4　“紧凑型”流程钢厂“黏性”制造系统及其“黏性”耗散值问题

4.1　“紧凑型”流程钢厂的运行特征

薄板坯连铸—连轧流程的工业化导致了一代“紧凑型”钢厂的发展，其生产流程可以用类比的方法抽象为“黏性”制造流程系统，该系统是由“刚性单元”（例如电炉、连铸机、轧机）、“柔性单元”（例如二次冶金装置、铸坯补热装置）的组元集合和各组元间关系集合组成。系统中各个工序的功能、各个单体设备的瞬时能力是不同的，但在相当大的程度上又有很强的相关性，这近似于不均匀的连续过程（或准连续过程）。这种“黏性”系统的运行方式为“准连续/间歇”性质的“弹性链/半弹性链”的稳定或非稳定谐振。当外界有“刺激”时，这类“黏性”系统的各个单元作出的“响应”在时间上表现出不同的滞后度，在容量性能力的发挥上会有不同的增减，甚至对工序的功能性能力的发挥也会有不同的选择或增减。总之，这种“黏性”系统在受到“刺激”时，系统内各单元工序往往表现出不同类型、不同滞后度的“响应”。这种系统分析方法的优点之一是内耗来源于系统本身的特点（如流体的黏性耗散）而非其他人为因素。然而，由于流程生产系统不仅具有制造系统本身的“黏性”，同时也不可能没有人为的影响——人为“黏性”，因而，流程优化问题又不可能脱离管理哲学问题（图9）。

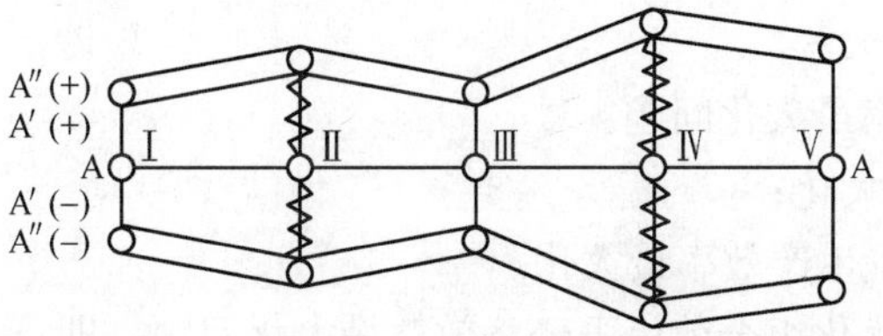

图9　“黏性”制造系统的“弹性链/半弹性链”稳定协调振动状态及其不同类型

Ⅰ—电炉；Ⅱ—钢包炉；Ⅲ—连铸机；Ⅳ—加热炉及附属储存库；Ⅴ—热轧机

A-A—标准状态；A′（+）-A′（-）—正常柔性调控范围；A″（+）-A″（-）—极限柔性调控范围

4.2 关于“黏性”制造系统的“耗散”问题

所谓“耗散”问题实际上就是效率问题，或是物质、能量（价值、资金等）的利用效率问题；或是时间的利用价值问题。“耗散”现象往往是伴随着过程形成、发展的。对于钢铁制造流程的图形分析，我们可以看到图10所示的钢厂生产流程中的温度－时间关系。

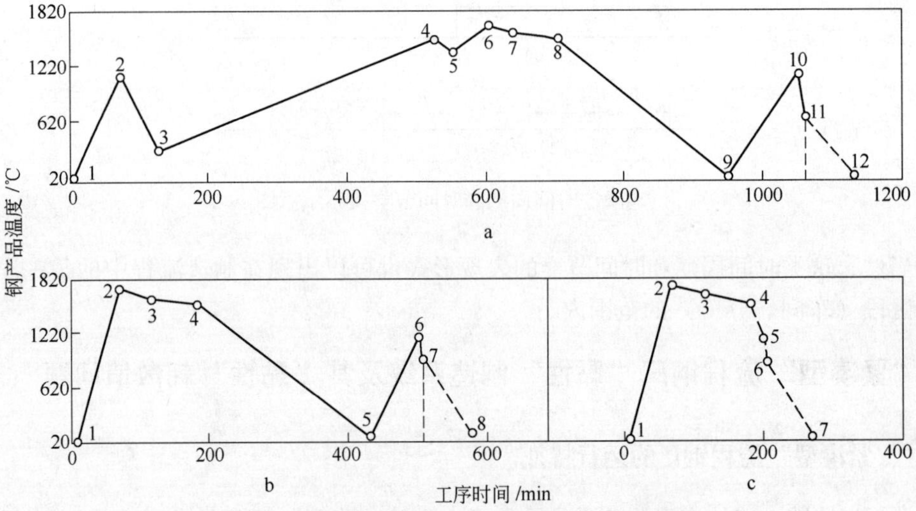

图10 不同类型钢厂流程的温度－时间图

a—高炉联合企业制造流程（冷装）的温度－时间图

1—矿石；2—烧结机；3—矿槽；4—高炉出铁；5—铁水预处理；6—转炉吹炼；7—精炼；8—连铸；9—板坯库；10—加热炉；11—轧制；12—成品库

b—电炉—棒材生产流程的温度－时间图

1—废钢；2—电炉出钢；3—精炼末；4—连铸；5—铸坯库；6—加热炉；7—轧制；8—成品库

c—电炉—薄板坯连铸—连轧流程的温度－时间图

1—废钢；2—电炉出钢；3—精炼末；4—连铸；5—加热炉；6—轧制；7—成品库

由图10的比较可以看出以下几点：

（1）不同类型钢厂流程的温度－时间图的差别所在实际上是不同工艺流程、不同产品、不同产品大纲的系统能耗的最小化问题、成本最小化问题，即：

1）时间过程、周期的最小化；

2）温度波动范围最小、热焓损失最小；

3）金属收得率最大。

（2）系统生产效率最大化问题：

1）在线作业率最大化；

2）单元时间/装置生产效率最大化。

（3）在产品大纲优化组合前提下经济效益最大化问题，即：

1）单位产品的经济效益（成本、销价）；

2）产品的品种/规格优化组合、生产—经营计划的协调。

（4）区段“黏性耗散值”与系统整体“黏性耗散值”问题。

上述诸项的内涵是涉及企业最高层次上的系统整体“黏性耗散”问题，其支撑点则是区段与系统的“黏性耗散值”的优化。因此这是两个不同层次而又相关的问题。

区段过程优化：

$$|E^*|R^*|$$

式中 E^*——各单元工序优化的集合；

R^*——各相邻工序间关系优化的集合。

整体系统优化：

$$|E|R|^*$$

式中 E——各单元工序的集合；

R——各单元工序间关系（包括短程关系、长程关系）的集合。

这两类优化问题都要研究，两者是相互作用甚至互为因果的。例如现在搞的炼钢厂的多维物流系统研究、人工智能调度等，相当程度上属于 $|E^*|R^*|$，但也有 $|E|R|^*$ 的内涵。总体上看，基本上是 MIS 范畴。

如果要控制薄板坯连铸—连轧整个工厂，则要进一步将轧钢过程甚至经营销售计划包括在内，就靠近 CIMS 了。

就系统整体优化 $|E|R|^*$ 而言，命题有：

1）工序间短程、长程衔接、匹配、协调的问题；

2）同类设备负荷分配问题；

3）作业时间点、时间序、时间域、时间位、时间节奏等设计安排问题；

4）设备群的任务分配、协调问题。

总的来讲是在保证质量、防止设备事故的前提下，实现热焓损失最小、时间过程最短、成本费用最低，当然也有生产效率最大化的问题。实际上是一定边界条件下，目标函数的最大化/最小化问题。这可以用投入/产出模型、线性规划模型、系统分析方法等数学手段来处理。

数学方法是非常重要、有效的。但是如果物理模型不对，则数学方法再好，也是无功劳动。而物理模型则要以工程哲学、工程科学、美学包括专家的经验来指导，这样才能体现工程最本质的东西，搞得好，往往有创造性的思维、方法出现。

为了解决不同区段、不同产品、不同企业的“黏性耗散值”问题，进行调查研究、文献分析，并在此基础上建立起必要的软件知识库；进而在设定的物理模型的条件下选择目标函数，确定边界条件，开展定性、定量计算，求最优解。有时更为重要的是要在设定最优解的条件下，就一些重要参数的“临界值”进行优化选择。因此，这既是一个“正反馈”过程，又是一个“负反馈”过程。这样，往复反馈过程多了，就有了系统的比较，又会对流程系统的概念及其物理模型进一步优化。如此，则工程科学不断进步，生产力水平不断提高，企业的市场竞争力不断增强。

5 结语

以薄板坯连铸—连轧流程为代表的钢厂流程“紧凑化”已成为钢铁企业发展和重构的重要方向之一，必须从流程系统的高度概括其工程优化的基础。

这类“紧凑型”钢厂的生产流程可以用类比的方法抽象为“黏性”制造流程系统，该系统是由“刚性单元”（例如电炉、连铸机、轧机）、“柔性单元”（例如二次冶金装置、铸坯补热装置）的组元集合和各组元间关系集合组成的。系统中各个工序的功能、各个单体设备的瞬时能力是不同的，但在相当大的程度上又有很强的相关性，它近似于不均匀的连续过程（或准连续过程）。这种“黏性”系统的运行方式为“准连续/间歇”性质的“弹性链/半弹性链”的稳定或非稳定谐振。具体地看，进行钢厂“紧凑”流程的工程优化，必须在其整体优化方向的指导下，掌握好化学冶金过程优化、物理冶金过程优化以及化学冶金过程 - 物理冶金过程衔接、匹配原则，即通过区段过程优化和整体系统优化相互作用、相互促进，达到在一定边界（环境）的条件下的最佳目标值。

从技术角度看，薄板坯的连铸—连轧的重要特点是：建立在以合理、临界地降低压缩比为标志的流程紧凑化和各工序/装置在作业时间上的准连续化/连续化，实现流程系统“在线/离线”的协同化。

解析时间参数在薄板坯连铸—连轧流程中的含义及其在生产流程中的表现形式是非常重要的。各类时间因素的优化调控方案可以使得过程中金属物流流量的衰减尽可能小，金属收得率尽可能高，金属物流的热焓损失和温度波动尽可能小，制造过程的时间尽可能短，特别是输送、等待、传搁时间尽可能短。

将薄板坯连铸—连轧流程视为一个“黏性”制造系统，应该解决好不同区段、不同产品、不同类型企业的“黏性耗散值”问题。

The Engineering Analysis of Thin Slab Continuous Casting and Rolling Process

Ruiyu Yin

(Central Iron and Steel Research Institute, Beijing, 100081, China)

Abstract This paper has summarized the optimization principles and direction of the thin slab continuous casting and rolling system. The time' s expression form and its connotation in steel manufacturing route have been analyzed. Some concepts, such as time point, time sequence, time domain, time position and time rhythm have been put forward. The paper points out that time in steel manufacturing process is an important factor with dual nature. Time is not only a random independent variable but also an objective function. It is of great importance to rhythm and coordination of the thin slab continuous casting and rolling process. Finally, the running nature and integrated optimization of the thin slab continuous casting and rolling system is disscussed.

Key words thin slab, continuous casting and rolling, engineering analysis

中国加快发展连铸的途径*

摘　要　论述了1988年以来，中国连铸生产在贯彻以连铸为中心的生产技术方针，加快连铸科研开发，推动装备国产化和设计规范化，强化人员培训，注意相关技术配套发展等主要措施后，实现连铸生产快速发展的主要经验。明确了继续大力优化和完善连铸生产，推动钢铁生产技术进步的目标和重点工作。

关键词　连铸　结构优化　系统优化

1　前言

中国对连铸的开发较早，但经历了一段曲折的过程。20世纪80年代以前，发展较为缓慢。从1958～1980年，仅建设了25台连铸机，能力为345万吨/a，1980年生产连铸坯230万吨，连铸比为6.18%。1981～1985年也仅新增铸机24台，1985年连铸比为10.83%，5年间年增长不足1%。随后经过认真总结经验和教训，从战略上决定加速发展连铸。1988年召开第一次全国连铸工作会议，首次提出了发展连铸的生产技术方针，明确了大力发展连铸的战略思路，成为加速发展连铸的转折点。1989年，中国连铸坯年产量首次突破千万吨。从1990年开始，中国连铸发展的速度达到了主要产钢国连铸增长最快阶段的水平。1989～1997年间，中国连铸坯产量年均增长626.23万吨，高于钢产量年均增长534.78万吨的速度，连铸比则年均增长5.09%。1997年连铸坯产量已达6508万吨，连铸比达到60.50%。这一年，连铸坯增长量达1115万吨，创历史最高水平，连铸比增加7.23%，均达到了新的高度（图1、表1）。

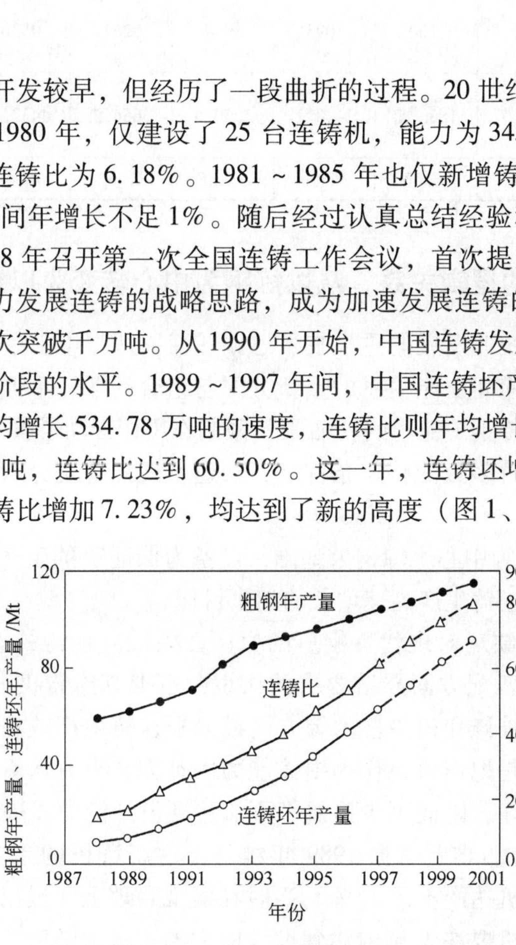

图1　中国加速发展连铸的过程和趋势预测

20世纪80年代后期，中国加快发展连铸的途径主要是通过以下措施实现的：

（1）炼钢厂由原来以炼钢炉为中心组织生产改变为以连铸为中心组织生产，相应确定连铸生产技术方针；

* 本文合作者：潘荫华，苏天森。原发表于《钢铁》，1998，33（3）：72～76。

(2) 加快发展连铸有关的科技开发和系统研究；

(3) 推进装备国产化；

(4) 加强各类人员的培训。

表1 中国1980～1997年间钢产量、连铸坯产量和连铸比统计

年份	1980	1981	1982	1983	1984	1985	1986	1987	1988
钢产量/万吨·a^{-1}	3712	3560	3716	4002	4348	4679	5221	5628	5943
连铸坯/万吨·a^{-1}	229.5	254.0	275.0	358.5	460.5	506.9	623.2	724.3	871.9
连铸比/%	6.18	7.13	7.40	8.96	10.59	10.83	11.94	12.87	14.67
年份	1989	1990	1991	1992	1993	1994	1995	1996	1997
钢产量/万吨·a^{-1}	6159	6535	7100	8093	8954	9261	9536	10123	10756
连铸坯/万吨·a^{-1}	1005.1	1480.7	1883.5	2428.2	3030.5	3654.2	4432.5	5392.9	6508.0
连铸比/%	16.32	22.66	26.53	30.00	33.85	39.42	46.48	53.27	60.50

2 改变炼钢厂生产的逻辑关系，从以炼钢为中心转变为以连铸为中心

这是推动连铸生产快速发展的重大技术思路转变，从根本上解决了连铸生产发展过程中，炼钢厂内各工序间功能关系的重新分配与组合问题。不但加速了连铸生产的发展，还消除了模铸对炼钢炉能力的“瓶颈”限制作用，带动了整个炼钢厂的生产。

在中国钢厂小转炉占多数的特定条件下，加速发展连铸是分阶段逐步进行的，基本上是分三步走。

(1) 实施“以连铸为中心，炼钢为基础，设备为保证”的生产技术方针，重点抓好铸机达产工作，实现连铸生产高速增长的初步目标。

1988年以前，由于缺乏对现代炼钢厂的生产必须适应连铸的连续性及其在物流、时间、温度、质量衔接匹配方面严格要求的认识，不少有连铸机的钢厂在生产组织、计划、人员配备、设备维修和相关技术等方面都未把连铸生产放在重要位置上认真对待。相当一部分钢厂只是把连铸机作为模铸能力的补充，没有认真分析和掌握本厂条件下连铸生产的客观规律，因而不少铸机都不能达到设计能力。1990年以前，铸机不能达产是中国发展连铸的难题。据1989年统计，达产铸机的台数尚不足总台数的30%，尤其是小方坯铸机达产不足15%。当时在宏观管理上，提出了已建成的铸机要在2年内达产，新建铸机要在1年内达到设计能力的要求。随后，有铸机的钢厂也改变了以炼钢炉为中心的生产组织方法，从生产计划安排、炼钢时间节奏、温度和质量上都努力满足连铸机连浇的要求，炼钢炉要为连铸机提供定时、定温、定质量的钢水，起基础的作用。同时，严格贯彻关于连铸设备管理的十条规定，把保持设备的设计功能，保证设备维修质量，充分供应备件，提高铸机与备件制造、安装质量等工作做好，因此减少了各类事故，设备起到了保证作用。另外，还大力组织相关技术试验，有的钢厂还从炼钢—轧钢的衔接匹配上，调整了铸坯断面，从经营销售上也适应了连铸生

产的特点，使中国铸机在1993年基本上解决了达产这个难题。1992年起还出现了合肥钢厂、马钢二炼钢等一批当年建设、当年投产、当年达产的铸机。铸机生产效率的提高，促进了炼钢炉生产能力的提高。尤其是一批地方企业，长期以来模铸限制炼钢能力的问题得到解决，转炉利用系数提高，有的炼钢厂产量成倍超过了原设计能力。人们对"以连铸为中心，炼钢为基础，设备为保证"的连铸生产技术方针的重要性有了新的认识。从1989年起，连铸坯产量的增长成为中国钢产量增长的主要部分。从1994年起，连铸坯产量的增长超过了钢产量增长的绝对量，带动了中国钢产量的迅速增长（图2、表2）。

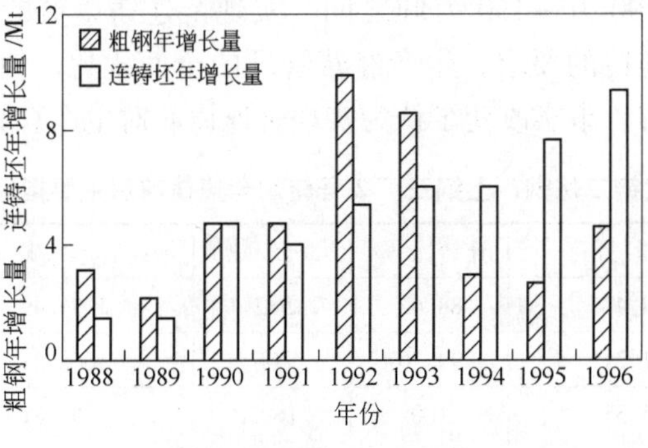

图2　近10年来中国粗钢、连铸坯增长量的变化

表2　近10年来中国地方中小钢厂连铸比和转炉利用系数的变化

年　份	1988	1989	1990	1991	1992	1993	1994	1995	1996	1997
连铸比/%	20.57	22.57	41.53	45.67	48.23	54.96	59.45	62.05	71.71	75.24
转炉利用系数 /t·(t·d)$^{-1}$	25.903	26.64	26.64	27.32	30.63	34.39	34.39	36.09	39.83	44.65

（2）以全连铸生产为方向，协调前后工序，实现炼钢—炉外处理—连铸的组合优化。

在实现铸机达产的基础上，进一步从技术进步导向上强调实现炼钢厂内工序的组合优化问题。通过对炼钢厂内各工序功能分析和中国炼钢厂现状的分析，把组合优化的重点工作放到了大力发展炉外处理技术，使其纳入正常生产规范，实现"在线"运行。

在中国，把铁水预处理、钢的二次冶金和中间包冶金通称为炉外处理技术。在现代化炼钢厂内，炉外处理技术不仅要作为提高冶金产品质量、扩大炼钢品种的重要手段，而且还要成为提高生产效率，降低成本，特别是对炼钢—连铸—轧钢实现高温衔接的重要调控手段。

为了促进炉外处理的发展，从生产技术导向上提出了"立足产品，合理选择，系统配套，强调在线"的方针，以宝钢、武钢等已形成组合优化工艺流程的企业为榜样，认真分析各类炉外处理技术的功能，结合不同钢厂产品与工艺流程的具体需要，尤其是连铸生产的要求，选择相应的炉外处理方法，搞好工艺布置，在设计和施工中注意配套需要和相关技术，纳入生产工艺规范，实现"在线"运行。

由于中国钢厂小转炉占大多数，因此首先大力推广了钢包吹氩、喂线等简单有效的技术，同时也开发带有温度补偿功能的钢水精炼技术。发展到今天，吹氩、喂线比已超过50%，除吹氩喂线以外的钢水真空与非真空精炼比超过16%，铁水预处理比达到18%

以上，中间包冶金技术也有若干的开发与应用，这些措施有效地促进了连铸的发展。

由于炼钢—炉外处理—连铸组合优化技术的发展，中国相继出现了一批全连铸炼钢厂。特别是1993年起，全连铸炼钢厂得到迅速发展。历年来全连铸炼钢厂的个数列于表3。

表3　历年来中国全连铸炼钢厂的发展进程

年　份	1985	1986	1987	1988	1989	1990	1991	1992	1993	1994	1995	1996	1997
全连铸炼钢厂/个	1	1	1	2	3	4	5	9	14	23	37	50	66

全连铸炼钢厂的发展促使炼钢炉能力的充分发挥。现在，中国具有3座30t转炉的炼钢厂年产钢量都在100万～150万吨之间。实现全连铸生产的钢厂不仅产量全面提高，而且由于实现全连铸的要求，生产经营管理的全面优化，使得炼钢厂的技术经济指标也有了很大的改善。事实改变了认为实现全连铸后对生产有影响的看法，见表4。

表4　武钢二炼钢、上钢三厂2号转炉全连铸前后主要指标对比表

年份	钢厂	钢产量/万吨	连铸比/%	炉龄/炉	钢铁消耗量/kg·t^{-1}	劳动生产率/t·人$^{-1}$
1984	武钢	144.42	88.42	582	1091.49	481.40
1985	武钢	161.21	99.76	806	1068.31	537.37
1991	武钢	205.55	100	1602	1092.81	692.81
	三厂	101.717	82.23	960.5	1134.59	603.66
1992	武钢	211.57	100	1823	1094.42	703.68
	三厂	111.085	98.82	1137	1126.90	739.90
1993	武钢	232.07	100	2265	1090.40	802.08
	三厂	117.525	100	1205.6	1125.90	877.71
1994	武钢	240.17	100	2861	1089.53	838.38
	三厂	123.522	100	1164.1	1125.66	1086.39
1995	武钢	245.39	100	3447	1089.70	892.49
	三厂	130.295	100	1096.2	1125.11	1295.10

（3）从钢厂结构优化和提高市场竞争力的高度出发，进一步大力发展连铸。把握好投资方向，加大投资力度，在以全连铸为方向，炼钢—炉外处理—连铸组合优化的基础上，积极发展高效连铸、铸坯热装热送、计算机控制和近终形连铸技术。

在实现铸机达产、推进工艺流程组合优化的基础上，不失时机地抓紧发展全连铸生产，提倡转炉炼钢厂到2000年基本实现全连铸，电炉炼钢厂要以全连铸作为改造和建设新生产线时设计的重要目标，逐步淘汰初轧/开坯机。

全连铸炼钢厂的发展有一个进一步优化的问题，要求已经实现全连铸的钢厂进一步提高炼钢操作水平，改善炉外处理技术，发展高效连铸技术、自动控制技术，实现高水平的组合优化，并在温度、质量、时间节奏和物流量、铸坯断面等方面与轧钢机生产衔接匹配。当然，近终形连铸也是重要目标，2000年以前将至少建设3套薄板坯连铸连轧装置和1套“H”型坯连铸机。

全连铸生产系统、高效连铸技术、连铸自动控制、连铸坯热装热送、近终形连铸连轧这五项重点技术，正在引导中国钢厂的投资和各类技术装备的开发，使连铸系统不断改进，促进钢厂结构优化。

从以炼钢炉为中心转变为以连铸为中心，加速提高连铸比，进而实现全连铸炼钢厂，推进炼钢生产结构优化的战略，是中国加快发展连铸的实践中最重要的措施。并且已经在钢厂结构优化，提高市场竞争力方面取得了很好的效果。

3 加强与连铸有关的科技开发和系统研究，改进工程设计规范

在发展连铸的过程中，重视从企业生产需要出发，组织新技术的开发。在炼钢技术、炉外处理技术、高效连铸技术、连铸坯热送热装技术、全连铸优化技术上，由国家组织，以企业为主体，组织高等院校、研究院所参加进行了大量的开发研究和工业性试验，其结果在生产中的应用取得了良好的效果。

在系统优化的总体高度上进行研究，协调好连铸机与前后工序之间的衔接匹配是十分重要的。特别要以钢厂结构优化为目标，协调好技术改造和投资方向、投资顺序、投资强度之间的关系。取得良好的市场竞争力是系统研究的重要内容。因此，大力发展连铸技术，不断改进工程设计规范，受到了高度的重视。从 1989 ~ 1995 年，两次制定、修订了“连铸工程设计若干规定”“连铸工程设计规范”，对炼钢、精炼的基本配置，连铸机工艺与装备的最基本的要求（包括作业率、收得率、生产能力、工艺与装备的基本配置要求等），断面选择原则及与轧钢的衔接匹配等重大问题都作了明确的规定，这对保证铸机迅速达产及连铸技术水平的提高起了很好的作用。

中国连铸的发展进程实际上也是引导投资方向的过程，是调整钢厂（企业）结构的重要入手处。各企业从 1989 年以来，在连铸高速发展取得的效益中，深切体会到发展连铸是增强企业竞争力的有效途径，因此纷纷将投资重点转向连铸及其相关工程。而地方钢铁企业由于对市场、规模的敏感性更强，而且大多生产长材，连铸投资相对较少，生产较容易，因而这几年来一直比大型企业更积极地发展连铸生产技术，不但连铸比始终高于大型企业，而且在诸如高效连铸技术、热送热装技术、近终形连铸技术的开发应用上，更富于开拓精神和勇于承担风险的意识。这种发展上的不平衡已引起了行业和企业的重视。

4 积极推进装备国产化

铸机国产化是中国连铸快速发展的关键之一。由于长材生产比例很大，故连铸机的国产化主要从小方坯铸机开始，在十多年研究开发与生产的基础上，不断改进设计与制造要求，我国掌握了小方坯铸机设计制造的成套技术，基本满足了国内需要，甚至还有少量出口。近年来，在自主开发高效连铸技术上也有了进展，已在 120mm、150mm 小方坯铸机的高效化改造中，分别取得了拉速达到 4. 0m/min 和 3. 0m/min 的新成绩。水平连铸机则已可完全立足于国内，板坯铸机也已可基本上立足于国内设计和制造。到目前为止，中国在生产的连铸机共有 271 套，其中 53 套为国外引进或合作制造的，218 套为国产或国产化的。一般而言，国产连铸机或国产化连铸机的价格仅为进口连铸机的 1/3 甚至是 1/4。国产化当然不是说一定要百分之百的中国制造，在主体设计制造立足国内的前提下，从优化质量、降低成本出发，并不排除择优选择某些国外

的部件或设备。在实现国产化的同时，对国际上最先进的连铸技术与装备，只要价格合理，也不排除引进或与外国公司合作。

5 重视各类、各层次人员的培训是中国连铸生产发展取得成果的重要原因

随着连铸生产的发展，特别是全连铸炼钢厂的出现，对钢铁厂职工素质的提高也有了更加迫切的要求。组织了管理人员、岗位人员、技术人员等各层次人员的培训班，包括在岗和上岗前的各类培训、脱产和业余培训、不同方式的经验交流会、专题讲座等，从20世纪80年代末期起，举办了20多种培训班，传递炼钢、连铸技术发展动态和基本技术管理知识。

从宏观管理上，为适应连铸生产发展的形势，及时组织出版专门的连铸专业教材，编辑出版了大量最新技术动态为主要内容的继续教育工程丛书，还通过期刊、报纸加强对发展连铸战略思路与技术信息的报道。

这种多层次的培训，使钢铁企业职工的素质普遍提高，为连铸生产高速增长打好了基础。

6 强化系统工程思想，配套发展相关技术，使连铸生产的持续发展与优化有了良好的基础

20世纪70～80年代后期，我国发展连铸生产时，对发展相关配套技术的重要性认识不足，在一定程度上影响了连铸水平的提高与经济效益。1988年以后，结合铸机达产和连铸生产的优化，加强了耐火材料、保护渣及各类设备的备品备件等相关技术的开发，有力地推动了连铸生产的发展。目前，适合连铸生产的耐火材料已基本立足于国内，还有相当一部分出口；连铸空心颗粒、预熔和非预熔保护渣都已能生产，并逐渐形成以2～4条先进生产线为主的合理布局。电磁冶金、钢包系统技术、中间包冶金等技术也逐步在生产中得到应用。

7 结语

发展连铸是中国这样的发展中国家钢铁工业结构优化的重要手段，它已推动了中国钢铁工业朝着淘汰低效率、高消耗、长周期的初轧/开坯万能工厂，促使产品结构向专业化的方向发展。发展连铸的必然结果是深度挖掘转炉、电炉以至于高炉、轧机的生产潜力，带动前后工序衔接的优化重构；推进系统优化，实现大幅度提高生产效率、提高质量、降低成本。工程设计规范化和装备国产化、人员培训等方面的进步，有效地满足了中国发展连铸的各方面需求。

连铸仍是当代钢铁工业发展的最为重要的环节之一，高效连铸、近终形连铸、炼钢—连铸—热连轧的高温热连接等技术的发展仍非常活跃，应继续作为重要的投资方向。

1998年中国钢铁工业的连铸比可达到67%，作为努力目标，2000年中国钢铁工业的连铸比将为80%左右。

Path of Accelerated Development of Continuous Casting in China

Ruiyu Yin[1], Yinhua Pan[2], Tiansen Su[2]

(1. Central Iron and Steel Research Institute, Beijing, 100081, China;
2. Ministry of Metallurgical Industry, Beijing, 100711, China)

Abstract The experience in achieving rapid development of continuous casting since 1988 is summarized. The measures include carrying out the technical policy of focusing on continuous casting, accelerating scientific research on continuous casting, promoting the nationalization of equipment and standardization of design, strengthening personnel training and making efforts to develop a complete package of related techniques. The destination and emphasis is made clear to continue optimizing and consummating continuous casting and to promote iron and steel technology.

Key words continuous casting, structure optimization, system optimization

钢厂生产流程与大气排放*

摘　要　钢铁是一种重要的材料，其生产过程依赖于矿物资源和各类能源，由此构成了钢铁生产过程对环境的多层次排放。从保护生态环境的角度出发，研究钢铁材料从采矿、钢铁制造、使用到废弃、回收、再生的整个过程对环境的影响，对于重新认识和评估钢铁工艺流程是十分重要的。本文在分析钢厂对环境的影响层次和钢厂环保技术内涵的基础上，分析了两类模型工厂：高炉—转炉—连铸—热轧工艺流程和电炉—薄板坯连铸—热轧工艺流程，分别对其买煤买电和只买煤不买电两种方案的吨钢气体排放量和万元产值排放量进行了计算、比较，从钢厂生产过程对大气排放的角度为钢铁制造流程的整体优化提供参考。

关键词　钢铁制造流程　环保　大气排放

1　前言

21世纪的经济特点是信息经济、高科技经济和可持续发展经济。然而，21世纪的经济仍然是建立在物质基础上的，不可能脱离材料而存在。对材料的要求和评价因素，有文献作了较系统的分析，图1就未来对材料和工业技术的要求提出了评价指标。可见，价格低、容易回收利用、对环境影响相对好、省能、节材等因素成为评价材料的主要指标。而工业界对材料的要求则以强度、变形、断裂、热特性以及综合性能为主要指标。在这些评价因素上，钢铁材料都表现出相对的优势。在可以预见的年代里，钢铁仍然是一种重要的材料，对发展中国家尤其如此。

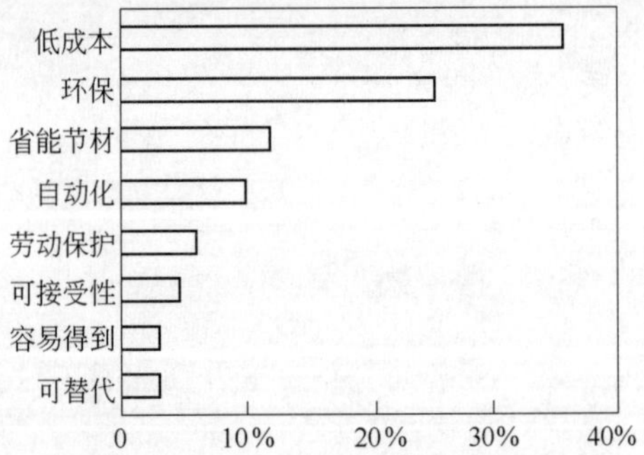

图1　未来材料和工业技术的要求（总分为100分）

2　钢厂对环境的不同层次影响

钢铁对矿物资源、能源的依赖性较强。钢铁生产过程产生的各类排放物质对环境的影响程度是多层次的。一般而言，冶金过程气体排放的影响面涉及全球范围，诸如CO_x、SO_2、NO_x等，这些物质在大气层内相当大程度上呈积累性，对温室效应、酸雨等影响巨大。生产过程中各工序发生的液体排放将对水系流域、海洋或是地下水产生影响。而各类炉渣、粉尘、噪声和振动等因素，也在相当大程度上影响操作人员以及相关社区居民的生活或健康。

---

* 本文合作者：蔡九菊。原发表于《钢铁》，1999，34（5）：61～65。

从保护生态环境的立场出发，研究钢铁材料从采矿到钢铁制造、使用直至废弃、回收、再生的整个过程对生态环境的影响，进一步重新认识和评价生产方法、技术路线、工艺流程显得十分必要。

3　钢厂环保技术的内涵

从工程上看，钢厂环保技术问题的内涵应是钢的生产流程技术、生产过程中的各类排放过程及其控制技术、对有害排放的一系列环保治理专业技术的集合。当然，这也将涉及投资战略和决策问题。

在当前以及可以预见的时期内（如2010年），钢铁是由主要依靠铁矿石、煤为原料的高炉—转炉—连铸—热轧流程（图2）和主要依靠废钢为原料的电炉—连铸—热轧流程（图3）生产出来的。

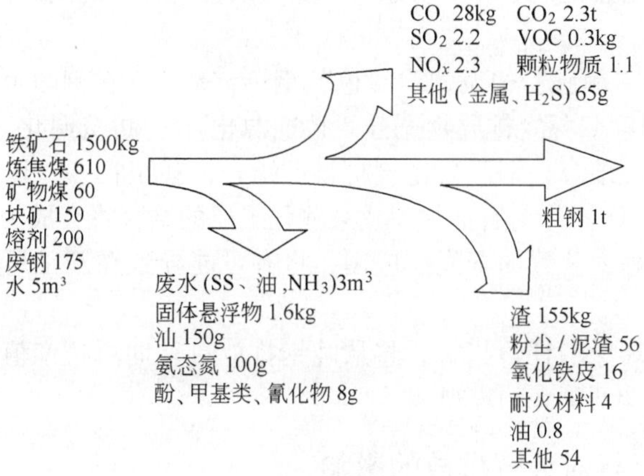

输入能源结构　煤 19.2GJ　蒸汽 5.2GJ　电 3.5GJ
氧气 0.3GJ　天然气 0.04GJ

输出能源结构　蒸汽 5.2GJ　电 3.4GJ
煤焦油 0.9GJ　苯 0.3GJ

图2　钢铁联合企业的能源/物质平衡

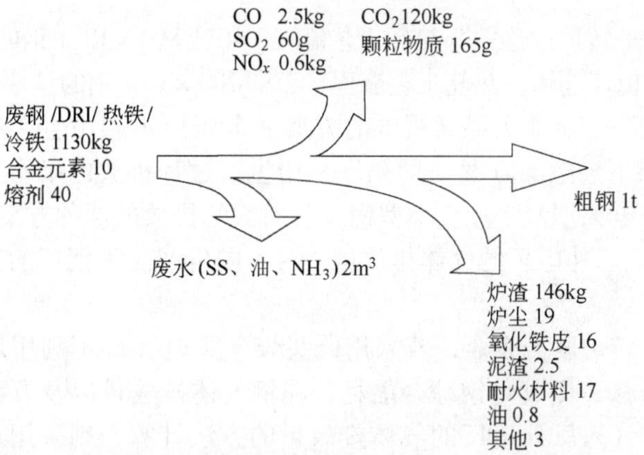

输入能源结构　电 5.5GJ　天然气 1.3GJ
煤 / 焦炭 450MJ　氧气 205MJ
电极消耗 120MJ

图3　电炉钢厂的能源/物质平衡

可以看出，钢的不同生产流程对环境的影响很大。从根本上看，要解决好钢厂对环境的影响，应该首先解决好钢的生产流程问题，以期达到减少污染物质的生产量和排放量，控制/消除各类对环境有害因素的目的。

钢厂还必须进一步考虑并完善钢的生产过程技术及其相应的排放控制技术，即“动脉”-“静脉”一起控制，形成综合循环的“绿色”生产体系。

关于“动脉”——钢的生产流程，其核心问题是不断提高钢厂生产流程的“紧凑化”“连续化”程度问题。21 世纪的钢厂生产流程将进一步提高它的“紧凑化”“连续化”程度，以达到金属收得率的“最大化”，生产过程能量损失的“最小化”，过程时间以及过程库存的“最小化”，产品质量与使用性能满足率的“最佳化”等目标。

关于“静脉”——钢厂生产流程的过程排放，从根本上看，要减少和控制好生产过程中的废气、废液、固体废弃物、粉尘等排放量和泄漏量，关键是要立足在节能的基础上，这种节能当然是建立在一切原料、能源以及过程中的副产品/排放物都是“载能体”的概念上。

所谓“动脉”-“静脉”协调的“绿色”钢厂，是建立在钢的生产流程不断“紧凑化”“连续化”及其副产品/排放物充分“再能源化”、“再资源化”的协同体系上的。因此，钢厂与发电厂结合，钢厂与建筑材料厂结合，甚至在一些地区，钢厂（利用其副产的 H_2、CH_4、CO 等）与石油加工或某些化工厂的结合将会成为一种趋势。特别是一些新型熔融还原炼铁装置的开发、应用，将有可能导致在新工厂建立时就进行相应的投资。

这样，对钢厂环保的评价指标，将从吨钢排放量转向单位产值的排放量，这一概念也许应该在未来受到更大的重视。

4 钢厂生产流程与对大气排放的影响

全球环境问题的核心命题是如何正视“我们只有一个地球”的问题。钢厂的气体排放是直接对全球大气圈产生积累性影响的因素，而钢厂的气体排放主要取决于钢的生产工艺过程及其能源使用效率等因素。

本文构思了两类模型工厂，分别计算了这两类钢厂的吨钢气体排放量和万元产值的气体排放量。

第一类是高炉—转炉—连铸—热轧工艺流程，年产 800×10^4 t 钢的联合企业（图 4）；第二类是电炉—薄板坯连铸—热轧工艺流程，年产 200×10^4t 钢的“小型钢厂”（图 5）。

分别计算大型联合企业买煤又买电的方案（即钢厂不利用生产过程排放的未燃气体发电）和只买煤不买电的方案（即钢厂利用生产过程排放的未燃气体发电，电能全部自给，并对外售电），见图 6；“小型钢厂”对大气排放的两种方案见图 7。

按计入/不计入厂外电厂的气体排放量，对不同生产流程钢厂的气体排放量分别归纳于表 1、表 2 中。

可见，高炉—转炉联合企业，若采用既买煤又买电（即不利用厂内排放的未燃气体发电）的生产方法，则其吨钢综合能耗、吨钢气体排放量以及万元产值排放量都是相对高的。如果按计入厂外电厂的气体排放量的方法计算，则采用只买煤，同时将剩余的高炉、焦炉、转炉煤气全部用于发电的方案，其吨钢能耗将相对降低约 15%，其吨钢气体排放量将相对降低约 30%，其万元产值气体排放量将相对降低约 1/3。如果按不计入厂外电厂的气体排放量的方法计算，其吨钢能耗降低幅度仍为 15%，而其吨钢气体排放量基本持平，其万元产值气体排放量将相对降低约 5% ~6%。

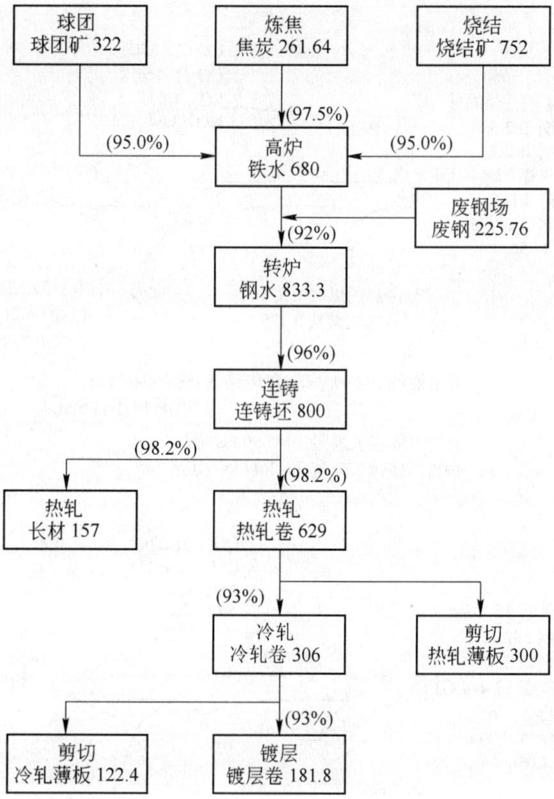

图 4　联合企业生产流程及其产品结构（万吨/a）

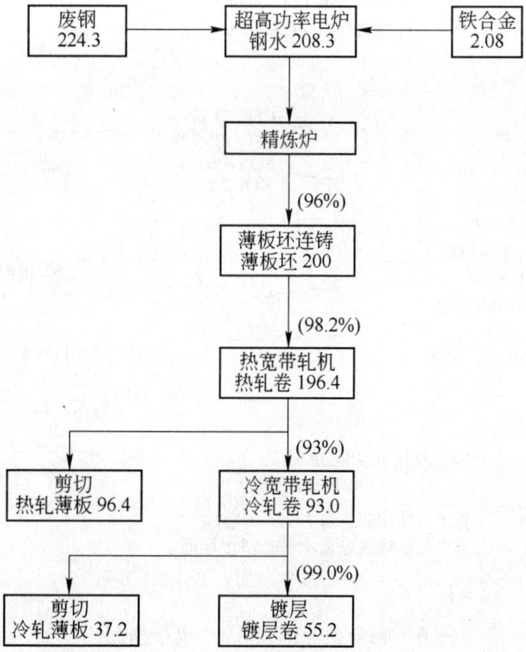

图 5　“小型钢厂”生产流程及其产品结构（万吨/a）

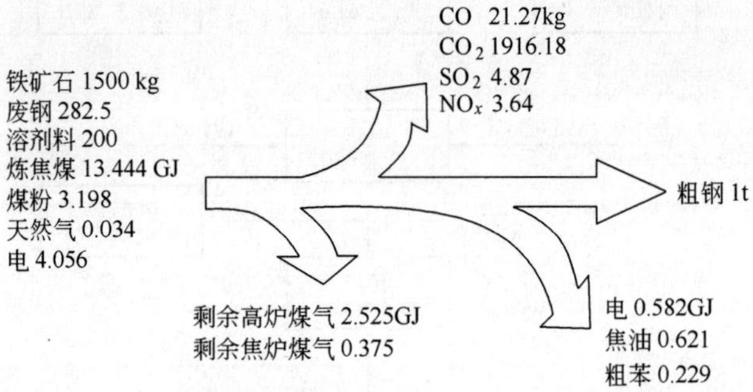

综合能耗（含剩余高、焦炉煤气）19.300GJ/t 钢

16.334（不含焦化）

有害气体排放总量 1945.96 kg/t 钢

有害气体排放总量 7011.44 kg/ 万元

a

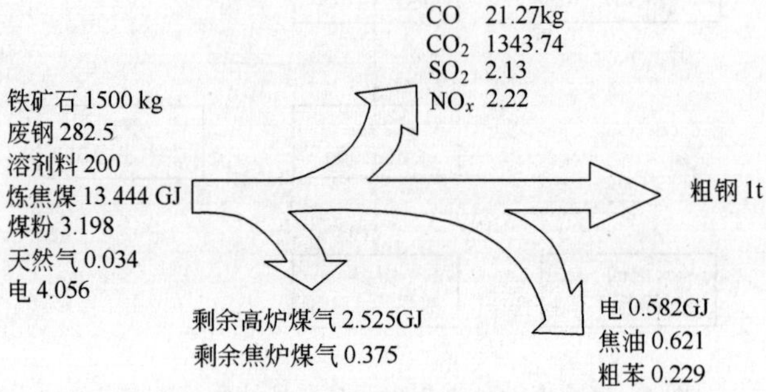

综合能耗（含剩余高、焦炉煤气）19.300 GJ/t 钢

16.334（不含焦化）

有害气体排放总量 1369.26 kg/t 钢

有害气体排放总量 4933.53kg/ 万元

b

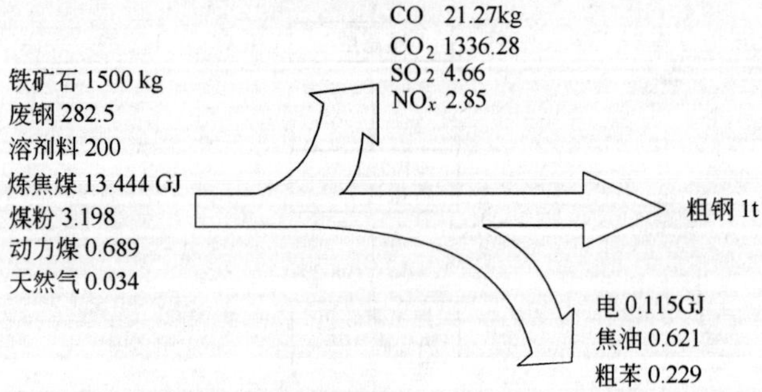

综合能耗 16.40 GJ/t 钢

13.404（不含焦化）

有害气体排放总量 1365.06 kg/t 钢

有害气体排放总量 4654.55 kg/万元

c

图 6　联合企业的投入/产出平衡图

a—买煤、买电方案，计入厂外电厂的气体排放；b—买煤、买电方案，不计入厂外电厂气体排放；c—只买煤，不买电方案

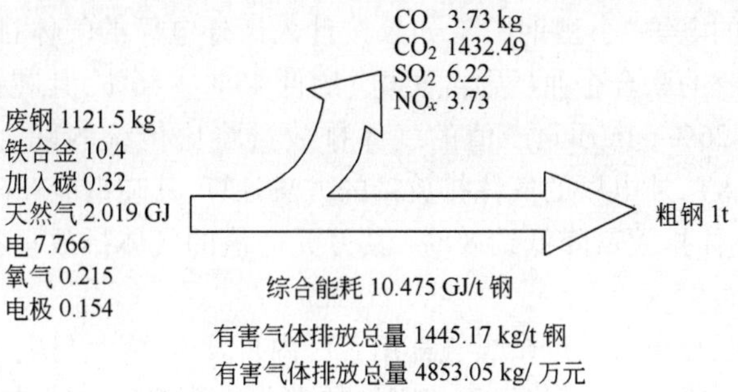

a

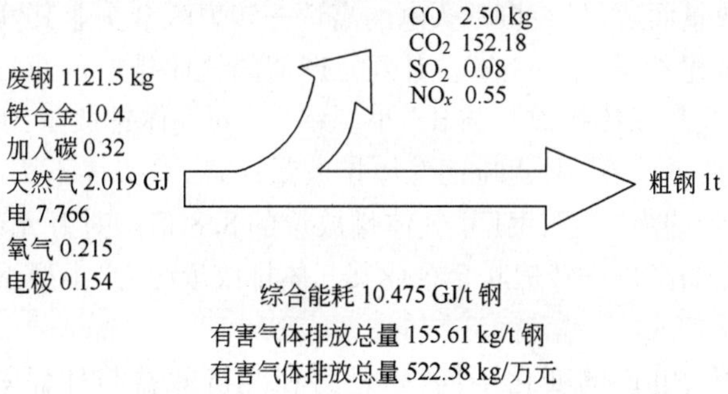

b

图 7 “小型钢厂”的投入/产出平衡图

a—计入厂外电厂的气体排放；b—不计入厂外电厂的气体排放

表 1 不同流程钢厂气体排放量的比较（计入厂外电厂的气体排放）

项 目	联合企业(买煤、买电)				联合企业(只买煤、不买电)				“小型钢厂”			
	CO	CO_2	SO_2	NO_x	CO	CO_2	SO_2	NO_x	CO	CO_2	SO_2	NO_x
气体排放量/kg · t^{-1}	21.27	1916.18	4.87	3.64	21.27	1336.28	4.66	2.85	2.73	1432.49	6.22	3.73
合计/kg · t^{-1}	1945.96				1365.06				1445.17			
气体排放量 /kg · 万元$^{-1}$	76.6	6904.12	17.55	13.13	72.53	4556.41	15.9	9.72	9.16	4810.48	20.88	12.53
合计/kg · t^{-1}	7011.44				4654.55				4853.05			
综合能耗/GJ · t^{-1}	19.30 16.334(不含焦化)				16.40 13.404(不含焦化)				10.475			

表 2 不同流程钢厂气体排放量的比较（不计入厂外电厂的气体排放）

项 目	联合企业(买煤、买电)				联合企业(只买煤、不买电)				“小型钢厂”			
	CO	CO_2	SO_2	NO_x	CO	CO_2	SO_2	NO_x	CO	CO_2	SO_2	NO_x
气体排放量/kg · t^{-1}	21.27	1343.74	4.87	3.64	21.27	1336.28	4.66	2.85	2.50	152.48	0.08	0.55
合计/kg · t^{-1}	1369.26				1365.06				155.61			
气体排放量 /kg · 万元$^{-1}$	76.28	4841.58	7.67	8.00	72.53	4556.41	15.89	9.72	8.40	512.05	0.28	1.85
合计/kg · t^{-1}	4933.53				1654.55				522.58			
综合能耗/GJ · t^{-1}	19.300 16.334(不含焦化)				16.40 13.404(不含焦化)				10.475			

对废钢为原料的电炉"小型钢厂",如果按计入厂外电厂的气体排放量的方法计算,其吨钢能耗将比传统的联合企业(买煤、买电)约低45% ~46%,其吨钢气体排放量将比传统联合企业约低26%,其万元产值的气体排放量将比传统的联合企业约低30% ~31%。如果按不计入厂外电厂的气体排放量的方法计算,其吨钢能耗降低幅度仍为45% ~46%,而其吨钢气体排放量降低约89%,其万元产值的气体排放量将比传统的联合企业约低89% ~90%。

若高炉—转炉联合企业的剩余煤气都用于厂内自发电,将其与电炉"小型钢厂"进行比较,这两类钢厂的气体排放量将发生戏剧性的变化。若按计入厂外电厂气体排放量计算,就吨钢气体排放量而言,只买煤不买电的高炉—转炉联合企业其气体排放量将比"小型钢厂"的气体排放量约低5% ~6%。对万元产值的气体排放量而言,只买煤不买电的高炉—转炉联合企业其气体排放量将比"小型钢厂"的气体排放量约低4%。若按不计入厂外电厂气体排放量计算,则就吨钢气体排放量而言,只买煤不买电的高炉—转炉联合企业其气体排放量约为"小型钢厂"气体排放量的8.8倍。对万元产值的气体排放量而言,只买煤不买电的高炉—转炉联合企业其气体排放量约为"小型钢厂"气体排放量的8.9倍。

当然,由于煤价、电价的变化不同,钢厂将在经济效益与环保效益的平衡上作出选择。

5 展望

钢铁工业要以一个受欢迎伙伴的技术形象进入未来人类社会。所谓受欢迎的伙伴是指能够保护环境质量、促进经济良好运行和不断提高人们的生活质量。

作为现代社会重要材料之一的钢铁,可以通过技术进步和合理的投资来满足经济发展和环境保护的要求,也能满足将来不断提高的各方面需要。

通过近终形连铸、熔融还原等技术的开发、应用,钢的生产过程将进一步节能。

通过开发"动脉"-"静脉"协同控制的"绿色"生产体系,钢厂的各类排放物将进一步降低。

通过新一代强韧性钢的开发,各类钢制品的单位耗钢量将进一步降低。

通过各类环保治理技术的发展,钢厂对环境的不良影响将控制到更低的程度。

相信钢铁工业能够融入可持续发展的进程中,发展中的中国钢铁工业也将积极地融入这一趋势中去。

本文得到了东北大学陆钟武教授、顾根华先生以及北京科技大学徐安军博士的支持和帮助,特此表示谢意。

Steel Production Process vs Emission Atmosphere

Ruiyu Yin[1], Jiuju Cai[2]

(1. Central Iron and Steel Research Institute; 2. Northeastern University)

Abstract In the foreseeable future, steel is still an important material. Steel industry depends entirely on mineral resources and energy resources. It is quite necessary to re-recognize and appraise the existing production processes through the investigation of the environmental impacts of steel

product' s life cycle, including mining, manufacturing, utilization, disuse, recovery and regeneration, from the view point of ecological environmental protection. Based on the analysis of the three levels of environmental impacts of steel industry and connotation of environmental protection technology of steel plant, two model plants, the integrated steel enterprise with route of blast furnace-converter-continuous casting-hot rolling and the "minimill" with the route of electric arc furnace-thin slab continuous casting-hot rolling are conceived. According to two schemes of energy supply, purchasing both coal and electricity and purchasing coal only, no purchased electricity, the gaseous emission per tonne of steel and gaseous emission per 10^4 RMB yuan output value are calculated respectively. The results have given a reference to the steel manufacturing processes optimization.
Key words steel manufacturing processes, environment protection, emission in atmosphere

绿色制造与钢铁工业*

摘　要　从可持续发展观点出发，论述了绿色制造工程的主要概念、内涵、方法和绿色制造技术的对策思路等问题。在此基础上讨论了环境友好的钢铁工业的命题和内涵。指出钢铁企业环境保护的内涵不仅是对污染物的末端治理，而且要强调从源头上阻止污染物生成的新策略。环境友好的钢铁工业涉及资源、能源的选择，钢铁制造流程的优化，钢厂排放过程的控制和排放物的再能源化、再资源化和无害化处理。同时，还要重视钢材生命周期体系的“绿色度”研究。最后指出，钢铁工业面向新世纪的时代命题之一是走绿色制造的道路，构筑符合可持续发展战略的钢铁工业。

关键词　绿色制造　可持续发展　钢铁工业

1　可持续发展

随着社会、经济的发展，工业化、城市化进程的逐步加快，人类赖以生存和发展的环境正发生着急剧的变化。无节制地使用资源、能源来进行大量生产，不顾后果地大量消费以及无序的大量废弃是造成20世纪以来环境日趋恶化的主要原因。一般而言，环境是指人类生存的周围空间(即“环人之境”)，特别是指人类生存的地球上各种自然要素的总和及其相互关系。而所谓环境污染是指不同层次、不同地域的“环人之境”而言，超过生态平衡的外源性污染。人们由忧虑环境污染、生态平衡而提出可持续发展问题。这就是指由于自然或人为活动而使环境发生不利于人类和生物的变化。要改变不利于环境的因素，必须从产生问题的根源着手，即从自然资源的利用，物质产品的生产过程，消费过程和废弃、回收过程入手，全过程、全寿命期地综合思考，从总体上解决问题，走可持续发展的道路。

环境保护不仅仅是污染物的末端处理问题，更为根本的是产品制造过程和物质消费过程的环境友好问题，工业环境友好的关键是要积极地治本。

可持续发展突出强调的是经济发展和环境保护、环境友好的协调发展，追求人与自然的和谐。社会、经济的发展应建立在生态持续平衡和保护环境不对后代人的生存和发展构成威胁和不良制约的基础上。可持续发展的核心内容：环境保护与经济发展的相互依赖、相互协调；传统生产方式、消费方式和废弃方式的改变。

2　绿色制造

在可持续发展概念的推动下，环境保护的研究和实践领域得到了新的发展，人们用“绿色标志”来表达产品的环境信息、环境负荷，运用产品生命周期分析的方法来比较产品的环境性能。推广清洁生产技术和发展绿色(清洁)制造流程以及工业生态链；建立企业环境管理体系来改善企业的环境行为，并在全世界建立起ISO14000环境管理系列标准来推进可持续发展。

绿色制造是一个值得高度重视的问题。现在“大制造”的概念已在全球范围内得到

* 原发表于《钢铁》，2000，35(6)：61～65。国家自然科学基金资助项目(59974023)。

广泛认可，这几乎包括了一切生产工业产品的制造业，例如冶金工业、化学工业、建材工业、机械工业等。因此，绿色制造必将涉及一切制造业的生存、发展和改造。

2.1 绿色制造的主要概念

绿色制造的主要概念是：

(1)从源头入手根治造成污染的制造过程，并高度关注产品绿色生命周期；

(2)使污染物消除在制造过程中，协调经济效益和环境效益；

(3)不同类型、相关类型企业之间形成工业生态链，促进构成污染物的"零"排放体系(或称为最小排放体系)；

(4)所谓污染是指在不同尺度上超过生态平衡所能接受的外源性污染；

(5)强调持续性的对环境污染集成预防策略，追求构成可持续发展战略的最佳模式。

绿色制造与环境治理有不同的立场，甚至不完全相同的概念。环境治理的立场往往是对已被污染的环境进行治理，使之恢复到被污染前的面貌，这种方法往往导致企业成本增加，甚至削弱市场竞争力；绿色制造则是强调从源头上阻止污染物生成的新策略。必须高度重视绿色制造，要从过程科学、技术与工程研发入手，发展环境友好的生产工艺、技术装备、制造流程，解决好环境污染与可持续发展这对矛盾。

2.2 绿色制造内涵和方法

由于环境问题的形成和解决是从局部、区域乃至全球在不同尺度上多层次地开展的，绿色制造必然具有多尺度、多层次的内涵。它需要运用可持续发展观点和系统论等普遍的方法进行整体性的研究。要就不同层次、不同尺度上的理论、技术、工具集成起来；在微观层次上采用产品设计，原材料、能源选择/代替，工艺、装备和管理完善等方法；在介观层次上采用区域内物料流循环和行业共生、共存等工业生态链策略；在宏观层次上采取政策、法规等行政-经济杠杆来导向。

在研究、开发绿色制造流程、绿色生产技术时，有必要借鉴艺术上采用的先总体构思的方法。首先要从整体上(既有微观的，又有宏观的)把握好"完美"的概念和内涵，作为解决环境友好的绿色制造体系的方法。由于环境问题往往需要从整体上来把握好解决问题的眼光和途径，因此，人们应以一种总体设计者的眼光来观察问题，即先从整体、宏观上思考，逐渐深入到介观、微观层次。而且，对于从整体到介观、微观之间的联结方法可以用"白箱""灰箱""黑箱"等方式来解决。

2.3 绿色制造技术

根据所关注对象及考察问题的角度，绿色制造可派生出各种不同类型的技术：以制造过程为对象的清洁生产设计、考察废弃物产生的流量与组成等；产品生命周期评价对产品的全寿命进行分析，确定产品在全过程中的能量消耗及原材料利用情况等；工业生态学则以一系列相关的原料、能源、产品、副产品、排放物等物质群体为研究对象，考察这些物质的相互作用及最终归宿。这些方法、技术都涉及从不同角度、不同尺度、不同层次上对污染防治的机会和可行性进行综合评估，同时也是对污染防治的技术进行综合的研究、开发的过程。

绿色制造技术的大致框架包括有面向原料/能源的策略性选择，面向制造过程技术的解析-集成、重构-优化策略，面向产品的使用、废弃、回收的全寿命分析策略，面向物质/能量充分（循环）利用的工业生态链的构筑策略等。

绿色制造技术作为工程技术需要经历一段开发、发展的进程，而且既有从微观、介观到宏观、整体的发展进程，例如从单元/局部到总体的发展进程；又有从宏观顶层整体设计到微观、介观（单元/局部）的发展进程。面对环境问题，绿色制造技术的大致对策思路是：

（1）单元制造过程内的优化，改善单元过程的功能-结构-效率，尽量减少制造过程中不必要的输入和输出，降低单元过程资源负荷、能源负荷；

（2）单元制造过程间的优化，尽量利用不同过程的排放物、废弃物、剩余能进行过程间的体系设计；

（3）对于暂时无法利用的排放物（包括排放过程）、废弃物，寻求技术革新的方法，使之能够充分再利用；

（4）采用"末端治理技术"或采用生态学原理发挥生物圈的自身净化能力等。

3 环境友好的钢铁工业

钢铁工业的环境负荷，包括资源的摄取度、能源消耗量、污染物排放量及其危害、废弃物产生量及其回收和处理的难易程度等。

一般地讲，环境友好的钢铁工业是指对环境的负荷最小，甚至希望不污染环境。因此，可以看成是最佳能源效率与最小环境负荷的钢材生产体系。广义地讲是要"改善环境"和"创造优良环境"，也可以理解为兼顾社会整体节能、降低社会环境负荷的协同优化生产体系——绿色钢材生命周期体系。

3.1 绿色钢材生命周期体系

所谓绿色钢材生命周期体系（图1），将涉及资源、能源的开采、输送过程、钢材制造过程、加工组装过程、使用过程、废弃过程、回收利用过程等因果链。对这些过程进行生命周期的分析研究和检测评估也是非常重要的。

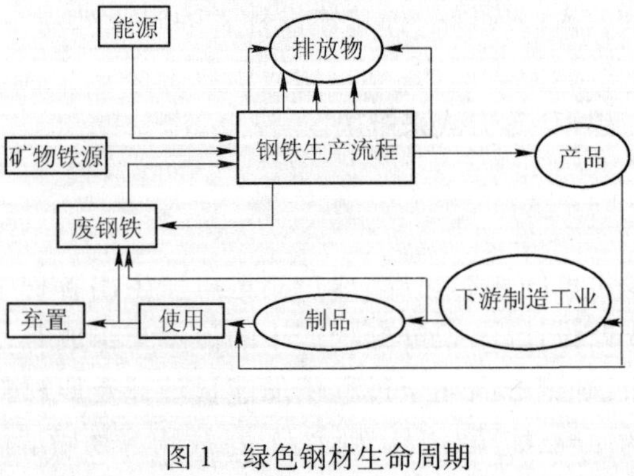

图1 绿色钢材生命周期

3.2 钢铁企业环境保护的内涵

就钢铁企业而言，环境保护的内涵如图2所示。

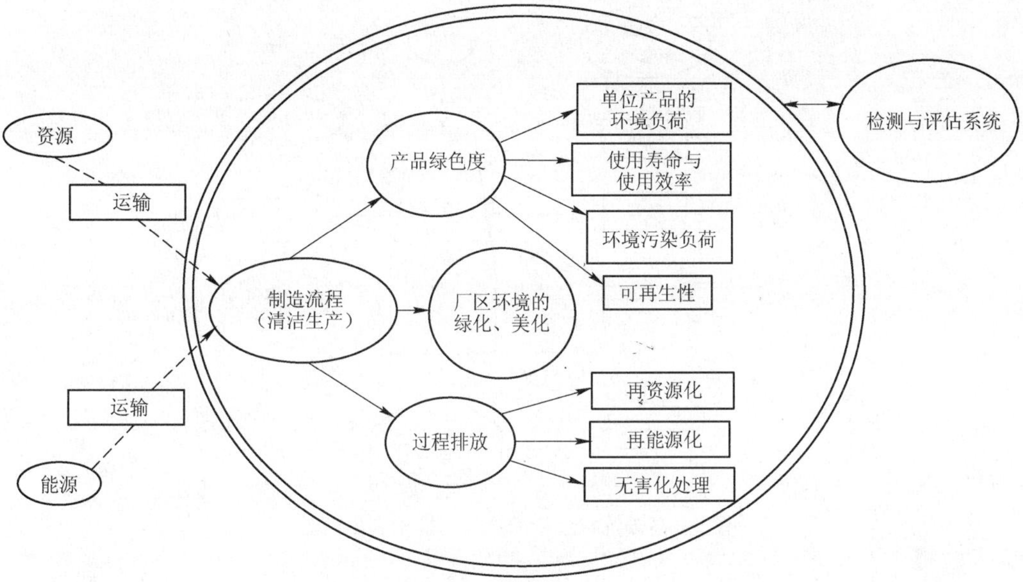

图2　钢铁企业环境保护的内涵

3.3　钢铁制造流程系统的优化

钢铁制造过程的优化既包括环境友好、可持续发展又兼顾提高钢的市场竞争力。钢铁制造过程正以积极推进最有效技术（Best Available Technology）为基本，不断使钢铁制造流程从间歇—停顿—流程长向紧凑化—准连续化—流程短的方向发展，以使物质收得率最大化、能源效率最佳化和制造流程时间最小化。

从铁矿石＋能源—钢材—制品（工程）—废弃—再利用的过程看，分析不同类型钢厂的能源效率和环境负荷是重要的，如短流程钢厂的能耗及吨钢有害气体排放量都远低于高炉长流程钢厂。在此基础上组成若干区域性的兼顾社会整体节能、降低社会环境负荷、协同优化的钢铁生产体系也是值得提倡的。诸如钢厂与发电厂的结合，钢厂与建筑材料厂的结合，甚至某些地区的钢厂（利用排出的 CO、CH_4、H_2等）与石油加工或某些化工厂的结合，可能会成为一种趋势。特别是一些新型还原炼铁装置的开发、应用，将有可能在新建钢厂时，就进行相应的投资（诸如发电站等）。这样，在某些特定条件下，有可能形成包括钢铁生产企业在内的工业生态链，甚至形成工业生态区。

必须注意到，就钢厂的环境友好而言，其根本是以节能、提高钢的收得率、改善钢的性能等为核心的钢铁制造流程的优化，它将从根本上有利于过程排放、排放物质和产品的“绿色度”。

3.4　钢厂生产过程的排放与环境保护

钢厂是资源、能源的消耗大户，在中国约占工业总能耗的9%～10%。解决钢铁制造过程的过程排放及排放物质对环境影响的有效途径有以下几点：

（1）再能源化。排放物质（包括剩余能源）再能源化的问题，主要集中在化学冶金过程中，特别是高炉炼铁系统中。高炉是以还原过程为特征的冶金装置，还原装置的排放尾气一般都含有剩余热值，甚至还包括动能。高炉联合企业正在向只买煤、不买电的方向发展（图3）。一方面得到便宜的自产电力，另一方面又减轻了社会环境负荷。

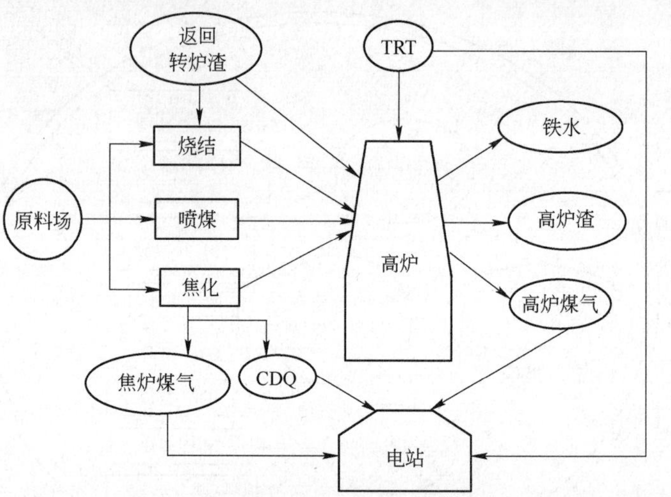

图3　高炉炼铁过程的物料与能源利用框图

转炉煤气回收，可使炼钢厂实现“负能炼钢”，向钢铁企业反馈 5 ~ 10kg(标煤)/t(钢)的能源。

电炉炼钢过程中的废气余热回收技术，有可能使电炉炼钢节电 100kW · h/t(钢)以上，并提高电炉的生产效率。

(2)再资源化。高炉渣的再资源化率几近 100%。转炉渣的再资源化也受到了充分的重视，然而各主要产钢国在转炉渣的再资源化方面还处在不同水平上，我国与日本的差距就不小(中国转炉渣利用率约为 80%，日本转炉渣利用率为 97.6%)。

(3)无害化处理。钢铁企业的无害化处理比较集中在水处理、烟尘处理以及某些有害刺激性气体的处理上。

作为水处理问题，电炉流程的钢厂要比高炉—转炉联合企业简单得多。然而更为根本的问题是：如何少用水、不用水或是水的充分循环利用。作为再能源化和不用水的绝妙结合的例子就是干熄焦(CDQ)。北美有的新建焦炉将原来炼焦 - 化工系统转为炼焦 - 发电系统也是值得注意的新动向。

烟气脱硫对于酸雨等大面积区域生态环境以及居民的健康有着直接的影响。目前氮氧化合物(NO_x)的防治也引起人们的重视。

总之，中国钢厂的无害化处理尚处于起步阶段。

4　钢材及其制品的“绿色度”

应该注意到钢材及其制品的性能、设计方法以及回收循环使用是环境友好的钢铁工业在社会上的重要体现。钢材及其制品与其他材料相比在不少方面显示出了它对环境友好的“绿色度”。同时某些“绿色度”的指标也可以用于比较不同钢材之间的相对环境友好程度。

(1)关于单位产品的环境负荷。不同钢厂及其制品的环境负荷主要取决于制造过程以及对资源、能源的消耗量。虽然，现在还缺乏不同钢材环境负荷的系统数据，但是人们也不难看到螺纹钢筋与不锈钢冷轧薄板之间对环境负荷影响的差别，热轧薄板与镀锡薄板之间的环境负荷差别将更为直观。

提高钢材的性能,使之结构轻型化(汽车、啤酒罐等),改进钢制品的设计,使之更易拆解、分类并有利于收集处理等组成的钢制品的"绿色化"设计,也是改善钢材及其制品对环境负荷影响的重要途径。

(2)关于使用寿命与使用效率。提高钢材及其制品的使用寿命,提高耐久性和可靠性,是显示其"绿色度"的另一途径。改善钢板表面涂镀层、改善轴承钢的抗疲劳性能、改善不锈钢耐热、抗腐蚀性能以及一系列抗大气腐蚀钢材的开发等均属此例。

提高钢材的使用效率可以直接或间接地显示其"绿色度"。高强度耐腐蚀管线用钢的开发、轻型钢结构、钢制房屋的开发以及高性能电工钢板的开发、超临界高效锅炉用钢管的开发等属于此例。

(3)关于钢材及其制品对环境的污染负荷。这里是指来自钢材及其制品本身的环境污染负荷,如含有铅、铬等污染物的涂镀层钢板、含铅易切削钢等。目前正在开发减少和淘汰这些易污染元素的新产品的工作(如无铬镀锌钢板等)。

(4)关于钢材及其制品的可再生性。钢材及其制品的循环使用率明显高于塑料、水泥、纸、铝、玻璃等大宗使用的材料,可以说可再生性相对来说是最好的。现在全球每年可回收4亿吨左右的废钢铁用于生产钢铁,在全球年产8亿吨左右的粗钢中占有相当大的比例。

为了再生循环利用,钢材及其制品在生产、设计使用、拆解、分类处理、收集等过程已经有了一系列措施,最为突出的是废旧汽车拆解、分类处理、回收。钢制罐头容器的回收率也达到了很高的水平(目前日本钢罐的再资源化率已达80%)。

5 可持续发展的钢铁工业——绿色制造

在可以预见的未来时期内,钢铁仍然是非常重要的结构材料和迄今为止产量最大的功能材料,在众多的使用领域内钢铁仍属必选材料,是工业、农业、交通运输业和国防工业的基础。

钢铁工业属于流程制造业。钢铁制造过程从本质上看是集物质状态转变、物质性质控制和物流有序、有效管制于一体的生产制造体系。在钢铁制造体系中大量的物质/产品流、大量能量转换过程、多种形式的排放过程和大量的排放/废弃物都对环境造成不同层次、不同程度上的影响。钢铁工业面向新世纪的重要命题(也是根本性的命题)之一是走绿色制造的道路,构筑可持续发展的钢铁工业。

Green Manufacturing vs Steel Industry

Ruiyu Yin

(Central Iron and Steel Research Institute, Beijing, 100081, China)

Abstract The concept and connotation of, and the main measures for "Green manufacturing" are briefly discussed from the viewpoint of sustainable development. The issue is more closely dealt with in regard to the steel industry. It is pointed out that adequate environment protection in a "green" steel plant does not merely mean a tolerate disposal of pollutants emitted from its operation units, but rather the effective implementation of a strategy whereby the formation of any polluting agents in any part of this plant is include proper choice and control of raw materials, and an untiring endeavor effort to optimize the complete manufacturing process of the whole steel plant.

Key words green manufacturing, sustainable development, steel industry

钢铁制造流程结构解析及其若干工程效应问题*

摘　要　结合钢铁工业的时代命题—— 市场竞争力和可持续发展的要求，分析了钢铁制造流程的结构和流程的演进过程。归纳出钢铁制造流程中的若干工程效应，即“瓶颈”效应及其消除，“临界－优化”与“临界－紧凑－连续/准连续”效应，“分解－集成”效应，“动脉－静脉”循环效应。最后提出了未来新一代钢厂在工程设计上的发展方向和概念。

关键词　钢铁制造流程　结构解析

1　前言

长期以来钢铁制造流程的基本工艺原理没有明显改变，但是工艺过程的工程表现形式发生了巨变。不断的技术进步，使得钢厂总体模式不断改变。总的看，钢铁制造流程正处在从间歇/准连续向准连续/连续的方向演进之中。产品结构专业化是钢厂结构调整的主要方向。

21世纪的钢铁企业要在市场竞争力和可持续发展的挑战中生存发展，必须依靠新一代生产力。而新一代生产力的获得要通过对市场、产品结构和制造流程进行解析和综合集成，在总体上获得新的概念性设计，并结合新工艺、新装备和信息技术应用到工程设计和企业技术改造的战略实施中去。

钢铁制造流程的解析和集成在不同层次上的涵义见图1。本文将着重讨论钢铁制造流程的结构解析及在工程应用中的若干工程效应问题。

2　钢铁制造流程结构的本质和演进

从根本上看，钢铁制造过程的本质是物质状态转变、物质性质控制、物质流管制在时间、温度和空间上的融合、贯通、协调、控制，实际上是一种多维的过程物质流管制系统。这种多维过程物质流系统在实际生产中是以“准连续/间歇”性质的“弹性链/半弹性链”谐振方式运行的。

钢铁制造流程的结构决定着钢铁企业的模式。而钢厂模式包括产品系列、企业规模、销售范围等。国际钢铁工业共同的时代命题——市场竞争力、可持续发展的要求，将以科学－工程的形式反映到钢铁制造流程上。主要表现为：

（1）钢铁制造流程将是紧凑化—准连续化—产品专业化的制造流程，这样的生产流程既是环保意义上的清洁生产流程，又是市场竞争力意义上的结构调整与优化的工艺流程（含洁净钢生产流程）；

（2）钢厂排放过程的有效控制和无害化处理以及排放物质的再资源化、再能源化；

（3）钢厂制造流程是以实现冶金功能为主体，逐步演变成兼顾能源转换功能以及社

* 原发表于《钢铁》，2000，35（10）：1～7。

会废弃物的环保处理等功能的流程。

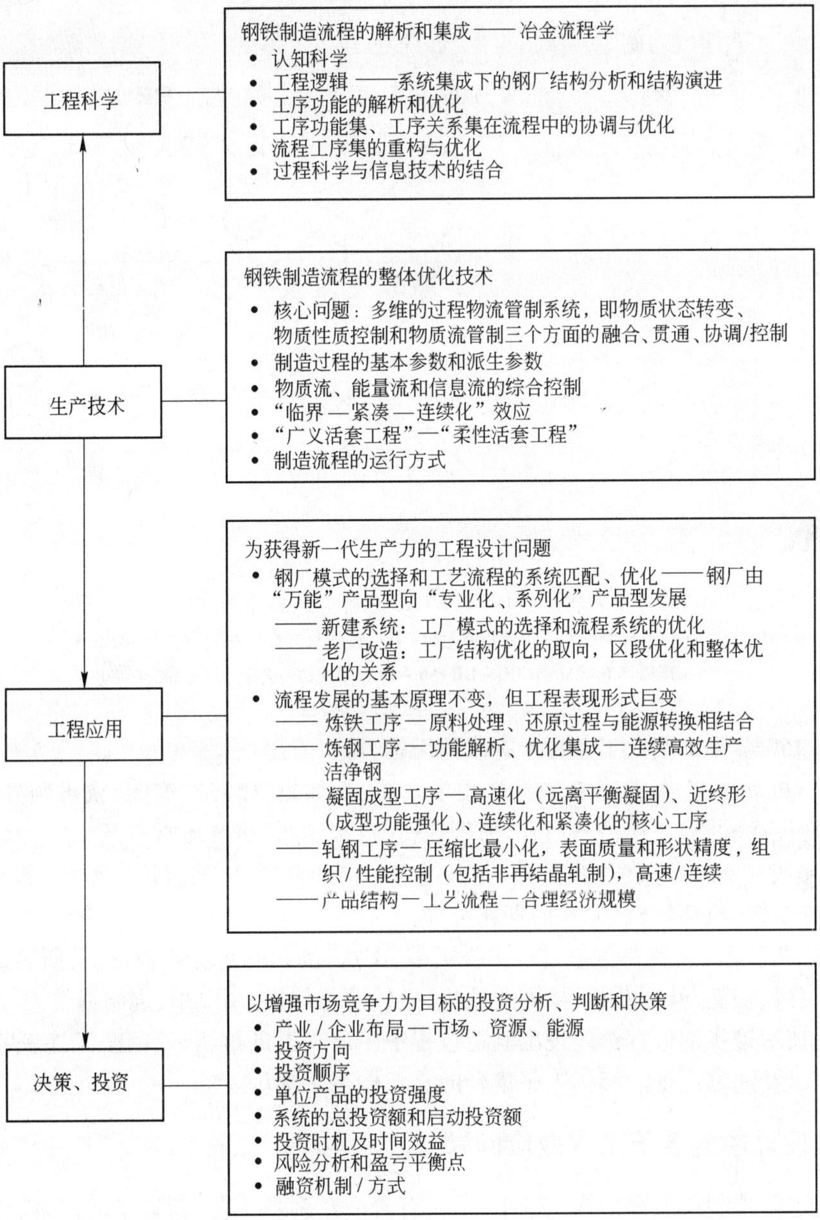

图1 钢铁制造流程的解析和集成在不同层次上的涵义

组成钢铁制造流程的各单元工序应具有总体上的配合性和协调性。现代化的流程系统不应是各组元的简单叠加、拼凑，它应以合理的系统结构来实现特定的功能。图2示出了战后钢铁联合企业生产流程的演进。

钢铁制造流程的解析 - 综合集成，就是根据流程系统的目标（群）来解决流程系统的结构优化和功能优化。其基本内容将涉及过程工序功能集和单元工序功能集的解析优化、工序关系集（相邻的、长程的）的协调优化和流程系统工序集的重构优化的研究。进而在工程设计和应用中对钢厂的产品结构、工艺流程进行优化组合，对装备的功能水平和能力进行新的认识和开发，对钢厂的合理规模以及环境友好的程度进行调整优化。

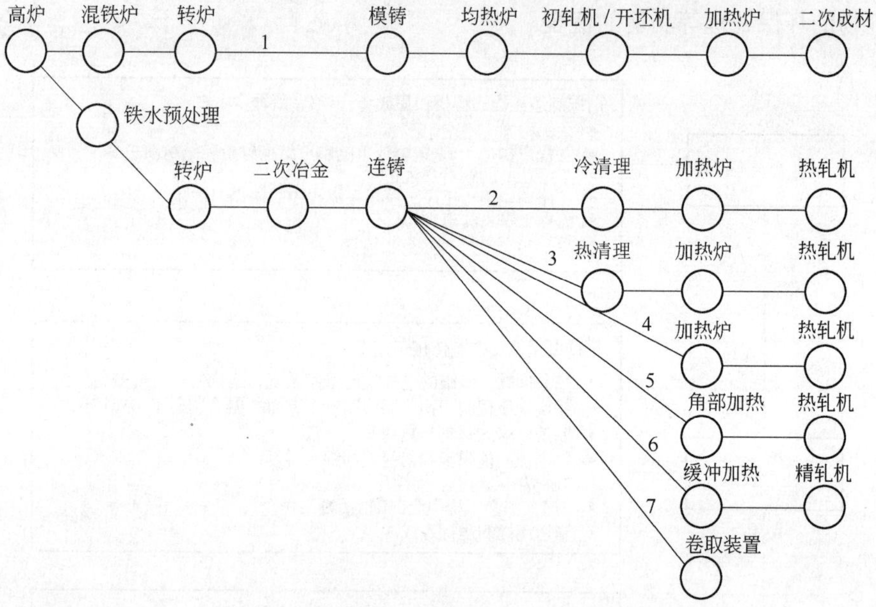

图2 高炉—转炉—轧钢生产流程的演进

1—模铸钢锭冷装轧制(IC-CCR);2—连铸坯冷装炉轧制(CC-CCR);
3—连铸坯热送轧制(CC-HCR);4—无缺陷连铸坯直接热装炉轧制(CC-DHCR);
5—连铸坯直接轧制(CC-DR);6—薄板坯连铸—连轧;7—薄带连铸

回顾150多年来钢铁工业技术进步的历程,可以看出:

(1)一批新工艺、新装备在创新过程中发展,例如氧气转炉、连铸、铁水预处理、二次冶金、控轧控冷、薄板坯连铸—连轧、薄带连铸、直接还原、熔融还原等;

(2)一批工艺、装置在逐步演进、完善过程中得到发展,例如高炉大型化、超高功率电炉、大型烧结机、热连轧机、无缝钢管轧机等;

(3)一批工艺、装置在竞争过程中被更替、淘汰,例如贝塞麦转炉、托马斯转炉、平炉、混铁炉、模铸、初轧/开坯轧机、横列式轧机、叠轧薄板轧机、小电炉、烧结锅等。

上述技术进步的过程都体现出制造过程中工序功能的解析-优化,工序关系集的协调-优化以及随之出现的流程工序集合的重新构造-优化。

3 工程设计中的若干工程效应问题

在上述钢铁制造流程结构演进中,不仅有着一系列新工艺、新装备的出现,而且还存在着一些值得重视的工程效应问题。在钢厂制造流程中这些工程效应不仅存在于单元工序中,更重要的是体现在多个工序中或生产区段(例如炼钢厂、轧钢厂等)中。这些工程效应的表现形式主要是:

(1)“瓶颈”效应及其消除;

(2)“临界-优化”或“临界-紧凑-连续/准连续”效应;

(3)“分解-集成”或“柔性活套工程”效应;

(4)“动脉-静脉”协调循环效应等。

3.1 “瓶颈”效应及其消除

钢铁生产是一种多工序、间隙/准连续的长流程作业方式。无论从全流程(整个企业)看,还是从区段(车间)看,甚至从单元工序(装置)看,都有可能出现影响生产连续稳定地进行的“瓶颈”现象。这类“瓶颈”现象表现为“物质流量型”“时间因素型”“温度/能量型”“质量参数型”等。然而,从总体看,长期以来影响钢铁生产流程的“瓶颈”是模铸—初轧/开坯以及与之相应的钢锭库、中间坯库。模铸—初轧/开坯导致生产的连续性受到阻塞,而且还影响炼钢炉、热轧机生产效率的发挥;而由于连铸工艺的广泛采用,钢铁企业的转炉生产效率成倍提高。可见连铸工艺对于钢厂解决“瓶颈”效应表现得最为突出。中国地方钢铁企业由于连铸比的提高,模铸过程的“瓶颈”效应被消除,使其转炉利用系数成倍提高(见表1)。当然,地方钢厂的转炉利用系数的提高还有一些其他因素的促进。

表1　中国地方钢厂连铸比对中、小转炉利用系数的综合影响

年　份	1988	1989	1990	1991	1992	1993	1994	1995	1996	1997	1998	1999
连铸比/%	20.57	22.57	41.53	45.67	48.23	54.96	59.45	62.05	71.71	75.24	82.57	93.95
转炉利用系数 /t·(t·d)$^{-1}$	25.90	26.64	26.64	27.32	30.63	34.39	34.39	36.09	39.83	44.65	49.80	53.08

连铸工艺特别是全连铸体制钢厂的出现，不仅解决了模铸—初轧/开坯过程中金属收得率、时间、温度/能量损失的“瓶颈”现象（图3），而且还解决了物流的运输方式（有可能不用火车，只用辊道直接简捷输送），解决了输送过程中的距离、时间、温度/能量“瓶颈”，也解决了压力加工成型过程中压缩比大的形变“瓶颈”等。由于全连铸生产体制淘汰了模铸—初轧/开坯体制，钢厂结构发生了变化，这就是以高效生产的专业化钢厂替代了低效率、高能耗的“万能化”钢厂。

当然，相当长时期内，因平炉冶炼时间过长，轧钢加热炉加热时间过长等也呈现出明显的“瓶颈”效应，已分别被转炉、超高功率电炉、铸坯热装等工艺淘汰或改进。

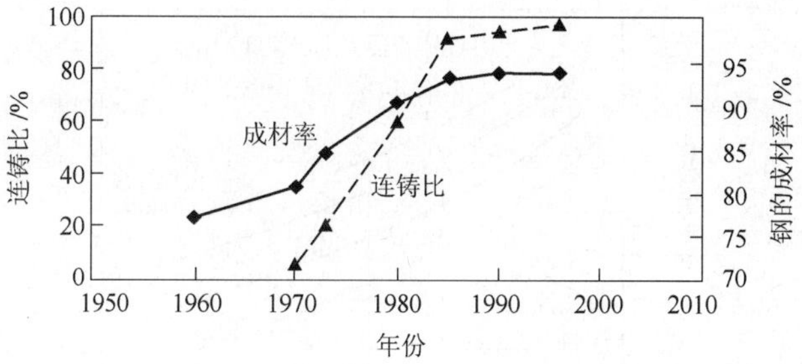

图3　日本钢铁工业的连铸比对钢材成材率的综合影响

3.2　“临界－优化”或“临界－紧凑－连续/准连续”效应

由于各单元工序、装置不断地技术进步，各工序之间发生了不同类型、不同层次的“临界－优化”或“临界－紧凑－连续/准连续”效应。所谓“临界－优化”或“临界－紧凑－连续/准连续”效应是指：当流程系统内某一工序（或装置）被取代（淘汰），或是某些工序的若干功能被取代或优化，从而实现钢铁制造流程的“紧凑化”（简化）、“连续/准连续”，进而使得钢厂生产一系列结构性的变化。

当然，激发出这种效应的起因，往往是某些参数的“临界”值。钢铁制造过程中的“临界”现象可以在不同层次上来分析，有全流程性的“临界”效应，见图4；有区段性的“临界”效应，见图5；有单元工序性的“临界”效应和单一操作性的“临界”效应等。

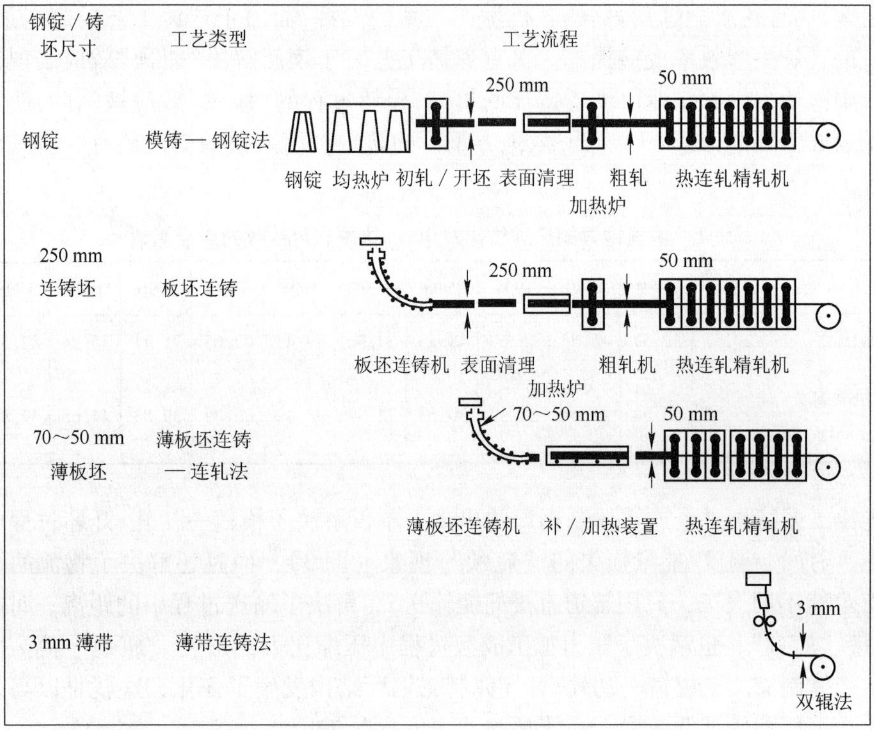

图4　钢铁制造流程的演进与“临界-紧凑-连续/准连续”效应

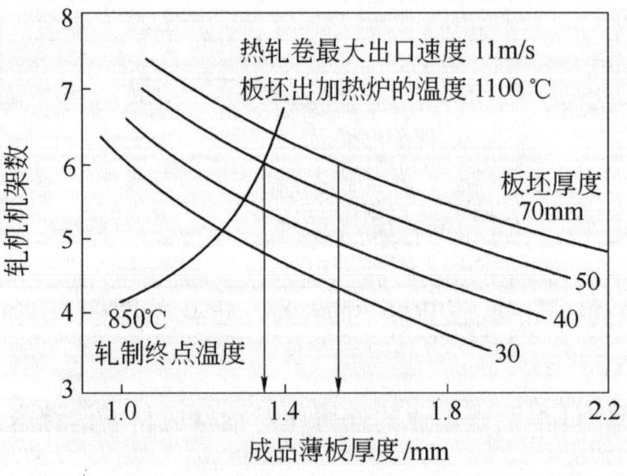

图5　板坯厚度临界值与轧制系统的关系

随着钢铁制造流程中“临界-优化”效应或“临界-紧凑-连续/准连续”效应的出现，在工程设计上不能再把钢厂生产流程视为一系列单元工序简单并联/串联性的组合体，也不能片面地追求某一工序（装置）的所谓自身“最佳化”，而应该用新的流程效应、新的设计思想，对钢铁制造流程进行解析-综合集成，以实现整体优化-结构升级。薄板坯连铸—连轧工艺的出现，使人不得不联想，到2010年后，传统厚板连铸机—传统热连轧机（粗轧机组+精轧机组）是否还能保持其市场竞争力？

3.3 “分解—集成”效应

在现代钢铁制造流程中，为了实现某些（或一系列）优化目标，有时在简化工序的同时，也有通过对某些工序的功能进行优化、分解/分担或替代，甚至增加新工序（装置），然后再将某些区段（车间）的多个工序协调－集成起来，形成“分解－集成”效应，达到新的系统优化目标。这类效应最为突出的反映是在炼钢区段内。由于连铸不断向高速、高效化方向发展，致使板坯连铸机的拉速达到2.5m/min的水平。这样，270t转炉的一炉钢水将在25～30min浇注完毕，而如果转炉的出钢—出钢周期时间>25min，则难以实现多炉连浇。同样，如果铁水预处理的周期时间大于浇注一炉钢的时间也将难以实现多炉连浇。对于铁水预处理工序而言，影响处理周期时间的因素主要是扒渣时间过长，而影响转炉出钢—出钢时间的因素主要是脱硅、脱磷、脱硫、升温等冶金功能过多。为了解决好连铸高速高效化后的多炉连浇，日本开发了铁水全部经过预炼转炉进行“三脱”处理，炼钢转炉的功能则简化为脱碳、升温，然后全部钢水通过快节奏的精炼装置处理（如RH-KTB、CAS等），由此形成串联式一一对应的“分解－集成”效应，如图6所示。

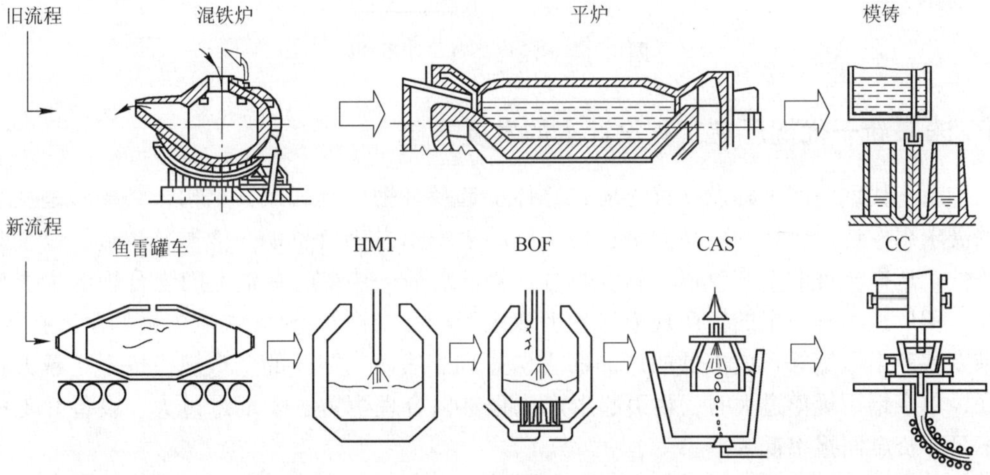

图6　炼钢工艺流程的演进

这类“分解－集成”效应已经在日本好几个钢厂实现，在全量铁水经转炉“三脱”处理的基础上，获得了以两座270t转炉吹一座，就可以实现年产480万～500万吨钢的水平。这种“分解－集成”效应的出现，冲击了大型联合企业往往要有几个炼钢车间的传统概念。同时，也预示着经铁水“三脱”后转炉的生产效率明显提高，今后是否有必要选择300t转炉，应该从投资、制造成本等一系列技术经济问题上进行审慎的评估。

3.4 “动脉－静脉”循环效应

钢铁制造流程犹如人体的动脉，主要是金属物流过程。与之相应不可避免会出现各类排放过程与不同的排放物，犹如人体的“静脉”。现代化的钢厂在工程设计中，应高度重视可持续性发展，注意“动脉－静脉”的循环协调，也就是要使排放过程中的排放物、剩余能在制造过程中再资源化，再能源化有效利用，以期降低制造成本，并争取接近“零”排放，促进与环境友好。在钢厂生产流程中，耗能最多、排放最多的当属炼铁区段，也是“动脉-静脉”循环效应最值得重视的区段，图7示出了高炉炼铁区域物料与能源的“动脉-静脉”循环效应。其中蕴涵着高炉—转炉联合企业“只买煤，不买电”的发展趋势。

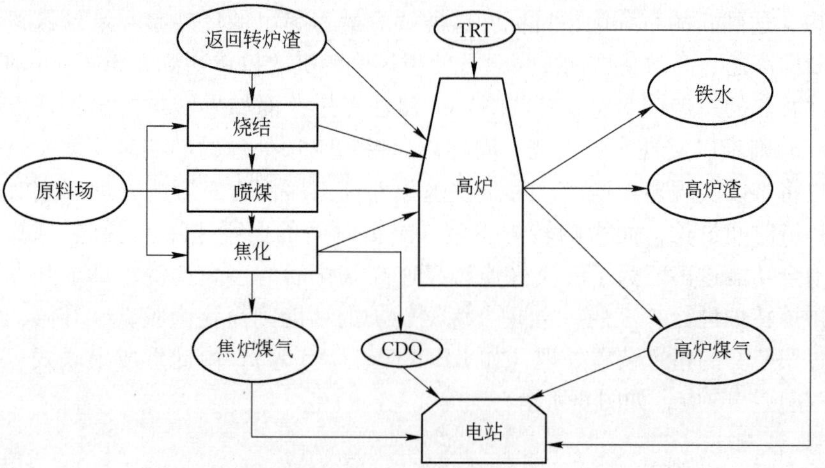

图7　高炉流程物料与能源框图

4　未来新一代钢厂在工程设计上的发展方向

新一代钢厂的工程设计首先应在总体上选择好钢厂模式及其结构，其核心是从市场需求出发选择合适的产品大纲；再从产品大纲出发结合资源、能源、运输、资金等条件，选择合理的工艺流程、装备能力、装备水平；并在此基础上确立合理的生产规模。钢厂达不到一定的生产规模（主要取决于产品结构），则无法搞先进的生产技术，难以生产出质量好、成本低的产品而无法盈利。然而，钢厂的生产规模也不是越大越好，单个钢厂规模过大时，将引起生产流程难以合理配置、投资量过大、设备开工率不足、资金回报率低等后果。

在设计过程中，必须充分考虑一系列新工艺、新技术、新装备在生产过程中组合后的工程效应。在新概念的指导下，使这些新工艺、新技术、新装备形成一系列新的工程表现形式。总的看，未来钢铁生产流程各工序的工程内涵将向下述方向发展。

（1）炼铁工序：将遵循原料处理、还原过程与能源/物料的循环、转换相结合，向低能耗（包括少焦、非焦）、高效率、长寿命、“零”排放的方向发展；同时，应进一步展望，钢铁生产过程的还原工序装置不仅是液态金属的初始发生器，而且也可以是一种有价值的能源转换器，或是某些社会废弃物的环保处理器。

（2）炼钢工序：将遵循工序功能的解析优化、工序间的协调优化的原则，向连续高效生产、洁净钢生产的方向发展。

（3）凝固成型工序：将遵循高速化（远离平衡的凝固）和近终形（强化成型功能）的原则，成为使整个钢铁生产过程向着“连续化-紧凑化-专业化”方向发展的核心工序。

（4）热轧工序：将遵循尽可能压缩比最小化（弱化或消除压延功能），强化对表面质量和形状精度的控制，强化对产品组织/性能的“在线”控制（包括中、低温度下的非再结晶轧制），向生产高速化、连续化、产品高附加值化方向发展。

5 归纳与展望

作为发展中国家，中国将继续发展钢铁工业。从全球角度看，中国发展钢铁工业有比较优势和后发优势。在进入21世纪之际，应该解决创新和跨越式发展问题。应在钢铁制造流程的解析与集成理论和基础研究的基础上，研究符合国情的、以先进制造过程研究为基础的钢厂模式。研究的目标和内容可分为两个层次：

（1）企业战略层次：研究企业的核心目标和跨越式发展战略；

（2）制造流程层次：这是为实现企业战略而需要的企业生产工艺流程（技术）和工作流程（管理）。其工程研究的内容应包括面向工程设计、生产过程的新一代流程开发的理论和方法；制造过程中诸多工序组成的集合工程效应、设计中的工程逻辑以及综合集成系统。

上述工程应用研究将为工程设计和生产过程提供理论基础，也为企业的信息系统设计提供基础。此外，也将为某些制造业的管理理论提供支撑。

Structural Analysis on Steel Manufacturing Process and Some Problems of Engineering Effectiveness

Ruiyu Yin

(Central Iron and Steel Research Institute, Beijing, 100081, China)

Abstract Facing the challenge of competition and sustainable development for steel industry, the structure of steel manufacturing process and its evolution are analyzed in this paper. Some of engineering effectiveness in steel manufacturing process are summarized as: "bottle neck" effectiveness and its elimination, effectiveness of "criticalness-optimization" and "criticalness-compactness-continuation/quasi-continuation", effectiveness of "analysis-integration", recycling effectiveness of "artery-vein". Finally, the development direction and concept of engineering design for new generation steel plant are indicated.

Key words steel manufacturing process, structural analysis

钢铁制造流程的解析和集成*

摘　要　对钢铁制造流程中若干深层次的理论问题进行了学科分支意义上的讨论。对工序功能集的解析-优化、工序关系集的协调-优化和流程工序集的集成-优化等给予物理-数学方面的概括和描述。提出了对可能发展起来的学科分支——冶金流程学的展望。同时进一步指出，制造流程的系统理论和制造过程的信息系统是21世纪制造科学，制造工业发展的共性基础理论。

关键词　钢铁制造流程　解析与集成　工序功能集　工序关系集　流程工序集　冶金流程学

符号说明

A_j	生产过程中加入的能源、辅加剂等
B_j	生产过程中的排放物、废弃物等
C	控制策略集
$C_{f,ij}$	功能 i 在工序 j 中的分配数（0—1）
C_j	可能出现的某些间歇现象、间歇因素等
F	流程系统工序功能集
f_{ij}	某一工序 i 所具备的某一功能 j
$g(t)$	时间参数及其表现形式
i	过程系统中的某一项功能，或流程内的工序序号
j	制造流程中某一单元工序，或流程内的工序序号
m	流程的功能数
n	流程的工序数
O	工序的输出集
P_j	生产体（如矿石、生铁、钢液、铸坯、热轧材等）
P_{sc}	流程系统工序集
Q	物质量
R	组元（工序）间关系的集合，或流程系统工序关系集
τ	表示两个工序间的关系
τ_{ij}	流程中工序 i，j 的关系集
S_{mf}	多维过程物质流系统
S_v	“黏性”制造过程系统
T	过程中金属流温度
T_k	系统中影响金属流温度的有关因素
t	过程时间
W	金属物质量（包括流量，浓度等）

* 原发表于《金属学报》，2000，36（10）：1077～1084。国家自然科学基金资助项目（5944002）。

ω	生产体的重量、流量、浓度等
ω_k	系统中影响金属物质量的有关因素
X	流程工序集合
X_I，X_O	流程中的第 I 和第 O 个工序，它们既可能是相邻工序，也可能是非相邻工序
$\sum F_i$	柔性组元（工序）集合
$\sum R_i$	刚性组元（工序）集合

现代钢铁制造流程系统已发展成包含资源及能源利用、质量控制、新品开发、环境保护等内容的工程技术大系统，并进一步向准连续化/连续化、紧凑化/简化、高效化和综合利用、环境友好的方向发展。钢铁制造流程的特点是：规模以年产百万吨计，而其关键环节的工艺控制和装置的技术水平不亚于任何“新”材料的水平。钢铁工业成为世界上最高产、高效和技术先进的工业之一，进入 21 世纪更面临着市场竞争和可持续发展的挑战。

一个多世纪以来，钢铁制造过程一直是以解析的方法为主，将整个制造过程分解成原料准备与处理、焦化、炼铁、炼钢、凝固、金属塑性压力加工、金属热处理等工序，并形成了学科分支，然后机械地将过程连接起来，造成了过程物质流的停顿、间歇，过程物质温度的多次起伏，能耗及物耗高，排放量大，过程时间长等问题。因此，迫切需要一种立足于制造过程整体系统上的理论，来解决整体流程中的物质流、能量流及信息流优化集成问题——进行钢铁制造流程解析 - 集成优化的研究，提出新的理论和方向，以支持钢铁工业的健康发展。

钢铁制造流程的解析与集成在不同层次上有不同的含义，详见图 1。

1　钢铁制造流程的本质

钢铁制造流程是包括原料/能源的储运、原料处理（包括烧结、球团等）、焦化、炼铁、铁水预处理、炼钢、钢水二次冶金、凝固成型、铸坯再加热、轧钢及精加工等诸多工序的准连续/间歇生产过程。该过程系统是一个集成了物质流管制、能量流管制、信息流管制的多维数、多层次、多目标的工程系统。从根本上看，钢铁制造过程的本质是物质状态转变、物质性质控制以及物质流管制在时间、温度和空间上的融合、贯通、协调和控制。因此，实际上是一种多维的过程物质流管制系统。钢厂的多维过程物质流系统可以概括为

$$S_{mf} = \sum_{j} \iiint (P_j + A_j - B_j)\ \mathrm{d}\omega \mathrm{d}T \mathrm{d}t + C_j \tag{1}$$

1.1　钢铁制造流程中的基本参数和派生参数

钢铁制造流程包含了化学冶金过程—凝固过程—冶金的物理过程等方面的变化过程，为使前后工序融合、协调起来，需要寻求更为基本的参数来调控整个制造过程。

这些基本参数必须：

——能够贯通整个钢铁制造流程；

——要在整个流程中都呈现连续“可微”的特征，可量化；

——可以用同一形式、同一单位贯穿于整个制造流程的始末。

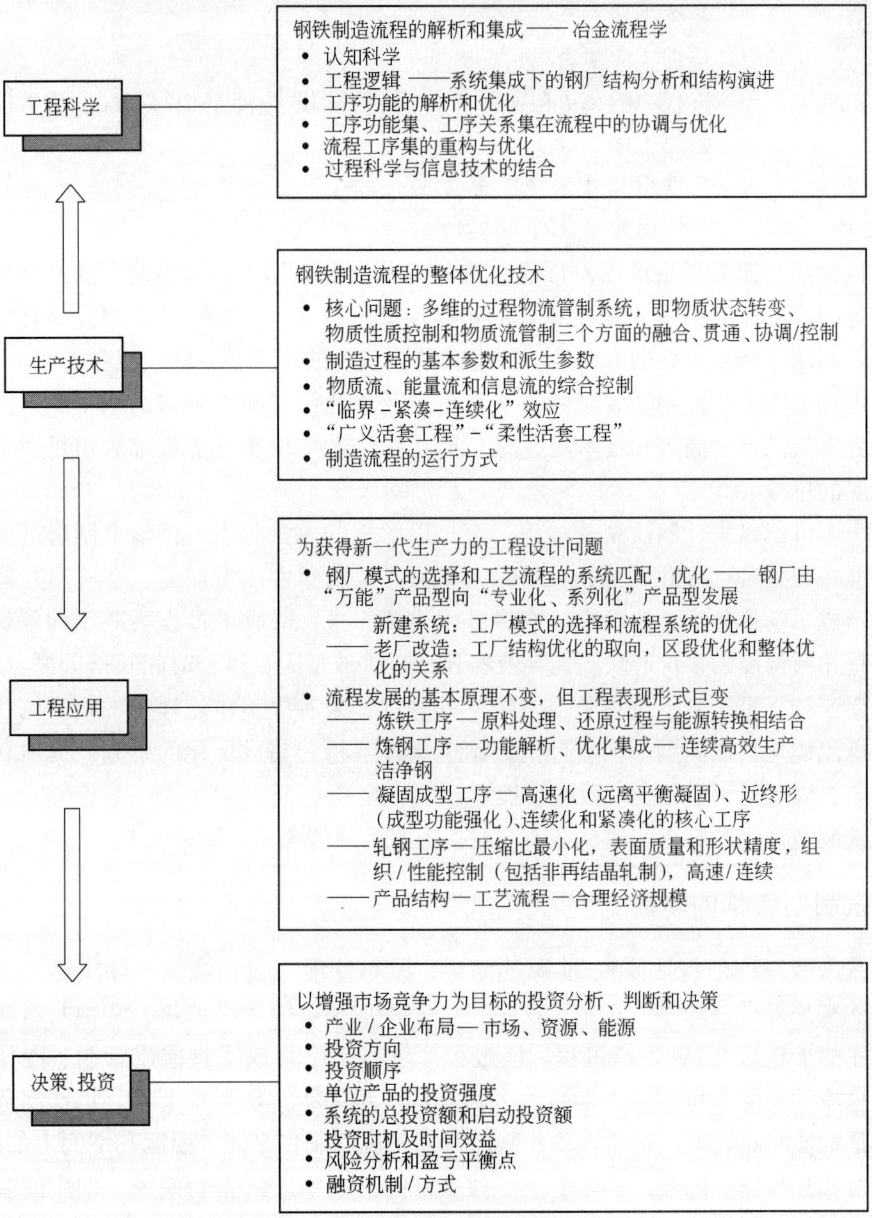

图1　钢铁制造流程的解析和集成在不同层次上的涵义

分析钢铁制造流程包含的各个过程可以清楚地看出，物质量（重量、质量、流量、浓度）、温度和时间这三个参数属于基本参数，影响着整个流程中的一系列变化（如反应变化、状态变化、形状变化、组成变化和性质变化等），实际上钢铁制造过程中发生的诸多变化是受上述基本参数控制的派生参数（见图2）。基本参数的变化也关联到产量、生产效率、物耗/能耗、质量/品种及制造成本等重要经营指标，这些均属于目标参数（见图2“倒三角锥”的底点位置）。

钢铁生产过程的多维物质流控制工程，就是要通过综合调控物质流的基本参数（如物质量、时间、温度等）来实现整个流程物流的衔接、匹配、连续和稳定。

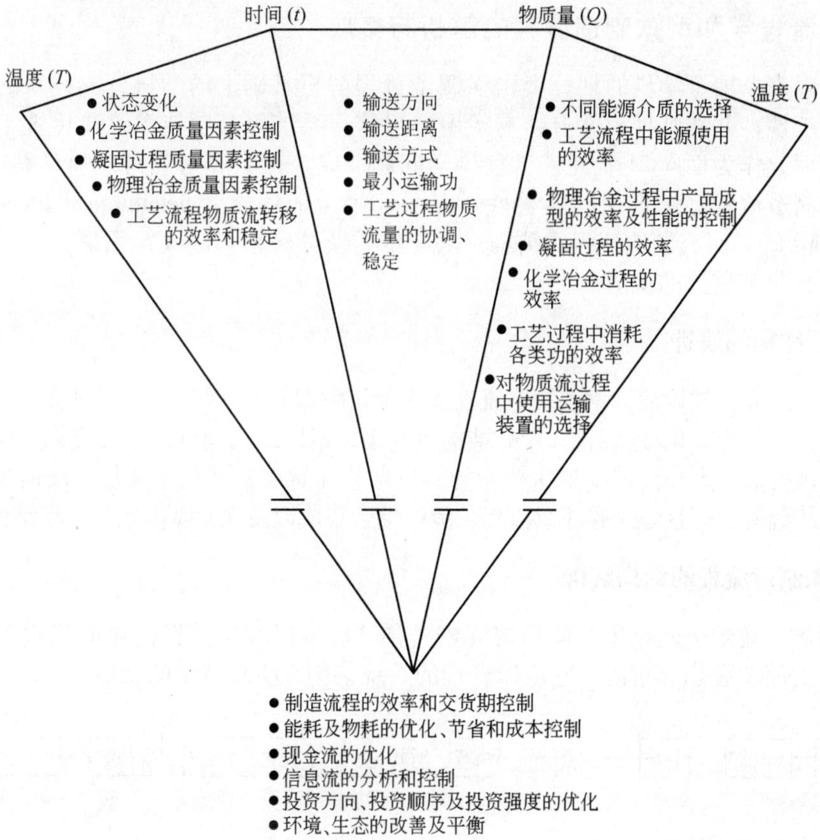

图 2　钢铁制造流程系统内基本参数与派生参数间关系的解析

1.2　钢铁制造流程系统的运行方式

近 20 多年来，全连铸钢厂的出现大大改善了钢厂生产过程中的物质流、能量流、信息流和质量流的调控水平，而且逐步实现了准连续/连续化。

解析钢铁制造流程实现准连续/连续调控的特点，实际上是使制造流程系统朝着由“刚性组元”和“柔性组元”组成的“黏性”连续系统演进。也就是可以将现代化的钢厂类比为由“刚性组元”和“柔性组元”组成的“黏性”制造流程系统，即

$$S_v = F(\sum F_i, \sum R_i, R) \tag{2}$$

在钢厂生产流程中，上述模化的“刚性组元”“柔性组元”只是在其不同功能上的相对意义上的抽象。在实际运行过程中，“刚性组元”在基本参数上带有一定的“弹性”(即其基本参数可在一定范围内波动)；“柔性组元”也不是无限“可柔”的，在运行中带有一定的极限限制。由于流程中不同类型的“刚性组元”在运行中的“弹性”值不同，不同类型“柔性组元”的运行“极限”值不同，以致前后工序间的衔接、匹配关系不同。因此，钢铁制造流程系统的实际运行方式呈现出不同类型的“弹性链/半弹性链”谐振方式。

系统内“刚性组元”的“弹性”与“柔性组元”的“极限”以及形成这些性质(功能)的参数的组合关系，体现了整个钢厂系统的“黏性”特征。系统“黏性”特征的变化会引起流程系统内部的“黏性耗散值”的变化，最终将反映在对产品成本、质量、生产效率及环境、投资等因素的影响上。

2 冶金流程学和钢铁制造流程的解析与集成

长期以来，冶金学科的划分突出强调了过程解析基础上的学科分支，缺乏总体相关性、系统性；并在某种程度上影响了用过程信息系统等高新技术改造传统工业的有效性。因而，作为面向21世纪的工程科学问题，应该探索和研究跨现有学科分支的、作为冶金制造流程系统理论的新学科分支—— 冶金流程学（metallurgical process engineering，MPE）。研究制造流程的结构、功能本质及其解析与集成，无论在科学上还是经济上都有非常重要的价值。

2.1 钢厂结构的演进

第二次世界大战以后，钢铁制造流程逐步由间歇型向准连续/连续型过渡，工艺流程不断紧凑化、准连续化/连续化，产品结构专业化是钢厂结构调整的主要方向。同时，从主要注重规模的扩大和流程中工序功能的简单划分（解析）和简单叠加，转向不仅注重流程功能的解析，而且越来越注意流程功能的综合集成以及在此基础上的流程结构优化。

2.2 钢铁制造流程的结构解析

从高炉—转炉—轧钢生产流程的演进（图3）可以看出，现代化的流程系统不应是各组元的简单叠加、拼凑，它应以合理的系统结构来实现特定的功能。

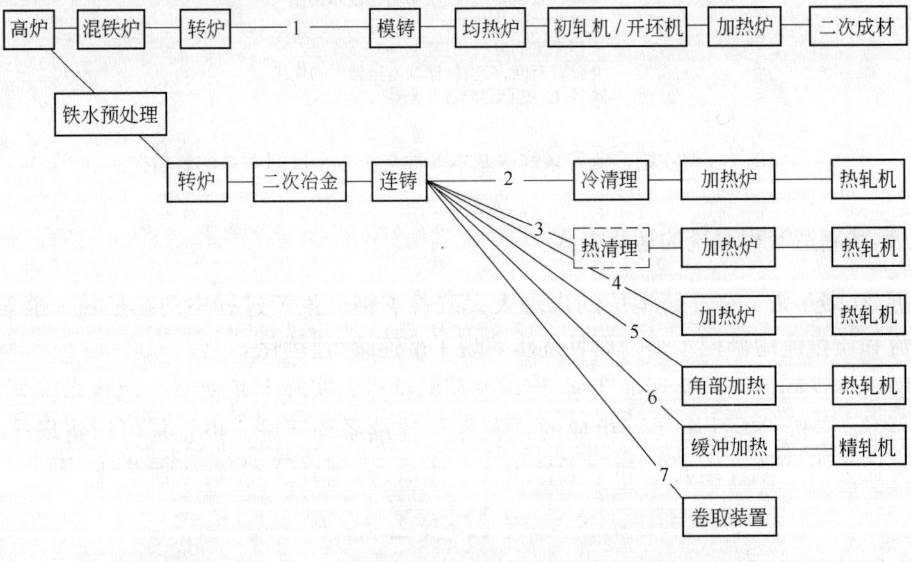

图3 高炉—转炉—轧钢生产流程的演进

1—模铸钢锭冷装轧制（IC－CCR）；2—连铸坯冷装炉轧制（CC－CCR）；3—连铸坯热送轧制（CC－HCR）；4—无缺陷连铸坯直接热装炉轧制（CC－DHCR）；5—连铸坯直接轧制（CC－DR）；6—薄板坯连铸—连轧；7—薄带连铸

因此，流程系统内各单元工序/装置应在流程整体优化的原则指导下：

——选择、分配、协调好诸多工序/装置各自的优化功能，建立起解析－优化的工序功能集合；

——建立、分配、协调好诸多工序/装置间相互的关系，建立起协调－优化的工序关系集合；

——在工序功能集的解析－优化和工序关系集的协调－优化的基础上重新组合成

新一代的流程工序集，即实现流程系统内工序组成的重构－优化。

所谓流程系统结构是指系统内具有不同特定功能的工序的构成集合和各单元工序之间在一定条件下所形成的相互关系集合。系统结构的内涵不只是系统内各工序的简单的数量堆积和数量比例，更主要的是工序功能集、工序关系集的合理性、系统运行的动态可调性及其内在的活力状况。

钢铁制造流程的解析－综合集成研究，就是根据流程系统的目标（群）的需要来引导流程系统的结构优化和功能优化。基本内容将涉及图4所示过程工序功能集（包括单元工序功能集）的解析－优化、工序关系集（相邻的、长程的）的协调－优化和流程系统工序集的重构－优化。

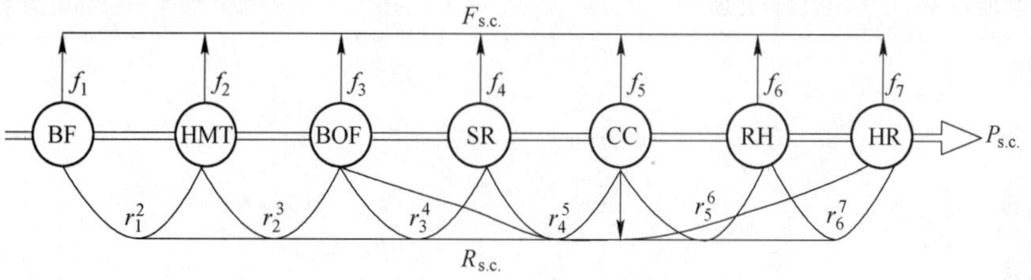

图4　钢铁制造流程解析－综合集成概念示意图

$F_{s.c.}$—工序功能集；$P_{s.c.}$—流程系统工序集；$R_{s.c.}$—工序关系集；f_i—单元工序的功能集；r_i^j—工序之间的关系集

图5即为在此基础上确立反映流程结构、功能本质的物理模型后，进而建立起的描述流程运行、调控特征的数学模型。

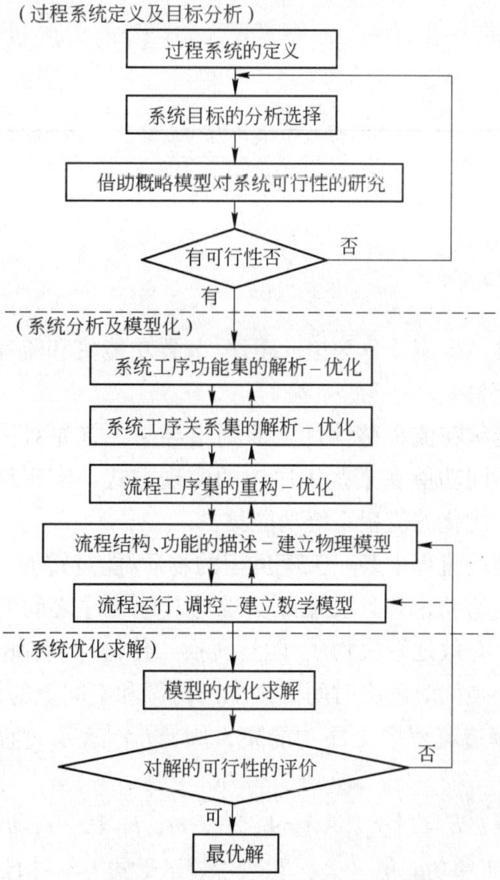

图5　钢铁制造流程解析－综合集成的分析流程图

2.3 钢铁制造流程中工序功能集的解析－优化

所谓工序功能主要是指该工序在制造流程中发挥的主要作用，每个工序的功能往往是多元化的，同时某些功能又可以在多个工序中实现，因此又出现了某些功能在不同工序中实现的程度、优化匹配、相互取代以及综合集成等问题。转炉炼钢过程的典型实例见表1。

表1 炼钢过程工序功能的分解

工序功能	铁水预处理		转炉		二次精炼
脱硅	⊙①	⟵	○②		
脱硫	⊙	⟵	○	⟶	⊖③
脱磷	⊙	⟵	○	⟶	⊖
脱碳	⊖	⟵	⊙	⟶	⊙④
升温			⊙	⟶	⊖
脱气			⊖	⟶	⊙
夹杂物形态控制			⊖	⟶	⊙
脱氧			○	⟶	⊙
合金化			⊖	⟶	⊙
纯净化	⊙	⟵	⊖	⟶	⊙

①⊙—完成该功能的主要工序；

②⊖—完成该功能的次要工序；

③○—在该工序退化的功能；

④超低碳情况下，真空脱碳更重要。

由此，工序功能集至少应该分为单元工序/装置功能集和流程系统工序功能集（有时是区段系统工序功能集）。

流程系统工序功能集在流程整体优化原则指导下，首先对诸多工序的诸多不同功能进行解析，进而对不同功能在某些工序中的实现方式、实现程度进行优化选择、分配或取代，形成解析－优化的流程系统功能集。

单元工序功能集是指流程中某一工序负担的物质/能量转换、传输和储存以及实现规定目标所要求的特定活动，并且要兼顾实现与其他工序之间的优化匹配和合理衔接问题。为使工序功能更有效地解决物质/能量转换、传输和储存的各状态参数在流程中的合理衔接和匹配，必须同时解决时间因素上的协调和空间上的合理配置。

若以 F 表示钢厂制造流程中工序功能集，用 $\{f_{ij}\}$ 表示过程系统的单元工序功能集，则

$$F = \{f_{ij}\} \quad i=1,\ \cdots,\ m;\ j=1,\ \cdots,\ n \tag{3}$$

这样，系统中任一工序功能集 $\{f_{ij}\}$ 在数学表示形式上都具有相同的维数，若某一工序不具备的功能可以用0表示。因此，钢铁制造流程的系统功能集 F 可以用下式表示

$$F = |f_{ij}| = \begin{array}{c|cccc|} & \text{工序 }1 & \text{工序 }2 & \cdots & \text{工序 }n \\ \text{功能 }1 & f_{11} & f_{12} & \cdots & f_{1n} \\ \text{功能 }2 & f_{21} & f_{22} & \cdots & f_{2n} \\ \vdots & \vdots & \vdots & & \vdots \\ \text{功能 }m & f_{m1} & f_{m2} & \cdots & f_{mn} \end{array} \tag{4}$$

流程系统功能存在某功能在相关工序间的优化分配问题，这种分配/分担关系的优劣须用贯穿整个流程的基本变量（物质量（包括质量、流量、浓度等）、温度和时间）来评估，即

$$f_{ij} = f\left(W(\sum \omega_{\mathrm{k}}),\ T(\sum T_{\mathrm{k}}),\ g(t)\right) \tag{5}$$

$$C_{f,ij} = f'\left(W(\sum \omega_{\mathrm{k}}),\ T(\sum T_{\mathrm{k}}),\ g(t)\right) \tag{6}$$

2.4 钢铁制造过程中工序关系集的协调－优化

钢铁制造流程内的工序关系集不仅要考虑工序之间（包括相邻关系和长程关系）在时间因素、空间因素、温度因素、工序功能和装备能力的衔接匹配，而且还要重视工序之间输送方式的合理性（不仅是输送装备、输送状态，而且还涉及工厂的平面布置），即实现工序关系集的协调－优化，使过程中金属物流衰减、金属流的温度起伏、过程时间和过程库存量均实现“最小化”，以及产品质量、使用性能满足率实现优化等。

在流程系统的发展过程中，有时某工序处于带领地位（例如连续铸钢），同时带动着相邻工序的发展（见图3）。从图3可见，以高炉—转炉—热轧为代表的钢铁制造流程工序关系集不断演进，而且由于对连续化、紧凑化、节律化、协同化等方面的追求，使工序关系集的内涵越来越丰富。

工序功能的解析－优化是工序关系集优化的基础。工序功能一般可以归纳为“容量”性功能（如产量、生产率、输送能力等）和“强度”性功能（如产品或半成品的质量、性能等）。因此，工序之间的关系一般可以概括为“容量”性衔接、匹配关系和“强度”性衔接、匹配关系。通过工序功能的解析－优化和工序之间衔接、匹配关系的协调－优化，可以组成一系列短程/长程工序关系和工序关系集合——包括物质量、物质流量、物质浓度、温度、能量、时间、空间、组织/性能、质量等方面的衔接、匹配关系。它实际上是一系列的、广义的“活套”工程，其可靠性和灵活性在某种意义上标志着制造流程的整体性能的优劣，总的追求目标是朝着尽可能小的“活套”容量发展。例如高炉—混铁炉—平炉—模铸—钢锭库—均热炉—初轧机—中间坯库—加热炉—热轧机这样的流程，为保证正常生产运行，其“活套”的容量非常大；而高炉—鱼雷罐车—铁水“三脱”预处理—转炉—二次冶金—薄板坯连铸—热带连轧机流程的“活套”容量则明显变小，其技术意义以及经济价值不言而喻。

应用集合的概念可以表示系统各工序之间的关系。

令 X 为高炉—转炉流程钢厂内各工序 X_I 的集合，由于系统各工序之间具有特定的“容量”性、“强度”性以及“时间”性关系，这些关系同时包含因果、功能、孕育关系（长程关系往往如此）以及传输关系等工程上的关系集合。按照系统论的观点，如果系统的某一工序 $X_I \in X$，与系统的另一工序 $X_O \in X$ 具有影响关系，用 τ 表示这个关系，则

$$X_I \, r \, X_O, \; X_O \, r \, X_I \tag{7}$$

或

$$X_O = r(X_I) \qquad X_I = r(X_O) \tag{8}$$

实际上流程运行过程必须依靠各单元工序间各类广义“活套”的相互协调－优化，因此工序间关系集（如以 R 表示）包括了流程工序间的各类广义“活套”关系，其实质是工序间“活套”关系的集合。

由于不同类型高炉—转炉钢厂生产过程系统是相互间具有特定关系的多个工序组成的总体，则整个过程系统的工序关系集有如下表达式

$$R = \{ r \mid r = (X_I, \; X_O) \} \qquad I, \; O = 1 - n \tag{9}$$

若用矩阵表示上述工序关系集，则有

$$R = | r | = \begin{array}{c|cccc|} & \text{工序 1} & \text{工序 2} & \cdots & \text{工序 } n \\ \text{工序 1} & r_{11} & r_{12} & \cdots & r_{1n} \\ \text{工序 2} & r_{21} & r_{22} & \cdots & r_{2n} \\ \vdots & \vdots & \vdots & & \vdots \\ \text{工序 } n & r_{n1} & r_{n2} & \cdots & r_{nn} \end{array} \tag{10}$$

单元工序之间的关系集合主要表现为相邻工序之间的关系集合，同时也表现为非相邻工序之间的关系集合，则

$$R = \{ \; r_{ij} \mid i = 1 - n, \; j = 1 - n \; \} \tag{11}$$

由于单元工序之间的内涵和表现形式非常复杂，似乎以钢铁制造流程中的基本参数（W、T、t）来描述单元工序间的关系集将更为简便，则

$$r_{ij} = f\Big(W\big(\sum \omega_{\mathrm{k}}\big), \; T\big(\sum T_{\mathrm{k}}\big), \; g(t) \Big) \tag{12}$$

2.5 钢铁制造过程中流程工序集的重构－优化

150 多年来钢铁工业技术进步的历程表明：

——一批新工艺、新装备在创新过程中发展，例如氧气转炉、连铸、铁水预处理、二次冶金、控轧控冷、薄板坯连铸—连轧、薄带连铸、直接还原以及熔融还原等；

——一批工艺、装置在逐步演进、完善过程中得到发展，例如高炉大型化、超高功率电炉、大型烧结机、热连轧机以及无缝钢管轧机等；

——一批工艺、装置在竞争过程中被更替和淘汰，例如 Bessemer 转炉、Thomas 转炉、平炉、混铁炉、模铸、初轧/开坯轧机、横列式轧机、叠轧薄板轧机、小电炉及烧结锅等。

上述技术进步的过程都体现出制造过程中工序功能的解析－优化，工序关系集的协调－优化以及随之出现的流程工序集合的重新构造－优化。总之，钢铁制造过程中的基本参数不断向“临界－优化”方向收敛，由此引起一系列工艺、装置的替代、淘汰关系，最终引起了结构性的变化，其主要体现是流程工序组成的改变——流程工序集的重构－优化。

流程工序集的重构－优化也可以用集合概念来表示。设流程系统 X 是由诸多可识别的、独立的、具有特定功能的工序 X_I 组成的集合，则

$$X = \{ X_I \in X \mid I = 1 - m \} \tag{13}$$

由于流程系统是由“刚性组元”和“柔性组元”工序组成的，故也可以表示为

$$X = \{ (X_{Fi}, \; X_{Ri}) \mid X_{Fi} \in X, \; X_{Ri} \in X \} \tag{14}$$

上述钢铁制造过程的工序功能集、工序关系集和流程工序集的描述，旨在建立钢厂生产过程中系统功能、系统结构的物理模型－数学模型。系统的模型化是深入了解系统结构、系统功能及不同功能间互相关联性的有效方法。

若用 S_{mf} 表示钢厂生产过程的多维物质流管制系统，以 X 表示生产工序集合，R 表示系统中工序关系集合，F 表示系统工序功能集合，则钢厂生产过程多维物质流管制系统可以表述为

$$S_{mf} = \{(X,\ F) \mid R\} \tag{15}$$

钢厂生产过程多维物质流管制系统的集成－优化在很大程度上体现在流程工序功能集的解析－优化、流程工序关系集的协调－优化及流程工序集的重构－优化。

3　过程科学与信息技术在制造流程中的结合

钢铁工业属于流程制造业，信息技术在钢铁制造流程中的应用将主要体现在对过程的描述（反映），对过程或装置的调控、反馈以及对流程系统的评估、优化等方面，经过不断完善将会形成一种流程系统的控制策略。

流程系统的控制策略主要集中在对工艺过程中主要参数的调控、优化和使工艺过程中各工序总体目标的稳定实现。随着过程物流在工序间流动运行，控制策略将呈现衔接、传递、转变、遗传等特性要求。当然，流程系统的控制策略必须是既能在各工序中贯通，又能在一系列工序的各自优化目标上分别得到调控和实现。

如前所述，钢铁制造流程的特性可用工序功能集（F）、工序关系集（R）和流程工序集（X）来描述。为了实现对流程的总体协调—优化和评估—判断—反馈—调控，在流程系统中必须有一系列的控制策略，形成控制策略集（C）。这样，流程系统及其各工序经过主要由信息技术构成的控制策略集的调控后，将分别产生工序的输出集（O），由此则形成了如图 6 所示的钢铁制造流程结构图。

过程科学与信息技术的结合将更好地描述流程系统物理模型，进而提高数学模型的有效程度和可靠性。

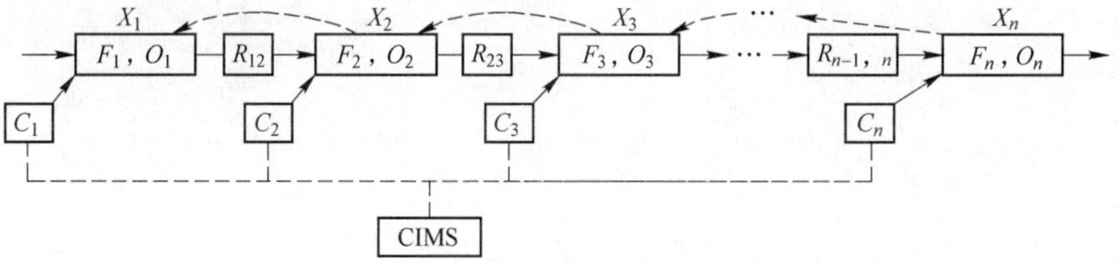

图 6　钢铁制造流程结构示意图

4　结论

“大制造”的概念已在全球范围内得到广泛认可，它几乎包括了一切工业产品的制造业。制造流程系统理论和制造过程信息系统是 21 世纪制造科学、制造工业发展的重要共性基础理论。

钢铁工业是一种流程制造工业，它既不同于离散事件型的机械制造装配工业，也不同于石油化工类的连续过程工业。钢铁工业是介于两者之间的混合类型，其制造流程的特点是间歇/准连续型的物质流过程。

钢铁制造过程从本质上看是集物质状态转变、物质性质控制和物质流有效管制于一体的、多维的过程物流管制系统，迫切需要有一种立足于制造过程整体系统上的理论来解决整体流程中的物质流、能量流、信息流优化－集成问题。

作为科学问题，应该探索和研究跨现有冶金学科分支的冶金流程学这一可能发展起来的学科分支。冶金流程学应建立在对钢铁制造流程进行解析－集成的研究以及过程科学与信息技术结合的基础上，将涉及钢厂结构整体优化的工程逻辑，以及制造流程中工序功能集的解析－优化、工序关系集的协调－优化和流程工序集的重构－优化等。

Analysis and Integration of Steel Manufacturing Process

Ruiyu Yin

(Central Iron and Steel Research Institute, Beijing, 100081, China)

Abstract Some profoundly academic problems in steel manufacturing process, which aim at setting up branch of discipline, have been discussed in this paper. The physical – mathematical generalization and descriptions have been made through analyzing optimization of the collection of procedure's functions, harmonizing optimization of the collection of procedure's relations, integrated optimization of the collection of procedure of process. The prospects of metallurgical process engineering, which would probably developed as a branch of discipline, have been pointed out. It was further pointed out that systematical theory and information system of manufacturing process are the common basic theories for development of manufacturing industry in the 21st century.

Key words steel manufacturing process, analysis and integration, collection of procedure's function, collection of procedure's relation, collection of procedure of process, metallurgical process engineering

世界钢铁工业的时代命题*

1 钢铁工业的时代背景

21 世纪将是知识经济的发展时期。从全球角度看，21 世纪初将是以信息技术为主导的时代。然而，世界仍然是物质构成的，人类社会的生存、发展不可能脱离物质，物质生产、物质供应保障仍然是人类社会赖以生存、发展的永恒主题。

钢仍然是非常重要的基础材料，在大量使用领域中，甚至是“必选”材料。钢不仅是重要的结构材料，而且也是迄今为止世界上销售量最大的功能材料；全球每年生产的不锈钢、电工钢等功能材料在 2500 万吨以上。

20 世纪全球钢产量迅猛发展，从 1900 年年产 3000 万吨左右发展到 2000 年年产 8 亿吨左右。全球产钢地图也发生了重大变化，钢产量的新增长点已从发达国家转向发展中国家。

钢厂是以年产百万吨级计的生产规模，人均年产 800 ~ 3000 吨的生产效率进行生产运行的系统。钢厂生产过程中若于重要工艺技术环节与“高技术材料”的加工技术相比是同样的复杂、精细而且高效。钢铁产品的性能、质量及其供货方式不断进步，几乎渗入到所有的新兴产业、传统产业和广大居民的生活中。

一批工艺、装备被淘汰，一批工艺、装备渐进性地改进，一批工艺、装备创新性地发展，并在这种过程中对钢铁生产流程进行优化重组是 20 世纪钢铁工业结构优化的基础性因素。钢铁工业的技术进步为社会、用户带来了节约二成钢生产能力的综合效益。

一批结构落后的企业被淘汰，一批经过改造后结构优化的企业继续生存、发展，一批创新结构、具有活力的企业新建是市场竞争过程中的普遍现象。整个 20 世纪内，钢铁工业不断地经历了结构调整、产业升级的过程。

从全球看，钢的需求量将随着世界经济的发展进程在起伏波动中继续增长。发展中国家特别是亚洲发展中国家将是钢铁消费的主要增长地区。

20 世纪是经济大发展的世纪。然而，无节制地使用资源、能源来进行大量生产，不顾后果地大量消费以及混乱无序的大量废弃使 20 世纪以来环境日趋恶化。钢铁工业对环境造成不同层次、不同程度的影响，引起社会的、法律的关注。人们渴望在新世纪内构筑一个符合可持续发展战略的钢铁工业。

2 国际钢铁工业共同的时代命题

与 20 世纪初不同，国际钢铁工业已不是高新产业，总的看已不是投资热点。自 1974 年以来，全球钢材价格基本不变，这是喜忧参半的事。由于国际钢材市场供求关系与不同材料的价格关系使得全球钢铁工业进入了无休止的竞争浪潮之中。这种无休止的市场竞争主要表现在：

* 原发表于《冶金经济与管理》，2000（4）：4 ~ 5，19。

——发达国家的钢厂与发展中国家钢厂之间的综合竞争；

——钢铁联合企业与中、小钢厂之间的竞争；

——钢铁产品与非钢铁产品之间的相互替代竞争；

——不同类型钢铁产品之间的替代。

因此，国际钢铁工业共同的时代命题是市场竞争力和可持续发展。

随着社会发展和科学技术的进步，钢铁工业市场竞争力的内涵不断演变，现在已经不仅是质量、价格的竞争，更不是品种、质量为中心的竞争，而是包括有价格/成本、质量/品种、资本回收时间、产品供货时间、过程服务、环境友好等多方面、多因素的综合竞争。

可持续发展是市场竞争力在更深层次上的反映。可持续发展强调的是经济发展和环境保护、环境友好的协调发展。可持续发展的主要内容是：

——环境保护与经济发展相互依赖、相互协调；

——改变传统生产形式、消费方式和废弃方式，由环境保护发展为环境友好。

3 钢铁制造流程与技术进步的方向

国际钢铁工业共同的时代命题——市场竞争力、可持续发展，它将主要依靠科技进步在钢铁制造流程上反映出来。主要表现为：

——钢铁制造流程将是紧凑化-准连续化-产品专业化的制造流程，是清洁生产流程，又是钢铁制造合理化和优化的工艺流程（包含洁净钢生产流程）；

——钢厂排放过程的有效控制和无害化处理以及排放物质的再资源化、再能源化；

——钢厂制造流程是以实现冶金功能为主体，逐步演变成兼顾能源形式的转换功能以及社会废弃物的环保处理等功能的流程。

钢铁工业属于流程制造业。钢铁工业的技术进步是建立在过程科学、机电工程与信息技术相互结合的基础上的。作为对钢铁制造流程工艺技术的理论支柱，将主要是制造过程科学与工程和制造过程信息系统。前者是物理模型，后者是数学模型、调控手段。总的看，钢铁工业技术进步的方向将融入先进制造技术的体系中去。这种先进制造技术体现了物质/能源转化和信息转化的统一。

钢铁制造过程从本质上看是物质状态转变、物质性质控制和过程物流管制于一体的生产制造体系。在这个过程中大量的物质/产品流，大量、复杂的能量转换、多种形式的过程排放以及大量的排放/废弃物都对环境造成不同层次、不同程度的影响。钢铁制造流程特别是以铁矿石、煤炭为资源的联合企业流程将进一步向绿色制造的方向发展，进而融入工业生态链中去。绿色制造技术的大致框架包括有：

——面向原料/能源的策略性选择；

——面向制造过程技术的解析-集成、重构-优化策略；

——面向产品的使用、废弃、回收的全寿命分析策略；

——面向物质/能量充分（循环）利用的工业生态链的构筑策略等。

综合考虑市场竞争力和可持续发展，绿色制造流程的构筑思路主要是：

——单元制造过程内的优化，改善单元过程的功能-结构-效率，尽量减少制造过程中不必要的输入和输出，降低过程的物耗、能耗；

——单元制造过程间的优化，尽量利用不同过程的排放物、废弃物及余热余能进行过程间的体系设计；

——对于暂时无法利用的排放物、废弃物，寻求新方法使之可以充分再利用；

——采用“末端技术”或采用生态学原理发挥生物圈的自身净化功能。

4　未来钢厂的模式

从先进制造技术和绿色制造流程的概念出发，钢厂将逐步演变为两种典型的模式：都市周边型钢厂和生态工业带钢厂。

都市周边型钢厂：这类钢厂将充分利用都市及其周边地区的资源、能源、产生的废弃物，如各类废钢等，发展以电炉流程为特点的短流程小钢厂。在发展中国家也不排除利用铁矿/煤炭资源的中、小联合企业。这类钢厂的产品在一个合理的销售半径内销售，同时也可以兼顾处理一些城市废弃物、垃圾等功能。

生态工业带钢厂：这类钢厂将主要存在于某些落后地区或某些资源富集地区。这将是大型钢铁联合企业、水泥厂、发电厂、钢结构或造船厂、汽车厂甚至石油化工企业的综合工业态链的集中地区。在这个生态工业带里绿色制造的概念得到充分的体现。

当然，无论是都市周边型钢厂还是生态工业带钢厂，都将采用紧凑化-准连续化-专业化的工艺流程，采用集物质/能源转化和信息转化于一体的先进制造技术，增强其市场竞争力和环境价值。

5　钢厂与钢铁集团

钢厂已经进入结构调整、产业升级的时代。就单个钢厂而言，要有一定合理的经济规模，小于这一生产规模将难以采用现代化的工艺、装备，难以生产出质量好、成本低的产品，而无法盈利。然而，钢厂的生产规模也不是越大越好，年产800万吨以上的、单个超大规模的钢厂可能引起生产流程的不合理和资金回报率低等不经济后果。

由于钢铁产品的成本是由投资成本、制造成本和销售运输成本等构成的，过大的销售半径（加权计）将导致利润降低。因此，在不同的钢厂产品、不同地区条件下，单个钢厂的生产规模应有一个合理的范围。

未来钢厂将向生产专业化、经营区域化、产品深加工的方向发展。由于市场需求量是多样化的，而钢铁制造的科技进步又导致单个钢厂向产品专业化方向发展，解决这一矛盾的方法不是发展产品万能化的超大规模钢厂，这将导致融资困难、资金回报率低等弊端，发展的趋势是组织区域性的钢铁集团或专业产品的钢铁集团，这种钢铁集团可以是兼并型的财务一体化运行的集团，也可以是市场分配型、投资分工型的策略性联盟，而在经济上不互相隶属。至于生态工业带的钢厂将有可能与其他类型企业联合组成综合性的企业集团。

6　关于投资问题

钢厂为了取得市场竞争力，为了适应可持续发展战略，都需要战略性投资做支撑。然而，现在的钢铁工业不是高投资回报率的产业，必须认真地研究投资战略。在钢厂投资过程中，如何充分利用已有的知识成果进行创新是值得考虑的。

钢厂的结构调整既是科技进步的过程，同时更是投资决策知识化程度越来越高的过程，而且投资决策中也蕴涵着颇多的创造性。石油危机以来全球钢铁企业的投资经验表明，随着科技进步和钢厂结构调整，单位钢铁产品的投资额逐步降低。而且，越是采用高新技术，单位产品的投资量越低。电炉—薄板坯连铸—连轧的热轧卷的吨材投资额可在300美元左右，而高炉—转炉—薄板坯连铸—连轧流程的吨材投资量将降至600~800美元。单位产品投资额过大是缺乏市场竞争力的，应该引起高度重视。

关于钢厂成本问题*

1 背景

钢铁材料仍将是21世纪人类社会最主要的结构材料和产量最大、覆盖面很宽的功能材料。世界钢铁工业将在起伏波动中向前发展，全球钢材消费量将继续增长。钢铁产量的增长量将主要集中在发展中国家。

钢材作为一种重要材料，其重要性是显而易见的。但也应该看到钢材也面临着激烈的，甚至是残酷的竞争。诸如发达国家与发展中国家之间的竞争，大型联合企业与中、小型钢厂之间的竞争，钢材与水泥、高分子材料、铝、木材、玻璃、纸等材料之间的竞争，还有不同种类钢材之间的竞争或替代。

21世纪世界钢铁工业的生产重心将进一步从工业化国家向发展中国家转移。21世纪初，中国国民经济仍将以较快的速度增长（例如5%～7%），人民生活水平将不断提高，对钢铁的需求旺盛，钢铁消耗量将持续增长。这是中国钢铁工业发展的良好环境。同时，我们也必须意识到，在全球经济一体化的进程中，也会遇到国际钢材贸易和国际资本的冲击，这种冲击既来自于质量/品种方面，也来自价格/成本方面，甚至来自资金周转和资本投入方面。因此，面向21世纪的中国钢铁工业应该集中精力提高市场竞争力（国际的、国内的）和市场适应性（适应多层次的消费结构）。

钢铁生产企业的市场竞争力其内涵应包括：质量/品种、价格/成本、资金回报率(包括销售额/投资额之比、资本回收率等)、销售服务水平、企业创新能力以及环境保护等方面，可以将之概括成图1。

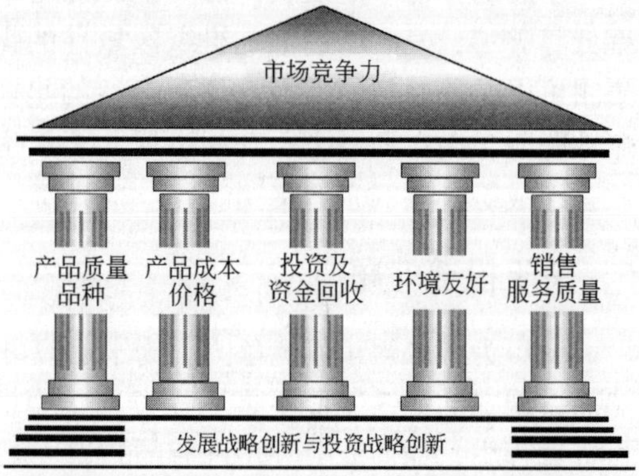

图1 钢铁生产企业市场竞争力的内涵

可见，成本/价格是钢材市场竞争力的重要组成之一。1973年以来的25年间，国际钢材基本没有涨价，大体上是在某一基准线的上下15%之间波动，见图2。而我国国内钢材价格经过1993年不正常暴涨以后，近5年来呈一路下滑之势，见图3。人们开始认识到把希望寄托在恢复到1993年、1994年的钢材价格水平上是危险的，着力抓降低成本才是有根本性、普遍性的获利措施，这也应该说是邯钢经验的核心。降低成本已经成为我国钢铁企业普遍关心的共性问题。

---

* 原发表于《中国冶金》，2000（2）：1～8，21。

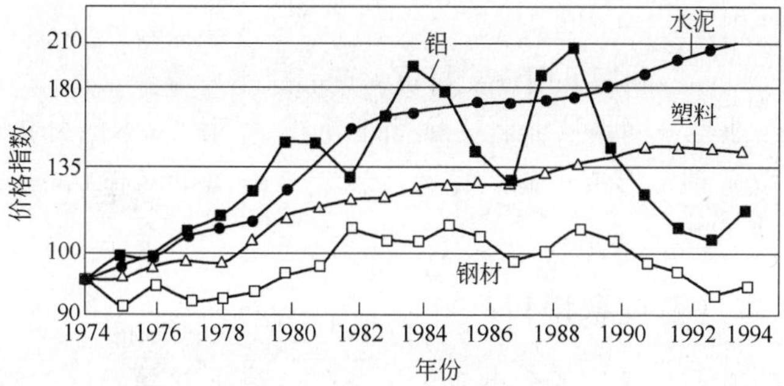

图 2　世界上各种材料的价格变化

（价格指数为对数，1994 年为 100）

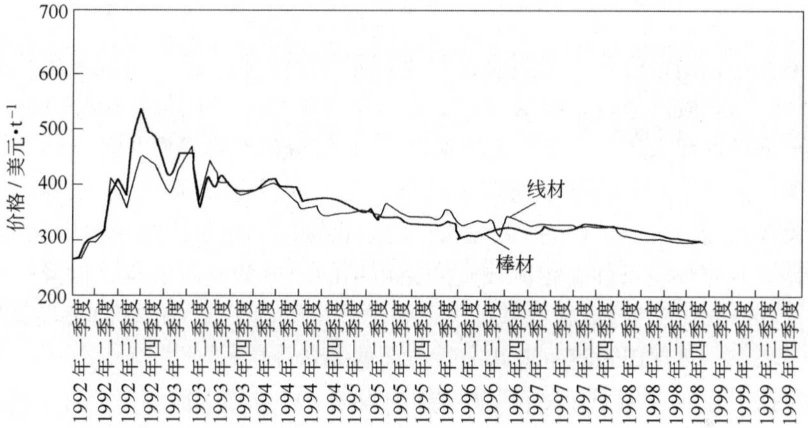

图 3　中国市场钢材价格的变化

2　成本概念的变化

长期以来，我国钢铁企业对成本价格的认识受计划经济的影响很大，往往体现为下列表示式：

折旧 + 经营成本 = 成本

成本 + 税金 + 利润 = 出厂价格

然而，从用户来看，即使在计划经济时期，他们的概念也是：

出厂价格 + 运输费用 = 用户支付价格

在计划经济时期，当已取得统配材指标后，用户对运距、运价、运输费用很关心。因此，往往出现这样的事例：即地处河南的某轴承厂，经常希望得到大冶钢厂的统配钢材，而不希望分配到齐齐哈尔或西宁等远距离钢厂的统配钢材。

现在，实行社会主义市场经济体制，国家分配的平价统配钢材已成为历史，钢材价格的概念就是当地市场价格。这样，与计划经济时期相比，价格的内涵发生了明显的变化。对用户而言，只接受当地市场价作为他们的实际支付价格：对钢厂而言，不管生产厂在何处，都要服从实际销售地点的当地市场价。也就是说，运输、装卸、仓储等费用从计划经济时期由用户支付转变为市场经济时期实际由钢厂支付。这样，钢厂的产品成本构成发生了变化，现在中国钢厂的实际成本构成与世界钢厂的成本构成是一样的，即：

产品成本＝投资成本（资金费用）＋操作成本＋销售成本（运输、仓储、装卸等费用）

利润＝用户支付价－产品成本－税金

当前，钢铁企业界、钢铁从业者必须高度重视对钢厂成本的分析研究，以期在市场竞争力方面争取主动，形成正确、完整的发展战略决策（包括企业发展战略决策、产业发展战略）。

3 关于投资成本（资金费用）

从发展战略的根本上看，一个企业、一个产业要生存和发展，离不开投资问题。这是因为企业竞争力的获得必须依靠新一代的生产力，而新一代生产力是通过建设、改造等投资项目形成的。因此，投资问题必须放在企业、产业发展战略的核心层次上来认真对待。

从总体上看，钢铁行业已经不是高投资回报率的产业，必须讲究投资决策。对钢厂投资战略的内涵应该进行系统的分析，投资问题的研究应该包括投资方向（从市场分析出发决定投资什么产品、什么工程项目），投资顺序或称投资步骤（由于企业的建设、改造往往是一个过程，必须从资金效益出发，分析先投哪项、后投哪项，搞清相互之间的关系），投资强度（包括工程项目的总投资额和单位产品的投资量等），投资时机（要研究宏观环境条件、相应投资产品市场的形成和发展过程，以及该类产品的市场容量及其分割情况等）。在此基础上还必须进行风险评估（包括对市场、资金、价格、利率、汇率、环保以及竞争者状况等方面的因素分析）。

中国钢铁工业在20世纪90年代得到快速发展，一方面，应该充分肯定成绩，即钢铁工业对90年代国民经济的发展起到了支撑作用；另一方面，也应该看到目前中国钢材市场出现了低水平的供过于求的局面。同时，由于钢价疲软，债务、利息沉重，劳动生产率低等原因，相当大一部分钢铁企业处于亏损或潜亏的状况之下。造成这些被动局面的原因之一，是投资项目的不慎决策，粗放经营。其中有的缺乏系统优化的战略目标，有的投资方向欠准确，有的投资顺序不对，相当大一部分项目投资强度和投资额过大，有的明显超过国际同类项目的同时期投资强度。这些现象严重地影响了企业的竞争力，这些趋势必须引起业内人士的警觉。

在投资决策过程中，如何充分吸收已有的知识成果（包括经济、管理、科技等方面的），并且积极在工程投资实践中加以创新应用是值得重视的。在投资决策过程中，不仅要重视关键性环节的改造、更新，同时更应重视对企业结构有重大影响的产品方向和生产流程整体优化的重新构造和创新。这种企业结构重组、生产流程重构也是一种创造性，这种创造性需要有宽阔的知识面和综合分析能力，作出高度知识化的发展战略和投资决策。投资决策、投资效率的思考分析过程，可概括为图4。

现已21世纪，用高技术改造传统产业已成为各界所关注，这必将影响投资方向的判断以及资金的投入量。针对这一问题，我们应该有一个总体趋势上的判断，这就是凡属新一代技术，绝大部分都是向着降低单位产品投资量的方向发展的。图5概括了1980年以来世界钢铁工业科技进步和钢厂结构优化对单位产品的投资额的影响，可见用高新技术来改造钢厂必将带来单位产品投资额的降低。反之，如果高新技术将引起单位产品投资额的提高，则对这类高新技术的应用必然受到局限。

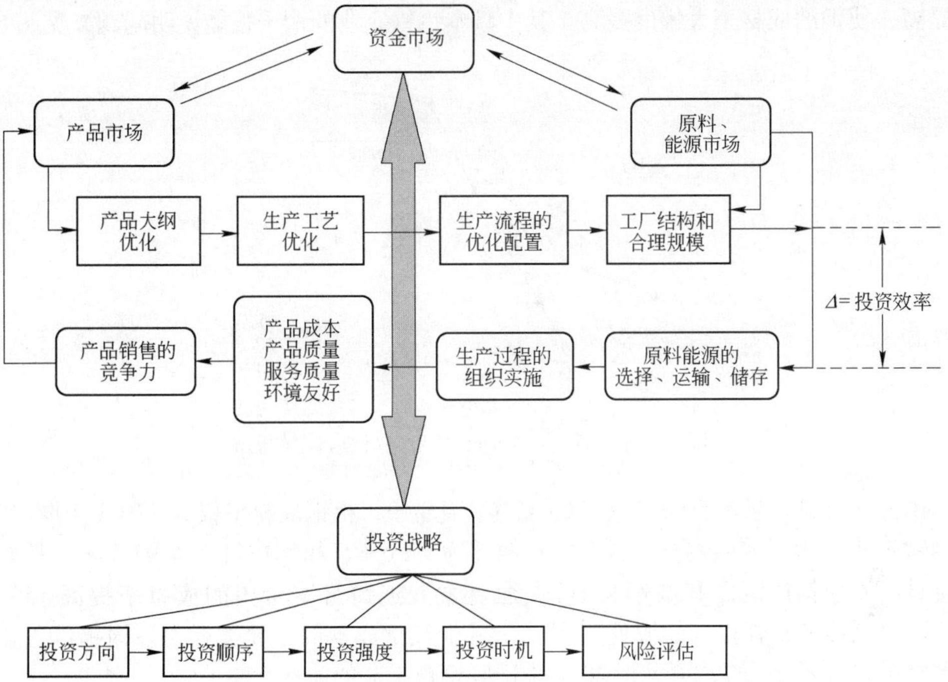

图 4　关于投资决策和投资效率的分析框图

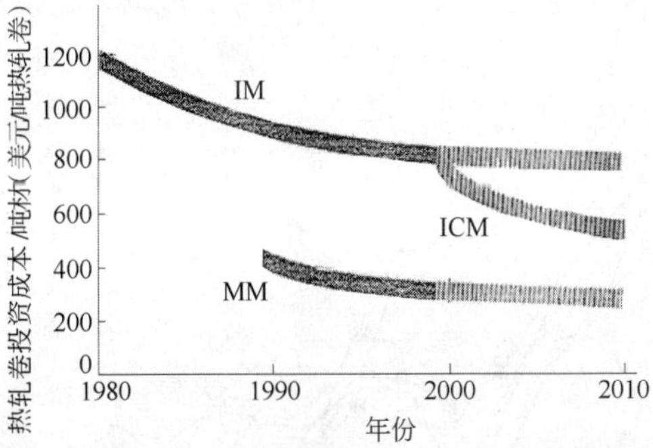

图 5　钢厂单位产品（热轧板卷）投资强度的变化

IM—联合企业；MM—电炉短流程钢厂；ICM—紧凑型联合企业

在讨论了上述问题后，不难认识到投资成本（资金费用）的重要性。投资问题在产品成本上体现在投资资金利息和工程投资的固定资产折旧上。一般而言，钢厂投资的回报如果小于相应的贷款利息和固定资产的折旧值，则该工程项目是不可行的。因此，在投资方向可行的前提下，严格控制投资量和合理控制资金的投入时间，对提高企业经济效益是十分重要的。

4　关于生产成本（经营成本）

钢厂的生产成本是指原燃料消耗、辅料消耗、动力消耗、厂内运输费用、工人工资及福利、折旧费用、修理费用、企业管理费用等项。

从全世界钢铁工业的发展趋势看，通过技术进步提高钢的成材率和降低能源消耗是降低成本的重要措施。特别是石油危机以来，全连铸钢厂的出现和钢铁工业连铸比的提高，使钢的成材率大幅度提高。其中日本钢铁企业的例子很能说明问题，见图6。

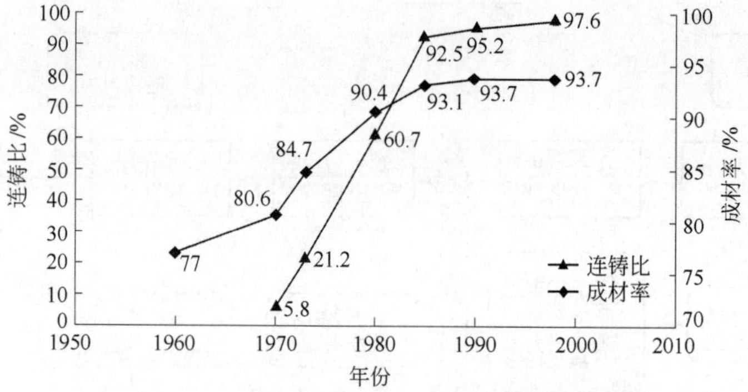

图6 日本钢铁工业的连铸比对钢材成材率的影响

由图6可见，日本钢铁工业1960年连铸比为0，粗钢成材率仅为77%；1997年日本钢铁工业（包括普通钢、特殊钢）连铸比为97.6%，粗钢成材率为93.7%（按轧制量统计，不包括铸钢件和锻钢）。可见通过发展连铸日本全国的成材率提高15%～16%。降低能源消耗提高能源使用率也是减少经营成本的重要途径，各国钢铁工业的能源降低过程示于图7，可见近20年来国际钢铁工业的能耗大幅下降。

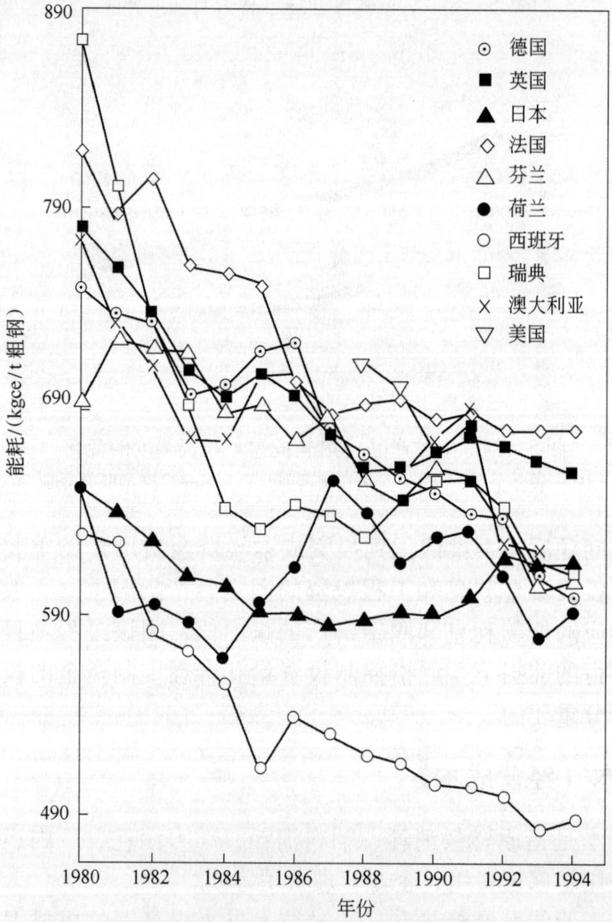

图7 有关国家钢铁工业净能耗的变化

我国的钢铁工业近10年来连铸比也得到了快速发展，从1988年的14.8%提高到1998年的68.8%。相应地连铸坯年产量由1988年的872万吨提高到1998年的7883万吨，连铸坯产量净增7011万吨/年（预计2000年我国连铸比有可能达到80%）。与此同时，随着连铸比的提高，地方钢厂的中、小转炉的利用系数10年间也提高了1倍，见表1。

表1 近10年中国地方钢厂连铸比及转炉利用系数

年 份	1988	1989	1990	1991	1992	1993	1994	1995	1996	1997	1998
连铸比/%	20.57	22.57	41.53	45.67	48.23	54.96	59.45	62.05	71.71	75.24	82.57
转炉利用系数 $/t\cdot(t\cdot d)^{-1}$	25.90	26.64	26.64	27.32	30.63	34.39	34.39	36.09	39.83	44.65	49.80

我国钢铁工业的能源消耗也逐步降低，见图8。然而，与国外的钢铁工业能耗相比，仍有重大差距，大约要比国际同行的能耗水平高1/2左右，节能降耗仍然是我国钢厂的一项重点工作。

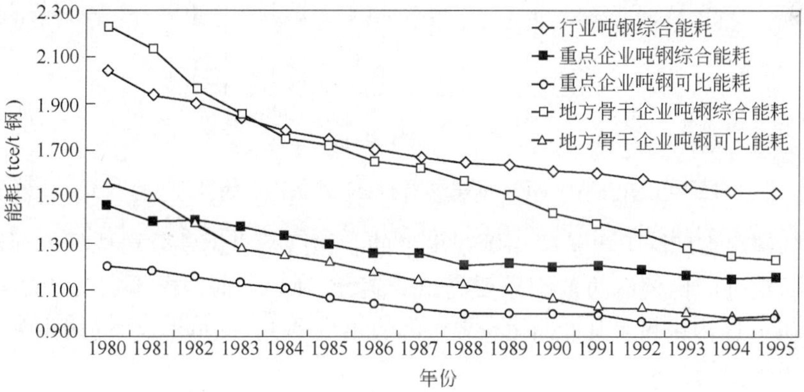

图8 1980年以来中国钢铁工业综合能耗、可比能耗的变化

劳动生产率指标是直接影响工人工资的一项重要指标。我国工人人均工资明显低于发达国家的水平，但由于人均年产钢量低，使得我国吨钢经营成本费用中工资支出项目的费用很大（含福利性人工费用），约占经营成本的14%~15%。

流动资金利息也是投资成本的构成项。近年来，由于各种原因，中国钢厂的流动资金严重不足，长期靠银行贷款维持生产。与此同时，自有资金不足，流动资金的贷款利息支出不小，约占成本费用的3%~4%，从而也促使成本的升高。

5 关于销售成本（运输、装卸、仓储等费用）

前面已经指出，在市场经济条件下，特别是产品供过于求的情况下，起主导作用的是当地市场价，而非产品的出厂价。即对用户而言，他们支付的价格是当地市场价格，而对于钢厂而言就意味着要负担产品出厂后的运输、装卸、仓储等费用，这可以看成是销售成本或产成品物流运输成本。这样就引起了一些值得研究的问题，即运输距离、运输方法、单位运价等问题对企业销售成本的影响。很明显，运输距离越长，产品的运费越大。例如我国华北某厂的产品分别用铁路和汽车运输，则其运费占用户支付价的百分比可以表示为图9，中南某厂的产品销售距离对产品出厂价的影响示于图10。这可以明显地看出产品销售半径对钢厂经济效益的影响。

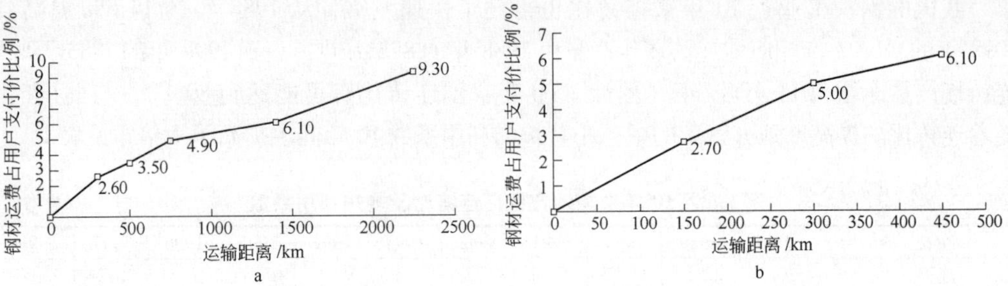

图9　华北某厂运输费用占用户支付价的百分比

a—火车；b—汽车

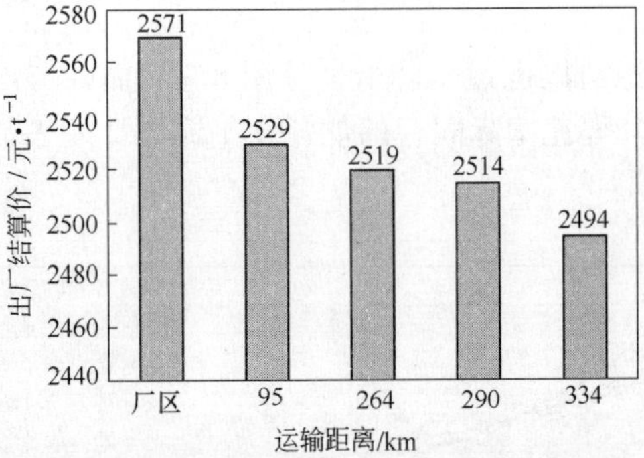

图10　中南某厂 ϕ10mm 螺纹钢不同运距的出厂结算价（含税）

类似的情况在国际上也是同样体现出来的。德国蒂森钢铁公司地处内河港杜依茨堡，它的原料进厂价较海边的钢厂要高出 2 美元/吨。然而，由于它的产品有 50% ~ 60% 在 100km 以内销售，其产品运费要较海边钢厂低 15 美元/t，产品销售半径小对增加利润的优越性很明显。

不同的运输方法也影响着钢材的运输成本。在我国情况下，一般而言 50 ~ 100km 以内卡车运输的优势明显，但如果超出 200km 则火车较卡车有优势。对于 1000km 以上的运输，则海运有优势。类似的情况在德国的巴登钢厂也同样体现出来，巴登钢厂是一个电炉钢厂（Mini – Mill），生产普通棒材、线材，其产品售价一般为 400 ~ 450 马克/t，它们的销售原则是每吨钢材的运输费用不超过 25 马克。这样，在它们的条件下，如果通过莱茵河水运，则最远可达 500km；如果用卡车运输，则最远只是 200km。

产品的运输过程方式（即物流过程与派送）也会影响单位产品的运输费用。在国际上，厂商注意产品到用户之间的一次输送率，一次输送率高，则有利于提高产品出厂价或是有利于降低用户支付价，提高产品的市场竞争力。

在讨论了销售成本（运输、装卸、仓储等费用）和合理销售半径之后，不能不联想两个问题，这就是：（1）某一产品的区域性市场容量和钢厂的合理经济规模问题；（2）钢铁工业或是某一钢铁企业集团下属钢厂的合理布局问题。

说到钢厂合理经济规模，应该是由产品大纲、生产工艺流程和销售市场半径等因素综合评估后决定的。钢厂规模过小，小到无法适应现代生产工艺流程，自然无法取得市场竞争力。反之，也不能认为钢厂规模越大越好。因为规模大过一定的合理经济范围，往往会引起投资总金额过大，而不能相应增加产品市场份额，投资效益下降；或者市场需求发生波动时，超大规模钢厂较易引起开工率不足，有的车间甚至低于盈亏平衡点；同时还会引起产品销售半径过大，物流输送费用大，被迫降低出厂价，影响利润，甚至得不偿失。因此，时届21世纪，不能设想“包打全国”“包打全球”的钢厂，除了不锈钢、高合金钢、冷轧硅钢、石油管线钢等高附加值产品外，大部分钢厂（指单个钢厂）都是区域性的钢厂，都应注意合理经济规模问题，不是规模越大越好。

从钢厂的合理经济规模观念出发，可以看出钢铁工业或钢铁企业集团区域布局的重要性。这一点在日本看得比较清楚，由于日本钢铁工业所需的铁矿、煤炭、石油等原燃料都由国际市场供给，这些物料运到日本沿海的不同钢厂，运输费用是相近的。如果制造费用相近，则产品的销售成本（运输、装卸、仓储等费用）将对企业的利润产生较大的影响。因此，新日铁的情况是：即使其粗钢年产量由全盛时的4000万吨下降到现在的2900万吨，他们仍然保持着9个钢厂生产的格局，1997年的具体情况如下：

关东地区：市场容量2130万吨/a，君津制铁所产量865万吨/a。

中部地区：市场容量1612万吨/a，名古屋钢铁产量481万吨/a。

关西地区：市场容量1439万吨/a，广畑制钢所产量102万吨/a，界制钢所。

中国、四国地区：市场容量684万吨/a，光制钢所46万吨/a。

九州地区：市场容量492万吨/a，大分制铁所738万吨/a，八幡制铁所319万吨/a。

东北地区：市场容量247万吨/a，釜石制铁所。

北海道地区：市场容量159万吨/a，室兰制铁所111万吨/a。

同样的布局思路也体现在NKK、川崎、住友等钢铁集团企业中：

NKK	关东地区：京浜制铁所300万吨/a；中国地区：福山制铁所806万吨/a
川崎	关东地区：千叶制铁所352万吨/a；中国、四国地区：水岛制铁所736万吨/a
住友	关东地区：鹿岛制铁所583万吨/a；关西地区：和歌山制铁所312万吨/a； 九州地区：小仓制铁所112万吨/a
神户	关西地区：加古川制铁所476万吨/a；神户制铁所102万吨/a

可见，日本的高炉联合企业，都体现出区域布局的观念，见图11。

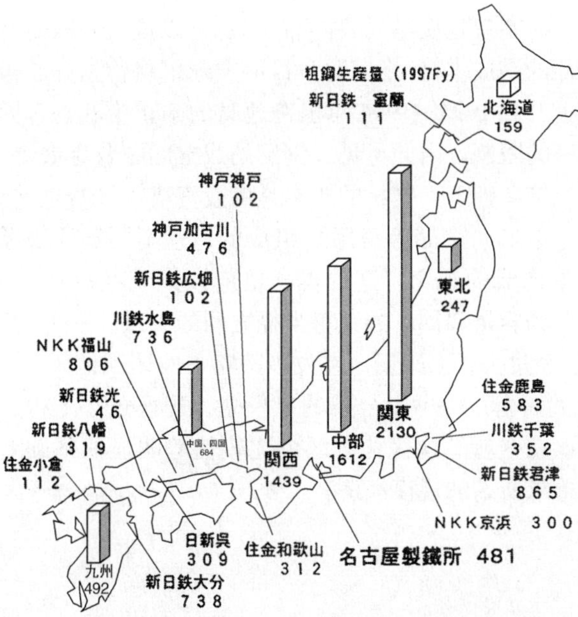

图11 日本不同区域钢材需求量及主要钢铁企业粗钢产量

（图中数字为1997年粗钢产量，单位为万吨/a）

我国钢铁工业经过50年的发展，特别是改革开放以来的发展，全国粗钢产量的地区分布也发生了明显的变化，见表2。总的看，我国产钢重心已南移，华东地区成为第一产钢区，华北地区升为第二产钢区，中南地区开始超过东北地区成为第三产钢区，而东北地区虽然粗钢产量继续增长，但已经从解放初期的第一产钢区退至第四位。从中可以看到，随着改革开放进程的发展，中国钢铁工业的布局越来越靠近市场，越来越靠近经济（资金）活跃地区，越来越靠近便于利用国际铁矿资源地区，长江中、下游和东南沿海的钢铁工业得到了快速发展。

表2　中国大陆粗钢产量地区分布　（%）

地　区	1950年	1970年	1980年	1990年	1998年
华北	12.72	19.96	21.51	22.69	26.10
东北	82.83	37.32	26.44	20.89	14.30
华东	1.95	23.7	24.74	27.57	31.60
中南	0.90	13.57	15.05	16.64	15.80
西南	1.61	4.51	10.34	9.38	8.80
西北	0	0.94	1.91	2.82	3.40

6　结论

钢铁仍然是21世纪人类社会重要的材料，对于发展中国家而言，尤其如此。钢铁工业将继续发展，发展的重点地区是发展中国家，尤其是中国、巴西、印度等大国。

钢铁企业已进入了无休止的、激烈的，甚至是残酷的竞争时代，市场竞争力和可持续发展是钢铁工业、钢铁企业面临的核心问题。对面临进入WTO的中国钢铁工业而言，首要问题是市场竞争力。

市场竞争力包括成本/价格、质量/品种、投资/资金回收、环境友好、销售/服务、技术创新能力等内涵，而不仅是质量/品种问题。也可以说，一段时间范围内，对市场竞争力而言，首当其冲的是成本/价格问题。目前全球钢材价格处于极度低迷状态，即使回升，也不太可能上升到1993～1994年出奇地高的不正常状态，因为它受到国际钢价和其他竞争材料价格的限制。由此可见，钢厂的成本问题愈显重要。

在社会主义市场经济条件下，钢材的成本是由投资成本（资金费用）、经营成本和销售成本（产品运输、装卸、仓储等费用）组成的，这不同于计划经济时代的钢材出厂成本，必须转变成本构成的观念。这种观念也应该体现在投资与工程设计过程中，要特别注意研究地区市场容量和钢厂的销售半径之间的关系。一个钢厂想“包打全球”“包打全国”的时代已经过去，未来钢厂在发展战略上应体现地区化、专业化、深加工化等特点，而不是“大而全”“小而全”的老模式。规模过小不行，但也不是规模越大越好，未来钢厂应该在企业结构优化、区位比较优势明显的基础上追求合理的经济规模，而不是盲目的追求所谓的规模经济。

关于钢铁企业的结构与钢铁工业的发展模式*

摘　要　基于对钢铁工业发展历史的回顾和对中国钢铁企业结构调整的现状分析，阐述了钢铁制造流程的解析与集成以及技术进步的方向，探讨了不同类型钢材的生产工艺，分析和展望了未来钢厂结构的发展模式以及投资决策问题。指出钢铁工业的时代命题是：市场竞争力和可持续发展。21世纪钢铁生产流程的功能将朝着冶金功能——低能耗、低物耗、高效率地生产新一代钢铁产品，并降低单位产品的投资额；能源转换功能——形成工业生态链甚至转换出新能源；社会废弃物处理功能——实现环境友好。钢厂将逐渐向都市周边型钢厂或生态工业钢厂的模式发展。

关键词　钢铁工业　钢铁厂　结构调整　钢铁制造流程　解析与集成　发展模式

1　钢铁工业的发展背景和时代命题

我国国民经济已经进入了一个以经济结构战略调整和产业升级为主要特征的发展时代，也可以说开始进入工业化的中期阶段。

从国际上看，经济全球化已逐步成为一种潮流。我国如何利用比较优势和后发优势，结合自身特点，在有条件的领域实现跨越式发展，在国际经济分工中占有一席之地，值得研究。

钢铁工业仍然是国民经济的基础产业。钢铁是诸多使用领域中的必选材料，未来钢产量的新增长点已从发达国家转向发展中国家，特别是亚洲国家。

我国钢铁工业（不包括台湾地区，以下同）经过50年的发展，已形成了完整的工业体系。2000年粗钢产量已达1.27×10^8t左右，钢材的国内市场占有率约为91%。

与20世纪初不同，石油危机以后的国际钢铁工业已不是高利产业。由于国际钢材市场供求关系的变化和不同材料的价格关系变化等原因，使得全球钢铁工业进入了不间断的竞争浪潮之中。因此国际钢铁工业共同的时代命题是市场竞争力和可持续发展问题。

随着社会发展和科技进步，钢铁工业市场竞争力的内涵不断演变，现在已经不仅是价格、质量的竞争，更不是品种、质量为中心的问题，而是包括有价格/成本、质量/品种、资本回收时间、产品供货速度、过程服务、环境友好等多方面和多因素构成的综合竞争。

可持续发展问题强调的是经济发展和环境保护、环境友好的协调发展。可持续发展的主要内容有两个方面：一是环境保护与经济发展相互依赖、相互协调；二是改变传统生产形式、消费方式和废弃方式，由环境保护发展为环境友好。

2　中国钢铁工业的发展和钢铁企业结构调整的含义

中国钢铁工业经过50年的发展，在地区分布（表1）、产品结构（图1）、技术结构（图2）和资源结构（图3）等方面发生了重大变化，取得了重大进步。特别是主要产钢区已经转移到东部沿海和长江中下游地区；连铸技术、氧气转炉工艺得到了快速发展，2000年全国连铸比已达到82%；利用国际资源发展中国钢铁工业的开放政策也

* 原发表于《中国工程科学》，2001，3（6）：24～32。

收到良好的效果，用进口矿冶炼的生铁已占全国生铁产量的30%左右；国防工业所用钢材几乎完全是由国内供应的。这些成就在发展中国家是少见的。然而，在取得重大进步的同时，也出现了一些结构性的矛盾。例如，能源消耗高，生产效率低，投资效益差，一些高技术含量的钢材尚不能满足需求，环境保护欠账多等。所有这些都需要通过对现有企业的技术改造和结构调整来解决。

表1　中国钢铁工业的地区分布　（%）

年　份	1950	1970	1980	1990	2000
华北地区	12.72	19.96	21.51	22.69	25.82
东北地区	82.83	37.32	26.44	20.89	14.16
华东地区	1.95	23.70	24.74	27.57	31.91
中南地区	0.90	13.57	15.05	16.64	15.75
西南地区	1.61	4.51	10.34	9.38	8.93
西北地区	0	0.94	1.91	2.82	3.43

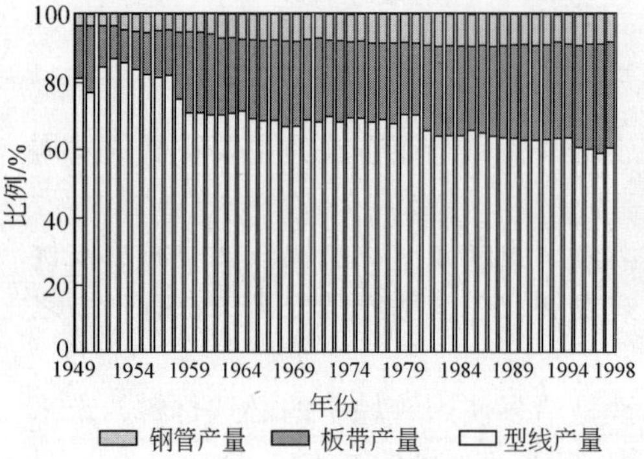

图1　中国钢材生产结构变化

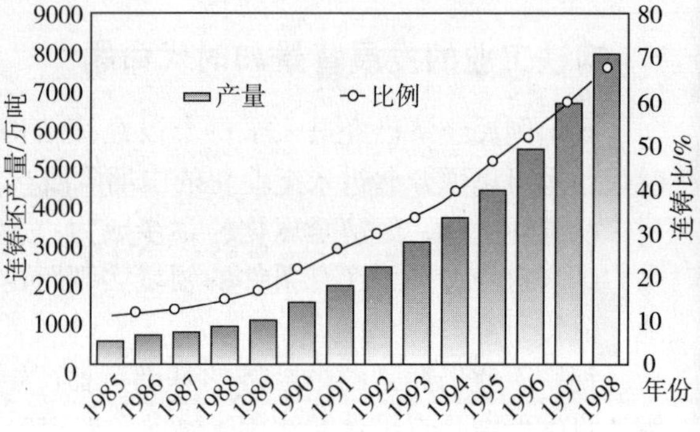

图2　中国连铸坯产量及连铸比的增长

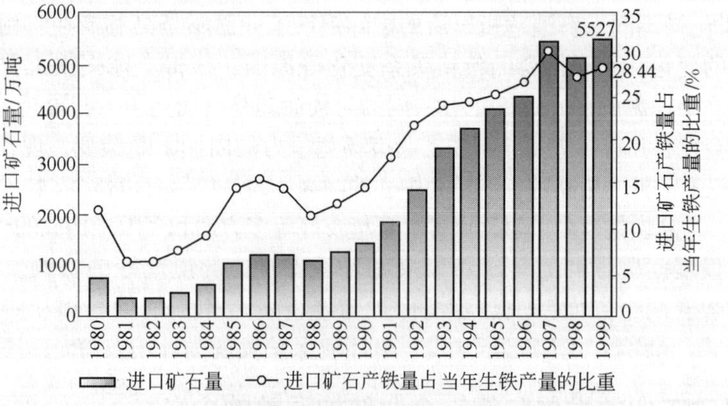

图3　进口矿石量及其占当年生铁产量的比重

面对钢铁工业的时代命题和我国国民经济结构的战略调整，中国钢铁工业面临着产业、企业结构调整与企业发展模式的重大战略选择。

所谓结构是相对于系统而言的，是指构成系统各个单元（组元）的总和以及各单元之间的组合关系的总和，这是系统结构的静态含义。结构还有其动态含义，这就是系统在其运行过程中，不同的结构将表现出不同的“功能-系统-效率”。

进行结构调整是有前提的，不同的思考角度会投射出不同的形象，反映出不同的观点。面临21世纪钢铁工业的时代命题，思考中国钢铁工业的结构调整，必须综合考虑市场需求、技术进步、投资效益、环境保护（环境友好）等因素，而不是原来计划经济体制下的“品种、质量为中心”——单一命题的投影。

整个20世纪，国际钢铁工业得到大发展，同时也经历了不断的结构调整和产业升级的过程。就钢铁企业而言，一批落后的工艺、装备被淘汰，一批工艺、装备渐进性地改进，一批工艺、装备创新性地发展。在这过程中不断引起钢铁企业生产流程的优化重组，这是20世纪钢铁企业结构优化的基础性因素。就钢铁工业而言，一批结构落后的企业被淘汰，一批经过改造结构调整了的企业继续生存、发展，一批技术创新、结构创新的企业新建。这也可以说是各类产业在市场竞争过程中的必然现象。总的看，技术进步往往是结构调整、结构优化的起因或动力，而市场供求状况、资金效益和环境因素则是促进或制约因素。

钢铁企业结构调整应遵循市场需求—产品结构—生产流程结构—合理规模—投资效益的逻辑程序来展开。

进入“九五”以来，我国扁平材的消费量日趋增长，1998年板带材占钢材总消费量的比例为37.91%，1999年则为40.05%，2000年达41%以上，2005年估计将达到44%以上，表明我国钢材消费结构正在摆脱发展中国家的典型消费结构。与此同时，长材、无缝钢管的消费比例相应减少。然而，在未来岁月中，其消费的绝对量仍将继续增长。可以预计2000~2010年是我国钢材消费结构的转型期。其特点是：（1）作为正在进入工业化中期阶段的发展中国家，中国的钢材总消费量将进一步缓慢地增长（表2）；（2）在钢材消费总量的构成中，扁平材（包括派生的焊管）的比例将明显上升，而摆脱发展中国家的典型消费结构。2005~2010年，中国的板、带、管（包括无缝钢管）的消费比例将有可能超过50%。

表2 我国钢材消费强度变化趋势预测

年 份	1980	1985	1990	1995	1996	1997	1998	1999	2000	2005
国民生产总值/元	4518 $\times 10^3$	8989 $\times 10^3$	18598 $\times 10^3$	57495 $\times 10^3$	67560 $\times 10^3$	73142.7 $\times 10^3$	78017.8 $\times 10^3$	83635 $\times 10^3$	89490 $\times 10^3$	119757 $\times 10^3$
钢材表观消费量/t	3172 $\times 10^4$	5655 $\times 10^4$	5311 $\times 10^4$	9784 $\times 10^4$	10514 $\times 10^4$	11671.1 $\times 10^4$	13074.7 $\times 10^4$	13074.7 $\times 10^4$	13028 $\times 10^4$	14225 $\times 10^4$
国民生产总值钢材消费强度/t·万元$^{-1}$	0.702	0.629	0.286	0.170	0.156	0.160	0.168	0.156	0.146	0.119

3 钢铁制造流程的解析与集成以及技术进步的方向

钢铁工业属于流程制造业。从根本上看，钢铁制造过程的本质是集物质状态转变、物质性质控制、物质流管制于一体的生产制造体系，实际上是一种多维的过程物质流管制系统。这一复杂的流程系统可通过综合调控过程中物质流的基本参数（如物质量、时间、温度等）来实现整个流程物流的衔接、匹配、连续和稳定。

钢铁制造流程的解析与集成，是根据流程系统目标（群）来解决流程系统结构优化和功能优化。其基本内容将涉及过程工序功能集和单元工序功能集的解析优化，工序关系集（相邻的、长程的）的协调优化和流程系统工序集的重构优化的研究。

从钢铁制造流程的结构演进（图4）可见，在连铸（凝固）之前的工序是不断解析–优化的趋向，工序数目日趋增加，工序功能日益简化–集中，但效率更高、时间

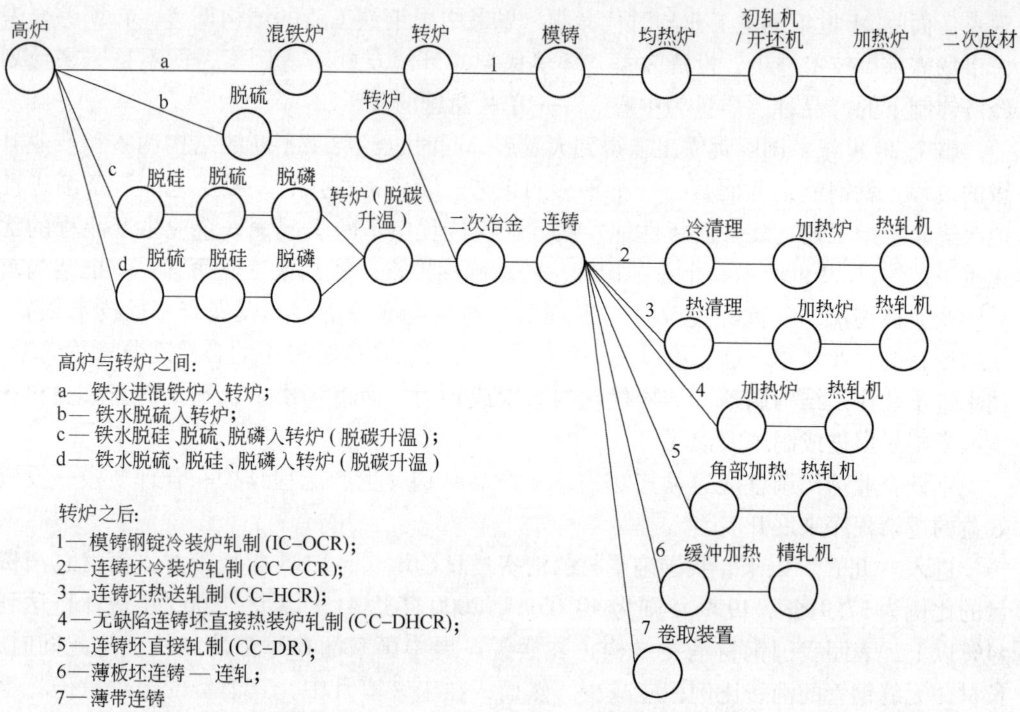

图 4　高炉—转炉—轧钢生产流程的演进

节奏更快；而连铸之后的工序则越来越简化集成、紧凑 - 连续。其中不仅有着一系列新工艺、新装备的出现，而且还存在着一些值得重视的工程效应问题，主要是："瓶颈"效应及其消除，临界 - 优化或临界 - 紧凑 - 连续/准连续效应，分解 - 集成（表 3）或柔性活套工程效应，"动脉" - "静脉"协调循环效应等。

表 3　炼钢过程工序功能的分解

炼钢过程工序功能	铁水预处理		转炉		二次精炼
脱硅	⊙	←	○		
脱硫	⊙	←	○	→	◎
脱磷	⊙	←	○	→	◎
脱碳	◎	←	⊙	→	⊙①
升温			⊙	→	◎
脱气			◎	→	⊙
夹杂物形态控制			◎	→	⊙
脱氧			◎	→	⊙
合金化			◎	→	⊙
纯净化	⊙	←	◎	→	⊙

注：⊙—完成该功能的主要工序；

◎—完成该功能的次要工序；

○—在该工序退化的功能。

①超低碳情况下，真空脱碳更重要。

钢铁制造过程中，大量的物质/产品流，大量、复杂的能量转换，多种形式的过程排放以及大量的排放/废弃物都对环境造成不同层次和不同程度的影响。钢铁制造流程特别是以铁矿石、煤炭为资源的联合企业流程将进一步向绿色制造的方向发展，进而融入工业生态链中去。

钢铁工业共同的时代命题——市场竞争力和可持续发展，其表现形式将主要通过技术进步和战略投资来体现，并具体反映在钢铁制造流程的不断改进中。主要表现为：(1) 钢铁制造流程将是紧凑化－准连续化－产品专业化的制造流程，是清洁生产流程，又是不断合理化的工艺流程（包含洁净钢生产流程）；(2) 钢厂排放过程的有效控制和无害化处理以及排放物质的再资源化、再能源化；(3) 钢厂制造流程将从实现冶金功能为主体，逐步演变成兼顾能源形式的转换功能和社会废弃物的环保处理等功能的流程。

4 关于不同类型钢材的生产工艺分析

当前，首先应该认真地研究扁平材（板、带）的生产结构。

4.1 薄板——薄板坯连铸—连轧的冲击

传统热轧宽带钢生产产品厚度主要分布在 2.00～2.99mm 占 47.5%，3.00～4.99mm 占 25.7%，1.50～1.99mm 占 14.3%，<1.50mm 占 0.3%。

20 世纪 90 年代以来，由于薄板坯连铸—连轧工艺的发展，使得热轧薄板的最小厚度已经有可能达到 1mm 以下，其生产主要厚度范围将分布在 1.0～3.0mm 之间。对于传统冷轧带钢轧机的产品而言，厚度约有 60% 分布在 0.6～1.2mm 之间，而 1.2～1.6mm 厚度的分布频率也在 15% 左右。因此，薄板坯连铸—连轧工艺将对传统热轧带钢轧机、传统冷轧带钢的产品市场形成巨大的冲击。未来传统热轧带钢轧机的产品将分别被逐步挤压到主要生产 3mm 以上的厚规格带卷和为 0.8mm 以下的冷轧带钢供料。由此引起了一系列的连锁反应，薄板坯连铸—连轧作业线的产品将主要集中在 1.0～2.2mm 的厚度范围内，而大量挤占传统冷轧产品的市场。而传统热带轧机的厚规格的产品将部分挤占原来 2300mm 及其以下中板轧机的中板市场。这种现象在我国已经出现，1999 年我国消费中厚板约 1383×10^4t，其中约有 400×10^4t 中板是热连轧带钢轧机生产的。这是由于薄板坯连铸—连轧工艺技术装置的日趋完善，市场竞争力日趋增强的原因。薄板坯连铸—连轧工艺的优势主要在于：投资约为传统热连轧的 58%，能耗约低 50%，生产成本约为常规轧机的 78%，成材率比常规轧机高 1.8%，而维修费用约为常规轧机的 39%。两流薄板坯连铸，一套相应的热连轧机年产量可达（160～250）$\times 10^4$t，而且可以分别与电炉或高炉—转炉流程匹配。因此，在不同市场条件下，可以选择恰当的产品结构、合理的生产作业线和合理的经济规模。

值得指出，从全球范围看，现有的传统热轧带钢轧机绝大部分是在 20 世纪 70 年代左右建设的，这类轧机经过两次彻底改造，约可使用 40 年，所以在 2010 年左右，这类轧机中的大部分将达到寿命期的终点。届时，其中大部分轧机将面临生存、发展上的抉择，以保持市场竞争力。因此，必须在投资战略中引起高度注意。

4.2 中板——“连锁反应”将引起的结构调整

由于传统板带轧机的产品不可避免地会受薄板坯连铸—连轧产品的挤占，一些宽度 1.8～2.0m 以下中板的市场份额，将不可避免地受到传统热带轧机的挤占。这样，我国相当一部分 2300mm 中板轧机将受到严峻的挑战，甚至 2500mm、2800mm 的中板轧机也将由于质量、规格、成本等原因受到影响。因此，我国现有的 24 套中板轧机面临着或改造或淘汰的选择。

未来的趋势是，部分有条件的钢厂应该考虑将原来的2.3m中板轧机改造成3.3～3.8m的中板轧机，主要生产2.5～3.5m的中板，这类中板对于造船、桥梁、压力容器甚至管线钢都有相当的市场价值。一般3.3～3.8m中板轧机的合理年产规模为（80～100）$\times 10^4$t。而且其所用的铸坯单重将在10～14t以上。改造3.3～3.8m中板轧机，必须重视精整、热处理作业线的改造。同时，还应该注意到由于质量和坯重的要求，这将引起连铸机、精炼装置和炼钢炉吨位的大变动。

就3.3m宽的中板而言，由于铸坯单重将增加到10～14t，为了保证质量，连铸中间包容量将至少在30～40t，炼钢炉的容量应在120t左右。而铸机宽度应在1600～1800mm，厚度一般应为200～250mm。由于钢包容量增加到100t以上，将大大有利于用真空处理技术，对钢种和钢质将大有裨益。这样，原来采用20～50t转炉的钢厂将难以企及3.3～3.8m中厚板生产，这类钢厂将定位主要生产棒材、线材。因此，这将引起某些地方钢厂的结构调整和产品分化。

4m以上板宽的中厚板消费量约占扁平材消费量的1.5%。若以中厚板消费量为扁平材消费量的25%计，则4m以上板宽的中厚板约为中厚板总消费量的6%。当然某些产品虽然不需要4m以上的板宽，却需要4m以上轧机的轧制力进行加工。根据这一情况，有必要对我国现有3套4m以上的中厚板轧机选一套进行改造，板宽似应放到4.8m左右。这将有利于促进大型船舶和UOE管线的发展。当然，这类轧机必须配备完善的精整、热处理工段，甚至需要配备加热大钢锭的室状炉；同时还必须具有高水平的炼钢厂。

4.3 棒材

棒材在我国钢材消费构成中占有重要位置。这里指的棒材主要是指用于建筑、结构等用途的碳素钢、低合金钢等棒材。其直径一般在12～40mm之间，更多的是在12～25mm之间。这类棒材适合于用30t左右的转炉或60～100t的电炉生产，连铸坯的断面一般为120～150mm方坯，有的甚至可与160m方坯匹配；精炼一般为吹氩、喂丝等。

对棒材的轧制工艺装备而言，二火成材及横列式轧机当属淘汰之列，应该加速淘汰，而以连轧机来代替。棒材连轧机已属成熟技术，国产的棒材连轧机已有相当水平，生产运行正常，年产40×10^4t不成问题。有的已达年产（60～70）$\times 10^4$t，其吨材投资价格明显低于进口设备，应大力提倡，并进一步开发提高。

在棒材轧机改造中有6项技术值得引起重视：一是连铸坯热送热装；二是铸坯单重的选择，一般应选择1.5～2.4t；三是铸坯连续焊接，即无头轧制技术，将120～150mm的方坯通过专用焊机，将之焊接起来，这将有利于提高机时产量和成材率，而其焊缝处的强度仍很稳定；四是冷床长度合理化及产品的包装及控制技术，这也往往影响轧钢作业线的顺行、效率；五是控轧控冷技术；六是切分轧制技术，特别是四分切技术。

现代化的小型型钢轧机一般将主要生产棒材，个别情况下生产一些窄扁钢。生产工、槽、角等型钢影响轧机效率，而且精整、包装复杂，生产效率低，成本高。槽、角等型钢应逐步过渡到采用冷弯成型工艺来生产。

经过热送、热装、增加坯重（包括铸坯连续焊接）切分轧制技术措施后，棒材轧机生产的连续性大为提高，生产效率、能耗、成材率、生产成本大为优化。现在，棒材轧钢作业线的年产规模应有 40×10^4t，60×10^4t，80×10^4t，甚至 100×10^4t 等不同等级。

4.4 线材

线材也是我国主要消费的钢材品种。这里指的线材是非合金钢线材。其产品直径一般在 5.5 ~ 16mm，个别作业线直径上限可达 22mm。盘重应为 1.6 ~ 2.4t。这类线材适合于用 30t 左右的转炉或 60t 左右的电炉配合生产，铸坯的断面一般为 135 ~ 150mm 方坯，精炼一般为吹氩、喂丝等。

我国现存的二火成材、复二重、横列式线材轧机应加速淘汰或改造为高速线材轧机。20 世纪 90 年代以来，国产的高速线材轧机取得了可喜的进步，已可设计 90 ~ 105m/s 的轧机，年产规模达到 40×10^4t 以上已不成问题。其吨材投资额和备品备件价格明显降低。

现在，高速线材作业线的年产能力应为（40 ~ 45）$\times10^4$t（采用国产轧机）和（55 ~ 60）$\times10^4$t（采用进口轧机）。为了顺利实现这些目标，连铸坯热送、增加坯重（1.6 ~ 2.4t，最好在 2t 以上）以及加强包装能力十分重要。

一般而言，线材厂以配备一条作业线为好。如果一定要配备两条作业线，则必须充分注意加热炉的能力、悬挂输送链的能力和打捆包装设备的能力，否则两部轧机不能充分发挥能力，而投资额、劳力都相应增加，经济效益不理想。

4.5 合金钢棒材/线材

合金钢棒材指的是主要用于汽车制造业和机械制造业的合金钢、结构钢棒材（主要是圆钢，有极小量的方、扁钢）。这类轧机的产品尺寸主要集中在 ϕ（16 ~ 75）mm。与之对应的电炉一般为 60 ~ 80t，在某些条件下也可以用 70 ~ 80t 转炉—RH—大方坯连铸生产线生产。个别企业可以将尺寸上限放大到 ϕ90mm，然而，这将引起铸机、轧钢系统投资额的增加。

这类轧机的年产能力不宜过大，一般应为（30 ~ 50）$\times10^4$t。由于合金钢棒材的尺寸分布范围宽，钢种复杂，因此，将主要采用连轧机，在某些情况下，也可以采用半连轧机，但应坚持连铸—一火成材原则，否则将失去市场竞争力。我国特殊钢厂现有的模铸—初轧/开坯—多火成材及横列式轧机的格局，亟待淘汰或改造。

至于合金钢线材，由于其市场份额较小，以附设在合金钢棒材厂内为宜。但无需每个棒材厂都附设线材作业线，只有少数特钢企业需要这样做。

5 关于钢厂的结构和模式

进入 20 世纪 80 年代以来，全球绝大多数钢厂在结构调整以后都是以连续铸钢来衔接化学冶金过程与冶金的物理过程。必须从不同钢材的热轧机的合理规模和不同类型连铸机的能力匹配来思考单个钢厂的结构问题，即先从市场需求和投资效益评估出发，定位单个钢厂的产品大纲，然后分析该类产品现代化轧机生产能力的合理范围，进而分析与之对应的连铸机能力，选择好铸机—轧机的物流衔接、匹配关系、能量（温度）衔接、匹配关系，时间节奏衔接、匹配关系。

在此基础上，分析在同一钢厂内若干高炉—铁水预处理—炼钢炉—精炼装置—连铸机—加热炉—热轧机之间的纵向协调性和横向相容性。实际上就是处理好不同类型钢材生产流程的合理生产方式及如何在一个钢厂内，在一个有竞争力的结构体系中，将相关产品合理地组合起来的问题。这是一个融市场需求、经济效益和科技进步于一体的命题。

要解决上述命题，应以生产结构合理化和提高市场竞争力为前提。环顾全球钢厂的发展趋势，为了增强企业的竞争力，在未来的年代里，下列模式的钢厂是值得思考的。

5.1 大型联合企业

5.1.1 薄板型及其延伸产品型

大型高炉（×(2～3)）—铁水预处理—
- 大型转炉（×3）—二次精炼—薄板坯连铸机（×2）—连轧［0.8～4mm，(220～250)×10^4t/a］
- 大型转炉（×2）—二次精炼—板坯连铸机（×2）—热宽带轧机［2～12.7/25.4mm，(350～500)×10^4t/a］

合理规模：(600～800)×10^4t/a。延伸产品：冷轧板、镀锌板、镀锡板、彩涂板、电工板、焊管等。

5.1.2 综合产品型

大型高炉（×(2～3)）—铁水预处理—
- 大型转炉（×2）—二次精炼—板坯连铸机—
  - 宽带钢轧机［2～12.7/25.4mm，(250～350)×10^4t/a］
  - 中厚板轧机［3300mm、3800mm、4200mm、4800mm，(80～150)×10^4t/a］
- 大型转炉（×2）—二次精炼—
  - 异型坯连铸—轨梁轧机（60～100）×10^4t/a
  - 圆坯连铸—无缝管轧机（50～70）×10^4t/a

合理规模：(600～800)×10^4t/a。延伸产品：焊管、UOE管、冷轧板、镀锌板。

5.1.3 扁平材及其延伸产品型

大型高炉（×2）—铁水预处理—大型转炉（×3）—二次精炼—
- 薄板坯连铸（×2）—连轧［0.8～4mm，(220～250)×10^4t/a］
- 板坯连铸机（×1）—中厚板轧机［3300～3800mm，(80～100)×10^4t/a］

合理规模：(300～350)×10^4t/a。延伸产品：焊管、冷轧板、镀锌板。

5.1.4 混合流程型

大型高炉（×2）—铁水预处理—大型转炉（×3）—二次精炼—薄板坯连铸(×2)—连轧[1～4mm,(220～250)×10^4t/a]

└—废钢—电炉(×1)—二次精炼(×1)—小方坯连铸机(×1)—优质棒材轧机[ϕ(12～40)/60mm,(60～80)×10^4t/a]

合理规模：(300～350)×10^4t/a。延伸产品：焊管、冷轧板、镀锌板。

5.2 中小高炉联合企业

5.2.1 专业长材型

中、小高炉（×(2～4)）—铁水脱硫—中、小转炉（×2）—吹氩喂丝—
- 小方坯连铸（×1）—棒材热轧机［ϕ(12～40)mm，(40、60)×10^4t/a］
- 小方坯连铸（×1）—高速线材轧机［ϕ(5.5～16)mm，(40、60)×10^4t/a］

合理规模：(80～120)×10^4t/a。

5.2.2 专业中板型

中、小高炉（×(2~4)）—铁水脱硫—大、中转炉（×1）—二次精炼—板坯连铸机（×1）—中板轧机[(4.5~50)mm×(3000~3500)mm]

合理规模：(80~100)×10⁴t/a。

5.2.3 综合产品型

中、小高炉（×3）—铁水脱硫—中、小转炉（×3）—吹氩喂丝—

- 板坯连铸机（×1）—中板轧机[(4.5~25)mm×(1800~2500)mm，(40~60)×10⁴t/a]
- 小方坯连铸（×1）—棒材热轧机[ϕ(12~40)mm，(40~60)×10⁴t/a]
- 小方坯连铸（×1）—高速线材轧机[ϕ(5.5~16)mm，40×10⁴t/a]

合理规模：(120~150)×10⁴t/a。

5.3 电炉流程企业

5.3.1 电炉长材型

（1）电炉（×1）—二次冶金（×1）—小方坯连铸（×1）—棒材连轧机（碳钢，低合金钢 ϕ(12~40)mm）

合理规模：(40~60)×10⁴t/a。

（2）电炉（×1）—二次冶金（×1）—小方坯连铸（×1）—高速线材轧机（碳钢，低合金钢 ϕ(5.5~16/22)mm）

合理规模：(40~60)×10⁴t/a。

5.3.2 薄板型

电炉（×2）—二次冶金（×2）—薄板坯连铸（×2）—连轧（×1，厚度：1~4mm）

合理规模：(160~220)×10⁴t/a。延伸产品：冷轧板、镀锌板、焊管。

5.3.3 中板型

电炉（×1）—二次冶金（×2）—板坯连铸（×1）—中板轧机（×1，4.5~50mm，3000~3500mm）

合理规模：80×10⁴t/a。

5.3.4 专业无缝钢管型

（1）电炉（×1）—二次冶金—圆坯连铸（×1）—≥ϕ140mm 无缝管轧机

合理规模：(40~60)×10⁴t/a。

（2）电炉（×1）—二次冶金—圆坯连铸（×1）—<ϕ140mm 无缝管轧机

合理规模：(12~20)×10⁴t/a。

5.3.5 合金钢长材型

（1）电炉（×1）—二次冶金—

- 合金钢方坯连铸机（×1）—合金钢棒材连轧机[ϕ(16~75)mm（90mm），(30~40)×10⁴t/a]
- 模铸钢锭（或连铸坯＋电渣重熔）—快锻机[(2~3)×10⁴t/a]，精锻机[(3~4)×10⁴t/a]

（2）电炉（×1）—二次冶金—合金钢方坯连铸机（×1）—合金钢棒/线材连轧

机［$\phi(16\sim75)mm/\phi(5.5\sim22)mm$］

合理规模：$(40\sim50)\times10^4 t/a$。

5.3.6　不锈钢板材厂

电炉（×1）—转炉（×1）—二次冶金—板坯连铸机（×1）—炉卷轧机（厚度：2～8/12.7mm）

合理规模：$(40\sim60)\times10^4 t/a$。延伸产品：不锈钢冷轧薄板。

总之，钢厂结构调整应遵循如下6个方面：

（1）市场导向——市场（特别要注意区域市场）确定产品大纲；

（2）所处地域在市场、运输、资源、能源等方面应有比较优势、区位优势；

（3）各种不同钢材的合理生产规模；

（4）生产流程中前后工艺、装备的协调优化；

（5）生产不同类型钢材在铸机—轧机之间物流的横向相容优化；

（6）上、下游工序装置之间的整数对应优化。

6　钢厂与钢铁企业集团

钢厂已经进入结构调整、产业升级的时代。就单个钢厂而言，要有合理的经济规模，小于这一生产规模将难于采用现代化的工艺、装备，难于生产出质量好、成本低的产品而无法盈利。然而，钢厂的生产规模也不是越大越好，年产$800\times10^4 t$以上的、超大规模的钢厂将引起生产流程的不合理和投资额过大、资金回报率低等不经济后果。

由于钢铁产品的成本是由投资成本、制造成本和销售运输成本等构成的，过大的销售半径（加权计）将导致利润降低。因此，在不同的钢铁产品、不同地区条件下，单个钢厂的生产规模应有一个合理的范围。

未来钢厂应向生产专业化、经营区域化、产品深加工的方向发展。

由于市场需求量是多样化的，而科技进步又导致某一单个钢厂向产品专业化方向发展。解决这一矛盾的方法不是发展产品万能化的超大规模钢厂，因为它将导致融资困难、资金回报率低等弊端。发展的趋势是组织区域性的钢铁集团或专业产品的钢铁集团。这种钢铁集团可以是兼并型的财务一体化运行的集团，也可以是市场分配型、投资分工型的策略性联盟而在经济上不互相隶属。至于构成未来生态工业带（区）的钢厂将有可能与其他类型的企业联合组成综合性的企业集团。

7　关于投资问题

钢厂为了取得市场竞争力，为了适应可持续发展战略，都需要战略性投资做支撑。然而，现在的钢铁工业不是高投资回报率的产业，必须认真研究投资战略。在钢厂投资过程中，如何充分利用已有的知识成果进行结构创新、模式创新值得考虑。

钢厂的结构调整既是科技进步的过程，同时更是投资决策知识化程度越来越高的过程，而且投资决策中也蕴涵着颇多的创造性。

石油危机以来，全球钢铁企业的投资经验表明，随着技术进步和钢厂结构调整，单位钢铁产品的投资额逐步降低。而且，越是采用高技术，单位产品的投资量应该越低。具体而言，电炉—薄板坯连铸—连轧的热轧卷的吨材投资量将降至300美元左右；而高炉—转炉—薄板坯连铸—连轧的吨材投资量将可能降至800～600美元。单位产品投资额过大是缺乏市场竞争力的，应该引起高度警惕。

8 结语

20 世纪是钢铁工业在科技进步推动和市场需求拉动下的大发展时期。21 世纪的钢铁工业将在高科技的推动和其他材料的激烈竞争下以及社会和环境制约下，进入新的结构调整和发展时期。

钢铁工业的重构和发展首先体现在企业产品结构的重组，在更深层次上就是生产流程的结构调整。不同产品的生产流程和生产规模的合理化是一个重大的投资决策问题，运用高新技术应该同时达到降低单位产品投资额的目的，以此来促进市场竞争力和可持续发展。与此同时，工艺装备国产化对于节约投资效果明显，必须引起高度重视。总的看来，就一个钢厂而言，其发展方向是产品专业化、系列化、深加工和规模合理化。除了不锈钢、电工板、石油管等高附加值产品以外，生产其他大宗产品的钢厂在某种意义上讲主要是面向地区市场的钢厂。解决市场需求多样化与单个钢厂产品专业化之间的矛盾，是组成各种不同类型的钢铁企业集团，而不是发展“万能化”的超大规模钢厂。

21 世纪的钢铁工业将在结构调整的过程中实现产业升级。钢铁生产流程的功能将朝着如下方向发展：

（1）冶金功能——低能耗、低物耗、高效率地生产新一代钢铁产品，并降低单位产品的投资额；

（2）能源转换功能——形成工业生态链甚至转换出新能源；

（3）排放物的再资源化、再能源化以及无害化，同时发挥社会废弃物的处理功能，诸如处理废钢铁、废塑料、垃圾等，实现环境友好；

（4）钢厂将逐渐向都市周边型钢厂或生态工业钢厂的模式发展。

The Structure of Steel Industry and the Mode of Steel Plants

Ruiyu Yin

(Central Iron and Steel Research Institute, Beijing, 100081, China)

Abstract The development of steel industry and the present situation of restructuring of Chinese steel enterprises are reviewed in this paper. The analysis and integration of steel manufacturing process and the direction of technological progress are described. The production processes for different steel products are discussed and the structure and mode of steel plants and investment decision are prospected. It is pointed out that market competitiveness and sustainable development are the time's topic of steel industry. In the 21st century, the functions of steel production process will move towards following targets:

——For metallurgical function - producing new generation steel products based on low energy consumption, low material consumption and high efficiency and low specific investment cost.

——For energy conversion function - forming the industrial ecological chain, even converting into an advanced energy.

——For wastage treatment function - realizing environment friendliness.

Steel plants will be developed into two typical modes: the city penpheral steel plant and the steel plant located in the ecological industry zone.

Key words steel industry, steel plant, structural adjustment, steel manufacturing process, analysis and integration, developing mode

关于21世纪发展连续铸钢的若干认识*

1 连铸技术——20世纪钢铁工业技术进步的关键

21世纪已经来临，钢铁仍然是重要的基础材料。在不少情况下，特别是发展中国家，钢铁甚至是“必选”材料。然而，钢铁作为材料，钢厂作为产业，都面临着市场竞争力和可持续发展的挑战。回顾20世纪，钢铁工业在技术进步支撑下，得到了巨大发展，但也并非一帆风顺。就第二次世界大战以后的50年左右时间内而言，钢铁工业面临最危险的挑战莫过于石油危机－能源价格上涨和几乎1/4世纪的时间内钢材价格滞涨。自钢铁工业遭遇1972～1973年石油危机开始，连铸技术得到了全球钢铁界的重视，不断开发、不断投资、不断发展，日趋成熟。相继出现了一系列技术和装备，最为标志性的集成技术主要是：

（1）全连铸钢厂（包括特殊钢厂）；

（2）炼钢—二次冶金—连铸—加热炉—热轧机高温热连接技术；

（3）薄板坯连铸—连轧技术。

连铸技术帮助钢铁工业渡过了石油危机、钢价滞涨等险区。日本的经验数据表明，由于连铸的普及和带来了相关工序的技术进步，日本钢厂的成材率平均提高了约16%。与此同时，节约了大量能源和大量的雇员，成本大幅度下降，这是不言而喻的。

连铸技术的发展，迫使钢铁企业必须进行结构调整，与连铸技术不相适应的工艺和装备被迫淘汰，如模铸、初轧开坯、平炉、小型电炉、横列式轧机等。致使原来称雄于世的百货公司式的“万能”钢厂不得不转向专业化生产，大型联合企业主要转向扁平材生产。连铸技术的发展是钢厂结构调整的主要动力之一。

2000年全球粗钢产量已经突破8亿吨大关，全球钢铁工业的连铸比已经达到85%以上，而且仍在不断发展。

我国连铸技术自改革开放以来，特别是20世纪80年代后期以后，得到了蓬勃的发展。虽然一度在发展思路上、技术认识上经历了曲折，但1988年以后，认识渐趋一致。在发展战略自主、借鉴国际先进经验、先进装备的情况下，先后克服了连铸达产、全连铸生产技术、高效连铸和薄板坯连铸连轧示范线的达产等一系列难题，中国连铸技术得到了长足进步，并得到了国际同行称道。现在，中国连铸比以出人意料的速度增长，2000年连铸坯的总产量已经突破了1亿吨，连铸比也已突破了80%达到82%以上。2000年10月中国连铸比达到84.38%，也就是1999年全世界的平均水平。这是中国钢铁界特别是连铸工作者努力的结果，是依靠自主发展战略，主要依靠自己的技术装备，主要依靠自己的技术人员和工人队伍开发、设计、运行的结果。实践证明，每增产1t连铸坯相应降低成本200元左右，以转炉—连铸取代平炉—模铸工艺，每吨可以降低成本300～450元，经济效益显著。与此同时，我国30t左右的小型转炉炼钢厂

---

* 原发表于《连铸》，2001（1）：1～3。

在连铸技术的支持下，生产效率迅速提高，转炉平均利用系数翻了一番，1999 年平均达到了 53. 08t/(t · d)。当然，全连铸钢厂也蕴含着节能、环保等方面的环境效益。

2 连铸技术进一步发展的趋势

作为取代模铸系统凝固、成型功能的连续铸钢装置，其功能是大为发展了，而且与前、后工序的关联度也更加紧密了。连铸的功能应从下列几个方面来认识：

（1）高效凝固器；

（2）优化成型器；

（3）冶金器；

（4）节能器。

基于对连铸装置功能的上述定位，连铸技术的发展将会循着两方面来开发、创新，即连铸工艺/装备本体技术的开发、创新和上、下游工序技术及流程技术的开发、重组。

3 连铸本体技术的开发趋势

作为连铸工艺/装备本体技术的开发、创新，将主要围绕着高速高效连铸、近终型连铸和特殊钢连铸展开。

3.1 高效长寿中间罐

目标为 50 炉、100 炉、200 炉。其中包括耐火材料、快速局部修理、中间罐设计、水口快速更换、低过热度快速浇注等。

3.2 结晶器技术

将围绕着近终型连铸、高拉速连铸，不断改善凝固成型条件，不断改善表面质量，不断延长连铸浇注的时间展开。相关各类新型结晶器的设计、制造技术，各类新型振动器的设计、制造技术，各类高性能保护渣的开发、制造和应用，漏钢预报系统技术，某些物理外场强技术的研究开发等。

3.3 二冷段及液芯压下技术

将主要围绕着改善内部质量、表面质量，进一步降低压缩比和提高铸机作业效率展开。其中辊列系统的研究开发、扇形段的有效布置和快速更换，特别是各种新型的液芯压下及其控制技术的开发应引起高度关注。当然，二冷水的系统设计及二冷辊的设计和材质研究也是重要的。

3.4 铸坯切割与冷床控制技术

有效控制铸坯切割和冷床分配技术，不仅是为了理顺物流，也是为了有效地控制铸坯形状、平直度以及有效地蓄热，充分利用能源。随着铸坯热送、热装和热连轧技术（半无头轧制）的开发，将越来越希望铸坯的长度加长。例如小方坯将朝着 14 ~ 18m 的长度，薄板坯朝 40 ~ 60m 或更长的长度发展，这就要求智能化切割，宽冷床设计，铸坯—冷床自动分配技术以及冷床输送过程保温等技术的发展。

3.5 质量控制与管理技术

一般而言，连铸坯的内部组织和表面质量明显优于相同条件的钢锭质量。连铸技术发展到现在，需要进一步解决的质量问题，将逐步集中在夹杂物、裂纹、疏松、内部均一性以及表面质量上。

说到表面质量的改善，指的是在降低压缩比前提下的改善表面质量。例如以薄板坯连铸—连轧工艺如何生产轿车暴露部分的面板，用薄带连铸技术生产高表面质量的不锈钢带等。这是21世纪必须直接面对的课题。

而内部质量问题，诸如夹杂物、裂纹、疏松、内部均一性等，将主要集中在一些高级用途钢、包晶钢、高碳钢和某些合金钢上。可以预料，绝大部分的特殊钢产品将通过而且必须通过连铸装置来生产。

铸坯质量问题是一个跨度很大的问题。可以说将从铁水开始一直到终轧。其中，钢水的洁净度和温度是基础性因素，连铸工艺中保护渣的质量与适用性、结晶器技术和铸机装置的可靠性与精度对不同钢种的质量问题应分别视不同情况给予有针对性的解决。电磁技术和液芯压下技术是解决某些钢种质量问题的重要手段，我国在这方面的开发、应用处于后进状态，必须引起注意。中间罐冶金在我国虽做了一些工作，应进一步加强，特别是在薄板坯连铸、高速高效连铸的发展过程必须加强。

有效地测控钢液温度及铸坯表面温度，钢液温度、化学成分和铸机拉速之间协调控制，自结晶器开始直至切割装置之间冷却控制模型的开发等应该根据不同类型的产品、不同企业的实际情况，分别进行开发、应用。

上述一系列问题，都将涉及信息的采集、分析和有效控制。不少方面不仅是技术问题也必须有一系列的管理作为评估的原则。因为质量问题与成本效率等经济指标必须统一考虑。

3.6 特殊钢连铸

从全球看，发达国家特殊钢厂的连铸比已达到90%左右，而我国特殊钢的连铸技术明显处于落后状态，不少老的特钢基地仍处于起步状态。相反，一些新建的特钢基地反而后来居上，较好地解决了连铸技术问题。现在看来，我国特殊钢厂要有效地摆脱落后状态，必须首先解决两个观念性问题，一是特殊钢厂必须专业化生产，另一是几乎所有大量生产的商用特殊钢都可以通过连铸来生产。

在此基础上再解决技术进步的具体措施，这就是：

（1）建立起“UHP EAF ×1 + LF/VD ×1 + CC ×1 + 热连轧机 ×1”四位一体的新型作业线，其中必须解决工序匹配技术；

（2）解决多炉连浇技术；

（3）解决异钢种连浇技术；

（4）逐个解决不同钢种、不同产品的质量问题。

4 上、下游工序技术及流程技术的开发、重组

主要涉及如下方面：

（1）洁净钢生产技术；

（2）铁水“在线全三脱”预处理技术与转炉高速吹炼技术；

(3) 电炉快节奏生产技术，电炉“tap to tap”时间必须不大于连铸拉坯周期时间；
(4) 物质流、温度、时间的匹配、协调技术；
(5) 降低铸坯压缩比的系统技术；
(6) 连铸技术与控轧控冷技术结合，开发新一代钢材；
(7) 非再结晶轧制技术（节能、优质）；
(8) 半无头轧制技术；
(9) 薄板坯连铸 + 超薄带生产技术；
(10) 热轧薄带与酸洗联合作业技术；
(11) 生产过程中工序重组和平面布置系统优化。

5 展望

随着全球经济一体化浪潮的扩展，国际钢铁工业面临着无休止的市场竞争，在此过程中连铸技术将进一步受到关注。连铸技术将是钢铁工业进一步实现技术结构调整的主要动力。

中国在未来 5 ~ 10 年内，必须进一步加速发展连铸技术，2002 ~ 2003 年中国连铸比应超过 90% 。

中国在未来 5 ~ 10 年内，板材的消费量将快速上升，因此薄板坯连铸—连轧技术必须引起高度重视。2010 年后，在某些情况下，传统的板坯连铸—传统的热轧带钢机组将失去竞争力。中国长材的消费量仍将保持继续增长的势头，关键是要使小方坯连铸技术与长材热连轧机结合起来发展。其中低温轧制工艺的发展，将会促进连铸的发展，并进一步增强市场竞争力。

连铸技术的发展体现了综合知识的凝聚，最终必将导致：

(1) 技术发展思路的创新，一系列相关新技术的开发和综合集成。诸如热轧薄板取代相当部分冷轧薄板，通过低温轧制开发新一代钢材问题等。

(2) 钢铁生产工序的更新与重组，主要将影响到钢厂生产工艺链的重新整合、成本（投资成本、操作成本）结构的优化。诸如铸坯压缩比的进一步降低（不锈钢薄带连铸），热轧—酸洗—涂镀层工艺的进一步连通等。

(3) 生产过程物流的匹配/协调、顺畅和半连续化。如无头轧制技术的开发应用，过程多维物流调控系统的开发、应用等。

(4) 工厂技术改造的集成技术，并将影响未来钢厂布局、结构和合理经济规模。诸如开发年产 300t 级薄板坯连铸—连轧厂生产超薄带、涂层板等产品的新一代钢厂，年产 40 万吨的薄带连铸工艺加 1 ~ 2 架热轧机生产不锈钢薄板卷的新一代钢厂等。

总的看，未来 5 ~ 10 年内，连铸技术将进一步发展，其影响不仅是连铸工序、装置本身，而且将影响上、下游工序技术的发展。在钢厂生产流程技术进步中，连铸为中心的格局没有改变，而其具体内涵则在不断扩大更新。中国已经拥有年产 1 亿吨以上连铸坯的实绩，积累了相当的知识成果，必须上升为重视发展思路的集成创新、工程技术创新，开发出拥有自主知识产权的工艺、装备和生产流程来促进我国钢铁企业的市场竞争力。

节能、清洁生产、绿色制造与钢铁工业的可持续发展*

摘　要　从产品制造链、商品价值的演变出发，讨论了节能、清洁生产和钢铁工业绿色制造问题，强调了钢铁制造流程系统优化的重要性，指出钢厂环境问题的概念是要通过节能、清洁生产—绿色制造过程逐步实现环境友好。与此同时，讨论了钢厂生产流程过程中的节能、清洁生产问题和钢材及其制品的绿色度问题。最后展望了与钢铁企业有关的生态工业链和未来钢铁企业的角色。

关键词　钢铁工业　节能　清洁生产　绿色制造　可持续发展

1　问题的提出

在整个20世纪内，科学技术的进步促进了社会经济的快速发展；全球范围内工业化、城市化进程加快。与此同时，由于缺乏环境方面的综合认识，环境急剧恶化。其主要原因是无节制地使用资源、能源进行大规模的生产，不顾后果地大量消费以及消费使用后的大量无序废弃。这造成了一系列超过生态自净能力的外源性污染。从而环境问题日益复杂和突出（图1），环境保护引起了各国的高度重视。进而，人们忧虑地球、生态平衡等根本性的问题，从而提出可持续发展问题。

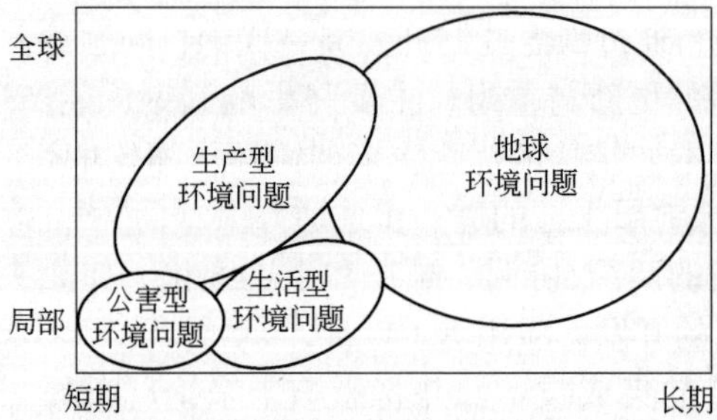

图1　环境问题的内涵及不同类型环境问题影响的关系

经过实践，人们认识到要解决好环境问题，不仅仅是污染物无害化处理问题（末端治理），而且过多的末端治理会引起企业、社会经济负担增加，甚至影响企业、社会自我发展的动力。因此要改变不利于环境的因素，必须从产生问题的根源着手（所谓源头治理），即从自然资源的利用—物质产品的生产过程—物质产品的消费过程—废弃/回收过程入手，全过程、全寿命期地综合思考，才能从总体上解决问题。

于是不同层次上的一系列可持续发展的命题、概念、内涵、对策被人们思考着，诸如：（1）污染物及有毒物质的无害化处理；（2）节能、清洁生产—绿色制造；（3）生态工业链；（4）循环型社会。

* 原发表于《钢铁》，2002，37（8）：1～8。国家自然科学基金资助项目（59974023）。

2 制造链和商品价值观的演变

人类社会的生存和发展都离不开制造业。当然，制造业的概念、内涵是随着时代的进步而动态发展的。现在，制造业已可具体定义为：将可用资源（物料、能源等）通过相应的生产（制造）过程转化为工业品和消费品的产业。而现代制造过程的内涵不仅包括从物料、能源到产成品的制造加工过程，而且包括从制造概念逐步扩展成制造链（制造体系）的概念，因而制造链既包括产成品的制造加工过程，还包括产品设计、制造加工过程的设计、过程排放的控制、循环使用和无害化处理，以至于产品使用、废弃、循环利用等产品生命周期评估（LCA）。

随着时代的发展，制造链已从“河流型”逐步发展为“湖泊型”（图2）。

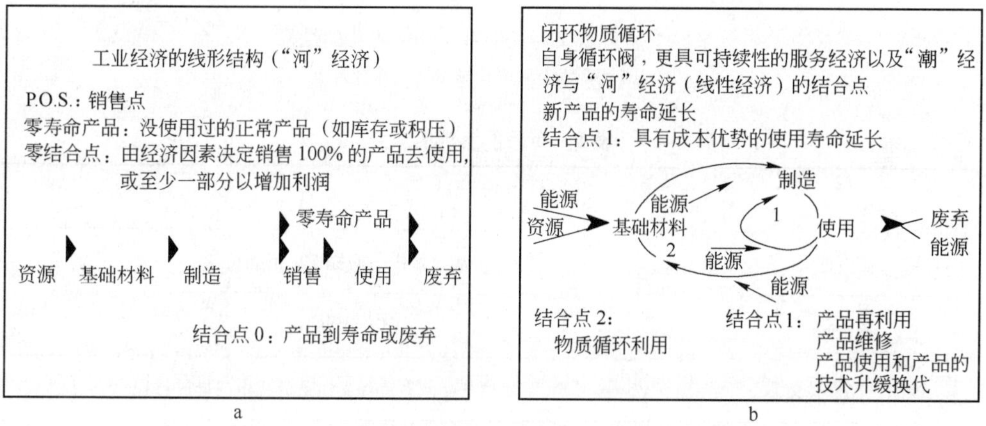

图2 “河流型”与“湖泊型”制造链示意图

a—河流型；b—湖泊型

钢铁生产过程属于现代制造过程，钢材的生命周期将涉及资源、能源的开采、输送过程，钢材制造过程、加工组装过程、使用过程、废弃过程、回收分类利用过程等因果链（见图3）。

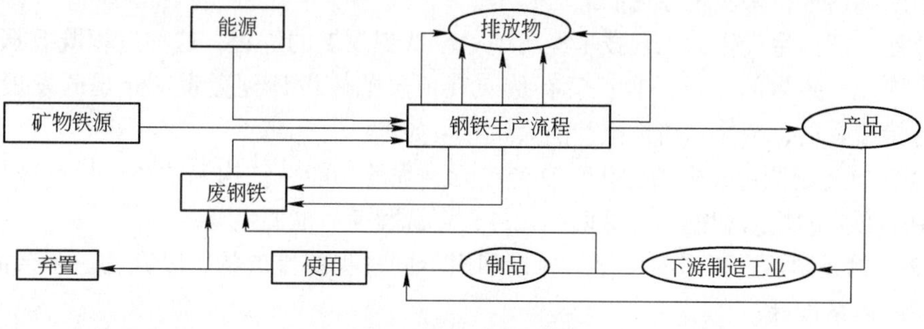

图3 钢材生命周期

随着可持续发展观点影响的日益扩大，人们对商品的价值观也正在发生变化。在商品的价值观发生变化的同时，人们对质量的定义也日益深化（见表1，图4）。从图4可以看到：质量不仅与技术的系统优化和使用优化有关，而且与债务优化（诸如投资额、成本、资金回收速度等）有关。从功能和时间角度上看，则质量应定义为长期系统功能的优化。就商品的价值观而言，其根本的含义是既要有强劲的市场竞争力，又要有利于可持续发展。

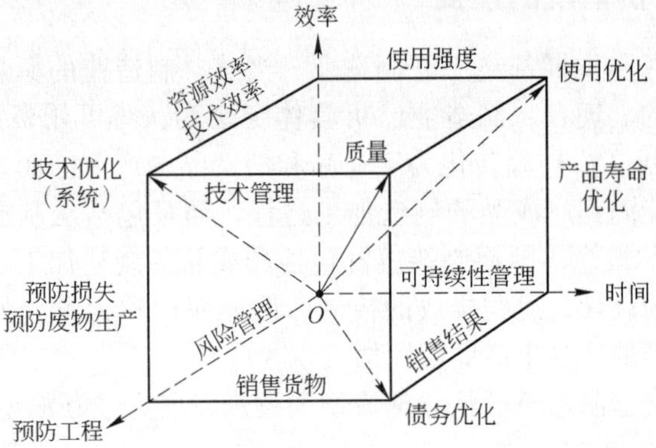

图4　质量定义为长期系统功能优化的结果

O—市场竞争力和可持续发展的综合效应

表1　商品价值观的演变

原　来	今　后
高性能	满足要求的前提下尽可能长寿
低价格	可以接受的价格
注重产品制造流程	既注重产品制造流程又注重流程中的排放过程
一侧（动脉）	一侧，（动脉 - 静脉循环）

3　节能、清洁生产—绿色制造

节能、清洁生产应是环保和绿色制造的基础，也就是强调以源头治理为主，配合必要的末端治理，来实现绿色制造。

节能、清洁生产作为工程技术经历了一段认识发展的进程。这种进程既有从微观、介观到宏观、整体的发展进程；又有从宏观顶层整体设计到微观、介观的发展进程。面对可持续发展，节能、清洁生产的大致对策如下：

（1）单元制造过程内的优化，改善单元过程的功能 - 结构 - 效率，尽量减少制造过程中不必要的输入和输出，降低单元过程资源负荷、能源负荷；

（2）单元制造过程间的优化，尽量利用不同过程的排放物、废弃物、剩余能进行过程间的体系设计；

（3）对于暂时无法利用的排放物（包括排放过程）、废弃物，寻求技术革新的方法，使之能够充分再利用；

（4）采用“末端治理技术”或采用生态学原理发挥生物圈的自身净化能力等。

绿色制造是在节能、清洁生产基础上进一步延伸、扩展，它的主要概念是：

（1）从源头入手根治造成污染的制造过程，注意资源、能源的选择，高度关注产品绿色生命周期；

（2）使污染物消除在制造过程中，协调经济效益和环境效益；

（3）不同类型、相关类型企业之间形成生态工业链，促进构成污染物的“零”排放体系（或称为最小排放体系）；

（4）所谓污染是指在不同尺度上超过生态平衡所能接受的外源性污染；

（5）强调持续性的对环境污染集成预防策略，追求构成可持续发展战略的最佳模式。

绿色制造与环境治理有不同的立场，甚至不完全相同的概念：

（1）环境治理，其立场往往是对已被污染的环境进行治理，使之恢复到被污染前的面貌，往往导致企业成本增加，削弱市场竞争力；

（2）绿色制造，强调从源头上和过程中阻止污染物生成的综合新策略。

看来，必须高度重视绿色制造，要从过程科学、流程工艺技术与工程研发，合理选择资源、能源，产品设计合理化入手，发展环境友好的生产工艺、技术装备、制造流程，解决好环境污染与可持续发展这对矛盾。

4 钢铁制造流程系统的优化

钢铁制造流程优化既有助于提高钢的市场竞争力，又有助于环境友好、可持续发展。全球钢厂正以积极推进最有效技术为动力，不断使钢铁制造流程从间歇—停顿—流程长向紧凑化—准连续化—流程缩短的方向发展（图5），实际上也是一系列的节能技术、清洁生产技术运用的过程，更是源头治理的体现（图6）。从流程整体优化的高度出发，而不是简单地从单元工序、单个装备改造出发再简单相加，才可以使物质获得率最大化、能源效率最佳化和制造过程时间最小化的综合效果（图7）。当然，同时也得到清洁生产、降低环境负荷的效果。

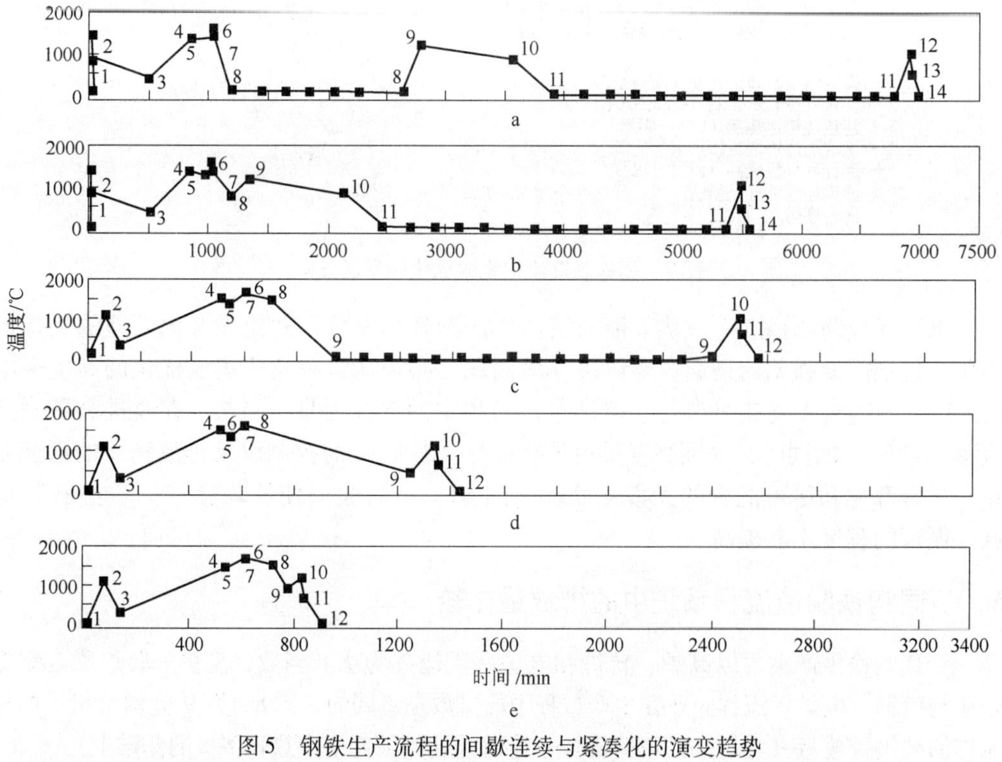

图5 钢铁生产流程的间歇连续与紧凑化的演变趋势

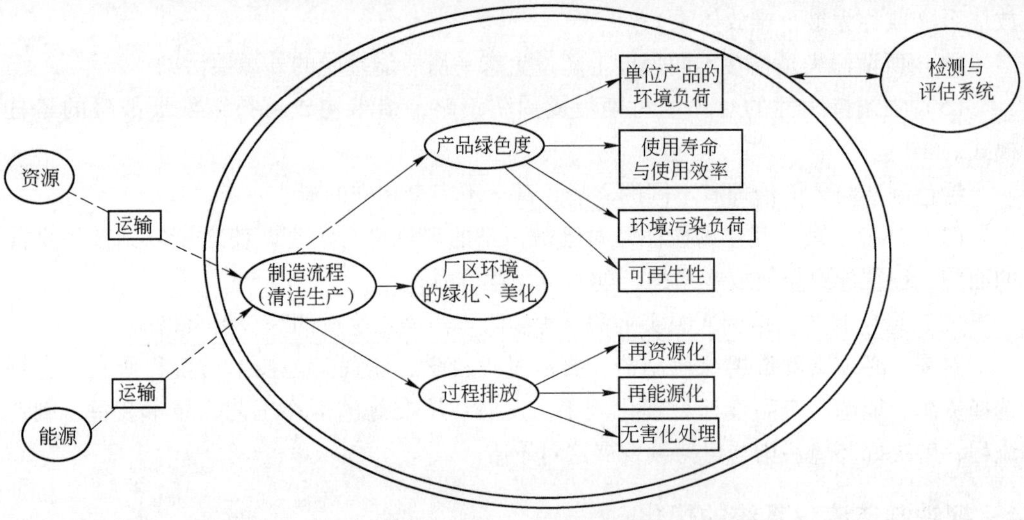

图 6　钢铁企业制造流程与环境保护的内涵

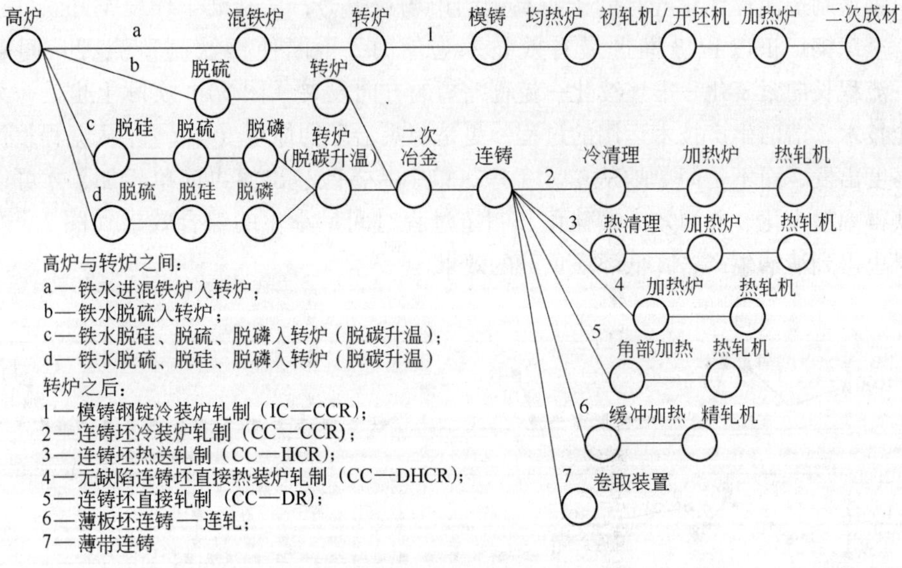

图 7　钢铁制造流程集成优化的发展方向

钢厂环境问题概念——从节能与清洁生产到环境友好，并使无害化处理的负担最小化。特别需要强调的是钢厂要解决环境问题，必须从流程整体集成优化的高度来看（图 7），制造流程优化是节能、清洁生产最根本的支撑力量。当然，在改进金属制造流程（动脉）的同时，必须高度重视排放过程（静脉）的控制以及排放物质的再能源化、再资源化和尽可能少的无害化处理（图 6）。也就是要使“动脉” - “静脉”协调、循环的程度不断提高。

5　不同钢铁制造流程系统中的排放量比较

当代钢铁生产主要以高炉—转炉和电炉两类流程为主。当然，高炉—转炉联合钢铁企业与废钢—电炉短流程企业在生产过程中的排放是不同的，图 8、图 9 分别给出了两种流程的吨钢排放量（都统一到以薄板坯—连铸连轧的工艺生产热轧薄板的基础上）。

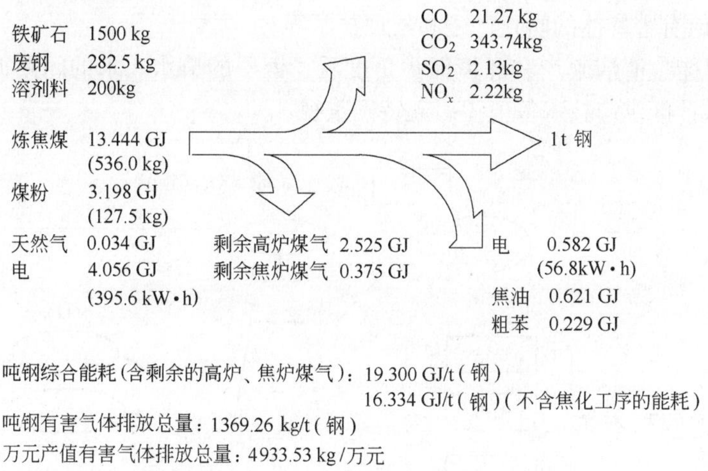

图 8　钢铁联合企业的投入/产出平衡图

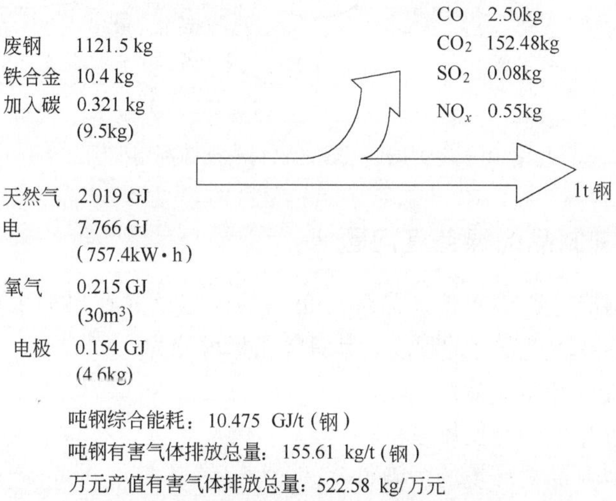

图 9　“小型钢厂”的投入/产出平衡图
(不计入厂外电厂气体排放)

因此，仅就钢厂的排放量而言，用废钢为资源、电为能源的电炉流程钢厂比以铁矿石－煤为源头的高炉—转炉钢厂的排放量要小很多。然而，流程的选择除了市场需求以外，资源、能源条件有着重要影响，必须因地制宜。

6　钢厂生产流程的排放过程中的节能与清洁生产问题

钢厂生产流程的排放过程中节能、清洁生产的命题和措施与环境保护是一致的，而且更为积极、更为有效。它的内涵主要是对排放物质/能源首先进行再能源化循环处理、再资源化循环使用，最后是尽可能小的无害化处理。

(1) 再能源化循环处理：主要集中在化学冶金过程中，特别是高炉炼铁系统中(图 10)，在转炉、电炉乃至轧钢加热炉中对烟气的化学能、物理热也有非常好的再能源化处理工艺；

(2) 再资源化处理与循环使用：主要体现在高炉、转炉、电炉对各类含铁物料和可用资源（废钢、铁皮、含铁尘泥、炉渣等）的处理和加工利用；

（3）无害化处理：主要集中在水处理和节水技术、烟气处理技术（特别是烟气脱硫），还有其他有害气体的防止产生和处理技术等。

当前从节能、清洁生产和环境保护角度看，钢厂的节水、水的闭路循环和污水处理技术、热水社区供应技术等值得引起特别重视。

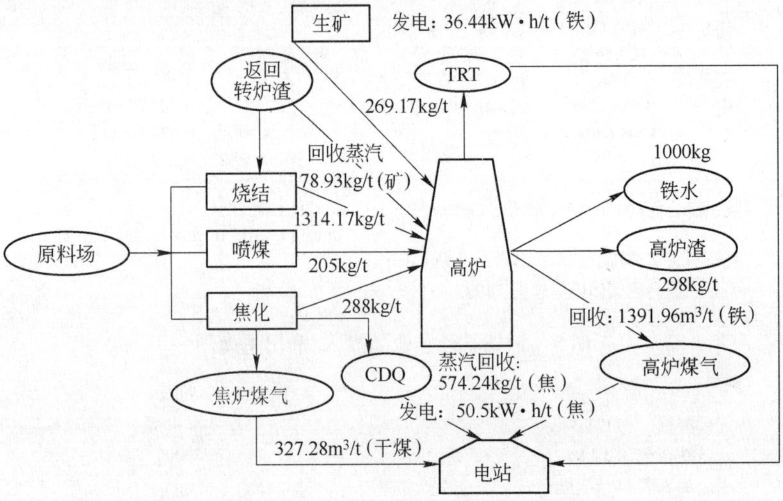

图10 高炉炼铁系统的物料与能源利用框图

7 关于钢材及其制品的绿色度问题

绿色度是指制造过程中单位产品环境负荷的标志及其在再加工过程、使用过程、废弃、回收过程中对环境友好的程度。其具体指标可分为：

（1）单位产品的环境负荷；

（2）产品的使用寿命与使用效率；

（3）钢材及其制品对环境的污染负荷；

（4）钢材及其制品的可再生性。

产品生命周期（环境）评价方法是要弄清该产品（某工艺）在整个生命周期中各种能源和非能源物质的消耗量以及残余物和污染物的排放量，进而评估这些物质对环境的影响，并提出改进的方向（或进行不同工艺或产品的对比）。

8 生态工业链与循环型社会

可持续发展是指“满足现代人的需求又不危及后代人满足其需求的发展”。

生态工业学是可持续发展的科学，它要求人们尽可能优化物质－能源的整个循环系统；从原料制成的材料、零部件、产品，直到最后的废弃，各个环节都要尽可能优化。生态工业学是多学科的学问，涉及自然科学、工业技术和人文科学等许多学科，需要用系统的方法对待和研究。

对工业系统内部而言，其经济模式的核心就是物质的循环。主要包括如下要点：

（1）企业内部的物质循环——生产过程中产生的废物、残余物不排入环境，而是循环回去进行重新处理；

（2）企业外部的物质循环——报废的产品循环使用，代替天然原料；

（3）物质减量化——为了生产有同样功能的产品，应尽可能降低原材料消耗；

（4）碳的减量化——减少 CO_2 排放量，减轻大气层的温室效应；

（5）生态工业园区的建立——在此园区内的各工厂，可相互利用对方的废物及废能，形成互补格局；

（6）从只出售产品，到出售“服务”。

因此，可以认为工业生态学研究工业行为和环境之间的相互关系，为人类的历史发展提供一种全新的环境管理观念。工业生态学是在对工业活动超过环境承载力的感知和理性认识的基础上产生的。工业生态学的根本着眼点是：（1）物质封闭循环度；（2）能源有效使用效率；（3）工业生态系统结构及其运行效率。最终归结到：（1）生态优化；（2）工业物质封闭循环。其根本目标是：（1）重整工业的发展目标及其结构关系；（2）物质世界、生命体的和谐体现和可持续发展。

生态工业模式是运用生态学原理（图 11），仿照自然界生态平衡过程中物质循环的方式来规划工业生态系统（生态工业链）的一种可持续发展的工业模式。在生态工业带（区）中，各种生产过程不是相互孤立的，而是通过物质流、能量流和信息流互相关联、互为因果的。即一个生产流程中的半成品、废弃物、排放物可以作为另一生产流程的原料、能源而加以利用（再资源化、再能源化、深加工）。生态工业追求的是把系统（生态流程）中各种生产过程从原料、中间产品、废弃（排放）物直至产品的物质循环，扩展到系统（生产流程）以外的生产流程中去，形成生态工业带（区），达到资源、能源、投资的最佳利用，同时收到环境效益，实现环境友好。作为沿海以进口大宗资源、能源为特点的工业港口区，其生态工业带（区）可以考虑的方案之一是在进口国际铁矿资源和原油的情况下，将钢厂 + 水泥厂 + 热电厂和石油化工厂、化肥厂、聚合物加工厂综合起来，经过研发甚至有可能大量生产氢，作为新能源的合成源。

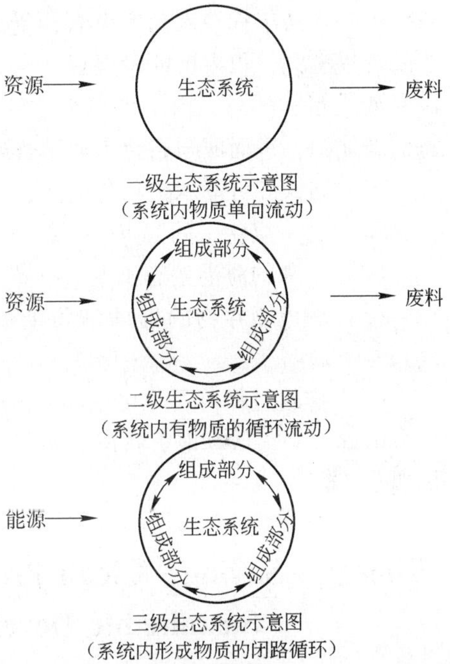

图 11　生态系统的进化过程

为了人类社会的可持续发展，在 21 世纪中，要改变“大量生产、大量消费、大量废弃”的方式，而确立“最佳生产、最佳消费、最少废弃”的循环型经济社会。

9　未来社会中钢铁企业的角色

由于社会、经济的发展，城市化的进程将进一步加快，从生产、消费角度上看，城市是集中生产、集中消费、集中废弃的地区，因此，特别是对于钢、塑料、水泥、玻璃、铝等基本材料消费和废弃是必须考虑循环使用的。另外，从电、水、热水、燃气等能源来看，城市也是大量消耗的。因此，人们不难认识到在若干有条件的城市周围，城市周边型钢厂有其特殊的存在价值。城市生产、生活中产生的废钢、废塑料、垃圾等大量废弃物可以由钢厂处理，城市产生的废水也可以由钢厂集中处理；钢厂除了供应城市及其周边地区所需的钢材以外，还可以供应热水甚至部分电力、燃气。因此，在未来时间里会形成一批都市周边型的环境友好的钢厂。

由于全球经济一体化进程的加速，国际贸易进一步扩大的趋向日甚一日。作为基本材料的钢铁和作为主要能源的石油也将在这一过程中扩大交易量，例如我国2000年已进口了7000万吨铁矿石和6000万吨原油。这将引起某些综合条件优良的港口城市逐步发展成为生态工业带。在这种条件下，大型钢铁企业可以凭借自己的资金优势、技术优势、人才优势不断延伸其经营链，诸如与造船、集装箱、水泥制造、建筑业结合，形成生产链，同时，大型钢铁企业产生大量气体，经过转换处理，有可能得到大量的氢，大量氢与相邻的石油化工结合，亦可形成具有活力的产业链。为此，在这类生态工业带内，资源、能源得到充分有效的利用，单位产值的环境负荷相当小，可以预期是一种重化工型的生态工业带。

进一步从工程技术角度上看，受到熔融还原工艺的启发，以煤-铁矿-纯氧为源头的炼铁工艺，很有可能发展成为一种铁-煤化工过程，这个过程一方面因生产钢铁制品而立足，同时，由于可以产生巨量的气体而有可能转换成为大量的氢——一种气态的新能源，进而或与石化工业结合或经储存、输送作为清洁能源使用。

未来钢铁厂可能承担角色的构想：

（1）铁-煤化工的起点——新清洁能源的供应者；

（2）未来的海港生态工业——贸易园的起点；

（3）城市废弃物的处理站和生活热源供应站（废钢、废塑料、废水、热水、煤气）；

（4）排放过程再资源化循环、再能源化转换、无害化处理协调循环的载体过程。

由此，必须认真地重新审视未来社会中在不同条件下钢铁企业的社会角色和经济机遇。

Energy - Saving, Clean Production, Green Manufacturing and Sustainable Development of Steel Industry

Ruiyu Yin

(Central Iron and Steel Research Institute, Beijing, 100081, China)

Abstract From the view of evolution of production chain and goods value, the topics of energy - saving, clean production and green manufacturing of steel industry is discussed and the importance of system optimization of steel manufacturing process is stressed. It is put forward that the ecological concept for steel works to realize environmental friendly will be gradually by energy - saving, clean production and green manufacture. At the same time, some issuses regarding to energy - saving, clean production and the greenness of steel productions and steel fabricated goods are discussed. Finally, the ecological industrial chain related to steel works and the social role of future steel works are prospected.

Key words steel industry, energy - saving, clean production, green manufacturing, sustainable development

中国钢铁业发展与评估*

摘　要　分析了世界钢铁业的发展态势，归纳了20世纪90年代中国钢铁工业取得的重大成就，讨论了中国钢铁工业的定位与钢铁产品的需求量及钢铁材料的价格走势。回顾归纳了钢铁生产工艺流程的发展进程，分析和展望了钢铁企业的模式、规模与企业集团化的方向。提出要积极定位钢铁企业的社会/经济角色，并对未来5～10年内中国钢铁业的发展战略重点提出如下建议：

（1）技术路线方面：全面推进节能－清洁生产技术，确立完善的清洁生产工艺流程，从源头上协调解决成本、质量、劳动生产率、环境等问题；

（2）调整产品结构方面：重点投资增加扁平材的产能以及对几个特殊钢厂进行生产流程集成优化改造，以解决高质量合金钢品种问题；

（3）改革方面：积极、分步地形成集团化企业，确立区域市场优势，在集团化体制下进一步优化企业结构、提高市场竞争力。

关键词　中国钢铁工业　发展　战略　清洁生产

1　世界钢铁业的态势

钢材由于其高强度、通用性和耐用性仍然是当今世界上最主要的材料（包括结构材料及功能材料），作为生产资料、生活资料被广泛采用，所以是“必选”材料。根据国际钢铁协会对全球63个主要产钢国的统计，2000年全球粗钢总产量达到了创历史纪录的8.43×10^9t。

钢铁工业今后仍将保持基础工业的地位，降低成本仍然是适应经济全球化和钢铁企业兼并的主要动力。

在过去的10年中，钢铁生产过程的能源利用率更高、更加经济、更加安全并且更能适应环保要求。这些效果的获得，主要得益于钢铁生产工艺全过程的大幅度改进，使得钢铁产品的成本更低、性能更好、重量更轻，全球约有超过40%的粗钢生产的原料源自废钢的循环回收，钢材已经成为所有工业原料中循环利用最好的材料。

自19世纪50年代以来，特别是20世纪50年代以后，钢铁工业的飞速发展对人类社会产生了深远的影响。钢铁仍然是工业发展的基础，仍然是人类文明进步的重要物质基础之一。

随着钢铁工业引入新技术步伐的加速，它对社会影响的速度、深度也更快了。技术进步是钢铁工业发展的动力，当前发展的主要方向是近终型连铸；缩短生产过程时间、生产过程准连续化；钢铁生产流程将同时作为铁－煤化工流程，将煤有效地转换成电甚至转换出氢。

各国对钢铁工业投资领域是有区别的，人均GDP相对高的国家，钢铁投资的重点通常集中在环境保护、自动化、高附加值产品、多种经营和服务等方面。相反，人均GDP相对低的国家，钢铁投资通常集中在技术改造和增加产能等方面。

* 原发表于《金属学报》，2002，38（6）：561～567。

全球约有60%的生产设备的服役时间已超过25年。而全球钢铁业生产设备利用率平均水平为79.2%。各地区设备利用率的差别是很大的。

全球人均钢材消费的高峰是20世纪70年代中期，每人每年约为170kg，现在每人每年约为130kg。下降原因主要是粗钢的成材率更高，全球人口大幅度增长，新型钢材的开发应用降低了钢材消费量以及统计计算方法（特别是库存量的降低）的改进等。

钢铁业日益加剧的全球化竞争和兼并，对于降低成本、企业产量规模的优化、优势市场的介入以及投资的有效性等是十分重要的。目前，全球排名前5名的钢铁企业仅拥有全球15%的市场，前10名也只是占据25%的市场而已，远低于其他主要工业的平均值，这也许是钢铁产品的特色。在未来若干年内，出于经济利益的原因，兼并和资源共享度会增加。

钢铁业里的投资将相对集中在产品质量、生产效率和环保方面，三者紧密相连，不可分割。因此，应从钢铁生产流程的总体高度上考虑，流程中工艺步骤（工序）的减少以及相应的生产时间的缩短将对总成本的降低产生积极的影响，而且可提高产量，有利于环保。

在钢铁联合企业生产流程的上游端，单位产品（半成本）的工序投资成本所占比重最大，环境负荷重，附加值低；而生产流程的下游端，单位产品的附加值逐步增加，过程工序的排放物逐渐减少。从降低单位投资成本和加强环保（特别是降低CO_2排放量）方面看，近终型连铸（特别是薄带连铸）和熔融还原等应是有前景的工艺、装备。

钢铁工业技术进步的指标是一系列的目标群，包括成本、生产总时间或生产的周期时间、总产量、人时劳动生产率、能耗、品种、质量、过程排放（物质、能量）等。因此，钢铁工业技术进步的目标（群）必须以宽阔的视野来审视，既要看到金属生产过程优化，同时又要看到过程排放的减量化以及再循环利用和尽可能少的末端治理。

2　20世纪90年代中国钢铁工业取得的重大成就

回顾改革开放以来，特别是20世纪90年代以来，中国钢铁企业结构调整和快速发展的主要经验，就是在技术进步和战略投资的过程中，抓住了以发展连铸为中心，带动整个生产流程现代化和企业结构的优化。连铸与模铸相比，除了连铸工艺装置固有的单元技术优势以外，在中国条件下还可以清楚地看到如下事实：

（1）由于连铸工艺的发展，消除了模铸对转炉生产能力的“瓶颈”性限制，使炼钢厂的产能成倍地提高，特别是30~50t转炉的利用系数在全国范围内成倍上升（见表1）。

表1　近年来中国地方钢厂的连铸比对转炉利用系数的影响

Year	1988	1989	1990	1991	1992	1993	1994	1995	1996	1997	1998	1999
CC Ratio/%	20.57	22.57	41.53	45.67	48.23	54.96	59.45	62.05	71.71	75.24	82.57	93.95
Converter utilization efficiency/t·(t·d)$^{-1}$	25.90	26.64	26.64	27.32	30.63	34.39	34.39	36.09	39.83	44.65	49.8	53.08

注：BOF capacity of local steel plants in China is about 25~50t.

（2）炼钢炉—精炼炉—连铸机三位一体组合优化基础上的全连铸生产体制，淘汰了平炉，促进了连轧机（特别是棒、线材连轧机的国产化）的发展，使得不少钢厂向专业化生产方向发展。

（3）高速高效连铸技术的自主开发，提高了铸机的效率与产能，促进了炼钢厂内部炉—机对应优化，也促进了铸机—轧机的产能优化对应和进一步改善炼钢—轧钢间的高温热连接。

20 世纪 90 年代以来，通过一系列的自主技术开发和装备、材料国产化过程，到 2000 年中国钢铁企业的连铸比平均已达 87.5%，连铸坯产量已超过 1.04×10^{9}t。全国钢铁工业的结构呈现出明显的优化，其主要标志如下。

2.1 10 年左右的时间实现了钢产量翻一番

全国粗钢产量由 1990 年的 0.6535×10^{9}t 增长到 2000 年的 1.276×10^{9}t（见图 1）。

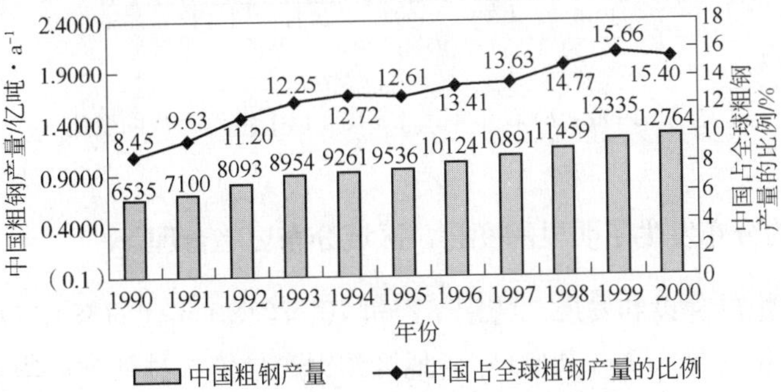

图 1 1990 ~ 2000 年中国粗钢产量增长情况

2.2 全国钢的综合成材率大幅度提高

全国钢的综合成材率由 1990 年的 83.2% 提高到 2000 年的 92.8%，提高了近 10 个百分点。

2.3 全国钢铁企业吨钢可比能耗大幅度下降

1990 年全国钢铁企业吨钢可比能耗为 0.997t 标煤/t 钢，到 2000 年下降为 0.781t 标煤/t 钢（图 2）。

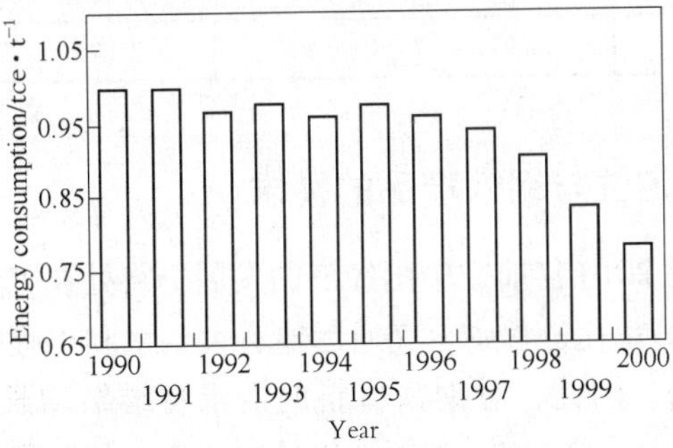

图 2 1990 ~ 2000 年中国钢厂可比能耗的变化进程

2.4 钢铁企业集中度提高，2000 年产钢 100×10^{4}t 以上的钢厂达到 36 个

2000 年中国产钢 100 万吨以上的钢厂已达到 36 个，这 36 个钢厂的钢产量占全国钢产量的 82.46%。其中年产量为 3×10^{6} ~ 5×10^{6}t 的钢厂有 7 个，年产量为 6×10^{6}t 以上的钢厂有 4 个。钢厂的企业集中度和规模化有明显提高（见图 3）。

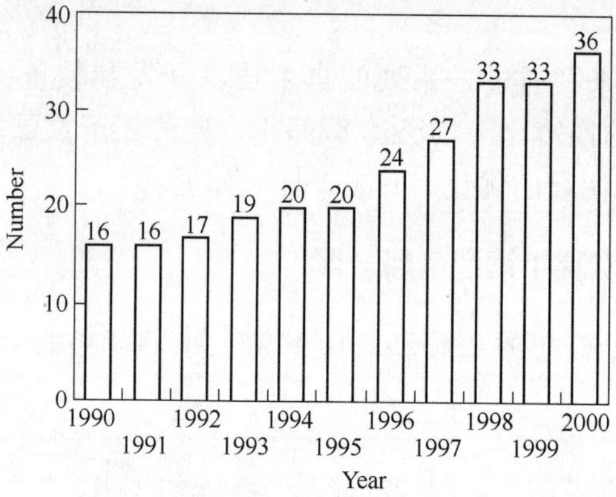

图 3　1990 ~ 2000 年年产 1×10^6t 以上钢厂个数的变化

2.5　全国钢厂的分布发生了明显的变化，区域分布更趋合理

经过半个世纪的建设和发展，特别是经过 20 世纪 90 年代的努力，中国钢厂的分布发生了明显的变化（见表 2）。2000 年各地区按钢产量依次排列为：华东第一；华北第二；中南第三；东北第四；西南第五；西北第六；除西藏以外，各省都有钢厂。总的来看，钢厂主要集中分布在东部沿海和长江中下游地区，更加靠近市场，更加靠近资金密集地区，更加靠近便于利用国际铁矿资源的地区。

表 2　1950 ~ 2000 年中国产钢地区的变迁情况　（%）

Regions	1950	1970	1980	1990	1998	2000
North	12.72	19.96	21.51	22.69	26.10	25.82
Northeast	82.83	37.32	26.44	20.89	14.30	14.16
East	1.95	23.7	24.74	27.57	31.60	31.91
Middle South	0.90	13.57	15.05	16.64	15.80	15.75
Southwest	1.61	4.51	10.34	9.38	8.80	8.93
Northwest	0	0.94	1.91	2.82	3.40	3.43

3　中国钢铁工业的定位与钢铁产品的需求

21 世纪初，特别是 2010 年前，中国经济的发展仍将处在工业化进程中（尚未完成工业化），同时又处在城镇化进程中，交通运输、大型水利工程等基础设施和西部开发已提到了重要日程上来。因此，对钢铁材料的需求将继续增长。对中国的发展而言，钢铁材料是不能不用的“必选材料”，钢铁仍是中国工业化进程的基础。钢铁工业作为基础产业的地位没有变，对于民富国强而言，也可以说是战略工业。

中国作为发展中国家要分步赶上去。21 世纪前 10 年，中国工业生产将以平均 8% 的速度递增（或前 5 年平均递增 9%，后 5 年平均递增 7%），而农业将以平均 3% 的递增速度发展。2000 年中国的生产总值的构成中，农业约占 16%，工业约占 50%，而第三产业约占 34%。2001 ~ 2010 年间，第三产业的比例将进一步增长，而工业与农业间的比估计仍将保持 3∶1，以此为前提估算，2005 年中国将消费 1.6×10^9t 以上的钢材，2010 年将消

费 $1.90\times10^9\sim2.0\times10^9$ t 钢材。而且，其中板材的消费比例将逐年增长。

因此，从全球看，21 世纪钢铁材料产量将缓慢地增长，2010 年世界钢产量将超过 9×10^9 t。但对于中国钢铁工业而言，钢铁材料的需求远没有饱和，仍将有较大的成长空间。当然，也面临国际钢材的挑战，对扁平材而言，主要是韩国、日本等国；对长材而言，主要是俄罗斯、乌克兰等国。

4 钢铁材料的价格走势

纵观石油危机以来国际钢铁材料的价格变化，特别是 20 世纪 90 年代以来，国内外钢材价格的走势，人们不难看出，20 世纪 70～90 年代国际钢材价格大致是：热轧板卷价格约为（320 ±15%）USD/t，螺纹钢筋价格约为（280 ±15%）USD/t。但是 20 世纪 90 年代以来，国内外钢材价格总的走势是在起伏波动中下跌。对热轧板卷的价格而言，似乎会出现（270 ±15%）USD/t FOB 价的影子区。对螺纹钢筋而言，也许会出现（220 ±15%）USD/t FOB 价的影子区。当然，就国内价格而言，中国的热轧板卷国内价有可能比发达国家相应钢材的国内价高出 30～50USD/t。为什么钢材价格会出现在起伏波动中下跌的趋势？

（1）国际钢材价格在今后一段时间内仍将由发达国家起主要影响作用，这是由于发达国家钢铁业使用废钢的比例明显高于发展中国家的使用比例，且在技术、原料、能源方面具有降低成本、高质量的优势，因而发达国家仍具有影响国际钢材价格的主动权。

（2）从钢铁生产技术进步的角度看，钢材尚有进一步降低成本的空间。例如：薄板坯连铸—连轧与常规工艺相比可以提高 2% 的成材率，棒材采用长尺铸坯以及无头轧制也可以提高 2% 左右成材率。随着技术进步，单位钢材的投资成本将继续降低，电炉薄板坯连铸—连轧流程的单位热轧卷投资额将下降到 320～350USD/t，高炉—转炉—薄板坯连铸—连轧投资额将下降到 610～640USD/t。而常规流程的投资额有可能下降到吨热轧卷 690～720USD/t。与此同时，能源消耗、人工成本也有进一步下降的空间。

（3）如果钢材价格上升，将有可能造成已有市场被塑料、铝材、玻璃、水泥、木材等材料挤占。各种不同基础原材料之间也存在着成本/价格竞争（见图 4）。

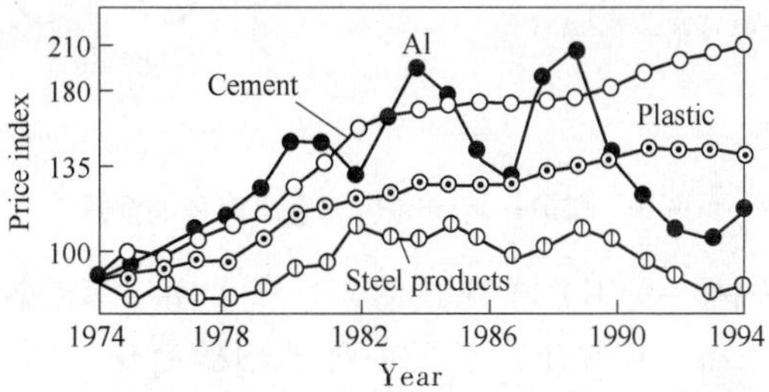

图 4 石油危机以来与钢竞争的几种材料价格的变化

（4）钢铁企业的集团化兼并、策略性联盟形成、区域钢材市场的分割将有利于产品运输－销售成本下降，也有利于原料、能源采购－运输成本的降低。

总的看来，具有成本下降空间的产品在竞争过程中往往会引起价格的起伏波动。从中、长期预测看，在供求大体平衡或是供稍大于求的情况下，其结局一般是价格逐步下滑。

因此，未来钢铁材料虽有市场需求成长的空间，但价格竞争将十分激烈。在钢铁企业市场竞争力的诸多因素中，带有共性的是成本，也可以说钢材成本（完全成本）是钢铁企业竞争力的核心部分。当然，品种、质量也很重要。

5 钢铁企业工艺流程的发展进程

在钢铁生产技术的发展过程中，最初是通过解析的方法研究单个反应过程，进而研究单元工序/装置的技术。这类问题现在可以说大体上已经基本清楚。因此，虽然某些单元技术（工序/装置）的创新仍很重要，但时至今日技术进步已不能局限在开发单元技术的层面上。新世纪内在单元技术解析－优化基础上的流程集成－优化，对于制造流程、钢厂的结构和模式，尤显重要。

纵观分析150多年钢铁企业的生产工艺流程的发展过程，可以概括为从简单到复杂，再从复杂到简化。

图5示出20世纪60年代以来高炉—转炉—热轧生产流程的演进情况，说明了生产流程逐步从复杂到简化的趋势。

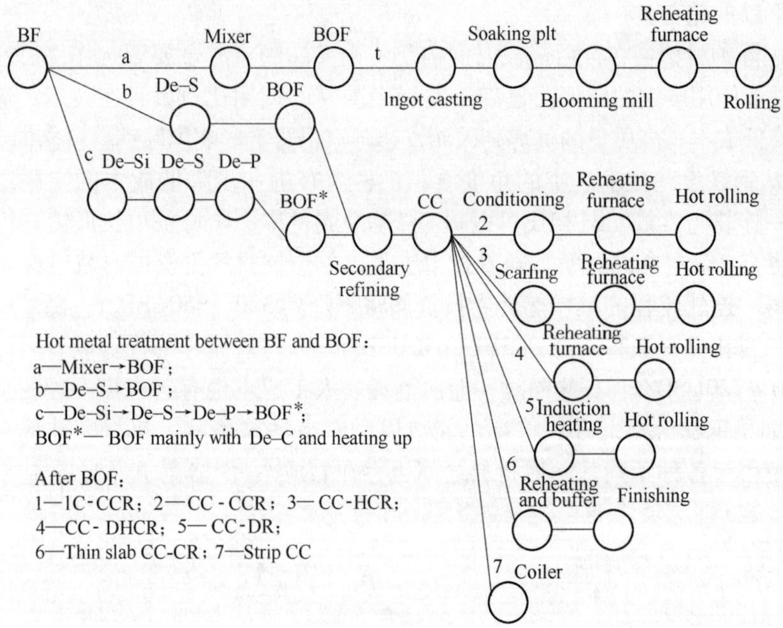

图5 高炉—转炉—热轧生产流程的演进

从图5可见，在连铸（凝固）工序之前，生产工序呈不断解析－优化的趋势。虽然工序数目看似有所增加，其实质却是另一种类型的简化，即工序功能集合的简化，铁水“三脱”预处理和钢的二次冶金工艺的出现使得包括转炉在内的各工序的功能日益简化集中。这样，使得连铸工序以前的诸工序的时间节奏更快，生产效率更高。而连铸工序之后的工序则明显地呈现出越来越简化集成、紧凑－连续。其中，不仅有着一系列的新工艺、新装备出现，而且还存在着一些值得引起重视的工程效应问题，主要是：“瓶颈”效应及其消除、临界－优化或临界－紧凑－连铸/准连续效应、分解－集成或柔性活套工程效应、“动脉”－“静脉”协调循环效应等。特别应该指出，这些工程效应必须从全流程看（或者至少应该从多个工序系统来看），才能明显地体现出来，而从基本反应、单元工序角度上看是不易察觉的。

总之，从根本上看，钢铁制造过程的本质是集物质状态转变、物质性质控制、物质流管制于一体的生产制造体系，实际上是一种多维的过程物质流管制系统，也可以说是钢铁冶金过程工程。这种过程系统的优化，主要是遵循如下原则：

（1）遵循冶金物理化学、金属材料学、金属压力加工原理，创造条件优化工序功能集；

（2）通过优化工序间的关系集合，促进工艺流程中物质流的匹配优化、顺畅、高效率；

（3）通过流程中的工序功能集－工序关系集－流程工序集的优化，实现功能－结构－效率的连锁优化。

因此，可以这样认识，钢铁冶金过程工程的系统知识有待我们去研究、探索。其主要内容将包括：钢铁制造过程的解析－集成系统，钢铁制造过程的多维物质流管制系统，钢铁制造过程的运行动力学系统。

钢铁冶金过程工程要用系统科学的观点、方法来帮助认识问题，然而其本质仍属冶金学的理论范畴。钢铁冶金过程应是在炼铁学、炼钢学、金属压力加工学、金属材料学、冶金过程物理化学、冶金热能工程等钢铁冶金学科分支基础上，交叉集成起来的冶金过程工程；是一种上位的集成技术，是交叉集成技术的前沿。冶金过程工程是钢铁业提高竞争力的重要本源。

6 钢铁企业的模式、规模与企业集团化

随着市场的发育和技术的进步，20世纪世界钢铁企业的规模经历了由二次大战前的小型到20世纪50～60年代中、大型到60年代末到70年代初的超巨型（产钢1000×10^4t/a以上），再到80～90年代回归到经济合理规模的过程（见图6）。从钢铁工业的地区发展角度看，在亚洲，先是日本钢铁业在20世纪50～60年代成功发展，继而中国、韩国甚至印度、东南亚诸国钢铁业亦在发展；拉美国家诸如巴西、墨西哥等国钢铁业的进步。其中，特别是20世纪90年代以来，由于中国钢铁业的崛起，使得全球钢铁企业市场区域化的格局日益鲜明，过大的销售运输距离导致钢材出厂价的降低，从而减少利润所得，这使得国际上一些原拟发展超巨型钢厂的计划望而却步，进而改变策略，选择经济合理规模。

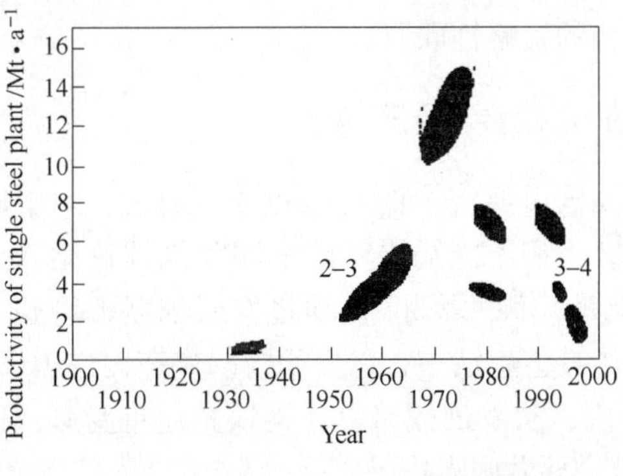

图6 钢铁企业规模的变化过程

从技术进步角度上看，连铸技术的综合影响使得钢铁业的成材率提高10%～16%；由于全连铸钢厂的普遍化，导致钢铁企业专业化生产成为通用模式；因而钢铁企业一般地分为扁平材专业厂、长型材专业厂、无缝管专业厂、合金钢长材专业厂、不锈钢

专业厂等。这也导致了地处不同地区的不同类型的专业厂都趋向于选择经济合理规模，选择合理的（加权平均）销售半径的营销策略，而不选择百货公司式的超巨型的模式。

钢铁企业的专业化生产模式，必将影响钢厂的结构调整、优化。主要是由区域市场（不锈钢、硅钢、高合金钢等高附加值产品除外）确定产品的产量、质量、品种、规格等，产品结构则定位热轧机的能力，热轧机进而定位连铸机的能力（铸坯断面、流数等），而且铸机—轧机之间往往是一一对应的关系，或是整数对应的关系，再上溯至精炼装置、炼钢炉、铁水预处理、高炉、烧结机的能力、座数也有选择简化、对应的优化趋势。

对钢厂的模式、结构的优化选择，主要是要使企业内部的物流顺畅、连续，生产过程时间缩短，过程中各类物质的温度起伏小，节约投资、节能、省人、生产效率高。

钢厂模式、结构的优化总的是遵循对过程工程的解析-集成原理，前后工序之间的关系往往选择尽可能地一一对应，避免混乱的临时调配，趋向串联-层流推进，这样有利于衔接匹配，连续运行，质量稳定，成本低、生产效率高、投资效率高。

这将引起企业总图布置的优化，占地面积进一步缩小。在这个过程中，也将引起钢厂平面图的变化。首先是热轧机与连铸机的距离缩短，甚至热轧机紧跟连铸机布置在同一厂房内。其次是炼钢厂数目的减少，趋势是选择一个炼钢厂，或者两个炼钢厂，两个以上炼钢厂容易引起物流混乱、管理混乱、成本相应升高。而高炉座数将逐步演变到不超过3座，2座高炉可能是优化的，有些情况也可以选择1座高炉的体制。

总的趋势是结构简洁化、前后工序/装置一一对应，物质流程趋于层流推进，整个生产流程的时间、空间趋于紧凑。这样不仅有利于经济、环境，同时也更有利于信息技术的应用。

通过解析-集成而优化的生产流程结构和集约优化的钢厂模式，将促进单位产品投资量的下降，提高质量，并有利于过程排放的减少和环境保护，从而进一步增强企业的市场竞争力。

由于市场需求的多样化和单个钢厂向产品专业化方向发展，有时会出现对某一区域市场占有率的矛盾。解决这一矛盾的方法不是发展产品万能化的超巨型钢厂，因为这将导致总投资额过大、融资困难、投资回报率低等弊端；发展的趋势是组成钢铁企业集团。钢铁企业集团可以是兼并型的财务一体化运行集团，也可以是市场分配、投资分工、采购-运输联合的策略性联盟。

7 积极定位钢铁企业的社会/经济角色

如何认识钢铁企业在国民经济中的角色和社会职能，对中国的经济建设进程和可持续发展有着重要意义。人们不能局限于陈旧印象来评论钢铁企业——钢厂是“高能耗、污染大户”，钢厂就是“傻大黑粗”。通过发展战略的调整和技术进步，钢厂会以全新的面貌存在于未来的社会生活中，以更积极的姿态促进国民经济的发展。

在未来的5~10年内，从发展战略上，钢铁企业本身必须以积极的心态来定位自己的社会/经济角色，其主要着眼点应是：

（1）钢铁企业要以过程工程为基础来进一步优化企业结构，实现质量稳定、品种规格对路、削减排放、污染受控、生产效率高、低成本、经济效益好的目标群。

（2）钢铁生产流程不仅生产出钢铁材料来，而且也是一个有效的能源转换系统。钢铁企业约有38%的能源没有充分利用，而且可以转换成电能、蒸汽、热水等。未来的高炉—转炉联合企业应是“只买煤、不买电”、电能自给的系统（见图7），未来的钢厂有可能外供蒸汽、热水为社区服务，并相应削减社会的环境负荷。

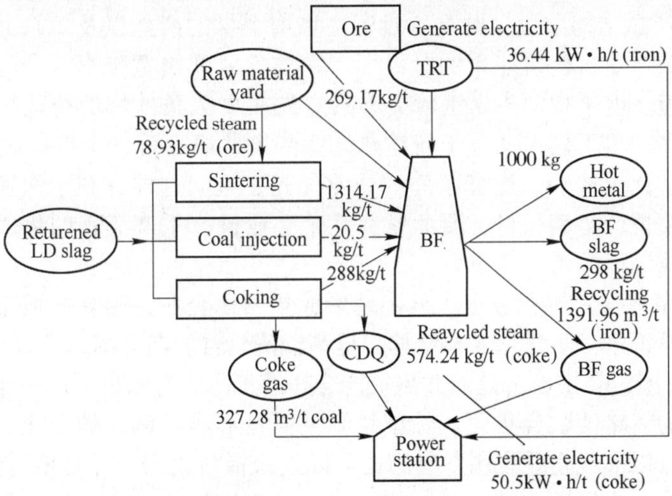

图7　高炉炼铁系统物料与能源循环框图

（3）钢铁企业可以进一步实现环境友好职能。特别是对于废钢、废塑料的处理，钢铁企业有着相对优势，高炉已可以实现喷吹废塑料，并达到吨铁处理44kg废塑料的水平。每喷入1t废塑料相当于喷入1t油的热值，钢厂在处理社会小区污水和城市垃圾方面也应是有所作为的。

（4）钢铁企业将有可能是工业生态链、工业生态带的重要组成环节，甚至存在着转换出氢气能源的可能性。

8　未来5~10年内中国钢铁业的发展战略措施

回顾改革、开放以来，特别是20世纪90年代我国钢铁工业快速发展、技术进步和结构调整的主要经验，就是在战略投资和技术进步的过程中，抓住了以发展连铸为中心，带动整个生产流程现代化和企业结构的优化。

2000年中国钢铁企业的连铸比已达到87.5%，在10年左右的时间全国钢铁产量翻一番，综合成材率约提高10个百分点，钢材生产成本大幅度下降，从根本上增强了中国钢材的市场竞争力。

然而，中国钢铁企业在市场竞争力和可持续发展方面也还存在着不少历史遗留问题，诸如能源消耗高、人员过多、排放量大、污染治理有欠账，部分高附加值产品的产能不足等。因此，通过什么战略措施，在5~10年内使中国钢铁企业进一步健康发展，值得研究。

从总体上看，在21世纪前10年内，主要应抓住以下3条：

（1）从技术路线方面：要全面推进节能－清洁生产技术，确立完善的清洁生产工艺流程。这是通过一系列技术措施，同时控制金属制造过程和排放过程，促进降低成本，生产出质量稳定的洁净产品；采取源头控制、源头削减策略，实现排放物的再能源化、再资源化，将污染物和有毒物的无害化处理量控制到最小量。在此基础上，进一步实施环境友好样板工厂，逐步实施环境友好、社区友好的目标。总之，要将节能-清洁生产流程作为钢铁业未来5~10年技术进步的战略来推进。这是由于对钢厂而言，完善的清洁生产流程具有综合影响力，会对产品成本、质量、劳动生产率、环境等产生协同优化的效果。

（2）调整产品结构方面：要重点投资增加扁平材的产能以及短缺品种，特别是适合于家电、轻工产业、建筑业用的量大面广的热轧薄规格宽带钢、冷轧宽带钢和镀锌板。小汽车面板、电工板、不锈钢薄板等只宜先在少数条件好的企业生产，不宜一哄而起，布点过多，得不偿失。对于新建热轧宽带钢轧机而言，应重点选择具备120t以上转炉、1200m^3以上高炉，配套条件的企业优先实施。这样有利于快速达产，质量稳定。同时，要重视合金钢长材，要抓紧在几个企业进行生产流程的集成优化的技术改造，以增强特殊钢厂的市场竞争力。

（3）从改革方面：要积极地、分步地形成集团化企业，确立区域市场优势，避免盲目、重复建设，进一步优化成本结构，提高经济效益。在全国，应设想逐步形成3~5个板材生产集团，其中有些是兼并型资产合并的集团，有的也可以是市场、原料、投资等要素协调的策略性联合集团。长型材则主要是形成区域化的企业集团，特殊钢企业有条件的也可以形成企业集团，有的也可以进入板材集团，或是地区性长型材集团。企业集团化将进一步促进钢铁工业、钢铁企业的结构优化，进一步增强钢铁材料的市场竞争力。

致谢

本文得到了邵象华、徐匡迪、张寿荣、陆钟武院士，王泰昌高级工程师以及张春霞博士的帮助，特此表达谢意。

Development and Evaluation on Chinese Steel Industry

Ruiyu Yin

（Central Iron and Steel Research Institute，Beijing，100081，China）

Abstract In this paper, the development trends of world steel industry are analyzed. The great achievements of Chinese steel industry obtained in nineties of last century are summarized. The role of Chinese steel industry the demands for steel products in the next decade, and the trends of steel product price change are discussed. The development of technological route of steel production is reviewed. The modes, scale and grouping trends for enterprises are analyzed and looked forward. It is proposed that the social/economic role of steel enterprises should be positioned actively and some suggestions are given regarding strategic key points in development of Chinese steel industry for coming 5 ~ 10 years.

——Technological route：promotion of energy saving - cleaner production technology，establishment of modified clean production route，coordination and solution of the problems concerning cost，quality labor efficiency and environmental protection based on advanced route.

——Restructuring of products：main investment on flat products to expending capacity and improving quality. For producing high - quality alloy steels，some special steel enterprises must be revamped based on optimizing production route.

——Reforming：active and stepwise formation of groups of enterprises，established advantages of the local markets；further optimization of enterprise structure and increase of competition ability in the market based on the structure of group system.

Key words steel industry，development，strategy，cleaner production

关于炼钢技术与工程的联想
——纪念《炼钢》杂志出刊100期*

《炼钢》杂志出版100期了。记得当年创刊时原冶金部周传典副部长专门写了文章，提出了希望，我们的前辈先驱邵象华院士等一直关注《炼钢》杂志的成长，倾注了大量心血。回想起来，历历在目。这期间，中国钢铁工业在世界的东方崛起，引起了全球同行的瞩目。其中，中国的炼钢事业、炼钢工艺技术及装备也取得了长足的进步。应该说，中国炼钢技术既吸收、融合了世界技术进步的主流，又体现了中国国情特点。

对炼钢而言，什么是中国国情特点呢?

首先，从中国国内钢材消费构成来看，长期以来是以长材消费为主的，20世纪80年代，国内长材消费约占60%~70%，90年代长材消费的比例逐步降到60%左右，但消费的长材总量仍有上升趋势。特别是小型棒材、线材的消费比例占有重要位置，2001年时仍占全国钢材消费总量的46.5%。而这类钢材，既不适合于用大平炉—大钢锭生产，也不适合于用大型氧气转炉—小方坯连铸机生产。比较适合于用30~50t转炉与4~6流小方坯连铸机协同生产。当然，20世纪90年代后期，中国平材（特别是薄板）消费增长，宝钢、武钢等企业的大转炉—板坯铸机流程在引进技术装备基础上的技术积累、技术开发发挥了引领作用。因此，中国的炼钢技术结构与国内市场消费结构是有着密切关系的。这就造成了我国大、中、小转炉共存、共同发展的局面。

其次，中国是一个陆域幅员辽阔的大国，而且东西部之间经济发展的落差很大，钢材的消费结构，资源、能源结构，资金条件等也是因省、因地区而异。因此，中国需要不同类型、不同结构、不同合理规模的钢铁企业。由于一般钢材（特别是价格较低长材）不适合远距离销售，加上国内折旧废钢产生量相对贫乏，这些因素，也必然影响到我国炼钢工艺技术/装备的结构。

第三，中国钢铁增产主要是依靠老企业的技术改造，逐步增产的。而大量老企业始终面临着技术进步的取向选择，技术改造的投资方向选择。甚至，对于一些在20世纪80年代年产量只有几十万吨钢，而现在已经年产超过300万吨钢的某些企业而言，有的还有一个由长材为主转到以平材为主的转型问题。

中国的炼钢事业、炼钢技术就是在上述国情背景下发展起来的。

应该说，在改革开放以来，特别是20世纪80年代中期以来，在引进国际先进技术的同时，中国炼钢技术的发展是丰富多彩的。就技术而言，转炉强化冶炼，转炉服役寿命（炉龄）的提高，大型现代化转炉技术的掌握和开发，超高功率大型电炉的强化冶炼，小方坯连铸技术的集成和国产化，全连铸炼钢厂的技术开发与集成等具有中国

---

* 原发表于《炼钢》，2002，18（6）：1~3。

特色，而且也可以说是具有国际先进水平的。当然，铁水预处理，各类二次冶金技术也有进步，但客观地讲，总体上还处在相对薄弱的状态。

2001 年我们生产了 1.52 亿吨钢，2002 年将突破 1.7 亿吨钢，看来中国钢材消费量超过 2 亿吨的时间，已不是遥不可测。

炼钢怎么发展？炼钢技术进步的思路是什么？技术界、科学界、企业界的有识之士都在思考、都在发问。这确实是值得认真探索研究的大课题，我们都应该思考、都应该在实践中分析动向，研究规律。同时，也必然会引起一些历史的联想。

回顾起来，现代炼钢技术当以 1856 年亨利·贝塞麦发明酸性底吹转炉为起点。在那个时代，贝塞麦就构想用纯氧炼钢，用机器来连续铸锭……当时的幻想、理想，在 100 年时间内逐步变成了新的工艺装置（LD 转炉 1952 年、连铸机 1952 或 1954 年）进而变成工业生产的主流技术。

然而，另外我们也要看到，人们一度特别热衷追求的一步法炼钢（直接炼钢）、连续炼钢、500t 以上的大平炉、“万能” 精炼站等却没有发展，有的甚至被淘汰出局，有的则销声匿迹。这也是应该进一步分析的。

上述情况，不得不引起某些哲学（工程哲学）上的思考。

在 19 世纪 50 年代，人们对炼钢范畴的认识是：原料/能源—钢的冶炼—浇注成锭。现在人们对炼钢范畴的认识是：铁水预处理（或废钢分类与处理）—钢的快速冶炼—钢的二次冶金—连续铸锭—无缺陷铸坯的高温输送。应该说不同时代对炼钢范畴的不同认识，有助于对炼钢技术发展历史进程的认识。

实际上，炼钢范畴内的工艺技术及体现工艺技术的装备，其发展进程始终是遵循着“强化（高效化）、简化（紧凑化）、优质（洁净化）、连续（单体装置的连续化、炼钢范畴内工艺流程的连续化，甚至进一步考虑整个钢铁企业制造过程的连续化）” 等主要方向，其目的当然是为了经济效益（市场竞争力）和可持续发展（资源/能源的选择和单耗，过程排放减量化、再利用和受控，各类弃物的循环利用和无害化处理等）。

看来，先人和今人对炼钢发展的主要方向有着惊人的相似，但是历史进程对不同的技术命题进行了公正、有效的筛选，有的从幻想、理想变成现实的工业生产主流技术，有的则被搁置甚至摒弃，我们必须从工程哲学和战略思路进行研究。

氧气转炉刚开始时，很快就显示了在生产效率、投资效益和某些产品质量上的优势。但客观地讲，其初期阶段也并非尽善尽美，甚至也可以说是问题成堆。例如，氧枪寿命短，炉衬寿命短，红烟排放污染环境，大型化过程遇到的困难，使用废钢的比例不如平炉多，中、高碳钢冶炼的困难，与模铸—大型初轧机的配合生产等。随着技术开发、技术创新过程的推移，上述问题逐步得到解决。氧气转炉工艺技术和系统装置日益完善。20 世纪 60 年代中后期逐步成为主流技术，有效地推动全球钢产量的快速增长，甚至也给高炉大型化、烧结机大型化、二次冶金、铁水脱硫等提出了直接的命题，引起了钢厂合理规模的扩大。

连续铸钢的发展过程较氧气转炉的时间进程要长些、慢些。其原因是：与氧气转炉有原有的空气转炉技术作依托有所不同，连续铸钢机几乎很少有已存技术、装置作依托，是全新的工艺/装置，因此工艺上的难点与装备上的难点交织在一起，其凝固过程与模铸是有明显不同的，其初期装置是简陋的，当初甚至是没有中间包的，在炼钢车间的生产运行上，连铸机开始时面临的是以大型平炉为代表的慢节奏，集中大流量的挑战，而且当时的生产习惯是炼钢厂内以平炉的生产运行作为中心等。因此，连续铸钢技术真是起步艰辛，历尽技术进步路程中的诸多磨难，而日益完善。总的看，连铸技术发展的时间进程较氧气转炉要慢些、难些；直到日本新日铁大分制铁所大胆创新设计全连铸钢厂，这是连铸技术作为工业主流技术的里程碑。可见，连铸技术成为主流技术不仅要解决凝固理论（基础科学）、装置技术（技术科学），而且还要解决流程中多维物质流过程的衔接、匹配、协调、优化等一系列问题（工程科学）。我国连铸技术的发展也是在对流程工艺分析研究的基础上取得成功的。大家可能记得1988年以来，中国连铸的发展经历3个阶段：

（1）“以连铸为中心、炼钢为基础、设备为保证”——解决连铸机的参数优化和达产等问题；

（2）“以炼钢炉—炉外处理—连铸机三位一体组合优化”，解决炼钢全连铸厂生产体制问题；

（3）“以发展高效、高速连铸技术和近终型连铸技术进一步协调优化”，解决炉—机匹配和铸机—轧机匹配，优化企业的工艺流程结构、产品结构问题。

从连铸的发展进程可以看到，炼钢范畴内新一代技术遇到的不仅是基础科学、技术科学命题，而且越来越突现流程系统内工程科学的重要性。

这种工程科学是钢铁制造流程内的过程（流程）工程方面的学问，它的理论框架应该包括有：

——钢铁制造流程的解析-集成；

——钢铁制造过程中的多维物质流控制；

——钢铁企业生产过程中的运行动力学。

这种学问实际上是基础科学—技术科学—工程科学—产业运行的知识链集成，它将进一步推动钢铁企业技术创新和结构优化，并将进一步影响国民经济中的产业链和工业生态链。

反过来想，连续炼钢技术开发为什么被搁置、停顿，除了这一技术本身的难度大，现在还不能有效地解决外，人们认识到凝固成型的连续化是比连续炼钢更有效的技术经济出路，它不仅使钢液凝固成型连续化，而且促进了凝固成型和压力加工、形变/相变的连续化、紧凑化。因此，至少从现有技术/工程条件和企业经济效益看，连续炼钢技术开发似乎已无必要，至少是时机上并不十分紧迫。

至于一步法直接炼钢技术，应该说直接还原生产DRI/HBI是其一种变种，只是它没有得到液态金属。这一技术的发展和应用，主要取决于地域的资源/能源条件，经济的输送距离，投资效益以及能否与现代化连铸机—连轧机进行协同作业。看来，其市场竞争力还有待观察。至于一步法得到液态钢，其工艺途径和生产稳定性仍有相当难度，而且即使成功，其经济上的竞争力和废钢资源利用问题等（高炉—转炉流程内由于高炉铁水的碳过饱和是可以利用一定数量废钢的），对不同国家、不同地区而言，也仍然是一个悬念性的问题。看来，一步法直接得到液体钢的工艺技术到目前为止，仍很难提到投资开发的紧迫日程上来。

从技术上看，从矿石一步法直接得到钢液其目的是为了简化、紧凑、洁净、节能，这是想把现有炼铁—炼钢融于一体的技术想法，是一种综合集成“一步到位”的想法。然而钢铁工业生产技术发展的现实却是正好相反。炼铁工序已经分解-集成为烧结/球团—炼焦—高炉炼铁，而转炉炼钢也已分解为铁水预处理（脱硫甚至“三脱”）—转炉—二次冶金（炉外精炼），其趋势是每一工序的功能越来越解析-优化（简化），而工序之间的关系则越来越集成－优化；这种集成－优化的目标参数是时间、温度、物质流等流程内的基本参数。

这是另一种简化、紧凑、洁净、节能的体现方式：简化是每一工序的功能按照化学反应热力学和反应动力学原则所决定的优化，即工序功能的简化（而不是万能化）；钢质的洁净化，也是建立在一系列工序功能解析－优化的基础上，因为不同化学冶金反应的热力学条件是各不相同的，实践表明要在一个反应装置内完成各类不同的钢液洁净化过程往往顾此失彼，这就是铁水预处理、钢的二次冶金等工序/装置产生的原因。钢铁流程中工序功能解析－优化后，看似“复杂化”了，实际上是简化了。当然，这种简化是集成指导下的简化。紧凑是体现在上、下游工序关系的衔接、匹配、协调、紧凑，特别是体现在物质流的温度、时间和成分的连接上，进而在快节奏协同运行、缩短时间过程和防止过程温度起伏的基础上实现节能降耗。应该说这是一种与一步法直接获得钢液的工程构想完全相反的工程思路，而技术目标却又是一致的——简化、紧凑、洁净、节能。

时值21世纪——新世纪的初期，中国已稳居世界第一产钢国的位置，我们将如何进一步发展、创新，值得大家深入思考，上述想法，只是个人管见，也可以说是一种随想、畅想，愿与同行专家共同切磋。

致谢

本文请邵象华院士指正，先生以年届九旬高龄之躯，仔细审阅，并进行了长达2个多小时的讨论，认真交换了意见，在此向他表示深深的敬意和诚挚的谢意。

关于技术创新问题的若干认识*

摘　要　讨论了科学、技术、工程、产业的本质与含义，研究了“科学—技术—工程—产业”的知识链，指出技术、工程与经济的关联程度远高于科学与经济的关联程度。文章强调科学与基础研究是资金向知识的转化，而技术创新则是在资本的支持下，使知识通过市场向效益、利润的转化。工程师是新生产力的重要创造者，也是新兴产业的积极开拓者。工程师要面对的是不同层次、不同领域、不同尺度上的技术创新。在经济快速增长时期，应该更加重视工程师的创造性劳动。培养大批工程技术创新人才是推进经济发展、社会进步的必然要求。

关键词　科学—技术—工程　技术创新　工程师

1　关于“科学—技术—工程—产业”知识链

科学发现推动了人们在认识世界过程中形成科学原理，工程技术的使命则是把科学原理、科学方法变成改造世界的能动力量。可以说工程技术架起了科学发现与产业发展之间的桥梁，是产业革命、经济发展和社会进步的强大杠杆。

工程科学、工程技术在推动人类文明的进步中一直起着发动机的作用。近代世界社会生产力的发展史，是科学发现、技术创新、产业革命相互促进的历史。蒸汽机发明以来，工程科学、工程技术飞速发展，世界生产力发生了革命性的飞跃，人们的生产方式和生活方式也发生了根本性的变化。在发电、核能、航空航天、计算机、基因组工程等领域取得的重大工程技术成就，使人类世界的物质文明和精神文明迈入了新的历程。

现在，“创新”已经成为一种主流话语和热门话题，时常出现“科技创新”一词。对此应该进行认真的推敲，注意在“创新”话题中科学与技术的差别。如果不分清科学与技术的本质和关系，以及它们对经济的作用，在科学、技术不分的观念下，要解决科技与经济所谓“两张皮”的问题，可能会事倍功半。

在这里讨论一下科学、技术、工程、产业的本质及其相互之间的关系，对认清其哲学范畴、经济意义、社会价值也许是有帮助的。

科学是研究自然界和社会事物的构成、本质及其运行的系统性、规律性的知识体系。科学的目的与价值在于探求真理、弄清自然界或现实世界的事实与规律，求得人类知识的增长。因此，科学是研究与探索、分类与归纳、发现与开拓，是对自然界和世界上客观存在的诸多事物的本质与运行规律的揭示和逼近的描述。

技术也是一种特殊的知识体系，现代技术往往是运用科学的原理、科学方法开发出来的设计系统、制造系统、调整运作和监控系统以及各类产品、装备等。例如：工艺方法、生产装备、仪表、仪器、自动控制系统以及新产品、新装备等，这是一类经

---

* 原发表于《中国工程科学》，2002，4（9）：38～41。

过开发、加工的知识、方法与技能体系。技术是需要很多资金开发出来的有经济目的、社会目的的知识系统。技术的特点，在于突出发明与创新。与科学不同，技术在很大程度上有其经济属性和产业特征。而科学往往注重的是公共知识、公共目标。

《辞海》对于“工程”一词的解释是：a. 将自然科学的原理应用到工农业生产中去而形成的各学科的总称。b. 指具体的施工建设项目。我们讨论的工程一词的含义显然是广义的。根据《不列颠百科全书》解释，与 Engineering 范畴相对应的工程师职能分为：a. Research（研究），b. Development（开发），c. Design（设计），d. Construction（构建），e. Production（生产），f. Operation（操作，运行）。总的来看，工程的内涵离不开研究与开发、设计与制造、操作及管理等方面的内容。因此，从实质上看，工程可以看成是以一种核心专业技术或几种核心专业技术加上相关的配套辅助技术所构成的技术组合应用的知识体系。工程系统的开发与建设，往往需要比技术开发投入更多的资金，具有很明确的经济目的或特定的社会服务目标。工程往往表现为某种生产作业线，某种工程设施系统，各种工、农业的设施网等。因此，工程既有很强的、综合的知识属性，又具有更强的、更明确的经济属性。

产业则可以看成是建立在不同专业技术、不同工程系统基础上的工、农业的各种门类的专业生产和社会服务系统。例如制造业、电业、交通运输业、农林业、水利业等。产业是经济范畴内的一种专业系统，它是由同类的或相似的工程技术系统加上相关的工程技术系统集合而成的。产业的目标主要是盈利和公益，经济性、社会公益性非常明显。产业技术、产业工程系统的开发、投资首先是着眼于市场、着眼于社会服务对象的，而不是首先为了认知事物的本质与运行规律。

由此可以看出，科学与技术（工程）是两种既相关又有区别的人类文明活动。科学与技术（工程），科学家与技术专家、工程师，实际上是一种交集，是相互区别又相互联系的。不过，值得注意的是，这个交集彼此都不应覆盖对方的核心部分，不能包办对方的专业活动领域。

从某种意义上讲，科学—技术—工程—产业是一种知识链，当然不能理解为一种简单的线性链。如果要从经济角度上看分界，则科学（特别是基础性的研究）应是一种对自然界和社会本质运行规律的探索与发现，并不一定要有直接的、明确的经济目标。而技术、工程则有着明显的经济目标或社会公益目标，甚至从某种意义上也可以划入经济范畴。技术、工程的研究开发，必将联系到市场、资源、资金、成本、利润等经济方面的基本要素。

换言之，在科学领域，人们活动的主要评价原则是服从于对科学发现和学术原创性的承认；在经济领域，人们活动的主要原则是服从于商品与货币。因此，不难看出，技术、工程与经济的关联程度远高于科学与经济的关联程度。越是在经济快速成长和发展的时期，对技术（工程）创新的需求程度就越高。

2 竞争与创新

为了解决我国经济结构的调整、优化，合理利用资源、保护生态环境，提高人口素质，彻底消除贫困等重大问题，实现工业化和现代化的宏伟目标，必须高度重视和大力发展工程技术和工程科学，促进技术创新，为经济建设和社会进步提供更大的动力，为企业的市场竞争力提供核心保证。

当前，经济朝着全球一体化的方向发展，各国的社会、科学技术和经济都面临巨大的结构调整，其中充满着新的机遇和挑战，其实质是竞争加剧。竞争源于差异，竞争是通过差异来显示优劣，进而实现优胜劣汰。在竞争进程中，差异的表现方式、方法是多种多样的，诸如成本差异、性能差异、时间差异、市场差异、地域差异等。为了显示差异，实现优胜，就要求人们善于创新。每个国家、每个地区、每个企业都必须重视通过实施创新，在经济全球化的进程中适应竞争，获得胜机。

激烈的竞争不仅要求对创新的涵义和领域有全面的把握，而且对创新速度和创新时机重要性的认识也十分重要。从广义上看，创新不仅包括了技术原理、新技术、新装备、新产品，以及新的服务方式、方法等，也包括了更大尺度或更高层次上的新的工程系统、工艺过程（流程）、服务网络体系等，还包括新的组织结构以及对管理和领导方法的新认识，其中特别重要的是发展战略、方式、方法等所谓“软科学”方面的创新。

竞争是多因素、多目标的，竞争必须重视综合竞争力。竞争不仅包括价格、成本、质量、品种、规格，也包括过程服务和制造过程的灵活性等。与此同时，必须看到在当代世界上竞争已经进一步扩展到环境保护、环境友好、生态平衡等可持续发展因素，还必然涉及资金的投入产出、资金的回收速度等财务、金融因素。

必须认识到，面对市场供求的不断变化和消费者需求的不断更新，竞争者做出反映变化的决策速度以及学习适应变化的能力（这也可以看成是一种素质）也是一个关键，这就是发展战略创新和创新速度的重要性所在。注意到市场变化的脉搏以及相关技术的成熟程度，把握好技术创新的时机也是发展战略创新的重要内涵。

在长期科技实践过程中，人们逐步认识到，科学、基础研究是资金向知识的转化，而技术创新则是在资本的支撑下将知识通过市场向效益、利润的转化。知识转化为新工艺、新装备、新产品、新的系统结构等，到底有没有创新的价值？主要取决于社会和市场消费者的检验和需求。不少专利技术被束之高阁，就是一种反证。

在创新过程中，往往需要基础研究，有时甚至是十分重要的。因此，不能犯短视症……但是，对于技术创新而言，只有基础研究是不够的，局限在实验室技术的水平上也是不够的，创新需要更宽阔的知识面，更多的技术集成，更有效的手段……所有这些都会归结到对创新人群的素质、能力提出更高的要求。

实际上，改革也好，创新也好，永远是一种有冒险成分的探索与有风险、有压力的实践，因为创新、改革往往要脱离已有的习惯，已有的模式和熟悉了的环境，而人们往往喜欢稳定或者习惯于稳定，习惯于熟悉的老环境、老模式……因此，从某种意义上讲，我们自身都有可能是创新的障碍，人人都要做好战胜自我的准备。人们都要不断学习思考，重视创新，支持创新，参与创新，尽快使自己从传统的习惯、模式、环境的束缚下挣脱出来，转入充满活力的创新轨道中。

3 工程师——创新者

工程师是新生产力的重要创造者，也是新兴产业的积极开拓者。工程师面对的是一个不同层次、不同领域、不同尺度上的技术创新。工程师不仅要能解决新兴生产力、新兴产业中的诸多工程、设计、生产技术以及产品开发等问题，而且要有广博的科学知识和严谨扎实的务实风格，以此为基础，结合市场、资本等因素激发出创新的灵感、思想和主意。

高度重视工程师的创造性劳动，培养大批工程技术创新人才，是推进经济发展和社会进步的必然要求。中国工业化、现代化的任务还十分繁重，路程还很长，面临全球经济一体化的大潮，我们试图在有条件的领域，有条件的产业内实现跨越式发展，这一切，都需要大力加强工程技术、工程科学的研究开发，努力设计、建造、运行好新的工程系统，其中充满着技术创新的机会和需求。

我们强调工程师应是创新者，工程师创新的目标是：用知识密集的发展战略取代资源密集的发展战略，通过知识密集发展战略用最小的资源和能源消耗和适当的资金投入，创造出尽可能最大化的、直接的财富并实现可持续发展。这在很大程度上是不同于科学家或教育家的。

工程师必须联系市场进行创新。联系市场进行创新必然面临多尺度观念问题，也就是不同尺度上、不同层次上有许多不同的命题；不同尺度、不同层次上的命题之间的关系问题——结构性问题。而这些多尺度、多层次的命题又有着鲜明的时代性和阶段性。这就是创新的时空感和创新的复杂性。

工程师在技术创新过程中一定会面临一个角色定位问题。这就是一定要搞清楚自己的现实位置，是属于原始创发者，还是属于跟踪性创新者；是属于领先者、赶超者还是落伍者；在此基础上确定方向，明确位置，规划进程。工程师在技术创新过程中一定要注意看准问题，利用比较优势、后发优势，通过创新，突破关键，或是遥遥领先，或是后来居上，从而取得商机，获得效益。

科学家在科学领域中研究，是真理、事物本质的发现者、探索者，而且是不断夯实知识基础，不断发现、孕育新的技术、工程的增长点，科学是知识的源泉。工程师在工程技术领域和经济领域中活动，是技术创新者，是财富的直接创造者。在某种意义上讲，工程师与企业家、管理家没有明显的鸿沟，因为他们工作的领域主要属于经济领域。

在我国解放前的一百年中，工业不发展，农业落后，工程技术缺乏发挥作用的社会经济条件，所以社会上曾经出现过重科学家，轻工程师的现象。随着国际经济竞争日益加剧，人们认识到这首先是技术创新和生产力的竞争。因此，在经济快速成长时期，应该更加重视工程师的创造性劳动。培养大批技术（工程）创新人才是推动经济发展、社会进步的当务之急。

Considerations on Technology Innovation

Ruiyu Yin

(Central Iron and Steel Research Institute, Beijing, 100081, China)

Abstract The knowledge chain of science – technology – engineering – industry is studied in this paper based on their essences and meanings. It is pointed out that the connection of technology and engineering with economy is much tighter than that of science with economy. It is stressed that science – fundamental research is the transformation of capital to knowledge, and that the technology innovation is the transformation of knowledge to benefit and profit through market by the support of capital. Engineers are the important creators of new productive force and active pioneer of new industrial field. Engineers will confront with technology innovation at different levels, in different areas and on different scales. Much more attention must be paid to the creative work of engineers, especially in rapid economic growth period. The cultivation of a large number of qualified personnel in technology engineering is the requirement for promoting economic development and social progress.

Key words science – technology – engineering, technology innovation, engineer

整体优化流程　形成自主创新特色 发展炼钢—连铸技术*

摘　要　阐述了20世纪90年代以来中国炼钢—连铸生产技术取得的进步和当前发展面临的背景。说明了我国炼钢—连铸技术发展的思考点和重点。指出了技术进步和投资的方向。

关键词　炼钢　连铸　技术进步　投资

1　前言

在进入21世纪的第二年，由中国金属学会组织的全国炼钢—连铸生产技术会议，今天在中国最大的钢铁企业集团——宝钢召开了。我们这次会议是在国家政治经济体制改革的条件下和加入WTO以后，钢铁企业必须大力提高市场竞争能力，实现可持续发展的形势下召开的。中国金属学会作为学术性组织和行业科技组织，协同中国钢铁工业协会，开展了总结钢铁行业结构优化，积极应对入世挑战，全面提高参与国际市场竞争的能力，实现可持续发展的各项工作。这也是我们这次会议的主要任务。这次会议与第12届全国炼钢学术会议结合在一起召开，将在更广泛的基础上，认真研讨炼钢、连铸生产技术的重大问题，能对近年的炼钢、连铸生产优化，技术进步，起到良好的推动作用。

下面我想就20世纪90年代以来中国炼钢—连铸生产技术取得的进步和当前发展面临的背景，炼钢—连铸技术发展方向和途径的思考与技术进步重点，关于技术进步和投资战略这三个方面谈谈看法，供大家讨论参考。

2　20世纪90年代以来炼钢—连铸生产技术取得的进步和当前发展面临的背景

中国钢铁工业近10年来飞速发展，取得了举世瞩目的成就，是世界上唯一保持快速增长的主要产钢大国。我国钢铁生产的快速发展，是在经济全球化的大环境中，由于我国政府宏观经济政策正确和加快工业化、城市化发展步伐的巨大市场需求的背景因素，也是近10年我国钢铁工业技术进步、结构优化取得了大幅度节能降耗、降低成本、提高质量的突出成就，使得全行业能适应国内外市场激烈竞争的结果。应当看到，以大力发展连铸为中心的战略，迅速地优化了炼钢生产结构，并在带动整个钢铁生产流程现代化和企业结构优化中起到了关键的作用。

* 原发表于《炼钢》，2003，19（1）：1~9。

2.1 20世纪90年代以来炼钢—连铸生产技术进步的主要成就

2.1.1 连铸生产快速发展成为推动炼钢和整个钢铁生产蓬勃发展的主要技术动力

20世纪90年代以来中国钢产量和连铸主要技术指标见表1。

表1 20世纪90年代以来中国钢产量和连铸主要技术指标

年份		1990	1995	1996	1997	1998	1999	2000	2001
产量/万吨	钢	6535	9536	10124	10891	11459	12395	12849	15266
	增量	376	275	588	767	568	936	454	2417
	连铸坯	1480	4432	5392	6605	7883	9591	10522	13360
	增量	475.6	778.3	960.4	1212.1	1277.3	1708	931.2	2838.3
全国连铸比/%		22.70	46.40	53.30	60.70	68.80	77.38	81.90	87.51
钢铁行业连铸比/%		25.07	51.04	60.07	68.7	76.61	87.62	86.97	89.44
转炉利用系数/t·(t·d)$^{-1}$	重点	22.60	24.81	25.59	26.77	27.37	31.83	31.80	32.75
	地方	26.63	36.09	39.82	44.51	49.34	53.08	①	①

①从2000年起，统计口径变化，地方企业概念已不存在，故不再统计该项指标。

由表1可见，20世纪90年代以来，连铸坯年增产量一直超过钢产量的增长。以1990年为基数，11年来，钢、连铸坯的总增长量分别为8731万吨、11879万吨；钢和连铸坯的年平均增长量分别为794万吨、1080万吨。在钢产量快速增长的情况下，11年间实现了连铸比年增5.89%。尤其是1996年钢产量突破1亿吨后的6年来，创造了年均增加钢产量和连铸坯产量分别为955万吨、1488万吨的世界纪录。2001年钢、连铸坯增量双双超过了2000万吨，分别达到2417万吨和2838万吨，更是世界钢铁生产历史上从未有过的。与世界各国钢铁行业连铸比相比，1999年，我国钢铁行业连铸比为87.62%，已超过世界平均连铸比83.4%，2000年我国连铸比为86.97%，世界平均连铸比为86.0%；2001年我国连铸比为89.44%，世界平均连铸比为86.6%，从1999年开始，我国钢铁行业连铸比一直高于世界平均值。

我们还应当看到连铸技术的快速发展，使中国钢铁企业的生产流程发生了根本性的改变，即由慢节奏、低效率、高消耗的模铸—初轧/开坯、万能产品模式，朝着连铸、连轧、高效、连续、紧凑、低耗、优质和专业化生产流程方向转变。不难看出，连铸工艺起着对钢铁行业优化的核心作用。

2.1.2 连铸工艺消除了模铸—初轧/开坯工艺对转炉生产效率的"瓶颈"性制约

长期以来，我国一大批地方骨干钢厂由于受模铸—开坯工艺的制约，转炉利用系数一直在20~35t/(t·d)徘徊，这些钢厂自1958年以来，经过20~30年的艰苦奋斗，但年产能力一直在100万吨以下徘徊。随着连铸工艺的发展，特别是连铸比的提高，转炉生产效率大幅度提高，并且呈现了转炉利用系数成倍增长的局面（见表1）。与此同时，我国超过100万吨/a规模的钢厂数目快速增加，由1980年的10个，1990年的16个，2000年的36个，到2001年的47个。

2.1.3 加速淘汰了平炉、化铁炼钢等落后的生产工艺和装备

表2列出了我国20世纪90年代以来连铸技术的发展对淘汰平炉的影响。

表2 20世纪90年代以来中国连铸技术的发展对平炉钢淘汰进程的影响

年 份	全国连铸比/%	钢铁行业连铸比/%	平炉钢比/%	平炉钢产量/万吨
1990	22.7	25.07	20.1	1313.5
1995	46.4	51.04	13.7	1308.4
1996	53.3	60.07	12.5	1261.0
1997	60.7	68.70	8.9	969.6
1998	68.8	76.61	4.7	543.7
1999	77.4	87.62	1.5	183.9
2000	81.9	86.97	1.4	180
2001	87.50	89.44	0.5	74.5

从1995年钢铁行业连铸比超过50%以后，6年的时间里，平炉淘汰的进程大大加快。1995年重钢率先淘汰平炉，1997年鞍钢、武钢大规模淘汰平炉，2001年12月26日，中国钢铁企业最后1座平炉——包钢600t平炉关闭。在我国，转炉—连铸工艺与平炉—模铸工艺相比，每吨钢可降低成本250～450元，突出的原因，是因为转炉—连铸——次成材工艺与平炉—模铸—初轧/开坯二次成材工艺之间，在成本、生产效率、能耗、环保等方面存在巨大反差。连铸技术的飞速发展，使得不少钢厂改变了对平炉、初轧工艺的认识。特别是当连铸比超过50%以后，转炉—连铸——次成材的优势日益明显，引起了杠杆效应，这与发达国家淘汰平炉进程十分相似。

另外，11年来，我国化铁炼钢能力减少了近0.1亿吨，仅剩下约300万吨/a的生产能力并将在近期内淘汰。

2.1.4 炼钢—连铸技术取得了一系列创新成果

在发展连铸、淘汰落后工艺的进程中，我国取得了一系列的创新性成果，有的达到了国际领先或国际先进水平。主要反映在以下7个方面：

（1）高效化连铸生产水平大大提高。我国连铸技术，经历了1989～1992年间的单机达产攻关阶段后，从1993年起，推行了以“炼钢—炉外处理—连铸”三位一体组合优化为基础的全连铸炼钢厂发展战略。进而又从20世纪90年代中期起，加速开发常规连铸高效化技术，很快取得突破性进展，广泛地应用于各企业的技术改造项目中。目前约有近1/3的铸机达到了国际先进或国际领先的高效化水平。我国自己开发的高效化铸机不仅主体工艺技术与装备（如高冷却强度结晶器，高精度全数字化液压和机械的正弦、非正弦振动，二冷动态自控，连续矫直与轻压下，结晶器电磁搅拌，全数字结晶器液面自控，漏钢预报警与控制等），而且配套的相关技术与管理也有了长足的进步（如低温浇铸、全功能性耐材中间包、全连铸生产计算机调度管理等）。方坯高效连铸技术总体上达到了国际先进水平，如济钢120mm×120mm高效小方坯连铸单流年产近20万吨，属世界领先水平；重钢、八钢、淮钢等一批小方坯铸机达到大于15万吨/(a·流)的水平；宝钢炼钢厂在工艺全面优化条件下，厚250mm的宽板坯铸机拉速和作业率几年间不断提高，平均拉速为1.4～1.6m/min，最高拉速已超过1.7m/min；攀钢大板坯铸机经过“九五”高效攻关，最高拉速超过1.8m/min，使设计能力100万吨/a的

铸机产量几近翻番。本钢、宝钢、武钢板坯铸机漏钢率平均 <0.01%，本钢 2 号铸机创 16 个月不漏钢的纪录。国产 Cr－Zr－Cu 板坯连铸结晶器在鞍钢、攀钢等钢厂应用，一次性寿命超过 2400 炉，通钢量达到 17 万吨以上。石家庄、莱芜等钢厂连铸中间包一次性寿命达 50～70h。高效连铸技术的发展还推动了全连铸生产的发展，几年来，武钢、鞍钢、首钢、邯钢、唐钢、马钢等钢铁联合企业实现了全连铸生产。

（2）近终型连铸连轧生产飞速发展，我国已成为采用紧凑流程的主要国家之一。薄板坯连铸—连轧工艺是钢铁工业流程现代化的最新成就。

1980～2001 年，我国已有珠钢、邯钢、鞍钢、包钢 4 条紧凑流程生产线投产。邯钢、珠江分别成为转炉、电炉 CSP 工厂中达产最快的生产线；珠江钢厂还创造了我国钢铁企业劳动生产率 >2100t/(人·a) 的新纪录。并开发了 CSP 工艺生产集装箱钢板的新技术，批量生产了 σ_s 为 400MPa 级的低碳高强度热轧薄板，厚度≤2mm 的热轧板卷占月产量的 80% 以上。在鞍钢 ASP 生产线上，我国自行开发的全生产线自动控制技术，板形控制技术成功地用于生产；鞍钢的坯厚 135mm 连铸机单流产量已超过 100 万吨/a 的水平。刚进入试生产阶段的包钢 CSP 生产线，是我国第一条双流连铸与连轧衔接的紧凑流程生产线，已生产出最薄 1.9mm 的热轧板卷，今年 5 月份产量达到 11 万吨。这一切表明，我国在钢铁生产现代化的标志性技术——薄板坯连铸连轧方面取得了扎实的进展。我国在薄板坯连铸连轧技术上的进展，不仅增强了我国钢铁企业对流程朝连续、紧凑化方向发展的信心，而且提高了我国在世界钢铁生产技术中的地位。

（3）转炉高效化生产技术国际领先。我国不仅转炉利用系数居国际领先地位［≤30t 转炉利用系数超过 50t/(t·d)］，而且由于溅渣护炉技术的深入开发和不断提高，在确保钢水质量和良好经济效益的前提下，一批大、中、小型转炉炉龄分别突破了 1 万炉。武钢二炼钢开发了 80t 复吹转炉溅渣护炉底吹喷嘴寿命与炉龄同步的系统技术，炉龄高达 22726 炉。2001 年有 10 个以上的钢厂平均炉龄超过 1 万炉。其中莱钢、三明小转炉溅渣炉龄接近 3 万炉，并能配合转炉设备维修、炉型控制做到开炉、停炉自如操作。在我国，转炉作业水平方面也有了明显提高，<30t 的炉子，年产炉数可达 15000 炉，甚至更高；30～80t 炉子年产炉数可达 11000～15000 炉；>120t 的炉子也可达 8000～10000 炉。我们的方向应是做到每年更换一个炉衬并与其他相关设备检修同步，目前一些钢厂已达到了这一水平。

（4）电炉生产高效化也有了显著进步。20 世纪 90 年代以来，在对电炉流程优化研究的指导下，我国建设了一批现代化电炉（约 36 座），容量大都是在 60t 以上，而且形成了电炉冶炼—精炼—连铸或形成电炉冶炼—精炼—连铸一一对应的优化匹配的现代电炉流程。出现了一批设计配置、生产运行俱佳的电炉短流程钢厂。我国电炉钢的产量从 1990 年的 1402 万吨，提高到 2000 年的 2020 万吨，然而，电炉钢比却相应地从 21.45% 下降到 15.72%，这是一个值得注意的问题。

在电炉冶炼技术方面，随着超高功率化、炉子大型化、化学能输入强度提高和有条件的钢厂适量兑入铁水以及废钢预热等一系列高效化技术的开发、应用，我国电炉生产效率已大大提高。1992 年我国电炉基本上是小炉子，平均炉容量为 4.6t/台。1995 年全国电炉总数为 1561 台，到 2000 年全国电炉总数为 179 台，淘汰了大批小炉子。2000 年，我国电炉钢产量为 2020 万吨，其中由 50t 以上电炉生产的 1241 万吨，占电炉总产钢量的 61%。技术经济指标显著提高，2001～2002 年我国部分电炉钢厂的主要技术经济指标见表 3。

表3　2001～2002年我国部分电炉钢厂的主要技术经济指标

企业名称	电炉吨位 /t	变压器 容量/MV·A	冶炼电耗 /kW·h·t^{-1}	电极消耗 /kg·t^{-1}	冶炼周期 /min	年产钢量 /万吨
沙钢润忠	90	65	266.74	1.86	44	90
沙钢永新	75	54	366.45	2.21	46	
南钢电炉厂	70	60	290	1.14	56	75
淮阴钢厂	70	60	290	1.6	55	65
江阴兴澄	100	90（DC）	341.40	1.22	61	
安钢电炉厂	100	72	245	1.50	52	90～102
新疆八一	70	60	320	0.95	55	60
舞阳钢铁公司	90	60	420	1.80	58	85
珠江钢厂	150	120	330	1.70	60	82
天管炼钢厂	150	100	396.00	1.16	67	
宝钢炼钢厂	150	99（DC）	279.76	0.96	59	
韶　钢	90	60	280	1.30	50	65
山东石横特钢	65	36	330	1.60	57	48
成都无缝钢管	90	54	450	1.80	65	40
宝钢集团五厂	100	76	400	1.40	70	50
广钢电炉厂	60	52	350	1.20	60	40

由表3可知，我国部分电炉炼钢的主要技术经济指标已达到国际先进水平，即冶炼电耗≤300kW·h/t，冶炼周期≤60min/炉，电极消耗≤1.5kg/t，部分企业吨容量炉子产钢量达到0.8万～1万吨/a。从而促进了与连铸机匹配、协调生产。

（5）适应连铸生产发展和品种质量日益提高的要求，炉外处理技术取得了明显进步。铁水预处理比和钢水精炼比分别由1991年的3.1%和2.82%，提高到了2001年的25%以上。而且在各种铁水脱硫技术、钢水精炼技术方面，初步形成了自己的特色。尤其值得一提的是我国已具备了自行设计、制造RH等真空精炼装备的能力。宝钢一炼钢2号300tRH就是依靠自己力量设计、制造、安装、投产的。另外，武钢等单位也具备了RH、VD等真空精练装置的工程承包能力。这一进展对我国高品质板带材的发展具有重大的意义。

（6）钢包技术的改进。由于耐火材料的改进和转炉—精炼—连铸衔接匹配技术的提高，宝钢、济钢、珠江等炼钢厂钢包周转速度加快，钢包寿命提高，出钢温度降低，促进了炼钢—精炼—连铸的协调优化。鞍钢等企业开发了钢包加盖保温技术，并形成了专利。看来，钢包寿命的提高，钢包数量的减少，钢包周转速度的提高和钢包加盖保温等技术，对于炼钢—连铸的过程优化有着促进作用，应引起重视。

（7）计算机自动控制和高精度检测分析技术取得了新进展。除前面已提到的具有创新水平的全数字结晶器液面自动控制、全数字液压结晶器振动、具有神经元网络控制功能的高精度拉漏预报警、二冷自动控制技术使国内不少连铸机装备水平居国际先进水平外，武钢三炼钢转炉终点计算机动态自控技术，在未进行铁水三脱和没有炉气分析系统的条件下，$\Delta T=\pm12$℃，$\Delta[C]=\pm0.015\%$（$[C]\leq0.1\%$时$\Delta[C]\leq0.01\%$）（质量分数）的双命中率年平均达到93%以上，进入了国际先进水平行列。一批高精度的检测分析技术成果促进了炼钢生产的稳定增长。痕量元素高精度分析技术、OPA原位光谱分析仪以及黑体空腔辐射连续测温技术对洁净钢生产，稳定连铸生产有着促进、保证作用。这些成果加上炼钢—炉外处理—连铸三位一体组合优化基础上的全连铸生产的迅速发展，成为20世纪90年代炼钢生产技术进步的主要特点，并从总体上提高了技术与装备的自主创新能力。

2.1.5 炼钢清洁生产水平有了较大提高

炼钢厂是钢铁企业清洁生产的重要环节。它是产品质量保证的重要环节，还是唯一能实现负能生产的钢铁生产工序。除上述各项成就都促进了炼钢厂清洁生产的发展外，我国炼钢清洁生产水平的提高还反映在下述两个方面。

（1）各类节能措施取得了显著效果。

1）转炉煤气回收率有了很大提高。≥30t 转炉钢厂，除少数外，基本上都回收了煤气（一般回收 60 ~ 80Nm^3/t，宝钢、武钢、唐钢一炼≥100Nm^3/t）。宝钢一炼钢、二炼钢、武钢三炼钢厂均做到炼钢工序负能炼钢。

2）首钢三炼钢（80t 转炉）采用转炉汽化冷却生产的蒸汽经过改质，供 VD 汽源；北满 70t 电炉在国内首次实现全汽化冷却并向 VD 供汽；都节约了大量能源和水，已引起了大家的重视。能耗高、污染严重的混铁炉工艺正逐渐在一些老厂（如重钢）和新建厂（如马钢一炼钢）中被淘汰和取代。

3）电炉废钢预热节能措施近年来正在推广。

4）连铸坯热送热装不仅在宝钢、鞍钢、武钢、首钢等大企业开始向大幅度提高直接热装比的方向优化，而且济钢、三明、莱芜、北台、石家庄厂也在稳定地发展，有的热送比已大于 90%，一批企业已采用辊道送坯热装，节能效果明显改善。

（2）各类排放物的无害化、资源化处理程度有了提高。

1）转炉煤气除了作为厂内钢包烘烤、供轧钢加热炉使用外，已作为石灰窑炉的燃料加速推广应用，同时也起到改进石灰质量，提高炼钢水平的作用。

2）钢渣回收利用已开发成功扬尘少、污染轻的水淬、风淬、罐闷、滚筒、溅渣后留渣等先进的技术，国内一些钢厂钢渣的综合利用已取得良好的经济效益。

3）转炉尘泥冷固结、煅烧及循环利用正在完善，宝钢转炉干法除尘及电炉烟尘提锌等综合利用措施正已引起许多钢厂关注。

4）济钢等多个钢厂实现了外排废水为零的目标。

5）一些单位提出了跨行业合作，对排放物进行资源化、无害化处理的工业生态园设想。

炼钢厂清洁生产水平的提高，已成为本世纪钢厂生存发展、提高竞争力的重要标志之一。

2.2 当前发展炼钢—连铸生产的背景

首先，从上面对 20 世纪 90 年代以来炼钢生产的经验总结中，可以看出，我国炼钢—连铸生产已具备了进一步发展的良好基础。但同时我们必须看到，我国炼钢生产发展的不平衡性和技术进步中的薄弱环节。主要反映在我国钢厂的装备水平虽然已有所改善，但部分钢厂整体流程结构不够优化；工艺控制及管理水平比较落后，影响了生产效率及品种质量总体水平提高；约有近一半的连铸机还尚未进行高效化改造；炉外处理比例过低，不到 30%；特殊钢厂技术进步和结构调整的问题相当严峻；不少钢厂的自动控制技术应用程度还较差；炼钢过程排放物再资源化、再能源化和无害化处理方面，还存在着先进企业与一般企业间明显的差距；一些小吨位炼钢炉的炼钢厂（尤其是小电炉厂）缺乏合格的除尘、污水处理设施，资源负荷和环境负荷都很重，这些已成为继续发展过程中必须解决的问题。

第二，由于加入 WTO，取消进口配额、实现关税减让和其他原因，使钢铁企业越来越受到竞争压力的影响。炼钢生产必须适应提高质量，扩大品种，降低成本的要求，千方百计节能降耗，依靠技术进步提高竞争能力。新世纪中，不少企业正在重新定位企业的性质，定位产品市场，炼钢厂要结合企业定位的变化，在企业重新定位、进一步发展的总体框架下，尽快制定技术转型战略，完成技术转型任务。

第三，钢铁行业对国民经济发展有重要作用。但同时，能耗、水耗、过程排放的矛盾急待解决。资源负荷、环境负荷压力日益突出。建立清洁生产流程已是钢铁企业生存和发展的基本要求，提高炼钢清洁生产水平是钢铁企业可持续发展的重要基础。这是新世纪发展背景中日益紧迫的要求。

3 炼钢—连铸技术发展的思考点和重点

总体上看，当前炼钢—连铸生产发展必须立足于清洁生产流程以适应激烈的竞争和可持续发展的要求，千方百计降低生产成本，改进产品质量，提高市场竞争能力，要推广、采用已有的技术创新成果，缩小企业间的不平衡和差距，针对技术进步中的薄弱环节，开发和应用新的前沿技术，推动我国炼钢—连铸生产的优化。

3.1 炼钢—连铸发展的思考点

（1）必须从钢铁生产流程的整体优化来考虑炼钢生产流程的优化，而不是只局限于炼钢生产中某个工艺、装备的最优化、万能化，关键是要充分注意新世纪中钢铁生产流程优化的主流方向是连续化、紧凑化、高效化和智能化。

首先，炼钢厂改造或新建必须从总图、物流输送方式等方面考虑与炼铁、废钢原料、轧钢等工序物流输送顺畅，衔接、匹配、布置紧凑合理，从工序功能分配和工序关系匹配上力求达到效率高、冶金效果好、消耗低、环境负荷低。

第二，要区别平材、长材和管材等不同产品、不同规模、不同的工艺流程结构和不同的冶金品质要求，来优化炼钢生产流程中各工序的配置。

第三，要充分认识计算机自动控制和通信技术是稳定地满足上述要求的必要手段，坚持以实现过程控制为基本要求的配置原则，逐步扩大采用数字化、智能化的各种技术。

（2）坚持炼钢—炉外处理—连铸三位一体组合优化的思考原则，对生产流程进行解析、集成优化，进行配套的改造和建设。当前解析、集成优化的要点是在继续完善连铸高效化的基础上，从高效化要求出发，把发展炉外处理技术当做一项紧迫任务，根据不同产品、不同规模分层次地抓好落实；并把炼钢炉的终点控制准确率和出钢过程分渣技术抓好，为炉外处理技术创造条件。

（3）要注意到我国钢铁工业发展不平衡这一基本特点，企业要在做好产品结构自我定位的基础上，进一步优化工艺流程结构使之与产品品种、规格相互适应。同时，要充分发挥企业的特色和优势，避免投资失误。

对于宝钢一、二炼钢厂，武钢三炼钢厂、兴澄特钢等已采用国际一流技术和装备的大型炼钢厂，应发扬自主创新精神，开发国际领先技术，在初步掌握洁净钢生产工艺的基础上，进一步研究开发超深冲钢、X80 级以上管线钢、高速铁路用钢以及轴承钢、齿轮钢和弹簧钢等高级产品，参与国际市场竞争。

对于处于产品结构调整的钢厂，应充分注意产品结构与工艺结构的优化合理匹配，使改造后的产品质量、成本与工艺装备达到国内先进水平。

对于某些小型钢厂，应以加速淘汰落后工艺装备为手段，早日实现工艺流程的优化。

(4) 必须坚持可持续发展的基本思考点，充分认识炼钢厂在钢铁生产中承上启下的重要作用，提高对炼钢—连铸清洁生产的含义、目标和重要性的认识，来确定炼钢清洁生产技术优化的重点。应当明确：清洁生产不能简单地等同于环保，特别是不同于污染物的末端治理。思考的要点主要有：根据源头治理、最终产品的性能和“绿色度”要求，来合理选择精料的程度；采用效率高、消耗低、产品质量好的工艺流程；积极回收利用余热、余能，对过程排放物进行再资源化、再能源化和无害化处理。

3.2 当前炼钢—连铸技术进步的重点

根据对背景和思考点的分析，可以将当前炼钢—连铸技术进步的重点归纳为 8 个方面。

3.2.1 坚持常规高效连铸技术系统优化的方向，带动炼钢生产整体优化

当前的重点是：

(1) 规范从炼钢到连铸的过程时间、过程温度控制，掌握低过热温度、长时间连浇的连铸技术。

(2) 密切关注国外技术发展动向，结合本企业品种质量及生产工艺的要求，加强电磁技术在连铸的应用研究。

(3) 抓好“十五”合金钢连铸攻关项目中铸坯动态轻压下技术的专题研究和应用。

(4) 全面提高数字式液面自控、二冷水动态自动控制、全数字化结晶器高精度振动、中间包连续测温、在线原位分析等技术与装备的水平，实现高效连铸的智能化控制。

3.2.2 提高对发展紧凑型流程紧迫性的认识。重点抓好已有的薄板坯连铸连轧生产线的优化和完善

(1) 研究薄（中厚）板坯连铸对不同钢种的钢水洁净程度、过程温度要求，确定炉料结构、铁水预处理、钢水二次精炼的最优配置和工艺规范。

(2) 优化结晶器、保护渣、浸入式水口的材质和结构设计，确保提高拉速和铸坯质量。

(3) 研究薄板坯连铸、连轧过程中金属组织转变规律及工艺特点。扩大其生产品种，提高经济效益。

(4) 研究高精度、薄规格产品的连铸—连轧系统优化技术。正在建设的三套薄板坯连铸—连轧生产线要借鉴已投产的四套铸机的经验及时进行调整。

目前，宝钢集团已组织实施薄带连铸试验线的产业化开发工作，明确了重点研发的几个方向。另有一些企业已在研究引进薄带连铸技术和装备。我们应对薄带材生产最新技术的发展给予更多的关注，在我国“七五”至“九五”研究成果的基础上或在引进的条件下，早日实现产业化，为炼钢生产结构优化、调整开辟新途径。

3.2.3 大力开发洁净钢生产技术

对一些技术装备先进的生产流程，要进一步开展洁净钢生产软件的系统研究，提高冷轧薄板、镀锌板、冷轧硅钢片、管线钢等高级产品的实物质量，适应国民经济发展的需要并增强国际市场竞争力。

3.2.4 大力发展铁水预处理和钢水二次精炼技术

（1）完善铁水预处理技术。目前，很多钢厂在技改中列入了铁水预处理的项目，正进行综合比较，加快决策。建议大家认真关注如下的技术动向：

1）关注高炉炉前铁水预处理技术的进展。

2）研究大型转炉脱磷或“三脱”技术，提高生产效率与冶金效果。

3）对采用氧化钙基脱硫剂的 KR 法、喷吹法脱硫和镁基脱硫剂（纯镁、镁基混合、复合）脱硫技术进行深入的机理研究和技术经济对比研究，实现最优化选择。

4）采用大高炉—大转炉—平材流程全脱硫、深脱硫或三脱工艺；中、小高炉—中、小转炉普通长材流程脱硫及部分深脱硫的工艺流程。

5）配套完善我国液压、风动扒渣机技术。

（2）优化钢水精炼技术：

1）在板材和合金钢生产厂，要大力提高钢水真空处理比，并研究高效的 RH 加顶吹氧喷粉、单嘴真空精炼炉等技术。

2）要对吹氩、喂丝等几项基础精炼技术进行优化（尤其是吹氩），以降低消耗，提高处理的冶金效果。同时，要着重开发适合中小钢包用的专用精炼技术与装备（如 CAS 小型化等）。

3）开发炉外精炼高效精炼渣、埋弧渣和泡沫渣精炼技术，开发快速脱氧、脱硫、去夹杂精炼技术，研究精炼残渣处理、防止污染的技术。

3.2.5 大力提高转炉高效化生产水平

（1）开发和应用多孔氧枪、束流氧枪新技术，提高供氧强度，提高流量调节范围。

（2）继续开发转炉复吹与溅渣护炉长寿炉龄同步的优化技术，研究长寿炉龄条件下的炉壳、托圈安全维护技术，减少喷补料、调渣剂消耗，进一步开展永久炉衬技术可行性的研究。

（3）有条件的单位要深入开展转炉终点准确控制的静态、动态模型的研究和炉气气相质谱仪的应用研究；积极推广应用出钢分渣技术，提高生产效率和钢水质量，为精炼创造条件。

3.2.6 认真探讨高效化电炉生产新技术

（1）优化炉料结构与供电、加铁水制度。

（2）高效、大功率氧枪，氧燃烧嘴的应用研究；开发二次燃烧技术。

（3）开发电炉终点控制技术。

（4）开发电炉低 N 钢生产技术。

（5）电炉—LF—连铸高效化联合运行技术。

（6）加强废钢预热与环保，特别是注意废钢预热中的二噁英、NO_x、SO_x 的排放问题。

3.2.7 深入研究炼钢清洁生产系统技术

前面所列的各种精料、优质和高效生产技术都是清洁生产的重要内容。除此以外，还应对炼钢生产排放物的无害化、资源化技术进行完善和深入开发，使之成为炼钢生产新的经济增长点，大幅度减轻资源负荷与环境负荷。

（1）提高转炉煤气回收水平，新设计的转炉煤气回收量应≥100Nm^3/t，除自用、烧活性石灰外，应与化工、石化部门联合，开发提纯制取化工原料、清洁燃料等高附加值产品的系统技术。

(2) 完善和推广应用电炉、转炉汽化冷却向 VD、RH 供应蒸汽的节能、节水系统技术。

(3) 继续完善转炉干法除尘技术和装备，在有条件的企业加快推广应用，这些技术有利于大幅度节水和尘泥的利用，改善转炉系统总图布置，降低除尘设备运行成本。

3.2.8 配套开发更长寿、无污染、功能化的炼钢—连铸辅助材料，满足炼钢—连铸生产过程的特殊要求

(1) 把钙系钢包、中间包功能性耐火材料开发和应用放到重要位置。要使大部分钢厂钢包寿命提高到 100 炉/次以上，部分钢厂向 >200 炉/次的方向努力。中间包寿命则应普遍提高到 20h/次以上，部分钢厂应努力超过 50h/次。

(2) 优化各类引进和国产气烧石灰窑，进一步提高活性石灰的强度和质量。

(3) 针对合金钢连铸及超低碳钢连铸生产的需要，开发性能稳定的专用结晶器保护渣。

(4) 加快 ϕ600mm 以上优质超高功率电极生产和应用技术的开发。

以上 8 个重点炼钢—连铸技术开发领域和各项具体技术只是对流程工程中“界面技术”和“清洁生产技术”的一些初步的建议，请大家讨论。

4 关于技术进步和投资战略的思考

在 2000~2005 年期间，甚至到 2010 年，炼钢—连铸生产将进一步发展，各钢厂在推进技术进步、实施技改措施时都会面临技术进步和投资战略的协调问题，这是必须慎重决策的重大问题。不少企业都有投资效益良好或投资失误的经验和教训。除了前面已经分析过的从流程优化总体要求来考虑总图布置的连续、顺畅、紧凑、节省投资外，在如下几个问题上也应有清晰的概念，将投资战略和技术进步结合起来，形成自主创新的特色。

4.1 现代制造流程的共同特点是专业化

应尽量按照专业化生产的板材、长材、管材、合金钢、不锈钢等不同生产流程特点来考虑各种高效、优质生产的有关专业新技术，集中投资，尽快取得效果是十分重要的。过去有的企业按产品万能化的钢厂模式来投资，采用或预留各种规格的从一般产品到最高档产品所需的新技术、新装备，并认为这是实现了技术进步，后果是引起装备能力过剩、装备功能过剩、投资额过大，其实际投资效益是不够好的。

应当看到，专业化是现代制造流程发展的一个共同特点，国外钢铁企业，尤其是大型企业，不锈钢企业的专业化程度是很高的，其效果是大大节省了投资，装备利用率高，生产连续性好，有利于产品的市场竞争力，有利于智能化控制。看来，一个炼钢厂对好几个轧钢厂或一个规模不大的企业安排两个以上炼钢厂的结构模式应当说是不很合理的，在钢厂结构优化中必须予以关注和改进。不同类型的专业化钢厂，都应有一个合理的生产规模，合理的加权销售半径。过小的规模无法利用先进技术装备和环保装置，效果不好。过大的规模，由于销售半径大，投资过大等原因，效益也未必是最好的。

4.2 应认真研究长材、扁平材生产厂的规模和炼钢—连铸工艺与装备的合理配置。

常规流程的薄板生产厂规模一般应在 300 万吨/a 以上，甚至更大，目前看，一般

应配备200t左右的大型转炉、全量铁水预处理、RH、CAS、板坯铸机等成套设备，以适应生产高质量、深加工的产品。薄板坯连铸—连轧紧凑型流程的生产规模应以200万~250万吨/a为宜，对应的转炉应≥120t，一般应配备全量铁水预处理及CAS、RH等手段，电炉则以150t为宜，一般应配LF炉、LF/VD甚至LF/RH等钢水真空精炼的技术和装备。由于薄板轧机在产品宽度上的发展和薄板坯（中厚度/板坯）连铸—连轧作业线在生产超薄规格热轧薄板的共同影响，致使一些2300mm、2500mm中板轧机面临生存危机，中板轧机将向≥3200mm宽度发展，而且质量要求更高，因此应该相应配置120t转炉和真空处理装置。

现在，一些以生产长材为主的企业，由于生产规模的扩大而考虑转而生产薄板，这是一个发展过程中的新问题，应引起注意。从上述分析可以看出，没有120t左右的转炉、1200m^3以上的高炉是很难协调、高效化地生产的。同时，从企业资金流的周转上看，在向生产薄板的转移过程中，企业不可能马上停止生产长材而立刻完全转为薄板，所以，这类转型厂的规模不能过小，看来，应在300万~350万吨/a以上。这些分析供有关企业参考。

我们还要注意到长材轧机能力成倍增长的实际趋势，炼钢炉容量和铸机断面及铸坯长度选择是否以60万~100万吨/a的轧机能力来进行核算比较合理。从生产效率和质量提高、品种扩大的要求看，对应生产普通棒/线材的（≤ϕ40mm的棒材或ϕ5.5~16mm的线材）连铸坯断面选择以150mm×150mm方坯为宜。而要生产ϕ75mm以下的优质棒材则选择240mm×240mm左右方坯或更大一些的断面为好，对于≤150mm×150mm方坯的铸坯长度应考虑采用14m甚至16m。

在装备配置上应尽量减少炉座和铸机台数，优先考虑炼钢炉、精炼炉、连铸机、轧机一一对应模式。

炼钢厂在统一考虑冶炼炉、精炼炉和铸机高效化的条件下，应充分核算主要生产钢种在这三个工序生产节奏的衔接匹配问题。包括时间节奏、温度衔接、质量保证、生产成本。例如，在选择LF炉作为精炼的基本手段时，在考虑优质钢必须进行炉外精炼而不是简单加热和成分调整的情况下，应在仔细考虑时间节奏、设备座数和投资、生产成本的合理性等各种因素后，再做出投资决策。

要根据各企业长期生产的技术积累，研究长材、扁平材专业化生产厂的生产能力、炉容量、铸机能力、数量、对应品种与质量要求之间的最优配置，形成具有自主创新特点的流程模式，提高投资效益，增强企业竞争能力。另外，现在我国炼钢厂的主要技术装备基本可立足国内制造，这对降低成本，加速改造，提高企业效益，无疑是一种较好的选择。

4.3 关于特钢技术进步和投资

我国特钢厂的技术进步和发展已成为钢铁行业进一步优化的重点之一。长期以来特钢企业被装备落后、产品竞争力差、投资少等问题所困扰，经过“八五”、“九五”的攻关和技改已开始有所扭转，但和整个钢铁行业的技术进步与发展速度相比，仍然显得不足。通过对众多问题的分析及与国外特钢厂发展的对比可以看出，应重点解决技术进步和投资的思路问题。

第一，特钢厂也要以发展连铸为中心，带动生产流程整体优化，加快特钢发展。特钢企业中，至今仍对是否适合大力发展连铸，促进从冶炼到加工的特钢技术系统优化的思路有不同认识，现在已建立连铸生产线的特钢厂除少数外、产品质量和品种开发不够理想，难以实现降低成本、改善质量、提高效益的目的。实际上国外主要特钢厂的连铸比已达到70%以上，有的甚至超过90%；如果我们不能坚持特钢厂要发展连铸的思路和切实建立以连铸为中心的有效生产管理体系，特钢发展的困境将难以解脱。当然，如果要以连铸为中心发展特钢，则必须充分考虑两点：一是电炉—连铸机—连轧机组合优化；二是品种规格的专业化，不能追求万能化。

第二，特钢技改的投资思路应该适应专业化生产和生产流程整体优化的要求确定投资方向、投资顺序和重点项目。总之，特钢企业必须理清思路，加速发展。

4.4 关于新技术应用与投资风险问题

首先要对新技术的成长性和应用前景有一个准确判断。一般来讲，新技术的先进性和经济性应当是统一的，只是在掌握和达产时间长短上具有一定的风险性，这是采用新技术前进中的问题，不是本质性的难题。如果采用“新技术”在发展前景上存在不确定性，就不属于“风险”问题，而是属于盲目的“冒险”了。把握好这个“度”确实不容易，但又必须深入认真的研究它，作出科学的判断，既不可为了“稳妥”而坐失通过投资获得技术进步的大好时机，也不可为先进而先进，盲目投资给企业带来巨大的经济损失。

炼钢—连铸生产技术的优化将继续在钢铁企业结构优化的过程中起到主要的促进作用。我们应当沿着整体优化流程、高效及清洁生产的主要技术发展方向，努力探讨不同类型钢厂技术改造的投资重点与配套协调，形成自主创新的特色，为提高我国钢铁企业的市场竞争能力、推动钢铁行业的可持续发展贡献出我们的力量。

Optimizing Overall Process Flow and Evolving an Innovative and Unique Steel – making and Continuous Casting Technology

Ruiyu Yin

(Central Iron and Steel Research Institute, Beijing, 100081, China)

Abstract The present paper describes the progress China has achieved in the field of steel – making and continuous casting technology since 90s of the last century and the background of current development and elucidates a few problems of significant importance and worthy to be seriously considered about the development of China' s steel – making and continuous casting technology and points out the orientation of the technology progress and investment.

Key words steel – making, continuous casting, technology progress, investment

关于钢铁企业的结构模式与社会功能*

1 钢铁工业发展的时代命题

我国国民经济已经进入了以经济结构战略调整和产业升级为主要特征的发展时代，也可以说开始进入工业化的中期阶段。

从国际上看，经济全球化已逐步成为一种潮流。我国如何利用比较优势和后发优势，结合自身特点实现跨越式发展，在国际经济分工中占有一席之地，值得研究。

钢铁工业仍然是国民经济的基础产业。钢铁是诸多使用领域中的“必选”材料，未来钢产量的新增长点已从发达国家转向发展中国家，特别是亚洲国家。

我国钢铁工业（不包括台湾地区，以下同）经过50年的发展，已形成了完整的工业体系。2001年粗钢产量已达15163.44万吨，钢材的国内市场占有率约为91%。

与20世纪初不同，石油危机以后的国际钢铁工业已不再是高利产业。由于国际钢材市场供求关系的变化和不同材料的价格关系变化等原因，使得全球钢铁工业进入了不间断的竞争浪潮之中。因此，国际钢铁工业共同的时代命题是市场竞争力和可持续发展问题。

随着社会发展和科技进步，钢铁工业市场竞争力的内涵不断演变，现在已经不仅是价格、质量的竞争，更不是品种、质量为中心的问题，而是包括有价格/成本、质量/品种、资本回收时间、产品供货速度、过程服务、环境友好等多方面、多因素构成的综合竞争。可持续发展问题强调的是经济发展和环境保护、环境友好的协调发展。可持续发展的主要内容有两个：一是环境保护与经济发展相互依赖、相互协调；二是改变传统生产形式、消费方式和废弃方式，由环境保护发展为环境友好。

中国钢铁工业经过50年的发展，在地区分布、产品结构、技术结构和资源结构等方面发生了重大变化，取得了重大进步。然而，在取得重大进步的同时，也出现了一些结构性的矛盾，例如，能源消耗高，一些高技术含量的钢材尚不能满足需求，环境保护欠账多等。所有这些都需要通过对现有企业的技术改造、结构调整来解决。

面临21世纪钢铁工业的时代命题，思考中国钢铁工业的结构调整，必须综合考虑市场需求、技术进步、投资效益、环境保护（环境友好）等因素，而不是原来计划经济体制下的“品种、质量为中心”。

整个20世纪，国际钢铁工业得到大发展，同时也经历了不断的结构调整和产业升级过程。就钢铁企业而言，一批落后的工艺、装备被淘汰，一批工艺、装备渐进性地改进，一批工艺、装备创新性地发展。在这过程中不断引起钢铁企业生产流程的优化重组，这是20世纪钢铁企业结构优化的基础性因素。就钢铁工业而言，一批结构落后的企业被淘汰，一批经过改造后结构调整了的企业继续生存、发展，一批技术创新、结构创新的企业新建。这也可以说是各类产业在市场竞争过程中的必然现象。总的看，

* 原发表于《中国冶金》，2003（1）：1~7。

技术进步往往是结构调整、结构优化的起因或动力，而市场供求状况、资金效益和环境因素则是促进或制约因素。

钢铁企业结构调整应遵循市场需求－产品结构专业化－生产流程结构优化－环境协调－合理规模－投资效益的逻辑程序来展开。

2　20 世纪 90 年代中国钢铁工业取得的重大成就

在 1990～2000 年间由于技术进步、市场需求诸多因素的促进，中国钢铁工业得到了快速的发展。

2.1　10 年左右的时间实现了钢产量翻番

中国粗钢产量由 1990 年的 6535 万吨增长到 2000 年的 1.276 亿吨（图 1）。2001 年产钢为 15163.44 万吨。这 10 年中，除了新建天津无缝管厂、珠江钢厂、兴澄特钢和宝钢三期扩建以外，主要依靠技术创新和技术进步来调整工艺技术结构，促进钢铁业的快速发展。特别是重点发展了以下共性技术：

（1）连铸技术；

（2）高炉喷煤技术；

（3）高炉长寿技术；

（4）转炉溅渣护炉技术；

（5）棒/线材轧机成套国产化技术；

（6）铸坯热送热装技术等。

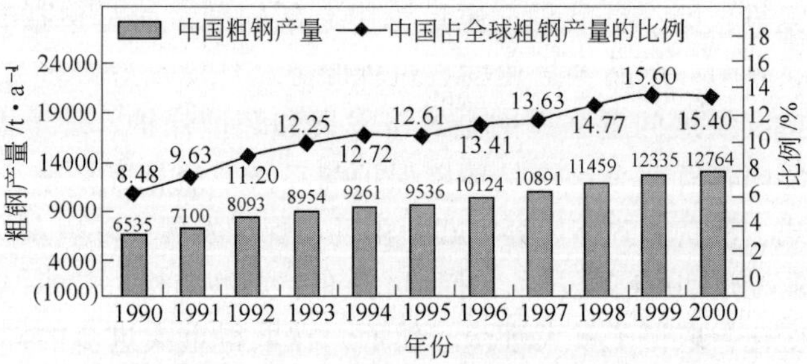

图 1　1990～2000 年中国粗钢产量增长

由于这些技术的集成运用，使得许多钢厂的技术结构焕然一新，生产得到快速发展。

2.2　钢的综合成材率大幅度提高

中国钢的综合成材率由 1990 年的 83.2% 提高到 2000 年的 92.8%，提高了近十个百分点。2001 年综合成材率约为 93.1%。这主要是依靠发展连铸技术，特别是全连铸技术和连轧技术。2001 年中国钢厂的连铸比已达 89.44%，赶上并超过了国际钢铁行业的平均连铸比。

2.3　钢铁企业吨钢可比能耗大幅度下降

1990 年中国钢铁企业吨钢可比能耗为 0.997t（标煤）/t（钢），到 2000 年下降为

0.766 t（标煤）/t（钢）（图2）。2001 年约为0.747 t（标煤）/t（钢）（2001 年综合能耗约为0.823t（标煤）/t（钢））。20 世纪90 年代节能的特点不同于80 年代的单体工艺节能和管理节能，主要是工艺流程结构优化带来的节能。例如淘汰模铸、初轧、开坯、化铁炼钢、平炉、小电炉等落后工艺，发展连铸、连轧、热送热装等工艺。

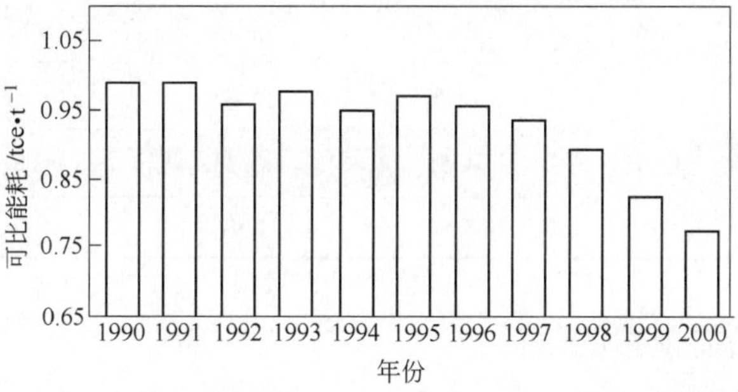

图2　1990 ~ 2000 年中国钢厂可比能耗的变化进程

2.4　钢铁企业集中度提高，2000 年产钢100 万吨以上的钢厂达到36 个，2001 年达到47 个

1980 年中国产钢100 万吨的钢厂仅10 个，1990 年上升为16 个，2000 年中国产钢100 万吨以上的钢厂已达到36 个，这36 个钢厂的产钢量占全国钢产量的82.46%。其中年产300 万 ~ 500 万吨的钢厂有7 个，年产600 万吨以上的钢厂有4 个。钢厂的企业集中度和规模化有明显提高。2001 年年产100 万吨以上的钢厂为47 个，其产钢总量达12487 万吨，占全国产钢总量的83.8%。1990 ~ 2000 年年产100 万吨以上钢厂个数的变化见图3。

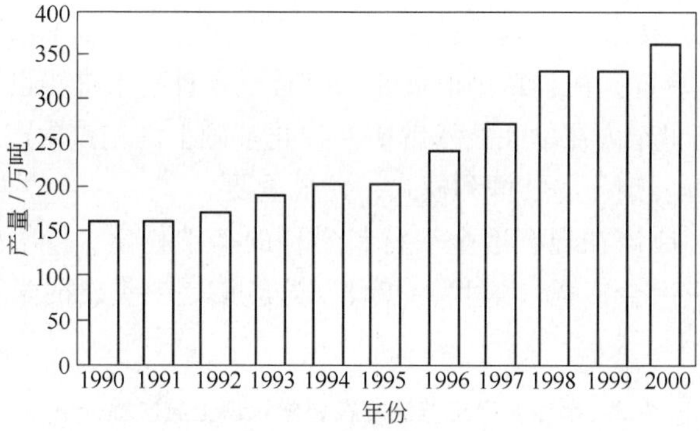

图3　1990 ~ 2000 年年产100 万吨以上钢厂个数的变化

2.5　全国钢厂的分布发生了明显的变化，区域分布更趋合理

经过半个世纪的建设和发展，特别是经过20 世纪90 年代的努力，中国钢厂的分布发生了明显的改观（表1）。2000 年按产钢量依次排列为：华东区第一；华北区第二；中南区第三；东北区第四；西南区第五；西北区第六。除西藏以外，各省都有钢厂。总的来看，钢厂主要集中分布在东部沿海和长江中下游地区，更靠近市场，更靠近资金密集地区，更靠近便于利用国际铁矿资源的地区。

表1 1950~2000年中国产钢地区的变迁情况 （%）

地 区	1950	1970	1980	1990	2000
华北地区	12.72	19.96	21.51	22.69	25.82
东北地区	82.83	37.32	26.44	20.89	14.16
华东地区	1.95	23.7	24.74	27.57	31.91
中南地区	0.90	13.57	15.05	16.64	15.75
西南地区	1.61	4.51	10.34	9.38	8.93
西北地区	0	0.94	1.91	2.82	3.43

3 中国钢铁产品需求量的估计

21世纪初，特别是2010年前，中国经济的发展仍将处在工业化进程中（尚未完成工业化），同时又处在城镇化进程中，交通运输、大型水利工程等基础设施和西部开发又提到了重要日程上来；因此，对钢铁材料的需求将继续增长。对中国的发展而言，钢铁材料是不能不用的“必选材料”。钢铁仍是中国工业化进程的基础，钢铁工业作为基础产业的地位没有变。

中国作为发展中国家要分步赶上去，21世纪前10年，中国工业生产将以平均8%的速度递增，2005年中国将消费1.6亿吨以上的钢材，2010年将消费2亿吨以上钢材。而且，其中板材的消费比例将逐年增长。

4 钢铁企业工艺流程的发展进程

在钢铁生产技术的发展过程中，开始是通过解析的方法研究单个反应过程，进而研究单元工序/装置的技术，这类问题现在可以说大体上已经基本清楚。因此，虽然某些单元技术（工序/装置）的创新仍很重要，但时至今日技术进步已不能局限在开发单元技术的层面上。新世纪内在单元技术解析－优化基础上的钢铁生产流程的整体集成－优化，对于制造流程、钢厂的结构和模式，尤显重要。

从学术角度看，应该在现有冶金－材料学科的基础科学、技术科学的支撑下，进一步发展工程科学－冶金流程（过程）工程，这应该是一类新的学科命题，需要引起不断的关注（表2）。

表2 钢铁生产工艺流程在科学认识上层次性分析

科学性质分类	研究尺度	研究方法		层 次	控 制
		白箱	黑箱		
基础科学	原子/分子	原子/分子	系统背景	微观	－/PLC
技术科学	场域/装置	场域/装置	分子/流程	中（介）观	PLC/MIS
工程科学	流程/复杂系统	流程/工序关系	分子/场域	整体/系统	MIS/CMIS

纵观分析大约150年以来钢铁企业的生产工艺流程的发展过程，其演变特点可以概括为从简单到复杂，再从复杂到简化。

从图4可见，在连铸（凝固）工序之前，生产工序呈不断解析－优化的趋势。虽然工序数目看似有所增加，其实质却是另一种类型的简化，即工序功能集合的简化，铁水“三脱”预处理和钢的二次冶金工艺的出现使得包括转炉在内的各工序的功能日益简化集中。这样，使得连铸工序以前的诸工序的时间节奏更快，生产效率更高，而且钢水的洁净度越高。而连铸工序之后的工序则明显地呈现出越来越简化集成、紧凑－连续。其中，不仅有着一系列的新工艺、新装备出现，而且还存在着一些值得引起重视的工程效应问题，主要是：“瓶颈”效应及其消除，临界－优化或临界－紧凑－连续/准连续效应，分解－集成或柔性活套工程效应，“动脉”－“静脉”协调循环效应等。特别应该指出，这些工程效应必须从全流程看或者至少应该从多个工序系统来看，才能明显地体现出来，而从基本反应、单元工序角度上看是不易察觉的。

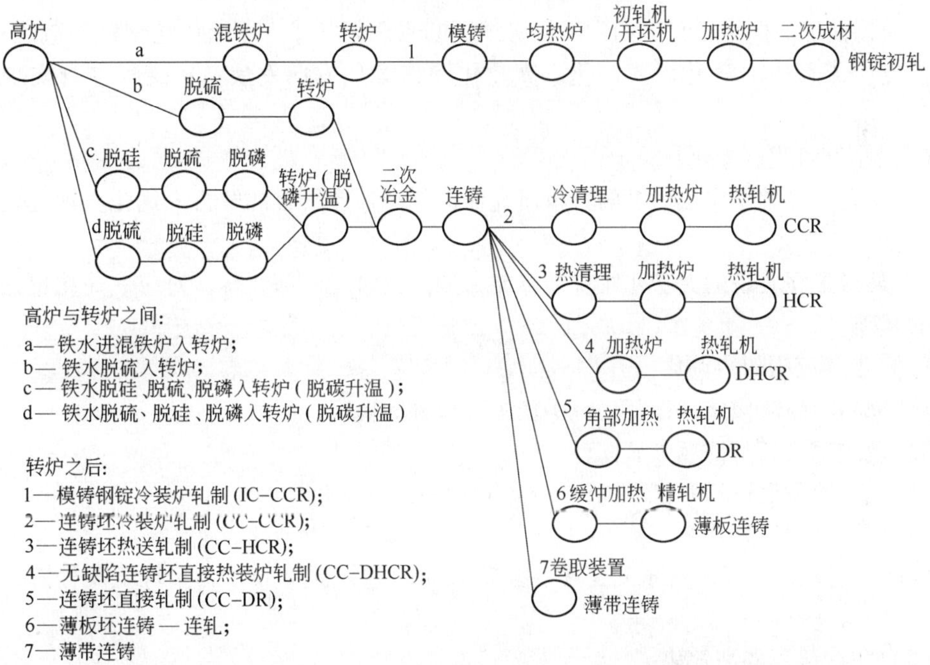

图4　高炉—转炉—热轧生产流程的演进

总之，从根本上看，钢铁制造过程的本质是集物质状态转变、物质性质控制、物质流管制于一体的生产制造体系，实际上是一种多维的过程物质流管制系统，也可以是钢铁冶金过程工程。这种过程系统的优化，主要是遵循如下原则：

（1）遵循冶金物理化学、金属材料学、金属压力加工原理，创造条件优化工序功能集；

（2）通过优化工序间的关系集合，促进工艺流程中物质流的匹配优化、顺畅、高效率；

（3）通过流程中的工序功能集－工序关系集－流程工序集的优化，实现功能－结构－效率的连锁优化。

因此，可以这样认识，钢铁冶金过程工程的系统知识有待我们去研究、探索。其主要内容将包括：

（1）钢铁制造过程的解析－集成系统；

（2）钢铁制造过程的多维物质流管制系统；

（3）钢铁制造过程的运行动力学系统。

钢铁冶金过程工程要用系统科学的观点、方法来帮助认识问题，然而其本质仍属冶金学的理论范畴。钢铁冶金过程应是在炼铁学、炼钢学、金属压力加工学、金属材料学、冶金过程物理化学、冶金热能工程等钢铁冶金学科分支基础上，交叉集成起来的冶金过程工程；是一种上位的集成技术，是交叉集成技术的前沿。冶金过程工程是钢铁业提高竞争力的重要本源。

钢铁工业的不断技术进步实际是钢铁生产流程重构－优化的过程，也是钢铁制造流程向紧凑化、准连续化、产品专业化方向发展的过程。其结果必须会形成一种高效生产、节能减排、产品洁净的清洁生产流程。

钢铁生产流程的重构－优化的重要目标之一是钢铁生产绿色化。

为使钢铁工业向绿色化方向发展，必须不断采用新技术，不断优化钢铁制造流程，使钢铁生产流程向有序化、协调化、高效化和连续化方向发展。从流程本身实现绿色化。

（1）生产流程有序化：

1）主要是过程反应热力学的解析研究促进工序功能集合的解析－优化实现过程工序有序化；

2）通过工序装备的大型化实现装置能力的一一对应－简化等，对应－简化也是有序化的基础。

（2）生产流程的协调化：

1）原料的高品质化、稳定化，实现生产过程的稳定；

2）通过提高装备性能可靠性；

3）运用装备运行的专家系统；

4）广泛运用信息技术。

以此为基础，开发出一系列工序、装置之间的“界面”技术，实现全流程协调化运行。

（3）生产流程的高效化：

1）通过采用近终型连铸—无头轧制技术、铁水预处理—快速转炉技术；

2）平面布置图的紧凑和装备性能的精确化；

3）工序装备的长寿化（高炉 15～20 年，焦炉 40～50 年，转炉 1～2 年等）等手段，促进生产流程的高效化。

（4）生产流程的连续化：

1）在生产流程运行有序化、协调化、高效化的基础上进一步实现全过程的准连续化/连续化；

2）连续化将体现在过程物质流的准连续化、过程温度的准连续化、过程空间的连续化（特别是铸坯库容的最小化和连铸机—热轧机之间的平面布置的紧凑化），最终体现出运行时间的连续化和时间周期的快速化。

钢铁制造流程应努力达到如下技术目标，将来向更高的目标发展，并逐步满足绿色化的要求。

（1）过程运行温度：薄板生产的过程运行温度不低于 950℃，甚至达到 1000℃；长材生产的过程运行温度不低于 900℃。

（2）过程运行时间：高炉—转炉—热轧机过程时间＜1000min；电炉—热轧机过程时间＜180min。

（3）吨钢温室气体排放量：高炉—转炉—热轧≤1510kg/t 钢；电炉—热轧≤300kg/t 钢。

5 钢铁企业的社会功能——钢铁生产过程的绿色化

5.1 钢铁企业的社会功能

钢铁工业实现绿色化的任务十分艰巨，研究钢铁工业绿色化进程必将涉及未来钢铁企业的社会功能，这对于钢铁工业摆脱粗放型末端治理的状况，搞好清洁生产并向工业生态链发展至关重要。

从钢铁企业的社会、经济定位来看，未来钢铁厂生产流程（特别是高炉—转炉长流程）主要有三种功能：钢铁产品制造功能、能源转换功能和社会废弃物处理功能。

（1）钢铁产品制造功能：即将原料和能源转化为质量好、成本低、排放少且能够满足用户不断变化要求的钢材，供社会生产和生活消费。

（2）能源转换功能：钢铁生产过程也是一种能源转换过程。高炉流程实际是将煤炭转换为热能、电能、可燃气、蒸汽、氢气等能源形式的过程。氢气可以通过吸附制氢从焦炉煤气中得到，也有可能通过处理高浓度 CO 气体获得。电炉流程是将电能和燃料转换成热能、蒸汽和热水的过程。充分开发钢厂生产流程的能源转换功能，不仅将有利于降低钢厂单位产品的排放负荷，而且也等于相应降低社会的环境负荷，甚至有可能开发出新的大规模制氢工艺来。宝钢高炉炼铁过程的物料与能源利用框图见图 5。

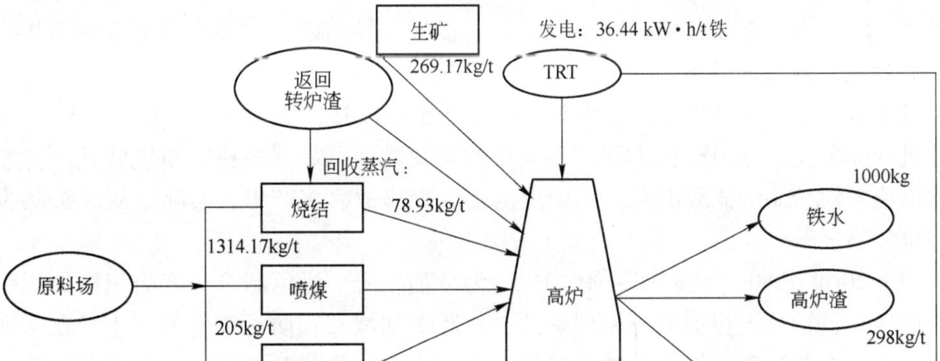

图 5 宝钢高炉炼铁过程的物料与能源利用框图

（3）社会废弃物处理功能：钢铁生产流程可以利用和处理大量的社会废弃物，例如处理各种不同来源的废钢、废轮胎（利用制氧机的液氮进行深冷处理），大宗塑料（通过高炉风口喷吹或热压处理后装入焦炉）、社会垃圾（利用高炉技术原理和钢铁厂的可燃气在专用焚烧炉中处理）及社区废水和污水（利用钢铁厂的水处理系统）等。

钢铁企业沿着绿色化方向发展的主要对策有：（1）提高资源和能源使用效率；（2）优化钢铁制造流程；（3）控制钢铁制造过程的排放；（4）对排放物进行再资源化、再能源化和无害化处理；（5）开发和制造绿色化产品；（6）与相关行业形成工业生态链并发挥社会友好功能；（7）制定绿色化的规划并强化管理。

5.2 关于钢铁工业绿色化

钢铁工业绿色化是绿色制造的概念在钢铁工业上的具体体现。其涵义是：通过清洁生产把钢铁工业纳入到工业生态链的过程。

从钢铁工业发展历程来看，对环境的认识是一个逐步提高的过程，经历了如下几个阶段（层次）（图6）：

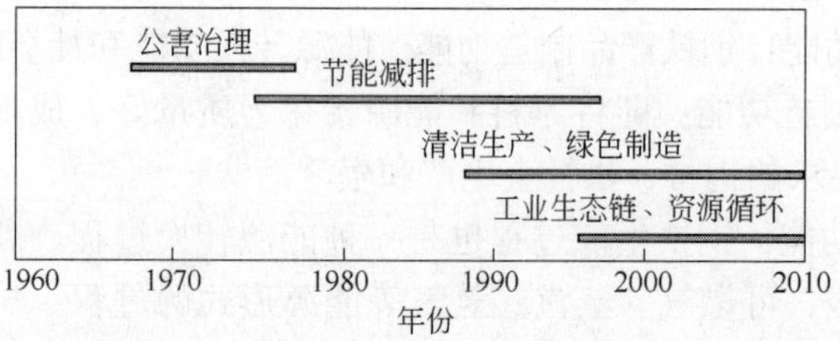

图6　国际钢铁工业环境保护的发展进程示意图

（1）20世纪60~70年代的公害治理阶段。发达国家钢铁工业环境公害问题暴露早，因此环境治理开始较早，在此阶段采取了诸如稀释排放和末端治理等对污染排放物的治理措施。污染物末端治理是运用高效处理设备和技术，使污染物达标排放。但主要是让污染物在不同介质间转移，同时过多的末端治理会增加企业的经济负担，甚至影响企业的自我发展动力。

（2）20世纪70~90年代是节能减排（减少排放物的源头治理）阶段。1973年石油危机的爆发使西方国家认识到节能减排的重要性，开始采取措施节能降耗。节能可降低单位钢铁产品的能源消耗，实现少消耗、少排放、多产出。实际是从源头减少了各种排放物。

（3）20世纪80年代后期~90年代，为清洁生产、绿色制造（变为积极的源头治理）阶段。清洁生产提倡充分利用资源，从源头削减和预防污染物的产生，在保证经济效益的前提下达到环保的目的。显然，清洁生产是指将整体的、预防的环境战略持续地应用于生产过程、产品及服务中。相对末端治理而言，清洁生产可使人们从单纯、被动地治理污染，步入全面、主动地预防和消除污染的阶段。绿色制造的内涵比清洁生产的内容更广泛些，它还包括了产品的回收、循环等。

（4）20世纪90年代后期开始提出循环（将社会制造生产链纳入到工业生态链中）经济阶段。这是钢铁工业绿色化的更高阶段。

工业生态链是实现工业生态的重要途径，它是在不同工业之间模拟自然生态系统，通过工业链使物质和能源得到充分合理使用，形成企业间的共生网络。工业生态模式是运用生态学原理，仿照自然界生态过程（图7）中物质循环方式来规划工业生产过程系统的一种可持续工业模式。循环经济是从国民经济的高度和广度将环境保护、环境友好引入经济运行机制，其核心是物质的循环，其模式是“资源—产品—再生资源”

物质闭环流动的生态经济。生态工业和循环经济将成为未来社会经济发展的主要特征。

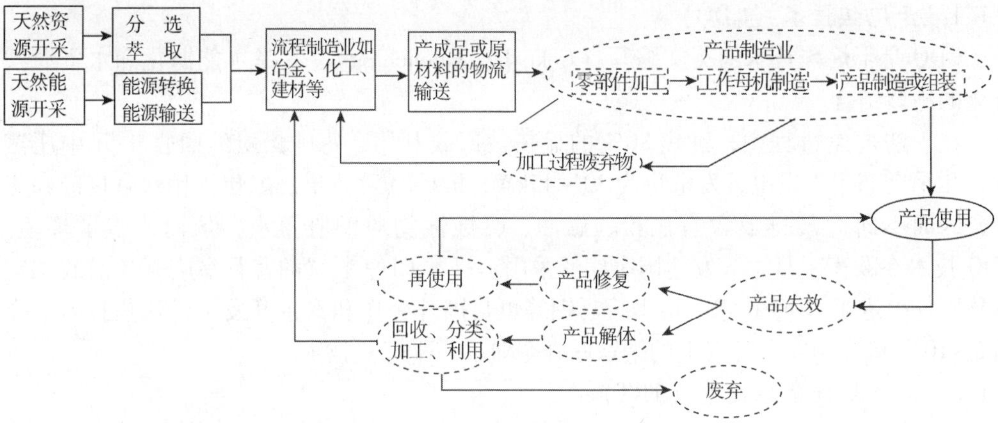

图7　工业生态链与循环型经济

中国钢铁工业正开始提倡实施清洁生产和采用大量的新技术，进而向生态工业和循环经济方向努力。在这个过程中应该重视钢铁产品生命周期方面的研究。

钢铁产品生命周期（图8），涉及资源、能源的开采、输送过程、钢铁产品制造过程、加工组装过程、使用过程、废弃过程、回收利用过程等。钢铁产品生命周期体系包含了上游钢铁生产过程和下游产品加工过程。钢铁工业的绿色化主要涉及上游的与钢铁生产流程直接关联的部分，即钢铁产品生产的绿色化过程和钢铁产品绿色度问题。

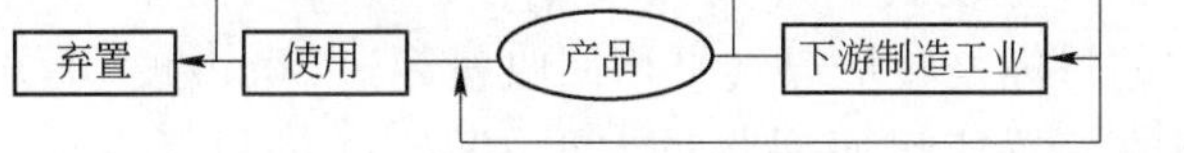

图8　钢铁产品生命周期

钢铁工业绿色化的目标应是资源利用合理化、废弃物产生少量化和对环境无污染或少污染以及通过提高钢铁产品的绿色度，最终形成社会工业生态链的一环。

6　中国钢铁工业绿色化重点技术

绿色化技术并不完全排斥有效的污染物末端治理。当然，从源头控制出发，推广和开发避免污染产生的方法要比开发处理污染的方法更积极、主动。看来应该积极地从三个层次上实施绿色化的技术：（1）普及推广一批成熟的节能环保技术；（2）投资开发一批有效的绿色化技术；（3）探索研究一批未来的绿色化技术。

6.1 普及推广一批成熟的节能环保技术

6.1.1 干熄焦技术（CDQ）

CDQ是干熄焦技术的英文缩写（Coke Dry Quenching），它是再能源化和水资源减量化的绝妙结合。

在干法熄焦过程中，红焦80%的显热被回收利用，每吨焦炭约回收0.5t中压蒸汽，几乎全部用于发电，发电量为30～45kW·h/t（焦）。干法熄焦不用水直接冷却焦炭，因而不向大气排放含有焦粉、焦油、腐蚀性物质的脏蒸汽，从而改善了环境。CDQ技术在欧美、日本等发达国家广泛采用，日本CDQ装置的普及率达70%。我国宝钢从国外引进了CDQ技术，济钢、马钢等也与国外合作和自主开发了干熄焦技术。今后5～10年应在100万吨以上的钢铁联合企业推广干熄焦技术。

6.1.2 高炉炉顶余压发电（TRT）

TRT是高炉炉顶煤气余压透平发电装置的英文缩写（Top Pressure Recovery Turbine），是国际上公认的很有价值的二次能源回收装置，它是利用高炉煤气中的压力能和热能经透平膨胀做功，从而驱动发电机发电。

国内目前多用的是湿式装置，但总的发展趋势是干式TRT。这样系统排出的煤气温度高，所含热量多、水分低、煤气的理论燃烧温度高，用于烧热风炉，高炉热风温度可提高40～90℃，相应降低炼铁焦比8～16kg/t。

TRT发电不消耗任何燃料就可回收大量的电力，也不产生环境污染，发电成本低，是高炉冶炼的重大节能项目。目前，配有干式除尘的高效TRT装置，吨铁可回收电力约25～40kW·h。日本TRT技术普及率在90%以上。

对于现有1000m^3以上的高炉（44座），在5年内应全面普及TRT装置。

6.1.3 转炉煤气回收技术

我国转炉煤气回收率有了很大提高，大于30t转炉钢厂，除少数外，基本上都回收了煤气，一般回收60～80m^3/t，宝钢、武钢、唐钢一炼钢超过100m^3/t。宝钢一炼钢、二炼钢、武钢三炼钢厂均做到炼钢工序负能炼钢。若吨钢煤气回收量达到80m^3，可降低吨钢能耗23kg（标煤）/t。因此，转炉煤气回收可大幅度地降低转炉炼钢工序能耗，并有利于保护环境。

日本钢铁企业非常重视转炉煤气回收工作，1995年全日本转炉平均回收煤气108m^3/t。我国今后的目标是转炉煤气平均回收量超过80m^3/t，并实现全部回收利用。新建的转炉煤气回收装置应按照回收量大于100m^3/t的目标设计，不应再按照回收80m^3/t的指标设计。

6.1.4 蓄热式高效燃烧技术

蓄热式高效燃烧技术主要用在高炉热风炉和轧钢加热炉上，它可将空气和煤气预热并使用低热值煤气，具有燃烧效率高、节能（约节省30%～50%的燃料）和减少NO_x和CO等有害气体排放的优点。我国已有比较成熟的技术，并在广州钢厂等企业的轧钢厂得到工业应用，应予推广使用。

6.1.5 铸坯热装热送技术

连铸坯热装热送是指连铸坯在热状态下装入加热炉的技术。铸坯热装热送技术实际上是连铸与轧钢两个工序的一种高温热连接模式。

采用热装热送工艺可节约能源20%左右，提高成材率0.5%～1.5%，可简化生产流程，缩短生产周期。应在国内大中型企业推广，使直接热装比超过60%。

6.1.6 高效连铸和近终型连铸技术

高效连铸技术的发展方向是：高拉速、高作业率、高生产能力和高铸坯质量。

国内已有许多家钢厂通过挖潜改造，采用了高效连铸技术，其中首钢、济钢、广钢等企业起到了带头作用，增加了连铸机的产量，提高了企业的经济效益。下一步重点应放在继续完善高效化技术和连铸机的效率等几个方面，以达到节能降耗、连续和紧凑化的目的。

近终型连铸可分为三类：薄板坯连铸、薄带连铸和喷雾成形。在钢铁企业可以作成熟技术而采用的是薄板坯连铸—连轧技术。目前我国已有4家大型钢厂已经采用，另3家正在建设之中。看来像首钢这样的企业也应通过采用薄板坯连铸—连轧工艺实现结构优化、产品升级。

6.1.7 高炉喷煤技术

高炉喷煤技术是将非焦煤制粉后，通过高炉风口直接喷入高炉，以达到以煤代焦、减轻污染、降低生产成本的作用。当煤、焦置换比为0.8时，置换1t焦炭可节能5kg（标煤）/t（铁）。

2001年我国重点钢铁企业的高炉喷煤量平均为124kg/t，宝钢达到203.12kg/t，其最高月喷煤量达到260.6kg/t。虽然我国高炉容积差别很大，生产和操作条件也不同，但中小高炉也应努力达到160kg/t的喷煤量。

6.1.8 高炉长寿技术

高炉长寿可给钢铁企业带来巨大的经济效益，如节约大修费用、改善冶炼指标和增加生铁产量。

影响高炉寿命的因素主要有以下几点：高炉的炉体结构、高炉的生产操作条件和稳定优质的原燃料条件。

我国生铁产量多年来居于世界首位，但总体上高炉装备差、消耗高、效率低、寿命短，在高炉长寿方面有大量工作要做。当然我国的实际情况是高炉数量众多，容积大小相差悬殊。对于大型高炉应力求采用当代最新的、行之有效的长寿技术，其使用寿命向国际先进水平20年看齐；对于中小高炉应量力而行采用经济适用、简便易行的长寿技术，争取使寿命达到10~15年。

6.1.9 转炉溅渣护炉技术

在转炉内，利用氧枪通入氮气将炉渣吹溅到耐火材料炉衬上，形成炉渣保护层，可以提高转炉炉衬寿命，这称为溅渣护炉技术。溅渣护炉是国外20世纪90年代后期开发成功的先进技术。

我国已经完全掌握了溅渣护炉技术，并在国内19家转炉厂和65座转炉上采用，取得了明显的经济效益。平均炉龄超过3000炉，其中莱芜、三明钢厂小转炉溅渣护炉接近3万炉。2001年有10个以上的钢厂平均炉龄超过1万炉，并基本能与设备大修同步，达到国际先进水平。

采用溅渣护炉技术后，转炉炉龄提高最典型的效益是消耗的耐火材料减少了，降低成本，同时减少更换炉衬的时间。今后溅渣护炉技术发展方向应该是：转炉平均炉龄达到10000炉左右，一年更换一次炉衬，且转炉炉龄与转炉除尘系统、制氧机和轧钢加热炉的检修同步。

6.1.10 钢渣的再资源化

我国钢渣的利用率仅为44%，应大力推广钢渣综合利用技术；由于钢渣显热约为2000kJ/kg，开发钢渣显热回收技术也具有很好的节能潜力。

6.2 投资开发一批有效的绿色化技术

6.2.1 高炉喷吹废塑料或焦炉处理废塑料

废塑料是一种“白色污染”，近年我国每年废塑料的产生量约500万~600万吨，回收利用率仅为10%（国外约25%）。近几年德国和日本在高炉喷吹废塑料和焦炉处理废塑料方面做了大量工作。

日本NKK自1996年开始在高炉上试验喷吹不含氯的废塑料，目前已正常生产，喷吹量达到15kg/t(铁)，年处理量达到15万吨，德国某钢厂一座高炉达到年处理量9万吨。

首钢吸取国外的经验，进行废塑料压块处理加入焦炉使用的工业试验，期望达到年处理量10万吨的规模。

总之，我国应该集中力量，产、学、研、设计院结合起来，迅速突破这项技术。

6.2.2 烧结烟气脱硫

烟气脱硫对于酸雨等大面积区域生态环境以及居民的健康有着直接的影响。日本拥有成熟的烧结烟气脱硫技术，其装置配备率达70%，而我国配备率为零，应该争取在几年内使我国在大型烧结机上装备烟气脱硫设施，以大大减少烧结工序SO_2的排放量。

6.2.3 煤基链算机—回转窑技术

这是一种球团生产技术，用于改善高炉炉料结构，起到提高生产效率和节能降耗的目的。我国承德钢厂在20世纪80年代引进了这项技术，积累了大量的生产经验，近年来首钢在迁安矿区也开发兴建了大型链算机—回转窑装置，发展势头很好，应该组织力量进一步开发，并快速推动设备国产化和大型化的进程。

6.2.4 尾矿处理技术

我国铁矿以贫矿为主，每年有数亿吨的选矿尾矿急需处理，应在此方面进行研究投入，开发有效的尾矿处理技术。

6.3 探索研究一批未来的绿色化技术

6.3.1 熔融还原炼铁技术及新能源开发，新型焦炉等技术

（1）熔融还原炼铁及新能源开发。从最有效利用能源、资源的角度看，炼铁工序的原料和工艺的改进已成为一项重要的任务。由于熔融还原工艺采用原料方面的灵活性和能耗低、CO_2温室气体排放少等特点，如果技术性、经济性问题能得到解决，必将是今后炼铁技术的重要方法。同时，由于采用纯氧炼铁，将会产生大量高浓度CO的尾气，其中的CO将有可能转换出大量的氢气甚至二甲醚等新能源来。

（2）新一代焦炉。日本正在开发的新一代焦炉（SCOPE21），将使生产效率提高3倍，CO_2的排放量可减少20%，实现零排放。

我们应该高瞻远瞩，立足自己的知识产权，在焦炉技术方面创新性地开发出几项新技术、新装备。

6.3.2 与社会友好的废弃物处理技术

（1）拆解旧汽车和废旧设备等，大量消纳社会折旧废钢。应制定法规，要以钢厂为龙头，有组织地从事拆解旧汽车和废旧设备等经营、处理活动。

（2）处理废旧轮胎。由于钢铁企业需要大量氧气，制氧过程中会产生大量的液氮。因此，钢铁厂可以利用液氮对废旧轮胎进行深冷处理，使废旧轮胎在超低温度下粉碎，从而使废旧轮胎资源得到充分利用。

（3）垃圾焚烧炉。利用高炉技术原理对城市垃圾进行熔融法焚烧，可避免一般垃圾焚烧炉产生二噁英的问题。

7 关于钢铁厂的结构与模式

进入20世纪80年代以来，全球绝大多数钢厂在结构调整以后都是以连续铸钢来衔接化学冶金过程与冶金的物理过程。必须注意不同钢材的热轧机的合理规模和不同类型连铸机的能力匹配来思考单个钢厂的结构问题。当然要先从市场需求和投资效益评估出发，定位单个钢厂的产品大纲，然后分析该类产品现代化轧机生产能力的合理范围，从而分析与之对应的连铸机能力，选择好铸机—轧机的物流衔接、匹配关系，能量（温度）衔接、匹配关系，时间节奏的衔接、匹配关系。需要强调的是，装置之间能力匹配不仅是年产能力的匹配，更应该解析到按小时，按分钟的匹配，只有这样才能实现高效－紧凑－连续－节能等目标群。

在此基础上，分析在同一钢厂内若干高炉—铁水预处理—炼钢炉—精炼装置—连铸机—加热炉—热轧机之间的纵向协调性和横向相容性。实际上就是要处理好不同类型钢材生产流程的合理生产方式以及如何在一个钢厂内、在一个有竞争力的结构体系中，将相关的产品合理地组织起来的问题。这是一个融市场需求、经济效益和科技进步于一体的命题。

这里还要讨论一下所谓钢厂“集中度”问题。某些文章认为，国外一些钢铁企业（集团）集中度很高，都是年产1000万～4000万吨级的。实际上，应该进一步分析，这些钢铁企业（集团）都是由好几个分布在不同地区的钢厂组成的。其中每个钢厂的单体规模大都还是集中在400万～800万吨/a（扁平材为主）或80万～200万吨/a（长材为主）之间。社会上还有另一种“集中度”的算法，这就是以前10家企业的产能所占的比例来看集中度，这种所谓“集中度”实际是钢铁企业之间的集团化程度问题，与单个钢厂的合理规模、结构优化不是一回事。

要解决上述命题，应以单个钢厂的生产结构合理化和提高市场竞争力为前提。

环顾全球钢厂的发展趋势，为了增强企业的竞争力，在未来的年代里下列模式的钢厂将是值得思考的。

7.1 大型联合企业

7.1.1 *薄板型及其延伸产品型*

大型高炉（2～3）—铁水预处理—
- 大型转炉（×2）—二次精炼—薄板坯连铸机（×2）—连轧（0.8～4mm，250万～280万吨/a）
- 大型转炉（×2）—二次精炼—板坯连铸机（×2）—热宽带轧机（2～12.7/25.4mm，350万～500万吨/a）

合理规模：600万～800万吨/a；

延伸产品：冷轧板、镀锌板、镀锡板、彩涂板、电工板、焊管等。

7.1.2 综合产品型

大型高炉（×（2～3））—铁水预处理—
- 大型转炉（×2）—二次精炼—板坯连铸机—
  - 宽带钢轧机（2～12.7/25.4mm，250万～350万吨/a）
  - 中厚板轧机（3300mm、3800mm、4200mm、4800mm，80万～150万吨/a）
- 大型转炉（×2）—二次精炼—
  - 异型坯连铸—轨梁轧机（60万～100万吨/a）
  - 圆坯连铸—无缝管轧机（50万～70万吨/a）

合理规模：600万～800万吨/a；

延伸产品：焊管、UOE管、冷轧板、镀锌板、彩涂板。

7.1.3 扁平材及其延伸产品型

大型高炉（×2）—铁水预处理—大型转炉（×3）—二次精炼—
- 薄板坯连铸机（×2）—连轧（0.8～4mm，250万～280万吨/a）
- 中厚板轧机
- 板坯连铸机（×1）—（3300～3800mm，100万～120万吨/a）

合理规模：350万～400万吨/a；

延伸产品：焊管、冷轧板、镀锌板、彩涂板。

7.1.4 混合流程型

大型高炉（×2）—铁水预处理—大型转炉（×3）—二次精炼—薄板坯连铸机（×2）—连轧（1～4mm，250万～280万吨/a）

—废钢—电炉（×1）—二次精炼（×1）—小方坯连铸机（×1）—优质棒材轧机[φ（12～40/60）mm，80万～100万吨/a]

合理规模：350万～380万吨/a；

延伸产品：焊管、冷轧板、镀锌板、彩涂板。

7.2 中小高炉联合企业

7.2.1 专业长材型

中、小高炉（3～4）—铁水脱硫—中、小转炉（2～3）—吹氩喂丝—
- 小方坯连铸（×1）—棒材热轧机[φ（12～40）mm，60、80、100万吨/a]
- 小方坯连铸（×1）—高速线材轧机[φ（5.5～16）mm，40万～50万吨/a、70万～80万吨/a]

合理规模：120万～180万吨/a。

7.2.2 专业中板型

中、小高炉（2～4）—铁水脱硫—大、中转炉（×1）—二次精炼—板坯连铸机（×1）—中板轧机[（4.5～50）mm×（3000～4200）mm，80万～100万吨/a]

合理规模：80万～100万吨/a。

7.2.3　综合产品型

大、中高炉（×3）—铁水脱硫—
- 大、中转炉（×1）—二次精炼—板坯铸机—中板轧机［（4.5～50）mm×（2600～3000）mm，60 万～80 万吨/a］
- 中、小转炉（×2）—吹氩喂丝—小方坯连铸（×2）—
  - 棒材热轧机［ϕ（12～40）mm，40 万～60 万吨/a］
  - 高速线材轧机［ϕ（5.5～16）mm，40 万吨/a］

合理规模：140 万～180 万吨/a。

7.3　电炉流程企业

7.3.1　电炉长材型

（1）电炉（×1）—二次冶金（×1）—小方坯连铸（×1）—棒材连轧机［碳钢、低合金钢 ϕ（12～40）mm］

合理规模：80 万～100 万吨/a。

（2）电炉（×1）—二次冶金（×1）—小方坯连铸（×1）—高速线材轧机［碳钢、低合金钢 ϕ（5.5～16/22）mm］

合理规模：40 万～70 万吨/a。

7.3.2　薄板型

电炉（×2）—二次冶金（×2）—薄板坯连铸（×2）—连轧（×1，厚度：1～4mm）

合理规模：160 万～220 万吨/a；

延伸产品：冷轧板、镀锌板、彩涂板、焊管。

7.3.3　中板型

电炉（×1）—二次冶金（×2）—板坯连铸（×1）—中板轧机［×1，（4.5～50）mm×（3000～3500）mm］

合理规模：80 万吨/a。

7.3.4　专业无缝钢管型

（1）电炉（×1）—二次冶金—圆坯连铸（×1）—≥ϕ140mm 无缝管轧机

合理规模：40 万～60 万吨/a。

（2）电炉（×1）—二次冶金—圆坯连铸（×1）—<ϕ140mm 无缝管轧机

合理规模：12 万～20 万吨/a。

7.3.5　合金钢长材型

（1）电炉（×1）—二次冶金—
- 合金钢方坯连铸机（×1）—合金钢棒材连轧机（ϕ（16～75）mm（90mm），50 万～80 万吨/a）
- 模铸钢锭（或连铸坯＋电渣重熔）—
  - 快锻机（2 万～3 万吨/a）
  - 精锻机（3 万～4 万吨/a）

（2）电炉（×1）—二次冶金—合金钢方坯连铸机（×1）—合金钢棒/线材连轧机［ϕ（16～75）mm/ϕ（5.5～22）mm，50 万～70 万吨/a］。

7.3.6　不锈钢板材厂

电炉（×1）—（转炉×1）—二次冶金—板坯连铸机（×1）—炉卷轧机（厚度：

2~8/12.7mm)

合理规模：60万~80万吨/a；

延伸产品：不锈钢冷轧薄板。

总之，钢厂结构调整应遵循如下方面：

（1）市场导向：市场（特别要注意区域市场）确定产品大纲；

（2）所处地域在市场、运输、资源、能源等方面应有比较优势、区位优势；

（3）各种不同钢材的合理生产规模；

（4）生产流程中前后工艺、装备的协调优化；

（5）生产不同类型钢材在铸机—轧机之间物流的横向相容优化；

（6）铸机—轧机之间的整数对应优化。

中国钢铁工业的成就、命题和展望*

1　中国钢铁工业在20世纪90年代崛起，在全球占有重要地位

中国钢铁工业在20世纪90年代以来的13年中，得到了快速发展，90年代是中国钢铁工业在全球崛起的时代。中国钢产量由1990年的6535万吨到2002年的18155万吨，13年间年产量增加了1.78倍。中国钢产量自1996年以来已连续7年保持世界第一。2002年我国人均钢产量达到141kg/（人·年），首次超过了世界人均钢产量——138kg/（人·年）的水平。中国钢产量、钢材表观消费量以及钢材进口量在全球均占有举足轻重的地位（见图1）。

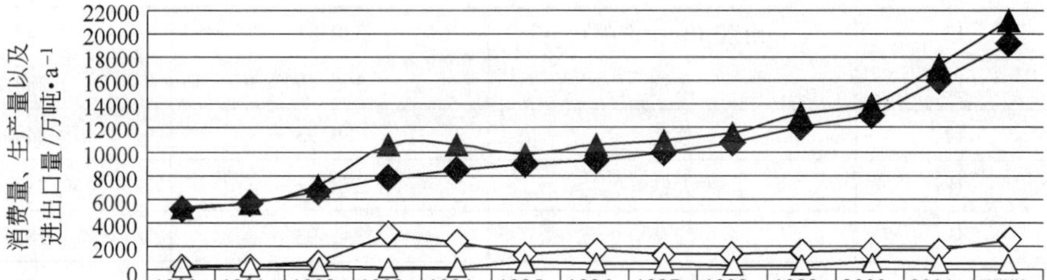

	1990	1991	1992	1993	1994	1995	1996	1997	1998	1999	2000	2001	2002
▲ 表观消费	5312	5642	7077	10621	10537	9784	10514	10847	11623	13220	14121	17316	21122
◆ 国内生产	5153	5638	6694	7707	8428	8980	9338	9987	10738	12102	13146	16068	19218
◇ 进口量	368	333	710	3026	2283	1397	1598	1322	1242	1486	1596	1722	2449
△ 出口量	209	329	327	112	174	593	422	462	357	368	621	474	545

图1　1990年以来我国钢材消费量、生产量以及进出口量的变化

2002年，中国生铁产量为17074万吨，生产钢材19218万吨，扣除重复材约1500万吨，钢材实产约为17718万吨左右，也都是世界第一生产国。

2　中国钢铁工业结构得到了调整与优化

20世纪90年代以来，中国钢铁企业，通过一系列的技术进步和有效投资，钢厂的结构得到了调整和优化；钢铁工业的布局进一步扩展、调整。

首先，一大批钢厂在改革、发展的过程中实现了企业规模的经济合理化，1990年，全国100万吨以上年产量的钢厂仅16家，2003年全国100万吨以上的钢厂为53个（以单个钢厂计，不以集团计；若以集团计则为48家）。其实产钢的排序见表1。

---

* 原发表于《冶金管理》，2003（5）：4～11。

表1　2001年、2002年中国年产钢100万吨以上钢厂排序　（万吨）

排　名	钢厂名称	2002年产量	2001年产量
1	宝钢集团	1948. 38	1913. 52
	宝钢	1158. 19	858. 08
2	鞍钢	1006. 65	879. 21
3	首钢	817. 13	824. 76
4	武钢	755. 04	708. 53
5	本钢（含北台）	620. 67	490. 62
6	邯钢（+舞阳）	452. 59（+90. 17）	399. 98（+70. 33）
7	马钢	538. 03	477. 43
8	唐钢	506. 53	392. 01
9	攀钢（+成都）	500. 37	464. 99
10	华菱集团（湘潭、涟源、衡阳）	490. 91	406. 14
11	包钢	481. 59	420. 98
12	济钢	393. 02	319. 69
13	沙钢	359. 91	253. 49
14	安阳钢厂	337. 76	272. 50
15	南京（包括淮阴）	320. 31	242. 19
16	太钢	306. 49	284. 59
17	莱芜	289. 93	244. 89
18	天铁	273. 41	212. 01
19	新余	231. 93	188. 69
20	昆明	227. 32	209. 77
21	韶关	222. 24	142. 29
22	杭州	218. 29	167. 78
23	通化	209. 04	195. 49
24	酒泉	206. 26	201. 74
25	广钢（含珠钢）	200. 58	189. 64
26	重钢	196. 23	182. 71
27	三明	190. 01	146. 23
28	宣化	185. 08	148. 67
29	鄂城	176. 57	150. 41
30	水城	175. 02	127. 13
31	萍乡	173. 87	108. 60
32	八一	167. 39	125. 38
33	柳州	164. 54	122. 43
34	承钢	157. 06	119. 11
35	邢台	154. 68	123. 79
36	津西	153. 46	91. 24
37	青岛	144. 51	123. 05

续表 1

排 名	钢厂名称	2002 年产量	2001 年产量
38	建龙	142.72	61.41
39	兴澄	141.81	122.17
40	石家庄	141.65	118.81
41	南昌	140.98	101.08
42	凌源	131.43	96.91
43	长治	125.03	103.33
44	天钢	123.16	118.17
45	新临钢	122.44	103.81
46	大冶	120.90	62.76
47	新兴铸管	103.00	85.87
48	威远	101.33	65.05

其次，对全国钢铁工业而言，钢厂的布局上也相应得到展开与优化。表 2 示出了中国钢厂布局的情况。总的看来，中国钢厂主要集中在东部沿海和长江中、下游地区。同时，也应看到，除西藏以外，全国各省市都有钢厂分布。这与20 世纪50 年代初主要集中在辽宁省鞍山、本溪地区是很大的变化，而且变得越来越靠近市场，越来越靠近资金密集地区，越来越靠近便于使用进口矿的地区。若以 2002 年东、中、西部的实产钢量分析，则东部沿海各省市（包括广西）的产钢量占全国产钢总量的61% 左右，中部地区产钢量占25% 左右，西部地区产钢量约占14% 左右。这是一种与地区经济发展、利用国际铁矿资源有关的布局特征。

表 2 1950 ~ 2002 年中国产钢地区的变迁情况 （%）

地区 \ 年份	1950	1970	1980	1990	2000	2002
华北地区	12.72	19.96	21.51	22.69	25.82	28.89
东北地区	82.83	37.32	26.44	20.89	14.16	12.65
华东地区	1.95	23.7	24.74	27.57	31.91	31.42
中南地区	0.90	13.57	15.05	16.64	15.75	16.32
西南地区	1.61	4.51	10.34	9.38	8.93	7.81
西北地区	0	0.94	1.91	2.82	3.43	2.91

第三，中国钢铁工业的技术经济指标得到明显的提高。特别是全国平均综合成材率在 2002 年已达到 94.20%，与 1990 年 83.2% 的全国平均综合成材率相比较，足足提高了 11 个百分点。钢厂的吨钢可比能耗 2002 年下降到 0.715t 标煤，与 1990 年的 0.997tec/t 相比较每吨下降了 0.282t 标煤。2002 年，重点大、中型企业高炉利用系数平均达到了 2.448t/(m^3·d)，平均入炉焦比下降到 415kg/t，平均喷煤比 125kg/t。转炉炉衬寿命平均达到 4000 炉以上，不少转炉寿命在 10000 炉以上。2002 年全国连铸比达到了 93%，较 1990 年 25.07% 有着大幅度的增长，而且超过了国际钢铁工业的平均水平；同时，出现了一大批全连铸钢厂。使钢厂结构得到明显优化，不少钢厂迅速达

到了经济规模的水平，成本下降，效益提高。

第四，钢材的产品结构发生了变化，特别是平（板）材的产能迅速扩大。2002 年板带材合计产量达到6498 万吨，比2001 年增加了1253. 28 万吨，增长23. 90%；其中，薄板产量为2244. 5 万吨，增长 16. 77%，与其他钢材品种相比，特别是与市场需求相比，薄板的增长率仍然显得相对较慢。由于房地产业的发展，对长材（螺纹钢、线材）的需求拉动量很大，棒、线材仍然发展较快；从消费量上看，棒、线材仍居重要位置。

3　中国钢铁工业近 13 年来快速发展的原因

——市场需求的拉动；

——技术进步战略的正确选择（关键共性技术的集成、生产流程优化）；

——有效投资与技术进步战略结合，产生协同效应；

——工艺、装备国产化与单位产能投资额的降低；

——大量利用国际铁矿、铬矿、锰矿资源的促进作用。

3.1　市场需求的拉动

中国钢铁工业自20 世纪90 年代以来快速发展的背景之一是我国国民经济持续快速发展，中国1990 年的GDP 是18547. 9 亿元，2002 年 GDP 达到了 102397 亿元。与此同时，我国的产业结构也发生了变化，国民经济中第二产业的比例明显上升，第一产业的比例明显下降。图 2、图 3 表明：20 世纪 90 年代以来我国 GDP 快速增长、第二产业比例上升，投资总量不断增加等因素，强烈地拉动了钢材的市场需求量。表 3 示出了 1990 年、2000 年、2002 年中国 GDP 总值，第一、二、三产业占全国 GDP 的百分比。可见，1990 年以来的 13 年间，中国在 GDP 总量增长的同时，其中第二产业的百分比，足足增加了 10 个百分点，这种产业结构的变化必然有力地拉动钢材消费量的增长。

表3　近年中国 GDP 总值，第一、二、三产业占全国 GDP 的百分比　(亿元)

年份	国民生产总值	第一产业增加值	第一产业比例/%	第二产业增加值	第二产业比例/%	第三产业增加值	第三产业比例/%
1990	18547. 9	5017	27. 10	7717. 4	41. 60	5813. 5	31. 30
1999	82054	14212	17. 30	40806	49. 70	27036	33. 00
2000	89404	14553	16. 40	44723	50. 60	29145	33. 00
2002	102398	14883	14. 50	52982	51. 80	34533	33. 70

全国钢材的表观需求量由 1990 年的 5312 万吨增长到 2002 年的 21122 万吨。图 4 显示了 20 世纪 90 年代以来钢材消费强度与 GDP、亿元投资量之间的变化关系。可见，20 世纪 90 年代前半期，我国亿元 GDP 的钢材消费强度呈明显下降趋势，但是 90 年代后半期以来，亿元 GDP 的钢材消费强度不仅没有继续下降，反而从 1998 年的 0. 15 万吨/亿元略有上升，甚至达到 0. 2 万吨/亿元。同时，亿元投资额的钢材消费量，则由 90 年初的 0. 92 万吨/亿元下降到 1998 年的 0. 41 万吨/亿元，以后，又呈渐长趋势达到 0. 49 万吨/亿元。当然更为重要的是 1990 年以后我国 GDP 增长和投资额逐年快速增长拉动了钢材总消费量的上升。特别是 1998 年以来由于实施积极的财政政策等，钢材消费强度非但没有继续下降，反而呈现稍有增大的趋势。

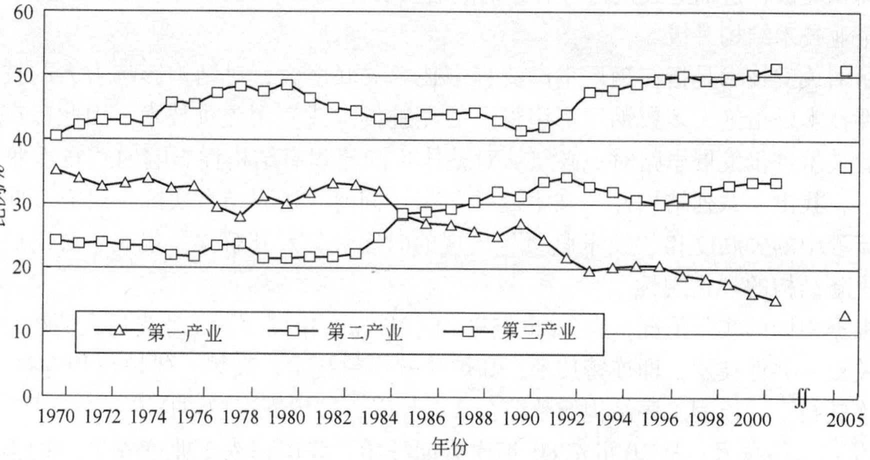

图 2　1970～2001 年中国产业结构演变

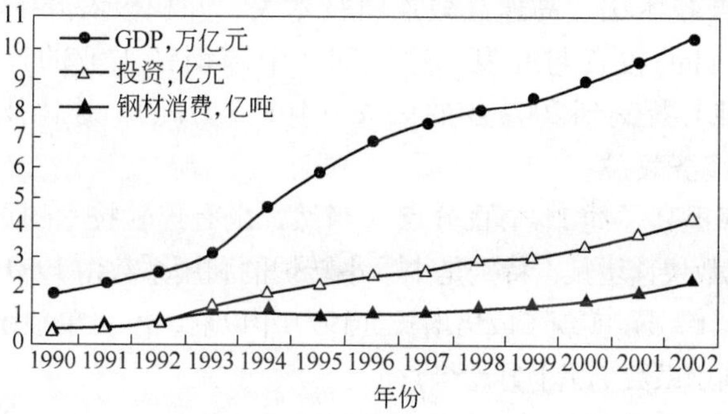

图 3　GDP、投资增长对我国钢材消费量的影响

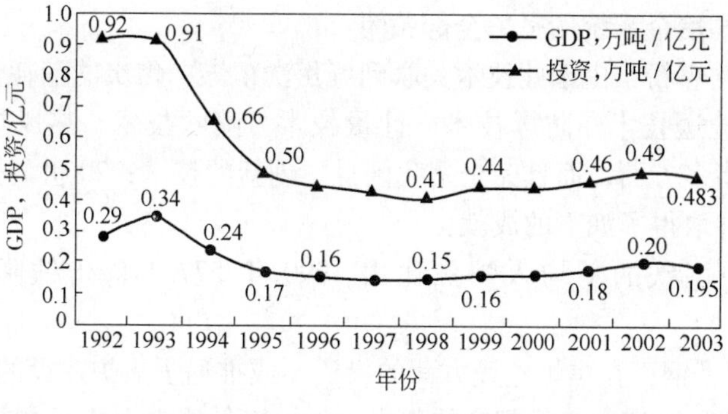

图 4　钢材消费强度与 GDP、投资之间的关系

3.2　结合中国国情的技术进步战略的正确选择和展开

20 世纪 80 年末、90 年初，人们开始思索中国钢铁工业发展道路的深层次问题：如何结合国情，特别是结合中国市场的特点和中国钢厂的具体情况，理出完整的钢铁工业技术进步的战略思路，并勾画出可操作的具体步骤来；同时，一定要改变技术进步与战略性投资脱节的现象，也就是说，在技术进步战略的选择和展开上，要改变只

注重单体技术的攻关（而且往往是有限的“点”上攻关），转向关键技术、共性技术的大面积突破，进而通过及时、有序的战略投资使之集成为钢厂生产流程的整体优化，实现企业技术结构升级。

所谓关键技术是指在钢厂生产流程中技术关联度大，对结构影响力大的技术。所谓共性技术是指绝大多数钢厂都用得上的先进技术或实用先进技术。因此，在理清钢铁工业技术进步发展思路时，必须从对整体生产流程有结构性影响的“技术瓶颈”分析入手，找出一系列结构性“技术瓶颈”来。同时，还要结合实际，研究不同技术在生产流程中的关联度和“技术瓶颈”出现的时序性，及其解决、集成后对钢厂生产流程产生新结构的“涌现性”。

根据中国的实际情况，自20世纪90年代以来，中国钢铁工业先后大面积地突破了六个关键－共性技术，即连铸技术，高炉喷吹煤粉技术，高炉一代炉役长寿技术，棒、线材连轧技术，流程工序结构调整综合节能技术，转炉溅渣护炉技术。

（1）连铸技术：从20世纪80年代后期开始，我国钢铁工业确立了“以连铸为中心”的生产技术方针，在90年代以来更加重视发展连铸技术，先后攻克了连铸机达产技术关、全连铸生产技术关、高速高效连铸技术关，并积极展开了薄板坯连铸—连轧技术的有关工程项目的投资与开发。这期间：中国钢铁工业的连铸比由1990年的25.07%（1480万吨）提高到2002年的93%（16885万吨）。连铸技术的快速发展得到了如下方面的技术经济效益：

1）钢的成材率提高了约11个百分点（当然，也有连轧技术的贡献因素）；

2）转炉利用系数快速增长，特别是中、小转炉的利用系数由1990年的26.64t/(t·d)至1999年的53.08t/(t·d)实现了成倍增长（1999年以后，不再单独统计中、小转炉的利用系数，全国转炉利用系数仍呈上升趋势）；

3）快速淘汰了初轧/开坯工序，大量横列式棒、线轧机也相应失去竞争力；

4）一火成材、铸坯热送—热装等工序结构性节能效益突现；

5）当全国连铸比超过50%以后，平炉—模铸工艺由于成本高等原因，被迅速淘汰。2001年底全国冶金系统的平炉全部关闭。

（2）高炉喷吹煤粉：由于此技术关联到炼焦洗精煤、焦炭的消耗量、焦炉的投资，磨煤技术，煤粉输送技术、防爆技术、计量技术、喷吹技术、热风炉技术、高炉上、下部调节技术等诸多方面，而且完全是我国自主创新的技术；20世纪90年代以来得到了很大的发展，并取得了如下的成就：

1）全国高炉炼铁的平均入炉焦比由1990年577.44kg/t铁降低到2002年的415kg/t铁；

2）大幅减少了钢厂在焦炉建设方面的投资，或推迟了焦炉建设的投资时期；

3）高炉每喷吹1t煤来替代相应的焦炭，约可降低成本100元左右；

4）喷煤作为一种下调节的手段，加上高风温的影响，促进了高炉利用系数的提高。当然，对提高高炉利用系数而言入炉矿含铁品位的提高应是首要的因素。

（3）高炉一代炉役寿命的提高：20世纪80年代末、90年代初，我国大批高炉由于炉役寿命短，大、中修次数频繁，往往2～3年、3～4年就要中修，有的中修甚至拆到炉缸。这样，不仅高炉产量波动，修理费用昂贵，而且引起流程下游炼钢、轧钢的产能“放空”，一度成为不少钢厂提高效率和效益的结构性“技术瓶颈”。90年初，开始将这一“瓶颈”问题提到日程上来解决，通过冷却水质处理技术的提高，高炉冷却器件的改进，耐火材料材质的变更以及炉顶布料、高炉操作技术以及管理工作的提高等措施，现在我国大量高炉一代炉役寿命已纷纷突破 8 年，有的已达到 12 年以上仍在继续运行。高炉长寿技术促进了钢厂生产流程效率的提高和生产的稳定，同时有利于降低维修费用。

（4）棒、线轧机的连轧化：建筑用棒、线材是我国使用钢材的主要品种，20 世纪 90 年代以来约占全国钢材总消费量的 46% ~48%，而且全国大多数钢厂都生产这类产品，可以说是量大面广的共性技术。90 年代以前主要靠横列式轧机（棒材）和复二重轧机（线材）生产。一套轧机往往只能生产 10 万 ~20 万吨/年，生产效率低，成材率低，质量不稳定；而且由于钢坯单重小，无法实现和连铸机匹配热送。1992 ~1993 年开始在引进的技术的基础上，逐步自主开发棒材连铸机、高速线材轧机的国产化技术，90 年代后半期得到突破。国产的棒、线材轧机可以成套供应并大面积推广应用，取得了很好的效果。现在，国产的棒材轧机年产水平可达 60 万 ~70 万吨，国产的高速线材轧机可达 40 万 ~45 万吨的水平。2001 年棒、线材轧机的连轧比分别达到 54% 和 60% 左右。大量棒、线材连轧机的推广应用后，达到了：

1）理顺与连铸机的关系，迅速出现协同规模效益，劳动生产率提高，使得横列式、复二重轧机大量被淘汰。

2）促进了一火成材、铸坯热送—热装技术的发展，轧钢能耗降低，加热炉能力相应提高。

3）促进铸坯成材率提高，产品质量提高，特别是钢材的头尾公差、棒材的定尺率和产品包装水平明显改善。

4）炼钢—轧钢的匹配、对应关系得到改善，生产流程中的物流得到优化，促进了钢厂结构的优化。

（5）流程工序结构调整综合节能技术：中国钢铁工业 20 世纪 90 年代的节能工作，是 80 年代节能工作的继续，但也有特色。80 年代的节能主要是从单体设备节能和加强管理“扫浮财”入手，而 90 年代的节能主要是从调整工艺流程中的工序结构入手，诸如连铸取代模铸、连轧机取代横列式轧机、复二重轧机，一火成材取代多火成材，转炉取代平炉，超高功率大电炉取代小电炉、连铸坯热送—热装取代钢锭冷装、铸坯冷装以及余能、余热回收利用等。图 5 表示了 1980 ~2002 年间中国钢铁工业综合节能的进展情况与特色。2002 年全国钢厂平均吨钢能耗已降低到 0. 715t 标煤。

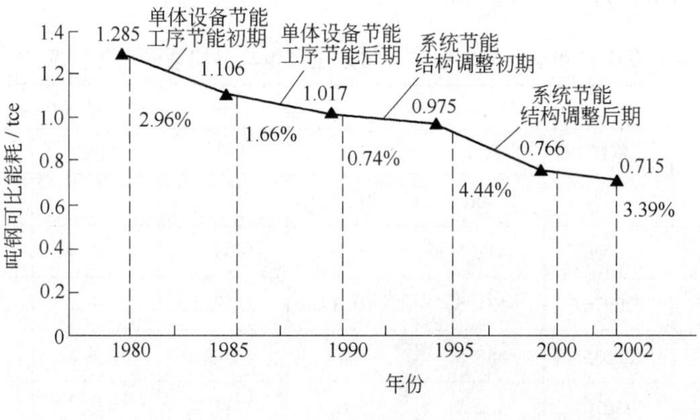

图 5　1980 ~2002 年间综合节能的进展情况与特色

（6）转炉溅渣护炉：20世纪90年代中、后期，在对外引智的过程中，我国注意到转炉溅渣护炉技术的有效性，通过个别企业的引进和自主开发相结合，迅速取得成果，并大面积推广。转炉炉龄大幅度提高，大量转炉的炉衬耐火材料降低到吨钢1kg左右，不少转炉炉龄达到1万炉以上，有的达到2万炉以上。2002年全国平均炉龄达到4000炉以上。其效果是：

1）转炉有效作业率大幅度提高；

2）耐火材料消耗大幅度降低；

3）促进了连铸机多炉连浇和提高铸机有效作业率；

4）减少了频繁的开炉、停炉作业，稳定了转炉的操作工艺。

上述六项关键－共性技术的先后突破和有时序性地集成，使中国大多数钢厂的生产流程产生了结构性的变化，可以说是涉及绝大多数钢厂增产、节能、提高产品质量、减少各工序的排放量、提高劳动生产率等方面都有明显效果的技术整合过程。一个明显的例子就是100万吨/年以上的钢厂在1990年只有16个，到2002年达到了53个（以单个钢厂计，不以集团计），同时，钢厂吨钢能耗快速降低。

此处要顺便提起一件有关技术进步的事，这就是超高功率电炉技术和现代电炉生产流程在20世纪90年代中期起得到了较好的发展，从90年代中期开始中国新建了36台超高功率电炉，淘汰了1400台左右的小电炉，而且不少超高功率电炉的生产运行水平（包括出钢—出钢作业周期、吨钢电耗、电极消耗，特别是与连铸协同生产、多炉连浇等方面）已跨入了国际先进水平。只是由于我国废钢相对短缺，电价昂贵，制约了电炉钢在这一时期内快速发展，我国电炉钢比逐年下降，但电炉钢的总产量还是相应增加的。应该说，90年代中期以来，中国电炉技术、电炉流程也取得了长足进步，涌现出了兴澄特钢、张家港钢厂、珠江钢厂、八一钢厂、韶关钢厂等有代表性的新流程。

3.3 大量利用国际铁矿、铬矿、锰矿资源的促进作用

在分析20世纪90年代钢产量快速增长的原因时，不能不提到由于开放政策带来的好处——大量利用国际铁矿、铬矿、锰矿资源。从铁素资源的供应量上看，国内铁矿、废钢资源大约只能支撑年产9500万吨钢。由于开放政策的实施，90年代以来我国进口国际铁矿、铬矿、锰矿、废钢数量激增，无疑这也是90年代以来我国钢铁工业快速发展的重要因素之一。表4、表5所列数据说明，到2002年，进口铁矿石、废钢的铁素资源支撑了近一半的当年钢产量。

表4　1990～2001年我国铁矿、锰矿、铬矿生产量与进口量的变化情况　　（万吨）

年　份	国内产量（原矿量）			进口量（均为富矿）		
	铁矿	锰矿	铬矿	铁矿	锰矿	铬矿
1990	17934	406	10.3	1419.1	—	50.3
1991	19056	418.5	2.1	1903.5	—	109.8
1992	20976	531.5	10.3	2517.2	—	741.6
1993	22635	585.8	5.4	33.2	—	0.7
1994	25070	582.7	5.6	3734.3	95.2	65.1

续表 4

年　份	国内产量（原矿量）			进口量（均为富矿）		
	铁矿	锰矿	铬矿	铁矿	锰矿	铬矿
1995	26192	689.8	19.8	4115	128.9	138.1
1996	25228	766	13.0	4387.4	158.5	76.4
1997	26861	597.6	20.0	5510.6	131.7	89.4
1998	24689	528.3	2.1	5177.1	117.9	71.2
1999	23723	318.6	—	5527.4	105.7	81.6
2000	22256.2	264.4	—	6997.2	120.4	111.3
2001	21701.9	233.0	—	9230.83	171.1	109.4
2002	23143.0	246.0	—	11149.0	208.0	114.0

表 5　1991～2002 年中国废钢进口量　　（万吨）

年份	1991	1992	1993	1994	1995	1996	1997	1998	1999	2000	2001	2002
进口量	13.4	150	318	212	135	128	120	202	334	510	978	782

4　关于有效投资对发展关键共性技术的支撑作用

技术进步战略的正确、有效与否是促进钢铁工业结构优化的重要动力。结合国情、厂情选择关键共性技术，并以及时有序的、有效的投资给予支撑，是将先进工艺、装备转化为现实生产力的又一重要因素。也可以说，及时有序的、有效的投资支撑了一系列关键共性技术应用、推广和发展，是中国钢铁企业结构优化，形成市场竞争力的又一关键。

我国钢铁工业 20 世纪 90 年代以来围绕着发展连铸技术、高炉喷煤技术、高炉一代炉役长寿技术、棒线材连轧技术、流程工序结构调整综合节能技术和转炉溅渣护炉技术的开发研究，工艺装备国产化，特别是这些关键共性技术的大面积推广应用，先后安排了一系列的重大科技攻关、示范工程和重点技术改造项目。20 世纪 90 年代 10 年间直接投向六项关键－共性技术的资金约 1400 亿元（其中在技术改造项目中的约为 1250 亿元，包括在基建项目内的约为 135 亿元），占钢铁工业同期总投资的 35% 左右，有力地推动了上述六项关键－共性技术的快速发展，并取得了良好的技术经济效果，大批钢厂结构得到调整，规模效益、成本效益十分明显。

从 20 世纪 90 年代 10 年间中国钢铁工业的总投资及其效果分析看，10 年间共投资 4006 亿元，钢的综合生产能力约增加 8200 万吨，吨钢生产能力投资量约为 4800 元，约为国际平均水平的 55% 左右。其中当然有产品构成比不同的因素，但是一定要看到另一重要因素的影响，即我国钢铁工业在工艺、装备国产化方面的进步，改善了投资效益。就上述六项关键－共性技术而言，它们的开发研究过程、示范工程等都紧密地伴随着工艺、装备国产化的进程，同时也是单位产能投资降低的过程。

20 世纪 90 年代初，我国小方坯连铸机单位产能的投资约为 240 元/t，90 年代末下降到 100 元/t 左右，约降低了 58%。板坯铸机的单位产能投资也由 90 年代初的 500 元/t 降到 250 元/t 左右，约降低了 50%。

薄板坯连铸—连轧系统（包括轧机在内），开始引进时，单流条件下，有的达到了

1700 元/t 左右，现在可以降低到 1200 ~ 1400 元/t。而现在双流条件下，单位产能已可以降低到 1000 元/t 左右。其中，工艺装备国产化比例大小的因素十分重要。

20 世纪 90 年代初，我国的棒材连轧机、高速线材轧机基本上是依赖于从外国进口，当时单位产能投资约为 1000 ~ 1200 元/t。90 年代末，国产化的作业线已下降到 500 ~ 550 元/t 左右；单位投资降低了 50% 以上。进入 21 世纪后，国产化连轧棒材轧机的单位产能投资已下降到 300 ~ 350 元/t，而国产高速线轧机的单位产能投资约为 350 ~ 450 元/t。

我国大、中、小高炉的喷煤技术及其装备、高炉一代炉役长寿技术的工艺装备及材料，基本上是立足于国内自主开发的，其单位能力投资与引进技术相比，明显便宜。

转炉溅渣护炉技术，除个别企业曾经引进技术以外，其余绝大部分也都是依靠国内开发的工艺、装备来解决的。投资额很低。

至于综合节能方面所取的进展，例如连铸坯热送—热装技术等，更是立足国内开发的工艺、装备组合集成的。

经过 20 世纪 90 年代的努力，中国钢铁工业的各类技术装备，包括：大型高炉、大型烧结机、大型焦炉；大型转炉，方、板坯连铸机，大部分炉外精炼装置；棒材连轧机、高速线材连轧机，大、中型轧机、热宽带轧机以及薄板坯连铸—连轧的大部分设备都可以立足国内制造，从而大幅度降低了钢厂单位产能的投资成本和投资总额。其中 2200m^3级高炉的单位产能投资量由 90 年代初的 535 元/t 铁降到现在的 415 元/t 铁，30t 级转炉的单位投资额由 90 年代初的 335 元/t 钢水降到 200 元/t 钢水。工艺、装备国产化直接促进了钢铁工业的快速发展。

值得一提的是，经有关方面专家初步估计，20 世纪 90 年代中国钢铁工业的产能增长比例为：通过宝钢三期、天津钢管、珠江钢厂、武钢三炼钢、兴澄特钢等一批新建国际先进水平的作业线，新增产能约为 22%，相应的投资量约为 1600 亿元，占同期投资总额的 41%。通过鞍钢、首钢、唐钢、邯钢、攀钢、济钢以及抚顺、大冶等老厂改造，增加产能约占 41%；通过关键 - 共性技术的有效组合、结构优化，取得协同效应，促进装备产能提高而新增产能约占 37%（约 3000 万吨/年）。后两项的投资额约为 2400 亿元。

上述情况说明了：及时有序的、有效的投资技巧对于关键 - 共性技术发展的重要性；同时，也突现了工艺、装备国产化的进程及其对投资成本、投资效果的重要影响。

5 中国钢铁工业的比较优势和制约因素

与当前国际钢铁工业的发展进程相比，中国钢铁工业有着明显的比较优势，即市场优势、投资后发优势、人才队伍优势。

对中国钢铁工业而言，市场优势是明显的。由于中国仍处于工业化进程之中，或者说工业化中期刚开始的阶段，经济增长仍需要消耗钢材的支撑，在未来 15 ~ 20 年内，中国钢铁工业仍有市场发展空间。由于主要是国内市场需求的增长，当地钢厂自然具有多方面的比较优势，特别是产品销售、运输成本低，市场需求信息快，而且没有国际贸易争端等各种限制。

与国际钢铁工业相比，我国由于国内市场相对旺盛，具有投资后发优势。因为有着大量的后发投资，易于采用先进的工艺、装备，易于构筑合理的企业结构，也有利于各厂确立起正确的市场定位，甚至有利于在新世纪内，正确定位钢厂的社会、经济角色。从近些年国际钢铁工业技术进步的动向看，一些最新工艺往往发源于欧洲、日本的制造商，但其大量应用、推广则可能在一些后发投资国家。这样，一些后发投资国采用新技术、新装备的余地反而较大，实现技术跨越的可能性也较大。中国钢铁工业在21世纪完全有可能把握好后发投资的机遇，进行新一轮的技术改造，实现在国际上的技术领先。

与国际钢铁工业相比，中国还具有人才队伍优势。现在中国高等院校每年招收的冶金、材料以及相应的机械、电子、财务、管理的新生，明显地高于其他国家的招生量，因此可以说有着比较充裕的后备队伍。同时，中国经过50年左右发展钢铁工业的历程，有初创期的经历，有曲折发展的教训，有快速发展的经验，现在已经建设起了一支可以适应时代发展重任的经营管理、科技专家队伍和训练有素的职工队伍。在今后进一步发展过程中，这支队伍是十分重要的基础，十分重要的财富。这支队伍没有萎缩而在不断壮大。这是发达国家和其他发展中国家少有的。

当然，发展中国钢铁工业也存在着制约因素，例如铁、锰、铬矿产资源紧缺的问题，海运、铁路等交通运输制约问题，环境-生态制约问题，某些品种的产品、某些类型企业的市场竞争力问题甚至某些投资风险问题等。这些发展过程中的问题有待我们去解决。

6 对技术进步战略的归纳与认识

回顾中国钢铁工业20世纪90年代崛起的过程，可以看出，几项关键-共性技术的突破在整个钢铁行业的大面积应用是1990年以来我国钢铁工业快速发展的主要原因之一。

在90年代以来新一轮技术改造过程中，我们认识到不同技术的关联度、影响面是不一样的，相当一部分技术对钢厂结构优化的关联度相对小些或影响层面较低，而一些关键-共性技术的突破、应用则会对钢厂的整体结构产生重大影响。从我国钢铁工业90年代的发展经验看，做好关键-共性技术的开发、应用、推广，既要注意对关键-共性技术的判断和正确选择；同时，也必须解决好这些关键-共性技术通过结合中国不同类型钢厂自身的特点进行深化、创新，而且还必须正确把握这些关键-共性技术的时序安排和互相关系。关键-共性技术的选择、判断，不是靠喊口号、撞大运拼凑出来的，而是要通过对整个钢铁生产流程的工艺、装备和产品结构之间的关系进行深入研究和总体认识的基础上，理性地正确判断、选择其中对不同类型企业影响面大的共性技术和对整体生产流程关联度大的关键技术，在逐步统一认识的基础上确立这些关键-共性技术对钢铁工业不同发展阶段所起的战略主导地位。进而分步、有序地推进，并相继将之集成起来，促进钢铁企业生产流程整体结构的优化。

有一个相当长的时期，我国钢铁工业的发展以简单的产能扩张、基建投资为主。在这一大背景下，科研攻关侧重于局部领域的个别理论研究、个别材料研究或单体技术开发研究，应当肯定，这些工作是重要的，但不同程度地存在着科研攻关与钢厂生产实际特别是与企业技术改造、基本建设相互脱节的情况。总的看来，从钢铁生产流程总体上研究不够，不少科研工作往往局限在某一细节、某一单元操作、某一单体技术上看问题；同时，由于缺乏有效的投资支撑，不少优秀的研究成果不能“固化”在量大面广的工艺、装备的更新换代上，有的则不能稳定、有效地“融合”在钢厂日常生产流程中，因此，很难对钢铁工业或钢铁企业的整体结构优化起到根本性的推动作用。另外，一些钢铁企业由于技术观念的局限，一味强调“稳妥”“可靠”，对新技术、新装备，特别是新技术群的整合集成缺乏足够的敏感性，造成有的建设、改造项目刚一投产就感到由于相对落后而后悔，有的项目则因投入/产出效率低而懊恼。

20 世纪 90 年代以来，我国钢铁工业的发展战略逐步转变为以技术改造，工艺、装备升级换代，调整、优化生产流程为主线。研究方向也逐步转向重视关键 - 共性技术的工艺、装备研究开发和生产流程的集成研究方面来。根据行业结构调整、产品升级换代的要求，选择和安排科研课题，为企业的技术改造提供国产的技术支持。另外，技术改造则由简单的“填平补齐”转向讲究结构优化，一大批科研成果特别是上述几项关键 - 共性技术，通过企业技术改造的实施途径转化为经常性的现实生产力。科研攻关、技术开发与企业投资建设、技术改造相互结合、相互支持，重视工艺装备国产化，使科技成果通过企业建设、改造“固化”为有效的生产力，并促进钢厂生产流程的结构优化，企业产品结构的调整，形成新的市场竞争力，这是 90 年代以来中国钢铁工业快速发展的一条重要经验。

7 对新世纪中国钢铁工业发展的看法

在新世纪初，中国钢铁工业发展的主线应是动态地适应市场发展趋势，继续以调整结构为主要途径，以增强市场竞争力和注重可持续发展作为总体目标。

对中国各类钢厂而言，在近期内主要还是面向国内市场。这是不同于周边国家（例如日本、韩国、俄国等）的。从未来 5 ~ 10 年内看，中国很可能仍是钢材净进口国。因此，钢材的国际竞争首先体现在国内市场占有率的竞争。从国家整体利益看，要使钢材出口，最好还是加工成机器、家电、船舶、轻工等产品出口，这样一方面有利于国内就业和生产制造链的扩展，而且可以尽可能避免由钢材出口引起的国际争端。进一步来看，中国在一定时期内保持适度进口国的态势可能是有利的，这样可以避免建设规模过大，以致日后造成盲目发展，开工率不足。当然，中国钢材自给率保持 90% 或是稍高些也是必要的。与此同时，钢材的年进口量在 2000 万 ~3000 万吨以下是相对可行的，但如果出现年进口 3000 万 ~5000 万吨钢材的局面，也会造成很多意想不到的问题。

作为今后中国钢铁工业产品发展的重点，当然应该重点发展平材，特别是薄板，包括冷轧薄板、镀锌薄板、彩涂薄板、冷轧硅钢片、不锈钢薄板等深加工、高附加值产品。在 21 世纪的前 10 ~ 15 年，我国应该对上述薄板类产品集中投资，随着产品市场的发育形成比较优势，构成新的竞争力。

从全国看，发展平材产品应该从不同类型钢厂的总体协调发展来思考问题：

一类是原来基础好的特大型联合企业，这类联合企业目前规模都在 700 万吨/年以上，一般以两套热带轧机为基础。应重点发展高档、深加工产品。包括加大冷轧薄板的比例（至少应达 60% ~70% 以上），大力发展汽车板、家电板、冷轧硅钢片等产品。

一类是目前年产规模在 400 万吨以上的转型企业。这些企业过去以生产长材为主，有的也生产一些一般用途的中板。当其年产规模超过 400 万吨以后，应该引导和支持它们转向薄板生产。这是由于一般热带轧机的最小年产规模应在 200 万吨或 350 万吨以上。对于这些钢厂而言，如果条件充分，从生产长材为主转向以生产薄板为主是值得支持的。当然，将对这类企业引起工艺、装备、流程等方面的台阶性变化。

一类是原有的或新建的不锈钢薄板专业生产厂，其合理经济规模一般应在年产 80

万吨以上。考虑到我国既缺乏不锈钢返回料，又缺乏 Cr、Ni 矿物资源，这些资源主要立足进口。因此，如果要新建设从炼钢开始的完整生产线，则这类不锈钢厂以建在沿海地区为宜。

作为中国钢铁工业薄弱环节之一——特殊钢厂的建设和技术改造项目，值得在今后 10 ~ 15 年内给予高度关注。现在除兴澄特钢等极少数特钢企业具有较强市场竞争力之外，其他大部分特钢无论从产品结构还是从工艺流程结构以及装备水平方面来看，急待通过技术改造进行调整、升级。有的不具备继续发展特钢的企业、地区应该退出特钢市场，另择它途。

面对国内外钢材市场的激烈竞争，中国钢铁行业也应该在自愿、自主的前提下，逐步推进钢厂的集团化进程，或是建立战略性联盟的进程。这样既有利于合理布局、健康发展、投资合理化、避免盲目投资竞争；同时也有利于合理地把握产品销售价格、原材料采购价格等。

进入 21 世纪以后，如何认识钢铁企业的社会经济角色，特别是如何认识钢铁制造流程的功能，是一个时代性的命题。仅从冶金学、材料学的角度上看，钢厂的功能只是钢铁冶炼与钢材生产而已。如果进一步扩展到资源、环境、生态、循环经济社会等方面看，则钢厂的功能绝不止局限在冶金 - 材料功能上。因此，我们应该以更宽阔的视野，更积极的姿态思考钢铁制造流程的功能和钢铁企业的社会经济角色。

从钢铁企业的未来社会、经济角色来看，钢铁厂生产流程应该（特别是高炉—转炉长流程）主要有 3 种功能：

（1）钢铁产品制造功能；

（2）能源转换功能；

（3）社会大宗废弃物的处理—消纳功能。

以上述认识为前提，逐步实施清洁生产、绿色制造等技术进步措施，解决好钢厂与环境 - 生态的和谐发展，即在获得良好的市场竞争力的同时，实现可持续发展。

致谢

在本文撰写过程中得到了王晓齐、黄金干、王泰昌、李忠娟、陈芳等同志的帮助、支持及提供图表等；张春霞、张旭孝同志帮助整理资料和文字；一起在此表示诚挚的感谢！

关于钢铁制造流程优化与产品优化问题的讨论*

摘　要　强调在新世纪里中国钢铁企业要注意研究钢铁制造流程的功能，指出制造（生产）流程对钢厂的生存和发展有着广泛的关联度和综合影响力，制造流程的结构优化是钢厂增强市场竞争力和拓展社会经济功能的有效手段。

简要地叙述了钢铁制造流程的构成要素是“流”“流程网络”和“程序”。“流”按一定的“程序”在“流程网络”中动态有序地、准连续地、紧凑地运行，可以实现多目标优化。

讨论了中国钢铁企业生产流程优化的现状和发展方向，还就中国钢铁产品优化过程中有关炼钢、轧钢方面的问题进行了总体性探讨。在新世纪前20年，要集中有关资源加速发展薄板及其深加工产品，以实现中国钢铁产品的结构调整，同时，促进钢厂结构的优化。

关键词　钢铁制造流程优化　产品优化

钢铁仍然是国民经济的基础材料，甚至可以说是“必选材料”。从制造工艺上看，钢铁工业属于流程制造业。对于钢铁工业而言，生产流程对生产效率、产品成本、产品质量、产品品种、资源消耗、投资效益等技术经济目标群具有综合影响力，而且也直接影响过程排放、环境生态和资源/能源可供性等可持续发展因素。

面临21世纪经济全球化的趋势，全球钢铁工业的根本性命题是市场竞争力和可持续发展。这就要求全球钢铁工业都要从总体战略上来观察问题、解决问题，而不是把上述重大命题简单地割裂成为产量、规模、质量、品种等孤立问题，“头痛医头、脚痛医脚”地解决，甚至引起顾此失彼的矛盾；时至今日，应该从根本上考虑问题，追求从战略整体上来解决时代性的命题。

1　在新世纪里，要注意研究钢铁制造流程的功能

所谓过程可视为事物在给定的外界条件下从始态到终态的变化。这种始态到终态的变化包括了不同层次、不同尺度、不同结构上的变化。过程与流程的区别在于：过程是不同层次、不同尺度、不同结构条件下，事物在给定外界条件下从始态到终态变化的泛称；而制造流程（也可称为“生产流程”，或简称为“流程”）则往往特指在工业生产条件下由不同工序和不同装备所组成的制造过程的整体集成系统。

钢铁生产流程是一种工厂层级上的制造过程，这类过程的时-空尺度比单元操作、单元工序层次上过程的时-空尺度要大得多。钢铁生产流程具有多工序串联、集成运行，输入/输出的资源/能源密集，生产过程伴随大量的物质/能量排放和资金密集等特点。可见生产流程的整体优化对于钢铁企业的生存、发展的诸多方具有极强的关联度和广泛的渗透性。可以说制造（生产）流程的结构优化是钢铁企业结构优化、效率提

* 原发表于《钢铁》，2004，39（8）：9~16。

高、社会经济功能拓展的有效切入点（图1、图2）。

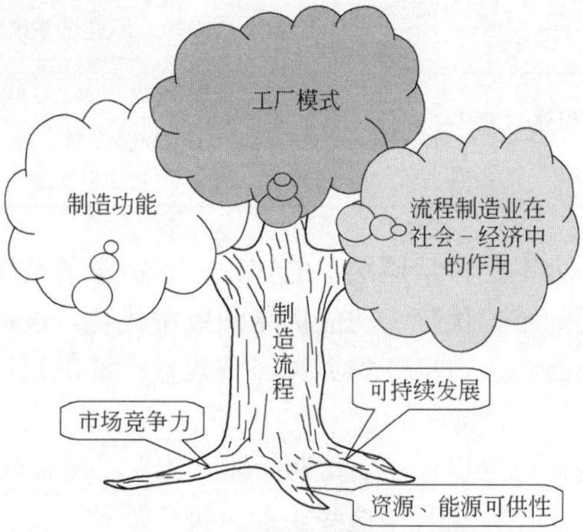

图1　制造流程对流程制造业的关联度和综合影响力

图2　钢铁制造流程的关联度和渗透力

从科学技术角度上看，冶金－材料学科是一门由基础科学——解决原子－分子尺度上的问题，发展到技术科学——解决工序、装置、场域尺度上的问题（表1）。由此看来，这些知识对于钢铁生产由技艺变为科学具有划时代的意义，但对于新世纪里钢厂的生存和发展而言还不够，还要在此基础上，进一步整合集成研究钢铁联合企业的生产流程尺度上的知识，解决市场竞争力和可持续发展问题，这就是工程科学方面的学问——冶金流程工程学。

表1　钢铁生产流程在科学认识上的层次性分析

科学性质分类	研究尺度	研究方法		层次	设定的系统特征	控　制
		白箱	黑箱			
基础科学	原子/分子（反应及排列）	原子/分子	系统背景	微观	封闭系统：与外界没有物质、能量交换，可逆过程——平衡状态	
技术科学	场域/装置（工序）	场域/装置	分子/流程	中（介）观	开放系统：与外界有物质和能量交换	PLC/MIS

续表1

科学性质分类	研究尺度	研究方法		层次	设定的系统特征	控制
		白箱	黑箱			
工程科学	流程/复杂系统	流程/工序关系	分子/场域	整体/系统	开放系统：与外界有物质和能量交换，不可逆过程——远离平衡态	MIS/CIMS

冶金流程工程学作为工程科学层次上的知识，它追求的目标是通过生产流程的整体优化来解决整个工厂的结构优化、功能优化和效率优化。进而在更大尺度上解决钢厂的结构与模式、投资战略、市场竞争力和经济效益；解决钢厂面临的环境问题和生态协调性问题。

什么是流程？流程运行过程有三个要素：即“流”“流程网络”“程序”（图3）。具体在钢铁冶金制造（生产）流程中这些要素的涵义如下。

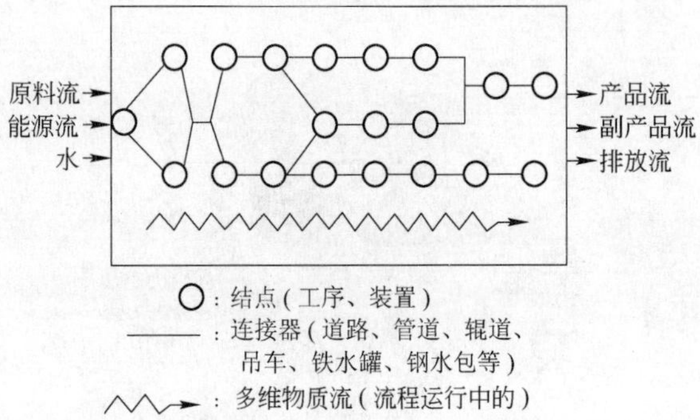

图3　制造（生产）流程的概念与要素示意图

（1）“流”：是泛指在开放的流程系统中运行着的各种形式“资源”（或“事件”），对冶金流程而言，“流”是一类多因子（多维）“流”。“流”的多因子性包括了化学组分因子、物理相态因子、几何形状因子、表面性状因子、温度（能量）因子和时间、时序因子。

这种多因子“流”在生产工艺流程中表现为运行、调控过程中的“多维”性。“多维”性体现在流程运行过程中物质状态转变、物质性质控制和与之相关的物质流管制过程的“物质流”-“能量流”-“信息流”复合成制造（生产）流程中的物质流中。从调控角度上看，则体现为对制造（生产）流程运行调控过程中基本参数（物质量、温度、时间）-派生参数（产量、质量、成本等）的“多维”性上。

（2）“流程网络”：“流程网络”是为了适应将开放系统中的“资源流”“结点”和“连接器”整合在一起的物质-能量-时间-空间结构。这个结构要求有静态的合理性特别是体现空间结构（例如结点数、连接方式、总平面布置等），更重要的是要求在动态运行过程中体现出动态有序性、可连续性和紧凑性。

此处所谓的“资源流”包括了输入的原料流、能源流等，也包括了运行过程中的物质流、能量流以及相应的信息流，还有输出的产品流、副产品流和各类排放流等。

所谓的“结点”则是包括了在流程网络中的各类功能不同的工序、装置，例如高炉、转炉等。而“连接器”则是指结点与结点的连接手段、方式、装备等，例如管道、辊道、铁路、吊车、各类车辆、钢水包、铁水包等。因此，也可以将“流程网络”看成是由“结点”“连接器”来优化配置“资源流”运行的时–空边界。

(3)“程序”：简而言之，“程序”可以看成是各种形式的“序”和规则、策略、途径的集合。“序”包括了无序和有序，也包括了对某一因子的次第排列。有序的形式又包括了功能序、空间序、时间序以及时空序等。而“规则”则来自不同的要求，不同外部条件以及流程自身的整体功能，例如运行连续化、紧凑化等，就是规则的主要体现。“序”和“规则”“策略”等的结合就反映出制造流程中多维物质流的总体调控策略和具体运行途径。

因此钢铁生产流程的物理本质是一种多因子（多维）“流”，在一个由不同性质的工序（结点）及工序（结点）之间连接器（例如铁路、辊道、管道、钢水包、铁水罐、吊车等）组成的复杂网络结构（流程网络框架）中，按一定的“程序”，动态有序地通过，同时实现某些目标群。从某种意义上讲，也是过程的复杂性和时间这两个因素在流程系统中演化的不可逆过程。

钢铁生产流程追求的是一种动态有序的、连续的、紧凑的运行方式。也就是物质流在能量流的驱动下、在信息流的控制下，追求过程耗散最小化，即生产流程过程物质流耗散最小化、能量流耗散最小化，过程时间最小化和过程所占空间最小化，进而促进各项技术经济指标多目标优化和使钢厂顺利地融入循环经济社会。

钢铁工业的技术发展进程，实际是工序装置功能优化的进化过程；工序装置之间相互关系的演化过程以及由此引发的流程内工序、装置集合的重新构筑过程。这是钢铁企业在日常生产运行、技术改造、投资建设过程中应该认真研究、全面思考的工程科学层面上的问题。

2 我国钢铁工业流程优化的现状和发展

中国钢铁工业十几年来取得了持续高速增长的突出成绩。当然，国民经济持续快速增长的拉动是根本原因。从中国钢铁工业内部看，钢铁生产持续高速增长的主要原因之一是通过6项关键–共性技术的突破、优化和集成，逐步形成了比较优化的制造工艺流程，并带动了产品、工艺、装备和管理结构优化，使企业竞争能力大大提高。

2.1 连铸生产的发展和完善，是我国钢铁生产流程动态有序优化的突破点，也是结构优化的重点

流程优化从技术、投资上看，不可能是所有各工序、装置不分先后平行推进的，因为在一个时期内财力、物力、人力是有限的。必然要从流程中带有“技术瓶颈”性的工序率先突破，其他工序协调跟进，才能在新的水平上建立起新的流程结构。

20世纪90年代以来的实践表明，连铸工序的发展和完善确是现代钢铁制造流程优化过程中最重要的突破点。首先，连铸的发展加快了淘汰高能耗、高物耗、慢节奏、低效率、低质量的平炉—模铸—初轧/开坯等落后工艺装备的步伐，使整个钢铁生产流程变得高效、低耗、优质，并向前带动了流程上游高炉大型化，向后促进了流程下游连轧生产的发展，成为我国钢铁工业高速增长的主要技术动力。第二，连铸生产的发展和完善，使转炉、超高功率电炉的生产效率成倍提高，并迅速推进了相应的二次冶金技术、铁水预处理技术和经济的洁净钢生产技术（图4），凝固技术、优质耐材技术、保护渣技术等的开发和应用，也促进了炼钢炉、精炼炉终点控制技术和连铸坯热

送、热装等技术的开发和研究。第三，一批优质钢种通过连铸工艺（如 IF 钢、冷轧硅钢、高档齿轮钢、石油管线钢、不锈钢等）稳定生产，成为保证质量、提高成材率、降低消耗与成本和提高生产效率的最重要手段。第四，连铸向高效、近终形方向的优化发展，形成了薄板坯连铸—连轧等紧凑型流程。这种新型流程的生产连续化程度高，大大降低了产品成本、提高了产品质量、生产效率与劳动生产率。若能进一步做到炼钢—连铸—连轧之间的高温热连接并连续 - 紧凑运行，就可以最大限度地利用凝固铸坯的热量，减少了因间断而重新加热的能源、时间消耗。毫无疑问，这种钢铁生产流程投资额也相应低，过程耗散小，是符合可持续发展要求的流程。这一流程的进一步优化和高效率，还将依靠近终形连铸的优化与完善。另外，由于近终形连铸快速凝固的工艺特点及其铸坯独特的热履历，使铸坯与轧材性能具有新的特征（图 5），必须有效利用近终形连铸生产的热轧材强度大幅度提高的优势，并关注解决给随后冷轧加工可能带来的困难。从提高产品质量和生产效率等角度来看，毫无疑问，无论是常规流程还是紧凑流程，连铸工艺、装置的发展与优化，仍将是钢铁企业结构调整、流程优化的重点。

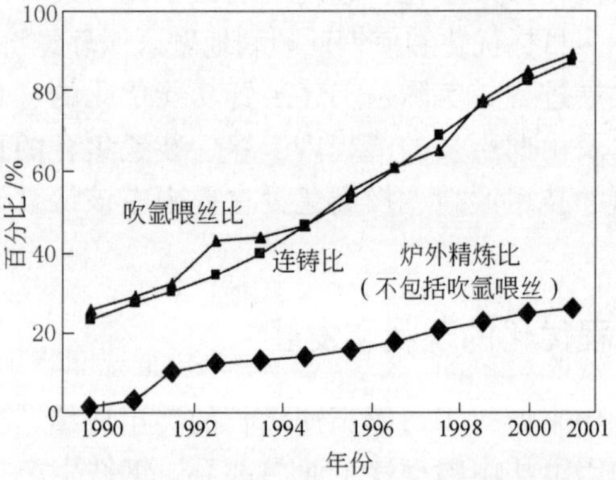

图 4　中国钢铁工业连铸比变化对炉外精炼比（不包括吹氩、喂丝）和吹氩喂丝比的影响

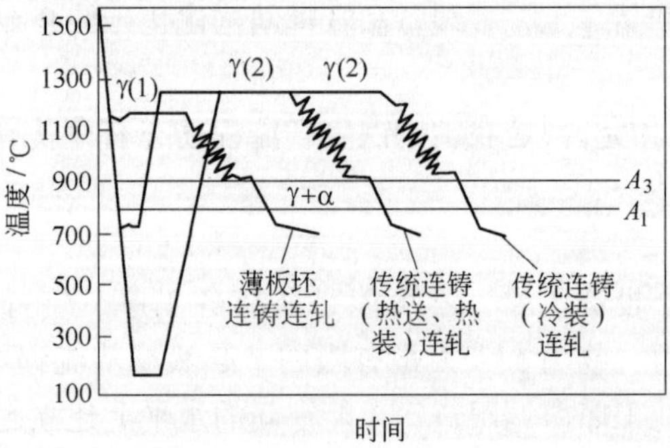

图 5　薄板坯连铸连轧工艺与传统连铸连轧工艺热履历的比较

从以上分析可见，连铸技术的发展对流程优化的带动作用是十分重要的，也关系到钢铁产品的优化和专业化发展。十几年来，我国钢铁工业因连铸技术的迅速发展，保持了持续高速增长；2004 年一季度连铸比已达到 95.99%；连铸机的水平不断提高，薄板坯连铸—连轧流程已在 7 个企业生产。2004 年 5 月中旬在包头举行的第二次薄板坯连铸—连轧工程技术研讨会，展示了我国在这一紧凑流程领域中，工艺、装备和生产效率、品种质量、相关技术等方面的全新成果。

2.2 若干关键－共性技术在流程优化中的互动作用

连铸是20世纪90年代以来中国钢铁企业流程优化进程中第一个突破点，其重要性前面已作了分析。但连铸生产的发展必然要求其他工序的优化并互动地发挥作用，从而形成了一系列关键－共性技术。结合中国钢厂的特点，这些共性技术主要有连铸技术、高炉喷吹煤粉技术、高炉高效长寿技术、棒、线材连轧技术、转炉溅渣护炉技术和流程结构调整的系统节能技术。

连铸技术的发展使钢铁生产流程朝连续、高效、紧凑的方向优化，这就要求生产流程中各工序按此方向协同运行。全连铸生产促进了转炉利用系数成倍提高，特别是中、小转炉的利用系数从1990年的26.64t/(t·d)提高到1999年的53.08 t/(t·d)；对焦化、炼铁等工序也进一步提出了新的要求。因此，相继开发了高炉喷吹煤粉技术(图6)、高炉高效长寿技术，带动和促进了高炉高风温、精料、强化冶炼等各项技术，保证了与成倍提高的炼钢—连铸工序的产能衔接和生产效率提高，促进了钢厂生产流程上游段的稳定性、连续性。转炉溅渣护炉技术不仅使连铸生产的连续稳定性大大提高，还因复吹比大幅度提高、钢水质量的优化，满足了连铸、轧钢生产的要求。棒线材连轧化对于为数众多的长材生产厂而言，则是由于连铸比不断提高后的必然要求，更利于与连铸生产衔接，促进连铸坯热送热装和轧材质量的提高。连铸等先进工艺装备的发展和相应淘汰模铸、初轧、开坯、平炉、小电炉和化铁炉等落后的工艺装备，实际上是制造流程整体重构性的优化。与此同时，由于钢铁制造流程的调整带来了系统节能和降低物耗的效果（图7）。不难看出上述6项关键－共性技术的有序突破、集成、互动，对中国钢厂生产流程的调整起到了关键性的作用，有力地促进了中国钢铁企业的快速发展。

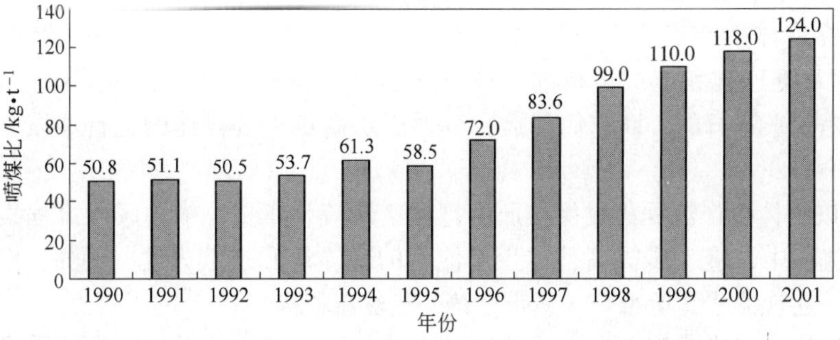

图6 1990~2001年中国主要钢铁企业高炉吨铁平均喷煤量的变化

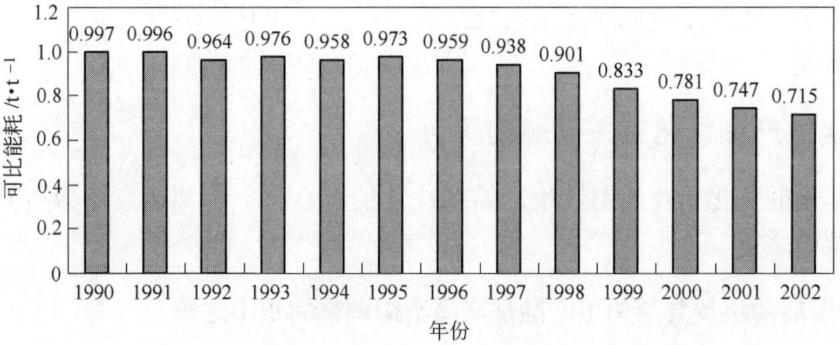

图7 1990~2002年中国钢厂吨钢可比能耗的变化进程

2.3 炼钢、轧钢的紧密结合是钢铁生产流程优化、生产效率和产品质量稳定提高的重要保证

现代钢铁生产流程优化的目标是低成本、高效率、优质、低耗、连续、紧凑和环境友好。炼钢、轧钢是实现这一优化目标的两个重要的子系统。在薄板坯连铸—连轧或连铸坯直接热装或直接轧制工艺流程中，炼钢—热轧两个车间已经非常紧密地结合在一起了，在物质流、温度、质量、性能等方面互为要求，互相影响，共同决定生产效率、产品成本、产品质量。因此，在钢厂生产流程优化中要特别关注炼钢、轧钢两个车间的高温热连接和配合协调。这种热连接应以600℃以上（对于近终形连铸—连轧工艺流程是在950℃以上）实现每分钟物质流量的协调配合为目标。这将涉及炼钢炉—连铸机的匹配，连铸机—热轧机的匹配、缓冲，铸坯输送方式、加热（保温）方式、输送途径、输送节奏等方面的优化等。

我国不少钢厂在炉-机匹配、机-机匹配等方面还有很多问题有待解决。总的看来，应该区分板材生产流程、长材生产流程、无缝管生产流程来配置合理的工序和装备；然后，努力做好上、下游工序容量性功能和强度性功能的对应匹配并选择合理的“缓冲”“协调”方法，这就是所谓“界面技术”的优化与选择。为了尽可能地实现上、下游工序间的物质流能在600℃以上（甚至950℃以上）做到分钟级的流量平衡，应确立如下原则：

（1）使间歇运行、准连续运行的各类工序（装置）融合到连续运行工序（装置）的运行节奏和行程中去。例如实现连铸多炉连浇运行，就是使间歇运行的转炉（电炉）、二次冶金装置融合到连铸的连续运行节奏和行程中。

（2）使间歇运行、准连续和连续运行的各类工序（装置）集成为一个准连续运行系统。例如在设计半无头轧制节奏时，就是将加热炉间歇出坯通过铸坯或中间轧件焊接等工艺手段，使超长尺轧件在热连轧机中实现较长时间的准连续运行。

（3）在整体生产流程中或是区段（车间、分厂）流程中，确立间歇运行的工序（装置）服从准连续和连续运行的工序（装置）的原则。例如：焦炉出焦是间歇的，高炉装料是间歇运行的，而它们的运行都要服从高炉连续操作的运行本质，而不应是相反。

（4）以整体生产流程集成优化原则把握区段流程集成，推动区段流程集成融合到整体生产流程中，进一步提高整体生产流程的准连续和连续程度。例如：电弧炉—薄板坯连铸—连轧流程、电弧炉—薄带连铸—热轧流程等。

流程优化不仅影响钢铁生产的效率和消耗，而且直接关系到产品的质量和钢厂的环境-生态等问题，这是新世纪思考问题的重要基础，应该重视对其进行综合分析、研究，而不应一成不变地局限在某一化学反应、某一工序、装置，某一产品的性能孤立地思考问题。

3 我国钢铁产品优化有关问题的探讨

产品结构的优化是我国钢铁生产结构优化的重点之一，加速发展薄板及其深加工产品应是重中之重。

3.1 加速发展薄板及其深加工产品是产品结构调整的重中之重

产品结构的调整、优化是中国钢铁工业结构优化的重要命题之一，在新世纪前20

年内，要集中力量加速发展薄板及其深加工产品，这应是解决产品结构和提高产品质量的重中之重。中国2003年钢材表观消费为24241万吨，钢材自给率约为85%；其中进口钢材约3717万吨，其中89%是板材。2003年，中国热轧薄板的自给率约为68%，冷轧薄板的自给率只有58%左右，镀锌板自给率只有39%左右，彩涂板自给率约65%，冷轧硅钢片自给率仅41%左右，可见加速发展薄板及其深加工产品应是新世纪前20年的一项重要任务。

由于薄板生产流程产能规模大、工艺技术水平高，质量要求高，启动投资量大，因此，与发展棒、线材产品的方法、途径有所不同。看来，在中国当前条件下，发展薄板生产的企业大体有3种：

（1）年产700万吨以上超大型钢铁联合企业。这类钢厂传统上是以生产板材为主，今后一些高档产品、深加工产品的生产以及适度扩大产能应以这类企业为主体。

（2）年产400万吨以上钢厂。这类企业长期以来是以生产棒、线材等长材为主的，有的也生产一些窄幅中板，当这类企业产量超过400万吨/a以后，条件成熟的钢厂，应该考虑转型为以生产薄板为主。当然，350m^3高炉、30～50t转炉是不能与薄板轧机的作业线匹配的，因为薄板轧机的产能为300万～500万吨/a，即使采用薄板坯连铸—连轧工艺，其产能也应在200万～300万吨/a之间。

（3）新建沿海大钢厂。21世纪新建的港口型大钢厂，应符合“深港、大船、不倒运”的原则，主要生产薄板及其深加工产品；甚至只生产薄板，其深加工产品也可以在靠近市场的城市地区生产，这样更有利于制造流程的结构优化和协调、连续运行。这种新型港口大厂有望以2座5000m^3（或以上）高炉，通过铁水全量“三脱”处理，一个炼钢厂，二条热带轧机作业线（一条传统流程、一条薄板坯连铸—连轧流程），实现年产粗钢900万～950万吨并相应生产850万吨左右热轧宽带钢，以及年产500万吨左右的薄板深加工产品。这类新钢厂的理论构思、设计、建设、运行是中国钢铁工业发挥后发投资优势，引领国际钢铁科学技术潮流的大好机遇，应该引起重视，机不可失，时不再来。

在发展薄板生产的过程中，应该看到这实际上是炼铁—铁水全“三脱”处理—炼钢—二次冶金—连铸—热轧的工艺、装备结构的集成优化，相关工序、装备应该一体化考虑。同时，也应该认识到传统薄板生产流程与近终形连铸—连轧流程是有合理分工、互补的，当然也有竞争性。

3.2 关于建筑用棒、线材生产

中国是世界上生产建筑用棒、线材最多的国家。长期以来建筑用棒、线材的表观消费量占全国钢材消费量的46%～48%，量大面广、市场广阔。当前，棒、线材主要用30～50t转炉炼钢、吹氩喂丝、小方坯连铸、步进式加热炉、热连轧机生产，也有用60t以上超高功率电弧炉生产的，总的看来，是成功的。对于这些生产厂而言，如下几点值得思考。

（1）充分发挥作业线特别是棒材连轧机和高速线材轧机的生产效率。对于国产棒材连轧机而言，其年产量应达到60万～80万吨，对于国产的高速线材轧机年产量应达到40万～60万吨。对于新引进的棒材轧机年产量应设定80万～120万吨，新引进的高线轧机年产量应设定60万～80万吨。

（2）优化铸坯断面和坯长，并千方百计实现铸坯热送热装。经过十多年的实践表明，150mm×150mm 的连铸坯断面对铸机效率、轧机效率和投资成本是相对优化的，而坯长至少应在 12m 左右，并应该向 14～16m 的长度发展。这有利于铸坯热送保温，有利于提高产量、降低能耗和提高成材率。当然，一定要注意采取防止长尺铸坯弯曲的措施（连铸冷床和输送过程采取措施）。

关于铸坯热送、热装，首先应该注意尽可能摆脱慢节奏、大批量输送的火车运坯方式。如果炼钢—轧钢之间的平面图合理，可以通过输送辊道快速、有节奏地及时输送；如果炼钢—轧钢之间平面图不尽理想，也可以考虑采用汽车及时、快速地运输连铸长坯。

（3）要重视四切分轧制，为了避免轧制≥ϕ22mm 的大规格与轧制≤ϕ14mm 小规格棒材时轧机轧制过程每分钟通钢量的悬殊变化，并相应影响加热炉的输入/输出，进而造成在轧制小规格钢材时铸坯落地、冷装等问题，棒材轧机在轧制≤ϕ14mm 规格时，采用四切分轧制是十分必要的。四切分轧制不仅有利于增加轧机产能，同时也有利于铸坯在连铸机—加热炉—棒材轧机间的高温热连接。

（4）逐步淘汰Ⅱ级钢筋，发展Ⅲ级、Ⅳ级钢筋。这个问题已经提到了技术进步的日程上来了，要加强研究、开发，使之切实地转化为可靠、稳定的生产力。为此要加强微合金化机理的研究，改进工艺和装备，稳定质量，注意研究不同用户的使用规范，在此基础上推广应用。同时，也要抓好基础研究，稳步有序地开发细晶钢、超细晶钢，这些钢的开发、应用、推广一定要避免大轰大嗡，急于求成，匆促上马。同时，一定要解决好焊接问题，制定好严格的工艺制度和产品标准，还要和用户紧密结合，成年累月地跟踪使用情况，制订好使用规范，才能稳步、有序地推进；否则急于求成、急功近利地硬推广也许会造成意想不到的副作用。

（5）稳定产品化学成分，注意经济洁净度。钢厂在生产棒、线材时，要针对用户使用要求控制好钢的化学成分，使之收敛在一个优化的区间范围内是一件见真功夫的事。新世纪的钢铁产品不能满足于在成分分布散乱情况下的合格率。同时，也必须注意钢的经济洁净度。应该注意研究不同类型钢材、不同使用条件下钢的经济洁净度，特别是氧、硫含量与夹杂物的数量、尺寸、形态和分布特征。

如果这些工作做好了，中国的棒、线材生产技术和产品质量将有大幅度的跃升。

3.3　关于铁水预处理问题

铁水预处理的开发，应该说首先是源自于铁水脱硫，早先是为了解决开发低硫钢种问题。随着时间的推移、技术的发展，以铁水脱硫为主要形式（包括铁水“三脱”技术）的铁水预处理技术，已经成为高炉—转炉之间的一种衔接、匹配的“界面技术”。不仅是为控制铁水硫含量，同时也会影响到转炉—二次冶金—高效高速连铸的有效运行，也会影响产品的综合成本；还会影响到铁水的输送方式，缓冲容量甚至推动钢厂总平面图的改进和优化。

看来，在新世纪内，无论是从产品质量角度还是从产品成本、生产效率上看，生产板材的作业线，应大力加强铁水脱硫甚至“三脱”预处理能力。特别是薄板生产，应该争取具备全量铁水脱硫预处理的能力；在一些高档产品（汽车面板、镀锡板等）的生产作业线上，应该进一步研究、开发铁水“三脱”处理工艺，甚至全量铁水“三脱”处理工艺的流程及其优化的平面布置关系。

对于有条件的长材厂也应配置一定比例的铁水“脱硫”预处理能力。当然，对于小高炉—小转炉—长材作业线而言，没有必要去搞“三脱”预处理，而且由于“三脱”处理温降大，不适合小高炉—小转炉—长材作业线。

3.4 关于二次冶金的若干认识

二次冶金的功能不仅是为了控制钢水成分和温度，同时也是炼钢炉——连铸机之间的“柔性活套”，甚至还要设法降低生产成本、提高生产效率。二次冶金工艺装置的选择问题，有待进一步研究、开发，使之更加合理化。

当前，我国小高炉—小转炉—小方坯连铸—长材连轧机作业线，主要采用“在线”的吹氩、喂丝技术，是比较合理的。关键是要深入研究吹氩的工艺，使之进一步优化。个别企业用中、小高炉—中、小转炉专业生产优质碳素结构钢，“在线”配备 LF 也是可以的，但转炉冶炼节奏、连铸拉坯节奏会放慢。

对于大高炉—大转炉—板坯连铸—薄板轧机作业线，应该看到 RH、CAS 的优势，特别是生产低碳、超低碳的高级薄板，RH 的优势是明显的。在这类作业线上，配置 LF 主要是用于生产中碳钢、超低硫钢，但往往会制约转炉、连铸的高效率、快节奏运行。

目前，我国所有薄板坯连铸—连轧作业线都配置有 LF。当然，电弧炉流程配置 LF 无疑是合理的；但对转炉流程，LF 可能成为影响这一作业线快速运行的技术瓶颈，从而限制整条作业线能力的充分发挥。时至今日，在加速发展薄板的历史背景下，大力加速采用 RH 处理，应该提到议事日程上来，不管是传统流程还是近终形流程，都有必要研究。而且在这个过程中要十分重视 RH 工艺装置的自主集成和国产化问题。现在，宝钢、武钢等企业已经先行一步，取得了较好的成果。

加速发展钢液真空处理技术，对于提高钢的纯净度及其相应的生产效率意义重大，但也不宜一哄而起，应该综合考虑钢厂自身的综合条件（120t 以下的炉子并不理想）、产品要求（建筑用棒、线材厂没有必要）等进行理性地判断、决策。

3.5 全面认识质量的含义及其不断深化的趋势

随着可持续发展观点的影响日益扩大，人们对产品（商品）的价值观的认识也在发生变化，同时人们对质量的含义也日益深化（图 8）[4]。

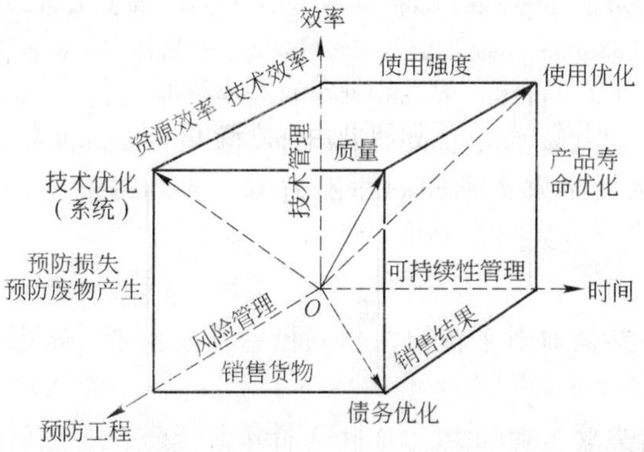

图 8 产品（商品）质量的含义及其深化

从图 8 可以看到，质量既与制造技术的集成优化有关，又和使用优化（包括产品使用性能、与用户的相关标准、规范相适应等）有关，而且还与债务优化（诸如投资额、成本、资金回收速度等）有关。从功能和时间角度上看，则质量应定义为长期系统功能的优化。就产品（商品）质量的价值观而言，其根本的含义是既要有强劲的市场竞争力，又要有利于可持续发展。

因此，对钢铁产品质量的认识，要避免满足于化学成分合格、尺寸公差合格，也不能局限地从材料学角度来看某些力学性能。事实上把质量问题孤立化，往往只能做到勉强交货，或是不惜工本、不惜牺牲生产效率，交几件特殊专用产品或试验产品，而这无助于从整体上增强钢厂的持续竞争力。

最后，中国钢铁工业应该充分发挥现代钢厂的 3 个功能，通过钢铁制造流程的优化、产品结构的调整和优化以及产品质量的提高，充分发挥钢厂生产流程的能源转换功能、节能降耗和消纳处理社会大宗废弃物等方面的努力，到 2020 年左右，成为全球一流的产钢国。

A Discussion on Steel Manufacturing Process Optimization and Steel Product Optimization

Ruiyu Yin

(Central Iron and Steel Research Institute , Beijing, 100081, China)

Abstract It is stressed in the paper that Chinese steel enterprises should pay attention to studying the function of steel manufacturing process in the new century. It is pointed out that steel manufacturing process has a board linkage and comprehensive influences on the viability and development of steel plants and structural optimization of manufacturing process is the effective way for enhancing the market competitiveness and developing the social economic functions of steel plants.

"Flow", "process network" and "program" are the key elements of steel manufacturing process. "Flow" runs dynamically orderly continuously and compactly according to certain "program" in the "process network" and multi-target optimization of steel manufacturing process will be realized.

The status and developing direction of production process optimization for Chinese steel enterprises were discussed in the paper and some issues related to steelmaking and rolling technologies in the steel product optimization process were also discussed. Early 20 years of the new century, structural adjustment of steel product in China should concentrate on flat products and deep processing product. At the same time, structural optimization of steel plants will be improved.

Key words optimization of steel manufacturing process , steel product optimization

钢铁企业功能拓展是实现循环经济的有效途径*

摘 要 探讨了循环经济的概念和属性，指出：循环经济是以“3R”为原则、以资源“闭环”利用为特征和“经济”合理为边界条件的经济。钢铁工业是我国新型工业化进程中的支柱产业，同时也应是推进循环经济的优先切入点和重要环节。根据钢铁制造流程的特点、流程演进过程和发展趋势分析表明，钢铁工业实施循环经济存在着巨大潜力，发挥钢厂的三大功能——钢铁产品制造、能源转换和社会大宗废弃物处理—消纳功能是钢铁企业融入循环经济社会的有效途径。最后讨论了循环经济社会中的钢厂模式。

关键词 循环经济 钢铁工业 功能拓展 钢厂模式

经济发展和环境保护是传统社会发展模式中的一对固有的矛盾。为了解决这个矛盾，各国政府和环保组织提出了一系列的发展模式和战略，其中循环经济是目前国际反映这一思潮的一种较为成熟的模式。循环经济的基本趋向是：按照生态规律利用自然资源和环境容量，实现经济活动的生态化转型。20 世纪 90 年代以来，发展循环经济已成为国际社会的一大趋势。

1 关于循环经济的概念和经济属性

传统经济是由“资源—产品—污染排放”所构成的物质单向流动经济。而循环经济倡导的是一种建立在物质不断循环利用基础上的经济发展模式，它要求把经济活动按照自然生态系统的模式，组织成一个“资源—产品—资源再生”的物质反复循环流程的过程。循环经济有利于化解环境和发展之间的尖锐冲突。

循环经济也可视为资源闭环利用的经济。即在保持生产扩大和经济增长的同时，通过构建“资源—生产—产品—消费—废弃物再资源化”的物质流清洁闭环流动的社会 - 经济模式，来实现人类社会的生存与发展“双赢”的目标。“循环经济”是英国环境经济学家 D. Pearce 和 R. K. Turner 在其《自然资源和环境经济学》一书中首先提出的。循环经济既是一种新的生产方式，又是一种建立在闭环型物质流动模式工程体系基础上的经济模式，也是一种新的发展观。从经济的角度看，循环经济是将“环境”由经济外部的制约性因素提升为经济内部的新的生产要素。

循环经济把清洁生产、资源综合利用、可再生能源开发、产品的生态设计和生态消费等融为一体，运用生态学规律来指导人类社会经济活动的模式。

实施循环经济应该以物质利用“减量化（reduce）、废弃物再资源化利用（reuse）和资源循环利用（recycle）”为原则，实现资源、能源的最有效利用，降低环境负荷，其目的是促进经济、社会的可持续发展。应该指出的是：所谓“3R”只是原则，不是实现循环经济的全部要素。要注意循环经济是有成本的经济，实施循环经济需要技术、需要投资、还有运行成本；循环经济也是建立在资金流动基础上的。实施循环经济不仅要注意成本、资金要素，而且还必须注意连接物质、能量循环利用在时间 - 空间配置上的可能

* 本文合作者：张春霞。原发表于《钢铁》，2005，40（7）：1～8。国家自然科学基金资助项目（50334020）。

性和合理性，从而可以看出，实施循环经济是以“3R”为基本原则，将物质、能量、时间、空间、资金等要素有效地整合在一起的综合经济问题，而不单单是为循环而循环。

实施循环经济必须以技术进步、集成创新为重要支撑手段，使物质、能量符合“3R”原则，否则环境负荷的降低很难实现。推动循环经济也需要社会伦理的规范和支撑；当然，实施循环经济一定需要法律、法规的管制和引导。

在实施、推进循环经济的过程中，也必须注意到对“循环经济”而言，经济的合理性是物质、能量以及废弃物循环利用的边界条件。循环经济首先是经济，是建立在物质、能量以及排放、废弃物循环流动基础上，是有时间 - 空间概念的经济，是有成本概念的经济。经济效益的大小是实施循环经济重要的目标函数之一，而物质、能量等的有效、合理循环是手段、途径。推进循环经济必须充分重视环境效益与经济效益的协同，并择其易行者先行之。

在不同条件下，循环经济的实施有赖于以下技术 - 经济因素的协调：

（1）物质/能源（包括排放物、废弃物等）循环链的延伸、扩展及其转换、利用效率的技术合理性；

（2）物质/能源循环通量应具有一定的规模，才能构成技术 - 经济可行性；

（3）物质/能量在循环过程中时间 - 空间因素的协调性（否则将影响能源转换效率或物质循环效率以及运输费用等）和在一定条件下成本/价格因素的合理性。

因此，在推行循环经济的过程中应该充分研究上述条件，充分论证其技术 - 经济可行性，择优先行。

应该以忧患意识和可持续发展的观点来促进实施循环经济，一定要有紧迫感，但又不能操之过急、急于求成，不论条件如何一哄而起，这样往往搞形式主义，事倍功半；重要的是要找推动循环经济的切入点，从能够办到的地区、产业、企业做起，务求实效，扎扎实实推进。

应该看到，流程制造业（包括冶金、化工、建材、石化、造纸、食品加工等）生产过程的特点是：输入源头是自然资源（矿物质、生物质、水、空气等），这些资源、能源通过功能不同的工序串联作业，协同（集成）运行，生产出大量的产品、副产品，用作生产资料或生活资料。在国民经济中，流程制造业消耗大量的自然资源，在制造产品的过程中伴随着大量的各种不同形式的排放物，由此带来大量的环境负荷；与此同时，随着理念的转变，技术的进步，流程制造业存在着“3R”的巨大潜力和可能，也存在着消纳和处理社会大宗废弃物的机会或潜力。在我国新型工业化的进程中，流程制造业既是支柱产业、基础产业，同时也应是推进循环经济的优先切入点。

2 钢厂的特点及其功能的拓展

钢铁工业是典型的流程制造业，从钢厂的特点可以看出钢铁工业在实施循环经济上的巨大潜力。

2.1 钢厂的特点

由于钢铁企业本身的结构和技术工艺特性，钢厂具有以下特点：

（1）资源密集、能耗密集：在钢铁联合企业内，每吨钢将消耗 0.6 ~ 0.8t 标煤、1.50 ~ 1.55t 铁矿石、3 ~ 8t 新水；

（2）生产规模大、物流吞吐大：现代化钢厂的基本级别大致地分为年产钢 800 万 ~ 1000 万吨，600 万 ~ 800 万吨，300 万 ~ 400 万吨及 100 万 ~ 200 万吨等级别；

（3）制造流程工序多、结构复杂；

（4）制造流程中伴随着大量物质和能量排放，并形成了复杂的环境界面。

2.2 钢厂制造流程功能的拓展

经过近150年的发展，现代钢铁企业已演变为两类基本流程：

（1）以铁矿石、煤炭等天然资源为源头的高炉—转炉—热轧—深加工流程和熔融还原—转炉—热轧—深加工流程。这是包含了原料和能源储运/处理、烧结—焦化—炼铁过程（熔融还原）、炼钢—精炼—凝固过程、再加热—热轧过程及冷轧—表面处理过程的生产流程（图1）。

（2）以废钢这一再生资源和电力为源头的电炉—精炼—连铸—热轧流程。这是以社会循环废钢、加工制造废钢、钢厂自产废钢和电力为源头的制造流程，即所谓电炉流程（图1）。

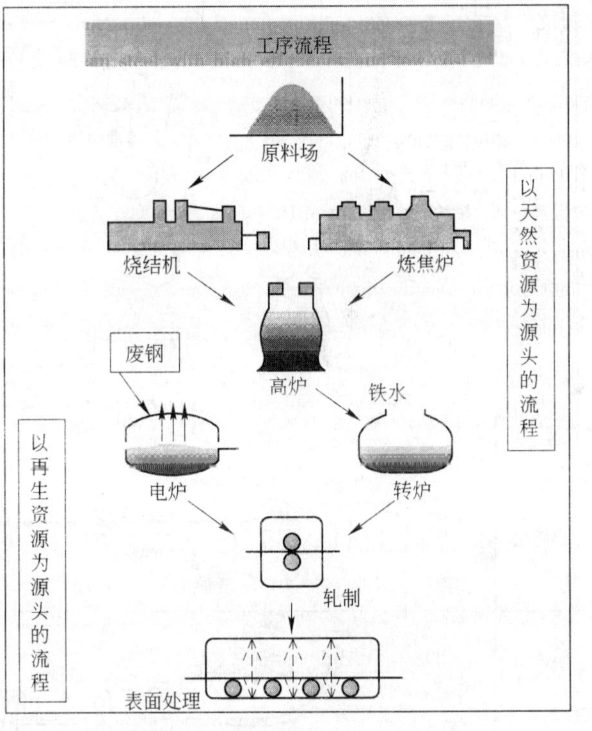

图1 两类钢铁制造流程示意图

图2、图3是这两类流程的演进过程，表1是电炉钢在不同国家、地区的比例，表2是1993～2003年中国电炉钢占产钢总量的比例和电炉钢产量的增长情况，说明了钢铁制造流程随着技术进步、社会发展在不同国家、地区不断调整和进步。

进入21世纪以后，如何认识钢铁企业的社会经济角色，特别是如何认识钢铁制造流程的功能，是一个时代性的命题。如果仅从冶金学、材料学的角度上看，钢厂的功能只是钢铁冶炼与钢材生产而已，如果进一步扩展到资源、环境、生态、循环经济社会等方面看，则钢厂的功能绝不止局限在冶金－材料制造功能上。因此，应该以更宽阔的视野，更积极的姿态思考钢铁制造流程的功能和钢铁企业的社会经济角色。

从钢铁企业的未来社会、经济角色来看，由于钢厂是以铁－煤化工为源头的制造流程，不难看出钢铁厂生产流程应该（特别是高炉—转炉长流程）有3种功能(图4)。

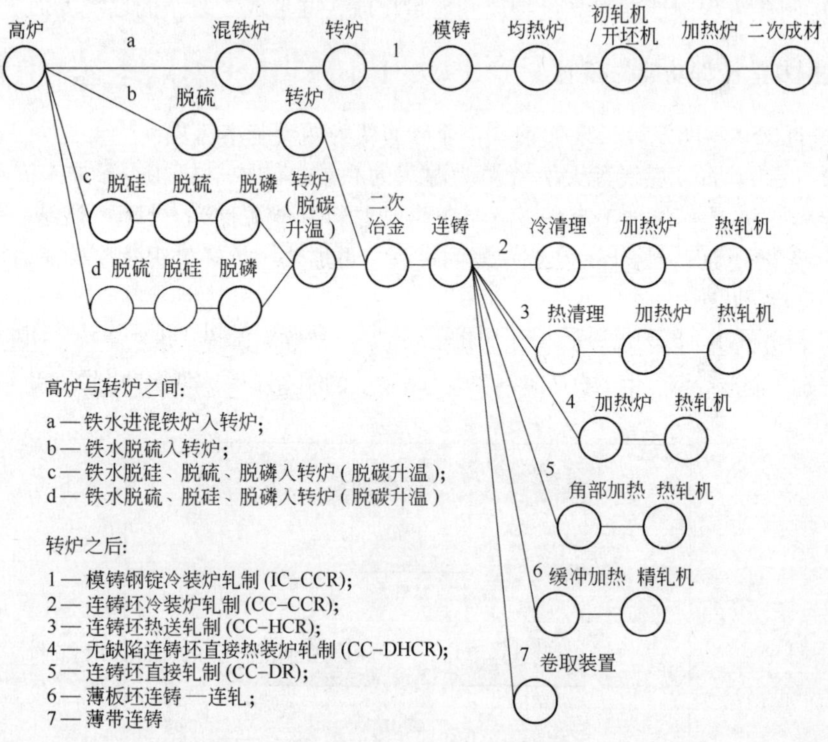

图 2　高炉—转炉—轧钢生产流程的演进

钢锭（铸坯）厚度 /mm	工艺类型	工艺流程
约 500（钢锭）	模铸 — 钢锭法	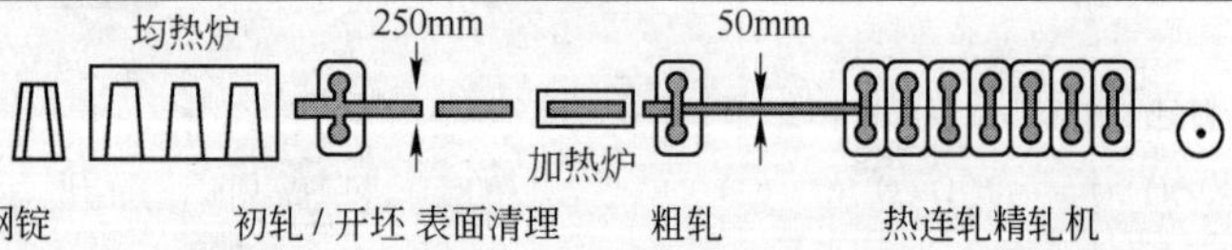
250（连铸坯）	传统板坯连铸	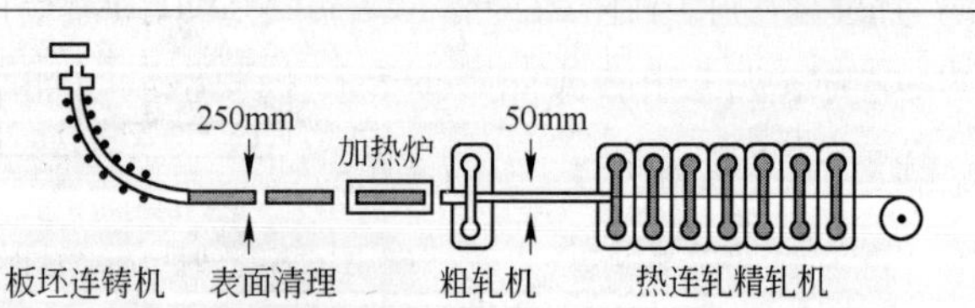
70～50（薄板坯）	薄板坯连铸 — 连轧法	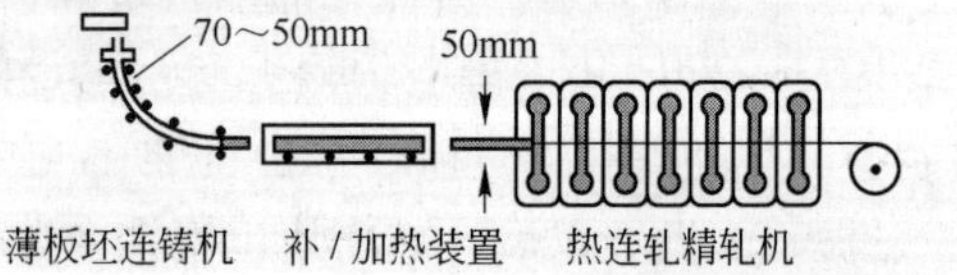
3（薄带）	薄带连铸法	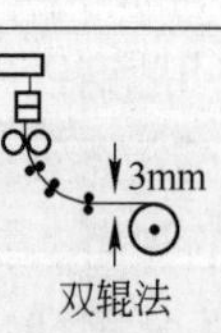

图 3　钢铁制造流程的演进与“临界 – 紧凑 – 连续/准连续”效应

图4　钢铁制造流程功能拓展示意图

表1　2001～2003年世界主要产钢国的电炉钢生产比例

国　家	2001年		2002年		2003年	
	粗钢产量/Mt	电炉钢比例/%	粗钢产量/Mt	电炉钢比例/%	粗钢产量/Mt	电炉钢比例/%
日本	102.9	27.6	107.7	27.1	110.5	26.4
美国	90.1	47.4	92.2	50.7	90.4	48.9
韩国	43.9	43.6	45.4	45.2	46.3	44.8
德国	44.8	29.3	45.0	29.3	44.8	30.0
印度	27.3	42.5	28.8	42.7	31.8	45.6
意大利	26.7	61.9	26.1	64.2	26.7	63.0
法国	19.3	42.6	20.3	38.9	19.8	39.3
英国	13.7	24.1	11.7	24.9	13.3	19.9
瑞典	5.5	33.9	5.8	33.7	5.7	31.9
世界	845.3	35.0	900.5	33.9	963.1	33.1

表2　我国电炉钢产量及占粗钢产量的比例

年　份	1993	1994	1995	1996	1997	1998	1999	2000	2001	2002	2003
电炉钢产量/万吨	2027	1966	1811	1893	1912	1814	1948	2020	2401	3049	3906
电炉钢比例/%	23.2	21.2	19.0	18.7	17.6	15.8	15.7	15.7	15.9	16.7	17.6

（1）钢铁产品制造功能。将原料和能源转化为质量好、成本低、环境负荷小且能够满足用户不断变化要求的钢材，供社会生产和生活消费，这是钢铁企业的基本功能。

（2）能源转换功能。钢铁生产过程实际上是铁素物质流在能量流的驱动和作用下，实现化学、物理转换的过程，其中能量流（主要是碳素流）也在发生不同形式能源转换过程。而且，必须注意到，输入的能量流并没有完全被铁素流利用，应该通过各种不同的转换技术，将之回收利用。充分开发钢厂生产流程的能源转换功能，不仅有利于降低钢厂单位产品的能源消耗和排放负荷，而且也等于相应降低社会的环境负荷，甚至有可能开发出新的大规模制氢工艺来。

高炉—转炉流程是铁－煤化工过程，也是将煤炭通过冶金流程转换为热能、电能、可燃气、蒸汽等能源的过程。值得重视的是由钢铁制造流程可以开发出大量新一代清洁能源——氢气，如通过吸附制氢的方法从焦炉煤气中得到；通过 $CO-H_2O$ 反应，从高浓度 CO 的转炉煤气中得到或可以从熔融还原炉富 CO、富 H_2 的尾气中得到。这种氢还可以进一步加工成二甲醚（CH_3OCH_3）作为液态能源。

现在最好的高炉—转炉—热轧生产流程也还有 38% 左右的能源未被钢铁生产过程充分回收利用。图 5 和图 6 是高炉炼铁工序和转炉炼钢工序生产过程中的物料利用和能源转换情况。

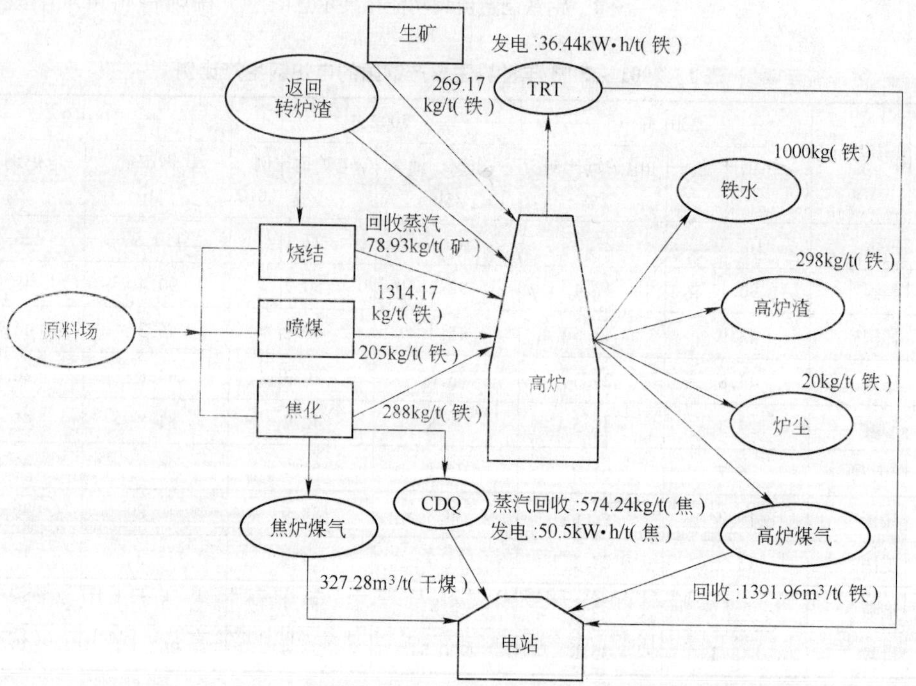

图 5　高炉炼铁系统的物料与能源利用框图

电炉流程（其实也是铁－煤加工过程，不过铁素物质主要来自废钢，而煤则通过电厂转化为电能）是在生产钢材的同时伴随着将电能和燃料转换成热能、蒸汽和热水的过程。

（3）大宗社会废弃物处理—消纳功能。可以利用钢铁生产流程来消纳—处理大量的社会废弃物，例如：

1）处理各种不同来源的废钢，包括废汽车、废机械、废船、废家电等大宗社会废钢和机械制造业等加工过程产生的切割废钢以及钢厂生产中产生的切头，罐底等自产废钢。废钢是重要的再生资源，对于节约天然资源、降低能源和原材料消耗、减少环境污染、降低成本和增加就业都具有重要的意义。利用废钢生产 1t 钢可节约铁精粉

1. 3t，能耗降低 350kg 标准煤，减排 CO_2 1. 4t 。

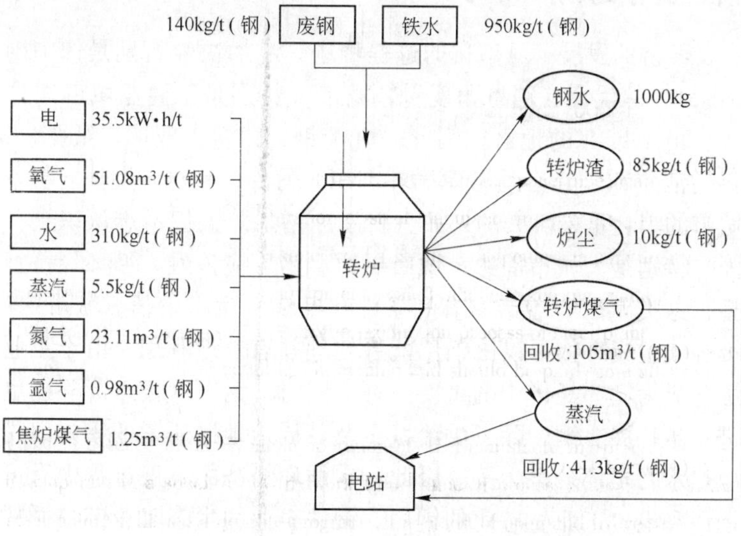

图6　转炉炼钢系统的物料与能源利用

2）处理大宗废塑料，包括通过高炉风口喷吹或热压处理后装入焦炉。在高炉风口喷吹1t 废塑料（图7），相当于喷入1t 油的热量（德国1 座高炉可以年处理9 万吨废塑料）。

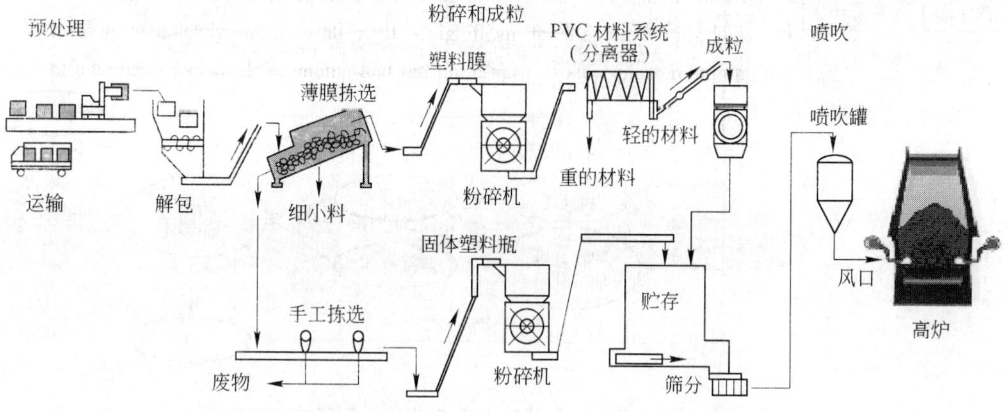

图7　高炉喷吹塑料的处理流程（NKK）

3）处理废轮胎，即利用钢厂内制氧机的液氮将废轮胎进行深冷处理，粉碎、分离处理，或是加入电炉内燃烧处理。

4）处理社会垃圾，可利用钢厂熟悉的焚烧原理和钢铁厂的可燃气在专用焚烧炉中处理大量社会垃圾。

5）处理社区废水和污水，可利用钢铁厂庞大的水处理系统处理临近的社区污水等。

从钢铁厂的生产流程可以看出，经过不断的技术开发和功能演变，钢铁厂已经具备从污染排放大户发展到清洁生产、绿色制造直至成为环境友好的循环经济社会的重要一员。

3 循环经济社会中的钢厂模式

由于社会、经济的发展，城市化的进程将进一步加快（特别是像中国这样高速发展的发展中国家）。从生产、消费角度看，城市（特别是工商业城市）往往是集中生产、集中消费、集中废弃的地区，因此，对于钢、塑料、玻璃、纸张、铝、铜、铅、锌等基本材料的消费和废弃必须考虑循环利用。另外，从电、燃气、自来水、热水等能源来看，城市的消耗量是巨大的，而且将不断增加。人们不难认识到，在若干有条件的城市周围，特别是大城市周边，城市周边型钢厂应该融入循环经济社会，逐步实施生态化转型，这类钢厂有着诸多有利条件和经济－生态价值。城市中产生的废钢、废塑料、垃圾等大量废弃物可以由钢厂就近处理并有效地利用。由于工业生态链的构成，铁素资源会成为循环经济中的重要一环。同时，钢厂社会经济职能也通过生态化转型而得到进一步扩展。钢厂除了供给城市及其周边地区所需的钢材以外，还可以向社区居民供应热水乃至部分电力等。因此，在循环经济的发展过程中有可能形成一批都市周边型钢厂和港口工业生态化的钢厂。钢铁企业的生态工业链与循环经济理念如图8所示。

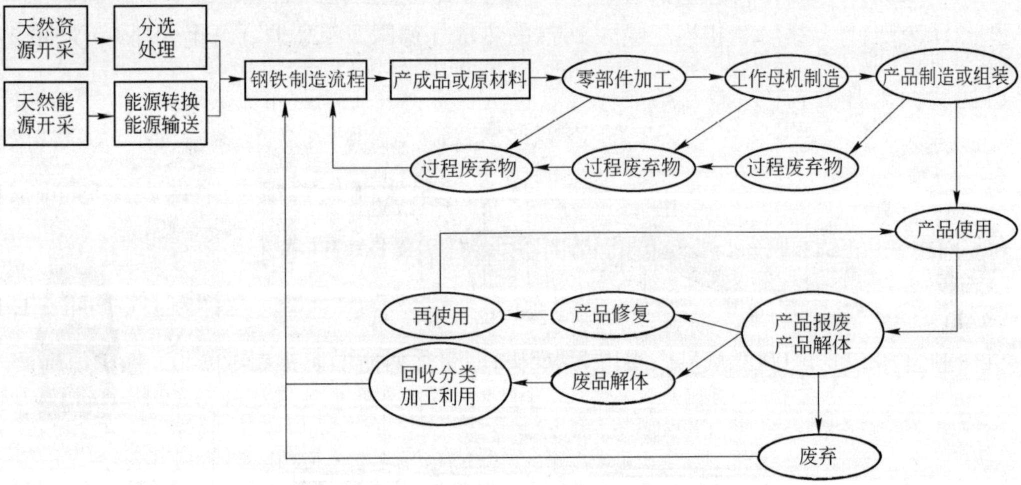

图8 钢铁企业的生态工业链与循环经济

由于全球经济一体化进程的加速，大宗矿物资源和能源的国际贸易进一步扩大。作为基本材料的钢铁和作为主要能源的石油也将在这一过程中扩大贸易量。例如：全球铁矿石的海运贸易量已到4.5亿~5.0亿吨/a，2004年我国铁矿石进口量已超过2亿吨；2004年我国原油进口量已超过1.2亿吨左右。因此，港口生态型大型钢铁联合企业的发展，将引起某些综合条件优良的港口城市逐步发展为生态工业带。在这种条件下，大型钢铁联合企业可以凭借自己的物质流优势、资金优势、技术优势、人才优势，不断延伸其制造链、经营链。诸如与造船、集装箱、水泥制造乃至与建筑业结合，形成工业生态链。同时，大型钢铁联合企业产生的富一氧化碳（转炉煤气）、富氢煤气（焦炉煤气），经过开发，有可能得到大量的氢，这些氢如果与相邻的石油化工企业结合，亦可增加石化企业的竞争力。在这类生态工业带内，资源、能源、资金可得到充分有效的利用，单位产值的环境负荷得以削减，可以认为这是一种重化工型的生态工业带。

在这类重化工型生态工业中，以钢厂为核心可以发展钢-电-水泥联产，可以与石化工业、造船工业、集装箱制造业等形成产业链。图9是年产800万~1000万吨钢铁厂制造过程图及关联产品。

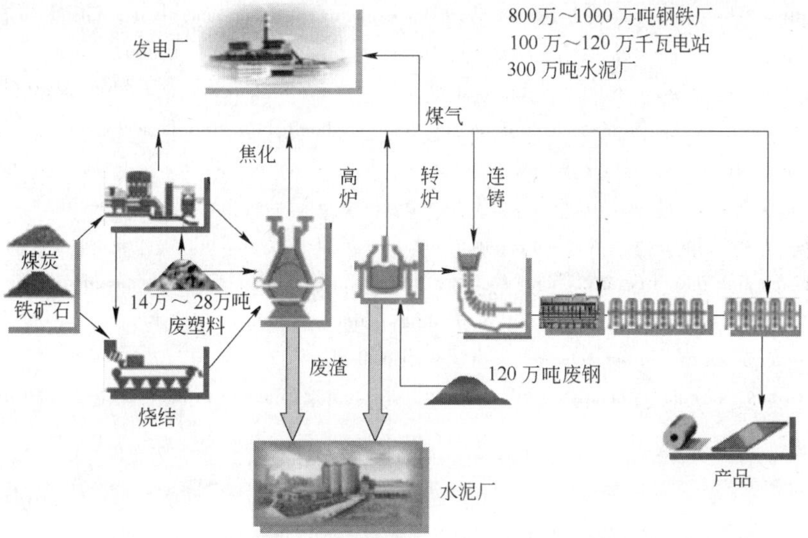

图9　年产800万~1000万吨钢铁联合企业的制造流程及其关联产品

综上所述可以看出，钢厂未来发展的模式将通过绿色制造过程走生态化转型的道路，逐步形成城市周边型和海港工业生态（带）型两种主要的、可选择的模式。

在循环经济中，对钢厂可能承担的社会经济职能，可做以下构想：

（1）钢厂是铁-煤化工的起点，既要生产出更好、更廉价的钢，又要自发电；大型联合钢铁企业应向“只买煤、不买电、不用燃料油”的方向发展，同时也应该看到，钢厂有可能制造出相对价廉的、大量的氢气；

（2）钢厂可以是某些港口城市生态工业—贸易园的核心环节之一；

（3）钢厂也可以是城市社会某些大宗废弃物的处理—消纳站和邻近社区居民生活热能供应站；

（4）钢厂可以是某些工业排放物质再资源化循环、再能源化梯级利用和无害化处理的协调处理站；

（5）规模小、工艺、装备落后的钢厂很难充分体现上述“3个”功能，应限制发展，加速淘汰。

在中国新型工业化的发展过程中，应该以科学发展观认真地研究和拓展钢厂的社会经济功能，高度重视循环经济社会中不同条件下钢铁企业的社会角色和多种经营的转型机遇。由于钢铁企业的生产过程存在着巨大的“3R”潜力，并且容易使资源、能源、时间、空间、资金等要素有效地整合在一起，因此，钢铁企业应该是推进循环经济的优先切入点。

Developing Functions of Steel Enterprises Is an Effective Way for Realizing Circular Economy

Ruiyu Yin, Chunxia Zhang

(Central Iron and Steel Research Institute, Beijing, 100081, China)

Abstract The concept and character of circular economy are discussed. It is point out that circular economy is the economy which considers 3R as principles, closed loop uses as features and rational economic as boundary conditions. Steel industry is a fundamental and pillar industry during the period of new type industrialization of China and it should be a priority sector and key link for promoting circular economy. According to the studies on features of steel manufacturing process, process evolution and developing trend, it is foreseen a great potential for implementing circular economy in steel industry. Developing three functions of steel manufacturing process is an effective way of merging into circular economy society, that is function of steel product manufacturing, function of energy conversion and function of treating amount of social waste. Finally, mode of future steel enterprises in circular economy society is discussed.

Key words circular economy, steel industry, developing functions, mode of steel enterprises

关于新世纪发展现代电炉流程工程的认识*

摘 要 回顾了20世纪90年代初在研讨当代电炉流程和电炉工程问题时所做的全面评估和分析的若干问题；评价了此后我国现代电炉经过引进国际先进技术和自主集成流程所取得的进步和成绩，并指出了存在的主要问题；阐明了电炉流程生产运行的本质与要素、动力源以及运行动力学等理论问题；加深了对现代电炉流程工程的认识。最后，展望了新世纪中国发展电炉流程的前景。

关键词 电炉流程 进步 问题 理论 展望

1 回顾

1993年6月，曾在上海千鹤宾馆举办了“当代电炉流程和电炉工程问题研讨会”。当时，基于对世界性的能源、资源、环境和经济发展等因素的认识和电炉流程在工艺技术、装备以及整体工程等诸多方面取得的长足进步和国际发展趋势，进行了较为全面的评估并提出了若干认识。这些认识集中地体现在，提出了：现代电炉生产节奏越来越快——“转炉化”；钢的二次精炼已成为必备工序——“在线化”；钢液凝固成型过程连续化——“全连铸化”和建立在连续轧制基础上的产品专业化、系列化。同时指出：电炉流程的工艺结构逐步向着1台大型超高功率电炉、1台与产品特色相适应的精炼炉、1台连铸机及1部主力热连轧机的优化工程体制演进。当时还提出，电炉的生产效率应在5000t/(t·a)。到21世纪有可能达到40min冶炼1炉钢的水平，实现1天冶炼36炉钢的高效目标。

2 进展、成就和问题

1993年以来，经过引进国际先进技术和自主集成流程，我国现代电炉流程取得了很大的进步：

（1）20世纪90年代以来新建了36台60t以上的现代化电炉，且绝大多数是按照1×EAF+1×LF+1×CC+1×HRM的模式设计、建设的。其中有生产建筑用棒材的（以淮阴钢厂为代表的流程）；有生产优质线材的（以沙钢为代表的流程）；有生产专用无缝钢管的（以天津无缝钢管厂为代表的流程）；有生产中板的（以安阳钢厂为代表的流程）；有生产合金钢长材的（以兴澄特殊钢为代表的流程）；也有与薄板坯连铸—连轧配合生产薄板的（以珠江钢厂为代表的流程）；还有生产不锈钢长材的（以宝钢集团上钢五厂为代表流程）等。可谓种类齐全、覆盖面广，使我国电炉流程钢厂形成了新格局，技术上达到了新水平。应该说上述这些代表流程都可谓是国际一流水平。

（2）我国大型电炉的技术经济指标快速提高，缩小了与国际先进水平差距，有些企业、有些技术经济指标已经达到和超过了国际先进水平。大多数电炉钢厂都已实现了全连铸生产、铸坯热送和连续热轧。电炉冶炼周期大多数缩短到60min左右，吨钢

* 原发表于《中国冶金》，2005，15（6）：1～7。

电耗大幅度降低，不少钢厂冶炼电耗降到了400（KW·h）/t钢以下。

特别是兴澄特殊钢厂的合金钢棒材生产流程、珠江钢厂的电炉→薄板坯连铸→连轧生产流程等在总体上具有国际先进水平。

（3）结合我国废钢资源短缺，电价高等国情，开发了电弧炉兑入适量热铁水的技术，强化吹氧、综合节能等技术，促进了生产效率的提高，电耗和成本的降低。同时，也开发了利用HBI的工艺技术。

（4）在大力推进现代电炉流程的同时，成千台落后的“老三段”小电炉被快速淘汰，大量的模铸工艺被淘汰，大量的横列式小型棒材轧机被淘汰，中国钢铁业内电炉生产流程的结构得到优化。90年代初，我国基本上都是“老三段”的小电炉，1995年全国共有1561台电炉，平均容量约为5t/台，到2000年全国电炉总数为179台，约1400台小电炉被淘汰。2000年全国电炉钢产量为2020万吨，其中50t以上电炉的产量为1241万吨，占电炉产钢量的61%左右。

（5）2000年以后，我国电炉钢的产量以18%~28%的增幅快速增长，2003年全国电炉钢产量达到3906万吨，2004年超过了4300万吨。在积极利用热铁水以及各项节电、节能等措施促进下，2000~2003年，出现了电炉钢的年递增速率略高于同期全国粗钢的递增速率。

现在，中国已有16台电炉的生产效率超过了8000t/(t·a)，其中有7台电炉的生产效率超过了10000 t/(t·a）的水平。安阳钢厂的100t电弧炉，在兑入25%热铁水的条件下，年平均冶炼周期为41min（送电时间为31min），最高日产达37炉，最高月产达103673t，2003年产钢超过108万吨。

我国在电炉冶炼低氮钢方面也有所创新，不少电炉钢厂钢中氮的质量分数可以控制到50×10^{-6}左右，而通常电炉钢氮在（80~120）$\times10^{-6}$范围内。

在看到进步与成绩的同时，也应该看到存在的问题，主要是：

（1）我国生产合金钢的电炉流程除兴澄、上五等少数企业以外，大部分没有实现流程全线优化。有的解决了连轧，但电炉—二次冶金—连铸没有及时改造，不能全面优化；有的解决了电炉、精炼炉，但连铸机、连轧机没有很好解决；有的虽已分别进行了各工序的技术改造，但是各工序的工艺参数没有协调优化，或是总图布置没有协调优化，因此，生产运行的效率不够理想。

（2）在我国现阶段的情况下，废钢短缺的局面10年内很难解决，而进口废钢则受到价格波动等原因的限制，很难大幅度增快。因此，采用适量铁水兑入电炉还是有其可取性。但是，要理性地对待最佳铁水兑入量的比例问题，过高的铁水兑入量（例如>40%）并不是发展方向，因为电炉毕竟是以利用废钢为主的冶炼装置。

（3）我国还存在相当比例的电炉容量小于50~60t，有的30t左右，有的15~20t，甚至更小，这些小容量电炉很难适应现代电炉流程协调生产，特别是很难与连铸机协同配合运行，很难满足现代棒材轧机至少年产60万吨的规模要求，因此，时至今日应该加速淘汰或进行改造。如果要改造，不仅要重视电炉容量的合理化，而且要重视各工序的协调优化，同时更应注意总图布置的合理化。

（4）我国电炉钢厂节能、环境等方面尚有较大差距，电炉钢厂与高炉—转炉钢厂一样也要注意节能、环保等问题。在这些命题上，可能存在着认识不足，或是存在缺乏技术、缺乏投资等战略措施。看来，电炉钢厂亟待采取措施，更应积极适应循环经济的发展进程。

3　对电炉流程运行的若干理论认识

3.1　钢厂生产流程动态运行的本质与要素

钢厂生产流程运行的本质是铁素“流”在能量“流”的驱动和作用之下，按照一定的“程序”，在一个由诸多性质（功能）不同的工序组成的“流程网络”框架内，动态－有序地流动运行，并实现多目标优化。流程运行过程有三个要素：即“流”“流程网络”“程序”。

对电炉钢厂而言，此处所谓的“铁素流”包括废钢、生铁（热铁水）、HBI等含铁原料，钢液、铸坯（钢锭）、钢材等形式的含铁物质。“能量流”则包括了电能、化学能、物理热、氧气等含能介质。“流程网络”实际上是指开放的流程系统中由“资源流”（铁素流、能量流、信息流）、“结点”（工序、装置）和“连接器”（各类输送途径和方式、方法等）整合在一起的物质－能量－时间－空间结构框架。“流程网络”的静态结构体现为空间结构（主要是总平面布置等）。当然，钢厂的静态空间结构要能适应“流”（铁素流、能量流、信息流）在动态运行过程中的有序性、可连续性和紧凑性。“程序”则是包括了功能序、空间序、时间序在内的“序”次和运行过程的规则、策略、途径等的集合。可以看出，在钢厂生产过程中，“流”是生产流程动态运行的主体，“流程网络”是由“流”运行过程中的“结点”“连接器”等优化配置的布局及其组成的时－空边界。而“程序”则是驱动流程优化运行的“软件”。

3.2　电炉钢厂生产流程运行的“动力源”

钢厂生产流程是一类开放的、远离平衡的、不可逆的、由不同结构－功能的单元工序串联集成的复杂过程系统。这是不同于经典热力学所讨论的封闭系统的热力学系统的。认识钢厂流程运行的规律，一定要从封闭的、静态平衡的、一切边界条件固定了的思维模式中走出来；走向开放的、远离平衡的、非线性耦合的、有“涨落”的动态过程中来考虑问题。

钢厂生产流程能动态－有序运行的动力源，就是由于：流程的开放性；流程及其组元（工序、装置）处于远离平衡的状态；组元（工序、装置）间相互作用的非线性耦合；组元（工序、装置）运行过程中存在“涨落”行为。正如普利高津指出的那样：“远离平衡的开放系统，在一定的控制条件下，由于系统内的非线性相互作用，通过涨落可以形成稳定的有序结构”。

总之，所期望的流程动态－有序运行状态，是由工序、装置运行的“涨落”行为、流程运行的不可逆性、工序运行过程的远离平衡性、工序之间的非线性作用关系和整体开放性作为流程运行基本动力源；通过控制工序、装置运行过程中的“涨落”行为及其相互之间的非线性作用关系，使“流”沿着时间轴耦合起来的“耗散”结构和“耗散”过程。

3.3　电炉钢厂生产流程的运行动力学

要研究电炉钢厂生产流程的运行动力学，首先应该研究其不同工序、装置各自运行过程的本质和实际作业方式。从流程工程学的角度看，电炉钢厂内各主要工序的运行特征为：

（1）电炉。其运行过程的本质是快速的固体（包括部分液体）炉料熔化、升温和熔池反应过程，其实际出钢方式是典型的间歇型。因此，其运行本质是快速－间歇重复循环的过程。

（2）钢的二次冶金。其运行本质是“柔性”－间歇振频式的熔池反应（控制质量）和控温－控时过程，其出钢方式也是“柔性”协调性的间歇运行方式（其“柔性”协调的作用主要表现在物流量、温度、时间以及质量等参数上）。

（3）连铸。其运行本质是连续的热交换－凝固－冷却过程，而其成品铸坯的输出作业方式、出坯方式则是间歇或准连续的。

（4）加热炉。其运行本质是准连续或连续的升温－控温－控时过程，出坯形式则是一一出坯，是间歇式作业。

（5）热连轧机。其运行本质是连续化的高温塑性变形与相变过程，而其轧件的输入、输出方式却是一一轧制、一一出材，从具体操作上看仍有间歇式的特征，但从总体运行上可以看成有节奏的准连续出材。当然，半无头轧制、无头轧制将有助于提高过钢、出材的连续化程度。从上述分析可以看出：电炉钢厂生产流程的技术进步，本质上是以优化各工序的间歇或连续运行过程和优化其间歇式输出作业为基础，以建立起工序、装置间的“柔性活套工程”为手段，即不断改进前后相邻工序和装备之间的“界面”技术，逐步实现整个电炉钢厂生产流程的准连续化甚至连续化。

如果进一步对电炉钢厂生产流程的协同运行过程进行总体性的观察、研究，可以看出不同工序、装置在生产流程整体协同运行过程中扮演着宏观运行动力学中的不同角色，即分别扮演着“推力”“缓冲”“拉力”等不同角色。

一般可以将电炉钢厂的生产流程分解为两段：即上游段从电炉到连铸（冶金过程和凝固过程），下游段从连铸出钢坯到热轧过程终了（热机械加工、形变－相变的物理过程）（图1）。

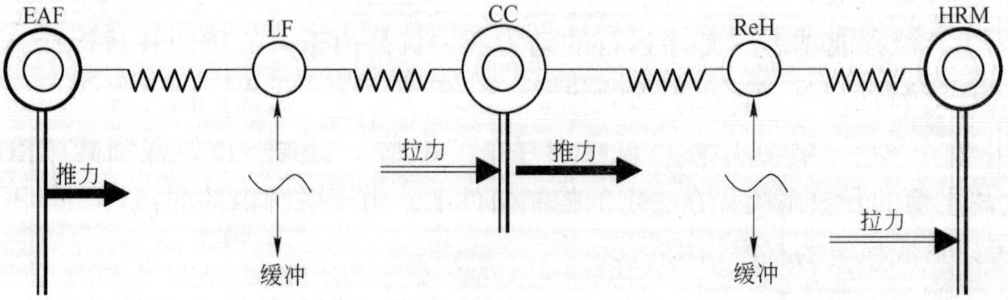

图1　电炉生产流程运行动力学的主要支点及其示意图

可以看出：在电炉钢厂生产流程的上游段中，一切都应以服从连铸机多炉连浇为中心目标，在这一过程中，连铸机扮演着“拉力源”的角色，拉动着电炉、精炼炉“定时、定温、定品质”地供给定量的钢水。与此同时，电炉则相应地起着“推力源”的作用，电炉以缩短冶炼周期时间为核心手段，快速－间歇周期地输出定量钢水，满足连铸机长时间地连续运行。由于电炉、连铸两个工序在物质流量、时间节奏、温度、化学组分等参数上较难完全、稳定地一致起来，精炼炉就起着“缓冲协调”作用。这种“缓冲、协调”作用，包括了物质流、时间节奏、钢液温度和成分等方面，在现代电炉钢厂中不应将精炼炉的功能仅仅局限在钢液化学成分的“精炼”上。

在电炉钢厂生产流程的下游段中，热连轧机希望尽可能长时间地有轧件通过，以充分发挥其效率，因此扮演着“拉力源”的角色。而连铸坯经切割后希望以“最短”的时间、“最高”的温度供热轧机轧制，否则能耗高、生产效率低；不难看出在下游段里连铸机是“推力源”。和上游段的运行机理一样，加热炉、铸坯保温坑等工序则相对起着“缓冲、协调”作用。

总的看来，电炉钢厂生产流程中的不同工序以各自特有功能分别起着“拉力源”“推力源”“缓冲、协调”的角色，且以“推力”-“缓冲、协调”-“拉力”的协同方式动态-有序地运行；这种动态-有序运行的特点之一是希望实现工序之间的物质流量能大体上保持每分钟的流量（分流量）平衡，以保持工艺流程的整体准连续性，并且期望通过整个流程运行的“准连续化”甚至“连续化”来实现过程“耗散”最小化，包括物质、能量、时间、空间“耗散”的最小化，从而实现电炉钢厂生产流程技术、经济指标的多目标综合优化。

深刻理解并合理调控电炉生产流程的运行动力学机制，可以为流程运行过程构建起一个实用的物理模型，为编制电炉流程运行“程序”-控制“软件”打下可靠的基础。

3.4 关于电炉钢厂的“流程网络”与总平面布置问题

钢厂中各个工序、装置及其相互之间的连接方式，都应根据其功能及其与相邻工序、装置之间的非线性耦合关系，确定其合理的空间位置。工序、装置间的空间定位既包括了各自在空间上的“点定位”，又包括了工序、装置及其相互连接路线的多工序间的“面定位”，从而构成了“流程网络”，就是工厂的总平面布置图。

由于总图布置一经确定并建成，就形成了“固化”了的“静态网络”框架，一般很难随机改变。总图布置是钢厂静态“空间结构”的集中体现，往往决定着“流”在“流程网络”中运行的时-空边界。如果“流程网络”（主要是总图布置）安排不合理，往往易导致运行过程中“流”的行为在时间因素方面的无序化或是不时出现“混沌”状态，进而引起流程运行调控“程序”的不稳定和混乱。可见，钢厂生产流程运行的动态-有序性不仅取决于各工序、装置各自运行的有序性和相对稳定性（当然，会有一定的“涨落”行为），而且也受到“流程网络”和总平面布置的影响、制约或促进。

一般而言，电炉流程钢厂主要是为了适应利用一定区域范围内的社会废钢而建立的，其特点之一是可以随时启动或停止运行。同时，现代电炉短流程钢厂往往是由1台大型电炉、1台精炼炉、1台连铸机和1台热轧机构成的一一对应、串联运行的动态-有序系统。对于这种类型的现代短流程钢厂，其电炉炼钢厂与热轧厂的布置往往是紧密相连，属于紧凑型连接布置。而且，在有些平面布置图还设计了不同温度的铸坯热送路线，使得物流更为便捷、通畅并且节能。图2为一种优化设计的电炉短流程长材平面布置图，其中安排了3个不同温度的铸坯热送路线；图3为电炉—薄板坯连铸—连轧厂的紧凑布置图；图4是国外某电炉—棒材（半无头轧制）作业线的局部平面布置图。这些平面布置图体现了电炉流程动态-有序运行的理念，值得研究和重视。

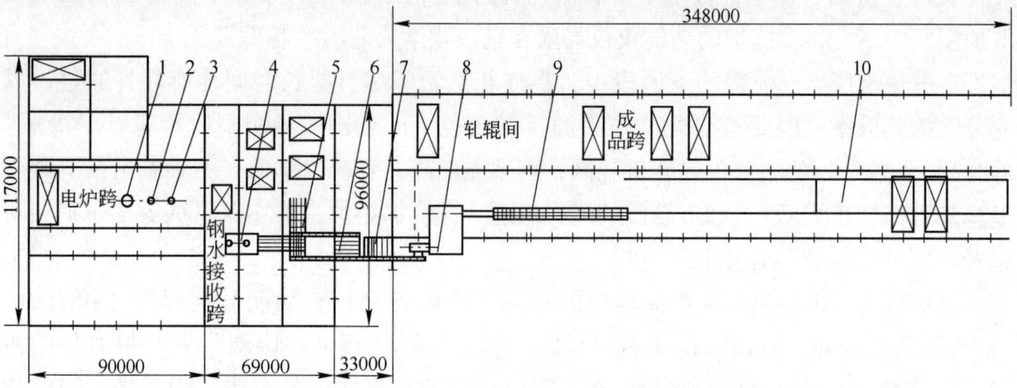

图2　一种优化设计的电炉短流程长材厂的平面布置图

1—电炉；2—在线立式钢包烘烤器；3—LF；4—连铸机；5—步进式铸坯床；6—副加热炉；7—铸坯缓冷坑；8—主加热炉；9—轧机；10—冷床

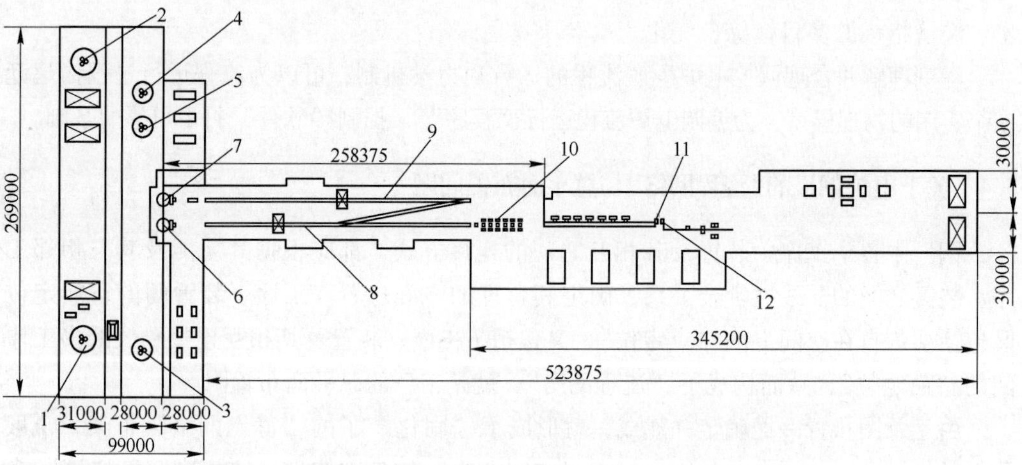

图3　薄板坯连铸—连轧作业线—紧凑型平面布置的示意图

1—No. 1EF；2— No. 2EF；3—No. 1LF；4— No. 2LF；5—VD；

6—No. 1 连铸；7—No. 2 连铸；8—No. 1 隧道式加热炉；9—No. 2 隧道式加热炉；

10—6 机架连轧机；11—No. 1 卷取机；12— No. 2 卷取机

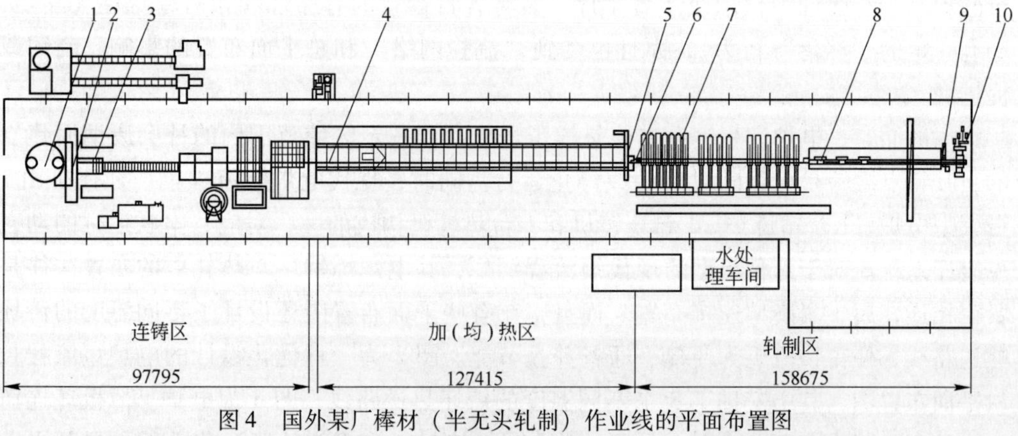

图4　国外某厂棒材（半无头轧制）作业线的平面布置图

1—回转台；2—连铸机；3—引锭装置；4—隧道窑；5—夹送辊；6—事故剪；

7—连轧机组；8—层流冷却装置；9—剪切、去鳞装置；10—考克斯减径轧机

4 关于中国发展现代电炉流程工程的认识

（1）电炉流程是全球（包括中国在内）两大钢铁生产流程之一，全球约有1/3左右的粗钢是由电炉生产的；但是，不同国家（地区）、不同发展阶段电炉钢的比例是不同的（表1）。我国自20世纪90年代以来，电炉钢在技术结构调整的基础上得到了发展（表2）。电炉流程存在的基本立足点是大量利用社会废钢（包括折旧废钢和加工过程的废钢），发展电炉流程有利于降低整个钢铁工业的环境负荷，有利于推动循环经济。21世纪前20年，中国国内废钢产生量将明显增加，电能供应能力也将逐步增加，应该进一步重视电炉短流程的发展（表3）。但由于中国钢铁生产总量巨大，而且不断增长，所以，预测的2020年中国电炉钢虽然总量很大，但电炉钢比也许只能在25%左右，不太可能超过30%（表4）。

表1 2001~2003年世界主要产钢国的电炉钢生产比例

国家	2001年		2002年		2003年	
	粗钢产量/Mt	电炉钢比例/%	粗钢产量/Mt	电炉钢比例/%	粗钢产量/Mt	电炉钢比例/%
日本	102.9	27.6	107.7	27.1	110.5	26.4
美国	90.1	47.4	92.2	50.7	90.4	48.9
韩国	43.9	43.6	45.4	45.2	46.3	44.8
德国	44.8	29.3	45.0	29.3	44.8	30.0
印度	27.3	42.5	28.8	42.7	31.8	45.6
意大利	26.7	61.9	26.1	64.2	26.7	63.0
法国	19.3	42.6	20.3	38.9	19.8	39.3
英国	13.7	24.1	11.7	24.9	13.3	19.9
瑞典	5.5	33.9	5.8	33.7	5.7	31.9
世界	845.3	35.0	900.5	33.9	963.1	33.1

注：本表根据国际钢铁协会提供的资料。

表2 我国电弧炉炼钢设备总量和电弧炉炼钢产量

年份	1993	1994	1995	1996	1997	1998	1999	2000	2001	2002	2003
电炉钢产量/万吨	2027	1966	1811	1893	1912	1814	1948	2020	2401	3049	3906
电炉钢比例/%	23.2	21.2	19.0	18.7	17.6	15.8	15.7	15.7	15.9	16.7	17.6

表3 1990~2003年我国钢铁行业废钢回收量和我国废钢进口量 （万吨/a）

年份	钢产量	废钢消耗量	自产废钢量	社会采购量	废钢进口量
1990	6535	—	—	—	
1991	7100	—	—	—	13.4
1992	8093	—	—	—	150
1993	8954	—	—	—	318
1994	9261	3100	1800	1650	212
1995	9536	2895	1730	1300	135
1996	10124	2790	1680	1270	128
1997	10891	2800	1720	1350	120
1998	11459	2750	1500	1500	202
1999	12395	2670	1312	1350	334
2000	12850	2920	1299	1789	510
2001	15163	3440	1200	—	978
2002	18225	3920	1460	—	782
2003	22234	4120	1750	—	923

注：指国内大中型冶金企业的统计值。

表 4　未来 20 年我国废钢资源回收量和需进口废钢量预测(不同铁水比)

年份	产量限	钢材量/亿吨		国内粗钢产量/亿吨	废钢回收量/万吨				钢铁工业废钢需求/万吨	社会废钢需求总量/万吨	进口废钢总量/万吨	废钢指数	电炉钢比			铁钢比
		钢材表观消费量	国内钢材产量		自产废钢	加工废钢	折旧废钢	废钢总量					兑 20% 铁水	兑 30% 铁水	兑 50% 铁水	
2005	中值	2.85	2.56	2.72	2176	1710	1973	5859	5487	6859	1000	0.135	13.6%	15.7%	23.4%	0.92
2010	上限	3.4	3.10	3.30	2640	2040	2080	6760	6208	7760	1000	0.125	11.8%	13.6%	20.3%	0.93
	中值	3.2	2.90	3.10	2480	1920	2080	6480	5984	7480	1000	0.129	12.4%	14.3%	21.4%	0.93
	下限	3.0	2.71	2.87	2296	1800	2080	6176	5741	7176	1000	0.135	13.3%	15.4%	23.0%	0.92
2015	上限	3.6	3.35	3.53	2824	2160	3914	8898	8413	9898	1000	0.172	16.2%	18.8%	28.5%	0.88
	中值	3.3	3.05	3.20	2560	1980	3914	8454	8035	9453	1000	0.184	18.0%	20.8%	31.6%	0.87
	下限	3.0	2.75	2.89	2312	1800	3914	8026	7672	9026	1000	0.198	19.9%	23.1%	35.1%	0.85
2020	上限	3.3	3.15	3.32	2656	1980	5089	9725	9116	10725	1000	0.213	21.2%	24.5%	37.3%	0.85
	中值	3.0	2.85	3.00	2400	1800	5089	9289	8745	10288	1000	0.230	23.5%	27.2%	41.3%	0.83
	下限	2.7	2.55	2.68	2144	1620	5089	8853	8375	9853	1000	0.250	26.4%	30.6%	46.4%	0.81

注:1. 自产废钢量 = 国内粗钢产量 ×8.0%(未考虑少量进口钢坯/钢锭轧制过程产生的自产废钢)。

加工废钢量 = 钢材表观消费量 ×6.0%。

折旧废钢量 = 20 年前钢材表观消费量 ×[35% ~40%](2005 年:35%;2010 年:37%;2015 ~2020 年:40%),钢铁产品平均使用寿命按 20 年计算。

2. 钢铁工业废钢需求量 = [电炉废钢单耗 × 电炉钢比 + 转炉废钢单耗 × 转炉钢比] × 粗钢产量。电炉废钢单耗分为三种情况:即 850 kg/t(兑 20% 铁水)、740 kg/t(兑 30% 铁水)和 535 kg/t(兑 50% 铁水);转炉废钢单耗 2005 ~2010 年取为 100 kg/t, 2015 ~2020 年取为 120 kg/t。

社会废钢需求量 = 钢铁工业废钢需求量/钢铁工业废钢消耗百分比。钢铁工业废钢消耗百分比:2005、2010 年按 80% 计算;2015、2020 年按 85% 计算。

进口废钢量 = 废钢需求总量 - 废钢回收总量。

3. 铁钢比 = (1.08 - 废钢消耗量/粗钢产量) +0.04(铸铁量)。

4. 废钢指数 = (加工废钢量 + 折旧废钢量)/粗钢产量。

5. 1985、1990、1995、2000 年的钢材表观消费量分别为 5637 万吨、5622 万吨、9784 万吨、12722 万吨。1990 年我国钢材表观消费量采用的是 1989 年和 1991 年钢材表观消费量的平均值 5622 万吨。数据来源:《"黑色金属(铁锰铬等)矿产资源可持续发展战略"阶段汇报》,2003,5。

6. 考虑到世界废钢资源的可供性等因素,我国的废钢进口量按 1000 万吨/a 计算。

（2）中国自20世纪90年代以来，电炉流程取得了明显的技术进步，工艺技术结构和产品结构得到了长足的进步。应该进一步以过程强化和流程连续化、紧凑化为主要手段，以降低成本、提高吨钢的废钢消耗量（表5）、提高生产效率为重点，促进市场竞争力的提高。电炉应以缩短冶炼周期时间为主要目标，使其生产效率达到8000 ~ 10000t/(t · a)。

表5　某些国家（地区）转炉、电炉的废钢消耗量比较

国家及地区	转炉吨钢废钢消耗量/kg · t^{-1}	电炉吨钢废钢消耗量/kg · t^{-1}
中国大陆（2002）	109	760
韩国（2003）	98	977
印尼（2003）	—	726.7
泰国（2003）	—	823.3
中国台湾（2003）	133	1090
日本（2002）	90	1045

（3）中国电炉合金钢生产流程的发展任重道远。20世纪90年代以来已有一批国际先进水平的作业线建成并达到了很高的运行水平，但是不少电炉合金钢厂缺乏综合竞争力，其主要原因之一是没有理顺生产流程，没有明确的主导产品。看来，应该摆脱传统单项“攻关”意识的束缚，要从全局出发，特别是以理顺电炉合金钢厂整个生产流程为主要手段，实现降低成本、提高生产效率、节能降耗、稳定地提高质量、环境友好等多目标优化，而不是只强调某一钢种、某一性能指标的“攻关”。在新世纪前10年内，面向机械制造、汽车制造的合金钢长材厂应该加速全流程的协同改造；同时，也要在适当的地区、适度发展不锈钢薄板作业线。上述发展重点应以当代最先进的技术装置为基础，以大企业的合理布局为前提。

（4）中国许多电炉钢厂在环境方面“欠账”很多，应该在技术改造、生产管理中采取有效措施，并结合节能降耗逐步解决；进而使电炉流程钢厂在循环经济的推进过程中，谋求更积极、更重要的角色。

（5）中国在发展现代电炉流程的过程中已经相应地淘汰了一大批落后工艺、装备，效果明显，但还不彻底。进入新世纪，应该进一步提高淘汰落后的“门槛”值，加速淘汰落后的进程，例如吨位小于50t的电炉（不包括年产可达60万吨左右的50t电炉），与钢锭开坯对应的横列式轧机，小钢锭模铸工艺等都应作为加速淘汰的对象。加速淘汰落后工艺、落后装备应是我国电炉钢厂现代化的重要措施之一，也是解决环境污染的有效措施之一。

Thinking on Developing Modern Electric Furnace Route in 21st Century

Ruiyu Yin

(Central Iron and Steel Research Institute, Beijing, 100081, China)

Abstract　This paper reviews some problems of evaluating and analyzing on modern electric furnace route and engineering discussed in early 1990s; evaluates the progress and achievements of modern electric furnace thereafter in China through importing advanced technologies and autonomous integrating processes, as well as presents main problems existed; clarifies the essence and elements, the dynamic resources and some theoretic subjects such as operative dynamics in production of electric furnace route. In final, the view of developing EAF route in China is perspective discussed.

Key words electric furnace route, progress, problem, theory, perspective

关于新一代钢铁制造流程的命题*

摘　要　21 世纪钢铁工业面临的是一种最新形式的综合性挑战，它包括了经营成本、产品质量与性能、生产效率与合理规模、能耗与过程排放、环境与生态等多目标群优化。这些挑战，主要应从钢厂生产流程整体优化来解决。

新一代钢铁制造流程的研究内涵应包括：高效率、低成本的洁净钢生产平台技术，工序间动态－有序运行的“界面技术”，流程工程集成技术，系统、高效的能源转换技术，废弃物再资源化技术，产业链接技术，流程物理模型与虚拟现实技术。

总之，要通过钢铁制造流程的研究开发，拓宽钢厂生产流程的功能，即钢铁产品的制造功能、能源转换功能和废弃物再资源化功能，增强市场竞争力和可持续发展能力。

关键词　钢铁生产　制造流程　整体优化

从总体上看，流程制造业实际上是整个制造业的“前工序”。流程制造业的发展与不同国家、不同地区的资源、能源有着密切关系。当然，也与人口数量、人口状况有着密切的关系。中国人口众多，制造业门类齐全，流程制造业是国家工业化、现代化的必备基础。因此，仍然需要关注流程制造业的发展与创新。

1　为什么要重视“流程”研究

1.1　时代的挑战

（1）21 世纪钢铁企业面临的挑战已不仅是产品的质量、性能问题，也不仅是产量和生产效率问题，而是一种最新形式的综合性挑战；它包括了经营成本、产品质量与性能，生产效率与合理规模、能耗与过程排放、过程灵活控制、环境与生态等多目标群优化的挑战。要认识并解决这类多目标优化的挑战，不能从某一产品的材料学问题来解决，也不能靠某一工艺装置的工艺学问题来解决；主要应从生产流程整体优化来解决。

（2）流程制造业进入 21 世纪后，在信息技术蓬勃发展的影响下，在制造流程的工程设计、生产运行和经营管理上面临着如何充分利用以计算机为核心的信息技术的挑战，钢铁制造流程的整体信息化应该是在制造流程重组优化基础上的信息化，应该是物质流、能量流、信息流之间互动的综合信息化。钢厂也面临环境－生态问题的挑战以及如何积极主动地实现生态化转型，进而融入循环经济社会中去……这些命题不能只从某一产品的研究来解决，也不能只从某一装置的工艺学来解决，而只能从流程整体的过程工程的层面上来解决（表 1）。

* 原发表于《上海金属》，2006，28（4）：1～5，13。

表1　不同层次的过程及其时-空尺度范围

过　　程	时间尺度/s	空间尺度/m
分子/电子	$<10^{-5}$	$<10^{-10}$
流体力学与传递	$10^{-3}\sim10^{1}$	$10^{-9}\sim10^{1}$
化学反应及催化剂	$10^{-5}\sim10^{3}$	$10^{-11}\sim10^{-2}$
反应器	$10^{-4}\sim10^{4}$	$10^{-3}\sim10^{2}$
工厂（流程）	$>10^{4}$	$>10^{1}$

1.2　制造流程具有集成性平台作用

对流程制造业而言，为了制造某类、某一产品，必须通过由功能不同的工序串联起来构成的制造流程，并通过流程的协同运行，才能生产出来。从这个角度上看，是产品引起了制造流程的构成；然而，流程一经确定，其功能就不再只是为了生产某类、某一产品。因为流程的决定还取决于资源、能源、运输、市场容量、环境以及其他社会条件；同时流程运行的结果，也不只是产品，至少还有副产品和过程排放物等。当然，流程的确定还受到工艺技术，装备性能、效率等因素的强烈影响。

总的看来，产品将在很大程度上决定制造流程，但反过来，制造流程一经确定，就蕴涵着不同层次多种因素的“耦合-集成性”和发挥多种功能的“平台性”（图1）。

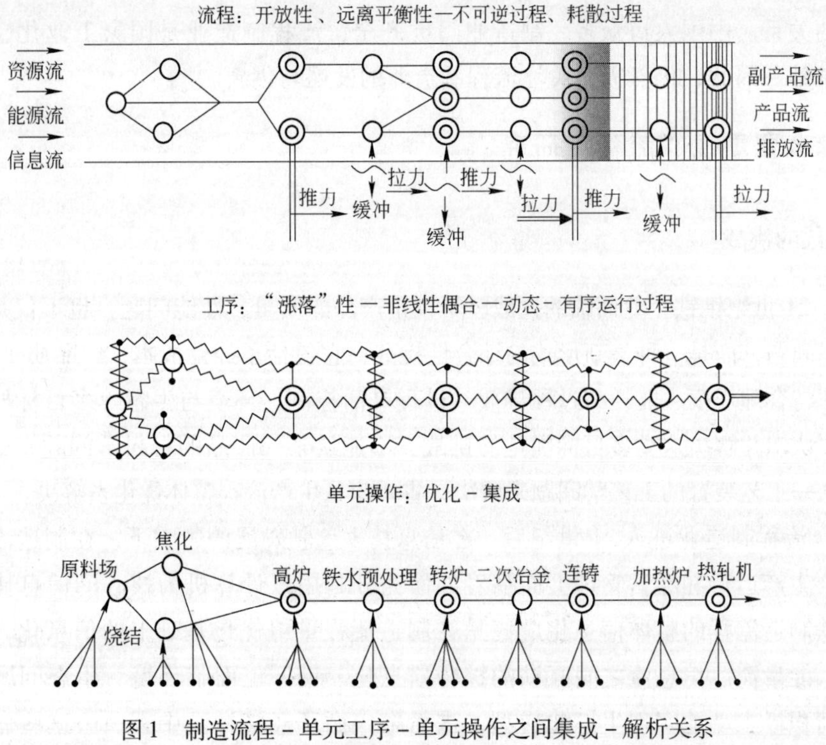

图1　制造流程-单元工序-单元操作之间集成-解析关系

制造流程将涉及钢厂的结构与功能，并将引导钢厂发展模式的取向。新世纪内钢铁工业（流程制造业）的进一步发展有赖于这类大尺度-多层次问题的解决。其中既包括了工程理论问题、工程设计问题，又包括了生产技术问题、运行调控问题和环境-生态问题等。

制造流程对于相应的流程制造业而言，具有根本重要性，随着时代的进步，文明的发展，应该用新的理念、新的思维来研究新一代的制造流程。

1.3 流程研究既有工程问题也包括科学技术问题

流程研究既有工程问题，也有科学问题，其层次性分析见表2。

表2 钢铁生产工艺流程在科学认识上的层次性分析

科学性质分类	研究尺度	研究方法		层次	设定的系统特征	控制
		白箱	黑箱			
基础科学	原子/分子	原子/分子	系统背景	微观	孤立系统：与外界没有物质、能量交换，可逆过程——平衡状态	
技术科学	场域/装置	场域/装置	分子/流程	中（介）观	开放系统：与外界有物质和能量交换	PLC/MIS
工程科学	流程/复杂系统	流程/工序关系	分子/场域	整体/系统	开放系统：与外界有物质和能量交换，不可逆过程——远离平衡态	MIS/CIMS

2 新一代钢铁制造流程的功能和目标

2.1 钢厂制造流程功能的进展

长期以来，钢铁制造流程的功能被天经地义地确定为制造钢铁产品，其中包括了从形状上分的长材（棒材、线材、型材、丝材等）、平材（薄板、中板、厚板等）和管材（无缝管、焊管），当然其中也包括了相应的各种钢类、钢号。为了大批量、经济地制造这些钢铁产品，钢厂的制造流程不断发生演变与革新，特别是不少单元工序在工艺上、装备上革命性变革的推动下（例如氧气转炉、钢水精炼、铁水预处理、大型电炉、连续铸锭、连续轧制等先进工艺、装备的发展和贝塞麦转炉、托马斯转炉、平炉、小电炉、混铁炉、模铸、初轧机、开坯机的相继被淘汰），使得钢厂制造流程发生了巨大的变化（见图2）。

由于钢厂制造流程的结构和工艺技术特性，使钢厂具有以下特点：

（1）资源密集、能耗密集。在钢铁联合企业内，每吨钢将消耗0.6~0.8t标煤、1.50~1.55t铁矿石、80~150kg废钢、3~8t新水；由此形成了大量的物质、能量的输入与输出。

（2）生产规模大、物流吞吐大。现代化钢厂的基本级别已经大致地分为年产钢800万~1000万吨，600万~800万吨，300万~400万吨及100万~200万吨等级别；由此伴随着巨大的资金流。

（3）制造流程工序多、结构复杂。由此可形成若干产业链接关系，其中必然涉及时-空因素。

（4）制造流程中伴随着大量物质和能量排放，并形成了复杂的环境界面，其中蕴含着诸多“3R”的可能性。

钢厂的上述特点，特别是物质、能量、资金、时间、空间等五因素高度集中，启发了对钢厂功能拓展的思考，结合钢铁工业环境保护、清洁生产、绿色制造的研究（图3），我们认识到在未来的发展过程中，钢厂由于其制造流程的特点，应该具有三类功能——钢铁产品制造功能，能源转换功能和排放物、废弃物处理、再资源化功能（图4），并通过功能的拓展融入循环经济社会中去（图5）。

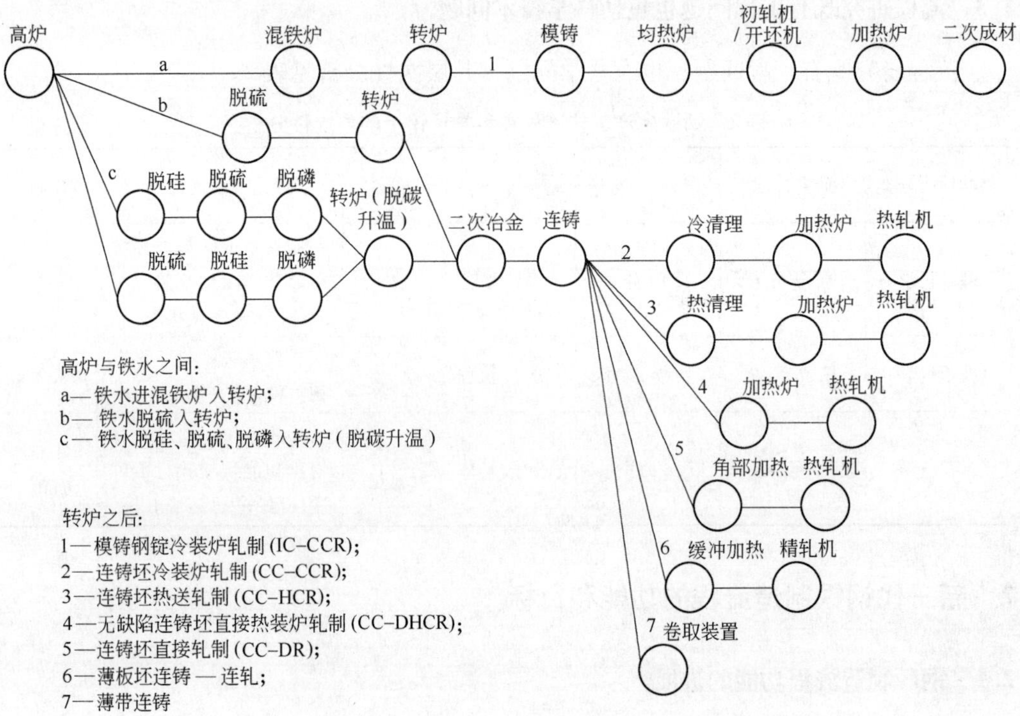

图2 20世纪50年代以来钢铁生产流程的演进

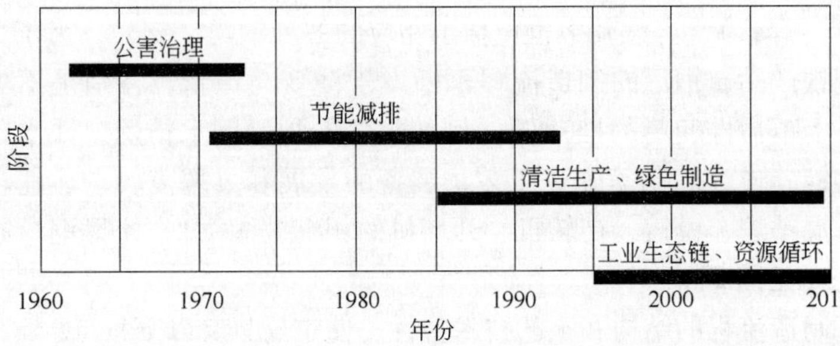

图3 钢铁工业环境保护的发展进程示意图

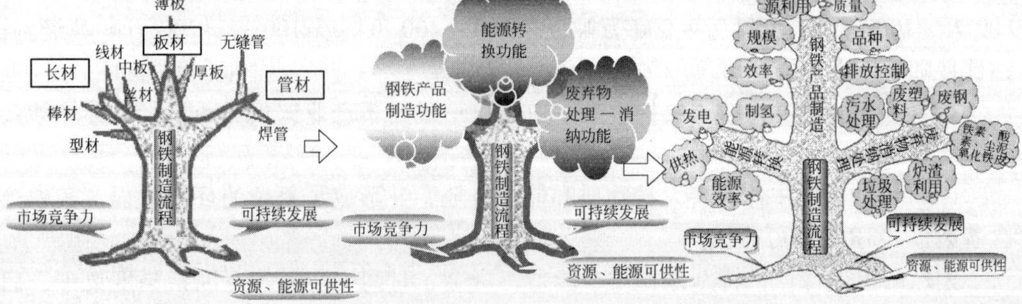

图4 钢厂生产流程功能的演变趋向

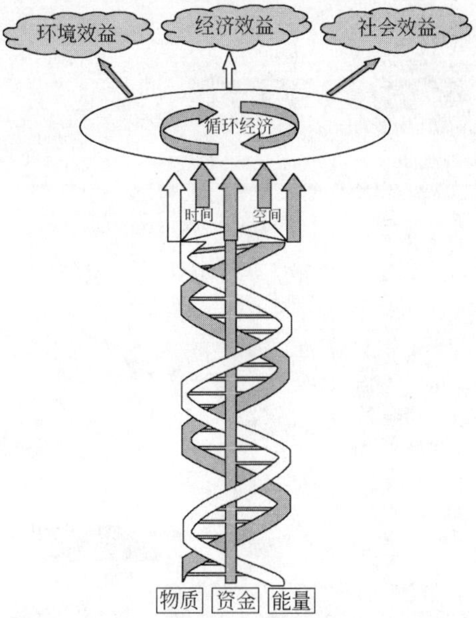

图5 从“3R”出发到“五要素”优化集成－有效地实施循环经济

2.2 新一代钢铁制造流程的目标

研究新一代钢铁制造流程的目标是通过新一代流程的整体集成优化来解决流程系统的功能优化、结构优化和效率优化。进而在更大尺度上解决不同类型钢铁企业的结构－模式、市场竞争力，解决企业的经济效益、环境－生态效益和社会效益。

新一代钢铁制造流程的目标如下：

我国新一代钢铁制造流程研究的重点目标，是要在21世纪的时代背景下，自主集成生产薄板（及其深加工产品）的大型钢铁联合企业的工艺流程和装备，以支持新一代钢铁基地（例如曹妃甸钢厂等）的建设和现有钢厂的改造。在流程整体优化的基础上使我国钢铁工业再节能15%～20%，使钢的使用效率提高5%～15%，解决若干高附加值产品的自主开发和创新问题，新一代钢铁制造流程不仅具有良好的钢铁产品制造功能，而且还具有能源转换功能和废弃物处理和再资源化功能，推动钢厂融入循环经济的进程中去。

作为未来新建的钢铁基地（以800万～900万吨/年全薄板型钢厂为例，见图6）将实现如下目标：

（1）占地面积：8km^{2}左右；

（2）高效率、低成本、大批量地生产高附加值薄板及其深加工产品；

（3）能耗：620～630kgce/t；

（4）新水消耗<3.5t/t钢；

（5）只买煤、基本不买电、不用燃料油；

（6）钢－电－水泥联合生产；

（7）大量消纳处理废塑料、废钢等废弃物；

（8）劳动生产率：1200～1600t/（人·年）（如果不计协力人员，则生产在线人员的劳动生产率将达到约3000t/（人·年）左右）。

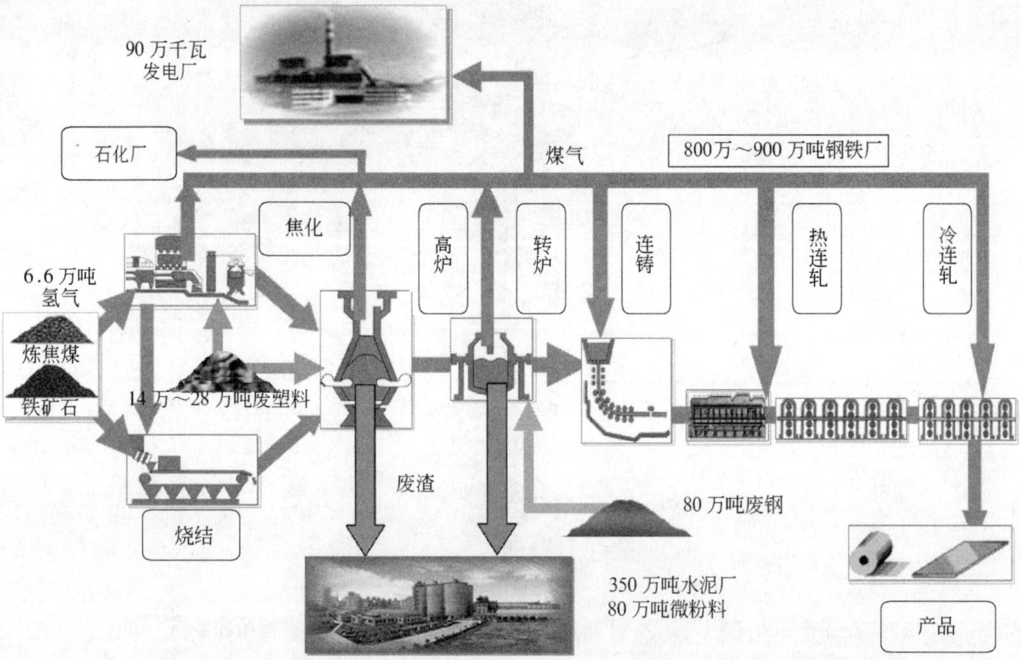

图 6　年产 800 万～900 万吨钢铁联合企业的制造流程及其关联产品

3　新一代钢铁制造流程研究的内涵

由于钢铁制造流程是由功能各异的不同工序串联起来、集成运行的，所以新一代流程不可能也不必要对每一工序的工艺、装置全部进行替代性的更新，来重新构筑完全不同于现有制造流程的新流程。

所谓新一代钢铁制造流程应是建立在若干现有先进工艺、装备的基础上，与新开发的工艺、装备以及新开发的“界面技术”创新性集成起来，而重新构筑的工艺制造流程。其重点是：

（1）共性平台技术：例如经济、高效的洁净钢生产技术平台等。

（2）动态－有序运行的“界面技术”：即工序之间、车间之间衔接匹配、协同、缓冲技术等，例如高炉—转炉之间的“界面技术”，炼钢—连铸之间的“界面技术”，连铸—热轧之间的“界面技术”，热轧—冷轧之间的“界面技术”等。

（3）流程工程集成技术：例如流程网络（平面图等）的合理配置技术；若干关键装备的自主创新设计和制造技术；物质流—能量流—信息流动态－有序的信息调控技术等。

（4）系统、高效的能源转换技术：例如 CDQ、TRT、CCPP 等发电技术，能源梯级利用技术，甚至包括万吨级制氢技术等。

（5）废弃物资源化利用技术：包括废钢、废塑料、废轮胎等废弃物的消纳、处理等。

（6）产业链接技术：包括钢厂－水泥厂－发电厂－石化厂－化工厂（化肥、制盐）－造船－集装箱制造－物流业等循环经济示范区的建设。

（7）流程物理模型和虚拟现实技术：包括钢厂流程动态－有序运行的物理本质研究以及基于模型动态优化、信息和可视化技术的虚拟现实等。

总之，新一代钢铁制造流程的研究开发，要体现自主创新的精神，要体现钢厂功能的拓展，实现钢铁产品制造功能、能源转换功能和排放物、社会废弃物消纳—处理、再资源化功能。

Topics of New Generation Steel Manufacturing Process

Ruiyu Yin

(Central Iron and Steel Research Institute, Beijing, 100081, China)

Abstract The steel industry in the 21st century faces a challenge to achieve a comprehensive optimization of operational cost, quality and performance of product, production efficiency and scale, energy consumption and discharge in production process, environment and ecology. The goal will be reached mainly through optimizing production process as a whole.

The research of new generation steel manufacturing process of steel plant should cover: platform technology for producing clean steel with high efficiency and low cost; "interfacing" technology for dynamic and orderly operation between production processes; technology of integrating production processes in terms of engineering; technology for energy conversion systematically and efficiently; technology for recycling wastes; technology for linking-up of interrelated industries; technology for molding and virtual reality of production process.

In a word, research and development on the above-mentioned technologies should be carried out to broaden the functions of steel manufacturing process-manufacturing function of steel product, function of energy conversion and function of waste recycling, which will enhance enterprises' competitiveness and sustainability.

Key words iron and steel production, manufacturing process, optimizing production process as a whole

适用于冷轧薄板类钢种的合理炉外精炼工艺的探讨*

摘　要　炉外精炼过程钢液氧含量对脱硫效率影响显著，对冷轧薄板钢种如在LF中进行深度脱硫，由于必须将钢液氧含量降至很低水平，容易造成钢中硅含量超标等问题。采用LF工艺不能很好地解决既能强烈搅拌钢水促进夹杂物去除又能防止钢水被炉渣和炉气氧化的矛盾，因此须对炉渣进行还原改质处理，同时会导致生产成本增加和转炉连铸机生产节奏变慢等问题。采用CAS和RH精炼工艺能够在防止钢水被炉渣和炉气氧化的前提下，强烈地搅拌钢水以促进夹杂物上浮，生产节奏也能适应大型转炉炼钢和快速板坯连铸需要。对于LCAK、ELC、ULC等冷轧薄板钢种，应以采用CAS和RH精炼工艺方法为主导。

关键词　冷轧薄板　炉外精炼　脱硫

近年来国内大多数钢铁企业进行了改、扩建，许多钢厂由主要生产普通长材转为生产板材，包括冷轧薄板产品。冷轧薄板多为低碳、超低碳铝脱氧钢，要求具备良好的冲压加工性能和表面质量，对钢中C、Si、S、O等的控制与普通长材和热轧钢板有较大不同。此外，生产冷轧薄板钢种一般采用较快的连铸拉速，因此要求精炼装置的生产节奏能够与快拉速连铸相适应。本文通过对冷轧薄板钢种成分控制特点，钢氧含量控制对脱硫反应的影响，LF、CAS、RH等炉外精炼工艺装置的功能特点分析等，对适用于冷轧薄板钢种生产的合理炉外精炼工艺进行研究探讨。

1　冷轧薄板钢种成分控制特点

除不锈钢、电工钢等特殊钢种之外，绝大多数冷轧薄板钢种可根据碳含量和钢板的冲压性能，分为3类：（1）低碳铝脱氧钢（LCAK），w(C) 为0.02% ~0.06%；（2）微碳钢（ELC），w(C) 为0.01% ~0.02%；（3）超低碳钢（ULC），w(C) ≤0.0035%，也称为无间隙原子钢（IF钢）。表1为上述3类钢的大致化学成分（质量分数）范围。

表1　冷轧薄板主要钢类的化学成分　（%）

钢类	冲压级别	C	Si	Mn	P①	S	Al_s	N	Nb	Ti
LCAK	DQ或DDQ	0.02 ~ 0.06	≤0.03	0.10 ~ 0.30	≤0.020	≤0.015	0.02 ~ 0.07	≤0.004		
ELC	DDQ	0.01 ~ 0.02	≤0.03	0.10 ~ 0.30	≤0.020	≤0.015	0.02 ~ 0.07	≤0.004		
ULC	EDDQ	<0.0035	≤0.03	0.10 ~ 0.30	≤0.020	≤0.015	0.02 ~ 0.07	≤0.003	0.02 ~ 0.04	0.03 ~ 0.06

①某些高强度汽车钢板用ULC类钢的 w［P］高于此范围。

* 本文合作者：王新华。原发表于《钢铁》，2007，42（5）：1 ~6。

1.1 碳含量控制

碳对冷轧薄板的强度和冲压性能影响最大，随碳含量的减少，钢板强度降低，反映冲压性能的伸长率、平均塑性应变比（$\bar{r}$）等提高。对于要求超深冲性能的超低碳钢，以间隙原子固溶态存在的碳会阻碍钢板退火后{111}织构发展，降低冲压性能，此外还会增加时效。因此，对于超深冲性能钢板，要求 $w([C])$ 低于0.0035%，并通过添加 Ti 或 Nb，将以间隙原子固溶态存在的碳转变为稳定的碳化物。

1.2 硅含量控制

硅含量增加会提高薄板的强度，降低冲压性能。此外，冷轧薄板含较高硅时，表面容易生成氧化物“红锈”，对后续热镀锌工序造成困难。因此，绝大多数冷轧薄板钢种要求硅的质量分数低于0.03%。

1.3 磷含量控制

磷对大多数钢种是有害元素。但是，由于冷轧薄板钢种的碳、硅、锰含量低，钢板具有非常好的塑性，因此磷对冷轧钢板加工性能的影响程度较低，LCAK、ELC 类钢种磷的质量分数低于0.015%即可满足钢板性能要求。须指出的是，近年来由于铁水预处理和转炉炼钢工艺改进，一些钢厂生产的冷轧薄板磷含量较低（$w([P])\leqslant 0.01\%$），但这并不是为保证钢板性能而特意要求的。

对于超低碳 IF 钢，由于碳含量极低，磷在钢晶界处偏析，会加重钢板的二次加工硬化倾向。目前，对高品质 IF 钢有追求低磷、超低磷化的趋势，一些超低碳 IF 钢种，$w([P])$ 要求低于0.01%。

1.4 硫含量控制

与磷对冷轧薄板性能的影响相类似，由于冷轧薄板钢种碳、硅、锰含量低，硫对钢板延性的不良影响程度显著降低。与高强度热轧钢板（尤其是中厚板）要求低硫、超低硫的情况所不同，对于绝大多数冷轧薄板钢种，硫的质量分数低于0.015%即可满足性能控制要求。目前一些钢厂生产冷轧薄板，由于铁水预处理和转炉炼钢工艺改进，硫含量较低（$w([S])\leqslant 0.01\%$），但这也并不是为保证钢板性能而特意要求的。

1.5 氮含量控制

冷轧薄板冲压性能随氮含量增加而降低，对于要求超深冲性能 IF 钢，以间隙原子固溶态存在的氮会增加钢板时效硬化，因此要求超低氮控制（$w([N])\leqslant 0.003\%$），并须加入适当 Ti 或 Nb 将固溶氮转变为稳定的氮化物或碳氮化物。LCAK、ELC 类冷轧钢种一般要求 $w([N])\leqslant 0.004\%$。

1.6 氧含量控制

冷轧薄板钢种均为铝脱氧钢，加入铝进行脱氧后，脱氧前钢液溶解氧［O］几乎全部转变为以脱氧产物 Al_2O_3 形式存在的氧。由于溶解氧 $w([O])$ 仅 $1\times10^{-6}\sim3\times10^{-6}$，因此可以用钢的总氧 T［O］含量反映钢中非金属夹杂物的含量。非金属夹杂物控制对冷轧薄板的表面质量有重要影响，以日本原川崎制铁公司生产汽车钢板为例，该厂的控制标准为：当连铸中间包钢水 $w(T[O]) < 0.003\%$，产品可不检验直接交货；$w(T[O])$在 $0.003\% \sim 0.005\%$，必须对钢板进行检查后方能交货；而当 $w(T[O]) > 0.0055\%$时，钢板则必须降级使用。

2 冷轧薄板钢硫含量控制策略

如前所述，对于绝大多数冷轧薄板钢种，$w([S])$低于 0.015% 即可满足性能要求。目前国内一些由长材转为生产板带材的钢厂，在冷轧薄板钢种硫含量控制方面有偏差，主要表现为：(1)过于追求超低硫含量，如一些钢厂将冷轧钢种 $w([S])$控制在 0.007% 以下，有的甚至刻意追求 $w([S]) \leqslant 0.003\%$；(2)采用 LF 炉外精炼工艺对冷轧钢种进行炉外精炼脱硫。

图 1 为德国蒂森－克虏伯钢铁公司等对典型钢种采用的硫含量控制策略。可以看到，对于以 IF 钢为代表的冷轧钢种，主要在铁水预处理阶段进行脱硫，将 $w([S])$由大约 0.040% 脱除至 0.006%。在转炉炼钢过程钢液 $w([S])$回升至大约 0.01%，而在随后炉外精炼中不再进行脱硫。

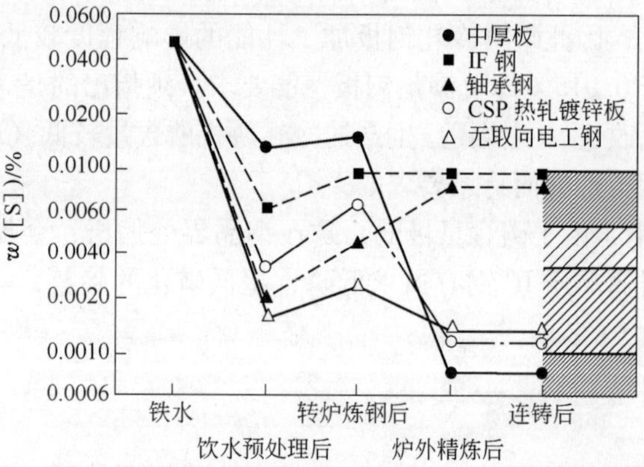

图 1 德国蒂森－克虏伯公司典型钢种的 $w([S])$控制策略

LF 精炼能够进行电加热升温和造渣，对钢液进行脱硫精炼。对冷轧薄板钢种通常之所以不宜采用 LF 工艺进行脱硫，主要是由其化学成分的控制特点（例如 $w([C])$、$w([Si])$、$w([N])$升高等）以及成本高、生产节奏慢等方面的因素所致，以下对此加以简要分析。

炉外精炼过程钢液脱硫反应可表示为：

$$[S] + (O^{2-}) = (S^{2-}) + [O] \tag{1}$$

Richardson 通过式(2)表示的化学反应平衡给出了炉渣硫化物容量的定义：

$$1/2\ S_2(g) + (O^{2-}) = (S^{2-}) + 1/2O_2(g) \tag{2}$$

式(2)反应平衡常数式为：

$$K_2 = \frac{a_{S^{2-}}}{a_{O^{2-}}} \times \sqrt{\frac{P_{O_2}}{P_{S_2}}} = \frac{f_{S^{2-}}w(S)}{a_{O^{2-}}} \times \sqrt{\frac{P_{O_2}}{P_{S_2}}} \tag{3}$$

Richardson 定义了炉渣的硫化物容量 C_S，即：

$$C_S = \frac{K_2 a_{O^{2-}}}{f_{S^{2-}}} = w(S)\sqrt{\frac{P_{O_2}}{P_{S_2}}} \tag{4}$$

当温度一定时，硫化物容量 C_S 只与炉渣组成有关，C_S 可以反映炉渣的脱硫能力。由式(1)和(2)可以得到式(5)表示的化学反应：

$$[S]+1/2O_2(g)=\!=\!=[O]+1/2\ S_2(g) \quad (5)$$

式(5)反应平衡常数式为：

$$\lg K_5=\lg\left(\frac{a_{[O]}}{a_{[S]}}\cdot\sqrt{\frac{P_{S_2}}{P_{O_2}}}\right)=1.467-\frac{828.6}{T} \quad (6)$$

由式(4)和(6)可以得到：

$$\lg L_S=\lg\frac{w(S)}{w([S])}=1.467-\frac{828.6}{T}+\lg f_{[S]}+\lg C_S-\lg a_{[O]} \quad (7)$$

式中，$f_{[S]}$ 为钢液中[S]的活度系数；$a_{[O]}$ 为钢液中[O]活度。

由式(7)可以看到，除与炉渣的 C_S 有关外，脱硫反应与钢液氧活度有非常大的关系。欲获得高脱硫效率，必须将钢液氧活度即溶解氧含量控制得非常低。

Sommerville 等研究得出了 C_S 与炉渣光学碱度 Λ 的关系式(8)，其中光学碱度 Λ 可由式(9)算出：

$$\lg C_S=\frac{22690-54640\Lambda}{T}+43.6\Lambda-25.2 \quad (8)$$

$$\Lambda=\frac{\sum iX_{A_xO_{iy}}\cdot\Lambda_{A_xO_y}}{\sum iX_{A_xO_y}} \quad (9)$$

式中，i 为炉渣氧化物组元 A_xO_y 氧原子个数；$X_{A_xO_y}$ 为氧化物组元摩尔分数；$\Lambda_{A_xO_y}$ 为氧化物组元计算光学碱度。

对炉外精炼脱硫渣系已有很多研究，目前绝大多数采用 $CaO-Al_2O_3-SiO_2$ 渣系。原日本钢管公司小倉康嗣等研究得到的合理脱硫渣系为 $CaO:SiO_2:Al_2O_3=60\%:10\%:30\%$，神户制钢公司藤本英明等研究得到的合理脱硫渣系为 $CaO:SiO_2:Al_2O_3=60\%\sim65\%:4\%\sim6\%:30\%\sim35\%$。

以表2所示国内某钢厂生产 $w([S])\leqslant0.001\%$ 超低硫钢时的炉渣成分为例，由式(9)可以得到该成分炉渣的光学碱度 $\Lambda=0.783$。将其代入式(8)，可以得到炉渣的硫化物容量 $\lg C_S=-1.789$。

表2　LF精炼终渣成分　(%)

组元	CaO	SiO_2	Al_2O_3	CaF_2	MnO	MgO	P_2O_5	S	Fe_tO
质量分数	57.79	8.25	25.41	1.95	0.14	4.88	0.02	0.132	0.48
摩尔分数	65.38	8.72	15.81	1.59	0.13	7.68	0.01	0.26	0.42

超低硫钢液中[S]和[O]的活度系数均可近似为1，将计算得到的 C_S 代入式(7)，可以得到炉外精炼过程硫在渣/钢间分配比与钢液氧含量的关系(图2)。可以看到，若要得到高脱硫率，必须将钢液氧含量降至很低。如在进行超低硫精炼时，希望 $w(S)/w([S])$ 大于250，则与此平衡的 $w([O])$ 必须在0.0008%以下。由于实际化学反应与平衡还有距离，因此钢液 $w([O])$ 须脱除至0.0001%～0.0003%。为此除采用强直接脱氧之外($w([Al])\geqslant0.025\%$)，还必须采用高碱度炉渣和强扩散脱氧，将炉渣 Fe_tO 含量也降低至0.4%～1.0%。

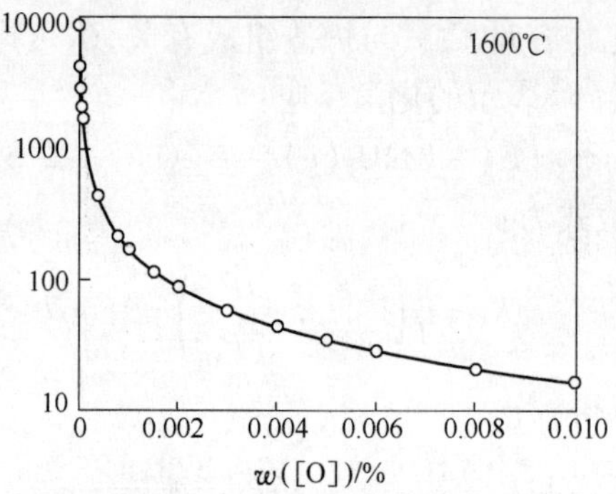

图2　计算得到的硫平衡分配比与钢液 $w([O])$ 关系

图 3 为国内某钢厂对冷轧钢种采用 LF 精炼脱硫，钢液氧、硫、硅和炉渣(Fe_tO)含量随精炼时间的变化。为了获得高脱硫效果，对钢液和炉渣分别采用了强直接和扩散脱氧，在 LF 精炼开始后 15 min 内，炉渣 Fe_tO 质量分数由 17% 降至 1.5%，并在 20 ~ 25 min 时降至 1% 左右。

由图 3 看到，在炉渣 Fe_tO 的质量分数降至 1.5% 以下后，渣中的 SiO_2 开始被还原，导致钢液硅含量开始上升，精炼至 25 min 后，硅的质量分数增至 0.03% 以上，超过了冷轧钢种硅含量常规控制上限。冷轧薄板钢种如硅含量超标，钢板屈服强度/抗拉强度比值增高，会降低钢板的冲压性能。此外，还会影响镀锌钢板镀层与基板的粘附性，镀层容易脱落。

除硅含量控制问题之外，采用 LF 精炼工艺生产冷轧薄板钢种，精炼后钢液氮含量通常会有较大增加，碳含量也会有所提高，这对冷轧薄板的冲压性能是不利的。有文献曾对采用 LF 和 CAS 精炼工艺生产冷轧薄板钢种各 2000 多炉数据进行统计，采用 LF 精炼生产冷轧钢种，碳、氮的质量分数平均分别为 0.0409% 和 0.0045%，而采用 CAS 工艺生产的冷轧钢种的碳、氮的质量分数分别为 0.0343% 和 0.0030%。

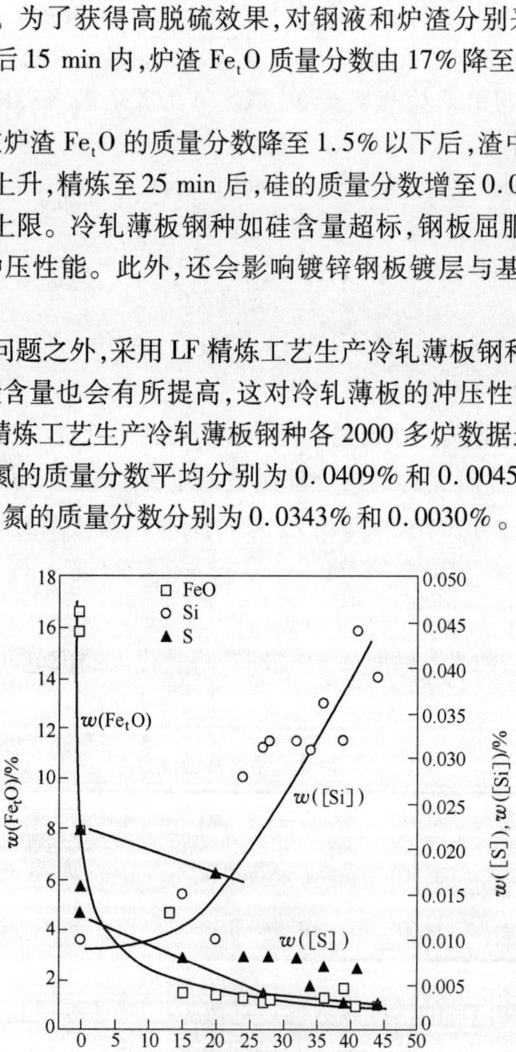

图3　LF 精炼过程钢液硅、硫和炉渣(FeO)含量变化

综上所述，对于绝大多数冷轧薄板钢种没有必要追求过低硫含量的控制，即便对某些钢种希望得到低硫或超低硫，也应尽量在铁水脱硫预处理或转炉炼钢工序采取措施，分别强化脱硫预处理和防止转炉回硫，从技术和经济上看，不宜将炉外精炼工序作为主要脱硫手段。

3 适用于冷轧薄板钢种的炉外精炼工艺分析

上文已论述到,冷轧薄板钢种绝大多数为铝脱氧钢,向钢液中加入铝后,式(10)所表示的脱氧反应立即发生,式(11)引自文献。由于铝具备强脱氧能力,在2~3 min之内,钢液溶解氧的质量分数即会降至0.0001%~0.0003%,钢中绝大多数溶解氧转变为Al_2O_3夹杂物,而此后钢中Al_2O_3夹杂物的聚合、上浮、去除则成为提高钢水洁净度的关键。

$$2[Al]+3[O]=\!=\!=Al_2O_3(s) \tag{10}$$

$$\Delta G^{\ominus}=-1209594+395.3\ T \tag{11}$$

转炉吹炼LCAK冷轧薄板类钢种,终点碳的质量分数一般为0.02%~0.05%,炉渣Fe_tO的质量分数为15%~25%。出钢过程会有部分转炉渣进入钢包,钢包渣Fe_tO的质量分数大致为8%~18%。

在炉外精炼过程加强对钢水搅拌能够促进夹杂物的聚合、上浮,但当钢包渣为氧化性渣时,搅拌会造成钢液[Al]被炉渣Fe_tO氧化,发生式(12)所示反应,反而造成钢中Al_2O_3夹杂物量增多,式(13)引自文献。此外,如对钢液搅拌过强,造成部分钢液"裸露",也会使[Al]氧化,Al_2O_3夹杂物含量增加。对于冷轧薄板钢种,如何既能强烈搅拌钢水,尽量去除钢中非金属夹杂物,同时又能避免由于搅拌过强造成钢液被氧化性炉渣和炉气"二次氧化",是一个需要很好加以解决的"矛盾"。以下以LCAK钢为例,对LF、钢水包吹氩搅拌、CAS和RH精炼工艺的适应性加以分析说明。

$$2[Al]+3(FeO)=\!=\!=(Al_2O_3)+3Fe \tag{12}$$

$$\Delta G^{\ominus}=-533094+271.4T \tag{13}$$

3.1 LF工艺适用性分析

图4为LF精炼装置示意图。日前大多数LF炉采用较强的抽烟气风机,钢包炉内为负压,因此为氧化性气氛。当采用LF工艺对LCAK钢进行精炼时,必须对包内原有的氧化性炉渣进行还原改质,否则电极弧和底吹氩气产生的钢水搅拌会使[Al]被渣中Fe_tO氧化,生成的Al_2O_3夹杂物降低钢的洁净度,甚至造成连铸水口黏结、堵塞等。

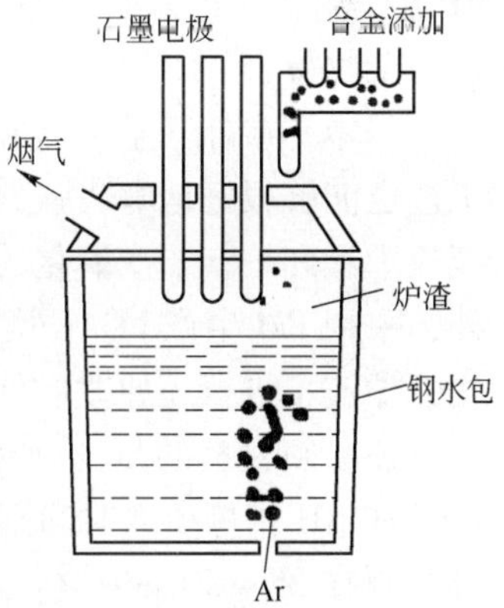

图4 LF精炼装置示意图

目前采用LF工艺对LCAK钢种进行精炼的钢厂,大多采用造"白渣"工艺(也有钢厂造"黄渣"),向炉渣加入铝粒、铝灰等将(Fe_tO)的质量分数降至1.5%以下,为此每吨钢需加入1 kg以上铝,增加了生产成本。此外,即便造"白渣",采用LF精炼也不宜对钢液进行强烈底吹氩搅拌,以免上表面钢液"裸露"造成[Al]氧化。由此可知,LF工艺不能很好解决强烈搅拌钢水促进夹杂物上浮和防止钢液被炉渣或炉气二次氧化的矛盾。

3.2 钢包吹氩搅拌工艺适用性分析

目前有些钢厂采用钢水包吹氩搅拌方法对LCAK钢进行精炼,该工艺简便、成本低,但必须对包内炉渣进行还原改质,否则在吹氩搅拌时会发生式(12)所示反应。另外,如没有对钢水包加盖封闭,搅拌用氩气流量也会受到一定限制,以免造成钢水

"裸露"被二次氧化，这也影响了钢液中 Al_2O_3 夹杂物的上浮去除效率。

3.3 CAS 精炼工艺适用性分析

与 LF 和钢水包吹氩搅拌精炼工艺相比，CAS 精炼方法能够很好地解决强烈搅拌钢水促进夹杂物上浮和防止钢液被炉渣和炉气二次氧化的矛盾。这主要是因为，采用 CAS 工艺进行精炼（图 5），先由钢水包底部吹入氩气，在钢水表面吹出一个无渣"亮面"后，将一耐火材料浸渍罩插入钢液，从而能够将吹氩造成的钢水表面裸露部分与炉渣分隔，并处于罩内 Ar 气氛保护下。由于具有这一特点，即便不对钢包炉渣进行还原改质，也可以采用强吹氩搅拌，而不必顾虑钢水被上表面的氧化性炉渣和炉气氧化，从而能够获得良好的促进脱氧产物 Al_2O_3 聚合、上浮、去除效果，这一点已被日本等国的钢厂和我国宝钢、鞍钢等所证实，这些钢厂近一半的 LCAK 钢种采用 CAS 精炼工艺，生产的铸坯可以达到很高的洁净度。

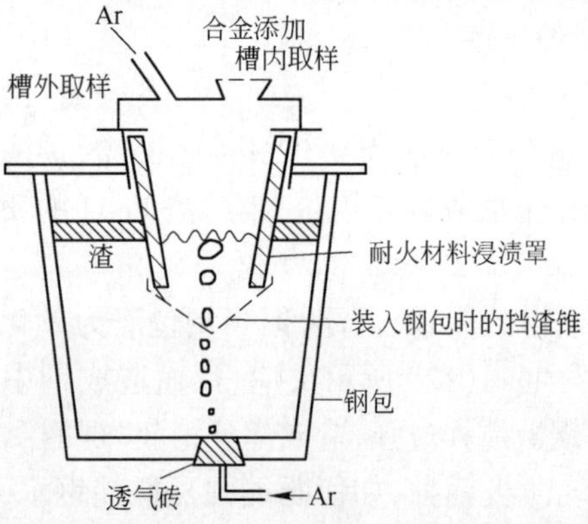

图 5　CAS 精炼装置示意图

3.4 RH 精炼工艺适用性分析

对于 ELC、ULC 类冷轧薄板钢种，必须采用 RH 真空精炼进行深度脱碳，对于少部分 LCAK 类低碳铝脱氧钢，有时也采用 RH 工艺进行炉外精炼。

采用 RH 装置进行炉外精炼（图 6），钢水在真空和提升 Ar 流作用下，进入真空室进行循环脱气，钢水的循环流动促进夹杂物聚合、上浮、去除。钢包内绝大部分炉渣则在真空室外，基本不参加真空室内的反应。与 CAS 精炼类似，RH 精炼工艺也能够很好地解决强烈搅拌钢水促进夹杂物上浮和防止钢液被炉渣和炉气二次氧化的矛盾。目前，除生产某些高级钢种外，采用 RH 生产 LCAK 类钢种时，绝大多数钢厂对钢包内氧化性炉渣不进行还原改质处理。

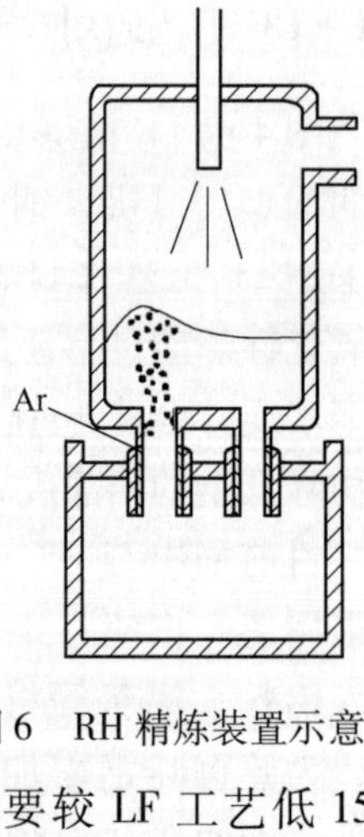

图 6　RH 精炼装置示意图

还必须提及的是，LF 精炼每炉钢水通常需要 45 min，而 CAS 和 RH 精炼所需时间则较短，对 LCAK 钢种的精炼时间均可控制在 25 ~ 30 min 之内，因此在生产节奏方面能够与大型转炉和高拉速板坯连铸适应。此外，CAS 精炼工艺的成本一般要较 LF 工艺低 15 ~ 20 元/t。

综上所述，笔者认为，在转炉生产冷轧薄板类钢种时，如不对炉渣进行改质，采用 LF 精炼工艺不能解决强烈搅拌钢水促进夹杂物去除和防止钢水被炉渣和炉气二次氧化的矛盾。而采用造还原渣工艺，则会增加生产成本并容易造成 [Si] 含量超标以及冶炼周期过长、影响生产效率的提高等问题。CAS 和 RH 精炼工艺能够解决强烈搅拌钢水促进夹杂物上浮与防止钢水被炉渣和炉气二次氧化的矛盾，生产节奏也能适应大型转炉炼钢和高拉速板坯连铸工艺的需要，CAS 精炼还具有生产成本低等优点。因此，对于 LCAK、ELC、ULC 等冷轧薄板钢种，应尽量采用 CAS 和 RH 精炼工艺方法。

4 结论

（1）炉外精炼过程钢液［O］含量对脱硫效率影响显著，对冷轧薄板钢种如在 LF 精炼阶段进行深度脱硫，必须将钢液［O］含量降至很低水平，但容易造成［Si］含量超标等问题。

（2）采用 LF 工艺不能很好地解决强烈搅拌钢水促进夹杂物去除与防止钢水被炉渣和炉气二次氧化的矛盾，因此必须对炉渣进行还原改质处理，这会使生产成本增加，并容易造成钢中［Si］含量超标、冶炼周期延长、影响连铸机多炉连浇等问题。

（3）采用 CAS 和 RH 精炼工艺能够在防止钢水被炉渣和炉气二次氧化的前提下，强烈地搅拌钢水以促进夹杂物上浮，其生产节奏也能适应大型转炉炼钢和高拉速板坯连铸需要。对于大型转炉生产 LCAK、ELC、ULC 等冷轧薄板钢种，应以采用 CAS 和 RH 精炼工艺方法为主导。

Discussion on Proper Secondary Refining Methods of Steel Grades for Cold Rolled Sheets

Ruiyu Yin[1], Xinhua Wang[2]

(1. Central Iron and Steel Research Institute, Beijing, 100081, China;
2. School of Metallurgical and Ecological Engineering, University of Science and Technology Beijing, Beijing, 100083, China)

Abstract $w([O])$ in liquid steel largely influences the desulphurization rate during ladle refining. To make high desulphurization rate of steels in ladle furnace refining for cold rolled sheets, $w([O])$ has to be decreased to a very low level, which easily results in $w([Si])$ out off the specification range of the steels. If LF refining is applied to the steels for cold rolled sheets, the contradiction between stirring the liquid steel to accelerate removing of non-metallic inclusions and preventing reoxidation of the steel by oxidizing slag and the atmosphere is occurred. Hence, high reducing slag should be made, which increases the production cost and slows down the production paces of BOF and continuous casting owing to the increase of the LF refining time. Different from LF, using CAS and RH refining methods, the liquid steels can be strongly stirred while the reoxidation of the steels by the oxidizing slags and atmosphere can be prevented. Also, the production paces of CAS and RH are quicker and easier to match with the paces of BOF and slab continuous casting. So, CAS and RH should be chosen as the main refining methods for producing steels for cold rolled sheets.

Key words cold rolled sheets, secondary refining, desulphurization

关于钢铁制造流程的研究*

摘　要　在认识钢铁制造流程的动态运行过程中，会遇到不同层次、不同时－空尺度的科学问题。即微观层次（原子/分子尺度）上的基础科学问题，介观层次（场域/装置尺度）上的技术科学问题和宏观层次（制造流程尺度）上的工程科学问题。在钢厂的生产运行过程中，这三个层次上的问题是相互关联并耦合－集成在一起的。在新世纪内应高度注意这类科学问题的研究。

钢铁制造流程动态运行的物理本质是：一种多因子“流”按照特定的“程序”，在一个复杂网络（流程系统的框架，例如钢厂总平面布置图等）中的流动运行现象。这是属于一类开放的不可逆过程，即物质、能量的转换与耗散过程。

“流”的行为（特别是碳素流的行为）研究，引起了对钢铁制造流程功能拓展的思考。即钢铁制造流程的功能，不仅是冶金－材料制造功能，还须包括能源转换功能和某些废弃物的消纳—处理和再资源化功能。

对钢铁制造流程的结构－功能－效率进行深入的研究，可系统地、准确地从工程科学层面上对其进行概括、抽象和动态描述，将对工程设计的思维逻辑、企业技术改造的指导思想，钢厂转型和新建钢厂的理念都会发生重要的影响。

关键词　钢铁制造流程　科学层次　物理本质　功能拓展

21世纪的钢铁工业特别是发展中国家的钢铁工业，一方面存在着进一步发展的机遇；另一方面也必须看到，全球的钢铁工业都面临着挑战，主要表现在市场竞争力和可持续发展两方面。要总体上解决这些问题，钢铁企业必须从制造（生产）流程优化这一根本性问题上来思考战略。

1　流程的含义

1.1　过程与制造流程

所谓过程可视为事物在给定的外界条件下从始态到终态的变化。这种从始态到终态的变化包括了不同层次、不同尺度、不同结构上的变化。

过程与流程的区别在于：过程是不同层次、不同尺度、不同结构条件下，事物在给定外界条件下从始态到终态变化的泛称。

制造流程则往往特指在工业生产条件下由不同工序和不同装备所组成的制造过程的整体集成系统。从时间－空间角度上看，流程一般是大尺度或较大尺度的集成系统（见表1）。从运行机制上看，制造流程一般都是具有对所包括的工序、装置及其相关的单元操作的多因子集成功能和多层次、多尺度协同－耦合的特性。

* 原发表于《金属学报》，2007，43（11）：1121～1128。

表 1　不同层次的过程及其时 - 空尺度范围

Process	Time scale/s	Space scale/m
Molecule/Electron	$<10^{-5}$	$<10^{-10}$
Fluid mechanics and transmission	$10^{-3} \sim 10^{1}$	$10^{-9} \sim 10^{1}$
Chemical reaction and catalyst	$10^{-5} \sim 10^{3}$	$10^{-11} \sim 10^{-2}$
Reactor	$10^{-4} \sim 10^{4}$	$10^{-3} \sim 10^{2}$
Plant (process)	$>10^{4}$	$>10^{1}$

制造流程还具有整体性、复杂结构、复杂现象等特点。制造流程一般都包含有多尺度现象、多尺度过程，其中多数问题都属于复杂系统的范畴。复杂的流程系统中，最主要的特征是具有“变化着”的结构，这种结构很难用分析流程中的微观细节的方法来实现对流程内所有现象的完整描述；也不能将流程视为无结构系统而用平均参数来简单处理；当前较为适用的方法似为多尺度方法，这是目前描述流程结构特征的一种简单而有效的途径。

因此，制造流程还具有解析 - 集成性以及在此基础上的集成 - 再解析 - 重构性。

1.2　流程制造业

流程制造业包括化学工业、冶金工业、建筑材料工业、纺织工业、石油加工、食品和医药工业等，其特点是：

（1）所使用的原料主要来自大自然；

（2）产（成）品主要用做制品（装备）工业的原料，因而其中不少门类的工业带有原材料工业的性质，当然某些流程制造业的产品也可直接用于消费；

（3）生产过程主要是连续、准连续生产，或追求连续化生产，也有一些是间歇生产；

（4）原料（物料）在生产过程中以大量的物质流、能量流形式通过诸多化学 - 物理变化（变换）制成产品；

（5）生产过程中往往伴随着各种形式的排放过程。

对于流程制造业而言，制造流程一般包括物料、能源的储运、预处理、反应过程和反应产物的加工等过程；并且包括为实现制造流程的功能而与之相连接的辅助材料和能源供应的整个集成系统。

制造流程也可以广义地理解为包括物料、能源的选择、储运，产品的选择、设计，制造加工过程设计与创新，排放过程和排放物、副产品的控制、利用和处理，有毒、有害物质的处理与消除，以至产（成）品的使用、废弃、回收处理及循环利用等内涵。

从根本上看，对于流程制造业的流程而言，是一个集成了物质流控制，能量流控制和信息流控制的多因子、多尺度、多层次、多目标的工程系统。例如：钢铁制造流程就是物质状态转变、物质性质控制、物质流管制在时间、温度和空间上贯通、协调和控制的多因子、多尺度、多层次、多目标的运行控制系统（见图 1）。

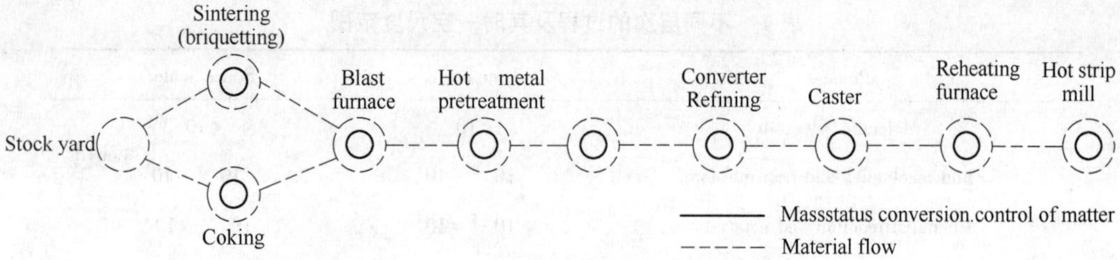

图 1　钢铁制造流程系统内物态、物性－物质流组合示意图

1.3　制造流程的工艺性质

制造流程具有如下的工艺性质：

（1）流程的功能在于实现设定的物质或能量转换目标（往往是多目标群）；

（2）流程中的组元（工序、装置）是用于进行物质或能量的储运、传输或转换的基本加工单元；

（3）流程中各组元（工序、装置）按一定逻辑关系连接输入端－输出端的物质流、能量流、信息流；

（4）流程整体（制造流程系统）一般都可分解为若干个有特定加工目的的区段流程（流程子系统），区段流程也可以进一步分解为若干组元（工序、装置等），而组元（工序、装置等）还可以解析为若干个单元操作等，即要灵活、巧妙地运用多尺度、多层次的研究方法；

（5）流程整体对于各组元（工序、装置等）、区段流程（过程子系统）具有综合集成性，合理、巧妙的综合集成方法（措施）可以出现新的工程效应（在复杂性科学中被称为系统性质的“涌现”——emerge），这种工程效应也可以看作为产生某种独特的或新的性质。

由此可见制造（生产）流程及流程工程学对流程制造业的重要性。同时也可以体会到，在制造流程中，工艺（原理、方法、步骤的组合、集成等）是灵魂，设备（装置、装备、器具等）是躯体，而产品则是流程运行（效率、效果、效益）的体现。

2　流程中的科学问题

2.1　冶金科学的层次性分析

在研究冶金流程，特别是钢铁制造流程的动态运行过程时，往往会遇到 3 类不同层次、不同尺度的科学问题，概括其内容如表 2 所示。

表 2　钢铁生产工艺流程在科学认识上的层次性分析

Classification by scientific character	Research scale	Research approach		Hierarchy	Setting system character	Control
		White box	Black box			
Fundamental science	Atom/Molecule	Atom/Molecule	System background	Micrococsmics	Isolated system: no mass and energy exchange with external, reversible process-equilibrium state	PLC

续表 2

Classification by scientific character	Research scale	Research approach		Hierarchy	Setting system character	Control
		White box	Black box			
Science of technology	Field/Device	Field/Device	Molecule/Process	Intermediary	open system: mass and energy exchange with external	PLC/MIS
Engineering science	Process/ Complex system	Process/ Procedure relation	Molecule/Field	Whole/ System	Open system: mass and energy exchange with external, irreversible procedure—far from equilibrium state	MIS/CIMS

注：PLC—programmable logic control，MIS—management information system，CIMS—computer integrated manufacturing system。

由表 2 可以看出，长期以来冶金 - 材料学科作为基础科学主要是从原子/分子尺度的微观层次上进行一系列深入的研究，其方法主要是通过白箱/黑箱的手段，使其研究对象封闭化、典型化，用与外界没有物质和能量交换的孤立系统来处理。这些基础科学的研究对于解释现象、理解过程本质有着非常重要的贡献，使冶金 - 材料的生产过程从技艺走向科学。基础科学的成就较好地解决了原子、分子尺度上的认识问题，但是在生产实际过程中，冶金工厂不仅面临原子、分子尺度上的问题，而且要面对某一装置、某些场域方面的问题，这是一类尺度较大，边界条件和现象性质更为复杂的问题，因此，又出现了“传输原理”“控轧控冷”等带有技术科学性质的理论研究。不难看出，对于钢铁企业而言，这是一种介观层次上的学问。冶金工厂制造流程中工序、装置的构成，以及工序、装置之间的衔接、匹配，动态 - 有序 - 连续运行等更大尺度和宏观集成层次上的问题，则是属于工程科学性的学问。在冶金工厂的生产运行过程中，这 3 个层次上的问题是相互交织、耦合 - 集成在一起的。在新世纪内应该高度注意这类科学问题的研究。

2.2 钢铁冶金制造流程在动态运行方面的特点

（1）流程是由性质、功能不同的诸多工序所组成的动态 - 有序的整体运行系统。

（2）流程整体及其所有构成工序、装置都是开放系统，与外界环境有物质、能量、信息交换；即在不断输入物质和能源、不断输出产品、副产品、排放物质和能量的同时，产生信息变换。开放、交流是这类流程存续并向有序化发展的必要条件。

（3）流程整体及其所有构成工序都是属于非平衡或远离平衡的系统。当整个流程系统处于远离平衡态时，各工序及装置之间的相互作用是非线性耦合的，从而体现在流程的整体性和复杂性上。

（4）流程中工序的功能包括了接受来自前工序的多因子“流”的遗传因子，使流程中多因子“流”的某一或某些因子发生“质”或“量”的“突变”，还有适应外界环境并与之协调的功能。这些“遗传”（传递）、“突变”（转换、转化）、“适应”和“协调”（自组织）等功能可以体现在“流”的某一或某些因子上。

（5）流程中工序之间的相互关系是非线性耦合的，可以体现为相互合作（加法、乘法等）、相互促进（乘法、指数等）、相互制约（减法、除法、负指数等）、相互影响（函数关系等）等方面。即各工序之间不是简单的线性依赖关系，而是既存在着正反馈的倍增效应，又存在着限制增长的饱和效应，即负反馈。

工序之间相互关系的非线性特征还体现在互相之间物质交换是非线性的，能量转换是非线性的，空间变换是非线性的，时间过程是非线性的。

（6）非线性耦合和非平衡对于流程系统的“自组织”起着重大作用。所谓“自组织”就是流程系统有序状态的自我形成和自我完善。

（7）流程中各工序的行为都存在“涨落”现象。当流程系统内某一或某些参数处在“临界点”状态时，这类“涨落”现象有可能引起流程系统组成的重构，流程的行为也随之出现“突变”。因此，工序或流程的“涨落”在“临界点”附近所起的作用显得特别重要，这类参数的“涨落”有可能“涌现”出不同类型的耗散结构和有序状态。

图2示出了钢铁制造流程运行过程中，制造流程与单元工序、单元操作之间的解析－集成关系和多尺度、多层次耦合－集成关系。

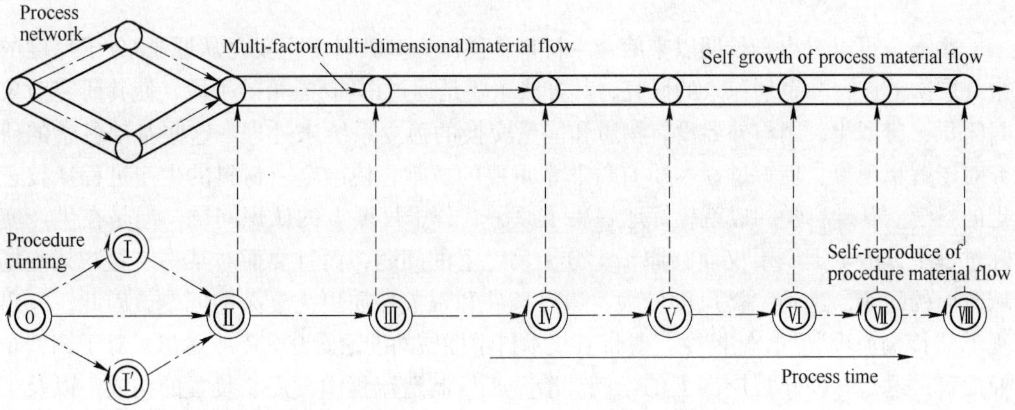

图2　钢厂生产流程中物质状态转变、物质性质控制和物质流管制的结合示意图

可见，钢铁制造流程的动态运行过程的特征是：物质流、能量流和信息流在不同层次－不同尺度上的耦合－集成过程。也就是

（1）多因子物质流沿着时间轴在各个工序、装置层次－尺度上分别实现诸多因子的转化－耦合；

（2）多因子物质流在各工序、装置中按照这些工序、装置各自的功能进行自复制，并沿着时间轴周而复始地运行；在各工序、装置层次－尺度上实现协调－耦合；

（3）多因子物质流通过在各工序、装置的自复制和相互作用，在时间－空间上连通起来，并形成产品流、副产品流和排放流，即实现其在流程层次上的自生长，这是在流程层次－尺度上演化－耦合。

图3描述了钢铁制造流程中多因子流在单元操作、工序运行和制造流程集成动态运行过程中解析－集成、转化－耦合关系。可见钢铁制造流程中的解析－集成、转化－耦合和动态－有序运行是值得深入研究的。

3　钢铁制造流程运行的本质

3.1　钢铁联合企业制造流程的表观特征

钢铁联合企业制造流程的表观特征是：由各种原料组成的物质流在输入能量的驱

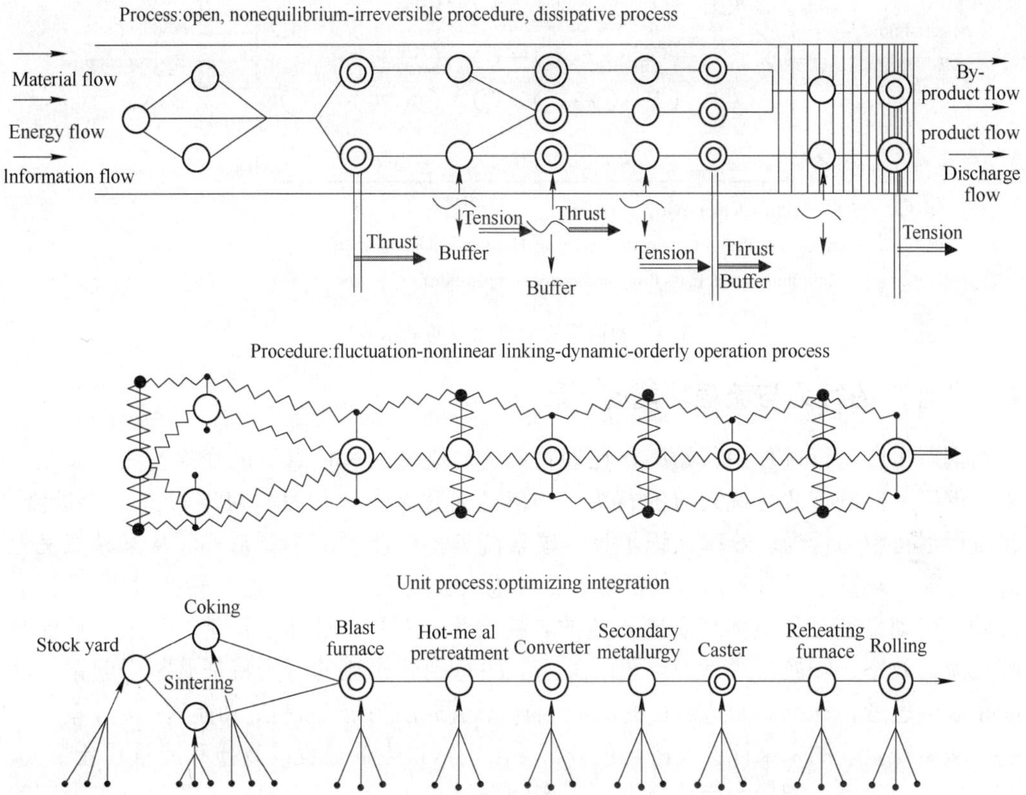

图 3　制造流程 - 单元工序 - 单元操作之间集成 - 解析、转化 - 耦合关系

动和作用下，按照特定的工艺布置图框架作动态运行，并发生物理、化学的转换（变），使物质沿着设定的工艺（装置）发生状态、形态、性质等方面的变化，改变了原料原有的性质而形成期望的产品并实现相应的目标（群）。

3.2　钢铁制造流程运行的物理本质

钢铁制造流程实际上是从铁 - 煤化工过程开始的，其工艺形式是铁素流在能量流（主要是碳素流及其变种）的驱动和/或作用下、在特定的程序 - 信息流的控制下，在设定的"流程网络"中，动态有序地、准连续/连续地进行一系列的物理、化学转变（换），实现多项技术 - 经济指标的优化。钢铁制造流程运行过程的本质是一类耗散过程。也可以说是追求制造过程中耗散最小化，即生产流程过程物质流的耗散最小化、能量流的耗散最小化，过程时间最小化和过程所占的空间最小化，进而促进各项技术经济指标多目标优化和使钢厂更具竞争力，顺利地融入循环经济社会。

对流程运行而言，其流程运行过程耗散最小化，实现绿色制造过程和融入循环经济，增强市场竞争力和可持续发展能力。

运行过程的目标态是：连续化、紧凑化、动态 - 有序运行。

从物理角度上看，由功能不同的诸多工序组成的钢铁制造流程的运行过程是一种多因子"流"按一定"程序"在一个复杂网络结构（流程系统框架，例如钢厂总平面布置图等）中的流动运行现象（见图 4）。这是属于一类开放的不可逆过程，即物质、能量的转换与耗散过程。

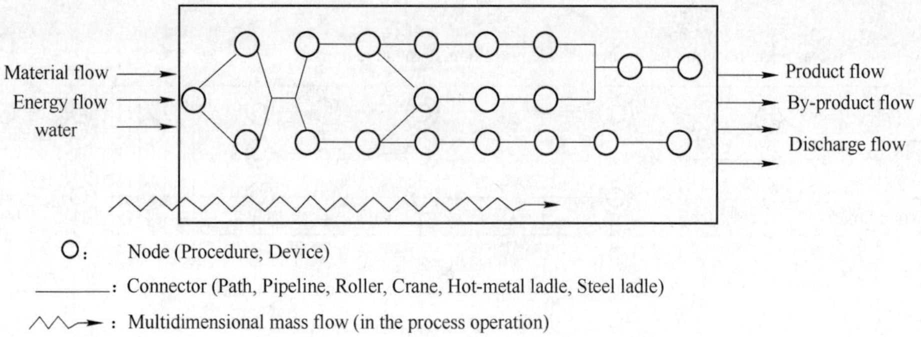

图4　制造流程的概念与要素示意图

4　“流”的行为与流程功能的拓展

钢厂生产运行过程中，始终存在着物质流、能量流和信息流的变换行为。长期以来，钢厂一般侧重注意铁素流的行为，当然这是重要的。但是，对碳素流（能量流）在流程运行中的行为、效率认识不足。碳素流是钢厂能源的主要形式。从某种意义上讲，电能、热量、蒸汽等形式的能源，都在很大程度上源于碳素流的转换过程；传热、传质、传动量等过程也体现着碳素流的转换行为。钢厂的成本、产能、排放、环保与碳素流的效率、转换形式有着重要的关系。注意到碳素流的行为特征必将引起钢厂功能拓展的思考，即钢铁制造流程的功能不能只局限在钢铁产品制造功能这一点上。

从钢铁企业的未来社会经济角色分析，由于钢铁生产过程的物质和能量吞吐量大，运行过程中物质、能量的变换复杂，生产制造链长等特点，钢铁制造流程对于钢厂的功能与钢厂的社会职能有着很大的关联度和渗透力。在未来循环经济社会中，钢厂应兼有3方面功能，即除冶金－材料制造功能外，还有能源转换功能和废弃物的消纳和再资源化功能（见图5）。可见，钢铁企业将成为以铁素资源为核心的工业生态链的重要组成部分，应是未来循环经济社会中的重要一环。

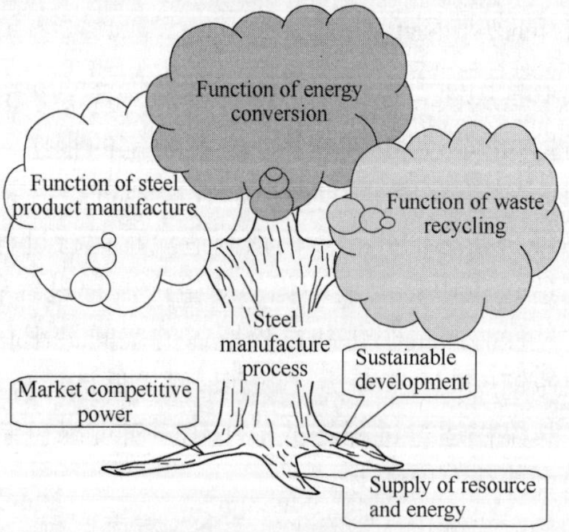

图5　钢铁制造流程的关联度和渗透力

5　要重视研究钢铁流程

无论从冶金－材料科学出发来研究工程科学中的多层次、多尺度、多组元集成问题，还是从市场需求出发，研究产品制造的竞争力和可持续发展能力，两者交汇点都集中在制造流程这一工程科学性质的层次上（见图6）。

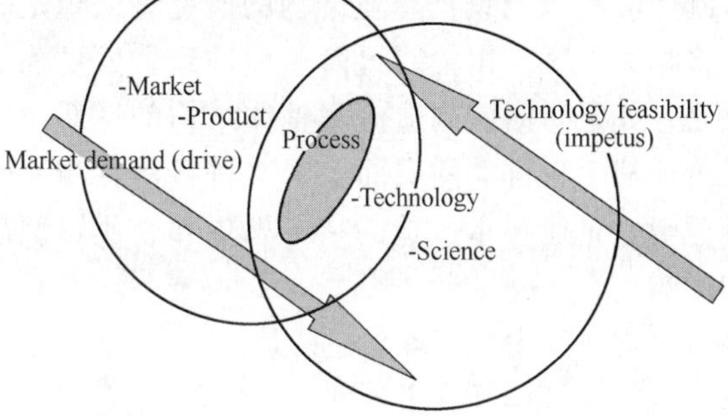

图6 流程工程－工程科学与市场需求的交汇点

对钢铁企业的生存与发展而言，研究钢铁制造流程与下列方面有着直接的关系：

（1）研究钢铁冶金制造流程中多因子物质流的化学、物理转变，输送与缓冲，物质与能量的转换形式、转换效率；以研究流程系统的输入、输出与排放为对象，即对钢铁冶金制造流程进行本质性研究和辨识，这些将对钢厂流程系统的结构－功能－效率产生总体性的影响。

（2）在对钢铁冶金制造流程进行工程科学层次的解析－集成研究的基础上，进而会对钢铁企业的模式优化产生重大影响，并将涉及设计原则、设计方法、运行操作原则和管理原则等，其中体现了共性规律、原则、目标（群）和新的概念。

（3）在钢铁生产企业模式和类型研究的基础上，进一步发展到以社会大体系的绿色化、生态化为研究对象，即兼顾经济效益与环境－生态效益的研究，以此来定位未来钢铁企业在社会－经济方面的角色；并反馈到钢铁企业模式的优化及钢铁冶金制造流程的再调整、再优化。

以研究钢铁制造流程为主要对象的冶金流程工程学，在解决单元操作、单元工序、装置的功能解析－优化的基础上，使不同工序、装置之间的关系协调－优化，再推进到整个制造流程中工序和装置及其关系的重构性集成－优化，这些有助于与信息技术相结合，实现过程计算机控制和企业管理级计算机控制等。进而，可以和市场订单、客户分析等模型相连接，将大大提升钢铁企业的信息化、智能化水平。

钢铁企业的环境问题，制造流程是“根”。研究钢厂的环境问题，也应从冶金流程工程出发，将保护环境、保护生态问题融入到钢铁制造流程中来研究，即研究钢厂生产中环境工程的源头问题制造、加工的治本问题和再循环问题，而不仅仅只是注意末端治理技术。因此冶金流程工程和环境工程的研究范围是在冶金－金属材料科学的基础上，结合现代信息技术和现代生态环境观念的、综合的工程技术领域。

6 动态－有序的精准设计与钢厂的结构优化

在钢铁企业的冶金流程中，要特别注意制造流程的结构、功能、效率。在钢铁制造流程中，所谓“静态结构”是各工序及装备的排列（与组合）及其在空间上的有规律分布。当然，在实际生产运行过程中结构的状态、行为是随时间变动的，是动态的。

钢铁生产过程中碰到的结构问题是多层次性的，有微观结构（化学组分、原子排列等），有介观结构（工序、装备等），也有宏观结构（车间、工厂、流程等）问题；而且既有“静态结构”的问题，又有“动态结构”问题。

长期以来对钢铁制造流程以及钢铁企业结构的研究和认识是不足的，有时甚至是模糊的；往往停留在将相关工序，相关装置简单地堆砌、重复叠加的水平上，经验性拼凑的痕迹甚多。反之，如果对钢铁制造流程整体结构的性质、功能、效率有了深入的研究，系统地、准确地从工程科学的层面上对其进行概括、抽象和动态描述，这将对于工程设计的思维逻辑、企业技术改造的指导思想和企业转型甚至新建企业的理念都会发生十分重要的影响。

在以往的钢厂制造流程设计中，其理念往往是：

$$\mathrm{R} = \mathrm{I} + \mathrm{II} + \mathrm{III} + \cdots + N \tag{1}$$

式中，R为生产流程；Ⅰ，Ⅱ，Ⅲ，…，N为生产工序编号。而且，在不少情况下各工序的实际能力不等：

$$\mathrm{I} \neq \mathrm{II} \neq \mathrm{III} \neq \cdots \neq N$$

在以往的设计过程中，各工序的静态能力，一般都是孤立地从各工序自身的功能特点需要出发，进行工序装置的结构设计，估算其静态能力并加上一定富裕能力（作业系数等）来确定的。由于各工序、装备都是各自分别进行设计和估算，而且选择的富裕系数也不同，在动态集成运行时必然会有各种不协调因素出现，从而导致物质、能量消耗高，过程时间长，占用空间大，信息难以贯通，生产运行效率低，当然投资效率也低，相应地还会引起环境负荷的增加。这是一类粗放、堆砌的设计方法。

在新世纪的钢厂设计过程中，应将设计钢厂的理论和方法，从以流程内各工序的结构设计、各工序静态能力的粗略估算和简单叠加推进到以流程整体动态－有序－连续运行的集成优化、集成创新的层次上来是必需的。当然这就需要有动态－有序的精准设计理论和方法。对于动态－有序的精准设计而言，其理念是：流程是由构成流程的诸多单元过程、单元工序有效集合而成。流程内各工序之间的关系，已经不是孤立的简单叠加，而是演进为通过不同形式的功能交集或功能并集关系有机地集成，从而实现钢铁制造流程中物质状态转变、物质性质控制与物质流动控制相互结合起来（见图7），即实现物质流、能量流在信息流的控制下动态－有序地集成运行。

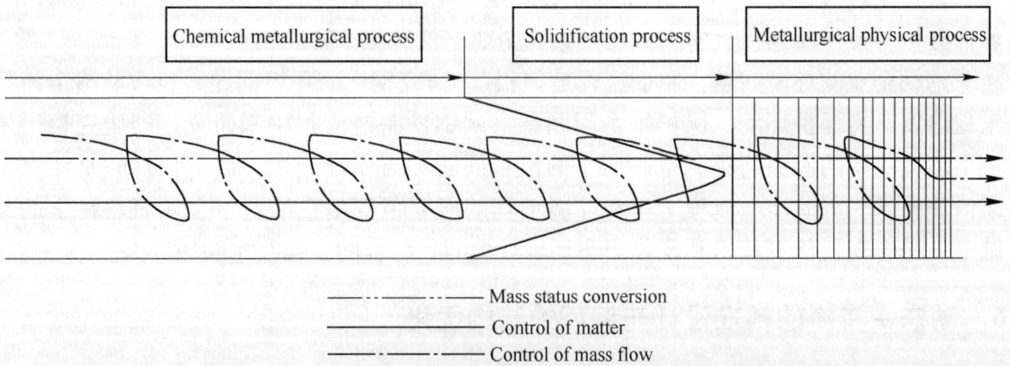

图7　钢厂生产流程中物质状态转变、物质性质控制和物质流管制的结合示意图

换言之，所谓动态－有序的精准设计是立足于使整个钢铁制造流程实现动态－有

序，从方法上看，实现动态－有序、连续－紧凑运行的钢铁制造流程，应该通过下面三个方面来实现设计思想，即：

（1）工序功能集合的解析－优化；

（2）工序之间关系集合的协调－优化；

（3）流程工序集合的重构－优化。

这3个“集合”的优化，推动着钢铁企业生产流程的进步和企业结构的优化，从而组成了以工序功能优化、工序之间关系协调为基础的现代化钢铁企业。因此对钢铁制造流程进行动态－有序、连续－紧凑精准设计的理念，可以概括为下式：

$$R = \mathrm{I} \overset{\cup}{\underset{\cap}{\Diamond}} \mathrm{II} \overset{\cup}{\underset{\cap}{\Diamond}} \mathrm{III} \overset{\cup}{\underset{\cap}{\Diamond}} \mathrm{IV} \cdots (N-1) \overset{\cup}{\underset{\cap}{\Diamond}} N \qquad (2)$$

式中，R为生产流程；Ⅰ，Ⅱ，Ⅲ，…，N为生产工序编号；∪为工序功能并集；∩为工序间功能的交集。

通过运行过程中工序间的非线性耦合，可以实现多工序的动态运行能力基本相同，即Ⅰ＝Ⅱ＝Ⅲ…＝N。

7　新一代钢铁制造流程的内涵

新一代钢铁制造流程重点目标是要在21世纪的时代背景下，集成构建大规模、高效率生产薄板（及其深加工产品）的工艺流程和装备，在流程优化的基础上使钢铁工业再节能15%～20%，钢的使用效率提高5%～15%，并充分体现钢铁制造流程的钢铁产品制造功能、能源转换功能和废弃物消纳—处理和再资源化功能。

所谓新一代钢铁制造流程是在现有先进工艺、装备基础上，与新开发的工艺、装备以及“界面技术”（衔接匹配、协同、缓冲技术）创新性集成而重新构筑的制造流程。其重点是共性平台技术（例如经济、高效的洁净钢生产技术平台等）、优化界面技术（原、燃料处理—炼铁技术界面、炼铁—炼钢技术界面、炼钢—连铸技术界面、连铸—热轧技术界面、热轧—冷轧—涂层技术界面等）、流程工程集成技术（流程网络的合理化配置、流程运行“程序”的动态、有序、合理调控等），新流程的工程化设计理论、方法与运行管理（新一代年产9万吨左右全薄板超大型钢厂的设计、建设与运行管理等）等。

在21世纪的背景下，新一代超大型钢厂的设计、建设应遵循如下概念：

铁素流：连续、集中化和不可逆原则；

碳素流：减少无效耗散和及时转换或循环回收原则。

体现钢厂3个功能：即钢铁产品制造功能；能源转换功能；废弃物的处理—消纳、再资源化功能。

8　研究钢厂制造流程的重要意义

8.1　视野和理念的变化

从科学视野的发展来看，研究新一代钢铁制造流程是将研究的视野从传热、反应、相变、形变等单元过程或单元工序作为研究重点转移到以流程整体系统为研究开发的核心。也就是从基础科学、技术科学层次上的研发，发展到工程科学层次的研发，并以工程科学来集成基础科学、技术科学已有的研究成果，再以工程科学层次上冶金流程工程的研究成果，反过来对基础科学、技术科学提出新的研发命题。

从理念上来看，冶金流程工程的理念是从传统的“以实物为中心”的小尺度的物质结构、性质、行为研究为重点，发展到主要以“流程系统为中心”的大时空尺度的物质流、能量流、信息流以及环境-生态等多目标集成优化的研究为重点，并以此为“顶层设计”的指导思想，反过来对不同具体的物质、能量以及信息问题提出新的命题和方向。

流程工程强调系统整体优化，强调流程整体的集成创新，集成创新并不一定都是基于单元过程、单元工序的发明创造。流程整体的集成创新主要是基于流程系统内各工序、装置功能的相互依存性，逻辑统一性和技术规范性的要求，流程整体优化主要是建立在静态结构的科学合理性的基础上，并强调实现在运行过程的效率-调控-多目标优化。对钢厂制造流程的运行控制而言，要具体落实到动态-有序-协调-连续运行。

8.2 研究流程工程的方法

从思想方法、理论基础、基本程序和方法步骤等方面看，研究流程工程的方法应包括如下诸方面：

(1) 以流程总体优化为主要目标，不追求局部的最先性，而注重追求适应时代背景的总体流程的优化；然而，在特定情况下，也追求局部“瓶颈”突破，使总体流程“涌现”出新的结构-功能-效率。

(2) 以定性、定量为基础的、科学的系统集成为主要手段，通过总体集成优化再反馈到局部（工序、装置）的解析-优化、局部与局部之间的协同-优化。经过局部与流程之间的解析-集成，集成-解析相互反馈，不断提升水平，优化结构。

(3) 重视开发“界面技术”（“接口技术”），促进流程结构的创新与再创新。

(4) 重视“软件”工程化、工程模式化。

(5) 工程设计方法上，从工序、装置的结构设计和静态能力粗略估算推进到流程动态-有序-连续运行的精准设计。

(6) 在理论上注重基础科学、技术科学和工程科学在微观-介观-宏观层次上的相互耦合与统一。

9 结论

钢铁工业是典型的流程制造业，钢铁制造流程对钢厂的生存、发展会产生综合性、根本性的影响，通过上述讨论表明：

(1) 制造流程是钢铁企业高效-协调运行的根本；

(2) 制造流程是低成本、高效率生产洁净钢的产品开发“平台”；

(3) 制造流程是钢厂物质循环、能量有效利用的主要承载系统；

(4) 制造流程优化是钢厂信息贯通的框架；

(5) 研究冶金制造流程工程是冶金-材料工程科学的新命题。

Some Science Problems About Steel Manufacturing Process

Ruiyu Yin

(Central Iron and Steel Research Institute, Beijing, 100081, China)

Abstract Many science issues of different level and different space-time scale have been met in the course of cognizing the dynamic operation of steel manufacturing process. The issue s consist of fundamental science matters of microcosmic level (atom or molecule scale), technological science matters of mesoscopic level (field or equipment scale) and engineering matters of macroscopical level (manufacturing processing scale). In the production process of steel plant, the issues of these three levels are in terrelated and coupling- integrated and should be paid more attention in new century.

The physical essence in the dynamic operation of steel manufacturing process is that multi-factor mass flow operate in a specific flow network (the frame of process system, e. g., the general layout of steel plant) followed a definite program. It is a sort of open and irreversible process that is a conversion and dissipative process of material and energy.

The study on the flow action brings on thinking over the function extension of steel manufacturing process which is the function of steel product manufacture, the function of energy conversion and the function of wastes recycling.

Further study on the structure, function and efficiency of steel manufacturing process would be deeper for summarizing, abstracting and describing the connotation from the engineering science level systematically and accurately. It is significant for the engineering logic, the guiding ideology of enterprise technical revamping and the philosophy of steel plant reforming and that of new steel plants.

Key words steel manufacturing process, science level, physical essence, function extension

我国炼钢—连铸技术发展和2010年展望

摘　要　本文系统总结了2000年以来国内炼钢—连铸技术的发展和主要的技术成果，分析了目前炼钢—连铸生产技术的主要问题，并对2010年我国炼钢—连铸的技术发展方向进行了系统阐述。为了进一步提高国内炼钢—连铸的生产技术水平，必须确立21世纪新一代钢铁厂的新理念和新目标，通过对炼钢—连铸生产过程的系统优化、解析与集成，建立起高效、低成本洁净钢生产平台。讨论了洁净钢生产平台建设面临的主要技术问题、解决方法和具体措施。

关键词　炼钢　连铸　炉外精炼　洁净钢　流程工程

前言

进入新世纪以来，我国钢铁生产持续发展，钢产量增加，许多企业的技术装备达到了国际水平，钢材品种与质量已接近或达到国际先进水平，上述事实说明我国钢铁工业的发展已经进入一个新的时代。今后几年，我国钢铁工业不但应在规模和质量等方面达到国际先进水平，而且在钢铁生产、工程设计、工艺与装备、节能减排、环保等方面的研究开发、生产运行都应走向国际前沿。

为实现上述战略目标，必须认真回顾总结新世纪以来我国钢铁工业特别是炼钢—连铸生产技术发展的成就，分析存在的问题，研究今后炼钢—连铸技术的发展趋势和方向，不断创新，为完善和发展新一代炼钢工艺流程做出贡献。

1　炼钢—连铸生产和技术的发展

2000年以来，国内炼钢—连铸生产和技术取得明显的进步，主要表现在以下几个方面：

1.1　钢产量高速增长

图1给出2000年以来国内钢铁产量增长趋势，粗钢产量从2000年1.285亿吨增长到2007年4.892亿吨，平均年增长率为18.2%。

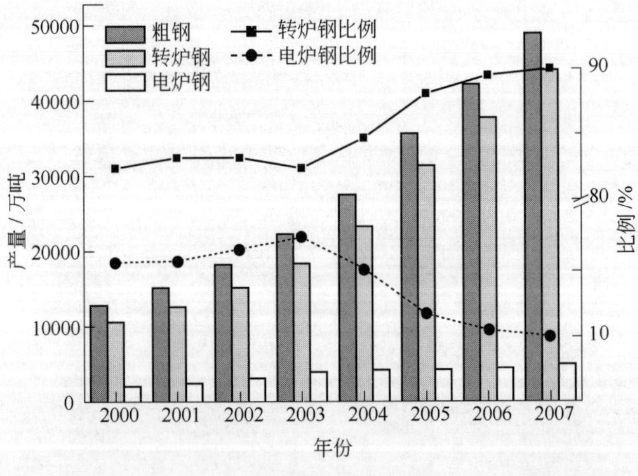

图1　2000年以来国内粗钢产量增长与生产结构的变化

转炉是目前中国最主要的炼钢方法，转炉钢产量从2000年的1.058亿吨增长到2007年的4.4亿吨，平均年增长率为19.5%，高于国内粗钢产量增长速度。转炉钢比例相应从2000年的82.4%增长到90%左右。

电炉也是目前国内主要的炼钢方法，随着中国钢产量迅速增长，电炉钢比例在2003年以前缓慢增长，最高达17.6%；2004年以后，由于转炉钢的快速增长，电炉钢比例逐年降低，但电炉钢产量持续增长，与2000年相比电炉钢产量翻了一番。

在国内钢产量迅速发展的同时，连铸比也不断增长。如图2所示，2000年全国连铸坯产量为1.096亿吨，连铸比为85.3%；2007年全国连铸坯产量为4.74亿吨，连铸比为96.95%。随着连铸比的提高，成材率也相应提高，平均达到了96.2%，这说明连铸技术的进步为我国钢铁工业增产增效、节能减排做出了重要贡献。

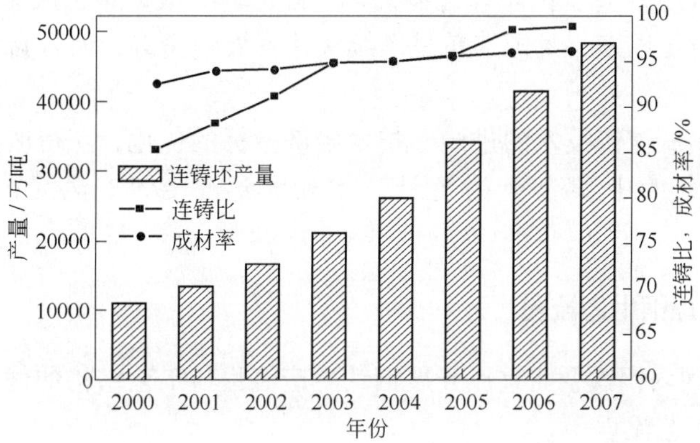

图2　2000年后连铸坯产量、连铸比、成材率的变化

1.2　技术经济指标不断优化

国内炼钢—连铸生产技术的进步主要体现在各项技术经济指标不断优化。表1给出2003～2007年国内重点大中型钢铁企业的转炉、电炉和连铸的主要技术经济指标变化情况。

表1　2003年以来国内重点大、中型钢铁企业炼钢—连铸技术经济平均指标变化

项　目		2003	2004	2005	2006	2007
转炉	钢铁料消耗/$kg \cdot t^{-1}$	1087.66	1091.62	1088.6	1085.9	1085
	日历作业率/%	77.75	83.88	80.82	83.96	82.68
	平均炉龄/炉	4630	5218	5785	6823	7921
电炉	电耗/$kW \cdot h \cdot t^{-1}$	403.29	422	385.2	352.5	328
	电极消耗/$kg \cdot t^{-1}$	2.85	3.01	2.81	2.6	2.427
	冶炼周期/min	107.4	97.2	87.6	103.2	76.2
连铸	连铸比/%	95.22	97.51	97.51	98.53	98.86
	日历作业率/%	70.99	74.16	64.34	79.87	80.26
	连浇炉数/炉	—	18.64	20.01	20.45	—

国内转炉炼钢技术进步主要体现在：完善溅渣护炉工艺，提高转炉炉龄；推广强化供氧技术，提高转炉作业率；推广长寿复吹工艺，进一步降低钢铁料消耗并提高以

终点控制为核心的转炉自动化控制水平。

20年来电炉生产技术发生重大变化：采用大型高功率和超高功率电炉淘汰大批30t以下小型电炉；建设电炉—精炼—连铸—连轧现代化短流程生产线，采用优化配料与供电制度，强化供氧提高化学能输入量和部分电炉采用热装铁水等新工艺技术，达到降低冶炼电耗，缩短冶炼周期，实现多炉连浇。在此基础上，实现电炉生产多元化，形成电炉—普钢长材、电炉—特殊钢长材、电炉—无缝钢管、电炉—中厚板和电炉—薄板坯连铸连轧等多种生产线，完善了电炉钢产品结构，扩大了生产品种。

20世纪90年代，国内连铸基本以小方坯连铸为主，至2007年已建成板坯连铸机（宽度700mm以上）175台，237流；薄（中）板坯连铸机17台，18流；方坯和矩形坯连铸机（>150mm×150mm）437台，1323流；小方坯连铸机305台，1027流；圆坯连铸机48台，173流。全国总计连铸机996台，2806流，年生产能力达到4.743亿吨。应该看到新世纪以来，我国连铸呈继续快速发展的态势，而且自主开发的能力进一步提高。

随着国内炼钢—连铸技术的进步和技术经济指标的优化，获得明显经济效益：据2007年国内93家大中型企业的统计，年利润达1479.82亿元，比上年同期增长49.78%。

1.3 建立现代化炼钢生产流程

2000年以后国内钢铁企业重点开展钢铁生产流程与工艺结构的优化，基本建立起现代化炼钢生产工艺流程：

转炉流程：铁水脱硫预处理→转炉复合吹炼→二次精炼→全连铸；

电炉流程：大型超高功率电炉（兑铁水）冶炼→二次精炼→全连铸。

近几年铁水脱硫预处理技术在国内广泛应用，主要采用KR法石灰脱硫和喷吹法脱硫（包括CaO、CaC_2喷吹，纯Mg喷吹和Mg+CaO喷吹）等方法。铁水预处理的装备能力逐年提高，至2006年重点大中型钢铁企业铁水预处理比已达56.7%，宝钢、武钢、鞍钢等大型钢铁公司已基本实现100%铁水预处理。表2给出目前国内常用的几种铁水脱硫工艺技术的比较，说明国内铁水脱硫预处理工艺已经积累了比较丰富的经验，为钢厂合理选择铁水脱硫预处理工艺提供了广泛的空间。

表2 各种脱硫方法的技术比较

脱硫工艺	石灰、CaC_2脱硫		Mg脱硫	
脱硫方法	KR脱硫	喷粉脱硫	纯Mg	混合
脱硫剂	CaO粉	CaO+CaC_2	Mg	Mg+CaO
终点[S]/%	0.001~0.002	0.004~0.008	0.003~0.006	0.003~0.008
处理时间/min	8~15	23~28	10~15	10~15
处理温降/℃	25~30	30~35	8~12	10~15
脱硫剂消耗/kg·t^{-1}	6~8	4（CaC_2）~12（CaO）	0.5~1.0	1.5~2.0
综合处理成本/元·t^{-1}	17.21	65.03（CaC_2）	19.34	25.18

为提高转炉生产效率和扩大洁净钢生产比例，国内大多数转炉炼钢厂综合采用铁水预处理、复合吹炼、强化供氧、终点动态控制和溅渣护炉等成套先进工艺技术，较

大幅度提高转炉的生产效率，降低生产成本，提高钢水的洁净度。

2000年以前国内电炉技术进步的重点是采用大型超高功率电炉淘汰小型电炉，如2000年我国电炉座数已从1600多座减少到179座，其中50t以上的大、中型电炉占全国电炉钢产量61%。2000年以后国内电炉厂综合采用铁水热装、废钢预热、优化配料供电和供氧等先进技术，获得明显的效果。如表3所示，电炉采用铁水热装工艺冶炼电耗平均降低约67kW·h/t钢，减少电极消耗35%，缩短冶炼周期10min。国内已有16座60~150t电炉采用铁水热装工艺，其单位公称吨的生产率超过了8000t/(t·a)。

表3　国内大型电炉全废钢与兑铁水冶炼工艺的技术经济指标比较

统计工厂数/个	吨位/MV·A	生产工艺	铁水比/%	电耗/$kW \cdot h \cdot t^{-1}$	氧耗/$m^3 \cdot t^{-1}$	电极消耗/$kg \cdot t^{-1}$	冶炼周期/min
4	50~120	全废钢+预热	0	334.25	36.59	2.57	57.00
10	50~150	废钢+铁水	20~30	267.32	43.24	1.67	47.39

1.4　钢材洁净度与品种质量的进步

为了满足市场对洁净钢生产的需求，国内钢厂普遍重视二次精炼工艺，完善二次精炼设施。国内大、中型骨干企业钢水二次精炼的比例从2000年不足20%迅速增长到2007年64%。表4给出2007年国内各种二次精炼设备的台数和公称吨位总计（不包括吹Ar在内）。

表4　2007年国内二次精炼设备能力总汇

精炼种类	台数/台	总公称吨位/t
RH	61	9040
AOD	43	1712
VOD	27	1475
LF	295	23440
VD	32	2510
CAS-OB	16	2190
合　计	474	40367

注：不包括吹Ar。

随着精炼设备的增长，二次精炼工艺技术也取得明显的进步，形成了以挡渣出钢、合成渣洗、炉渣改质、白渣精炼和喂线与钢中夹杂物形态控制、钢水温度、成分精确控制以及真空脱碳、脱气、夹杂物上浮分离等核心技术为基础的二次精炼工艺技术，能满足不同类型产品的批量生产，达到超低氧、超低碳和超低硫等高品质洁净钢的质量要求。

二次精炼技术的发展使国内钢材的洁净度得到显著的提高：15年前国内绝大多数转炉厂生产的钢水洁净度（$\Sigma(S+P+T.O+N+H)$）波动在（300~350）$\times 10^{-6}$，目前国内多数钢厂已可以大批量生产钢水洁净度$\leqslant 250\times 10^{-6}$的洁净钢，宝钢、武钢、鞍钢和首钢等大型钢铁企业生产的部分钢种洁净度可以达到$\leqslant 100\times 10^{-6}$。从表5可以看出，国内生产的典型高附加值产品的洁净度已达到国际先进水平。

表 5 国内某些高质量要求洁净钢达到的水平

钢 种	[C]	[N]	[S]	[P]	T [O]	[H]	夹杂物	其他
IF 钢	$<20\times10^{-6}$	$<20\times10^{-6}$	$<30\times10^{-6}$	$<100\times10^{-6}$	$<20\times10^{-6}$	$<2\times10^{-6}$	$d<20$mm	
高强度汽车板		$<50\times10^{-6}$	$<50\times10^{-6}$	$<100\times10^{-6}$	$<30\times10^{-6}$	$<2\times10^{-6}$	$d<20$mm	
管线钢（X80）		$<50\times10^{-6}$	$<10\times10^{-6}$	$<80\times10^{-6}$	$<20\times10^{-6}$	$<1\times10^{-6}$		
轴承钢（GCr15）			$<50\times10^{-6}$	$<100\times10^{-6}$	$<10\times10^{-6}$	$<1.5\times10^{-6}$	$d<10$mm	[Ti] ≤30
帘线钢		$<40\times10^{-6}$	$<30\times10^{-6}$	$<100\times10^{-6}$	$<30\times10^{-6}$	$<2\times10^{-6}$	$d<10$mm	无 Al_2O_3 夹杂
高速铁路钢轨		$<40\times10^{-6}$	$<30\times10^{-6}$	$<100\times10^{-6}$	$<15\times10^{-6}$	$<1.5\times10^{-6}$	$d<20$mm	[Al] <40
电工钢（35W230）	$<24\times10^{-6}$	$<20\times10^{-6}$	$<10\times10^{-6}$	$<100\times10^{-6}$	$<15\times10^{-6}$	$<2\times10^{-6}$	$d<20$mm	
不锈钢（409L）	$<50\times10^{-6}$	$<70\times10^{-6}$	$<10\times10^{-6}$	$<150\times10^{-6}$	$<30\times10^{-6}$	$<2\times10^{-6}$	$d<20$mm	

钢材洁净度的大幅度提高导致我国钢铁工业产品结构发生了重大改变。如表 6 所示，近几年国内典型高品质钢种的生产比例迅速增长，不仅给钢铁企业带来更大的经济效益，而且有力地支持了国家经济建设。

表 6 2000～2006 年典型高品质钢种增长率

钢 种	铁道用钢	大型型钢	特厚板	中厚板	冷轧薄板	镀层板	冷轧电工钢板	无缝管
2000 年产量/万吨	158	360	76	1668	495	328	64	415
2006 年产量/万吨	334	917	328	8214	2605	1625	330	1484
增长率/%	111.4	154.7	331.6	392.4	426.3	395.4	415.6	257.6

1.5 节能环保技术的发展

近年来，国内钢铁企业高度重视节能减排工作，研究开发和应用各种先进的节能环保技术。如表 7 所示，2000 年以来随着国内节能环保技术的发展，吨钢综合能耗和电炉工序能耗逐年降低。与国际先进水平（日本转炉工序能耗为 -6kgce/t）相比仍有较大差距，说明国内转炉工序尚有较大的节能空间。

表 7 国内炼钢工序能耗变化 （kgce/t 钢）

年 份	综合能耗	转 炉	电 炉
2000	920	28.88	265.59
2001	876	28.03	230.09
2002	815	24.01	228.94
2003	780	23.56	213.73
2004	761	26.57	209.89
2005	747	36.34	201.02
2006①	645	10.11	108.91

①按新公布的电折算系数统计。

实现负能炼钢的核心是要解决转炉煤气、蒸汽的回收和有效利用问题。转炉煤气含硫低、热值高，适用于生产高品质石灰；而采用大型转炉蒸汽用于 RH 或 VD 炉等真空处理设备也具有较大的经济效益。这些应是今后技术改造中应提倡的节能环保技术。

目前国内转炉绝大多数采用 OG 法除尘工艺，基本解决了转炉烟尘对环境的严重污染。今后要进一步发展半干法或干法转炉除尘工艺，达到节水、节能和保护环境的目标。近几年，太钢、包钢等钢厂推广采用转炉干法除尘新工艺代替 OG 法获得了明显的效益，如表 8 所示。

表 8　国内投产的转炉干法除尘技术经济指标

工厂	投产时间	除尘水耗/$t \cdot t^{-1}$	除尘电耗/$kW \cdot h \cdot t^{-1}$	煤气回收（标准状态）/$m^3 \cdot t^{-1}$	蒸汽回收/$kg \cdot t^{-1}$	作业率/%
太钢	2006.8	0.01	1.6	103	83	100
包钢	2006.9	0.05	3.54	85	21	100
宝钢	2006.9	0.01	1.25	100.27	70.23	100
莱芜	2004.7	0.01	2.95	76.17	27.72	96

炼钢渣和烟尘的回收与循环利用技术近几年在国内钢厂也得到充分重视，自主研究开发的转炉渣闷渣处理和滚筒法或轮淬法炉渣连续处理等新工艺，在生产实践中取得较好的应用效果。转炉烟尘含铁高，基本全部利用，作为烧结矿料或冷却剂供转炉使用。马钢、包钢等企业试验采用 15 ~ 20kg/t 钢的转炉渣作为石灰的替代品返回转炉使用也取得一定成效。为实现炼钢厂固体废弃物“零”排放，提高资源利用率，今后应加强对炼钢渣和烟尘回收利用技术的研发与推广工作。

连铸坯热送热装工艺可以大幅度降低加热炉燃料消耗，已被多数炼钢厂采用。今后的工作应进一步提高铸坯的热送温度和装入温度，解决无缺陷铸坯生产的关键技术和热装相关的冶金质量问题，进一步提高连铸坯热送热装比例。

1.6　装备大型化与设备国产化率

近几年，炼钢—连铸生产装备的大型化与设备国产化率日益提高。2003 年以后国内钢铁企业大力建设 100t 以上的大、中型冶炼设备。至 2007 年底，国内 200t 以上的大型转炉已达到 24 座，公称总吨位为 6400t，和 2003 年相比大型转炉的产能增加 1 倍。

最近 2 ~ 3 年，为提高钢材洁净度，扩大高附加值钢材产品的生产规模，大多数钢厂在配备 LF 炉、CAS 和吹氩搅拌等常压二次精炼设备的基础上，针对板带材的生产特别是冷轧薄板的生产，又新建了 RH 和 VD 等真空精炼设备。随着国内薄板（特别是冷轧薄板）生产比例的增长，RH 真空精炼设备的增长尤为迅速。如图 3 所示，2003 年以后国内已投产的 RH 由 20 台迅速增长到 59 台，总吨位达到 9070t，比目前整个欧洲 RH 的生产能力（总吨位 5790t）大 56%。

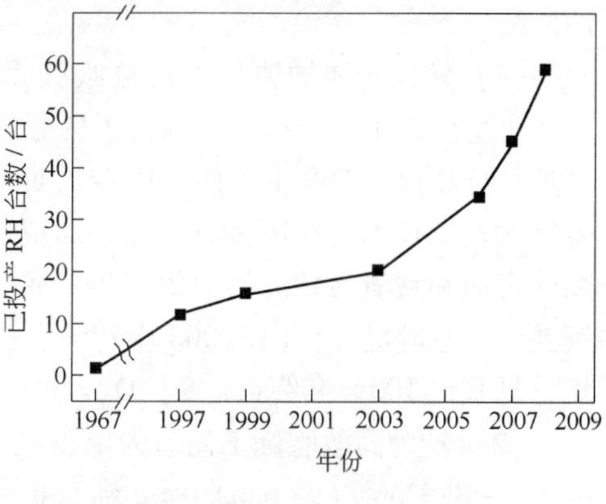

图 3　历年来国内投产 RH 的增长

二次精炼的发展促进了精炼设备国产化率的提高。国内已经掌握了自主设计、制造、安装、调试大型二次精炼设备（如 300t RH）的能力，在精炼设备工艺布局、工序衔接以及不同产品的精炼工艺等方面不仅积累了丰富的经验，而且加强了技术创新。如武钢新二炼钢厂采用 RH 在线布置工艺，将 RH 布置在转炉出钢线上，并采用 RH 钢水罐卷扬提升装置、双室平移交替和真空室整体吊装等新技术，取得了良好的效果：可节约行车运行时间10min左右，减少吊运过程温降10℃，缩短RH设备空置时间5min，使新二炼钢的RH精炼处理比例达到80%。

国内连铸技术的发展促进了连铸机设计和制造能力的提高，已能自主设计和制造小方坯、方坯和板坯连铸机，并实现快速达产。从20世纪90年代初国产连铸机以小方坯为主要机型的格局，逐步扩展到自主设计制造适应各种品种和规格的方坯、圆坯及板坯和中薄板坯等多种机型。

我国自主设计和建造的曹妃甸京唐钢厂是国内大型钢铁联合企业建设的范例，首次采用$5500m^3$超大型高炉、300t铁水包直装、全量铁水“三脱”预处理与转炉高速冶炼、高拉速连铸和海水淡化等先进技术，标志着国内大型钢铁联合企业设计与设备制造的综合水平达到国际先进。

国内炼钢—连铸生产设备大型化与国产化率的提高促使钢铁厂的建设投资明显降低：大型联合企业（含冷轧、涂镀层、码头、电厂在内）的吨钢投资已降至6500～6800元；棒线材钢厂由于工序理顺和全面国产化，吨钢投资降低幅度更大。

1.7 重大技术创新项目取得好成绩

科技进步是我国钢铁工业迅速发展的主要推动力。近几年，国内钢铁企业日益重视企业技术进步和广泛开展科技创新活动，取得了大量的科技成果。表9给出近几年国内冶金科技奖中炼钢—连铸成果获奖情况。

表9 2005～2007年冶金科技进步奖炼钢—连铸成果获奖情况

年 份	特等奖	一等奖	二等奖	三等奖	合 计
2005		2	5	6	13
2006		2	3	9	14
2007		1	5	7	13

最近3～5年国内钢铁企业积极研究开发和推广以下重大技术创新成果，取得良好的成绩。

（1）转炉溅渣护炉与长寿复吹技术。近10年来，转炉溅渣护炉技术在国内大、中、小型转炉上广泛推广，取得了良好的成绩。全国转炉平均炉龄已接近8000炉，最高炉龄已超过30000炉，使我国转炉炉龄达到国际领先水平。国内自主研究开发的长寿复吹转炉技术，利用溅渣过程中形成的透气性炉渣蘑菇头保护底吹喷嘴，使底吹喷嘴的寿命和溅渣后转炉的炉龄同步，底吹喷嘴最高寿命超过30000炉（武钢）。目前，钢铁研究总院已在国内近200座转炉上推广采用该项新工艺技术，达到炉龄超过10000炉，复吹比100%和终点［C］［O］≤0.0027的良好效果，如图4所示。

（2）转炉高效吹炼工艺。为了提高转炉的生产效率，不少转炉将供氧强度从传统的3.2～3.5$Nm^3/(t \cdot min)$提高到3.6～4.4$Nm^3/(t \cdot min)$，缩短了冶炼周期，加快转炉生产节奏，提高转炉生产效率。如表10所示，采用高效供氧技术的大型转炉供氧强度平均达到3.65$Nm^3/(t \cdot min)$，冶炼周期缩短到36min；中型转炉供氧强度平均达到3.5$Nm^3/(t \cdot min)$，冶炼周期缩短到34.5min；小型转炉供氧强度可达到4.0$Nm^3/(t \cdot min)$，冶炼周期缩短到24.7min。随供氧强度的提高转炉作业率大幅度提高，氧气与钢铁料消耗略有降低，具有较明显的经济效益。

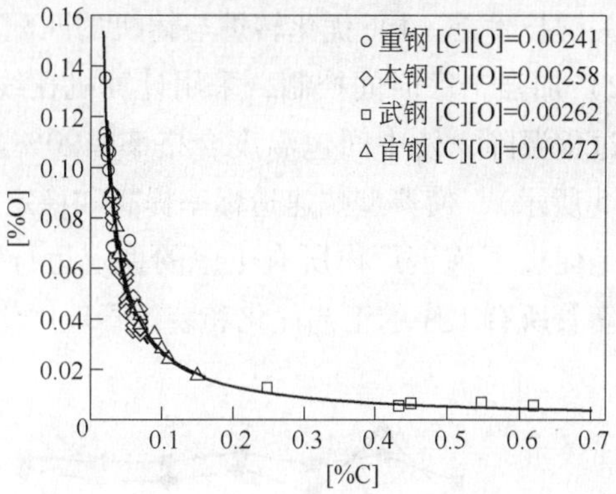

图4　长寿复吹转炉终点 C－O 平衡

表10　国内大、中、小型转炉高效吹炼工艺的技术经济指标

炉型	炉容量/t	统计炉数	炉容比/$m^3 \cdot t^{-1}$	供氧强度（标准状态）/$m^3 \cdot (t \cdot min)^{-1}$	底吹强度（标准状态）/$m^3 \cdot (t \cdot min)^{-1}$	钢铁料消耗/$kg \cdot t^{-1}$	氧耗（标准状态）/$m^3 \cdot t^{-1}$	冶炼周期/min	炉龄/炉	日历作业率/%
大型转炉	200～300	14	0.86	3.65	0.03～0.15	1086.86	56.71	36.14	8199.00	60.61
中型转炉	80～180	26	0.83	3.49	0.03～0.15	1093.95	56.67	34.52	15488.80	75.43
小型转炉	<80	33	0.92	4.0		1079.5	58.9	24.7	10316	85.91

（3）高效连铸技术。2000 年以后国内钢厂大力推广以高拉速为核心的高效连铸技术，取得了明显的进步，形成了完整的高效连铸技术，主要包括：提高钢水质量，推广采用大容量中间包全保护浇注；采用连续锥度结晶器提高热交换效率；采用板簧导向振动减小振动轨迹误差；采用多点连续矫直，适当增加冶金长度；推广结晶器电磁搅拌和优化二冷配水等工艺技术。高速连铸技术的推广不仅提高了连铸机的产量，而且进一步改善了铸坯的表面质量和内部质量，基本实现无缺陷坯生产。如表 11 所示，通过连铸机高效化改造后，铸机的产量和拉速均有明显提高。

表11　连铸机高效化改造前后技术经济指标对比

坯形	改造前		改造后		国际先进	
	单流产量/万吨·a^{-1}	拉速/m·min^{-1}	单流产量/万吨·a^{-1}	拉速/m·min^{-1}	单流产量/万吨·a^{-1}	拉速/m·min^{-1}
小方坯	5～8	1.5～2.0	12～15	2.5～3.0	—	3～3.5
板　坯	50	1.2	100	1.8	150～200	2～2.5

从表 11 中可以看出，国内小方坯高效连铸技术已基本接近国际先进水平，但板坯高效连铸技术尚与国际先进水平存在一定差距。今后要在提高板坯平均拉速和改进板坯质量、提高铸机产量等方面开展更深入的研究工作。

（4）连铸恒速浇注技术。连铸浇注过程由于钢水温度波动和供钢节奏的影响造成拉速的波动。随着拉速波动量的增大，铸坯表面纵裂概率上升，表层卷渣严重，中心偏析恶化，氧、氮含量升高。为解决拉速波动引起的铸坯质量问题，武钢炼钢厂开发出“典型拉速下连铸恒速浇注”技术。典型拉速是指不同钢种在标准浇注温度下所对应的标准拉速，而恒速浇注是指保持典型拉速恒定不变（拉速允许波动±5%）的浇注过程。实现恒速浇注的关键技术是：1）优化转炉与铸机的匹配，合理确定不同钢种的典型拉速和浇钢时间；2）加强工序时间控制，采用计算机在线进行生产调度；3）加强钢水温度控制，稳定过程温降，使中间包温度合格率≥90%。通过加强典型拉速达标率的技术考核（如图5所示），使典型拉速达标率提高和稳定，铸坯综合质量合格率大幅度提高，更重要的是促进了炼钢厂内所有工序的稳定运行和协同运行，推动了从铁水脱硫直至连铸机出坯等所有工序的工艺优化和装备管理优化。

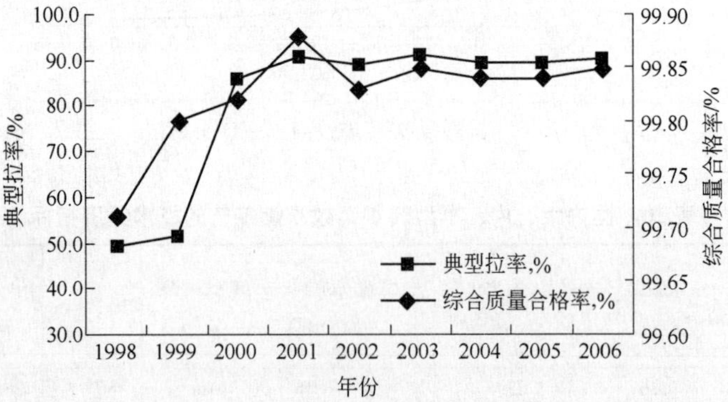

图5　武钢二分厂典型拉率与综合质量合格率对比

（5）薄板坯连铸—连轧生产工艺达到国际先进水平。我国已建成13条薄板坯连铸—连轧生产线（其中2条为中厚度铸机），生产能力超过3000万吨/年。其中多项技术经济指标达到国际领先水平。珠钢CSP薄板坯连铸机的作业率高达91.2%，薄板坯连铸—连轧的品种开发也取得重大进展，可以大批量生产超高强度集装箱板（$R_e \geq$ 700MPa），2006年珠钢生产薄规格（≤2mm）钢板的比例达到53.8%。包钢在薄板坯连铸—连轧生产工艺高效化和品种开发等方面也做出了优异成绩，多年来在提高生产效率、改进工艺装备和产品开发方面做了大量的、有成效的工作并实现了技术输出。唐钢双流薄板坯连铸—连轧生产线2005年产量曾达300万吨，最高连浇炉数达到34炉。马钢CSP生产线在生产低碳冷轧料方面获得明显的进步，打通了铁水预处理—转炉冶炼—二次精炼—薄板坯连铸—热轧—冷轧—镀锌—彩涂生产流程，2006年产品冷轧比达到69.2%，而且通过CSP线成功地试制了无取向硅钢。涟钢在转炉吨位较小的情况下克服种种困难，薄板坯连铸—连轧工艺也取得了优异的成绩，特别是≤2mm热轧薄规格生产和通过RH生产冷轧薄板和半无头轧制等方面取得了新的突破。济钢采用中等厚度板坯连铸机的最高连浇炉数达到86炉。

（6）专线化生产技术。为实现高效、稳定、低成本生产洁净钢，宝钢开发出炼钢“专线化生产技术”，通过合理优化工艺布置和差异化的设备选型将钢厂生产线按品种进行分工，保证某一类钢种固定在一条专业化产线上生产。专线化生产模式与传统生产的最大区别在于：前者品种钢生产分工明确，相对固定，生产效率高，产品质量稳定；而后者品种钢生产安排是随机的和不固定的，一旦发生生产节奏波动就会造成产品质量的波动，工艺稳定性差。

目前宝钢炼钢厂已经建立了汽车板、厚板和硅钢三条专业化生产线，各生产线的工艺装备、产品和工艺特点详见表12。

表12　宝钢炼钢专线化生产的分工与产品、工艺特点

钢种	主要工艺装备	产品特点	工艺特点
汽车板	铁水包脱硫/混铁车脱硫—300t复吹转炉—2号RH—2号板坯铸机	碳低［C］≤13×10^{-6} 表面质量要求严格	提高RH抽气能力和循环流量 结晶器电磁搅拌
厚板	铁水包脱硫/混铁车脱硫—300t复吹转炉—4号RH—3号板坯铸机	洁净度高，S、P、H要求严格 板坯厚度规格大	大环流、高抽气量RH 连铸采用小辊密排、轻压下
硅钢	混铁车（三脱、脱锰）—250t复吹转炉—3号RH—6号板坯铸机	极低的C、S含量，成分准确 抑制连铸发达的柱状晶	铁水“三脱”，RH喷粉脱硫 中间包等离子加热 连铸扇形段电磁搅拌

通过推进专线化生产品种钢模式，不仅使钢种质量控制能力显著提高，而且使RH产能得到最大发挥，连铸机拉速进一步提高，产品质量的稳定性得到显著改善。

（7）转炉负能炼钢技术。近5年国内转炉平均炼钢工序能耗波动在23～36kgce/t钢，而宝钢、武钢、太钢等10余家钢厂转炉炼钢工序实现了负能炼钢，说明在国内推广转炉负能炼钢技术将具有明显的节能效果。

实现转炉负能炼钢的技术关键是采用转炉高效冶炼工艺，进一步降低吨钢氧耗和电耗，同时应努力提高转炉煤气和蒸汽的回收利用率。如图6所示，转炉煤气回收量 >$90m^3$/t钢（煤气热值按7524kJ/m^3计算），蒸汽回收量 >60kg/t钢是实现转炉工序负能炼钢的基本条件，在此基础上进一步降低吨钢氧、氮、电和燃料的消耗，可进一步降低转炉工序能耗。

（8）全自动转炉炼钢与终点控制技术。随着国内炼钢—连铸生产设备大型化和现代化的发展，不少钢厂积极研究开发和推广转炉自动化炼钢工艺技术，以各生产环节准确计量为基础，通过终点副枪动态控制或吹炼过程炉气分析实现炼钢过程计算机自动控制，进一步提高转炉终点碳和温度的控制精度与命中率。宝钢、武钢、首钢迁安等大、中型转炉采用副枪终点动态控制技术取得良好的应用效果：转炉全自动吹炼控制成功率达到90%，碳控制精度为±0.02%，温度控制精度为±12℃时，碳温双命中率达到93%，补吹率降到5%以下，不倒炉直接出钢比例达到95%以上，达到国际先进水平。马钢、本钢、攀钢等钢厂采用炉气分析技术实现转炉自动吹炼也取得较好的成效。马钢120t转炉在目标碳含量0.03%～0.07%范围内，碳的控制精度可以达到±0.015%，温度控制精度为±16℃，碳温双命中率达88.6%，不倒炉出钢率提高到92.9%，同时冶炼周期可缩短3min，喷溅率降低到7.7%。

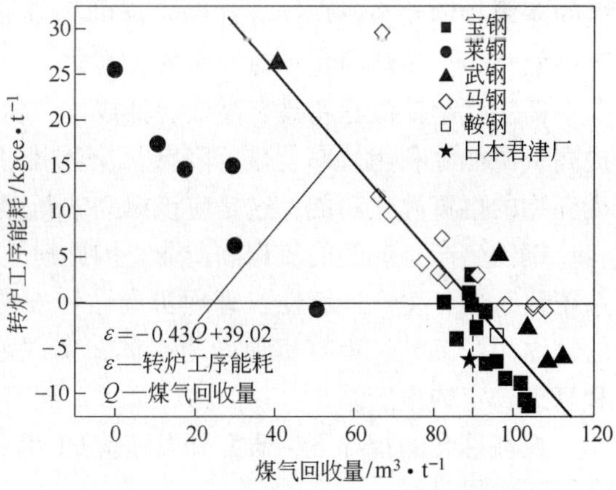

图6　转炉煤气回收量与工序能耗的关系

1.8 炼钢—连铸生产中存在的主要问题

在认真总结近几年国内炼钢—连铸过程技术进步的同时，还必须充分注意到目前尚存在的主要生产技术问题：

（1）炼钢厂能耗与国际先进水平相比仍有较大差距；

（2）炼钢厂环境治理和废弃物回收利用与国外先进水平相比有较大差距；

（3）企业管理不够精细，应加强对废钢、石灰等辅料、耐材和铁合金的分类管理，实现炼钢精料，进一步减少渣量，减轻转炉回硫，降低生产成本；

（4）钢水成分控制精确度偏低，产品质量稳定性存在差距；

（5）设计理论与设计方法创新不多，炼钢厂平面布置研究不够，主要生产设备的差异化选型研究不够，特别要注意避免精炼工艺装备选型和位置的失误所造成炼钢—连铸的混乱运行，应该深入研究专线化生产品种钢和动态-有序的运行模式。

2 2010 年炼钢—连铸技术发展展望

进入21世纪后，社会对钢铁厂的要求发生了重大转变，从过去单纯要求钢铁厂为社会进步不断提供低成本、高品质的钢材外，还要求充分发挥能源转换功能，节能减排，基本消除自身对社会环境造成的污染，同时要求钢铁厂具有大量处理社会废弃物并融入循环经济社会的功能。由于社会基本要求的改变，新一代炼钢工艺流程的兴起将成为历史的必然。

2.1 21 世纪新一代钢铁厂的新理念、新目标

21世纪先进钢铁厂是在20世纪现代化钢铁厂发展的基础上，为满足市场对钢铁产品的需求和钢铁企业与社会和谐发展的要求而建设的新型钢铁厂，其基本特点是：生产高效化、产品洁净化和对环境的无害化。

新一代钢铁流程将具有高效、低成本、稳定生产高品质钢材的钢铁产品制造功能；提高资源能源利用效率、显著降低污染物排放的能源、资源转换功能和大量消纳社会废弃物的再资源化功能，这是应该树立的新理念。

钢铁生产是典型的流程制造业，因此树立新理念还必须结合流程工业的基本特点：系统复杂性、生产连续性、管理协调性和发展整体性，在有限的时间和空间内将复杂的钢铁生产工艺过程有机地融为一体，实现炼钢—连铸生产过程动态有序、连续紧凑和高效稳定的生产。

在新理念的指导下，研究开发适应21世纪社会要求的新一代炼钢—连铸流程应实现以下发展目标：

（1）新流程应具备高效化的生产特点，可以大批量、低成本、稳定地生产各类不同品质的钢材；

（2）新流程应具备资源能源减量化、可循环和再利用的基本功能，建设环境友好型清洁生产的新流程；

（3）新流程应具备社会大宗废弃物无害化、资源化处理的功能，实现钢铁工业的可持续发展；

（4）新流程的工艺程序、流程网络（平面图等）易于实现企业内部生产自动化、控制智能化和管理信息化。

总之，21 世纪新型钢铁厂要实现钢铁厂功能的转变，将钢铁生产与能源转换、消纳社会废弃物三大功能有机地融为一体。我们应该设想，能否通过 3 ~5 年努力使中国炼钢工艺和装备水平走到世界前列。

2.2 炼钢厂的解析与集成

炼钢—连铸生产过程中各单元生产工序冶金功能的解析与集成是实现炼钢—连铸工艺流程优化的重要方法。如图 7 所示，现代转炉炼钢技术的发展主要得益于转炉冶炼功能的合理解析。传统转炉炼钢工艺包括脱硅、脱碳、脱磷、脱硫和控制铁的氧化以及去除有害气体、非金属夹杂物等基本功能，由于脱硫、脱碳、脱磷、脱硅反应的热力学、动力学要求的不同，在同一反应容器内一起进行反应往往造成顾此失彼、相互影响甚至相互制约，为此有必要按照不同产品性能的要求，对转炉冶炼功能进行必要的解析和集成。形成了绝大多数国家采用的炼钢流程：铁水脱硫—转炉脱硅、脱磷、脱碳。

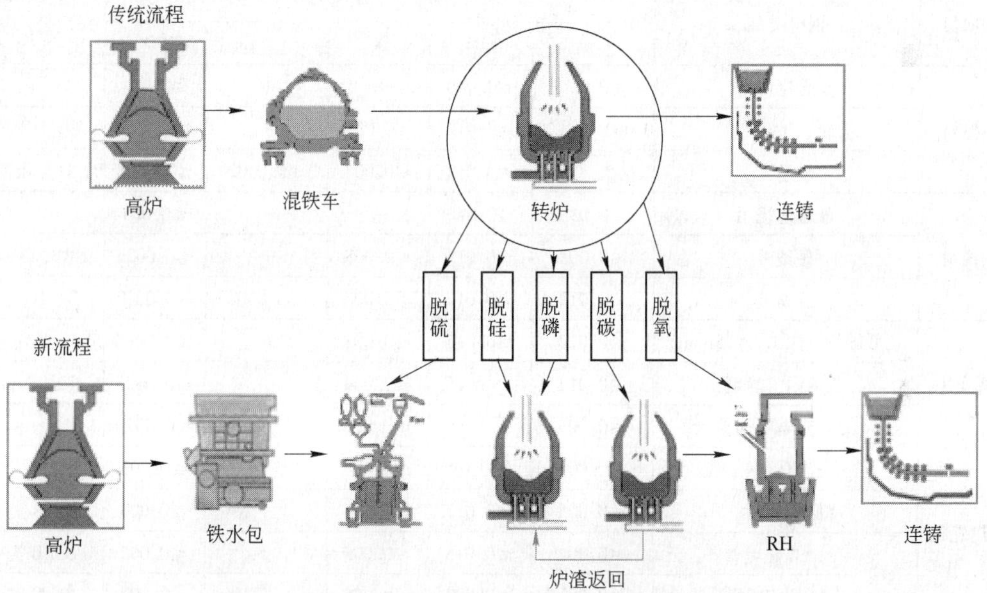

图 7　现代转炉炼钢的功能解析

日本为了进一步提高转炉生产效率和冶炼钢水的洁净度，提出“分阶段冶炼”的工艺思想，将出铁槽脱硅、铁水脱硫、脱磷与转炉脱碳相分离，达到显著提高钢水洁净度和生产效率及减少渣量等优点。我国在吸收日本技术基础上，提出了先脱硫—再脱硅、脱磷—后脱碳、升温、回收煤气的新工艺，并将之集成为一个炼钢厂生产 900 万吨/年左右规模的高效率、低成本、高端薄板产品的洁净钢生产平台，形成了如图 7 所示的炼钢新工艺流程。

流程解析集成是优化工艺流程的重要手段，其特点是进一步提高冶金反应效率，达到提高生产效率、降低生产成本和稳定质量的目的。在研究开发新一代炼钢流程中必须强调树立新理念，明确新目标，对炼钢流程的功能进行深入解析与集成研究。

2.3 建立高效、低成本洁净钢生产平台

建立高效、低成本洁净钢生产平台是今后几年国内各类钢铁厂都应努力实现的基本目标之一。为了建立高效、低成本洁净钢平台必须改变传统的质量概念，深入研究

以连续运行为基本特点的炼钢厂，实现高效、低成本、稳定运行的生产模式。

传统观点认为：质量问题主要包括产品合格率和产品性能两个要求。而广义的质量概念认为：效率、成本和性能是产品质量的基本要素。效率应包括产品的生产效率、资源和能源利用效率以及系统的技术优化；成本主要包括生产成本、管理成本、销售成本和资本成本等多种经济因素；性能应包括产品的加工性能、使用性能和可循环利用等因素。根据广义的质量概念，钢铁厂在考虑品种开发和质量优化的过程中应综合考虑效率、成本和性能等因素，达到高效、优质和低成本的目标。

产品洁净度是保障钢铁产品性能的基本要素，也是炼钢—连铸生产过程中控制产品性能的基本功能。洁净钢是指对钢中夹杂物和杂质元素含量的控制达到能够满足用户在钢材加工过程和使用过程的性能要求。因此，建立洁净钢生产平台的基本目标是保证钢厂生产的全部钢材洁净度能达到洁净钢的基本要求，表 13 给出典型钢种的洁净度控制要求。

表 13　典型钢种洁净度的建议控制水平

项目	钢材类型		杂质元素控制/%					夹杂物控制
			[S]	[P]	[N]	[H]	T[O]	
棒材	普通建筑用		≤0.035	≤0.040	—	—	≤0.004	
	齿轮、轴件等①		0.002~0.025	≤0.012	≤0.008	—	≤0.0012	B、D 类
	轴承①		0.005~0.010	≤0.012	≤0.007	≤0.0002	≤0.0008	B、D 类和 TiN
线材	普通建筑用		≤0.030	≤0.040	—	—	≤0.004	
	硬线①		≤0.008	≤0.015	≤0.008	—	≤0.0025	尺寸≤25 μm
	弹簧①		≤0.012	≤0.012	≤0.008	≤0.0002	≤0.0012	B、D 类
冷轧板	超低碳钢（[C]≤25ppm）		≤0.012	≤0.015	≤0.003	—	≤0.0025	尺寸≤100 μm②
	低碳铝镇静钢		≤0.012	≤0.015	≤0.004	—	≤0.0025	尺寸≤100 μm②
	无取向电工钢板		≤0.003	≤0.04	≤0.002	—	≤0.0025	—
热轧板	普通碳钢		≤0.008	≤0.02	≤0.008	—	≤0.003	—
	低合金钢		≤0.005	≤0.015	≤0.008	—	≤0.003	A、B 类
	管线	高强度管①	≤0.002	≤0.015	≤0.005	—	≤0.002	A、B 类
		抗 HIC 管①	≤0.001	≤0.007	≤0.005	—	≤0.002	A、B 类
普通碳钢	造船板、桥梁板等①		≤0.005	≤0.015	≤0.007	—	≤0.0025	A、B 类
	管线	高强度厚壁管①	≤0.002	≤0.012	≤0.005	≤0.0002	≤0.002	A、B 类
		低温管线①	≤0.002	≤0.012	≤0.005	≤0.0025	≤0.002	A、B 类
		抗 HIC 管线①	≤0.001	≤0.007	≤0.005	≤0.0002	≤0.002	A、B 类
	海洋平台①		≤0.002	≤0.005	≤0.005	≤0.0002	≤0.002	A、B 类

①表示要求严格控制连铸坯的中心偏析；—表示不做要求；

②引自日本铁钢协会高温プロセス部会，日本学术振兴会制钢第 19 委员会反应プロセス研究会，“大量生产规模における不纯物元素の精炼限界”，1996 年 3 月，p. 2。

建立洁净钢生产平台还应统筹考虑不同品种钢材生产的技术难度和市场份额。通常可把钢铁产品分为普通、中档、高档和尖端商品四个级别，生产技术难度可对应分为Ⅰ~Ⅳ级，随着产品档次的提高技术难度增大，而对应的市场份额减小：普通商品约占 50%~60%，中档商品约占 30%~35%，高档商品约占 10%，尖端商品约为 2%~4%。这说明尖端产品虽然反映出企业的产品开发能力和质量控制水平，但在整个企业的经营活动中所占比重并不大。因此，建立洁净钢生产平台不能仅着眼于高端产品的研制，更要努力改善量大面广的中、低档商品的质量、生产效率和成本。

按照广义的质量概念建立洁净钢生产平台不是简单的脱硫、脱磷、脱氧等工艺技术问题或品种质量问题，而应该包括工艺、设备、技术管理和生产运行等诸多因素，实现高效、优质和低成本的目标。因此，如图8所示，在炼钢厂内建立洁净钢生产平台必须建立起与产品质量密切相关的生产技术系统、信息软件系统和管理运行系统。

图8　洁净钢生产平台涉及的系统

洁净钢生产平台必须采用高效、稳定的运行模式。通常炼钢—连铸制造流程中系统的产能不仅仅取决于各单元工序的产能，还取决于工序间物流的流通能力和效率。连续运行的制造流程中，物流的运行动力学决定于上游工序的“推力”、下游工序的“拉力”。对于某道工序（如转炉），如果前道工序推力大于本道工序相应的“拉力”则会发生物质流的拥堵，如果后道工序拉力过强也会引起本工序物质流供给不足，影响流程整体能力的发挥。为了平衡工序间的“推力”和“拉力”，需要在工序间建立一定能力的缓冲工序以保证各工序间均衡稳定的生产。通常在工厂设计中大多采用钢铁制造流程中物质流的均值静态运行模式，假定各工序间的物流是稳定和均衡的，但在实际生产中物流往往是随机的和不稳定的，造成各工序间物流的不稳定匹配－对应的紊流运行动力学模式，其结果是物流输入、输出波动，随机匹配，可受控性差，物流的流通能力和效率降低，如图9所示。

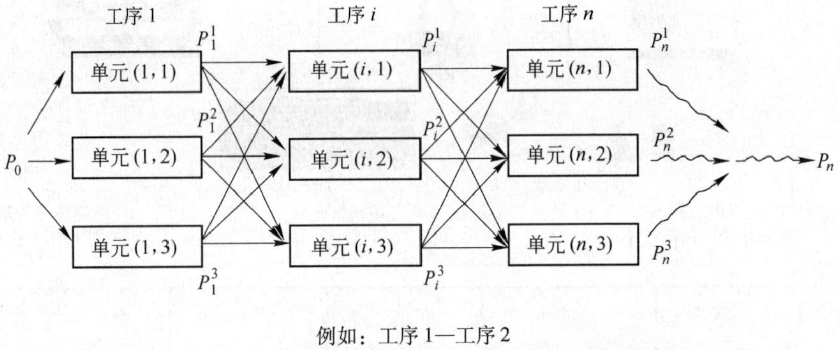

例如：工序1—工序2

$$t_1=\eta[t_1^1、(t_1^2+\Delta t)、(t_1^3+\Delta t')]；\ t_2=\eta[(t_2^1+\Delta t)、t_2^2、(t_2^3+\Delta t')]；$$

$$t_3=\eta[(t_3^1+\Delta t')、(t_3^2+\Delta t)、t_3^3]（\eta\ 为通过系数<1\ 或<0.7）$$

图9　钢铁制造流程物质流随机不稳定匹配－对应的紊流运行模式

为了实现高效化、稳定生产必须建立起铁水预处理—炼钢—二次精炼—连铸流程中物质流的动态－有序、匹配－对应的运行动力学模式，特别是要尽可能避免随机的无序“紊流”运行，实现有序“层流”运行的动力学机制，使输入物流和输出物流基本稳定，整个流程基本可控，如图10所示。

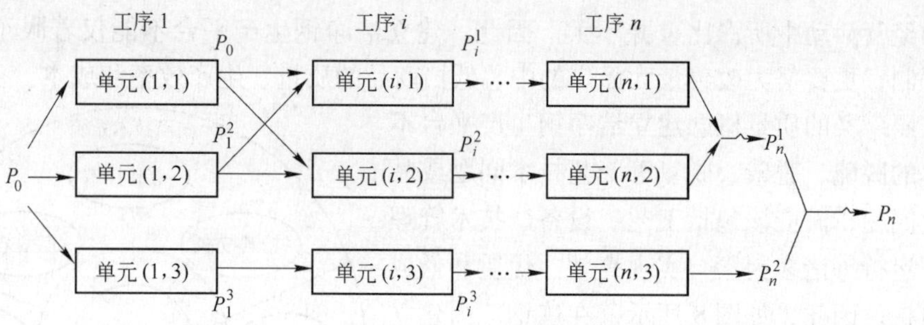

图 10　钢铁制造流程物质流动态－有序、匹配－对应的层流运行模式

2.4　界面技术与共性技术

2.4.1　界面技术

研究高效化快节奏生产流程中各工序间的衔接和稳定运行规律，合理确定炼铁—炼钢工艺界面和连铸—轧钢工艺界面中各工序间的时间结点、品质要求与温度控制精度，减少或尽量避免各工序环节因生产延误、设备故障、安全事故等干扰因素对全流程正常生产节奏和平稳运行的影响。图 11 给出现代炼钢生产流程中最主要的界面技术，其中包括外部界面（又称流程界面）和内部运行界面。如果以炼钢—连铸作为一个整体的生产工序，其外部界面主要是“高炉—转炉界面”和“连铸—热轧界面”；内部运行界面是“炼钢—连铸界面”。

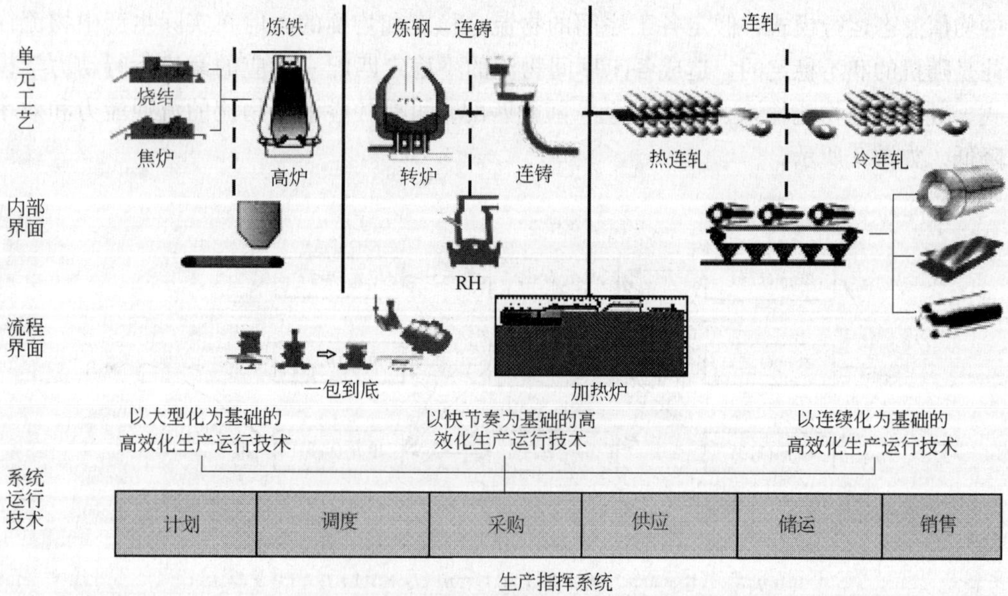

图 11　现代炼钢生产流程中的界面技术

界面技术是保证全流程动态－有序、连续－紧凑和高效－稳定生产的关键技术。在炼铁—炼钢界面应重点研究高炉—转炉之间各种物质流、能量流动态－有序运行的界面技术。提倡采用以铁水包多功能化为特点的“一包到底”先进工艺，优化铁水运输环节，避免重复倒运和不必要的转兑，缩短转运周期，减少铁水温降，提高铁水预处理的效率。在连铸—热轧工艺界面重点开发高效铸机高拉速条件下高温无缺陷坯生

产技术、热送与热装工艺，提高热坯输送速度，完善热送保温措施，提高铸坯入炉温度。同时，要认真研究高温铸坯热装与直轧过程中的冶金学 - 材料学问题，研究不同钢种高温热装—轧制过程中轧件的相变、组织变化、微细夹杂物及第二相粒子析出规律和对成品材组织与性能的遗传特性，提出不同钢种的最佳热送工艺。探索以“一钢多级”为目标，研究与不同级别钢材性能相适应的控轧—控冷工艺和炼钢—二次精炼—连铸技术，实现炼钢—轧钢工艺过程的系统耦合。

二次精炼是炼钢—连铸工艺区段内最重要的工序界面，具有保证炼钢与连铸两大生产单元能力匹配与物流衔接，发挥时间节奏缓冲和钢水温度、成分调节等重要作用，是实现动态 - 有序、连续 - 紧凑运行的重要工序。今后，随着铁水“三脱”和转炉高速吹炼与高速连铸技术的发展，炼钢与连铸的生产节奏加快，生产周期缩短，二次精炼工序将成为炼钢—连铸生产过程中的“时间瓶颈”。因此，研究开发快速精炼技术特别是 RH 快速精炼技术，大幅度缩短精炼时间是十分必要的。同时，对炼钢厂内物流输送路线，特别是 RH 等精炼装置在平面图中的合理位置也必须给予高度重视和科学安排。这些都对今后的炼钢—连铸生产时间节奏匹配、提高钢水质量和实现连铸机恒温、恒拉速的稳定化生产工艺具有重要意义。对加速钢水包周转和提高车间调度的有效性和生产能力的充分发挥具有重要作用。

2.4.2 共性技术

从流程优化的角度考虑，炼钢—连铸区段内的主要共性技术是：炉机匹配技术、钢水二次精炼的优化匹配技术、连铸高效化技术、精料技术、节能减排和环保技术、过程信息化控制技术。

(1) 炉机匹配技术。新一代炼钢工艺流程应在采用先进成熟的工艺与装备技术的基础上，结合若干新开发的工艺技术和匹配技术，通过界面技术的匹配、协调，形成优化组合的生产流程。在新流程中转炉的容量并非越大越好，而应该依据产品大纲的定位和合理布局的工厂结构，追求最佳的经济效益、环境效益和社会效益。炼钢炉的合理容量不仅要和连铸机相匹配，而且还应适应轧机及其生产产品的需求，保证轧机的生产高效化。

对于两套传统热带连轧机协同生产，其生产钢材的规模应在 800 万吨/年以上，适宜采用三座 280 ~ 300t 大型转炉。同样规模的企业若采用铁水全“三脱”和转炉高速吹炼新工艺，由于炼钢节奏加快、冶炼周期缩短，应采用 230 ~ 250t 的脱碳转炉和相应的脱硅、脱磷预处理转炉。

对于中板生产规模在 180 万吨/年左右的转炉厂一般应选择两座 150 ~ 180t 转炉。对于生产规模在 140 ~ 180 万吨/年以上的长型材钢厂一般可配置两座 50 ~ 80t 的转炉或两座 80 ~ 100t 的电炉。对于薄板坯连铸—连轧生产线为充分发挥连轧机的生产能力，选择两座 120 ~ 150t 转炉或 1 座 230 ~ 250t 转炉也可以选择两台 150 ~ 180t 电炉与两流薄板坯铸机匹配是合理的。合理选择炼钢炉的吨位，稳定和规范操作程序，提高设备自动化和智能化的运行水平是实现生产高效、稳定的基础条件。

(2) 钢水二次精炼的优化匹配技术。目前国内绝大多数钢铁厂均已配备了钢液二次精炼设施，过去配置二次精炼装置往往单纯从精炼装备的冶金功能出发进行选择，而新一代钢铁流程要求根据产品和生产流程动态 - 有序运行的特点合理选择精炼装置。也就是说选择二次精炼装置不仅要重视冶金功能，而且还要注意其运行节奏和平面布置的合理安排。对于一般以生产普碳钢、低合金钢长材为主的钢厂，二次精炼装置应选择成本低、效率高的炉后吹氩/喂丝装置或 CAS。对于以中、厚板材为主要产品的钢厂，二次精炼设备主要应采用 LF 精炼炉；如需生产部分高端产品，要求脱氢、深脱氧和控制夹杂物，可同时匹配 VD 真空精炼炉。对于以生产冷轧薄板为主体的炼钢厂，由于要大量生产低碳或超低碳钢材，一般应选择 RH 真空精炼设备，并合理配备 CAS 普通精炼设施。对于电炉厂一般应以 LF 炉作为主要精炼设施，但为了保证高品质钢材生产的需求，可同时配置 VD 或 RH 真空精炼设施。

（3）连铸高效化技术。目前连铸高效化技术的主要目标是：根据不同钢种的特点合理提高拉速、确定典型拉速并稳定拉速，实现恒拉速，保证铸坯的内部和表面质量，促进连铸高效化。要根据轧机配置的要求选择优化和固定的连铸坯断面尺寸，确定合理的拉速和连浇周期，相应确定精炼炉、炼钢炉的运行节奏和生产能力。进一步优化炼钢—连铸的平面布置，保证物流通畅，缩短调运时间，减小温度波动，为实现连铸机定时、定温、定速的稳定生产创造条件。

铸机断面的合理选择是实现全流程高效化生产的基础。通常对于生产薄板的传统板坯铸机，连铸坯厚度以 210 ~ 230mm 为宜，生产中厚板坯一般可选择连铸坯厚度 250 ~ 300mm，薄板坯连铸—连轧机组生产的薄铸坯厚度一般为 70 ~ 90mm。对于小方坯连铸机生产普碳钢坯（包括低合金钢）断面以 150mm × 150mm 为宜，对于特殊钢生产连铸机断面可选择 220mm × 220mm ~ 300mm × 300mm 或其他相应的矩形坯断面。

（4）精料技术。这是一个系统的概念，即所有原材料都要符合冶炼、精炼与质量的要求，不但铁水这一最重要的原料需进行预处理后再使用，其他原材料也都要精料，例如：注重提高铁合金的质量，尤其要注重 FeMn 的硅、铝、磷等元素含量，FeCr 中的钛、磷含量，避免对洁净钢水的污染。要进一步提高石灰质量，提倡用回收的转炉煤气烧石灰，严格控制石灰中的硫含量和 SiO_2 含量，提高石灰活性度。要加强对耐火材料的质量监督和管理工作，积极研究开发新型连铸三大件耐火材料；进一步降低耐火材料的消耗，并深入研究减轻耐火材料对钢水洁净度的污染。保护渣的质量稳定性对连铸坯表面质量有重要影响，今后不但要加强新型保护渣的研究开发工作，而且要加强对保护渣质量的管理，严格控制保护渣的加入量，改进保护渣加入技术，进一步提高铸坯质量的稳定性。要加强对废钢的成分、块度分类管理，特别是对于电炉厂要通过加强废钢管理减少加料次数，进一步降低冶炼电耗。

（5）节能减排和环保技术。积极推行转炉负能炼钢工艺，争取实现转炉工序负能炼钢；进一步促进整个炼钢—连铸工序低能耗运行；积极推广转炉闭罩冶炼、煤气回收和干法除尘等先进技术；进一步加强煤气、蒸汽的回收与利用，降低放散率。低硫含量的优质转炉煤气应主要用于生产石灰以降低石灰硫含量，大型转炉回收蒸汽应优先作为炼钢车间内真空精炼设备的汽源，以提高能源转换效率，降低真空精炼的成本。要进一步加强对转炉炉渣、烟气粉尘和废弃耐火材料等固体废弃物的利用与循环利用技术的开发，争取实现炼钢—连铸生产无公害化的近“零排放”。积极研究开发低品质蒸汽、煤气发电等新技术。

（6）生产信息化与过程智能化控制技术。随着社会信息化的发展和炼钢—连铸的生产日趋准连续化，炼钢—连铸生产过程的信息化建设和智能化控制技术的发展尤为重要。今后应大力在国内炼钢厂推广和完善信息中心和数据平台建设，实现计算机对炼钢—连铸全流程生产过程的在线监控、故障诊断、生产和质量预报与生产调度寻优等信息管理功能，并开展铁水预处理—炼钢—精炼—连铸过程的智能控制技术研究。

多年以来，由于国内不少炼钢—连铸原、辅材料质量不稳定，工艺规程不健全，生产基本沿用人工经验控制技术，因此，生产的稳定性往往受到操作者个人的体力、精力和经验所局限，造成人为的失误或波动，影响了工艺和产品的稳定性。今后要在加强生产过程精细管理和淘汰落后工艺装备的同时，积极推广转炉副枪动态控制、炉气分析过程控制以及连铸计算机控制等先进技术，进而逐步实现计算机闭环在线智能控制，尽可能减少人为干扰，提高物流流量、成分、温度的控制精度，保证产品性能和生产过程的稳定性。

今年是2008年，是奥运会即将胜利召开的一年，现在我们召开全国炼钢—连铸工作会议，目的是要总结成绩、树立新理念、明确新目标，研究和开发新的炼钢工艺流程，我们的目光是要看到2010年以后战略目标的措施，并结合各单位的实际情况积极探索进展。我们应该有抱负、有信心将中国的炼钢—连铸水平推向世界一流水平。

中国薄板坯连铸连轧的进展*

摘　要　回顾了当前国际薄板坯连铸连轧技术发展现状，论述了中国薄板坯连铸连轧生产技术的发展历程。中国经过多年的生产实践和技术研发，不仅在薄板坯连铸连轧生产线的数量上、生产能力上位居世界第一，同时，在生产技术和关键装备研制与系统技术集成方面也取得了重大进展，薄板坯连铸连轧生产线的生产技术指标不断提高、生产品种不断扩大、高附加值产品份额逐年增加。在此基础上，提出了中国薄板坯连铸连轧生产中存在的问题及工作方向。

关键词　进展　薄板坯连铸

1　当前国际薄板坯连铸连轧技术发展现状

1.1　薄板坯连铸连轧生产线类型和产能统计

自1989年7月美国纽柯公司克劳福兹维尔厂建成投产世界上第一条薄板坯连铸连轧生产线以来，薄板坯连铸连轧生产技术取得了举世瞩目的成绩，被誉为钢铁工业的“第三次技术革命”。目前，世界各工业发达国家和钢铁工业大国相继开发了独具特色的薄板坯连铸连轧生产技术，这些技术主要包括：德国西马克公司CSP（Compact Strip Production）技术、德国德马克公司的ISP（Inline Strip Production）技术（现上述两公司已合并）、意大利达涅利公司的FTSC（Flexible Thin Slab Casting for Quality）技术、奥钢联的CONROLL技术、日本住友与三菱公司开发的QSP（Quality Strip Production）技术、美国蒂平斯公司的TSP（Tipping－Samsung Process）技术等。最近，奥钢联与阿维迪共同开发了一条新的薄板坯连铸连轧生产线。这个厂以一台250t EAF炉、一台LF炉、一流90/70mm厚薄板坯连铸机，以7m/min的拉速（展望8m/min），不通过隧道窑，不用热卷箱，仅以10m左右距离间隔直接喂入R1→R2→R3机组，再进入F1→F2→F3→F4→F5机组，一流铸机的年产量为150万吨。绝大部分产品是厚度为0.8～2.0mm的热轧卷，然后再酸洗、镀锌，实现以热代冷。预计该生产线将在2008年下半年在意大利的克利蒙纳建成投产。该作业线从中间罐到卷取机的长度约为180m。

截至2007年10月，世界上已建成投产的和部分在建的各种不同类型的薄板坯连铸连轧生产线共计54条、铸机86流，总的生产能力约为9200万吨，统计数据如表1、图1所示。其中CSP线29条、铸机47流，占薄板坯连铸机总产能的50%以上。

表1　世界各种薄板坯连铸连轧生产线统计（截至2007年）

工　艺	生产线数	铸机流数	年生产能力/万吨	技术供应厂商
CSP	29	47	4965	SMS
ISP	7	11	1005	MDH
FTSR	6	10	1170	Danieli

* 原发表于《钢铁》，2008，43（3）：1～9。

续表 1

工　艺	生产线数	铸机流数	年生产能力/万吨	技术供应厂商
QSP	3	4	510	SMI
CONROLL	4	4	330	VAI
TSP	2	2	212.5	Tipping + Samsung
其他	3	8	1000	AnGang
合计	54	86	9192.5	

注：未记入中国唐山国丰生产线。

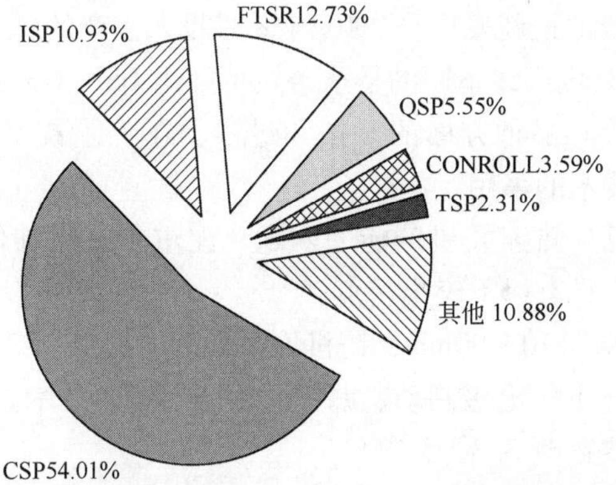

图 1　不同薄板坯连铸连轧工艺生产线产能比重比较

世界各国建设薄板坯连铸连轧生产线和产能统计见表 2，从统计结果中可以看出，薄板坯连铸连轧生产线的建设主要集中在中国和美国，两国占世界薄板坯连铸连轧总生产能力的 57.0%，其中中国占 35.7%，位居世界第一。

表 2　世界各国薄板坯连铸连轧生产线和年产能统计（截至 2007 年）

国家	生产线条数								年生产能力/万吨	铸机流数
	CSP	ISP	FTSR	QSP	CONROLL	TSP	其他	合计		
美国	8			2	1	2		13	1962.5	18
德国	1							1	240.0	2
意大利	2	1						3	280.0	3
韩国	1	2						3	600.0	6
中国	7		3				3	13	3280.0	28
其他	10	4	3	1	3			21	2830.0	29
总计	29	7	6	3	4	2	3	54	9192.5	86

注：1. 中国未记入唐山国丰生产线；
2. 以前的统计中含有中国台湾烨联的生产线，据了解该生产线未建。

1.2　薄板坯连铸连轧生产线的主要技术特征

早期的第一代薄板坯连铸连轧技术是以美国纽柯公司的生产线为代表，其主要以电炉 + LF 炉与 5 机架精轧机组相匹配；连铸坯厚度为 50mm，连铸机的通钢量为 2.5 ~ 3.0t/min，生产线产能一般为双流 160 万吨。

早期的第一代薄板坯连铸连轧技术产品主要是以其特有的流程优势（包括：生产成本低、能耗低、投资少等）与传统的热连轧生产在低档品种市场方面进行竞争。

随着转炉与薄板坯连铸连轧生产线匹配的应用，第二代 CSP 生产线在总结第一代 CSP 生产线的经验的基础上，确定在产品中包括较大比例的小于 2.0mm 厚度的薄规格产品，把最小厚度定在 0.8mm，经过热轧镀锌后，以取代一部分冷轧产品为目标；在产品开发方面还包括了低合金高强度板、深冲用板以及硅钢和不锈钢等。

在 1999 年 3 月投入生产的德国 TKS（Thyssen Krupp Stahl）厂的 CSP 生产线，被称为是第二代的薄板坯连铸连轧生产线。除 TKS 厂以外，中国马钢和涟钢所建设的 CSP 生产线也属于第二代的。

第二代 CSP 生产线的最新发展是 2001 年 8 月投入生产的意大利 AST 厂的新的 CSP 生产线。与 TKS 厂 CSP 生产线不同的是这条线更突出 CSP 工艺在生产高合金成分的特殊钢（不锈钢、硅钢等）品种方面的开拓和进步。在工艺技术上也更加注重在炼钢，尤其是连铸部分的新技术的采用。

由于注重了连铸机与热连轧机产能的匹配、注重了高附加值产品的开发，第二代的薄板坯连铸连轧技术具有以下突出特点：

（1）铸坯厚度增厚到 70～90mm，铸机冶金长度增加。

（2）采用了液芯压下、电磁制动、漏钢预报等连铸新技术。

（3）铸机通钢量提高到 3.3～3.7t/min。

（4）有的隧道炉长度延长到 240～300m。

（5）连轧机特点：轧机组成为 F6～7 或 R1～2+F5～6，采用半无头轧制、超薄规格轧制技术，扩大了厚度≤2.0mm 的产品比例，实现了以热代冷；电机功率增大，以便进行铁素体轧制。

（6）年产规模扩大：单流生产能力 120 万～150 万吨，双流达到 200 万～250 万吨。

第二代典型薄板坯连铸连轧生产流程示意图见图 2。

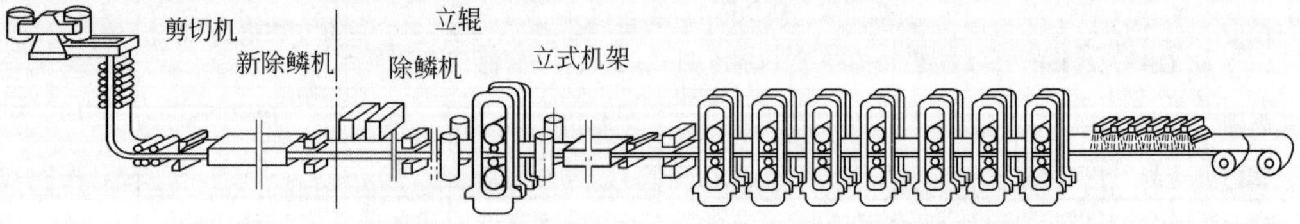

图 2　第二代典型薄板坯连铸连轧生产流程示意图

由于热连轧机组生产能力有可能实现 350 万～400 万吨/a，即使两流薄板坯连铸机与一套热连轧机相组合，连铸机能力与热连轧机能力不匹配的矛盾仍十分突出，也明显限制热连轧机能力的充分发挥。

在 2004 年 5 月第二次薄板坯连铸连轧技术交流会上，笔者提出了第三代薄板坯连铸连轧生产线的合理定位，包括：

（1）铸机通钢量：4.0～4.5t/min；

（2）生产线规模：280 万～320 万吨；

（3）≤2.2mm 厚度热轧卷具有较大的比例（例如 >30%～50%），实现薄板以热代冷；

（4）开发热轧→酸洗→热镀锌产品；

（5）开发热轧→冷轧→热镀锌产品；

（6）进一步开发硅钢等高附加值产品。

1.3 国内薄板坯连铸连轧装备技术现状

从各国建设薄板坯连铸连轧生产线的时间（见表3）可以看出：世界其他国家薄板坯连铸连轧生产线大都建设在20世纪90年代，而中国的薄板坯连铸连轧生产线建设除珠钢和邯钢是建设在20世纪90年代末期外，其他生产线都建设在21世纪初期。而且2004年以后，在世界其他国家几乎没有进一步建设薄板坯连铸连轧生产线的情况下，中国相继建设、投产了涟钢、本钢、鞍钢、通钢、酒钢、济钢、武钢等7条生产线。这一方面反映出中国薄板坯连铸连轧生产线的建设与钢铁工业近年来的迅速发展相一致；另一方面也反映出中国建设的薄板坯连铸连轧生产线在装备的成熟性和工艺技术的先进性方面体现了后发优势。

表3 世界各国薄板坯连铸连轧生产线统计（截至2007年）

序号	国家和地区	钢铁公司	工艺类型	铸机流数	开发商	铸坯规格（厚×宽）/mm×mm	最小产品厚度/mm	年产量/万吨	轧机	投产期
1	德国	蒂森－克虏伯	CSP	2	SMS	(48～63)×(900～1600)	1.0 (1000)	240	7机架	1999.3
2	美国	纽克公司克劳福兹维尔	CSP	2	SMS＋Nucor	50×(900～1350)	1.43 (1000)	180	6机架	1989.7/1994.4
3	美国	纽柯公司希克曼	CSP	2	SMS＋Nucor	50/55×(1220～1560)	1.50 (1150)	200	6机架	1992.8/1994.5
4	美国	纽柯伯克利	CSP	2	SMS	(40～70)×(900～1680)	1.37 (1220)	240	6机架	1996.10/2000.7
5	美国	第纳米克斯（SDI）	CSP	2	SMS	(40～70)×(990～1560)	1.20 (1240)	220	7机架	1995.5/1998.5
6	美国	戈拉廷华莎（Gallatin）	CSP	1	SMS	50/55×(1000～1560)	1.51 (1230)	100	6机架	1995.4
7	美国	阿克梅ACM里弗代尔厂	CSP	1	SMS	50/55×(900～1560)	1.25 (900)	100	7机架	1996.1
8	美国	阿姆科曼斯菲尔德厂	CON－ROLL	1	VAI	(76～152)×(635～1283)	1.80	70	1＋6机架	1995.4
9	美国	特瑞柯Trico狄凯特厂	QSP	2	SMI	(70～90)×(914～1650)	1.00	200	R2＋F5	1997.3
10	美国	World Class Processing世界级制造公司	TSP	1	蒂平斯＋三星	(100～125)×(800～1600)	1.50	100	双机架可逆式轧机	1997
11	美国	依波斯科钢IPSCO蒙彼利埃厂，依阿华	TSP	1	德马克＋蒂平斯	127～152（厚度）	2.30	112.5	炉卷轧机	2000
12	美国	BHP/北极星公司	QSP	1	SMI	90×(960～1560)	1.40	160	R2＋F6	1997.2
13	美国	杰尼瓦钢公司温亚德厂	CSP＋板坯	1	SMS			190		1994
14	美国	塔斯卡卢萨钢公司	CSP	1	SMS			90	老厂改造	1996
15	意大利	ArvediCremona厂	ISP	1	MDH＋Arvedi	43×(680～1330)	1.00	70	3＋4机架	1992.1
16	意大利	AST Terni特尔尼	CSP	1	SMS	50×(1000～1560)		120	1＋7	2001.8
17	意大利	依尔瓦特尔尼	CSP	1	SMS＋Ilva	50×(1000～1560)	1.30	90		2001.9
18	奥地利	奥钢联林茨厂Linz	CON－ROLL	1	VAI	80×(1300～1600)		80	6机架	1990
19	瑞典	谢菲尔德公司阿维斯塔厂	CON－ROLL	1	VAI	(70～80)×(800～2100)		80	5机架	1998

续表3

序号	国家和地区	钢铁公司	工艺类型	铸机流数	开发商	铸坯规格（厚×宽）/mm×mm	最小产品厚度/mm	年产量/万吨	轧机	投产期
20	韩国	韩宝 Hanbo	CSP	2	SMS	50×（900~1560）	1.50（1200）	200	6 机架	1995.6/9
21	韩国	浦项 1 号光阳厂	ISP	2	DMH	60×（900~1350）	1.20	200	R2+F5	1996.8/10
22	韩国	浦项 2 号光阳厂	ISP	2	DMH	80×（800~1350）	1.00	200	2×3+5	1999.2
23	墨西哥	希尔萨公司蒙得勒厂	CSP	2	SMS	50×（790~1370）	1.00（1120）	145	6 机架	1995.2/1998.9
24	南非	萨尔达尼亚 Saldanha	ISP	2	MDS	（70~90）×（900~1560）	1.00	140	2+5 机架	1998.6
25	印度	德罗伊斯帕特多尔维	CSP	2	SMS	55/60×（900~1560）	1.20（1150）	240	6 机架	1998.4/2000
26	马来西亚	梅加钢厂（Megasteel）	CSP	2	SMS	50×（790~1575）	1.20（1150）	200	6 机架	1998.9
27	马来西亚	ASM	CSP	2	SMS	50×（900~1560）	1.20	200	6 机架	1998.3
28	西班牙	阿拉瓦钢公司毕尔巴鄂厂	CSP	1	SMS			91		1996
29	西班牙	ACB 比斯卡亚	CSP	2	SMS	（50~60）×（790~1560）	1.15（1100）	185	6 机架	1996.10/2003.2
30	加拿大	阿尔戈马（Algoma）苏圣玛利厂	FTSR	2	Danieli	（50~90）×（800~1600）	1.00	200	1+6 机架	1997.7
31	加拿大	省际钢和钢管公司马斯卡迁厂	ISP	1	DMH	150×（1220~2440）		95		1997
32	泰国	NSM－乔恩布日	CSP	1	SMS	（45~70）×（1220~1600）	1.20（1250）	120	6 机架	1997.10
33	泰国	SSM 暹罗公司	QSP	1	SMI	80~100（厚度）	1.00	150	R2+F6	1999.7
34	荷兰	霍戈文－康力斯埃目斯登	ISP	1	MDS	70×（750~1560）	1.00	150	R2+F5	2000.1
35	捷克	诺瓦胡特 NovaHut	CON－ROLL	1	—	（100~150）×（600~1575）	1.50	100	炉卷轧机	1997.11
36	埃及	亚历山大国立钢厂 ANSDK	CSP	1	SMS	52×（900~1600）	1.17（1150）	100	6 机架	1999.9
37	埃及	AlEzz 艾茨重工业公司 EFS 厂	FTSR	1	Danieli	（65~90）×（800~1600）	0.80	120	6 机架	2004.2
38	印度尼西亚	KS 浦项钢铁公司 posco	CSP	1	SMS	（45~60）×（900~1530）	1.49（1050）	100	5 机架	计划 1999
39	土耳其	Cukunrova	ISP	2	MDS	（40~60）×（1020~1550）	1.50	150	R2+F4	1995
40	伊朗	萨维沙法轧钢和钢管厂	CSP	1	SMS	50/60×（900~1600）	0.9（1000）	114	6 机架	2003.3
41	伊朗	Estahan 钢公司	FTSR	1	Danieli	45~60（厚度）	1.5~12.7	70	6 机架	未定
42	中国	珠钢	CSP	2	SMS	（45~60）×（1000~1380）	1.2~12.7	180	5 机架	1998.8/2002.7
43	中国	邯钢	CSP	2	SMS	（60~90）×（900~1680）	1.2（1500）	247	1+6 机架	1999.9/2002.10
44	中国	包钢	CSP	2	SMS	（50~70）×（980~1560）	1.2（1000）	200	6 机架	2001.8
45	中国	唐钢	FTSR	2	Danieli	（70~90）×（1235~1600）	0.8~12.0	250	2+5 PC 轧机	2002.12
46	中国	马钢	CSP	2	SMS	（50~90）×（900~1600）	1.0（1300）	200	7 机架	2003.9
47	中国	涟钢	CSP	2	SMS	（55~70）×（900~1600）	1.0（1250）	220	7 机架	2004.1/3

续表3

序号	国家和地区	钢铁公司	工艺类型	铸机流数	开发商	铸坯规格（厚×宽）/mm×mm	最小产品厚度/mm	年产量/万吨	轧机	投产期
48	中国	鞍钢	ASP	2	鞍钢	100/135×（900～1550）	1.5～25.0	250	1+6 ASP轧机	2000.7
49	中国	鞍钢	ASP	4	鞍钢	135/170×（900～1550）	1.5～25.0	500	1+6 ASP轧机	2005
50	中国	本钢	FTSR	2	Danieli	（70～85）×（850～1605）	0.8～12.7	280	2+5 PC轧机	2004.11
51	中国	通钢	FTSR	2	Danieli	（70～90）×（900～1560）	1.0～12.0	250	2+5 PC轧机	2005.12
52	中国	酒钢	CSP	2	SMS	（50～70）×（850～1680）	1.5～25.0	200	6机架	2005.5
53	中国	济钢	ASP	2	鞍钢	（135～150）×（900～1550）	1.2～12.7	250	1+6 ASP轧机	2006.11
54	中国	武钢	CSP	2	SMS	（50～90）×（900～1600）	1.00	253	7机架	2007.6建

2 近年来国内薄板坯连铸连轧生产技术的发展

2.1 国内薄板坯连铸连轧生产能力进一步提高

自1998年8月国内第一条薄板坯连铸连轧生产线在广州珠江钢厂建成投产以来，国内相继建设投产了13条、28流铸机的生产线，形成薄板坯连铸连轧生产能力为约3280万吨，2006年中国薄板坯连铸连轧热轧板卷总产量为2435.8万吨，比2005年产量增加539.8万吨，2007年1～8月份总产量达到2064.6万吨（见表4），总产量位居世界第一。预计到2007年底，随着酒钢薄板坯连铸连轧生产线的顺利达产，通钢新增一流铸机已于2007年10月底投产，将通钢的生产能力由150万吨提高到250万吨，国内薄板坯连铸连轧产量还将进一步增加。与此同时，武钢已于2007年6月开工建设了一条年产253万吨的CSP生产线。

表4 中国（大陆）薄板坯连铸连轧（热轧卷）产量发展情况 （万吨/a）

年 份	珠钢	邯钢	包钢	鞍钢	唐钢	马钢	涟钢	本钢	通钢	济钢	酒钢	合计
1999	4.4	0.2	—	—	—	—	—	—	—	—	—	4.6
2000	38.5	79.2	—	0.1	—	—	—	—	—	—	—	117.8
2001	77.8	101.5	4.5	81.2	—	—	—	—	—	—	—	265.0
2002	82.2	112.2	130.0	162.8	—	—	—	—	—	—	—	487.2
2003	112.5	153.2	251.8	220.9	55.8	—	—	—	—	—	—	794.2
2004	163.7	230.5	249.8	241.4	192.6	156.9	124.7	—	—	—	—	1359.6
2005	157.8	259.8	288.4	238.8	301.1	222.8	241.0	89.8	0.5	96.0	—	1896.0
2006	184.7	277.1	286.5	459.2	272.5	235.6	231.0	202.0	75.9	148.6	62.7	2435.8
2007（1～8月）	134.3	117.8	196.1	487.3	198.6	148.9	166.0	158.4	99.2	176.4	121.5	2064.6

注：1. 鞍钢为2条ASP生产线；
2. 未记入唐山国丰数据。

2.2 生产技术水平有所提高

国内在薄板坯连铸连轧生产能力不断扩大的同时，生产技术水平也在不断的提高，这主要体现在以下几个方面：

（1）薄板坯连铸连轧生产线的生产效率提高，表现为各企业产能的增加。2007年1~8月份与2006年1~9月份相比，去除酒钢在达产期间产量增加的因素，2007年1~8月份在少生产一个月的情况下，产量比2006年1~9月份增加了180万吨。

（2）连铸生产技术指标又上一新台阶。2007年1~8月份与2006年全年生产相比，铸机平均连浇时间（注：各企业取平均数）由536.3min提高到583.5min；水口的平均使用寿命（注：各企业取平均数）由12.73炉提高到14.24炉；铸机的月平均漏钢次数由4.17次/月降低到3.75次/月，铸机的漏钢率除珠钢外，国内多数企业铸机漏钢率在0.3%左右，唐钢、邯钢达到了0.18%；鞍钢、济钢达到了0.06%以下（接近了大板坯连铸机的水平）。

（3）加热炉的能耗进一步降低。随着连铸机产量增加、拉坯速度的增加，铸坯的入炉平均温度提高，有效地提高了加热炉的生产效率，降低了加热炉的能耗。2007年1~8月份与2006年全年生产相比，全国薄板坯连铸连轧生产加热炉燃料平均消耗由38.34kg/t降低到27.26kg/t。

但是各企业之间能耗指标波动较大，如包钢、珠钢、本钢加热炉燃料消耗分别达到了12.42、17.25、18.65kg/t，但另有部分企业加热炉燃料消耗在30~40kg/t以上。因此，在降低加热炉燃料消耗方面，还要做进一步的工作。

（4）薄规格产品（≤2.0mm）和冷轧深加工的产品产量有所提高。2007年1~8月份与2006年1~9月份相比，薄规格产品产量由130.08万吨增加到167.72万吨；冷轧深加工产品产量由566.29万吨增加到600.4万吨。

在薄规格产品生产方面，2007年1~8月份珠钢、涟钢产量分别达到68.5万吨和45.4万吨。但还是应该清楚地认识到：还有一部分企业在薄规格产品生产方面还只是刚刚起步。因此，在薄规格轧制、以热代冷方面做得还不够，还需要进一步努力。

2.3 实现了部分关键装备技术的国产化

2.3.1 薄板坯连铸用浸入式水口

国内薄板坯连铸用浸入式水口的市场长期受某些国外公司产品的垄断，价格居高不下。这一方面由于专利技术原因，另一方面主要还是由于初期国产浸入式水口的质量不够理想，这包括：（1）浸入式水口的使用寿命低，耐侵蚀和冲刷能力差；（2）水口性能不稳定，使用中工作端时常出现断裂现象。

近年来，国内一些企业相继进入耐火材料高端产品市场，产品质量不断提高，并可以达到进口产品同类水平。早期（2002年第一次薄板坯连铸连轧技术交流会统计）进口产品的平均连浇时间为300min、连浇炉数为6~7炉。目前，国产薄板坯连铸浸入式水口在一些企业的使用中，寿命已达到650min以上，平均连浇炉数达到20炉以上。据统计，2007年1~8月份，唐钢薄板坯连铸连轧生产线浸入式水口的平均连浇时间为655.7min，连浇炉数平均为23炉；更优异的是包钢，平均连浇时间为732.2min，连浇炉数平均为34炉。市场的竞争一方面促使浸入式水口价格大幅降低，企业生产成本下降；另一方面竞争也促使浸入式水口质量提高，连浇炉数增加，生产效率提高。国内一些公司，在不断提高自身产品质量的同时，通过与国内科研院校合作，开发出了提高冶金效果的新一代浸入式水口产品（新型高通量浸入式水口工作端外形与原进口水口的工作端外形对比见图3、图4），在国内冶金企业应用取得了良好的效果。目前，唐钢、包钢、本钢等企业所使用的薄板坯浸入式水口绝大部分已由国内供给。

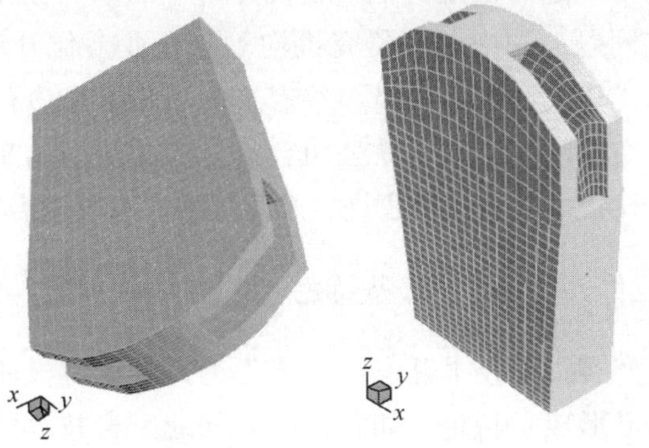

a　　b

图 3　原进口的 CSP 工艺连铸浸入式水口工作端外形

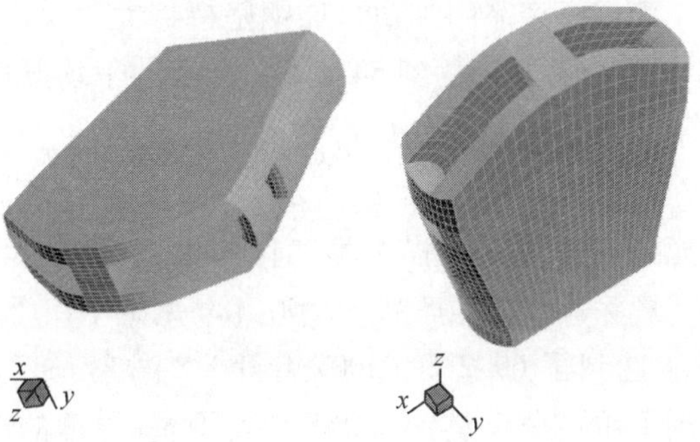

a　　b

图 4　国内研制的 CSP 工艺连铸高通量浸入式水口工作端外形

2.3.2　薄板坯连铸用保护渣

在保护渣技术使用方面，外国公司的产品长期占据国内相当的市场份额。自珠钢薄板坯连铸连轧生产线投产以后，国内一些科研院所如钢铁研究总院、重庆大学、北京科技大学等与保护渣生产企业合作开展了国产保护渣产品的研究工作，形成了国内保护渣主要供应商与国外公司竞争市场的局面。目前，国产保护渣已在珠钢、邯钢、唐钢等多个企业的薄板坯连铸连轧生产中占据大部分的市场份额，一些新的市场领域还在不断的开发中。国内一些企业的生产实践表明：在一些品种的钢的生产上，使用国产保护渣可以降低渣成本的 50%。

但是，目前国产保护渣还不能完全取代进口保护渣，其主要原因是国产保护渣的稳定性和使用性与进口产品相比还有差距。相信通过一段时期供货厂与使用厂的合作，以及科研单位的参与支持，国产保护渣将会逐步取代进口产品。

2.3.3　漏斗型结晶器

薄板坯连铸用漏斗型结晶器是薄板坯连铸技术的核心，也是关键消耗品之一。由于漏斗型结晶器铜板厚、加工精度要求高，各生产厂均采用进口的产品。近年来，国内的一些机械制造厂加大了漏斗型结晶器国产化的研制工作，先后加工出多套结晶器铜板，在珠钢、包钢、邯钢、唐钢、马钢、本钢等薄板坯连铸连轧生产线上进行工业生产应用，取得较好的效果。

在生产过程中也发现，国外公司在薄板坯连铸结晶器的设计上以及不同钢种、规格适应性方面也都存在一定的缺陷，主要表现为铸坯的纵裂、连铸过程黏结、漏钢事故较多等。针对这些问题，国内一些研究机构等与企业合作开展了大量的研究工作，并在漏斗型结晶器的优化设计方面做出一些有益的工作，在生产实践过程中改善了铸坯质量。例如钢铁研究总院与唐山钢铁公司合作，对漏斗型结晶器宽面铜板以及窄面铜板进行了优化设计，很好地满足了唐钢生产低碳钢的高拉速需要，减少了裂纹缺陷。

2.4 各厂品种开发已经开始形成了一些特色

经过近 9 年的生产实践与技术开发，中国各钢铁企业薄板坯连铸连轧生产在品种开发和批量生产方面已形成了特色，如珠江钢厂同北京科技大学、钢铁研究总院等单位合作充分利用电炉流程的特点，开展了 Nb、V、Ti 微合金化钢的强化机理的研究工作，开发出了屈服强度 450～700MPa 级 Ti 微合金化高强耐候钢，并成为世界最大的耐候钢薄板的生产企业。为提高产品附加值，珠钢坚持扩大薄规格产品的生产，2006 年全年珠钢≤2.0mm 厚度的产品比例达到 54.5%，产品的平均厚度达到 2.45mm。珠钢生产线产品充分体现了薄板坯连铸连轧生产产品的发展方向，即高强度、薄规格、以热代冷。

又如马钢、涟钢充分发挥转炉流程 + 第二代薄板坯连铸连轧生产线的技术优势，着重开发冷轧、镀锌、彩涂等深加工产品，2006 年马钢全年在产量不断增加的情况下，供冷轧用钢的比例仍然达到了 69.2%。2007 年 1～8 月份马钢冷轧用料的比例已达 76%，同时，涟钢达到了 46.4%。涟钢 2006 年≤2.0mm 厚度的产品比例达到 28.6%。另外，2006 年邯钢、包钢供冷轧用钢的比例也达到了 42.5%。2007 年 1～8 月份邯钢供冷轧用钢的比例为 76%，包钢为 51%。

在提高冷轧用钢生产比例的同时，马钢、通钢还重点对降低热轧板材屈服强度的软化机理进行了研究，有效地降低了 SPHC、SPHD 钢种的屈服强度，有利于降低冷轧过程能耗和轧辊的消耗。目前，通钢向市场供应的供冷轧用钢的屈服强度平均≤260MPa，伸长率达到 48.5%。

在高附加值品种钢开发方面，马钢、武钢、钢铁研究总院合作进行了薄板坯连铸连轧生产无取向电工钢的研究开发工作，成功地进行了 50W470、50W540、50W600 等 3 个中低牌号的无取向电工钢的生产试验，并形成小批量生产规模。实际结果表明采用薄板坯连铸连轧工艺生产无取向电工钢有着如下的优势：

（1）成品钢卷头、中、尾磁性更均匀。这归因于薄板坯连铸连轧作业线上铸坯与轧材纵向、横向的温度场比传统流程明显均匀。

（2）成品磁性能明显改善。连铸薄板坯柱状晶细小均匀，柱状晶的位向为{100}面，薄板坯在热轧过程中压下率比传统流程低，热轧板中的柱状晶残存率提高，{100}组分增多。这体现在相同牌号无取向硅钢片磁感 B_{50} 平均提高 0.02T，铁损 $P_{15/50}$ 平均降低 0.3W/kg。

（3）薄板坯连铸连轧易于同时实现铸坯低的均热温度和热轧卷的高终轧温度。由此所生产的热轧硅钢卷再结晶充分、晶粒粗大，有利于提高磁性能，同时也克服了传统流程热轧板再结晶不充分、存在带状组织的缺陷，见图 5。

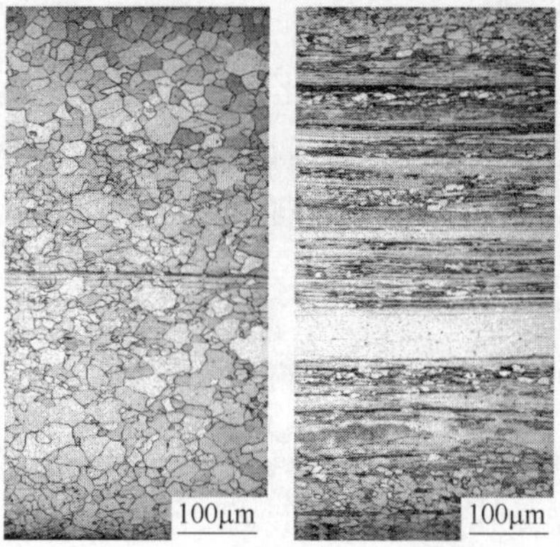

图5　电工钢热连轧卷金相组织比较

a—薄板坯连铸连轧生产板卷的组织（1/2 宽处平行轧向的纵截面）；

b—传统工艺生产板卷的组织（1/2 宽处平行于轧向的纵截面）

这些工作使得武钢新建薄板坯连铸连轧生产线产品定位在以生产硅钢为主导，也使得马钢加快了电工钢的工程建设。这对以冷轧电工钢淘汰落后的叠轧生产热轧电工钢、节约能源将会起到积极的推动作用。目前，上述单位正在积极合作开展薄板坯连铸连轧生产低温取向硅钢的工艺技术开发。

3　国内薄板坯连铸连轧生产中存在的问题及下一步工作的方向

3.1　充分发挥流程技术优势，扩大薄规格比例，实现以热代冷

产品的高强度和薄规格轧制是薄板坯连铸连轧生产流程的特点，开发半无头轧制、铁素体轧制技术，扩大产品薄规格的比例、实现以热代冷是提高薄板坯连铸连轧生产线效益和市场占有率的核心关键。

近年来，技术的发展使薄规格热轧钢板（TGHR）生产更经济和更具吸引力，薄规格热轧钢板对冷轧板市场日益构成挑战。目前，薄规格热轧带钢在国外已开始广泛应用，据统计 1997 年美国、欧盟、日本生产的厚度小于 2. 0mm 的热轧带钢产量约为 900 万吨，2007 年将达到 1900 万吨，估计到 2010 年产量将达到 2500 万吨。

薄规格热轧带钢的目标市场主要为对于表面质量、尺寸精度、力学性能要求低的领域，其主要应用范围是：汽车、建筑业、管材和金属构件（冷弯型钢、集装箱、车厢等），国外以建筑业用量最大。当然热轧薄规格带钢除直接应用外，用于薄规格冷轧带钢的原料也是重要用途。据国外统计，厚度大于 1. 2mm 的热轧带钢厚度可取代冷轧带钢总量的 21%，厚度大于 1. 0mm 的热轧带钢厚度可取代冷轧带钢总量的 34%。

目前，国内以热代冷的工作才刚刚起步，充分发挥薄板坯连铸连轧流程优势，扩大薄规格比例，实现以热代冷，是今后薄板坯连铸连轧产品市场发展的一个主要方向。

3.2　加强关键装备及消耗品制造技术的研发，力争全面实现国产化

实现薄板坯连铸连轧关键装备以及关键消耗品技术的全面国产化是降低产品成本的一个关键，也是提高工艺技术水平的一个标志。目前已在薄板坯连铸保护渣、浸入式水口、漏斗型结晶器等制造技术和产品国产化方面做了大量的工作，并取得了一定

的成绩。但还要在产品的质量、性能稳定性方面做更多的、更细致的研发工作。

实现薄板坯连铸连轧关键技术的国产化还应加强包括漏钢预报技术、动态轻压下技术、电磁制动技术、扇形段技术、炉底辊技术以及轧机关键部件的研发与国产化，实现上述技术的自主研发与国产化供给对提高中国薄板坯连铸连轧生产线的竞争力、降低生产成本都是十分必要的。

3.3 进一步加强工艺技术研究，提高生产效率和产能

制约薄板坯连铸连轧生产线生产效率提高、产能进一步放大的原因除了轧机事故外，主要原因还在连铸工序。轧机故障对作业时间的影响相当大的一部分可以在加热炉的有效缓冲时间内得到解决，连铸事故则不然。目前连铸机生产的主要问题有3个：一是铸机拉速不够快，必须加强薄板坯铸机高拉速的研究。目前，国际上都在研究8m/min铸速的技术，这一点值得引起关注；二是漏钢事故；三是铸坯纵裂、横裂等缺陷。连铸机漏钢直接影响到生产线的作业率和产量，连铸坯的裂纹缺陷直接影响到钢材的合格率以及钢水的收得率。

国内现有薄板坯铸机的拉速与设计拉速还有一定差距，这一差距应该迅速补上。当然这一方面与铸机的工艺技术有关；另一方面也与精炼装置的处理节奏有关，精炼时间长将限制拉速提高。国内薄板坯连铸生产企业之间漏钢率水平差距较大；同时，相应的钢水成材率为92%～98%不等。

连铸的拉坯速度、漏钢率和裂纹缺陷率基本反映了一个企业薄板坯连铸连轧生产的炼钢、精炼、连铸工艺技术水平和管理水平。在铸机现有的条件下，提高连铸机的拉速、作业率和连铸坯的合格率是实现薄板坯连铸连轧生产线高效化生产目标（即280万～320万吨）的可靠保证。因此，要加强薄板坯连铸生产工艺技术的开发工作，切实提高连铸的各项生产指标。

实际上，到了2007年一些企业在提高生产线效率方面取得了较大的进步，表现为：2007年1～8月份在漏钢率方面，除珠钢外，国内多数企业铸机漏钢率在0.3%左右，唐钢、邯钢达到了0.18%；鞍钢、济钢达到了0.06%以下（接近了大板坯连铸机的水平）。在产能方面，2007年1～8月份唐钢、包钢轧材产量分别达到198.55万吨和196.1万吨。这样算下来，唐钢、包钢已基本实现年产达到300万吨的指标。

3.4 深入开展品种研发工作，提高薄板坯连铸连轧产品的附加值和市场占有率

在薄板坯连铸连轧产品的开发与深加工方面，已经开展高强度耐候钢、石油管线钢等的开发；可以大规模批量生产SPHC、SPHD级冷轧基料用钢，并打通了热轧—冷轧—酸洗—镀锌直到涂层全过程的生产工艺。但由于对RH精炼装置的认识不足，如何在薄板坯连铸连轧流程中用好RH，并开发高档冷轧深加工产品就成了新的课题。马钢、涟钢等企业结合薄板坯连铸连轧生产流程，利用RH为精炼手段，初步开发出冷轧无取向硅钢的生产工艺，这是一种很好的尝试。

2007年9月，中国金属学会在上海召开了关于RH的专题会议，专门讨论RH的功能、制造技术、品种开发技术甚至合理的平面图和炼钢→RH→连铸之间的物流过程。因此，针对国内多为转炉与薄板坯连铸连轧匹配的特点，充分利用RH这一精炼手段，开发出更高档次的产品并提高全流程的作业效率也是今后工作的一个重要方面。

4 结语

尽管中国薄板坯连铸连轧生产比美国晚了近10年，但经过9年的生产实践和技术研发，中国不仅在生产线数量上、生产能力上位居世界第一，更主要的是在生产技术和关键装备研制与系统技术集成方面也取得了重大进展，薄板坯连铸连轧生产线的生产技术指标不断提高、生产品种不断扩大、高附加值产品份额逐年增加。这在每年召开的薄板坯连铸连轧协会的会议内容以及发表的文章中都可以清楚地看到，从生产线的投产到达产、到高效生产、品种开发、关键装备和大宗消耗品的国产化等方面，每次会议都有明确的主题，一步一个脚印地扎实推进，通过协会成员间的交流，促进了国内薄板坯连铸连轧生产技术的进步。

笔者指出：经过艰苦努力，深入细致的研究开发，有望使中国的薄板坯连铸连轧生产技术的整体水平在近期上跃升到国际一流。因此，希望各企业、科研院所、工程设计单位以及高等院校都要进一步努力，加强自主研发、自主集成，不断完善技术，为中国薄板坯连铸连轧生产技术进步作出更大的成绩。

Achievement on the Thin Slab Casting Process in China

Ruiyu Yin

(Central Iron and Steel Research Institute, Beijing, 100081, China)

Abstract The worldwide status of thin slab casting process has reviewed briefly, and the development course of thin slab casting in China is discussed in detail. Nowadays, China is the number one of production of thin slab casting process in the world. Meanwhile, the great progress on production technologies, equipment development and integration of process system has been achieved. The index of production technique is improved gradually, the variety of steel product and proportion of high value added product of thin slab casting line are increased year by year. And finally, the problems and research direction of thin slab casting process in China are put forward.

Key words recent achievement, thin slab casting

钢铁工业是发展循环经济的优先切入点*
——钢铁工业发展循环经济的有效模式与途径

经济发展和环境保护这对社会发展模式中的一对固有矛盾，导致了对可持续发展的战略性反问。为了解决这个矛盾，各国政府和环保组织提出了一系列的发展模式和战略，其中循环经济是国际社会推进可持续发展战略的一种优选模式。循环经济的基本思路是：借鉴自然生态系统进化原理，按照生态和自然规律利用自然资源和环境容量、依据物质循环和能量守恒规律而重构的经济系统。20世纪90年代以来，发展循环经济已成为国际社会可持续发展的一大趋势。

1　关于循环经济的概念、经济属性和流程制造业的特点

1.1　循环经济的概念

传统经济是由“资源—产品—污染排放”所构成的物质单向线性流动的开环式经济过程。循环经济是一种建立在物质不断循环利用基础上，把清洁生产、资源综合利用、可再生能源开发、产品的生态设计和生态消费等融为一体，以“资源—产品—资源再生”闭环反馈为特点的循环过程，循环经济倡导的是“最佳化的生产、最适度的消费，最少量的废弃”与环境、社会和谐的经济发展模式，体现了科学发展观。

循环经济通过“3R”——资源消耗的减量化（Reduce）、资源再利用（Reuse）和资源再循环或再资源化（Recycle或Resource），在物质不断循环的基础上发展经济，从而化解由于采取传统经济发展模式而引起的环境和发展之间的尖锐冲突，实现可持续发展。

1.2　循环经济的经济属性

循环经济也可视为资源闭环利用的经济，其本质是生态经济。从经济的角度看，循环经济是将“环境”要素由经济外部的制约性因素提升为经济内部的新的生产要素。在实施、推进循环经济的过程中，应该注意到循环经济首先是经济，是建立在物质、能量以及排放和资源（废弃物）循环流动基础上，有时空概念的经济是有成本概念的经济，不是为循环而循环。循环不是目的，经济上不可行的“循环”价值不大。解决环境与经济发展之间矛盾最好的处理方式，是将矛盾作为一个经济问题来研究和对待，无论采取什么样的措施，这应该是一个基本的出发点。

---

* 原发表于《冶金环境保护》，2007（5）：8~15。

1.3 从“3R”原则到“五要素”集成

1.3.1 “五要素”集成是推进循环经济的有效手段

实施循环经济应该以“3R”为原则，实现资源、能源的最有效利用，降低环境负荷，其目的是促进经济、社会的可持续发展。应该指出：所谓“3R”只是原则，不是实现循环经济过程中的全部要素。因为实施循环经济是有成本的，实施循环经济需要技术、需要投资、还有运行成本；实施循环经济的主体是各种不同类型的经济单元（企业），企业的存在离不开资金流动。因此，实施循环经济也是建立在资金流动基础上的。实施循环经济不仅要注意成本、资金要素，而且还必须注意物质、能量循环利用在时间和空间配置上的可能性和合理性。在各类循环过程中，物质、能量的有效利用不能脱离时间、空间要素，没有时间、空间概念的循环过程是难以想象的。从而可以看出，实施循环经济是以“3R”为基本原则，并在一定条件下将物质、能量、时间、空间、资金等“五要素”有效地整合在一起，以实现经济效益、社会效益和环境效益的经济发展模式（见图1、图2）。

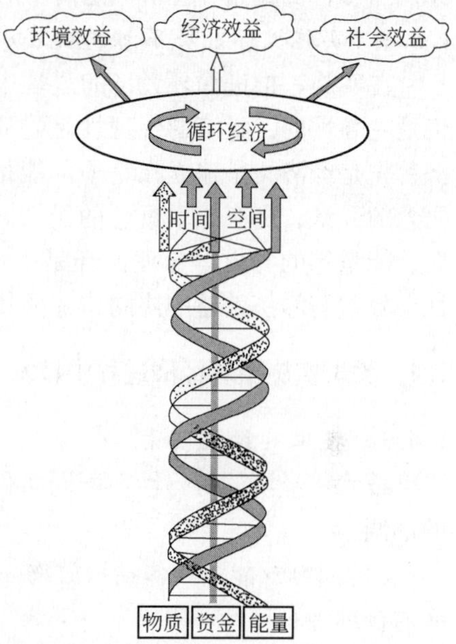

图1 从“3R”出发到“五要素”优化集成——有效地实施循环经济

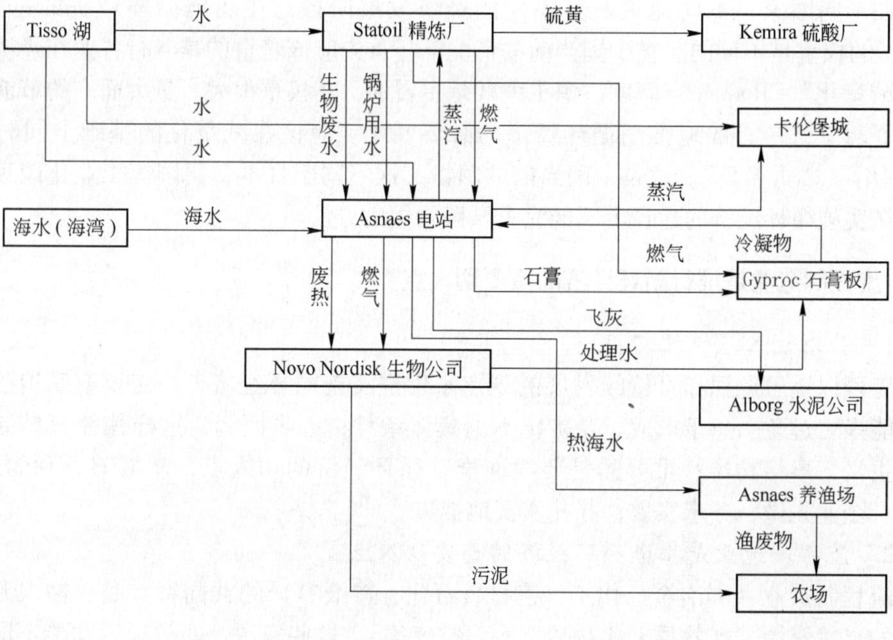

图2 丹麦卡伦堡生态工业园示意图

1.3.2 推进循环经济要有相关配套措施

实施循环经济必须以技术进步、集成创新为重要支撑手段，使物质、能量符合“3R”原则，否则环境负荷的降低很难实现。推动循环经济也需要社会伦理的规范和支撑，当然，实施循环经济一定需要法律、法规的管制和引导。

1.3.3 实施循环经济不可忽视发展经济的主导性

在实施、推进循环经济的过程中，也必须注意到对“循环经济”而言，发展经济仍是主导性的，经济的合理性是物质、能量以及废弃物循环利用的边界条件。循环经济首先是经济，是建立在物质、能量以及排放、废弃物循环流动基础上，是有时－空概念的经济，是有成本概念的经济。经济效益的大小又是循环经济的目标函数，而物质、能量等的有效、合理循环是手段、途径。推进循环经济必须充分重视环境效益、社会效益与经济效益的协同，并择其易行者先行之。

1.4 关于实施循环经济过程中技术－经济因素的协调和权重

1.4.1 技术－经济因素

技术－经济的可行性在不同条件下，循环经济的实施有赖于以下技术－经济因素的协调：

（1）物质/能源（包括排放物、废弃物等）循环链的延伸、扩展及其转换/利用效率的合理性；

（2）物质/能源循环通量的大小，必须具有一定的循环通量，才能具有可行性；

（3）物质/能量在循环过程中的经济合理性；

（4）物质/能量在循环过程中时间－空间因素的集成性（否则将影响能源转换效率或物质循环效率以及运输费用、储存费用等）。推行循环经济要根据上述诸因素，充分论证其技术－经济可行性，并择易先行，择优先行。

1.4.2 国情与“3R”权重

在不同国家、不同地区及其不同的经济发展阶段，在实施循环经济的过程中，“3R”的权重是不同的。在中国当前的情况下，首先应该着重的是各行各业在经济活动中“减量化”（Reduce）问题，源头削减是主要的，其权重很大。量大面广的节能、降耗、资源节约是有效地推动循环经济的必要基础。应该在减量化的基础上同时推进“再利用”、“再循环”。这是中国当前的国情，这不同于日本、德国等工业化国家。因此，在实施循环经济的途径上不能完全照搬别国的方法。

1.5 流程制造业是推行循环经济的重要切入点

1.5.1 找准切入点，扎实推进

应该以忧患意识和可持续发展的观点来促进实施循环经济。一定要有紧迫感，但又不能操之过急、急于求成。要防止不论具体条件，一哄而起，这样往往容易导致搞形式主义，事倍功半；重要的是要找准推动循环经济的切入点，从能够办到的地区、产业、企业先做，务求实效，扎扎实实地推进。

1.5.2 流程制造业是推进循环经济的重要切入点

流程制造业（如冶金、化工、建材、石化、造纸等）的共同特点是：输入源头是大宗的自然资源（矿物质、生物质、水、空气等），这些资源、能源通过功能不同的工序串联作业、协同（集成）运行，生产出大量的产品、副产品，用作生产资料或生活资料，同时产生了大量的排放物、废弃物。在国民经济中，流程制造业消耗大量的自然资源，在制造产品的过程中伴随着大量的各种不同形式的排放物，由此带来大量的环境负荷；与此同时，随着理念的转变，技术的进步，流程制造业存在着“3R”的巨大潜力和可能，不同流程制造业之间有时存在着互为依存的产业生态链，也存在着消纳和处理社会大宗废弃物的机会或潜力。在我国新型工业化的进程中，流程制造业既是支柱产业、基础产业，同时也应是推进循环经济的重要切入点。

2 钢厂的特点及其发展循环经济的背景

钢铁工业是典型的流程制造业，从钢厂的特点可以看出钢铁工业在实施循环经济上的巨大潜力，是发展循环经济的优先切入点。

2.1 钢厂的特点

由于钢铁企业本身的结构和技术工艺特性，钢厂具有以下特点：

（1）资源密集、能耗密集。在钢铁联合企业内，每吨钢将消耗标准煤0.6～0.8t、铁矿石1.50～1.55t、废钢80～150kg、新水3～8t。由此形成了大量的物质、能量的输入与输出。

（2）生产规模大、物流吞吐量大。现代化钢厂的基本级别已经大致地分为年产钢800万～1000万吨，600万～800万吨，300万～400万吨及100万～200万吨等级别。由此伴随着巨大的资金流。

（3）制造流程工序多、结构复杂。由此可形成若干产业链接关系。

（4）制造流程中伴随着大量物质和能量排放，并形成了复杂的环境界面，其中蕴涵着诸多“3R”的可能性。

2.2 钢厂制造流程的演变

经过近150年的发展，现代钢铁企业已演变为两类基本流程：

（1）以铁矿石、煤炭等天然资源为源头的高炉—转炉—热轧—深加工流程和熔融还原—转炉—热轧—深加工流程。这包含了原料和能源储运/处理，烧结—焦化—炼铁过程（熔融还原），炼钢—精炼—凝固过程，再加热—热轧过程及冷轧—表面处理过程的生产流程（见图3）。

（2）以废钢这一再生资源和电力为源头的电炉—精炼—连铸—热轧流程。这是以社会循环废钢、加工制造废钢、钢厂自产废钢和电力为源头的制造流程，即所谓电炉流程（见图3）。

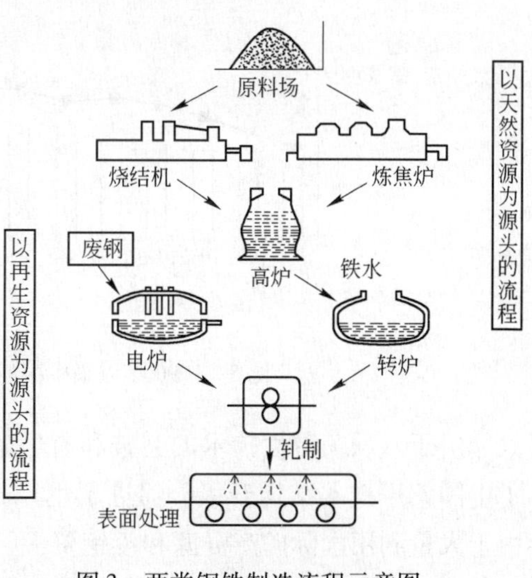

图3 两类钢铁制造流程示意图

随着钢铁冶金理论和工程技术的进步，钢铁生产流程经历了从简单至复杂，再从复杂到简化的演变过程，不仅工艺技术越来越先进，流程越来越连续、紧凑，而且环境友好程度也日益提高。钢铁生产流程工艺技术的进步不仅使流程更加顺畅、连续，有效地提高了生产效率，而且使生产过程中的各种消耗与排放也大大降低，环境污染大大减少。钢铁工业环境保护，已从最初的污染排放物的末端治理，历经减少排放物产生量的源头治理，向清洁生产和绿色制造的全过程治理发展，再进入生态化和循环经济（将社会制造生产链与生态工业链相结合）的高级阶段（见图4）。

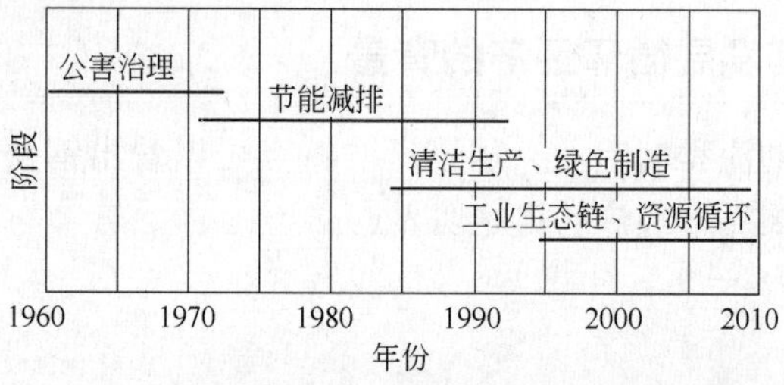

图4　钢铁工业环境保护的发展进程示意图

2.3　中国钢铁工业发展循环经济的背景

中国钢铁工业在20世纪90年代快速发展，自1990年以来的15年间钢产量增加了3.17倍。自1996年以来，钢产量已连续10年保持世界第一，在全球占有重要位置。2004年中国产钢量为27246万吨，占世界钢产量的25.77%；2005年中国粗钢产量又跃升到34936万吨。占世界钢产量的30.9%，人均钢产量达269kg/a（见图5）。

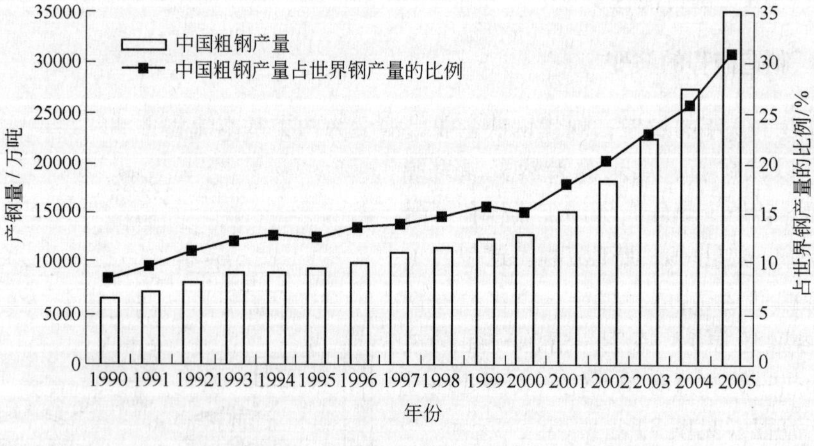

图5　1990年以来中国粗钢产量及占世界钢产量的比例

由于六项关键性技术的突破和有序集成，配合及时、有序的战略投资，初步实现了中国钢厂技术结构升级，促进了钢厂长材及部分板材生产流程的整体优化。同时，由于大量利用国际矿产资源和废钢资源，一批先进工艺装备的自主设计、制造和国产化率逐步提高，使钢厂的单位产能投资额不断降低，并对节能降耗、降低成本、提高产品质量、减少生产过程的排放量和提高劳动生产率等产生了显著效果，技术经济指标明显提高（见表1），为中国钢铁工业实现快速发展奠定了坚实的基础。

表1　20世纪90年代以来中国钢铁工业技术经济指标变化

项　目	1990年	1992年	1994年	1996年	1998年	2000年	2001年	2002年	2003年	2004年
（全国）钢产量/万吨·a^{-1}	6535	8093	9261	10124	11459	12850	15163	18225	22234	27246
（全国）钢铁行业连铸比/%	25.07	31.79	41.75	55.91	77.61	86.97	89.44	93.03	96.19	98.35
钢铁行业吨钢综合能耗②/$t \cdot t^{-1}$	1.611	1.574	1.519	1.392	1.009	0.920	0.876①	0.815①	0.770①	0.761
钢铁行业高炉喷吹煤粉/$kg \cdot t^{-1}$	50.0	50.3	61.3	72.0	94.9	117.0	122.0①	125.6①	117.7①	116.0
钢铁行业高炉入炉焦比/$kg \cdot t^{-1}$	557	551	566	499	496	437	422①	117①	430①	427
钢铁行业高炉利用系数/$t \cdot (m^3 \cdot d)^{-1}$	1.73	1.81	1.81	1.75	2.02	2.15	2.34①	2.46①	2.47①	2.52
重点企业转炉利用系数/$t \cdot (t \cdot d)^{-1}$	22.60	30.24	28.19	25.59	27.37	31.80	28.08	34.57	36.11	35.64
钢铁行业转炉炉龄/炉	438	487	592	1127	1858	3500	3526①	4386①	16310	5218
重点企业综合成材率/%	83.21	—	—	—	89.81	92.48	94.01	94.19	94.92	91.60

注：除注明（全国）的项目外，自2000年后均为重点大中型企业的统计数据；

①重点统计企业的数据。数据来源：历年《中国钢铁统计》；

②钢铁行业综合能耗包括选矿、烧结、焦化等工序及各辅助工序的能耗。

钢铁工业在我国实现新型工业化的进程中，虽有一定的发展空间，若按传统的生产模式发展，钢铁工业将面临资源、能源和环境的制约。

为提高我国钢铁工业的竞争力、实现可持续发展，必须建立一种发展钢铁工业的新型模式。提高质量、降低资源、能源消耗，提高经济效益，减轻地球环境负荷，走制造绿色化道路，以较少的能源、资源消耗，合理的钢产量规模，高效的产品，较低的地球环境负荷支持我国的工业化过程是我国钢铁工业的历史责任。在未来循环经济社会中，钢厂将通过功能的拓展，进而实现生态化转型，成为工业生态链的重要一环，在循环经济社会中承担重要的、积极的角色。

3　钢铁工业发展循环经济的有效模式与途径

3.1　钢厂功能拓展

进入21世纪以后，如何认识钢铁企业的社会经济角色，特别是如何认识钢铁制造流程的功能，是一个时代性的命题。如果仅从冶金学、材料学的角度上看，钢厂的功能只是钢铁冶炼与钢材生产而已，如果进一步扩展到资源、环境、生态、循环经济社会等方面看，则钢厂的功能绝不止局限在冶金－材料制造功能上。因此，我们应该以更宽阔的视野，更积极的姿态思考钢铁制造流程的功能和钢铁企业的社会经济角色。

基于资源、能源可供性前提，为提高市场竞争力和可持续发展能力，应注意未来循环经济社会中的钢厂模式、钢铁制造流程的功能拓展和其在社会－经济中的作用（见图6）。

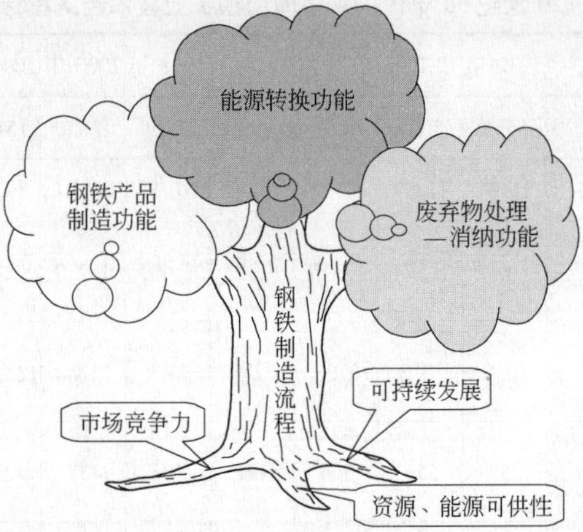

图6　钢铁制造流程功能拓展示意图

由于钢厂是以铁－煤化工为源头的制造流程，不难看出钢铁厂生产流程应该（特别是高炉—转炉长流程）有3种功能：

（1）钢铁产品制造功能。将原料和能源转化为质量好、成本低、环境负荷小且能够满足用户不断变化要求的钢材，供社会生产和生活消费，这是钢铁企业的基本功能。与此关联的有钢厂的合理规模、自然资源利用率、生产效率、质量、品种、排放等命题。

（2）能源转换功能。高炉—转炉流程是铁－煤化工过程，也是将煤炭通过冶金流程转换为热能、电能、可燃气、蒸汽等能源的过程。现在最好的高炉—转炉—热轧生产流程还有38%左右的能源未被钢铁生产过程充分回收利用。其中提高能源转换效率和余热余能及时回收是需要关注的。能源转换功能包括了提高能源转换效率、发电、供热等方面，还应包括从焦炉煤气、转炉煤气或COREX煤气中制取氢气的命题。

（3）废弃物消纳处理功能。钢铁制造流程还可以循环利用钢厂内部的副产固体废弃物（渣、尘、泥等），并处理大量的社会废弃物，如废钢、废塑料、废轮胎、社会垃圾及社区废水和污水等。

3.2　循环经济社会中的钢厂模式

循环经济社会中，钢厂未来发展的模式将通过绿色制造过程走生态化转型的道路，逐步形成城市周边型和海港工业生态（带）模式（见图7、图8）。

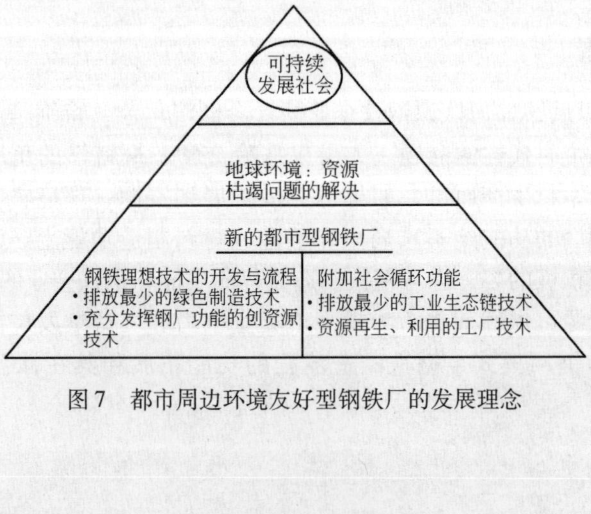

图7　都市周边环境友好型钢铁厂的发展理念

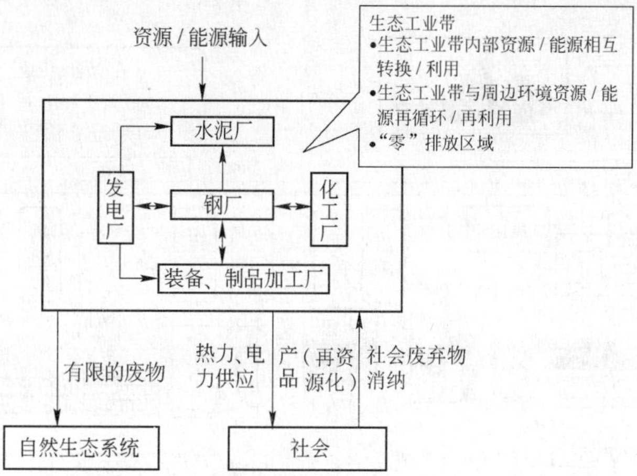

图8　港口生态工业带钢厂示意图

3.2.1　都市周边型钢厂

随着城市化的进程将进一步加快（特别是像中国这样的高速发展的发展中国家），从生产、消费角度看，城市（特别是工商业城市）往往是集中生产、消费和废弃的地区，因此，对于钢、塑料、玻璃、纸张、铝、铜、铅、锌等基本材料的消费和废弃必须考虑循环利用。另一方面，从电、燃气、自来水、热水等能源来看，城市的消耗量是巨大的，而且将不断增加。人们不难认识到，城市周边型钢厂有着诸多有利条件和经济－生态价值。城市中产生的废钢、废塑料、废轮胎、垃圾、社区污水等大量废弃物可以由钢厂就近处理并有效地利用。由于工业生态链的构成，铁素资源会成为循环经济中的重要一环。同时，钢厂社会经济职能也通过生态化转型而得到进一步扩展。钢厂除了供给城市及其周边地区所需的钢材以外，还可以向社区居民供应热水乃至部分电力等。这类钢厂应该以拓展“三个功能”为手段，积极融入循环经济。

3.2.2　港口生态工业带型

由于全球经济一体化进程的加速，大宗矿物资源和能源的国际贸易进一步扩大。作为基本材料的钢铁和作为主要能源的石油也将在这一过程中扩大贸易量。例如：全球铁矿石的海运贸易量已到4.5亿~5亿吨/a，2005年我国铁矿石进口量已达2.75亿吨；2005年我国原油进口量已达12500万吨左右。位于深水港口的大型钢铁联合企业具有原料、产品运输的优势，大型钢铁联合企业可以凭借自己的物质流和能量流的优势、资金优势、技术优势、人才优势，不断延伸其制造链、经营链，逐步发展为港口生态工业带钢厂。诸如与发电、水泥制造乃至与造船、集装箱、建材加工、物流业结合，形成工业生态链。在这类生态工业带内，资源、能源、资金可得到充分有效的利用，单位产值的环境负荷得以削减，可以认为这是一种重化工型的生态工业带。

3.2.3　以钢厂为核心的循环经济链

无论是都市周边型或港口生态工业带型的大型钢铁联合企业，其产生的富氢煤气（焦炉煤气）、富一氧化碳（转炉煤气）甚至包括熔融还原COREX煤气等经过开发，都有可能得到大量的氢气，这些氢气如果与相邻的石油化工企业结合，亦可增加石化企业的竞争力。在这类重化工型生态工业中，以大型钢铁联合企业为核心可以发展钢－电－水泥－石化（化工）联产，形成产业链（见图9）。

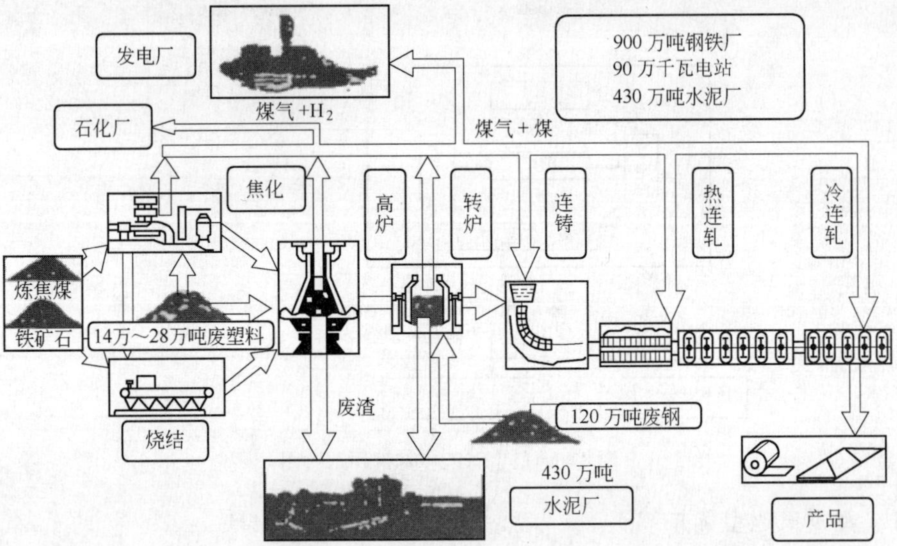

图 9　年产 800 万～900 万吨钢铁联合企业的制造流程及其关联产品

3.3　钢铁工业发展循环经济所需要的技术支撑

中国钢铁工业在新世纪前 20 年中，应通过钢厂功能的拓展，充分发挥钢厂的钢铁产品制造功能、能源转换功能和废弃物消纳处理功能，提升中国钢铁工业的总体水平。通过实施绿色制造，促进形成钢铁与发电、建材及石化（化工）等行业的工业生态制造链，为钢铁企业的生态化转型创造条件，积极地融入到循环经济社会。并通过结构调整和优化，在发展的过程中逐步成为全世界“最好”的钢铁工业之一，即在国际上最具综合竞争力和最具可持续发展能力的钢铁工业之一。

21 世纪技术进步的战略主攻方向是构建具有 3 个功能的新一代的钢铁制造流程。将已有的先进工艺、装备，新开发的工艺装备以及若干“界面”技术进行有效集成和优化，钢厂向 3 个功能转变，具体的技术集成支撑系统有：

（1）高效率、低成本洁净钢平台技术。

（2）动态－有序运行的界面匹配技术。

（3）系统高效的能源转换技术。

（4）废弃物消纳处理和利用技术。

包括钢厂内部产生的废弃物和部分大宗社会废弃物处理技术。

（5）产业链接技术，如高炉渣生产水泥，钢厂剩余副产煤气发电，煤气制氢为石化（化工）所用等，将与建材、电力及石化（化工）行业形成产业生态链。

4　结语

进入 21 世纪，在中国新型工业化的发展过程中，应该以科学发展观认真地研究和拓展钢厂的社会经济功能，高度重视循环经济社会中不同条件下钢铁企业的社会角色和多种经营的转型机遇。

中国钢铁工业作为我国国民经济发展中重要的基础产业和实现工业化的支撑产业；

同时，也是推进循环经济的优先切入点。

在循环经济中，钢厂有可能承担如下社会经济职能：

（1）钢厂是铁-煤化工的起点，除生产更好、更廉价的钢外，可自发电；大型联合钢铁企业应向“只买煤、不买电、不用燃料油”的方向发展，同时也应该看到，钢厂有可能制造出相对价廉的、大量的氢气。

（2）钢厂可以是某些港口城市生态工业-贸易园的核心环节之一。

（3）钢厂也可以是城市社会某些大宗废弃物的处理—消纳站和邻近社区居民生活热能供应站。

（4）钢厂可以是某些工业排放物质再资源化循环、再能源化梯级利用和无害化处理的协调处理站。

建议从“十一五”期间开始，将钢铁工业的发展方向和投资重点引导到注重清洁生产逐步融入循环经济的道路上来，并且应有相应配套的政策、法规引导和支持。由于规模小、工艺、装备落后的钢厂很难充分体现上述“三个”功能，应坚决贯彻“钢铁产业政策”，在“十一五”期间加速淘汰落后工艺、装备和产品。

提出如下有关政策法规建议：

（1）制定专门法规、政策，鼓励钢铁企业发展循环经济，并引导相应的投资机制。

（2）要对钢铁企业的领导干部专门举办钢铁工业发展循环经济的培训研讨班，逐步形成业绩考核机制。

（3）加速制定淘汰不能适应循环经济的落后工艺、落后装备和落后产品的法规和政策，在“十一五”期间贯彻实施。

（4）制定相应的法规、政策，鼓励收集、处理和利用废钢、废塑料、冶金渣、含铁尘泥、尾矿、废轮胎等大宗废弃物，并引导发展废弃物回收、处理、利用的产业。进口废钢、废塑料、废铝、废铜等不应当作洋垃圾限制，而应该支持和鼓励进口。

（5）鼓励钢厂充分利用剩余煤气、余热余能等能源，建设自备电厂，一方面节能，一方面有利于改善环境。为此，政府应帮助协调钢厂与电网的关系。

（6）制定并完善冶金炉渣用于建材行业的相关管理法规。

钢铁制造流程的本质、功能与钢厂未来发展模式*

摘　要　钢铁制造流程动态运行过程的物理本质是：物质流（主要是铁素流）在能量流（主要是碳素流）的驱动－作用下，按照设定的“程序”，沿着“流程网络”作动态－有序的运行。钢铁制造流程是一类开放的、非平衡的、不可逆的、由不同结构和功能的单元工序通过非线性耦合构成的复杂系统，其动态运行过程的性质是耗散过程。从钢铁制造流程动态运行过程的物理本质出发，可以推出其功能应拓展为：（1）铁素流运行的功能——钢铁产品制造功能；（2）能量流运行的功能——能源转换功能以及与剩余能源相关的废弃物消纳—处理功能；（3）铁素流－能量流相互作用过程的功能——实现过程工艺目标以及与此相应的废弃物消纳—处理功能。钢厂未来发展模式将通过绿色制造和生态化转型，逐步演化为都市周边环境友好型钢厂和港口生态工业带钢厂两类主要可选择的模式。在未来循环经济社会中，钢厂可能承担的社会经济职能是：（1）钢厂是铁－煤化工的起点，既要生产出更好、更廉价的钢，又要充分利用能源；大型钢铁联合企业应向“只买煤、不买电、不用燃料油”的方向发展，同时也应该看到，钢厂有可能制造出相对价廉的、大量的氢气；（2）钢厂也可以是城市社会某些大宗废弃物的处理—消纳站和邻近社区居民生活热能供应站；（3）钢厂可以是某些工业排放物质再资源化循环、再能源化梯级利用和无害化处理的协调处理站。钢厂可以通过延伸其制造链、经营链成为特定区域构筑循环经济社会的重要环节。

关键词　钢铁　制造流程　物理本质　功能　未来模式

钢铁是“必选材料”，是可循环利用的材料。钢铁作为一种重要的结构材料及功能材料的位置，在可预见的时间范围内不会发生重大变化。

钢铁工业属于流程制造业。它是由功能不同的制造工序（装置）通过组合－集成构建起来的。从工程系统看，经过一个半世纪以来的演变，现代钢铁企业的制造流程已演变两类基本流程（图1）：

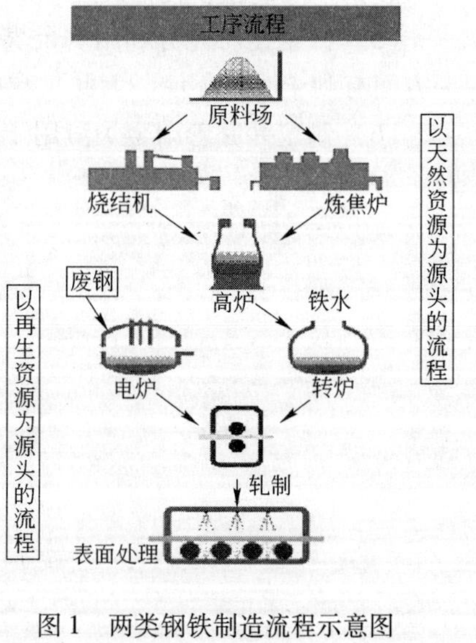

图1　两类钢铁制造流程示意图

（1）以铁矿石、煤炭等天然资源为源头的高炉—转炉—热轧—深加工流程和熔融还原—转炉—热轧—深加工流程。这是包含了原料和能源储运/处理、烧结—焦化—炼铁过程（熔融还原）、炼钢—精炼—凝固过程、再加热—热轧过程及冷轧—表面处理过程的生产流程。

（2）以废钢为再生资源和电力为能源的电炉—精炼—连铸—热轧流程。这是以社会循环废钢、加工制造废钢、钢厂自产废钢和电力为源头的制造流程，即所谓电炉流程。

* 原发表于《中国科学》，（E辑：技术科学），2008，38（9）：1365～1377。

从物理角度上看，钢铁企业的生产过程实质上是物质、能量以及相应信息的流动/流变过程。其动态运行过程的物理本质是：物质流（主要是铁素流）在能量流（主要是碳素流）的驱动和作用下，按照设定的“程序”，沿着特定的“流程网络”作动态-有序的运行。从热力学角度上看：钢铁制造流程是一类开放的、非平衡的、不可逆的、由不同结构-功能的单元工序通过非线性耦合所构成的复杂系统，其动态运行过程的性质是耗散过程。

在钢厂生产过程中，铁素物质流是一类多因子流，是被加工的主体。碳素能量流则作为驱动力、化学反应介质或热介质按照工艺要求对物质流进行加工、处理，使其发生位移、化学/物理转换，实现以制造过程中物质、能量“耗散最小化”为核心的多目标优化。例如生产效率高、产品质量优、能源消耗低、过程排放少、生产成本低、环境/生态友好等。

从钢铁制造流程动态运行过程的物理本质出发，可以推出其功能应拓展为：

（1）铁素流运行的功能——钢铁产品制造功能；

（2）能量流运行的功能——能源转换功能以及与剩余能源相关的废弃物消纳—处理功能；

（3）铁素流-能量流相互作用过程的功能——实现过程工艺目标以及与此相应的废弃物消纳—处理功能。

钢铁工业的未来发展，应该在充分理解钢铁制造流程动态运行过程物理本质的基础上，进一步拓展钢厂的功能，以新的模式实现生态化转型，融入循环经济社会。

1 钢铁产品制造功能

钢铁产品制造功能是建立钢厂的初衷和基本出发点，在未来发展过程中，既要考虑市场竞争力，同时又必须重视可持续发展能力，对于新一代钢厂的产品制造功能，应该从如下视角出发来思考技术进步的战略性问题：

（1）以过程耗散“最小化”为核心目标，建立动态-有序、连续-紧凑的新一代钢铁制造流程；

（2）以过程冶金的解析-集成优化为原则，建立起针对不同产品的高效率、低成本“洁净钢平台”；

（3）以材料工程为指导，规范不同钢铁产品的合理性能并实现产品换代。

2 能源转换功能以及相关的废弃物消纳—处理功能

钢铁制造流程的物理本质和运行特征可以进一步具体表述为：由各种物料组成的物质流在输入能量的驱动和作用下，按照设定的工艺流程，使铁素物质流发生状态、形状和性质等一系列变化，成为期望的产品。在这过程中，物质流和能量流时而分离、时而相伴。相伴时，相互作用、影响；分离时，又分别表现各自的行为特征。

2.1 物质流与能量流的关系

深入分析研究一下钢铁制造流程中物质流与能量流的行为和关系是有必要的。总的看来，在钢厂生产流程中，能量流与物质流是时合时分的（图2~图4）。

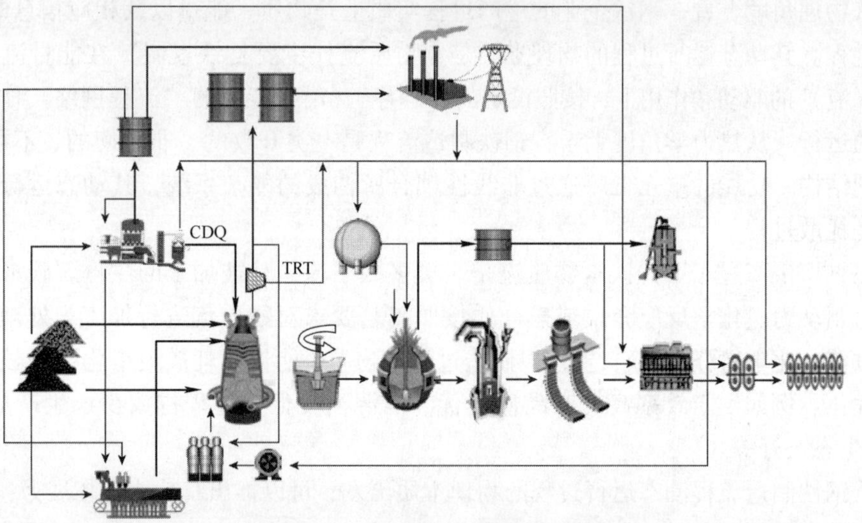

图 2　典型钢铁企业物质流及能量流运行的轨迹

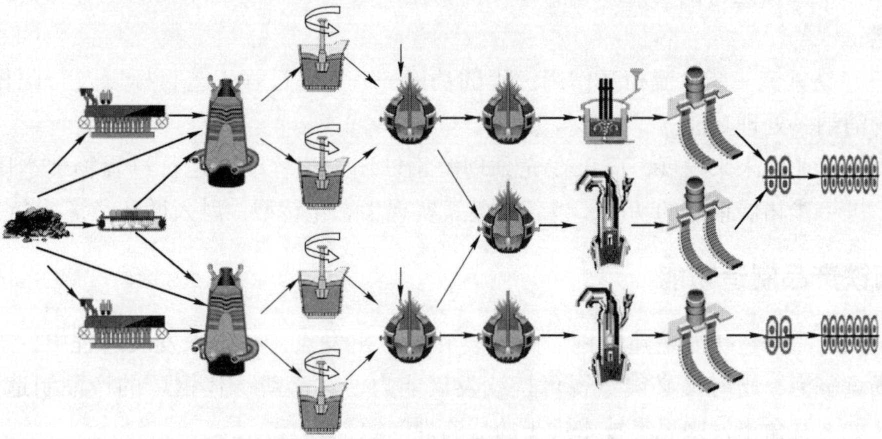

图 3　曹妃甸钢铁厂物质流（铁素流）运行轨迹与网络

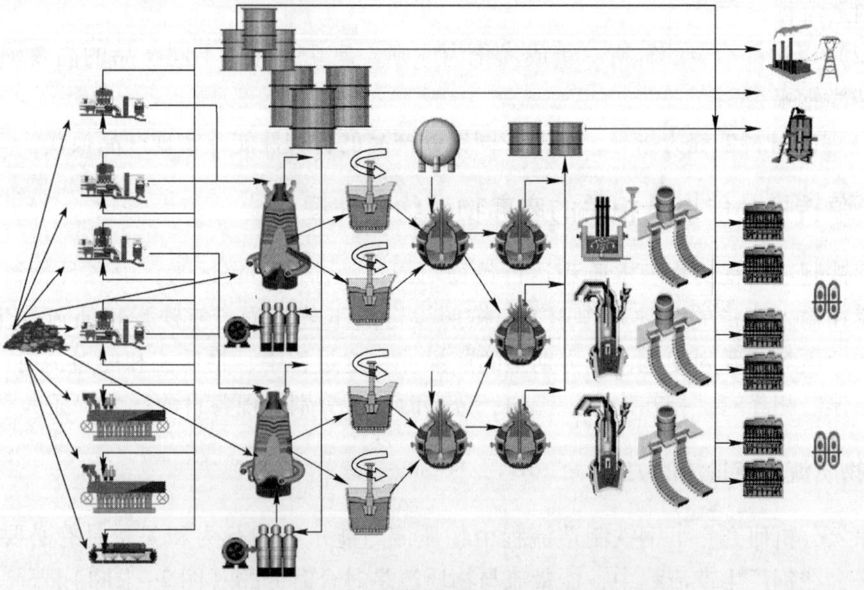

图 4　曹妃甸钢铁厂能量流（碳素流）运行轨迹与网络

分析图2～图4，不难看出如下特点：

（1）从企业生产流程整体上看，物质流与能量流是相互关联的。但是，从物质流、能量流的运行轨迹看是时合时分的，并可以分别形成“物质流网络”和“能量流网络”，两者并不完全重合；

（2）从局部的工序/装置看，在输入端，物质流和能量流分别输入；在装置内部，物质流与能量流相互作用、相互影响；在输出端：往往表现为物质流带着部分能量输出，同时还有不同形式的二次能量流分别输出。这是因为在工序/装置中，有必要的过剩能量，才能保证工艺、加工过程中的效率，因此有剩余能量流输出是不可避免的。例如：在高炉炼铁过程中，在输入端，烧结（球团）矿和焦炭、煤粉、鼓风是分离的（物质流和能量流分离）；在高炉内部，烧结（球团）矿和焦炭、煤粉、鼓风相互作用、相互影响，发生燃烧升温、还原反应，成渣脱硫、铁液增碳等反应，完成了液态生铁的生产过程；在输出端，液态生铁和液态炉渣等物质流承载着大部分的能量输出，与此同时大量的高炉煤气带着动能、热能和化学能输出，仍然保持着能量流的形式。同样，在烧结过程、焦化过程、炼钢过程、轧钢加热炉过程也有相似的现象（见图5～图8）。因此，人们不仅要注意输入端的能量流行为，而且也必须注意输出端的能量流行为。

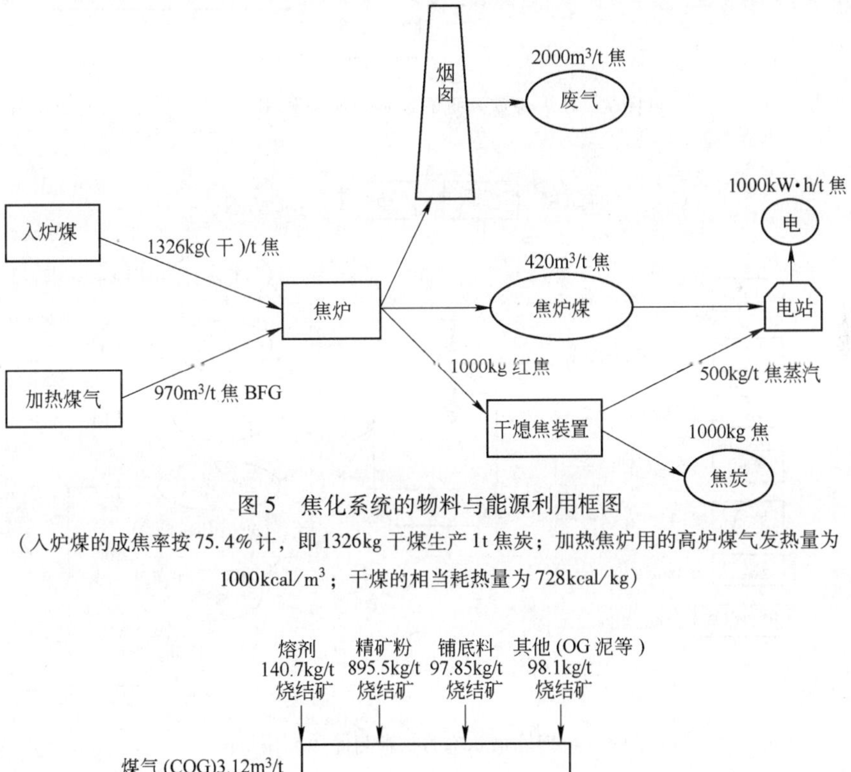

图5　焦化系统的物料与能源利用框图

（入炉煤的成焦率按75.4%计，即1326kg干煤生产1t焦炭；加热焦炉用的高炉煤气发热量为1000kcal/m^3；干煤的相当耗热量为728kcal/kg）

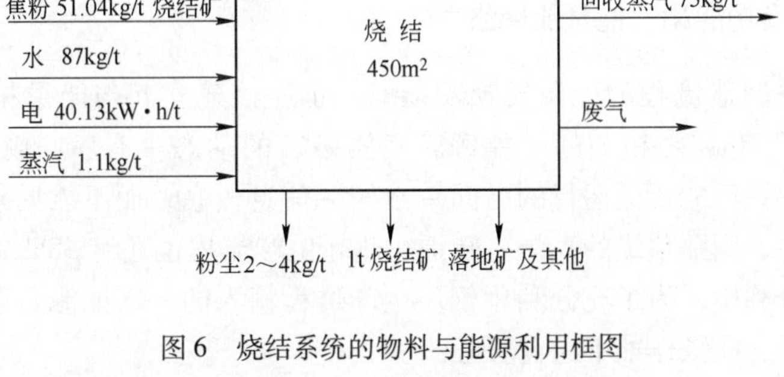

图6　烧结系统的物料与能源利用框图

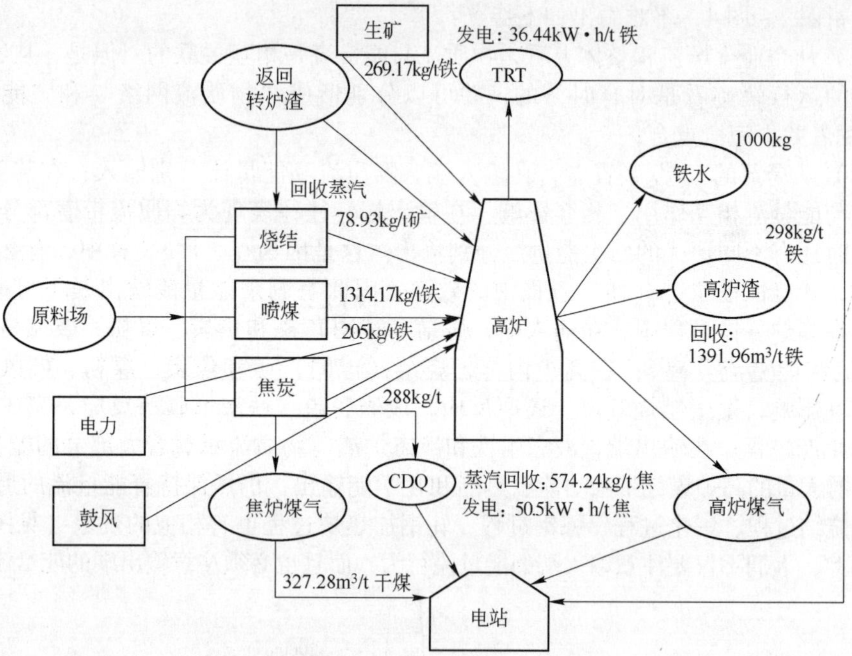

图 7　高炉炼铁系统的物料与能源利用框图

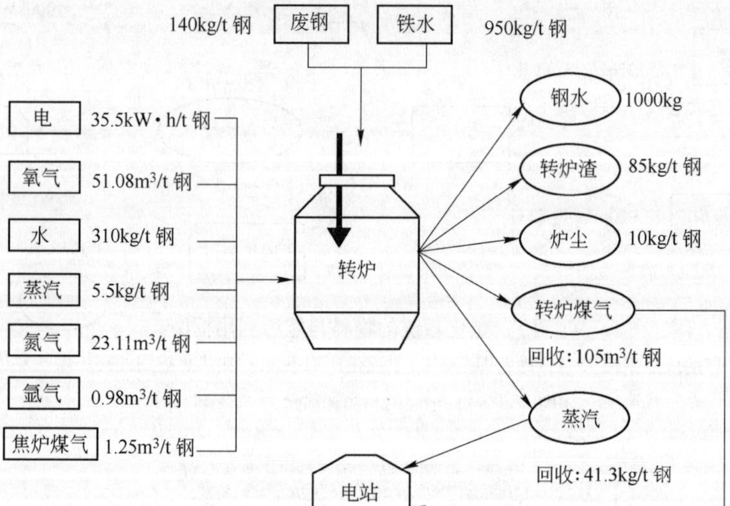

图 8　转炉炼钢系统的物料与能源利用框图

2.2　能量流转换功能和“能量流网络”

在研究钢铁制造流程的能源转换功能时，也应该建立起与能量相对应的“流”、“能源转换程序”和与之相关的“能源转换网络”的动态－有序、输入－输出概念；其中包括了有关钢厂能量流运行的时间－空间－信息概念。而不能局限在质－能衡算的概念上。现在，国际顶级的高炉—转炉—热轧生产流程也还有 38% 左右的能源未被铁素物质流充分利用，为了充分利用钢厂生产过程输入的一次能源和能源转换过程中产生的二次能源，应该作如下通盘思考：

（1）以输入－输出的模型研究钢厂能量流与物质流的关系，以及其中能量流的行为；

（2）以功能－效率为目标，研究一次能源、二次能源使用顺序；

（3）以连续实时调控和近"零"排放为目标，以图论等方法手段，研发钢厂"能源转换网络"（"能量流网络"）；

（4）开发有关铁素物质流运行过程中的节能减排技术；

（5）研究二次能源充分利用条件下不同钢铁制造流程的极限能耗量值；

（6）研究钢铁制造流程的结构与吨钢 CO_2 排放的关系……

3 实现过程工艺目标以及相应的废弃物消纳—处理功能

从钢铁生产过程中物质流和能量流的运行看，都会产生副产品、废弃物、余热、余能等物质、能量的排放，这些排放过程及排放物构成了对环境、生态的不良影响。纵观国际动态，钢铁工业应对环境－生态的对策，大体上经历了的过程如图9所示。

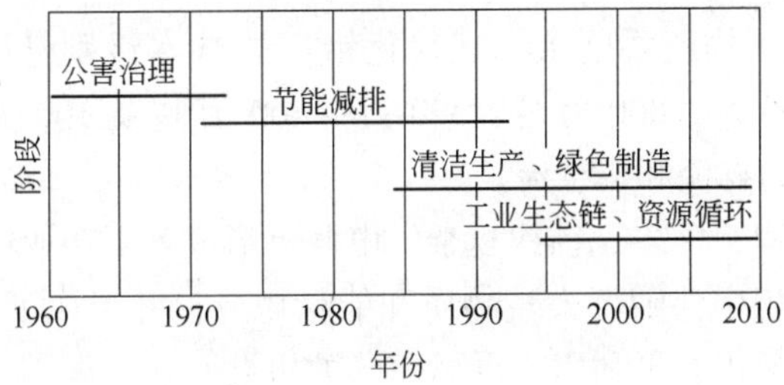

图9　钢铁工业环境保护的发展进程示意图

由图9可知，在20世纪60～70年代主要是被动地采取末端治理的方法来消除或减轻污染公害。继而在20世纪70～90年代转向节能减排为主的积极对策，减少排放、减少污染并降低成本。到20世纪80年代后期至90年代进一步上升到清洁生产过程和绿色制造的阶段，清洁生产过程是指将整体的、预防的环境战略持续地应用于生产过程中，绿色制造的内涵比清洁生产的内容更宽泛些，它还包括了提高产品使用效率或使用寿命等。20世纪90年代后期进入研究钢厂生态化转型和构想融入循环经济社会阶段。旨在将钢铁企业与相关的生产过程、社会消费过程和废弃过程、分解—回收—循环利用过程组成生态工业链，这是钢铁工业生态化转型并融入循环经济社会的重要构成和标志（图10）。

在钢铁制造流程的物质流运行、能量流运行的物质流－能量流相互作用过程中，存在着消纳—处理废弃物并使之资源化、能源化的可能性。例如：在物质流运行过程中消纳废钢，处理烟尘、铁鳞等含铁废弃物，回收利用Cr、Ni、Cu、Zn等金属；在能量流的运行过程中消纳—处理废塑料、废轮胎、处理社区污水、处理垃圾甚至大量制氢等；在延伸生态－工业链的过程中与水泥、建材、发电等产业链接。

在未来发展循环经济的过程中，钢厂生产过程应是重要切入点之一，因为钢厂具有如下特点：

（1）资源密集、能源密集。在钢铁联合企业内，每吨钢将消耗0.6～0.8t标准煤、1.50～1.55t铁矿石、80～150kg废钢、3～6t新水；由此形成了大量的物质、能量的输入与输出。

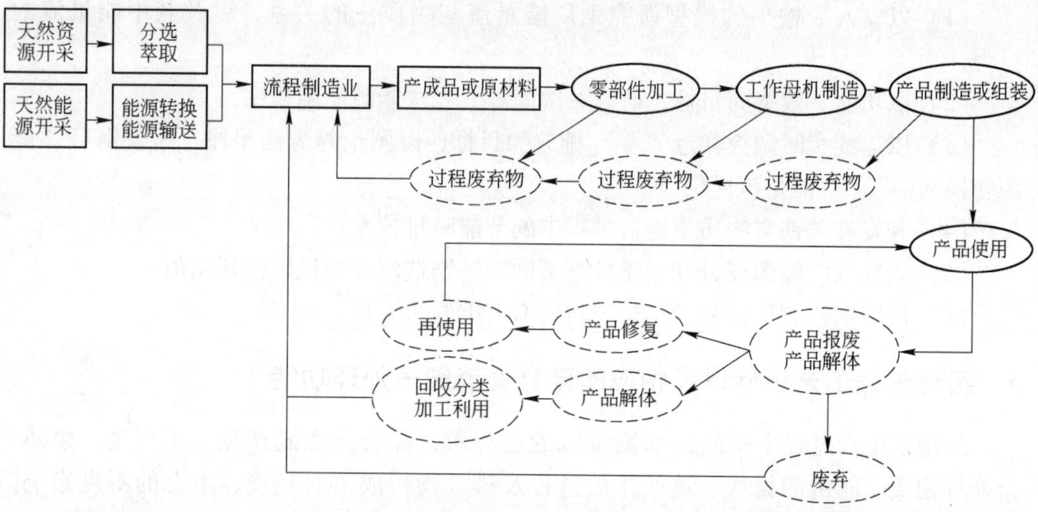

图 10　流程制造业与循环经济的关联

（2）生产规模大、物流吞吐大。现代化钢厂的基本级别已经大致地分为年产钢800万～1000万吨，600万～800万吨，300万～400万吨及100万～200万吨等级别；由此伴随着巨大的运输物流和资金流。

（3）钢铁制造流程工序多、结构复杂；由此可形成若干产业链接关系。

（4）钢铁制造流程中伴随着大量物质和能量排放，并形成了复杂的环境界面，其中蕴含着大量的“减量化、再利用、再循环”的机会。

4　钢厂副产煤气制氢

高炉—转炉流程是铁－煤化工过程，是将煤炭通过冶金流程转换为热能、电能、可燃气、蒸汽等能源的过程。值得重视的是由钢铁制造流程可以开发出大量新一代清洁能源——氢气，例如通过吸附制氢的方法从焦炉煤气中得到氢；通过 $CO-H_2O$ 反应，从高浓度CO的转炉煤气中得到氢，也可以从熔融还原炉富CO、富 H_2 的尾气中得到氢；进而还可以进一步加工成二甲醚（CH_3OCH_3）作为液态能源。

4.1　焦炉煤气制氢

工业制氢目前是以天然气、石油和煤为原料，在高温下使之与水蒸气反应或用部分氧化法制得（图11）。而钢铁企业（或炼焦厂）产生的焦炉煤气含有50%～60%的 H_2，是非常好的制氢原料气（表1）。目前钢厂主要还是将焦炉煤气用做燃料，看来，焦炉煤气利用的合理途径需引起重视，应该尽可能少地将焦炉煤气作为燃料来使用。

图 11　天然气制氢工艺技术路线

采用焦炉煤气制氢，只需按现有煤气处理工艺，将其中的有害杂质去除，即可通过变压吸附技术提取出高纯度（99.99%）的氢气（图12），按此流程 $1m^3$ 的焦炉煤气可制取约 $0.44m^3$ 的氢。与天然气制氢相比，省去了蒸汽转换或部分氧化等 CH_4 裂解过程，从而省去了这一工艺过程的能源消耗。比直接使用较贵的天然气和煤炭等制氢更加经济，是大规模、高效、低成本地生产廉价氢气值得探索的途径。

表1　焦炉煤气与天然气成分　　(%)

成　分	H_2	CH_4	CO	C_mH_n	CO_2	N_2	O_2
焦炉煤气	55~60	23~27	5~8	2~4	1.5~3	3~7	0.3~0.8
气井	—	98.0	—	0.6~1.0	—	1.0	—
油井	—	81.7	—	10~15	0.7	1.8	0.2

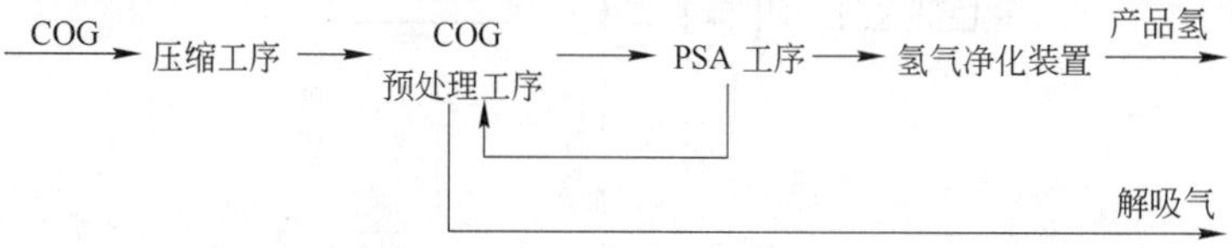

图12　焦炉煤气（COG）制氢的工艺流程框图

目前，焦炉煤气变压吸附制氢技术在装置规模为1000~3000m^3/h左右是成熟的，大规模制氢装置（如10000m^3/h级以上）尚有待进一步开发。

4.2　钢厂其他煤气制氢

钢厂转炉煤气和COREX煤气成分，均富含CO甚至富含H_2（表2），其制氢工艺可以通过水煤气变换反应，生成富H_2的合成气。

表2　转炉煤气、COREX煤气成分　　(%)

成　分	H_2	CO	CO_2	N_2	O_2
转炉煤气	0.5~3	60~80	10~20		0~1
COREX 煤气	10~30	48~80	5~30	<5	

（1）转炉煤气制氢。转炉炼钢系统产生的煤气经降温、除尘后，进入水煤气变换装置中，在催化剂的作用下，发生水煤气变换反应。反应后，经冷却、分离，获得富含氢气的混合气体。混合气体经脱硫后，采用变压吸附制氢法，获得高纯度氢气。

（2）COREX煤气制氢。熔融还原炉（COREX）以铁矿和煤炭为原料，在生产铁水过程的同时，发生大量富含CO和H_2的COREX煤气。在工业条件下，其制氢过程以及相应其物料平衡大致如图13及表3所示。

表3　物料平衡表

物料名称	COREX气（1）		变换气（2）		VPSA原料气（3）		VPSA产品气（4）	
组成	Nm^3/h	mol%	Nm^3/h	mol%	Nm^3/h	mol%	Nm^3/h	mol%
CO_2	35939	28.86	85981	49.5	85981	28.58	—	—
CO	55714	44.74	5541	3.19	5731	1.91	190	0.1
CH_4	1980	1.59	1980	1.14	2550	0.85	570	0.3
H_2	25005	20.08	75611	43.53	200190	66.55	188179	99
N_2	4570	3.67	4586	2.64	6368	2.12	1141	0.6
H_2O	1320	1.06	—	饱和	饱和			—

续表3

物料名称	COREX 气（1）		变换气（2）		VPSA 原料气（3）		VPSA 产品气（4）	
组成	Nm^3/h	mol%	Nm^3/h	mol%	Nm^3/h	mol%	Nm^3/h	mol%
合计	124528	100	173699	100	300820	100	190080	100
压力/MPa	0.6		0.55		0.55		0.5	

注：以上物料对应 118t 铁/h，即 110% 负荷。

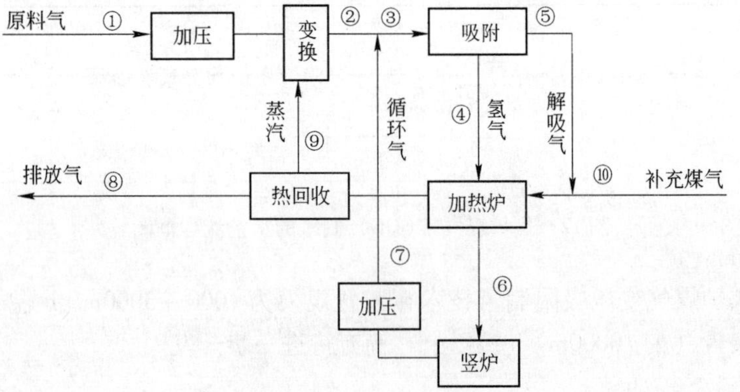

图 13　COREX 煤气制氢流程框图

5　循环经济的有效实施——从“3R”原则到“五要素（‘5E’）集成”

实施循环经济应该以 3R 为原则，实现资源、能源的最有效利用，降低环境负荷，其目的是促进经济、社会的可持续发展。应该指出：所谓“3R”只是原则，不是实现循环经济过程中的全部要素。因为实施循环经济是有循环成本的，有资金流动增值内涵的。实施循环经济需要技术（及技术开发）、投资，还有运行成本；实施循环经济的主体是各种不同类型的经济单元（企业），企业的存在离不开资金流动，因此，实施循环经济也是建立在资金流动并实现增值基础上的。实施循环经济不仅要注意成本、资金要素，而且还必须注意物质、能量循环利用在时间和空间配置上的可能性和合理性。在各类循环过程中，物质、能量的有效利用不能脱离时间、空间要素，没有时间、空间概念的循环过程是难以想象的。从而可以看出，实施循环经济是以“3R”为基本原则，并在一定条件下将物质、能量、时间、空间、资金等“五要素”有效地整合在一起以实现经济效益、社会效益和环境效益协同发展的经济模式（图 14）。一个著名的案例就是丹麦卡伦堡生态工业园区（图 15），其中不仅包括了物质、能量循环利用，而且体现了较为合

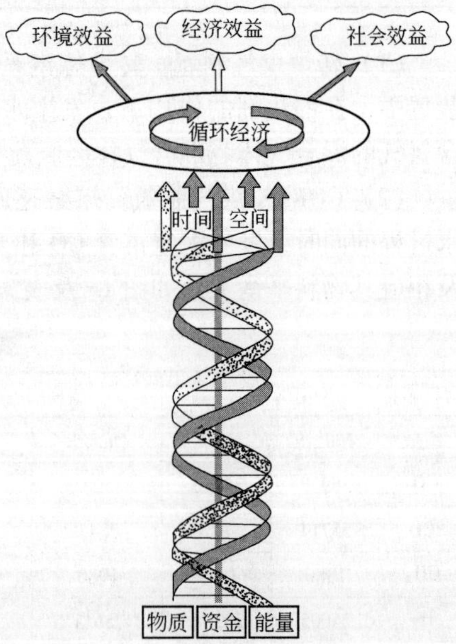

图 14　从“3R”出发到“五要素”优化集成——有效地实施循环经济

理的空间－时间尺度以及资金的增值过程。

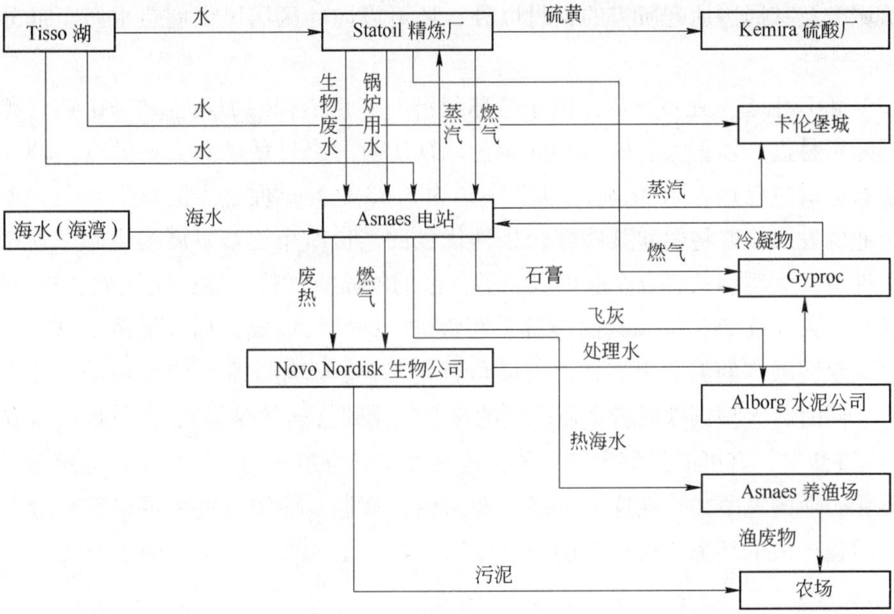

图 15　卡伦堡生态工业园示意图

6　实施循环经济过程中技术－经济因素的协调

在不同条件下，循环经济的实施有赖于以下技术－经济因素的协调：

（1）物质/能源（包括排放物、废弃物等）循环链的延伸、扩展及其转换/利用效率的合理性；

（2）物质/能源循环通量的大小，必须具有一定的循环通量，才能具有可行性；

（3）物质/能量在循环过程中的经济合理性（流动－循环的成本等）；

（4）物质/能量在循环过程中时间－空间因素的集成性（流动－循环的可行性和稳定性等）。

推行循环经济要根据上述诸因素，充分论证其技术－经济可行性，并择易先行，择优先行。可见，钢厂的生态化转型与发展循环经济关系密切，钢厂应是发展循环经济的优先切入点之一。

7　未来生态化钢厂的发展模式

从钢铁工业生态化和发展循环经济的理念出发，钢厂未来发展模式将通过绿色制造向生态化转型，逐步形成都市周边环境友好型钢厂（图 16）和港口生态工业带钢厂（图 17）两种主要的可选择的模式。

（1）都市周边环境友好型钢厂。由于工业生态链的构成，铁素资源会成为循环经济中的重要一环。在若干有条件的城市周围，特别是大城市周边的钢厂应该融入循环经济社会，逐步实施生态化转型，这类钢厂有着诸多有利条件和经济－生态价值。城市中产生的废钢、废塑料、废轮胎、垃圾等大量废弃物可以由钢厂就近处理并有效地利用。同时，钢厂的社会经济职能也可以通过生态化转型而得到进一步扩展。钢厂除了供给城市及其周边地区所需的钢材以外，还可以向社区居民供应热水乃至部分电力等（见图16）。

（2）港口生态工业带钢厂。由于全球经济一体化进程的加速，大宗矿物资源和能源的国际贸易进一步扩大。如：2006年全球铁矿石的出口量已到7.8亿吨，2006年我国铁矿石进口量已达3.26亿吨，2007年则为3.83亿吨。促进了港口生态型大型钢铁联合企业的发展，并将引起某些综合条件优良的港口城市逐步发展为生态工业带。在这种条件下，大型钢铁联合企业可以凭借自己的物质流优势、能量流优势、资金优势、技术优势、人才优势，扩展其制造链、经营链。钢厂可以成为循环经济的核心，发展钢－电－水泥联产的工业生态链，可以与石化工业、造船工业、集装箱制造业等形成产业链。同时，大型钢铁联合企业产生的富一氧化碳（转炉煤气）、富氢煤气（焦炉煤气），经过开发，有可能得到大量的氢，这些氢如果与相邻的石油化工企业链接，亦可增加石化企业的竞争力。在这类生态工业带内，资源、能源、资金可得到充分有效的利用，单位产值的环境负荷得以削减，可以认为这是一种重化工型的生态工业带（见图17、图18）。

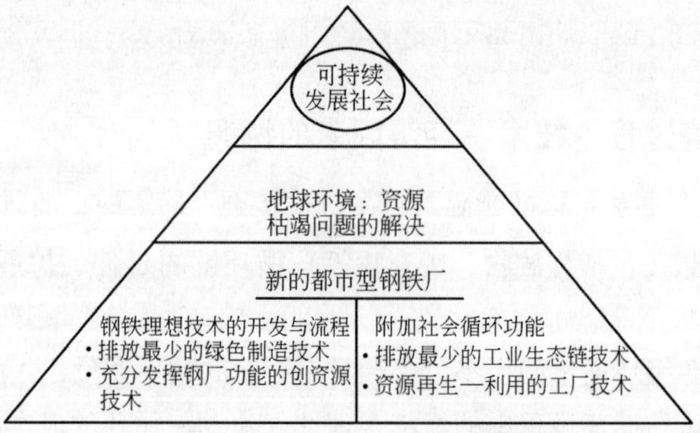

图16　都市周边环境友好型钢铁厂的发展理念

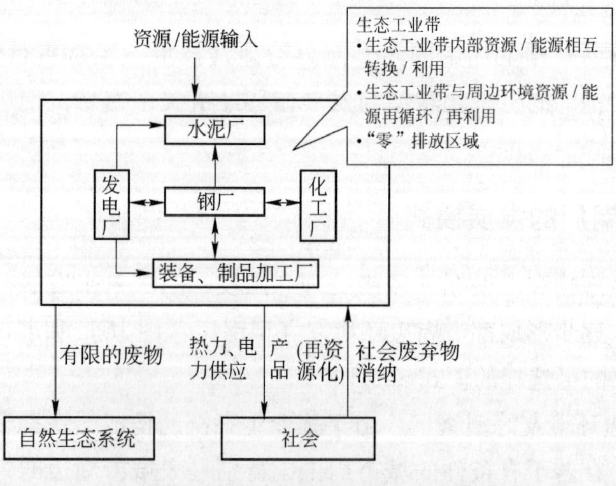

图17　港口生态工业带钢厂示意图

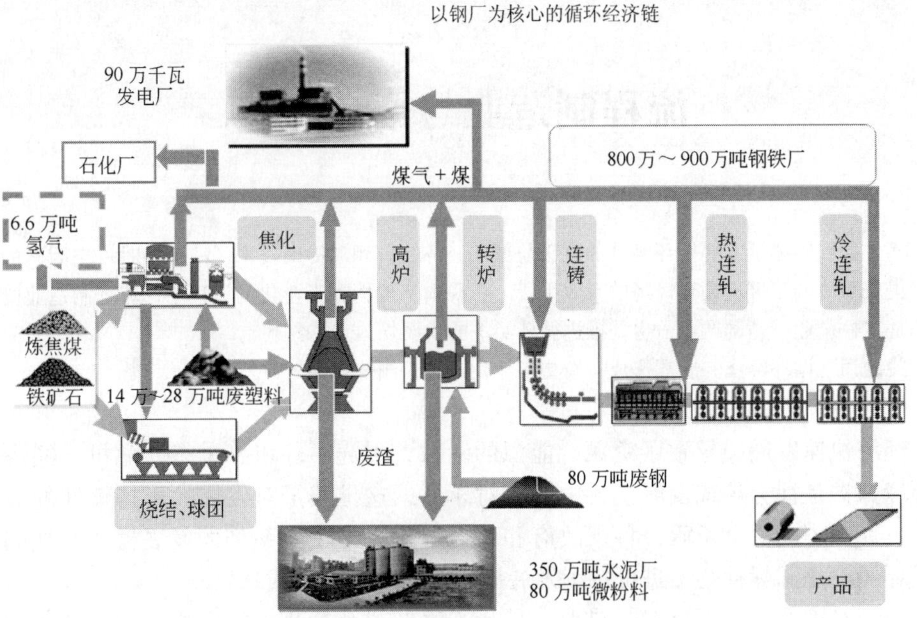

图 18 钢铁联合企业的制造流程及其相关产业链

在循环经济社会中，生态化钢厂可能承担以下社会经济职能：

（1）钢厂是铁－煤化工的起点，既要生产出更好、更廉价的钢，又要充分利用能源；大型联合钢铁企业应向“只买煤、不买电、不用燃料油”的方向发展，同时也应该看到，钢厂有可能制造出相对价廉的、大量的氢气；

（2）钢厂也可以是城市社会某些大宗废弃物的处理—消纳站和邻近社区居民生活热能供应站；

（3）钢厂可以是某些工业排放物质再资源化循环、再能源化梯级利用和无害化处理的协调处理站。钢厂可以通过延伸其制造链、经营链成为特定区域构筑循环经济社会的重要环节。

8 结语

（1）钢铁制造流程是一类开放的、非平衡的、不可逆的、由不同结构－功能单元工序通过非线性耦合构成的复杂系统。

（2）流程动态运行的物理本质是：物质流（主要是铁素流）在能量流（主要是碳素流）的驱动、作用下，按照设定的“程序”沿着“流程网络”做动态－有序运行，属于耗散过程。

（3）钢铁制造流程的功能应拓展为：钢铁产品制造功能、能源转换功能、废弃物消纳—处理和再资源化功能。

（4）未来钢厂的模式，应从生态化转型和发展循环经济的理念出发，逐步形成都市周边环境友好型钢厂和港口生态工业带钢厂两种主要模式。

流程制造业与循环经济*

摘　要　阐述了发展循环经济的意义与循环经济的内涵，提出技术、经济及时－空因素的集成与协调是推进循环经济的有效手段。在我国实现新型工业化的过程中，流程制造业既是支柱产业、基础产业，也是推进循环经济的重要切入点。

关键词　循环经济　要素集成　新型工业化　流程制造业

经济快速发展，导致了资源、能源的紧缺，引起了环境、生态的危机。经济发展和环境保护是社会传统发展模式中的一对矛盾，这导致了对发展的可持续性的战略性反问。为了解决这个矛盾，各国政府和环保组织提出了一系列的发展模式和战略，其中循环经济是国际社会推进可持续发展战略的一种优选模式。

循环经济的基本思路是：借鉴自然生态系统进化原理，按照生态和自然规律，利用自然资源和环境容量、依据物质循环和能量守恒规律而重构的经济系统。

1　发展循环经济是中国实现新型工业化的必由之路

十六大提出了中国全面建设小康社会的发展目标，在2000年的基础上，到2020年实现GDP翻两番。中国目前还处在工业化的中期阶段，大量的资源、能源消费还要持续相当长的时间。我国在未来的战略机遇期中，经济发展所遇到的最大障碍之一就是资源、能源约束和生态环境压力。

我国人口众多，人均资源拥有量相对贫乏，生态环境脆弱。随着工业化、城市化的快速发展以及人口的增长，在资源存量和环境承载力两个方面都已经不起传统发展模式下的高强度资源消耗和环境污染。如果继续走传统发展之路，沿用“三高”（高消耗、高能耗、高污染）粗放型模式，并以末端处理作为环境保护的主要手段，将阻碍我国进入真正现代化的发展进程。从长期角度来看，良性循环的社会应从发展阶段开始塑造，少走弯路，不走弯路，才会得到更快的发展。我国的消费体系（特别是农村的消费体系）仍处于形成阶段，建立一个资源环境低负荷的社会消费体系，走循环经济之路，已成为我国社会经济可持续发展的重要选择。

2　循环经济的概念与内涵

循环经济是一种建立在物质不断循环利用基础上，把清洁生产、资源综合利用、可再生能源开发、产品的生态设计和生态消费等融为一体，以“资源—产品—资源再生”闭环反馈为特点的循环过程，循环经济倡导“最佳化的生产、最适度的消费，最少量的废弃”与环境、社会相和谐的经济发展模式，体现了科学发展观。

循环经济首先是经济，是建立在物质、能量以及排放物、废弃物合理循环利用基础上有时－空概念的经济，是有资金成本和流动成本的经济。循环不是唯一目的，不

* 原发表于《中国科技财富》，2009（9）和《再生资源与循环经济》，2009，2（12）。

是为循环而循环，经济上不可行的“循环”流动其价值不大。解决发展与资源、环境之间矛盾最好的处理方式（图1），是将矛盾作为一个经济问题来研究和对待。

图1 循环经济：解决发展与资源环境的矛盾

3 “五要素”集成是推进循环经济的有效手段

实施循环经济应该以“3R”（减量化、再利用和再循环）为原则，但“3R”只是原则，不是实现循环经济过程中的全部要素。实施循环经济须在一定条件下将物质、能量、时间、空间、资金等“五要素”有效地整合在一起，以实现经济增值、环境保护和社会和谐的发展模式（图2）。

实施循环经济是有循环成本的，有资金流动增值内涵的。实施循环经济需要技术、投资还有运行成本；实施循环经济也是建立在资金流动并实现增值基础上的；实施循环经济还必须注意物质、能量循环利用在时间和空间配置上的可能性和合理性。在各类循环过程中，物质、能量的有效利用不能脱离时间、空间要素，没有时间、空间概念的循环过程是难以想象的。一个著名的案例就是丹麦的卡伦堡生态工业园区，我们应该注意的不仅是卡伦堡生态工业园区的产业链，而且一定要注意它的时－空尺度和在其时－空尺度内的资金增值链（图3）。

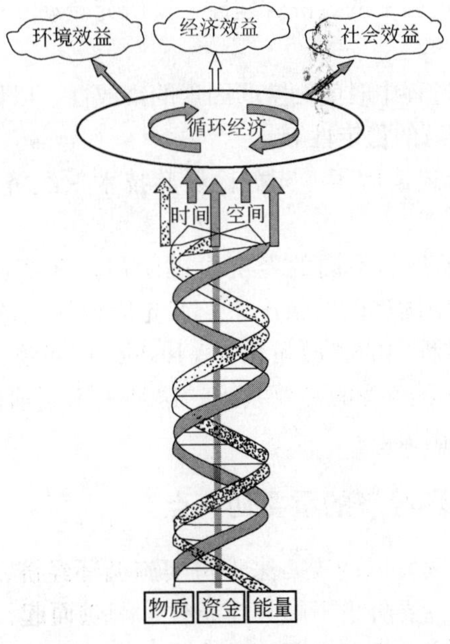

图2 从“3R”出发到“五要素”优化集成——有效地实施循环经济

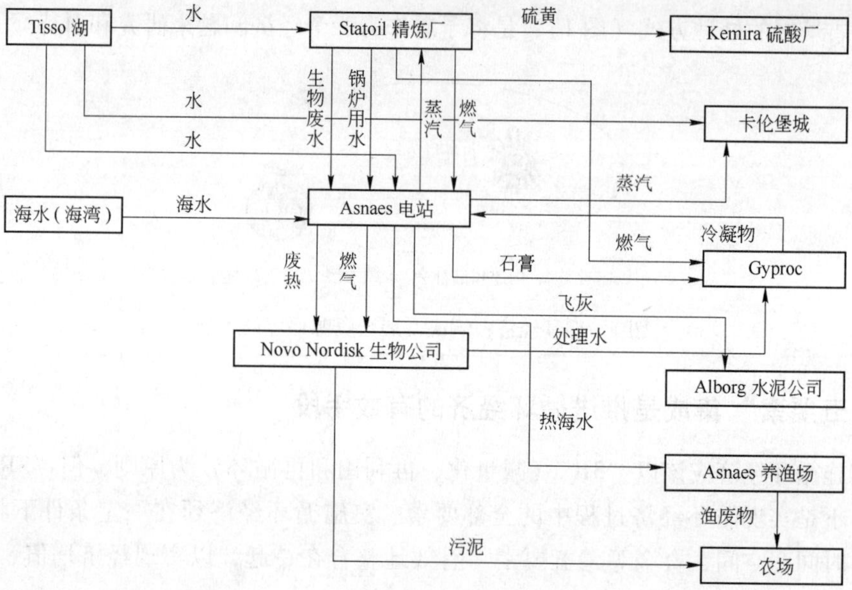

图 3　卡伦堡生态工业园示意图

4　实施循环经济过程中技术－经济因素的协调和权重

在推动循环经济发展模式时，一定要注意研究当时、当地条件下的技术－经济可行性。在不同条件下，循环经济的实施有赖于以下技术－经济因素的协调，包括：

（1）物质/能源（包括排放物、废弃物等）循环链的延伸、扩展及其转换/利用效率的合理性；

（2）物质/能源循环通量的大小，必须具有一定的循环通量，才能具有可行性；

（3）物质/能量在循环过程中的经济合理性，要研究流动－循环过程中的资金投入和成本等；

（4）物质/能量在循环过程中时间－空间因素的集成性，以保证流动－循环过程技术－经济的可行性和循环运行的稳定性等。

推行循环经济要根据上述诸因素，充分论证其技术－经济可行性，并择易先行，择优先行。

在不同国家、不同地区及其不同的经济发展阶段，在实施循环经济的过程中，“3R”的权重是不同的。在中国当前的情况下，首先应该注重的是各行各业（特别是流程制造业）在生产制造过程中的“减量化”（Reduce）问题，量大面广的节能、降耗、资源节约是有效推动循环经济的必要基础。这是中国当前的国情和重要切入点，不同于日本、德国等工业化国家。

5　流程制造业是推进循环经济的重要切入点

应该以忧患意识和可持续发展的观点来促进实施循环经济，一定要有紧迫感，但又不能操之过急、急于求成，要防止不顾具体条件，一哄而起，这样往往容易导致形式主义，事倍功半或半途而废；重要的是要找准推动循环经济的切入点，从具备条件的地区、产业、企业先做，务求实效，扎扎实实地推进。

5.1 流程制造业及其特点

流程工业包括化工、石化、钢铁、有色、建材、食品、生物制品及医药等工业，是国民经济的基础产业、支柱产业。

流程制造业往往是指原料经过一系列以改变其物理、化学性质为目的的加工－变性处理，获得具有特定物理、化学性质或特定用途产品的工业。钢铁冶金、有色冶金、化学工业和建材工业都属于典型的流程工业，其主要特点有：

（1）所使用的原料主要来自大自然，即大宗的自然资源（矿物质、生物质、水、空气等）；

（2）原料（物料）在生产过程中发生物质分子水平上的重组反应，即以大量的物质流、能量流形式通过诸多化学－物理变化（变换）制成产品；

（3）生产过程中消耗大量能源并伴随着各种形式的排放过程和废弃过程；

（4）生产过程主要是通过功能不同的工序串联－并联作业、协同（集成）运行，实现连续、准连续化生产，或追求连续化生产，也有一些是间歇生产（图4）。

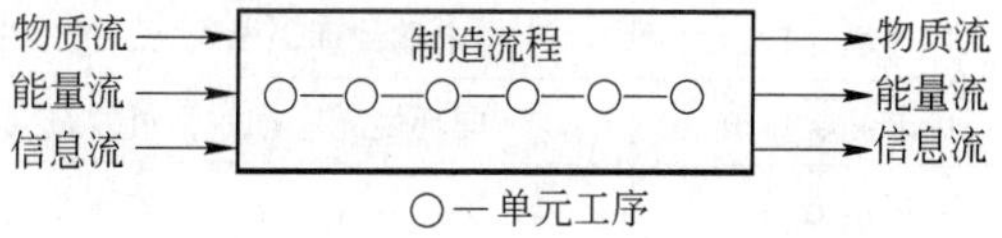

图4　流程工业在制造（生产）流程中的概念示意图

中国的工业固体废弃物大部分来自于矿业、电力、化工、钢铁、有色、建材及其他非金属矿物制造业等，其中多数是流程工业过程。总而言之，流程工业消耗了大量的资源和能源，同时产生大量排放物、废弃物，对资源、环境带来巨大影响，因此在流程工业推动循环经济发展模式尤为必要（图5）。

与此同时，随着理念的转变，技术的进步，流程制造业存在着“3R”的巨大潜力和可能，不同流程制造业之间也存在着互为依存的产业生态链，例如钢铁工业产生的废渣可作为水泥行业的廉价资源，水泥工业可以消纳电力、化工、有色冶金等行业产生的粉煤灰、煤矸石、磷渣、赤泥等；也存在着消纳和处理社会大宗废弃物的机会或潜力，如废钢、废旧有色金属循环利用等。可见，在我国新型工业化的进程中，流程制造业既是支柱产业、基础产业，同时也应是推进循环经济的优先切入点。

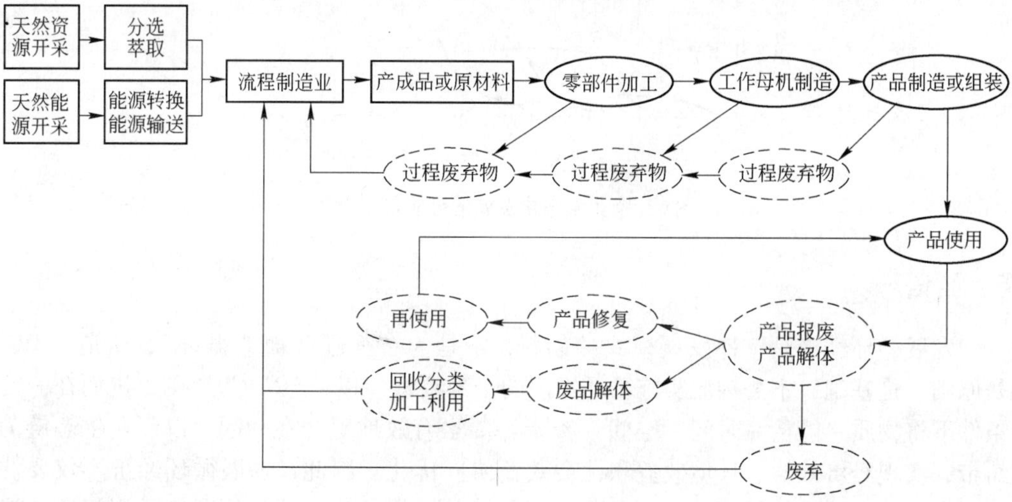

图5　流程制造业与循环经济的关联

5.2 企业“生态化”转型

在未来经济社会中，“生态化”工厂将是工业生态、循环经济的重要标志。它与传统意义上的工厂相比，在价值取向、评价标准等方面是有所不同的，表1列出了“生态化”工厂与传统意义上工厂的区别。

表1 “生态化”工厂与传统工厂的综合比较

项 目	传统工厂	生态化工厂
企业目标	产品导向、突出利润	功能导向，经济－生态综合效益
企业结构	链式，刚性	网络型、互相适应型
企业规模趋势	产业单一化、超大规模化	产业多元化、网络自适应的合理规模
资源、能源消耗	资源消耗大，能源利用率低	整体资源消耗低，能源利用率高
经济系统关系	纵向、部门经济	横向、区域复合生态经济
环境保护	突出末端治理，投入大，产出少	强调全程综合控制，投入与产出并重
废弃物、排放	向环境无序排放，负效益	生态化工厂网络内循环资源化，正效益
经济效益	单元工厂局部效益高，整体效益低	单元工厂综合效益高、整体效益高
社会效益	减少就业机会	增加就业机会

从技术进步、技术创新角度来看，企业的生态化转型可能要经历工艺改进、产品创新（特别是对于装备、产品制造业）、流程集成创新（特别是对于流程制造业）、功能拓展、宏观系统革新等阶段，这是一个较长的时间进程（历史时间过程），也是从低层次生产过程向高层次生产体系发展的渐进过程。工艺改进、产品创新或/和流程集成创新、功能拓展和宏观系统革新将有可能分别改善企业的经济－生态效益2倍、5倍、10倍、20倍（图6）。

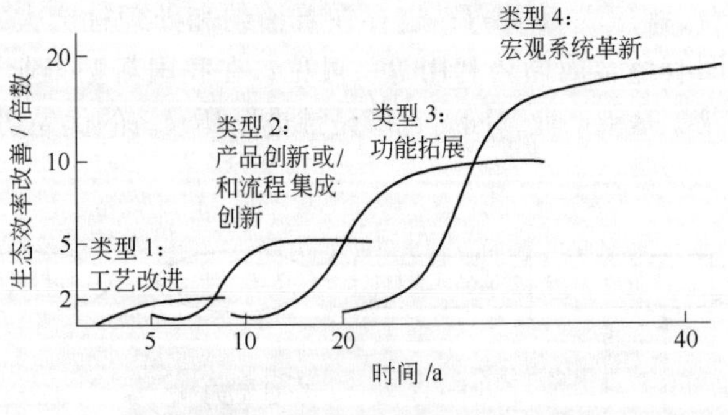

图6 企业生态化发展的分阶段示意图

6 结语

发展循环经济是一种发展模式的创新，不是为“循环”而“循环”，所谓“3R”是原则、是基础，不是构成实施循环经济的全部要素。以“3R”为原则，进而在一定条件下将物质－能量－时间－空间－资金等要素有效地整合在一起，以产业生态链为纽带，实现经济效益、环境效益和社会效益协同优化。因此，发展循环经济不仅要注重提高局部环节乃至循环过程中的物质、能量的利用效率，还必须高度重视资金的流动与增值。物质、能量的有效利用和资金的流动增值不能脱离时间－空间要素，脱离时－空概念的循环过程是难以想象的。因此，发展循环经济应以合理的时－空尺度的产业生态园为基本单元，其中流程制造业往往是其重要构成部分。

发展循环经济是对经济的发展方式（特别是对流程制造业在后重化工时代中发展方式）的重大转变和创新，必然涉及从理论到生产活动、投资活动等一系列实践，必然涉及全局规划、区域规划等重大经济社会发展战略，必然涉及各行各业、各个不同领域的技术进步和创新，必将涉及一系列新政策、新措施、新办法的制定和实施。总之，发展循环经济需要通过构建包括理论－实践的、技术－工程的、经济运行的、制度－法律的和教育－道德在内一系列战略平台来推动。需要政府、产业界、经济界、科技界、社会界人士和广大公众的参与，共同努力，根据具体条件，找准切入点，才能逐步有序、有效地推进。

Process Manufacturing and Circular Economy

Ruiyu Yin

(Central Iron and Steel Research Institute, Beijing, 100081, China)

Abstract This paper demonstrated the significance of developing circular economy and its conceptual meaning. It raised that the combination and coordination of tech－economic and space－time factors is the effective means to promote the development of circular economy. On the new path to industrialization for our country, the process manufacturing is not only the fundamental industry, but also the breakthrough point for circular econmy development.

Key words circular economy, factors combination, new path to industrialiazation, process manufacturing

洁净钢平台集成技术
——现代炼钢技术进步的重要方向*

摘　要　指出洁净钢平台技术是集成了现代炼钢过程中基础科学和技术科学的研发成果并在此基础上以新的学术观点组合集成的工程科学命题，应是新世纪炼钢技术进步的重要方向，并具有普适性。讨论了洁净钢平台的概念和内涵，指出洁净钢的概念不仅具有质量含义而且具有经济含义，是钢厂竞争力的重要标志之一。

关键词　洁净钢　平台　流程工程

新世纪以来，炼钢技术面临的挑战不仅是要获得微观结构越来越好的钢，同时，也面临着一炉百吨级钢水（铸坯）是否具有理想的组成以及年产百万吨计的钢材是否能够高效率、低成本、稳定地、批量地满足用户在加工过程和使用过程越来越高的要求。洁净钢以及经济洁净度概念的确立，高效率、低成本批量稳定地生产洁净钢的“平台”技术，对于国际钢铁工业而言，是重要命题之一，是现代炼钢技术进步的重要方向。

洁净钢平台技术，是集成了现代炼钢过程中基础科学、技术科学的研究成果并在此基础上以新的学术观点组合集成的工程科学命题。也就是将研发的重点从“点空间”命题（例如冶金化学反应的物理化学研究）、“位空间”命题（例如反应器内的传输现象）推进到“流空间”的工程科学命题即流程工程或过程工程的新命题。

1　“洁净钢”平台的概念与涵义

1.1　何谓“平台”

所谓“平台”，在流程工业中“平台”应是某种基础性、通用性、集成性的制造系统，“平台”应是诸多技术模块的优化及其相互之间的组合集成。开发“平台”系统是一种组合集成战略。从技术进步的角度上看，“平台”战略意味着技术进步的着眼点从以工序、装置为主的“位空间”的优化集成发展到以“流空间”的优化集成的新水平、新层次，“平台”集成技术具有技术进化和工程进化的意义。所谓“流空间”意味着全厂性的制造流程或是区段性的制造流程。当然，“流空间”的优化集成是以“点空间”和“位空间”的优化集成为基础，但又超越了“点空间”和“位空间”原有层次；同时，“流空间”优化集成的目标还引导着/制约着“位空间”参数的优化（包括物质、能量、时间、空间等参数的优化和协同）。“平台”战略是一种组合集成技术，是一种多目标优化的技术群（包），“平台”集成技术对绝大多数产品具有可对

* 原发表于《钢铁》，2009，44（7）：1～6。

接性或可生长性。

“平台”集成技术是既具有战略性又具有技术科学的命题和工程科学命题甚至工程管理科学的命题。这些新命题是时代性的，值得研究开发。

1.2 何谓“洁净钢”

“洁净钢”不同于“纯净钢”的概念。“洁净钢”并不意味着越纯越好。“洁净钢”应定义为：当钢中的非金属夹杂物或其他有害物质直接或间接地影响产品的加工性能或使用性能时，该钢就不是洁净钢；而如果钢中的非金属夹杂物和有害杂物的数量、尺寸或分布对产品的加工性能、使用性能都没有不良影响，则这种钢就可以被认为是洁净钢。应该说这一定义是比较恰当的，因为不同钢种的钢材，在不同加工过程和使用过程中，对其所要求的性能以及与之相应的洁净度是不同的。同时，也应该说，洁净钢的概念不是为了制备样品，也不是一味追求纯净，而是为了能够高效率、低成本、成批地生产出可以稳定地满足用户加工和使用要求的优质商品钢材。

可见，“洁净钢”的概念不仅具有质量含义，而且具有经济含义。无论是普通商品钢材还是高档商品钢材乃至尖端商品钢材的工业生产，都应建立起“洁净钢”的概念。

1.3 经济洁净度

对于钢厂生产各类商品钢材而言，更应重视构建具有经济洁净度的洁净钢生产平台。所谓经济洁净度的含义是：对钢厂而言，所生产的产品易于实现生产的高效率、低成本，特别是质量的稳定性等要求；对于用户而言，则是钢厂生产的商品钢材，可以满足其加工过程和使用过程的各类要求，同时这些商品钢材的性能是稳定、均匀的，可以及时交货，价格也是合理的。

因此，对于不同类型、不同用途的商品钢材而言，具有不同的经济洁净度要求（见表1）。当然，不同类型商品钢材所占的市场份额也是不同的（见图1）。与此相关联，生产不同经济洁净度商品钢的技术难度、技术含量也是不同的。在钢材实际生产和贸易过程中，可以将商品钢材粗略地分为4类产品和4类技术难度（表2）。

表1 典型钢种洁净度的建议控制水平

钢材类型		杂质元素控制（质量分数）/%					夹杂物控制
		[S]	[P]	[N]	[H]	T[O]	
棒材	普通建筑用	≤0.035	≤0.040	—	—②	≤0.0040	
	齿轮、轴件等①	0.002~0.025	≤0.012	≤0.008	—	≤0.0012	B、D类
	轴承①	0.005~0.010	≤0.012	≤0.007	≤0.0002	≤0.0008	B、D类和TiN
线材	普通建筑用	≤0.030	≤0.040	—	—	≤0.0040	
	硬线①	≤0.008	≤0.015	≤0.008	—	≤0.0025	尺寸≤25 μm
	弹簧①	≤0.012	≤0.012	≤0.008	≤0.0002	≤0.0012	B、D类
冷轧板	ULC（$w([C]) \leqslant 25\times10^{-6}$）	≤0.012	≤0.015	≤0.003	—	≤0.0025	尺寸≤100 μm
	LCAK	≤0.012	≤0.015	≤0.004	—	≤0.0025	尺寸≤100 μm
	无取向电工钢板	≤0.003	≤0.040	≤0.002	—	≤0.0025	—

续表1

钢材类型			杂质元素控制（质量分数）/%					夹杂物控制
			[S]	[P]	[N]	[H]	T[O]	
热轧板	普通碳钢		≤0.008	≤0.020	≤0.008	—	≤0.0030	—
	低合金钢		≤0.005	≤0.015	≤0.008	—	≤0.0030	A、B类
	管线	高强度管①	≤0.002	≤0.015	≤0.005	—	≤0.0020	A、B类
		抗HIC管①	≤0.001	≤0.007	≤0.005	—	≤0.0020	A、B类
普通碳钢	造船板、桥梁板等①		≤0.005	≤0.015	≤0.007	—	≤0.0025	A、B类
	管线	高强度厚壁管①	≤0.002	≤0.012	≤0.005	≤0.0002	≤0.0020	A、B类
		低温管线①	≤0.002	≤0.012	≤0.005	≤0.0025	≤0.0020	A、B类
		抗HIC管线①	≤0.001	≤0.007	≤0.005	≤0.0002	≤0.0020	A、B类
	海洋平台①		≤0.002	≤0.005	≤0.005	≤0.0002	≤0.0020	A、B类

①表示要求严格控制连铸坯的中心偏析；

②表示不作要求。

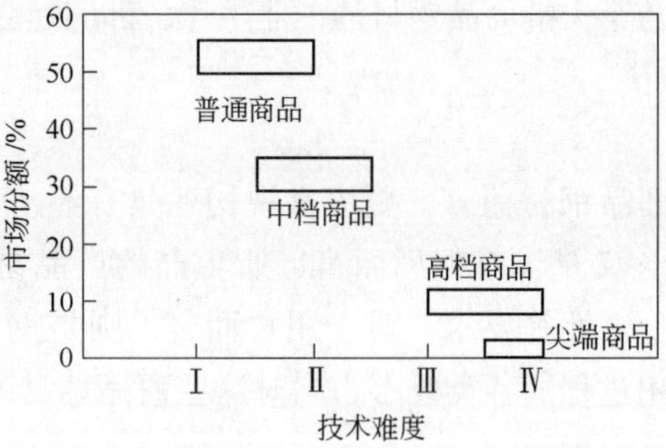

图1　不同商品钢材的市场份额和技术难度

表2　不同商品钢材的技术难度比较

项　目	质量稳定性难度	生产效率难度	成本难度	性能难度
普通商品	+	++	++	+
中档商品	++	++	++	++
高档商品	+++	+++	++	+++
尖端商品	+++	+	+	++++

注：+表示一般；++表示较高；+++表示很高；++++表示极高。

可见，不同类型钢材的市场份额是有明显区别的。普通商品钢材的市场份额占50%~60%甚至更高些，其技术难度主要在于高效率、低成本、稳定生产。中档商品钢材的市场份额占30%~35%，其技术难度比普通商品钢材要求高，特别是在要求性能难度和质量稳定性难度的同时，还要求高效率、低成本、稳定地生产。高档商品钢材不仅有更高的性能难度、更高的质量稳定性难度和更高的生产效率难度，而且还有相当的成本难度；当然高档商品钢材的市场份额是较少的，在10%左右或稍高些。尖端商品钢材的市场份额很少，占2%~4%，其性能难度极高，质量稳定性难度也很高，而成本与生产效率难度稍低。

1.4 洁净钢“平台”

在分析了“平台”的概念、洁净钢以及经济洁净度的含义以后，就比较容易认清洁净钢“平台”的内涵了。

所谓洁净钢“平台”，应该是一种用以高效率、低成本、稳定地生产洁净钢的基础性、通用性的集成性技术系统（技术群）。由于不同用途钢材所承受的加工过程、使用状况不同，相应的经济洁净度要求不同，成本/价格要求不同，批量规模也不同；因此，生产不同类型商品钢材的洁净钢“平台”有不同的模式。应当注意到：洁净钢“平台”是新世纪具有普适性的集成技术，不仅适合于高档商品钢、中档商品钢和尖端商品钢，也适用于量大面广的普通商品钢的生产。

2 怎样构建“洁净钢”制造平台

洁净钢制造平台是一种技术集成的体现，在构建洁净钢平台时将涉及工程设计、生产运行以及相应的管理。

2.1 过程工艺技术的优化及其集成

洁净钢制造平台需要有一系列支撑技术和集成技术构建而成。其中应该包括：

（1）解析－优化的铁水预处理技术；

（2）高效－长寿的转炉冶炼技术；

（3）快速－协同的二次冶金技术；

（4）高效－恒速的全连铸技术；

（5）优化－简捷的“流程网络”技术；

（6）动态－有序运行的物质流控制技术。

可以认为，上述6项技术中前4项技术属于基础支撑型技术，而优化－简捷的“流程网络”技术（例如合理的平面布置图等）则是集成技术，所谓“流程网络”是指在流程系统中将“资源流”“结点”和“连接器”整合在一起的物质－能量－时间－空间结构，主要体现为一种静态的集成框架。动态－有序运行的物流技术（例如物流运行动态调控系统），则体现了动态运行的集成性“程序”。亦属集成性的技术。因此，可以清楚地看出，铁水预处理—转炉冶炼—二次冶金—全连铸等基础支撑型技术要通过优化－简捷的“流程网络”技术和动态－有序运行的物流控制技术，将之组合集成在一起，构成动态－有序、高效率、低成本、稳定运行的集成性“平台”技术群（见图2）。

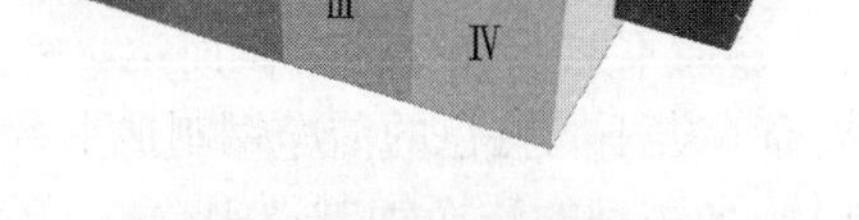

图2 高效率、低成本的洁净钢平台技术

Ⅰ—解析－优化的铁水预处理技术；
Ⅱ—高效－长寿的转炉冶炼技术；
Ⅲ—快速－协同的二次冶金技术；
Ⅳ—高效－恒速的全连铸技术；
Ⅴ—优化－简捷的“流程网络”技术；
Ⅵ—动态－有序运行的物流技术

2.2 洁净钢平台中的“界面技术”优化

优化－简捷的“流程网络”技术和动态－有序运行的物流控制技术都要求有相应的界面技术做支撑。其中，包括了高炉出铁与铁水预处理之间的“界面技术”，铁水预处理和转炉冶炼之间的“界面技术”，转炉冶炼与二次冶金之间的“界面技术”，二次冶金与连铸之间的“界面技术”，甚至也包括连铸和热轧之间的“界面技术”。这些界面技术应该体现铁素物质流的动态－有序运行规律，其中包括了物质－能量－时间－空间等方面信息因素的协同优化。作为空间因素的信息集中地体现在平面布置图上，在炼钢厂的平面布置图中，包括了应该考虑“结点”“连接通路”以及“输送方式”，这应该用图论的观点做恰当的处理。动态－有序运行的物流控制技术应该注重上、下游工序之间的协调匹配，特别是运行时间、运行速度和运行节奏的合理化、协同化，这些都是在“界面技术”中应该特别重视的。

2.3 以集成“平台”的要求来指导单元工序的解析优化

在建立洁净钢制造“平台”的过程中，要避免将不同的单元工序简单地堆砌、拼凑并粗糙地捆扎在一起的设计方法，而是要通过单元工序和“平台”系统之间的解析－集成、集成－解析来设计。其中，特别要注意从高效率、低成本、稳定运行的洁净钢“平台”的集成优化的高度，反馈要求各个单元工序的解析－优化和工序之间的协同－优化，并由此来规范不同工序工艺参数的优化，包括时间节奏的优化、空间位置的优化、运输通道的简捷化和信息系统的简约化。应该注意到洁净钢“平台”对于炼钢厂而言是一种顶层设计，是一种整体性的工程进化。而铁水预处理、转炉炼钢、二次冶金、连铸应该在顶层设计的指导下进行相应的单元优化和协同优化。

2.4 从产品个性要求出发构建不同特色的洁净钢制造“平台”

包括长材、平材、管材在内的不同钢铁产品，其生产制造过程、加工过程和使用过程是具有不同特色的。例如，生产薄板的轧机系统往往以年产300万吨、500万吨计，生产长材的轧机系统年产在60万～120万吨之间。由于生产规模不同、用途不同，对产品的质量、性能要求也不同，相应的高效率、低成本地生产洁净钢“平台”技术也必然有所不同。因此，一定要从不同产品的特性要求出发，建立起具有不同特色的洁净钢制造“平台”，而不能不分特色一概而论。一般而言，主要有6类不同特色的洁净钢制造平台（见图3）：（1）薄板型的洁净钢制造平台；（2）中厚板型的洁净钢制造平台；（3）普钢长材型的洁净钢制造平台；（4）合金钢长材型的洁净钢制造平台；（5）无缝钢管型的洁净钢制造平台；（6）不锈钢平材型的洁净钢制造平台等。

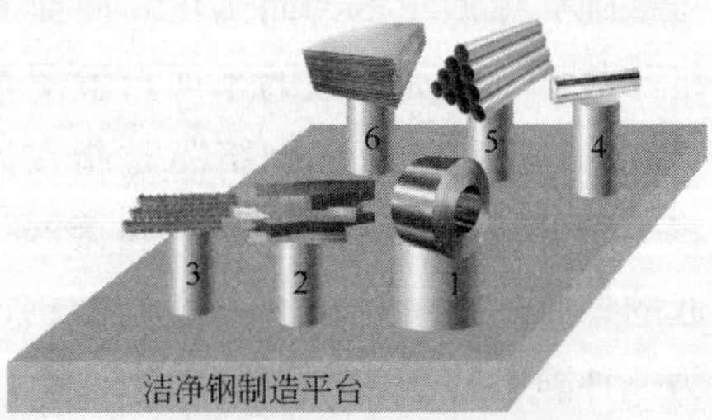

图3　不同产品的洁净钢平台技术

1—薄板型的洁净钢制造平台；
2—中厚板型的洁净钢制造平台；
3—普钢长材型的洁净钢制造平台；
4—合金钢长材型的洁净钢制造平台；
5—无缝钢管型的洁净钢制造平台；
6—不锈钢平材型的洁净钢制造平台

构建不同类型的洁净钢制造平台，既要遵循共同的理念和理论，又必须体现不同产品的特点。

3 要重视解决洁净钢制造“平台”运行过程中的非稳定现象

非稳定现象是干扰洁净钢制造“平台”动态－有序、连续－紧凑运行的不确定因素，甚至是破坏性因素等。某一工序、某一单元操作出现异常、出现故障都有可能影响洁净钢平台的有效运行，因此要高度重视从铁水预处理—转炉炼钢—二次冶金—连铸过程以及相关的各类装备可能出现的非稳定现象，其中将涉及诸多技术问题和管理问题。非稳定现象一般可以分为“点”源性非稳定现象、“位”源性非稳定现象和“流”源性非稳定现象。

3.1 “点”源性非稳定现象

“点”源性非稳定现象是指某一单元操作、某一部件等局部性的非稳定现象。例如氧枪故障、中间罐水口堵塞、连铸结晶器内漏钢等，这类现象往往具有频发性或者偶然性，既有技术问题也有管理问题。

3.2 “位”源性非稳定现象

“位”源性非稳定现象一般是指工序、装置和相关的运输、起重装置等出现整体性故障、失效。例如天车故障、转炉漏钢、铸机拉矫机失效等，这些非稳定现象的出现，往往涉及设计、工艺技术和设备管理、工艺管理等。

3.3 “流”源性非稳定现象

“流”源性非稳定现象一般是指上、下游工序的能力（容量、吨位、产率等）不匹配，运行的节奏不协调，流程中物流路线不稳定等造成的非稳定现象。这类非稳定现象的影响是根本性的、长远性的，影响面很大，必须要从设计、生产运行、管理、人员培训等方面给予高度重视、予以解决。这就必须在工程设计、生产运行过程中高度重视洁净钢制造“平台”的宏观运行动力学，包括构建起匹配－协同的“流”，匹配－协同的“流”应体现上、下游工序之间的运行以及多工序之间运行的稳定性。在大多数情况下，一个炼钢厂应尽可能建立起“层流”运行的概念，即铁水预处理—炼钢—二次冶金—连铸直至轧钢机，建立起上、下游一一对应“层流”运行的机制（图5～图7），避免混乱的炉—机匹配关系，即避免紊流运行（见图4）。这是实现高效率、低成本、高质量运行的现代技术观念，也是有效地解决洁净钢制造“平台”运行过程中非稳定性现象的重要措施之一。宝钢的专线化生产，某种程度上就体现了这种指导思想；武钢的典型钢种稳定拉速技术也体现了这种指导原则。图4～图7分别模拟了在钢铁制造流程中物质流随机不稳定匹配—对应紊流运行动力学模式（图4），物质流“层流”－“紊流”混合运行动力学模式（图5），物质流动态－有序、匹配－对应的基本“层流”的运行动力学模式（图6）和物质流动态－有序、匹配－对应的完全“层流”运行动力学模式（图7）。经过比较不难看出：专线化“层流”运行动力学模式有利于物质流输入/输出的动态－有序、匹配－对应，可控性好，生产效率高而且稳定。

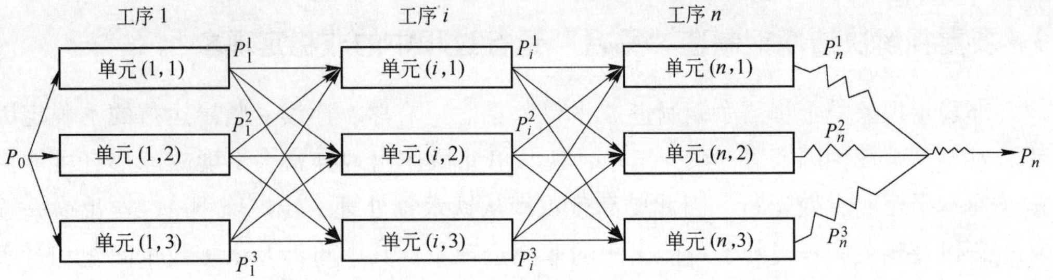

例如：工序1—工序2

$t_1=\eta[t_1^1、(t_1^2+\Delta t)、(t_1^3+\Delta t')]$；$t_2=\eta[(t_2^1+\Delta t)、t_2^2、(t_2^3+\Delta t')]$；

$t_3=\eta[(t_3^1+\Delta t')、(t_3^2+\Delta t)、t_3^3]$；$\eta$ 为通过系数<1 或<0.7

图4　模式1：钢铁制造流程物质流随机不稳定匹配－对应的紊流运行动力学模式

（输入/输出波动、完全随机匹配、可受控性很差）

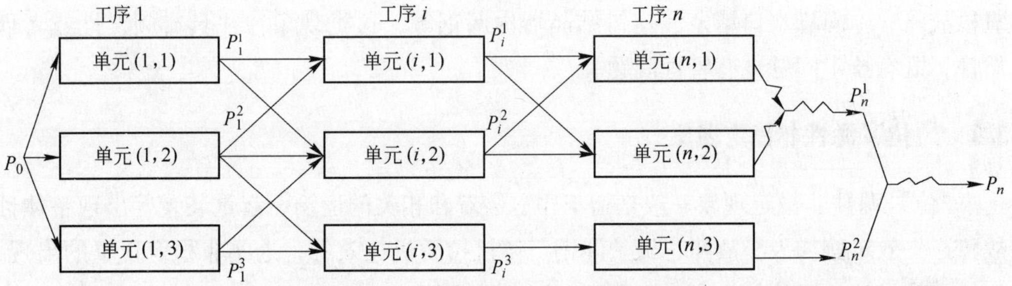

例如：工序 i—工序 n

$t_1=\eta[t_{i-1}^{n-1}、(t_{i-1}^{n-2}+\Delta t)]$；$t_2=\eta[t_{i-2}^{n-2}、(t_{i-2}^{n-1}+\Delta t)]$；

$t_3=t_{i-3}^{n-3}$；η 为通过系数<1 或<0.8

图5　模式2：钢铁制造流程物质流“层流”－“紊流”混合运行动力学模式

（输入/输出部分稳定、大部分不稳定，随机匹配程度较大、可受控性差）

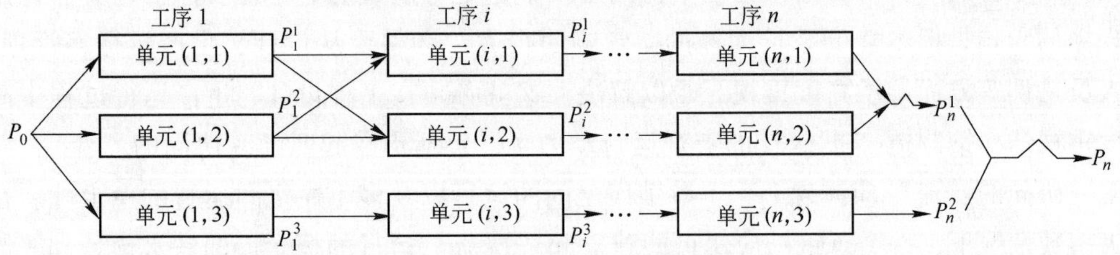

图6　模式3：钢铁制造流程物质流动态－有序、匹配－对应的基本层流的运行动力学模式

（输入/输出基本稳定、基本可控）

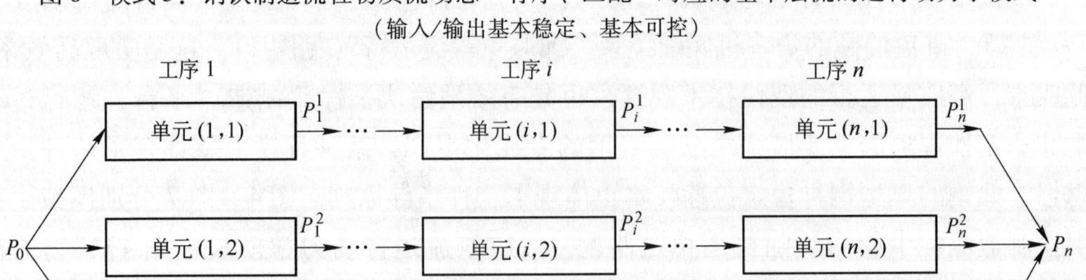

图7　模式4：钢铁制造流程物质流动态－有序、匹配－对应的完全层流运行动力学模式

（输入/输出稳定、可控）

4 结论

（1）高效率、低成本稳定运行的洁净钢“平台”技术对国际钢铁工业而言是重要命题之一，应是新世纪炼钢技术的重要进步方向。

（2）洁净钢“平台”技术是集成了炼钢过程中基础科学和技术科学的成果并在此基础上以新的学术观点组合集成的工程科学命题。

（3）应该建立起洁净钢、经济洁净度和动态－有序运行、层流运行等概念来构建洁净钢“平台”。

（4）洁净钢“平台”技术是由解析－优化的铁水预处理技术、高效－长寿的转炉冶炼技术、快速－协同的二次冶金技术、高效－恒速的全连铸技术、优化－简捷的“流程网络”技术、动态－有序运行的物流控制技术组合集成的。

（5）要从工程设计、生产运行及其管理等方面采取有力措施来避免各类非稳定现象，促进洁净钢平台技术的发展。

Integrated Technology of the Platform for Clean Steel Production ——An Important Direction of the Technology Progress in Steelmaking

Ruiyu Yin

(Central Iron and Steel Research Institute, Beijing, 100081, China)

Abstract Technology of clean steel platform is an outcome of engineering science formed on the basis of assembly of new academic theories and integration of achievements of fundamental sciences and technical sciences of steelmaking. It is also an important direction of steelmaking technology and has the universality in the new century. The concept and connotation of the platform for clean steel have been discussed. The concept of clean steel are not only have the meaning of quality, but also have the significance of economics. It will be the main symbol of market competitiveness of steelworks.

Key words clean steel, platform, process engineering

从开放系统、耗散结构到钢厂的能量流网络化集成*

摘　要　为了实现可持续发展和增强市场竞争力，钢铁工业在下一步技术转型中，应高度重视钢铁制造流程的能量流和能量流网络问题。在对比分析热力学孤立系统、封闭系统、开放系统和耗散结构基本特征的基础上，从充分发挥钢厂3个功能的视角，阐述了钢铁制造流程中铁素物质流和能量流的行为规律，提出了应注重与铁素物质流相关的能量流的输入/输出特点和能量流网络构建以及相应的信息化集成调控的观点，剖析了钢铁工业节能减排的潜力，指出了提高钢厂综合竞争力和多方位服务于可持续发展社会的可能性，探讨了相关理论的建立、技术开发和工程化实施的策略等。

关键词　热力学系统　钢铁制造流程　能量流行为　能量流网络化集成

1　背景

经过改革开放30年的艰苦努力，中国钢铁工业发生了巨大的变化，生产规模和行业竞争力显著提高，相应的吨钢能耗大幅度下降（图1），与世界钢铁强国在整体水平上的差距已明显缩小。中国钢铁工业用显著的发展业绩破解了西方学者早在20世纪70年代提出的钢铁工业是“夕阳工业”的命题，证明了钢铁工业是基础工业，钢铁材料是“必选”材料。但钢铁工业仍然面临极具挑战性的命题，突出表现在：“两高一资”（高能耗、高排放、资源依赖型）问题尚未根本解决，能源成本、环境负荷以及碳减排等方面的压力很大。这是中国钢铁工业未来可持续发展过程中不容回避的新问题。

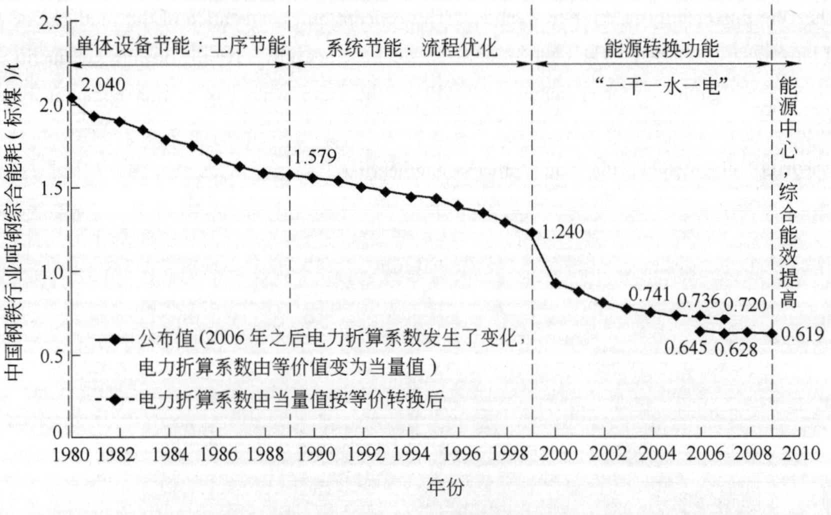

图1　中国钢铁工业吨钢综合能耗的变化

（2000年之前为钢铁工业值，2000年及之后为重点大中型企业值）

* 原发表于《中国冶金》，2010，20（8）：1~14。

回顾改革开放30年走过的历程，中国钢铁工业所开展的节能降耗工作可归纳为以下3个重要阶段。

（1）在20世纪80年代，重点开展了钢厂防止和减少“跑、冒、滴、漏”；改进燃烧、提高热效率的单体技术的开发与应用；加强管理，开展工序装置的晋等升级活动；提出系统节能的理论、概念等。所采用节能技术的起点相对较低，而且均属局部性、单体性的技术。

（2）20世纪90年代，在生产流程的相关工序上重点开展了连铸、高炉喷吹煤粉、高炉长寿、棒/线材连轧国产化、转炉溅渣护炉以及大型超高功率电炉等先进共性－关键技术的系统突破和推广应用，实现了生产流程的结构优化和吨钢能耗的大幅度降低，体现出90年代系统节能的特征；同时，逐步淘汰模铸、初轧/开坯、往复式轧机、平炉、混铁炉、化铁炼钢、“老三段”小电炉等落后工艺/装置，体现出通过淘汰落后实现节能降耗的特点。

（3）进入21世纪以来，通过“三干”（干熄焦、高炉煤气干法除尘、转炉煤气干法除尘）、“节约用水”“余能余热发电”等技术的开发与应用，逐步进入到全面、深入、系统地开发钢铁制造流程的“能源转换功能”时期。

展望未来5～10年，中国仍处在工业化中、后期的重要发展阶段，中国钢铁工业应采取何种发展战略和技术方法进一步实现节能降耗，值得深思和大胆探索。

2009年9月，由中国工程院和中国金属学会发起，在北京召开了第356次香山科学讨论会，以“钢厂生产过程中能量流行为与能量流网络的构建”为主题展开学术研讨，旨在引导中国钢铁界从充分发挥钢厂3个功能（钢铁产品制造功能、能源转换功能、废弃物消纳—处理和再资源化功能）的视角，审视钢铁制造流程中铁素物质流和能量流的行为、规律，探索与铁素物质流在时－空域上相关的能量流的输入/输出特点和能量流网络的构建，以及相应的信息流集成调控。借此，进一步剖析钢铁工业节能减排的潜力，寻求提高钢厂综合竞争力和多方位服务于可持续发展社会的可能性，深入探讨相关理论的建立、技术开发和工程化实施的策略等。

2 钢铁生产流程所对应的热力学系统与耗散结构

从热力学角度分析钢铁生产流程，可将研究对象概括成3种不同条件下的热力学系统：孤立系统、封闭系统和开放系统（见图2）。

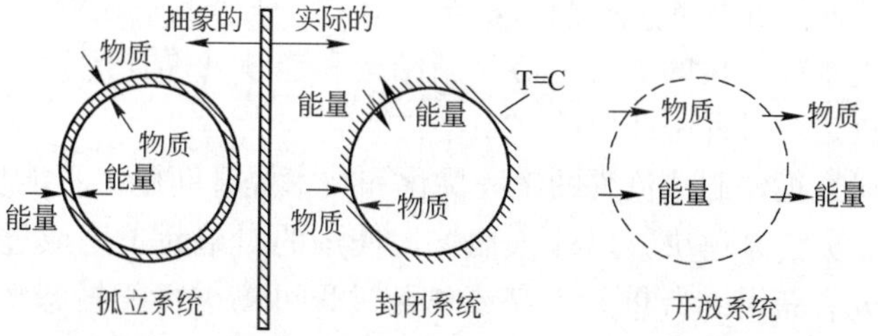

图2 孤立系统、封闭系统和开放系统

孤立系统的特征是与外界环境既没有物质交换也没有能量交换，这种系统是一种理论抽象的模型。宏观看待孤立系统，其过程的终极趋向是系统的熵增为零，系统达到最高的均匀度和静态平衡。在经典热力学研究中，通过孤立系统的平衡计算判据，以判断发生在孤立系统中各类过程进行的方向和限度。需要指出的是，在回答过程进行的可能性、方向和限度时，并没有给出时间因素的影响。

封闭系统是在给定温度条件下与外界环境有能量交换，但没有物质交换。从宏观看，其自发趋势一是向某种近平衡状态转变，其过程转变的结果与能量交换的多少有关；另一可能性是达到非平衡的稳定态，该状态的特征参数不再随时间变化。可以看出，在研究封闭系统的变化过程时，已经需要考虑时间因素和其带来的影响效果了，因而较为接近某些现实情况。钢铁生产中现实的例证，如与外界不进行物质交换的感应加热系统或电磁搅拌系统等。

开放系统和外界环境之间是敞开的，即系统与外界环境之间既有物质交换，又有能量交换，这是自然界中最为普遍的现象。从宏观看，当该系统处于远离平衡态的非线性变化区域时，可通过某些干预措施和利用其内在的“涨落”及非线性相互作用机制，使该系统由某种混沌状态转变到动态－有序状态，形成所谓的“活结构”。这种动态－有序状态的维持需要不断地与外界环境进行能量、物质交换（输入、输出），并使系统的结构状态保持一定的稳定性，不会因外界微小的扰动而消失。既然开放系统需要与外界有持续的物质和能量交换，必然导致“流通量”（物质流和能量流）的介入和时间因素的全程参与。改变“流通量”和变换干预措施（即他组织手段），都可能使系统从一个动态－有序状态跃迁到另一个动态－有序状态。这其中，已经体现出维持系统运行所必需的物质消耗和能量消耗的深刻内涵。在钢铁生产过程中，开放系统随处可见。可具体到某一单元工序的生产过程（如高炉炼铁过程、连铸过程、钢厂生产流程等过程），也可扩展到钢铁制造的全流程。对于钢厂的实际生产过程的优化而言，则期望获得消耗成本较低的动态－有序状态的持续保持。

普里高金把远离平衡的非线性区内形成的动态稳定的有序结构称为耗散结构。耗散结构必须在开放系统中才能形成，也必须和外界环境持续地发生能量、物质和信息的交换，进而通过过程系统内部各组成单元的特征参数适度、合理的“涨落”和各单元之间的非线性相互作用（包括网络化整合、程序化协同等），耗散外界流入的负熵，在各组成单元之间产生协同作用和相干效应，形成动态－有序运行的耗散结构，使系统从混沌状态转向动态－有序状态，并获得自组织性和不同的自组织化程度。

钢铁制造流程具有诸多功能不同的组成单元、复杂的结构和与此相关的运行规律。它具有多层次性（原子和分子、场域及装置、区段过程、整体流程）、多尺度性（时间、空间、质量等方面的）、有序性和混沌性（在功能、时间、空间等方面），也具有多种可能的连接－匹配和缓冲－协调（动态）方式。钢铁制造流程整体效率/效益的提升，是以不断地追求最佳化的动态－有序新结构和连续（准连续）－紧凑方式运行为目标，并实现流程运行过程中耗散的“最小化”。

可以看出，研究钢铁制造流程的工程优化和技术提升问题，不能仅靠用孤立系统/封闭系统的概念、方法来解决，以往人们习惯使用的对单元工序或过程的质－能恒算方法，只能为研究者获得维持单元工序或单元过程可以进行的静态平衡关系，却忽视了对所研究对象系统的本质－耗散结构的输入－输出特征以及各构成单元之间复杂关联关系的认识，因而在某种程度上掩盖了对研究对象持续改进的方向；在解决全流程系统优化问题时，拘泥于片面地追求局部“平衡”或某一单元工序某一特征指标“最佳”，在生产实践中过分追求单元工序中某一指标“最佳”可能反而会导致全流程运行过程中耗散的增大，引起得不偿失的效果。

3 钢铁制造流程运行过程的工艺表象与物理本质

3.1 静态－局部的工艺表象

钢厂的制造流程从表象上看，是由原料场、焦化、烧结（球团）、炼铁、炼钢、轧钢等生产单元所组成。长期以来，人们往往以为上工序的静态设计能力只要和下工序的静态设计能力相等，就可以通过并联－串联的方法来构建起钢厂的生产流程。例如有300万吨/a的炼铁能力、300万吨/a的炼钢能力和相应的轧钢能力，就是300万吨/a钢厂。

出现上述情况的根源是把钢厂生产流程看成由原料储存—原、燃料处理—还原炼铁—氧化炼钢—钢液凝固—铸坯再加热—铸坯热压力加工等工艺过程的简单堆砌和捆绑构成的。这种认识作为一种入门的工艺过程介绍似乎还可以，但作为对设计或实际生产运行（特别是动态－有序、连续－紧凑运行）的指导是不够的，甚至会产生误导。

不能将钢厂的各工序简单相加看成是生产流程。各工序相加在一起最多只是钢厂制造流程的静态表象，还不能说是制造流程的静态结构，静态结构还应包括总平面图布局和各种工序装置容量和个数的合理性。

3.2 钢铁制造流程的物理本质

钢铁企业的生产过程实质上是物质、能量以及相应信息的流动/转变过程。其动态运行过程的物理本质是：物质流（主要是铁素流）在能量流（主要是碳素流）的驱动和作用下，按照设定的“程序”，沿着特定的“流程网络”作动态－有序运行。从热力学角度上看：钢铁制造流程是一类开放的、非平衡的、不可逆的、由不同结构－功能的异质单元工序通过非线性耦合所构成的复杂系统，其不同的动态运行过程的性质呈现出不同的耗散过程。

在钢厂生产过程中，铁素物质流是一类多因子流，是被加工的主体。碳素能量流则作为驱动力、化学反应介质或热介质，并按照工艺要求对物质流进行加工、处理，使其发生位移、化学/物理转换，实现以制造过程中物质、能量“耗散最小化”为核心的多目标优化。例如生产效率高、产品质量优、能源消耗低、过程排放少、生产成本低、环境/生态友好等。由此看出，钢厂作为一类大尺度的开放系统，其运行模式比一般的化学反应、相变过程或单元操作过程要复杂得多。

从钢铁制造流程动态－有序运行过程的物理本质出发，可以推出其功能应拓展为：

（1）铁素流运行的功能——钢铁产品制造功能；

（2）能量流运行的功能——能源转换功能以及与剩余能源相关的废弃物消纳—处理功能；

（3）铁素流－能量流相互作用过程的功能——实现过程工艺目标以及与此相应的废弃物消纳—处理功能。

钢铁工业的未来发展，应该在充分理解钢铁制造流程动态－有序运行过程物理本质的基础上，进一步拓展钢厂的功能，以新的模式实现生态化转型，融入循环经济社会。

4 钢铁制造流程中物质流与能量流的关系

从钢铁制造流程的现代设计、动态生产运行和信息化调控的角度分析，必须建立起“流”的概念，对“流”的行为进行动态－有序、连续－紧凑地规范运行，这就必然会涉及“流”的空间途径（例如平面图、立面图等），即“流程网络”和时间过程（例如动态作业表等）主要体现为“程序”。“流”和“程序”“流程网络”的优化组合、协同集成，就可以实现运行过程中物质、能量“耗散”的最小化。

4.1 物质流、能量流、信息流在钢铁制造流程中的角色

钢铁制造流程中，“流”有3种载体来体现：以不同物质形态为载体的物质流，以不同能源形式为载体的能量流和信息形式为载体的信息流。

物质流是制造过程中被加工的主体，是主要物质产品的加工实现过程；能量流是制造加工过程中驱动力、化学反应介质、热介质等角色的扮演者；而信息流则是物质流行为信息、能量流行为信息和外界环境信息的反映以及人为调控信息的总和。在制造流程的动态运行过程中，总体上看，物质流/能量流/信息流相伴而行、相互影响。

4.2 能量流与物质流的关系

从物质流为主体的角度上看，在钢厂制造流程中，物质流始终带着能量流相伴而行。但若从能量流为主体的角度上看，在钢厂生产过程中，能量流并没有全部伴随着物质流运动，有部分能量流会脱离物质流相对独立地运行。因此，能量流与物质流的关系却是有相伴，也有部分分离的。相伴时，相互作用、影响；分离时，又各自表现各自的行为特点。总的看来，在钢厂生产流程中，能量流与物质流是有合有分的（图3～图5）。

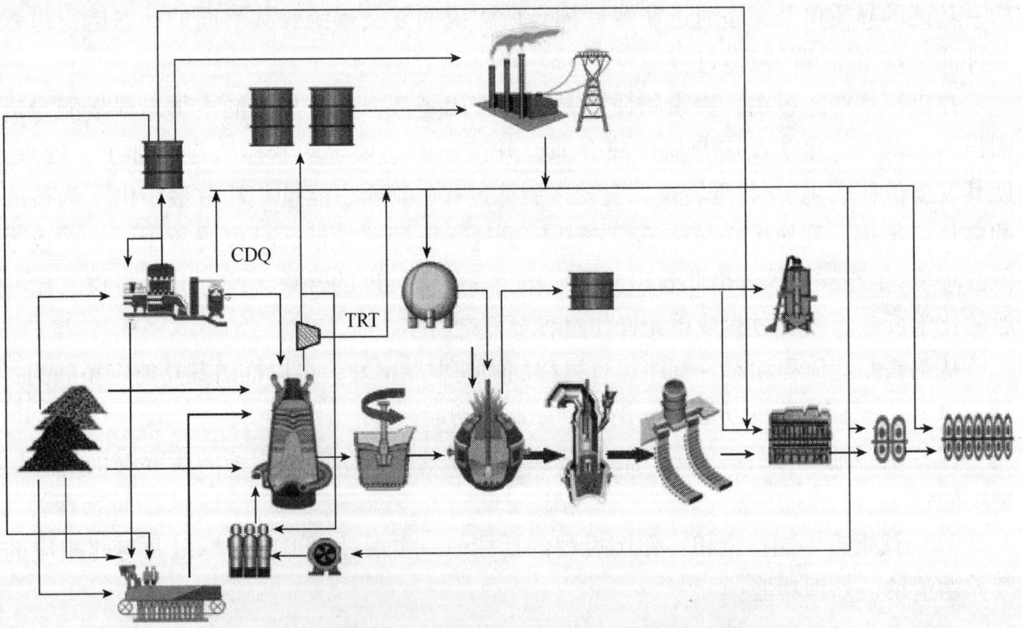

图3 典型钢铁企业物质流及能量流运行网络与轨迹

粗箭头—铁素物质流；细箭头—碳素能量流；

灰色箭头—利用二次余能发电并网使用

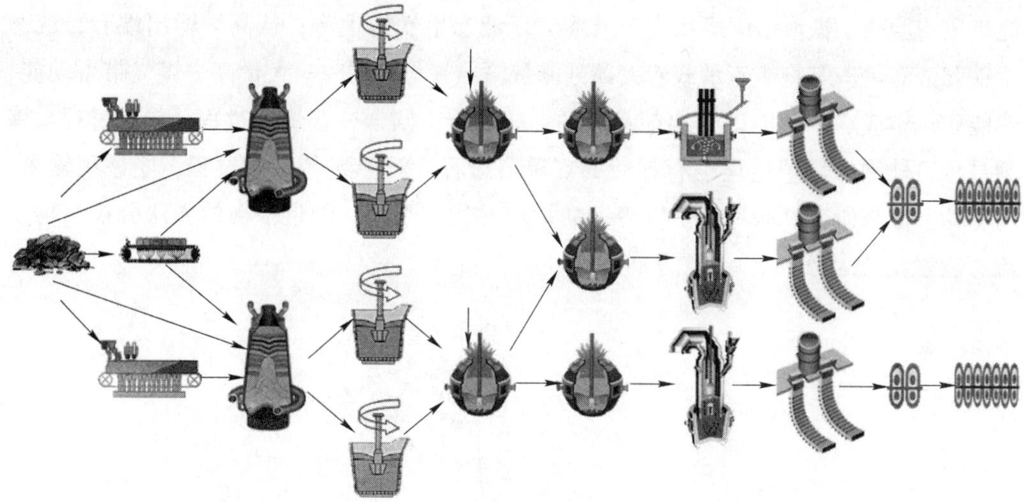

图 4　曹妃甸钢铁厂物质流（铁素流）运行网络与轨迹

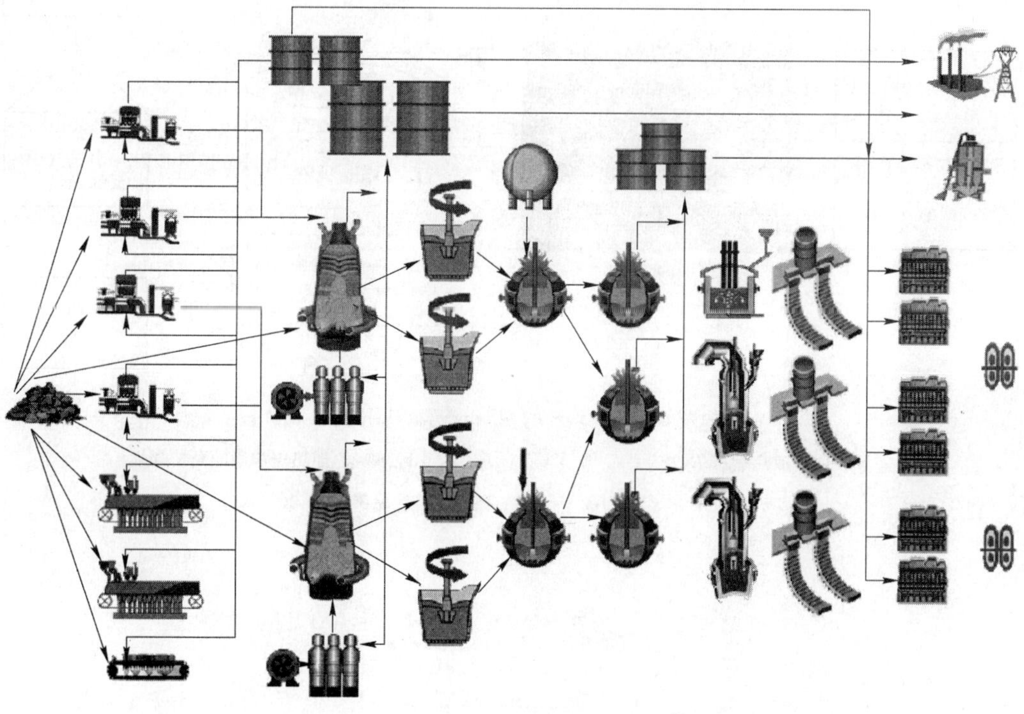

图 5　曹妃甸钢铁厂能量流（碳素能量流）运行网络与轨迹

进一步分解到从局部的工序/装置看，在输入端，物质流和能量流分别输入；在装置内部，物质流与能量流相互作用、相互影响；在输出端，往往表现为物质流带着部分能量输出，同时还可能有不同形式的二次能量流脱离物质流分离输出。这是因为在工序/装置中，有必要的能量过剩，才能保证工艺、加工过程中的效率，因此有剩余能量流的输出是不可避免的。例如：在炼铁过程中，进入高炉以前，烧结（球团）矿和焦炭、煤粉、鼓风是分离的（物质流和能量流分离）；在高炉中，它们又“合并”，烧结（球团）矿和焦炭、煤粉、鼓风相互作用、相互影响，发生燃烧升温、还原反应，完成成渣脱硫、铁液增碳等反应，最终实现液态生铁的生产；从高炉输出端看，液态生铁和液态炉渣等物质流承载着大部分能量输出，与此同时，大量高炉煤气带着动能、热能和化学能输出，即以分离能量流的形式输出。同样，在烧结过程、焦化过程、炼钢过程、轧钢加热炉过程也有相似的现象与过程，对于这些工艺过程，应该用输入、输出的方法来研究，而不仅是以静态的片段的物料平衡、能量平衡的方法分析其物质流、能量流的运行（图6～图9）。

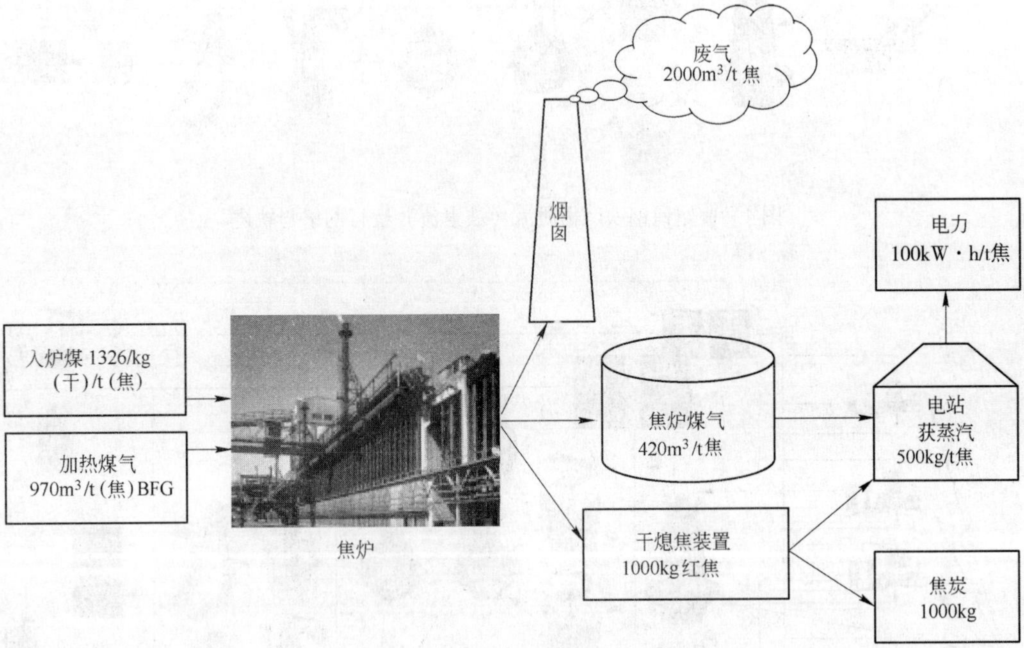

图6　焦炉系统的物料与能源利用框图

（入炉煤的成焦率按75.4%计，即1326kg干煤生产1吨焦炭；加热焦炉用的高炉煤气发热量为4.18×10^6 J/m³；干煤的相当耗热量为3.043×10^6 J/kg）

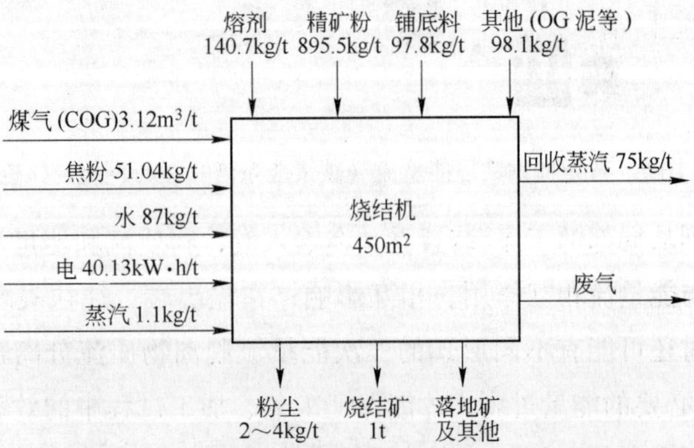

图7　烧结系统的物料与能源利用

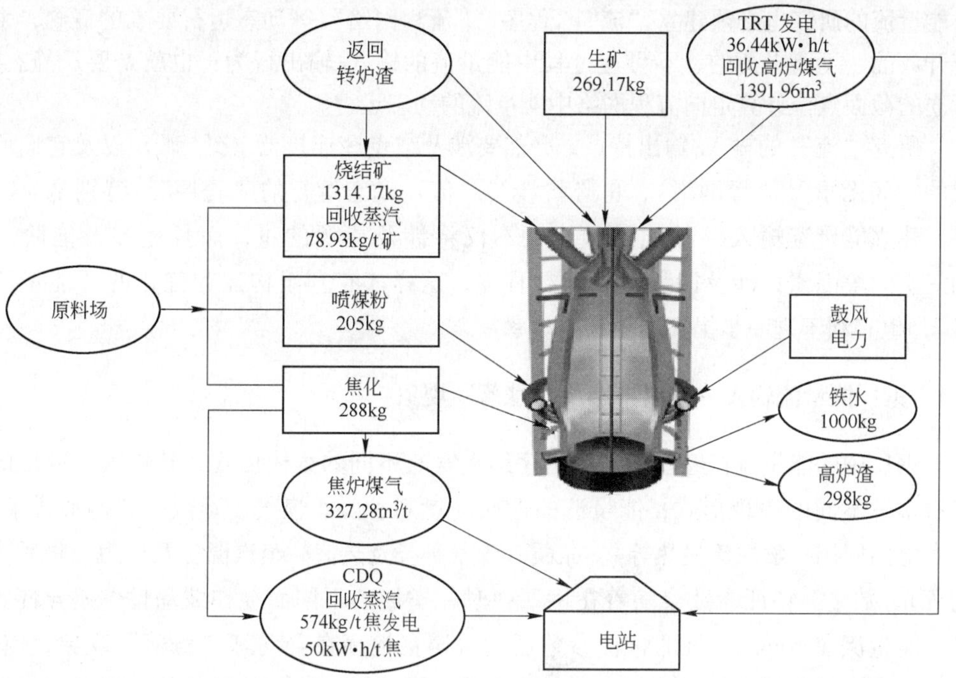

图 8　高炉系统的物料与能源利用

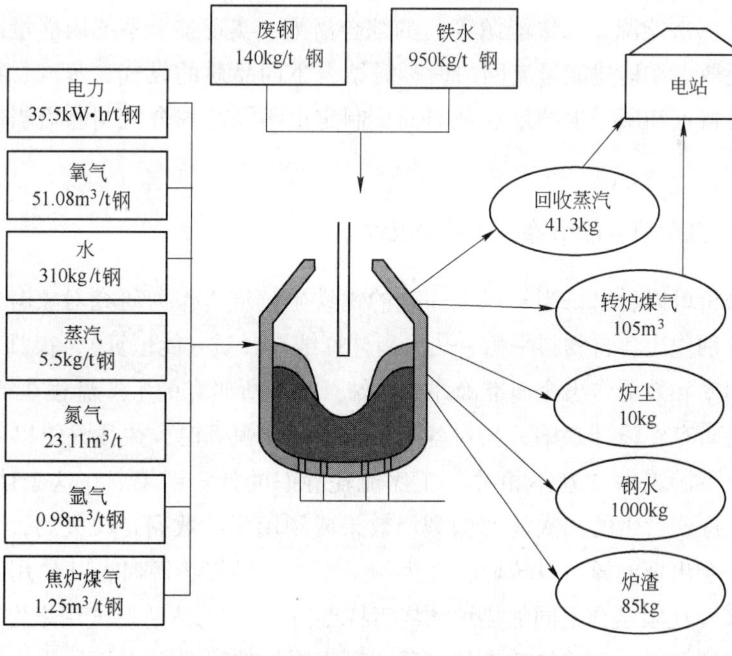

图 9　转炉系统的物料与能源利用

因此，不仅要注意物质流、能量流输入端的行为，而且也必须注意研究它们输出端的行为，以便为构建钢厂的能量流网络奠定基础。

5　过程能量流研究方法与特点

对于钢厂制造流程过程中能量流行为的研究，必须从静态的、孤立的物料平衡－热平衡（质/能恒算）的方法中走出来，建立起输入/输出的动态性模型。因此，对能量流的研究也必须建立“流”“程序”“流程网络”等动态运行要素的概念，来研究开放的、远离平衡的、不可逆过程中能量流的输入/输出行为；也就是要从静态的、孤立的截面点位计算走向流程网络中能量流的动态运行。

研究“流”的输入/输出特点，必然要涉及结点和连接器（线/弧）以及它们所组成的空间图形（流程网络），也必将涉及“流”动态运行的“程序”，特别是时间程序。建立能量流输入－输出的概念，不仅将涉及能源的量，而且还涉及能阶、时间－空间等因素，涉及能量流的运行程序，这样才有利于构建起优化的“能量流网络”，也有利于进一步提高能源利用效率。

5.1 钢厂能量流输入－输出特点及“涨落”现象

钢厂中的能量流在经过不同的工序结点时有不同的载体形式，其输入－输出的状态有多种不同的表现形式，能量流的性质（燃料种类、煤气、蒸汽、其他形式余能、自发电的回用、物质流显热等）、品质（煤气种类及热值、蒸汽温度及压力、物质流温度等）、数量等特征参数会随着在钢厂中时－空域的不同而存在波动性、差异性。此外，能量流在不同结点处的特征参数还不可避免地存在着动态“涨落”现象，因此，很难用静态的、相互割裂的方法去准确描述这种动态变化的特征规律，必须用结构合理、兼容性好、容错能力强的网络化技术，来构建起能量流网络，最大限度地发挥各种能源介质（一次能源、二次能源等）的综合潜力，实现整个系统内能量的高效率利用和低成本耗散。在构建能量流网络时，需结合不同品质的煤气、蒸汽、物质流的显热等能源介质特点和所产生的地点及时间，制定出不同的耦合机制和恰当的回收使用方案。

5.2 单元工序简单质－能恒算方法的局限性

从上述分析可以看出，当把一个完整的钢铁生产流程作为研究对象时，仅仅对所有单元工序分别作出各自物料平衡－热平衡计算结果（质－能恒算），很难对全流程整体的能源利用率和效益作出全面准确评价。姑且不论所研究的生产流程在结构、配置、工艺布局上是否存在设计缺陷，当对各工序做质－能恒算时，往往只能以“割裂”的方式得出与上下游工序“互不相关”工序能耗静态的计算结果。在这个计算结果中，对每个单元工序所产生的二次能源的利用效果或利用率的数据是缺失的，当其接续不同的用户时，会出现差异。以转炉煤气为例，当用作燃气热源时，其使用效果可简单用热效率计算（还须结合不同加热炉和烧嘴特点）；当作为清洁燃气用来生产优质石灰时，除了能保证获得一定的热效率外，还会带来附加的优势（由于所生产的石灰含硫低，可以节省后续在铁水及钢水脱磷、脱硫时的成本及消耗）。而当全厂的煤气/蒸汽管网系统设计存在缺陷或处于非正常生产状况时，煤气/蒸汽的放散将不可避免，这种能量的损失也是单元工序质－能恒算结果中所不能反映的。

可见，对钢厂生产过程中能量流的研究方法，应该用开放系统中输入/输出的动态模型，而动态模型的开发，必须建立起“流”“运行程序”和“流程网络”等概念才能顺利建模。

6　关于"网络"本质与"网络"研究方法

6.1　对研究网络的基本认识

从图论的角度上看，网络类似于图形，"网络"是结点和线（弧）以及它们之间关系的反映和描述。研究"网络"非常重要，它将涉及诸多方面，例如交通运输业、信息通讯业、流程制造业、质量管理工程、文化教育、金融财政等产业。这是因为"网络"是运行载体的路径轨迹和时空边界。不同类型运行载体的有效运行都需要有必要的、合理的"网络"与之匹配，才能实现其"功能最佳化"和"效率最大化"。在现代世界，"网络"是一个具有普适性的概念和"工具"，并且已经或正在逐步形成结构合理、功能恰当、效率很高的工程实体。

研究"网络"不仅要研究"网络"本身，而且必须同时研究在"网络"中运行的各类"资源"和/或"事件"，也就是要研究各种不同性质、不同类型的"流"。例如物流、物质流、能量流、信息流、资金流、人流等。这些"流"是以不同特性、不同运行方式通过相应的"网络"动态－有序地运行的。不同特征、不同类型、不同运行方式的"流"将对"网络"的结构与功能提出不同的要求，因此研究"网络"必须要和所承载运行的"流"结合起来研究，不能脱离"流"的性质、要求而孤立地进行研究。

"流"在"网络"中运行、流动的形式是多种多样的，例如规则稳定的、随机的、季节的；层流的、紊流的、层－紊结合的；单向的、双向的、多向的；串联的、并联的、串－并联等。为了适应不同特征"流"的运行效率、安全、稳定、舒适等要求，"网络"的设计、构建和运行不仅要在"结构""功能"上与之适应，而且必须注意"流"在"网络"中运行的"程序"。这些"程序"将涉及各种规则、策略以及功能序、空间序、时间序和时－空序等。

由上述分析可以看出："网络"具有动态流程性质，"网络"是特定的"流"按照某种特定的"程序"进行动态－有序运行的物理－几何框架。"流""网络""程序"三者构成了特定环境条件下的动态系统，这个动态系统是有结构、有功能的，而且要追求其运行效率的。对"网络"的研究，首先要研究它的结构和功能，进而分析其运行效率。与此同时，还必须认识到"网络"的整体性、动态性、有效性以及与之相关的层次结构性。

6.2　研究网络的基本方法

在研究"网络"的结构时，图论和运筹学是有用的方法、工具。由于不同性质、不同类型、不同运行方式和"流"对"网络"的要求不同，因此与之相适应的"网络"结构就不同。例如在钢铁企业内的物质流往往要求物质流网络是一种最小有向树的结构（图10），而其能量流网络则要求最好有"初级回路"的结构（图11），所以出现这些要求，都是源于物质流、能量流耗散最小化的要求和效率最大化的要求。

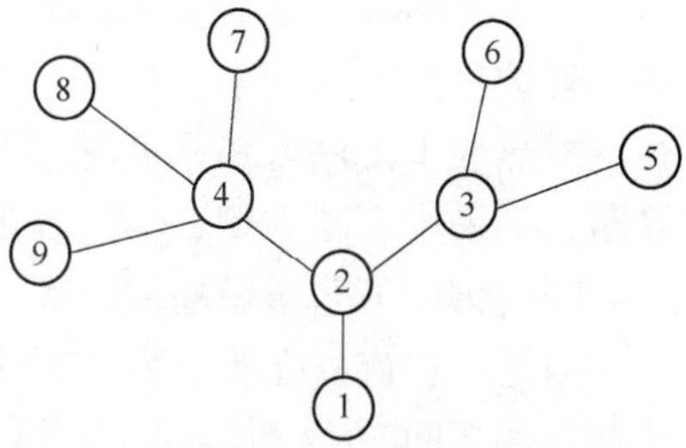

图10　最小有向树的示意图
（图是由点的集合和连接点集中的某些点对的连线所构成）

作为“网络”结构的研究工具、方法，可以用图论、运筹学等数学手段处理，以求得合理“结点”个数、布置和连通线的形状、长短，串联、并联、串-并联关系，网络图形特征以及达到的时-空边界。当然，用“图论”方法研究“网络”的合理结构时，一定要同时注意“结点”与“线”（弧）自身的性质、功能及其对“网络”的影响。在研究“网络”的功能时，必须从“流”的性质、类型和运行方式出发。首先是“流”的性质（物质流、能量流、人流，资金流还是信息流等），要根据“流”的物理性质，进一步分析“流”的类型，“流”在“网络”中运行、流动的形式是多种多样的，例如规则稳定的、随机的、季节的；层流的、紊流的、层-紊结合的；串联的、并联的、串-并联等. 对这些不同性质、不同类型、不同运行方式的流而言，它们对“网络”的结构、功能的要求是不同的。

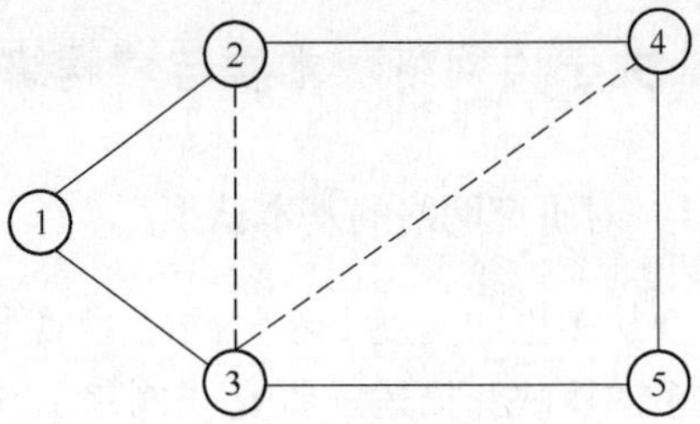

图 11　初级回路示意图
（初级回路示意图（1、2、3、5、3、1），
简单回路示意图（1、2、3、4、5、3、1，
点 3 重复，边不重））

在明确特定“流”对“网络”结构、功能要求的基础上，就比较容易对“网络”效率提出清晰的目标，当然这与相应的“程序”有关。“程序”和“网络”是相互依存的，“程序”取决于“网络”的最佳化或优化；反之，“网络”的运行效率也必须依靠“程序”的合理化和优化。由于“流”“网络”“程序”是一个动态运行系统，因此对“网络”效率的要求，往往是一类多目标优化，这种优化实际上就是在不同环境条件下的多目标选优系统。

在研究“网络”的效率时，必须充分注意效率最大化（简捷、高效）、耗散最小化（能量耗散、物质耗散等）、环境友好性（生态保护、环境污染等）和安全性（生命财产安全、运行的稳定性和舒适性等）。

7　钢厂中的“能量流”与“能量流网络”

7.1　现实存在问题

长期以来，在追求钢铁产量和改善质量过程中，钢铁领域的研究命题主要围绕铁素物质流的优化而开展，为获得满足用户要求的钢铁产品，业内开展了大量的产品研发，并积累了丰富经验；同时也在流程工序间衔接-匹配等动态运行方面做了不少工作，在一些钢厂已基本实现了铁素物质流从“混沌”到相对“有序”的转变，如在高炉—转炉界面实施铁水预处理；在炼钢—连铸界面以钢水精炼装置进行协同-缓冲；在钢材热加工工序取消初轧开坯和以“连轧”替代“往复式轧制”；在连铸—加热炉界面，则采用不同类型、不同程度的铸坯热装—热送工艺等。至此，满足钢铁产品制造功能的钢厂工艺布局基本定型。

但是，在流程高效、紧凑和动态有序运行的深入研究和能源高效转换功能方面依然存在如下问题：

（1）对某些工序的铁素流的高效运行还有待完善，如高炉炉料结构的优化、烧结工序“三高”（高漏风率、高返矿率和高台车故障率）等；对流程高效、紧凑和动态有序运行的界面衔接匹配等方面仍需加强。

（2）虽然节能技术的普及率有很大的进步，钢铁企业的 CDQ 的普及率从 2000 年的 20% 提高到 2009 年的约 70%，配套 TRT 的高炉座数从 2000 年的 20 个增加到 2007 年约 400 个。但是节能技术的利用效果和效率还有差距，如 2007 年我国重点钢铁企业 TRT 的吨铁发电量比日本平均低 10kW · h/t，在节能技术与工序工艺的结合方面需要完善。

（3）由于受局部工序或装置的物料平衡和热平衡静止观念的束缚，以往在能量流方面开展的技术研发只针对相关工序/装置中某些供能技术的改造和局部二次能源的回收利用，或仅关注全厂的静态能源平衡，缺乏全局性动态地研究整个钢铁制造流程的能源流网络及与物质流的耦合等效应，缺乏在全流程综合系统地考虑持续地利用/回收各类余热、余能的系统措施，特别是对钢铁制造流程的能源转换功能、废弃物消纳—处理及再资源化功能，以及与之密切相关的能量流行为与能量流网络构建等问题的研究较少，相关理论不够完整。造成工序能耗虽有降低，但钢铁企业整体能源效率的提高不能与之同步。例如，2008 年我国重点钢铁企业高炉煤气放散率仍达 5.82%，焦炉煤气放散率为 2.14%，转炉煤气回收量仅为 $79m^3/t$（钢）（热值低于 $8.36\times10^6J/m^3$）等。

（4）对二次能源品质潜力的挖掘、价值开发以及低品质余热余能利用支撑技术与装备开发滞后，例如 250 ~ 300℃ 的余热资源尚未有效地利用，炉渣热量的利用尚无有效的措施等。

（5）指标考核体系不尽合理，同时缺乏科学、配套的激励政策。

如果按铁素物质流和能量流相对“有序”耦合并深度利用的目标新建钢厂或改造现有钢厂，即在系统研究铁素物质流动态 - 有序运行的同时，重视并深入研究能源合理转换机制并构建起优化的能量流网络，将对钢铁工业的结构优化开辟出新途径，可挖掘出巨大的节能潜力和环保效果，应成为新技术背景下钢厂节能减排、降低成本、改善环境的重要切入点。

7.2 钢厂中能量流运行概念的建立

现代钢铁联合企业是一类铁 - 煤化工过程及其深加工系统。将钢铁生产流程抽象为铁素物质流输入 - 输出过程、能量流的输入 - 输出过程，以及铁素流 - 能量流相互作用过程，有利于剖析物质流（主要是铁素流）、能量流（主要是碳素流）在钢厂生产过程中的动态行为、效率以及两者之间的相互作用机制，有利于从中获取有效的信息，并集成为信息流和信息流网络，为钢铁企业进一步节能、减排和消纳废弃物寻求新的突破口。

在钢厂生产流程中，由各类能源介质组成的能量流既有与物质流相伴而行，相互作用的运行，又有与物质流分离而各自独立的运行。在生产过程中，能源介质提供的能量大部分伴随着物质流运行，附着在各工序/装置上或输出物质流中。然而还有一部分能量（主要是二次能量流）脱离铁素物质流独立运行，而且几乎每一生产工序都有独立的能量排放流输出。如果能够对各工序各自的能量排放（二次能源）和附加的一次能源按一定的“程序”组织起来，并充分梯次利用，就可以构成钢厂内部的“能源转换网络”-“能量流网络”（图 12）。

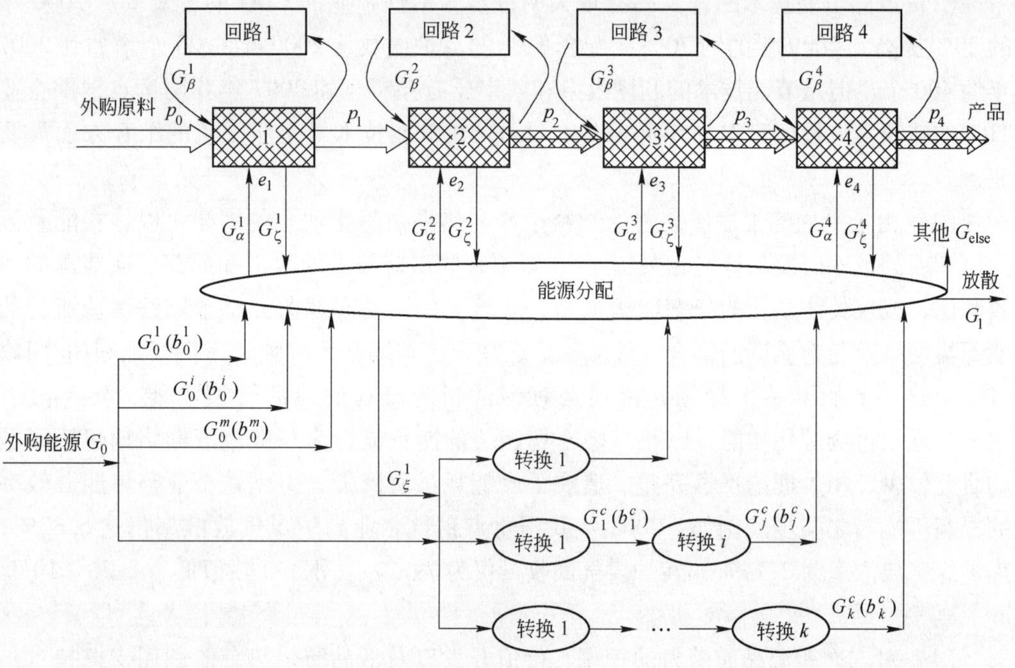

图 12　钢铁企业物质流、能量流相互作用示意图（以吨钢为基准）

图 12 显示了钢铁企业物质流与能量流的相互作用关系。图中空心粗箭头线代表物质流，其他箭头线代表能量流；带有数字 1、2、3、4 的方框代表钢铁生产工序（假定只有烧结、炼铁、炼钢及轧钢 4 道钢铁生产工序，p_1、p_2、p_3、p_4 及 e_1、e_2、e_3、e_4 分别代表各工序的钢比系数和工序能耗）；标有“回路 1”等方框代表生产工序的能量回收装置，如余热锅炉、TRT、煤气回收装置等；标有“转换 i”等椭圆代表能源转换工序，如焦化、发电、制氧、鼓风、给水等。由图可知，外购的原料经烧结（球团）、炼铁、炼钢、轧钢等工序直到生产出最终产品的过程，构成了钢铁企业物质流的运行过程。为了推动物质流的转变（表现为物质状态、物质性质等的变化）和传输（表现为位移、输送等），外购能源 G_0 大部分与物质流相伴而行，相互作用，产生能源产品能量流（G_1^c、…、G_k^c，其能值分别为 b_1^c、…、b_k^c）；外购能源的另一部分（G_0^1、…、G_0^m）与能源产品能量流与物质流在各个钢铁生产工序上耦合在一起，相互作用：一方面能量流推动物质流高效转变，生产钢铁产品；另一方面实现对输入能量流的高效转换，产生二次能量流（G_ζ^1、…、G_ζ^4）；这部分能量流与物质流分离运行，进入能源转换网络（能量流网络），成为能量流网络的始端（输入端），而各单元装置以及发电设备等则相应成为能量流网络的终点（输出端）。

7.3　钢铁制造流程中能量流的宏观运行动力学

钢厂生产过程中，铁素物质流的运行轨迹构成了“物质流网络”——集中地体现在钢厂的总平面图上。实际上总平面图中不仅体现了优化的“物质流网络”，同时也体现了与“物质流网络”相关联的“能量流网络”。这是由在钢厂生产过程中能量流与物质流既有相互关联的关系，又有相对“独立运行”的状况所引起的。

实际上，钢铁生产过程中一部分能量流伴随物质流在“物质流网络”中运行，另一部分（类型）的能量流又在“能量流网络”中相对“独立”运行。

“独立”运行的能量流在“能量流网络”中运行也存在宏观运行动力学——这是钢厂制造流程能量流设计－调控的总策略。由于始端结点的能量流（如各类煤气的发生量等）具有不稳定性，而终端结点对输入的能量流（如发电站等）则要求高度稳定，因此，必须要有中间缓冲器（系统），这样就形成了“推力”－“缓冲”－“拉力”构成的宏观运行动力学系统（图 13）。

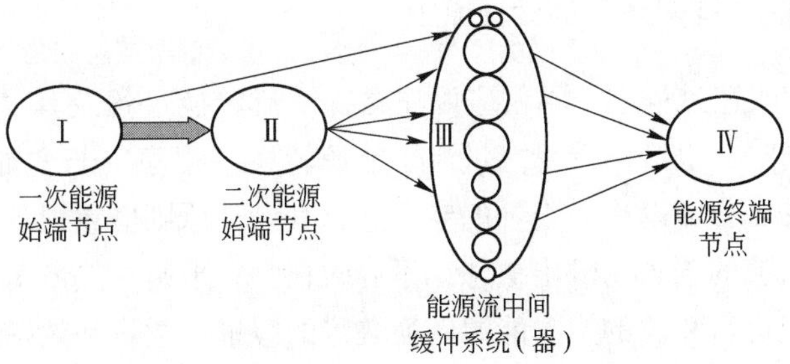

图 13　钢厂制造流程中的能量流及其宏观动力学示意图

这种能量流运行的宏观动力学系统的功能，是为了维持“独立”运行的能量流在能量流网络中“动态－有序”“连续－紧凑”地运行。它的目的是保证能量转换效率高，能量“耗散”最小化和煤气等含能介质近“零排放”。

这里必须强调的是：在“能量流网络”中，中间缓冲器的“缓冲”功能对于能量流的利用效率和近“零”排放是十分必要的。也就是说：不稳定输出的始端和高效、稳定运行的“终端”之间要实现“动态－有序”“连续－紧凑”地运行，必须要有合理的管网系统、容量合理的缓冲“气柜”和必要的一次补充能源等中间缓冲系统。

7.4　“能量流网络”的构成

钢厂生产流程是一个具有物质－能量－时间－空间－信息构成的动态系统。再细分则可以进一步解析为“物质流网络”“能量流网络”和“信息流网络”。其中“能量流网络”也同样是由“结点”和“连接器”等单元按一定图形构建而成的运行系统，即“能量－空间－时间－信息”构成的动态运行系统。

钢厂内部的一次能源（主要是外购的煤炭）和二次能源（如电能、焦炭、氧气、各类煤气、余热、余能等）分别形成了能量流网络的始端结点（如原料场、高炉、焦炉、转炉等），这些能源介质沿着输送路线、管道等连接途径－连接器，到达能源转换的终端结点（如各工序等终端用户及热电站、蒸汽站、发电站等）。因此在能量的输送、转换过程中，必然需要有必要的、有效的中间缓冲器（缓冲系统），例如煤气柜、锅炉、管道等，以满足始端结点与终端结点处的能量在数量、时间、空间等方面的缓冲、协调与稳定。

由此不难看出，钢厂内部可以构建起能源始端结点—能源连接器—能源中间缓冲系统—能源连接器—能源终端结点之间按一定图形所构成的“能量流网络”（“能源转换网络”），并且实现某种程度的“闭环”，例如钢厂只买煤、不买电、不用燃料油。

再深入看，由于能源的回收、转换技术在不断进步，对余能、余热的可回收、可转换利用的范围不断扩大，相应的始端“结点”/终端“结点”的数目或容量也会随之不断扩大，相应的“连接器”也随之增加。这样就会构成不同能阶层次的“能量流网络”。例如：钢厂回收的余热介质是500～600℃，可以构成该水平的“能量流网络”；如果回收余热介质是300℃，则扩展成另一层次的“能量流网络”。可见，钢厂的“能量流网络”是可以分层次设计和构建的，在实施过程也应分层次推进，但在设计概念和设计方法中应该有清晰的认识。

7.5　能量流与“能量流网络”的设计原则

在钢厂设计和改造过程中，不仅应该注意物质流转换过程及其“程序”和“物质流网络”设计；同时，也应该重视能量流、能源转换“程序”与“能量流网络”的设计，而不应停留在“公辅设施”设计的老概念，其设计原则应重视下列各点：

（1）建立能量流的输入－输出概念，不局限在物料平衡－热平衡的概念上；

（2）与物质流运行相关的一次能源转换装置的容量、数量和效率的合理选择；

（3）不同二次能源优先使用序的合理选择；

（4）能源终端转换装置的容量、功能与效率优化；

（5）“能量流网络”与图论－初级回路概念；

（6）能量流中间缓冲系统能力优化－缓冲、稳定；

（7）“能量流网络”的分层次设计和分层次构建；

（8）近“零”排放目标的逐步逼近。

7.6　关于网络化整合和程序化协同

7.6.1　关于网络化整合问题

对钢铁制造流程而言，网络化整合既要保证铁素物质流的简捷、顺畅，也要兼顾符合碳素能量流合理利用和调配的基本结构要求。该项工作意味着对流程中工序/装置的容量（能力）、功能以及工序/装置连接－匹配方式的合理选择，意味着总平面图的简捷化、紧凑化，使物质流尽可能地保持动态－有序和层流方式运行，尽可能减少通道的交叉和在路径中“拥塞”的概率，即达到运行过程“阻力”最小化。运行过程“阻力”最小化在很大程度上将表现为过程时间的缩短和前后工序之间“界面”的协同化、简捷化。网络化整合不仅对物质流运行十分重要，而且对能量流及其运行优化同样重要，特别要结合能量流与铁素物质流有合－有分的特点，要以输入/输出的动态观点来分析研究能量流的行为特征，确保两种不同机制的网络实现高度整合和程序化协同，以实现充分利用和高效回收各类二次能源（如余热、余能等）之目的。此外，也要尽可能为作为他组织调控重要手段的信息流网络的建立提供清晰、可行的布局思路。

如果流程网络不理顺、不合理（包括物质流网络、能量流网络和信息流网络），则运行过程中“流”的行为往往易导致时间因素的无序化或是不时出现混沌状态，这必将导致物质流、能量流耗散的增加。必须认识到，对冶金制造流程动态运行的有序性而言，不仅取决于各个工序/装置各自运行的有序性、稳定性，而且受到“流程网络”集成化整合程度的促进或制约。

7.6.2 关于程序化协同问题

程序化协同，意味着制造流程内工序功能集的解析－优化，工序间关系集的协同－优化和流程工序集合的重构－优化；也意味着空间序的紧凑化、简捷化、层流化；这些都与网络化整合密切相关，并在一定程度上决定了制造流程的静态结构。程序化协同可以表现为合理的功能序设计和空间序设计，更重要的是体现在时间程序和时－空程序的设计上，因为“动态－有序”“连续－紧凑”的特征最终将归结到时间过程的最小化。

时间程序的设计必须要充分理解时间在钢铁制造流程动态运行过程中的各种表现形式（例如：时间序、时间点、时间域、时间位、时间周期等），力求时间程序的协同化、快捷化，确保不同工序参数“涨落”特征的兼容性与耦合性。连铸多炉连浇就体现了上述内涵。时－空序的设计则体现在优化的动态框架结构中，体现在物质流、能量流动态－有序运行的高效化、稳定化上，实现“流”通量的“最大化”和/或单位时间内物质、能量耗散的“最小化”。

7.7 关于能源调控系统与能源中心

能量流、能量转换“程序”和“能量流网络”概念是钢厂能源调控系统的理论框架。

建立能源调控系统应分别建立起包括各类能量流、能量流结点（包括始端和终端等）、能量流连接器和能量流中间缓冲系统（器）以及包括合理的网络图形在内的“能量流网络”。因此，在具体设计过程中，就不能简单理解为公辅设施配套的认识水平上。在此基础上，分别选择合理的能源转换装置（能量流结点）的容量、个数并构建“初级回路”的网络图形，进而构建起物理模型和动态调控模型。这是能源调控系统（能源中心）的实体构成。

作为能源调控系统的实体——能源中心应是一个生产实体单位，同时兼顾某些管理职能。能源中心应该有设备，有装置，有管网系统，有信息调控系统。能源中心的功能应是24h连续实时地控制、协调整个钢厂的“能源转换网络”，预测预报可能遇到的“前景”，并提出相应的对策。

8 充分发挥钢铁制造流程的能源转换功能，进一步节能减排

中国钢厂现在应该进入深化节能的新阶段，即充分发挥钢铁制造流程的能源转换功能，推动建立钢厂能量流网络——能源调控中心，进一步推动全面节能减排，实现清洁生产，达到更高层次的系统节能。

为全面分析钢厂进一步节能减排的思路，做以下讨论。

8.1 铁素流系统的进一步节能

（1）坚持精料方针：提高和稳定入炉矿品位，改善烧结矿强度。

（2）改善高炉炉料结构：研究高炉加入烧结/球团/块矿的合适比例。从全国层面上看，入炉球团比例能否提高到25%～30%。

（3）烧结工序应着重解决降低返矿率，大力降低漏风率并提高烧结机台车寿命。

（4）减少铁水倒罐次数：淘汰混铁炉，质疑鱼雷罐，逐步推行“一包到底”（铁水包多功能化）。

（5）提高铁水包、钢水包、连铸中间包寿命，加速周转，减少个数，减少各类包的过程吸热，减少金属液的温降。

（6）协调铁水预处理—炼钢炉—精炼炉—连铸机的运行节奏，减少精炼工序满包钢水等待时间，以连铸机恒拉速、高拉速为目标，提高炼钢厂各工序、装备的能源使用效率。

（7）优化连铸机与热轧机在能力、距离、运输方法上的匹配关系，缩短运输时间，提高铸坯热送—热装温度（以600℃/950℃为目标）。

（8）淘汰落后工艺装备，例如小高炉、小烧结、小电炉、小转炉、横列式棒材轧机、复二重线材轧机、热轧窄带钢轧机、叠轧薄板轧机、混铁炉等。

8.2 能量流系统的进一步节能

（1）提高一次能源转换效率：淘汰或改造落后小焦炉，降低高炉燃料比，提倡高炉鼓风调湿、焦炉用煤调湿和分级等新技术。

（2）提高二次能源利用率：进一步推广 CDQ、TRT、高炉煤气干法除尘、转炉煤气干法除尘、烧结机余热利用等；同时，要重视提高这些新技术、新装置的节能效率和效益。

（3）优化二次能源的使用序，例如：转炉煤气——烧石灰；大型转炉蒸汽——RH；高炉煤气——高炉热风炉、焦炉、加热炉；焦炉煤气—部分优化用于高炉热风炉、部分优化用于 CCPP。当条件成熟时，焦炉煤气应优先用于制氢或二甲醚等产品。

（4）减少/消除氧气、蒸汽等含能气体介质的排放。

8.3 构建钢厂的能量流网络，推广能源调控中心

构建钢厂能量流网络是推广能源中心的基础，在构建能量流网络时，首先要确定以下概念、机制、目标和方向：

（1）确立能量流运行过程的“推力”-“缓冲”-“拉力”机制；

（2）确定大锅炉-大发电机组高效率、低成本转换概念，其中也应包括钢厂与电力公司合办“共同火力”的方式；

（3）分步骤实施含能介质近“零”排放目标：例如煤气、水、氧、汽等含能介质；

（4）确立社会废弃资源循环利用、再资源化、再能源化的努力方向。

8.4 开展对不同产品的典型制造流程及其单位产品极限能耗的研究

为了进一步搞清钢厂节能、减排的方向和目标，有必要对不同类型钢厂开展单位产品极限能耗的研究，研究步骤可做如下设想：研究平材、长材、管材的新一代钢铁制造流程；研究不同制造流程中二次能源的产生量和可利用性；研究单位产品的极限能耗。

8.5 钢厂通过拓展制造链/经营链，实现生态化转型，融入特定区域的循环经济社会

建设以钢厂为核心的循环经济生态链（图14），这样会对钢厂能量流网络的进一步

优化起到促进作用，同时改善循环经济区域内的资源、能源利用效率，改善环境生态并降低区域单位 GDP 的 CO_2 排放量。

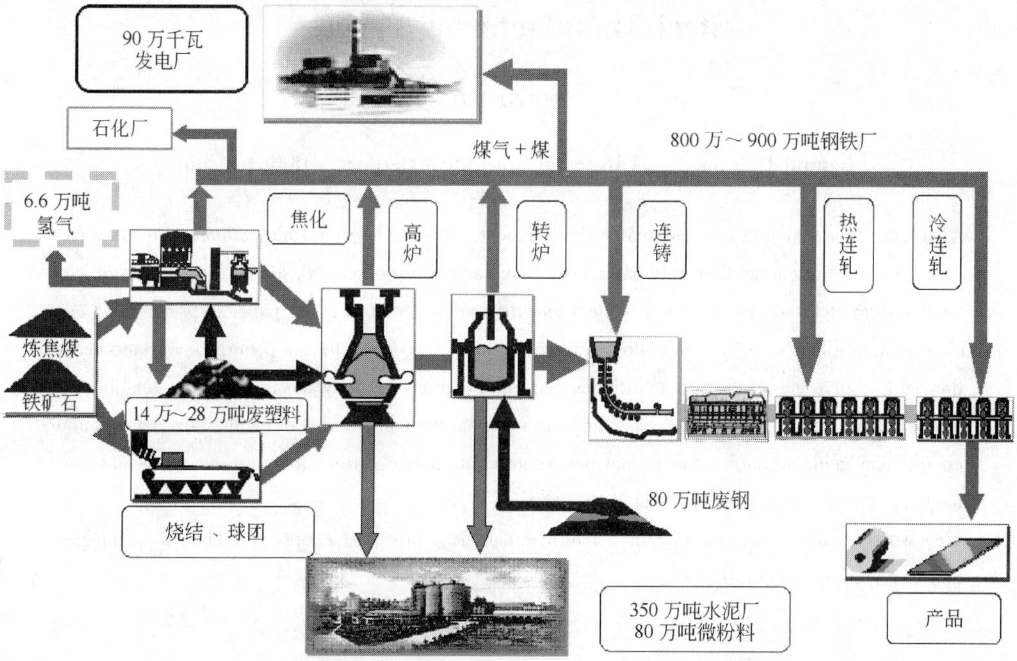

图 14　钢铁联合企业的制造流程及其相关产业链

9　结论

（1）新世纪的钢厂应发挥 3 种功能，即钢铁产品制造功能、能源转换功能、废弃物处理—消纳和再资源化功能。

（2）在重视钢铁产品制造功能优化的基础上，用新的观点、方法研究钢厂生产过程中能量流的行为及其转换方式，加强能量流网络的理论研究，推动钢铁工业新一轮的节能。

（3）钢铁生产是铁 - 碳化工过程，其中铁素物质流是被加工的主体，碳素能量流作为“工具”，扮演着动力、热介质和反应介质的“角色”。当碳素能量流作为动力、热介质时，应充分燃烧为 CO_2。当碳素能量流作为反应介质时，不一定追求充分燃烧为 CO_2，以 CO 等二次能源方式进行回收也是重要的节能途径。

（4）要以物质流 - 能量流协同优化为基础，抽出信息，并以信息流集成技术，推动能源中心的设计建设。

（5）应研究能量流网络——能源中心的设计理论和设计方法。

（6）建议大、中型钢厂（年产 200 万吨以上）要重视能源中心的建设，能源中心不同于能源管理处，是 24h 连续运行的生产实体单位，需要投资，需要新概念、新技术。

From Open System and Dissipative Structure to the Integration of Energy Flow Network in Steel Manufacturing Process

Ruiyu Yin

(Central Iron and Steel Research Institute, Beijing, 100081, China)

Abstract For realizing the sustainable development, it should be paid high attention to study energy flow and the energy flow network in steel manufacturing process. Based on the analysis of isolated system, closed system, open system and dissipative structure, the paper is proposed to encourage steel-plant to fully fulfill three functions, to survey the behavior pattern of ferreous mass flow and relative energy flow in steel manufacturing process, to study the input-output relationship of energy flow related to ferreous mass flow, to integrate the construction of energy flow network and energy management centre, to find out the potential of energy conservation and environmental protection, and to call for the establishment of related theory.

Key words thermodynamic system, steel manufacturing process, energy flow behavior, integration of energy flow network

论钢厂制造过程中能量流行为和能量流网络的构建*

摘　要　对钢厂制造流程动态运行过程的物理本质进行了概要的描述，并在此基础上进一步指出：在钢厂制造流程中，铁素物质流与碳素能量流的关系是相伴而行的，而碳素能量流与铁素物质流的关系则是时合时分的。在钢厂制造流程中，不仅存在着铁素物质流网络及相关的运行程序，而且也存在着与铁素物质流转换有关的能量流网络及其运行程序。强调在研究钢厂的能源转换功能的方法时指出，不能停留在物料平衡、热平衡的方法上，而应该以动态的输入-输出概念和能量流网络的概念来进一步推动钢厂节能减排工作。还讨论了钢厂能量流运行的动力学机制以及能源管控中心的设计原则。进而从铁素物质流系统和碳素能量流系统提出了一系列钢厂节能减排的着手环节。特别对钢厂“只买煤、不买电、不用燃料油”的内涵与煤气等含能介质“近零”排放作了解释。提出中国钢厂的节能减排应该进入以建立能量流网络——能源管控中心为主要标志的新阶段。
关键词　钢铁制造流程　能量流网络　物理本质

进入21世纪以来，由于经济高速发展，全球资源、能源紧张，环境-生态问题包括气候变化问题的约束日益严峻。作为“必选材料”制造者——钢厂，其生存、发展战略必须以宽阔的视野来分析。钢厂的生存、发展必须注意到全球资源、能源与环境、生态的约束，因此，钢厂不仅要进一步发挥好钢铁产品的制造功能，而且必须高度重视能源转换功能的完善化并且充分发挥废弃物的消纳—处理和再资源化的功能。本文将着重对钢铁制造流程及其能源转换功能进行理论上和工业层面的讨论。

1　钢铁制造流程运行过程的工艺表象与物理本质

1.1　静态-局部的工艺表象

钢厂的制造流程从表象上看，是由原料场、焦化、烧结（球团）、炼铁、炼钢、轧钢等生产单元所组成的。因此，长期以来，人们往往以为上工序的静态设计能力只要和下工序的静态设计能力相等，就可以通过并联-串联的方法来构建起钢厂的生产流程。例如有300万吨/a的炼铁能力、300万吨/a的炼钢能力与相应的轧钢能力就是300万吨/a钢厂。粗略看来，从局部的工序/装置能力和工艺现象上看，上述认识似乎是没有什么问题的。但是，从钢厂的实际生产运行过程看，人们不难发现，当连轧机检修、轧钢加热炉检修，或是高炉休风时，上、下游工序的能力就会出现能力“不足”或是能力“放空”的现象。基于这种认识，于是不同生产单元的设计者、运行者又各自以“能力富裕系数”来“抵御”上述现象的影响。由于各生产单元分别从各自的局部情

* 原发表于《钢铁》，2010，45（4）：1～9。科技部“十一五”重大支撑项目（2006BAE03A07，2006BAE03A09）。

况考虑“保险”，这样“保险”是保险了，又往往出现新的不平衡，甚至导致某些生产单元的能力过剩、不协调，单位产能的投资量过大等问题的出现。

出现上述情况的根源是把钢厂生产流程看成由原料储存—原、燃料处理—还原炼铁—氧化炼钢—钢液凝固—钢坯再加热—钢坯热压力加工等工艺过程的简单堆砌和捆绑构成的。这种认识作为一种入门的工艺过程介绍似乎还可以，但作为对设计或实际生产运行（特别是动态—有序、连续—紧凑运行）的指导是不够的，甚至会产生误导的。

1.2　钢铁制造流程的物理本质

不能将各工序简单相加看成是生产流程。各工序相加在一起最多只是钢厂制造流程的静态表象，还不能说是制造流程的静态结构，静态结构还应包括总平面图布局和各种工序装置容量和个数的合理性。

钢厂制造（生产）流程实际上是一种动态运行的过程，其运行的物理本质是：铁素物质“流”在能量“流”的驱动和作用下，按照设定的“程序”在“流程网络”中动态-有序的运行，以实现多目标优化。优化的目标包括了产品优质、低成本，生产高效-顺行，能源使用效率高、能耗低，排放少、环境友好等。

1.3　流程集成运行与牛顿力学

钢厂生产流程应该是一种集成的、动态-有序运行方式，其中必然蕴涵着流程层面上宏观运行动力学，这种运行动力学的运行要素是“流”“流程网络”和“程序”。实际上就是牛顿力学在这类宏观运行系统中的体现。因为牛顿力学的基本含义是：一定质量的物体在力的作用之下，其位置沿着特定的空间轨迹（曲线）随着时间而变化。这与1.2节对流程运行物理本质的描述是一致的（图1）。

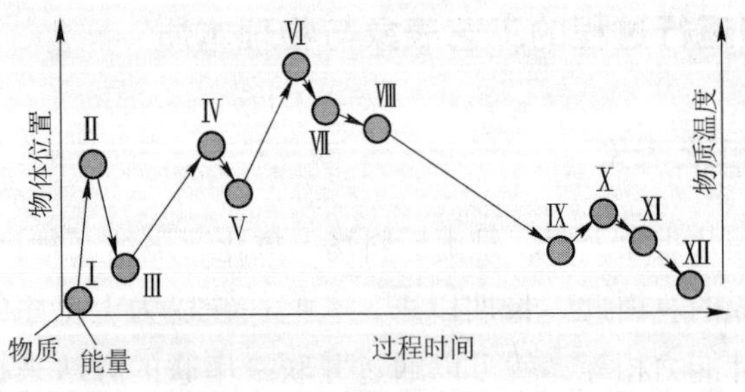

图1　钢铁制造流程的动态运行与牛顿力学

Ⅰ—原料场；Ⅱ—烧结（球团）；Ⅲ—高炉；Ⅳ—高炉出铁；Ⅴ—兑铁；Ⅵ—转炉出钢；Ⅶ—精炼；Ⅷ—连铸；Ⅸ—板坯库；Ⅹ—加热炉；Ⅺ—轧制-卷取；Ⅻ—成品库

2　钢铁制造流程中物质流与能量流的关系

从钢铁制造流程的现代设计、动态运行和信息化调控的角度分析，必须建立起“流”的概念，对“流”的行为进行动态-有序、连续-紧凑的规范运行，以实现运行过程中的物质、能量“耗散”最小化。

2.1 物质流、能量流、信息流在钢铁制造流程中的角色

在钢铁制造流程中，“流”有3种载体来体现：即以物质形式为载体的物质流，以能源形式为载体的能量流和以信息形式为载体的信息流。

物质流是制造过程中被加工的主体，是主要物质产品的加工实现过程；能量流是制造加工过程中驱动力、化学反应介质、热介质等角色的扮演者；而信息流则是物质流行为、能量流行为和外界环境信息的反映以及人为调控信息的总和。在制造流程的动态运行过程中，物质流/能量流/信息流相伴而行、相互影响。

2.2 能量流与物质流的关系

深入分析研究一下钢铁制造流程中能量流与物质流的行为和关系是有必要的。在钢厂生产过程中能量流与物质流的关系却是时而分离，时而相伴。相伴时，相互作用、影响；相离时，又各自表现各自的行为特点。总的看来，在钢厂生产流程中，能量流与物质流是时合时分的（图2～图4）。

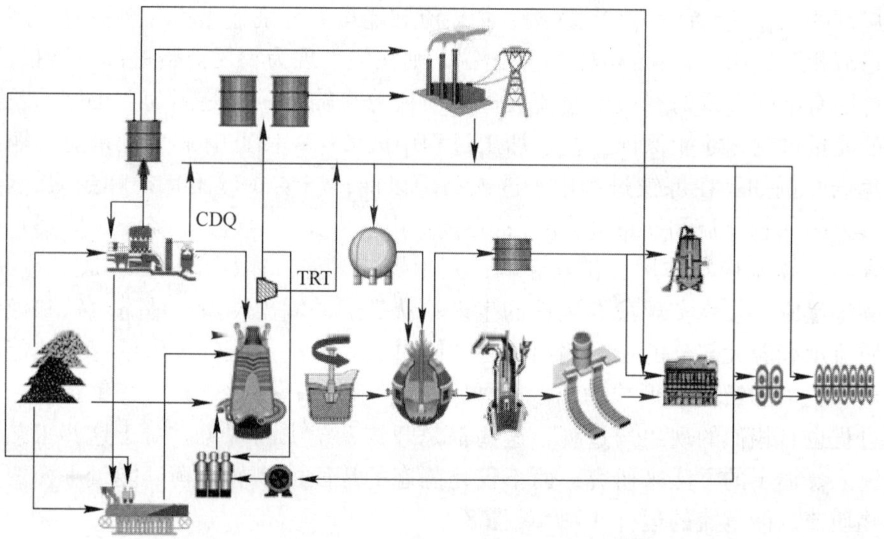

图2　典型钢铁企业物质流及能量流运行网络与轨迹

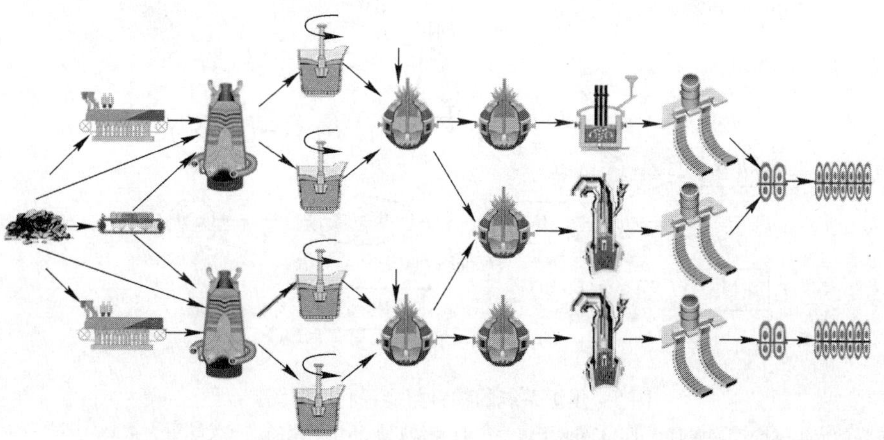

图3　曹妃甸钢铁厂物质流（铁素流）运行网络与轨迹

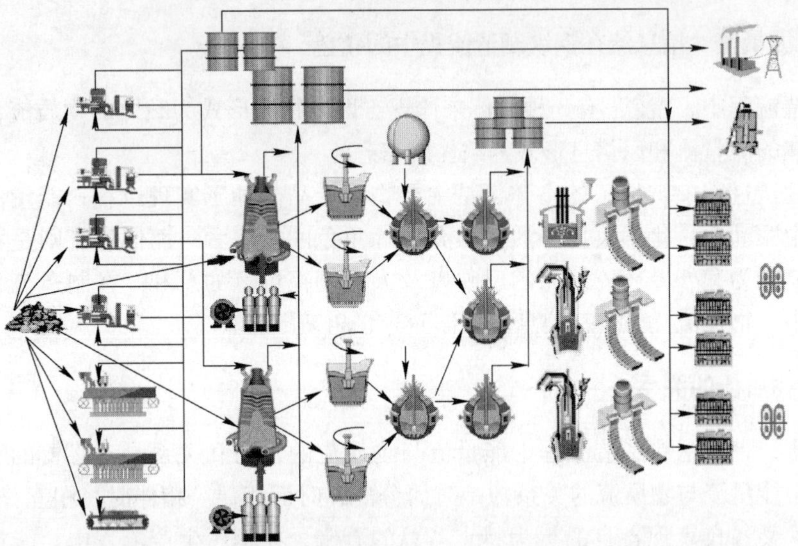

图4 曹妃甸钢铁厂能量流（碳素流）运行网络与轨迹

从局部的工序/装置看，在输入端，物质流和能量流分别输入；在装置内部则物质流与能量流相互作用、相互影响；在输出端，则往往表现为物质流带着部分能量输出，同时还可能有不同形式的二次能量流脱离物质流分离输出。这是因为在工序/装置中，有必要的能量过剩，才能保证工艺、加工过程中的效率，因此有剩余能量流的输出是不可避免的。例如：在炼铁过程中，进入高炉以前，烧结（球团）矿和焦炭、煤粉、鼓风是分离的（物质流和能量流分离）；在高炉中它们又“合并”，烧结（球团）矿和焦炭、煤粉、鼓风相互作用、相互影响，发生燃烧升温、还原反应，完成成渣脱硫、铁液增碳等反应，最终实现液态生铁的生产；从高炉的输出端看，液态生铁和液态炉渣等物质流承载着大部分的能量输出，与此同时大量的高炉煤气带着动能、热能和化学能输出，也以能量流的形式输出。同样，在烧结过程、焦化过程、炼钢过程、轧钢加热炉过程也有相似的现象与过程，这些都是开放系统中的现象。对于这些工艺过程应该用输入、输出的方法来研究，而不仅是静态的片段的物料平衡、能量平衡的方法分析其物质流、能量流的运行（图5～图8）。

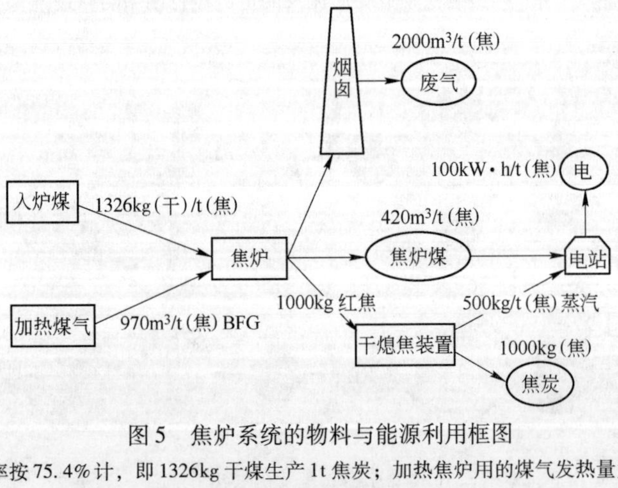

图5 焦炉系统的物料与能源利用框图

（入炉煤的成焦率按75.4%计，即1326kg干煤生产1t焦炭；加热焦炉用的煤气发热量为4.18MJ/m^3；干煤的相当耗热量为3043MJ/t）

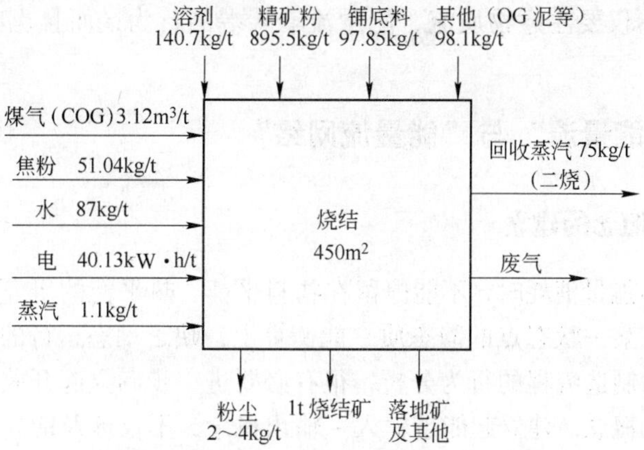

图6　烧结系统的物料与能源利用框图

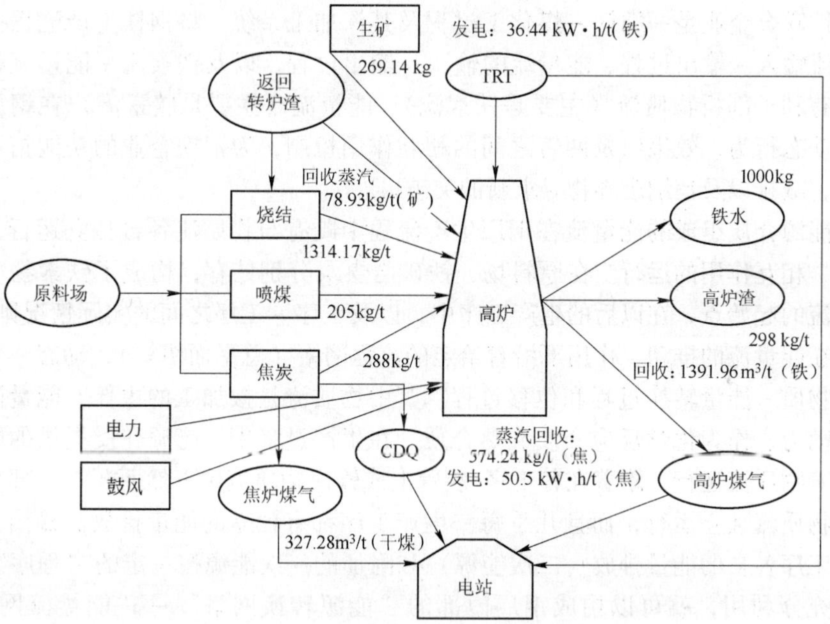

图7　高炉系统的物料与能源利用框图

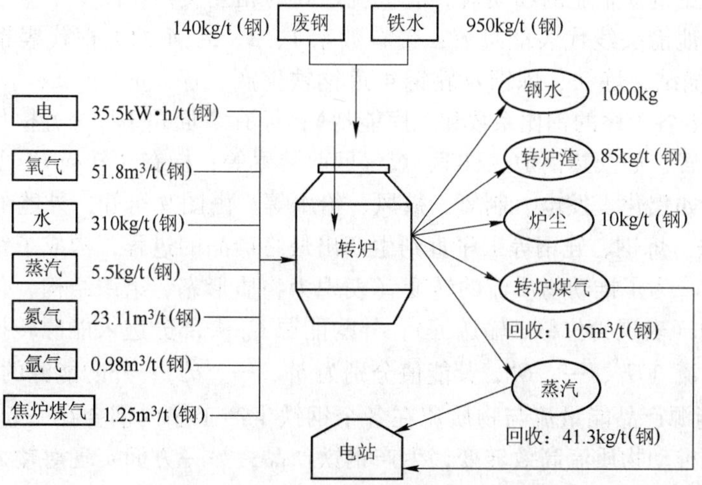

图8　转炉系统的物料与能源利用框图

因此，人们不仅要注意物质流、能量流输入端的行为，而且也必须注意其输出端的行为。

3 钢厂中的“能量流”与“能量流网络”

3.1 能量流运行概念的建立

在研究钢厂的能量消耗时，不能停留在物料平衡、热平衡的研究上，因为这类质－能衡算只是局限在某一状态点的静态质－能衡算上，缺乏动态运行的概念，缺乏上游－下游的概念。作为制造流程的行为分析，很有必要进一步确立起开放系统中输入流－输出流的动态运行的概念。建立起能量输入－输出概念，不仅涉及能量，而且还能联系到能阶、时间－空间等因素，涉及能量流的运行程序，利于构建“能量流网络”（或称“能源转换网络”），以利进一步提高能源利用效率和建立相应的信息调控系统。

现代钢铁联合企业是一类铁－煤化工过程及其深加工系统。将钢铁生产流程抽象为铁素物质流输入－输出过程、能量流的输入－输出过程，以及铁素流－能量流相互作用过程，有利于剖析物质流（主要是铁素流）、能量流（主要是碳素流）在钢厂生产过程中的动态行为、效果以及两者之间的相互作用机制，为钢铁企业的功能拓展和进一步节能、减排以及消纳废弃物寻求新的突破口。

由各类能源介质组成的能量流在钢厂生产流程中既有与物质流各自独立运行，又有相伴而行、相互作用的运行。在原料场，铁矿与煤炭分别储存，构成了铁素物质流和碳素能量流的起始点，在以后的生产工序中，以及工序－工序之间的实际情况则是：铁素物质流在能量流的推动、作用下沿着给定的流程网络（总平面图等），动态－有序地实现各类物质－能量转换过程和位移过程。其中物质流是被加工的主体，能量流的角色是提供动力、作为化学反应介质和热介质。在生产过程中，能源介质提供的能量大部分伴随着物质流运行，附着在各工序/装置上或输出物质流中。然而还有一部分能量脱离铁素物质流独立运行，而且几乎每一生产工序都有独立的能量排放流输出。如果能够对各工序各自的能量排放（二次能源）和附加的一次能源按一定的“程序”组织起来，并充分利用，就可以构成钢厂内部的“能源转换网络”－“能量流网络”(图9)。

由图9可见钢铁企业内物质流、能量流之间的相互关系。图9中空心粗箭头线代表物质流，其他箭头线代表能量流；带有数字1、2、3、4的方框代表钢铁生产工序(简化为只有烧结、炼铁、炼钢及轧钢4道钢铁生产工序，p_1、p_2、p_3、p_4及e_1、e_2、e_3、e_4分别代表各工序的钢比系数和工序能耗)；标有“回路1”等方框代表生产工序的能量回收装置，如余热锅炉、TRT、煤气回收装置等；标有“转换i”等椭圆代表能源转换工序，如焦化、发电、制氧、鼓风、给水等。由图9可知，外购的原料经烧结(球团)、炼铁、炼钢、轧钢等工序直到生产出最终产品的过程，构成了钢铁企业物质流的运行过程。为了推动物质流的转变（表现为物质形态、组织结构、化学组分等的变化）和运输（表现为位移、输送等)，外购能源G_0大部分进入能源转换网络，产生能源产品能量流（G_1^C、…、G_k^C，其能值分别为b_1^C、…、b_k^C)；外购能源的一部分（G_0^1、…、G_0^m）及能源产品能量流与物质流在各个钢铁生产工序内耦合在一起，相互作用：一方面能量流推动物质流高效转变，生产钢铁产品；另一方面实现对输入能量流的高效转换，产生二次能量流（G_ζ^1、…、G_ζ^4)；因此，在输出端这部分能量流与物质流分离运行，这种相对独立的能量流进入能源转换网络成为二次能量流的始端（输入端）。

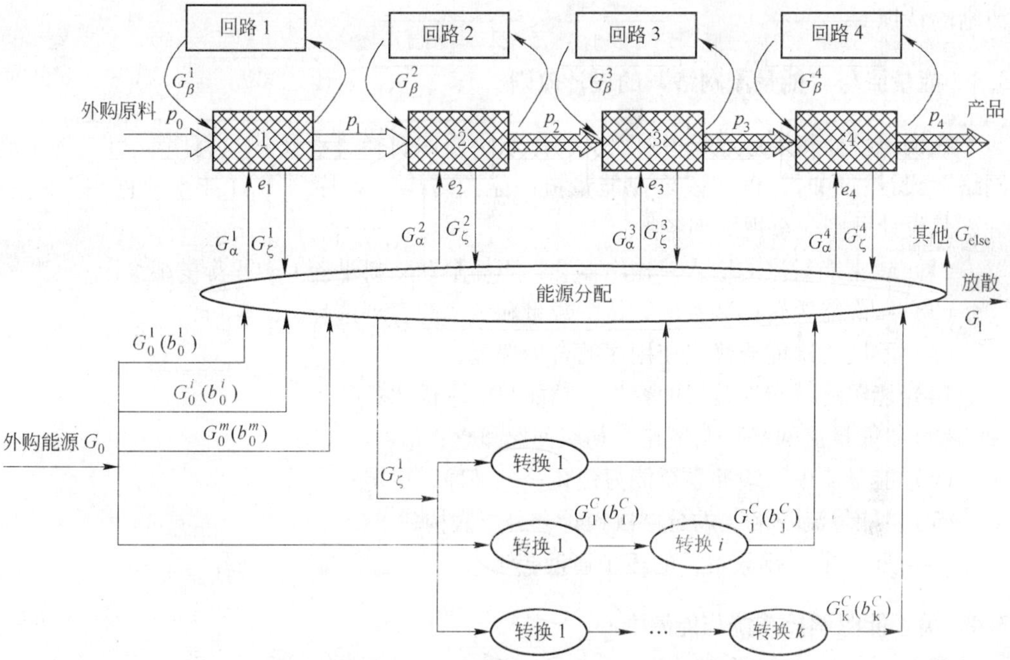

图 9　钢铁企业物质流、能量流相互作用示意图（以吨钢为基准）

3.2　“能量流网络”的构成

所谓“网络”是由“结点”和“连接器”按照一定的图形整合起来的系统，对钢厂生产流程而言，这是一个具有物质－能量－时间－空间－信息构成的动态系统。再细分，则可以进一步解析为“物质流网络”和“能量流网络”甚至包括“信息流网络”。其中“能量流网络”是由“结点”和“连接器”等单元按一定图形构建而成的运行系统，即“能量－空间－时间－信息”构成的动态运行系统。

在钢厂内部有一次能源（主要是外购的煤炭）和二次能源（如焦炭、电能、氧气、各类煤气、余热、余能等）。这就分别形成了能量流网络的始端结点（如原料场、高炉、焦炉、转炉等），这些能源介质沿着输送路线、管道等联结途径——连接器，到达能源转换的终端结点（如各终端用户及热电站、蒸汽站、发电站等）。当然，在能量流的输送、转换过程中，必然需要有必要的、有效的中间缓冲器（缓冲系统），例如煤气柜、锅炉、管道等，以满足始端结点与终端结点能量在时间、空间等方面的缓冲、协调与稳定。

由此，不难看出钢厂内部可以构建起能源始端结点—连接器—中间缓冲系统—连接器—能源终端结点之间按一定图形所构成的“能量流网络”（“能源转换网络”），并且实现某种程度的“闭环”。例如钢厂只买煤、不买电、不用燃料油等。

再深入看，由于能量回收、转换技术在不断进步，对余能、余热的可回收、可转换利用的范围不断扩大，则相应的始端“结点”/终端“结点”也会随之不断扩大，相应的“连接器”也随之增加或延伸。这样就会构成不同层次的“能量流网络”。例如：钢厂回收的余热介质是 500～600℃，可以构成该水平的“能量流网络”；如果回收余热介质是300℃，则扩展成另一层次的“能量流网络”。可见，钢厂的“能量流网络”是分层次的，在实施过程中应考虑分层次推进，在设计概念和设计方法中应该有清晰的认识。

3.3 能量流与“能量流网络”的设计原则

在钢厂设计和改造过程中不仅应该注意物质流转换过程及其“程序”和“物质流网络”设计；同时，也应该重视能量流、能源转换“程序”与“能量流网络”的设计，其设计原则应重视下列各点：

(1) 建立能量流的输入-输出概念，不局限在物料平衡-热平衡的概念上；
(2) 一次能源转换装置的容量、数量和效率的合理选择；
(3) 不同二次能源优先使用序的合理选择；
(4) 能源终端转换装置的容量、功能与效率优化；
(5)“能量流网络”与图论-初级回路概念；
(6) 能量流中间缓冲系统能力优化——缓冲、稳定；
(7)“能量流网络”的分层次设计和分层次构建；
(8) 近“零”排放目标的逐步逼近。

3.4 关于能源调控系统与能源中心

能量流、能量转换“程序”和“能量流网络”概念是钢厂能源调控系统的理论框架。

建立能源调控系统应分别建立起包括各类能量流、能量流结点（包括始端和终端等）、能量流连接器和能量流中间缓冲系统（器）以及包括合理的网络图形在内的“能量流网络”。在此基础上分别选择合理的能源转换装置（能量流结点）的容量、个数和“初级回路”，进而构建起动态物理模型和动态调控模型。这是能源调控系统的实体构成。

作为能源调控系统的实体——能源中心应是一个生产实体，不仅是一般的职能部门。能源中心本身是有设备、有装置、有管网系统，有信息调控系统，需要24h连续实时地持续监测、运行、维护和预报“前景”。能源中心的功能应是24h连续实时地控制、协调整个钢厂的“能源转换网络”并预测预报可能遇到“前景”，提出相应的对策。

4 钢铁制造流程中能量流的宏观运行动力学

钢厂生产过程中，铁素物质流的运行轨迹构成了“物质流网络”——集中地体现在钢厂的总平面图上。实际上总平面图中不仅体现了优化的“物质流网络”，同时也体现了与“物质流网络”相关联的“能量流网络”。这是由于在钢厂生产过程中能量流与物质流既有相互关联的关系，又有相对“独立运行”的状况。

能量流既伴随物质流在“物质流网络”中运行，又在“能量流网络”中相对“独立”运行。

能量流在“能量流网络”中运行也存在宏观运行动力学——这是钢厂制造流程能量流设计-调控的总策略。由于始端结点的能量流（如各类煤气的发生量等）具有相对不稳定性，而终端结点（如发电机等）对输入的能量流则要求高度稳定，因此，必须要有中间缓冲器（系统），这样就形成了“推力” -“缓冲” -“拉力”构成的宏观运行动力学系统（图10）。

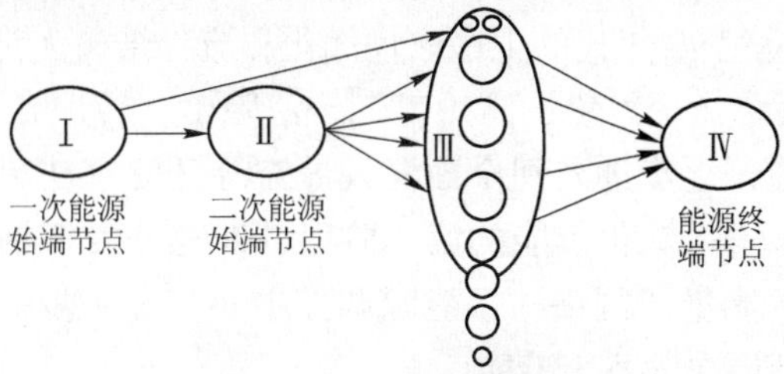

图10　钢厂制造流程中的能量流及其宏观动力学示意图

这种能量流运行的宏观动力学系统的目标，是维持能量流网络的“动态-有序”“连续-紧凑”地运行。它的目的是：保证能量转换效率高，能量流的过程“耗散”最小化和煤气等含能介质近“零排放”。

这里必须强调的是：在“能量流网络”中，“缓冲”功能对于能量流的利用效率和近“零”排放是十分必要的。因为不稳定输出的始端和高效、稳定运行的“终端”之间要实现“动态-有序”“连续-紧凑”地运行，必须要有合理的管网系统、容量合理的缓冲“气柜”和必要的一次补充能源等中间缓冲手段。

“只买煤、不买电、不用燃料油”的概念与“有多少剩余煤气发多少电”是概念不同的。后者必然导致大量小锅炉、小发电机的出现，必然会发生煤气的放散，而且采用小容量发电机时，导致单位发电量能耗高，上网困难。“只买煤、不买电、不用燃料油”，意味着充分利用所有的剩余煤气，配合补充煤粉，采用大锅炉、大发电机的热电系统，热机效率高、单位电能的能耗低，而且甚至可以考虑与电力公司合办更大规模、更高效率的“共同火力”，环境效益好、经济效益好（表1）。

表1　不同煤气发电机组的发电能耗与发电效率

发电机容量/MW	纯烧高炉煤气的锅炉方式		掺烧煤气燃煤方式		用混合煤气或油气	
	发电能耗 /kg·(kW·h)$^{-1}$	发电效率/%	发电能耗 /kg·(kW·h)$^{-1}$	发电效率/%	发电能耗 /kg·(kW·h)$^{-1}$	发电效率/%
3	0.540	22.8	—	—	—	—
6	0.520	23.6	—	—	—	—
12	0.500	24.6	0.480	25.6	—	—
25	0.450	27.3	0.440	27.9	—	—
50	0.425	28.9	0.420	29.3	0.293	42
100	—	—	0.400	30.7	0.273	45
110	0.410	30.0	—	—	—	—
125	—	—	0.375	32.7	—	—
150	—	—	0.350	35.1	0.267	46.0
300	—	—	0.330	37.2	0.256	48.0
350	—	—	0.320	38.4	—	—

5 充分发挥钢铁制造流程的能源转换功能，进一步节能减排

中国钢厂在节能方面，已经经历了2个主要阶段：即20世纪80年代的单体节能及相应的系统节能，20世纪90年代的工序取代优化和流程结构优化的系统节能。进入21世纪以来，通过“三干”（干熄焦、高炉煤气干法除尘、转炉煤气干法除尘）、“系统节水”“发电”等措施，逐步进入到全面深入地充分开发钢铁制造流程的“能源转换功能”时期，现在应该进入深化节能的第3阶段，即充分发挥钢铁制造流程的能源转换功能，推动建立钢厂能量流网络——能源调控中心，进一步推动全面节能减排，实现清洁生产，达到更高层次的系统节能。

作为全面分析钢厂进一步节能减排的思路，作如下讨论。

5.1 铁素流系统的进一步节能

（1）坚持精料方针：提高入炉矿品位，改善烧结矿强度。

（2）改善高炉炉料结构：研究烧结/球团/块矿的比例，从全国层面上看，入炉球团比例能否提高到25%～30%。

（3）减少铁水倒罐次数：淘汰混铁炉，质疑鱼雷罐，逐步推行“一包到底”（铁水包多功能化）。

（4）提高铁水包、钢水包、连铸中间包寿命，加速周转、减少个数，减少各类包的过程吸热，减少金属液的温降。

（5）协调炼钢炉—精炼炉—连铸机的运行节奏，减少精炼工序满包钢水等待时间。

（6）优化连铸机与热轧机在能力、距离、运输方法上的匹配关系，缩短运输时间，提高铸坯热送—热装温度，（以600℃/950℃为目标）。

（7）淘汰落后工艺装备，例如小于1200m^3高炉，小于180m^2烧结机，球团竖窑，小于50t转炉，小于60t电炉，横列式棒材轧机，复二重线材轧机，热轧窄带轧机，叠轧薄板轧机，混铁炉等。

5.2 能量流系统的进一步节能

（1）提高一次能源转换效率：改造小于5.5m焦炉，降低高炉焦比、煤比等。

（2）提高二次能源利用率：进一步推广CDQ、TRT、高炉煤气干法除尘、转炉煤气干法除尘、烧结机余热利用等。

（3）优化二次能源的优先使用序：例如：转炉煤气——烧石灰，大型转炉蒸汽——RH，高炉煤气——高炉热风炉、焦炉、加热炉，焦炉煤气——部分优化用于高炉热风炉，部分优先用于CCPP。

（4）高炉鼓风脱湿。

（5）焦炉洗精煤调湿与分级。

（6）减少/消除氧气排放等。

5.3 构建钢厂的能量流网络，推广能源调控中心

构建钢厂能量流网络是推广能源中心的基础，在构建能量流网络时，要确定如下概念、机制和目标、方向：

（1）确立能量流运行过程的“推力”-“缓冲”-“拉力”机制；

（2）确立大锅炉-大发电机组高效率、低成本转换概念，其中也应包括钢厂与电力公司合办“共同火力”的方式；

（3）确立能源介质近“零”排放目标：煤气、氧、水等；

（4）确立社会废弃资源循环利用，再资源化、再能源化努力方向。

5.4 开展对不同产品的典型制造流程及其单位产品极限能耗研究

为了进一步搞清钢厂节能、减排的方向和目标，有必要对不同类型钢厂开展单位产品极限能耗研究，研究步骤可作如下构想：研究平材、长材、管材的新一代钢铁制造流程；研究不同制造流程中二次能源的产生量和可利用性；研究单位产品的极限能耗。

5.5 钢厂通过拓展制造链/经营链，实现生态化转型，融入特定区域的循环经济社会

建设以钢厂为核心的循环经济生态链（图11）会对钢厂能源流网络的优化起到促进作用。

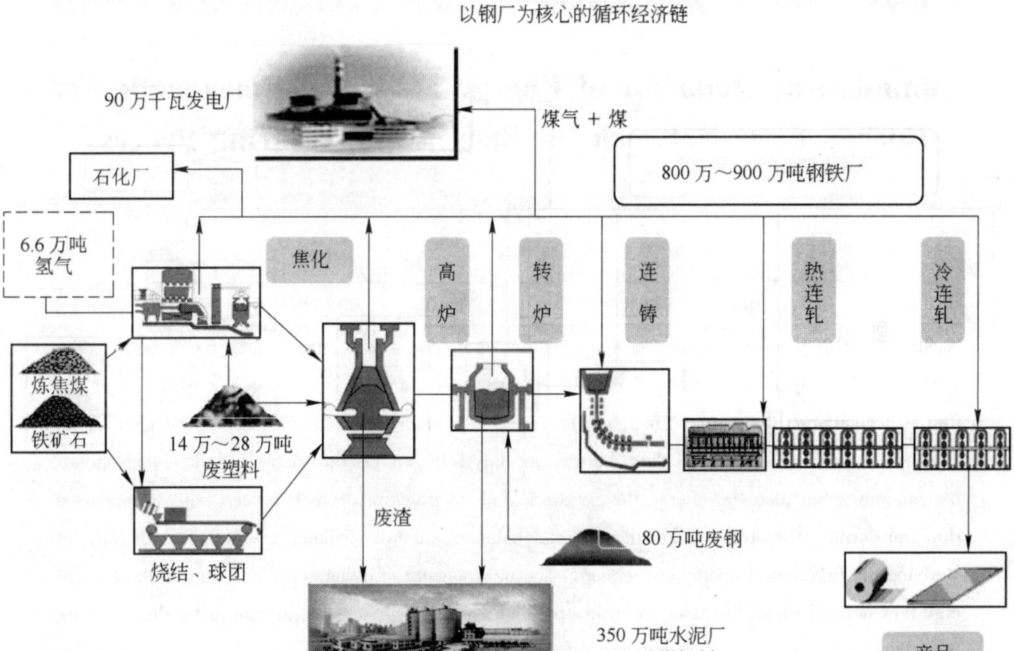

图11　钢铁联合企业的制造流程及其相关产业链

6　结论

（1）钢厂生产过程中，铁素物质流的运行轨迹构成了“物质流网络”——集中地体现为钢厂的总平面图上。同时也体现了与“物质流网络”相关联的“能量流网络”。能量流既伴随物质流在“物质流网络”中运行，又在“能量流网络”中相对“独立”运行。

（2）在钢厂中，能源介质提供的能量大部分伴随铁素物质流运行，附着在各工序/装置输出的物质流中；然而还有相当一部分的能量脱离铁素物质流独立运行，可见钢厂的物质流网络与能量流网络既相关又不完全重合，并形成各自分离运行的现象。

（3）研究钢厂铁素物质流、碳素能量流应采用开放系统中输入－输出的动态－网络概念，不能局限在物料平衡、热平衡的静态概念上。

（4）钢厂的能量流网络应包括不同的能量流、能量流始端结点、能量流连接器、中间缓冲系统、能量流终端结点、二次能源优先使用序、网络图形以及相应的信息调控系统。

（5）在钢厂中，相对不稳定的能量流"始端"和高效、稳定运行的能量流"终端"之间要实现"动态－有序""连续－紧凑"地运行，必须要有合理的管网系统、容量合理的缓冲"柜"和必要的外界补充能源等中间缓冲手段。

（6）中国钢铁工业应该从 20 世纪 80 年代的单体节能及相应的系统节能，到 90 年代的工序优化取代和流程结构优化的系统节能的基础上，现应进入深化节能的第 3 阶段，即充分发挥钢铁制造流程的能源转换功能，推动建立钢厂的能量流网络，进一步全面、有效地节能减排，实现清洁生产，达到更高层次的系统节能的目标。

致谢

张春霞博士为本文的撰写、完稿给予了大力支持、帮助，在此表示诚挚的谢意。

Comment on Behavior of Energy Flow and Construction of Energy Flow Network for Steel Manufacturing Process

Ruiyu Yin

(Central Iron and Steel Research Institute, Beijing, 100081, China)

Abstract The physical essence of the dynamic operation of steel manufacturing process is described in this paper. It is pointed out that in the steel manufacturing process, the ferrogenious flow is accompanied by energy flow, but the energy flow sometimes operates with ferrogenious flow, sometimes operates separately. And there is not only ferrogenious flow network and related operating program, but also the energy flow network and its program, which related with ferrogenious flow transform. It is stressed that the material balance and heat balance are not the only way for studying the function of energy conversion. The new concept of dynamic input - output and the energy flow network should be used to further promote the energy - saving and emission reduction work in steel plants. The operation dynamic mechanism of energy flow in a steel plant and the design principles of energy control center are also discussed in this paper. And then, a series of measures of energy - saving and emission reduction are proposed based on the mechanism of ferrogenious flow and carbon energy flow system. The connotation of "buying coal only, no buying electricity and no fuel" and the "zero emissions" of by - product gases and other energy mediums are especially explained. It is proposed that energy - saving and emission reduction for Chinese steel plants would enter a new stage marked by building energy flow network - Energy Control Center.

Key words steel manufacturing process, energy flow network, physical essence

新形势下薄板坯连铸连轧技术的进步与发展方向*

摘　要　对新形势下国际和国内薄板坯连铸连轧（TSCR）生产线发展状况及特点进行了综述，研究了薄板坯高速连铸生产的关键技术、隧道式加热炉的节能技术、薄板坯无头轧制技术、薄规格及高附加值钢种的开发等在中国的应用现状，提出了国内薄板坯连铸连轧技术的未来发展主要方向。

关键词　薄板坯连铸连轧　无头轧制　漏钢预报　节能　发展

自1989年美国Nucor Crawfordsville厂采用德国SMS公司的CSP生产工艺技术建成投产世界上第1条薄板坯连铸连轧生产线以来，已经过去了20年，在过去的20年中，美国与中国的钢铁工业分别引领了前2个10年国际薄板坯连铸连轧技术的发展。第1个10年以美欧为主，美国则主要以电炉流程为主。第2个10年以中国为主，主要以转炉流程为特点，同时铸坯厚度向70～90mm发展。现在，到了薄板坯连铸连轧技术发展的第3个10年，2009年一开始国际经济就受到金融危机的严重冲击，钢铁市场需求萎缩、产品价格大幅下跌、产能不能充分发挥。在这种严峻的形势下，以节能降耗、降低生产成本著称的薄板坯连铸连轧生产技术能否经受住这种新形势的考验，能否在技术进步上持续发展，这是广大冶金工作者关注的焦点。随着世界经济的恢复，以意大利Arvedi公司超高速连铸、无头轧制为代表的薄板坯无头连铸连轧新技术得到工业化开发，并开始工业化应用，这是值得关注的。

1　新形势下国际薄板坯连铸连轧（TSCR）生产线发展状况

1.1　国际薄板坯连铸连轧技术的发展及特点

截止到2009年底，世界上共建设薄板坯连铸连轧生产线63条97流（包括在建和已投产的），年产能力10618万吨，见表1、表2和图1，自2009年以后世界上新建薄板坯连铸连轧生产线9条，其中印度4条、中国、韩国、伊朗、意大利、特立尼达各1条；另外，意大利特尔尼公司的1条CSP生产线被拆除，韩国POSCO光阳厂的1条ISP生产线被改造成ESP生产线。在前期的研究报告中曾指出：从发展趋势上看，亚洲新兴经济体可能成为继美国、中国之后发展薄板坯连铸连轧生产线的主要地区。

表1　世界各国薄板坯连铸连轧生产线和年产能统计（截止到2009年底）

国家	生产线/条										年生产能力/万吨	铸机流数
	CSP	ISP	FTSR	QSP	CONROLL	TSP	ESP	HIGH MILL	ASP	合计		
美国	9			2	1	2				14	2098	19
印度	5									5	800	7

* 本文合作者：张慧。原发表于《钢铁》，2011，46（4）：1～9。

续表1

国家	生产线/条										年生产能力/万吨	铸机流数
	CSP	ISP	FTSR	QSP	CONROLL	TSP	ESP	HIGH MILL	ASP	合计		
意大利	1	1					1			3	310	3
韩国	1	1	1					1		4	830	7
中国	7		3		0				3	13	3280	28
其他	11	4	5	1	3					24	3300	33
总计	34	6	9	3	4	2	1	1	3	63	10618	97

注：与截至2008年数据相比（当时65条），删除了中国梅钢FTSR、意大利AST Terni公司的CSP两条生产线，韩国POSCO的光阳厂的1条ISP生产线已改造成1条CEM计划中的ESP生产线，因而总计删除了2条生产线。

表2 世界各种形式薄板坯连铸连轧生产线统计（截至2009年底）

工 艺	生产线/条	铸机流数	生产能力/万吨 · a^{-1}	产能比率/%
CSP	34	53	5661	53.32
ISP	6	9	805	7.58
FTSR	9	15	1770	16.67
QSP	3	4	510	4.80
CONROLL	4	4	330	3.11
TSP	2	2	212	2.00
ASP	3	8	1000	9.42
ESP	1	1	150	1.41
HIGH MILL	1	1	180	1.70
合 计	63	97	10618	100

图1 薄板坯连铸连轧生产线投产过程

除此之外，薄板坯连铸连轧技术在国际上的发展还具有以下特点。

（1）无头连铸连轧技术已开始工业化应用。这是这两年来薄板坯连铸连轧技术发展的最大亮点。继2009年2月意大利Arvedi公司克莱蒙纳厂无头轧制技术的ESP生产线投入工业化生产之后，2009年5月由意大利Danieli公司负责改造的韩国POSCO钢铁公司“HIGH MILL”无头轧制生产线也投入了工业化生产。

无头轧制技术的工业化应用为高效化、大规模、低成本生产超薄规格带钢，实现以热代冷提供了技术支撑。

（2）薄板坯连铸的拉速不断提高。随着薄板坯连铸连轧技术对产能需求的提高，尤其是仅采用单台连铸机的无头连铸连轧生产技术对产能的需求更为迫切，世界各薄板坯连铸连轧技术的开发商以及冶金企业非常注重以提高薄板坯连铸机拉速为目标的连铸结晶器系统技术的开发，这些技术包括：漏斗型结晶器内腔形状与冷却结构优化、电磁制动技术、大通量浸入式水口、保护渣技术以及结晶器振动优化技术等，目前80mm厚铸坯最大拉速已达到了7.2m/min（印度ESPAT钢厂的CSP连铸机生产厚度55mm的铸坯，最高拉速曾达到7.8m/min），结晶器单位时间的通钢量最大可以达到6.0t/min。这为薄板坯连铸连轧生产线经济效益的发挥提供了基础性支撑。

（3）早期开发的多种薄板坯连铸连轧工艺的发展势头出现了分化。在2009年以来新建和改造的10条薄板坯连铸连轧生产线中，单流薄板坯无头连铸连轧生产线2条（其中1条在改造中）、CSP生产线6条、FTSC生产线2条。可以看出在现有的薄板坯连铸连轧生产工艺中，CSP工艺和FTSC工艺以其较高的可靠性、成熟性仍被优先选用。

（4）据报道，意大利AST特尔尼厂的CSP生产线由于不锈钢质量无法满足欧洲市场的需求，该厂已将CSP生产线拆除，改由传统大板坯连铸流程生产不锈钢。

意大利AST特尔尼厂的生产线的拆除是否意味着薄板坯连铸连轧工艺在生产不锈钢薄板方面还达不到商业化竞争的目标，值得注意。

（5）利用薄板坯连铸连轧技术商业化生产中低牌号的无取向电工钢已露端倪，国内外一些企业已经开始了规模化生产。

1.2 中国薄板坯连铸连轧生产线的发展状况

2009年以来中国的薄板坯连铸连轧生产建设与发展呈现出以下特点：

（1）新增薄板坯连铸连轧生产线1条。武钢以薄板坯连铸连轧生产电工钢为主要方向，于2009年2月新上CSP生产线1条，生产线设计产量为253万吨/a，其中硅钢原料卷为97.8万吨/a。中国的薄板坯连铸连轧生产线已达到13条，生产能力由3027万吨增加到3280万吨，见表3。

表3 中国薄板坯连铸连轧生产线建设状况

钢铁公司	工艺类型	铸机流数	铸坯规格（厚×宽）/mm×mm	产品厚度/mm	设计年产量/万吨	轧机	投产期
珠钢	CSP	2	（50~60）×（1000~1380）	1.2~12.7	180	6F机架	1999-08
邯钢	CSP	2	（60~90）×（900~1680）	1.2~12.7	247	1R+6F机架	1999-12
包钢	CSP	2	（50~70）×（980~1560）	1.2~20.0	200	7F机架	2001-08
唐钢	FTSR	2	（70~90）×（1235~1600）	0.8~12.0	250	2R+5F轧机	2002-12
马钢	CSP	2	（50~90）×（900~1600）	1.0~12.7	200	7F机架	2003-09
涟钢	CSP	2	（55~70）×（900~1600）	1.0~12.7	240	7F机架	2004-02
鞍钢	ASP	2	（100/135）×（900~1550）	1.5~25.0	240	1R+6F轧机	2000-07
鞍钢	ASP	4	（135/170）×（900~1550）	1.5~25.0	500	1R+6F轧机	2005

续表 3

钢铁公司	工艺类型	铸机流数	铸坯规格（厚×宽）/mm×mm	产品厚度/mm	设计年产量/万吨	轧机	投产期
本钢	FTSR	2	（70~85）×（850~1605）	0.8~12.7	280	2R+5F 轧机	2004-11
通钢	FTSR	2	（70~90）×（900~1560）	1.0~12.0	250	2R+5F 轧机	2005-12
酒钢	CSP	2	（52~70）×（850~1680）	1.5~25.0	200	6F 机架	2005-05
济钢	ASP	2	（135~150）×（900~1550）	1.2~12.7	250	1F+6F 轧机	2006-11
武钢	CSP	2	（50~90）×（900~1600）	1.0~12.7	253	7F 机架	2009-02
合计		28			3280		

（2）薄板坯连铸连轧生产线产量出现萎缩。历年来中国薄板坯连铸连轧产能及产量增长情况见图 2（其中 2009 年未包括新投产的武钢 CSP 生产线产量）。如同中国的钢铁工业一样，受国际金融危机和矿石、废钢、电力价格影响，2009 年薄板坯连铸连轧生产线的产能不能充分发挥，产量为 2661 万吨，比 2008 年减少 266 万吨。

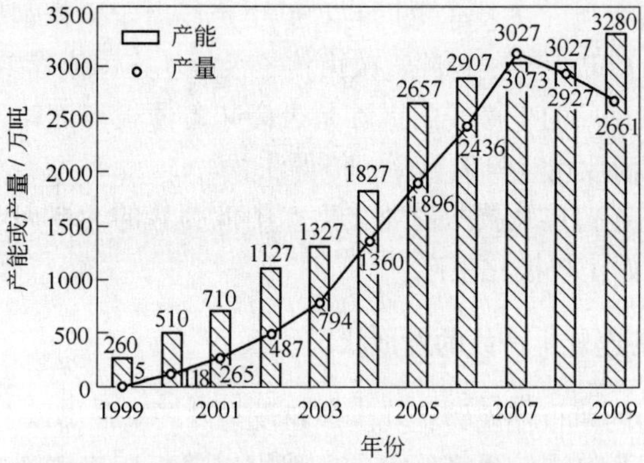

图 2　中国薄板坯连铸连轧产能及产量增长情况

这其中，珠江钢厂薄板坯连铸连轧生产线的产能下降相对较大，其由 2008 年的 176 万吨降低到 2009 年的 89.6 万吨。这一方面是由于受金融危机的冲击，国际贸易量大幅减少，集装箱板的需求量下降；另一方面也反映出在中国的现有状况下，与传统的高炉—转炉流程相比，以废钢为原料的电炉流程成本还是相对较高。

2　国际单流薄板坯无头连铸—连轧技术、高速连铸技术的发展

2.1　意大利 Arvedi 公司 ESP 生产线

意大利 Arvedi 公司克莱蒙纳厂（The Acciaieria ARVEDI Cremona Works）现有 ISP、ESP 生产线各 1 条。ISP 生产线于 1992 年 1 月建成投产，设计生产能力 70 万吨/a，2009 年虽然受世界经济危机的影响，但该 ISP 生产线的产能还是达到了 100 万吨/a。新建的 ESP 生产线由 1 台 250t Consteel 电炉和 2 台 250tLF 炉提供钢水，设计能力为年产 220 万吨。该生产线于 2009 年 2 月底投产，2009 年产量达到 45 万吨，2010 年预计产量达到 150 万吨。该 ESP 生产线的主要装备包括：单流 70~110mm 薄板坯连铸机（TSC）、3 机架大压下量粗轧机、感应加热器、5 机架精轧机、3 台地下卷取机。ESP 生产线的装备示意图见图 3。

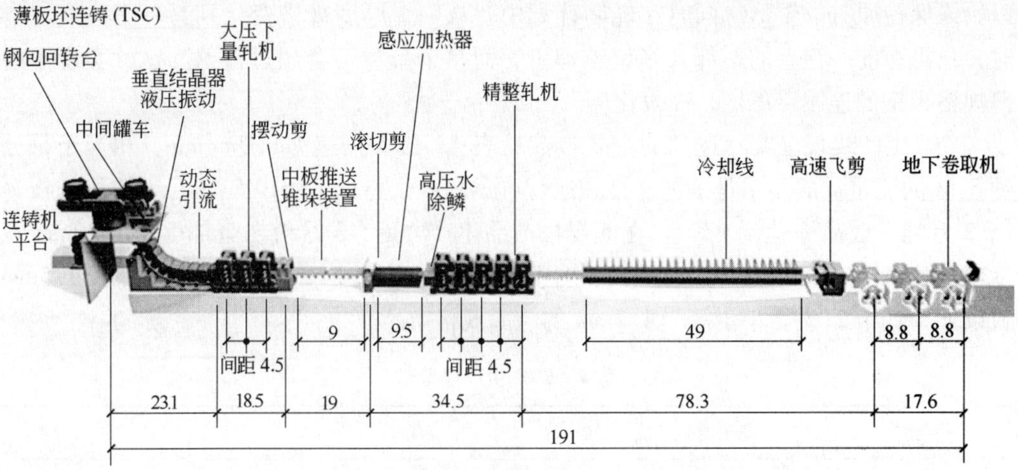

图 3　ESP 生产线的装备示意图

据 ARVEDI 和 VAI 介绍，ESP 技术的主要优势包括以下几个方面。

（1）低能耗，低排放。

1）具体的能耗平均比传统板带钢轧机少 40%，比 ISP 生产线少 20%；2）对于“以热代冷”的薄带钢来说，取消了冷轧和退火周期的大量能耗，相对于传统生产周期，估计节能 65%。

（2）生产热轧超薄规格带钢更经济。因为采用无头轧制避免了轧机上每条板带必须做的穿带，大批量的薄规格产品（包括 0.8mm 及以上）能实现无“废品”生产，并提高成材率和包装质量。

（3）实现带钢几何尺寸和冶金性能的全面控制和稳定。

1）可以避免带钢头和尾出现的典型尺寸超差，2）该工艺特别适合生产多相钢。

（4）创单条生产线生产能力的记录。连铸连轧无头轧制工艺得到了充分的发挥，有利于投资效益的提高。

（5）热轧卷、钢水成品率的最佳化。由于废品的减少，高达 97% 的钢水成为高质量的带钢。

ESP 工艺的实现以及生产效益的取得，关键技术在于以下几个方面。

（1）连铸的高拉速。为此，阿维迪公司将长期研究的重点放在漏斗型结晶器内腔形状、浸入式水口优化设计以及电磁制动方面，以期进一步提高拉速、扩大生产产能。

（2）铸坯平均温度在 1200℃ 以上就在线压缩变形。ESP 工艺铸机后部的 3 机架大压下量粗轧机可将铸坯厚度由 80mm 减小到 12 ~ 19mm，轧制过程铸坯平均温度在 1200℃ 以上（心部温度约 1350℃，表面温度 1100℃ 以上）。这就大大减少变形抗力，充分利用了铸坯的余热。

（3）在线感应均热技术。它不仅使得整条生产线更加紧凑高效（生产线全长仅 125m），而且具有加热时间短、加热制度快速灵活、钢种适应性强、坯料 2 个表面加热均匀等特点。

（4）铸机—轧机的动态协同运行技术。因为没有了加热炉的缓冲，铸机与轧机采用了刚性衔接，必须要求全线实行高精度的自动控制。

（5）无头轧制技术。无头轧制可以实现带负荷工作情况下的工作辊串辊，因此可以始终保持原有的辊形。同时在轧制计划中，从一个厚度规格变化到另一个厚度规格时，只需在前一钢卷的尾部几米调整即可，而整个带卷不会超过公差。这就实现了超薄规格带钢的连续、稳定、高效化生产。

ESP 生产线现已实际达到的主要参数见表 4。最大拉速为 6.0m/min，相当于每分钟 5.6t 的流量。成品率是工艺优良和运行可靠的一个指标，2010 年 3 月生产热轧板卷 12.2 万吨，成品率达到 97%。在薄规格产品生产方面，3 月份在全部生产 1540mm 宽度带卷的情况下，大约 50% 的带钢厚度不大于 2mm，超过 30% 产品厚度不大于 1.5mm 或以下，其中 21% 为小于等于 1.2mm 的超薄规格产品。

表 4　ESP 生产线参数

每天冶炼炉次（250t）	24
钢水/$t \cdot d^{-1}$	5500
1540mm×80mm 带钢最大连铸速度/$m \cdot min^{-1}$	6.0
最大质量流/$t \cdot min^{-1}$	5.6
连浇炉数（250t/炉）	9
1540mm 宽度带钢最小厚度/mm	0.8
成品率（热轧卷/钢液）/%	97

2.2　韩国 POSCO 钢铁公司的“HIGH MILL”生产线

鉴于韩国 POSCO 钢铁公司引进的 ISP 生产线长期生产不正常，2007 年韩国 POSCO 钢铁公司与意大利 Danieli 公司签约，对现有 ISP 生产线（电炉—薄板坯连铸—连轧）进行改造。改造后的目标为整条生产线以单流薄板坯铸机年生产 180 万吨热带卷。

工程改造分为 2 个阶段。第 1 阶段仅将双流 ISP 连铸机改为单流 FTSC 超高速连铸机“Ultra High Speed Casting”，保留原有粗轧机、感应加热和热卷箱、精轧机。连铸机改造于 2009 年 4 月完成投产，2009 年 5 月 7 日整条生产线投产并轧出第 1 卷热带卷。目前，该生产线的水平是：2010 年 3 月月产量已达 13.0 万吨；平均连浇炉数 8 炉/次（最高 18 炉/次）；连铸机最高拉速已达 7.2m/min，在 7.0~7.2m/min 铸速条件下，曾连续浇铸 5 炉。按照结晶器出口 100mm 厚度铸坯经液芯压下到 80mm 厚，在 1260mm 铸坯宽度时，通钢量达到 5.5t/min。在产品质量方面，按照韩国钢材质量平级分为 6 级，即 R、S、T、U、V、W，采用传统的生产工艺流程，产品 95% 为 S 级（良），5% 为 R 级（优）。按照 POSCO 的市场需求，各级别钢种需求量是：S 级 10%、T 级 80%、U 级 10%。而过去老的 ISP 生产线产品质量均小于 W 级；经改造后的“HIGH MILL”生产线产品质量均在 T 级以上。因此，出于成本角度考虑，POSCO 更愿意将大量的产品转移到新的“HIGH MILL”生产线进行生产。

该工程改造的第 2 阶段，准备不再使用热卷箱，实现全无头轧制。铸机拉速要达到 8m/min，产量提高到 180 万吨/a。但热卷箱并不拆除，以便以后在有些产品生产时重新利用热卷箱。这一点是与 ESP 不同之处。

韩国 POSCO 钢铁公司的“HIGH MILL”生产线的流程示意图如图 4 所示。

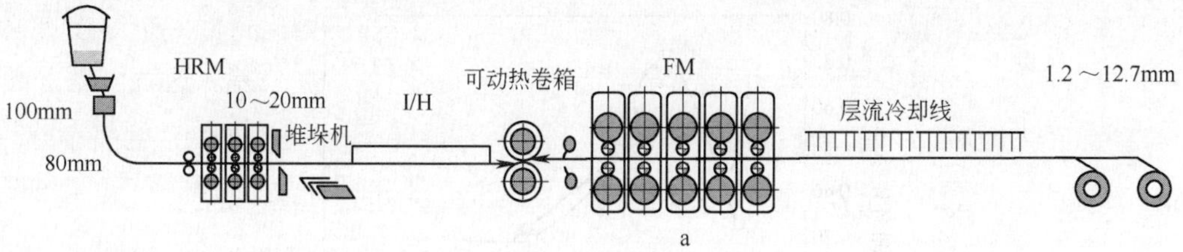

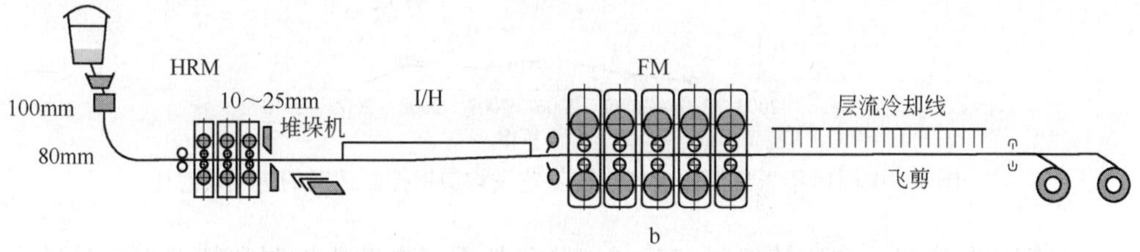

图4　韩国 POSCO 钢铁公司的“HIGH MILL”生产线的流程示意图

a—CEM 工程第 1 阶段；b—CEM 工程第 2 阶段

3　国内薄板坯连铸连轧生产技术的发展与进步

节能降耗、降低生产成本、提高薄板坯连铸连轧生产线的产能与生产效率、结合流程特点开发高附加值产品、进一步完善系统技术实现关键技术的国产化等，这些始终都是国内广大冶金工作者研究开发的目标，而且都取得了显著的成绩。面对现有严峻的市场竞争形势，这些成绩不仅为薄板坯连铸连轧的生存与发展拓展了空间，同时也对整个行业的技术进步起到了积极的推动作用。

3.1　生产技术进步与漏钢预报系统的应用使得漏钢率大幅降低

国内在薄板坯连铸连轧生产技术方面的进步是十分显著的。这些技术进步不仅表现在浸入式水口、保护渣、关键机械装备等的国产化方面，还表现在品种钢不断扩大、各项生产指标进一步提高。这其中薄板坯连铸漏钢率持续下降就是一个典型实例。中国历年来薄板坯连铸工艺漏钢控制情况的进展如图 5 所示，可以看出近些年来，随着国内薄板坯连铸连轧生产工艺技术进步，漏钢率的平均值不断下降。不同的薄板坯连铸生产工艺之间，随着铸坯厚度的变厚、生产拉速的降低，CSP、FTSC、ASP 工艺的漏钢率依次降低（见图6）。

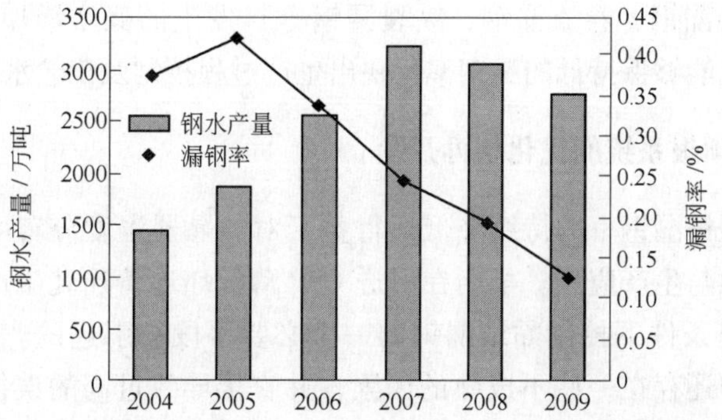

图5　中国历年来薄板坯连铸工艺漏钢控制情况的进展

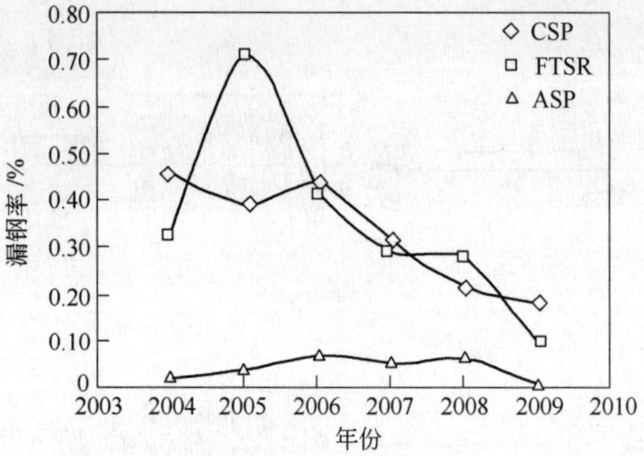

图6　中国历年来典型薄板坯连铸工艺平均漏钢控制情况的进展及对比

漏钢率是衡量一台连铸机生产工艺、装备技术、自动化控制和管理水平的综合体现。目前，国内大板坯连铸机漏钢率的平均水平在0.02%左右，而国内正常生产的薄板坯连铸机也能达到这个水平，如包钢的双流薄板坯连铸机，正常工作拉速为4.2～4.5m/min，在产能接近300万吨/a的情况下，2009年全年漏钢率为0.04%；更好的是济钢的中薄板连铸机，其在生产135mm厚度板坯时，在铸机正常拉速1.8～2.8m/min的情况下，从2009年到2010年上半年漏钢率为0。国内典型企业薄板坯连铸工艺漏钢控制情况的进展及对比如图7所示。

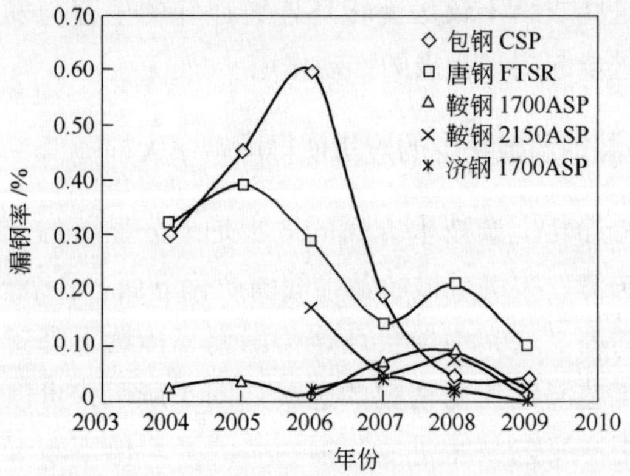

图7　中国历年来某些企业薄板坯连铸工艺漏钢控制情况的发展及对比

薄板坯连铸机的高拉速使得结晶器内钢水液面波动加剧、卷渣现象增多，各种漏钢事故（包括黏结漏钢、卷渣漏钢、纵裂漏钢等）发生的概率增加，经过多年努力，中国薄板坯连铸机能够保持低的漏钢率反映出生产过程控制及工艺水平的提高。

3.2　结晶器漏钢预报系统的优化与再开发

国内薄板坯连铸漏钢率的持续降低还得益于对结晶器温度分布可视化与漏钢预报系统技术的再开发与生产应用。早期在引进CSP薄板坯连铸连轧生产线时，漏钢预报系统是作为高拉速条件下控制黏结漏钢的一个必要手段被引进的。实际生产使用时，由于其软件开发中还存在一些不成熟的因素，并直接导致过高的误报率，使得连铸机无法正常生产。因此国内一些企业取消了漏钢预报的控制功能，仅将其作为生产过程控制的一个参考。

近两年来，随着国内薄板坯连铸生产技术的进步，特别是企业加大了对漏钢系统的再开发，使得大多数企业如包钢、马钢、邯钢等已将漏钢预报系统直接投入过程控制。但是，由于生产水平的不同，漏钢预报系统的使用效果存在较大差异，较差的个别企业的单流铸机黏结报警次数达到60次/月，有的甚至达到100次/月以上。

每一次黏结报警都会造成铸机突然降速或停机，它不仅对炼钢—连铸的高效化生产节奏带来影响，而且对产品质量带来巨大危害，有些企业为了将黏结坯切除，必然造成大量的短尺铸坯和带卷，也造成了成材率的下降。

在结晶器温度分布可视化与漏钢预报系统的再开发应用方面特别值得一提的是唐钢的薄板坯连铸机，在唐钢和国内相关科研单位的共同努力下，通过优化生产工艺、保护渣性能、浸入式水口的优化以及漏钢预报软件的完善，目前，唐钢的薄板坯连铸机双流黏结报警次数降低到6次/月以下，远低于近年来一些引进的大板坯连铸机的报警次数，促进了铸机生产效率的提高。这值得进一步在全国推广移植，当然，也一定要注意知识产权的保护或转让。

3.3 加热炉工序能耗的优势进一步显现

传统大板坯生产采用冷装时，加热炉吨钢能耗在1.9~2.1GJ（相当于64.85~71.67kg标煤）。近年来，随着节能降耗技术的推广，蓄热式加热炉开始在传统板坯生产中广泛应用。生产实践表明：采用蓄热式加热炉后，加热炉能耗可降低30%以上，即吨钢能耗平均达到1.23GJ（相当于41.98kg标煤）。对于国内一些先进企业，由于连铸坯热装热送技术的应用，在铸坯平均入炉温度400~500℃的情况下，加热炉吨钢能耗可进一步降低到0.95~1.15GJ（相当于32.42~39.25kg标煤）。

而在薄板坯连铸连轧方面，从2009年的统计数据可以看出：尽管国内各企业的统计口径存在一定的差异，但总体的趋势还是十分的明显，即在铸坯表面平均温度为750~950℃的入炉温度条件下，铸坯越厚加热炉能耗越高。135~170mm厚的中薄板坯加热炉能耗为42.69kg标煤，70~90mm厚铸坯的FTSC工艺加热炉能耗平均为34.50kg标煤，50~70mm厚铸坯CSP工艺的加热炉平均能耗为20.53kg标煤，最好的是包钢，其加热炉能耗为吨钢13.70kg标煤。

另外，上述的优势是在薄板坯连铸连轧没有采用蓄热式加热方式条件下取得的。近期唐钢完成了其隧道式加热炉的蓄热式改造，加热炉燃料消耗降低1/3以上，由改造前的吨钢34.88kg标煤降低到改造后的22.17kg标煤。

由此可见薄板坯连铸连轧在加热炉工序的节能优势和潜力。

3.4 发挥薄板坯连铸连轧流程优势，生产高强度、薄规格产品

热轧薄带产品的高强度以及大压下、薄规格轧制是薄板坯连铸连轧的流程特点。在该生产技术应用方面，珠钢走在了世界的前列。珠钢与国内科研院校合作，先后研发了Ti、V-N微合金化高强及超高强钢、铌微合金化管线钢等产品系列。采用钛微合金化生产的高强钢的屈服强度达到700MPa，并具有良好的成形性、强韧性和耐候性，同时也使珠钢成为世界上最大的集装箱板供应商。

在薄规格轧制方面，珠钢批量生产普通碳素结构钢最小厚度为1.2mm，集装箱板最小厚度为1.4mm，花纹板最小厚度为1.8mm，屈服强度550MPa的高强钢最小厚度

为1.5mm，屈服强度700MPa的高强钢最小厚度为2.0mm。

2008年度，珠钢薄板坯连铸连轧生产线总产量为193.3万吨，其中厚度小于等于2.0mm的为132.9万吨，占68.8%比例，产品平均厚度2.76mm。2009年度，受国际金融危机的影响，珠钢在产量减半的情况下，厚度小于等于2.0mm的产品比例仍然达到了55.5%，产品平均厚度达到2.37mm。2010年，珠钢集装箱板生产月度薄规格小于等于2.0mm比例平均达到了80%以上，小于等于1.6mm比例达到了50%以上，其中小于等于2.0mm月度最高比例达到了90.01%，小于等于1.6mm月度最高比例达到了55.76%。这些指标已经逼近了现在国际无头轧制的生产技术水平。

与此同时，国内其他钢铁企业，如涟钢、马钢、邯钢等，也在批量生产薄规格产品。

3.5 高附加值新产品开发应用

继国家“十五”科技攻关项目“薄板坯连铸连轧生产电工钢新技术研究”在马钢生产试验成功后，国内涟钢、唐钢、邯钢、通钢等多家薄板坯连铸连轧生产厂纷纷开展了无取向电工钢的开发研究。武钢新建CSP生产线则定位在以生产取向和无取向电工钢为主。

马钢经过前期的试生产无取向电工钢、批量化生产半工艺电工钢以及全工艺生产无取向电工钢3个阶段后，已经实现了采用CSP流程规模化稳定生产无取向电工钢，形成了涵盖中低牌号无取向电工钢（50W470~50W1300）月产3万吨以上的生产规模。目前马钢拟新上常化线，以实现（50W400以上）中高牌号的工业化生产。

武钢在不断消化新建CSP线技术的基础上，试制了从典型中低牌号（50W800）到高牌号（50W310）无取向电工钢以及部分牌号取向电工钢（30Q130等）。涟钢的CSP生产线近年来主要以生产半工艺电工钢为主，2010年9月华菱集团与安塞乐－米塔尔公司电工钢项目合作签约，新组建的合资公司将利用涟钢的薄板作为电工钢基板。唐钢FTSR生产线生产的无取向电工钢TGW800冷硬卷经用户退火处理后，于2010年5月加工成冷轧无取向电工钢成品，产品电磁性能全部达到国标要求。邯钢的CSP生产线于2010年7月试生产H50W800冷硬卷，下一步的目标将结合连退线建设，以开发生产高效电机用无取向电工钢。

可以看出，由于薄板坯连铸连轧工艺生产的带卷头尾性能的一致和均匀性，加上良好的板形控制，电工钢正在逐步成为薄板坯连铸连轧生产线的定型产品之一。

3.6 新型薄板坯连铸结晶器设计技术的开发及应用

新型薄板坯连铸结晶器设计的目标主要有3个：一是提高设备的使用寿命；二是改善铸坯质量；三是满足更高的拉速需求。满足更高的拉速（拉速大于6m/min）需求是无头轧制工艺追求规模效益所必须开发的关键技术之一。目前，国内薄板坯连铸新型结晶器设计的目标主要是：提高设备使用寿命、减少铸坯纵裂和边裂。

连铸技术国家工程研究中心与国内冶金企业合作，在研究不同漏斗型结晶器设计经验的基础上，提出了结晶器漏斗区锥度满足漏斗区内凝固壳自身收缩需要和结晶器锥度变化率沿高度上的分布的设计概念，并在优化结晶器冷却结构和漏斗型曲面的基础上，对唐钢、通钢FTSC薄板坯连铸结晶器进行了改进，生产实践的结果表明：通过结晶器的优化设计，不仅有效地降低了铸坯的纵裂发生率，而且有效地提高了结晶器窄边铜板的使用寿命。FTSC 铸机在浇铸 1520mm 宽断面铸坯时，结晶器的窄边单边附加锥度为 11 ~ 12mm；采用连铸中心设计的结晶器后，结晶器内坯壳的凝固收缩更接近实际坯壳的收缩量，使得结晶器窄边铜板的磨损量由过去的 100 炉钢磨损 4 ~ 5mm 下降到小于 2mm，结晶器窄边铜板使用寿命提高近 1 倍。图 8 所示为优化改造前后 FTSC 结晶器局部锥度沿高度上的分布。

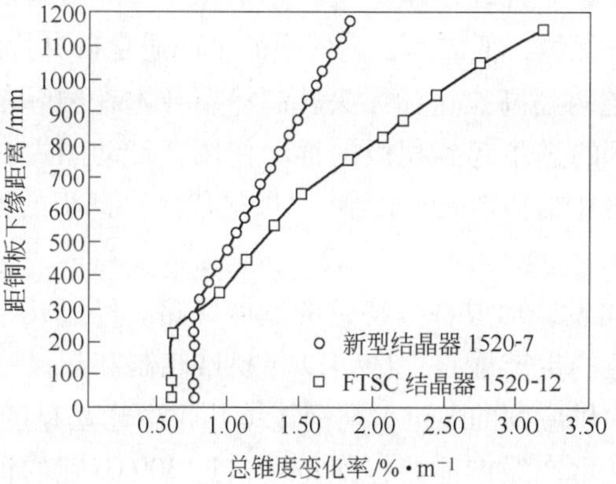

图 8　优化改造前后 FTSC 结晶器总锥度变化率沿高度上的分布

结晶器窄边下口磨损量增大，将造成铸坯窄边凹陷并形成尖角，图 9 所示为原结晶器磨损后的窄边铜板与铸坯形貌。此时极易造成铸坯角部温度过冷，引发弯曲和矫直过程裂纹的产生；同时，这种形貌的窄边铸坯在轧制过程中也容易造成折叠缺陷的发生。结晶器窄边下口磨损量的减少，改善了铸坯的窄边形状，有效地减少了铸坯边裂的发生。

a　　b

图 9　原结晶器磨损后的窄边铜板与铸坯形貌

a—磨损后的结晶器窄边下口形貌；b—铸坯窄边凹陷形貌

4　展望

面对国际金融危机后严峻的外部环境以及国内钢铁产能过剩的市场形势，中国的薄板坯连铸连轧技术在高附加值品种钢的开发、节能降耗、提高生产效率、降低生产成本等方面都保持了良好的发展。在国内目前激烈的市场竞争条件下，薄板坯连铸连轧生产工艺与传统的板坯连铸生产工艺分工协作、优势互补，共同满足了市场的需求。

展望未来几年国内薄板坯连铸连轧技术的发展，可以看到有以下几个重点方向：

（1）从目前薄板坯连铸连轧生产的实践来看，薄板坯连铸高拉速技术的应用给薄板坯连铸连轧产品的开发造成的主要制约因素有两个：一是铸坯的宽面纵裂发生率较高；二是由于夹杂物含量较高，给一部分高级别冷轧深冲用板的生产带来困难。

因此，针对国内大量是以转炉匹配薄板坯连铸连轧的流程特点，在加强关键技术研发的同时，要优化和建立合理洁净钢生产体系，从产品质量的源头抓起，充分发挥薄板坯连铸连轧的流程优势，低成本、高效率的生产适合自身特点的高附加值品种。

（2）随着薄板坯连铸超高拉速和无头轧制等新技术在国际范围内的开发应用，将对国内薄板坯连铸技术的进步起到积极的推动作用，带动国内在提高铸机拉速、进一步扩大产能、超薄规格轧制和半无头轧制、“以热代冷”薄板的推广应用等方面再上新台阶。

（3）从市场需求出发，形成各具特色的发展思路。经过几年的实践，国内各个企业已经形成了独具特色的生产思路，珠钢以薄规格轧制和超高强度产品的开发始终保持着世界集装箱板最大供应商的地位；马钢连续几年冷轧基料产量保持 150 万吨以上；包钢的薄板坯连铸连轧生产线产能始终保持在接近 300 万吨的世界最好的水平，形成规模效益等。在坚持不同企业各自独立特色的同时，一定要加强创新，只有不断创新才能保持发展，并更具特色。

（4）进一步优化浸入式水口、保护渣技术。浸入式水口、保护渣在提高产品质量和铸机生产效率方面起着重要的作用。尽管目前国内一些企业已开始全面实现国产化，但随着铸机高拉速技术的应用、铸机单浇次生产时间的延长以及高品质钢的生产开发等，都对浸入式水口和保护渣提出了新的、更高的要求，尤其是在产品质量的稳定性方面，我们还需要做长期不懈的工作。

（5）完善隧道式加热炉的节能技术。优化加热工艺制度、进一步降低隧道式加热炉的能耗，这个问题已逐步引起一些冶金企业的重视。唐钢采用蓄热式改造将加热炉能耗降低了 1/3 以上，这是隧道式加热炉节能的有效措施之一。另外在热工制度方面，一些企业已经开始了相关的研究与探讨，通过合理的加热、均热分布设计，以及优化加热制度，可以进一步降低隧道式加热炉的能耗。

（6）提高铸机—轧机的动态匹配。铸机高拉速技术的应用，带来了整条薄板坯连铸连轧生产线作业率的增加、产能的提高，同时也对铸机与轧机的动态匹配提出了更高的要求。尤其是在采用多分剪半无头轧制时，从时间、物流、空间、热量等多维尺度上做好铸机—轧机的动态匹配可以最大限度地提高整条生产线的生产效率和经济效益。

（7）坚持关键技术的国产化开发。近年来，国内不仅在薄板坯连铸漏斗型结晶器、液压振动、带液芯压下、二冷动态控制等关键装备和工艺技术方面实现了国产化，而且已经形成了整条生产线的系统集成能力。

通过广大冶金工作者的共同努力，中国的薄板坯连铸连轧生产线已经在生产工艺、产品质量方面取得了长足的进步，大部分生产技术指标已达到国际先进水平或国际领先水平。下一步，应该在全面实现工艺技术、装备技术、自动化技术国产化的基础上，形成具有中国特色的薄板坯连铸连轧系统技术，推向国际市场，积极参与国际市场竞争。

Progress and Development Direction on Thin Slab Continuous Casting and Rolling Technology Under New Situation

Ruiyu Yin Hui Zhang

(Central Iron and Steel Research Institute, Beijing, 100081, China)

Abstract The development status and characteristics of TSCR production under the new situation of international and domestic are reviewed. The application status of the key technologies such as high speed casting of caster, energy saving technology of tunnel-furnace, endless rolling technology of thin slab caster-rolling mill, thin gauge and high valued steel products developing are discussed. The future development of TSCR in the domestic is proposed.

Key words thin slab casting and rolling, endless rolling, breakout forcasting, energy saving, development

高效率、低成本洁净钢“制造平台”集成技术及其动态运行*

摘　要　研究并讨论了高效率、低成本洁净钢“制造平台”的概念、定义、内涵、边界和动态运行的规则和方法。指出高效率、低成本洁净钢“制造平台”不仅有质量含义、技术含义，而且有市场含义、经济含义。高效率、低成本洁净钢“制造平台”建设是钢厂今后技术进步过程中具有基础性、普适性并事关效率、质量、成本的共性关键技术之一，不仅适用在“高端产品”研发和生产，也适用于大宗普通商品钢材的生产过程。高效率、低成本洁净钢制造平台是现代炼钢技术进步的重要方向，对每个钢厂的市场竞争力具有重要意义。高效率、低成本洁净钢“制造平台”的研究不仅涉及钢厂的生产技术和管理，而且涉及学术研究领域（过程工程及其动态运行）和工程设计的理论和方法创新（动态－精准设计的理论与方法）。高效率、低成本洁净钢“制造平台”的集成理论和方法是冶金过程工程与材料工程的结合点。

关键词　高效率　低成本洁净钢　制造平台　集成技术　动态运行

1　简要回顾

2001～2004年间，国际钢铁协会（IISI）组织了“当代洁净钢生产工艺技术”方面的研究，并将其成果以《洁净钢——洁净钢生产工艺技术》一书出版，该书对进一步发展洁净钢技术以及全世界钢铁工业的进步作出了有益的贡献。

中国金属学会高度重视这一发展动向，在得到IISI方面慨允的前提下，组织专家将该书译成中文《洁净钢——洁净钢生产工艺技术》，于2006年在北京出版发行，引起了国内业界人士的注意。中国金属学会和鞍山钢铁公司联合于2008年在鞍山举办了第一届国际研讨会，国内外诸多专家、学者参加了这次盛会，会上专门就高效率、低成本洁净钢平台技术与相关问题进行讨论。2010年中国金属学会在首钢迁安钢铁公司举办了全国炼钢—连铸生产技术会，进一步指出“高效率、低成本洁净钢平台集成技术”是21世纪钢铁工业的共性技术之一，是普适性的概念，是现代炼钢技术进步的重要方向。

近些年来，中国许多钢厂在对“洁净钢”“高效率、低成本洁净钢平台集成技术”的理解不断加深，在工业实践中也进行了不少有益的探索，不仅体现在薄板制造过程中，同时也体现在量大面广的建筑用棒/线材生产过程中。与此同时，也还存在一些认识上的片面性、局限性，例如：讲“洁净钢”多，讲“高效率、低成本洁净钢平台集成技术”相对不足；讲一些所谓“高端产品”多，讲“普适性”“共性技术”相对少些；讲“四项基础技术”多，讲动态－集成技术相对少；讲产品的成分、性能指标多，讲高效率、低成本的动态运行少；讲生产制造多，讲工程设计优化很少等。看来，还

* 原发表于《钢铁》2012，47（1）：1～8。

是有必要以哲人式的追问方式对高效率、低成本洁净钢平台的概念、定义、内涵、边界和动态运行等深入讨论，进一步澄清，以利充分收到多方面的实效。

2 关于高效率、低成本洁净钢平台的概念

高效率、低成本洁净钢平台是基于“洁净钢”概念的工业化、大批量、稳定、及时供货的概念，不同于实验室对“纯净钢”研究的含义，也不能局限在产品研发、试制的视角上。高效率、低成本洁净钢平台既重视“结果”——产品的质量、性能与功能，更重视生产过程的动态运行过程中的效率和成本。为了使“结果”与“过程”联系起来综合优化，需要重视构建起能批量、稳定、及时供货且有成本竞争力的作业线——这将导致产品的专线化生产；专线化生产并不意味着某条作业只生产一种产品，而是可以兼容地、高效率地、低成本地生产某些相关产品，专线化不意味着产品单一化。当然，作为一个炼钢厂，也可以有几条相互不干涉、可以兼容的专门化生产线。

高效率、低成本洁净钢平台集成技术是一种结构 - 功能 - 效率优化的普适性共性技术，不仅适用于IF钢、硅钢、管线钢等所谓高端产品，而且对建筑用棒/线材等大宗产品也具有实用价值。

高效率、低成本洁净钢平台技术将涉及产品的经济洁净度，产品的批量稳定性、生产过程动态集成优化——时、空概念与信息调控，特别是生产过程的效率和成本等工业生产中的基本问题。

高效率、低成本洁净钢平台集成技术不仅重视批量供货的产品质量、性能，而且强调企业的效率优化、成本优化，着眼于企业的综合竞争力。这不仅涉及现有钢厂的生产经营，而且也将引导新建钢厂和已有钢厂技术改造中的设计优化。当然，还将涉及冶金工程科技研究的领域——过程工程及其动态运行优化，同时，也将引导动态 - 精准设计的理论、方法的创新，推动新一代钢厂的设计建设和运行。高效率、低成本洁净钢集成技术实际上是冶金过程工程与材料工程的结合点。

3 关于有关名词的“定义”

3.1 洁净钢

“洁净钢”不同于“纯净钢”的含义，更不同于“超纯净钢”的含义。“洁净钢”并不意味着越纯越好。“洁净钢”也不意味着一批产品“洁净度”的平均值，而是产品“洁净度”概率分布及其稳定性的含义。“洁净度”的质量概念更是有别于传统的产品“合格率”概念。

“洁净钢”应理解为：当钢中的非金属夹杂物或其他有害物质直接或间接地影响产品的加工性能或使用性能时，该钢就不是“洁净钢”；而如果钢中的非金属夹杂物和有害杂质的数量、尺寸或分布对产品的加工性能、使用性能都没有不良影响，则这种钢就可以被认为是“洁净钢”。“洁净钢”是以适应用户的加工、使用过程为目标，是一种材料工程的概念。因为不同产品在其不同的加工过程和使用过程中，所要求的质量、性能以及与之相应的洁净度是不同的。对于用户方而言，不同商品、钢材（包括高端产品与大宗商用产品在内），都有洁净度特别是经济洁净度的要求，都会有与之相关的“洁净钢”的含义。因此，不同类型、不同用途“洁净钢”的洁净度是分层次的。

3.2 经济洁净度

“经济洁净度”是对应于市场竞争力的产品“洁净度”，“经济洁净度”是以市场需求为导向，兼顾制造商（用户）和供应商（钢厂）的经济效益和市场竞争力。所谓“经济洁净度”有两方面的含义：对钢厂而言，并不追求越纯越好，而是在满足用户需求的前提下，追求适当的、稳定的洁净度，追求生产过程的高效率，追求产品的低成本，追求产品性能的高质量和稳定性。对于用户而言，则意味着钢厂生产的商品钢材可以满足其加工过程和使用过程的各类要求，同时这些商品钢材的质量、性能是稳定的，是可以满足用户所生产制品的功能的，并且是可以及时交货的，价格也是合理的。

经济洁净度是在多种技术组合、集成基础上，经过钢厂与用户共同研发得到的一种共识性的概念。

3.3 洁净钢平台

所谓“平台”技术，应是某种基础性、通用性、集成性的技术集成系统，“平台”应是诸多技术模块的优化及其相互之间的组合集成。

洁净钢平台，应是某种以高效率、低成本、稳定地生产洁净钢的基础性、通用性、集成性的技术系统（技术模块群）。

从技术进步的角度上看，开发“平台”系统是一种全局性的组合集成战略，目的是建立起一种面向（适应）多目标优化的技术群（包）。

由于不同用途钢材所经过的加工过程或使用状况不同，相应的经济洁净度不同，成本/价格要求不同，批量规模也不同，因此，生产不同类型商品钢材的洁净钢平台也会有不同的模式。例如：

（1）薄板型的洁净钢制造平台；

（2）中厚板型的洁净钢制造平台；

（3）普钢长材型的洁净钢制造平台；

（4）合金钢长材型的洁净钢制造平台；

（5）无缝钢管型的洁净钢制造平台；

（6）不锈钢平材型的洁净钢制造平台等。

构建不同类型的洁净钢制造平台，既要遵循共同的概念和理论，又必须体现不同类型产品生产过程的特点和产品要求。

4 高效率、低成本洁净钢制造平台系统边界和构成

4.1 洁净钢制造平台的边界

对洁净钢制造平台系统而言，其边界应自高炉出铁后的铁水输送、转运开始，经过铁水预处理、炼钢、二次冶金、连铸直至铸机热坯输出的节奏和方向等工序单元的优化、创新以及相互之间的合理匹配和非线性耦合关系等诸多过程；而且对所得实效的期盼，包括了经济洁净度、生产效率、低成本、高质量稳定性、市场竞争力等目标群。

4.2 怎样构建洁净钢制造平台——技术集成系统

洁净钢制造平台是诸多技术模块的优化以及相互协同－集成的动态运行系统，这种动态运行系统将涉及工程设计、生产运行以及相应的管理体制。从过程工艺技术的优化与集成的视角上看，洁净钢制造平台的内涵应该包括一系列基础性支撑技术和动态－有序的物流运行集成技术。即：

（1）解析－优化的铁水预处理技术（和/或废钢/各类固体金属料的分类、加工技术）；

（2）高效－长寿的转炉（电炉）冶炼技术；

（3）快速－协同的二次冶金技术；

（4）高效－恒速的连铸技术；

（5）优化－简捷的“流程网络”技术；

（6）动态－有序的物流运行技术。

可以认为：上述6项技术中前4项技术属于基础支撑型技术，而优化－简捷的流程网络技术（例如合理的平面布置图等）和动态－有序的物流运行技术则是集成技术。

所谓“流程网络”是指在流程系统中将“资源流”“结点”和“连接器”整合在一起的物质－能量－时间－空间图形结构，主要体现为合理的平面布置图等，这是一种静态的集成框架。动态－有序的物流运行技术（例如物流运行动态调控的信息系统），则体现了动态运行的集成性“程序”。两者均属集成性的技术。

可见，如果只要试制少量的洁净钢，那么有4项基础支撑技术即可，但是要大批量、稳定地、高效地、低成本地生产不同类型的洁净钢，则必须要加上2项集成技术。

必须强调指出：铁水预处理—转炉冶炼—二次冶金—全连铸等基础支撑型技术要通过优化－简捷的“流程网络”技术和动态－有序的物流运行技术，将之组合集成在一起，通过优化的设计，使之“工程化”，构成动态－有序、高效率、低成本、稳定运行的集成性“平台”技术群（见图1、图2）。如果只有基础支撑技术，缺乏集成技术或是集成技术不合理、不完善，则难以实现构筑起理想的洁净钢“平台”。

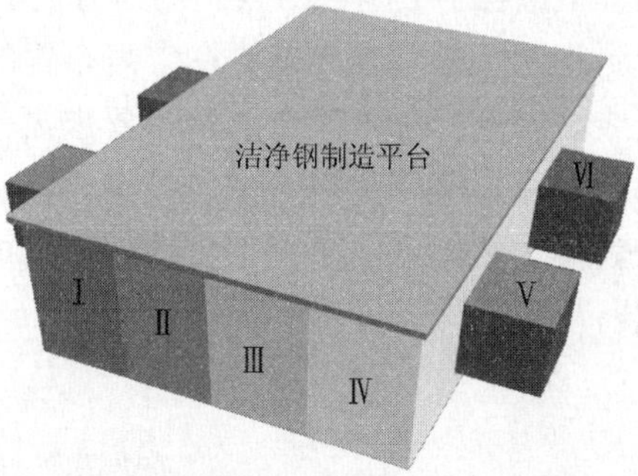

图1　高效率－低成本的洁净钢平台技术

Ⅰ—解析－优化的铁水预处理技术；Ⅱ—高效－长寿的转炉冶炼技术；

Ⅲ—快速－协同的二次冶金技术；Ⅳ—高效－恒速的全连铸技术；

Ⅴ—优化－简捷的“流程网络”技术；Ⅵ—动态－有序的物流运行技术

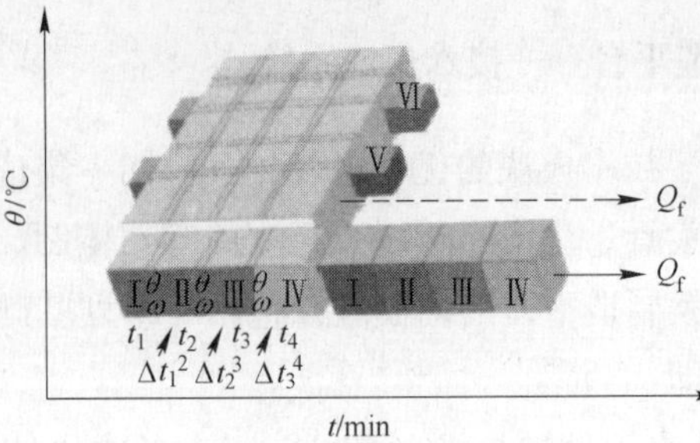

图 2　洁净钢平台动态 - 有序、紧凑 - 连续运行的示意图

Q_f—金属物质流量，t/min；θ—温度，℃；w—化学成分质量分数%；t—时间，min

在工程设计和生产运行过程中，炼钢厂中的高效率、低成本洁净钢生产“平台”是一类集成的技术模块群，将涉及生产技术系统、信息调控系统和运行管理系统。

其中：生产技术系统包括先进的工艺技术集成群，先进、稳定装备技术群和先进、可靠的检测技术群；信息调控系统包括先进的硬件设施和软件系统；运行管理系统包括严格的原料管理、设备管理和及时的成本管理系统。

5　洁净钢制造平台的动态运行

洁净钢制造平台要获得上述多目标优化的实效，必须重视“平台”系统的动态运行过程及其效率和稳定性。

5.1　“动态 - 有序 - 协同 - 稳定”是各工序单元集成运行的指导原则

高效率、低成本洁净钢平台中 4 项基础支撑性技术也是钢厂生产中四个主要工序，它们都有各自的运行空间和运行时间的内涵。但它们都分别是钢厂流程运行网络（平面布置图等）中的不同结点，而且在整个流程运行中与其他结点之间必然有着各种直接和间接的衔接界面和时 - 空关系。要使整个流程网络动态优化地运行，必须使各个结点的动态运行符合流程整体运行对各个结点在物质流量、物质性质（钢成分范围、洁净度、温度等）、时间过程等方面的目标要求，按照设定的程序动态 - 协同 - 稳定地运行，这是一个基本的指导原则。同时，还应当指出，只有在整个生产过程动态 - 有序 - 协同 - 稳定地运行过程中，各个工序（结点）的运行效率、运行质量才可能优化。

要使工序间的衔接做到协同 - 稳定，首先要在空间布置的设计上满足有序 - 协同的要求，这是对新建钢厂或已有钢厂技术改造的基本要求之一；同时还必须采取有效措施消除流程网络运行中的各种非稳定现象。

协同 - 稳定运行是高效率、低成本洁净钢平台动态运行的核心，而高效 - 恒速的全连铸技术是相关工序/装置动态运行的有序之源。

5.2　要重视时间因素

时间因素对能耗、物耗、质量、成本、环境负荷有着综合性影响。在高效率、低成本洁净钢制造平台的动态运行中，动态运行过程主要是在时间轴上展开的。为了实现高效率、低成本、经济洁净度等多目标优化，往往追求各个工序单元的动态运行在时间轴上的“连续性”、紧凑性、有序性和协同性。表现为：

（1）时间过程的“连续性”，即铁素物质流在时间轴上的连续化或准连续化；

（2）时间过程的“紧凑性”，即整个制造流程所需的时间过程越来越短；

（3）时间过程的“有序性”，即制造流程中各工序/装置动态运行的时序性、节奏性和稳定性；

（4）过程的“协同性”，即物质流动态运行过程中，前后工序、相关装置的功能、效率在时间轴上的可耦合性和实现耦合的速度，或在耦合性遭遇破坏时能及时恢复其耦合程度的能力等。

由此可见：生产流程动态运行中时间因素的研究对钢铁企业的生存与发展具有综合影响力，特别是在现代钢厂实现信息化、智能化的进程中，时间因素的研究和动态管理，是整个制造流程信息贯通的基础性工作之一。

5.3 时间管理图与动态运行

为了实现洁净钢制造平台动态运行的协同性、稳定性和连续性/准连续性，必须将“平台”系统中不同工序/装置的运行过程恰当地安排在时间轴上，进行时间程序上的集成优化，并通过匹配－协同等措施（例如不同的工序“界面技术”），使之尽可能长时期地连续化。

利用动态的时间管理图（动态 GANTT 图）方法将有助于“平台”系统动态－有序、紧凑－连续地运行，并实现多目标优化。

如何理解并编制“高效率、低成本、洁净钢制造平台”的动态时间管理图，即动态的 GANTT 图？

动态 GANTT 图体现着单元操作－工序/装置－生产流程之间的跨层次事物之间的相互选择/适应关系以及某些集成优化现象的“涌现”。动态 GANTT 图对同一层次的事物则突出地体现在多工序、多因子在以时间为耦合轴的动态－有序、紧凑－连续集成过程。

对钢厂全流程或是二级厂（车间）的生产流程（过程）而言，就是要通过编制并执行动态可控的 GANTT 图，将相关的、功能不同的、不完全同步的工序/装置的动态运行过程相互协同起来。实现全流程运行的协同化、连续化/准连续化、稳定化。

具体如下所述：

（1）动态 GANTT 图在控制工序/装置的工艺过程及其操作要领上，体现为：

1）化学成分、温度、物流量输入/输出的合理选择和优化控制；

2）工艺过程中时间因子的合理安排和时钟推进计划的设定和协调；

3）在上、下游工序/装置之间物质/能量输入/输出的矢量性规定。

（2）动态 GANTT 图指导和协调生产流程动态运行的调度、控制、规则与指令，体现为：

1）间歇运行工序/装置的运行服从连续运行工序的运行规则（例如以连铸为中心的运行原则）；

2）连续运行的工序/装置对相关间歇运行的工序/装置提出优化选择的要求、方向（例如间歇工序/装置的时间点、时间位、时间域以及功能性优化的要求等）；

3）尽量保持多工序/装置“层流”运行的原则，减少横向干扰，使物流动态匹配、协同（例如不同产品的专线化高效率生产等）（图3）。

(3) 动态 GANTT 图指导钢厂平面图、物质流/能量流网络的设计优化或技术改造，体现为：

1) 物流路径设计以简捷化、紧凑化、稳定化为原则；

2) 物流动态运行的有序化、协同化、稳定化安排；

3) 物质流网络与能量流网络的相互关联及其效率优化；

4) 物质流网络－能量流网络－信息流网络的关联。

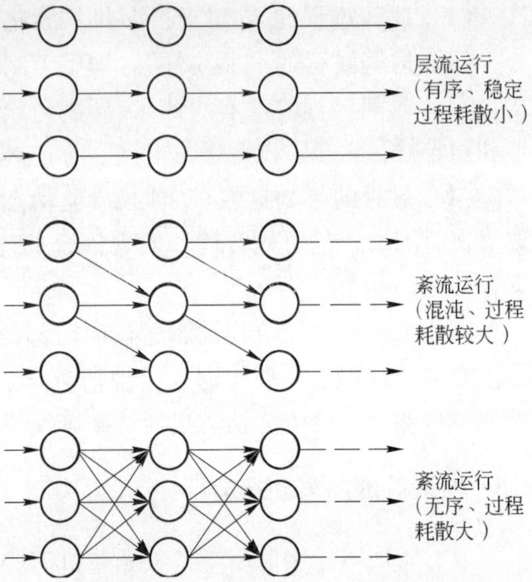

图3　生产运行过程中层流运行、紊流运行与耗散

(4) 动态 GANTT 图的编制。在低成本、高效率洁净钢生产平台体系中，从输入的铁水到输出的高温铸坯；实际上就是液态的铁素物质流的动态运行过程，运行的目标是希望动态－有序、紧凑－连续地实现尽可能多的“多炉连浇”－“自生长”的形式。然而，铁水预处理工序、炼钢炉工序、二次冶金工序等装置的运行特点恰恰都是该工序中“流”的周而复始的、间歇的“自复制”形式。

为了满足“流”的“自生长”程序会对间歇运行装置的“自复制”程序作出选择（或导向），而间歇运行装置的“自复制”程序则也应该适应连铸机“多炉连浇”这一“流”的“自生长”的需求。这样就会形成“间歇”运行服从“连续”运行的规则（原则）、“层流”运行规则（原则）和“连续”运行指引“间歇”运行的优化方向。

动态 GANTT 图在洁净钢生产平台中，体现着制造流程中“流”的“自生长”与其诸多构成单元工序/装置的“自复制”之间的选择与适应关系（见图4）。

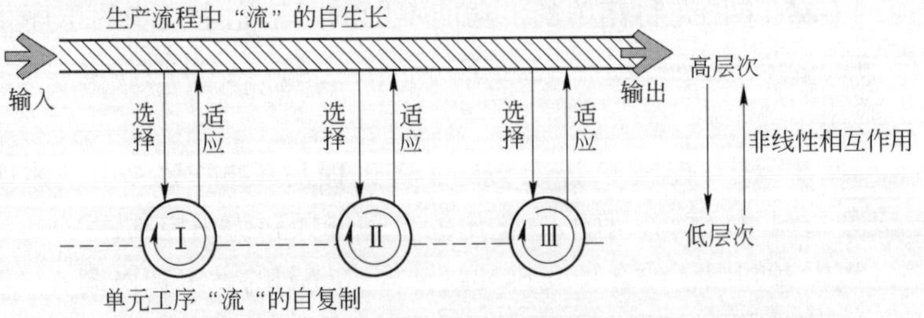

图4　不同层次的非线性相互作用

其中：低层次的单元工序自复制过程，从表面上看相互之间在时间上不完全同步，当然功能也是不同的，因此，不仅要调整好工序（Ⅰ、Ⅱ、Ⅲ等）自复制的时间过程，而且必须解决好工序之间的时间/温度/流量等基本参数的衔接、缓冲、协同关系，其中包括了工序之间的输送方式、转运速度和时间/空间关系（平面图等）。这样才能将诸多单元工序中“流”的自复制集成为整体流程中“流”的连续自生长，或是在服从整体流程中“流”的连续自生长的前提下，反过来指导单元工序中“流”的“自复制”的优化。

例如以全“三脱”转炉炼钢厂动态 GANTT 图的具体编制步骤为：

1）以恒拉速（高拉速）为出发点和主要目标，编制连铸机多炉连浇的时间程序表，给出时间域、时间点、时间节奏和单位时间“流量”；

2）试编制“间歇”工序/装置的时间域、时间点、时间位、时间节奏和“流量”；

按照上、下游工序动态－有序、协同－层流运行的原则，以及长时间多炉连浇的目标，在时间管理上应遵循以下规则来运行：

$$t_{\mathrm{BOF}}^{\mathrm{d[C]}} \leqslant t_{\mathrm{CC}}$$

$$t_{\mathrm{SM}} < t_{\mathrm{BOF}}^{\mathrm{d[C]}} \leqslant t_{\mathrm{CC}}$$

$$t_{\mathrm{BOF}}^{\mathrm{d[C]}} \leqslant \frac{N}{M} t_{\mathrm{BOF}}^{\mathrm{d[C]}}$$

$$t_{\mathrm{KR}}^{\mathrm{d[S]}} \leqslant \frac{L}{N} \times t_{\mathrm{BOF}}^{\mathrm{d[C]}}$$

式中，$t_{\mathrm{BOF}}^{\mathrm{d[C]}}$为脱碳转炉运行时间周期，min；$t_{\mathrm{CC}}$为连铸机运行时间周期，min；$t_{\mathrm{SM}}$为二次冶金装置运行时间周期，min；$t_{\mathrm{BOF}}^{\mathrm{d[P]}}$为脱硅、磷转炉运行时间周期，min；$t_{\mathrm{KR}}^{\mathrm{d[S]}}$为 KR 脱硫装置运行时间周期，min；$N$ 为脱磷转炉座数；M 为脱碳转炉座数；L 为 KR 脱硫装置座数。

3）研究分析各工序/装置之间的传搁、等待、缓冲时间和温度变化，并使各工序/装置之间能形成一定的“弹性”匹配——非线性互相耦合（非线性相互作用）；

4）进一步研究连铸“多炉连浇”与间歇工序/装置之间的优化、匹配、缓冲、协同关系，促进尽可能长时间的多炉连浇，并实现生产流程的动态－有序、紧凑－连续运行（见图5）；

5）优化物流路径，争取路径“最短化”“层流化”“稳定化”。

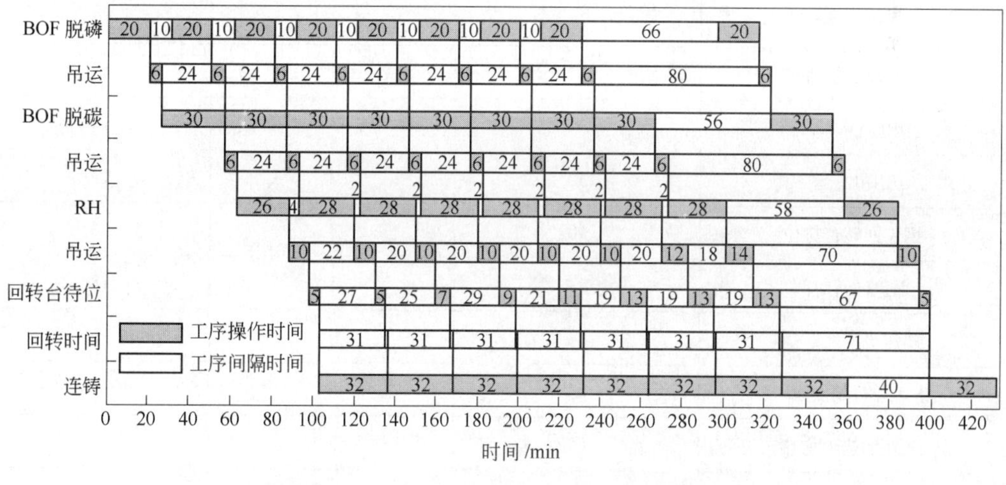

图5　BOF 脱［P］—BOF 脱［C］—RH—CC 流程动态甘特图

炼钢厂 GANTT 图的编制与实施，将促进加快各工序的生产节奏，促进炼钢厂生产的准连续化；缩短辅助时间、等待时间、间歇时间；有利于降低出钢温度、提高铸机拉速等。设计、编制、推行炼钢厂 GANTT 图是推行高效率、低成本洁净钢生产平台的重要措施。

6　一个建筑用棒/线型洁净钢平台的运行实例

某钢铁公司的第 2 钢轧厂是专门生产建筑用长材的工厂，其生产流程如下所示。

（1）采用钢水包快速周期技术，全厂4座55t转炉，仅用12个钢水包；

（2）采取铁水包炉炉扒渣（铁水$w([S])>0.035\%$时要进行脱硫处理）—55t转炉快速吹炼（吹氧强度$4.4m^3/(t\cdot min)$，吹氧时间11~12min/炉）—钢包全程底吹氩技术（吹氩强度$0.006m^3/(t\cdot min)$）—$6\times165mm$方坯高效－恒速的连铸技术（钢水定时、定温、定品质，铸机：中间包液面稳定、结晶器液面稳定、拉坯速度稳定约为2.2m/min）—采用转炉－吹氩装置－连铸机－加热炉－轧钢机“层流”运行的生产模式，辅以钢包全程加盖技术，准确可靠的原材料称重测量系统和信息化物流系统取得了如下高效率、低成本洁净钢生产平台的实绩：从铁水包扒渣开始—55t转炉冶炼过程—底吹氩处理—$6\times165mm$方坯铸机—铸坯热送热装—步进式加热炉—棒材连轧机轧制—冷床—剪切—计数—包装—标牌等过程，耗时约为102min（见表1，图6）。

表1　某厂第2钢轧厂No.4转炉－No.5连铸机－No.2棒材线生产组织　（min）

工　序	开始时间	工作时间	间隔时间
铁水由鱼雷罐倒入铁水包	0	3	16
铁水包扒渣	3	2	17
铁水包吊运	5	2	17
向转炉兑铁	7	2	17
转炉吹炼	9	15	4
转炉出钢	24	3	16
溅渣、倒渣	27	4	15
钢包底吹氩气	24	8	16
钢包吊运	32	8	11
钢包回转台待位	40	3	16
钢包回转时间	43	1	18
连铸机浇注时间	44	19	0
铸坯运行到加热炉	63	2	17
铸坯加热炉均热	65	20	0
钢材轧制时间	85	1	19
冷　床	86	12	8
剪　切	98	1	19
计　数	99	1	19
包　装	101	2	18
挂　牌	102	1	19

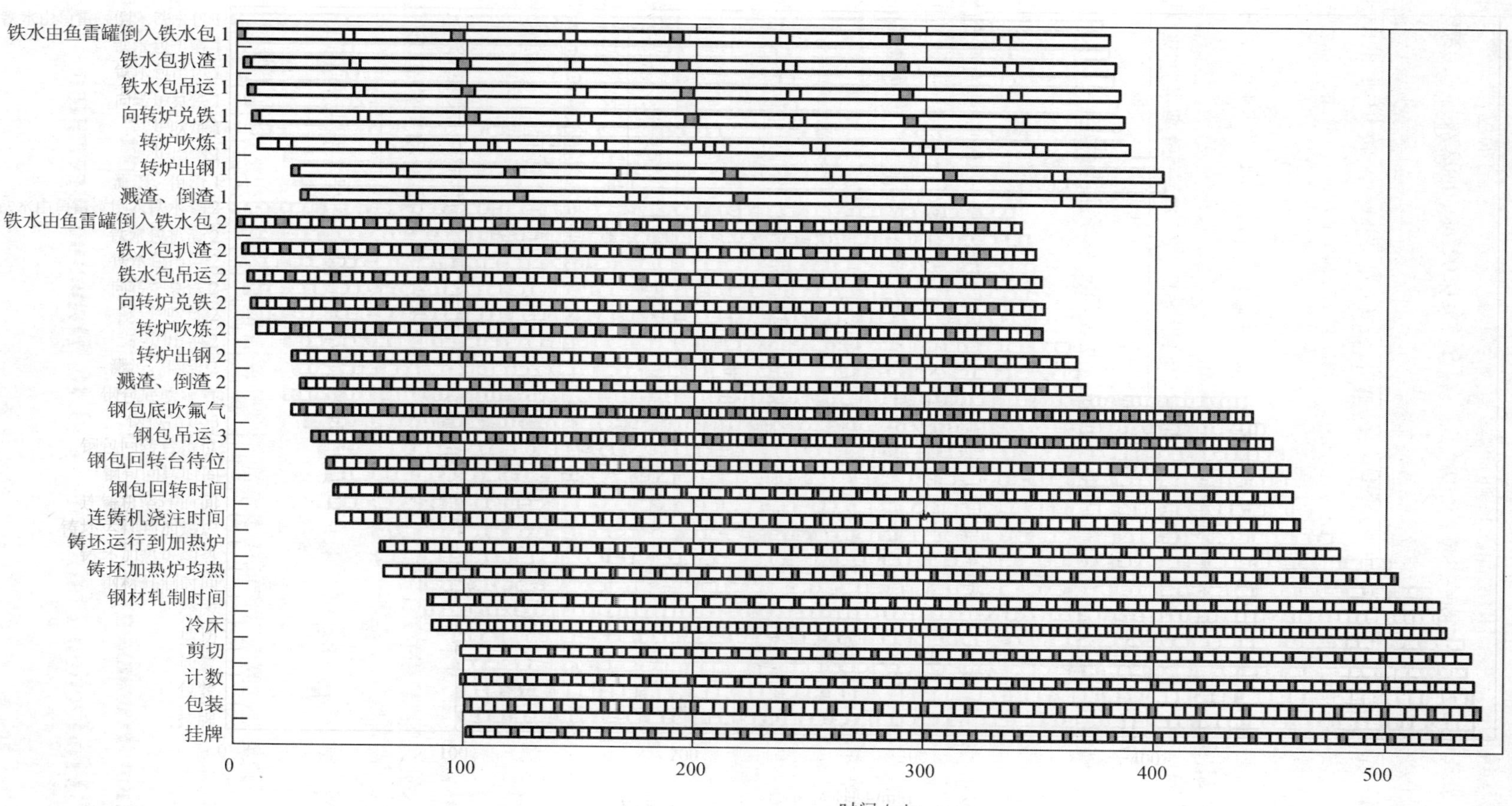

图 6　某厂二钢轧 No.4 转炉 –No.5 连铸机 –No.2 棒材生产线甘特图

生产的建筑用棒、线材的洁净度达到：

$w([O])\leqslant490\times10^{-6}((486\sim386)\times10^{-6})$、$w([S])\leqslant0.027\%(0.022\%\sim0.027\%)$、$w([P])\leqslant0.017\%(0.014\%\sim0.017\%)$。

55t 转炉出钢温度为 1635～1655℃，石灰消耗约为 39kg/t，转炉吨钢氧耗 52.56m^3/t，出钢—出钢时间周期为 22～25min，转炉回收蒸汽 89kg/t。炼钢厂能耗为 －18.92kg/t。

165mm 方坯连轧机拉坯速度约为 2.2m/min，连铸机有效作业率在 96% 以上，单流年产量可达 22.5 万吨。

连铸坯直接热装比大于 90%，铸坯进入加热炉温度 800～850℃，最高可达 900℃，加热炉能耗 0.57GJ/t，棒材工序能耗 30.44kg/t。

不同规格棒材（螺纹钢）的抗拉强度、屈服强度、延伸率等性能稳定。

7 结语

（1）高效率、低成本洁净钢制造平台建设是钢厂今后技术进步过程中具有基础性、普适性并事关效率、质量、成本的共性关键技术之一。不仅适用在“高端产品”研发和生产，也适用于大宗普通商品钢材（如棒/线材）等产品的生产过程。高效率、低成本洁净钢制造平台是现代炼钢技术进步的重要方向，对钢厂的市场竞争力具有重要意义。

（2）要进一步深化对高效率、低成本洁净钢制造平台的理解，包括其概念、定义、边界、内涵和动态运行。高效率、低成本洁净钢制造平台，不仅有质量含义、技术含义，而且有经济含义、市场含义。

（3）高效率、低成本洁净钢制造平台是由解析－优化的铁水预处理技术、高效－长寿的转炉冶炼技术、快速－协同的二次冶金技术、高效－恒速的全连铸技术、优化－简捷的“流程网络”技术、动态－有序的物流运行技术等 6 项技术集成起来的，其评价的指标，不仅要重视“结果”（产品），更应重视动态运行的“过程”（成本、效率等）。

（4）高效率、低成本洁净钢制造平台的研究不仅涉及钢厂的生产技术和管理，而且涉及学术研究领域（过程工程及其动态运行）和工程设计的理论和方法创新（动态—精准设计的理论与方法）。

高效率、低成本洁净钢制造平台的集成理论和方法是冶金过程工程与材料工程的结合点。

（5）不同类型的高效率、低成本洁净钢制造平台应进一步与相适应的轧钢工艺流程、相应的炼铁工艺流程结合起来，组成高效率、低成本洁净钢生产体系。

Integration Technology of High Efficiency and Low Cost Clean Steel “Production Platform” and Its Dynamic Operation

Ruiyu Yin

（Central Iron and Steel Research Institute，Beijing，100081，China）

Abstract The conception, definition, connotation, boundary of the high efficiency, low cost clean steel "production platform" and the rules, methods of its dynamic operation are studied and discussed. It is pointed out that, not only the connotations of quality and technology, but also the connotations of market and economy are embodied in the high efficiency, low cost clean steel "production platform". The construction of high efficiency, low cost clean steel "production platform" is one of the common key technologies concerning efficiency, quality and cost. It is the basic and universal technology, which not only applicable in the production of "high - end" steel products, but also in the production of bulk ordinary steel products. The "production platform" of high efficiency, low cost clean steel is the important direction of modern steel-making technology progress and has great significance on the competitiveness of the steel plants. The research of high efficiency, low cost "production platform" not only involves the production and management of the steel plants, but also the academic research field (process engineering and dynamic operation) and innovation of engineering design (theory and method of dynamic-precision design). The integrated theory and method of high efficiency and low cost clean steel "production platform" is the binding point of metallurgical process engineering and material engineering.

Key words high efficiency, low cost clean steel, production platform, integration technology, dynamic operation

殷瑞钰　院士

2002 年日本铁钢学会会长王寺睦满博士授予殷瑞钰先生名誉会员称号

2012 年中国科学院院士魏寿昆教授亲自授予魏寿昆冶金奖

在唐钢钢研所讨论科研方案

中德双边钢铁学术交流（德国杜塞尔多夫留影）

第 12 届中日双边钢铁技术研讨会

中国工程院 院士文集

Collections from Members of the Chinese Academy of Engineering

殷瑞钰文选（下）

A Collection from Yin Ruiyu（II）

北 京
冶金工业出版社
2014

内 容 提 要

《殷瑞钰文选》是殷瑞钰院士57年漫长科技生涯的历史性回顾。主要包括了殷瑞钰院士在科技期刊上发表的部分论文，在报刊上发表的部分文章，在国际学术交流会上的部分交流材料，以及在企业、高等院校、科研院所和工程设计单位演讲时的部分文稿。由于文章数量较多，本书只选取90篇具有代表性的文章进行了全文收录。这是一本殷瑞钰先生在钢铁冶金方面和工程哲学方面的文选，集中了他长期以来对于钢铁冶金方面的一些见解和新世纪以来在研究新一代钢铁制造流程和工程哲学方面的一些新认识。

图书在版编目(CIP)数据

殷瑞钰文选／殷瑞钰著. —北京：冶金工业出版社，2014.5
(中国工程院院士文集)
ISBN 978-7-5024-6639-8

Ⅰ.①殷…　Ⅱ.①殷…　Ⅲ.①冶金工业—文集　②社会科学—文集　Ⅳ.①TF-53　②C53

中国版本图书馆CIP数据核字(2014)第099222号

出 版 人　谭学余
地　　址　北京北河沿大街嵩祝院北巷39号，邮编100009
电　　话　(010)64027926　电子信箱　yjcbs@cnmip.com.cn
策　　划　张　卫　责任编辑　于昕蕾　美术编辑　彭子赫
版式设计　孙跃红　责任校对　李　娜　刘　倩　责任印制　牛晓波
ISBN 978-7-5024-6639-8
冶金工业出版社出版发行；各地新华书店经销；三河市双峰印刷装订有限公司印刷
2014年5月第1版，2014年5月第1次印刷
787mm×1092mm　1/16；55.5印张；2彩页；1326千字；859页
330.00元（上、下）

冶金工业出版社投稿电话：(010)64027932　投稿信箱：tougao@cnmip.com.cn
冶金工业出版社发行部　电话：(010)64044283　传真：(010)64027893
冶金书店　地址：北京东四西大街46号(100010)　电话：(010)65289081(兼传真)
（本书如有印装质量问题，本社发行部负责退换）

《中国工程院院士文集》总序

2012年暮秋，中国工程院开始组织并陆续出版《中国工程院院士文集》系列丛书。《中国工程院院士文集》收录了院士的传略、学术论著、中外论文及其目录、讲话文稿与科普作品等。其中，既有院士们早年初涉工程科技领域的学术论文，亦有其成为学科领军人物后，学术观点日趋成熟的思想硕果。卷卷文集在手，众多院士数十载辛勤耕耘的学术人生跃然纸上，透过严谨的工程科技论文，院士笑谈宏论的生动形象历历在目。

中国工程院是中国工程科学技术界的最高荣誉性、咨询性学术机构，由院士组成，致力于促进工程科学技术事业的发展。作为工程科学技术方面的领军人物，院士们在各自的研究领域具有极高的学术造诣，为我国工程科技事业发展做出了重大的、创造性的成就和贡献。《中国工程院院士文集》既是院士们一生事业成果的凝炼，也是他们高尚人格情操的写照。工程院出版史上能够留下这样丰富深刻的一笔，余有荣焉。

我向来认为，为中国工程院院士们组织出版院士文集之意义，贵在"真、善、美"三字。他们脚踏实地，放眼未来，自朴实的工程技术升华至引领学术前沿的至高境界，此谓其"真"；他们热爱祖国，提携后进，具有坚定的理想信念和高尚的人格魅力，此谓其"善"；他们治学严谨，著作等身，求真务实，科学创新，此谓其"美"。《中国工程院院士文集》集真、善、美于一体，辩而不华，质而不俚，既有"居高声自远"之澹泊意蕴，又有"大济于苍生"之战略胸怀，斯人斯事，斯情斯志，令人阅后难忘。

读一本文集，犹如阅读一段院士的"攀登"高峰的人生。让我们翻开《中国工程院院士文集》，进入院士们的学术世界。愿后之览者，亦有感于斯文，体味院士们的学术历程。

徐匡迪

2012年7月

序

殷瑞钰院士是我国钢铁冶金界著名学者、战略科学家。他长期在钢铁企业、科研单位和国家产业部门从事生产技术、科学研究和管理工作，经历了中国钢铁工业最重要发展时期的许多重大技术开发和工程实践、结构调整和发展决策全过程，积累了丰富的经验，开创性地进行了深入、系统的探索与研究，为钢铁工业流程优化、结构调整，为流程制造业的绿色制造和可持续发展的理论研究和实践应用作出了历史性的重要贡献。

殷瑞钰院士主持并直接参与了20世纪90年代中国钢铁工业的技术进步和战略决策，直接推动了连铸等6项关键–共性技术的有序开发，促进了钢铁工业快速发展和大幅度节能减排，促进了中国钢厂20世纪90年代以来的技术结构升级，在此基础上，提出了冶金流程集成优化理论。

新世纪以来，殷瑞钰院士对钢铁生产流程和钢厂模式开展了深入的理论研究，准确地提出了若干重要命题并有序实施：指出冶金制造流程中存在着不同时-空尺度上的科学问题，即基础科学、技术科学、工程科学3个层次的学问，从工程科学的高度揭示了钢铁制造流程动态运行的物理本质，从而得出现代钢厂具有3个功能，即钢铁产品制造功能、能源转换功能、废弃物消纳–处理和资源化功能。他深入研究了冶金工序功能集合的解析–优化、工序之间关系集合的协调–优化，钢铁制造流程中工序集合的重构–优化，丰富了冶金学的理论。

特别是近10年中，殷瑞钰院士从工程设计上归纳并提出了钢铁生产流程运行中的4类典型工程效应，提出了不同类型钢厂的结构和模式及其经济评估，阐明了钢铁制造流程的本质、属性、内涵，提出了钢铁制造流程整体优化的理论，为现代冶金流程优化研究提供了重要的理论基础。殷瑞钰院士还领导并开拓了在绿色制造与钢铁工业、钢铁工业生态化和循环经济方面等新领域的研究，提出了循环经济是以“3R”为原则和“物质–能源–时间–空间–资金”五要素集成，以资源“闭环”利用为特征和“经济”合理为边界条件的经济。

殷瑞钰院士也涉猎工程哲学领域，并且有丰厚的研究成果，笔耕不辍，著作等身：陆续出版了《冶金流程工程学》（第1版、第2版、英文版、日文版）、《工程哲学》（第一版、第二版）、《工程演化论》、《冶金流程集成理论与方法》。这些新的理论和方法的诞生及应用，为我国钢铁工业乃至整个流程制造业沿着现代化的道路转型发展奠定了坚实的理论基础。

殷瑞钰是国际钢铁界的活动家。他长期致力于我国钢铁界与国际钢铁界的交流与合作，在国际上享有很高的荣誉和声望。

在殷瑞钰院士80华诞之际，整理殷瑞钰院士在钢铁技术、科学管理和工程哲学方面的文章，编辑出版《殷瑞钰文选》，既是对他学术研究成果的总结和展示，也是对中国钢铁工业由小到大，逐步走向钢铁强国的历史进程的深刻反映。这部文选的问世，是冶金科技界战略发展和科技进步的一次系统总结，是中国冶金科技工作者对世界钢铁领域绿色智能发展未来基础性的理论贡献，我对文集的出版表示衷心的祝贺！并相信该文选的出版，必将对我国流程制造业从“大国”到“强国”的发展进程起到重要的推动作用。

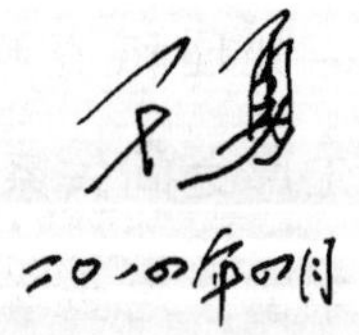

出版者的话

这是殷瑞钰先生在钢铁冶金方面和工程哲学方面的一本文选，集中了他长期以来对于钢铁冶金方面的一些见解和新世纪以来在研究新一代钢铁制造流程和工程哲学方面的一些新认识。主要包括了殷瑞钰先生在科技期刊上发表的部分论文，在报刊上发表的部分文章，在国际学术交流会上的部分交流材料，以及在企业、高等院校、科研院所和工程设计单位演讲时的部分文稿。不少关于管理方面和冶金行业会议上的讲话稿等没有选录在内。

这本文选是他自参加工作后57年漫长科技生涯的历史性回顾，所有文章全部保持原貌，未做修改，因此不免会有不当甚至错误之处，然而这真实地反映了他的学习过程、实践过程、思考过程。从文章的撰写和发表日期中我们可以看出，一些文章是他在工厂工作时期写的，而更多的是在离开领导岗位后撰写的，益显他孜孜以求的探索精神。在文选中也可以看出他在研究学问过程中的深化和演变轨迹，特别是在理论思考方面的深化和拓展。当然，关于冶金工程科学和工程哲学方面学问的系统化、哲理化阐述则比较集中地反映在他新世纪以后出版的几部专著中——《冶金流程工程学》《冶金流程集成理论与方法》《工程哲学》和《工程演化论》。但是这些专著并没有完全反映出他的思考过程和观点的演进，因此本文选的出版，将从另一方面补充并汇集他不同时期的学术观点和研究问题的思想演变，以供业内学者、专家和有关人士参考。

2014年4月6日

殷瑞钰院士大事年表

1935 年 7 月 28 日：出生于江苏苏州市

1941～1947 年：在吴县（苏州）齐溪镇国民中心小学学习

1947～1950 年：在苏州晏成中学（现苏州三中）初中部学习

1950～1953 年：在苏州一中高中部学习

1953～1957 年：在北京钢铁学院（现名北京科技大学）冶金系学习

1957～1983 年：在唐钢工作 26 年，历任技术员、转炉工段总工长、技术科副科长、钢铁研究所所长、副经理兼总工程师等职

1983～1988 年：任河北省冶金厅厅长

1988～1998 年：任冶金工业部总工程师、副部长

1988～2005 年：任中国金属学会常务理事、副理事长

1994 年至今：当选中国工程院院士、主席团成员

1994～2000 年：任中国工程院化工、冶金与材料学部主任（三届）

1995～2001 年：任钢铁研究总院院长

2000～2006 年：任中国工程院工程管理学部主任（三届）

2001 年至今：任钢铁研究总院名誉院长

2001～2011 年：任中国自然辩证法研究会副理事长

2002 年至今：当选日本铁钢学会（ISIJ）名誉会员

2003 年至今：任中国自然辩证法研究会工程哲学专业委员会理事长

2005 年至今：任中国金属学会名誉理事长

目 录

上 册

科 技 篇

下　册

演 讲 篇

外 文 篇

报 刊 篇

哲 学 篇

附 录

演讲篇

钢铁与工程科学
——冶金流程工程问题*

1　冶金过程理论与工程实践的回顾

自20世纪20年代开始，人们开始探索用物理化学的原理来研究冶金过程，实际上往往是对还原或氧化过程中某一或某些物质发生化学反应的可能性和进行的极限性以及其反应动力学机制的研究，这当然在很大程度上可以对某一单元操作具有指导意义。但是其内涵仅限于某一单元操作中的化学反应过程，而关于除了温度、压力以外的物理性因素对单元工序、单元操作过程的影响很少涉及。其研究方法是遵循经典的方法，即设定孤立的封闭系统，这个孤立系统与外界环境没有物质、能量交换，以可逆过程作为判断准绳来研究系统的转换过程。

20世纪60年代化工学科对单元工序、单元装置的单元操作中物理因素的影响有了进一步的认识和归纳，将其有关的物理过程归纳为3种传输过程，即：

（1）动量传输，是所有流动过程的物理基础；

（2）质量传输，是所有传质分离过程的物理基础；

（3）能量传输，是所有传热、热交换过程的物理基础。

借助于数学物理模拟方法与计算技术，人们能逐渐认识高温的冶金反应器内的复杂过程，使得定量化分析成为可能，而且逐步摆脱了许多传统经验的束缚或局限，促进了冶金学的分支学科的建设，上述所谓“三传”（传输过程理论）实际上是装置及工序层次上的冶金过程“宏观”动力学。这种学问结合对冶金容器和流体流动过程的研究，分析控制过程速率的因素，获得冶金容器运行最优化的措施，并对冶金工序、冶金装置、冶金反应器及其过程的设计、预报和控制产生了重大影响，甚至革命性的影响。

将冶金过程中单元操作的化学性归纳（冶金物理化学）和单元装置传输过程的物理性归纳结合在一起，融合为单元装置的单元操作工艺，再在此交叉领域中经归类分析和归纳，这些学问（反应器工程）对改进冶金过程的装备设计、工艺操作有着重要的推动作用。然而所有这些都只限于单元操作、单元装置（单元反应器）层次上的研究。而在整个钢厂的制造流程层次上的学问，以前是很少涉及而现在又是亟待研究的。因为这一层次的学问将涉及钢厂制造流程（生产流程）的结构调整和优化，并引导钢厂发展模式的取向。这类大尺度、高层次问题的解决，要用系统科学的观点和方法。但关于钢厂制造流程层次的理论和实践问题绝不是直接应用通常的系统工程所能代替的；因为，系统工程所研究的领域是自然科学、社会科学与工程技术相互交叉与综合的研究与应用领域，其核心问题是组织管理与决策。钢铁企业制造流程的工程科学有赖于对反映钢铁冶金制造流程的物理本质及其运行规律的新的理论认识。看来，冶金制造流程层次上的工程学理论是到了应该形成和急需解决的时

* 2004~2006年，于辽宁鞍山，鞍山科技大学（现名辽宁科技大学）；河北唐山，河北理工大学；内蒙古包头，包头钢铁公司；安徽马鞍山，安徽工业大学；辽宁沈阳，东北大学；北京，北京科技大学；湖北武汉，武汉钢铁公司等地所做的学术报告。

候了，图1简要表示了该工程科学的形成、发展的趋势。

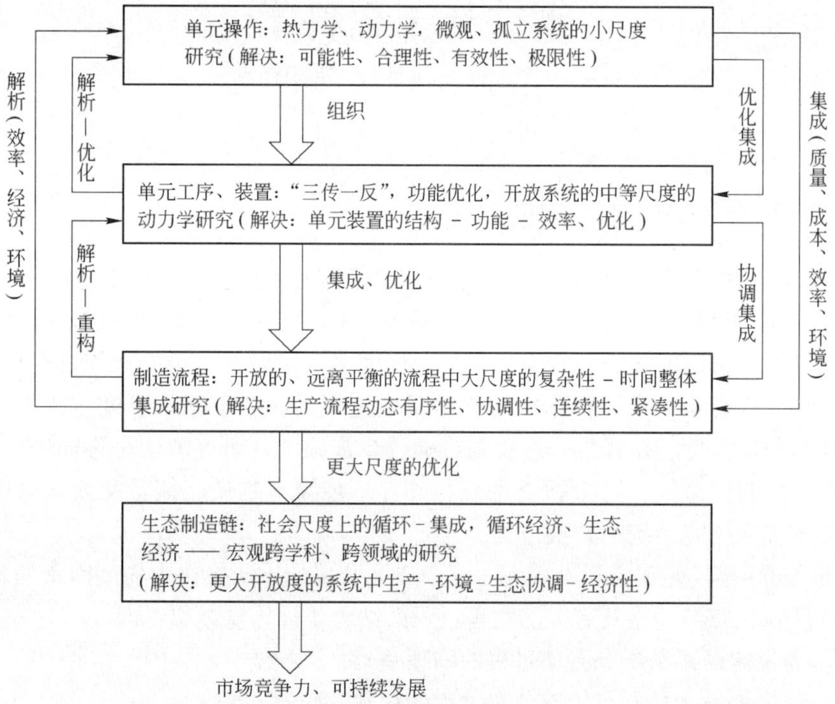

图1 冶金流程工程学的形成与发展趋势

总的看来，冶金流程工程学是建立在制造（生产）流程系统层次上的大尺度的整体集成性理论，它研究的对象是一个开放的、远离平衡的、不可逆的复杂流程体系。它涉及冶金生产流程的解析－集成，生产制造过程中的多维物质流控制，冶金生产流程中的运行动力学等方面的理论研究。冶金流程工程学还应包括冶金流程设计的工程理论，冶金企业（钢铁厂）的结构与模式以及工业生态链等方面的工程科学与工程技术问题。

2 关于冶金科学的层次性分析

长期以来，冶金－材料学科各学科分支的知识包括了原子和分子层次上的、不同温度下的转变过程（化学反应热力学、化学反应动力学、金属凝固理论、结晶学、金属物理转变和相转变、金属塑性变形等），热传递（传热学等）等关键性基础知识；这些属于基础科学范畴。还包括了相关的工艺装置技术、运行工艺技术、自动化技术、能量经济、技术经济等方面的知识；这些属于技术科学性质。但是，这些基础科学、技术科学方面知识的体现和应用，长期以来主要体现在单元操作过程层次（例如某一化学反应，某类相变等），或是单元装置及工序层次上（例如高炉、转炉、精炼炉等）。在当代条件下，为了解决整个企业发展战略和生产运行的有效调控、市场竞争力和可持续发展问题，必须着眼于整个制造（生产）流程的功能、结构与效率，以期将冶金工艺流程的整体性物理本质表述清楚，这就需要发展一种研究流程整体性质、功能、结构、效率方面的工程科学理论——整体流程层次上的冶金流程工程学。

冶金流程工程学的本质和主要内涵属于冶金科学、材料科学，而不是系统科学，正如不能将物理学、生态学归纳到系统科学中去一样，不能将之简单地作为系统工程问题来处理，并湮没在系统工程的范畴之中。因为，冶金流程学还吸收了物理学（不可逆过程热力学、耗散结构理论、协同学等）和化学（物质转化过程中的多尺度效应等）的最新进展和某些概念。冶金流程工程学所研究的是一个开放的、远离平衡的、不可逆的复杂流程体系的性质、结构、功能、运行规律和效率问题。当然在研究问题的方法论上，往往要运用系统科学的方法与概念（包括复杂性科学等），观察与解决问题时，既要用还原论方法，又要用整体论，既注意不同尺度、层次上的过程解析，又强调不同尺度、层次上过程的集成，以及不同层次间形成动态优化的运行网络空间。甚至还要进一步研究在已有集成基础上的再解析，旨在实现制造流程的重构和优化。

从科学-技术-工程-产业的知识链构成上看，冶金-材料学科是一类由3个层次的科学组成的，即基础性科学——主要解决分子、原子尺度上的问题；技术科学——主要解决工序、装置、场域尺度上的问题；工程科学——主要解决制造（生产）流程整体尺度、层次和流程中工序、装置之间关系衔接匹配、优化的问题。以钢铁生产为例，它们之间的区别和层次关系如表1所示。

表1　钢铁生产工艺流程在科学认识上的层次性分析

科学性质分类	研究尺度	研究方法		层次	设定的系统特征	控制
		白箱	黑箱			
基础科学	原子/分子	原子/分子	系统背景	微观	孤立系统：与外界没有物质、能量交换，可逆过程——平衡状态	
技术科学	场域/装置	场域/装置	分子/流程	中（介）观	开放系统：与外界有物质和能量交换	PLC/MIS
工程科学	流程/复杂系统	流程/工序关系	分子/场域	整体/系统	开放系统：与外界有物质和能量交换，不可逆过程——远离平衡态	MIS/CIMS

由表1可以看出，长期以来冶金-材料学科作为基础科学主要是从原子/分子尺度的微观层次上进行一系列深入的研究，其方法主要是通过白箱/黑箱的手段，使其研究对象封闭化、典型化，用与外界没有物质和能量交换的孤立系统来处理。这些基础科学的研究对于解释现象、理解过程本质有着非常重要的贡献，使冶金-材料的生产过程从技艺走向科学。基础科学的成就较好地解决了原子、分子尺度上的认识问题，但是在生产实际过程中，冶金工厂不仅面临原子、分子尺度上的问题，而且要面对某一装置、某些场域方面的问题，这是一类尺度较大，边界条件和现象性质更为复杂的问题，因此，又出现了“传输原理”“控轧控冷”等带有技术科学性质的理论研究成果。这类技术科学的理论成果，从理论上看，大多数是将系统开放，在与外界有物质和能量交换的条件下，进行研究；这类模型对于控制单元装置的操作，优化装置设计参数等方面，大有裨益。不难看出，对于钢铁企业而言，这是一种介观层次上的学问。

进入20世纪90年代以后，现代钢铁企业面临的挑战，已不是单一的产品质量、性能问题，而是成本，产品性能，过程综合灵活控制，过程排放，环境，生态以及资源、能源的选择优化和循环利用等多目标群，要认识、解决这类多目标群的挑战，必须从整体上研究钢铁制造流程的本质、结构和运行特征。

钢铁制造流程中的宏观层次——流程整体系统尺度上的问题是工程科学性的学问。它是建立在冶金—材料学科的基础科学研究（微观层次）和技术科学研究开发（中间层次）发展到相当水平的基础上，吸收系统科学、耗散结构理论、协同学理论等方面的最新成就并结合现代信息技术和环境—生态观念形成的过程工程科学问题。这类工程科学对流程制造业是具有共性的学问，也许可以说是流程制造业在进入 21 世纪后，面临信息技术的挑战、面临环境—生态的日益紧迫问题，而必须解决的整体性、复杂性学问。

3 冶金制造流程的物理本质

冶金生产过程——特别是钢铁联合企业的制造（生产）流程——是一类开放的、远离平衡的、不可逆的复杂过程系统。它是由性质不同的过程，协同—集成的、带有动态有序性的流程（例如原料储运过程、原料处理过程、炼铁过程（铁矿石还原）、炼钢过程（铁水氧化）、钢液的精炼—净化过程、钢液的凝固成型过程、铸坯再加热——相变过程、轧件的高温压力加工—形变和相变过程、钢材的冷加工—表面处理过程和企业内部各种物质（物料）输送及传递过程、能源（能量）的输送和转换过程等）；它是由相关的、不同功能的工序、装置组成的，而且不同过程、不同工序及装置之间的连接和相互作用是非线性的关系。即钢铁制造（生产）流程是一个开放的、远离平衡的、不可逆的、由不同结构 - 功能的单元工序过程所构成的复杂流程系统。

这类复杂流程系统具有复杂的组成单元、复杂的结构和复杂的运行行为。它具有多层次性（原子和分子、场域及装置、区段过程、整体流程）、多尺度性、有序性和混沌性（功能、时间、空间等方面）、连接 - 匹配（静态）、缓冲 - 协调（动态）等方面的含义。这类复杂流程系统追求动态有序的结构并追求连续（准连续） - 紧凑地运行。

这类复杂系统是一种开放的复杂过程系统，这不仅体现在组成单元的复杂性、结构的复杂性，而且还体现在整个制造流程在物质流和能量流的输入以及输出的复杂性和流程系统整体（宏观）运行动力学的复杂性等。

钢铁冶金制造流程在物理本质方面的特点是：

（1）流程是由性质、功能不同的诸多工序所组成的整体运行系统。流程内诸多工序的性质、功能不同，它们所构成的流程具有诸工序所没有的新功能。

（2）流程整体及其所有构成工序、装置都是开放系统，与外界环境有物质、能量、信息交换；即在不断输入物质和能量、不断输出产品、副产品、排放物和能量的同时，产生信息变换。开放、交流是这类流程存续并向有序化发展的必要条件。

（3）流程整体及其所有构成工序都是属于非平衡的、远离平衡的系统。当整个流程系统处于远离平衡态时，各工序及装置之间的相互作用是非线性的，从而体现在流程的整体性和复杂性。

（4）流程中工序的功能包括了接受前工序多因子（多维）“流”的遗传因子，使流程中多因子（多维）“流”的某一或某些因子发生“质”或“量”的“突变”，还有适应外界环境并与之协调的功能。这些“遗传”（传递）、“突变”（转换、转化）、“适应”和“协调”（自组织）等功能可以体现在“流”（多维性的物质流）的某一或某些因子上。

（5）流程中工序之间的相互关系是非线性的，可以体现为相互合作（加法、乘法等）、相互促进（乘法、指数等）、相互制约（减法、除法、负指数等）、相互影响（函数关系等）等方面。即各工序之间不是简单的线性依赖关系，而是既存在着正反馈的倍增效应，又存在着限制增长的饱和效应，即负反馈。

工序之间相互关系的非线性特征还体现在互相之间物质交换是非线性的，能量转换是非线性的，空间变换是非线性的，时间过程是非线性的。

(6) 非线性和非平衡对于流程系统的自组织起着重大作用。所谓自组织就是流程系统有序状态（有序化行为）的自我形成和自我完善。

(7) 流程中各工序的行为都存在涨落现象。当流程系统内某一或某些参数处在临界点状态时，这类涨落现象有可能引起流程系统组成的重构，流程的行为随之出现“突变”。因此，工序或流程的涨落现象（行为）在临界点附近所起的作用显得特别重要，这类参数的涨落有可能“涌现”出不同类型的耗散结构和有序状态。

总之，从物理角度上看，由性质不同的诸多工序组成的钢铁制造（生产）流程是一种多因子（多维）的“流”按一定的“程序”在一个复杂网络结构（流程系统框架）中流动运行现象。实际上也是复杂性和时间在流程系统中演化的不可逆过程。

冶金流程工程学的研究，应该从一个封闭的、一切边界条件固定了的思维模式中走出来，走向用一个开放的、远离平衡的、非线性的、有涨落的系统来考虑问题的思维模式，研究它的不断变革、进化和发展；形成新的概念。即由于研究的对象有别于冶金－材料科学中的基础科学的学科范畴，冶金流程工程学的开放性、不可逆性、远离平衡性、动态有序性要求我们的研究观点、理论要从孤立系统、可逆过程、静态平衡状态发展到开放系统、不可逆过程、远离平衡状态下，如何通过流程系统中自身存在的自组织效应形成动态有序的流程结构。因此，研究的概念、方法也应随之变化。

冶金流程工程学作为工程科学问题的研究，需要用系统科学的观点、理论和方法来处理，但不是仅限于系统工程的方法就能概括、解决的。热力学、动力学、耗散结构理论、协同学、生态学理论等都是冶金流程工程学的重要理论基础和工具。实际上，对冶金流程工程学的研究和发展而言，系统科学与耗散结构理论、协同学、生态学等学问之间的关系不是从属关系，而是组合、集成、交叉的关系。因此，不能认为一涉及“系统”，就一定是属于系统工程问题。应该注意，在理论上看系统工程不是可以涵盖或统括一切学问的，在实践中也不能指望把一切实际问题都泛化为系统工程，都依靠系统工程的方法来一揽子解决，系统工程这个“篮子”装不下冶金流程工程科学与工程技术中的所有问题。应该指出：冶金生产流程中的工程科学、工程技术问题毕竟是属于冶金－材料学的范畴，而不能简单地看成是系统工程在冶金科学中的应用问题，因为系统工程不能解决冶金生产流程中的许多物理本质、功能－结构突变、协同运行、流程耗散等问题以及冶金流程的结构、功能和运行规律。冶金流程工程学从本质上看，属于冶金学科范畴。它要解决的是冶金制造流程层次上的工程科学和工程技术问题。

在钢铁冶金流程的发展、演化过程中，结构优化、动态有序、协同运行是研究问题的重要切入点。在工业生产实践中，流程的结构性演变不是在某一时刻通过一次性的技术、经济措施实现整体性的“突变”，而“涌现”出新结构、突发新功能的。相反，在实践中往往是通过使某一区段或工序（即子系统）中的某一或某些序参量发生临界性转变，先引起该区段、工序（子系统）的结构进化（有序化），而实现局部的功能优化；进而按一定的顺序（包括技术上的、经济投资上的）采取措施——协同关联的原则，使不同区段和工序（子系统）的序参量（一个或几个）发生变化，继而通过子系统之间的非线性相互作用——协同效应、自组织作用，形成更大尺度上的动态有序结构（例如从炼钢炉直至热轧机），乃至冶金生产流程整体上的动态有序结构。这样就形成了一个开放的、远离平衡的动态有序的流程——连续化的或准连续化、紧凑化、协同运行的现代钢铁制造（生产）流程。

上述认识，不仅对于描述钢铁冶金制造（生产）流程物理本质和结构演进是必要的，而且对于钢铁企业的技术改造、投资决策甚至对新厂的设计、建设也有启发或参考意义。

4 冶金流程工程学的研究对象和目的

冶金流程是一种复杂的过程系统，对它的研究应着眼于：

以物质体系（生产过程物质流）的化学和物理转变、物质和能量的耗散和效率、过程物质流和能量流的输送-储存-缓冲，流程系统的输入和输出（包括排放等）宏观大尺度过程为目标。着眼于制造流程（生产流程）的整体性、本质性研究，即对冶金制造（生产）流程的结构-功能-效率等方面进行工程科学层面上的研究；并且以冶金制造流程的结构-功能-效率研究为核心，进而扩展到社会大系统的绿色化、生态化研究，兼顾工程科学、工程技术、经济效益和生态效益。

如前所述，冶金生产流程是一类复杂过程体系。其实，复杂性在各类过程中和各类工程中是广泛存在的，然而，描述流程工业中制造流程整体的各种行为、特征及其结果的研究工作目前只是在进入角色的摸索过程中，因为：

（1）这是一类非常复杂的系统，流程系统的热力学非平衡性和不同尺度、不同层次的动力学行为往往是非线性的。

（2）这类过程系统还往往是多组元、多相态的，而且各自的边界开放，状态复杂。

（3）在这类过程中，同一层次的组元数目不同，组元间相互作用的关系不同，不同层次、不同尺度之间组元关系复杂，又有自组织的要求。

（4）在这类过程中，往往存在着多种控制因素，如物质性质控制、能量及温度控制、时间和时序控制等；而且在运行过程中，多种控制因素之间存在相互影响、相互竞争、相互制约的现象。因此，往往存在着一个或是几个序参量，某一或某些序参量支配着流程中子系统的行为，甚至整个流程的运行行为特征。

（5）这类系统中不同组元的集合、组元之间关系的集合，不同层次间关系的集合，形成了不同类型的流程结构，这类结构既有多层次性又有多尺度性（时间尺度、空间尺度）。

（6）不同结构的流程，构成了不同结构类型的工厂，就是不同的工厂模式。

我们研究这类复杂过程系统——冶金流程工程学的目的，是从工程科学的视角来研究冶金流程的结构和行为，促进流程系统功能的协同优化（主要是高层次、大尺度系统的功能协同优化），进而实现冶金流程系统的多目标优化和改善对环境的关系，做到与环境协调。

5 冶金流程工程学的内容和方法

冶金流程工程学研究的内容主要是：冶金制造（生产）流程的物理本质、结构和整体行为。

冶金制造流程的物理本质是属于开放的、不可逆的、远离平衡态的流程系统。其本质研究包括了运行状态和边界条件；研究流程内组元（例如工序、装置、车间等子系统）的涨落现象（包括不稳定性或不均匀性）、非平衡状态和组元之间各类相互作用的非线性关系；研究基于上述现象而引发的“自组织”过程和协同关系；进而研究基于“自组织”性、协同作用所激发、推动下流程系统的运行动力学甚至“涌现”出新的结构。

流程的结构和整体行为，则包括了研究不同层次、不同尺度的结构特征和行为，通过流程系统内工序功能集合的解析－优化、工序之间相互作用关系的协调－优化和流程内工序集合的重构－优化等途径而构筑起动态有序运行结构，并研究其整体性和复杂性。研究考察多因子流（多维物质流）按一定的“程序”在流程网络中的动态－不稳定“流动”行为特征和规律，即生产流程中物质状态转变、物质性质控制和多维物质流管制的耦合过程，这一耦合过程的本质和规律表现为复杂性和时间因素在流程系统中的演化。

冶金流程工程学的具体内容包括研究冶金生产工艺流程整体以及单元工序和装置的结构－功能，以促进冶金生产流程中物质流、能量流、信息流效率的提高，甚至扩展到过程时间、空间的优化。冶金生产流程中所包含的某一操作、某一装置、某一区段过程，甚至整个生产流程的结构－功能，从技术发展的历史来看，往往经历了从简单到复杂再回归到简化的发展过程。当然，这种重新简化是流程整体结构有序化程度提高以后才出现的简化，而不同于原始的简单和无序化。在研究生产流程的结构－功能方面的学问方面，长期以来，我们不习惯进行不可逆性和复杂性的研究，不善于通过对流程中物质和能量交换的不可逆性和结构－功能的复杂性的研究，使复杂问题简化。实际上，“复杂性”往往是对事物、事件的分类搞不清，对流程结构的层次－尺度搞不清，对不同层次间、不同尺度间的相互作用搞不清的结果。如果逐步地把这些问题搞清楚了，复杂的问题就可以简化处理了。我们研究这类复杂性、大尺度的过程系统的目的，不是为了把问题复杂化，而是要通过研究从简单到复杂的演变过程，进而使复杂化了的问题进一步集成简化（过程简化、流程简化、结构简化、控制简化），这种“简化”却是反映了对生产流程的物理本质和运行规律认识上的深化。过程工程工程师就是研究用“简化”的方法（这是建立在认识深化基础上的简化）去研究复杂系统，特别是大尺度层次上的复杂过程系统。

制造流程——特别是复杂过程系统往往具有可解析性和可集成性。而且，其可解析性、可集成性既可以体现在同一层次上，也可以体现在构成复杂系统的不同层次之间。因此，生产流程（制造流程）具有结构上的层次性。

复杂流程系统的智能化，包括了系统结构的反馈和结构－层次间的相互作用。我们应该提高到工程科学层面上思考它和认识它；主动地去研究它和解决它。实际上这些学问必然涉及以耗散结构理论和协同学理论为主要理论基础的自组织理论。

冶金流程工程学研究的基本途径是对流程与流程结构的物理本质进行分析与描述，对整体流程进行解析与集成，从某种典型的“特定”研究到一般的“普适”研究。当然，还需要用整体论与还原论相结合的方法，旨在弄清楚：与物质制造过程（流程）相关的物质（和能量）流动与储存的动力；从资源的获得开始直到产品的产出、使用、消费、回收的循环过程。因此，冶金流程工程学研究的应是制造（生产）流程中所涉及的有关的功能-结构-效率问题，空间和平面布置、时间和时序安排与控制、排放（或循环）控制和优化等一系列知识的总和。

研究冶金流程中的复杂性问题，也是为了使冶金流程中的关系复杂的、有时甚至是相互不太协调的因子（例如化学组分因子、物理相态因子、几何形状因子、表面性状因子、能量和温度因子、时间和时序因子等），通过解析-集成和耗散过程的自组织效应，使之在某种类型的生产流程（制造流程）中协调-耦合，并形成（有时是“突现”“涌现”）某种优化的流程结构（包括区段结构和流程整体结构）。“结构”是研究复杂过程系统必须注意的核心问题。研究流程结构有助于使流程中的物质界面与信息界面统一起来，使流程中的物质流-能量流-信息流集成起来并综合优化。进而通过协调化、有序化等过程使流程整体再进一步上升到协调化、准连续化以致连续化。对冶金生产流程整体而言，有序化、协调化是准连续化和连续化的重要支撑点。准连续化和连续化的生产流程，一般都是结构-功能-效率连锁优化的，因而其生产效率高、产品质量稳定、能耗低、排放少，有利于环境乃至生态。同时还应注意到：在混沌-有序的边缘往往是信息最为复杂而丰富的，甚至包括在经济、管理方面。因此，研究冶金流程工程学一定要学会运用整体论和还原论相结合，既会解析，更善于集成。研究冶金流程工程学还旨在使生产流程的物理模型优化-简化，进而使信息技术能在复杂结构系统的大尺度、高层次上得到有效的、广泛的应用（例如 CIMS、MIS 等）。

冶金流程工程学的进一步扩展是为了构建开放的、循环的、受控的过程工程系统，包括过程中的“动脉系”（主要是被加工的物质流）和“静脉系”（加工过程中的排放流和循环流）；冶金流程工程的开放性，还包括不同的 LCA（产品生命周期）和消纳社会废弃物等。

研究冶金流程工程这类复杂性系统，一定要区分多尺度问题和多尺度方法论，不能用多尺度方法论来代替一切。多尺度问题的研究，一般应先搞清更低的层次或相邻尺度层次的规律，然后进入跨尺度的研究，来预测所研究尺度层次的规律。分层次研究跨尺度问题的关联与统一，是研究复杂过程工程的重要方法。多尺度方法实际上应包括两大方面：一是多尺度预测，即由低尺度层次向高尺度层次预测；另一则是多尺度控制，往往是从高尺度层次的要求出发来控制低尺度层次。当然，在解决实际生产、设计等方面的问题时，两者都是必要的。

冶金生产流程中存在着一系列的复杂性命题。在实践中，这些复杂性问题往往表现为一系列“技术瓶颈”问题，而在解决大尺度、复杂过程系统中诸多“技术瓶颈”问题的过程中，往往会认识到在一定时期、一定财力物力的前提下，必须注意到在生产流程中这些“技术瓶颈”之间存在着“时序性”“游动性”和结构“涌现”性。此处所说的“时序性”是指在解决这一系列“技术瓶颈”问题中，先解决哪个“技术瓶颈”是合理的，后解决哪个“技术瓶颈”是事半功倍的。所谓“游动性”是指在冶金生产流程中，解决了前一个“技术瓶颈”后，“技术瓶颈”往往会“游动”到另一个技术瓶颈问题上，这种“技术瓶颈”的“游动性”一直会存在到整个生产流程理顺，即形成新的生产流程结构为止。所谓“结构涌现性”是指在解决一系列“技术瓶颈”问题的过程中，在处理得当的情况下，即在某种组合-集成优化的条件下，由于“协同效应”的作用，会在复杂的过程系统中产生某一层次、某一或某些区段、某一或某些功能的新结构；而这种新结构具有更为优化的功能、效率。

冶金流程工程学是在与钢铁制造流程有关的各工序、装置的基础科学和介观性技术科学取得高度成就的基础上，再进一步研究和集成为整体流程尺度上的工程科学。由于钢铁制造流程既影响钢铁冶金生产过程和过程中的能源转换过程，同时也会影响排放过程，因此，冶金流程工程学作为工程科学，它是追求通过制造（生产）流程的整体优化来解决流程系统的功能优化、结构优化和效率优化；进而在更大尺度解决企业的模式－结构、市场竞争力以及企业面临的环境问题和生态协调性等问题。

总的看来，冶金流程工程学涉及工程科学、生产技术、工程与设计、决策和投资等方面的诸多领域。

6　冶金工程科学基础性研究的视野和命题

思考新世纪冶金学的基础研究时，不能再像20世纪30～40年代时，把视野主要集中在原子和分子的行为尺度上，而应拓宽视野，扩展到工程科学的层面，进行总体性的思考。冶金过程工程应该立足整体把握局部，注意基础科学、技术科学和工程科学之间解析—集成的统一，促进流程总体结构的优化和“涌现”出新结构。其思维逻辑应是：

冶金流程——开放的、不可逆的、远离平衡的、大尺度复杂系统

↓

过程与涨落现象、非线性作用关系、集成——自组织作用

↓

动态－有序结构的“涌现”、运行和演化

↓

提高定量化、信息化水平

↓

基础性研究新领域

研究的具体技术内容和方向有待国内外学者的探索和开拓，现提出以下几个方面：

（1）在冶金流程复杂系统方面：

开放性、不可逆性、远离平衡态的耗散过程；

不同层次、不同尺度的涨落现象及其波动范围；

组元（工序）之间相互作用的非线性关系；

流程系统中“流”“流程网络”和“程序”的性质、关系、特点；

多因子“流”在时间轴上的耦合和演化；

多种控制机制及互相的关联与竞争；

多层次、多尺度结构及其描述。

（2）在动态－有序结构方面：

组元的排列、组合及其空间－时间分布；

不同尺度－不同层次中的序参量对结构性质的影响——结构和功能“涌现”现象；

结构的动态运行和协调；

新型结构探索和构筑；

工程设计理论——从结构到模式。

(3) 在提高定量化、信息化水平方面：

复杂性整体的可描述性，尺度分解与关联；

复杂性整体的可控制性和控制机制；

整体优化的极值趋势研究（或优化取向研究）；

复杂性整体中的模拟和计算方法。

(4) 在基础性研究新领域方面：

基础科学、技术科学、工程科学在冶金-材料领域中的层次性关联与集成的理论；

时间为主轴的不同层次、不同尺度的过程优化和集成——冶金流程模拟和调控；

铁-煤冶金过程与新的氢气制取以及氢冶金；

若干物理参数对冶金过程工程的影响（电、磁、过冷、超声、高压等）；

冶金制造流程运行动力学；

冶金制造流程与工业生态链；

冶金制造流程与具有纳米尺度质点钢材的获得。

炼钢生产流程——从间歇、停顿走向连续/准连续*

1 炼钢的范畴

从炼钢炉、铸锭发展到炼钢生产流程，包括铁水预处理、转炉（电炉）、二次冶金、连续铸钢等集成的炼钢生产流程。

2 炼钢生产流程发展趋势

从间歇、停顿的单元工序进化为准连续/连续的生产流程。

方法：通过对原有炼钢炉、模铸工序的功能解析，优化为不同工序，进一步集成起来，使不同工序在时间轴上耦合－集成（时间是各工序工艺参数的耦合轴），通过动态－有序运行，逐步实现准连续/连续的生产流程。

3 概念

流程运行三要素："流"、"流程网络"和"程序"。

（1）"流"：是泛指在开放的流程系统中运行着的各种形式"资源"（或"事件"），对冶金流程而言"流"是一类多因子（多维）"流"。"流"的多因子性包括了化学组分因子、物理相态因子、几何形状因子、表面性状因子、温度（能量）因子和时间、时序因子。这种多因子"流"在生产工艺流程中表现为运行、调控过程中的"多维"性。"多维"性体现在流程运行过程中物质状态转变、物质性质控制和与之相关的物质流管制过程的"物质流"－"能量流"－"信息流"复合成制造（生产）流程中的物质流中。从调控角度上看，则体现为对制造（生产）流程运行调控过程中基本参数（物质量、温度、时间）－派生参数（产量、质量、成本等）的"多维"性上。

（2）"流程网络"："流程网络"是为了适应将开放系统中的"资源流""结点"和"连接器"整合在一起的物质－能量－时间－空间结构。这个结构要求有静态的合理性特别是体现空间结构（例如结点数、连接方式、总平面布置等），更重要的是要求在动态运行过程中体现出动态有序性、可连续性和紧凑性。

此处所谓的"资源流"包括了输入的原料流、能源流等，也包括了运行过程中的物质流、能量流以及相应的信息流，还有输出的产品流、副产品流和各类排放流等（图1）。

---

* 2004年12月，于昆明，第13届全国炼钢学术会议上的讲话。

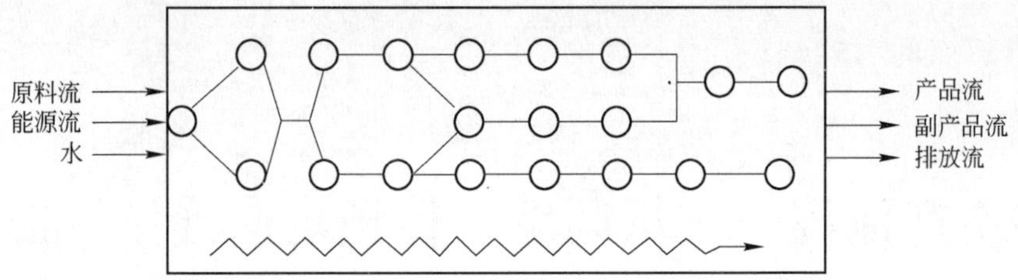

○：结点（工序、装置）

———：连接器（道路、管道、辊道、吊车、铁水罐、钢水包等）

∧∧∧→：多维物质流（流程运行中的）

图1　制造（生产）流程的概念与要素示意图

所谓的“结点”则是包括了在流程网络中的各类功能不同的工序、装置，例如高炉、转炉等。而“连接器”则是指结点与结点的连接手段、方式、装备等，例如管道、辊道、铁路、吊车、各类车辆、钢水包、铁水罐等。因此，也可以将“流程网络”看成是由“结点”“连接器”来优化配置“资源流”运行的时－空边界。

（3）“程序”：简而言之，“程序”可以看成是各种形式的“序”和规则、策略、途径的集合。“序”包括了无序和有序，也包括了对某一因子的次第排列。有序的形式又包括了功能序、空间序、时间序以及时空序等。而“规则”则来自不同的要求，不同外部条件以及流程自身的整体功能，例如运行连续化、紧凑化等，就是规则的主要体现。“序”和“规则”“策略”等的结合就反映出制造流程中多维物质流的总体调控策略和具体运行途径。

4　流程运行本质

铁素流在能量流的驱动和/或作用下、在特定的信息流的控制下，动态有序地、准连续/连续地进行一系列的物理、化学转变（换），实现多项技术－经济指标的优化，其运行过程的物质本质是追求过程耗散最小化，即生产流程过程物质流耗散最小化，能量流耗散最小化，过程时间最小化和过程所占空间最小化。进而促进各项技术经济指标多目标优化和使钢厂更具竞争力，顺利地融入循环经济社会。

对流程运行而言，其吸引子是：流程运行过程（物质－能量－空间－时间）耗散最小化，实现绿色制造过程，增强市场竞争力。

运行过程的目标是：连续化、紧凑化、动态－有序运行。

5　新一代生产流程的构成

新一代生产流程的构成是已有的先进生产工艺与新开发的工艺、装备以及匹配优化的“界面”技术组合集成起来重新构筑的生产流程。因此，不仅要注意新工艺、新装备，更应重视一些重要的“界面”匹配技术。

（1）高炉—转炉“界面”技术：包括了5个功能（铁水承接功能、铁水输送功能、铁水需求缓冲功能、铁水预处理功能、准确控制铁水兑入量功能）；

（2）转炉（电炉）—连铸“界面”技术：包括了3个功能（二次精炼功能、钢液流量缓冲功能、提高炼钢炉效率的功能）。

6 几个热点问题的认识

（1）产品（轧机）决定炼钢炉吨位的优化；

（2）铁水脱硫的优化：容器（铁水罐）、工艺、成本、资源、效率；

（3）二次冶金的优化选择：品质特性与工艺特性的要求相结合（品质特性：长材—平材；工艺特点：转炉—电炉）；

（4）铁水罐的功能：5 个功能；

（5）钢水包的数量与周转；

（6）混铁炉与鱼雷罐问题；

（7）关于电炉问题（适当发展是必要的，原料多元化，60t 以上吨位，流程与时间节奏）；

（8）“三脱”问题：高质量薄板、过程温降、废钢加入量、高炉容积；

（9）连铸发展趋势：高拉速是主要方向。

从末端治理到循环经济
——钢厂可持续发展的演进过程*

1 问题的提出

在20世纪，科学技术的进步促进了社会经济的快速发展；全球范围内的工业化、城市化进程加快。与此同时，由于缺乏环境方面的综合认识，生态环境急剧恶化。其主要原因是由于无节制地使用资源与能源来进行大规模的生产，不顾后果地进行大量消费以及消费使用后的大量无序废弃。这造成了一系列超过生态自净能力的外源性污染。从而导致环境问题日益突出（其中包括了公害型的环境问题、生产型的环境问题、生活型的环境问题和地球环境问题等，图1），环境保护引起了各国的重视。进而，人们开始忧虑地球环境、生态平衡等根本性的问题，从而提出可持续发展战略。

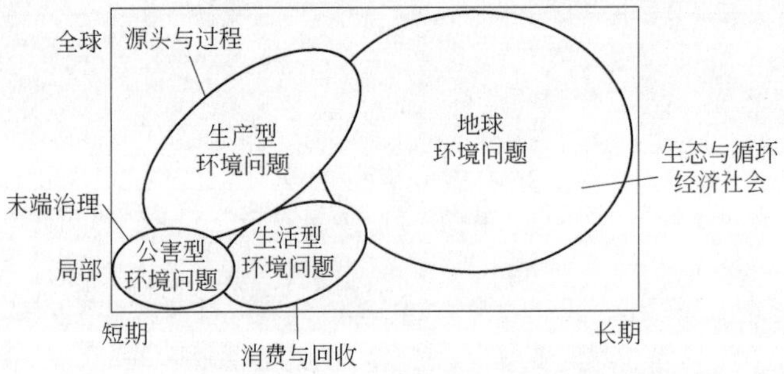

图1 环境问题的内涵及不同类型环境问题影响的关系

经过实践，人们认识到要解决好环境问题，不仅仅是污染物无害化处理问题（末端治理），而且过多的末端治理又会引起企业、社会经济负担加重，甚至影响企业、社会自我发展的动力。所以要改变不利于环境的因素，必须从产生问题的根源着手（所谓源头治理），即从自然资源的利用—物质产品的生产过程—物质产品的消费过程—废弃/回收过程入手，只有采取全过程、全寿命期的综合对策，才能从总体上解决问题。

于是，人们开始思考不同层次上一系列可持续发展的命题、概念、内涵和对策。诸如：污染物及有毒物质的无害化处理；节能、清洁生产－绿色制造；生态工业链；循环经济社会等。

2 制造链和商品价值观的演变

人类社会的生存和发展都离不开制造业。当然，制造业的概念、内涵是随着时代的进步而动态发展的。现在，制造业已可具体定义为：将可用资源、能源等通过相应

* 2005年3月10日，于南京，上海梅山钢铁股份有限公司做的学术报告。

的生产（制造）过程转化为工业品和消费品的产业。而现代制造过程的内涵不仅包括从物料、能源到产成品的制造加工过程，而且包括从制造概念逐步扩展成制造链（制造体系）的概念，因而制造链既包括产成品的制造加工过程，也包括从产品设计，制造加工过程的设计，制造过程及其排放的控制和无害化处理，直至产品使用、废弃、循环利用等产品的全生命周期。

随着时代的发展，制造链已从“河流型”（图2a）逐步发展为“湖泊型”（图2b）。

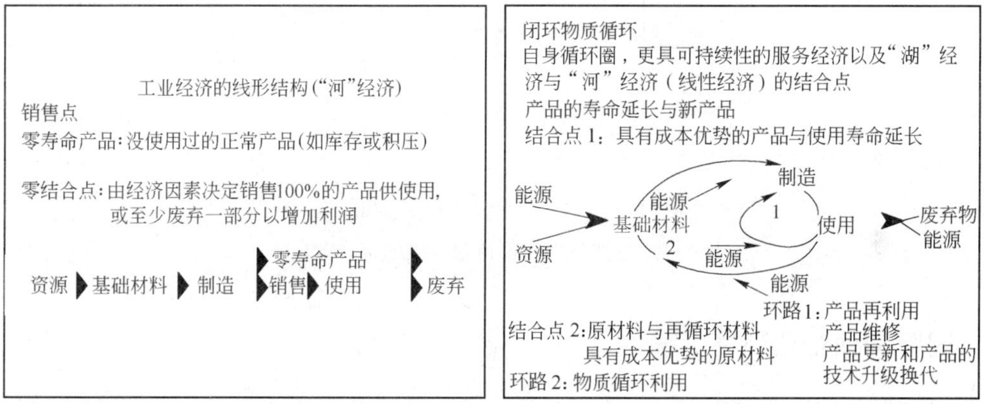

a　　b

图2　“河流型”与“湖泊型”经济示意图

a—“河流型”经济；b—“湖泊型”经济

（资料来源：Stahel，Walter and Reday，Genevieve（1976/1981）. Jobs for Tomorrow，the potential for substituting manpower for energy；report to the Commission of the European Communities，Brussels/Vantage Press，N. Y. ）

钢铁生产过程属于流程制造过程，钢材的生命周期将涉及资源与能源的开采、输送过程、钢材制造过程、加工组装过程、使用过程、废弃过程、回收分类利用过程等因果链（制造链见图3）。

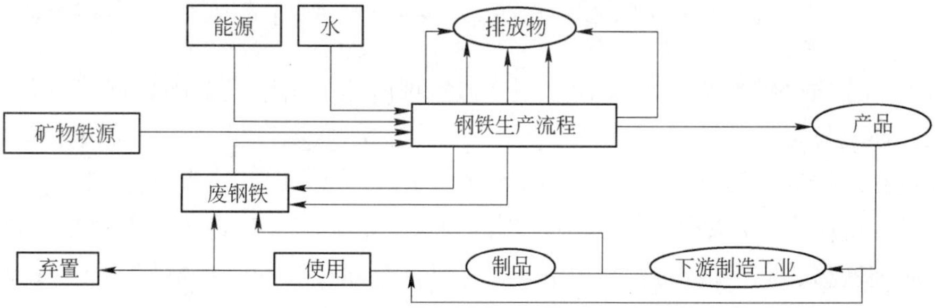

图3　钢铁产品生命周期概念

随着可持续发展观点的影响日益扩大，人们对商品的价值观也正在发生变化。在商品的价值观发生变化的同时，人们对质量的定义也日益深化（图4）。从图4可以看出：质量不仅与技术的系统优化和使用优化有关，而且与债务优化（诸如投资额、成本、资金回收速度等）有关。从功能和时间角度看，质量应定义为长期系统功能的优化。就商品的价值观而言，其根本的含义是既要有强劲的市场竞争力，又要有利于可持续发展。

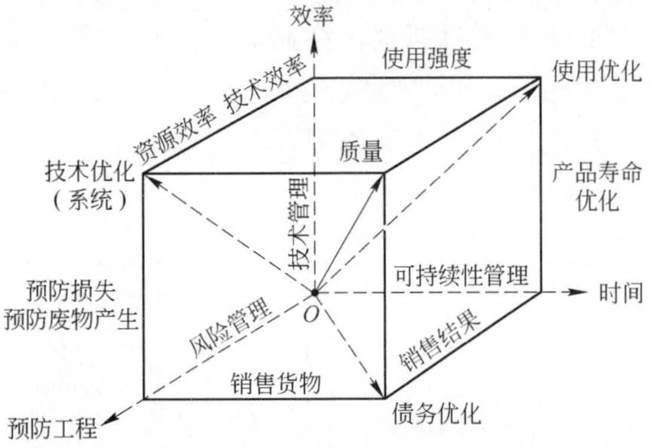

图4　质量定义为长期系统功能优化的结果

O—市场竞争力和可持续发展的综合效应

3　国际钢铁企业环境保护的进程

从国际钢铁企业环境保护的发展进程来看，这是认识逐步提高、逐步完善，措施由被动的末端治理到相对主动预防、处理、消纳和循环利用的过程（图5）。大体上经历了以下几个阶段：

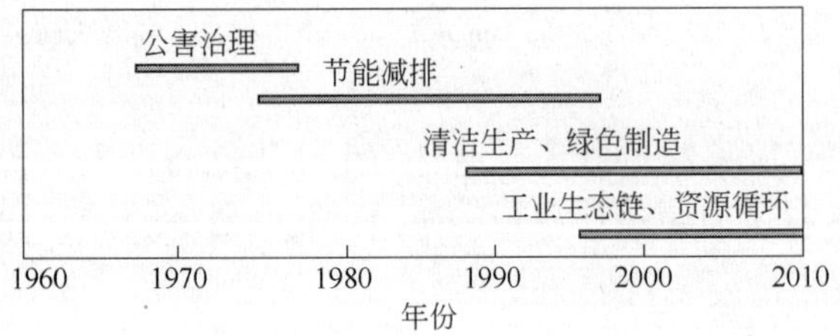

图5　国际钢铁工业环境保护的发展进程示意图

（1）20世纪60年代至70年代——公害治理阶段。由于发达国家钢铁工业发展历史较长，环境公害问题暴露较早，因此对环境保护的认识较早，在此阶段采取了诸如稀释排放和末端治理等对污染排放物的治理措施。污染物末端治理是运用高效处理设备和技术，使排放的污染物达到排放标准的要求。但实际上只是让污染物在不同位置、不同介质间转移，同时过多的末端治理会增加企业和社会的经济负担，甚至影响企业和社会的自我发展动力。

（2）20世纪70年代至90年代——节约能源（减少排放物的源头治理）阶段。1973年石油危机的爆发使西方国家认识到能源的重要性，开始采取节能降耗措施。节能可降低单位钢铁产品的能源消耗，实现少消耗、少排放、多产出，实际是从源头减少了各种排放物。应该说这是有效的、相对主动的策略。长期的实践表明，节能是积极的、经济的环境保护措施，节能促进了环保资金的投入，节能措施同时得到了经济效益和环境效益。一般而言，节能是环保的基点，节能与环保相互促进，密不可分。

（3）20 世纪 80 年代后期至 90 年代——清洁生产、绿色制造（变为积极的源头治理）阶段。清洁生产是国际社会在总结了工业污染治理的经验教训后提出的对策。清洁生产提倡充分利用资源，从源头削减和预防污染物及有毒物的产生，在保证经济效益的前提下达到环保的目的。显然，清洁生产是指将整体的、预防的环境战略持续地应用于生产过程、产品及其服务过程中。相对末端治理而言，清洁生产措施从单纯、被动地治理污染步入全面、主动地预防和消除污染的阶段。绿色制造的内涵比清洁生产的内容更宽泛些，它还包括了产品使用效率的提高，使用寿命的延长以及便于分类回收、循环利用等因素，并将涉及产品整个生命周期的环境负荷评价等问题。

（4）20 世纪 90 年代后期开始进入研究钢厂生态化转型和构想融入循环经济社会的阶段。旨在将钢铁企业与相关的社会生产过程、消费过程和废弃过程、分解回收循环利用过程组成生态工业链，这是钢铁工业生态化转型并融入循环经济社会的重要构想和标志。

4 绿色制造的概念和内涵

在可持续发展概念的推动下，环境保护的研究和实践领域得到了新的发展，人们用“绿色标志”来表达产品的环境信息、环境负荷；运用产品生命周期分析的方法来比较产品的环境性能。推广清洁生产技术和发展绿色制造流程乃至工业生态链；建立企业环境管理体系来改善企业的环境行为，并在全世界建立起 ISO14000 环境管理系列标准来推进可持续发展。

绿色制造是一个值得高度重视的问题。现在，“大制造”的概念已在全球范围内得到广泛认可，这几乎包括了一切生产工业产品的制造业，例如冶金工业、化学工业、建材工业、机械工业等。因此，绿色制造必将涉及一切制造业的生存、发展和改造。

有关绿色制造的提出和研究历史还比较短，其概念和内涵尚处于探索阶段，至今还没有统一的定义。按照美国制造工程师学会蓝皮书的观点：绿色制造是一个综合考虑资源、能源消耗和环境影响的现代制造模式，其目标是使产品从设计、制造、包装、运输和使用到报废处理的整个生命周期对环境负面影响最小，资源利用率最高，并使企业的经济效益、环境效益和社会效益协调优化。

绿色制造的主要概念是：

（1）从源头入手根治造成污染的制造过程，并高度关注产品绿色生命周期；

（2）使污染物消除在制造过程中，协调经济效益和环境效益；

（3）不同类型、相关类型企业之间形成工业生态链，促进构成污染物的“零”排放体系（或称为最小排放体系）；

（4）所谓污染是指在不同尺度上超过生态平衡所能接受的外源性污染；

（5）强调持续性的对环境污染集成预防策略，追求构成可持续发展战略的最佳模式。

5 关于绿色制造的技术路线和技术问题

5.1 绿色制造的技术路线

绿色制造技术的大致框架包括：面向原料/能源的策略性选择，面向制造过程技术的解析 - 集成、重构 - 优化策略，面向产品的使用、废弃、回收的全寿命分析策略，面向物质/能量充分（循环）利用的工业生态链的构筑策略等。

绿色制造技术作为工程技术，需要经历一段开发、发展的进程，而且既有从微观、介观开始到宏观、整体的发展进程，例如从单元/局部到总体的发展进程；又有从宏观顶层整体设计开始到微观、介观（单元/局部）的发展进程。面对环境问题，绿色制造技术的大致对策思路是：

（1）单元制造过程内的优化，改善单元过程的功能－结构－效率，尽量减少制造过程中不必要的输入和输出，降低单元过程资源、能源负荷；

（2）单元制造过程间的优化，尽量利用不同过程的排放物、废弃物、剩余能进行过程间的体系设计；

（3）对于暂时无法利用的排放物（包括排放过程）、废弃物，寻求技术革新的方法，使之能够充分再利用；

（4）采用“末端治理技术”或采用生态学原理发挥生物圈的自身净化能力等。

5.2 钢厂绿色制造的技术问题

为使钢铁工业向绿色化方向发展，必须不断采用新技术，不断优化钢铁制造流程，使钢铁生产流程向有序化、协调化、高效化和连续化方向发展。从钢铁制造流程本身实现绿色化的角度看，以下几点应该高度重视。

（1）制造流程有序化。主要通过过程的热力学的解析研究，促进工序功能集合的解析－优化，进而在解析－优化的基础上，实现流程工序的动态有序化；并通过工艺装备的大型化实现相邻工序装置能力的匹配对应。

（2）制造流程协调化。通过原料、能源介质的高品质化、稳定化，广泛运用信息技术，提高装备性能的可靠性，实现生产过程的稳定。以此为基础，开发一系列工序之间的“界面技术”，实现全流程的协调运行。

（3）制造流程高效化。通过采用近终形连铸、高速高效连铸、炼钢—热轧高温连接、无头轧制技术、铁水预处理、二次冶金等技术；通过平面布置的紧凑化和装备性能的精确化；通过工序装备（如高炉、转炉等）的长寿化等手段实现生产流程的高效化。

（4）制造流程连续化。在制造流程运行有序化、协调化、高效化的基础上，通过信息化集成技术，进一步实现全过程的准连续化或连续化。制造流程连续化体现在物质流的连续化、过程温度的连续化和空间的连续化（特别是铸坯库容量的最小化和连铸机—热轧机之间平面布置的紧凑化），最终体现出运行时间的连续化、最小化和时间节奏的快速化。

钢铁制造流程应向以下技术指标努力，将来向更高的目标发展，并逐步满足绿色化的要求：

（1）过程运行温度：生产薄板的全流程过程运行温度不低于950℃，甚至1000℃以上；生产长材的全流程过程运行温度不低于900℃。

（2）过程运行时间：高炉—转炉—热轧机长流程的过程时间少于1000min；电炉—热轧机短流程的过程时间少于180min。

（3）吨钢温室气体排放量：高炉—转炉—热轧长流程应不大于1400kg（图6），电炉—热轧短流程应不大于160kg（图7）。

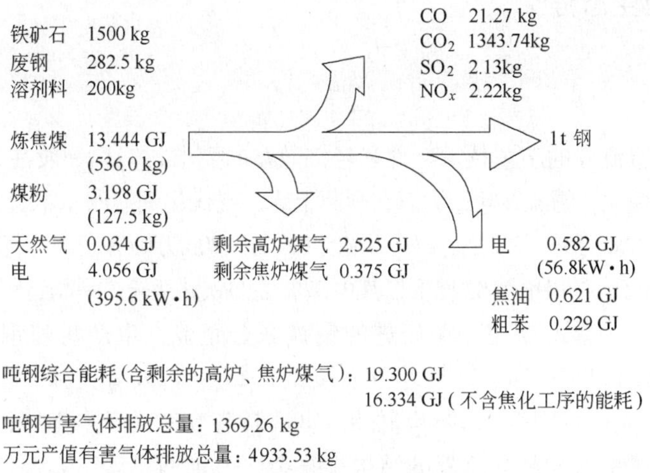

图 6 高炉—转炉—薄板坯连铸—连轧流程的物质、能源和环境负荷计算示意图

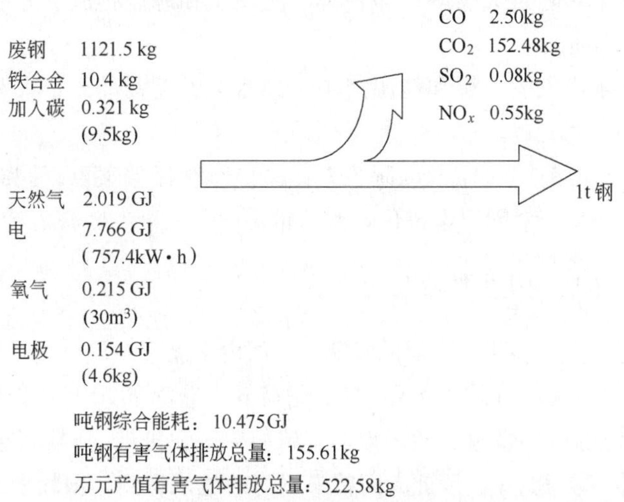

图 7 电炉—薄板坯连铸—连轧流程的物质、能源和环境负荷计算示意图

绿色化技术要引导钢厂的环境对策包括源头削减、过程控制、回收循环和末端治理相互结合、协调防治。当然，从源头控制的观点出发，推广和开发避免污染产生的方法要比开发末端治理处理污染的方法更主动、有效。应该从以下 3 个方面推动实施钢厂绿色化的重点技术：

（1）普及、推广一批成熟的节能环保技术：如高炉煤气发电、干熄焦（CDQ）、高炉煤气干法除尘、高炉炉顶余压发电（TRT）、转炉干法除尘及煤气回收、蓄热式清洁燃烧、铸坯热装热送、高效连铸和近终形连铸、高炉喷煤、高炉长寿、转炉溅渣护炉和钢渣的再资源化等技术。

（2）投资开发一批有效的绿色化技术：高炉喷吹废塑料或焦炉处理废塑料、烧结烟气脱硫、推广煤基链箅机回转窑和尾矿处理等技术。

（3）探索研究一批未来的绿色化技术：熔融还原炼铁技术及新能源开发、薄带连铸技术、新型焦炉技术和处理废旧轮胎、垃圾焚烧炉等与社会友好的废弃物处理技术。

6 钢厂与工业生态链

6.1 钢厂的特点

由于钢铁制造流程的工艺技术特性和经济效益的要求，钢厂一般都具有以下特点：

（1）生产规模大、物流吞吐量大。从国际上看，现代化钢厂的基本级别已经大致地分为年产钢600万~800万吨、300万~500万吨、100万~200万吨等模式；每吨钢相应的物流输入和输出量约为5t。在中国的情况下，其中37%需要铁路运输，平均运距约为1050km。

（2）资源密集、能源密集。在先进的钢铁联合企业，生产每吨钢将消耗标准煤0.6~0.7t、铁矿石1.5~1.6t、新水3~6t、废钢0.15~0.25t等资源、能源。

（3）制造流程长，工序多，结构复杂。钢铁制造流程属于多工序按序串联、集成运行的流程作业体系，其制造流程的结构很复杂，由于钢厂属于高温运行过程，要求其生产作业尽可能不间断。

（4）制造流程中伴随着大量的、多种类型的物质和能量排放，并与外部环境形成复杂的环境、生态界面。

（5）由于生产规模大、资源和能源密集，必然会引起资金流量大和频繁的经济收支过程。

上述特点，反映出钢厂的环境负荷很大，保护环境任务艰巨；同时也蕴含着钢厂功能拓展的可能性以及未来钢厂生态化转型的重要性。

6.2 新世纪内钢厂面临的历史性命题

整个20世纪是工业和技术大发展的时期，然而由于无节制地使用资源和能源来进行大量生产、不顾后果地大量消费以及无序地大量废弃，造成了20世纪以来环境、生态日趋恶化，资源、能源的可供性也日益严峻。全球的生态和可持续发展受到严重威胁。钢厂（钢铁工业）同样置身其中，因此人们越来越清楚地认识到，国际钢铁工业（包括中国的每一个钢厂）在新世纪里面临着共同的历史性命题，即市场竞争力和可持续发展能力。两者都包含着错综复杂、有时甚至是相互矛盾的因素和目标，这是一个在一定边界条件下选优的多目标群。例如：市场竞争力这一命题，就包含了产品成本、产品质量、品种规格、交货期、投资效益、资金周转速度等因素；而可持续发展能力则包括了资源、能源可供性，物质、能源使用效率，单位产品（或单位产值）的环境负荷和环境友好程度，工业生态化的可能性（特别是在时间因素与经济因素上的可能性）等。这些历史性命题是必须面对、必须解决的，其中存在着一系列丰富多彩的科学研究、技术创新、工程优化集成等课题，当然也必将涉及工程生态学和经济生态学等领域。

6.3 钢厂生态化转型与工业生态学

长期以来，从表象上看，人们一直认为钢厂是资源消耗量大、能源消耗量大、排放量大、废弃物多和污染严重的企业。现在需要研究的是钢厂能否通过有关生产单元工序和制造流程在时间、空间、数量、结构和有序化等方面的调整、优化，来改善排放量大、废弃物多、污染严重的局面；能否通过拓宽制造流程的功能，构筑工业生态链，实施钢厂的生态化转型等措施，来重新认识、重新定位钢厂的社会、经济角色；使钢厂成为循环经济社会里工业生态链中物质流、能量流的重要链接环节之一，这是值得研究的。

从过程工程、生态工程和循环经济等知识链的角度看，对资源、能源的使用量以及相应需要的资金量，是随着基础科学研究，技术开发与创新，工程优化与集成创新，产业的形成与发展，直至整个经济、社会的协调和可持续发展等不同范围的物质－能量－时间－空间尺度的扩大而增加的（图8）。

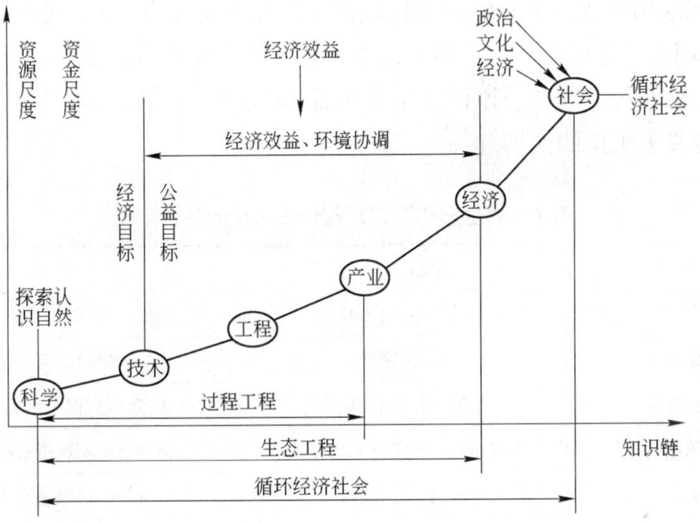

图8　知识链与资源、资金尺度扩展过程的关系

构筑工业生态链并逐步形成工业生态园（带）甚至形成循环经济社会，应该将以下几个方面作为实施的着手点：

（1）物质循环链的延伸、封闭（或半封闭）及其效率的提高。

（2）时间－空间因素的协调优化（涉及能量利用效率、资金使用效率以及地理区域配置等）。

（3）物质和能源循环通量尽可能扩大。

（4）资金的占用量和经济合理性。

由于工业生态学是涉及物质生产单元或生产体系内各环节之间在时间、空间、数量、结构和序理层次上的工业生态设计和产业之间生态系统耦合的学问，钢厂生态化转型过程中必将引起工业生态学方面的研究，作为研究的切入点可以从以下几方面加以考虑：

（1）工业生态链（或工业生态园区）中物质流的封闭循环度，包括研究物质量的流动。

（2）工业生态链中能量流的梯级利用和使用效率，包括研究节能与开源的新方式。

（3）构筑经济与环境和谐的工业生态链系统结构并研究其高效运行规律，包括合理的钢铁制造流程及其与其他工业构成协调的工业生态链，甚至构成工业生态园（区）等。同时，研究其物质、能源流通量、产品生命周期、时间－空间因素的配置、资源流、资金流的效率和综合环境负荷等。

钢厂生态化转型的根本目的是为了促进重整工业的发展目标及其结构的关系，从本质上看，体现了生物圈内物质世界的和谐性和可持续发展。

归结起来看，钢厂生态化转型是为了经济效益优化和生态优化。其具体体现还是回到以下两个方面：

（1）生态效率优化。通过拓宽钢铁制造流程的功能，来实现生态效率优化。这是新一代钢铁制造流程。这是为更好的经济效益设计的，是为新一代产品设计的，是为环境和谐而设计的，同时也是为资源及其循环、能源及其梯级利用而设计的。这种制造流程设计也充分考虑了它在工业生态链（区）中的功能与位置。

（2）生态效用优化。生态效用优化包括了产品生态化设计和产品生态评价等。在未来经济社会中，“生态化”工厂将是工业生态、循环经济的标准模式，它与传统意义上的工厂相比，在价值取向、评价标准等方面是有所不同的，表1列出了“生态化”工厂与传统意义上工厂的区别。

表1　“生态化”工厂与传统工厂的综合比较

项　目	传统工厂	“生态化”工厂
企业目标	产品导向，突出利润	功能导向，经济—生态综合效益
企业结构	链式，刚性	网络型、互相适应型
企业规模趋势	产业单一化、超大规模化	产业多元化、网络自适应的合理规模
资源、能源消耗	资源消耗大，能源利用率低	整体资源消耗低，能源利用率高
经济系统关系	纵向、部门经济	横向、区域复合生态经济
环境保护	突出末端治理，投入大，产出少	强调全程综合控制，投入与产出并重
废弃物、排放	向环境无序排放，负效益	“生态化”工厂网络内循环资源化，正效益
经济效益	单元工厂局部效益高，整体效益低	单元工厂综合效益高、整体效益高
社会效益	减少就业机会	增加就业机会

从技术进步、技术创新角度来看，企业的生态化转型可能要经历工艺改进、产品创新（特别是对于装备、产品制造业）、流程集成创新（特别是对于流程制造业）、功能拓展、宏观系统革新等阶段，这本身是一个较长的时间过程（历史时间过程），也是从低层次生产体系向高层次生产体系发展的渐进过程。文献介绍，工艺改进、产品创新或/和流程集成创新、功能拓展和宏观系统革新将有可能分别改善企业的经济－生态效益2倍、5倍、10倍、20倍（图9）。

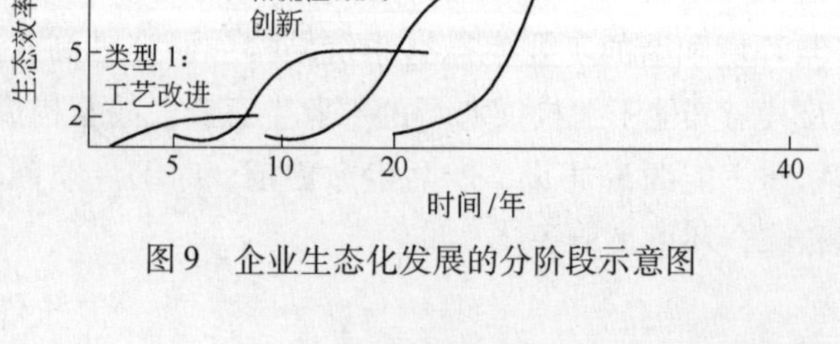

图9　企业生态化发展的分阶段示意图

7 钢铁功能拓展与循环经济社会

7.1 关于循环经济的经济属性

传统经济是由“资源—产品—污染排放”所构成的物质单向流动经济。而循环经济倡导的是一种建立在物质不断循环利用基础上的经济发展模式，它要求把经济活动按照自然生态系统的模式，组织成一个“资源—产品—资源再生”的物质反复循环流程的过程。循环经济有利于化解环境和发展之间的尖锐冲突。

循环经济也可视为资源闭环利用的经济。即在保持生产扩大和经济增长的同时，通过构建“资源—生产—产品—消费—废弃物再资源化”的物质流清洁闭环流动的社会—经济模式，来实现人类社会的生存与发展“双赢”的目标。“循环经济”（circular economy）是英国环境经济学家 D. Pearce 和 R. K. Turner 在其《自然资源和环境经济学》（Economics of Natural Resources and the Environment，Harvester wheat-sheaf，1990）一书中首先提出的。循环经济既是一种新的生产方式，又是一种建立在闭环型物质流动模式工程体系基础上的经济模式，也是一种新的发展观。从经济的角度看，循环经济是将“环境”由经济外部的制约性因素提升为经济内部的新的生产要素。

循环经济把清洁生产、资源综合利用、可再生能源开发、产品的生态设计和生态消费等融为一体，运用生态学规律来指导人类社会经济活动的模式。

实施循环经济应该以物质利用“减量化（reduce）、废弃物再资源化利用（reuse）和资源循环利用（recycle）”为原则，实现资源、能源的最有效利用，降低环境负荷，其目的是促进经济、社会的可持续发展。应该指出的是：所谓“3R”只是原则，不是实现循环经济的全部要素。要注意实施循环经济是有成本的经济，实施循环经济需要技术，需要投资，还有运行成本；循环经济也是建立在资金流动基础上的。实施循环经济不仅要注意成本、资金要素，而且还必须注意连接物质、能量循环利用在时间—空间配置上的可能性和合理性，从而可以看出，实施循环经济是以“3R”为基本原则，将物质、能量、时间、空间、资金等要素有效地整合在一起的经济问题，而不是为循环而循环。

实施循环经济必须以技术进步、集成创新为重要支撑手段，使物质、能量符合“3R”原则，否则环境负荷的降低很难实现。推动循环经济也需要社会伦理的规范和支撑；当然，实施循环经济一定需要法律、法规的管制和引导。

在实施、推进循环经济的过程中，也必须注意到对“循环经济”而言，发展经济仍是主导性的，经济的合理性是物质、能量以及废弃物循环利用的边界条件。循环经济首先是经济，是建立在物质、能量以及排放、废弃物循环流动基础上，是有时－空概念的经济，是有成本概念的经济。经济效益的大小又是循环经济的目标函数，而物质、能量等的有效、合理循环是手段、途径。推进循环经济必须充分重视环境效益与经济效益的协同，并择其易行者先行之。

在不同条件下，循环经济的实施有赖于以下技术－经济因素的协调：

（1）物质/能源（包括排放物、废弃物等）循环链的延伸、扩展及其转换、利用效率的合理性；

（2）物质/能源循环通量的大小，必须具有一定的循环通量，才能具有可行性；

（3）物质/能量在循环过程中的经济合理性；

（4）物质/能量在循环过程中时间－空间因素的协调性（否则将影响能源转换效率或物质循环效率以及运输费用等）。

因此，在推行循环经济的过程中应该充分研究上述条件，充分论证其技术－经济可行性，择优先行。

我们应该以忧患意识和可持续发展的观点来促进实施循环经济，一定要有紧迫感，但又不能操之过急、急于求成，不论条件如何一哄而起，这样往往搞形式主义，事倍功半；重要的是要找准推动循环经济的切入点，从能够办到的地区、产业、企业做起，务求实效，扎扎实实推进。

应该看到，流程制造业（包括冶金、化工、建材、石化、造纸、食品加工等）生产过程的特点是：输入源头是自然资源（矿物质、生物质、水、空气等），这些资源、能源通过功能不同的工序串联作业，协同（集成）运行，生产出大量的产品、副产品，用作生产资料或生活资料。在国民经济中，流程制造业消耗大量的自然资源，在制造产品的过程中伴随着大量的各种不同形式的排放物，由此带来大量的环境负荷；与此同时，随着理念的转变，技术的进步，流程制造业存在着“3R”的巨大潜力和可能，也存在着消纳和处理社会大宗废弃物的机会或潜力。在我国新兴工业化的进程中，流程制造业既是支柱产业、基础产业，同时也应是推进循环经济的优先切入点。

7.2　制造流程功能拓展与钢厂生态化转型

钢铁制造流程工序多，不同工序的功能各异，各自的物质和能量的输入集、输出集不同，前后工序的输入集、输出集又相互关联，而且各自与外部环境形成复杂的环境、生态界面。图10为高炉生产1t铁水所对应的物质、能量输入、输出。由图10可见，高炉运行过程中，从输入集看，输入的物料有生矿、烧结矿（球团矿）、返回的转

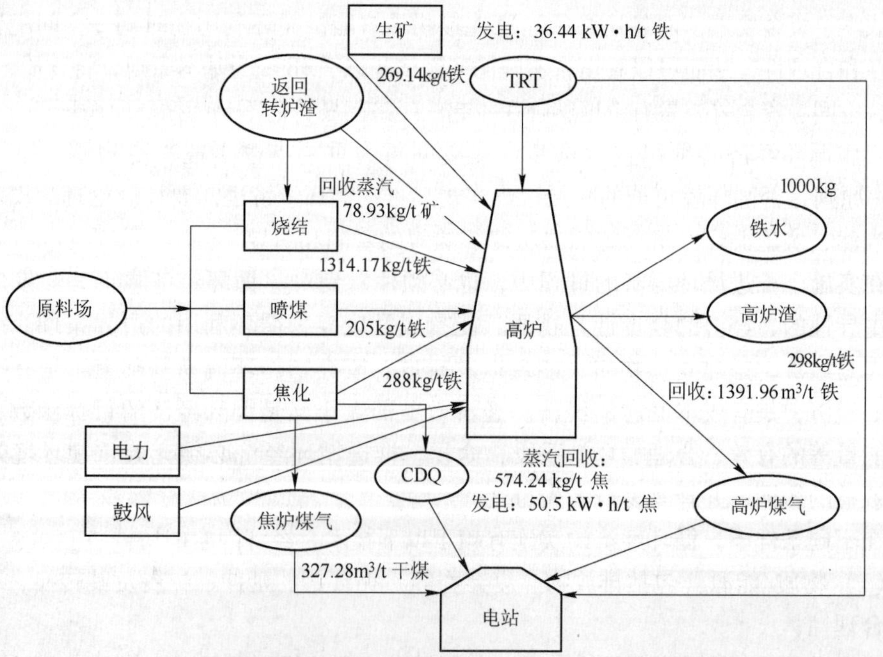

图10　高炉炼铁过程的物料与能源输入、输出图

炉渣等，输入的能源有焦炭、煤粉、电力等，还有水、空气（鼓风、氧）等自然资源，输出的有铁水、高炉渣、炉尘等物质，有高炉煤气、蒸汽、电力等能源，还排放热水、温水等介质。

从转炉生产1t钢水所对应的物质、能量输入集、输出集分析看（图11），转炉运行过程中输入的物料有铁水、废钢、造渣剂、铁合金等，输入的能源有电力、焦炉煤气、氧气、氮气、氩气、蒸汽等，还有水、空气等自然介质；输出的物料有钢水、转炉渣、炉尘等，输出的能源有转炉煤气、蒸汽、热水等，还有排放的冷却水等介质。

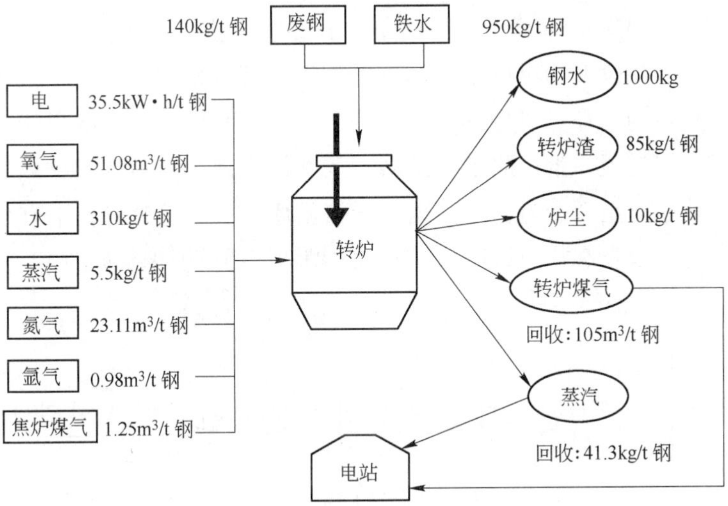

图11　转炉炼钢过程的物料与能源输入、输出图

同样，也可以列出焦化、烧结、电炉、二次冶金、连铸、加热炉、热轧、冷轧等工序过程中物质、能量的输入集和输出集。可见，无论是高炉—转炉流程的钢铁联合企业，还是电炉短流程钢厂，其制造流程的功能实际上不仅是局限于冶金-材料制造功能，从制造流程中各工序、装备在运行过程中的输入集和输出集看，其中蕴含着制造流程功能拓展的要求。

进入21世纪以后，如何深入认识和充分开发钢铁冶金制造流程的功能，是一个时代性的命题。如果仅从冶金学、材料学科角度看，钢铁制造流程的功能只是钢铁冶炼与钢材生产而已。如果从工程、产业、社会等角度看，也就是进一步扩展到从资源、能源、环境、生态、循环经济等方面的视角看，则钢铁制造流程的功能绝不止局限在冶金-材料制造功能上。因此，人们应该以更宽阔的视野、更积极的心态来思考钢铁制造流程的功能拓展和钢铁企业的生态化转型问题。

现在已经能够比较清楚地看出，在未来可持续发展过程中，钢厂的制造流程（特别是高炉—转炉长流程）将主要发挥三种功能，即：

（1）钢铁产品制造功能；

（2）能源转换功能；

（3）社会部分大宗废弃物处理、消纳功能。

7.3　循环经济社会中的钢厂模式

由于社会、经济的发展，城市化的进程将进一步加快（特别是像中国这样的高速发展的发展中国家）。从生产、消费角度看，城市（特别是工商业城市）往往是集中生产、集中消费、集中废弃的地区，因此，对于钢、塑料、玻璃、纸张、铝、铜、铅、锌等基本材料的消费和废弃是必须考虑循环利用的。另外，从电、燃气、自来水、热水等能源来看，城市的消耗量是巨大的，而且不断地增加着。人们不难认识到，在若干有条件的城市周围，特别是大城市周边，城市周边钢厂应该逐步实施生态化转型，发展循环经济，这类钢厂有着诸多有利条件和经济－生态价值。城市中产生的废钢、废塑料、垃圾等大量废弃物可以由钢厂就近处理并有效地利用。由于工业生态链的构成，铁素资源会成为循环经济中的重要一环。同时，钢厂社会经济职能也通过生态化转型而得到进一步扩展。钢厂除了供给城市及其周边地区所需的钢材以外，还可以向社区居民供应热水乃至部分电力等。因此，在循环经济的发展过程中有可能形成一批都市周边型的、工业生态化的钢厂。都市周边型钢厂的发展理念如图 12 所示。

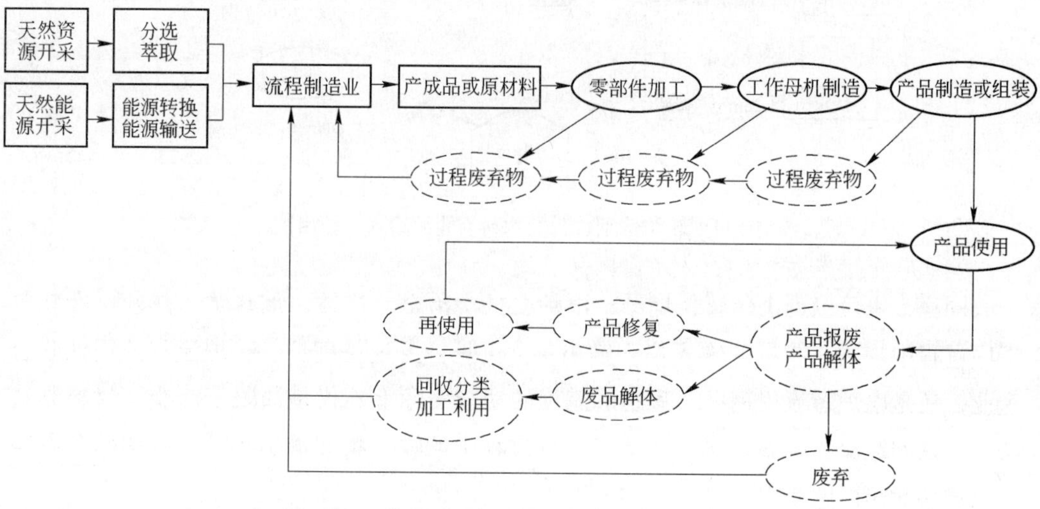

图 12　钢铁企业的生态工业链与循环经济

由于全球经济一体化进程的加速，大宗矿物资源和能源的国际贸易进一步扩大。作为基本材料的钢铁和作为主要能源的石油也将在这一过程中扩大贸易量。例如：全球铁矿石的海运贸易量已到 4.5 亿～5 亿吨/a，2003 年我国铁矿石进口量已达 1.48 亿吨；2003 年我国原油进口量已达 9000 万吨左右。因此，港口型大型钢铁联合企业的发展，将引起某些综合条件优良的港口城市逐步发展为生态工业带。在这种条件下，大型钢铁联合企业可以凭借自己的物质流优势、资金优势、技术优势、人才优势，不断延伸其制造链、经营链。诸如与造船、集装箱、水泥制造乃至与建筑业结合，形成工业生态链。同时，大型钢铁联合企业产生的富一氧化碳（转炉煤气）、富氢煤气（焦炉煤气），经过开发，有可能得到大量的氢，这些氢如果与相邻的石油化工企业结合，亦可增加石化企业的竞争力。在这类生态工业带内，资源、能源、资金可得到充分有效的利用，单位产值的环境负荷得以削减，可以认为这是一种重化工型的生态工业带。

在这类重化工型生态工业中，以钢厂为核心可以发展钢－电－水泥联产，可以与石化工业、造船工业、集装箱制造业等形成产业链。图 13 是年产 800 万～1000 万吨钢铁厂制造过程图及关联产品。

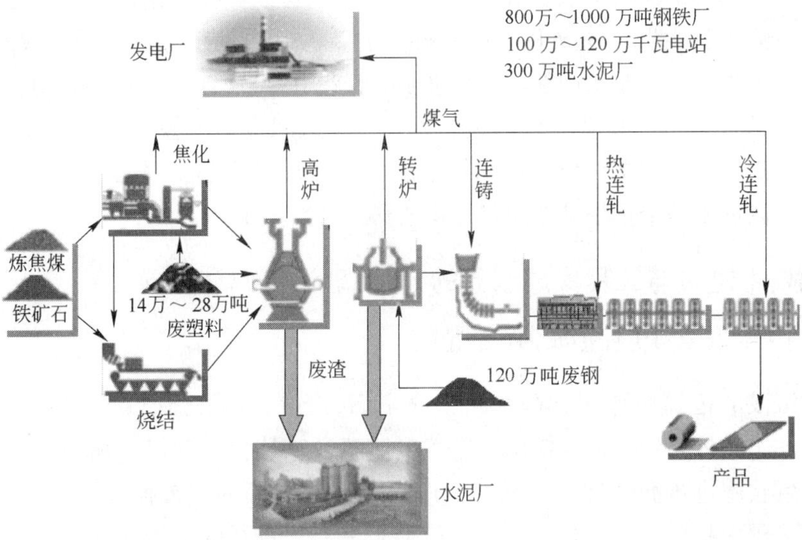

图 13　年产 800 万～1000 万吨钢铁联合企业的制造流程及其关联产品

综上所述，可以看出，钢厂未来发展的模式将通过绿色制造过程走生态化转型的道路，逐步形成城市周边型和海港工业生态（带）型两种主要的、可选择的模式。

在循环经济中，对钢厂可能承担的社会经济职能，可做以下构想：

（1）钢厂是铁－煤化工的起点，既要生产出更好、更廉价的钢，又要自发电并开发新的清洁能源；钢厂应是“只买煤、不买电、不用燃料油”，钢厂有可能制造出相对价廉的、大量的氢气；

（2）钢厂可以是未来某些海港城市生态工业－贸易园的核心环节之一；

（3）钢厂可以是城市社会某些大宗废弃物的处理—消纳站和邻近社区居民生活热能供应站；

（4）钢厂可以是某些工业排放物质再资源化循环、再能源化梯级利用和无害化处理的协调处理站；

（5）规模小、工艺、装备落后的钢厂很难充分展现上述“三个”功能，应限制发展，逐步淘汰。

在中国新型工业化的发展过程中，应该以科学发展观认真地研究和拓展钢厂的社会经济功能，高度重视循环经济社会中不同条件下钢铁企业的社会角色和多种经营的转型机遇。由于钢铁企业的生产过程存在着巨大的“3R”潜力，并且容易使资源、能源、时间、空间、资金等要素有效地整合在一起，因此，钢铁企业应该是推进循环经济的优先切入点。

炼钢技术进步与工程集成创新中的若干重要问题*

国家中长期科学和技术发展规划纲要明确地把建设可循环钢铁流程工艺与装备列为重点领域的优先主题。这是我国钢铁科技创新的历史性任务。为了完成这项任务，我们必须大力推进炼钢技术创新与科技进步。记得在2004年12月9日举行的第13届全国炼钢学术会议上，我曾经以《钢铁生产——从间歇、停顿走向连续/准连续》为题，作了一次讲话，本文仅想对炼钢技术进步与工程集成创新中的若干重要问题作进一步探讨，以利于整个钢铁制造流程优化的深入与具体化。

1 炼钢技术进步与工程集成创新的范畴/理论基础和方向

1.1 炼钢技术进步与工程集成创新的范畴

炼钢区段的范畴应该包括高炉出铁完毕后，自铁水罐运送开始，经过铁水预处理—废钢加工—炼钢炉—钢水精炼—连铸出坯至（从炼钢厂输出）所有过程中的各类工艺、装置技术进步和处理－协调好工序（装置）之间的“界面技术”，以促进整个钢厂生产流程中物质流、能量流、信息流动态－有序运行的工程（流程运行过程）集成创新。其目的是要实现炼钢生产进一步高效、优质、低耗、低排放和环境友好等技术－经济目标群的综合优化。

1.2 炼钢区段（工序）技术进步的理论基础与方向

炼钢区段技术进步的理论应是通过功能序、空间序、时间序乃至时－空序的解析－集成，实现炼钢区段内各工序（装置）之间物质流的动态－有序运行，在整个钢铁流程中发挥高效、连续、优质、低耗的引导作用。在分解本区段内各工序功能基础上，重新配置有关工序装置功能，实现区段流程的整体优化，进而带动整个钢铁生产流程的优化。连铸技术的发明、优化完善和发展是这一理论基础最好的体现，它确立了炼钢区段优化的主要方向是要通过凝固过程的连续化，带动炼钢厂有关各工序的运行向准连续化的方向集成起来。炼钢厂生产运行向动态－有序的准连续化方向发展，这是炼钢厂生产过程中各个工序环节功能的重新解析与集成的动力源。近三十年来最突出的有如下3个方面。

1.2.1 炼钢炉功能的解析－集成方面的创新

20世纪50年代以前，长期以来总以为一种工艺、一个装置的功能越多越好，而忽视其整个生产流程的总体发展趋势及其与上、下游工序的协调、匹配关系。平炉就是一个实例。平炉确实有很多功能，一度曾是主要的炼钢方法，有人甚至认为平炉是“万能”的，但由于其功能过多导致冶炼周期过长、操作过程过于繁杂，能耗高，很难

* 2006年6月，于烟台，全国炼钢连铸生产技术会议上做的报告。

与新兴的连续铸钢工艺匹配，最后趋向萎缩。电炉也曾经把装料、熔化、氧化、换渣、还原、合金化等工艺过程集于一身，结果同样是冶炼周期长、能耗高，生产节奏难以与连铸匹配。随着科学研究的不断深化，钢铁制造流程的不断创新，逐步认识到必须注意对炼钢炉的功能进行解析与集成，以解决某些冶金反应进行时所要求的热力学条件的相互矛盾，而且不仅要注意冶金功能，更要注意能耗、过程时间和时间节奏，还要重视上、下游工序之间物质流量的匹配。因此，剥离一些不适合于炼钢炉承担的功能（例如转炉脱硫功能、电炉还原精炼功能等），开发、集成一些优化的功能（例如转炉快速脱碳、快速升温和煤气回收等）。

多年的实践证明，炼钢炉的功能优化应遵守以下原则：

遵循物理化学原理来优化选择化学冶金功能，兼顾质量、成本、效率和排放；

优化炼钢过程的时间节奏和温度制度，保持物质流顺畅、高效率；

以功能－结构－效率的连锁优化促进与前后工序在动态－有序运行过程中的协调和连续等。

例如，现代氧气转炉的功能将定位在以脱碳、升温和回收煤气为主和适度的脱磷上；而电炉则主要是熔化废钢、钢液氧化和消纳—处理某些社会废弃物的功能，例如废钢、废轮胎甚至回收涂层板中的锌等。其他功能例如脱硫等应分别分解到铁水预处理装置及二次冶金装置来分担。

1.2.2 铁水预处理与全量铁水在线“三脱”处理是炼钢功能集成创新的另一个重点

铁水预处理工艺对现代氧气转炉炼钢厂的过程优化而言，尤显重要。在以前的一些学术会上也曾多次提到过从热力学与生产成本上看，铁水预处理成为一个独立工艺环节是炼钢工序功能解析与集成的一种重大创新。其重要性已从原来的冶炼一些对硫含量要求特别严的钢种开始，发展成为炼铁—炼钢—凝固整个生产流程优化的重要环节。近20年来，铁水专用转炉脱磷工艺的开发对一些以生产薄板为主的大型联合企业而言，正在形成一种全量铁水进行优化“三脱”预处理的新模式。全量铁水“三脱”的概念是所有进入转炉炼钢的铁水都要经过“三脱”预处理。其目的主要不是为了生产低磷钢，而是为了实现流程的进一步优化，建立一个高效率、低成本的洁净钢生产平台，为了适应高拉速、稳拉速的连铸工艺，为了促进整个钢厂生产过程的动态－有序准连续运行和信息流的简化和优化，以铁水包脱硫—专用转炉脱磷—常规转炉脱碳、升温和回收煤气为特征的全量铁水在线“三脱”预处理的工艺过程有如下优势：

（1）建立起高效、低成本的洁净钢生产工艺平台，提高产品竞争力；

（2）可以使用含磷量较高的矿石，铁水含磷可以放到0.1%～0.15%，有利于降低矿石采购成本；

（3）有利于脱碳转炉使用锰矿，还原成钢水［Mn］，基本不用或少用50%左右Fe－Mn，可以降低合金成本；

（4）脱碳转炉渣可为脱磷转炉使用，并减少石灰消耗；

（5）脱磷转炉渣可以不经水化处理，直接使用于筑路等；

（6）加快转炉（大型）冶炼节奏，适合与现代高拉速板坯铸机匹配运行，提高生产效率；

（7）有利于运行过程时间紧凑，实现节能。

铁水"全三脱"工艺主要适用于以大型转炉（>180t）大规模生产高质量薄板的生产工艺流程。不能将其价值局限在冶炼超低磷钢。

对于在新世纪将新建的大型联合企业，应该大胆地、创新地采用全量铁水"三脱"预处理的炼钢工艺过程，高效、低成本地生产高级板带材。

1.2.3　电炉超高功率、高化学能输入与钢水二次精炼结合是电炉功能解析与优化集成创新的表现

按照电炉只做熔化、升温、氧化、分渣功能的思路，把换渣功能削去，将还原、脱氧、脱硫、调整成分/温度的功能移至钢包炉，这些功能在钢水二次精炼中进行，不但提高了生产效率，优化了时间节奏，适应连铸生产；还更有效率地实现了洁净钢生产，最终满足了连铸生产高品质、高效率的要求，成为电炉工艺能够生存与发展的技术基础。

2　关于高炉—转炉（含炉外处理）—连铸—热轧之间的"界面技术"问题

连铸凝固过程是钢铁生产流程中连续地衔接化学冶金过程与固态形变/相变物理过程的中心环节。因此，包括连铸工序在内的炼钢厂的解析－集成创新必然会在整个流程中对前、后工序产生影响。其中也包括了"界面"关系集成优化的技术需求，以推进整个钢铁生产流程的优化。对钢厂而言，涉及这类"界面"集成优化关系的主要"界面技术"有五个方面，即在钢铁联合企业中的焦化—烧结—高炉之间的"界面技术"；高炉—转炉"界面技术"；炼钢厂内部铁水预处理—炼钢炉—二次冶金—连铸之间"界面技术"；炼钢厂—轧钢厂"界面技术"和钢铁厂总图布置所包含功能序－空间序－时间序的物流"界面技术"。

2.1　高炉—转炉之间的"界面技术"

高炉—炼钢转炉之间大致上会发生6类事件，具体如下。

2.1.1　铁水承接

高炉生产的铁水要送往转炉（在某些厂还要送往电炉），首先就有一个铁水承接功能，核心是承接容器的容量的问题，这一方面与高炉容量和生产效率有关，又与转炉容量和盛铁容器的运输节奏有关。毫无疑问，这两方面完全一一对应是我们追求的理想目标。匹配好铁水承载容器的容量和输送时间节奏的关系就是这一功能优化的方向。

2.1.2　铁水运输

主要是运输方式与输送距离的优化。在新设计的钢厂内，高炉到炼钢炉的距离最好控制在800m左右，1000m以上的运距对节能、对成本都是不利的。铁水运输有两种方法，一种是最早就采用的铁水包车，容量为60～250t，在我国现有工厂为60～180t铁水罐运输车。大容量的铁水包运输车为近年来兴起的"一罐到底"模式所采用。对许多厂而言，所谓"一包到底"虽然是新事物，但是实际应成为一种发展方向。当然对大容量铁水包运输车输送的技术关键要解决铁水量准确的命题，这是可以解决的；为解决轮压平衡与安全，铁水罐车结构设计与轨距是两个不可忽视的问题。另一种就是鱼雷罐车，鱼雷罐车输送铁水是大家比较熟悉的铁水输送技术，曾是适应大容量铁水输送与保温的先进设备。虽然目前还是主要运输方式之一，但由于它必须在倒罐站进行倒罐，实践还证明它的流场特征不能适应快速铁水预处理的要求，加上倒渣难、

倒罐过程析出石墨所引起的环境污染等问题，鱼雷罐车的改进（或取消）现在正受到专家们的普遍关注。

2.1.3 铁水需求的缓冲功能

这主要是发生生产故障或炼钢生产出现间歇时，炼铁、炼钢不能很好匹配，怎样解决当时铁水过剩的问题（如保温或铸成冷块），以保持钢厂生产流程的继续进行。首先还是要通过各工序的合理运行，不产生间歇性的故障，同时要加强信息管理，加强连铸机—炼钢炉—高炉之间的信息协调，这应是主要的、积极的手段。当然，运输系统的线路网络结构（高炉—转炉工序间的铁路网络）和盛铁容器的数量也是一种缓冲手段。必要的铸铁机是被动的最后的补救手段。

2.1.4 铁水预处理功能

这在上面已作了叙述，应当肯定的是，它是解决联合企业生产功能解析与重组优化的重要技术之一。但选择合理的铁水预处理容器也是十分重要的问题。目前一般认为在铁水包中进行脱硫预处理是较为合理的，而转炉作为铁水脱硅 - 脱磷预处理的最佳容器则已日渐成为定论。应当指出铁水预处理功能中，应合理安排预处理工艺顺序，即应是先脱［S］然后脱［Si］-［P］，而不是先脱［Si］，然后脱［S］，再脱［P］。另外对铁水脱［S］这一重要工艺，应充分优化平面布置图，以缩短输送铁水包的时间，提高铁水脱［S］初始温度，以及提高脱［S］效率，降低脱［S］成本。充分排除高（S）渣的工艺和装备也是要认真开发研究的。铁水全量在线“三脱”预处理的工艺过程及其表现出来的工艺集成优化，技术价值、经济价值以及环境保护价值已引起人们的关注。应该指出，若采用部分铁水“三脱”预处理，则将带来炼钢炉、精炼炉、连铸机的操作混乱，时间程序失控，进而影响物流的“层流”运行，导致质量不稳定，产量波动。或者说：铁水部分“三脱”预处理的想法，主要是从炼低磷钢的观念来考虑的。

2.1.5 准确控制铁水兑入量的功能

这是炼钢炉稳定生产十分关键的问题，如果用承接铁水包直接兑入炼钢炉，则从出铁过程就应考虑冶炼不同钢种、不同铁水比的要求，准确控制包内铁水量，并协调好高炉—转炉的生产。不过，无论用铁水包或鱼雷车在倒罐站的操作都应更加重视准确控制铁水兑入量。

2.1.6 盛铁容器快速周转的功能

这一功能旨在稳定铁水温度，降低能耗，提高铁水容器的使用效率和提高铁水罐内衬的寿命。高炉出铁—铁水运输—铁水预处理—兑入转炉采用同一容器，对铁水罐的快速周转是十分有利的。而减少铁水罐、罐车数量是快速周转的重要前提，过多的铁水罐数量会引起周转速度慢，相应温降变大。

钢铁联合企业中高炉—转炉之间发生的六类事件，就是“界面技术”的开发要点，也是钢铁生产流程进一步优化的基础，研究和完善这些界面关系，是深化集成创新的着手处。

2.2 炼钢区段（工序）内部的“界面技术”

主要是炼钢炉（转炉或电炉）—二次精炼炉—连铸的连续（多炉连浇）和“层流”（三个工序单元相对固定地匹配对应）运行，并且为进一步做到炼钢炉—热轧机之间的高温热连接创造条件。

2.2.1 连铸（凝固过程的连续化运行）要求是这一“界面”连续、“层流”运行的原因

高效化（主要体现在高拉速、恒拉速运行）是各种类型连铸机的主要的发展方向。这就逐步导致要求炼钢炉—精炼炉—连铸机三者之间一一对应地“层流”运行（时间、温度、物质流量与成分的衔接关系）。即三者具有恒定、连续、高速运行的特征。例如，根据轧材规格要求，尽量选择优化而且固定的某一铸坯厚度、宽度规格，选择合理的铸速和连浇周期，从而确定精炼炉、炼钢炉的容量和运行节奏甚至包括车间平面图在内的各项匹配参数，保证高的铸机连浇炉数、高的拉坯速度、高的铸坯质量、高的铸机作业率和最佳的热送温度。这种铸坯尺寸、铸速与周期的确定，还将成为炼钢炉容量、钢水精炼方式和车间平面图合理选择的重要依据。从时间序的角度上看，对每一个工艺环节的衔接，都要以分钟、炉（而不是作业班、日、月）为单元来一一对应设计和控制，才能实现优化的目标。从各国生产实践分析可见，常规板坯连铸机的铸坯厚度已向210~230mm优化（往往固定一个厚度尺寸），生产中厚板坯的铸机则可选用250~300mm坯厚。而薄板坯连铸连轧，铸坯厚度在70~90mm左右可能对生产效率、品种适应能力和质量都能相应优化。小方坯普碳钢铸坯则以150mm^{2}断面为优先选择，配以2.5~4.0m/min的铸速，以实现不小于16h的连浇作业为目标，协调好精炼的衔接关系。

2.2.2 合理选择钢水精炼装置是“层流”运行的重要条件

一方面要按照不同产品及其生产流程的要求，合理选择钢水精炼的方法。例如一般碳素钢棒/线材生产，以吹氩/喂丝装置在线处理为主的钢水精炼方式来衔接中、小炼钢炉与小方坯连铸机，周期上一般不会出现问题。而中厚板材的连铸坯生产，则应考虑VD和LF，对某一中厚板产品而言，其订货批量一般不会太大，因此不要求过多的连浇炉数。当然，对一般用途的碳素钢中板而言，也可以采用吹氩作为二次冶金的手段。而生产薄板（尤其是冷轧板材），则无论是与常规板坯铸机匹配还是与薄板坯铸机匹配，都应以RH为主，同时配有CAS（IR/UT厂）是合理的选择。LF炉一般不适合与转炉配合生产薄板的流程，尤其不适合冷轧板生产；对于合金含量较高、含硫量极低的热轧带钢而言，有时可采用RH+LF双联处理，但这些产品的市场份额不大。对于电炉—连铸匹配，则主要应以LF炉作为精炼手段，但在生产高质量的特殊钢或与薄板坯连铸匹配时，RH仍不失为一种优化的选择。

2.2.3 炼钢炉适应连续“层流”运行要求的几个问题

炼钢炉合理的炉容量和稳定、规范的操作程序及其高速运行都是适应炼钢厂连续、“层流”运行的重要的问题。

炼钢炉大型化是优化方向，但并不是越大越好，曾经建设的300~400t转炉或电炉在与连铸生产的衔接上都不同程度地遇到困难（包括板坯连铸机），尤其是>200t的转炉与小方坯连铸匹配效果很差，对生产薄板的转炉正在向210~250t（或150~180t电炉）的方向优化；否则一炉钢的浇注时间过长，进而导致出钢温度过高，这将影响中间包钢水过热度偏大或波动，最终影响铸机拉坯速度及铸坯质量的提高。中板则以120~180t转炉或100~120t电炉匹配，普通碳钢棒/线材则以50~80t转炉或60~100t电炉为优选目标。这里需要做的工作是建立以分钟、以炉为时间对应单位的动态运行

工作图并体现在用计算机控制运行。

以“精料”为基础的炼钢炉规范操作程序，在任何衔接匹配的工艺中都是前提性的，也是最重要的；而计算机过程信息控制是这种操作程序连续稳定运行的重要支持力量。

炼钢炉快节奏运行在以高效连铸为中心的“层流”运行中显得尤为重要。不断提高冶炼炉的炉龄，缩短冶炼周期（例如200t以上的大型转炉Tap－Tap在28～32min之间，大型电炉Tap－Tap在45～60min之间等）；提高能量供应强度与利用效率、优化钢水吊运路线及相应的车间平面图等都是快节奏运行的重要措施。前面提到的全量铁水在线“三脱”预处理工艺将被证明是大型转炉快节奏、低成本地生产高质量薄板的重要发展方向之一。

2.2.4　同一炼钢厂内不同类型连铸机之间的协同运行关系

在同一炼钢厂内，特别是同一转炉炼钢厂，不同类型连铸机之间在一起协同生产，也有一个配置优化问题。对于大型联合企业而言，有的只生产高质量薄板，因此只选用板坯连铸机；但在当选择两台或三台板坯连铸机协同生产时，还须在精炼路线选择、平面图优化以及铸机与热轧带钢轧机的匹配对应上作深入的优化选择。如果一个大型联合企业要生产薄板、中厚板、大型型钢等，则往往分为两个炼钢厂，一个炼钢厂集中配合生产薄板，另一个炼钢厂组合生产中厚板和大型断面型钢。无缝管坯最好由专业的炼钢厂生产。普通中、小断面长材，不是大型联合企业的合理选择。对于中、小高炉—转炉钢厂而言，一般用途的中板和长材在一个炼钢厂生产也有诸多不便。

可见，炼钢厂内部的界面技术是炼钢技术进步与集成创新的重要内容，有着丰富多彩的学问，而且炼钢厂本身也已成为上游与下游工序优化界面匹配的核心。

2.3　炼钢厂—热轧厂“界面技术”

在解决了炼钢区段（工序）内部的匹配“界面”优化之后，另一“界面”技术就是连铸—热轧之间的衔接匹配优化问题，这是决定钢铁厂最终产品质量和生产效率十分重要的“界面”技术。一般来讲，炼钢厂在物流进程、质量传递和温度衔接上都起着支配性的作用，连铸的连续、高效运行影响着最终热轧工序要求的动态、有序、匹配运行的优化程度。

2.3.1　容量（能力）对应－匹配的界面技术

前面已经讨论了根据产品要求和轧机能力的需要，合理选择铸坯厚度、精炼方式、冶炼炉容量、铁水预处理工艺等影响，尤其是铸机的运行恒定性的重要性。连铸机决定铸坯断面、铸坯温度以及出坯速度和节奏，如何与最终轧材的性能、规格优化匹配，并且要适应轧机换辊、维修的计划程序，这些都将决定热轧机能力的发挥程度和动态－有序、节能、层流运行的稳定性，从而决定整个钢铁企业的过程优化。因此，钢厂不仅要注意所谓的“炉”－“机”匹配，而且还要讲究连铸机—热轧机的匹配，其中包括了两者之间的容量匹配、温度匹配、时间匹配。

2.3.2　高温热衔接的界面技术

铸坯的热送热装，尤其是不断扩大可热送钢种连铸坯直接热装的比例，将对轧机的能耗、质量控制和生产效率都产生根本性的影响。行业内一直追求的无头轧制、直接轧制，是这种高温热连接“界面”匹配中最复杂的技术，各国都有过实践，虽然将继续成为人们追求的目标，但至今未成为高温热衔接生产技术的主流。

合理的热衔接温度则是需要细致深入研究的一个重要课题。例如有无蓄热式加热的加热炉，对不同钢种铸坯的热送装入温度就应有不同的要求，不同钢种在热送过程中的相变情况不同，热装入炉温度也有区别，而加热炉的座数、加热（或均热）炉长度，温度区段控制都要与铸机出坯流量及其节奏，铸坯保温区的面积和缓冲能力，加热炉的能力、座数，热轧机轧制能力以及炼钢厂—热轧厂的时－空布置关系等综合考虑才能做到既节能又高效。

2.4 关于炼钢厂平面布置图优化的原则

这是“流程网络”结构优化的基础条件，而且一旦确定，很难改变，因而必须认真研究，高度重视。在研究过程中，要以工艺步骤的动态－有序运行为依据，在运行时间上要按分钟为单元计算，在空间和距离上要按米甚至更小的尺度认真计算。

（1）为了确保新一代大型转炉炼钢厂生产运行过程的顺畅和优化，必须高度注意平面布置问题。平面图是确保炼钢厂内物质流、能量流、信息流高效、协调运行的基础框架。平面图是流程运行过程中“流”按照一定“程序”，进行动态－有序运行的“流程网络”；“流程网络”是由“流”运行过程中“结点”（工序、装置）、“连接器”等优化配置的布局及其组成的时－空边界。而“程序”则是驱动“流”在“流程网络”中优化运行的“软件”。

（2）平面图必须考虑工序、装置（“结点”）和天车、管道等各类运输手段、输送路径等因素在生产过程（“流”的动态－有序运行过程）中的协调－优化。因此，平面图是“运行系统”中单元装置之间“面定位”的集成优化和各个工序、装置的最佳“点定位”的组合。

（3）研究新一代大型转炉炼钢厂平面图（“流程网络”）的目的是为了促进“流”在运行过程中的连续性、协同性和紧凑性等。而且对于串联－并联的流程运行方式而言，为了顺畅、协调、优化，还应注意几股“平行流”的“层流性”，因为“层流”有利于过程耗散最小化，有利于运行效率的提高（高产等），有利于能耗、物耗的改善，有利于过程运行时间的缩短。因此，应该竭力避免“并联”运行过程中“平行流”之间出现交叉、紊流（例如1号转炉对3号连铸机等），即要求前、后工序能力和时间节奏的匹配和协调。

（4）平面图（“流程网络”）要考虑在“串联－并联”过程物流输送中，要避免输送路线、运输工具在时间－空间尺度上相互矛盾与干扰。例如，天车运行时间、位置的矛盾，输送路线的拥堵或无效占用等。

（5）对“串联－并联”流程中，在安排好车间内“跨间连接”，巧妙地安排好“物流”输送过程中的时间－空间程序。

（6）在考虑平面图时，必须合理地解析好天车的动作、位置和路径，尽量减少天车的使用次数，避免“并联”作业工序之间（例如1号转炉与2号转炉）的相互干扰，促进“层流”运行。为了充分利用空间因素，要对天车（高空）与电动车（地面）的有序组合运行进行巧妙安排，协调好物质流的时间过程。

（7）新一代大型转炉炼钢厂具有铁水全量“三脱”预处理—脱碳炼钢—各类二次冶金—高速、恒速连续铸钢等多工序、多装置（多“结点”）的“串联－并联”流程，其平面图一定要符合生产过程动态 - 有序运行的工艺时间程序，为了确保连续 - 紧凑—层流运行的需要，物质流 - 能量流的一切因子都要向以时间为主轴的运行程序上耦合。

3 关于新一代大型炼钢厂的设计理论概念——工程集成创新

新一代大型炼钢厂的设计优化，实际上是一个区段流程集成优化的命题。这是若干相关工序、相关事件在一定边界条件的组织和集成优化过程，其中包括了物质转化过程，能量转换及其充分利用过程，信息传递—反馈过程的集成创新性命题。

新一代大型转炉炼钢厂首先是为了构建一个高效率、低成本的洁净钢制造平台，在这一构想框架下，要把“物质流”“能量流”“信息流”按照特定的“程序”在一个“流程网络”中动态 - 有序运行；也就是要在安排好功能序、空间序、时间序和时 - 空序的前提下，追求连续化、紧凑化、动态有序地“层流”运行，实现高产、优质、低耗、低成本、环境友好等多目标优化。

新一代大型转炉炼钢厂的构建手段是采用优选的、成熟的先进技术和新开发的技术，通过匹配协调的“界面”技术，集成优化组合而成。这不同于诸多技术的一般简单堆砌、拼凑，也不追求数量规模越大越好，更不应凑零凑整；而是追求在市场定位、产品档次、工厂结构的卓越，追求经济效益、环境效益和社会效益的协同优化。

4 关于减量化、再利用、再循环的问题

炼钢区段（各工序）的技术进步和集成创新是钢铁企业制造过程实现减量化、再利用、再循环（所谓“3R”）目标的重要环节。

4.1 减量化生产

这是降低资源负荷和环境负荷的前提。新一代大型联合企业的炼钢区段（工序）的减量化生产首先就是选择优化的全量铁水预处理工艺（对于大型转炉生产薄板而言是全量“三脱”处理，减少炼钢石灰消耗和渣量，在脱碳转炉中利用锰矿回收 Mn，减少 Fe - Mn 消耗，对于中、小转炉生产长材、普通中板而言是铁水脱硫，降低转炉渣量）；稳定化的原料条件，并规范工艺操作以降低事故造成的资源消耗；促进长时间的连浇过程；充分回收转炉煤气和蒸汽；降低水的总循环量和提高水的重复利用率，尽量采用干法烟气净化技术、汽化冷却技术等来实现节水；推广复吹长寿、溅渣护炉（若采用铁水全“三脱”预处理，则溅渣护炉是不必要的）和优质石灰、优质耐材等基本原材料的使用，大幅度降低炼钢过程的各种消耗等。

4.2 回收利用和再循环

这是炼钢生产中十分重要的一环。事实上炼钢区段生产中产生的废钢、铁皮等含铁材料的回收循环利用，已是大多数钢厂早已重视并实现的事情。但炼钢厂回收利用和再循环的许多事情还需要深入研究。首先是转炉煤气和蒸汽回收。对转炉而言，两者的回收量有一个合理的比例，而且转炉蒸汽的利用方式还不很完善，只有宝钢、首钢、太钢等少数企业用来提供真空处理真空泵所需要的蒸汽。煤气和蒸汽的回收利用是转炉“负能炼钢”的必要条件，这些问题应深入测试、计算，选择优化的参数。

关于转炉煤气的利用，国内许多厂的思路还较局限。出于安全考虑，多数厂不作本厂烤包等工序的燃料，有的厂用于冶金石灰生产。但有些厂由于缺乏足够的煤气储存容量，或是没有固定明确的转炉煤气使用用户，至今转炉煤气回收量仍很少，且有时还放空或用完全燃烧法代替回收，给环保带来问题。

在炼钢厂的回收和再循环中，固体废弃物的无害化处理和循环利用也有许多工作要做。钢渣利用主要问题要解决高碱度钢渣中游离 CaO 和体积不稳定的硅酸钙的问题。转炉尘泥回收、电炉烟尘中锌金属元素的回收利用、电炉消纳汽车废轮胎，耐火材料的回收利用（如滑板修复），特别是减少固体废弃物数量等问题都应加快研究开发，并实现产业化。

合金钢废钢的分类储存利用是回收合金钢废钢中合金元素的重要措施，要切实抓好。

中国炼钢生产已连创年产 2 亿吨、3 亿吨（甚至今年有望达到 4 亿吨）的历史纪录，炼钢科技进步与工程集成创新的一系列课题应引起充分重视，要仔细分析炼钢生产在整个钢铁生产流程中的地位与作用，分析炼钢过程内部及其与前后工序优化的“界面”关系，重视“界面技术”的创新，以推进整个钢铁生产流程动态－有序地运行，在新世纪内开创崭新钢铁生产流程的新局面。

冶金学与冶金工程学中科学问题的展望*

1 引言

20 世纪是冶金从技艺发展为科学的时期。经过近百年的研究和开发，冶金学和冶金工业得到长足进步，在 21 世纪内冶金学和冶金工程学应该朝哪个方向，哪个新领域、新的学科分支发展？钢厂的结构升级应该体现在哪些方面？钢厂的功能应该如何拓展以适应低碳经济？钢厂的模式应该如何优化？这些都是冶金学与冶金工程学研究新问题的时代背景。

要回答这些问题，从科学命题上看，既要继承20 世纪积累起来的已有科学理论和实践经验，又必须在新世纪、新时代所面临的新问题、新挑战下，拓展新视野、建立新思路，提出新命题。具体而言，就是应该用何种思路、何种理论、何种方法来解决冶金工业的“两高一资”（高能耗、高排放、资源依赖型）问题，以适应资源、能源、环境、生态以及气候变化等时代性大命题的挑战；应该用何种视野、何种概念、何种理论来推动冶金学的新发展。

2 冶金过程中不同科学问题的时空尺度——从基础科学、技术科学到工程科学

冶金学领域中的科学命题，是从 20 世纪 30 年代开始的，主要是以物理化学的观点、方法来研究当时冶金生产过程中的若干时代性问题，例如炼钢过程中的成分控制和有害成分脱除等。于是着重研究冶金生产过程中原子/分子间的高温化学反应问题，特别是对单元操作过程中原子/分子尺度上的研究，诸如冶金化学反应热力学以及随后的反应动力学等。通过大量研究，人们认识到火法冶金反应本质上属于高温下的非催化型多相反应。这类研究属于微观研究，也可以看成为“点空间”尺度上的基础科学问题，其时空尺度一般为：

过　程	时间尺度/s	空间尺度/m
分子/电子	$<10^{-5}$	$<10^{-10}$
流动和传质(反应界面附近)	$10^{-3}\sim10^{1}$	$10^{-9}\sim10^{-2}$

这类研究往往采用抽象的孤立系统研究方法。即假设所研究的系统与外界没有物质、能量交换，目的是要探索与揭示各类单元操作中化学反应、相转变的理论可能性、方向性和极限性等问题。平衡计算是量度该时 - 空尺度的过程运动趋势、控制过程进行方向的基本手段。

始于20 世纪 50 年代末 60 年代初，传输现象、传输原理研究，或所谓的“三传”“一反”研究——传热、传质、动量传递和反应器理论研究是冶金学领域内属于技术科学

* 2009 年 4 月，于河北唐山，河北理工大学；2010 年 4 月，于北京，钢铁研究总院等地所做的学术报告。

层次上的研究。也就是要在理解了单元操作的物理化学原理的基础上，进一步考虑封闭系统不可逆过程中更多物理因素的影响，以促进单元操作、单元装置的效率优化、功能优化和结构设计合理化。对于钢厂生产过程而言，这是一类介观尺度的技术科学研究，目的在于解决好单元装置在结构、功能方面的有序性、有效性。其研究对象往往是在一定条件下多相系统中固体颗粒、液滴或是气泡在某类容器场域中的运动规律，即场域动力学。这实际上是某一区位上（场域）的“场空间”（位空间）科学问题。其研究方法是：对原子/分子尺度上的转化/转换过程以“黑箱”方法对待；对工厂/车间尺度上的运行过程，同样也以“黑箱”方法对待；而对场域/装置尺度上的问题则以“白箱”-“灰箱”方法对待。对于冶金学中技术科学研究的时-空尺度一般为：

过　程	时间尺度/s	空间尺度/m
流体力学与传递	$10^{-3} \sim 10^{1}$	$10^{-9} \sim 10^{1}$
反应器	$10^{-4} \sim 10^{4}$	$10^{-3} \sim 10^{2}$

这种介观尺度的运动过程，属于线性非平衡态的问题，需要用离开平衡不远、力和流线性相关的传递过程的定量计算来描述该时-空尺度上有关现象的规律和控制过程的运行。

从上述基础科学和技术科学的研究成果看，大都是局部过程中或是片段过程中的问题，存在着研究视野的局限性和不同研究领域的割裂性，即对于整个工厂的制造过程（生产流程）而言，缺乏整体性、缺乏足够的动态性和本质性的研究。

随着技术-经济的发展，钢厂不仅是生产单位，更是市场的参与者和竞争者。人们对这方面的认识更为自觉。对于市场竞争而言，特别是对于节能减排和环境影响而言，对于产品开发及其效率而言，对于信息的贯通和控制而言，钢厂是作为一个整体参与的，是作为一个经济法人参与的。钢厂制造流程中每一个单元操作、每一个单元工序、每一个生产装置、每一个生产车间的合理与否，特别是单元工序/装备的功能优化以及各个单元工序/装置之间的非线性相互作用关系的优化，都会影响到钢厂制造流程的整体结构、功能与效率。因此作为新世纪内冶金学和冶金工程学的科学命题应该在基础科学（点空间）、技术科学（场空间-位空间）的基础上，拓宽视野，进一步推进到研究涉及制造流程的“流空间”命题，即流程工程科学/过程工程学问题（图1）。

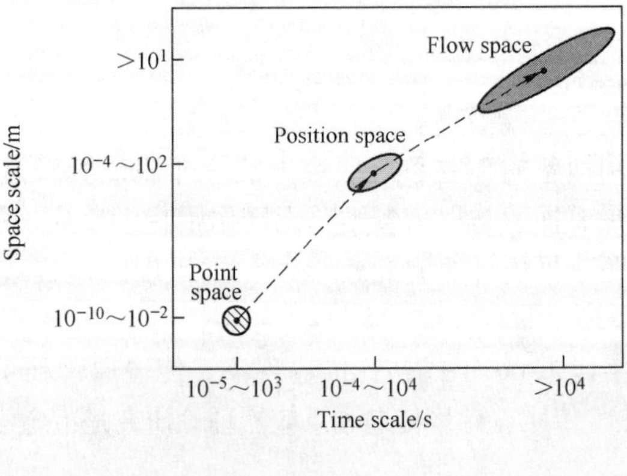

图1　点空间、位空间、流空间示意图

3 冶金学与冶金工程学面临的科学命题——工程科学

冶金工业属于流程制造业，制造流程（流程工程或过程工程）是冶金工厂能否有效运行的根本。面对新的课题，应该将冶金学的科学命题推进到整个流程的时－空尺度上。

流程工程学/过程工程学是一类新的大时空尺度的科学命题，其时间尺度往往会大于10^4s，空间尺度往往大于10^1m。它比与冶金工程相关的基础科学、技术科学有着更大的物质－能量－时间－空间－信息－资金尺度，从中抽象出的科学问题一般是一类复杂的、开放系统的综合集成命题，而不会是简单的或单一的命题，因而，不能用孤立系统/封闭系统的概念、方法来解决。一般说，“核心技术”是一个产业或一项工程的关键。然而，不能简单地认为某一产业、某一工程的核心技术问题解决了，就是某一产业、某一工程的科学问题全都解决了。制造流程的科学命题是复杂的、系统的、动态的、集成的。科学要转化为现实生产力，不仅要解决“核心技术”的技术科学问题，而且还必须进一步解决具有复杂性、系统性、动态性、集成性的工程科学问题以及与之相关的工程技术和工程管理科学问题，才能将基本原理和关键技术转化为集成优化的工程系统，并成为现实的生产力。

冶金制造流程是建立在诸多相关技术和原理的动态集成制造系统，冶金制造流程的学问重在“动态”和“集成”，“动态”意味着开放、意味着输入和输出，这和孤立系统的静态平衡有根本上的不同；“动态”还意味着鲜明的时间特征，而时间是不可逆的。“集成”意味着将冶金制造流程整体动态运行过程和诸多相关技术和有关原理有序、有效地结合起来进行系统研究，进行集成－协同创新，其中存在着流程工程时－空尺度上的工程科学问题。

冶金流程中的工程科学问题必须从研究冶金制造流程动态运行的物理本质出发，对冶金流程/工厂的结构和动态运行进行分析研究，进而研究并拓展其应有的功能，对未来工厂的功能与模式进行探索。

这是一类不同于以往冶金物理化学、冶金原理等学科分支所涉及的研究命题。冶金流程工程科学研究的对象是属于一类开放的、不可逆的、远离平衡的、非线性耦合的流程系统的运行本质、运行规律和行为等特征的过程工程问题。

4 冶金学与冶金工程学中的工程科学内涵

现代钢铁企业的制造流程已演变为两类基本流程：

（1）以铁矿石、煤炭等天然资源为源头的高炉—转炉—热轧—深加工流程和熔融还原—转炉—热轧—深加工流程。这是包含了原料和能源储运/处理、烧结/球团—焦化—高炉炼铁过程（或熔融还原过程）、铁水预处理—转炉炼钢—精炼—凝固过程、再加热—热轧过程及冷轧—表面处理过程的生产流程（图2）。

（2）以废钢为再生铁素资源和电力为能源的电炉—精炼—凝固—热轧流程。这是主要以社会循环废钢、加工过程废钢、钢厂自产废钢和电力为源头的制造流程，即所谓电炉流程（图2）。

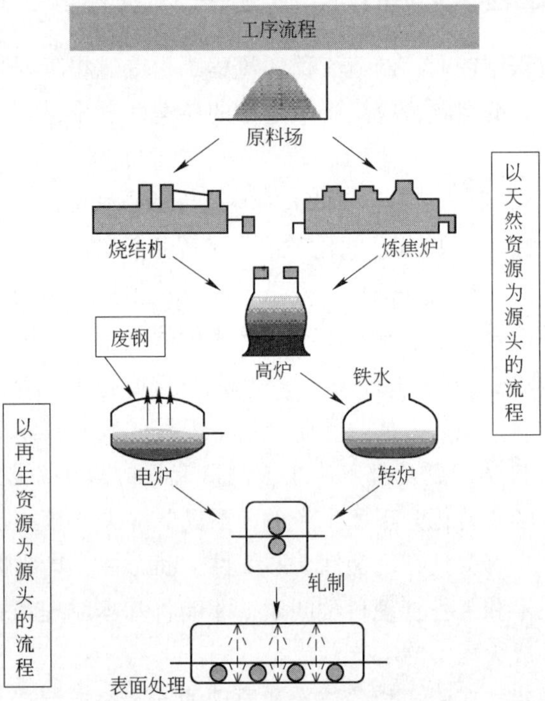

图2　两类钢铁制造流程示意图

上述对现代钢铁制造流程的描述属于工艺表象性的表述，而要深入理解钢铁制造流程整体动态运行的内在规律则必须研究流程动态运行的物理本质。

从物理角度上看，钢铁企业的生产过程实质上是物质、能量以及相应信息的在合理的时－空尺度上流动/演变过程。其动态－运行过程的物理本质是：物质流（主要是铁素流）在能量流（长期以来主要是碳素流）的驱动和作用下，按照设定的“程序”，沿着特定的“流程网络”作动态－有序的运行，并实现多目标优化。从热力学角度上看：钢铁制造流程是一类开放的、非平衡的、不可逆的、由不同结构－功能的单元工序通过非线性耦合所构成的复杂系统，其动态运行过程的性质是耗散过程。从流程运行动力学角度上看，过程时间、能量耗散处于中心位置，即在大的时－空尺度的宏观系统中耗散，时间之矢（时间不可逆性）具有特殊重要性。

可见，钢铁企业所面临的工程科学命题是：要通过企业生产制造流程中物质流、能量流在信息流的调控下作动态－有序地、连续－紧凑化运行，从而使过程耗散（能量的、物质的）最小化，由此促进生产、经营、环境等多目标优化。

根据耗散结构理论的观点看，为了使一个开放的、不可逆的、远离平衡的流程系统作动态－有序运行，必须克服该流程系统特有的自组织过程中产生的内部熵增（内部熵产生）（$d_iS>0$），因而需要从外界输入一定的负熵（$d_eS<0$），且$|d_eS|>|d_iS|$；在流程系统的自组织过程中，输入的负熵被耗散，慢速衰减的涨落被放大（形成序参量－慢弛豫参数），复制成为（并且维持）动态－有序的运行状态。这样使开放系统整体上持续地维持远离平衡态，动态运行过程中异质单元（子系统）之间的非线性相互作用也得以表现出来，这就得以形成相对稳定的动态－有序结构。

这样问题就出来了：

(1) 就流程系统内部看，过程的运行，总是出现内部熵增现象（$d_iS>0$）；但是，在不同的系统结构，不同的运行程序，不同的“流”通量情况下，其 d_iS 值是不同的。如何使 d_iS 值小些、更小些或者阶梯式逐渐增加呢？

(2) 为了保持动态－有序运行的结构和功能，如何在 d_iS 值优化的基础上，使输入的 d_eS（外界输入的负熵值）恰到好处呢？

看来，这像是物理命题。

物理命题应该转化为工程命题。为了使钢铁生产流程动态运行的耗散最小化（主要是能量形式的消耗，有时也有物质形式的消耗），首先应该对生产流程动态运行的三个要素，即流程网络结构、运行程序和“流”通量进行分析研究，寻求内部熵增（熵产生）d_iS 最小化的方法、途径。

看来，在特定的“流”通量条件下，对物质流、能量流的行为进行网络化整合、程序化协同，是实现动态－有序、连续－紧凑运行的必要手段和途径，这有利于实现内部熵产生 d_iS 最小化。当然，这也将涉及有关信息获取、处理和信息流网络的研究和开发。

关于网络化整合：

对于形成一个相对稳定的、动态－有序运行的耗散结构而言，构建网络结构十分重要。直观地讲，网络是由结点和线（弧）组成的图形，通过图形形成特定的“结构”。引申出去可以认为：在过程系统处于动态－有序态势下的网络结构则是系统内各相关要素（结点）之间“力”与“流”相互非线性作用（或耦合）的优化区域。这种“力”与“流”非线性作用（或耦合）优化区域的构建，是耗散“最小化”的结构性基础。网络化整合意味着过程系统内各相关要素（或相关结点）的相互非线性作用关系得以“固化”在某种优化的“合力”场区，从而有利于耗散结构系统动态－有序、连续－紧凑地运行。

对钢铁制造流程而言，网络化整合，意味着工序/装置的容量（能力）、功能的合理选择，意味着总平面图的简捷化、紧凑化，使物质流尽可能保持层流方式，能够顺畅快速通过，即“阻力”最小化。“阻力”最小化在很大程度上将表现为过程时间缩短。网络化整合对于能量流及其运行优化是同样重要的，要以输入/输出的观点来分析研究钢铁制造流程中的能量流行为，特别要注意到在钢铁企业内部，能量流与铁素物质流的关系是有合－有分的。因此，能量流也有必要进行网络化整合和程序化协同，以实现充分利用和回收各类二次能源（如余热、余能等）。

反之，如果流程网络不理顺、不合理（包括物质流网络、能量流网络和信息流网络），则运行过程中“流”的行为往往易导致时间因素的无序化或是不时出现混沌状态，这必将导致物质流、能量流耗散的增加。必须认识到，对冶金制造流程动态运行的有序性而言，不仅取决于各个工序/装置各自运行的有序性、稳定性，而且受到“流程网络”集成化整合程度的促进或制约。

关于程序化协同：

程序化协同，意味着制造流程内工序功能集的解析－优化，工序间关系集的协同－优化和流程工序集合的重构－优化；也意味着空间序的紧凑化、简捷化、层流化；这些都与网络化整合密切相关，并在一定程度上决定了制造流程的静态结构。程序化协同可以表现为合理的功能序设计，更重要的是体现在时间程序和时－空程序的设计上。时间程序的设计必须要充分理解时间在钢铁制造流程动态运行过程中的各种表现形式（例如时间序、时间点、时间域、时间位、时间周期等），力求时间程序的协同化、快捷化。时－空序的设计则体现在优化的动态框架结构中，体现在物质流、能量流动态－有序运行的高效化、稳定化上，实现单位时间内的“流”通量“最大化”和/或物质、能量耗散“最小化”。

关于“流”通量：

“流”通量的优化，首先取决于产品的特征，对钢铁企业而言，生产薄板类产品的“流”通量是相对大的，其作业线的年产量可以是200万～900万吨/a，而生产长材类产品的“流”通量是相对小的，其作业线的年产量可以是60万～250万吨/a。这就决定了不同钢铁产品生产流程动态运行过程中的“流”通量（单位为t/min）。由此可见，所谓装备“大型化”只是一种表象，其实质是相对于不同的钢铁产品制造流程应该有一个合理的“流”通量水平，而不是盲目地追求装备“大型化”。片面追求装备“大型化”会引起生产过程中不协调、不合理现象出现。例如以300t转炉生产长材其“流”通量是不协调、不合理的。

从工程哲学的观点看，研究冶金流程系统中的“流”“程序”和“流程网络”等概念的认识出发点是整体论，这不同于传统的基础科学、技术科学重视局部的“实体”性研究，而局部的“实体”性研究往往来自于“还原论”；“整体论”强调的是“构成单位”（实体）和“关系”（虚体），从“关系”特别是含有时间因子的动态“关系”出发，研究“结构优化”“功能优化”和“效率优化”，这是耗散结构的优化和追求过程耗散最小化的体现。

这样，就要求研发人员有更宽阔的视野，有开放系统、复杂性科学的知识基础，有与耗散概念有关的过程不可逆、时间不可逆、自组织、他组织等理论知识和方法，而不能被孤立系统、可逆平衡等概念、方法框死。

从开放系统视角上看，为了使开放系统具有并持续保持有序化的动态结构，必须持续地、合理地从外界输入必要量值的负熵（向开放系统持续地、合理地输入物质、能量就意味着输入负熵）。但是，要使输入负熵值合理、适当，也必须注意研究外界负熵输入过程的转换效率，输入的程序，输入方式等方面的优化和评估。同时必须指出，在开放系统中，整体协同优化重于追求局部的微观“平衡”，在开放系统中片面追求局部的微观尺度“平衡”，有时可能会引起系统的无序化，从而导致开放系统运行过程耗散增大。

总之，时代的进展要求拓宽冶金学和冶金工程学的研究领域，而且必将涉及工业生态链、循环经济乃至低碳经济等重大时代命题。

5 流程工程科学的研究命题展望

（1）在冶金流程复杂系统的本质性研究方面：

1）开放的、不可逆的、非平衡态系统的耗散过程；

2）不同层次、不同尺度系统内的涨落现象及其允许的合理波动范围；

3）流程系统内组元（工序）之间相互作用的非线性耦合关系；

4）流程系统中“流”“流程网络”和“程序”的性质、关系、特点；

5）多因子“流”在时间轴上的耦合和演化；

6）系统内多种控制机制及互相之间的关联与竞争；

7）多层次、多尺度结构及其描述等。

（2）在动态－有序结构方面：

1）流程内各单元的排列、组合及其空间-时间分布——流程结构的形成与演变；

2）不同尺度、不同层次的单元中的序参量对结构性质的影响——结构和功能“涌现”现象；

3）流程的静态结构与动态运行对功能拓展的影响；

4）新型流程结构的探索和构筑。

（3）在提高定量化、信息化水平方面：

1）复杂性整体流程（系统）的可描述性，尺度分解与关联；

2）复杂性整体流程（系统）的可控制性和控制机制；

3）流程整体优化的极值趋势研究（或优化取向研究）；

4）复杂性整体流程（系统）中的模拟和计算方法等。

（4）在基础性研究新领域方面：

1）基础科学、技术科学、工程科学在冶金学和冶金工程领域中的层次性关联与集成的理论；

2）铁-碳冶金、铁-碳/氢冶金和铁-氢冶金过程的研究和比较；

3）高效率、价廉的大规模制氢技术；

4）若干外场物理参数对冶金过程工程的影响（电、磁、过冷、超声、真空、高压等）；

5）钢铁制造过程与具有纳米尺度质点钢材的获得；

6）低能耗、低碳冶金制造流程研究。

（5）在工程设计理论方面：

1）基于冶金制造流程动态运行的工程设计理论与方法（自组织优化和他组织控制）；

2）钢厂模式的分类与优化；

3）不同类型产品的洁净钢平台集成设计；

4）钢厂制造流程中物质流网络、能量流网络和信息流网络的研究和设计；

5）以铁-煤化工为核心的工业生态链和循环经济园区设计等。

上述一系列的流程工程科学（或称过程工程学）命题应该提到新世纪冶金学和冶金工程学的研究和开发日程上来，并推动冶金工业的原始创新和集成创新。

工程演化规律与钢铁工业的发展*

作为直接生产力，工程是在历史进程中不断运动、演化、发展的。为了正确制定经济社会发展战略，必须努力深入分析和认识工程演化的特点和规律。国内外的工程和产业发展历史告诉我们，必须高瞻远瞩地正确认识和把握工程演化的方向、进程和规律，才能在经济社会发展中占领“制高点”，把握先机，取得胜利；否则，就难免走弯路，甚至要迷失方向，导致失败。正是基于对工程演化问题重要性的认识，中国工程院管理学部在完成“工程哲学”的研究课题后，及时地提出应该开展对“工程演化论”的研究。

正像经济中有微观经济和宏观经济之分一样，按照在时间和空间范围上的不同，工程也可以划分为微观（企业和项目）、中观（行业、产业和区域）和宏观（国家和全世界）三个不同的层次、范围或“水平”。在工程演化论研究中，关于行业或产业的演化特征和规律的问题是一个核心性问题。很显然，这个问题不但是一个历史和理论问题，它更是一个具有重大现实意义的问题——因为它直接涉及了对产业发展战略的认识和把握。本文以下将着重对“工程演化规律与钢铁工业发展”这个主题进行一些分析和讨论。

1　关于工程的特征及其与科学、技术的关系

工程活动体现着自然界与人工界要素配置上的综合集成和与之相关的决策、设计、构建、运行、管理等演化过程。工程活动特别是工程理念体现着价值取向。工程的本质是工程集成系统动态运行的功能体现与价值体现的统一。

工程对相关技术进行选择、综合而集成为相关技术群，并通过相关基本要素的优化配置而构建起来的有结构、有功能、有效率地体现价值取向的工程系统、工程集成体。工程功能的体现应包括适用性、效率性、可靠性、安全性、环保性等价值。

工程的本质是集成与构建。对于工程的集成性认识有必要从如下方面深化：

从自然知识特别是技术层面看，工程是物质-能量-时间-空间-（生命）-信息等方面基本物理量的动态集成。这种集成应该包括判断、权衡、选择、优化、形成交集、并集等内涵和形式。

从认识逻辑思维层面看，工程问题应是先识别事物的整体，在此前提下进而对事物整体进行解析，继而选择出薄弱环节进行优化，萌发新生环节的构建，导致落后环节的淘汰，再通过重构性的集成优化，实现事物整体性进化——实现工程演化。

从产业发展和具体工程项目层面上看：工程的集成性应以技术层面诸要素、诸单元的解析-协同-集成优化为基础，进而使之与其他基本要素（资金、资源、土地、劳力、环境等）综合集成优化。以利于项目-企业的市场竞争力和可持续发展能力，促进产业发展并服务于社会公众。

---

* 2009年3月31日，于北京，香山科学会议第345次“工程研究与国家战略”会议上的发言。

然而，从哲学层面上看，工程是在“自然－人－社会”三元体系中存在、发展或淘汰着的。工程应该通过上述诸多方面的集成和优化，促进工程与自然、工程与人、工程与社会之间的和谐、共赢。造福人类，报效社会同时不伤害自然或补益于自然。

工程体现了相关技术的动态集成运行系统，技术（特别是先进技术）往往是工程的基础和元素。技术的本质可以理解为对客观事物运动机理的理解和经过巧妙构思的再加工，从而获得的“工具性”手段，并实现与价值本质的统一。技术的性质包括了创造性、创新性、发明性、诀窍性、有效性、稳定性等。

技术和工程都不是唯真理导向的，两者都存在着权衡、选择、构建、运行、演化等出自价值影响的导向。现代技术、现代工程需要基础科学、技术科学和工程科学的支持和导向。然而，科学的本质则可以理解为对事物及其运动的本质、构成、运动规律的探索、发现并追求和真理本质的统一，科学不一定是唯价值导向的。

科学（特别是“工程科学”）对工程的推动是重要的，其推动的机制和作用也有一个历史发展的过程……在知识经济社会中“研究和开发”（R&D）的作用成为了一个核心性的问题。所谓“研究和开发”，其基本性质既不同于那些“一般性的基础科学研究”也不同于那些“脱离市场前景的发明专利申请”。在知识经济社会中研发（R&D）应是工程的价值和市场定向相结合的技术性、经济性和社会性的先导活动或推动过程。

2　关于工程演化规律及其与科学演化、技术演化、经济演化的关系

存在与演化是不可分割的。演化论认为自然界“不是既成事物的集合体，而是过程的集合体”。演化是不能脱离过程的，演化是通过过程而实现的，实际上演化就意味着过程。过程一定关联到时间－空间等因素，即过程是有边界条件的。演化有时更是在边界条件发生变化时产生并加速或是停止的，因此演化必然与环境有关，环境必然关联到物质、能量、生命和信息。在边界条件相对稳定时，演化过程的形式大多是渐进式的；而在边界条件发生变化而达到某一临界值时，过程演化的形式有可能是突变式或跨越式的。

对演化概念的理论表述是值得重视的。基于上述讨论，可以看出，对演化的理解包括了运动、要素、过程、系统、功能、效果以及理念等关键词。演化可以理解为从一种形态向另一种形态的转化，或是某一种类向另一种类的转变。演化是一种活动过程，演化源于万物诸事都有运动的本性，运动必然联系到一些要素（或基本参数），特别是以时－空参数为共同特征的过程，运动过程在环境的促进/制约下，对各种相关要素集成（集合）起来，构成一种有序、有效的系统，这些具有特定性质的系统会发挥特定的功能、效果。由于功能、效果不同，这些系统必然要面对自然选择和/或人工选择，并决定其生存、发展或淘汰。

从不同视野、不同视角观察问题，认识的结果会是有差异的，从正确视角、宽阔的视野出发观察研究问题，有利于对客观事物的洞察，有利于正确判断其内部机理和选择。从哲学的视野研究工程演化、技术进步，不同于只从自然维度出发来研究有关技术、工程的知识进化。从哲学视野研究工程演化和技术进步对推动经济发展和社会进步，特别是贯彻落实科学发展观有着直接的现实意义。

从哲学视野研究工程演化，必须从“自然－工程－社会”三元互动关系中研究工程演化问题。不但要特别重视分析自然和环境对工程的影响和制约关系，而且要特别重视社会经济需求、制度创新、社会影响和社会约束等问题对工程演化的影响。

在工程演化论研究中，不但要描述和分析“工程演化过程”，更要努力通过对“工程演化现象”的认识和分析而进一步归纳和升华出对“工程演化规律”的认识。目前，科学哲学家已经对科学的演化规律进行了许多研究，对于技术演化规律也有人（例如巴萨拉的《技术发展简史》）进行了研究，在经济学领域，经济演化问题也引起了越来越多的经济学家的关注，可是，对于工程的演化问题——特别是工程演化规律问题——目前还很少有人进行研究。

在研究工程演化规律时，应该认识到：一方面，必须承认工程演化与科学演化、技术演化、经济演化有密切联系；另一方面，必须承认工程演化有自身的特殊规律，不能将其“等同于”或“归结为”技术演化规律或经济演化规律。

在技术与工程的关系问题上，一方面，必须承认两者有密切联系，承认任何工程活动都必须有其一定的技术前提和基础；另一方面，又不能把两者混为一谈，承认不可能仅仅从技术演化规律“推演”出工程演化规律。巴萨拉说：“科学和技术在很多方面上是互动的，没有科学提供对自然物质和自然力量的理解解释，许许多多现代关键性的人造物就不可能生产出来。然而，技术并非科学的奴仆。”巴萨拉的这个观点还可以“推广到”认识技术和工程的关系。实际上，技术与工程、科学与工程也是互动的，也绝不能认为工程是技术的奴仆。实际的历史进程和理论分析都告诉我们：技术演化和工程演化都必然有自身的特殊规律，不可能单纯地从科学演化规律“推演出”技术演化规律，也不可能单纯地从技术演化规律“推演出”工程演化规律。由于在工程活动中经济社会因素发挥着更重要的作用和影响，由于技术因素和各种非技术因素发生着极其复杂的相互作用，这就使得认识和把握工程演化规律更加困难，同时，认识和把握工程演化规律的意义也更加重大。

3 近现代钢铁工业的演化

3.1 历史进程

（1）19 世纪下半叶～20 世纪上半叶，新技术、新要素的出现：

- 焦炭高炉的出现
- 贝塞麦炼钢炉出现
- 平炉炼钢出现
- 托马斯炼钢炉出现
- 电弧炉炼钢出现
- 热连轧机出现

} 第一代钢厂的出现（相应的淘汰，例如普德林搅拌炼钢法、木炭高炉）

特征：厂址接近原料产地，高炉—转炉/平炉—模铸—初轧/开坯—各类成品轧机组成的生产体系。第一代“百货公司”式钢铁产品制造商出现并流行。

运行过程：以间歇—停顿—间歇—停顿，重复升温—降温为表征。

（2）20 世纪下半叶～21 世纪初，新技术、新要素的出现：

- 澳洲、巴西大铁矿开发
- 大型散装船的开发
- 大规模廉价制氧技术的出现
- 氧气转炉出现
- 连续铸钢出现
- 铁水预处理技术出现
- 钢水二次冶金技术出现
- 铸坯热送—热装技术出现
- 超高功率电炉出现
- 薄板坯连铸—连轧技术出现

} 第二代钢厂的出现（相应的淘汰，例如贝塞麦转炉、托马斯转炉、平炉、初轧机、往复式轧机、模铸、混铁炉、小型电炉、侧吹转炉）

第二代钢厂的特征：厂址沿海布局，高炉—铁水预处理—转炉—二次冶金—连铸—热送/热装—再加热—热连轧机为制造流程的工程体系。第二代“专业化”“高效化”钢铁产品制造商出现、推广及高级产品制造商（2.5 代）出现。

运动过程以连续/准连续生产和间歇生产协同运行为标志，开发了一些“界面技术”，避免/减少间歇生产，减少重复加热。

3.2 知识体系不断扩充和交叉

（1）基于 19 世纪的技艺知识（实践、经验）；
（2）基于 19 世纪的设备开发知识（力学、经验）；
（3）原子/分子尺度上的理论知识（物理化学——点空间知识）；
（4）工序/装置尺度上的理论知识（“三传一反”——位/场空间知识）；
（5）流程/工厂尺度上的理论知识（流空间知识——流程工程）；
（6）环境/工业生态尺度上的理论知识（循环/生态尺度上知识）；
（7）自动控制理论知识（单元信息/系统信息的控制）。

3.3 演化：机制与过程

运动：可以比拟为某些“力”（广义理解的“力”）作用下的活动的表现形式。

演化过程是各种“力”的相互作用与动态发展机制：(1)“推力”“拉力”“制动力”“筛选力”等。“推力”包括新工艺、新装备、新资源、新资本等；“拉力”包括市场需求、社会公益需求等；“制动力”“筛选力”包括环境容量、生态平衡、资源供应、土地供应等。(2) 各种“力”相互作用的复杂过程。

过程：以时-空尺度为主要表征。

时间：开放系统中“时间之矢”不对称性。

过程特征：不可逆，先进的生存、发展，落后的淘汰、灭亡。

演化的结果表现为：一批先进工艺、装备和产品创新性地发展，一批已存的工艺、装备和产品渐进性地改进并继续生存、发展，一批落后的工艺、装备和产品在发展过程中被淘汰。在这些过程中，引发了钢厂生产流程的重构性优化，这是整个 20 世纪国际钢铁工业结构优化的基础性因素，也是重要的“推力”。

钢厂重构性结构优化的结果表现为：一批结构落后的企业被淘汰；一批经过改造的结构优化的企业继续生存、发展；一批创新结构、具有活力的企业新建，这是市场竞争和可持续发展进程中的普遍现象。整个 20 世纪内，国际钢铁工业、钢铁企业不断地经历了技术进步、结构调整、产业升级的过程。

3.4 钢厂生产过程的物理本质

钢厂生产过程的物理本质是物质流（主要是铁素流）在能量流（主要是碳素流）的驱动-作用下，按照设定的“程序”，沿着“流程网络”作动态-有序的运行。钢铁制造流程是一类开放的、非平衡的、不可逆的、由不同结构-功能的单元工序通过非线性耦合构成的复杂系统，其动态运行过程的性质是耗散过程。

3.5 钢铁工业的发展方向——钢厂功能拓展

从钢铁制造流程动态运行过程的物理本质出发，其功能应拓展为：

（1）铁素流运行的功能——钢铁产品制造功能；

（2）能量流运行的功能——能源转换功能以及与剩余能源相关的废弃物消纳—处理功能；

（3）铁素流-能量流相互作用过程的功能——实现过程工艺目标以及与此相应的废弃物消纳—处理功能。

3.6 中国钢厂的共性差距和努力目标

共性差距：中国钢厂在节能、环境、资源循环利用等方面与国际领先水平有差距，有的钢厂甚至有很大差距；

努力目标：第三代钢厂的构建——新一代流程，新钢铁基地建设，体现三个功能，解决“两高”“一资”矛盾……

3.7 当前中国钢铁工业对策建议

（1）控制总量：内需为主原则不动摇；

（2）淘汰落后：以节能、环保为主要切入点，淘汰落后工艺、落后装备、落后产品不动摇；

（3）提高集中度：推进集团化、改善布局，避免重复建设；

（4）发展新一代流程、新一代钢厂模式：高度重视高效率、低成本的洁净钢生产，能源/资源高效利用，环境友好，构建合理时-空尺度上发展循环经济，提倡逐步向“低碳化”方向发展。

4 从演化论视野展望钢铁行业未来的发展方向与战略

（1）从演化论视野研究钢铁企业的未来发展前景问题：需要构建多种模式的第三代钢厂；实现“三个功能”，更具灵活性、可控性的生产系统，资源/能源更有效利用，环境友好、构建产业生态链，逐步向“低碳化”方向发展。

（2）从演化论视野研究技术的未来发展前景问题：需要动态-有序运行的精准设计理论；突出“流”的概念，突出“动态-有序”运行，突出“连续-紧凑”目标。

（3）从演化论视野研究工程科学的未来发展前景问题：需要发展新世纪新命题下的冶金学。将以“点/微区空间”尺度的基础科学、“场/位空间”尺度的技术科学和“流/工厂空间”尺度的工程科学以及环境、信息方面的知识耦合-集成起来，使物质流、能量流、信息流高效-协同运行。

（4）从演化论视野研究21世纪我国钢铁行业的发展战略问题：需要在全面建设小康社会和和谐社会的总任务中、在中华民族伟大复兴和国际格局大调整的形势下研究和制定钢铁行业发展的战略目标和发展路径。

《冶金流程工程学》的发展背景、思考过程、方法和总体观点*

工业实践背景　20 世纪 80 年代是中国钢铁工业在改革开放政策引导下，通过技术进步走上健康发展之路，20 世纪 90 年代通过一系列共性 - 关键技术的突破和集成为钢铁工业的崛起打下了坚实的技术基础。

1　以连铸为中心的认识

连铸工序是钢厂生产过程中火法冶金（液态为主）与压力加工（固态为主）的连接核心，是大相变；是钢厂高效率、低成本、高质量地动态连续运行的关键工序。不能将连铸与模铸两个技术局限在“凝固”功能上进行比较，必须提高到钢厂整体结构优化的层次上来分析、思考，才能充分认识连铸的重要性（图 1）。从而提出观点，明确战术步骤和确立大全国性大战役的思想：

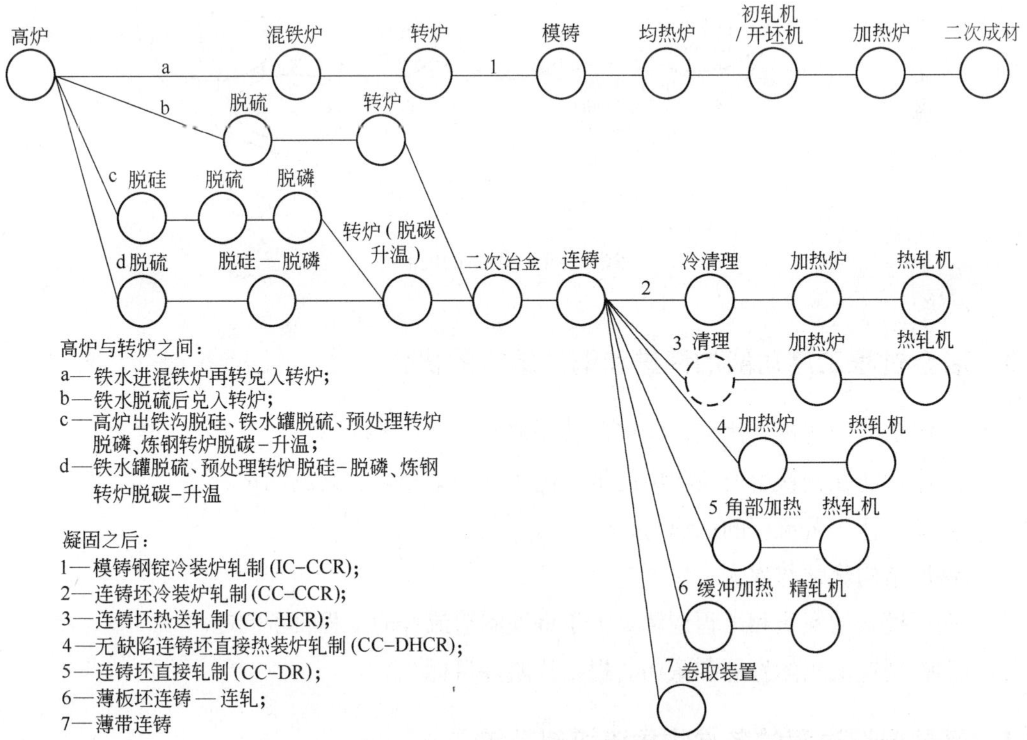

图 1　20 世纪 50 年代以来钢铁生产流程的演进

---

* 2009 年 8 月，于河北唐山，中国金属学会炼钢分会举办的冶金流程工程学培训班上的演讲。

（1）“连铸为中心、炼钢为基础、设备为保证”——运行逻辑。

（2）“炼钢—炉外精炼—连铸三位一体”，组合推进，发展全连铸钢厂——专业化发展，调整结构。

（3）“以高拉速、近终型连铸技术，推动炼钢厂的发展”——优化发展目标，增强竞争力。

（4）连铸为中心：向上游拉动炼钢炉、二次冶金、铁水预处理等工序的技术进步；向下游推动连轧工艺、连续加热炉以及热送热装等工序的技术进步，进而实现钢厂生产流程结构的优化。

2 工程的内涵

从根本上说，工程活动是技术要素和非技术要素的集成系统，是一种物质性的实践活动。工程的特点是“集成”“构建”。在技术要素的集中过程不仅有工程技术，而且出现了工程科学（图2）。

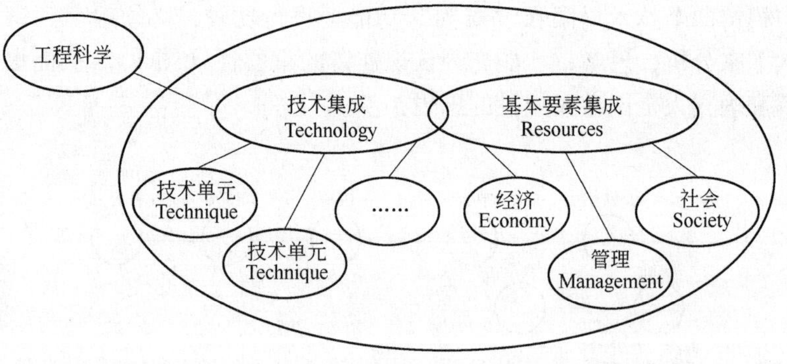

图2 工程创新的内涵

3 冶金过程工序功能的演进和钢厂结构的优化

工序功能的解析－优化，演进及其评估。

工序功能在钢铁生产流程中的组合优化——工程化、集成优化。

对新一代工艺流程的认识与评估。

钢厂结构优化与模式。

钢厂模式的实质和工程逻辑。关于钢铁制造流程的工程科学问题。

钢铁制造流程的发展和重构。提出战略性目标。

4 钢铁制造过程的多维物质流控制系统

物态转变、物性控制与物流控制的结合——多维物质流系统为钢铁制造流程的过程特征。

钢铁制造流程系统的概念与抽象：

“刺激”—“响应”；

“黏性系统”和不等滞后度。

工程逻辑的变化。

系统发展过程遵循的原则。

钢铁制造流程系统集成描述的理论框架。

（1）准连续/间歇工艺流程的数理描述；

（2）多维过程物流控制系统内的要素解析；

（3）准连续/间歇制造流程的运行方式；

（4）关于外界“刺激”—系统“响应”的分析；流程工程科学的基本理论框架。

5　钢铁制造流程的解析与集成

钢铁制造流程的本质。

冶金流程工程学与钢铁制造流程的解析与集成：

工序功能集的解析－优化；

工序关系集的协调－优化；

流程工序集的重构－优化。

冶金学科新分支的理论构想。

6　冶金流程工程学

钢铁制造流程动态运行的物理本质。

流程动态运行三要素：“流”“程序”“流程网络”。

目标：动态－有序，连续－紧凑。

多因子物质流。

多因子物质流与时间因素。

钢厂模式优化和评论。

钢厂与环境。

《冶金流程工程学》各章要点

第1章　“必选”材料——钢铁

钢铁由于资源丰富、成本相对低廉、材料性能优越、易于加工且便于循环利用，因此，钢铁作为一种重要的结构材料和功能材料的位置不会发生重大变化。钢铁仍是“必选”材料，同时也是可循环利用的材料，是国民经济发展过程中必需的基础性材料。

第2章　中国钢铁工业的崛起

20世纪90年代是中国钢铁工业的崛起过程，期间中国钢铁工业结合自己的特点，通过对连铸、高炉喷吹煤粉、提高高炉炉役寿命、连续轧制、转炉溅渣护炉和综合节能等6项关键—共性技术的开发、集成和推广，促进了中国钢厂制造流程结构的优化，实现了节能降耗，提高了生产效率，为中国钢铁工业快速发展打下了基础。

第3章　流程制造业与流程工程

制造流程是流程制造业的根本特征，制造流程的演变对流程制造业的生存和发展具有广泛的影响。制造流程中发生的一系列变化、事件，一般是物质流、能量流、信息流的综合集成过程。冶金流程工程学的内容涉及冶金制造流程中不同层次、不同结构和不同尺度上物质流的运动、传递和化学－物理转化，能量的传递、转换和物质－能量之间的相互作用关系以及相关信息，旨在研究制造流程（生产工艺流程）的结构演变及其结构、功能的解析－集成优化或在集成优化前提下的重构－优化。

第4章　钢铁制造流程与工程科学

冶金－金属材料学科是一类由三个层次的科学组成的知识体系，即基础科学——解决原子、分子尺度上的问题，技术科学——解决工序、装置、场域尺度上的问题，工程科学——解决制造流程系统尺度上的问题和流程中工序、装置之间关系的协调优化问题。冶金学科的发展由原子—分子尺度上的研究为开端，逐步扩展到技术科学尺度的研究，直到制造流程的总体尺度研究。流程工程学主要着眼于宏观层次上的工程科学研究。

从工艺过程看，钢铁制造流程是由性质、功能不同的诸多工序组成的生产系统。从物理本质上看，钢铁制造流程是一种多因子“流”，按照特定的“程序”在一个复杂“网络结构”中作动态－有序的运行。这是属于一类开放的不可逆过程，即物质、能量的转换和耗散过程。

第5章　钢铁制造流程的解析和集成

为了描述钢铁制造流程的动态－有序运行状态，需要用能够贯通冶金过程—凝固过程—压力加工过程的几个基本参数来描述并调控整个制造流程。这些基本参数是物质量（流量、重量等）、温度和时间。也就是说，钢铁生产过程就是要通过调控基本参数来实现制造流程中物质流的衔接和匹配，连续和稳定。

20世纪以来，钢铁工业的一系列技术进步都在不同程度上影响着钢铁制造流程的结构优化，这些技术进步分别体现为制造流程中工序功能集合的解析－优化，工序之间关系集合的协调－优化以及随之出现的流程内工序集合的重构－优化。

第6章　冶金制造流程中的多因子物质流控制

制造流程动态－有序运行的基本要素是：“流”“流程网络”和“程序”。其中“流”是制造流程运行过程中的物质性主体，“流程网络”由“结点”和“连接器”构成，是“流”运行的承载体和时间－空间边界，而“程序”则可以看成是“流”的运行特征在信息形式上的反映。

为了从整体上调控钢铁制造流程，应该透彻地理解“流”的行为特征，抽取出反映其运行本质的物理模型，并形成有效的、有价值的信息，实现对制造流程的动态的、有效的调控。

第7章　制造流程中的时间因素

时间对于制造流程中多因子“物质流”运行的紧凑－连续性具有决定性的影响。在钢铁制造流程中，各工序、装置运行过程在时间因素上的协调是至关重要的。时间因素在制造流程运行过程中的具体表现形式越来越丰富，例如以时间点、时间位、时间序、时间节奏、时间周期等形式表现出来。解析这些时间表现形式，对于建立起钢厂的有效信息调控系统具有重要的意义。时间在钢厂制造流程的动态－有序运行过程中具有既是自变量又是目标函数的两重性。

第8章　钢厂生产流程中的运行动力学

从钢厂生产过程中“物质流”的时间运行观点来看，为了连续、顺利地执行生产作业的时钟推进计划，钢厂制造流程中不同工序和装置在运行过程中应该分别承担起“推力源”“缓冲器”“拉力源”等不同角色。从钢厂生产流程上游或下游区段运行动力学进程分析得知：高炉在流程整体运行中起着“推力源”的角色，连铸机则有两重性——在上游区段扮演“拉力源”的角色，而在下游区段则扮演“推力源”的角色，热轧机组则在下游区段扮演“拉力源”的角色。为了使“推力源”－“拉力源”之间能够连续、协同运行，需要在它们之间构筑起若干个工序和装置作为“缓冲器”－“柔性活套”，以协调“推力源”－“拉力源”，使流程中的“物质流”实现连续/准连续运行。

第9章　钢厂流程的结构与模式

随着钢厂制造流程中不同工序（装置）功能的演变与革新，引起了工序之间的集成优化，进而促进了钢厂制造流程的结构性变化。

钢厂制造流程结构的研究将促进钢厂设计概念的更新，设计概念更新要特别重视流程系统的集成创新，切忌简单堆砌、拼凑。设计新概念研究是在制造流程系统的不同层次、不同区段上进行系统的解析－集成研究，特别要从工序（装置）功能集合的解析－优化，工序之间关系集合的协调－优化和制造流程内工序集合的重构－优化来认识问题、思考问题，进而开展工程设计中的静态结构优化和动态连续运行研究，在此基础上构建出动态－有序和连续－紧凑地运行的、优化的钢厂模式。

第10章　钢厂与环境

资源、环境、生态是钢厂必须面对的时代性命题。自20世纪60年代以来，国际钢铁工业在环境保护方面作出了巨大的努力，经历了公害治理和节能减排的时期，正在经历清洁生产、绿色制造时期，同时，也在分步地推进工业生态链的拓展和促进区域内循环经济的构建。

在未来可持续发展过程中，钢厂制造流程的功能将拓展为：

（1）钢铁产品制造功能；

（2）能源转换功能；

（3）废弃物消纳—处理和再资源化功能。

钢厂未来的发展模式，将逐步形成城市周边钢厂和海港工业生态带钢厂两种主要模式。

7 新一代流程、新一代钢厂

连续-紧凑、动态-有序、可控-优化。

物理本质与功能拓展：三项功能。

能量流行为与能量流“网络”。

物质流、能量流、信息流的集成与控制。

以新一代钢厂为核心的重化工循环经济区。

8 过程工程与循环经济、低碳经济

循环经济定义：突出经济属性。

从“3R”到“五要素”：源头削减—工业生态链—资金链的耦合、贯通、循环(图3)。

循环经济的模式：以关联产业链为纽带的产业园区、适度的时-空域，密集的物质/能量流（链），逐步增值的资金流（链）。

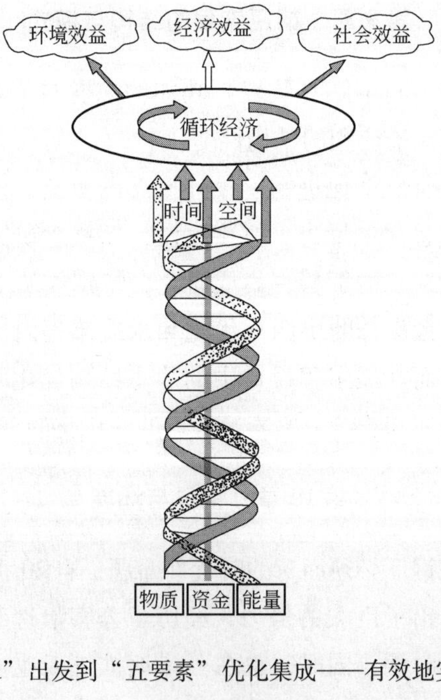

图3 从“3R”出发到“五要素”优化集成——有效地实施循环经济

9 哲学思考

思路：原子/分子尺度→单元操作尺度→工序/装置场域→工序—工序关系界面→区域过程（车间/分厂）尺度→流程系统（工厂）尺度→循环经济园区（开环—循环）尺度。

多层次、多尺度问题的耦合（图4）。

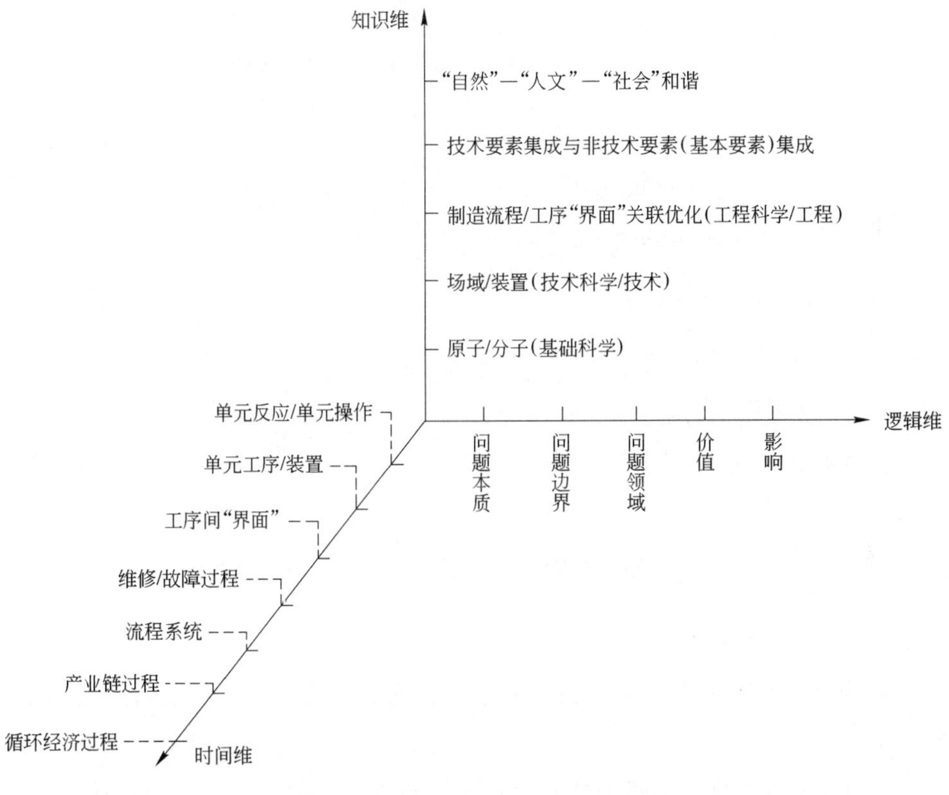

图4 钢铁制造流程中科学－技术－工程之间的耦合集成

解析－集成，集成－解析。

从工艺/工业表象到本质、构成和运行规律。

从本体论看，流程过程的物理本质是：物质流（主要是铁素流）在能量流（主要是碳素流）的驱动－作用下，按照设定的“程序”，沿着“流程网络”作动态－有序的运行。钢铁制造流程是一类开放的、非平衡的、不可逆的、由不同结构－功能的单元工序通过非线性耦合构成的复杂系统，其动态运行过程的性质是耗散过程。“流”“流程网络”“程序”三要素；追求耗散最小化。

其运行规律：“推”－“缓冲”－“拉”，“动态”－“有序”，“准连续紧凑”；追求多层次、多工序耦合－协同，追求多目标优化（图5）。

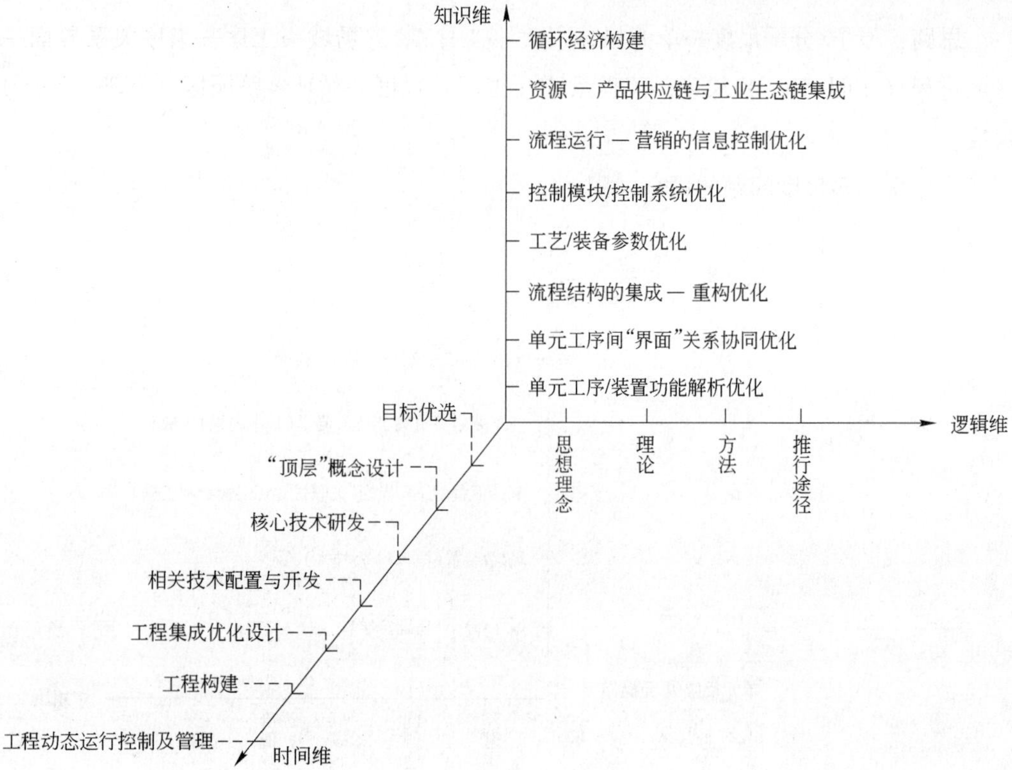

图5　钢铁制造流程中工程－设计－动态运行的控制集成

研究本体论有两条道路：

(1) 从科学的视角去探讨事物的本质，形成了自然哲学（包括新开拓的工程哲学）。

(2) 从伦理的角度去追问人到底是什么，形成了人本哲学（人与自然、人与人、人与社会的关系，和谐发展、和谐社会）。

苏格拉底的重要贡献就在于开创了自然哲学向人本哲学的转向，提出了传统道德本体论的四种美德：适度、勇气、实践智慧、正义。与此相对应，在技术、工程道德本体论中，也应提出保护环境、规避风险，负责任地行动，平衡的分配和参与性。

认识论

(1) 不同层次、不同视角的研究，力求“洞察”。

(2) 对多层次、多尺度、多因子、多目标命题的工程科学视角上的认识。

方法论

工程逻辑，整体系统结构与功能的“顶层设计”；

基础性支撑知识与技术的研究分析；

综合性集成知识与工程问题的研究；

信息技术的有效导入和应用。

10 发展历程归结

（1）从连铸到制造流程；

（2）从战术、战役到战略；

（3）从技术创新到工程集成再到工程哲学。

思想进程

（1）源自实践，认识本质，分清层次，提出命题；

（2）突破重点，耦合集成，推动创新，促进发展。

流程工程（过程工程）与耗散结构理论*

科技与技术、工程之间的关系是紧密关联又相互促进的。在不同历史时期、不同门类的学科之中，有的是科学发现在前，即先揭示了有关事物的科学规律，经过技术开发，然后形成了工程实体，建立了崭新的工业，例如电磁学、原子裂变学等，在此基础上经过技术开发转化为电机工程、无线电工程和原子能工程等。然而，更多的是另一类范式，即由于生活、生产的需要，工程实践在前，继而引起技术的创新、发明，再引起科学原理的探索、发现；再反馈到技术改进过程中去，使技术、工程登上新的台阶，例如人凭经验用手工制造工具、器械就是如此。到了近代，蒸汽机的发明，推动了产业革命。蒸汽机解决了巨大的动力问题，摆脱了以人力和畜力为主要动力的农耕和手工业时代，进入工业社会。

1 热力学的发展进程

蒸汽机出现后，提出了如何提高热机效率这一科学命题，促使人对有关物质的热性质、热现象的规律进行科学研究。从根本上来研究蒸汽机（热机）的效率，同时也拓宽了科学的视野，诞生了热力学。

1.1 从热机学到热力学

为了提高热机的效率，卡诺（S. Carnot，1796 ~ 1832）对热和功的转化过程作了深入的研究，1824 年他敏锐地认识到：在热机中，做功不仅以消耗热量为代价，也与热量从热的物体向冷的物体的传递有关。卡诺对热机的研究方法与某些物理学的抽象概念（如质点、刚体、理想流体等）一样，即对所研究的客观事物进行高度抽象，使之成为一种理想实体并能概括出客观事物的本质特征。

卡诺通过抽象的、理想的卡诺循环（图 1），给出了至关重要的卡诺定理：所有工作于同温热源和同温冷源之间的热机，以可逆热机的效率为最大，而可逆热机的效率正比于高、低温热源的温度差。1824 年卡诺的学说虽然还没有完全摆脱热素说的束缚，但是对于热—功转化问题的认识具有伟大的前瞻意义。当热之唯动说逐渐被认识是正确理论后，研究热功当量问题的著名学者焦耳（J. P. Joule，1818 ~ 1889）曾对卡诺的理论提出质疑：功可以转化为等（当量）值的热，反过来是否也应该如此？为什么有部分热不能转化为功，不能转化的热到何处去了？对于焦耳的质疑，由开尔文（L. Kelvin，1824 ~ 1907）和克劳修斯（R. Clausius，1822 ~ 1888）的研究得以解决。他们认识到，来自高温热源的热包括两部分，一部分被转化为功，一部分传递给低温热源。开尔文说，热能虽然不消失，但对人类来说是浪费了。

---

* 2010 年 3 月，于北京，钢铁研究总院所做的学术报告。

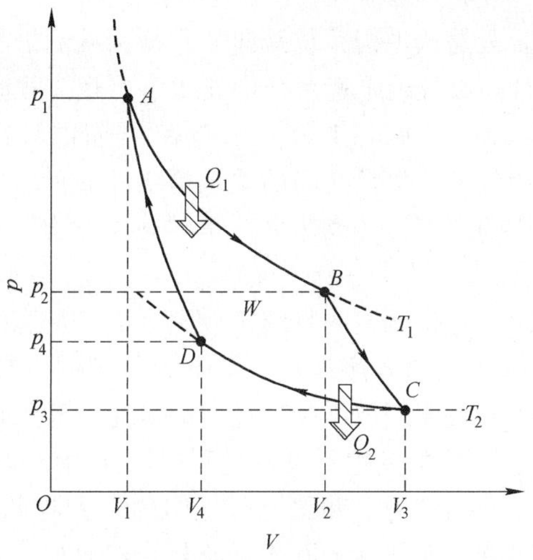

图 1　卡诺循环

1850 年克劳修斯指出：不可能使热量从低温物体流向高温物体而不引起其他影响。几乎与此同时，开尔文于 1851 年提出：不可能从单一热源吸取热量，使之完全变为有用功而不应产生其他影响。两人的研究都提出了过程方向问题，两者都强调了自动进行的过程的不可逆性。为了用热力学状态函数的方式表述不可逆性，1854 年，克劳修斯创造出一个新概念——状态函数 S 来表达转化量。考虑到要在语言上体现永恒性，他采用了来源于古希腊语的 εντρωπη（发展）来命名，其对应的德文同音字写成 Entropie（英文为 entropy）。该名称和 Energie（英文 energy）联系密切，而且字形也非常接近。1923 年普朗克到南京讲学，物理学家胡刚复担任翻译时，他创造了新汉字"熵"，形象而且确切的表示了名词 Entropie 的物理概念。从此，"熵"广泛流传开来，成为这个表述不可逆性的热力学函数的中文命名。

函数熵的值：

$$\mathrm{d}S \geqslant \frac{\delta Q}{T}$$

式中，等号表示可逆，说明平衡（可逆过程）乃是过程进行趋向的量度；不等号表示不可逆，说明一切自发进行的过程是不可逆的。这种用不等号和等号共同表示的数学式，是表示不可逆性规律的有效方式。

热力学第一定律所概括的不同形式的能量守恒和热力学第二定律所表述的"不可逆性"，使热力学从热机学研究扩展到更为广阔的物理领域。

1.2　热力学发展的不同阶段

自 19 世纪中叶以来，热力学经历了 3 个阶段。

热力学发展的第一阶段实际上是平衡态热力学，即所谓的经典热力学。这一阶段主要研究的问题是平衡态系统的性质以及系统从一个平衡态向另一个平衡态的过渡问题。经典热力学对于非平衡系统的研究，则是将其与平衡系统进行比较，以说明此非平衡系统离开平衡的远近，或是是否到达平衡，并判断非平衡系统变化的方向和限度等问题。经典热力学只研究始末状态，不研究过程的变化途径；也不研究变化的速度，不包括时间变量。因此，经典热力学可以看成是热静力学。

热力学发展的第二阶段是从平衡系统跨向非平衡系统的近平衡状态。即研究靠近平衡态的非平衡系统的性质以及近平衡系统中发生不可逆过程时各种力学量之间的关系问题。昂萨格（L. Onsager，1903～1976）从微观可逆性导出了“倒易关系”，指出近平衡态的非平衡系统中各种力学量之间的关系是线性的，称之为线性非平衡态热力学，包括了不可逆过程中的“流”（或速率）是“热力学力”（如温度梯度、浓度梯度）的线性函数的关系。

热力学发展的第三阶段是将研究的系统扩展到远离平衡态的非平衡系统。长期以来，对远离平衡的状态所产生的有序现象，得不到合理的解释。1969 年，普里戈金（I. Prigogine，1917～2003）提出耗散结构理论，即研究的对象是远离平衡态非平衡系统的性质以及远离平衡态系统中发生不可逆过程时不同力学量之间的相互作用关系。由于远离平衡态系统中“热力学力”和“流”之间的关系是非线性，因此称之为非线性非平衡态热力学。非平衡、非线性的开放系统是自然界最为普遍的实际现象，然而普里戈金的理论指出的是一般物理概念和理论，具体应用到不同学科、不同工程、不同产业必须有相关专业的专家、学者进行专门的研究开发，才能有效。

2 热力学系统的区分

在热力学理论研究中，常把研究对象概括成为 3 种不同的系统：孤立系统，封闭系统和开放系统。3 种系统互不相同。孤立系统和外界环境既不交换能量也不交换物质；封闭系统和外界环境只有能量的交换，没有物质交换；开放系统和外界环境之间是敞开的，能量和物质的交换均可进行（图 2）。

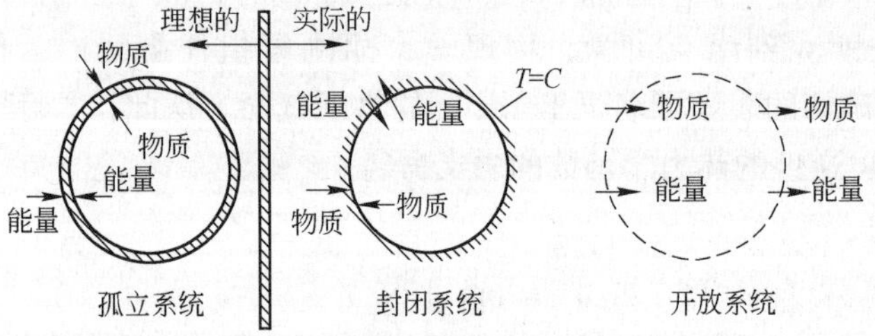

图 2　孤立系统、封闭系统和开放系统

经典热力学中，孤立系统是一个很重要的概念，由于不存在和外界的能量、物质交换，孤立系统中熵值增加表示过程不可逆地自发进行：$dS \geqslant 0$。

$dS = 0$ 说明系统的熵达到极大值，过程达到“平衡”。“平衡”不应仅视为静止，相反，运动恰恰从它的反面——静止找到它的量度。反应进行的方向和限度正是由“平衡”计算出来。

孤立系统很难在实际中达到，不仅彻底的绝缘难以实现，宇宙射线或高能粒子总是不断射向地球。而孤立系统作为理论研究中的抽象却是完全必要的。

封闭系统是设定与外界环境在给定温度条件下有能量交换但没有物质交换，系统内的熵变不可能达到零。作为“平衡”的判据，就不应是熵而是自由能。工科学者对此都熟悉，不过多叙述。在接近平衡时，系统产生的熵和向外界流出的熵可以达成平衡，这时熵产生率处于极小值。过程虽然在进行，系统的状态函数不随时间而变化，该状态成为非平衡稳定态。对于线性非平衡热力学和传输现象，非平衡稳定态是重要概念。而孤立系统没有熵流，永远不可能形成稳定态。

开放系统与外界环境既有物质交换，也有能量交换；在工程、技术角度上看必然带来信息交换。自然界中最常涉及的是开放系统。冶金过程中的熔渣和金属液相两个相，每个相都属于开放系统。开放系统的物质流、能量流、信息流在非线性非平衡热力学研究中具有重要意义。只有开放系统才能形成动态有序的耗散结构。

3　热力学系统与熵

熵是物理学中一个极其重要的概念。熵的物理意义非常深刻，从宏观上看，熵增加意味着能量的贬值，标志着自然界中自发不可逆过程的发展方向；从微观上看，玻耳兹曼赋予了熵以概率的解释，揭示了熵是系统混乱的量度。

在封闭系统和开放系统中，随着系统与外部环境之间热量的流动必然会有熵流的存在；同时，在不可逆过程的进行之中，非平衡系统内的各个体积元内有熵产生（图3）。于是，整个系统的熵的变化可以表述为：

$$dS = d_iS + d_eS$$

式中，d_iS 是内部熵的产生；d_eS 是与外界环境进行交换时的熵流。

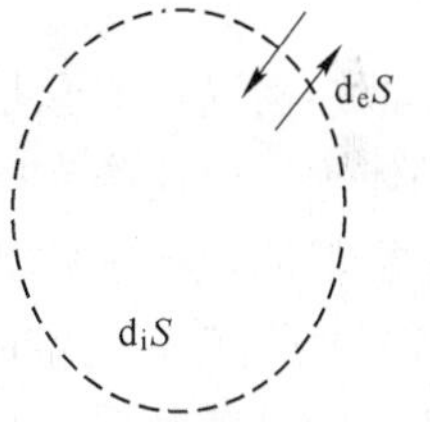

图3　开放系统中的熵流（d_eS）和熵产生（d_iS）示意图

对于孤立系统：不存在熵流，熵产生不可能为负值，即 $d_iS \geqslant 0$，而 $d_eS = 0$；所以，$dS_{孤} = d_iS \geqslant 0$，表明孤立系统必定走向静态平衡。

对于非孤立的非平衡系统：系统内的熵产生仍不可能为负值，即 $d_iS \geqslant 0$ 依然成立，但由于与外界的交换作用不同，熵流 d_eS 的值可正可负，且其绝对值也不同，这样，非孤立非平衡系统的总熵值分别为：

当 $d_eS > 0$，则 $dS = d_iS + d_eS > 0$，系统不能形成有序结构；

当 $d_eS < 0$ 且 $|d_eS| = |d_iS|$，则 $dS = 0$，系统走向非平衡稳定态；

当 $d_eS < 0$ 且 $|d_eS| > |d_iS|$，则 $dS < 0$，系统走向动态有序结构——耗散结构。

4　开放系统与耗散结构

耗散结构理论是以普里戈金为代表的布鲁塞尔学派在研究远离平衡的开放系统时，于20世纪60年代提出的一种研究自组织系统不可逆过程有序演化的理论，是研究开放系统怎样从混沌的初态向稳定有序的结构组织演化的过程和规律，并且力图描述系统在变化临界点附近相变的条件和行为。

4.1　何谓耗散结构

其核心的新认识是：

任何一个系统，在平衡态附近，如果没有和外界环境进行能量或是物质交换而使其发生不稳定的话，那么这个系统的发展过程将服从热力学第二定律，系统的熵逐步增加，过程趋向平衡、走向无序。如果系统处于远离平衡态的条件并与外界环境进行物质流/能量流的交换（输入与输出），则该开放系统的发展进程可以经过“涨落”导致新的结构形成和有序度的增加。这种有序度增加的新结构就是耗散结构。

再进一步讲，一个开放系统（不管是力学的、物理的、化学的还是生物的）在达到远离平衡态的非线性区时，一旦系统的某个参量的变化到达一定阈值时，通过“涨落”，系统可能发生突变，即非平衡相变，由原来的混沌状态转变到一种时间、空间或功能有序的新的状态。这种动态-有序的状态需要不断地与外界环境进行能量、物质交换（输入、输出）才能维持，并保持一定的稳定性，不因外界的微小扰动而消失。普里戈金把这种远离平衡的非线性区内形成的新的稳定的有序结构，称为耗散结构。这种开放系统能够自行产生的组织性和相干性，被称作自组织现象。因此，耗散结构理论又称作非平衡系统的自组织理论。

耗散结构理论是研究一类开放系统在一些特殊条件下演化的理论，可以用于探讨不同系统（例如物理系统、生物系统等）的演化问题。

4.2 耗散结构的特征

耗散结构这一概念是相对于平衡结构而产生的。平衡结构也可能是一种有序结构，例如晶体等，但这类有序结构与耗散结构的有序性存在着诸多本质性的差别。耗散结构的特征就体现在这两类“有序”的本质差别之中。

（1）两类有序的空间尺度范围不同。平衡结构的有序大多是指微观有序。其有序的表征尺度是微观单元结构的尺度，与原子/分子处于同一数量级的尺度上。而耗散结构中的有序或生物有序，其有序的表征尺度则是宏观的数量级，可以用厘米或米甚至更大的空间尺度去度量。

（2）稳定有序的平衡结构是一种“死”的结构，而稳定有序的耗散结构是一种“活”的结构。

所谓“死”结构，是指此类稳定有序的平衡结构一旦形成，就不会随时间-空间的变化而变化。系统内部的热运动只能使其分子/原子在平衡位置附近振动。条件变化，只能使平衡结构破坏，走向无序状态。

所谓“活”结构，是指此类稳定有序的耗散结构是一种动态的变化着的有序，它随着时间或空间的变化呈现出有规律的周期性变化。当获得新的突变条件时，系统可以走向另一个新的有序结构。

（3）两类有序结构持续存在和维持的条件不同。

在平衡结构中，一旦形成稳定有序，就可以在孤立的环境中维持，而不需要从外界补充物质和能量。平衡结构是一种不耗散能量的“死”的有序结构。

耗散结构则必须在开放系统中才能形成，也必须在开放系统中才能维持。它必须和外界环境持续地发生能量、物质、信息的交换，才能维持有序状态。它通过这种有序状态去耗散外界流入的负熵，故名“耗散结构”。

纵观热力学100多年的发展历史过程，人们对热力学的研究经历了由平衡态到近平衡态再到远离平衡态，由可逆过程到不可逆过程；由平衡结构到耗散结构这样一个发展过程。

与这一过程相应的热力学理论，也经历了经典热力学、线性非平衡热力学和非线性非平衡热力学三个历史阶段。

就热力学“力”和热力学“流”的关系而言：平衡热力学中建立了热力学“力”——熵、自由能的基本概念；线性热力学，“线性”的含义在于“力”与“流”

呈线性关系；非线性热力学，“非线性”的含义在于“力”与“流”呈非线性关系。

5 耗散结构的形成条件

在远离平衡状态下，可以形成动态－有序运行的耗散结构。然而，耗散结构的形成是有条件的，即系统必须开放并远离平衡状态，而且系统内有“涨落”现象和非线性相互作用机制。

5.1 开放系统的特点

开放系统具有如下特点：

（1）系统不断地同外界环境进行物质、能量和信息的交换，没有这种交换，开放系统的生存和发展是不可能的；

（2）系统具有自组织能力，能通过反馈进行自动调控以达到适应外界环境变化的目的；

（3）系统具有等稳性能力，以保证系统的结构稳定和功能稳定，具有一定的抗干扰性。

（4）系统在同外界环境的相互作用中，具有不断变化和完善化的演化能力；

（5）系统受到自身结构、功能或环境的种种参数的约束。

耗散结构形成和维持的第一个条件是系统必须处于开放状态，即系统必须要与外界环境之间持续地进行物质和能量交换。

5.2 非平衡是动态有序之源

系统可能有 3 种不同的存在状态：（1）热力学平衡态；（2）近平衡态，也叫“线性非平衡态”；（3）远离平衡态，即非线性非平衡态。平衡态不能导致动态有序，近平衡态（离平衡区不远），虽与外界有能量交换，但其自发趋势也还是要回到平衡态，或者生成非平衡稳定态，因此也不能产生耗散结构。系统只有远离平衡态，才有可能形成新的稳定有序的耗散结构。“非平衡是有序之源”。

5.3 “涨落”导致有序

开放性和非平衡性，主要是指构成有序结构的外部条件。但系统演化要发生质变，还需要内部条件。使系统产生有序结构的内部诱因是“涨落”。“涨落”是指系统中某个变量的行为对统计平均值发生的偏离，它能使系统离开原来的状态。大多数“涨落”逐渐衰减，系统恢复原来状态。但远离平衡时，有的“涨落”衰减很慢，有可能被反馈放大为“巨涨落”，达到临界值时导致系统从不稳定状态跃迁到一个新的有序状态，即耗散结构的出现。这种“涨落”慢衰减的变量可称之为序参量。

任何一种稳定有序的状态，都可以看做是某种无序状态失去稳定性而使某种“涨落”放大的结果。

5.4 非线性作用机制

开放性、非平衡和“涨落”都是形成耗散结构的重要外因和内因，但还不是系统一定能自发地形成和维持耗散结构的充分条件。只有通过系统内部各构成要素之间的非线性相互作用，才能使系统内部的各个要素之间产生协同作用和相干效应，才能使系统从无序变为有序，从而产生耗散结构。

6　“涨落”、“非线性相互作用”与工程系统的“自组织和他组织”

耗散结构理论是一种研究远离平衡的、不可逆的、有序演化的自组织系统的理论，这是以系统开放并远离平衡为前提，通过“涨落”和“非线性相互作用”来获得自组织性，自组织性对于耗散结构稳定地、动态有序地运行是十分重要的。因此，有必要结合不同类型的工程现象（或工程效应）深入讨论“涨落”、“非线性相互作用”与工程系统“自组织和他组织”之间的关系。

6.1　关于“涨落”

从系统的存在状态看，涨落现象是对系统的均衡的非平衡定态的偏离；而对系统的演化而言，这种偏离是发展过程中非平衡性因素，只要存在由子系统（单元）构成的系统，在开放过程中，就会有涨落现象。然而，也应该注意到涨落具有双重属性，即建设性与破坏性并存。合理的、适度的涨落诱发系统向新的动态-有序结构演化；反之，过度的、不合理的涨落也会使原来动态-有序化结构的稳定性减弱，甚至失效。研究合理的、适度的涨落在于它对结构有序化的建设性。没有涨落就没有系统的非线性相互作用的关联效应放大和序参量的形成，也就没有向新的有序结构进化的可能。

在开放、复杂的系统内，“涨落”是有序之源。在关注“涨落”现象对复杂、开放的工程系统形成“有序化”的机制的同时，还应该注意到在复杂、开放系统中“涨落”的形式具有多因子性（例如温度/能量、浓度/质量、时间等）和多单元性（例如不同单元的功能、效率等）。

6.2　关于非线性相互作用

非线性相互作用与线性作用是对应存在的。线性相互作用是指各部分作用的总和等于部分作用叠加（代数和），每一部分的作用都是独立的，且满足数学上的可叠加性。在数学上，动态系统的线性作用项可以表示为一阶微分方程。而非线性相互作用不满足数学上的叠加性，即系统的整体作用不等于每一部分作用的叠加。

对比哲学上的矛盾范畴，相互作用就是矛盾对立面的排斥与吸引，竞争与合作。线性相互作用条件下，表示事物或事物内部的诸要素之间的关联比较简单、单一，即系统或系统内部各单元（子系统）之间的关联不大或彼此间协同关系不复杂。而在非线性相互作用条件下，系统内部各单元（子系统）之间的排斥与吸引、竞争与合作，有可能产生整体的“涌现性”。正是这种非线性相互作用，导致系统内局部的“涨落”得以放大、引起突变，从而推动系统演变。

在复杂、开放系统的运行过程中，在同一层次上，不同运行单元之间的非线性作用（衔接、匹配、协同等），往往表现为非线性耦合，而这种非线性耦合的“力”来自于多因子性的“涨落”（例如温度、时间等）和多单元性“涨落”（例如工序、装置等）之间的“协同”（图4）。这是由开放系统中存在着多因子性的“竞争”和“合作”关系引起的。也就是“涨落”诱发了序参量的产生。序参量推动了非线性作用或非线性耦合。

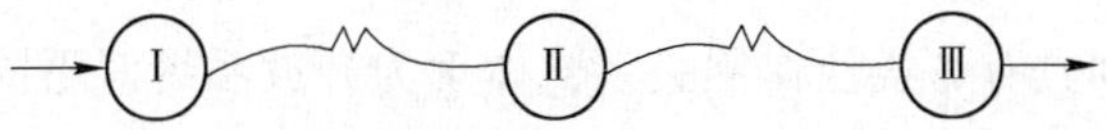

图4　同一层次单元间的非线性耦合

在复杂、开放系统中还存在着不同层次间的非线性相互作用，由于构成系统的不同单元（不同的子系统）往往具有异质性，这种非线性作用主要体现为低一层次的单元对高一层系统的“适应性”和高一层次的系统对于低一层次单元的“选择性”。不同层次之间的非线性相互作用形式，往往表现为不同异质单元对开放系统整体的“适应性”和开放系统整体对不同异质单元的“选择性”（图5）。

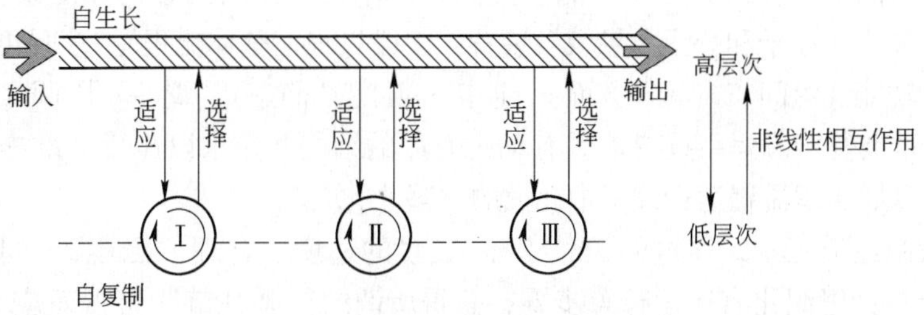

图5　不同层次的非线性相互作用

开放是系统“动态-有序”运行的前提，“涨落”导致有序，“非线性作用”是有序化的协同机制。

6.3　关于自组织和他组织

复杂的、开放的、不可逆的、远离平衡的系统，具有内在的自组织性，其作用机制源自系统具有多因子性“涨落”（例如温度、时间等）和单元性“涨落”（例如不同的工序、装置等），由于不同单元具有异质性，通过单元之间的非线性耦合和/或系统与单元之间的非线性作用，获得自组织性。

然而，开放系统的自组织只是一种性质/性能，具有自组织性的开放系统，在不同的状态下可以具有不同的自组织化的程度。自组织化程度的提高取决于两个大方面：（1）改善开放系统内部的状态及其自组织机制，例如不同单元确定适度的、合理的“涨落”机制/程度和提高各单元之间的非线性耦合程度以及系统与单元之间的选择-适应关系；（2）通过外界输入的他组织措施，调控并促进系统的自组织化程度。特别是通过信息化支持下的他组织手段来提高开放系统的自组织化程度，进而言之就是通过外加的信息化他组织控制“力”和系统内在自组织的“流”的结合，进一步提高开放系统的自组织化程度。

对系统产生自组织性而言：

开放且远离平衡状态是形成“动态-有序”结构的前提，集中地体现在要从外部环境中输入足够大的负熵（negentropy）（例如输入能源/物质及信息），使系统运行过程保持有序状态。

系统的组成单元，具有异质性；开放系统中的异质性单元具有适度的、合理的

“涨落”程度，并通过同一层次的异质单元之间由于竞争－合作关系，产生不同类型的非线性耦合。

系统与单元之间具有非线性作用关系，体现为开放系统对不同异质单元的选择性和不同异质单元对开放系统的适应性。

在工程系统中，同一层次单元之间的非线性耦合和系统－单元之间非线性作用（选择－适应）是开放系统有序化的协同机制，而这种机制的源头则来自单元性“涨落”和多因子性“涨落”。

6.4 冶金过程中的自组织现象

钢铁企业的制造流程，是一类开放的、远离平衡的、不可逆的复杂过程系统。它源自性质不同过程的集成。

这类复杂流程系统具有诸多功能不同的组成单元、复杂的结构和复杂的运行行为。它具有多层次性（原子和分子、场域及装置、区段过程、整体流程）、多尺度性、有序性和混沌性（功能、时间、空间等方面）、连接—匹配（静态）、缓冲－协调（动态）等方面的含义。这类复杂流程系统追求具有动态有序的结构并追求以连续（准连续）－紧凑方式运行，以期实现流程运行过程中耗散的“最小化”。

在钢铁制造流程中，通过调控各工序/装置的适度、合理“涨落”—非线性作用/非线性耦合—自组织化有序运行等步骤，获得所谓的“弹性链”谐振效应（图6），实际上就是远离平衡的开放系统在他组织手段控制下自组织程度优化的体现。

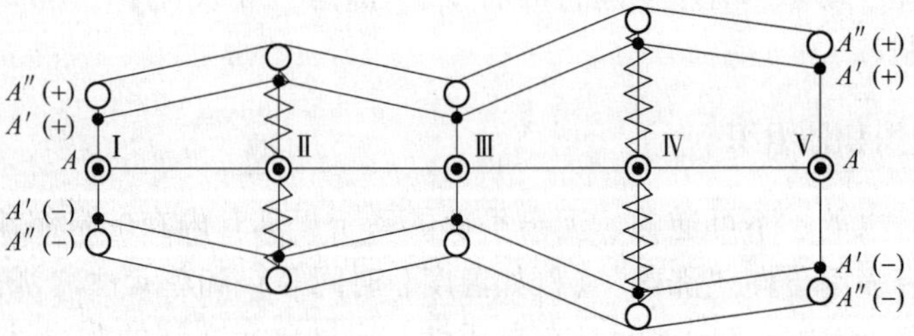

图6 电炉流程运行的“弹性链/半弹性链”
稳定谐振状态及其不同类型

$A-A$—设定的一般状态；$A'(+)-A'(-)$—正常柔性调控范围；
$A''(+)-A''(-)$—极限柔性调控范围

7 钢铁制造流程与耗散结构

上面已经提到，钢厂中的钢铁制造流程属于许多不同过程集成的流程工程。流程工程强调把制造流程看成是一个整体、一个开放系统来认识。这类制造流程性的开放系统，不仅是不断地开放的，不断地有物质、能量、信息的输入－输出的，而且应该努力形成动态－有序的耗散结构并持续稳定地运行。

7.1 关于制造流程的特征

流程工程研究的主要目标在于发现在制造流程中种种不同层次上的组织原理，进而以集成-协同为手段，改进流程的结构，实现革新，推动系统演化（优化）并提高流程系统的效率，减少耗散，进而引起功能拓展。

研究流程工程应特别重视：

——流程（过程工程）的整体系统性，是具有“活”结构的有机系统，这个有机系统具有与其组成部分所不同的性质和规律。

——流程（过程工程）的动态运行性，是不断开放的系统，是“活”的动态系统，其基本特征体现在它的组织—集成性。

——流程（过程工程）的层次性，是按时-空等级、按层次组织-集成起来的有机系统，其不同层次、不同时-空等级系统的组元、结构和边界条件是不同的，因此不同层次、不同时-空尺度系统的运行过程中的序参量是不同的，但又有某种相关性。

——流程（过程工程）的进化性，流程（过程工程）是不断发展、进化的，流程系统进化的根本机制是整体与部分、部分与部分在发展进化中的内在矛盾的统一，具体体现在工序功能集合的解析-优化、工序间关系集合的协同-优化以及流程内工序集合的重构-优化，这3个“集合”的优化就是流程（过程工程）进化的集中体现。

因此，制造流程的结构、运行特征体现为：

（1）系统整体性与层次性；

（2）随机涨落性与非线性耦合；

（3）选择性与适应性的相互作用；

（4）持续开放性与动态-有序性的相互依赖作用等。

这些结构和运行特征使制造流程（过程工程）体现出：系统的自组织性、运行过程的耗散性和环境适应性等性质，而这些性质将影响到技术集成方式（工程设计的理论和方法）、工程运行方式（生产计划编制、组织与调控）以及企业的组织管理方式（机构设置和企业管理模式）。

7.2 钢铁制造流程动态运行的工艺表象和物理本质

钢铁制造流程（过程工程）的演化和运行不能用经典热力学和线性非平衡热力学来描述，也不属于孤立系统或封闭系统，而必须用适合于开放系统的耗散结构理论来描述。为了能使耗散结构理论引入到钢铁制造流程（过程工程）中来，必须先研究钢铁制造流程动态运行过程的物理本质。

钢铁制造流程的工艺表象和动态运行的物理本质可作如下表述：

（1）静态-局部的工艺表象。钢厂的制造流程从表象上看，是由原料场、焦化、烧结（球团）、炼铁、炼钢、轧钢等生产单元所组成。因此，长期以来，人们往往以为上游工序的静态设计能力只要和下游工序的静态设计能力相等，就可以通过并联-串联的方法来构建起钢厂的生产流程。出现上述简单认识的根源是把钢厂生产流程看成由原料储存—原、燃料处理—还原炼铁—氧化炼钢—钢液凝固—钢坯再加热—钢坯热压力加工等工艺过程的简单堆砌和捆绑构成的。这种认识作为一种入门的工艺过程介绍似乎还可以，但作为对设计或实际生产运行（特别是动态-有序、连续-紧凑运行）的指导原则是不够的，甚至会产生误导。

（2）钢铁制造流程动态运行过程的物理本质。我们不能将各工序简单叠加看成是生产流程。各工序相加在一起最多只是钢厂制造流程的静态外在表象，还不能说是制造流程的静态结构，静态结构还应包括总平面图布局和各种工序装置容量和个数的合理性等。

钢铁企业的生产运行过程实质上是物质、能量以及相应信息的流动/演变过程。其动态运行过程的物理本质是：物质流（主要是铁素流）在能量流（主要是碳素流）的驱动和作用下，按照设定的“程序”，沿着特定的“流程网络”作动态－有序的运行。从热力学角度上看：钢铁制造流程是一类开放的、非平衡的、不可逆的、由不同结构－功能的单元工序通过非线性耦合所构成的复杂系统，其动态运行过程的性质是耗散过程。

在钢厂生产过程中，铁素物质流是一类多因子流，是被加工的主体。碳素能量流则作为驱动力、化学反应介质或热介质按照工艺要求对物质流进行加工、处理，也就是使其发生位移、化学/物理转换，实现以制造过程中能量、物质“耗散最小化”为核心的多目标优化。例如生产效率高、产品质量优、能源消耗低、过程排放少、生产成本低、环境/生态友好等。

在流程运行过程中，单元操作的序参量、不同工序的序参量和制造流程的序参量是不同的。单元操作的序参量往往是化学成分、温度、压力等，工序过程的序参量则是输入功、温度、时间等，而制造流程系统的要素则是“流”“流程网络”和“程序”，贯通流程的序参量是“流量”“时间”和“温度”。

流程（过程工程）的序参量是综合性、集成性的参数，它们既综合体现流程中“流”动态运行的基本特征，又体现了对单元操作序参量、工序过程序参量的集成性。例如：“流量”不仅是时间与物质量、能量、时间之间的动态关系，实际上也体现了“流”的化学成分、物质/能量状态、温度、形状等参数和时间参数的合理耦合，否则就是废品，废品是不能成为有效的“流”的。“流程网络”也不仅是“流”运动的轨迹，而且应该是有效“流”的运行轨迹；同样“程序”也必须是有效“流”的逻辑集成关系。“流程网络”“程序”都体现了有效“流”的“流量”参数与时间、温度参数之间的动态－有序性。此处说的有效“流”实际上就综合集成地体现了单元操作层次（分子/原子层次）、工序层次（装置场域层次）的相关序参量。

7.3 耗散结构与建模

通过对钢铁制造流程动态运行过程物理本质的抽象，并得到运行过程中的三个要素，就可以对钢铁制造流程的耗散结构进行建模，以通过弹性链谐振效应实现流程运行的动态有序化。

在建模过程中，首先应该明确：对板材、长材、管材等不同钢铁产品而言，制造流程中物质“流”的强度和转换过程是不同的，与之相应，能量“流”的强度和转换过程也是不同的。因此，确定“流”的合理“流量”和转换过程是基本前提。进而，应该根据“流”的“流量”和转换过程的需要，构建物质流网络和与之相关的能量流网络，为“流”的“动态－有序”“连续－紧凑”运行构筑起有利于自组织运行的静态框架。流程网络（主要体现为平面布置图等）不理顺，运行过程中“流”的行为往往容易导致时间因素上的无序化或是不时出现混沌状态，这样，必然引起物质流、能量流耗散的增加。可见，对钢铁制造流程运行的“动态－有序”“连续－紧凑”性而言，不仅取决于各子系统（工序、装置）各自运行的稳定、有序，而且也受到“流程网络”的影响、制约或促进。

为了使流程中的物质流、能量流实现“动态－有序”“连续－紧凑”运行，除了构筑有利于“流”自组织化的“流程网络”之外，还必须对各子系统的运行程序进行协同化整合，由此必须高度注意时间之矢的不可逆性。在流程运行过程中，任何由于运行程序上的不协同而导致时间的浪费、消逝，就是等于增加运行过程中能量的耗散。因此，使流程运行中相关参量（例如物质流量、温度等）在时间轴上（时间程序、时－空程序）协同－耦合，显得十分重要。这种协同是基于各子系统之间有差别、有主次、有主动与从动的基础上，旨在通过协调运行，形成耗散结构，实现过程耗散“最小化”。

可见，在流程（过程工程）动态运行过程的建模中，抓住“流”的“流量”和转换过程合理化、“流”运行途径的“网络化”集成（“流程网络”的优化）和运行过程中的程序化协同（“程序”优化）是这类远离平衡的开放系统形成耗散结构的切入点。“流”（“流量”）、“流程网络”和运行“程序”的优化是实现流程运行（过程工程）耗散最小化的要素。

8 归纳

现代过程工程（流程工程）是一门非常宽阔的、边界不确定的学科领域，传统的领域正被一些新领域补充或交叉。对流程工业中的科学问题，可以孤立地研究的时代已成为过去，而摆在我们面前的是学科交叉的工程科学时代。

我们曾经学习并接受静止的观点，然而随着时代的进展、实践的需要，动态的观点已在几乎所有的科学领域中盛行。复杂性、开放性、不可逆性的事物广泛地存在于现实世界中，而复杂性、开放性、不可逆性问题不能依靠纯粹的、经典的热力学方法，它们都与动力学方程紧密相关，孤立系统热力学已经很难适应过程工程层级上复杂性、开放性和不可逆性。

钢铁制造流程是一类非平衡态的动态开放系统，它是由功能不同且随机涨落的异质单元工序（装置）集成构建的。单元工序之间以及单元工序与流程之间通过“涨落”和“非线性相互作用”形成某种自组织性。为了提高钢铁制造流程的自组织程度，并形成动态－有序运行的耗散结构，需要一定的他组织手段的帮助，这些他组织手段包括：优化－简捷的流程网络、动态－有序的运行程序以及合理的物质流、能量流“强度”（流量）等。为的是调控单元工序（装置）在合理的“涨落”范围内动态运行，并使单元工序之间形成动态稳定的非线性耦合关系，以提高流程系统运行的自组织程度。这种自组织程度体现为流程系统整体运行的连续性、紧凑性和节奏性，最终实现能量耗散、物质耗散的“最小化”。

在制造流程这样的开放系统中，刻意片面地去追求局部的“平衡”，有可能引起整个流程系统的无序－混沌化，从而导致流程运行过程耗散增大。

流程系统保持“协同－有序－连续－紧凑”运行的基本参量是“流量”“时间”和“温度”。流量、时间、温度是贯通流程和各异质单元工序的基本参量。

流程（过程工程）作为动态系统不能脱离时间参数，流程（过程）、“动态－有序”、“连续－紧凑”等概念都与时间参数直接相关，时间之矢的不可逆性必须引起高度重视。时间因素从根本上影响着耗散结构的形成和过程耗散的大小。时间点、时间域、时间位、时间周期、时间节奏、时间程序、时－空结构等在经典热力学中从不涉及，而现实生产实践中却是比比皆是，必须面对的。其原因很简单，因为现实工程中的科学命题已不是单一的静止目标问题而是动态的多目标、多尺度综合优化问题。

耗散结构理论作为一种面向非平衡系统的自组织理论，从一般物理科学上揭示了动态、开放系统的性质和规律，可以说解决了科学理论问题。然而，要将科学的一般理论转化为工程科学理论，再将工程科学理论转化为工程设计的理论和方法，转化为工业生产运行过程的运行调控技术和评估方法，进而引导新技术开发，特别是共性、关键技术的开发，都需要相关领域的专家、学者长期的、不断努力和合作。我们也许正处在这一时期——用耗散结构理论来武装流程（过程）工程，并指导流程制造业的产业升级。

钢铁制造流程中的物质流、能量流与信息流*

1 钢铁制造流程的工艺表象与物理本质

钢铁制造流程（过程工程）的演化和运行不能用经典热力学和线性非平衡热力学来描述，也不属于孤立系统或封闭系统，而必须用适合于开放系统的耗散结构理论来描述。为了能使耗散结构理论引入到钢铁制造流程（过程工程）中来，必须先研究钢铁制造流程动态运行过程的物理本质。

钢铁制造流程的工艺表象和动态运行的物理本质可作如下表述。

1.1 静态-局部的工艺表象

钢厂的制造流程从表象上看，是由原料场、焦化、烧结（球团）、炼铁、炼钢、轧钢等生产单元所组成。因此，长期以来，人们往往以为上工序的静态设计能力只要和下工序的静态设计能力相等，就可以通过并联-串联的方法来构建起钢厂的生产流程。例如有300万吨/a的炼铁能力、300万吨/a的炼钢能力与相应的轧钢能力就是300万吨/a钢厂。

出现上述情况的根源是把钢厂生产流程看成由原料储存—原、燃料处理—还原炼铁—氧化炼钢—钢液凝固—铸坯再加热—铸坯热压力加工等工艺过程的简单堆砌和捆绑构成的。这种认识作为一种入门的工艺过程介绍似乎还可以，但作为对设计或实际生产运行（特别是动态-有序、连续-紧凑运行）的指导是不够的，甚至会产生误导的。

1.2 钢铁制造流程动态运行的物理本质

我们不能将各工序简单相加看成是生产流程。各工序相加在一起最多只是钢厂制造流程的静态表象，还不能说是制造流程的静态结构，静态结构还应包括总平面图布局和各种工序装置容量和个数的合理性。

钢铁企业的生产过程实质上是物质、能量以及相应信息的在合理的时-空尺度上流动/演变过程。其动态运行过程的物理本质是：物质流（主要是铁素流）在能量流（长期以来主要是碳素流）的驱动和作用下，按照设定的“程序”，沿着特定的“流程网络”作动态-有序的运行，并实现多目标优化。从热力学角度上看：钢铁制造流程是一类开放的、非平衡的、不可逆的、由不同结构-功能的单元工序通过非线性耦合

---

* 2010年5月，于青岛，冶金自动化信息网年会上的讲话。

所构成的复杂系统，其动态运行过程的性质是耗散过程。

在钢厂生产过程中，铁素物质流是一类多因子流，是被加工的主体。碳素能量流则作为驱动力、化学反应介质或热介质按照工艺要求对物质流进行加工、处理，使其发生位移、化学/物理转换，实现以制造过程中物质、能量“耗散最小化”为核心的多目标优化。例如生产效率高、产品质量优、能源消耗低、过程排放少、生产成本低、环境/生态友好等。

2 钢铁制造流程功能的拓展

从钢铁制造流程动态运行过程的物理本质出发，可以推出其功能应拓展为：

（1）铁素流运行的功能——高效、低成本、优质的钢铁产品制造功能；为此应大力推动建立不同类型产品的高效率、低成本洁净钢生产体系。

（2）能量流运行的功能——有序、高效的能源转换功能以及与剩余能源相关的废弃物消纳—处理功能；为此，应推动构建包括共同火力发电形式在内的能量流网络，构建不同类型的能源管控中心。

（3）铁素流-能量流相互作用过程的功能——实现过程工艺目标以及与此相应的废弃物消纳—处理功能。为此，应以物质-能量-时间-空间-资金等五要素集成为基础，构建不同类型的工业生态园区（综合型的、行业型的、“静脉系”的）。

钢铁工业的未来发展，应该在充分理解钢铁制造流程动态运行过程物理本质的基础上，进一步拓展钢厂的功能（图1），以新的模式实现生态化转型，融入循环经济社会。

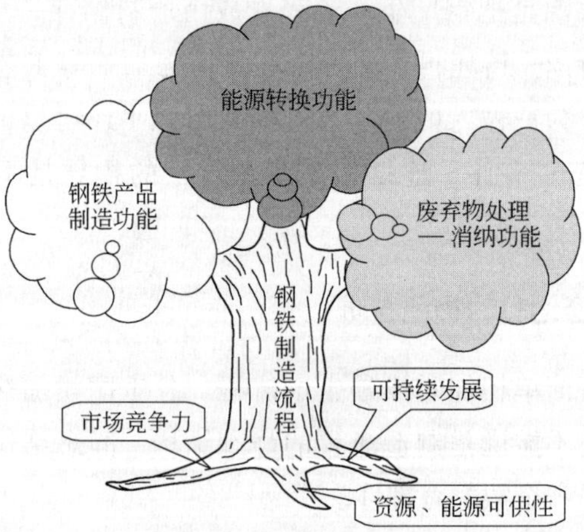

图1 钢铁制造流程的关联度和渗透力

3 钢铁制造流程动态运行的要素

3.1 什么是“流”（物质流、能量流、信息流）

“流”是泛指在开放的流程系统中运行着的各种形式的“资源”（包括物质、能源等）或“事件”（例如氧化、还原反应，传热、传质、传动量，形变、相变等）的动态运行/变化。

3.2 什么是“流程网络”（物质流网络、能量流网络、信息流网络）

“流程网络”实际上是为了适应将开放系统中的“资源流”通过“结点”（工序、装置等）和“连接器”（包括输送器具、输送方式和输送路径等）整合在一起的物质－能量－时间－空间结构。这个“流程网络”要能够适应“流”的运行规律，特别是要适应生产过程中物质流动态－有序、连续－紧凑的运行规则（图2～图4）。

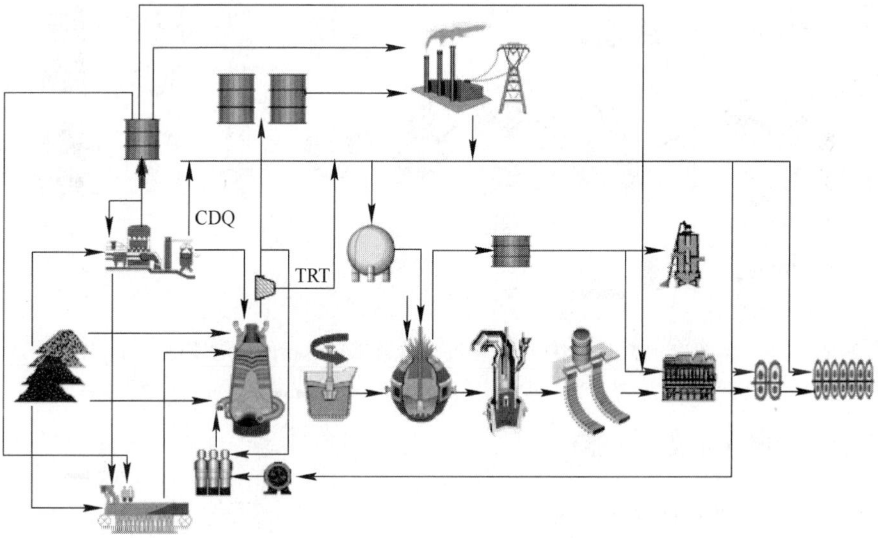

图2 典型钢铁企业物质流及能量流运行网络与轨迹

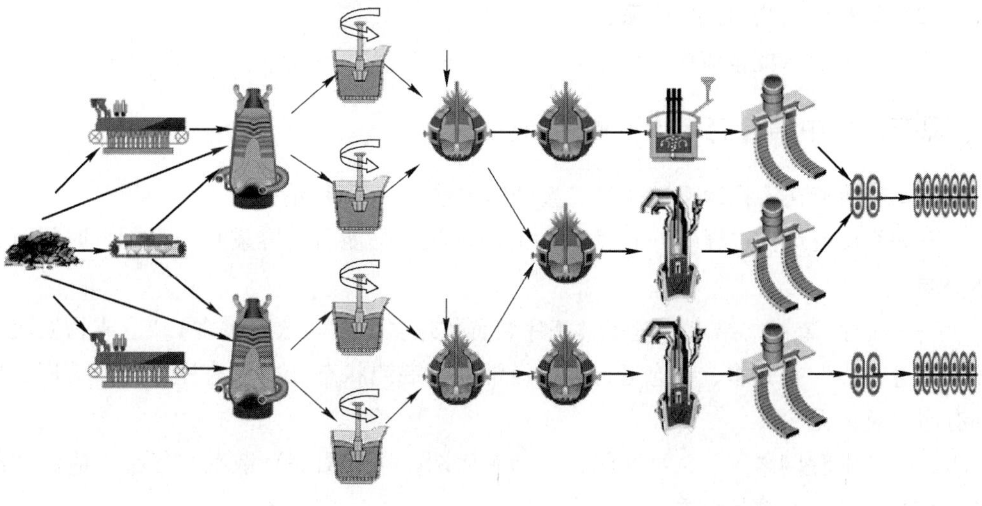

图3 曹妃甸钢铁厂物质流（铁素流）运行网络与轨迹

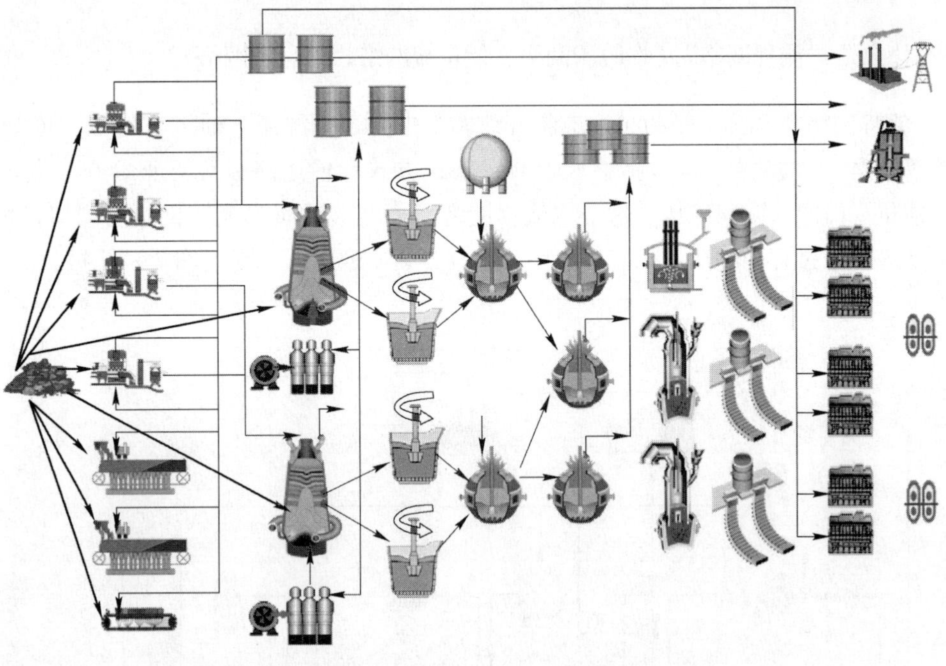

图4 曹妃甸钢铁厂能量流（碳素流）运行网络与轨迹

3.3 什么是程序（定义、功能）

“运行程序”则可看成是各种形式的“序”和规则、策略、途径等的集合，实际上也体现了优化的信息流程序。

4 物质流、能量流和信息流的关系

（1）物质流与能量流的关系；

（2）能量流与物质流的关系；

（3）物质流、能量流中的信息流。

5 现有钢厂中信息流难于贯通的原因

——物质流在流程运行过程中“流”的通量（t/min）不稳定。

——物质流运行过程中，上游-下游工序/装置的能力（容量）不匹配，时间节奏不协调。

——工序/装置“结点”过多（工序装置数过多、车间数量过多），造成物质流分散，信息“点”源过多，动态运行过程经常处于混沌状态（时而有序、时而无序；局部有序，整体无序）。

——“流程网络”（总平面图、车间平面图、立面图等）散乱、复杂，造成“结点”信息混乱，系统信息更乱。

——“流”在“流程网络”运行过程中出现过多的间歇、停顿现象，导致“点源”信息（例如“流”通量、温度、时间因子等）波动过大，数值离散。

因此，要求钢厂生产流程设计要向如下方向发展：

“流程网络”简捷化、紧凑化。

“运行程序”有序化、协同化、稳定化。

“流”通量：依不同产品和市场需求合理化，平材、长材、管材各有不同的合理经济规模，并非越大越好。

钢厂的信息化要符合生产流程动态－有序、连续－紧凑地集成运行的要求，要符合钢厂耗散结构的物理框架。

同时，要防止信息点源过多；要防止信息流网络紊乱；要防止运行程序的“混沌化”，追求运行程序的动态有序化。

6　钢铁制造流程中的自组织与他组织

6.1　选择－整合－互动－协同－进化等集成过程中的自组织与他组织

工程设计是为了构建一个人工实在体系的事前谋划和实施过程。工程设计过程是通过选择、整合、互动、协同、进化等集成过程（图5），来体现工程系统的整体性、层次性、开放性、动态－有序性等为特征的自组织特性，又通过与基本经济要素（资源、资金、劳动力、土地等）、社会文明要素、环境生态要素等要素结合，设计、构筑起合理的结构，进而体现出工程系统的功能和效率来（图5）。从这个意义上讲，工程设计本身就蕴含着他组织的意义。也就是要把相关的要素，设计出一个具有自组织特性的系统（例如设计流程网络、设计功能结构、时－空结构和信息结构等），并且进一步设计出在其实际运行中进行他组织控制的程序（和边界）以及有关的管理方法，即设计出不同层次的运行程序，以进一步提高工程系统在其运行过程中的自组织程度。这种自组织程度是工程系统自组织性的外在体现，这有别自组织性，自组织程度是在他组织手段控制、管理下工程系统自组织性的具体外在表达的程度。

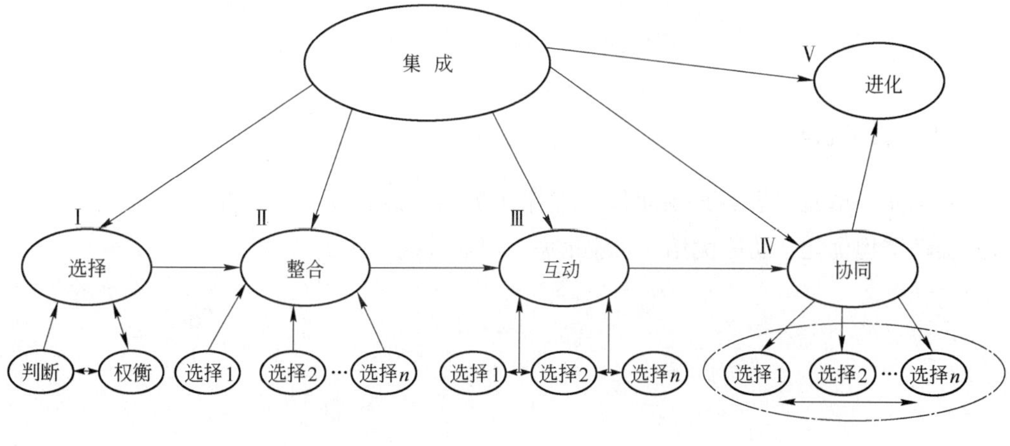

图5　工程设计中的集成与进化

6.2 关于信息化自组织和他组织的获得与作用

信息是从物质、能量、时间、空间（生命）等基本事实中抽象出来的表征因素。

信息流的自组织/他组织与物质流、能量流的密切相关，物质流的自组织、能量流的自组织是信息流自组织/他组织的基础：

——在物质流具有自组织性的基础上，通过输入信息流的他组织调控，可以优化物质流的自组织程度，提高物质流的运行效率，并使物质流动态运行过程中的（物质、能量）耗散最小化；

——在物质流与能量流之间具有自组织性的基础上，通过物质流/能量流协同优化，建立起能量流的自组织性，并进一步通过输入信息流的他组织调控，提高能量流的转换效率，并使物质流/能量流运行过程的能量耗散最小化；

信息流网络、信息流的调控程序就是在开放系统中物质流、物质流/能量流和能量流的动态、有序运行过程中，为了实现开放系统（流程系统）耗散最小化而建立起来的自组织/他组织系统。

信息自组织与他组织功能的获得，就是通过对物质流、能量流动态运行过程中信息特征参数的获得、处理、反馈构成他组织指令（措施），驱使、强迫“流”在运行过程中物质、能量、时间、空间等方面的参数，在合理、适度的“涨落”和非线性相互作用的过程中，提高开放系统的自组织程度（图6）。即功能的、空间的、时间的有序化程度的提高，使开放系统中宏观的热力学“力”和宏观的热力学“流”实现非线性耦合，形成耗散结构，实现过程耗散（物质的、能量的）最小化。

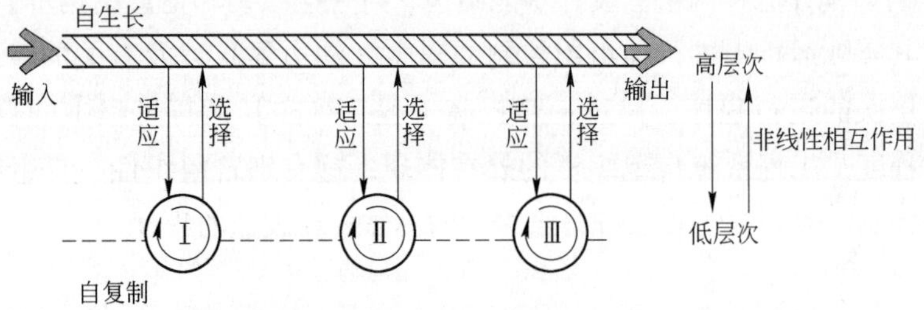

图6　不同层次的非线性相互作用

6.3 工程哲学思辨

从单元－单元间的关系到实体－虚体的关系实现信息流、信息技术的他组织性，以此推动结构优化、功能优化、功能拓展、产业升级。

过程工程与制造流程的动态运行
——关于钢铁制造流程设计与动态运行的研究*

过程工程问题广泛地呈现在各类流程制造业的生产运行、规划设计中，例如化学工业、冶金工业、建材工业等。

什么是过程工程？

所谓过程工程是指在开放的工程系统条件下，描述多因子、多尺度、多层次的过程及其系统行为并集成为动态运行的学问。其集成是通过不同单元过程的非线性相互作用耦合起来的，同时还是具有下一层次的自复制与上一层的自生长耦合集成的过程，并体现着结构优化、功能优化和效率优化。过程工程属于工程科学。

在过程工程中，非平衡热力学与宏观运行动力学是紧密关联、融合的。在过程工程中，鲜明地体现为不同层次、不同尺度的过程之间的“纵向”集成、构建与运行规则；同时，也鲜明地体现着“异质”的但又相关的单元过程之间的“横向”集成（通过相关单元的合理“涨落”和相关单元之间非线性相互作用——协同、耦合）。这种学问不同于把整体问题划分为许多局部，并进一步把这些局部分别地从整体环境中孤立出来进行研究的方法。

研究过程工程重在研究过程工程系统的动态集成和动态运行。动态是指过程（工程）系统在不断运动时的状态，过程（工程）系统的动态模型应是过程系统运动规律的反映。

总之，过程工程体现着按照动态－有序、连续－紧凑的动态运行及其相关的原则，去设计、构建一个结构合理、功能优化、运行高效、持续可控的动态运行的过程工程系统，并进行持续有效的调控运行。

1 过程与制造流程

所谓过程可视为事物在给定的外界条件下从始态到终态的变化。这种从始态到终态的变化包括了不同层次、不同尺度、不同结构上的变化。过程与流程的区别在于：过程是不同层次、不同尺度、不同结构条件下，事物在给定外界条件下从始态到终态变化的泛称；而制造流程（也可称为“生产流程”，或简称为“流程”，下同）则往往特指在工厂生产层级上由不同工序和不同装备等要素所组成的制造过程的整体集成系统（见图1）。

* 2010～2011年，于哈尔滨，中国工程院化工冶金与材料工程学部学术年会；上海，宝钢学术年会；河北唐山，河北理工大学；厦门，全国热能工程学术年会；深圳，中国金属学会炼钢分会学术年会等会议上所做的学术报告。

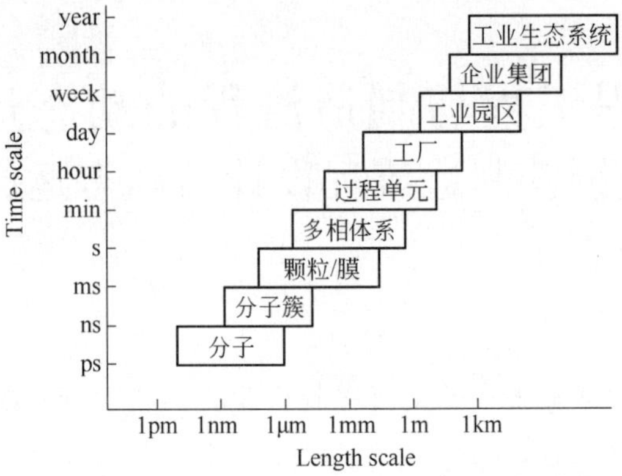

图1　不同过程的时－空层级示意图

2　过程的时－空尺度与集成运行

从图1中可以看到：原子/分子可以被单个地研究，也可以被在不同时－空尺度上整体地考虑，在不同时空尺度、不同条件下得出的概念、认识是不同的，而不同概念、认识将在宏观层次上被集成并进一步重新概念化。

从时间－空间角度上看，流程一般是大尺度或较大尺度的集成系统（见表1）。从运行机制上看，制造流程一般都具有对其所包括的工序、装置及其相关的单元操作的多因子集成功能和多层次、多尺度协调－耦合的特性。制造流程还具有整体性、复杂结构、复杂现象等特点。制造流程一般都包含有多尺度现象、多尺度过程，其中多数问题都属于复杂系统的范畴。在这类复杂的过程工程系统中，动力学问题和热力学问题往往是被统一在一起进行研究的，这是由于过程工程的研究是在持续开放（不断的输入/输出）、非平衡（甚至远离平衡）、不可逆的情况下进行的多因子、多尺度、多层次研究，这不同于经典热力学系统。

表1　不同层次的过程及其时－空尺度范围

过　程	时间尺度/s	空间尺度/m
分子/电子	$<10^{-5}$	$<10^{-10}$
流体力学与传递	$10^{-3}\sim10^{1}$	$10^{-9}\sim10^{1}$
化学反应及催化剂	$10^{-5}\sim10^{3}$	$10^{-11}\sim10^{-2}$
反应器	$10^{-4}\sim10^{4}$	$10^{-3}\sim10^{2}$
工厂（流程）	$>10^{4}$	$>10^{1}$

3　“工程”的模型思考

工程是在特定自然和社会条件下，诸多基本经济要素和技术集成系统组合－集成在一起的系统（见图2）。其中，技术集成系统体现着相关的、但又功能不同的异质技术群通过动态-有序的集成所形成的特定结构和动态运行的特征；而且，这一特定的技术集成系统必须要与特定的自然、社会条件下诸多经济基本要素（例如资源、土地、资本、劳动力、市场、环境等），互相协同作用，并通过构建和运行，形成工程系统，并使之产生特定的、预期的功能和价值。

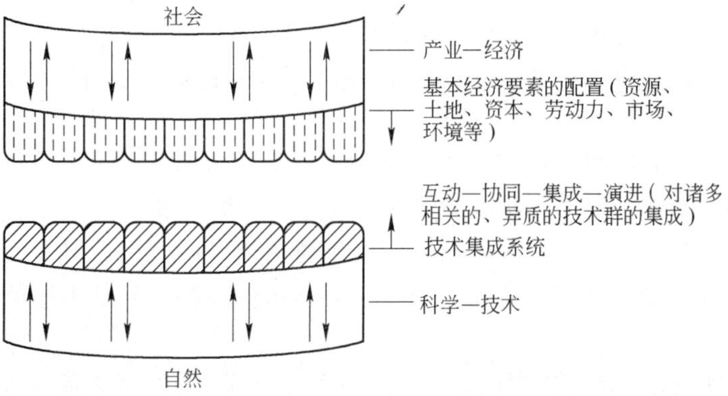

图2　工程的内涵及其要素与集成

从图2还可以看出：工程是对诸多相关而又具有“异质”功能的技术的集成，而不同的技术则是工程的组成单元，技术必须能有效地“嵌入”到工程系统中去，才能有效地发挥其应有的作用。技术如果不能恰当地、有效地“嵌入”到工程系统中去，不仅会降低该技术本身的功能与效率，往往也会影响工程系统的功能、结构和效率。

4　流程制造业的共性特征与动态运行的物理本质

流程制造业（例如冶金、化工、建材等工业）存在着诸多不同类型的企业，其生产的产品、生产的方式各有特点，但这些企业的生产运行过程从物理本质上看都有着共同的特征，即其生产过程实质上是：“物质流”（例如铁素物质流、铝素物质流、碳-氢物质流等）在“能量流”的驱动和作用下，按照设定的“程序”，沿着特定的“流程网络”作动态-有序的运行。可见，流程制造业在工厂流程层级上动态运行过程的要素是“流”“流程网络”和“运行程序”（图3）。

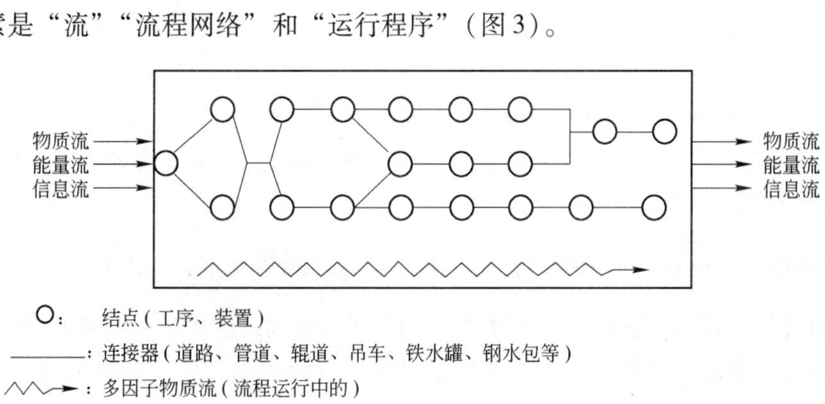

图3　制造流程的概念与要素示意图

5 钢铁制造流程的工艺表象与物理本质

5.1 静态-局部的工艺表象

钢厂的制造流程从表象上看，是由原料场、焦化、烧结（球团）、炼铁、炼钢、轧钢等生产单元所组成。因此，长期以来，人们往往以为上工序的静态设计能力只要和下工序的静态设计能力相等，就可以通过并联-串联的方法来构建起钢厂的生产流程。例如有 300 万吨/a 的炼铁能力、300 万吨/a 的炼钢能力与相应的轧钢能力就是 300 万吨/a 钢厂。

出现上述情况的根源是把钢厂生产流程看成由原料储存—原、燃料处理—还原炼铁—氧化炼钢—钢液凝固—铸坯再加热—铸坯热压力加工等工艺过程的简单堆砌和叠加构成的。这种认识作为一种入门的工艺过程介绍似乎还可以，但作为对现代设计或实际生产运行（特别是动态-有序、连续-紧凑运行）的指导是不够的，甚至会产生误导。

钢厂的总体设计-制造流程设计，不能囿于各个单元过程的表象性堆砌，必须“进化”到体现流程（过程工程）本质的“集成”。也就是说，仅仅是一般性的将要素叠加在一起，并不能称之为集成，只有当要素经过选择搭配、互动的优化，相互之间以最合理的结构形式结合在一起，形成一个由适宜要素组成的、相互优势互补的、匹配的有机整体，并利于有序-协同-连续-紧凑运行，这样的过程才能称为集成。

5.2 钢铁制造流程动态运行的物理本质

我们不能将各工序简单相加看成是生产流程。各工序相加在一起最多只是钢厂制造流程的静态表象，还不能说是制造流程的静态结构，静态结构还应包括总平面图布局和各种工序装置容量和个数的合理性。

钢铁企业的生产过程实质上是物质、能量以及相应信息的在合理的时-空尺度上流动/演变过程。其动态运行过程的物理本质是：物质流（主要是铁素流）在能量流（长期以来主要是碳素流）的驱动和作用下，按照设定的“程序”，沿着特定的“流程网络”作动态-有序的运行，并实现多目标优化。从热力学角度上看：钢铁制造流程是一类开放的、非平衡的、不可逆的、由不同结构-功能的单元工序通过非线性耦合所构成的复杂系统，其动态运行过程的性质是耗散过程。

在钢厂生产过程中，铁素物质流是一类多因子流，是被加工的主体。碳素能量流则作为驱动力、化学反应介质或热介质按照工艺要求对物质流进行加工、处理，使其发生位移、化学/物理转换，实现以制造过程中物质、能量“耗散最小化”为核心的多目标优化。例如生产效率高、产品质量优、能源消耗低、过程排放少、生产成本低、环境/生态友好等。

5.3 如何理解关于钢铁制造流程（过程工程）动态运行物理本质的内容

要充分理解钢铁制造流程（过程工程）动态运行的物理本质，应该确立如下观点：

——流程动态运行过程涉及的基本参量是物质-能量-时间-空间以及与之相关的信息。

——流程是一个物质-能量-信息的开放系统，不是孤立系统，也不是封闭系统。

流程作为开放系统，其输入为物质流、能量流和相关的信息流，这些输入的“流”通过“流程网络”和“运行程序”的作用过程，转换/转变为工程所期望的物质流、能量流和信息流。

——流程动态运行设计，必须建立起“流”的概念，“流”是不同层次、不同尺度的过程通过合理的流程网络结构，在信息调控下的动态运行实体，“流”是使诸多因子、诸多单元“有序化”的重要概念与手段。

——流程网络涉及物质流、能量流的时-空结构，流程网络首先涉及总平面图等静态结构，流程网络与运行程序结合，构成了物质流、能量流运行的动态结构。

——结构可以理解为流程系统中各组成要素（例如工序/装置等）之间在空间或时间方面的有机关联和相互作用顺序。

——与物质流、能量流相关的流程网络涉及和运行程序设计，将对物质流、能量流运行过程中效率、功能、耗散产生直接影响。

——“流”动态运行的目标是多目标优化。在不同边界条件下，不同目标（例如成本、产量、质量等）优化的权重会有所变化，但效率、功能、耗散都是必须考虑的。

——物质流、能量流动态-有序、协同、紧凑、连续/准连续运行将有利于流程系统的效率、功能、耗散的优化。

6 钢铁制造流程动态运行的要素

上面已经提到流程制造业流程层级上动态运行的要素是“流”“流程网络”和运行“程序”。

6.1 什么是“流”（物质流、能量流、信息流）

“流”是泛指在开放的流程系统中运行着的各种形式的“资源”（包括物质、能源等）或“事件”（例如氧化、还原反应，传热、传质、传动量，形变、相变等）的动态运行/变化。“流”是非平衡、不可逆的重要标志，非平衡的“流”可能是导致“有序”的源泉。“流”具有如下特征：

——输入/输出的动态-开放性；

——动态运行/变化过程的时间性；

——输入/输出、方向/矢量的空间性；

——运动过程的无序性、有序性或混沌性；

——运动过程可以伴有物质和/或能量之间的转换性；

——运动过程可以用“流量”“速度”等特征参数来表征。

总之，“流”的基本概念是开放-动态性。“流”在不同类型（如钢铁生产流程或有色金属生产流程，高炉—转炉流程或电炉流程）的“流程网络”（例如平面布置图）中按照不同的“程序”运行，会出现不同的耗散过程。

6.2 什么是“流程网络”（物质流网络、能量流网络、信息流网络）

从“图论”的角度上看，“网络”是由“结点”和“线（弧）”构成的图形，通过图形形成了特定的结构。所以可以说：“网络”是“结点”和“线（弧）”以及它们之间关系的总和。“网络”是其运行载体的运动路径、轨迹和时-空边界。

“流程网络”实际上是为了适应将开放系统中的“资源流”通过“结点”（工序、

装置等）和“连接器”（包括输送器具、输送方式和输送路径等）整合在一起的物质－能量－时间－空间结构。这个“流程网络”要能够适应“流”的运行规律，特别是要适应生产过程中物质流动态－有序、连续－紧凑的运行规则。

对于形成一个相对稳定、协同－有序的耗散结构而言，构建合理的网络结构（如总平面图、平面布置图）十分重要。这是由于“流”在通过“流程网络”时，“流”的各种因子在“结点”之间会呈现不可逆热力学中广义“力”和广义“流”的非线性相互作用，合理的“流程网络”将有利于在“运行程序”的调控下形成“力”、“流”非线性作用（或耦合）优化区域的构建，这是耗散“最小化”的结构性基础。网络化整合意味着流程系统内“流”的各种因子在“结点”之间的非线性相互作用关系，得以“固化”在某种优化的“合理”场域内，从而有利于减少物质/能量耗散。

6.3 什么是程序

程序是动态系统运行过程中内在“自生的”和外界输入的一系列信息指令的集成。程序与系统（“流”）的动态性紧密相关，这种与动态运行的相关性体现在系统内“流”所包含的各类“序”和“量”以及相关“序”和“量”之间动态运行的逻辑关系上。

进一步讲，程序体现着各种相关“序”和“量”之间关系的逻辑化整合与协同，是各种相关“序”和“量”特别是序参量之间关系的动态有序化措施的集成方法和结果。

由于所涉及的系统层次、尺度不同，所以，程序也具有不同的层次性或不同的尺度范围。

不同层次、不同尺度、不同类型的程序，也可以构成程序的软件网络，这与相应的硬件一起，构成了信息流网络。

现有钢厂中信息流难于贯通的原因大致是：

——物质流在流程运行过程中“流”的流率（t/min）不稳定。

——物质流运行过程中，上游－下游工序/装置的能力（流量）不匹配，时间节奏不协调。

——工序/装置“结点”过多（工序装置数过多、车间数量过多），造成物质流分散，信息“点”源过多，动态运行过程经常处于混沌状态（时而有序、时而无序；局部有序，整体无序）。

——“流程网络”（总平面图、车间平面图、立面图等）散乱、复杂，造成“结点”信息混乱，系统信息更乱。

——“流”在“流程网络”运行过程中出现过多的间歇、停顿现象，导致“点源”信息（例如“流率”、温度、时间因子等）波动过大，数值离散。

因此，要求钢厂生产流程设计要向如下方向发展：

“流程网络”简捷化、紧凑化；

“运行程序”有序化、协同化、稳定化；

“流率”：依不同产品和市场需求合理化，平材、长材、管材各有不同的合理经济规模，并非越大越好。

钢厂的信息化要符合生产流程动态－有序、连续－紧凑地集成运行的要求，要符合钢厂耗散结构的物理框架。

同时，要防止信息点源过多，要防止信息流网络紊乱，要防止运行程序的“混沌化”或无序化，追求运行程序的动态有序化。

7 开放系统（“流”）与耗散结构

由于“流”的运动具有时－空上的动态性和过程性，“流”在动态运行过程中输出/输入具有矢量特征，为了减少运行过程耗散，必然要求“流程网络”简捷化、紧凑化，优化的“流程网络”是十分必要的，否则就会导致“流”的运行过程出现无序或混沌。这一点在钢厂的新建或技术改造中应作为重要的指导原则之一。

“流”的动态过程性质，必然蕴涵着“运行程序”，“运行程序”合理，则促进“流”进入动态－有序、稳定状态；反之如果“运行程序”不合理或是失稳，则将导致“流”不时进入混沌、失稳状态。

在开放系统的持续不断地输入/输出过程中，建立起合理的“流程网络”和优化的“运行程序”可以使开放系统中的广义“力”和广义“流”之间通过非线性相互作用，实现功能的、空间的、时间的自组织系统－动态有序化的运行系统（图4）。也就是说，通过构建一个合理、优化的“流程网络”（如平面图等），随着“流程网络”中各个“结点”运动的“涨落”以及各“结点”涨落之间的协同关系，可以形成一个优化的非线性相互作用的场域（结构），并通过编制一个反映流程动态运行物理本质的自组织、他组织调控程序，实现开放系统中各运行工序/装置之间的非线性“耦合”，使“流”在动态有序运行过程中物质/能量的耗散最小化，从而形成开放系统合理的“耗散结构”。

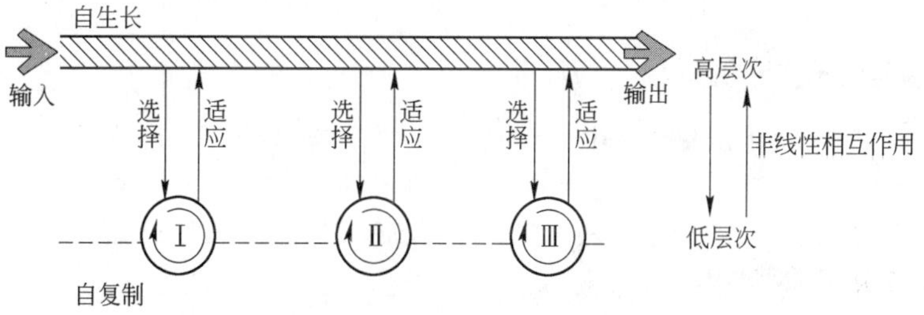

图4 不同层次的非线性相互作用

8 流程宏观系统动态运行与耗散

8.1 流程宏观运行动力学机制

对钢厂生产流程中不同工序和装置运行方式的特点分析，可以看出不同工序、装置运行过程的本质和实际作业方式是有所不同的。例如烧结机的运行过程大体是连续的；高炉运行过程大体上是连续的，但铁水输送方式是间歇的；转炉（电炉）运行过程是间歇的，钢水输出过程也是间歇的；连铸过程是准连续的……如果进一步对整个钢厂生产流程的协同运行过程进行总体性的观察、研究，则可以看出不同工序、装置在整体协同运行过程中扮演着宏观运行动力学中的不同角色。从生产过程物质流的时间运行观点来看，为了时钟推进计划的顺利、协调、连续地执行，钢厂生产流程中不同工序和装备在运行过程中分别承担着“推力源”“缓冲器”“拉力源”等不同角色（图5）。

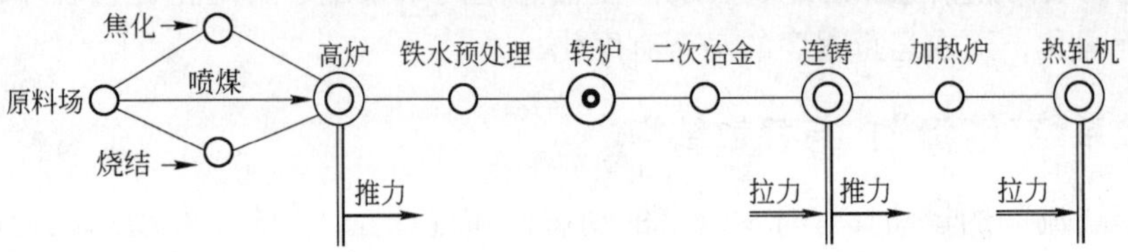

图5 钢厂生产流程运行动力学的主要支点及其示意图

8.2 “力”“场”与“流”的动态行为

场论概念:

场论是研究各种物理量在空间分布的运动规律及其相互作用的理论，涉及物质－能量－时间－空间及相应的信息。

所谓物理场就是相互作用场，实物之间的相互作用要在有关的场中来实现。

“场”本身具有能量、动量和质量，且在一定条件下可以和实物互相转换。

“场”也可以理解为分布在空间区域内的物理量和数学函数，有时也指空间区域本身，不一定是指物质存在的形式。

如果“场”中物理量的分布是随时间变化的，可称为“可变场”或“交变场”；如果“场”所论的问题是矢量，则有关的“场”称为“矢量场”。

在钢铁制造流程中“流程网络”（平面图、立面图）和运行“程序”可以比拟为“场”，工序之间非线性耦合作用可比拟为一种“耦合力”，在“力”和“场”的作用下，物质流、能量流进行不同形式的动态流动。这种流动是有一定路线和一定程序的。“力”“场”“流”的动态行为将决定运行过程中“耗散”的量值。

8.3 “层流运行”“紊流运行”与耗散

在钢厂生产运行的组织过程中，大体上有“层流运行”“紊流运行”两类运行方式。“层流运行”使“流”易于实现有序、稳定的状态，一般而言，运行过程中耗散较小。而“紊流运行”又可分为两种状态，即混沌状态和无序状态，运行过程中耗散的量值较大（见图6）。

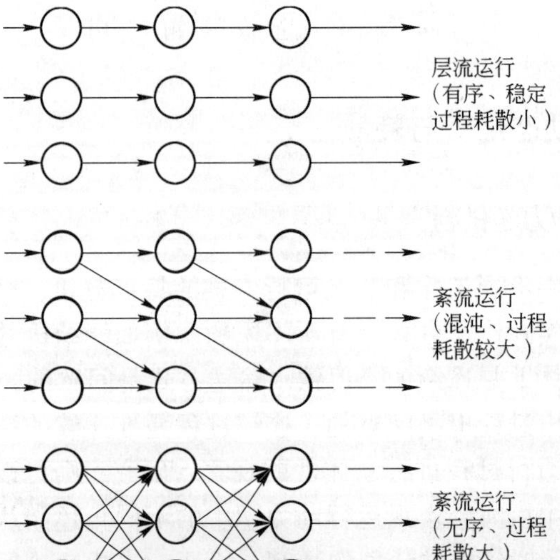

图6 生产运行过程中层流运行、紊流运行与耗散

9 时间管理图与动态运行

GANTT 图起源于项目时间管理（time management），又称进度管理（schedule management），是指项目实施过程中，对各阶段的进展程度和项目最终完成的期限所进行的管理。在 20 世纪上半叶，项目进度安排的主要工具是 GANTT 图（又称横道图）。GANTT 图的编制方法是将各类项目活动时间在横坐标上列出，不同项目活动则在纵坐标上列出。图中的横道线表示某项活动从开始到结束所占用的时间域（而开始时间或结束时间都属于时间点）。图中还显示了不同项目活动的时间关系，供不同项目活动（在时间坐标上的）协调安排，解决时间冲突、时间先后（时间序）、时间周期（节奏）等方面的优化问题。简单甘特图的示意图见图 7。

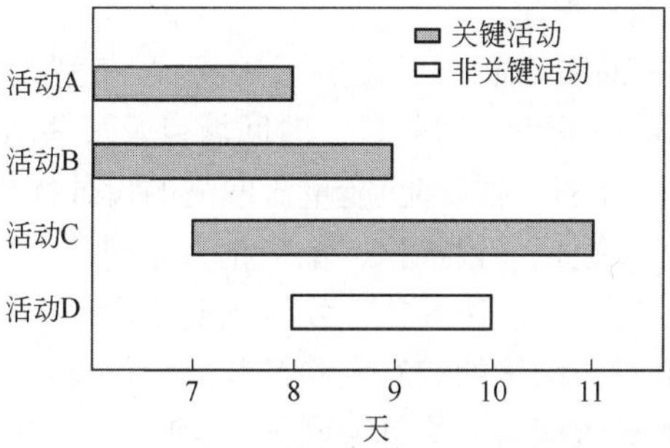

图 7　甘特图示意图

流程制造业（化工、冶金、建材等）动态运行的物理本质属于连续系统，而非离散系统。连续系统是指系统中的状态变量随时间连续地变化；流程制造业（流程工业）希望实现生产制造过程尽可能地长时期的连续化运行。为此必须设计好流程系统的运行动力学（systems dynamics，SD），因此，必须将流程系统中不同工序/装置的活动恰当地安排在时间轴上，进行时间程序上的集成优化，并通过匹配 - 协同等措施，使之尽可能地长期连续化。

这样，利用 GANTT 图的方法，将从早期的静态的计划进度分析，发展到动态的工序作业和工序间的时间逻辑关系的分析、研究，进而确立动态运行的规则，最终实现信息调控下的动态时间管理；以此推进流程系统的动态 - 有序、紧凑 - 连续地运行，并实现多目标优化。

GANTT 图是一种多层次、多工序、多因子的动态集成运行图，并且各工序/装置的运行活动都将涉及物质 - 能量 - 时间 - 空间 - 信息等要素的全方位综合优化。GANTT 图体现了流程系统宏观尺度上的运行过程动力学，其中也包括了不同事物运行的途径、机理、限制性环节和速度。

如何解读并编制钢铁制造流程中的 GANTT 图？

GANTT 图体现着单元操作 - 工序/装置 - 生产流程之间的跨层次事物之间的相互选择/适应关系以及某些集成优化现象的“涌现”。GANTT 图对同一层次的事物则突出地体现在多工序、多因子在以时间为耦合轴的动态 - 有序、紧凑 - 连续集成过程。

对钢厂全流程或是二级厂（车间）的生产流程（过程）而言，就是要通过编制动态可控的 GANTT 图，将相关的功能不同的、不完全同步的工序/装置的动态运行过程相互协同起来。实现全流程运行的协同化、连续化、稳定化。

具体而言：

(1) GANTT图在控制工序/装置的工艺过程及其操作要领上，体现为：

——化学成分、温度、物流量输入/输出的合理选择和优化控制；

——工艺过程中时间因子的合理安排和时钟推进计划的设定和协调；

——上、下游工序/装置之间物质-能量输入/输出的矢量性规定。

(2) GANTT图指导和协调生产流程动态运行的调度、控制、规则与指令，体现为：

——间歇运行的工序/装置服从连续运行工序的运行规则（例如以连铸为中心的运行原则）；

——多工序/装置“层流”运行的策略，减少横向干扰，使物流动态匹配、协同（例如不同产品的专线化高效率生产等）；

——连续运行的工序/装置对相关间歇运行的工序/装置提出优化选择的要求、方向（例如间歇工序/装置的时间点、时间位、时间域以及某些功能性的要求等）。

(3) GANTT图指导平面图、物质流/能量流网络的设计优化或技术改造，体现为：

——物流路径设计以简捷化、紧凑化、稳定化为原则；

——物流动态运行的有序化、协同化、稳定化安排；

——物质流网络与能量流网络的相互关联及其效率优化；

——物质流网络-能量流网络-信息流网络的关联。

(4) GANTT图的编制。GANTT图在洁净钢生产平台中，体现着制造流程中“流”的“自生长”与其诸多构成单元工序/装置的“自复制”之间的选择与适应关系（见图8）。其中：低层次的各工序自复制过程，从表面上看是时间不同步，当然功能也是不同的，因此，不仅要调整好工序（Ⅰ、Ⅱ、Ⅲ等）自复制时间过程的合理，而且必须解决好工序之间的时间/温度/流量等基本参数的衔接、缓冲、协同关系，其中包括了工序之间的输送方式、速度和时间/空间关系（平面图等）。这样才能将诸多工序的自复制集成为“流”的连续自生长，或是在服从“流”的自生长的前提下，反过来指导工序“自复制”的优化。

在低成本、高效率洁净钢生产平台体系中，从输入的铁水到输出的铸坯；实际上就是液态的铁素物质流的动态运行过程，运动的目标是希望动态-有序、紧凑-连续地实现尽可能多的“多炉连浇”—“自生长”，的形式。然而，铁水预处理工序、炼钢工序、二次冶金工序等装置的运行特点恰都是周而复始的、间歇的“自复制”形式。

为了满足“流”的“自生长”，程序会对装置的“自复制”程序作出选择（或导向），而装置的“自复制”程序则也应该适应“多炉连浇”这一“流”的“自生长”的需求。这样就会形成“间歇”运行服从“连续”运行的规则（原则）、“层流”运行规则（原则）和“连续”运行指引“间歇”运行的优化方向。

炼钢厂GANTT图的具体编制步骤为：

1）以恒拉速（高拉速）为出发点和主要目标，编制连铸机多炉连浇的时间程序表，给出时间域、时间点、时间节奏和单位时间“流量”；

2）试编制“间歇”工序/装置的时间域、时间点、时间位、时间节奏和“流量”；

3）研究分析各工序/装置之间的传搁、等待、缓冲时间和温度变化，并使各工序/装置之间能形成一定的“弹性”匹配-非线性互相耦合（非线性相互作用）；

4）进一步研究连铸“多炉连浇”与间歇工序/装置之间的优化、匹配、缓冲、协同关系，促进尽可能长时间连浇，并实现生产流程的动态－有序、紧凑－连续运行（图 8）；

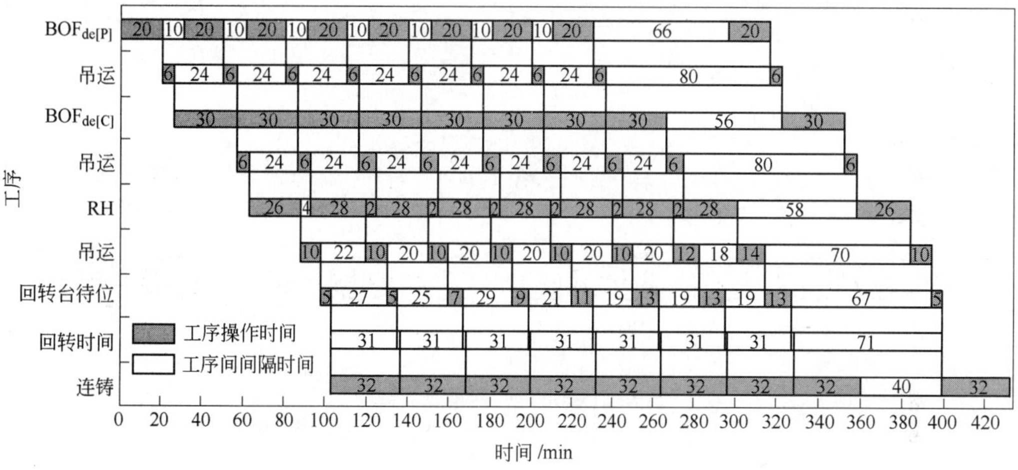

图 8　$BOF_{de[P]}$ － $BOF_{de[C]}$ － RH － C. C 流程甘特图

（非线性相互作用，间歇运行服从连续运行）

5）优化物流路径，争取路径“最小化”“层流化”“稳定化”。

炼钢厂 GANTT 图的编制与实施，将促进加快各工序的生产节奏，促进炼钢厂生产的准连续化；缩短辅助时间、等待时间、间歇时间；有利于降低出钢温度、提高铸机拉速等。设计、编制、推行炼钢厂 GANTT 图是推行高效率、低成本洁净钢生产平台的有效措施。

10　钢铁制造流程中的自组织与他组织

10.1　过程工程（流程）集成过程中的自组织与他组织

工程设计是为了构建一个人工实在体系的事前谋划和实施过程。工程设计过程是通过选择、整合、互动、协同、进化等集成过程（图 9），来体现工程系统的整体性、开放性、层次性、过程性、动态－有序性等为特征的自组织特性，又通过与基本经济要素（资源、资金、劳动力、土地、市场、环境等）、社会文明要素、生态要素等要素结合，设计、构筑起合理的结构，进而体现出工程系统的功能和效率来。从这个意义上讲，工程设计本身就蕴含着他组织的意义。也就是要把相关的要素，设计出一个具有自组织特性的系统（例如设计流程网络、设计功能结构、时－空结构和信息结构等），并且进一步设计出在其实际运行中进行他组织控制的程序（和边界）以及有关的管理方法，即设计出不同单元（要素）不同层次的运行程序，以进一步提高工程系统在其运行过程中的自组织程度。这种自组织程度是工程系统自组织性的外在体现，这有别自组织性，自组织程度是在他组织手段控制、管理下工程系统自组织性的具体外在表达的程度。

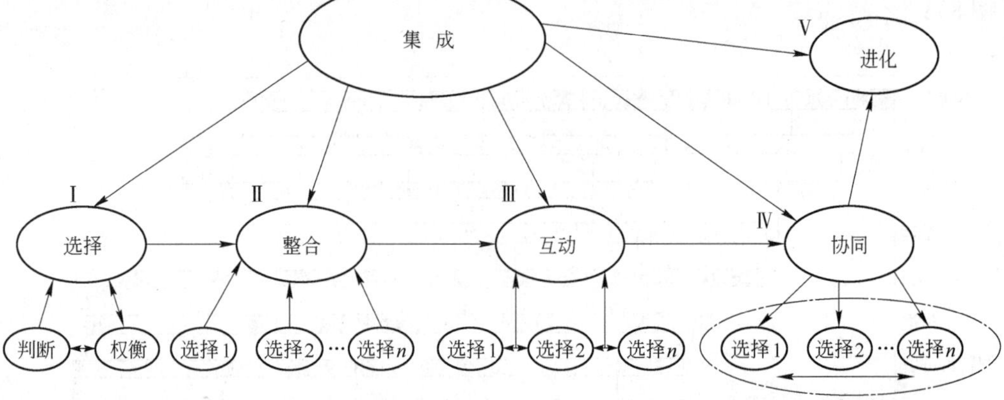

图9 工程设计中的集成与进化

10.2 关于信息化自组织和他组织的获得与作用

信息是从物质、能量、时间、空间（生命）等基本事实中蕴含和反映出来的表征因素。

信息流的自组织/他组织与物质流、能量流的密切相关，物质流的自组织、能量流的自组织是信息流自组织/他组织的基础。

——在物质流具有自组织性的基础上，通过人为输入的信息流他组织调控作用，可以优化物质流的自组织程度，提高物质流的运行效率，并使物质流动态运行过程中的（物质、能量）耗散最小化；

——在物质流与能量流之间具有自组织性的基础上（具体体现为“物质流网络”和与之相应的“能量流网络”），即通过物质流/能量流协同优化，进一步通过人为输入的信息流他组织调控作用，可以提高能量流的转换效率和二次能源的回收/利用程度，并使物质流/能量流各自运行过程的能量耗散最小化；

信息不具有守恒特征。信息在传输传递过程中可以被复制而增多，也可能因阻断而损失。这是信息和物质、能量的差别。信息流网络、信息流的调控程序就是在开放系统中物质流、物质流/能量流和能量流的动态、有序运行过程中，为了实现开放系统（流程系统）耗散最小化而建立起来的自组织/他组织系统。

信息自组织与他组织功能的获得，就是通过对物质流、能量流动态运行过程中信息特征参数的获得、处理、反馈构成他组织指令（措施），驱使、强迫“流”在运行过程中物质、能量、时间、空间等方面的参数，在合理、适度的“涨落”和非线性相互作用的过程中，提高开放系统的自组织程度。即功能的、空间的、时间的有序化程度的提高，使开放系统中广义“力”和广义“流”实现非线性耦合，形成人为优化了的耗散结构，实现过程耗散（物质的、能量的）最小化。

11 钢铁制造流程功能的拓展

从钢铁制造流程动态运行过程的物理本质出发，可以推出其功能应拓展为：

（1）铁素流运行的功能——高效、低成本、优质的钢铁产品制造功能；为此应大力推动建立不同类型产品（例如平材、长材、管材等）的高效率、低成本洁净钢生产体系。

（2）能量流运行的功能——有序、高效的能源转换功能以及与剩余能源相关的废弃物消纳—处理功能；为此，应推动构建包括共同火力发电形式在内的能量流网络，并构建不同类型的能源管控中心。

（3）铁素流－能量流相互作用过程的功能——实现过程工艺目标以及与此相应的废弃物消纳—处理功能。为此，应以物质－能量－时间－空间－资金等五要素集成为基础，构建不同类型的工业生态园区（综合型的、行业型的、“静脉系”的）。

钢铁工业的未来发展，应该在充分理解钢铁制造流程动态运行过程物理本质的基础上，进一步拓展钢厂的功能，钢厂要以新的模式实现生态化转型，融入循环经济社会。

12 工程设计和流程动态运行的哲学思考

现代工程的概念一般都与大系统、大生产、大运行相联系。大系统、大生产、大运行的过程中包括着相关的技术群，而且有很多层次和侧面，人们的认识深度容易被这些层次间、侧面间的“界面”所阻隔。实际上工程中问题的复杂程度往往超出人们的想象，局限于某一层次、某一领域的知识，会使人止步于一知半解，而却自以为是。例如：单纯从微观的观点去理解综合的工程问题，就会出现类似于用显微镜去度量星球之间的距离，用分秒去计算地质年代，这些都是“迷失于微观”的典型谬误。事物整体（包括工程在内）是复杂的、有结构的、多层次的，不同层次中又有多因子性。因此，对事物的某些细节进行深入的解析是必要的，有价值的；但是机械地沉湎于微观细节，可能会失之于“管中窥豹”，以偏概全，这同样会导致谬误。可见对大系统、大生产、大运行密切相关的工程而言，要突破沉湎于微观的还原论思想方法，注重不同层次、不同侧面的过程中事物运动的本质和规律，善于用不同时－空尺度和输入/输出的动态开放的概念去厘清其本质和规律，进一步从对这些事物运动的本质、规律的理解出发，对不同的、相关的技术群、不同的工序/装置进行动态非线性耦合，这就是工程的集成创新。

在以往的钢厂设计和生产运行组织的过程中，通常习惯于用拆零件的方法来处理问题，即把一个整体问题拆分成尽可能小的一些部分，以致竟忘了要如何将这些细部有序、有效地组合、集成在一起才能发挥整体结构、功能和效率。在这些机械论的拆分“科学”中，不仅习惯于把设计或生产运行的整体划分为许多细部，还常常用一些“经典”的方法把每一个细部从其周围环境或上、下游关联系统中孤立出来，如此，则研究的问题与周边环境之间的复杂的相互作用就可以“不管了”，“问题”似乎就“好解决了”。然而，钢厂设计和生产运行的整体过程不是一个孤立系统，而是嵌入在一定周边环境条件下的开放系统，是处在不停地进行物质、能量、信息的输入/输出过程中，而且实际是非平衡的状态。

在钢铁制造流程中，可以将它割裂为炼铁、炼钢、轧钢等工艺过程，它们分别运行着，而且也许可以找到孤立运行的“最佳”方案，然而作为一个流程的制造过程，不仅要研究“孤立”、“最佳”，更重要的是要解决整体动态运行过程的最佳；因此，不能用机械论的拆分方法来解决相关的、异质的而又往往是不易同步运行工序的组合集成问题。因此，重要的是研究多因子、多尺度、多层次的开放系统动态运行的过程工程学问，要分清工艺表象和物理本质之间的表里关系，因果关系，耦合关系，找出其内在规律。这对设计过程和生产运行过程的优化和调控是十分重要的。在进行工程设计和生产运行的思考时，应该联想如下方面：

（1）你设计的是“实”，可千万别忘了流动着的“虚”-“流”；

（2）你操作的是“实”，可实际上是运动着“虚”（“流”）的一部分；

（3）“虚”（“流”）集成着“实”（工序、装置等），“实”体现着“虚”，相互呼应、相互依靠；

（4）“流”体现着过程与工程（系统）的结合，思考分子/原子尺度上的问题时或工序/装置层次上的问题时，应该同时思考输入/输出的“流”的运动；

（5）生产运行和工程设计从表象上看似很“实”，但从本质上看恰是“流”运行的体现，为了“流”的动态-有序、紧凑-连续运行是目的、是灵魂；

（6）工程设计和生产运行都要“虚”、“实”结合，先定理念——“虚”，然后通过工程设计和动态运行付诸实践——“实”。

卓越的工程师不仅要有精深的专业知识，而且要有广博的经济、社会和人文知识，要有综合-集成的高层次、通盘性创新能力。时代命题呼唤着中国工程师要有新理念、新风格、新知识、新能力。

流程系统动态运行的过程及其物理层次*

钱学森先生早在1947年夏天在浙江大学、交通大学和清华大学为工科学生所做的演讲“工程和工程科学”中指出：“有关冶金的工程科学的实际进展，超越吉布斯相律的应用并不多……换句话说，在实际工程和科学研究之间存在一个宽阔的空隙，对待这一空隙必须架起桥梁。在冶金领域中努力利用物理理论将不仅会对大量积累的经验数据作出系统的解释；而且一定会在材料开发的领域揭示出新的可能性。”他还指出：“物理学家的观点与工程科学家的观点之间有一个基本差别。物理学家的观点是纯科学家的观点，主要兴趣在于把问题简化到这样的程度，从而能找出一个‘精确’的解答。工程科学家则更有兴趣去求取提交给他的问题的解答。问题将是复杂的，所以只指望找到近似的解答，然而对于工程目的来说却又足够精确。”

钱学森先生有关工程科学的论述，对当今工程领域仍有指导意义，值得进一步深入学习和理解，实际上，作为国民经济重要基础的流程制造业（例如冶金、化工、建材、造纸等），有着共同或相似的工程和工程科学命题，这就是流程工程与过程问题。这些工业运行的本质是过程与过程结构的动态集成。

1 流程系统动态运行过程的物理特征

在流程制造业（包括冶金产业内）的生产运行过程中，伴随着复杂的、密集的物质流、能量流和相关的信息流，其中存在着机械相互作用、热相互作用和质量相互作用等行为，这些相互作用的行为表现为机械性运动、流动、化学反应、质－能转换、热交换、相变、形变等不同类型、不同性质、不同时－空尺度的过程。

在物理的角度看，实际工程系统中，并非所有的宏观性质都可以从其构成单元的性质及其组合中推导出来。工程系统的特性往往不能简单地归结为静态结构（当然静态结构是很重要的，会在相当程度上影响工程系统的宏观特性），而是必须看到来自于工程系统内部构成单元之间的动态相互作用和工程系统与外部环境之间的动态相互作用——必须重视这些动态因素对工程系统的要素、结构、功能和效率的影响。可以说，正是通过对工程系统的动态相互作用的研究，复杂的工程系统才成为可观察、可确定的。可见，工程系统（包括流程工程系统在内）的本质是过程和过程结构，即流程系统是由不同类型、不同性质、不同时－空尺度的过程通过综合集成构建出来的，过程之间是有结构的，这种过程结构是动态的、有序的、有层次的、复杂的。过程结构涉及的基本参数包括物质、能量、时间、空间（甚至生命）以及与上述各类物理实在派生出来的信息参数。

当流程系统动态运行时，其不同层次过程运行的状态可以处于无序的、混沌的、有序的状态。

---

* 2011年3月，于北京，钢铁研究总院所做的学术报告。

2 三类物理系统

系统的、动力学的观点有助于克服物理学中还原论方法的局限性、片面性。普里戈金曾建议，在物理学中我们必须至少区分探索和描述三个层次，这三个层次彼此之间不能相互归结。即：

（1）经典动力学或牛顿动力学。牛顿动力学用力学的术语描述了质点的位置或速度。它把世界还原为单个质点的轨迹或空间－时间曲线。即质点从 A 点到 B 点的运动完全是可逆的，例如牛顿方程：

$$F = m\frac{d^2x}{dt^2}$$

所描述的过程，其中时间是对称的。质点运动的推动力必须由外部提供，不存在自组织……因此，经典动力学变成了某个质点的“纯”运动的理想化描述。然而“脏”的现实实在却包含着种种冲突、碰撞、交换、相互激励、挑战和强制性，伴有复杂性和集合性。

（2）孤立系统热力学。以卡诺的研究为基础，1852 年克劳修斯建立了热力学第二定律：“一个孤立系统的熵总是趋于增加，除非该系统已达到了热力学平衡态。”这一描述引入了“过程”概念，即引入了宏观值变化的有序概念。换句话说，熵是系统能量的质的度量。与经典力学的描述相反，这一新层次描述的特征就是引入了过程的不可逆性或方向性。即任何孤立系统，其未来宏观状态的熵总是不低于其过去宏观状态的熵。所有不可逆过程均产生熵。

在孤立的热力学系统中，系统的组元（原子、分子等）经历了彼此之间无数次的碰撞和交换，其宏观状态的熵总是不低于它过去的宏观状态的熵。从这一意义上看，在孤立系统中，熵增具有不可逆性，熵增将导致无序程度增加，这种不可逆性往往会导致结构的毁坏。

由于不可逆性，渗入了时间和过程概念，系统的演化只能沿着熵增的梯级所确定的热力学方向进行。即一个“无环境”的孤立系统（系统与外界环境之间没有物质、能量的交换）是一种特殊的自组织（确切地说，是自发趋于无组织、无序状态），它向平衡态方向发展并最终止于平衡态。

从宏观观点看，孤立系统所有那些变化都只是整个系统的自由能与熵之间的关系：

$$F = U - TS$$

式中，F 为自由能；U 为内能；S 为熵；T 为温度。

（3）开放系统热力学。在与外界环境存在着能量和物质不断交换的开放系统中，形成了另一类基本的物理系统，即一种特殊的非平衡系统。随着考察的深入，出现了物理学探究和描述的第三个层次，可以把它称为相干进化系统的层次－耗散结构的层次（普里戈金，1969）。

开放系统可能从系统外的环境中连续不断地输入自由能（负熵）并输出熵。与孤立系统不同，开放系统在不可逆过程中的熵产生（熵增）并不一定在系统内部积累和导致增加，由于可以从环境中输入自由能（负熵），开放系统的熵可以维持在原水平上甚至还可以减少。

对开放系统，源自孤立系统的热力学第二定律得到扩展。即一个特定时间间隔内的熵变 dS，可以分解为：

$$d_iS + d_eS$$

式中，d_iS 为系统内部的不可逆过程所致的熵产生（熵增）；d_eS 为系统与外部环境进行能量/物质交换过程中伴随产生的熵流。

因此，开放系统中过程的熵变：

$$dS = d_iS + d_eS$$

式中，d_iS 只能为“+”或“0”（孤立系统），而绝不可能为“-”，即 $d_iS \geqslant 0$；d_eS 则可能为“+”，也可能为“-”。在平衡态，这种熵流为“0”。

可见，开放状态的有序只有在非平衡态才能得到维持，此系统必须与外界环境不断地进行物质、能量交换，并不断地新陈代谢。在这个层次上，存在与演化共同发生。耗散结构是开放进化中最简单、自发的自组织。

综上所述，可以看出，对动力学过程的描述，至少需要三个层次的物理学探究，这是一种重要的认识。

此处还要强调一下，耗散结构揭示出两类不同行为：

——接近平衡时，有序将被破坏（如同孤立系统的情景）；

——远离平衡时，有序得以保持或者超出不稳定性阈而出现有序。

后一类行为被称为相干行为。只要存在着耗散结构，就会产生熵。然而，这种熵产生并不在开放系统内积累，而是某种不断地与环境进行能量/物质交换的一部分……与自由能和新反应物属于被输入不同，熵产生和反应生成物是属于被输出。这是最简单的一种新陈代谢。即借助于与外界环境交换能量/物质，开放系统保持着它的内在的非平衡，而这种非平衡又反过来维持着交换过程。

可见，表征一个耗散结构的，不是给定状态分配给总系统能量的熵的统计度量，而是熵的产生率和与外界环境进行交换的动力度量，亦即开放的、动态过程中输入能量（也可以来自物质的输入）的补偿和转化的强度。

还需要进一步认识耗散结构的过程特征，这可以有两类不同的理解：

——将耗散结构理解为组织能量流的物质结构（例如燃煤发电厂），这是在组织能量流转换、运行过程中的物质耗散角度上看问题（例如采用什么样的发电工艺流程和装备以及每度电的耗煤量）。

——将耗散结构理解为组织物质流的能量结构（例如冶金厂），这是从组织物质流转换、运行过程中能量耗散角度上看问题（例如采用什么样的冶金工艺流程和装备以及吨钢能耗等）。

在自组织层次上看，两种描述各有侧重，同样有意义。这两种理解构成了理解耗散结构特征的互补的两个方面，并且，也可以由此联系到如何认识工程系统中相应涉及的：

物质流—物质流网络（空间结构）—物质流转换、运行程序（动态时空结构）；

能量流—能量流网络（空间结构）—能量流转换、运行程序（动态时空结构）。

3 认知思路

对于冶金、化工等流程工业而言，相当长的时间阶段，主要运用经典力学和经典热力学的理论来认知各类现象，往往停留在孤立地、简化地、分割地分析、研究问题，这已经不能适应工业发展的现实需要，特别是某些理论体系的前提与生产流程的实际运行情况也不尽一致，因此时代呼唤着要研究与流程工业运行实际相符合的开放的、动态的复杂过程的理论问题。看来应该以三个物理系统的理论来认识冶金过程中的各类事物，尤其需要用开放系统耗散结构理论、吸收系统论、协同论、工程哲学等理论，以学科交叉为手段，以冶金、化工等工业的生产流程（流程工程）为研究对象，将物质位移的过程、能量转换过程、原子/分子层次的过程、工序/装置层次的过程、车间/区段层次的运行过程和全厂性生产流程层次上的运行过程相互嵌套集成，通过选择－整合、互动－耦合等过程构建成动态－有序、连续/准连续－协同运行的动态系统，形成一种优化的耗散结构，促进全厂性生产流程运行中的耗散过程优化。

换一种角度看，也许应该这样讲：对流程工程（包括冶金流程、化工流程等）认知而言，也许已经或正在进入一种综合集成优化的进程中，局部的、静态结构的关联性并不是它的主题，主题乃是把多个层次上的、自组织的动力学关联性。从本质上看，应该把流程工程理解为集不同性质、不同时空尺度的过程与诸多过程之间所形成的过程结构于一体的耗散结构。

流程工程的进化、发展进程可以理解为对物质和能量逐步地有序化、高效化组织的过程，使流程形成优化的耗散结构，使能量耗散“最小化”，物质耗散利用合理化，进而导致相应信息组织化的过程。

4　冶金流程系统动态运行学问研究的内容

——动态－开放的冶金生产流程的物理本质研究；

——冶金生产流程中铁素物质流的状态、性质、流动和物质流网络、运行程序的研究；

——冶金生产流程中能量流的状态、功能和转换机制、效率研究，并形成与物质流耦合优化的能量流及其网络和运行程序；

——冶金生产流程动态运行过程中空间因素的研究，包括各类过程的空间尺度、空间位置、运行矢向以及不同过程空间层次的结构等；

——冶金生产流程动态运行过程中时间因素的研究，包括各类不同过程的时间点、时间域、时间位、时间序、时间周期、时间节奏等；

——钢厂工程设计的理论与方法研究：建立动态－精准设计理论、方法和工具等；

——钢厂动态运行的规则、仿真和优化调控方法、手段的研究等。

5　冶金工程的战略性、普适性研究目标

为动态－开放的冶金等流程工程构建优化的耗散结构，建立工程科学层面上的理论基础和框架，以此为基础，推进到工程设计的理论、方法和创新，指导冶金等流程制造企业的结构升级和生产运行的调控优化，实现提高冶金质量、能源效率、生产效率，降低生产成本、降低环境负荷等多目标优化。

作为冶金工程研究的战略性、普适性研究目标，应包括如下内容：

——低成本、高效率洁净钢生产体系研究（包括薄板型、中厚板型、建筑长材型、钢管型、合金钢长材型、不锈钢板材型等）；

——能量流网络构建与网络系统优化；

——钢厂制造流程动态－精准设计的理论与方法及其案例研究；

——新一代专业化生产钢厂的模式优化研究；

——流程动态－有序、连续－紧凑运行的信息特征与计算机仿真研究。

关于新一代钢铁制造流程*

1 钢铁制造流程的工艺表象及其动态运行过程的物理本质

1.1 工艺表象性观察研究

钢铁工业属于流程制造业。它是由功能不同的制造工序（装置）通过组合—集成构建起来的。从工程系统看，经过一个半世纪以来的演变，现代钢铁企业的制造流程已演变成两类基本流程：

（1）以铁矿石、煤炭等天然资源为源头的高炉—转炉—热轧—深加工流程和熔融还原—转炉—热轧—深加工流程。这是包含了原料和能源储运/处理、烧结—焦化—炼铁过程（熔融还原）、炼钢—精炼—凝固过程、再加热—热轧过程及冷轧—表面处理过程的生产流程（图1）。

（2）以废钢为再生资源和电力为能源的电炉—精炼—连铸—热轧流程。这是以社会循环废钢、加工制造废钢、钢厂自产废钢和电力为源头的制造流程，即所谓电炉流程（图1）。

表象性观察研究的方法是：对生产流程进行还原/分割，然后，对被还原/分割的单元进行解析和分割设计，并各自分别运行。因此，长期以来钢厂的生产过程总是各个工序/装置各自分别运行，上、下游工序/装置之间互相等待，随机连接。其结果是：随机停顿、等待时间长，反复降温/升温概率高，生产效率低、能耗高，产品质量不稳定……所以有必要考虑改变认识问题的思路。在深入思考生产流程动态运行的物理本质的基础上深化认识。

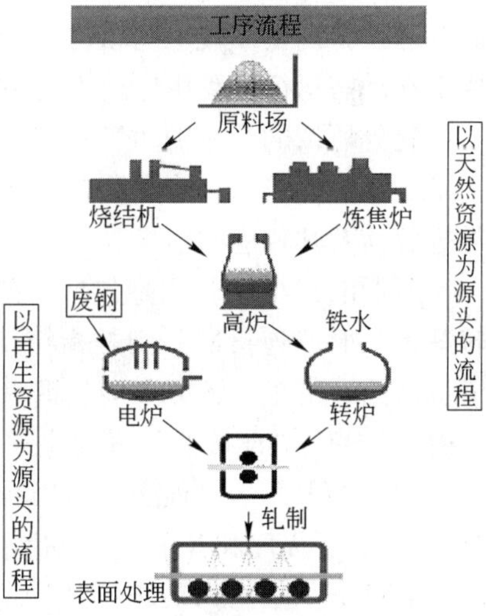

图1 两类钢铁制造流程示意图

1.2 理性抽象与物理本质研究

对流程进行理性抽象的方法是：系统地思考生产流程动态运行本质，用解析与集成的方法，整体研究流程动态运行的规律和设计、运行的规则。

钢铁企业的生产过程实质上是物质、能量以及相应信息的在合理的时－空尺度上流动/演变过程。其动态运行过程的物理本质是：物质流（主要是铁素流）在能量流（长期以来主要是碳素流）的驱动和作用下，按照设定的运行“程序”，沿着特定的

---

* 2012～2013年，于北京宽沟，冶金工业规划研究院工作年会；北京，首钢国际工程公司；北京，钢铁研究总院；广西南宁，中国金属学会炼钢分会转炉炼钢专业委员会学术会议；安徽马鞍山，安徽工业大学；河北唐山，河北联合大学；北京，中国金属学会冶金流程工程学培训班等学术报告。

"流程网络"作动态-有序的运行，并实现多目标优化。从热力学角度上看：钢铁制造流程是一类开放的、非平衡的、不可逆的、由不同结构-功能的单元工序通过非线性耦合所构成的复杂系统，其动态运行过程的性质是耗散过程。

2 钢铁制造流程动态运行的概念研究

（1）耗散特征运行目标；

（2）基本要素；

（3）三个功能。

2.1 动态运行三要素："流""流程网络""运行程序"

（1）"流"是泛指在开放的流程系统中运行着的各种形式"资源"或"事件"。

对冶金流程而言，"流"是一类多因子（多维）"流"，"流"的多因子性包括了化学组分因子、物理相态因子、几何形状因子、表面性状因子、温度（能量）因子和时间、时序因子。在生产工艺流程中表现为运行、调控过程中的"多维"性。"多维"性体现在流程运行过程中物质状态转变、物质性质控制和与之相关的物质流管制过程的"物质流"-"能量流"-"信息流"复合成制造（生产）流程中的物质流中。从调控角度上看，则体现为对制造（生产）流程运行调控过程中基本参数（物质量、温度、时间）-派生参数（产量、质量、成本等）的"多维"性上。

（2）"流程网络"。"流程网络"是为了适应将开放系统中的"资源流"通过"结点"和"连接器"整合在一起的物质-能量-时间-空间结构。这个结构要求有静态的合理性特别是体现空间结构（例如结点数、连接方式、总平面布置等），更重要的是要求在动态运行过程中体现出动态有序性、可连续性和紧凑性。

此处所谓的"资源流"就是运行过程中的物质流、能量流以及相应的信息流，包括了输入的原料流、能源流及其相应的信息流等，还有输出的产品流、副产品流和各类排放流及其相应的信息等。

所谓的"结点"则是包括了在流程网络中的各类功能不同的工序、装置例如高炉、转炉等。而"连接器"则是指结点与结点的连接手段、方式、装备等，例如管道、辊道、铁路、吊车、各类车辆、钢水包、铁水包等。因此，也可以将"流程网络"看成是由"结点""连接器"来优化配置"资源流"运行的时-空边界。

（3）"程序"。"程序"可以看成是各种形式的"序"和规则、策略、途径的集合。"序"包括了无序和有序，也包括了对某一因子的次第排列。有序的形式又包括了功能序、空间序、时间序以及时空序等。而"规则"则来自不同的要求，不同外部条件以及流程自身的整体功能，例如运行连续化、紧凑化等，就是规则的主要体现。"序"和"规则""策略"等的结合就反映出制造流程中多维物质流的总体调控策略和具体运行途径。

2.2 流程运行的三个功能

从钢铁制造流程动态运行过程的物理本质出发，可以推出其功能应拓展为：

（1）铁素流运行的功能——高效率、低成本、洁净化钢铁产品制造功能。

钢铁产品制造功能是建立钢厂的初衷和基本出发点，在未来发展过程中，既要考虑市场竞争力，同时又必须重视可持续发展能力，对于新一代钢厂的产品制造功能，应该从如下视角出发来思考技术进步的战略性问题（图2）：

——以过程耗散“最小化”为核心目标，建立动态-有序、连续-紧凑的新一代钢铁制造流程；

——以过程冶金的解析-集成优化为原则，建立起针对不同产品的高效率、低成本“洁净钢平台”；

——以材料工程为指导，规范不同钢铁产品的合理性能并实现产品换代。

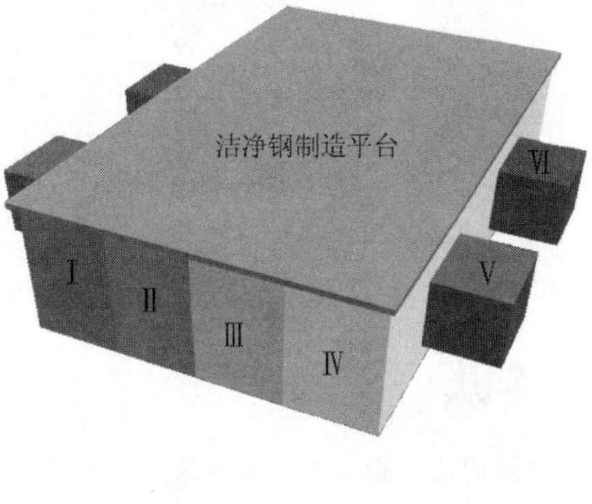

图2　高效率-低成本的洁净钢平台技术

Ⅰ—解析—优化的铁水预处理技术；Ⅱ—高效—长寿的转炉冶炼技术；

Ⅲ—快速—协同的二次冶金技术；Ⅳ—高效—恒速的全连铸技术；

Ⅴ—优化—简捷的“流程网络”技术；Ⅵ—动态—有序的物流运行技术

（2）能量流运行的功能——能源合理、高效转换功能以及与剩余能源相关的废弃物消纳—处理功能。

钢铁制造流程的物理本质和运行特征可以进一步具体表述为：由各种物料组成的物质流在输入能量的驱动和作用下，按照设定的工艺流程，使铁素物质流发生状态、形状和性质等一系列变化，成为期望的产品。在这过程中，物质流和能量流时而分离、时而相伴。相伴时，相互作用、影响，因此，要高度重视能量转换效率；分离时，又分别表现各自的行为特征，如何使这些“脱离”了物质流的“二次”能源、“剩余”能源及时回收、合理、高效地利用，应该通过建立能量流网络和能量流综合调控的程序等措施，进一步合理、高效地利用能源（图3~图8）。

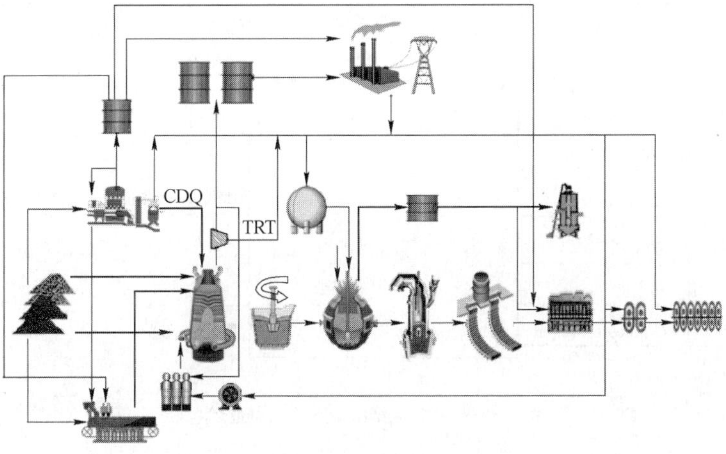

图3　典型钢铁企业物质流及能量流运行的轨迹

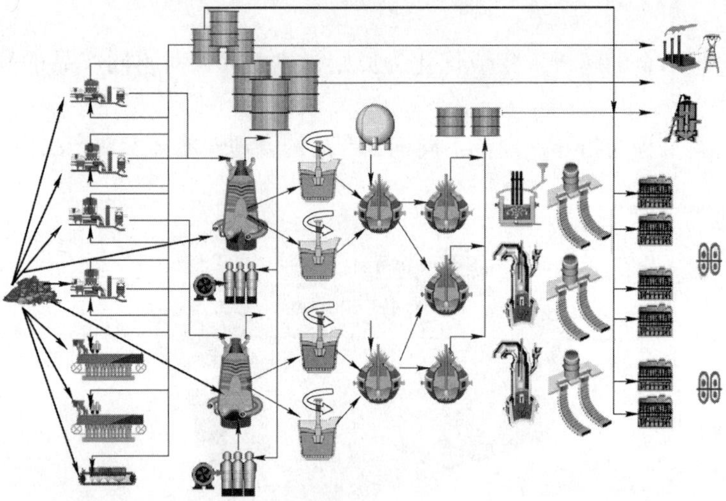

图4　曹妃甸钢铁厂能量流（碳素流）运行轨迹与网络

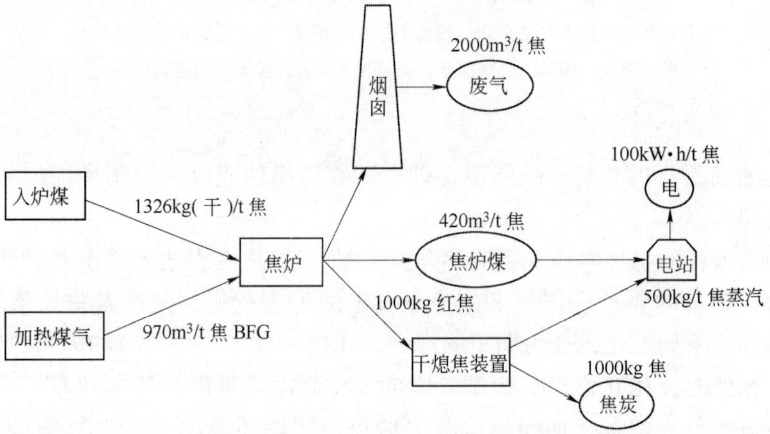

图5　焦化系统的物料与能源利用框图

（入炉煤的成焦率按75.4%计，即1326kg干煤生产1t焦炭；加热焦炉用的高炉煤气发热量为1000kcal/m^3；干煤的相当耗热量为728 kcal/kg，1 kcal = 4.2kJ）

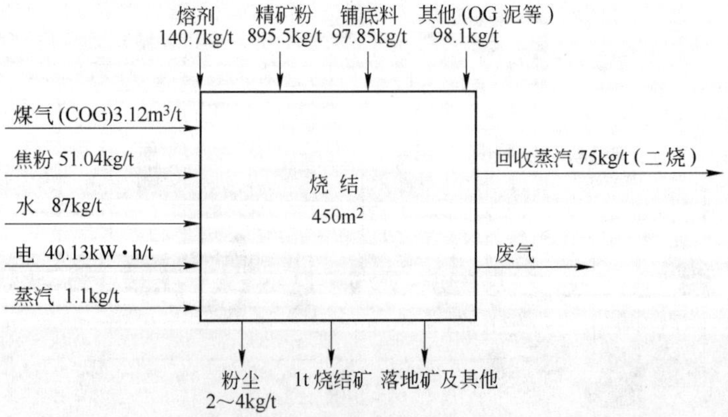

图6　烧结系统的物料与能源利用框图

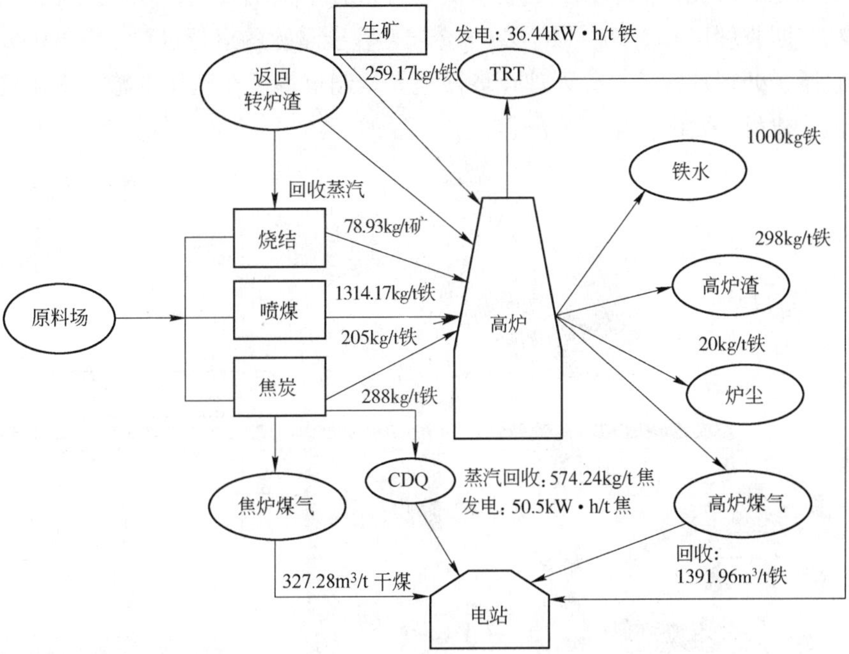

图 7　高炉炼铁系统的物料与能源利用框图

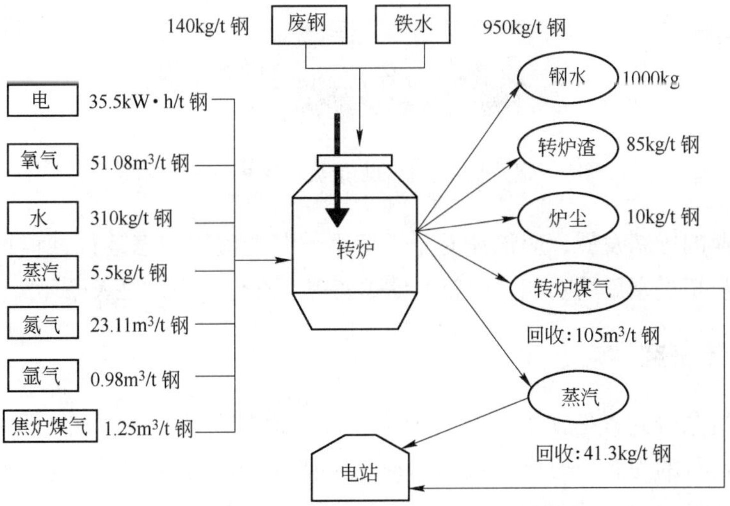

图 8　转炉炼钢系统的物料与能源利用

（3）铁素流－能量流相互作用过程的功能——实现过程工艺目标以及与此相应的废弃物消纳—处理功能和资源化功能。

从钢铁生产过程中物质流和能量流的运行看，除了得到需要的产品以外，都会产生副产品、废弃物、余热、余能等物质、能量的排放，这些排放过程及排放物如果处理不当就构成了对环境、生态的不良影响。实际上，在钢铁制造流程的物质流运行、能量流运行和和物质流－能量流相互作用过程中，存在着消纳—处理废弃物并使之资源化、能源化的可能性。例如：在物质流运行过程中消纳废钢，处理烟尘、铁鳞等含铁废弃物，回收利用 Cr、Ni、Cu、Zn 等金属。在能量流的运行过程中消纳—处理废塑料、废轮胎、处理社区污水、处理垃圾甚至大量制氢等。在延伸生态－工业链的过程中与水泥、建材、发电、化工等产业链接（图9）。

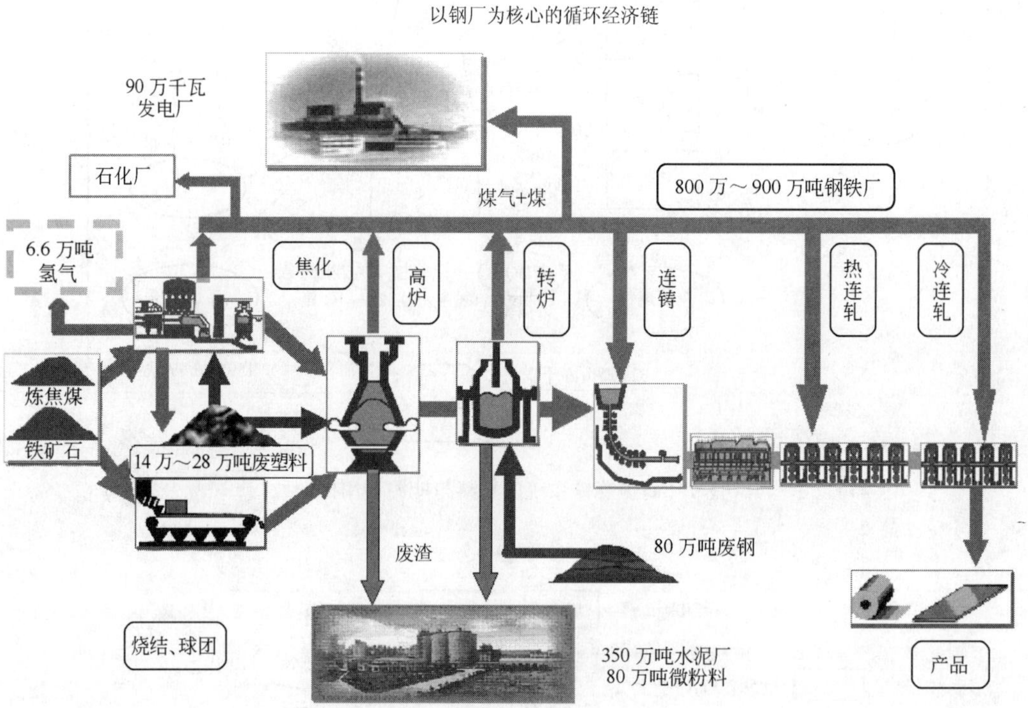

图9　钢铁联合企业的制造流程及其相关产业链

钢铁工业的未来发展，应该在充分理解钢铁制造流程动态运行过程物理本质的基础上，进一步拓展钢厂的功能，以新的模式实现生态化转型，融入循环经济社会。

3　顶层设计研究

流程的概念研究，是顶层设计的理论基础。顶层设计阶段要树立起动态－有序、协同－连续运行的观念，要有集成的、动态－精准运行的工程设计观。确立制造流程中“流”的动态概念，强调以动态－有序、协同－连续作为流程运行优化的基本概念。并且在顶层设计中突出整体性、动态性、层次性、关联性和环境适应性，强调以工序/装置要素合理选择、流程结构优化、功能拓展和效率卓越为顶层设计的原则；在方法上强调从顶层决定底层，从上层观察、规范下层的思维逻辑。

3.1　要素选择、结构优化、功能拓展、效率提高

3.1.1　要素选择

（1）流程中的技术要素选择（图10）。

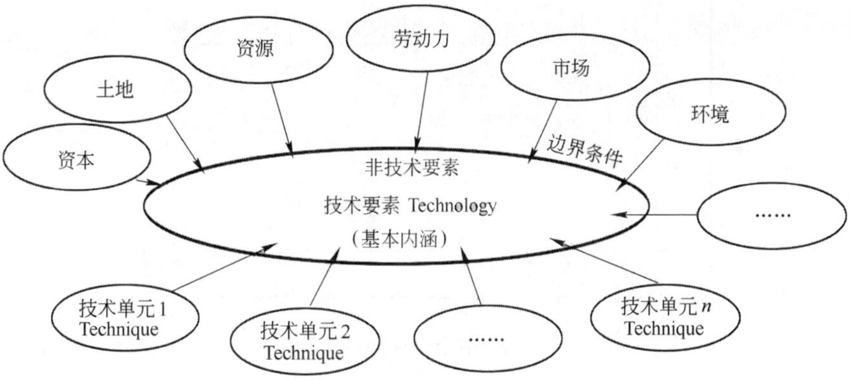

图10　工程活动的要素及其系统的构成

（2）流程设计中的技术要素与非技术要素（图11）。

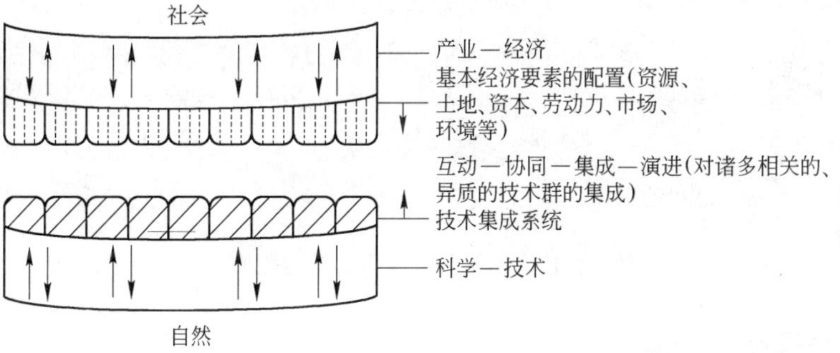

图11　工程集成的模型

3.1.2　结构优化

在分析一个系统时，往往会讲到系统的要素和结构。系统的要素与结构是两个密切相关而又不同的概念。要素仅指系统中基本的或主要的组成部分（硬要素）或构成因素（软要素），结构仅指要素之间联系方式的总和。在有些情况下，可以把系统要素的划分与要素之间关联方式的总和一起当做结构（图12）。

王众托指出：结构可以理解为系统内部各个组成要素之间在空间或时间方面的有机关联和相互作用顺序。所谓结构，是指系统内各要素之间在一定环境和条件下所形成的有机联系和相互作用的方式及其组织形式。结构的内涵不只是系统内各要素之间静态的数量关系，更主要的是组成系统的各要素质量的先进性、组织的合理性、动态协调性及其内在的活力状况。

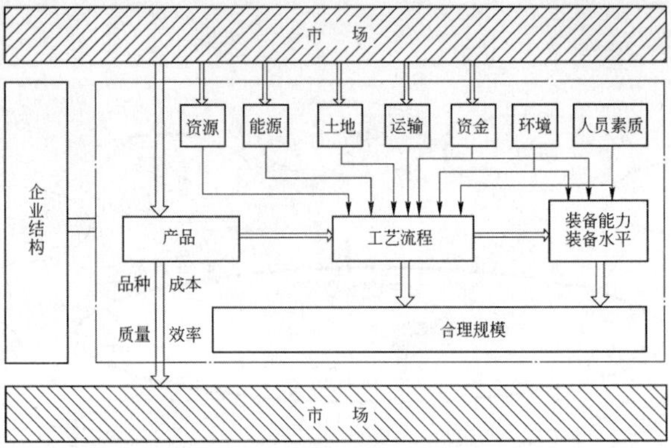

图 12　钢铁冶金企业结构逻辑框图

3.1.3　功能拓展（从单一功能发展到三个功能和循环经济区）

钢铁制造流程的功能拓展如图 13 所示。

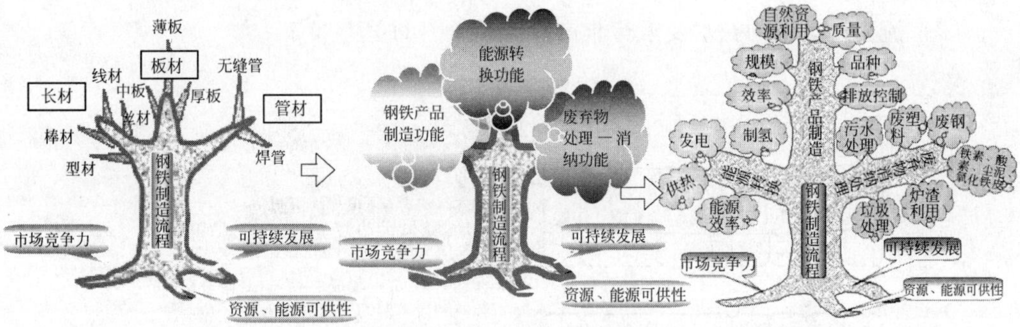

图 13　钢铁制造流程的功能拓展

3.1.4　效率提高

中国吨钢综合能耗逐年降低，新世纪以来吨钢综合能耗仍持续降低（图 14）。

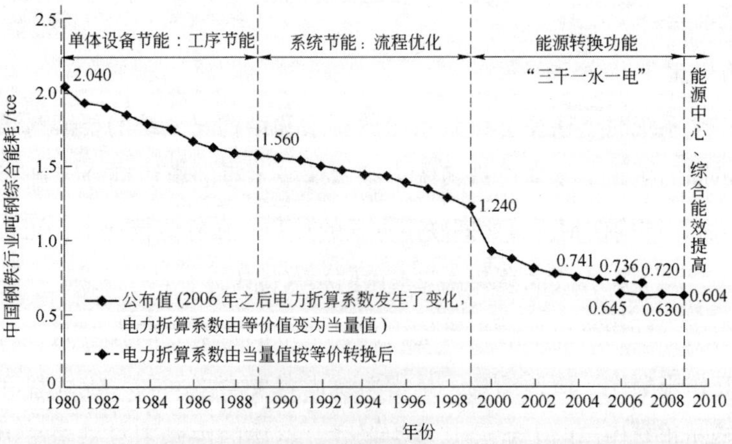

图 14　1980～2010 年以来中国钢铁工业吨钢综合能耗情况

（1. 2000 年以后仅为重点大中型钢铁企业的统计数据；2. 1980～2005 年电力折算系数为 0. 404 kgce/（kW・h）；3. 2006～2010 年电力折算系数为 0. 1229 kgce/（kW・h））

3.2 结构优化与工序/装置要素选择

在首钢京唐钢厂的设计、建设过程中，遇到了如下方面的工序/装置要素的选择：

（1）一套薄板轧机＋一套中、厚板轧机，还是两套薄板轧机？

（2）BF×2座（3座）？

（3）“一包到底”与“鱼雷罐车”运铁倒包？

（4）“高效率、低成本洁净钢平台”与单纯追求“纯净钢”。

（5）时空优化和平面图结构（KR脱硫—脱硅/脱磷—脱碳装置分跨布置）。

（6）物质流设计、能量流设计、信息流设计。

3.3 顶层设计与运行三要素

运行三要素与结构、效率。

顶层设计决定工序/装置要素选择及其主要参数的优化。

4 流程的动态精准设计及其内涵

4.1 核心思想

动态精准设计方法的建立植根于设计的理念的变化，要注重以下核心思想：以流程动态运行物理本质为理论基础，突出“流”“流程网络”“运行程序”为三要素的概念。不仅重视物质、能量的设计，而且要动态地设计出时间的、空间的、矢量的、动态的概念。要坚持时间的连续性和不可逆性的原则下，强调时间的点－位性、区段性、节律性和周期性，从中体现时间动态管理的重要性。

4.2 建立时间－空间的协调关系

对于动态精准设计而言，时间反映的是流程的连续性、工序间的协调性、工序/装置中工艺因子在时间轴上的耦合性，以及运输过程、等待过程中因温降而损失的能量等。然而，当工艺主体设备选型、装置数量、工艺平面布置图、总图确定后，意味着钢厂的静态空间结构已经“固化”，也就是说规定了钢厂的“时－空”边界。因此，要使“流”“流程网络”和“运行程序”“三要素”的基本概念落实在工艺平面布置图、总图设计中，要充分考虑并优化工序/装置的“结点功能”、“结点容量”大小、“结点数目”、“结点位置”和“结点”之间线/弧连接距离和连接路径，仔细计算上下游工序/装置之间协调、匹配运行的时间过程和时间点、时间序、时间位、时间周期等时间因子的表现方式和优化设计（图15）。

4.3 注重“流程网络”的构建

构建“流程网络”是从传统的静态能力设计转向动态－有序精准设计的根本区别（图16）。“流程网络”是时空协同概念的载体之一，是时空协同的框架。动态运行是时空关系的具体体现。从钢铁制造流程的动态精准设计、动态运行和信息化调控的角度分析，必须建立起“流程网络”的概念，务必要使钢厂工艺平面布置图、总图等向简捷化、紧凑化、顺畅化方向发展，并以此为静态框架，对“流”的行为进行动态－有序、协同－连续地规范运行，以实现运行过程中的耗散的“最小化”。需要指出的

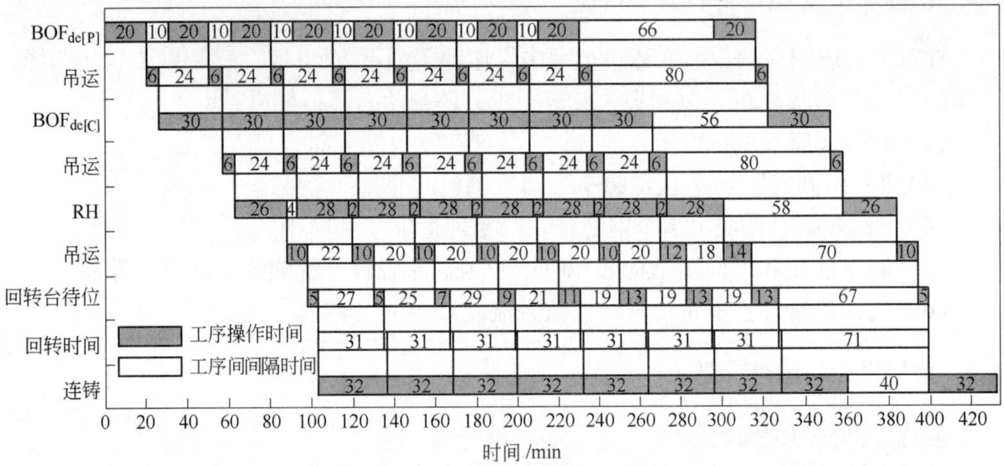

图 15　$BOF_{de[P]}-BOF_{de[C]}-RH-C.C$ 流程甘特图

（非线性相互作用，间歇运行服从连续运行）

是："流程网络"首先体现在铁素物质流的"流程网络"，同时，还要重视能量流网络和信息流网络的研究和开发。

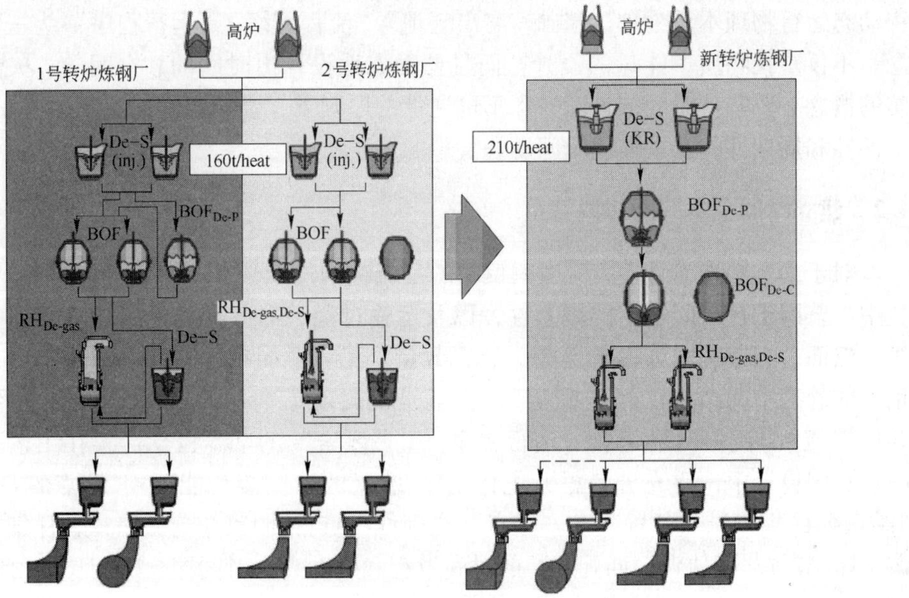

a　　　　b

图 16　和歌山钢厂改建前后结构的变化

a—改建前；b—改建后

4.4　注重工序之间的关系和"界面技术"开发和应用

动态精准设计方法重要的思想之一，就是不仅注重各相关工序本体的优化，而且更重要的是注重工序之间的关系和"界面技术"开发和应用，并运用动态甘特图等工具手段，对钢铁生产流程的各项配置及其运行进行预先的周密设计（图 17）。

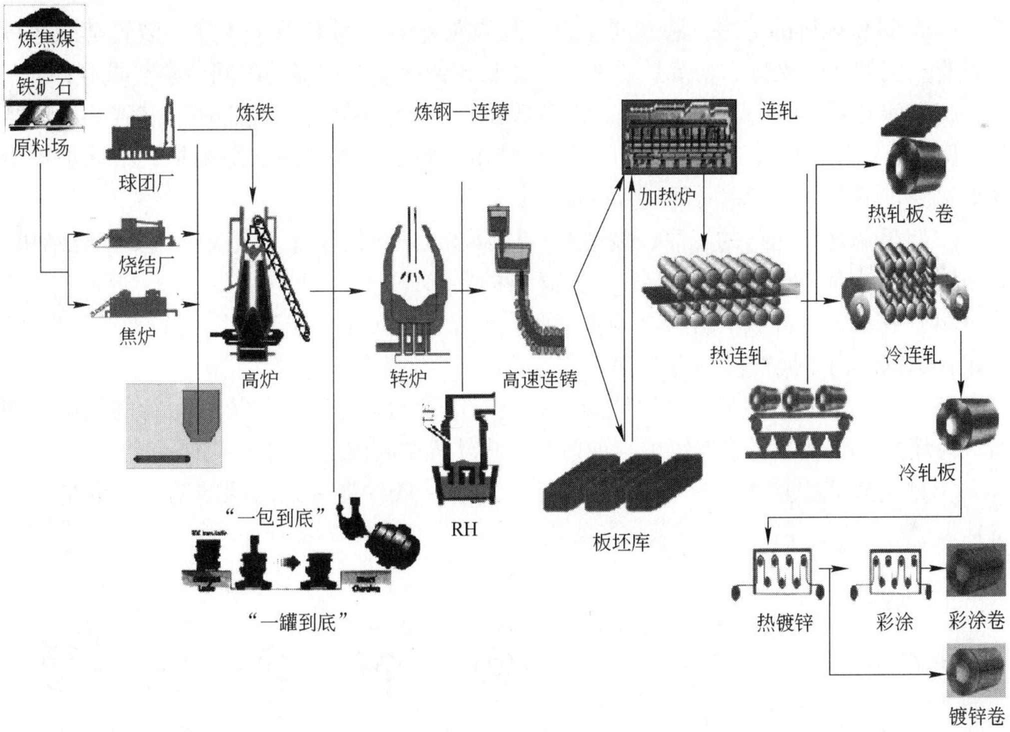

图 17　现代钢铁制造流程的“界面”衔接技术

4.5　突出顶层设计中的集成创新

钢厂设计是以工序/装置为基础的多专业协同创新行为和过程，实质是解决设计中的多目标优化问题。每个工程设计项目都会因地点、资源、环境、气象、地形、运输条件和产品市场的千差万别而不同，同时设计者又会根据相关技术的进步，在设计中适当的引入新技术，这样新技术和已有先进技术的结合（或称有效“嵌入”）就体现为集成创新。集成创新是自主创新的一个重要内容、重要方式。它不仅要求对单元技术进行优化创新，而且要求把各个优化了的单元技术有机、有序地组合起来，凸显为流程整体层次上顶层设计的集成优化，形成动态－有序、协同、连续、高效的顶层设计指导思想。同时需要指出的是，个别探索中的“前沿”技术属于局部性试探（有可能不成熟），并不一定要体现在顶层设计中，必须就其成熟程度以及是否能有序、有效地“嵌入”到流程网络中来，才能决定其取舍。流程集成创新绝不意味着将各种个别的“前沿”探索性技术简单地凑在一起。

4.6　注重流程整体动态运行的稳定性、可靠性和高效性

动态－精准设计方法要确立动态－有序、协同－连续运行的规则和程序，不仅注重各工序的动态运行的效率，而且更注重流程整体动态运行的效果，特别是注重动态运行的稳定性、可靠性和高效性。这是动态－精准设计方法追求的目标。

5 流程动态运行的规则

（1）间歇运行的工序、装置要适应、服从准连续/连续运行的工序、装置动态运行的需要。例如，炼钢炉、精炼炉要适应、服从连铸机多炉连浇的时间节奏要求等；

（2）准连续/连续运行的工序、装置要引导、规范间歇运行的工序、装置的运行行为。例如，高效－恒拉速的连铸机运行要对相关的铁水预处理、炼钢炉、精炼炉提出钢水温度、钢水洁净度和时间过程的要求；

（3）低温连续运行的工序、装置服从高温连续运行的工序、装置。例如，烧结机、球团等生产过程和质量要服从高炉动态运行的要求；

（4）在串联－并联的流程结构中，要尽可能多地实现“层流式”运行专线化生产。例如，炼钢厂内不同产品的专线化生产等；

（5）上、下游工序装置之间能力的匹配对应和紧凑布局是层流式运行的基础。例如，铸坯高温热装时要求连铸机与加热炉—热轧机之间固定－协同匹配运行等；

（6）制造流程整体运行一般应建立起推力源－缓冲器－拉力源的动力学机制（图18）。

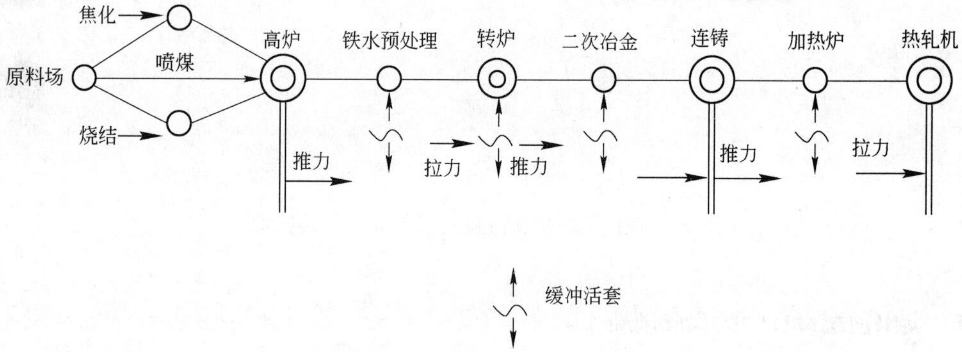

图18　钢厂生产流程运行过程中的“推力”－“缓冲活套”－“拉力”解析图

6 什么是新一代钢铁制造流程

流程制造业的生产工艺流程可以简称为制造流程。制造流程是由相关的、异质的、不同结构－功能的工序/装置组成的，是一种动态集成的运行系统。制造流程必须是可以稳定、高效、安全、可持续地运行的生产系统。制造流程体现着企业的构成要素、整体结构、运行功能和运行效率，是市场竞争力和可持续发展的根本。

新一代钢铁制造流程不同于薄带连铸、非高炉炼铁等个别前沿性技术的探索性研究或中间试验，更不是所有前沿性技术的简单组合。新一代钢铁制造流程是建立在对钢铁制造流程动态运行的物理本质深入研究的理论基础上的，不是对已有工序/装置的表象性改造，而是以物质流、能量流、信息流的动态集成构建起来的新系统。其理论核心是建立起流（物质流、能量流和信息流）的概念，通过“流程网络”（包括物质流网络、能量流网络、信息流网络）和相应的动态运行程序的协同整合、设计－构建起来的具有先进的构成要素、协同－连续－高效运行的结构，且具有高效率、低成本、高质量的钢铁产品制造功能、高效的能量转换功能、大宗废弃物消纳—处理和再资源化功能的工程系统。新一代钢铁制造流程是可以稳定、高效、安全、环境友好地持续运行的生产系统，它体现了流程构成要素的先进性，整体结构的合理性，流程动态运行的高效性和流程功能的拓展性。

从新一代制造流程的概念研究、顶层设计到动态运行，意味着冶金学在理论上从孤立系统研究走向开放的动态系统研究，在制造流程的运行特征上则是从各工序/装置独自运行—相互等待—随机组合的运行流程走向各工序功能优化—匹配/协同—非线性耦合的动态-有序、连续-紧凑流程。

炼钢生产流程的解析与动态集成*

1 前言

钢厂的生产流程是由结构、功能不同的诸多工序/装置所构成的运行系统。长期以来，炼钢厂内各工序/装置呈现着各自分别慢节奏运行和互相等待、随机连接的运行特征（例如平炉与模铸的组合生产过程）。20 世纪 50 年代以来的钢铁生产流程演变过程表明，由于快速（间歇）运行的大型氧气转炉、多炉连浇的连铸工艺，特别是全连铸炼钢厂的出现，对整个生产流程的演变和优化具有关键性推动作用。氧气转炉带动了快速高效化，连铸工艺带动了炼钢厂的准连续化，全连铸炼钢厂体现着生产流程动态-有序、协同-连续运行规律性趋势。图 1 是高炉—转炉—连铸—轧钢流程演进的示意图。

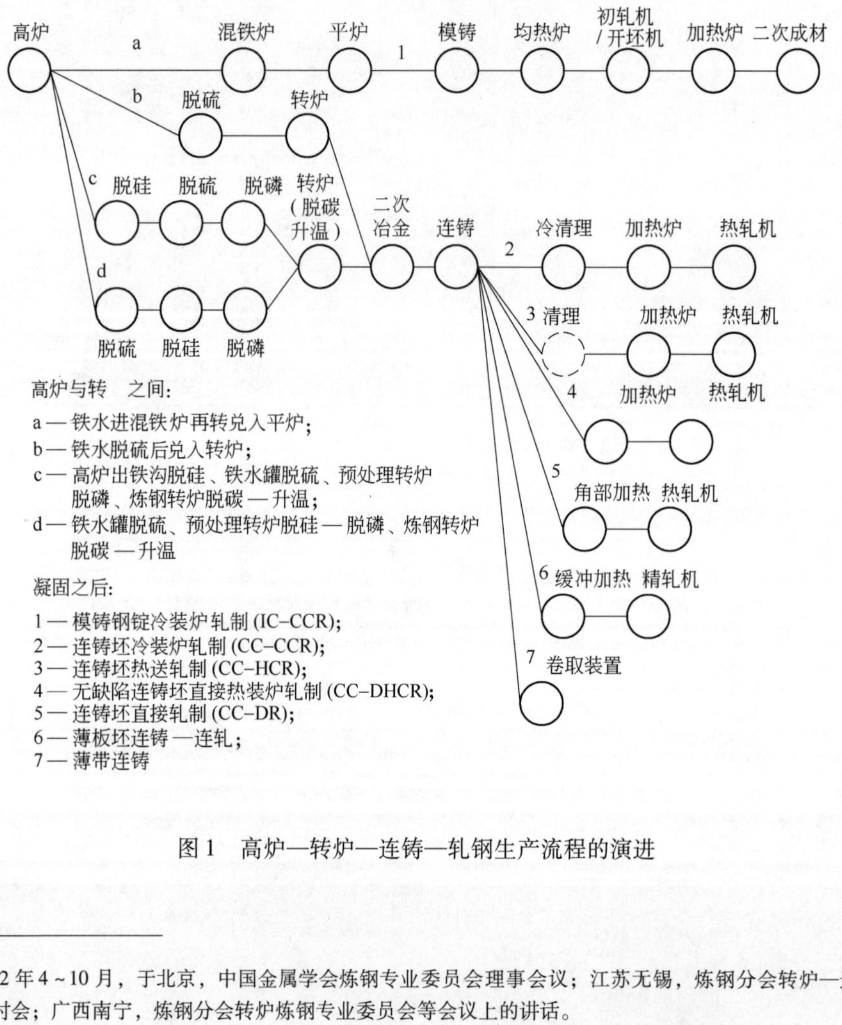

图 1 高炉—转炉—连铸—轧钢生产流程的演进

* 2012 年 4～10 月，于北京，中国金属学会炼钢专业委员会理事会议；江苏无锡，炼钢分会转炉—连铸新技术高级研讨会；广西南宁，炼钢分会转炉炼钢专业委员会等会议上的讲话。

在演变过程中，某一工序功能的优化往往会影响到上、下游工序的功能变化，这样就逐步推动了相关工序功能的解析 - 优化。同时，也必然会引起相邻工序之间关系的变化，甚至会引起更大范围内工序之间关系的优化，这就进一步导致整个流程系统内工序之间关系的协调 - 优化。在工序功能解析 - 优化和工序之间关系协调 - 优化的基础上，引起了生产流程内工序的新陈代谢，一些新工序的出现（例如铁水预处理、二次精炼、连铸机等），引起了某些原有工序的淘汰（例如混铁炉、平炉、模铸等），导致生产流程系统内工序集的重构 - 优化。图 2 是钢厂生产流程解析 - 综合集成概念的示意图。

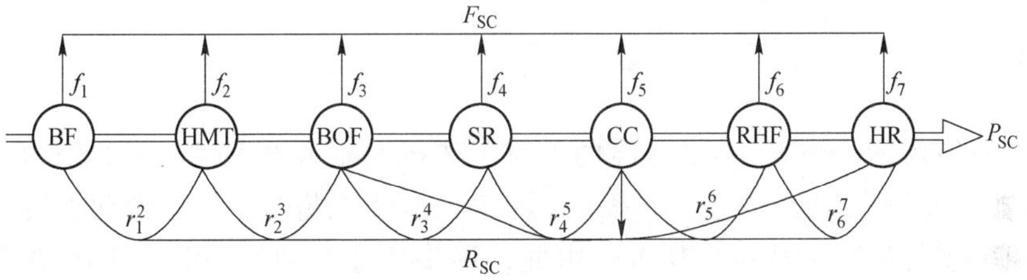

BF—高炉　　CC—连续铸钢
HMT—铁水预处理　　RHF—加热炉
BOF—氧气转炉　　HR—热轧机
SR—二次冶金　　F_{SC}—工序功能集
R_{SC}—工序之间关系集　　P_{SC}—流程内工序集

图 2　钢铁制造流程解析 - 综合集成概念示意图

自 20 世纪 70 年代以来，特别是全连铸炼钢厂生产流程的运行使原来的各工序各自间歇运行并在互相等待中随机组合运行，转向间歇运行的工序适应、服从连续运行工序动态集成方向发展，即工艺流程不断准连续化、连续化，生产过程的时 - 空结构紧凑化和产品质量的洁净化、稳定化，并由于全连铸厂的普及而导致钢厂的产品结构从“万能化”转向专业化，这是钢厂结构调整的主要方向。但是，在理论研究方面，长期以来主要是着眼于研究原子/分子之间反应过程，或是工序/装置的结构、效率这样的层次上，未免有些局限性，现在很有必要研究流程系统中的解析 - 集成优化和动态运行方面的规律，这是由于生产流程是钢厂运行的载体，是产品开发的“平台”，是信息贯通的框架。研究生产流程系统的动态集成运行是冶金学的新命题。

2　炼钢过程的内涵和动态运行的物理本质

2.1　现代炼钢生产流程的边界和内涵

现代炼钢厂的生产过程应该包括从高炉铁水的承接、运输开始，经过铁水预处理、炼钢炉冶炼、二次精炼、连铸凝固成型直至高温无缺陷铸坯的有序输出，这样一个动态运行的过程。

炼钢厂生产流程的功能内涵，始终围绕着对液态铁素物质流的氧化—升温—净化—合金化—凝固—成型这些功能而解析 - 集成。炼钢厂的生产流程是一类开放的、动态的运行系统，不是孤立系统，炼钢厂的生产过程不仅体现着物质 - 能量 - 信息，而且有着鲜明的时－空概念。

2.2　炼钢厂生产过程动态运行的本质

炼钢厂生产流程动态运行过程的物理本质是：物质流（主要是铁素流）在能量流的驱动（输送、位移等）和作用（作为化学介质、热介质）下，按照设定的“运行程序”，沿着特定的“流程网络”（例如平面图等）做动态－有序、协同－连续的运行。从热力学角度上看：钢铁制造流程是一类开放的、非平衡的、不可逆的、由不同结构－功能的单元工序通过非线性相互作用过程构成的复杂系统。

3　炼钢厂生产过程演变与优化

3.1　总体趋势

全连铸炼钢厂出现后，多炉连浇的连铸工艺技术显示出了强大的竞争力，最终使得平炉彻底地被氧气转炉、超高功率电炉淘汰。连铸工艺的出现，带动了转炉、电炉的快节奏运行及其节奏稳定性研究。由此，逐步注意对转炉、电炉工序功能进行解析－集成,即按照如下原则进行解析－集成：

——遵循冶金反应的物理化学规律分配冶金工序的功能并开发出适合于动力学要求的装置；

——不断改善平面布置图，构成物流运行顺畅、协同和准连续/连续的时－空关系；

——通过信息优化构建要素－结构－功能－效率优化的动态运行系统。

由此，出现了转炉炼钢过程功能的分解（表1）。

表1　炼钢过程工序功能的分解

炼钢过程工序功能	铁水预处理	转炉	二次精炼
脱硅	⊙←	○	
脱硫	⊙←	○→	◎
脱磷	⊙←	◎	
脱碳	◎←	⊙┈→	⊙(＊)
升温		⊙→	◎
脱气		◎→	⊙
夹杂物形态控制		○→	⊙
脱氧		○→	⊙
合金化		◎→	⊙
纯净化	⊙←	◎→	⊙

注：⊙—完成该功能的主要工序；◎—完成该功能的次要工序；○—在该工序退化的功能。＊—超低碳情况下，真空脱碳更重要。

可以看出，现代氧气转炉的功能优化已集中为高效脱碳、快速升温、适度脱磷和回收余能（转炉煤气、蒸汽）。其他功能（如脱硫、脱氧、净化、合金化等）则由铁水预处理、二次精炼甚至连铸中间罐分担。

电炉也转向“转炉化”快节奏运行的方向发展，开发了超高功率供电、氧－燃烧嘴等强化功能措施，同时通过将原来的还原期移至 LF 炉中独立运行等一系列措施（图 3），使电炉的运行节奏缩短到 45～60min，使电炉与连铸机稳定地实现多炉连浇，电炉生产流程的连续性得到提高。

在炼钢生产流程的动态运行过程中，连铸机的多炉连浇是炼钢厂动态运行的核心，是动态－有序之源，也是准连续/连续－紧凑化运行的集中体现（图 4）。这是由于铁水预处理、转炉（或电炉）和二次精炼都是一炉一炉地间歇运行的，而连铸在一个浇次过程中，则是连续的。为了实现一个浇次的多炉连浇，所有间歇运行的工序都要适应连铸的周期性连续。由此，所有间歇运行的工序都在工序功能解析－优化的前提下，朝着缩短运行时间适应连铸机连续运行的方向不断改进，并且逐步形成了间歇—间歇—间歇—连续的动态集成运行系统。

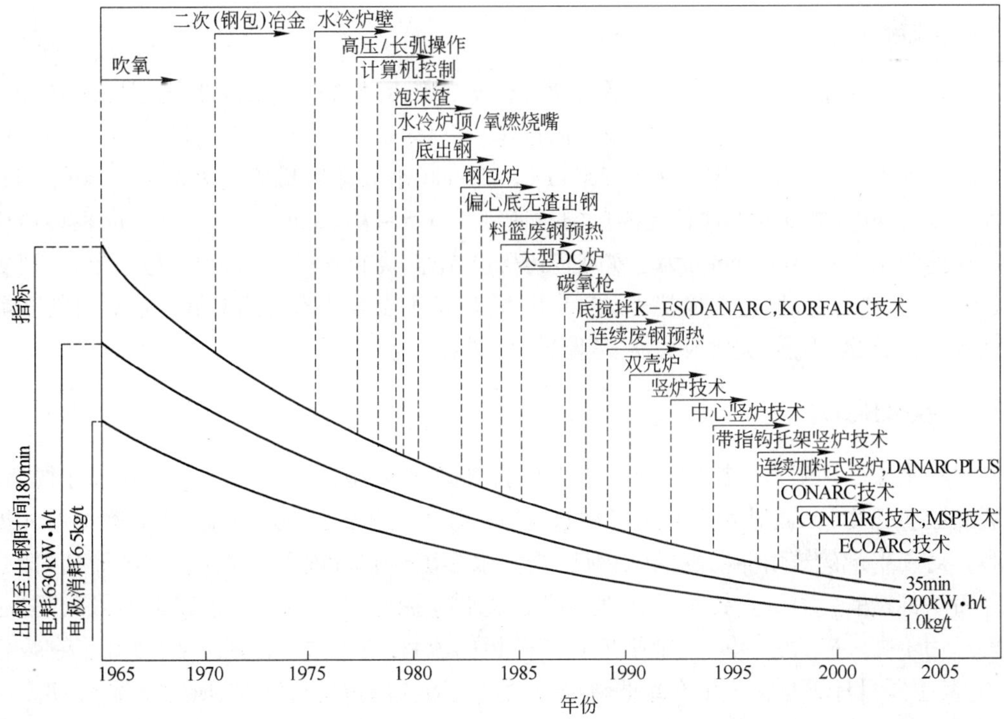

图 3 现代电炉冶炼技术的发展

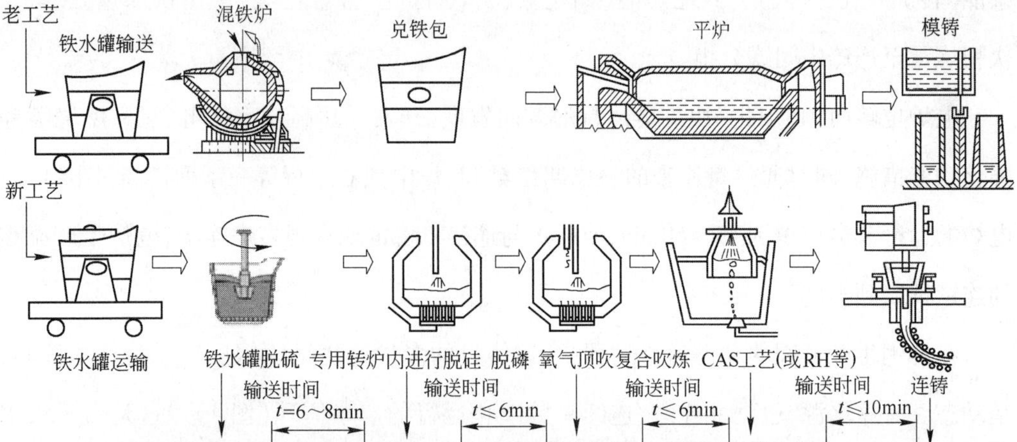

项目	开始	结束
T/℃	1380	1350
[C]/%	4.5	4.5
[S]/%	0.040	0.003
[P]/%	0.090	0.090
[Si]/%	0.42	0.01
处理时间/min		
30～35		

项目	开始	结束
T/℃	1340	1330
[C]/%	4.5	3.5
[S]/%	0.003	0.007
[P]/%	0.090	0.030
[Si]/%	0.42	0
处理时间/min		
20～22		

出铁后包内样

项目	开始	结束
T/℃	1295	1660
[C]/%	3.5	0.04
[S]/%	0.007	0.006
[P]/%	0.030	0.008
处理时间/min		
28～32		

出钢后包内样

项目	开始	结束
T/℃	1600	1580
[C]/%	0.04	0.04
[S]/%	0.006	0.006
[P]/%	0.008	0.008
处理时间/min		
20～22		

项目	开始	结束
T/℃	1555	1550
[C]/%	0.04	0.04
[S]/%	0.006	0.006
[P]/%	0.008	0.008
处理时间/min		
35～40		

图4　炼钢工艺流程的变革和转炉炼钢厂技术的发展

3.2　连铸

连铸工序作为炼钢生产过程运行动态有序之源，其发展方向是高拉速、恒拉速（即对于某些钢种而言，有一个合适的、恒定的拉速），并体现为有序化的动力源，不同类型的铸机都在朝着这个方向改进。例如，150mm×150mm 小方坯铸机拉速为 2.4～3.0m/min，而厚度为 90～100mm 的薄板坯铸机的拉速则为 5.5～7.0m/min，厚度 230mm 板坯铸机的拉速为 1.4～2.0m/min。为了实现连铸机恒拉速、高拉速的要求，中间包冶金、快速更换中间包、电磁制动、电磁搅拌、液芯压下、长时间连浇等技术得到发展。连铸机的功能体现为：高效凝固器、优化成型器、节能器、终端冶金器。

3.3　铁水预处理

铁水预处理工艺分担了转炉的部分功能，有两种类型，一类是较为普遍的铁水脱硫，脱硫装置已发展为：处理前扒渣—铁水脱硫—处理后扒渣三工位运行，生产效率明显提高。对于生产建筑用棒线材的炼钢厂，当铁水含硫≤0.035%时，往往不需要脱硫，但必须每炉都扒渣。另一类铁水预处理方式是铁水包脱硫—转炉脱硅/脱磷联合预处理，主要适用于高效率、快节奏、大批量地生产薄板的流程，在日本、中国、韩国得到了有效应用，其主要目标不是为了生产超低磷钢，而是为了能够高效率、低成本地生产高洁净度的薄板。

从铁水预处理以及节能的要求出发，铁水输送方式也发生了变化，混铁炉被淘汰，鱼雷罐运铁车被质疑。近来在中国，用铁水罐通过铁路或道路直接输送、直接铁水预处理得到发展,过程铁水温降减少(与用鱼雷罐车相比可减少温降约30℃),脱硫效率明显提高,铁水含硫易于降到≤0.002%。

3.4 转炉

转炉的功能由于解析-优化而导致"简化""快速化",其功能集中为:快速脱碳,快速升温,回收煤气,蒸汽和脱磷。在中国,不少钢厂的转炉供氧强度已提高到3.2~4.5$Nm^3/(t \cdot min)$,转炉的出钢周期已缩短到25~36min左右。

转炉炉龄对于连铸机的高效率生产十分重要,在中国通过溅渣护炉技术,使得转炉平均炉龄已达到8000~10000炉。由于连铸的高效化和转炉功能简化、快速化和炉役长寿等原因,转炉每一公称吨容量的年产钢量可达12000~15000t。

从技术和经济角度上看,转炉发展的方向不是越来越大,而是在与连铸机、轧机能力匹配对应条件下的快速高效化和炉役长周期运行。由此,专业化生产的炼钢厂的转炉应选择合理的吨位,例如生产薄板产品的转炉宜采用250~300t(如果采用全"三脱"工艺流程,则转炉可缩小到230~250t),与薄板坯连铸机匹配的转炉则可采用120~150t。生产建筑用棒/线材的炼钢厂宜采用60~80t转炉。

3.5 二次精炼

二次精炼的功能,在原有净化、合金化等功能的基础上,已逐步成为连铸机和炼钢炉之间的缓冲协调装置,以促进连铸机的长时间多炉连浇,因此,应要求二次冶金装置的处理周期短于连铸机、炼钢炉的运行周期,以利于充分发挥快速精炼的缓冲-协调作用。从发展趋势看:与转炉冶炼配合的二次冶金装置主要是吹氩、RH(对生产无缝管、中厚板等低[S]产品可以选择LF和VD),与电炉配合的二次冶金装置主要为LF和VD/RH。

3.6 钢水包

在现代炼钢厂中,钢水包具有承接、转运钢水的功能、冶金功能和时间/温度的协调功能。钢水包的运行路线和周转过程,是炼钢生产中物质、能量流动过程中的重要容器。现在特别应该引起注意的是钢水包的寿命、个数、周转速度及其温度状态。在炼钢厂中钢包不宜过多,一般而言,一台炼钢炉应配置3~4个钢水包,并应加盖保温特别是在空包状态时加盖保温,实现钢水包高温快速周转,将减少出钢过程中钢液温降(例如可减少出钢过程温降40~50℃),有利于降低出钢温度。

4 炼钢流程的动态集成——低成本、高效率洁净钢"生产平台"

为了使得炼钢厂生产流程动态-有序、连续-紧凑地运行,必须从开放系统动态运行的物理本质来思考,也就是要建立起"流""流程网络"和"运行程序"的概念,借此,将间歇运行工序与连续/准连续工序的动态运行过程集成起来。其目的是为了低成本、高效率、批量稳定地生产不同类型的洁净钢——构建不同类型产品的低成本、高效率洁净钢生产"平台"(例如分别地专业化生产薄板、中板、长材、无缝管、不锈钢板材等)——形成炼钢生产流程的动态集成系统。

高效率、低成本洁净钢制造平台是诸多技术模块(工序/装置)的解析优化以及相互协同-集成的动态运行系统所构成,这种动态运行系统的构建将涉及流程的工程设计、生产运行以及相应的信息系统。

虽然不同用途产品的洁净度要求是有区别的，但从炼钢过程工艺技术的优化与集成的视角上看，都应包括四项基础性支撑技术（四道工序）、优化简捷的"流程网络"技术和动态－有序的物流运行集成技术。即如下6项技术的集成：

（1）解析－优化的铁水预处理技术（和/或废钢/各类固体金属料的分类、加工技术）；

（2）高效－长寿的转炉（电炉）冶炼技术；

（3）快速－协同的二次冶金技术；

（4）高效－恒速的连铸技术；

（5）优化－简捷的"流程网络"技术（平面图优化）；

（6）动态－有序的物流运行技术（控制程序）。

其中：所谓"流程网络"是指在流程系统中将"资源流""结点"和"连接器"整合在一起的物质－能量－时间－空间图形结构，包括"结点"数、"连接"的方法、距离和路径等方面的优化，主要体现为合理的平面布置图等，为减少物流运行过程中的干扰，有利于物流顺行创造条件。这是一种静态的集成框架。动态－有序的物流运行技术（例如物流运行动态调控的信息系统），则体现了动态运行的集成性"程序"。这两项技术均属集成性的技术。图6为高效率－低成本的洁净钢"平台"技术示意图。

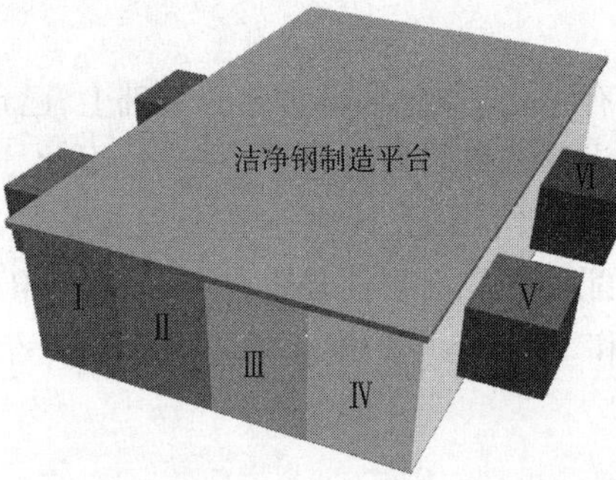

图6 高效率－低成本的洁净钢平台技术

Ⅰ—解析－优化的铁水预处理技术；Ⅱ—高效－长寿的转炉冶炼技术；

Ⅲ—快速－协同的二次冶金技术；Ⅳ—高效－恒速的全连铸技术；

Ⅴ—优化－简捷的"流程网络"技术；Ⅵ—动态－有序的物流运行技术

可见，如果只是试制少量的洁净钢，那么有4项基础支撑技术即可，但要大批量、稳定地、高效地、低成本地生产不同类型的洁净钢，则2项集成技术是不能缺少的。

5 时间管理图与动态运行

为了实现洁净钢制造平台动态运行的协同性、稳定性和连续性/准连续性，必须将"平台"系统中不同工序/装置的运行过程恰当地安排在时间轴上，进行时间程序上的集成优化，并通过匹配－协同等措施使相邻工序的运行时间实现非线性耦合，使炼钢生产流程的动态运行按需要长时期地连续化。

动态集成的原则是间歇运行的工序适应连续/准连续运行的工序，连续/准连续运行的工序引导并规范间歇运行的工序。

动态GANTT图体现着单元操作－工序/装置－生产流程之间的跨层次的过程之间

的相互选择/适应关系以及某些集成优化现象的“涌现”。动态 GANTT 图对同一层次的事物则突出地体现在多工序、多因子在以时间轴为耦合轴的动态 - 有序、紧凑 - 连续集成过程。

对钢厂全流程或是炼钢厂的生产流程(过程)而言,要通过编制并执行动态可控的 GANTT 图,将相关的、功能不同的、不完全同步的工序/装置的动态运行过程相互协同起来。实现全流程运行的协同化、连续化/准连续化、稳定化。

设计、推行炼钢生产过程的动态运行 GANTT 图是技术集成的一种有效手段(图 7)。

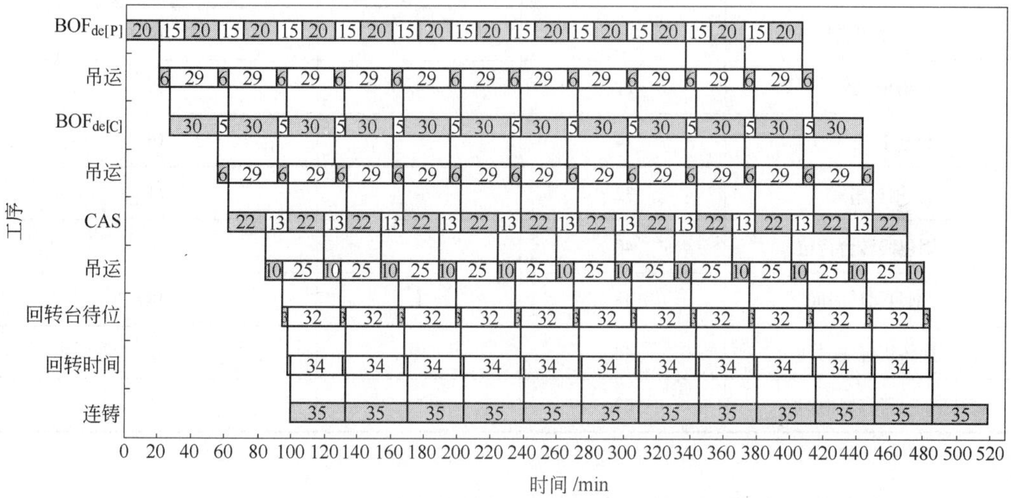

图 7　$BOF_{de[P]}$ - $BOF_{de[C]}$ - RH - C. C 流程动态甘特图

（非线性相互作用，间歇运行服从连续运行）

6　高效率、低成本洁净钢平台运行实践

6.1　一个建筑用棒/线材洁净钢平台的运行实例

某钢铁公司的第二炼钢—轧钢厂是一个专门生产建筑用长材的工厂，其生产过程是：

——铁水预处理：[S] >0.035% 时，进行脱硫预处理，[S] ≤0.035% 时，只采用铁水包扒渣；

——转炉：55t，吹氧强度 4.4Nm^3/（min · t），吹氧时间 11 ~12min，Tap - Tap：22 ~25min，出钢温度 1635 ~1650℃；[O]：0.0386% ~0.0486%，[S]：0.022% ~0.027%，[P]：0.014% ~0.017%；

——二次冶金：底吹 Ar，吹氩强度 0.006Nm^3/（min · t），吹氩时间 8min；

——连铸机：165mm ×165mm ×6 流，拉速 2.2 ~2.3m/min，单流产量 22.5 万吨/a；

——钢水包：每个转炉配置 3 个；

铸机到加热炉距离：81m，铸坯直接装炉温度 800 ~850℃。

从铁水包扒渣开始—55t 转炉冶炼过程—底吹氩处理—6 ×165mm ×165mm 方坯铸机—铸坯热送热装等过程保持“层流”匹配 - 对应运行，耗时约为 65min（表 2）。

表2　某厂第二钢轧厂 No. 4 转炉—No. 5 连铸机—No. 2 棒材线生产组织

工　序	开始时间/min	工序运行时间/min	同一工序运行的间隔时间/min
铁水由鱼雷罐倒入铁水包	0	3	16
铁水包扒渣	3	2	17
铁水包吊运	5	2	17
向转炉兑铁	7	2	17
转炉吹炼	9	15	4
转炉出钢	24	3	16
溅渣、倒渣	27	4	15
钢包底吹 Ar 气	24	8	16
钢包吊运	32	8	11
钢包回转台待位	40	3	16
钢包回转时间	43	1	18
连铸机浇注时间	44	19	0
铸坯运行到加热炉	63	2	17

6.2　一个生产薄板高效率、低成本洁净钢平台的实例

某钢铁公司新建了一个生产薄板的炼钢厂和与之相连的两套热轧薄板轧机以及相应的深加工系统。其生产过程是：

——采用 2 座 5576m^3 高炉。

——用 300t 铁水包承接铁水并通过铁道输送铁水，输送时间为 20min 左右。

——用 4 套 300tKR 对铁水全部进行脱硫处理，脱硫预处理温度在 1380℃以上，处理时间为 30～35min，处理后［S］≤0.002%占90%以上。

——用 2 座 300t 转炉进行脱硅、脱磷预处理，处理后［P］≤0.03%，［C］：3.2%～3.4%，处理时间周期为 20～22min。

——用 3 台 300t 转炉进行脱碳、升温，出钢温度≤1670℃，冶炼周期为 28～32min。采用干法除尘，回收煤气量约为 90m^3/t、蒸汽为 92.6kg/t。

——用 RH、CAS、LF 等二次冶金装置进行二次精炼。

——用 3 座板坯连铸机生产板坯：板坯厚度为 230mm，铸机冶金长度为 43.2m，一炉钢的浇铸时间为 35～40min。

——在线钢包的周转时间约为 150min。

其动态运行的实绩如图 8 所示。

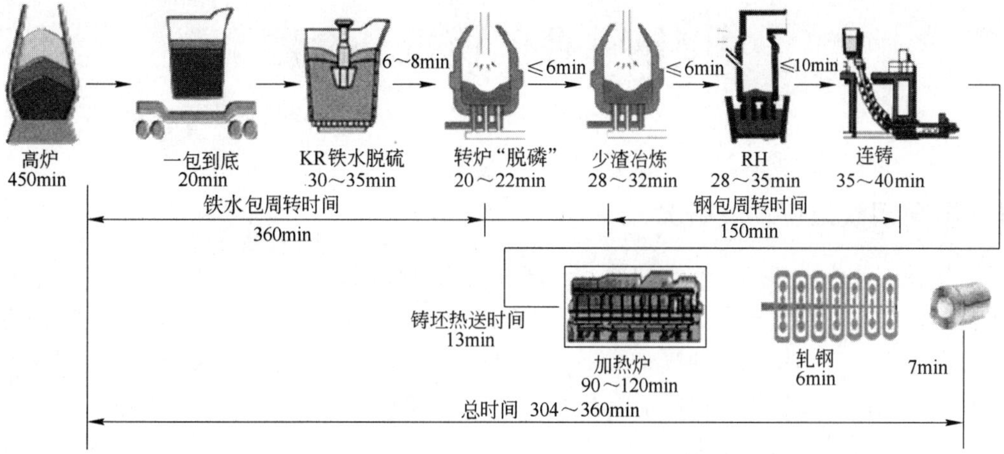

图 8 全流程高效快节奏生产周期解析图（热送坯）

——炼钢厂的生产过程时间从高炉铁水输送开始到连铸机出坯终了约为：188 ~ 214min（从铁水预处理开始到连铸机出坯终了约为 168 ~ 194min）。

7 结语

（1）炼钢厂的生产过程由于氧气转炉、连铸等工艺装置出现，使得各工序功能发生了解析 - 优化，工序之间的关系产生了协同 - 优化，从而导致了炼钢生产过程的重构 - 优化。

（2）全连铸炼钢厂的出现，推动着炼钢过程中各工序从各自间歇运行、相互等待和随机组合运行，转变为间歇运行工序适应、服从连续/准连续运行工序的动态集成方向发展。

（3）炼钢过程中不同工序、装置集成的目标是构筑起动态 - 有序、协同 - 连续的炼钢厂生产流程，即构建起适应不同类型产品的、专业化高效率、低成本的洁净钢生产“平台”。

（4）洁净钢生产流程动态集成的原则是间歇运行的工序适应、服从连续/准连续运行的工序，连续/准连续运行的工序引导并规范间歇运行的工序。

（5）炼钢生产流程的本质是不同类型、不同功能和不同时 - 空尺度过程的动态集成结构。

中国钢铁业的概况和命题*

1 中国钢铁工业发展概况

钢铁工业为中国国民经济的快速发展并成为世界制造业大国做出了巨大贡献，也成为国家的支柱性主导产业。钢铁产品的国内市场满足率基本上在98%以上。近10年来在电工钢、汽车用钢、油气管线钢等重要产品的供给方面有明显突破，有力地支撑了相关产业的快速发展，保障了国家重点工程建设的顺利实施。

1.1 中国钢铁生产与消费概况

自1996年中国粗钢年产量突破100Mt以后，由于生产流程中的共性－关键技术得到解决并且大力推进装备国产化，中国粗钢产量快速增长，特别是2000年以后，发展势头越发迅猛。表1示出了2000～2012年中国粗钢、生铁产量和钢材表观消费量的增长态势。

由表1可见，中国2012年粗钢产量为2000年的5.58倍，12年间粗钢年产量增加了5.88亿吨。特别是与2003年相比，10年间粗钢的年产量增加了4.94亿吨。2012年的生铁产量，为2000年产量的5.02倍。2012年中国钢材的表观消费量为63682万吨/a，约为2000年钢材表观消费量的4.85倍。

2012年中国粗钢产量约占世界钢产量的46%，人均粗钢产量约为534kg。

表1 2000～2012年中国粗钢、生铁产量和钢材表观消费量的变化

年份	2000	2001	2002	2003	2004	2005	2006
中国粗钢年产量/万吨·a^{-1}	12850.00	15163.44	18224.89	22233.60	27279.79	35578.97	42102.36
中国钢材表观消费量/万吨·a^{-1}	13125.66	16145.18	19480.09	24500.09	27124.12	33658.12	36598.79
生铁产量/万吨·a^{-1}	13101.48	15554.25	17079.20	21366.68	25185.05	34473.20	41364.09
世界粗钢产量/万吨·a^{-1}	84800	85107	90417	96992	107136	114403	124712
占世界钢产量比例/%	15.15	17.82	20.16	22.92	25.46	31.10	33.76
中国人均钢产量/kg	101.39	118.81	141.88	172.05	217.56	269.50	321.54

* 2013年1～10月，于江苏，沙钢集团；广西南宁，广西工信委；北京，北京中小冶金商会年会；河北邯郸，邯郸钢铁集团；辽宁鞍山，鞍山钢铁集团；重庆，重庆科技学院；安徽马鞍山，安徽工业大学；河北石家庄，石家庄钢厂等地所做的学术报告及北京，中国金属学会第九届中国钢铁年会上的大会报告。

续表 1

年　份	2007	2008	2009	2010	2011	2012	2012/2000
中国粗钢年产量/万吨·a^{-1}	48971.23	51233.86	57707.01	63874.28	70196.84	71654.20	5.58
中国钢材表观消费量/万吨·a^{-1}	41214.65	44035.51	54388.93	57876.05	61433.69	63682.34	4.85
生铁产量/万吨·a^{-1}	47660.40	48322.56	56863.42	59560.10	64542.93	65790.50	5.02
世界粗钢产量/万吨·a^{-1}	134658	132923	123237	141726	149006	154780	1.83
占世界钢产量比例/%	36.37	38.54	46.83	45.07	47.11	46.29	—
中国人均钢产量/kg	374.55	378.79	425.43	467.65	509.90	534.73	5.27

注：1. 数据来源：2000～2011 年：《中国钢铁工业年鉴 2012》，2012 年：2012 年 12 月中国钢铁工业统计月报。

2. 铸钢水量按粗钢产量 1% 计，综合成材率按 2006 年数据 95.65% 计。

3. 世界粗钢产量来源：WSA。

4. 2012 年人口按 13.4 亿计算。

在过去 30 年中，中国钢材消费与 GDP 总量同步增长（图 1），而且明显地受到投资的拉动（表 2）。由表 2 可见，1990～2000 年间，中国钢铁工业投资共计 4008 亿元，而 2001～2010 年间，相应投资剧增，达 22375 亿元，为前者的 5.58 倍。在此基础上，2011、2012 年两年，新增钢铁工业投资达 9173 亿元，越发加剧了产能过剩。

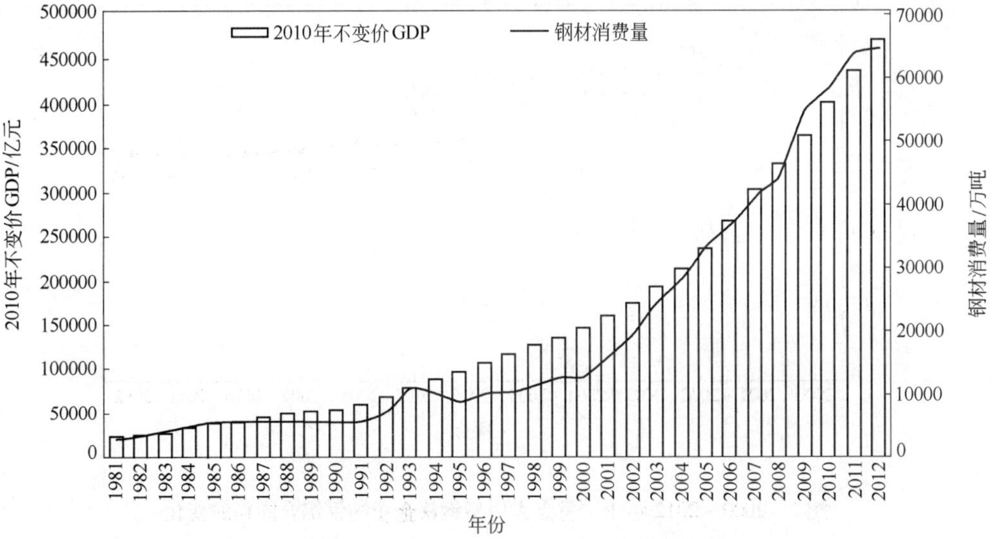

图 1　过去 30 年，中国钢材消费量与 GDP 总量同步增长

表2　1990～2012年全国和钢铁工业固定资产投资总额

年　份	全国固定资产投资/亿元	钢铁工业固定资产投资/亿元	钢铁工业占全国比例/%	年　份	全国固定资产投资/亿元	钢铁工业固定资产投资/亿元	钢铁工业占全国比例/%
1990	4451	127	2.86	2001	36898	506	1.37
1991	5279	163	3.09	2002	43500	704	1.62
1992	7582	215	2.84	2003	55567	1453	2.62
1993	11829	327	2.76	2004	70477	1921	2.73
1994	15926	454	2.85	2005	88774	2583	2.91
1995	19445	568	2.92	2006	109998	2642	2.40
1996	23660	550	2.32	2007	137324	2617	1.91
1997	25300	445	1.76	2008	172291	3249	1.89
1998	28457	409	1.44	2009	224846	3206	1.43
1999	21719	383	1.76	2010	278122	3494	1.26
2000	32619	367	1.12	2011	311485	4118	1.32
				2012	374676	5055①	1.35
合　计	196267	4008		合　计	1903958	31548	

注：数据来源于历年《中国统计年鉴》和《中国钢铁统计》，2009年数据来源于统计公报。

①数据来源：工信部网站，黑色冶炼及压延工业数据。

1.2　中国钢铁工业技术进步的情况

新世纪以来，中国钢厂的技术进步快速推进，技术经济指标不断改善，在能耗、水耗等方面持续改进，全连铸已成为新厂建设和老厂改造的不二选择，二次冶金、板材生产快速发展；同时广泛地推进了干熄焦、高炉干法除尘、转炉干法除尘、高炉TRT发电、蓄热式加热炉以及工业水的循环利用等技术措施。2000年以来中国重点钢厂吨钢综合能耗、水耗逐步降低（图2、图3）。

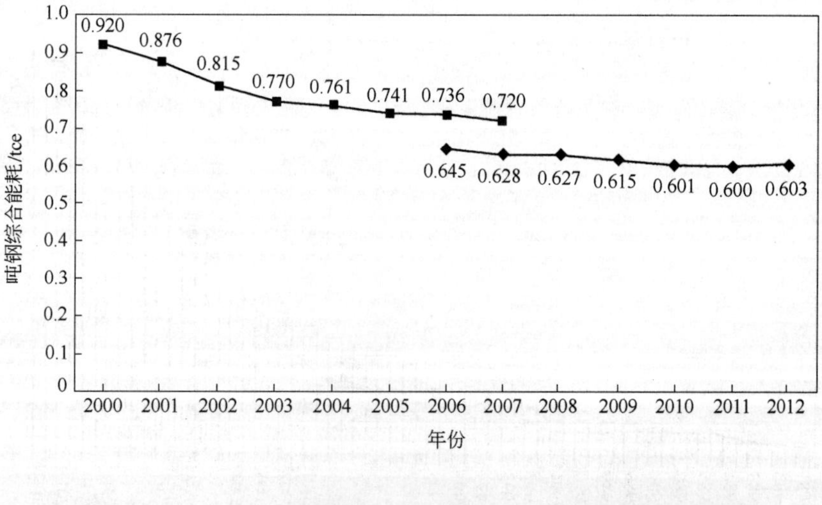

图2　2000～2012年中国重点大中型钢铁企业吨钢综合能耗的变化

（1. 2000年以后仅为重点大中型钢铁企业的统计数据；2. 2000～2005年电力折算系数为0.404 kgce/(kW·h)，2006～2010年电力折算系数为0.1229 kgce/(kW·h)）

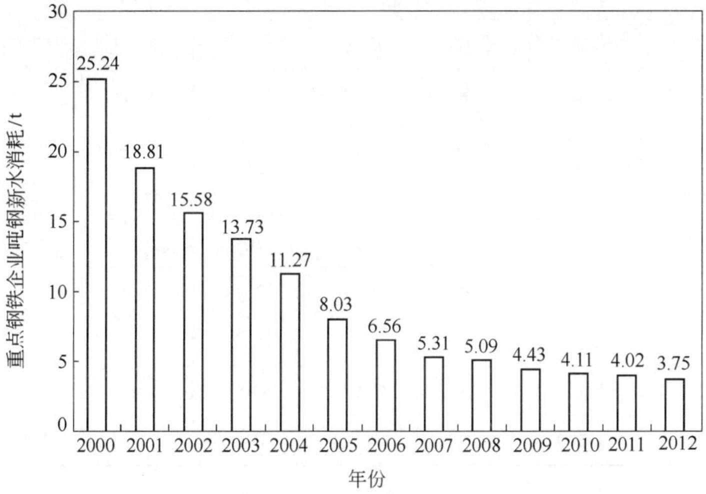

图3　2000～2012年中国重点大中型钢铁企业吨钢新水消耗量的变化

新世纪以来，中国钢铁工业一些重要技术经济指标变化的情况示于表3。

表3　2000～2011年中国钢铁工业技术经济指标变化

年份	吨钢综合能耗/tce·t^{-1}	高炉喷吹煤粉/kg·t^{-1}	高炉入炉焦比/kg·t^{-1}	高炉利用系数/t·(m^3·d)$^{-1}$	转炉炉龄/炉	连铸比/%	重点企业综合成材率/%
2000	0.920	117	437	2.15	3500	86.97	92.48
2001	0.876	122	422	2.34	3526	89.44	94.01
2002	0.815	126	417	2.46	4386	93.03	94.19
2003	0.770	118	430	2.47	4631	96.19	94.92
2004	0.761	116	427	2.52	5218	98.35	94.98
2005	0.741	120	412	2.64	5647	97.51	95.61
2006	0.645	134	397	2.71	6824	98.53	95.45
2007	0.628	136	396	2.74	8558	98.69	95.32
2008	0.627	134	400	2.63	9233	98.85	95.3
2009	0.615	145	374	2.62	9435	99.38	96.08
2010	0.601	149	369	2.59	10427	99.47	96.1
2011	0.600	148	376	2.63	11882	99.39	96.04

高炉焦比、喷煤量、转炉炉龄、连铸比、钢材综合成材率等技术经济指标均有所提高。

新世纪以来，中国钢材的构成比例有了较大的变化，长材比由2000年的61.92%降到2012年的46.64%，板带比由2000年的29.01%提高到42.85%，管材比变化不明显，约占8%～9%（表4）。

在一些高端产品的生产方面，较为突出的变化是电工钢、管线钢和汽车用钢，2000年以来发展迅猛（表5～表7）。

表 4　2000～2012 年中国钢材中长材、板、管比例

年　份	2000	2001	2002	2003	2004	2005	2006
长材比/%	61.92	63.03	62.65	61.67	60.05	57.63	55.68
板带比/%	29.01	27.84	28.09	28.23	30.86	33.59	34.64
管材比/%	7.87	7.77	7.54	8.32	8.36	8.02	9.09
汽车板产量/万吨		97.5		254.8	492.1	628.6	782.1
年　份	2007	2008	2009	2010	2011	2012	
长材比/%	54.87	44.98	48.36	45.93	47.14	46.64	
板带比/%	35.40	44.89	42.86	45.43	44.11	42.85	
管材比/%	9.27	8.29	7.67	7.07	7.19	7.98	
汽车板产量/万吨	1132.9	1264.1	1421.9	1870.3	1752.7	1618.4(重点企业)	

表 5　2000～2012 年中国电工钢产量统计表　（万吨）

年　份	2000	2001	2002	2003	2004	2005	2006
冷轧产量	48.6	88.5	96.5	103.1	125.4	201.4	263.5
其中:无取向	37.6	76.5	83.6	90.6	112.7	188.2	243.4
取向	11	12	12.9	12.5	12.7	13.2	20.1
其中:HiB	0.4	0.56	0.51	0.06	0.08	0.08	0.06
热轧硅钢	71.6	81.6	82.1	95.4	104	105.2	105
合计产量(含热轧)	120.2	170.1	178.6	198.5	229.4	306.6	368.5
年　份	2007	2008	2009	2010	2011	2012	累计
冷轧产量	354.9	383.5	382	569.8	622.12	642.05	3881.37
其中:无取向	327.7	349.6	340	516.2	560.21	566.15	3492.46
取向	27.2	33.9	42	53.5	61.91	75.9	388.81
其中:HiB	2.01	5.5	14.5	21	28.8	40.53	114.09
热轧硅钢	108	72	60	120	89.95	48	1142.85
合计产量(含热轧)	462.9	455.5	442	689.8	712.07	690.05	5024.22

表 6　2004～2012 年中国油气管线钢产量统计　（万吨）

年　份	2004	2005	2006	2007	2008	2009	2010	2011	2012
油气管产量	86.14	126.53	166.89	313.29	586.15	441.49	439.62	607.78	543.69

表 7　2000～2012 年中国汽车板产量统计　（万吨）

年　份	2000	2001	2002	2003	2004	2005	2006
汽车板产量	—	97.5	—	254.8	492.1	628.6	782.1
年　份	2007	2008	2009	2010	2011	2012	
汽车板产量	1132.9	1264.1	1421.9	1870.3	1752.7	1618.4(重点企业)	

1.3 中国钢材进出口的变化

中国长期以来是钢材净进口国，新世纪以来，随着国内板材产能的快速发展，钢材进口量逐年减少。而钢材出口量则逐步增长。到2005年中国由钢材净进口国转变为钢材净出口国，2007年是钢材、生铁、铸坯等产品出口最多的一年，该年净出口钢材5158万吨（图4），这些出口量相应消耗了7600万吨铁矿石和4100万吨左右标准煤炭（折合5700万吨左右煤炭）。

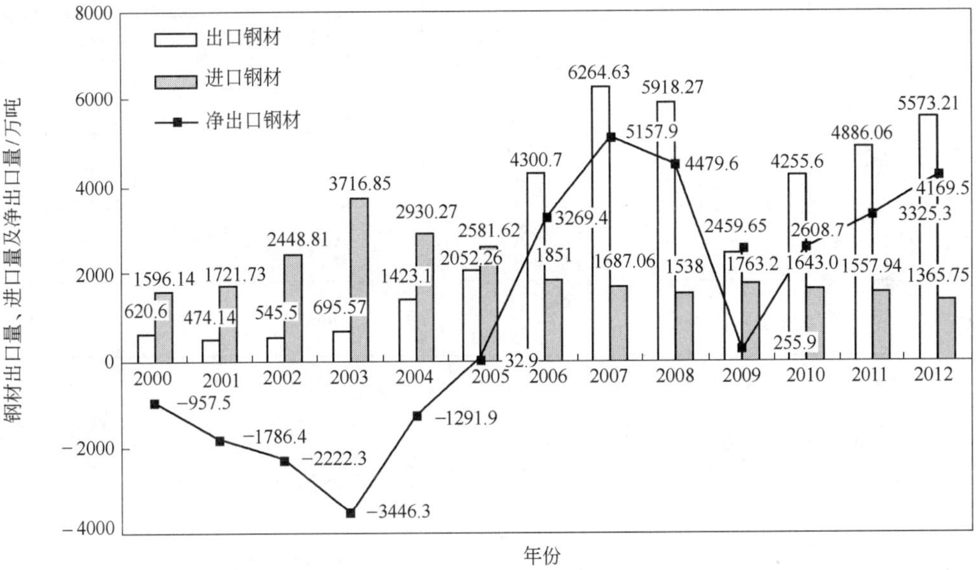

图4 2000～2012年起我国钢材出口量、进口量及净出口量

1.4 关于铁矿石、废钢的进口情况

由于生铁、粗钢产量快速增长，导致铁矿石进口量大幅增长，由2000年的7000万吨增加至2012年74350万吨；相应地导致了铁矿石进口依存度由34.46%激增至68.21%（表8）。

表8 1995～2012年中国铁矿石产量、进口量及对外依存度

年份	产量/万吨	进口铁矿石量/万吨	进口矿依存度/%	进口铁矿石产铁量/万吨	当年生铁总产量/万吨
1995	26192	4115	25.21	2654.84	10529
1996	25228	4387.4	26.4	2830.32	10721
1997	26861	5510.58	30.89	3555.21	11511
1998	24689	5177.07	28.18	3340.05	11852
1999	23723	5527.4	28.45	3566.06	12533
2000	22256	6997.16	34.46	4514.29	13101
2001	21701	9230.83	38.29	5955.36	15554

续表 8

年份	产量/万吨	进口铁矿石量/万吨	进口矿依存度/%	进口铁矿石产铁量/万吨	当年生铁总产量/万吨
2002	23262	11149.59	42.12	7193.27	17079
2003	26272	14812.84	44.73	9556.65	21367
2004	31131	20808.86	52.68	13525.76	25674
2005	42049	27526.05	51.51	17758.7	34473
2006	59712	32630.33	50.89	21051.83	41364
2007	70738.54	38309.33	51.86	24715.7	47660.4
2008	78014.11	44365.74	59.23	28623.06	48322.56
2009	88017.14	62777.92	62.5(剔除超量进口)	39091.81	54374.82
2010	107155	61863	67.61（进口矿全部利用）	39902	59021
2011	132694	68600	70.23（进口矿全部利用）	44247	63000
2012	130900	74350	68.21（进口矿全部利用）	44610	65400

注：2009 年后以进口铁矿石全部利用为基数计算。

随着国际铁矿业的垄断格局的发展和供需不平衡，特别是国际金融资本介入矿业投资，新世纪以来出现了铁矿石价格暴涨，形成了矿价暴利（图5、图6）。

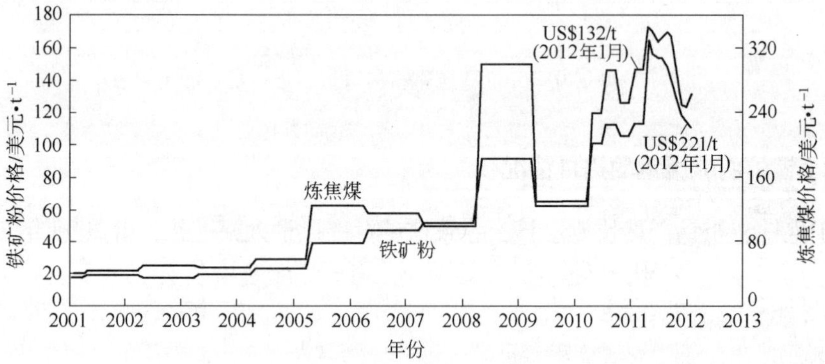

图5　2001～2012 年铁矿粉和炼焦煤价格变化（离岸价）

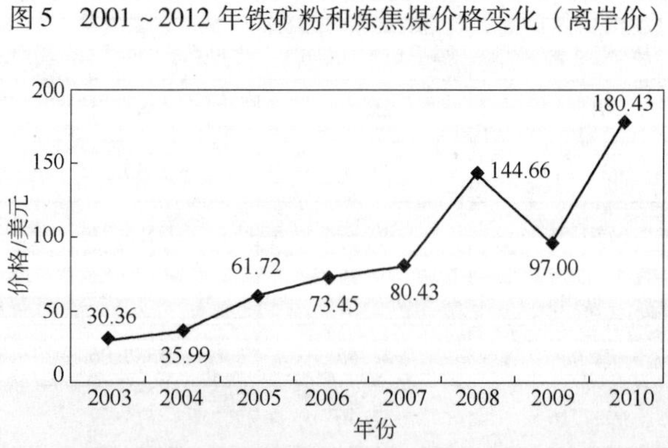

图6　中国进口铁矿石离岸价格变化情况

（以 BHP－NEWMAN 粉矿为例）

可见，这期间铁矿的价格约为2001年的接近6倍。

中国钢铁工业使用废钢的总量很大，2011年废钢消耗量约为9100万吨，但是吨钢的废钢单耗很低，只占13%~14%。相应电炉钢比也逐年降低，2006年以来仅占粗钢总产量的10%左右（表9）。

表9　1996年以来我国废钢利用率和电炉钢比

年份	粗钢产量/万吨·a^{-1}	废钢消耗量/万吨·a^{-1}	废钢使用率/%	电炉钢产量/万吨·a^{-1}	电炉钢比/%
1996	10124	2790	27.56	1893	18.70
1997	10891	2800	25.71	1912	17.56
1998	11459	2750	24.00	1814	15.83
1999	12395	2670	21.54	1948	15.72
2000	12850	2920	22.72	2020	15.72
2001	15163	3440	22.69	2401	15.83
2002	18225	3920	21.51	3049	16.73
2003	22234	4120	18.53	3906	17.57
2004	28280	5400	19.09	4290	15.17
2005	35579	6330	17.79	4179	11.75
2006	42102	6720	15.96	4420	10.50
2007	48971	6850	13.99	4500	9.19
2008	51234	7380	14.40	4550	8.88
2009	57707	8370	14.50	5577	9.66
2010	63740	8810	13.82	6126	9.61
2011	68327	9100	13.32	6800	9.95

注：数据来源于中国钢铁工业年鉴；废钢使用率=钢铁工业的废钢消耗量/粗钢产量。

令人忧虑的是中国钢铁工业面临着上游端铁矿石、煤炭价格暴涨的压力，下游端则由于产能过剩，钢材价格不断走低（图7）的双重夹击，逐步走向全行业亏损的境地。

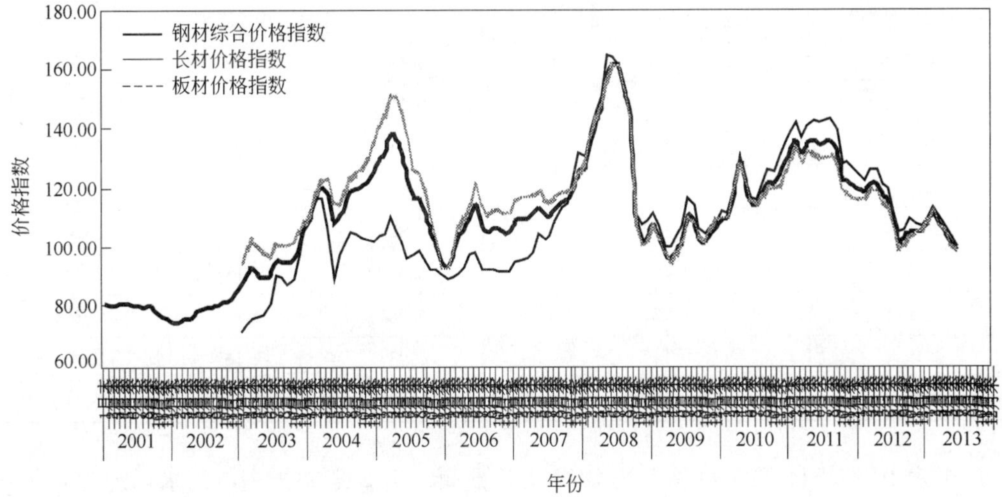

图7　2001年以来中国钢材价格指数（CSPI）的走向

2 2020年中国钢材需求预测

中国钢铁工业基本上已经走完了高速增长期，随着国民经济产业结构的调整、中西部开发和城镇化建设的推行，中国钢材需求量将维持一个大的数量并呈现进入“平台期”。根据不同情景的估算预算得到了表10、表11所示的结果。

表10　按GDP增长预测2020年中国钢材需求的情景分析

项　目		GDP年均增速		
		情景1	情景2	情景3
2013～2015年GDP年均增速		7.0%	7.5%	8.0%
2016～2020年GDP年均增速		6.5%	7.0%	7.5%
按GDP预测	GDP钢材消费强度/kg·万元$^{-1}$	钢材消费需求量/亿吨		
2012年	136.2	6.441	6.441	6.441
2013年	130.7	6.616	6.647	6.678
2014年	124.8	6.761	6.824	6.887
2015年	118.6	6.872	6.969	7.067
2016年	112.1	6.916	7.047	7.179
2017年	105.3	6.924	7.087	7.254
2018年	98.5	6.895	7.091	7.291
2019年	91.9	6.851	7.079	7.313
2020年	85.7	6.807	7.067	7.335

表11　按投资钢材消费强度预测2020年中国钢材需求的情景分析

项　目		GDP年均增速		
		情景1	情景2	情景3
2013～2015年GDP年均增速		7.0%	7.5%	8.0%
2016～2020年GDP年均增速		6.5%	7.0%	7.5%
按投资预测	投资钢材消费强度/kg·万元$^{-1}$	钢材消费需求量/亿吨		
2012年	193.8	6.441	6.441	6.441
2013年	189.9	6.658	6.689	6.720
2014年	184.2	6.810	6.874	6.938
2015年	177.8	6.929	7.026	7.125
2016年	170.7	6.979	7.110	7.244
2017年	163.0	6.991	7.156	7.324
2018年	154.8	6.965	7.163	7.365
2019年	147.1	6.937	7.167	7.405
2020年	139.7	6.907	7.170	7.442

由表10、表11数据可见，按GDP增长预测，2015年中国钢材需求量约为6.9～7亿吨/a,2020年相应为6.8～7亿吨/a。按投资预测，2015年钢材需求约为6.9～7.1亿吨/a，2020年则为6.9～7.1亿吨/a。两者数据较为接近。2015年折合粗钢需求约为

7.1~7.5亿吨/a，2020年粗钢需求基本维持相近的水平上。

由此可见，中国钢铁工业已经并仍将在一段时期内存在产能过剩、设备开工率不足的局面。同时，必将面临企业之间的恶性竞争、经济效益低下的后果，不少企业已经处于亏损状态，值得引起高度警惕，并应在总结成果的同时，对发展战略进行必要的反思。

3 对中国钢铁工业发展的反思

由于我国钢铁业曾长期处于产品供不应求、长期处于“投资饥渴”的环境下，业内普遍存在着“做大做强”的动力，特别是近些年宽松的货币供应背景下，竞相扩大产能，2003~2012年间年粗钢产量激增约5亿吨，这种无序扩张的后果已经显现。因此，进行战略反思、思考调整结构、转型升级出现在紧迫的日程上：

——在发展观上，不顾客观情况变化，一味追求规模扩大，盲目“做大做强”，产能冲动可能导致“做大做僵”；

——在业绩观上，追求一时的短期经济效益，不经咨询、论证或不顾咨询意见，盲目追求“精品化”，引起高端产品的无序竞争，供大于求，效果不佳；

——在市场观上，企图一个企业要“包打天下”，把全国市场看成是对一家企业的市场，导致产品万能化，销售半径过长，物流费用增加，区域环境恶化；

——不肯主动淘汰落后产能、落后产品，都认为先主动淘汰吃亏。当然，对淘汰落后产能和产品而言，有企业因素，也有社会因素等，但这是无可回避的问题，被动不如主动，主动可以先得活路。

4 钢铁生产过程的物理本质与钢厂功能拓展

长期以来，人们往往只是从产品来评价钢厂，与此同时，又时常指责钢厂的环境、生态问题……看来只看结果不看过程的认识方法是难于看清问题的。面对当前的形势，科学地认识钢铁生产流程动态运行的物理本质和全面地评价钢厂的功能是十分必要的。

从物理角度上看，钢铁企业的生产过程实质上是物质、能量以及相应信息的在合理的时－空尺度上流动/演变过程。其动态运行过程的物理本质是：物质流（主要是铁素流）在能量流（长期以来主要是碳素流）的驱动和作用下，按照设定的“程序”（例如生产作业指令等），沿着特定的“流程网络”（例如总平面图等）作动态－有序的运行，并实现多目标优化。钢厂生产运行的目标不应只局限在钢材产品上，其优化的目标应包括产品优质、低成本，生产高效－顺行，能源使用效率高、能耗低，排放少、环境友好等。

从热力学角度上看：钢铁制造流程是一类开放的、非平衡的、不可逆的、由不同结构－功能的单元工序通过非线性耦合所构成的耗散结构，流程动态运行过程的性质是耗散结构的自组织，为了减少运行过程中的耗散，流程应该趋向动态－有序、协同－连续、稳定－紧凑地运行。

从钢铁制造流程动态运行的物质本质出发，可以清楚地看到钢铁制造流程的功能应该是：

（1）铁素流运行的功能——低成本、高效率、洁净化的钢铁产品制造功能；

（2）能量流运行的功能——高效率、清洁化的能源转换功能以及与剩余能源相关的废弃物消纳—处理功能；

(3) 铁素流－能量流相互作用过程的功能——实现过程工艺目标以及与此相应的废弃物消纳—处理功能，进而推进循环经济（图8、图9）。

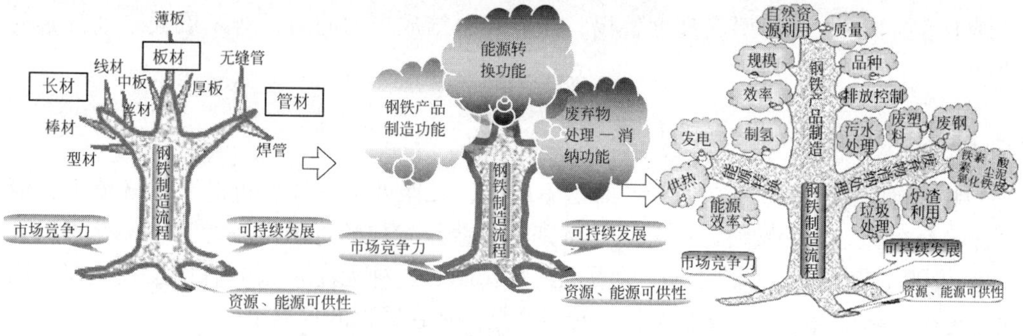

图8　钢铁制造流程的功能拓展

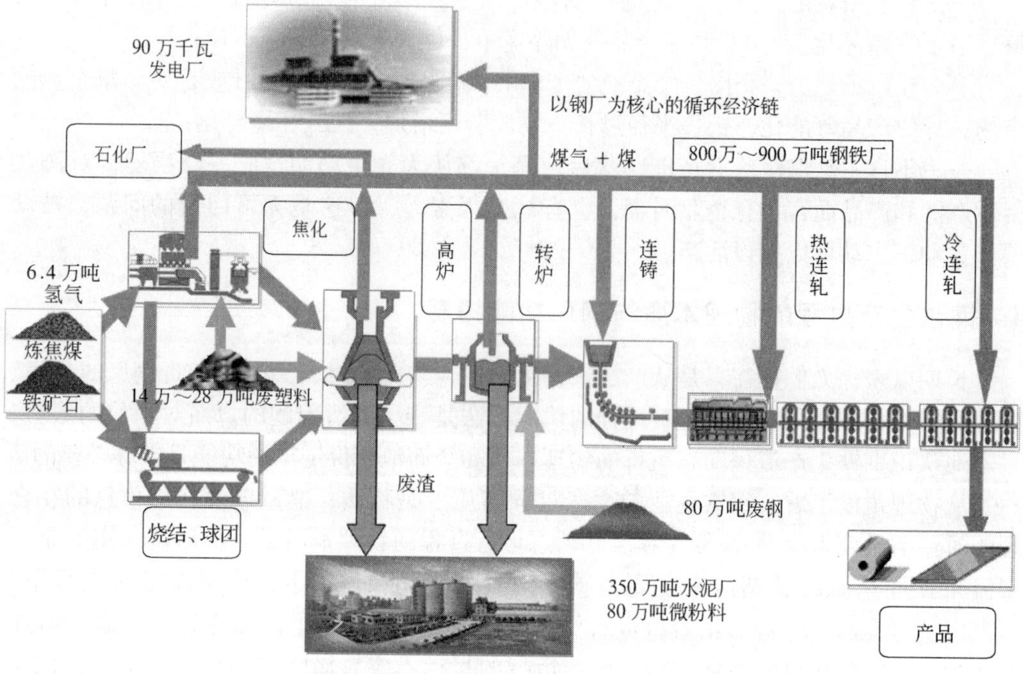

图9　钢铁联合企业的制造流程及其相关产业链

5　合理对策与选择

当前乃至今后相当长的一段时期内，中国钢铁业将面临产能过剩、实产过剩的困局，并将面临债务、就业、环境、生态等方面严峻压力。

首先中国钢铁工业正遭遇两侧受挤的境遇。上游端铁矿石、废钢、焦煤、电力价格以3～6倍之势暴涨，下游端钢材价格波动不振，加之企业产能扩张引起产品销售半径增加，相互交叉，钢材运输的物流费用增加，进一步挤压了企业的盈利空间。

虽然吨钢能耗、水耗、炉渣排放量等有所改善，但由于生产总量以5倍左右之势增长，资源、环境、生态负荷的约束已到了无法容忍的境地。

中国钢铁业在取得技术进步和支撑国民经济发展的同时，却正面临经济效益低下的困局。控制产出总量，淘汰不合理的产能，节能减排，清洁生产，降低成本，注意价格分析应是当前全行业发展、经营过程中必须注意的头等大事。

钢铁业的未来的发展方向是构筑集成的、多元的、绿色的产业体系，这可以通过加强支撑性的支柱（资源、能源可持续供应、人才、成本、效率、环境等）和拓展性的平台（市场合理占有、功能拓展、效率提升、质量改进、品种拓展、价值链延伸、社会服务等），来促进企业的综合竞争力和可持续发展能力。

——压缩过剩产能，淘汰落后产品、落后工艺/装备、落后生产线；以绿色化作为产业升级的主要方向。

——重视资源的可供性和价格的演变趋势。

——重视能源的充分利用、减排，特别是能量流的网络化高效利用，进一步提高系统的能源效率。

——重视所有钢铁产品的低成本、高效率的洁净钢生产平台的构建。

——重视在某些条件好的地区，推动大型钢铁联合企业（所谓普钢企业）和特殊钢厂的联合，互相支撑，增强竞争力和资源互补性。

——重视钢铁产品的质量、性能与功能的时代适应性，研发战略性新兴产业所需的钢材（特别是能源、交通、动力、海洋等方面用钢），要提倡冶金过程工程与材料工程相结合的产品研发思路和方法。

——重视钢厂相关产业链的延伸与合理时 - 空尺度内循环经济园区（工业生态园区）的构建与经营。

——重视人力资源综合素质的提高，强调“德才兼备”，不断学习、不断创新；要重视战略型高级人才的培养。

——重视市场容量的演变及其区域变化趋势，防止区域内同业间过度的恶性竞争。

作为支撑钢铁业发展的冶金工程学（包括科学、技术、工程与设计、管理等），应重视研究如下问题，以问题带动学科发展，促进学科交叉。

——深入开展对钢铁生产流程动态运行的物理本质的研究，探索动态过程中物质流、能量流和信息流的集成理论。

——重视钢厂动态运行过程中“流”“流程网络”“运行程序”的研究，以及对钢铁企业的结构、功能、效率的影响。

——重视以网络化整合、程序化协同为重要手段（集成创新的措施），提高钢厂流程的设计水平和生产过程的运行效率。

——重视新技术、新装备开发、设计、制造并通过多层次、多尺度、多因子集成优化，有效地、动态地“嵌入”到钢铁生产流程中。

——高度重视全厂性、全流程层级上能量流研究及其网络化整合，提高能源效率，进一步从流程总体上推动节能减排；

——高度重视信息流在钢铁生产流程中的贯通和与物质流、能量流优化相结合的信息有效调控性研究。

——高度重视具有综合知识素质精英人才——卓越工程师、战略科学家的培养、训练与使用。

——高度重视关于环保、生态、气候变化等时代责任和社会伦理命题的战略性对策研究。

通过上述有关冶金工程学一系列研究，将有助于未来钢铁工业发展方向的判断和竞争活力的源头性探索。

总之，国际钢铁工业已是成熟的钢铁工业，中国钢铁工业经过了新世纪以来的快速发展，也面临着改变发展方式和产业结构调整、企业结构升级的命题，这是一类在复杂时代背景下的复杂性命题，应该从发展战略层面上综合分析，要以绿色化发展作为产业转型升级的主要方向，重视产业结构的调整升级，企业结构的顶层研究、顶层设计，解决产业层面、企业层面的复杂性命题，获得新的市场竞争力和可持续发展能力。

外文篇

The Chinese Iron and Steel Industry in the 1990s*

In the 1990s and the foreseeable future, the role of steel both as an important construction material and as a functional material used in certain fields will not change substantially.

1 Basic Situation

The demand for steel in the 1990s will increase slightly with some fluctuation (Fig. 1). The International Iron and Steel Institute (IISI) estimated that world demand for steel would reach 790Mt in the year 2000, with an average annual increment of about 0.8%. Others estimated that world steel production would increase at an average rate of 1.3% annually. A general trend is that the requirements for steel quality and product variety will be still more exacting and the competition for low cost products will be increasingly intensive.

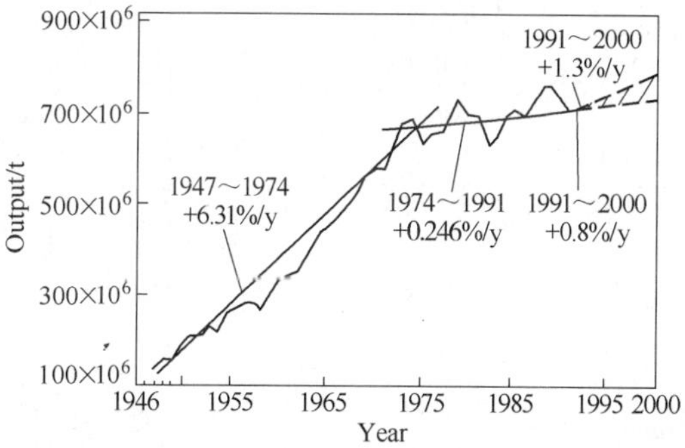

Fig. 1 Total world crude steel output after World War Ⅱ

In comparison with other materials, the price of steel products will increase relatively slowly. The traditional market for steel will not be seriously challenged by other materials, as occurred in the period 1974 ~ 1986. The demand for steel in capital and infrastructure construction will increase. In fact, steel use in multistorey buildings is growing and the demand for steel will be stimulated by construction of dwellings in developing countries due to population expansion.

Certainly, developments in different countries will differ in form and content. Generally speaking, steel production will grow more rapidly in developing countries, and may decrease in certain developed countries. Steel production in Eastern European countries and the CIS (Commonwealth of Independent States) is decreasing, one estimate of the decrease

* Reprinted from *Ironmaking and Steelmaking*, 1993, 20 (4): 241 ~ 245.

being 23Mt.

The Chinese steel industry will develop further at a relatively fast pace. The development will be pushed forward mainly by market demand; at the same time, there is still much production potential in the industry, which must be exploited to promote profit. How much steel will be needed in China in the year 2000? How much steel can be produced by that time? The answers to these questions depend on the amount of investment and on the support from other branches of the national economy (e. g. transportation), which will be fully realised during the ninth 5 year plan period and which should be reevaluated from time to time during this period. As a trend, China should probably produce 100Mt steel in the year 2000, with the amount of steel as a proportion of the world total increasing gradually (see Table 1). Since the adoption of reform and open policy, the Chinese steel industry has not only progressed in terms of quantity, but has also changed markedly in structure (Table 2 and Table 3).

Table 1 Chinese crude steel production as percentage of world total

Year	World output of crude steel/Mt	Chinese output	
		Mt	%
1978	716. 8	31. 78	4. 43
1979	746. 9	34. 48	4. 62
1980	716. 4	37. 12	5. 18
1981	707. 8	35. 60	5. 03
1982	645. 6	37. 16	5. 79
1983	663. 8	40. 02	6. 03
1984	710. 5	43. 48	6. 13
1985	720. 1	46. 79	6. 50
1986	715. 8	52. 21	7. 29
1987	737. 5	56. 28	7. 63
1988	780. 8	59. 43	7. 62
1989	783. 5	61. 58	7. 82
1990	769. 9	66. 35	8. 62
1991	734. 4	71. 00	9. 67

Table 2 Some structural changes of Chinese steel industry

Year	Rolled product /crude steel	Pig iron /crude steel	Continuous casting ratio /%	Low alloy steel/%	OH① steel/%	BOF② steel/%	Integrated energy consumption; ton of coal equivalent /crude steel (tce/t)
1978	0. 695	1. 095	3. 5	8. 5	35. 5	33. 4	2. 52
1988	0. 789	0. 960	14. 7	14. 6	21. 9	56. 14	1. 647
1989	0. 789	0. 954	16. 32	14. 13	21. 32	56. 32	1. 636
1990	0. 777	0. 940	22. 37	15. 34	19. 83	58. 91	1. 611
1991	0. 794	0. 953	26. 53	16. 04	18. 44	60. 28	1. 601

①OH: Open Hearth;

②BOF: Basic Oxygen Furnace.

Table 3 Steel production by different processes in China

Year	Total output/t	OH steel output		EAF[①] steel output		BOF steel output	
		t	%	t	%	t	%
1978	3178×10^4	1127.1×10^4	35.47	681.3×10^4	21.44	1061.8×10^4	33.41
1979	3448×10^4	1134.8×10^4	32.91	730.6×10^4	21.19	1293.0×10^4	37.50
1980	3712×10^4	1189.0×10^4	32.03	710.7×10^4	19.15	1508.6×10^4	40. 64
1981	3560×10^4	1118.8×10^4	31.43	656.5×10^4	18.44	1529.3×10^4	42.96
1982	3716×10^4	1164.8×10^4	31.95	686.7×10^4	18.48	1665.7×10^4	44.83
1983	4002×10^4	1190.7×10^4	29.75	812.3×10^4	20.30	1853.6×10^4	46.32
1984	4348×10^4	1214.5×10^4	27.93	903.3×10^4	20.78	2074.9×10^4	47.72
1985	4679×10^4	1230.3×10^4	26.29	1008.4×10^4	21.55	2308.4×10^4	49.34
1986	5221×10^4	1235.8×10^4	23.67	1056.8×10^4	20.24	2819.3×10^4	54.00
1987	5628×10^4	1277.8×10^4	22.70	1147.6×10^4	20.39	3085.5×10^4	54.82
1988	5943×10^4	1304.4×10^4	21.95	1206.6×10^4	20.30	3336.4×10^4	56.14
1989	6158×10^4	1313.1×10^4	21.32	1275.4×10^4	21.71	3467.9×10^4	56.32
1990	6635×10^4	1315.7×10^4	19.83	1401.5×10^4	21.12	3822.8×10^4	57.60
1991	7100×10^4	1309.2×10^4	18.44	1500.4×10^4	21.13	4279.6×10^4	60.28

①EAF: Electric Arc Furnace.

2 Rejuvenation of Steel Industry

The Chinese steel industry will be rejuvenated in the 1990s. The main signs of rejuvenation are further simplification and optimisation of the production route, a further step away from the complex programme based on bloom or slab casting. This will reduce raw material and energy consumption, and improve steel properties and the utilisation rate of the steels Continuous and automated production will be realised gradually.

Competition among iron and steel enterprises will be intense and will be focused mainly on steel quality (product variety), cost, and investment optimisation. Viewed globally, the capital density and economically rational scale have been decreasing in the steel industry. This compels both the developed countries and the developing countries to invest for the renovation of equipment and technology. In most developing countries, the steel industry is still regarded as a key industry, and steel consumption is estimated to be increasing by 3% annually. Undoubtedly, this will provide an incentive for investment in the steel industry in these countries.

The rejuvenation of the steel industry is mainly promoted by advances in science and technology and investment optimisation, after careful analysis and evaluation, with a purpose to (ⅰ) improve product quality, (ⅱ) develop new products having a large market potential and high added value, (ⅲ) reduce costs, and (ⅳ) increase the input/output efficiency-all these in order to face market competition from outside the industry itself and from other materials.

The steelplants that will be built in the 1990s on the so called compact technological route and on a rational scale (relatively small) will be capable of producing the same products (flat products, etc.) as traditional integrated enterprises, and will become a new source of competition. One estimate suggested that, by 2000, at least 15 plants that use a compact route of thin slab casting and continuous rolling will be under construction or commissioned in the West. Others estimated that, by the end of the next decade, 20 such production lines will be commissioned and the cost of cold rolled coil will be US $ 330, or US $ 80 less than that produced by the large integrated plants; also, the investment per ton per year will only be about US $ 500 (excluding cold rolling plant). In contrast, a new traditional integrated steelplant would require a specific investment as high as US $ 1200 ~ 1500.

The rejuvenation of an existing steelplant is characterised by the adoption of adequate new techniques and optimisation of technological routes, giving the plant a new look. For instance, the main production route of a large integrated plant would be changed along the following lines:

(1) two or three large blast furnaces (oxygen enriched blast, pulverised coal injection);

(2) hot metal pretreatment (desulphurisation or desiliconisation, dephosphorisation and desulphurisation) for a high percentage of hot metal;

(3) two or three large combined blowing converters (decarburisation, heating, dephosphorisation, energy recovery);

(4) 100% secondary refining;

(5) 100% continuous casting;

(6) hot or direct charging or direct rolling;

(7) continuous hot rolling of wide strip;

(8) complete continuous cold rolling plant (including continuous pickling, cold rolling, annealing straightening, and inspection);

(9) coating.

Innovation in the production route by means of optimisation and integration engineering is based on the analysis and optimisation of the function of each step and characterised by further integration and optimisation of the system. One of its main aims is the realisation of continuous hot connection and automation of the steps from ironmaking to hot rolling, and information management engineering, combining market analysis, business policy, and production management. The different production routes and their corresponding energy consumption rates are given in Table 4.

Table 4 Different production routes from steelmaking to cold rolled strip and corresponding energy consumption

Step/Product	Ingot casting	Continuous slab casting + cold charging	Continuous slab casting + hot charging	Continuous casting + direct charging	Thin slab casting + direct rolling	Strip casting
Liquid steel	●	●	●	●	●	●
Teeming	●					
Ingots	●					
Recuperator	●					

Continued

Step/Product	Ingot casting	Continuous slab casting + cold charging	Continuous slab casting + hot charging	Continuous casting + direct charging	Thin slab casting + direct rolling	Strip casting
Bloom or slab casting	●					
Slabs	●	●	●	●		
Conditioning	●	●				
Reheating furnace	●	●	●			
Rough hot rolling	●	●	●	●		
Thin slabs	●	●	●	●	●	
Finishing hot rolling	●	●	●	●	●	
Hot rolled strip	●	●	●	●	●	●
Cold rolling	●	●	●	●	●	●
Cold rolled strip	●	●	●	●	●	●
Total energy consumption/MJ · t^{-1}	2487	1675	879	461	209	67
Electricity portion/MJ · t^{-1}	243	243	243	243	176	67

Innovation in production technology is a core topic in the steel industry not only for this decade, but also for the 21st century, with special emphasis being placed on sophistication of products and specialisation of production. At the same time, new technologies will be developed to simplify the production route, reduce energy consumption, reduce costs, and develop or adopt different types of raw material and different energy sources for establishing flexible and economical production.

Another aspect of the rejuvenation of the steel industry is the installation and revamping of equipment for automation and information technology using computers as the core device. In many cases, old equipment can be revamped to the standard of new equipment using microelectronics.

Regarding rejuvenation of the steel industry using electronics, it is worth mentioning flexible manufacturing.

Flexible manufacturing is a production scheme which can respond quickly to changing demands (market conditions, product specification, etc.), changing conditions (energy and raw material supply, transportation, etc.) or other novel circumstances. Such an enterprise is an integrated plant (or even a group) working with new management methodology by applying and combining different devices, equipment, information systems, data communications, etc. An enterprise of this category usually has its own integrated R&D and production system. integrated database, management of storage, and computerised support system.

The 'flexibility' of such enterprises is shown by the possibility of a fast and even transfer from one product to another, a fast and effective adoption of new techniques, and a fast and proper response to changes of demands and conditions given or offered by clients, partners, and suppliers, as well as the ability to produce high quality goods at a reasonable cost. In short, the flexible manufacturing technique is invaluable in modern steelplants, because it can reduce costs dramatically and eliminate short-comings so as to survive competition.

But, certainly, the flexible manufacturing technique is neither limitless nor universal. Flexible manufacturing is feasible only within a definite range of products (for definite products or product groups), and the following requirements must be met for its realisation. There must be available well trained workers and staff, and adequate equipment, devices, and techniques, including simulating devices, computer assisted design, computer assisted engineering, product data reversion devices, grouping techniques, computer assisted programming, a computer monitoring and controlling system, a database, and a database driven management information system.

3 General Situation and World Trade

The world steel industry will comprise an international production system covering developed, developing, and newly industrialised countries. It is expected that a certain degree of product specialisation will emerge among them, due to differences in domestic demands and competitiveness on the world market.

In the next decade, the total steel output of developed countries may decrease, mainly in ordinary steels, but the total profit may still be unchanged or may even increase due to the production of high quality steels or products having higher added value, so as to cope with the demands of a mature society, and to meet the change of industrial structure of an information oriented society. There are different ways to develop the steel industry in different developed countries. Some may adopt the policy of reducing capacity by shutting down backward enterprises and readjusting more efficient ones; some may seek direction from market demands, with adjustment of product structure, quality upgrading production of goods having high added value, without much reduction of capacity. Still others would pursue diversification on the basis of a strong technical and financial resources and exceptional business experience. The developing countries will still treat the steel industry as a key branch of their national economy, because the demand for steel dictated by rapid economic growth will still increase. In general, in developing countries, 60% of steel is used for civil engineering, and the proportion used for machinery and transport is relatively small. These countries will increase steel production to satisfy the domestic market first. In the newly industrialised countries (Republic of Korea, Brazil, Mexico, etc.) production of ordinary steels of high quality will dominate, using the technology and money that are available.

The quantity of steel produced that mastered international trade has been increasing from about 20% at the beginning of the 1970s to about 28% recently. Trends in steel trade are changing rapidly. Steel exports of Japan and Western Europe have reduced drastically, with a tremendous drop in steel imports in the USA. The total steel exports from developing countries have increased from 2. 5Mt in 1975 to 28. 6 Mt in 1990 and may reach an estimated 46. 9 Mt in 2000. The trend for Eastern Europe and the CIS in world steel trade is as yet uncertain. The transfer from highly centralised management to a market economy may result in a more abundant supply of primary or low to medium grade steel from those countries to the world market.

For China, steel exports will probably increase somewhat during the 1990s while maintaining fairly low imports. Steel consumption, imports, and exports for China from 1981 to 1991 are given in Table 5. Iron ore imports are expected to increase from year to year to support a continuous growth of steel production due to the difficulties that have to be faced in the construction of domestic mines (Table 6).

Table 5 Steel consumption and imports/exports in China (t)

Year	Consumption	Imports	Exports
1981	2609×10^4	332×10^4	61×10^4
1982	3194×10^4	394×10^4	70×10^4
1983	3515×10^4	978×10^4	49×10^4
1984	4320×10^4	1331×10^4	20×10^4
1985	4983×10^4	1963×10^4	18×10^4
1986	5193×10^4	1938×10^4	20×10^4
1987	5632×10^4	1227×10^4	28×10^4
1988	5796×10^4	872×10^4	67×10^4
1989	5360×10^4	819×10^4	78×10^4
1990	5173×10^4	423×10^4	216×10^4
1991	5922×10^4	358×10^4	283×10^4

Table 6 Iron ore imports and percentage of pig iron produced from imported ore in China

Year	Imports/t	Pig iron produced from imported ore	
		t	%
1981	333.64×10^4	230×10^4	6.7
1982	345.15×10^4	210×10^4	5.9
1983	438.47×10^4	258×10^4	6.9
1984	596.98×10^4	348×10^4	9.6
1985	1011.40×10^4	659×10^4	15.0
1986	1200.40×10^4	714×10^4	14.1
1987	1209.80×10^4	722×10^4	13.1
1988	1075.62×10^4	727×10^4	12.7
1989	1241.40×10^4	776×10^4	13.3
1990	1419.12×10^4	895×10^4	14.3
1991	1903.45×10^4	1200×10^4	17.7

4 Structure of Steelplants

Technical innovation and optimisation in engineering, in the field of the main items are as follows:

(1) blast furnace-increase of capacity, long service life, pulverised coal injection, treatment of burden materials;

(2) converter-increase of capacity, long service life, gas cleaning and recovery of secondary energy, combined blowing, slag free tapping;

(3) EAF-increase of capacity, UHP (ultrahigh power) technology, water cooled panels and roof, fume extraction, scrap preheating, eccentric bottom tapping, dc arc furnace;

(4) secondary metallurgy-pretreatment of hot metal, secondary refining techniques (including temperature control and heat compensation control);

(5) continuous casting-100% continuous defectless casting, hot charging, direct charging, direct rolling, thin slab casting, continuous rolling;

(6) rolling-continuous rolling, high accuracy rolling, controlled rolling surface treatment, connection with continuous casting;

(7) control and management-automation, information, engineering.

The structural change of steelplants is also influenced by raw material resources and energy sources. World EAF steel production is enhanced by low prices of local scrap and electricity. Western World electric steel output increased from 87 Mt in 1973 (18% of total steel produced) to 158 Mt in 1990 (32% of total steel produced). It is estimated that the rate will increase further to 37% in 2000.

5 Economic Factors

The main economic factors are investment density, competency of products in terms of cost, market capacity, etc.

Because of marketing problems, sometimes large enterprises suffer from poor utilisation of capacity, which increases production costs greatly. To reclaim investment with interest, the enterprises must readjust their output to a reasonable level by controlling the capacity (the market conditions in China are very different: the potential capacity of old plants should be fully utilised). For a large integrated BF-BOF steelplant with a capacity of 6 Mt, about 5 Mt of rolled product will be produced-mainly hot rolled strip, cold rolled strip, galvanised sheet, and other flat products. If built in 1988, the total investment for such a plant would be US $ 730 million corresponding to a specific investment of US $ 1465 per ton of strip. But, for a minimill of capacity 0.45 Mt bar, the specific investment per ton of final product would only be US $ 631.

Minimills have an advantage in the competition for medium and small sections, wire rods, and even medium plates for ordinary use. In EC countries the production of small sections will be transferred gradually to minimills, while the large integrated plants will produce more high quality special purpose steels and steels having high added value. But, if a minimill opted to rely on high quality scrap or sponge iron as raw material, it would lose its competitiveness and, possibly, would be forced to shut down.

With the development and maturation of near net shape casting technologies and smelting reduction, medium and small steelplants of a new type will challenge radically the traditional integrated steelplants in the 1990s.

6 Environmental Requirements

Environmental requirements, which are becoming more and more strict, also force structural readjustment of steelplants.

From the above analysis, the steelplants which will be competitive in the 1990s would probably be structured as follows.

Type 1

(1) two or three large furnaces;
(2) pretreatment of hot metal;
(3) two or three large combined blowing converters;
(4) secondary metallurgy;
(5) 100% continuous casting;
(6) wide strip continuous hot rolling;
(7) lines for coils with different coatings.

The main products are: wide hot rolled coils, wide cold rolled coils, coated coils, electric steels, wide, medium, or thick plates, large or medium dia, weld tubes, rails, beams, and large sections.

Type 2

(1) EAF (or converters) of capacity of ~100t;
(2) secondary metallurgy;
(3) thin slab casting;
(4) continuous hot rolling;
(5) wide strip cold rolling;
(6) lines for coated strips.

This is the newest short route flow-sheet for the production of hot rolled coils, cold rolled coils, and coated coils.

Type 3

(1) EAF (or converters);
(2) secondary metallurgy;
(3) round billet caster;
(4) tube rolling mill with long mandrels.

Such plants are specialised to produce seamless tubes of large and medium diameter and possibly some tubes of small diameter. The products of these plants are mainly high quality products used for oil drilling and high pressure tubes for power stations. The products are competitive against welded tubes of similar category.

Type 4

(1) two or three medium or small blast furnaces;

(2) two or three converters of medium or small capacity;

(3) simple secondary refining;

(4) 100% continuous casting;

(5) continuous rolling mill of medium or small capacity, wire rod rolling mill, possibly also ordinary plate mill.

The main products of these plants are medium and small sections, wire rods, and possibly medium plates.

Type 5

(1) EAF;

(2) AOD (argon-oxygen decarburisation);

(3) continuous caster (with retained ingot casting);

(4) hot rolling mill and forging mill.

These plants belong to the category of special steelplants. The products are divided into two groups: (i) stainless coils or sheets and (ii) tube billet bars, and wire rods.

Type 6

(1) EAF;

(2) secondary metallurgy (multifunctional refining station based on LF (ladle furnace));

(3) bloom caster (partly ingot cast);

(4) (blooming);

(5) continuous bar, wire rod mill with small tube mill and forging machine.

The main products are rounds, wire rods, wires, forgings, and small seamless tubes.

Type 7

(1) EAF;

(2) secondary refining (based on LF);

(3) billet caster;

(4) continuous bar or wire rod mill.

The products of these plants are bars and wire rod in plain carbon or low alloy steel, and possibly some in alloy steel.

7 Overall Evaluation

In the last decade of this century and well into the next century, steels will still be regarded as a class of very important materials. There will be a large market for steel products in the world (particularly in China). The steel industry will be rejuvenated in the 1990s as a result of advances in science and technology and processing innovations. However, steelplants that fail to undergo structural optimisation will not be competitive and will diminish, becoming sunset enterprises. Viewed globally, the steel industry is no longer one that enjoys high priority for investment. But, in the case of China, development of the steel industry is still an urgent task. A sharp contradiction exists between the increasing demands for steel products and a relative shortage of investment.

It is understandable that the Chinese government has to invest its limited financial resources in transportation energy, high tech industries, agriculture, education, and science. Nevertheless, it should also create favourable conditions and make policies to promote the selfdevelopment of its steel industry by enabling it to invest from its own gains as well as from other sources, including issuing stock absorbing foreign capital.

For its future healthy development the Chinese steel industry must, fully utilising reform and open policies readjust its structure, improve its product quality, upgrade its staff qualifications, and increase its profits. At the same time, this development should proceed at an adequate pace to ensure an effective supply for the national economy.

In the first place, structural adjustment is the optimisation of the product mix programme. For this purpose, the technological route has to be optimised and the standard of equipment raised. The structure of the enterprise must be adjusted and optimised at the same time. It is important to note that this process must be pursued according to local conditions and step by step. In the area of rolling, optimisation should be concentrated on product structure, technological route, and equipment structure. In steelmaking, attention should be focused on integrated optimisation of steelmaking-secondary steelmaking-continuous casting. In blast furnace technology, emphasis should be placed on pulverised coal injection, extension of lining life, and preparation of burden materials.

Improvement of product quality should be directed by the market to meet customers' actual demands.

For key products, an effective supply in suitable lots should also be guaranteed. After sales service is, of course, also important for competition.

The internal quality of an enterprise relates on the one hand to its ability to compete in the marketplace and on the other hand to the ability of its managers and personnel to make the right decisions and practise good management, as well as to their cultural and technical qualities. All these should be promoted by readjustment and changes of operational mechanisms.

Profit growth should not be understood simply as that gained in the course of simple reproduction, but must include the input/output profit from increased reproduction, so that optimization of the overall profit for society can be realised.

The proper utilisation of both domestic and foreign resources is very important to the development of China's steel industry. Effective utilisation of domestic mineral resources and scrap should be emphasised, and realised as fast as possible by arranging the necessary investment and establishing the necessary policies.

But, in the near future, the growth of Chinese steel production will to a large extent depend on imported iron ore, scrap, and quality coking coal. Therefore, the construction of seaports, ship transportation, and stable supply partners for raw materials, as well as domestic transport along domestic shores, land transport, power supply, etc., should be arranged immediately.

In recent years, very important innovations in steel production technology have emerged. The thin slab casting-continuous rolling route is already maturing. China should not lose time in adopting this technology by building a demonstration plant with imported technology.

It is also an urgent priority for the steel industry of China, as a large developing country, to ensure an effective supply of steel of adequate quality with reduced costs and increased profit. The main question is how to ensure this supply. It is important to enhance the supply capability during the process of structural readjustment, not by duplicate construction and blind expansion. It seems possible that steel production in China will reach 85 Mt in 1995. Hence, it is necessary in the 1990s to build a few modern steel-plants and reconstruct existing plants to accelerate the development of the steel industry and the process of modernisation in general. In short, by firmly standing for reform and open policies, making the correct decisions, and advancing with little loss of time, the Chinese steel industry should be capable of producing about 100Mt in the year 2000 with further improvement in product quality.

Considerations on Steel Manufacturing Process*

Abstract The comprehensive influence on the overall integration of steel manufacturing process is discussed in this paper, which influences not only the target group of technique and economy, but also the process emission and environment.

The evolution of steel manufacturing process for a long period is reviewed, which can be summarized as from simplicity to complication and then from complication to simplification. It is pointed out that the essence of steel manufacturing process is a production system which is combined mass state transformation, mass property control and mass flow control. It is a multi-dimensional mass-flow control system.

In fact, the optimization of steel manufacturing process is the analysis-optimization of the collection of procedure's function, the harmony optimization of the collection of procedure's relations and restructuring optimization of collection of procedures in the process. Based on above theory, the linkage optimization of function-structure-efficiency for steel plants will be realized and the mode of steel plants will be improved.

It is proposed that the social/economic role of steel plants should be positioned actively. The function of manufacturing process at the steel plants should be evolved from metallurgical function mainly to a multi-functional, which has both energy conversion and environmental treatment of social wastage. The steel plants may be an important part of the ecological industry zone in the future.

Key words steel manufacturing process, analysis and integration, functions and positioning

1 Development and Challenge

Steel will be as an important fundamental material in the new century. From a global viewpoint, the demand for steel in 21st century will increase slowly with fluctuations. The world steel output will be over 900 million tons in 2010. For developing countries, the consumption of steel products will be continuously increasing.

The steel industry has supported the development of Chinese economy. Especially during the period of 1990 ~ 2000, Chinese steel industry has developed rapidly due to the promotion of technological progress and the vast market demand.

Steel Tonnage Doubled in One Decade

The crude steel output in China was increased from 65.35 million tons in 1990 to 127.6 million tons in 2000 (Fig. 1).

— Improvement of Yield of Steel Product

* Reprinted from *ISIJ International*, 2002, 42 (10): 1061 ~ 1064.

The average yield of steel product in china was improved from 83. 2% in 1990 to 92. 8% in 2000 and it was around 92. 9% in 2001.

— Decrease of Energy Consumption per Ton Steel

In 1990, the average energy consumption for Chinese steel plants is 29. 19GJ/t, which was reduced to 22. 42GJ/t in 2000. And it was around 21. 87GJ/t in 2001.

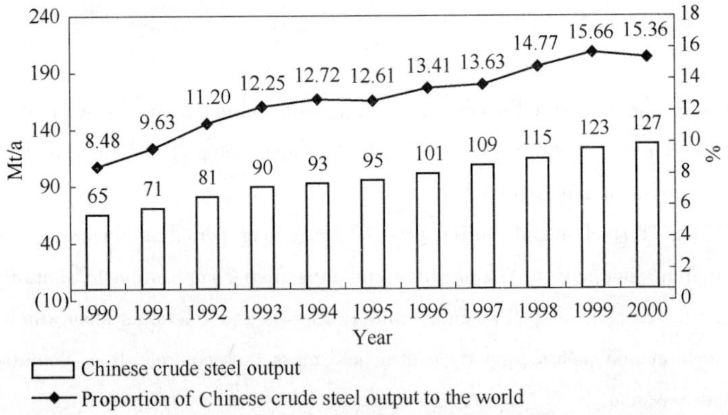

Fig. 1 Transition of Chinese crude steel output and its share in the world steel output

— Enhancement of the Concentration of Steel Plants

In 2000, the number of steel plants with capacity over 1 million ton per year was 36. The steel output of these plants was 82. 46% of total steel output in China. Among them, 7 steel plants are 3-5 million tons and 4 steel plants over 6 million tons annually in capacity. That means the concentration of steel industry and the scale of steel plants has been enhanced. In 2001, the number of steel plants with capacity over 1 million-ton has grown to 42.

— Great change in Geographic Distribution of Steel Plants

Through the construction and development in the past half century, especially in 1990's, the geographic distribution of Chinese steel production has been greatly improved (Table1). According to steel output in 2000, number 1 is the East region, then come to North, middle South, Northeast, Southeast and Northwest. Except Tibet, there are steel plants in every province. The steel plants are mainly located in the regions of East Coast and the middle and downstream of Yangtse River. The steel plants are located more close to the market, more close to the economic developed area, more close to the area where is more convenient for importing iron ore.

Table 1 The geographic distribution of crude steel output in P. R. China

Regions	1950	1970	1980	1990	1998	2000
North (1)	12. 72	19. 96	21. 51	22. 69	26. 10	25. 82
Northeast (2)	82. 83	37. 32	26. 44	20. 89	14. 30	14. 16
East (3)	1. 95	23. 7	24. 74	27. 57	31. 60	31. 91
Middle South (4)	0. 90	13. 57	15. 05	16. 64	15. 80	15. 95
Southwest (5)	1. 61	4. 51	10. 34	9. 38	8. 80	8. 93
Northwest (6)	0	0. 94	1. 91	2. 82	3. 40	3. 43

In China, the crude steel output was 148.93 million tons in 2001 and the apparent consumption of steel products was around 169.9 million tons. It is predicted that the apparent consumption of steel products will be more than 200 million tons per year in 2010.

Entering into the 21st century, the world steel industry is facing great challenges, especially in price/cost, environment/emission, consumer/quality, investment/profit etc. The general strategy is to optimize the steel manufacturing technological process.

The steel manufacturing process has a comprehensive influence (Fig. 2) and more attention should be paid to, not only on the steel production itself, but also on the emission in the process.

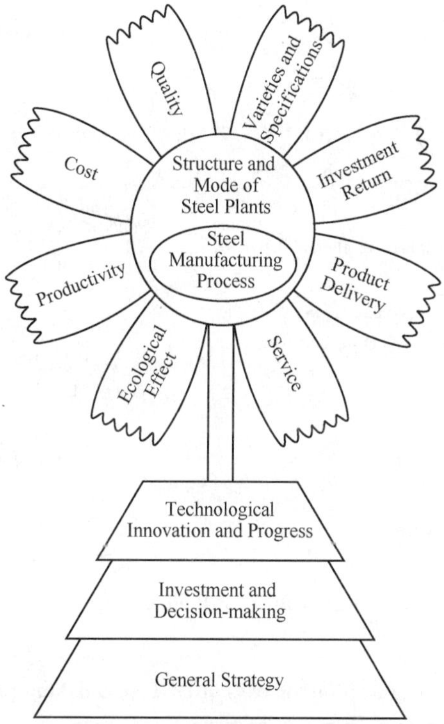

Fig. 2 Comprehensive influence of steel manufacturing process

2 The Trends of Steel Manufacturing Technological Process

The technological routes of steel production have been developed from simplicity to complication and then from complication to simplification (Fig. 3).

From Fig. 3, it is clear that the continuous casting (solidification) procedure is developed into the direction of near-net shape and high speed casting and promoted the steel production process to evolve into "continuation-compactness-coordination". Before continuous casting, the process is divided and optimized. It seems that the number of procedures is increased, but actually the functions of procedures are simplified. Hot metal treatment (de-Si, de-S, de-P) and secondary refining make the functions of all procedures more simplified. Then these procedures are possible to proceed faster with high efficiency and high frequency. After continuous casting, the processing procedures become more and more simplified, integrated, compact and continuous. In the procedures, not only many new technologies and equipment are appeared, but also some important "engineering effect" are observed:

(1) "bottle neck" effect and its elimination;

(2) effect of "criticalness-optimization" or "criticalness-compactness-continuation/quasi-continuation";

(3) effect of "division-integration" (Table 2) or "flexible buffer engineering";

(4) recycling effect of "artery-vein".

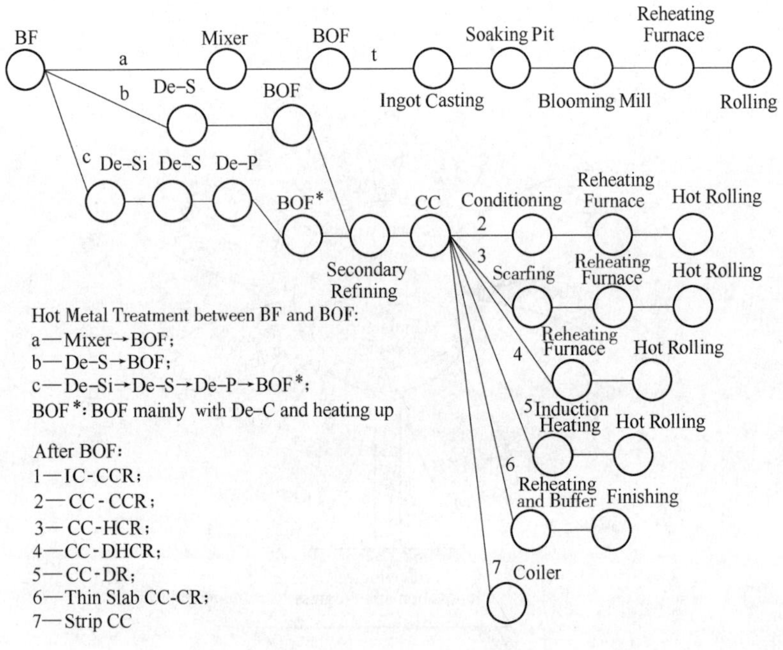

Fig. 3 Evolution of BF-BOF-Rolling process after 1950's

Table 2 Function analysis of BOF steelmaking process

Metallurgical Function	Hot metal Treatment	BOF	Secondary refining
Desiliconization	⊙ ←	○	
Desulphurization	⊙ ←	○	→ ◎
Dephosphorise	⊙ ←	○	→ ◎
Decarburization	◎ ←	⊙	- - → ⊙ (*)
Heating-up		⊙	→ ◎
Degassing		◎	→ ⊙
Morphology control of inclusions		◎	→ ⊙
Deoxidation		○	→ ⊙
Alloying		◎	→ ⊙
Cleaning	⊙ ←	◎	→ ⊙

Note: ⊙—main procedure for realizing the function; ◎—secondary procedure for realizing the function;

○—degenerated function in this procedure; * —for extra-low carbon, vacuum decarburization is more important.

In general, the steel production process is a manufacturing system combined with mass state transformation, mass property control and mass flow control. It is also a multi-dimensional mass flow control system. Its optimization must obey following principles:

—The principles of metallurgical physicochemistry, physical metallurgy and metal forming for optimization of procedure functions.

—The principles of optimization of relations between procedures for smooth and efficient mass flow within process.

—The principle of optimization of procedure functions, relations among procedures and the whole process, so as to optimize function-structure-efficiency systematically.

A common topic of the world steel industry is market competitiveness and sustainable development. Some characteristics of the steel manufacturing process are shown as follows:

—Steel manufacturing process will be a process of compactness/quasi-continuation/specialization in products, a clean production process and also a rational and optimized process (including the clean steel production).

—Effective control of emission process and minimizing the burden of pollutant treatment, and recycling and re-energization of emitted matter.

—The manufacturing process in steel plant should be evolved from metallurgical function to multi-functions, including energy conversion and pollutant treatment of social wastage.

3 Optimization of Steel Plants Operation

The features of steel plant route are complexity and integration. The operation of steel plants is developing into the direction of ordering, coordination, high efficiency and continuation.

Ordering of Production Route: The ordering of procedures is realized by analytic study of process reaction thermodynamics and analysis-optimization of procedure function collection. The correspondence and simplification of equipment are realized by enlargement of equipment in each procedure. And the correspondence and simplifications should be the basis of ordering.

Coordination of Production Route: The stability of production process is promoted by reliability of equipment, use of expert systems and IT, improvement in the quality and stability of raw materials, and based on this stability the whole process can be operated with good coordination.

High Efficiency of Production Route: The efficiency of production route is increased by the technologies of near-net shape casting and endless rolling, hot metal pretreatment and high efficiency converter, by compact lay-out and property and long campaign life of equipment (20 years for BF (Blast Furnace), 40 years for coking batteries, 1 years for BOF (Basic Oxygen Furnace)) etc.

Continuation of Production Route: Based on ordering, coordination and high efficiency the whole process route can be quasi-continuous/continuous. The continuation is reflected in quasi-continuous mass flow, quasi-continuous process temperature, and continuation of process space utilization (in particular, minimization of slab storage, compactness of the plant layout between the caster and rolling mill). And finally it attributes to the continuation of operating time and operating period with high frequency.

The detail technical targets of operation optimization for steel plants are:

—Process running temperature:

>950℃ even >1000℃ for coils

>900℃ for long products

—Process running time:

< 1000 min for BF-BOF-HRM (Hot Rolling Mill) route

< 180 min for EAF (Electrical Arc Furnace) -HRM route

—Green house gas emission per ton steel: ≤ 1510 kg/t for BF-BOF-HRM route

≤300 kg/t for EAF-HRM route

—Logistics in production process: Except the materials and energy sources purchased and shipped product, and hot metal transfer between BF and BOF, the railways will be gradually abolished. The materials will be mainly transported by roller tables, belt conveyers, pipe line and crane, and the layout of steel plants will be more compact.

4 Social and Economic Role of Steel Plants

From the viewpoint of future strategy, the social/economic role of steel plants should be positioned actively. The role of steel plants should focus on the following points:

(1) The steel plants should optimize structure further based on the process engineering, for cost reduction, quality stabilization, variety salability, emission reduction and controllable, high efficiency and profitable.

(2) The steel plants should not only be steel producers, but also play the role of effective energy conversion system. A lot of energy in steel plants is possible to be conversed into electricity, steam, hot water etc. In addition, urban steel plants will be able to supply steam, hot water to community in order to reduce the burden of cities. The steel plants are also capable of treating waste water and rubbish in community.

(3) The steel plants will be more friendly to environment and play an important role in promoting recycling, especially treating scrap, waste plastics and tires in society.

(4) The steel plant will be an important ring in ecological chain. There is a possibility to make hydrogen in steel plant. It will be located in some harbor area and region with resources, where integrated steel enterprise, cement plant, power station, steel structure plants or shipbuilding plant, automotive works, even chemical plants and petroleum manufacturing enterprise will be concentrated. A comprehensive ecological industry chain may appear in this region.

Steel Plant Modes vs. Industrial Ecological Chain

—— Future development mode of steel industry *

Abstract When entering the 21st century, how to understand rightly the social economic role of steel industry, especially the function of steel manufacturing routes, is a proposition of the epoch importance. The functions of steel plants are only related to steelmaking and steel products manufacture from viewpoints of metallurgy and material science. But looking from the viewpoints of resource conservation, environment protection, ecology and recycling economy, the steel plants should be an important element of ecological industrial chain. As an economical character in future society, the production route (especially BF-BOF process) of steel plants should possess three functions:

(1) function of steel product manufacture;

(2) function of energy conversion;

(3) function of waste treatment for society.

There are mainly two modes of steel plants in an environmental ecology coordinated society of recycling economy:

(1) steel plants located in ecological industrial zone near some ports;

(2) steel plants located around some cities.

1 Conception of Linking of the Steel Plants vs. the Recycling Economic Society

The steel industry is an important basic industry of our country. In the process of building ecological industry and recycling economy, the steel industry will give an obvious influence on the path of this new type industrialization. Thus it is very important to combine ecological steel industry with the society of recycling economy and understand the mutual relation between them for the process of the new type industrialization and recycling economy in China in the 21st century.

1.1 Development Course and Proposition of China Steel Industry

Over the last ten years, with the development of national economy, the demands for steel products have been increasing dramatically. At the same time, the Chinese steel industry has been developed rather rapidly due to technical progress and restructuring. Now, steel products are still important basic material. The demands for steel products in China will be more than 200 Mt/a. The global steel output in 2002 was over 900 Mt comparing with about 700 Mt in 1973, the year of oil crisis. The steel industry is faced with a serious challenge due to

---

* Reprinted from the proceedings of *International Symposium on Global Environment and Steel Industry*, *ISES'03*, Beijing, China.

competition and environmental restriction. Fig. 1 shows the crude steel output in China since 1990. It is shown that the crude steel output in China was increased to 181.55 Mt in 2002 from 63.35 Mt in 1990. The influence of steel industry on resource, energy, environment and ecology has been increasing too.

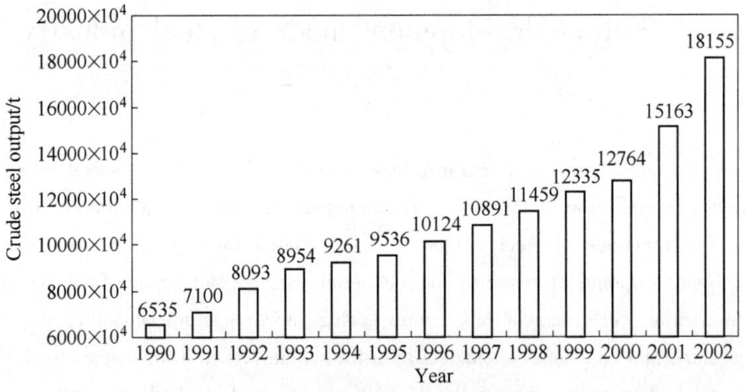

Fig. 1 Crude steel production in China

1.2 Relationship between Ecologization of Resource Utilization and Process Scale

From the viewpoint of knowledge chain of process engineering, ecology of industrial engineering and the recycling economic society, the resource utilization and related investment is increased with science, technique, engineering production, economy and social scale. The formation of the recycling economic society depends on:

—Extension, stretching and efficiency of mass recycling chain;

—Coordination of time factor (energy efficiency);

—Recycling flow of mass and/or energy;

—Rationality of economy.

Thus, the above requirements are raised respectively. In Fig. 2, the relation between different scale of process and ecologization of resource utilization is presented.

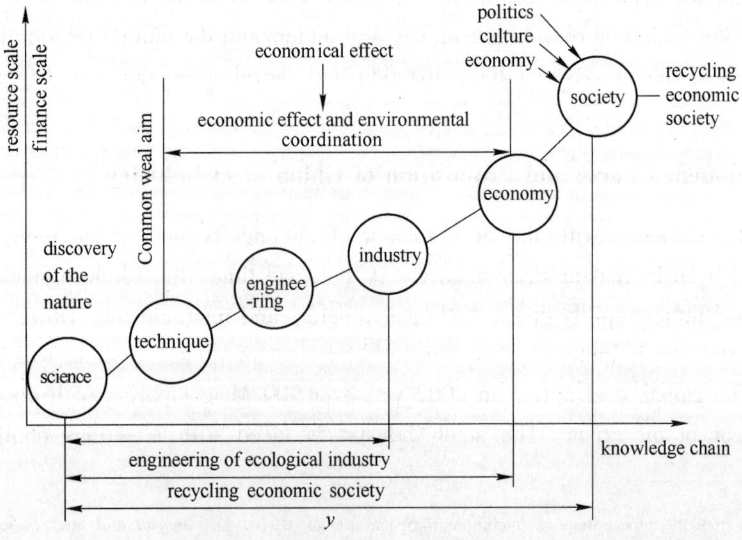

Fig. 2 Relationship between knowledge chain and resource, finance scale under expanded process scale

1.3 Specifics of Steel Plants

The steel plants have some specifics due to their own structure and technical features:

—High resource and energy intensity for an integrated steel enterprise, the consumption rates of per ton steel are around as follows: 0.7 ~ 0.8tce, 1.5 ~ 1.65t of iron ore, 3 ~ 8t of fresh water per ton steel.

—Large production scale, large mass flow: the modern steel plants can be classified according to the annual steel output as class of 8.0 ~ 6.0 Mt, class of 4.0 ~ 3.0 Mt and class of 2.0 ~ 1.0 Mt. The related mass flow is 5 ~ 6 times of the steel output.

—Numerous procedures and complicated structure of manufacturing process.

—Large scale emissions of different wastes causing serious environmental load.

1.4 Change in Understanding and Conception of Steel Plants

Over a long period of time, it is considered that steel plants are of high resource and energy consumption, high emission, high waste forming and high pollution. In the process of establishing ecological industry and the recycling economic society, the economic and social role of steel industry should be considered from a new, wider viewpoint. Is it unavoidable that the steel plant is of high emission, high waste forming and high pollution? Is it possible to make it environment friendly through ecological industrial chain and to be an important link in the recycling economic society, the steel plant will be links of mass flow and energy flow in ecological industrial chain. This is a question which should be answered by the steel plants during the forming and development of ecological industrial chain and the recycling economic society.

Over last fifty years, with the change in social economical situation and ecological restrictions, the production, technique and environmental protection measures of steel industry have been changed with following trends:

—Treatment of pollutants (treatment or dilution of wastes at the end of process);

—Energy saving and pollutants reduction (controlling at the beginning of process);

—Clean production and green manufacture (improvement of processing route, increase of material/energy utilization efficiency, manufacture of green products and more active treatment at the beginning of process);

—Recycling economy (a strategy of combining social manufacturing chain with ecological industrial chain).

Based on the above mentioned trends, the economic and social role of future steel plants should be recognized, understood and constructed newly.

Fig. 3 shows the development course of environmental protection of steel industry. Fig. 4 and Fig. 5 shows the energy consumption and CO_2 emission per ton steel of the Chinese steel plants.

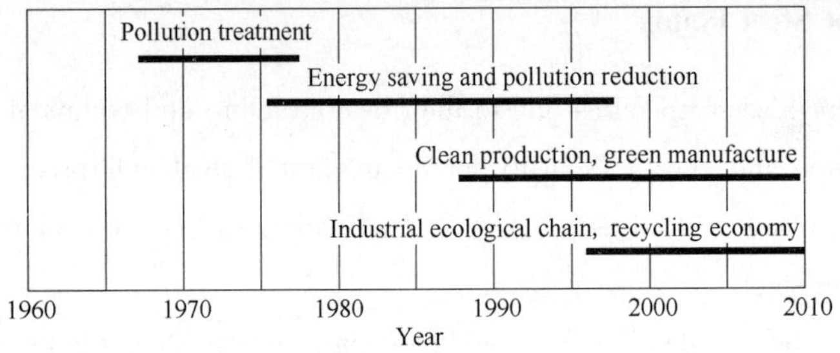

Fig. 3 Scheme of environmental protection development of world steel industry

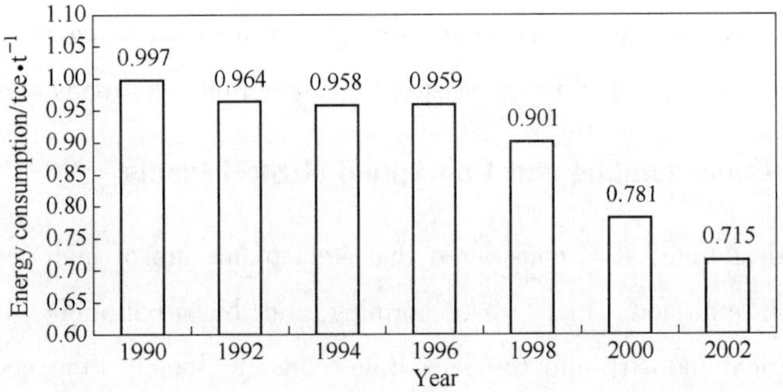

Fig. 4 Change of comparable energy consumption at Chinese steel plants from 1990 to 2002

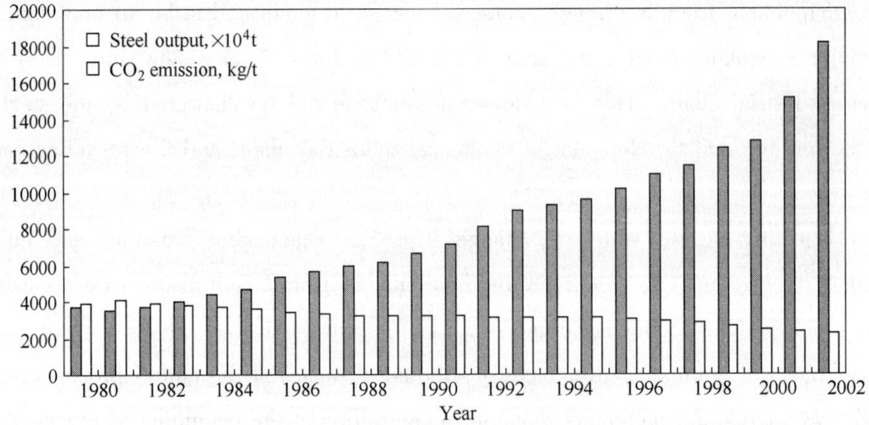

Fig. 5 CO_2 emission of large-medium steel plants in China from 1980 to 2002

2 Evolution of Structure-Function of Steel Manufacturing Route

Up to now, the steel products still are the most important construction material for mankind and the functional materials with highest output and widest applications. For years to come, the steel products will still be an important material.

Talking about the structure and function of steel plants, the understanding of steel manufacturing process (process engineering) is a science of essential and general importance. The study on structure-function-efficiency of manufacturing route is an initiation point and the science is science of metallurgical process engineering.

After the development of about 150 years, the modern steel plants have two basic routes:

(1) The BF-BOF-Hot Rolling-further processing route based on iron ore and coal. This is a route of integrated enterprise, including raw material (and energy resource) treatment and handling, sintering-coking-BF reduction process, steelmaking-refining-solidification process, reheating-hot rolling process and cold rolling-surface treatment process;

(2) The EAF-refining-continuous casting-hot rolling route based on scrap and electric power, which is called "Mini-mill".

The evolution of BF-BOF-hot rolling route is shown in Fig. 6 and Fig. 7 indicating the regulation and progress of steel manufacturing routes with technical progress and development of the society.

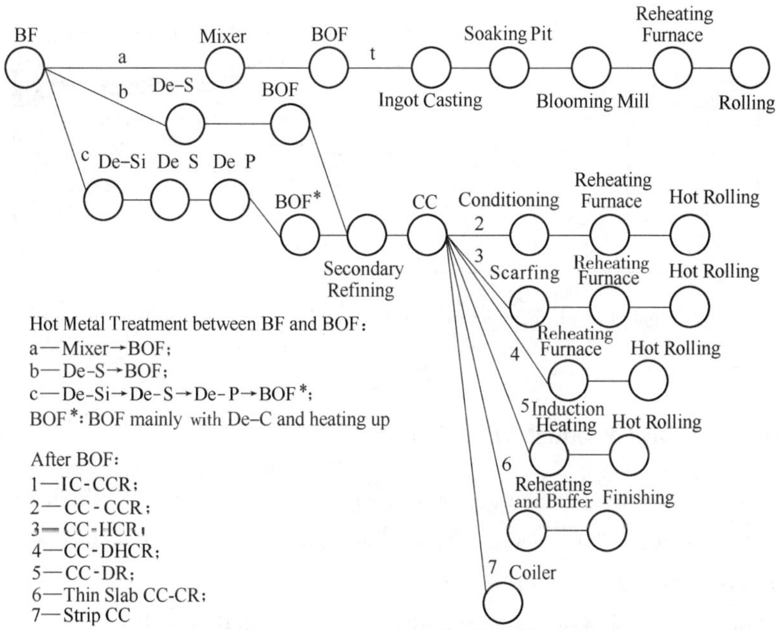

Fig. 6 Evolution of BF-BOF-hot rolling route

In the 21st century, it is an epoch proposition to understand the social economical role of steel enterprises, in particular, the functions of steel manufacturing routes. From a viewpoint of metallurgy and material science, the steel plant is just to make steel and manufacture steel products. But if with a viewpoint of resource conservation, environmental protection, and ecology and the recycling economic society, the functions of steel plants cannot be restricted by metallurgy and material science absolutely. Thus, this problem should be considered with a wider view and more active attitude.

In the future, the steel plants (especially BF-BOF long route plants) should perform three functions: function of steel products manufacture, function of energy conversion and function of treatment of social mass wastages.

- function of steel product manufacture
- function of energy conversion
- function of waste treatment for society

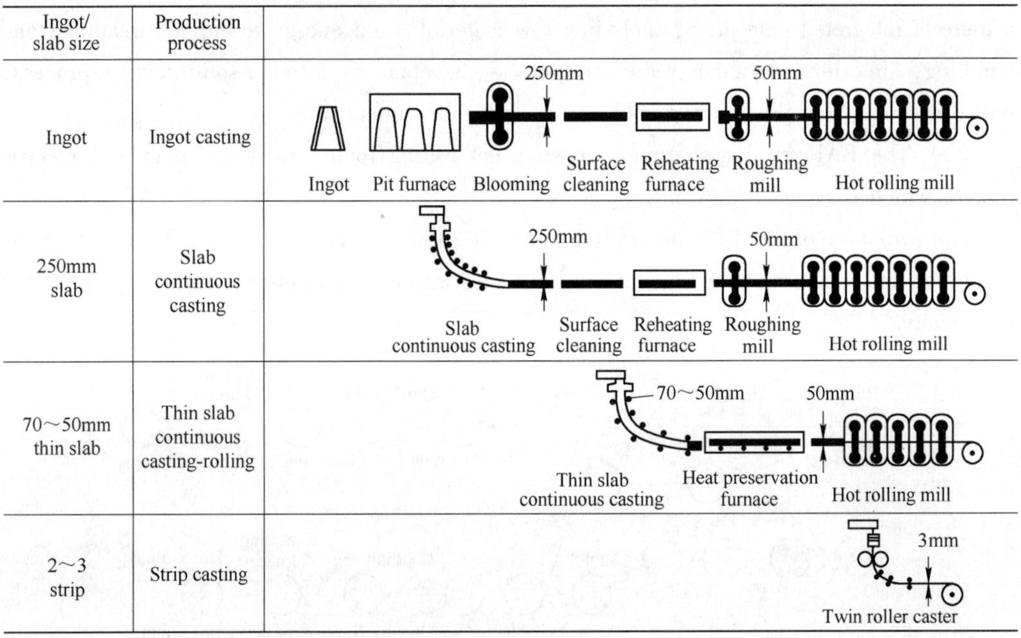

Fig. 7 Evolution of steel manufacturing process and "critical-compact-continuous" effect

2.1 Function of Steel Product Manufacture

The function is to convert raw materials and energy into steel products, which are quality and cheaper to meet demands of customers with low emission. The efficiency and recycling in down-stream processing are also to be considered.

The technical indexes, raw material and energy consumption and environmental burden of two modern steel manufacturing routes are shown in Fig. 8 ~ Fig. 11.

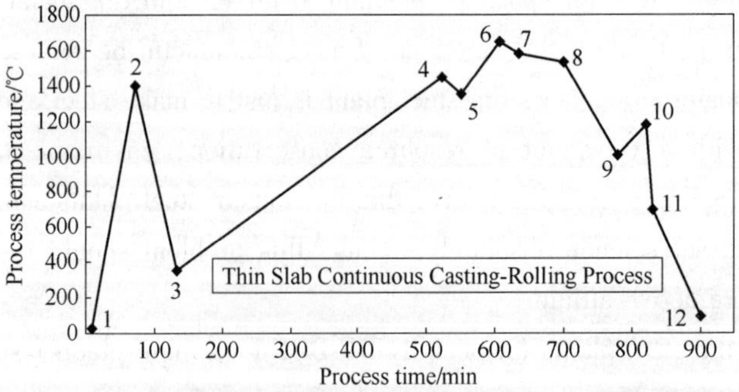

Fig. 8 Temperature-time curve of mass flow in modern BF-BOF-CC-Hot Rolling process

1—Raw materals; 2—Sintering; 3—Ore chute; 4—BF tapping; 5—Charging; 6—BOF tapping; 7—Refining; 8—Continuous casting; 9—Slab transporting; 10—Reheating furnace; 11—Hot rolling-coiling; 12—Products store

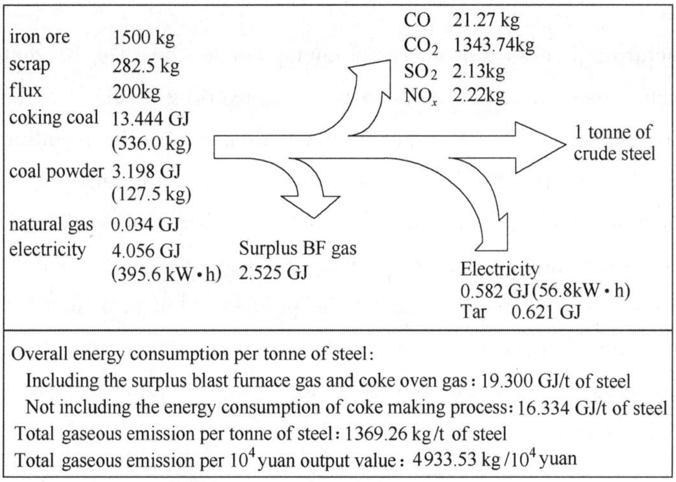

Fig. 9 Diagram of charges and discharges for an integrated enterprise

(purchasing both coal and electricity, and not accounting for the gaseous emission of power station outside)

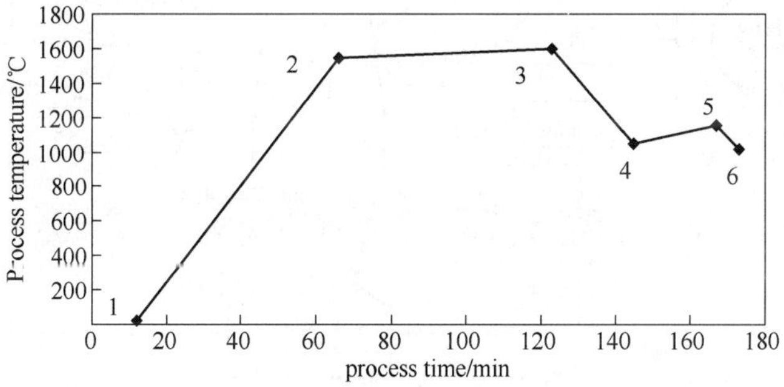

Fig. 10 Temperature-time curve of mass flow in modern EAF-CC-Hot Rolling process

1—Charging; 2—EAF tapping; 3—Refining; 4—Continuous casting; 5—Rehearting furnace; 6—Hot rolling-coiling

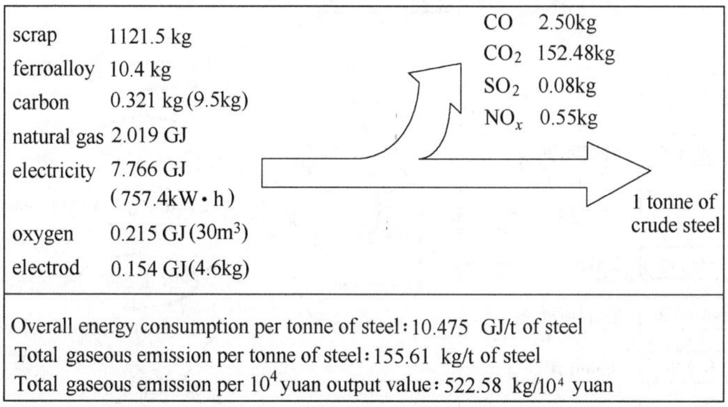

Fig. 11 Diagram of charges and discharges for "mini-mill"

(purchasing coal and not purchasing electricity, not accounting for the gaseous emission of power station outside)

2.2 Function of Energy Conversion

The steel manufacturing process is a process of energy conversion. The BF route is a process of iron-coal chemical processing, is a process of converting coal into heat, electricity, combustible gases, steam and even to generating hydrogen etc. by metallurgical processes. Hydrogen may be obtained by absorption from coke oven gas, from high CO off-gases of BOFs or reducing furnace of smelting reduction. The EAF route is a process of converting electricity and fuel into heat, steam and hot water. The full realization of energy conversion function is necessary not only to reduce emission load of the products, but also to reduce environmental burden of society, even it is possible to develop new hydrogen making technique.

In BF-BOF process, the energy conversion and material utilization of BF and BOF are shown in Fig. 12 and Fig. 13.

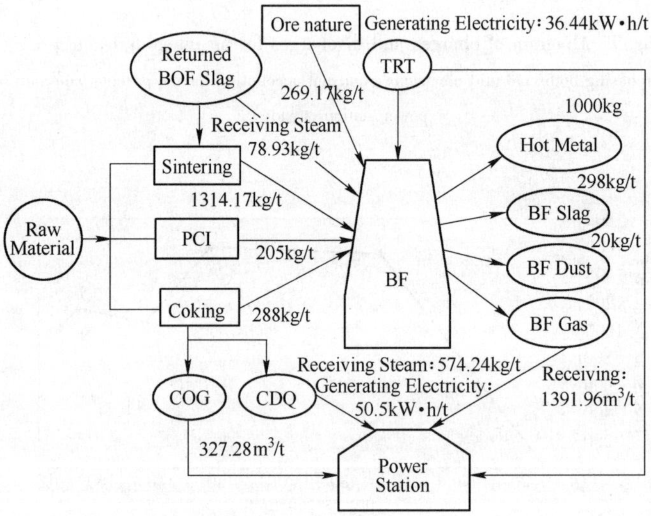

Fig. 12 Material and energy utilization of BF ironmaking system

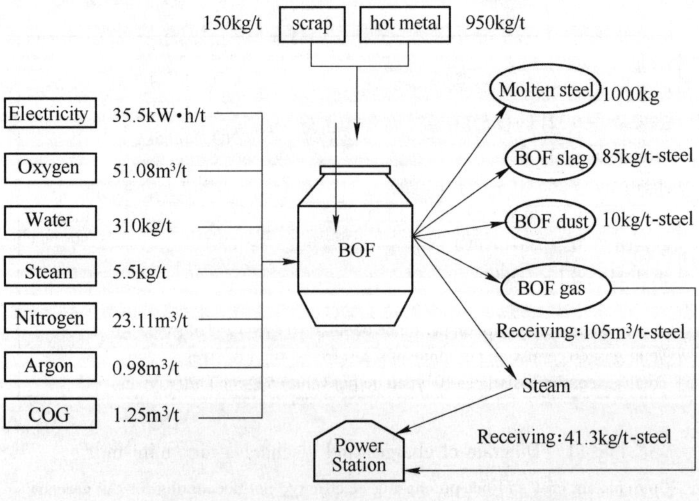

Fig. 13 Material and energy utilization of BOF

2.3 Function of Treating of Social Wastages

The steel production route can be to treat mass wastages for society.

For example:

—Treatment of scraps from different sources;

—Treatment of plastics (the plastics are injected into BF or charged in coke oven);

—Treatment of used tires (deep freezing by liquid nitrogen from oxygen generater);

—Treatment of social garbage;

—Treatment of waste water for social communities (by water treatment system of steel plants).

It is obvious that steel plants are ready to transform from large pollution member to an important member of environment friendly of recycling economic society through clean production, green manufacture by technological progress and function evolution.

3 Steel Plants in Circular Economy Society

It is necessary to build a guiding-knowledge chain of integrated and systematic ideas and to combine the manufacture chain of society (communities, cities, regions) with environment-ecological chain. Only in this way, a circular chain of mass and energy, a frame of the circular economy society can be constructed. Certainly, this is an economic rational resource-finance chain.

The circular economy society should have a rational, effective circulation of mass and energy. In addition, it should be supported by huge mass/energy circular volume and funds. Otherwise, it is just a research of laboratory or experimental scale, which is not at the level of circular economic society. Thus the application of mass/energy recycling chain is restricted.

The scheme of ecological industrial chain and circular economy is shown in Fig. 14.

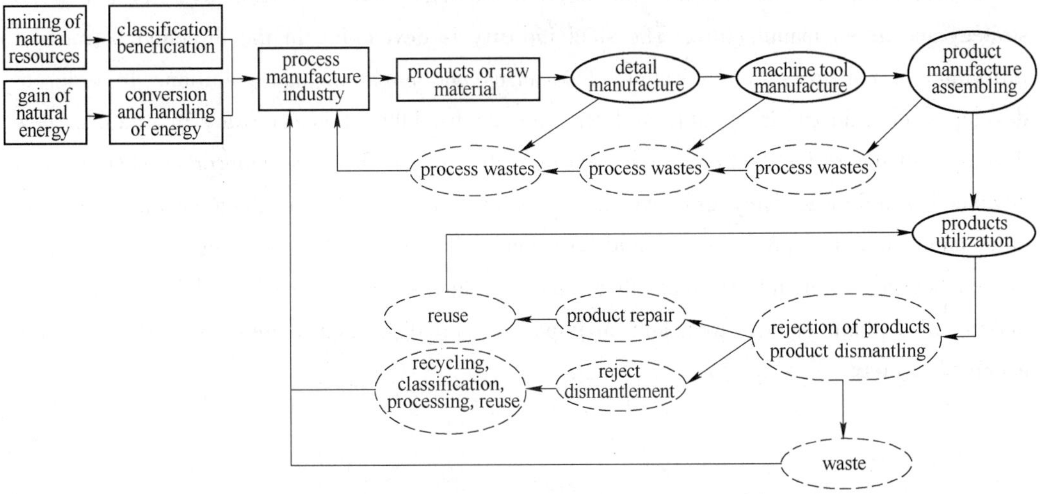

Fig. 14 Recycling and Ecological industrial chain for steel industry

Usually the capacity of a steel plant is of 8 ~ 6 Mt/a, 4 ~ 3 Mt/a and 2 ~ 1 Mt/a. For a steel plant of large scale, complex route and high consumption of resource/energy, it is easier to connect with the recycling economic society due to scale effect. Such steel plants could be important supporters for mass/energy and funds recycling in some region of recycling economy.

Taking integrated enterprise with BF-BOF route for example, the consumption of coal, iron ore and fresh water is 0.7 ~ 0.8tce, 1.5 ~ 1.65t and 3.0 ~ 4.0t respectively per ton steel, and about 2.0t gas emission (CO, CO_2, SO_2, NO_x etc.) are produced. At the same time, 150 ~ 250 kg scrap, 10 ~ 40 kg waste plastics can be reused per ton steel. Obviously, the production process of steel plants is easy to connect with the circular economic society due to huge volume of mass, energy and funds.

The steel plants in a recycling economic society coordinated with environment and ecological restriction can be divided into two modes in general:

(1) steel plants located in ecological industrial zone near some ports;

(2) steel plants located around some cities.

3.1 Steel Plants Located in Ecological Industrial Zone Near Some Ports

Near some ports where a huge amount of iron ore and oil is imported, it is possible to form an ecological industrial zone consisting of steel plants, cement plants, power stations, automobile factory, ship building yards, container and steel product processing plants and petrol-chemical plants.

3.2 Steel Plants Located around Some Cities

Through devices of production process, various scraps, waste plastics, tires, rubbish and waste water in the city can be treated by steel plants around cities. Then the produced hot water and steam is supplied to the society. With the result that a recycling chain with metropolitan society and economy as a core is formed.

From the end of last century, the international steel industry began to carry out green strategy and green manufacture. The steel industry is developing in the direction of rational utilization of resources, minimization of wastages and environmental pollution. In order to develop steel industry sustainably and environment friendly, it is necessary to establish new development modes for steel enterprises during restructuring. The steel enterprises should adopt advanced technique actively and develop new technologies accepted by green standards. On the other hand, the steel production should be clean production, and a recycling chain should be formed between steel industry and other relative industries to form ecological industrial zone, making steel plants ecologization and an important part of ecological industry of the recycling economic society.

Review and Outlook of Chinese Steel Industry*

Abstract The development of Chinese steel industry since the 1990s is depicted, and views on the development of Chinese steel industry in the new century are put forward, focusing mainly on three points:

(1) Growth of Chinese steel industry in the 1990s.

(2) Causes of rapid development of Chinese steel industry since 1990.

(3) Views on the development of Chinese steel industry in the early 10 to 20 years of the new century.

Key words Chinese steel industry development, 6 key and common technologies

Reviewing the development of Chinese steel industry, we may say it has followed a winding path through development, fluctuation and prosperity (Fig. 1). Its history is a hard and colorful one. This article will mainly introduce the rapid development of Chinese steel industry since the 1990s.

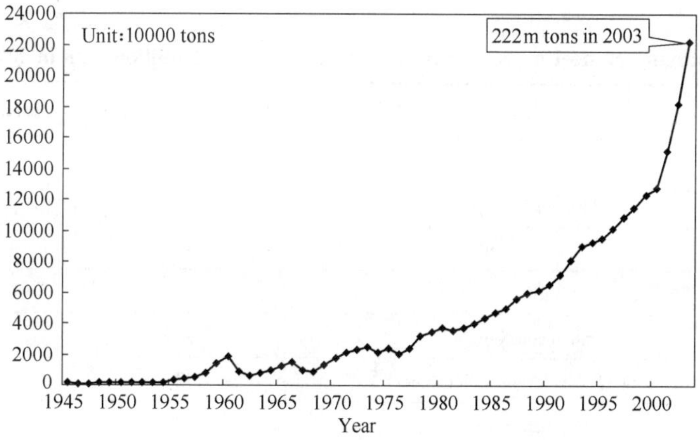

Fig. 1 Chart of China's crude steel output

1 The Rapid Development of Chinese Steel Industry in the 1990s

1.1 The Rapid Development of Chinese Steel Industry in the Nineties Was of Global Importance

Chinese steel output accounted for 23.5% of the global output in 2003, namely 222.33m tons, and per capita output stood at 173 kg/(person · year). China has been the world top steel

* Reprinted from the 10th *Japan-China Symposium on Science and Technology of Iron and Steel*, 2004: 12 ~ 22, China, Japan.

producer for 8 consecutive years since 1996 (Fig. 2) and has her steel turnout increased by 240% during the last 13 years.

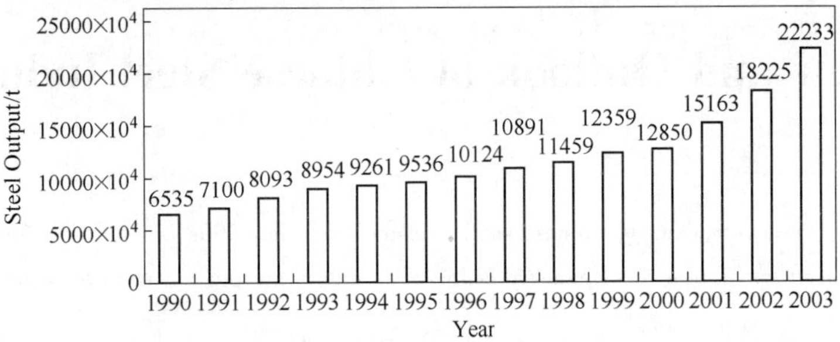

Fig. 2 Change of China's crude steel output since 1990

1.2 Adjustment and Optimization of Structure of Chinese Steel Industry

Since the nineties, with technological progress and effective investment in Chinese steel enterprises, the structure of the steel mills has been adjusted and improved and the industry has been expanded and regulated.

(1) A large number of steel mills achieved economies of scale. In 1990, there were only 14 steel mills that had an annual output of over 1 million tons, in 2002 the number increased to 53, and in 2003 to 59 (number of plants, not groups) (Fig. 3). The ranking of steel groups output is shown in Table 1.

Table 1 Ranking of steel mills with an annual output over 1 million tons in 2002 and 2003

Rank	Name of steel mill	Annual output in 2003	Annual output in 2002
1	Baosteel Group	1987	1948.38
	Baoshan I/S Co	1126	1158.19
2	Anshan Steel	1018	1006.65
3	WISCO	843	755.04
4	Shougang Co	817	817.13
5	Benxi Steel (including Beitai Steel)	720	620.67
6	Tangshan Steel	608	506.53
7	Magang Steel	606	538.03
8	Handan Steel (+Wuyang Steel)	606	452.59 (+90.17)
9	Panzhihua Steel (+Chengdu Steel)	604	500.37
10	Baotou Steel	525	481.59
11	Hualing Group (Xiangtan, Lianyuan, Hengyang)	519	490.91
12	Jinan Steel	505	393.02
13	Shacheng Steel	502	359.91
14	Anyang Steel	460	337.76
15	Laiwu Steel	422	289.93
16	Nanjing Steel (including Huaiyin)	330	320.31

Continued

17	TISCO	318	306.49
18	Tiantie Metallurgy Co	307	273.41
19	Shaoguan Steel	288	222.24
20	Hangzhou Steel	260	218.29
21	Xinyu Steel	257	231.93
22	Tangshan Jianlong	257	142.72
23	Xuanhua Steel	247	185.08
24	Jinxi Steel	244	153.46
25	Guangzhou Steel (including Zhujiang Steel)	241	200.58
26	Kunming Steel	236	227.32
27	Jiuquan Steel	226	206.26
Rank	Name of steel mill	Annual output in 2003	Annual output in 2002
28	Tonghua Steel	223	209.04
29	Sanming Steel	211	190.01
30	Liuzhou Steel	208	164.54
31	Chongqing Steel	207	196.23
32	Qingdao Steel	203	144.51
33	E'cheng Steel	203	176.57
34	Shanxi Haixin Steel	202	128
35	Xinjiang Bayi Steel	197	167.39
36	Xingtai Steel	192	154.68
37	Pingxiang Steel	185	173.87
38	Chengde Steel	173	157.06
39	Shuicheng Steel	172	175.02
40	Xingcheng Steel	163	141.81
41	Shijiazhuang Steel	163	141.65
42	Nanchang Steel	157	140.98
43	Lingyuan Steel	155	131.43
44	Tiangang Group	148	123.16
45	Xinlingang Steel	143	122.44
46	Changzhi Steel	138	125.03
47	Daye Steel	133	120.90
48	Weiyuan Steel	122	101.33
49	Liaoning Special Steel	121	91
50	Fushun Xinfu Steel	117	70
51	Xinxing Tube Casting Co	116	103.00
52	Xilin Steel	111	82
53	Suzhou Steel	110	95

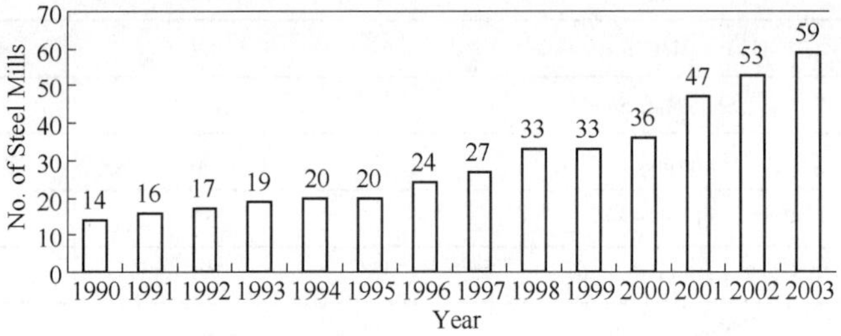

Fig. 3 Change of Chinese steel mills with an annual output of over 1 million tons since the nineties

(2) Nationally speaking, the distribution of steel mills has been spread out and improved. Table 2 shows the distribution of Chinese steel mills.

Generally speaking, Chinese steel mills are grouped along the eastern coast and in the middle and down stream of the Yangtze River. At the same time, it should be noted that there are steel mills in every provinces except Tibet.

Table 2 Change of location of Chinese steel production from 1950 to 2002

Region \ Year	1950	1970	1980	1990	2000	2002
North China	12. 72	19. 96	21. 51	22. 69	25. 82	28. 89
Northeast China	82. 83	37. 32	26. 44	20. 89	14. 16	12. 65
East China	1. 95	23. 7	24. 74	27. 57	31. 91	31. 42
Central South China	0. 90	13. 57	15. 05	16. 64	15. 75	16. 32
Southwest China	1. 61	4. 51	10. 34	9. 38	8. 93	7. 81
Northwest China	0	0. 94	1. 91	2. 82	3. 43	2. 91

(3) The technological and economic indexes of Chinese steel industry have risen dramatically. Particularly, China's average overall yield of steel products reached 94. 20% in 2002, 11% higher than that in 1990. The energy consumption per ton steel in steel mills dropped to 0. 715tce, a drop of 0. 282tce from 1990. In 2002, the average Utilization rate of blast furnaces of key large & medium I/S enterprises reached 2. 448t/m · d; Average coke ratio dropped to 415kg/t; average PCI ratio, 125kg/t. The average campaign of converter reached 4268 heats and many converters was more than 10000 heats. In 2002, the continuous casting ratio in Chinese steel industry reached 93. 03%, a significant increase on 25. 07% in 1990. A large number of completely continuous casting steel mills appeared. At the same time, a large amount of outdated technology and equipment such as ingot casting, bloomer, breaking down mill, cupola, open-hearth steelmaking, small EAF, were eliminated. With remarkable improvement, many steel mills achieved economies of scales, lowered their cost and raised efficiency.

(4) Product structure changed and particularly, the production of flat products increased rapidly. In 2002, the total output of flat products reached 64. 98 million tons, 12. 53 million tons more than that in 2001 and an increase of 23. 90%, of which the output of sheet steel was

22.445 million tons, an increase of 16.77%. Of course, as compared with other steel products, especially as compared with the market demand, the growth rate of sheet steel looked relatively low. The quick development of real estate greatly promoted the demand of long products (Rebar and wire rod) but the development of production of bars and wire rods is still fairly fast. Looking from consumption point of view, bars and wire rods are still in an important position.

2 The Causes for the Rapid Development of Chinese Steel Industry Since the Nineties

The main causes for the rapid development of Chinese steel industry since the nineties are:

—Increase of market demand in the development of the national economy;

—Judgment, selection and orderly integration of the strategy of technological progress (development and popularization of common technology and integration of optimized production route);

—Promotion of utilization of international mineral resources and steel scrap;

—Nationalization of a number of advanced technologies and equipments and the drop of investment on unit production capacity;

—Coordinated technology-economy effectiveness brought by the orderly integration of effective investment and technological progress strategy.

2.1 Increase of Market Demand in the Development of the National Economy

One of the background factors of the rapid development of Chinese steel industry since the nineties was the continuous rapid development of her national economy. China's GDP in 1990 was RMB 1854.79 billion and that in 2003 was RMB 11669.4 billion. Meanwhile, changes took place in China's industrial structure. The proportion of secondary industry in the national economy increased sharply and that of primary industry had an obvious decrease. Fig. 4 shows that factors such as the quick growth of China's GDP and the constant increase of total investment since the nineties strongly increased demand for steel products. Table 3 shows China's GDP in 1990 ~ 2003 and the percentage of the primary, secondary and tertiary industries in GDP. It was clear that in the 13 years since 1990, the proportion of the secondary industry increased by 11%. Such a change in the industrial structure would surely increase the consumption of steel products.

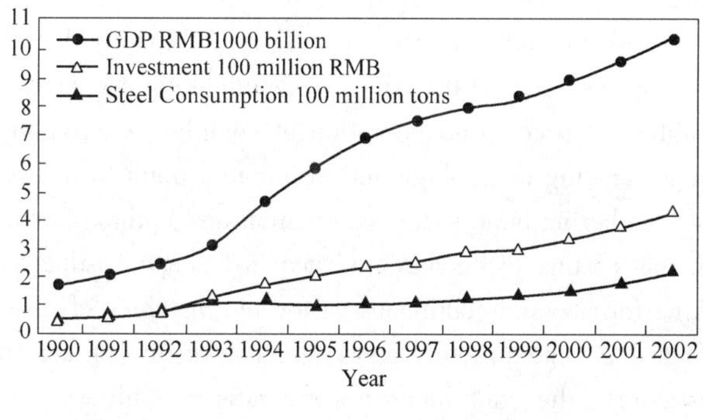

Fig. 4 Impact of investment increase on Chinese steel consumption

Table 3 China's GDP in recent years and percentage of her primary, secondary and tertiary industry to GDP

Year	GNP (RMB 100 million)	Increased value of primary industry (RMB 100 million)	Ratio of primary industry/%	Increased value of secondary industry (RMB 100 million)	Ratio of secondary industry/%	Increased value of tertiary industry (RMB 100 million)	Ratio of tertiary industry/%
1990	18547.9	5017	27.10	7717.4	41.60	5813.5	31.30
1999	82054	14212	17.30	40806	49.70	27036	33.00
2000	89404	14553	16.40	44723	50.60	29145	33.00
2002	102398	14883	14.50	52982	51.80	34533	33.70
2003	116694	17247	14.78	61778	52.94	37669	32.28

China's apparent consumption of steel products rose from 53.12 million tons in 1990 to 242.41 million tons in 2003.

2.2 Correct Judgment, Selection and Orderly Integration of the Technological Progress Strategy—Development, Popularization and Integration of Certain Key and Common Technologies Promotes the Optimization of Production Process

Therefore, in sorting out the technological progress of the steel industry, we must start from analysis on "technological bottle neck" that has structural influence on the whole of the production route and find out a series of structural "technological bottle necks" and the order of their interactions. Based on China's actual conditions, since the nineties, Chinese steel industry has successively made breakthrough in 6 key and common technologies. They are, in chronological order: continuous casting technology, PCI technology, elongation of BF Campaign, bar and wire rod continuous rolling technology, energy saving technology by production route adjustment and slag splashing technology of BOFs.

2.2.1 Continuous Casting Technology

Starting from 1988, China adopted policy of entering on continuous casting or the technology, technical reform and investment of her steel industry. Greater importance has been attached to the development of continuous casting since the nineties and constant promotion has been made through technological optimization, equipment improvement and nationalization.

The development of the continuous casting technology of Chinese steel industry has undergone 3 stages:

(1) The stage of aking continuous casting as a center, steelmaking as a foundation and equipments as a guarantee involved the optimization of the design of continuous caster and production organization and promoted realize the designing capacity of the continuous caster;

(2) The stage of "optimization of the trinity of steelmaking secondary refining" continuous casting solved the problem of production operation of complete continuous casting steel mills, thoroughly obsolete ingot-casting technology and eliminated open furnaces;

(3) The stage of "furthering large-scale coordination and optimization with high effectiveness and high speed continuous casting technology and near-net shape casting technology" solved the matching of steel-making furnace and continuous caster and matching of caster and rolling mill and optimization of manufacturing route structure and products structure of steel plants.

Through 13 years effort, the continuous casting ratio of Chinese steel industry rose from 25.07% in 1990 to 93.03 in 2002.

The development of continuous casting technology promoted the development of secondary refining technology (Fig. 5). This was not only the requirement for quality and variety, but also the requirement for the logistic management of steel-making—continuous casting and the function of the "buffer" in sequence (heats) casting. Today, the argon blowing and wire-feeding technology is increasing with continuous casting ratio in synchronization.

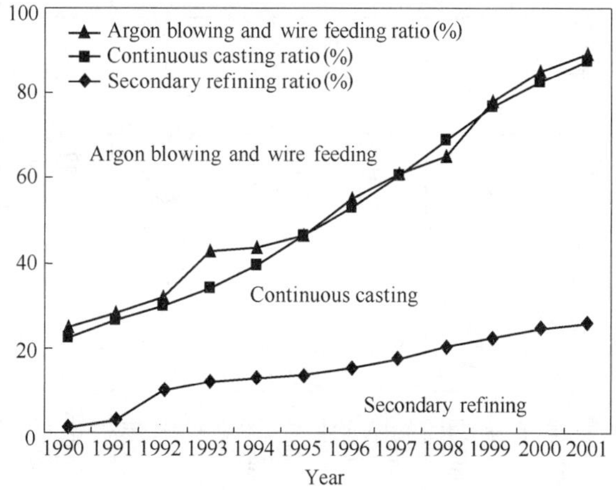

Fig. 5 Increase trend of Secondary refining ratio, continuous casting ratio and argon blowing and wire feeding ratio in Chinese steel industry

Since 1996, domestic high-efficiency and high-speed continuous casting technology and equipment has developed rapidly. The independent development of high-efficiency and high-speed continuous casting technology has brought a general increase of 50% to 80% to casting speed and single stream annual output and promoted the development of hot changing technology as well as output increase and energy saving of rolling.

After 1998, China thin slab casting and rolling technology is developing quickly and as of 2004, 7 sets of thin slab casting and rolling lines have been put into operation in Zhujiang steel, Handan steel, Baotou steel, Anshan steel, Tangshan steel, Ma'anshan steel and Lianyuan steel (Table 4). In the near future, China thin slab casting and rolling will take a large proportion in such technology in the world.

The rapid development of continuous casting technology has achieved the following technological and economic benefits:

—The overall yield of steel products has risen by about 11% (of course, there is the factor of contribution by continuous rolling technology).

—The productivity of converter production has been significantly raised and the BOF's utilization factor is increasing rapidly. Particularly, the utilization rate of small converters increased from 26.64% in 1990 to 53.08% in 1999, a two-fold increase.

—Quickly made obsolete the blooming mills and breaking down mills. At the same time, a large number of open-train bar and wire mills lost their competitiveness and were turned into continuous rolling;

—The adjustment of procedure structure of the route such as hot changing brought corresponding energy saving results.

—Since 1996, after China's continuous casting ratio exceeded 50% and the appearance of a large number of complete continuous casting steel mills, the open-hearth-ingot-casting technology was quickly eliminated and by the end of 2001, Chinese steel industry abandoned open-hearth furnaces (Table 5).

Table 4 Overview of China's 7 existing thin slab casting and rolling production lines

Ser. No.	Steel mill	Steelmaking	Continuous caster	Thin slab size/mm×mm	Caster capacity (ten thousand tons/Year)	Rolling mill	Product size/mm	Reheating furnace	Investment (RMB 100 million)	Date of starting operation
1	Zhujiang Iron and Steel Corp.	2×150 ton electric furnace	2×Vertical with bending CSP caster	50×(950~1350)	180	6 stands SMS mill	1.27(minimum)	2×HRF 191.8m	32	November 1998
2	Handan Iron and Steel Corp.	2×100(nominal)/120 (actual output) ton converter	2×Vertical with bending CSP caster	(50~70)×(980~1680)	246	1+6 stands SMS mill	1.2(minimum)	2×HRF 191.8m	31.9	December 1999
3	Anshan Iron and Steel Corp.	2×90(nominal)/110 (actual output) ton converter	2×vertical arc CONROLL caster	135×(100~150)×(900~1620)	220	1+6 stands ASP mill	1.0(minimum)	2XWBF		July 2000
4	Baotou Iron and Steel Corp.	2×210 ton converter	2×Vertical with bending CSP caster	(50~70)×(900~1560)	220	6 stands SMS mill	1.2(minimum)	2×HRF 200.8m	32.6	April 2001
5	Tangshan Iron and Steel Corp.	2×150 ton converter	2×FTSR caster	90~70,65×(850~1680)	250	2+5 stands Mitsubishi + Danieli	0.8~6	2×HRF 231m	26.4	December 2002
6	Ma'anshan Iron and Steel Corp.	2×100(nominal)/120 (actual output) ton converter	2×Vertical with bending CSP caster	90~70,50×(900~1600)	240	7 stands SMS mill	0.8~8	2×HRF 270m	25.5	December 2003
7	Lianyuan Iron and Steel Corp.	3×90t(nominal)/105 (actual output) ton converter	2×Vertical with bending CSP caster	(70~55)×(900~1600)	230	7 stands SMS mill	0.8~12.7	2×HRF 291m	28	March 2004

Note: 1. Investment volume includes thin slab continuous casting, reheating furnace, HR strip mill and etc, exclusive of steel mills and refining furnaces;

2. Caster capacity is based on calculation;

3. Investment volume is the estimated number, not actual value on balance sheets.

Table 5 Influence of increase of China's continuous casting ratio on the progress of obsoleteness of open-hearth furnaces

Year	Total output of crude steel	Steel industry continuous casting ratio/%	Martin steel		Converter steel		Electric steel	
			Output (Ten thousand tons)	Proportion to crude steel/%	Output (Ten thousand tons)	Proportion to crude steel/%	Output (Ten thousand tons)	Proportion to crude steel/%
1990	6535	25. 07	1315. 7	20. 1	3908. 5	59. 8	1401. 5	21. 4
1991	7100	27. 71	1309. 2	18. 4	4279. 6	60. 3	1500. 4	21. 1
1992	8093	31. 79	1399. 2	17. 3	4916. 0	60. 7	1762. 6	21. 8
1993	8954	36. 11	1444. 6	16. 1	5424. 1	60. 6	2075. 3	23. 2
1994	9261	41. 75	1384. 9	15. 0	5889. 9	63. 4	1966. 1	21. 2
1995	9536	49. 37	1308. 4	13. 7	6358. 0	66. 7	1811. 0	19. 0
1996	10124	55. 91	1261. 0	12. 6	6947. 5	68. 6	1893. 2	18. 7
1997	10891	63. 78	969. 6	8. 9	7984. 1	73. 3	1912. 1	17. 6
1998	11459	71. 11	543. 7	4. 7	9074. 8	79. 2	1814. 3	15. 8
1999	12395	78. 62	182. 9	1. 5	10247. 2	82. 7	1947. 7	15. 7
2000	12850	84. 81	108. 1	0. 8	10577. 9	82. 4	2157	16. 8
2001	15163	89. 68	83. 3	0. 3	12602	83. 1	2401	15. 8
2002	18225	93. 03	0	0	15355	85. 0	2800	15. 04

2. 2. 2 PCI of Blast Furnace

Since the nineties, China independently developed PCI technology and many kinds of process and equipment and made corresponding investment on technological innovation and the PCI technology has a rapid development and great application. The average PCI volume for pig iron per ton of blast furnaces in the major steel mills from 1990 to 2001 rose significantly (Fig. 6) and national average coke ratio of BF dropped from 577. 44kg/t in 1990 to 415kg/t in 2002.

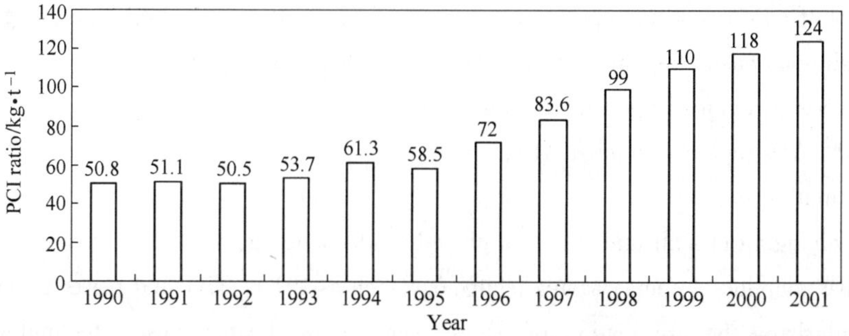

Fig. 6 Change of average PCI volume of China's major steel plants from 1990 to 2001

2. 2. 3 Elongation of BF Campaign

At the beginning of the nineties, multi-aspect technological measures, including improvements on cooling water quality, blast furnace water cooler, refractory material quality and top distribution technology as well as measures on feeding of refined raw materials and improvement on furnace operation and management technology, were tried to solve this problem and today, the campaign life of the majority of Chinese steel plants have exceeded 8 years (the campaign life of 24 blast furnaces have reached 8 to 10 years and the longest campaign life is 15 years). The systematic development and integrated application of the elongation BF campaign technology has achieved distinct effect in China, promoted the improvement of manufacturing route efficiency and the stability of route operation of a large number of steel mills as well as directly lowered the repair expense. Naturally, now China's BF campaign needs to be further prolonged and the objective is to reach 15 years without medium repair and 20 year for those in some of steel plants.

2.2.4 Continuous Rolling of Long Products

As the major varieties in Chinese steel consumption for years, bars and wire rods for building use comprise 46% to 48% of the total steel products consumption since the nineties. Since the majority of the steel mills produce such products, it is a common technology that is used in big quantities. China, on the basis of technology importation, independently developed the complete set of domestic technology of bar and high-speed wire-rod continuous rollers step by step from 1992 and achieved the breakthrough of the said technology at the later of the nineties. The homemade bar and high-speed wire-rod continuous rollers were supplied by complete sets and their popularization was widespread with very good results. Now, the annual output of the bar mill independently developed by China has reached 600-800 thousand tons and that of the high-speed wire rod roller has reached 400-600 thousand tons. Presently, productivities of imported bar and wire lines are brought into full play, among which, annual output of bar mills reach 900-1200 thousand tons and that of high-speed wire rod mills reach 600-750 thousand tons.

2.2.5 Overall Energy Saving with a Series of Adjustment of Procedures in the Route

The progress of the energy saving technology of Chinese steel industry in the nineties mainly started with a series of adjustment and optimization of procedures in the production route, e.g.:

—Continuous caster replaced ingot casting and blooming mills;

—Converters replaced open-hearth furnaces;

—UHP EAFs replaced small EAFs;

—Eliminating cupola;

—Hot changing of slab and billets replaced cold changing;

—Active adoption of energy saving technology such as CDQ. TRT and power generation, etc;

—Popularizing the application of excess energy and heat recovery technology such as converter gas recovery.

Fig. 7 shows that the comparable energy consumption of per ton steel in Chinese steel mills dropped by a large range from 1990 to 2002 and the figure was 0.715 ton per ton steel in 2002. Chinese steel output almost doubled from 1990 to 2000 while the energy consumption of her steel industry only increased by about 31%.

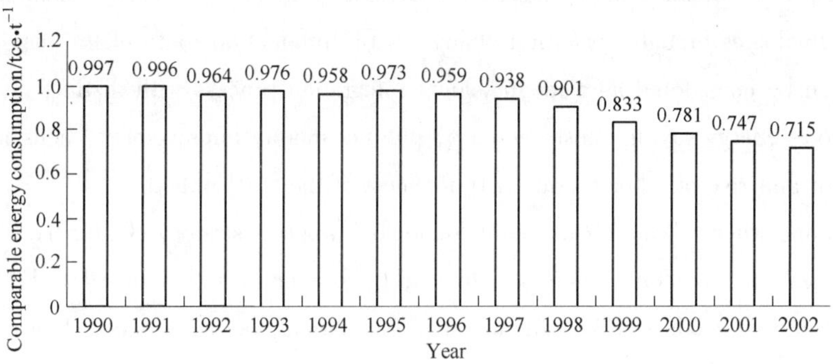

Fig. 7 Progress of comparable energy consumption of Chinese steel mills from 1990 to 2002

2.2.6 Slag Splashing of BOFs

In the middle and later part of the nineties, upon awareness of the effectiveness of slag splashing technology first developed by the United States, we soon made a breakthrough by combining technological import of an individual steel plant with independent self-development, made mass popularization of it and prolonged the converter campaign to a large extent. The consumption of refractory material in the liner of a large number of converters dropped to about 1 kg per ton steel and the campaign of many converters reached about 10000 heats and some exceeded 20000 heats (Table 6). In 2002, the average campaign life of China's BOFs reached over 4000 heats.

Table 6 Development process and level of China's BOFs Campaign by slag splashing technology

Year	1994 ~ 1995	1996	1997	1998	1999	2000	2001	2002
Number of steel plants adopted slag splashing	3	10	21	31	36	65	>70	>70
Number of BOFs with slag splashing	4	21	67	91	124	~200	~220	>220
Steel output of slag splashing converter (ten thousand tons/year)	30	700	2000	3450	6300	~9000	~12800	~14000
Proportion of slag splashing BOF's steel output in China's BOFS's steel output/%	0.5	10.4	25.1	38.1	61.2	~83.2	~95.1	~95.2
Average Campaign of BOFs (heats)	1081	1200	1350	1827	2512	3580	3762	4268
Longest Campaign (heats)	5, 014 (Baosteel)	8, 580 (TISCO)	10, 500 (Baosteel) 10, 126 (Sanming Steel)	14, 001 (Baosteel)	15, 028 (WISCO)	19, 324 (WISCO)	22, 726 (WISCO)	29, 924 (WISCO) 37271 (Laiwu Steel)

The successive breakthrough and sequential integration of the above-mentioned 6 key-common technologies brought structural change to the production route of the majority of steel mills and can be considered as a technological integration process with distinct effect in scale rationalization, energy saving, cost decrease, product quality improvement, emission decrease in production and rise of labor productivity for most of the steel mills.

In addition, when talking about the technological progress strategy of Chinese steel industry in the nineties, the evident progress achieved by the optimization of UHP EAFs and the production route at modern EAF steelmaking plants must be mentioned. Starting from the middle of the nineties, China set up 36 UHP EAFs and phased out about 1400 small electric furnaces. Now, China's UHP EAFs are working in cooperation with flat and long steel product production routes and have made great technological progress.

Since China is in a period of rapid steel production increase, the relative shortage of steel scrap and expensive electricity price restricted the quick development of electric steel in this period. Although the electric steel ratio is decreasing, its total output is relatively increasing (Table 7).

Table 7 Change of China's total output of electric steel and its proportion since 1990

Year	1990	1991	1992	1993	1994	1995	1996
Total steel output/t	6535×10^4	7100×10^4	8093×10^4	8954×10^4	9261×10^4	9536×10^4	10124×10^4
Electric steel output/t	1402×10^4	1500×10^4	1763×10^4	2075×10^4	1966×10^4	1811×10^4	1893×10^4
Proportion of electric steel/%	21. 45	21. 13	21. 78	23. 18	21. 23	21. 45	18. 70
Year	1997	1998	1999	2000	2001	2002	
Total steel output/t	10891×10^4	11459×10^4	12395×10^4	12850×10^4	15163×10^4	18225×10^4	
Electric steel output/t	1912×10^4	1814×10^4	1948×10^4	2157×10^4	2401×10^4	2800×10^4	
Proportion of electric steel/%	17. 56	15. 83	15. 71	16. 79	15. 83	15. 04	

2.3 Utilizing International Mineral Resources and Steel Scrap Resources

With the implementation of the opening up policy, more and more active utilization of international mineral resources and steel scrap resources in Chinese steel industry can be seen. Table 8 lists China's raw ore output of iron, manganese and chromium from 1990 to 2002 and their import volume over the years and Table 9 lists China's import volume of steel scrap from 1991 to 2003.

Table 8 Change of China's output of iron, manganese and chromium ores and Unit: their import volume

(Ten thousand tons)

Year	Domestic yield (Raw ore)			Import volume (Rich ore)		
	Iron ore	Manganese ore	Chromium ore	Iron ore	Manganese ore	Chromium ore
1990	17934	406.0	10.3	1419.1	—	50.3
1991	19056	418.5	2.1	1903.5	—	109.8
1992	20976	531.5	10.3	2517.2	—	741.6
1993	22635	585.8	5.4	3302.0	—	0.7
1994	25070	582.7	5.6	3734.3	95.2	65.1
1995	26192	689.8	19.8	4115.0	128.9	138.1
1996	25228	766.0	13.0	4387.4	158.5	76.4
1997	26861	597.6	20.0	5510.6	131.7	89.4
1998	24689	528.3	2.1	5177.1	117.9	71.2
1999	23723	318.6	—	5527.4	105.7	81.6
2000	22256	264.4	—	6997.2	120.4	111.3
2001	21702	233.0	—	9230.8	171.1	109.4
2002	23143	246.0	—	11149.0	208.0	114.0

Table 9 Scrap import volumes of China from 1991 to 2003

(t)

Year	1991	1992	1993	1994	1995	1996	1997	1998	1999	2000	2001	2002	2003
Import volume	13.4×10^4	150×10^4	318×10^4	212×10^4	135×10^4	128×10^4	120×10^4	202×10^4	334×10^4	510×10^4	978×10^4	782×10^4	923×10^4

2.4 The Orderly Integration of Effective Investment and Technology Progress Strategy Has Brought About Technology-Economy Coordination Effect

Centering on the development and large scale application of key-common technology since the nineties, the development of continuous casting technology, PCI technology, BF Campaign extension technology, bar-wire rod continuous rolling technology, overall energy saving technology with procedure structure adjustment and BOF slag splashing technology have been carried out based on time sequence. In the ten years of the nineties, it made direct investments of RMB 140 billion on the above-mentioned 6 key-common technologies, comprising about 35% of the total investment on the steel industry at the same time. With the timely and orderly investment, the technological progress measures promoted the rapid growth, popularization and application of a series of key-common technologies and achieved good technological and economic results. A great number of steel mills optimized their production route structure, products structure and products quality. The practice of Chinese steel industrial structure adjustment in the 1990s has proved that the orderly integration of timely and effective investment and technology progress strategy can bring about technology-economy coordination effect, which is another key factor for the formation of overall competitive force in the steel market.

2.5 Nationalization of a Number of Advanced Technology and Equipment and the Decrease of Investment Amount on Unit Production Capacity

In view of the total investment amount and its result of Chinese steel industry in the ten years of the nineties, the nationalization of a number of advanced technologies and equipments brought about a very big promotion on the decrease of investment amount in unit production capacity. In the ten years of the nineties, China's investment on steel plants was RMB 400.6 billion, the overall steel production capacity increased about 82 million tons/year, and the investment amount on unit steel production capacity was about RMB 4800, about 55% of that of the average international level. Of course, there was the factor of difference ratio of product structure of flat and long steel products but another important factor not to be ignored was the nationalization of a number of advanced technologies and equipments, to wit, the achievement in the said nationalization in the nineties decreased the unit investment amount and improved the investment returns.

At the beginning of the nineties, China's investment on the unit production capacity of billet caster was RMB 240/ton while at the end of the nineties dropped to about RMB 100/ton, a drop of about 58%. The investment on the unit production capacity of slab casters dropped from RMB500/ton at the beginning of the nineties to about RMB 250/ton, a drop of about 50%. At the beginning of import of thin slab casting-rolling system (including rollers), single stream castein investment was about RMB 1700/ton and now the investment dropped to RMB 1200 – 1400/ton and the two-stream castein investment on unit production capacity dropped to about RMB 1000 – 1100/ton. For this, the proportion of the nationalization of technology and equipment was very important.

At the beginning of the nineties, China's bar and high-speed wire rod continuous rollers basically relied on import and the investment on unit production capacity was about RMB 1000 – 1200/ton. At the end of the nineties, the investment on unit production capacity of nationalized long steel product continuous rolling lines dropped to about RMB 500 – 550/ton, a drop of over 50%. After the entry into the 21st century, the investment on unit production capacity of nationalized bar continuous roller dropped to RMB 300 – 350/ton while that of homemade high-speed wire rod continuous roller, about RMB 350 – 450/ton.

China's PCI technology and equipment for large, medium-sized and small blast furnaces and technological equipment of the campaign elongation basically rely on our own development and the investment on unit capacity is evidently cheaper as compared with that of the imported technology.

Except that certain individual steel plant imported converter slag splashing technology, the majority of the steel plants achieved this technology by redevelopment with domestic technology and equipment and therefore, the investment amount was low.

The achievement in technology of overall energy saving such as billet hot charging technology relied even more on the technology and equipment developed at home.

The above facts showed the importance of the skill for timely, orderly and effective investment to the development of key common technology and at the same time brought about the nationalization of a number of advanced technologies and equipment and its impact on the investment cost and effect.

3 Views on the Development of Chinese Steel Industry in the New Century

At the beginning of the new century, Chinese steel industry should dynamically adopt itself to the trend of the market development and continue to take restructuring as the principal way so as to enhance market competitiveness and stress on the objectives of sustainable development.

China's various steel mills should mainly face the domestic market in the present period. Therefore, for the Chinese steel mills, their international competition on steel will first be competition on domestic market share. From the point of view of national interest, export of machines, electric appliances, ships and light industrial products processed from steel will be better than export of steel. This will be beneficial to creation of employment opportunities and expansion of the chains of manufacture at home on the one hand and avoid to the greatest extent the rise of international disputes over steel export on the other. To go a step further, it would be good for China to appropriately maintain her status as an overall importer so as to avoid too big a construction scale and cause oversupply and inadequate operating rate. Of cause, it is also necessary for China to maintain about 90% of self-sufficiency of steel products.

As for the product development of Chinese steel industry, the emphasis should be laid on deeply processed products with high added value such as flat steel products, particularly sheet coils, including cold-rolled coils, galvanized sheets, color sheets, cold-rolled silicon sheets and stainless steel sheets. In the first 10 to 15 years of the 21st century, China should make sustained and orderly investment in the above-mentioned sheet products and achieve new competitiveness with comparative superiority developed in the growth of the product market.

From a national point of view, in developing flat products, consideration should be given to the specific conditions of different types of steel mills with overall coordination:

One kind is the super-huge integrated enterprises with good foundations that have an output of over 7 million tons per year generally based on two sets of hot band rollers. They should stress the development of high grade and deeply processed products, increase the proportion of cold-rolled sheets (at least over 60% - 70%) and devote great effort to develop automobile sheets, electric appliance sheets and cold-rolled silicon sheets.

Another kind is the product-changing enterprises with a production scale of over 4 million tons. These enterprises used to produce mainly long products as well as some medium plates. After their annual output exceeds 4 million tons, they should be encouraged to produce steel sheets. This is because the minimum annual output of hot band roller should be 2 million tons or over 3.5 million tons. For such steel mills, if they have good conditions, support should be given to their transfer of production of mainly of long products to that of sheets.

Still another kind is the existing and newly set up stainless steel sheet plants. Those with good conditions should quickly achieve an annual output of over 1 million tons.

As one of the weak links of Chinese steel industry, special steel mills should be given great concern for and big support to their construction and technological reform in the future 10-15 years.

Beside, Chinese steel industry must, in the future, further decrease its energy consumption (for instance to an average reduction of 15% - 20% nationally) and water consumption (for instance to an average consumption of 8 tons for steel mills by 2010 and further to 5 tons by 2020). In the development of the steel industry, great importance must be attached to increase of steel utilization rate (including the increase of yield of steel products and improvement of steel property etc.) and expect that the steel utilization rate will be increased by 10% - 20% in the coming 10-20 years.

In the fierce domestic and international competition in the steel market, Chinese steel industry should gradually quicken its progress of the establishment of steel groups or strategic alliances so as to promote the reasonable distribution, healthy development and rational investment and avoid blind investment competition as well as to reasonably determine the product sales price and raw material purchase price etc.

After the entry into 21st century, it is a topic of the times to understand the social and economic role of the steel plants, particularly the function of manufacturing route.

From the viewpoint of future social and economic role of steel plants, the manufacturing route of steel plants should have three functions:

(1) Manufacture of steel products;

(2) Energy conversion;

(3) Treatment and elimination of waste products.

On the basis of the above-mentioned understanding, we will step by step carry out the technology progress measures of green manufacture, solve the problem of the harmonious development of steel plants and environment and ecology, i. e. to realize the sustainable development while obtaining good market competitiveness.

Progress and Prospect of Thin Slab Casting and Rolling Process in China*

Abstract Thin slab casting and rolling (TSCR) production has made much progress in China. Not only productivity has been improved gradually, but also products development has special characteristics in some steel plants. Much progresses in producing fine and ultra fine grain steel and Nb, V, Ti microalloyed high strength steel, improving hot strip quality for cold rolling, increasing ratio of thinner strip output and developing ferritic rolling technique has been made also. Even depositions strengthen mechanism of nano-precipitates has been studied deeply. Some equipments and relative techniques of TSCR are developed domestically. The problems about influence of route on productivity, quality and process structure will be paid more attention in order to improve the competitiveness of TSCR in future.

Key words China, TSCR, progress, prospect

The TSCR process has made great progress during the recent three years in China. Now China is one of the main countries who have adopted TSCR process, which contributes greatly to the development of TSCR route.

The progresses made in China these years, the problems we are thinking about and the prospect on TSCR process will be presented briefly in this paper.

1 Development and Progress of TSCR Process in China

With the entrance of the new century, steel production in China steps to the rapidly expanding period and process structure optimization is speeded up. Besides, some middle and large enterprises are changing their product structure or optimizing the process, which makes TSCR process developed rapidly.

In recent years, the main progresses on TSCR process in China are as follows.

1.1 The Productivity is Increasing Gradually

Table 1 shows that the output of hot strip had been increased by 63%, 71%, 40% every year since 2002, with 2.88 times added in the three years. In 2005 the output of hot strip made by TSCR had risen to 18.96 Mt, of which 17.3% was used as strip for cold rolling which was 3.289 Mt. Hot rolling strip for commercial was 15.67 Mt, which is 46.1% of 33.99 Mt hot strip and 23.6% of 66.49 Mt total hot rolling strip for commercial in China.

By the end of 2005, including FTSR lines of Benxi Steel, Tonghua Steel, and ASP line of Jinan Steel, and the second ASP line in new area of Anshan Steel, there are 11 TSCR lines in

* Reprinted from 2006 *International Symposium on Thin Slab Casting and Rolling*, 2006: 1 ~ 8, Guangzhou, China.

China with the total production capacity exceeding 25.00 Mt annually, which is about one third of global production capacity of TSCR, and the 10 lines are matching with converters. Table 2 lists production specifications and rolling mill configuration of the above TSCR lines.

Table 1 Output of TSCR lines in China (t/a)

Year	Zhujiang Steel	Handan Steel	Baotou Steel	Anshan Steel	Tangshan Steel	Ma'anshan Steel	Lianyuan Steel	Benxi Steel	Tonghua Steel	Jinan Steel	Total
1999	4.4×10^4	0.2×10^4	—	—	—	—	—	—	—	—	4.6×10^4
2000	38.5×10^4	79.2×10^4	—	0.07×10^4	—	—	—	—	—	—	117.8×10^4
2001	77.8×10^4	101.5×10^4	4.5×10^4	81.2×10^4	—	—	—	—	—	—	265.0×10^4
2002	82.2×10^4	112.2×10^4	130.0×10^4	162.8×10^4	—	—	—	—	—	—	487.2×10^4
2003	112.5×10^4	153.2×10^4	251.8×10^4	220.9×10^4	55.8×10^4	—	—	—	—	—	794.2×10^4
2004	163.7×10^4	230.5×10^4	249.8×10^4	241.4×10^4	192.6×10^4	156.9×10^4	124.7×10^4		—	—	1359.6×10^4
2005	157.8×10^4	259.75×10^4	288.4×10^4	238.8×10^4	301.1×10^4	22.8×10^4	241.0×10^4	89.8×10^4	0.5×10^4	96.0×10^4	1896.0×10^4

Notes: 1. The output data of Jinan Steel is for continuous casting slab all of which are hot rolled to strip, so the data are counted in output quantity, continuous rolling line will be put into production in 2006. 2. The output data of Anshan Steel is for 2 ASP lines.

Table 2 Production specifications and rolling mill configuration of TSCR lines of China in 2005

No.	Lines	Specifications of slab width × thickness/mm × mm	Specifications of strip width × thickness/mm × mm	Configuration of rolling mill
1	Tangshan Steel	(1235 ~ 1600) × (80, 85)	(1235 ~ 1600) × (1.0 ~ 12.0)	F2 + F5
2	Zhujiang Steel	(1000 ~ 1351) × (50 ~ 60)	(1000 ~ 1351) × (1.2 ~ 12.7)	F6
3	Lianyuan Steel	(900 ~ 1600) × (55 ~ 70)	(900 ~ 1600) × (0.8 ~ 12.7)	F7
4	Benxi Steel	(850 ~ 1605) × (70 ~ 85)	(850 ~ 1750) × (0.8 ~ 12.7)	F2 + F5
5	Handan Steel	(900 ~ 1680) × 70	(900 ~ 1680) × (1.2 ~ 21)	R1 + F6
6	Baotou Steel	(1020 ~ 1530) × (52 ~ 72)	(1020 ~ 1530) × (1.0 ~ 20.0)	F6
7	Magang Steel	(900 ~ 1600) × (65 ~ 70)	(900 ~ 1600) × (3.0 ~ 9.5)	F7
8	Jinan Steel	(900 ~ 1600) × (135 ~ 150)	(900 ~ 1600) × (3.5 ~ 6.0)	R1 + F6
9	Anshan Steel 1#	(930 ~ 1530) × 135	(930 ~ 1500) × (1.6 ~ 11.5)	R1 + F6
10	Anshan Steel 2#	(1000 ~ 2000) × (135 ~ 170)	(1000 ~ 2000) × (1.5 ~ 25)	R1 + F6
11	Tonghua Steel	(850 ~ 1605) × (70 ~ 85)	(900 ~ 1560) × (0.8 ~ 12.7)	F2 + F5

A lot of plants with TSCR in China can completely reach the capacity monthly and yearly after putting into operation. The CSP lines in Baotou Steel and Handan Steel, ASP line in Anshan Steel and UTSP (FTSR) line in Tangshan Steel have obtained or exceeded the designing capacity, which are advanced among the same lines in the world. Each plant can master technological operation quickly, maintenance of equipments with safe production, low accident rate and steady operation, which are the main reasons that the efficiency of production is increasing rapidly in Chinese TSCR plants. Many steel plants such as Anshan Steel, Baotou Steel, Tangshan Steel and Handan Steel have reached the goal that no breakout occurs in one month. And breakout ratio in Anshan Steel was only 0.023% in the year 2004, similar with international advanced level in conventional continuous casting production. Baotou Steel had set up the continuous sequence records of 22 heats, 26 heats and 29 heats. Baotou Steel and Tangshan Steel had alternatively refreshed the record that monthly production is 0.2430 Mt, 0.2466 Mt, 0.2534 Mt, 0.2569 Mt, 0.2630 Mt and 0.2760 Mt. The daily output of Tangshan Steel exceeded 10000 t and its yearly output was more than 3.0 million tons.

1.2 New Progress Has Been Made on Products Development with Special Characteristics Being Formed Gradually in Some Plants

Not only the output of TSCR lines is increasing rapidly in China, but also some products development has been carried out. Some plants have made achievement on developing new products and much of which are put into bulk producing. The productivity and product development of TSCR are progressed synchronously. Normalization or optimisation of the process and the managing experiences accumulated in production practice are the bases of products development while the products development will further improve the process and equipment optimization.

Firstly, some plants succeed in producing fine grain steel, ultra-fine grain steel and V, Nb, Ti microalloyed high strength steel. For example, the output of thin slab used for container in Zhujiang CSP process has been the most one in China. And the ultra high strength sheet steel with thickness less than 1.6 mm ($\sigma_s \geqslant 690$ MPa, $\sigma_b \geqslant 760$ MPa) used for container has been produced. Besides, Mischcrystal problem has been solved in Nb microalloyed steel in Baotou Steel.

Fig. 1 shows the fine grain structure with 5.5 μm average ferritic grain size in ZJ550L, which is a kind of low carbon high strength steel used for crossbeam of car developed by Zhujiang Steel and USTB. In addition, the uneven performance along length direction of Ti microalloyed strip of anti-atmosphere corrosion high strength steel has been eliminated successfully. Fig. 2 illustrates the measured mechanical properties along the length direction of 550 MPa grade steel of Zhujiang Steel. Fig. 2 shows uniform properties distribution in the whole coil, in which the maximum difference of yield strength is 30 MPa while maximum difference of tensile strength is 25 MPa.

Fig. 1 Microstructure of ZJ550L low carbon high strength steel in length direction (strip thickness is 5.0 mm)

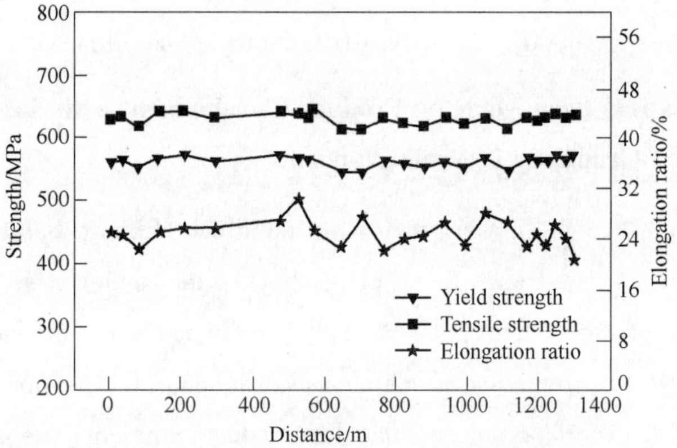

Fig. 2 Coil's mechanical properties of Ti microalloyed strip of anti-atmosphere corrosion high strength steel produced by Zhujiang Steel

Secondly, some plants have succeeded in producing low carbon strip for cold rolling. In Ma'anshan steel the ratio of strip for cold rolling in hot-rolled coil is 30% ~75%.

Thirdly, the study and industrial experiment on advanced process, such as ferritic rolling and semi-endless rolling, have been carried out. For example, the experiments on semi-endless rolling have produced more than thousand tons' steel in Tangshan Steel and Lianyuan Steel. In Tangshan Steel and Zhujiang Steel, based on experimental experience, research on ferritic rolling has been proceeded.

Fourthly, progress has been made on producing thin gauge product. The output of hot-rolled coil with thickness less than 2 mm in Zhujiang Steel was 47.6% of the total amount in 2005, while as 0.78 ~ 0.97 mm thick hot-rolled coil had been produced in Zhujiang, Tangshan and Lianyuan steels.

Fifthly, the characteristic of TSCR process had been paid more attention by steel plants during the developing period. Analysis based on theory and production finds out the optimal process parameters on chemical composition control, solidification, reheating, rolling and steel properties. It's found by USTB and Zhujiang Steel that there are nano-precipitates from hot rolled low carbon strip, which have effective strengthen function; moreover, under experiment condition, the tempering and rapidly cooling method (certified national patent) proved to be benefit to sheet properties of TSCR. Fig. 3 shows the picture of carbon precipitates less than 20 nm observed in HSLC steel by high revolving power electro speculum in USTB. Fig. 4 shows the picture of TiC and $Ti_4C_2S_2$ particles in Ti microalloyed high strength anti-atmosphere corrosion steel under electrospeculum. Observation shows there are lots of TiC particles less than 20 nm in steel, which have strong effect of precipitation strengthen to steel.

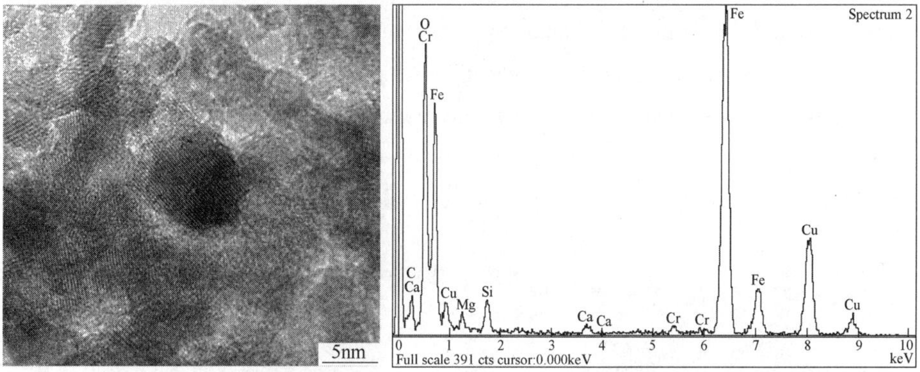

a b

Fig. 3 High revolving power stria picture of carbon precipitates less than 20 nm observed in the electro-analysis powder of ZJ330 of HSLC steel (a) and Energy spectra under electron microscope (b)

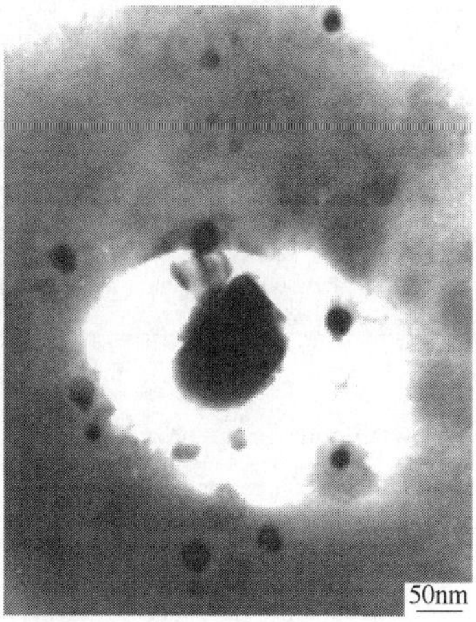

Fig. 4 Particles of TiC and $Ti_4C_2S_2$ in Ti microalloyed steel

1.3 Obvious Progress Has Been Made on Refractory and Equipment Technology

The technology related to refractory and spare parts is the guarantee to make TSCR lines working stably and effectively, on which much progress has been made because much attention have been paid by plants. Some concrete achievements have been cited as following.

Firstly, since 2005, Tangshan Steel FTSR line uses domestic SEN and mould powder, whose quality is equal to product imported while prices are much lower. As to SEN, it is optimized by experiment in material and configuration. Now the life of the SEN is used up to 12 hours continuously and efficiently, which can improve slab quality. Fig. 5 shows the steel temperature distribution in the mould using old type SEN and renovated type. Amount of trials on domestic-made SEN, nozzle and stopper are also carried out in Zhujiang Steel and other plants.

Secondly, Central Iron and Steel Research Institute and many plants have optimized structure, shape, material and manufacturing technology of the mould, which have reduced cracks in slab with different width and thickness and prolonged the working life of mould. The Technology Research Institute of Baoshan Steel has analyzed and researched equipments and processing technology in the process prospectively, and has acquired several patents. The research results developed independently by Baoshan Steel on a low-stress mould adapting for producing different width and steel grade slab has been applied by Baotou Steel successfully, which improves quality of products and increases efficiency of production.

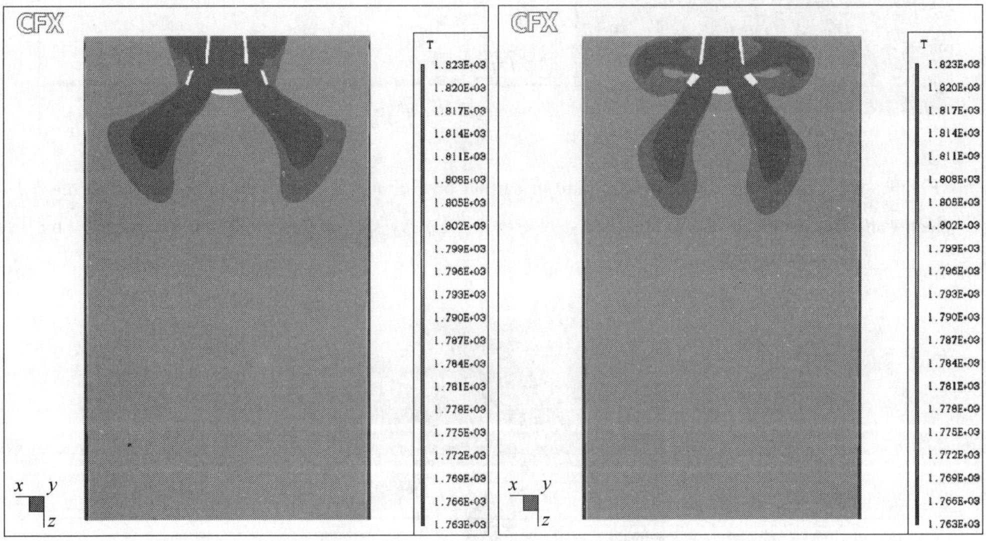

a b

Fig. 5 Steel temperature distribution in mould using SEN with old style (a) and using SEN with renovated style (b)

Slab size—1500 × 90 mm^2; Casting speed—5.0 m/min; Submerged depth of SEN—150 mm

Thirdly, most of equipments in the TSCR process line have been produced in our country basically. Some plants such as General Machine Plant of Capital Steel etc. have made researches on improving configuration of equipment and optimizing processing technology etc, and have acquired obvious achievement. Some plants such as Handan Steel have optimized lubrication system of rolling mills etc.

1.4 High Efficiency Production Technology and Management Experience Began to be Exported to Other Countries

In China, not only the production efficiency of the same type of TSCR steps forward in the world, but also the related technology in the field of TSCR begins to be exported. In 2004, Baotou Steel helped MeGa Steel Plant in Malaysia to fulfill monthly production plan (0. 15 Mt/month) in three months, and its output increased to 0. 17 Mt/month six months later, and then signed the contracts about increasing output with NSM plant in Thailand.

In a word, the development and achievement acquired on TSCR process in China are remarkable in recent six years. But the working time of the TSCR route in China is very short; at present, there are some problems in equipment allocation of process, production technology, quality and steel grades that need to be solved. A lot of works need doing to obtain potential possibilities of the TSCR.

2 Considering Problems in China

The problems occurring at many TSCR plants are being studied and solved in China, and the main problems are mainly as follows.

2.1 Effects of Route Allocation on Production Efficiency and Product Quality

Line from BOF to thin slab caster and rolling is the main TSCR process in China, which is benefit to enhance production efficiency. But owing to the restriction of conditions during construction period, for example when the tonnage of BOF were smaller, even some hot metal mixer were adopted, lack of hot metal pretreatment equipment, the process and capability of secondary refinement and general layout were unreasonable, the BOF and refining furnace became "bottle neck" of the route after put into operation, which affected exertion of the whole route productivity.

Some plants tended to produce thicker section slab and equipped with roughing mill in order to improve productivity. But while they were improving further production capacity and producing thin gauge strip, the ability and productivity of the roughing mill became the limiting link of the production on the contrary.

It shows that procedure's capability, the role in the process and general layout should be researched deeply to make TSCR exerting full production ability.

2.2 Research on Optimization of Process System Should be Paid More Attention

Considering from the operation condition of some plants, it is necessary for them to improve. For example, some plants need to take standard BOF operation rules; in some plants, sulfur returned in the blowing end of BOF, which influences molten steel quality, continuous casting process and rolling product quality. Some plants neglected pre-desulfurization process of liquid iron and rely it on LF, which slowed the produce rhythm and kept casters waiting and rose the operation cost. For some plants taking cold rolling strip as main product, LF furnace might be the "bottle neck" if it is the only refining equipment of the line, even could ruin the cold strip quality. Making reference to the refining process for cold-rolled strip production, RH should be chosen as the main refining equipment in order to produce the slab for cold rolling with high quality and efficiency.

There are also a series of important problems, for example, how to control the cleanliness and overheat of different steel grades suitable to the technical requirement of TSCR process; how to improve casting speed further and control the temperature of slab properly before it get into the reheating furnace in order to guarantee the temperature and efficiency, quality and energy saving; how to reduce the breakout ratio, avoid the accident of the equipment, technology and product quality; how to improve level of management; how to coordinate the rhythm between smelting, refining, casting, reheating and rolling procedures by the information technique. It is very important to solve the series of problems mentioned above.

Besides, the technology process such as the semi-endless rolling and ferritic rolling needs more research and development.

2.3 The Optimized Product System Suitable for TSCR Process should be Researched as soon as Possible and the Quality of Product should be Improved Greatly

How to establish excellent product system in order to suit to the new process and improve the competition ability compared with the conventional process. We can analyze it in the following aspects:

Firstly, we should exert the advantage of the thin gauge products production in research and development works.

Influenced by the market demand and the price, the existing TSCR lines in China (except for Zhujiang Steel) all put the hot coil which is ≥3 mm as the main products. But the TSCR route have more advantages on the thin gauge product, which can split from traditional hot rolling, on the other hand pickling after hot rolling can be developed to improve its competi tiveness.

Secondly, we should take means of new species development into account. Effect of TSCR process on performance and qualitative properties should be researched deeply. We must advocate the products developing way which is combined with raw materials and equipments in different plants. Zhujiang Steel Co. has chosen high strength steel for container as main products; moreover, they have achieved the goal of mass production of ultra thin gauge (1.4 ~ 1.6 mm) high strength coil for container suppliers by means of composition designing, cleaning steel control and route process optimization. Now it is a mainly economic benefit for Zhujiang Steel. The company's ideas should be referenced and advocated. Lots of plants have widely tested new grades but can't produce in bulk which is the insensible developing way. The product with much more competitiveness should be chosen as developing aim by steel plants.

Thirdly, quality's improvement and comprehensive production's efficiency should be earnest studied in development. At the same time the characteristic of TSCR will lead scientific modification to current standard of production, even new standard might be constituted.

It should be indicated that the development of product quality, new variety and productivity should be researched together because these aspects can promote and affect each other.

2.4 Research on Establishing Evaluation System of TSCR Process

The TSCR process should be comprehensive research and establishing evaluation system on techno-economy, in which product cost, production efficiency, energy consumption, quality of products and batch process steadiness, steel grad scope and especially the friendly environment should be included.

3 Prospect on Production and Technical Innovation of TSCR Process in China

In China, the TSCR lines are mainly matching with BOFs, so it has important influence on high-efficiency production, and also contributes to optimize production-structure. And another important feature of TSCR in China is variety, which is different from other countries. We have had green-field and revamped TSCR lines in integrated companies, and green-field of EAF-CSP route, and some of product restructure project by TSCR based on long products steel mills, which hold on large proportion. Thin slab continuous caster mainly has three technologies: CSP, FTSC and ASP. Slab thickness ranges from 55 to 135 mm, besides the process equipments are diverse also, Strip rolling mill has CVC and PC style, and in rolling mills group, it has F6 – F7, also has F2 + F5 and R1 + F6. Therefore, these varieties provide the basic and evaluating warrant of the research for future which is benefit for comparison and renovation.

The shortcoming of TSCR should also be noted as follows:

(1) The connection procedure between converter and C. C. machine only with LF is far from adequate. LF always keeps C. C. machine waiting for two heats of steel at the casting sequence beginning, which limits the productivity and variety of steel grades.

(2) Route with two tunnel furnaces matching one rolling line is not so convenient even can limit each other.

So the future innovation and developing prospect are mainly in two aspects, that is, productivity should continue to be improved and advanced product system should be set up, which can divide the market more reasonable with traditional route and take its advantages.

The product capability of a TSCR line matched with converter reaches 2. 5 ~ 3 million tons per year in China. However, in the new district of Anshan Steel, there are 4 sets of slabs caster matched with 1 set of rolling line, which is an innovation route. If it can run successfully, this new route's output will exceed 5 millions tons per year, which will have much impact on traditional product route.

It will be an important object to set up the optimizing products system of TSCR. The proportion of thin gauge hot rolling strip should be enlarged firstly. The matter for cold rolling strip and sorts of problems of silicon sheet should be solved to increase the output of high quality products and take its advantages.

In order to achieve the important aim of product system development with high efficiency and quality, a series of creation of process and equipment, core technology of TSCR should be strengthened. For example, adopting heat conduction adapts mould technology adapting for high speed casting, high steel flux and high quality, long life and heat flux optimized structure of the submerge entry nozzle, the intelligence assembly controlling technology and so on. By improving these core technology and equipments, long aim and dream will be achieved, that is, with one strand of high speed caster matching a set of hot strip mill with semi-headless rolling to obtain the output of TSCR process more than 3. 5 Mt/y and forming better optimized route configuration.

Technology innovation of TSCR is an important power to optimize steel route structure in new century. Basic condition have had for further innovation and development, and we expect friendly cooperation with international partner and further promoting the TSCR process.

Today's Chinese Steel Industry and Its Prospect*

Abstract The rapid development and technical progress of Chinese steel industry since 1990 are reviewed briefly. The increased production and consumption, and import and export of steel products in China are introduced. The development tendency of domestic demands for steel products are analyzed and forecasted preliminarily. Also, the social and market orientation for the Chinese steel industry are discussed. It is pointed out that the Chinese steel industry should be the steel industry of open and internal-demand-oriented, should not to be the steel industry of export-oriented.

Key words Chinese steel industry, forecasting, orientation

1 Rapid Development of Chinese Steel Industry since 1990

Reviewing the development of Chinese steel industry, it can be said that it has followed a winding path through development, fluctuation and rise. From 1949 to 1986, it took 37 years for Chinese steel industry to break though 50Mt/a in output. From 1987 to 1996, it took only 10 years to reach over 100Mt/a. From 1997 to 2001, it took 5 years to increase by 50Mt. From 2002 to 2003, it took only 2 years to increase by 50Mt. In 2004, only one year, the Chinese steel output was increased by another 50Mt. The development history of the Chinese steel industry is hard and colorful.

1.1 The Development of Crude Steel Production since 1990

Rapid development of the Chinese steel industry in 1990s was of global importance, and China has been the world top steel producer for 9 consecutive years since 1996. The Chinese crude steel output has increased 3.17 times within 15 years since 1990, it was 272.80Mt in 2004, accounted for 25.80% to world crude steel output. Fig. 1 shows the change of Chinese annual crude steel output since 1990.

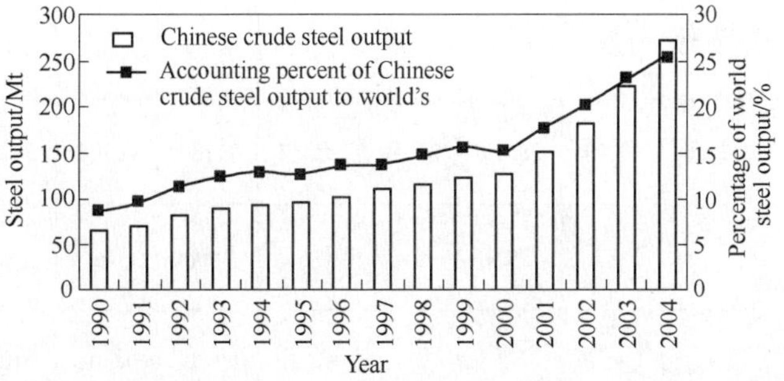

Fig. 1 Change of Chinese crude steel output since 1990 and accounting percent to world steel output

* Reprinted from *Asia Steel International conference*, 2006: 2 ~ 6, Fukuoka, Japan.

1.2 Promotion of Technical Progress by Popularization of Six Common Technologies

Since 1990s, pulled by increased demands for steel products and led by implementation of orderly technological progress strategy, the Chinese steel industry has successively made breakthrough in 6 common technologies within the whole country. They are, in chronological order: continuous casting technology, PCI technology, elongation of BF campaign, continuous bar and wire rolling technology, integrated energy saving technology with route structure adjustment and slag splashing technology on BOF's.

By breakthrough of 6 common technologies and orderly integration of them, matched with the strategical capital investment timely and orderly, the upgrading of technical structure of Chinese steel industry were realized, the total optimisation of long product producing process and part of flat product producing process were accelerated. At the same time, due to making use of a great deal of world ore and scrap resource, the rate of domestization of designing, manufacture of a set of advanced equipment, making specific investment of steel product decrease continually give obvious effect to energy saving, raw material consumption decreasing, cost reducing, product quality improving, emission reducing and productivity increasing. Therefore, the technico-economic indexes have been increased obviously (Table 1), and a stable base was laid for the rapid development of the Chinese steel industry.

Table 1 Change of technico-economic indexes of Chinese steel industry since 1990s

Year	1990	1992	1994	1996	1998	2000	2001	2002	2003	2004
Output of steel/$Mt \cdot a^{-1}$	65.35	80.93	92.61	101.24	114.59	128.50	151.63	182.25	222.34	272.80
CC ratio/%	25.07	31.79	41.75	55.91	77.61	86.97	89.44	93.03	96.19	98.35
Comprehensive energy consumption per ton /$t \cdot t^{-1}$②	1.611	1.574	1.519	1.392	1.009	0.920	0.876①	0.815①	0.770①	0.761①
PCI to BF /$kg \cdot t^{-1}$	50.0	50.3	61.3	72.0	94.9	117.0	122.0①	125.6①	117.7①	116.0①
BF coke ratio /$kg \cdot t^{-1}$	557	551	566	495	496	437	422①	417①	430①	427①
BF productivity /$t \cdot (m^3 \cdot d)^{-1}$	1.73	1.81	1.81	1.75	2.02	2.15	2.34①	2.46①	2.47①	2.52①
BOF utilization efficiency of key steel enterprises /$t \cdot (t \cdot d)^{-1}$	22.60	30.24	28.19	25.59	27.37	31.80	28.08	34.57	36.11	35.64
BOF campaign (heat) /%	438	487	592	1127	1858	3500	3526①	4386①	4631①	5218①
Yield of Steel products in key steel enterprises/%	83.21	—	—	—	89.81	92.48	94.01	94.19	94.92	95.60

①Statistical data of key enterprises, from《China Iron and Steel Statistic》.

②Comprehensive energy consumption per ton steel of steel industry includes the energy exhausted in main procedures, such as mineral processing, sintering, coking, etc. and the consumed energy in auxiliary procedures.

From 1990 to 2000, the Chinese steel output increased nearly two times, while the total energy consumption of steel industry increased only by 31%, and comprehensive energy consumption per ton steel decreased by 43%. There has been a great progress in the Chinese steel industry on energy saving, raw materials consumption decreasing and emission reducing, but there is still a certain gap from international advanced indexes, which is also the potential for further development of Chinese steel industry.

1.3 Distribution and Plant Scale of Chinese Steel Industry

1.3.1 Distribution in East, Middle and West China

Generally speaking, Chinese steel plants have grouped along the eastern coast and in the middle and downstream of the Yangtze River. At the same time, it should be noted that there are steel plants in every provinces except Tibet. Table 2 shows the distribution of Chinese steel production.

Table 2 Change of Chinese steel production distribution from 1950 to 2004 (%)

Year / Region	1950	1970	1980	1990	2000	2002	2004
North China	12.72	19.96	21.51	22.69	25.82	28.89	33.14
Northeast China	82.83	37.32	26.44	20.89	14.16	12.65	11.83
East China	1.95	23.7	24.74	27.57	31.91	31.42	30.32
South-middle China	0.90	13.57	15.05	16.64	15.75	16.32	15.34
Southwest China	1.61	4.51	10.34	9.38	8.93	7.81	6.63
Northwest China	0	0.94	1.91	2.82	3.43	2.91	2.84

1.3.2 Scale of Chinese Steel Plants

The scale of a large number of steel plants was optimized economically. In 1990, there were only 14 steel plants with an annual output of over 1 mil. t, in 2003 the number increased to 59, and in 2004 it increased to 63. There were 15 steel plants with annual output of over 5Mt in 2004.

2 Development of Domestic Steel Products Production and Apparent Consumption in China

Pulled by the rapid development of national economy, especially by the increasing investment on fixed asserts, domestic steel consumption sharply increased. From 2002 to 2004, Chinese steel output increased with a great extent, and Chinese steel increment accounted a majority to world steel increment. From 2002 to 2004, world steel output increased 154.25Mt, among them, 90.11Mt was contributed by Chinese steel industry, accounted for 58.41%. It has brought change to international steel market, made price of raw materials for steel industry and freight increase for a time. Nowadays, Chinese steel output, apparent consumption, import and export of steel products have occupied for a large share in the world.

2.1 Statistic Data of Chinese Crude Steel and Steel Products Output since 1990

Table 3 shows the data of Chinese crude steel and steel products output publicized by authorities and the calculated yield of steel products based on the publicized date are shown in the table.

Table 3 Output of crude steel and steel products from 1990 to 2004 in China (publicized statistic data)

Year	1990	1991	1992	1993	1994	1995	1996	1997	1998	1999	2000	2001	2002	2003	2004
Crude steel output/Mt	65.35	71.00	80.93	89.54	92.61	95.36	101.24	108.91	114.59	123.95	128.50	151.63	182.25	222.34	272.80
Steel products output/Mt	51.53	56.38	66.94	77.07	84.28	89.80	93.38	99.87	107.38	121.02	131.46	157.46	192.14	241.19	304.28
Calculated yield of steel products/%	78.9	79.4	81.2	86.03	90.7	94.2	92.2	91.7	93.7	97.6	102.3	103.8	105.4	108.5	111.7

As shown in Table 3, yield of steel products has exceeded 100% from the year of 2000, and become bigger. The reason is that Chinese steel products output data publicized is based on the trade amount of steel products. The increase of further processed steel products in recent 5 – 6 years, has led to unreasonable repeated estimation, even many times, thus the absurd phenomenon that statistics output of steel products larger than output of crude steel appeared over the years of 2000 ~ 2004.

2.2 Actual Value of Chinese Crude Steel Output, Steel Products Output and Apparent Steel Consumption since 1990

Therefore, based on crude steel output, the actual output and apparent consumption of steel products were estimated according to the yield of steel products, the results are shown in Table 4.

Table 4 Actual value of Chinese crude steel output, output and apparent consumption of steel products since 1990

(Mt/a)

Year	1990	1991	1992	1993	1994	1995	1996	1997	1998	1999	2000	2001	2002	2003	2004
Crude steel output	65.35	71.00	80.93	89.54	92.61	95.36	101.24	108.91	114.59	123.95	128.50	151.63	182.25	2224.3	272.80
Apparent consumption of steel products	51.53	56.38	66.94	77.07	84.28	89.80	93.38	99.87	100.55	111.64	117.47	146.41	172.39	212.20	253.81

Continued

Year	1990	1991	1992	1993	1994	1995	1996	1997	1998	1999	2000	2001	2002	2003	2004
Apparent steel product consumption	53. 12	56. 41	70. 77	106. 21	105. 36	97. 84	105. 15	108. 48	109. 40	122. 82	127. 22	158. 88	191. 43	242. 41	268. 89

Note: 1. output of steel products = {output of crude steel – ingot steel + imported billet (ingot) – exported billet (ingot)} × comprehensive yield of steel products in given year;

2. Apparent steel products consumption = domestic steel products + imported steel products-exported steel products.

Compared the data in Table 3 and Table 4, it can be seen that there is great difference between output and apparent consumption of steel products in statistics and their actual value.

2.3 Characteristics of Domestic Consumption of steel Products in China

2.3.1 Structural Imbalance in Supply and Demand of Products, Long Products are over Supplied and Flat Products are in Shortage

Nowadays, in China, long products are over supplied, the import and export of pipes are approximately in balance, plate and strip (in particular sheet) are in shortage, and they are imported quite a bit. GDP per capita has exceeded $1490, resident consumption structure has changed, and demands for high quality sheets are increasing, so the conflict between structure of steel products output and the steel products demanded occurs.

In 2004, the ratio of plate and strip domestic produced to total steel products was 36. 9%, while this ratio for consumption was 41. 1%. The actual apparent steel products consumption was 268. 89 Mt in 2004. The total imported steel products was 29. 30 Mt, among them plates and strips accounted for 85. 7%, mainly as sheets and deeply processed products. The total Chinese exported steel products in 2004 was 14. 23 Mt, majority of them were long products.

2.3.2 Domestic Consumption of Steel Products in 8 Fields Occupies 92% for Total Consumption of Steel Products

For domestic consumption of steel products, construction, machinery, light industry and house appliance, automobile, shipbuilding, railway, petrochemistry and container industry are 8 fields of high consumption of steel products. These 8 fields consumed 223. 61 Mt steel products in 2003, which accounted for 92. 24% to the actual consumption in China. Among them, construction accounted for 61. 55% to the total steel consumption, machinery accounted for about 12. 56%, light industry and house appliance accounted for about 9. 53%.

Compared with the data in 2002, steel products consumption in 2003 increased by 50. 98 Mt (Table 4), among them, building industry alone increased 40. 00 Mt. It is related to a quantity of building projects, also related to overmuch investment.

2.3.3 Imbalance between Demand and Supply of Steel Products in Different Regions of China

In 2004, the maximum steel products consumption was in eastern China, it accounted 40. 4%

in the total steel products consumption, the others in turn were north China, south-middle China, northeastern China, southwestern China and northwestern China. At present, steel products consumption is concentrated in three regions, such as eastern China, north China and south-middle China, and the ratio of steel products consumption in these regions accounts for 75.0% to that of the whole country, while the consumption in northeastern China, southwestern China and northwestern China only accounts for 20.1%. It shows the imbalanced economic development of east region and west region of China and the steel products are mainly consumed in the developed east regions.

2.3.4 Import and Export Steel Products (Billet) in China

Since 1990, in China, the import and export of steel products (billet) have been changed with crude steel output and domestic demand for them, and always fluctuate, but generally speaking, China still acts as net importer of steel products (Table 5) before 2005.

Table 5 Output of crude steel, import and export of steel products/ingot from 1990 to 2004 in China

(Mt/a)

Year	Crude steel output	Billet/ingot exported	Billet/ingot imported	Steel products imported	Steel products exported
1990	65.35×10^6	0.52×10^6	0.42×10^6	3.68×10^6	2.09×10^6
1991	71.00×10^6	0.85×10^6	0.33×10^6	3.32×10^6	3.29×10^6
1992	80.93×10^6	0.60×10^6	1.81×10^6	7.10×10^6	3.27×10^6
1993	89.54×10^6	0.14×10^6	6.38×10^6	30.26×10^6	1.12×10^6
1994	92.61×10^6	0.66×10^6	2.63×10^6	22.83×10^6	1.74×10^6
1995	95.36×10^6	4.61×10^6	6.45×10^6	13.97×10^6	5.93×10^6
1996	101.24×10^6	2.78×10^6	0.40×10^6	15.98×10^6	4.22×10^6
1997	108.91×10^6	4.15×10^6	0.40×10^6	13.23×10^6	4.62×10^6
1998	114.59×10^6	2.17×10^6	0.70×10^6	12.42×10^6	3.57×10^6
1999	123.95×10^6	2.33×10^6	2.14×10^6	14.86×10^6	3.68×10^6
2000	128.50×10^6	5.09×10^6	4.91×10^6	15.96×10^6	6.21×10^6
2001	151.63×10^6	2.73×10^6	8.36×10^6	17.22×10^6	47.4×10^6
2002	182.25×10^6	1.35×10^6	4.69×10^6	24.49×10^6	5.45×10^6
2003	222.34×10^6	1.50×10^6	5.93×10^6	37.17×10^6	6.96×10^6
2004	272.80×10^6	6.06×10^6	3.86×10^6	29.30×10^6	14.23×10^6

2.4 Dependence of the Chinese Steel Industry on International Resources

Table 6 shows the dependence of iron ore, manganese ore and chrome ore on international resources, which are 47.3%, 49.5% and 100% respectively in 2003. The Chinese steel industry depends on international resources to a great extent, and it will become greater till 2015.

Table 6 Production, consumption and dependence indexes of ferrous ores in 2003 in China

Sort	Output of domestic ore/Mt	Imported ore/Mt	Ore consumption/Mt	Dependence degree/%
Iron ore	165	148	313	47.3
Manganese ore	2.92	2.86	5.78	49.5
Chrome ore	0.0018	1.779	1.781	about 100

3 Preliminary Forecasting Value of Reasonable Demand for Steel Products Consumption of China

Based on considering adjustment of national economic structure, especially the capacity of resource and environmental load, and sustainable development of steel industry, following understanding can be reached:

(1) The industrialization of China should be accomplished with lower steel output per unit GDP;

(2) The minimum demand of steel products output for industrialization of China should be produced with lower resource consumption;

(3) In the process of industrialization, environmental load of steel industry should not be increased obviously with the increment of steel output.

Based on the above-mentioned understandings, reasonable steel demand of first 20 years in 21st century are forecasted prelininarily, and the results are shown in Table 7.

Table 7 Prelinlinary forecasted reasonable consumptions of steel products from 2005 to 2020 in China

Year	2005	2010	2015	2020
Forecasted demand for steel products/$t \cdot a^{-1}$	2.85×10^8 (±5%)	3.2×10^8 (±7%)	3.3×10^8 (±9%)	3.0×10^8 (±10%)
High quantity scheme	3.0	3.4	3.6	3.3
Median scheme	2.85	3.2	3.3	3
Low quantity scheme	2.7	3.0	3.0	2.7

Conclusions of forecasting:

(1) The consumption of steel products in China will reach a peak value in 2010 ~ 2015 (300 – 360Mt, Table 7, Fig. 2), the accumulated consumption of steel products for 20 years from 2000-2020 will be about 6 Gt.

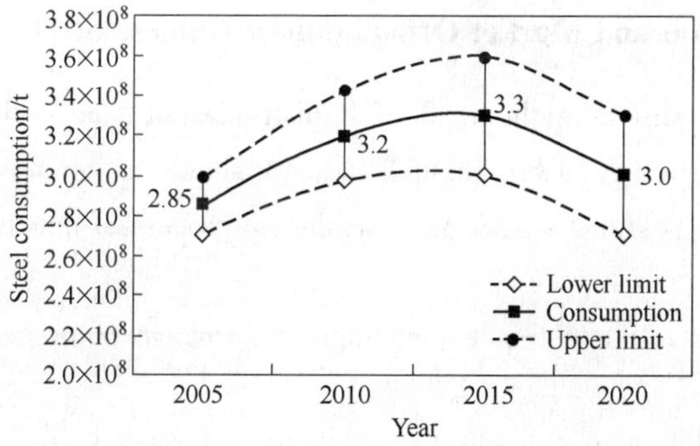

Fig. 2 Preliminary forecast trend of reasonable consumption of steel products in China

(2) The years of 2010 ~ 2015, will be the period of peak demand for steel products, about 350Mt/a, later, the demand for steel products will be still at high level, around 300Mt/a for some time; it is proposed that the demand will be stable after about 7 Gt steel products are accumulated.

(3) The Chinese steel industry should be the steel industry of domestic-demand-oriented, it is necessary to reach a self-supply rate of steel products more than 90%, with a moderate net import. Thus, blind investment and low operation rate in the following years can be avoided, and it will do good to reduce the pressure on resources, energy and environment.

(4) To forecast apparent steel products consumption, it is necessary not only total consumed amount, but also the steel products structure should be considered, so as to accurately guide investment. In year of 2010 and 2020, the ratio of demand for flats will increase to 46% and 54% respectively. Forecasting of structure change in steel products consumption and reasonable distribution of steel plants should be stressed.

4 Developing Direction of Chinese Steel Plant

4.1 Function of Steel Manufacturing Process

In 21st century, it is a topic of the times to understand the social and economic role of steel plants, particularly the function of steel manufacturing route.

From the viewpoint of future social and economic role of steel plants, the manufacturing route of steel plants should have three functions:

(1) Manufacture of steel products;

(2) Energy conversion;

(3) Treatment and elimination of waste products.

On the basis of the above-mentioned understanding, one of the missions of Chinese steel industry during the period is to accelerate structure adjustment (including product structure, technical structure, equipment structure and management structure of the enterprise); the second is further energy saving, improvement of environment, building clean plant and developing recycling economy. Establishment of a new manufacturing route for steel plant, along a path of open and integrated innovation is the efficient measurement to enhance the level of Chinese steel industry.

4.2 Social Orientation and Market Orientation of Chinese Steel Industry

Till 2020, China will still take the road of industrialization, according to requirements of scientific development strategy, Chinese steel industry should be oriented as follows:

(1) Steel industry is still the basic industry in the process of new type industrialization in China;

(2) Steel industry is the entrance and important linkage of promoting circular economy progress in China;

(3) Chinese steel industry should be the steel industry of open and internal-demand-oriented, should not to be the steel industry of export-oriented.

The Topic of 21st Century Steelworks Manufacturing Process Optimizing*

Abstract The steel industry in the 21st century faces a challenge to achieve a comprehensive optimization of operational cost, quality and performance of product, production efficiency and scale, energy consumption and emission in production process, communication in process, environment and ecology etc. The goal will be reached mainly through optimizing production process as a whole.

The characteristics and phyzical essence of steel manufacturing process are studied and discussed. It is pointed out that viewing from the physical point of view, the steel manufacturing process, composed of many different kinds of procedures, is a multi-factor mass flow, which is operating in a flow network according to a definite program, and it is a dissipative process.

The structure and optimization tendency for modern large-scale steel plants are put forward. It is emphasized that in 21st century the modern large-scale steel plants should incarnate three functions.

(1) Function of steel product manufacture;

(2) Function of energy conversion;

(3) Function of waste treatment and recycling.

The research of steel manufacturing process of steel plant in new century should cover:

—Platform technology for producing clean steel with high efficiency and low cost

— "interfacing" technology for dynamic and orderly operation between production processes

—Technology of integrating production processes in terms of engineering

—Technology for energy conversion systematically and efficiently

—Technology for recycling wastes

—Technology for linking-up of interrelated industries

—Technology for molding and virtual reality of production process

In a word, research and development on the above-mentioned technologies should be carried out to broaden the functions of steel manufacturing process-manufacturing function of steel product, function of energy conversion and function of waste recycling, which will enhance enterprises' competitiveness and sustainability.

Key words steel plant, manufacturing process, optimizing

1 Background of the Topic

The challenge faced by the steel corporations in the 21st century is not only simple quality and performance of product, and is not yet output and production efficiency, but a new comprehensive

* Reprinted from *8 th Assemble and 50 th Anniversary Celebration of CSM*, 2007.

challenge including operational cost, quality and performance of the product, production efficiency and reasonable scale, energy consumption and emission in production process, communication in process, environment and ecology etc. In order to understand and solve a new comprehensive challenge, it must depend on unitary optimizing of production process, not that depend on material science of some product or technology of some equipment only.

It is on opportunity for that engineering design of manufacturing process, produce operation and management etc. to how take full advantage of information technology, after manufacturing process come into in the 21st century with fast information technology development. Steel manufacturing process entire information should base on information of manufacturing process after revamping and optimizing. As well as steelworks faces a challenge from environment and ecology, to achieve industry ecotype, and to build a circulative economy society. This topic must depend on process engineering science, not that depend on material science of some product or technology of equipment only.

Metallurgy has come through from workmanship to science since 20 century. The change story of steel plant included change of chemical composition, temperature, pressure and regulation of "unit operation" (for example desulfurization, deoxidation, and decarbonization etc.), transfers process principle based on equipment and working procedure roughly and mathematics simulation developments. These two developmental stages (that is fundamental science and technology science) certainly take on milestone.

Topic for metallurgy-material is actually need to study process which is from down to up stared from atom (molecule), working procedure, equipment (reactors etc.) to manufacturing technologic process in plant, and process from up to down stared from market to demand of diversified steel products, and so much as process from up to down covered ecology-environment-plant-manufacturing process-product-recycling. Problems above mentioned are intersected at the manufacturing technologic process layer in plant (as shown in Fig. 1). It is necessary to study the essence and regularity of metallurgical manufacturing process. The development of metallurgy knowledge is facing a new challenge and reforming. The reason for reforming is that existent theory and method can not be enough to realize quantify and dynamic-ordering for dynamic-precise design of metallurgical manufacturing process and intellectualized regulating during manufacturing process running, as well as that existent theory and method (fundamental science and technology science) can not be digested effectively information technology, environment and ecology conception into production process in steel plant. Thereby, is there a new way to integrated think of atom-reaction/transformation process-equipment-process-product-environment-ecology? There is a configuration problem of complicated process system which is open, far from equilibrium and irreversible under different hierarchy, and scale. A topic with common-challenge is brought in the 21st century science. It is very necessary to open up ken and study integrally science matter under different hierarchy, and scale during fundamental science study. It may play a right role, in the way of linking-up (coupling) of science knowledge and matter under different hierarchy, and scale.

From view of market demanding and science development, it requires urgently to study and develop steel manufacturing process and to achieve unifying of science-product-market-environment.

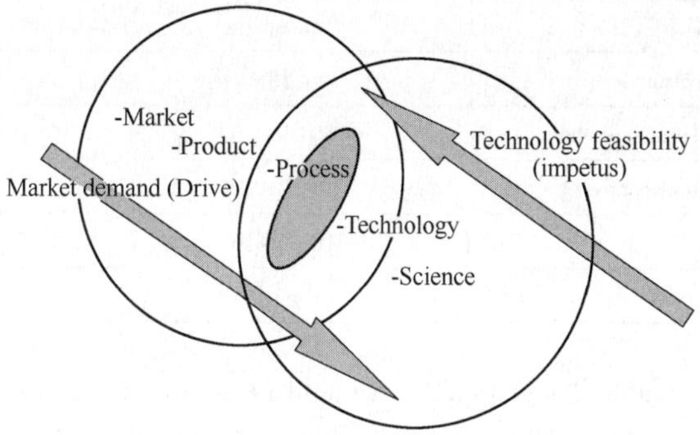

Fig. 1 Science development, market factors and process in term of engineering

2 Development of Metallurgy-material Science

Steel plant is attributed to process manufacturing, which is different than machine manufacturing, automobile manufacturing etc. discrete production mode. Production operating process in steel plant is actually integrated combination and integrated running of entire manufacturing technology process which is started from atom/molecule (including atom/molecule chemical reaction, space position and arrangement form and transformation etc. between deferent atoms).

From view of science, it included coupling and integration with different hierarchy science, technology and engineering (see Table 1). From view of information of dynamic running, it could be digital integration with different time-space scale (to see Table 2).

From view of development of metallurgy-materials science, it is necessary to carried out multi-layers/multi scales integral fundamental research, that is integral fundamental research of integral scale synergy-coupling which is from atom/molecule scale to steel plant—engineering science problem (to see Fig. 2).

Table 1 Analysis of hierarchy of steel manufacturing process in term of science

Classification by scientific character	Research scale	Research approach		Hierarchy	Setting system character	Control
		White box	Black box			
Fundamental science	Atom /Molecule	Atom /Molecule	System background	Microcosmics	Isolated system: no mass and energy exchange with external, reversible process—equilibrium state	-/PLC
Science of technology	Field /Device	Field /Device	Molecule /process	Intermediary	Open system: mass and energy exchange with external	PLC/MIS
Engineering science	Process/complex system	Process/procedure relation	Molecule /Field	Whole /System	Open system: mass and energy exchange with external, irreversible process—far from equilibrium state	MIS/CIMS

Table 2 Different-hierarchy process and their time-space scale

Process	Time scale/s	Space scale/m
Molecule/electron	$<10^{-5}$	$<10^{-10}$
Fluid mechanics and transmission	$10^{-3}\sim10^{1}$	$10^{-9}\sim10^{1}$
Chemical reaction and catalyst	$10^{-5}\sim10^{3}$	$10^{-11}\sim10^{-2}$
Reactor	$10^{-4}\sim10^{4}$	$10^{-3}\sim10^{2}$
Plant (process)	$>10^{4}$	$>10^{1}$

Based on Table 1, Table 2 and Fig. 2, it could be seen that manufacturing process of steel plants involves not only engineering science problem of integral fundamental research, but also engineering development problems. Manufacturing process of steel plant performs an integrated platform for various technology and procedure/device.

Therefore, it can be seen that product will determine manufacturing process to a great extent, and on the contrary, after manufacturing process has been determined, it will contain "coupling-integration property" with different hierarchy and multi-factor and "platform property" with multi-function.

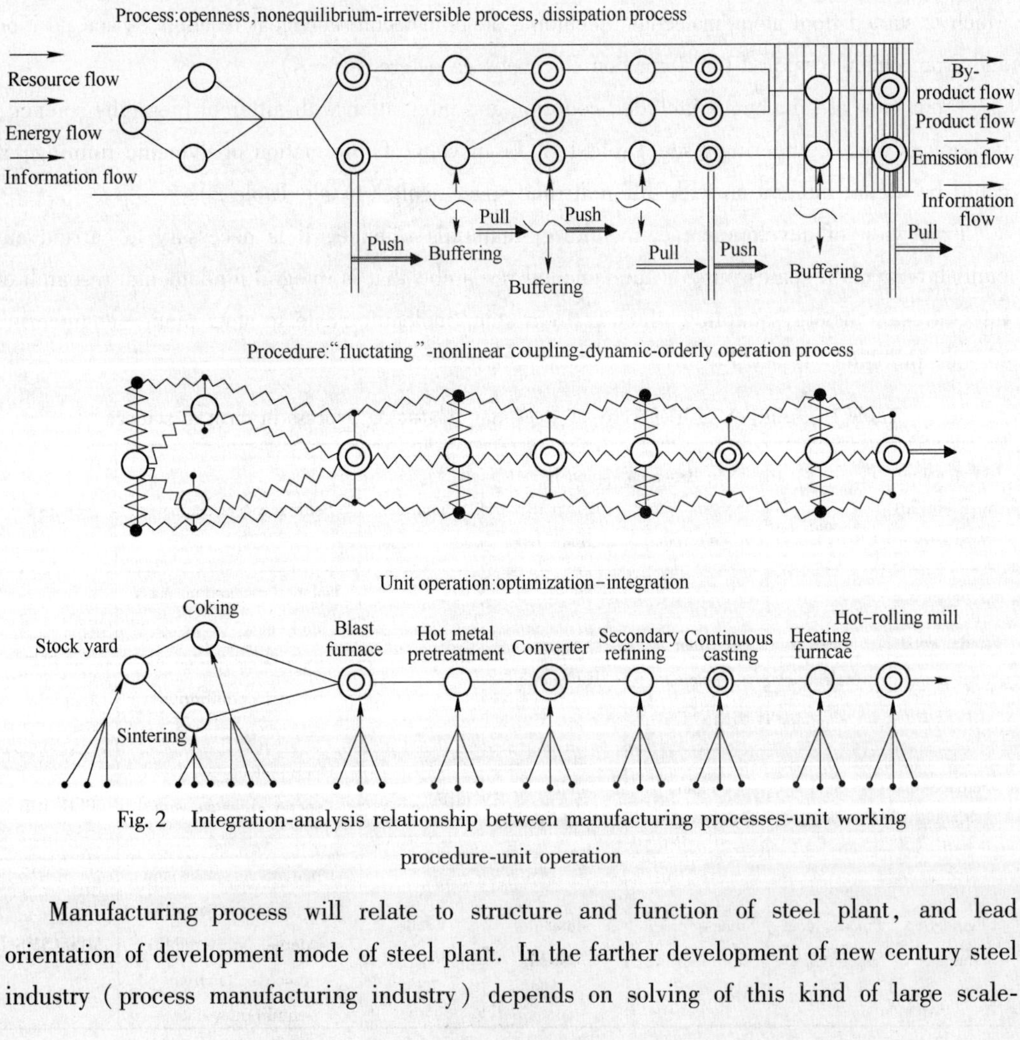

Fig. 2 Integration-analysis relationship between manufacturing processes-unit working procedure-unit operation

Manufacturing process will relate to structure and function of steel plant, and lead orientation of development mode of steel plant. In the farther development of new century steel industry (process manufacturing industry) depends on solving of this kind of large scalemultilayer problem. It includes not only engineering-theory problem and engineering-design problem, but also production-technology problem, operation adjusting and controlling problem, ecological environment problem and so on.

Manufacturing technology process is essential significant for relevant process manufacturing industry. With advancement of age and development of civilization, new concept and new thought ought to be used for studying a new generation of manufacturing process.

3 Operating Concept and Factor of Manufacturing Process of Steel Plant

Production operation concept of manufacturing process of steel plant can be abstracted to be as that Fe element mass flows carry through with different formal (continuous, quasi-continuous, intermittent) dynamic operation along general layout equal space-time boundary ("flow network"), owing to drive and effect of energy flow, according to set "program".

From view of factor analysis of manufacturing process operation, there are three "factors" actually in the manufacturing process operation of steel plant, that is, "flow", "flow network", and "operation program". Thereinto, "Flow" generally refer to change process of running various formal "resource" (including mass, energy) or "event" (such as oxidation-reduction reaction, heat transfer, mass transfer, momentum transfer, deformation, phase transformation and so on) with space-time in the open process system; "Flow network" actually is a certain mass-energy-space-time structure in which "resource flow" through "node" (referring to various procedure, device) and "connector" (including transportation instrument, transportation mode and transportation route) were integrated for in the open system. This kind of "flow network" should fit operation of "flow", especially dynamic-orderly and continuous-compact operation rule of mass flow in the production process. "Operation program" can be regarded as integration of various formal "order" and regulation, strategy, route and so on, actually also incarnate optimization information flow. Specific meanings of these factors in the metallurgy manufacturing process are as follows.

3.1 Flow Network

It is a mass-energy-space-time structure in which "resource flow", "node" and "connector" were integrated for in the open system. This structure is required to have static rationality, especially in space structure (such as general arrangement). And what's more, it should fit "resource flow" in the dynamic operation process, which can incarnate dynamic-order, continuity and compactness.

This so-called "resource flow" includes input raw material flow (including various auxiliary material), energy flow and corresponding information flow, as well as mass flow, energy flow and corresponding information flow during the operation process, and also output product flow, by-product flow, all kinds of discharge flow and corresponding information and so on (Fig. 3).

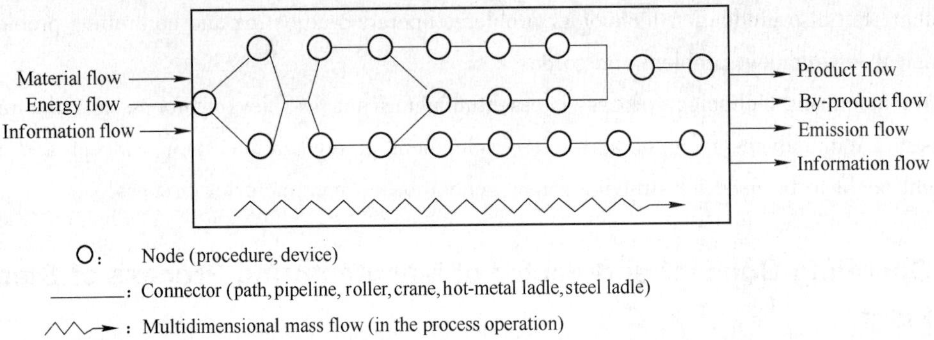

Fig. 3 Sketch of concept and factors of manufacturing process

So-called "node" includes varied different functional procedures and devices in the flow network, such as blast furnace, converter and so on. And "connector" indicates connected means and device between two nodes, such as pipeline, roller, railway, crane, all kinds of vehicle, steel ladle, and hot-metal ladle and so on. Therefore, "flow network" can be regarded as optimization configuration of "node" and "connector", and compositive space-time boundary.

If flow network is illogical, it will induce that disorder of operation process "flow" in term of time or often present itself chaos and induce passiveness and confusion of process operation adjusting and controlling program. Thus, it will be sure to increase mass flow and energy flow dissipation. It can be seen that dynamic-orderly operation of metallurgical manufacturing process not only depend on orderly capability and relatively stability of procedure and device operation, respectively, but also is influenced, restricted or accelerated by flow network (layout etc.).

3.2 "Flow"

"Flow" generally refers to change process of various formal running "resource" (including mass, energy) quantity, state and property with space-time in the open process system. For metallurgical manufacturing process, "flow" is a kind of multifactor (multidimensional) "flow", including chemical constituent factor, physical phase state factor, geometrical form factor, surface configuration factor, temperature or energy factor, space or distance factor, and time or sequence factor and so on. This kind of multifactor "flow" in the production technology process presents "multidimensional" capability of operation and adjusting and controlling process. "Multidimensional" character incarnate mass state transition, mass property control in the operation process and correlative "mass flow" - "energy flow" - "information flow" in the controlled process which are synthesized in mass flow of manufacturing process.

3.3 "Program"

Operation "program" of manufacturing process can be regarded as integration of various formal "order" and regulation, strategy, route and so on. "Order" contains disorder and order, and also includes order arrangement for a certain factor. Order manner includes ordering in function, ordering in space, ordering in time and ordering in space-time and so on. And "regulation" comes from different demand, different exterior environment condition and demand of integral process, such as operation continuity, compact and so on, that is, main embodiment of regulation. Combination of "order" and "regulation" reflect general adjusting and controlling strategy and specific operation route of multidimensional mass flow in the manufacturing process.

4 Function and Target of Steel Manufacturing Process

4.1 Progress of Structure of Manufacturing Process in the Steel Plant

For manufacturing steel product in economical mass production, evolution and innovation occur frequently in the manufacturing process of steel plant. Especially due to impetus of revolution in the technology and equipment (such as development of oxygen converter, secondary refining, hot-metal pretreatment, large-scale electric furnace, continuous casting, continuous rolling and so on advanced technology and equipment, and eliminating in succession of Bessemer converter, Thomas converter, Martin furnace, small-size electric furnace, mixer, ingot casting, blooming mill and so on), manufacturing process of steel plant has been changed hugely. It is described summarily in Fig. 4 that evolution of manufacturing process of steel plant since 1950's. The trend of procedure before continuous casting is analytic-integration, and the trend of procedure after continuous casting is simple-compact, and developmental direction of continuous casting procedure is high speed and constant speed casting, even near-net-casting. As a whole the trend of manufacturing process is dynamic-orderly and continuous/quasi-continuous-compact.

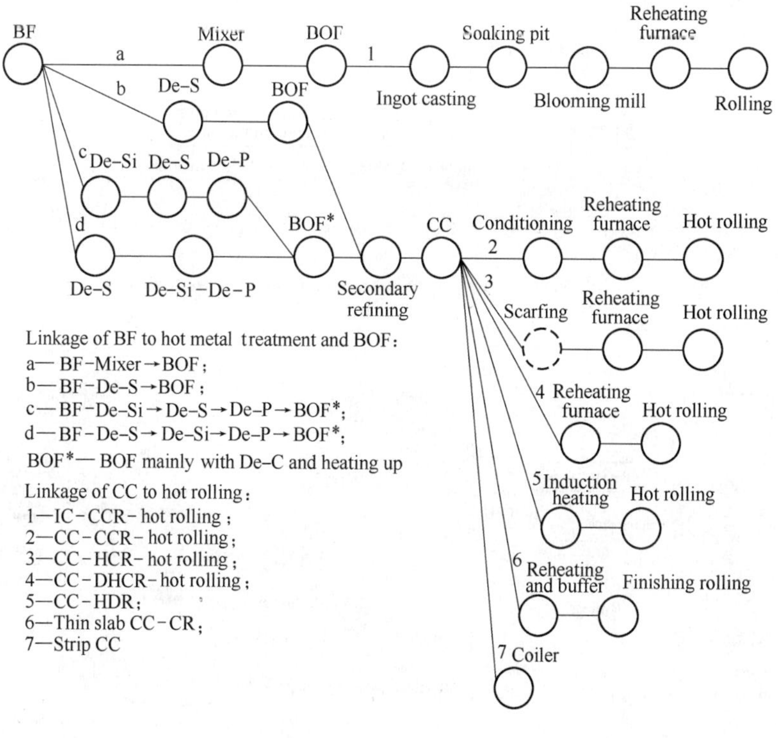

Fig. 4 Evolutive course of manufacturing process of steels since 1950's

4.2 Broadening of Function of Manufacturing Process in the Steel Plant

Owing to structure and technology characteristic of manufacturing process in steel plant, features of steel plant (manufacturing process) where iron ore is raw material are as follows:

(1) Dense resource, dense consuming energy: in the iron and steel complex corporation, it will be consumed that 0.6 ~ 0.8t criterion coal, 1.50 ~ 1.55t iron ore, 80 ~ 150kg scrap steel, 3 ~ 6t cleanly water per ton steel, respectively. So it forms large quantities of input and output of mass and energy.

(2) Large-scale production, large throughput: modern steel plant can be divided into 8 ~ 10 million tons steel p.a., 6 ~ 8 million tons steel p.a., 3 ~ 4 million tons steel p.a., 1 ~ 2 million tons steel p.a. in terms of output and so on ranks. So it is accompanied by vast capital flow.

(3) Multiple manufacturing procedures, complex structure: So it forms a number of industrial chains, and it inevitably relates to space-time factor.

(4) In the manufacturing process it is accompanied by large quantities of discharge of mass and energy, and it forms complex environment interface, which contains probability of "Reducing, Reusing, Recycling" ("3R").

Above-mentioned features of steel plant, especially highly concentration of mass, energy, capital, time and space five factors, which inspire to broaden function of steel plant. Combined the evolution of the steel industry environmental protection, clean production and green manufacture and so on research course (Fig. 5), it is known that in the future development due to the feature of manufacturing process in steel plant should have three functions—function of steel product manufacturing, function of energy conversion and function of waste treatment and recycling (Fig. 6), and further syncretized itself into cycle economic society through broadening of function (Fig. 7).

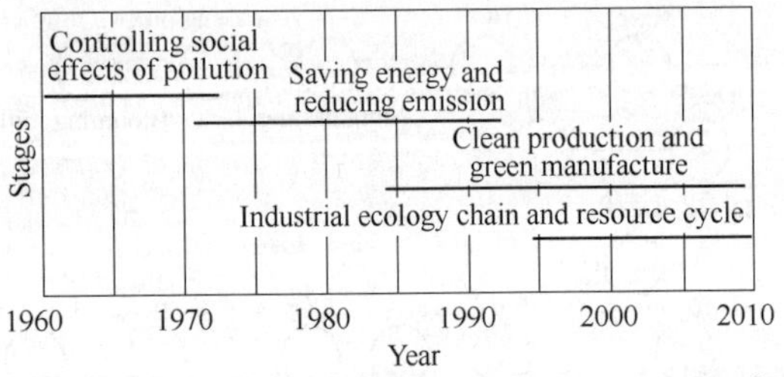

Fig. 5 Development course of environment protection in steel industry

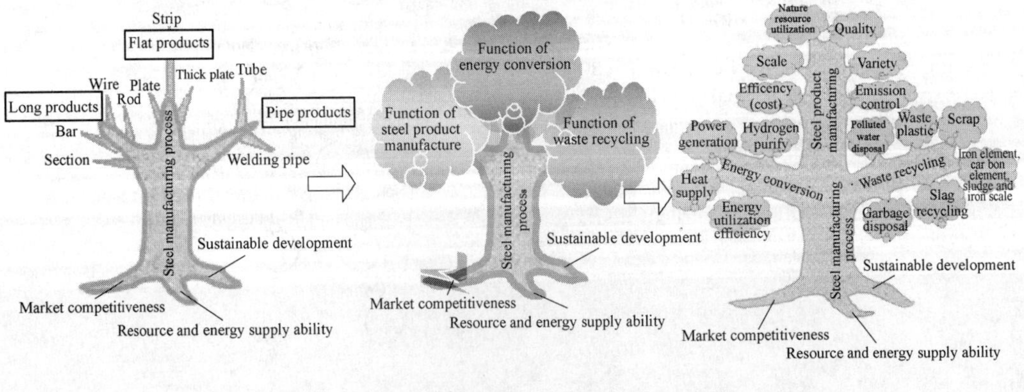

Fig. 6 Evolutive trend of manufacturing process function of steel plants

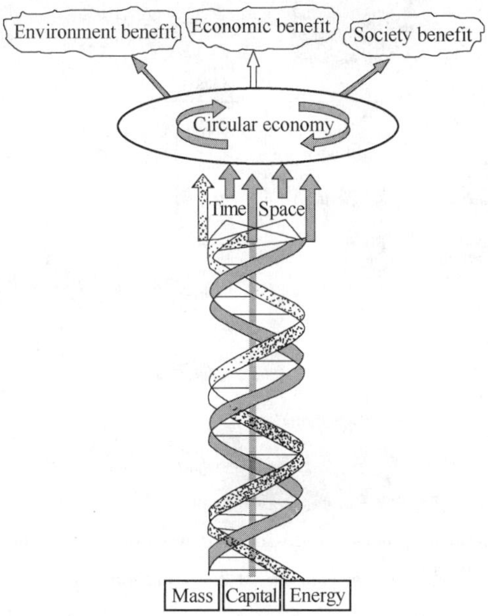

Fig. 7 Optimal integration from "3R" to " 5 Factors" -circular economy implemented effectively

4.3 Target of Steel Manufacturing Process

Research object of steel manufacturing process in new century is to solve function optimization, structure optimization and efficiency optimization of process system through whole integration optimization of whole manufacturing process. And then it is to be solved further in more large-scale that structure-mode and market competition of different style of steel corporations and unification of economic benefit, environment-ecology benefit and society benefit of corporations.

Target of steel manufacturing process in new century: Researching emphasis object of steel manufacturing process in new century in China is that independently integrating technology process and equipment of large-scale steel corporations which produce flat products (and deep processing production) backing on the 21 century background, for supporting construction of a new generation of iron and steel plant (such as Caofeidian steel plant and so on) and revamping of existing steel plant. Based on whole manufacturing process optimization, energy consumption of steel plant will be reduced 15% ~20% and service efficiency of steel products will be increased 5% ~ 15%, and development and innovation problems of a number of products with high added value will be solved. Steel manufacturing process in new century should have not only good function of steel product manufacturing, but also function of energy conversion and function of waste treatment and recycling, which push the steel plants to be syncretized into cycle economic process (Fig. 8).

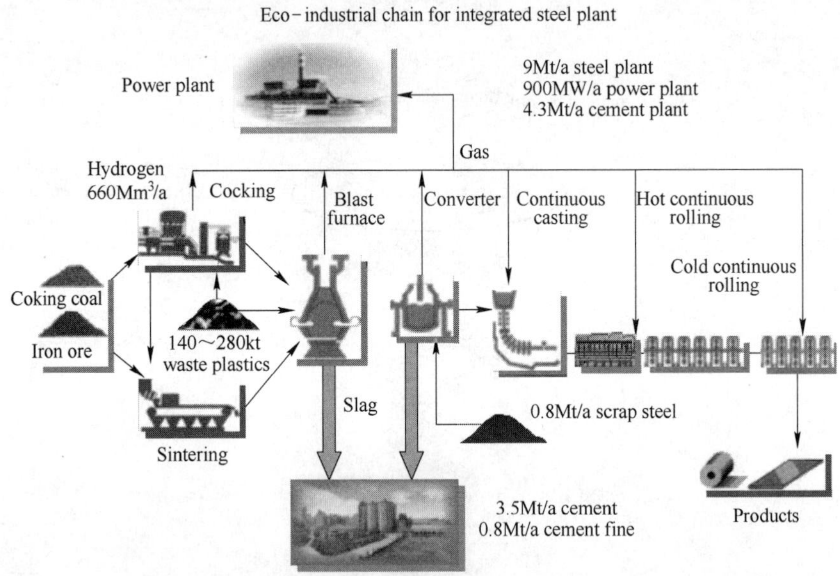

Fig. 8 Manufacturing process and associated products in the steel operations with annual capacity of 8 ~ 9 million ton

5 Connotation of Research of Steel Manufacturing Process in New Century

Because steel manufacturing process is a system of series connected and integrated different functional procedure, it is impossible and unnecessary to update completely for technology and device of every procedure and to build afresh new process which is entire different from existing manufacturing process. So-called steel manufacturing process in new century should be built renewedly based on a number of existing advanced technology and device and integrated by newly developed technology and device and newly developed "interfacing technology". These emphases are as follows:

(1) Commonness platform technology: such as platform technology for producing clean steel with high efficiency and low cost, and so on.

(2) "Interfacing technology" for dynamic-orderly operation: namely, linking up matching, synchronizing and buffering technology between workshops or working procedures, such as "interfacing technology" between blast furnace and converter, "interfacing technology" between steelmaking and continuous casting, "interfacing technology" between continuous casting and hot rolling, "interfacing technology" between hot rolling and cold rolling and so on.

(3) Technology of integrating processes engineering: such as reasonable configuration technology of flow network (layout plan etc.), innovation design and manufacturing technology of a number of key equipment, dynamic-orderly information adjusting and controlling technology of mass flow-energy flow-information flow and so on.

(4) Technology for energy conversion systematically and high efficiently: such as CDQ, TRT and CCPP and so on technology of generating electricity, technology of graded use of energy, even technologies of ten thousand ton hydrogen production p. a. and so on.

(5) Technology for recycling wastes: decomposition or treatment of scrap steel, plastic waste and scrap tyre and wastes.

(6) Technology for industrial chain: construction of steel plant-cement plant-electric power plant-petrochemical plant-chemical plant-shipyard-container manufacturing-logistics and so on cycle economic demonstration plot.

(7) Technology for molding and virtual reality of production process: physical essence research of dynamic-orderly operation in the steel plant production process and virtual reality which is founded on dynamic optimization model, information technology and visualization technology.

To sum up, research and development of steel manufacturing process in new century should embody innovative spirit, broadening function of steel plant, and perform function of steel product manufacturing, function of energy conversion and function of emission, waste treatment and recycling.

Actuality and Development of Metallurgy Engineering in China*

Abstract The main progresses of the Chinese modern metallurgy engineering in the new century are as follows:

The new generation flow concept of steel production was put forward and applied in construct or reconstruct of steel plants; Only by process optimization with the equipment in existence, batches of high strength high toughness steel were produced high efficiently based on the theory of high cleanliness, high uniformity and ultra fine grain; The process and equipment technology of the thin slab continuous casting and rolling was promoted greatly; At the same time, many academic and technical achievements were obtained in metallurgical reaction engineering, metallurgy heat energy engineering, metallurgy physics and chemistry, iron and steel metallurgy, rolling and equipment technology and automatization.

The main research directions of Chinese metallurgy engineering are as follows: the process and equipment integration of new generation steel flow and academic innovation should be quicken and become to truth when new steel production base will be built; Smelting reduction, hydrogen reduction, continuous smelt and solidification forming, optimum energy consumption structure and zoology industry garden with a steel plant core, and such a serious of optimum theory and technique research of steel production should be get going deeply; New production development should be put more effort to satisfied the consumer requirements for technology update and production renewal.

Key words metallurgy technology, actuality, development

Since the new century, Chinese iron and steel industry has been made high speed development, and gotten much progresses in exploring optimized, high dense and efficient steel product flow, in energy consumption saving and environment governing. The technique and economic index were improved markedly (Table 1).

Table 1 Continuous high-speed progress of Chinese iron and steel industry and technique and economic indexes condition

Items		Year						
		2000	2001	2002	2003	2004	2005①	2006①
Yield $/t \cdot a^{-1}$	Pig Iron	13101×10^4	14654×10^4	17079×10^4	20291×10^4	25185×10^4	33741×10^4	40416×10^4
	Increments	568×10^4	1553×10^4	2425×10^4	3212×10^4	4894×10^4	8566×10^4	6675×10^4
	Crude Steel	12849×10^4	15163×10^4	18225×10^4	22234×10^4	28280×10^4	35345×10^4	41878×10^4
	Increments	454×10^4	2314×10^4	3062×10^4	4009×10^4	6046×10^4	7065×10^4	6533×10^4
	CC Products	10522×10^4	13360×10^4	16613×10^4	20800×10^4	26096×10^4	34184×10^4	40681×10^4
	Increments	931×10^4	2838×10^4	3525×10^4	4187×10^4	5296×10^4	8088×10^4	6498×10^4
	Steel Products	13146×10^4	15702×10^4	19250×10^4	24108×10^4	29723×10^4	37513×10^4	46085×10^4
	Increments	1044×10^4	2556×10^4	3548×10^4	4858×10^4	5615×10^4	7790×10^4	9172×10^4

* Copartners: Jibi Hong, Tiansen Su. Reprinted from 2nd *CSM-VDEh-Seminar on Metallurgical Fundamentals*, 2007, Düsseldorf, Germany.

Continued

Items	Year						
	2000	2001	2002	2003	2004	2005①	2006①
Continuous Casting Products Ratio/%	81.89	88.11	91.15	93.55	95.66	95.68	97.14
Comprehensive Energy Consumption per Ton/tce · t^{-1}①	0.92	0.876②	0.815②	0.778	0.761	0.694	0.645②
Coal Injection of Blast Furnace/kg · t^{-1}	117	122②	125.75②	117.7②	116②	124	135②
Ratio of Putting Coke into Blast Furnace/kg · t^{-1}	437	422②	416.96②	430.07②	427②	412②	396②
Capacity Factor of a Blast Furnace/t · $(m^3 \cdot d)^{-1}$	2.15	2.34②	2.46②	2.48②	2.52②	2.624②	2.675②
Converter Campaign Life in Steel Industry/Furnace	3500	3525	4268	4631②	5218②	5647②	6052②

①Data of 2005 and 2006 were from flash reports;

②Data from main enterprises stat.

The main progresses of the Chinese modern metallurgy engineering in the recent years are as follows:

The new generation flow concept of steel production was put forward and researched as state important project; On the bases of process optimization with the equipment in existence, cleanliness, high uniformity and ultra fine grain steel were developed; The process and equipment technology of the thin slab continuous casting and rolling was promoted further as a compact flow. Metallurgical engineering was enriched and developed both in theory and technique; while high efficient and clean production was realized.

For the history cause, Chinese steel industry belonged to a state of multileveled structure. Several scale plants include large, middle and small are coexisting, while advantage as well as disadvantage process and equipment are coexisting similarly. These conditions can't be drastically changed in a long time. There is a definite gap between Chinese metallurgy engineering and advanced international level.

The progresses of Chinese metallurgy engineering in the new century, the goals of development, the directions and emphases of researches will be discussed in the paper.

1 Progresses of Chinese Metallurgy Engineering in the New Century

1.1 Progresses of Comprehensive Technology

1.1.1 Concept of New Steel Production Flow was Put Forward; Metallurgy Science and Engineering Were Developed

At the time of quick development of Chinese steel industry, the subject was prompted in the new century to mainly develop new generation steel production flow. Steel industry is a flow industry, which is the root of production run, the platform for new production exploitation, the framework for information run-through, the main backup system for substance circulation and available usage of energy, so the optimisation of the whole flow is the base and guarantee for the whole optimization of steel industry.

After researching the function optimisation of steel flow, the effect and duty of steel plants in circular economy, the restriction of environment and energy structure and their promote effect to steel flow optimization, the new concept of new generation of steel product flow whose main content is the steel enterprises should be a function integration of production manufacture, energy transform and recycle of sociality castoff.

At present, the concept is getting perfect. It has very good significance making such items emphases which include setting an aiming system for evaluating the flow, parsing-optimizing-integrating the function in the flow, developing interface technology for innovating the flow structure, designing flow dynamically, orderly and continuously and then constructing total newly flow.

These projects have been brought in to National Medium and Long Term Science and Technology Development Program and "the eleventh five-year" National Economy and Society Development Program.

The JingTang I. & S. Company of Shougang Steel is trying to set up a new style production base according to the conception, which will include two blast furnaces, a steel-making plant and two production line of hot rolling strip with the yield of 9×10^6 ton/a.

1.1.2 On the Bases of Deeply Research, Industrialization of Ultra Fine Grain Steel is Realized

Based on cleanliness steel, high uniformity and ultra fine grain theory, by process optimization with the equipment in existence, the system technology for batch production of high strength high toughness steel were developed, which is another progress in Chinese metallurgy engineering.

Selecting grain dimension rationally ($3\sim5\mu m$, not $<1\mu m$) is the notable characteristic. At present, all kinds of plate, strip, rod, wire, profiled bar with ultra fine grain have been product and applied. According to incomplete statistic from year 2000 to 2006, about 1×10^7 ton ultra fine grain steel were produced and applied.

1.1.3 Quick Development and Many Achievements Have Been Gotten in the Compacted Flow of Thin Slab Continuous Casting & Rolling (TSCR)

With the new century's coming, the capacity and output of TSCR have even gone up to No. 1 in the world in 2005 and 2006, and several significant achievements have been gotten in aspects of high efficiency production, grade development, domain development of equipment and relevant technique (Table 2).

(1) Systematic process with steady and high efficiency characteristic has been exploited, and the main indexes of the daily, monthly and annual output, operating rate and accident rate have reached the world advanced level.

Table 2　Variety of the capacity of TSCE (hot rolling strip) Chinese mainland

(t/a)

Year	Zhujiang Steel	Handan Steel	Baotou Steel	Anshan Steel	Tangshan Steel	Ma'anshan Steel	Lianyuan Steel	Benxi Steel	Tonghua Steel	Jinan Steel	Jiuquan Steel	Sum
1999	4.4 $\times 10^4$	0.2 $\times 10^4$	—	—	—	—	—	—	—	—	—	4.6 $\times 10^4$
2000	38.5 $\times 10^4$	79.2 $\times 10^4$	—	0.1 $\times 10^4$	—	—	—	—	—	—	—	117.8 $\times 10^4$
2001	77.8 $\times 10^4$	101.5 $\times 10^4$	4.5 $\times 10^4$	81.2 $\times 10^4$	—	—	—	—	—	—	—	265.0 $\times 10^4$
2002	82.2 $\times 10^4$	112.2 $\times 10^4$	130.0 $\times 10^4$	162.8 $\times 10^4$	—	—	—	—	—	—	—	487.2 $\times 10^4$
2003	112.5 $\times 10^4$	153.2 $\times 10^4$	251.8 $\times 10^4$	220.9 $\times 10^4$	55.8 $\times 10^4$	—	—	—	—	—	—	794.2 $\times 10^4$
2004	163.7 $\times 10^4$	230.5 $\times 10^4$	249.8 $\times 10^4$	241.4 $\times 10^4$	192.6 $\times 10^4$	156.9 $\times 10^4$	124.7 $\times 10^4$		—	—	—	1359.6 $\times 10^4$
2005	157.8 $\times 10^4$	259.8 $\times 10^4$	288.4 $\times 10^4$	238.8 $\times 10^4$	301.1 $\times 10^4$	222.8 $\times 10^4$	241.0 $\times 10^4$	89.8 $\times 10^4$	0.5 $\times 10^4$	96.0 $\times 10^4$	—	1896.0 $\times 10^4$
2006 (Jan.-Sep.)	136.5 $\times 10^4$	207.0 $\times 10^4$	212.1 $\times 10^4$	394.4 $\times 10^4$	198.4 $\times 10^4$	174.9 $\times 10^4$	168.3 $\times 10^4$	161.2 $\times 10^4$	42.0 $\times 10^4$	93.6 $\times 10^4$	36.0 $\times 10^4$	1824.3 $\times 10^4$

(2) The systematic optimization technique which can run through the total flow have been developed, which include procedures from metallurgy, refine, thin slab continuous casting, hot rolling, cold rolling to coating.

Productivity of TSCR in China as well as product exploitation have been developed simultaneously. As the output increased, the products include fine steel, ultra fine steel, low carbon high strength steel, Nb and V micro alloyed steel, Ti high strength plate were exploited in different plants. The average ratio of strip used for cold rolling stock is 31% in 12 internal plants with converter-TSCR line, while that of Ma'anshan Steel is above 70%.

Fig. 1 shows microcosmic structure of ZJ550L low carbon high strength steel exploited by Zhujiang Steel and the University of Science and Technology Beijing, the average ferrite grain dimension of which is 5.5μm.

Besides, Zhujiang Steel succeeded in solving the property's evenness problem along strip length direction in producing Ti micro-alloy strip of anti-atmosphere-erosion high strength steel. Fig. 2 shows coil mechanical properties of Ti micro-alloy strip of anti-atmosphere-erosion high strength steel produced by Zhujiang Steel. It can be seen that yield difference along the length direction is below 30 MPa, and tensile strength difference is below 25 MPa, which shows good and uniform property.

(3) TSCR technology has been going perfect. I. e. Ratio of coils thinner than 2mm in Zhujiang was about 53.8%.

(4) Systematic technology of core equipment and relevant material design, manufacture

and application, such as low stress mould, SEN with life longer than 12 hours, high efficiency protecting slag and etc.

Fig. 1　Microcosmic structure of ZJ550L low carbon high strength steel in length direction (strip thickness is 5. 0mm)

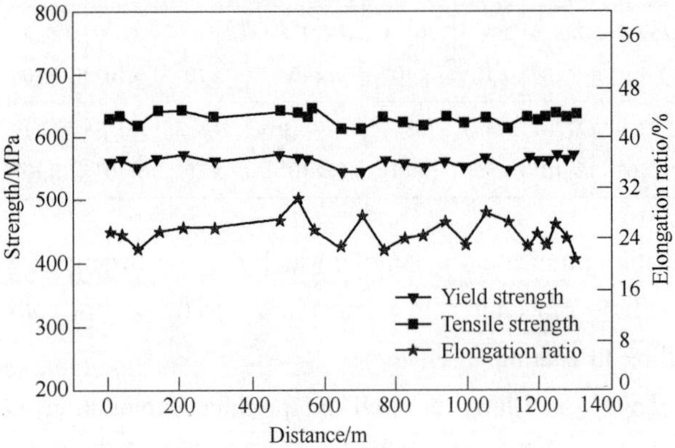

Fig. 2　Coil mechanical properties of Ti micro-alloy strip of anti-atmosphere-erosion high strength steel produced by Zhujiang Steel

1. 2　Other Main Progresses

1. 2. 1　New Theories and Methods in Metallurgical Physical Chemistry

(1) Solution theory (and phase metallographic thermodynamics) was introduced and characters of metallurgic fusion could be measured:

1) from new geometry model to mass ternary model of solution.

2) development of new electrolytes for component identification of steel solution and new chemical sensors.

3) a soft ware named ThermoSlag directly used for steel metallurgy to predict slag viscosity, activity and sulfide quantity has been developed by international cooperation.

(2) Controllable oxygen flow theory has been put forward, which can instruct developing new process and new methods.

(3) Advanced functional refractory such as MgAlON-BN has been developed using material physical chemistry.

1.2.2 Publication of Series "Engineering of Metallurgic Reactions" (Volume 21)

1.2.3 New Technology of Metallurgy Raw Material and Pretreatment

(1) High gradient safe high efficient exploitation of deep concave iron ore and car-belt semi continuous high efficient belt line theory and technology have come to world advanced range.

(2) Vanning technology of lean magnetite (hematite) ore has reached world advanced level.

1.2.4 Developments in Metallurgical Heat Engineering

(1) Remaining heats in waste gases were utilized to preheat fuel and combustion-supporting airs (double preheating), so that low caloric gases are efficiently used in many metallurgical processes.

(2) Environment is alleviated based on low NO_x, low CO_2 high efficiency combustion theory and stored energy "double preheating" techniques.

(3) Electricity generation techniques by utilizing a variety of metallurgic remaining heats, remaining pressure and remaining energy are further consolidated.

1.2.5 Advancements in Metallurgic Techniques

(1) Good progresses are made in developments and applications of enlarged scale and enhanced efficiency of sinters, pellet, blast furnaces, converters, electric furnaces, and refinery furnaces.

(2) Techniques for high efficiency long life-span blast furnaces are further improved.

The life-span of a school of blast furnaces has been extended up to 15 years by 2006, furthermore, the effective volume production during one life-span is up to 130000t/m^3.

(3) Blast furnace coal injection techniques are improved as well. The average coal injection amount of national key iron and steel corporations is 145kg/t in 2006, specifically, and Bao steel achieves 201kg/t.

(4) Pretreatment technology and research work of molten steel has been made quiet great progress.

(5) Long life optimization techniques by full scale double flow slag-splashing for converter protection lead the world, and national average converter life-span is up to 6052 heats.

(6) Converter intelligent termination control techniques are improved continuously.

(7) Some new evolvements were made in electric furnace enhanced smelts and rationalization of electric circulation.

(8) Techniques of high efficiency molten steel vacuum refinery and non-vacuum refinery are improved constantly, and RH has been home designed, domestic made and run efficiently.

(9) Breakthroughs were made in high efficiency continuous casting techniques and electric-magnetic continuous casting techniques.

(10) Brand new techniques in NV alloy manufacturing were developed.

(11) Innovative technologies in energy saving and high quality ferroalloy manufacturing techniques were implemented.

1.2.6 Developments in Rolling Techniques

(1) We have our unique characteristics in manufacturing micro-alloy high performance steels.

(2) Car steels are supported fully domestically.

(3) We are now able to self support high quality high strength oil pipe steel, oil bushing steel, drill pipe steel, high strength bridge steel and meridian steel with international advanced properties.

(4) 100m high strength high speed rail has been constructed on field and rail steel almost meets domestic demands.

(5) Techniques of manufacturing H-shaped steel are up to international leading level.

(6) Rapid developments were made in cold rolling electric steel.

(7) We are No. 1 in production of stainless steel in the world with important developments in variety.

(8) Some developments were also made in control rolling and control cooling, especially very high speed cooling on some products.

1.2.7 Metallurgic Machines and Automatization

(1) Breakthroughs were accomplished in developing domestic plate and long products rolling techniques and equipments.

(2) Fully digitalized, intelligent and automatic metallurgic techniques and equipments were moved up to international level rapidly.

(3) International advanced frequency conversion techniques were developed for electric power transmission in metallurgic equipments.

(4) Over 10000-point online inspection and control of key equipments techniques were introduced and applied in national iron and steel corporations and good effect achieved.

1.3 Blooming of Metallurgic Engineering

There were more than 1200 metallurgic science and technology monographs published by China Press of Metallurgic Industry from 2001 to 2006, and there were about 100 magazines related to iron and steel, mineral, fireproof materials and coal. The extensive research in metallurgy is further manifested by more than 15000 papers published in 2006.

However, we are still shy to international leading technologies. It appears in:

(1) Self development and invention capacity and production industrialization degree are behind advanced oversea companies.

(2) Some self-developed key equipments and techniques are not stable in industrialized application, or technical-economic index is less than similar international equipments and techniques.

(3) Coexistence of obsolete and advanced techniques and equipments in all our companies

is the bottleneck of application of advanced technologies and optimization of technical processes.

(4) The overall budget/devotion to scientific invention is low and it affects the level of production and delays the procedure of industrialization.

2 Directions and Pivots for Future Developments

The general direction is to match the most advanced international techniques in steel industry and enhance the level of industrialization of new technologies, and try to appear in the international society of iron and steel with an advanced new-look within next 10 to 15 years. To achieve these objectives, we need to perform well in the following fields.

2.1 Industrialized Integration of New Iron and Steel Flow Concepts and Corresponding Technologies

2.1.1 Construction of Coastal Foundations Based on New Iron and Steel Manufacturing Concepts

These new iron and steel foundations should have:

(1) Functions of product manufacturing, energy translation and waste disposal.

(2) Characteristics of compact, quasi-continuous and well organized operations.

(3) High efficiency, high cleanness and high incremental value products.

The theoretical basis for new iron and steel manufacturing concepts is Metallurgic Flow Engineering.

Plenty attention should be paid to the interface techniques which collaborates different working procedures in iron and steel manufacturing, and the development of high efficiency manufacturing techniques in the new foundations. Optimal objectives should be made so that the whole manufacturing procedure could be realized. Researches and developments on techniques for efficient translation of energy and recycle of wastes should be expedited and the techniques should be applied in current plants quickly. Technologies for recycling wastes from different industries should also be developed so that industrial zoology zones could be built with iron and steel corporations as the pivot.

2.1.2 Optimization of Continuous Casting and TSCR Techniques

(1) TSCR should run through the whole process from smelt to cold rolling and its extension-plating steels.

(2) We should utilize the advantages of TSCR in making thin hot rolls (especially for using hot rolls instead of cold rolls).

(3) We should try and consolidate ferrite rolling and semi-non-heading rolling techniques on CCCR lines.

(4) Efforts should also be made so that we can achieve self design, self manufacturing, self development and application of equipments and related materials.

(5) Further improvements should be made on high efficient stable manufacturing

techniques focused on high casting speed, high performance, high efficiency and high quality.

2.2 Product Innovation be the Most Important Subject

Technical innovation should be applied the highly competitive cost and performance products, especially the development and deep-processing of high added products in urgent need of the Chinese national economy development.

2.3 Attention to Researches on Basic Theories and Application from Leading Science and Academy

2.3.1 Focuses of Researches on Applied Basic Theories

(1) Researches on fusion reductive theories.
(2) Studies on H_2 reductive theories and technologies.
(3) Developments on near-shape products casting theories and techniques.
(4) Energy saving and the least waste theories and techniques.

2.3.2 Application of Information Techniques, Nano-Techniques and Bioengineering Techniques to Optimize Metallurgic Procedures

3 Development Directions for Chinese Iron and Steel Industry

Chinese iron and steel industry is developed to satisfy the domestic demand but not for exporting aim. Recently, the government accommodates to eliminate outdated techniques, economize energy and cost, and alleviate environmental burden in iron and steel manufacturing. Meanwhile, the government supports iron and steel corporations to economize energy and reduce (pollution) emission based on improved techniques.

Innovations on Chinese iron and steel technologies will not only promote Chinese iron and steel industry, but also benefit world iron and steel society. We are pleased to have more communications and collaborations with European colleagues, so that we could make more contribution to the blooming of world iron and steel industry.

More Discussion on High Efficiency & Low Cost Clean Steel Production Platform*

Abstract The construction of high efficiency, low cost clean steel platform is one of the common key technologies concerning efficiency, quality and cost. It is basic and universal and not only applicable in the R&D and production of "high-end" products, but also in the production of bulk ordinary steel products. The platform of high efficiency, low cost clean steel is the important direction of modern steel technology progress and has great significance on the competitiveness of each steel plant.

The research of high efficiency, low cost platform not only involves the production and management of the steel plant, but also the academic research field (process engineering and dynamic operation) and theories and methods innovation of engineering design (theory and method of dynamic-precision design).

The integrated theory and method of high efficiency and low cost clean steel platform is the binding point of metallurgical process engineering and material engineering.

Different types of high efficiency, low cost clean steel platform should combine with the corresponding rolling process and iron making process so that high efficiency, low cost clean steel manufacturing system would come into being.

Key words more discussion, high efficiency & low cost clean steel, platform integration technology

1 Review

During 2001 ~ 2004, a research on "process and technology of contemporary clean steel" was organized by IISI and its achievements were published in the book named "clean steel-clean steel production process technology", which contributes greatly to the further development of clean steel technology and the progress of the world steel industry.

CSM is paying great attention on the developments. In terms of the premise of IISI, the book was translated into Chinese and published in 2006, which attracted the attention of the domestics industry. In particular, CSM and Anshan steel group corporation established "International Symposium for Clean Steel Production and Technology" and organized the first international symposium in Aug. 2008. Many domestic and foreign experts and scholars attended the event and the issues related of the technologies of high efficiency and low cost clean steel platform were discussed. In 2010, the national annual meeting on high efficiency, low cost clean steel platform was held in Qianan steel company of shougang steel, which

* Reprinted from *The 2nd International Symposium on Clean Steel*, 2011, Anshan, China.

confirmed that the integrated technologies of high efficiency and low cost clean steel platform is one of the common technologies of steel industry in the 21st century, is a universal concept and is the important direction of modern steelmaking technology progress.

In recent years, the understanding of the integrated technologies of high efficiency, low cost clean steel is deepening. Many useful explorations were undergone in the industry practice, not only in the sheet manufacturing process, but also in the wide range of building bar/wire rod production process. Meanwhile, there were also some understanding of one-sided and limitations. For example: more "clean steel, less integrated technologies of high efficiency, low cost clean steel", more so-called "high-end products", less "universal", "common technologies", more "four basic technologies, less dynamic integrated technologies", more indicators of components and performance, less "high efficiency, low cost"; more process manufacturing, less engineering design optimizing. It is necessary to further discuss the concept, definition, connotation, boundary and dynamic operation of high efficiency, low cost clean steel platform in the questioning methods of saga-style so as to clarify and receive a variety of effectiveness.

2 Concept

"High efficiency, low cost clean steel platform" is based on the industrialization, large quantities, stable and instant supply of clean steel, which is different from the "pure steel" defined in the laboratory and can not be limited in the perspective of product development. Besides the "results" —quality, performance and function of the products, the platform pays more attention on the efficiency and cost of dynamic operation process. In order to make "results" and "process" linked and optimized synthesis, the operation line with competitiveness of volume, stable, timely supply and cost should be established, which will lead to the special line production. The special line production does not mean produce only one product; it can produce some relevant products with compatibility, high efficiency and low cost. Of course, in a steel plant, some irrelevant and compatible special production lines can be there. The integrated technology of high efficiency, low cost clean steel platform is a kind of common universal technology with the optimization of structure, function and efficiency. It can not only applicable for IF steel, silicon steel and pipeline so called "high-end" products, but also has practical value for building bar/wire products.

The high efficiency, low cost clean platform technology will involve the comprehensive problems which cover the economic cleanliness, volume stability and integrated optimization of the production—time and space concepts, information control, efficiency and cost of the production.

The integrated technologies of the clean steel platform not only focus on the quality and performance of supply of mass production, but also stress on the efficiency and cost optimization and the overall competitiveness of enterprises. That not only involves the current production and managements of steel plants, but also guides the reconstruction of the present steel plants and design optimization of new steel plants. Furthermore, it will also get involved with metallurgical engineering research field—the optimization of process engineering and dynamic operation, the combination of promoting metallurgical process engineering and material engineering. Meanwhile, the precision design theory and method innovation will be adopted to promote the design of steel plants of new generation.

3 Definitions

3.1 "Clean Steel"

The concept of "clean steel" is different from that of "pure steel", more unlike "super clean steel". "Clean steel" does not mean the purer, the better. And "clean steel" does not indicate the average value of cleanliness, it means the probability distribution and stability of cleanliness. Even more, cleanliness is totally different from "passing rate".

The definition of "clean steel" should be interpreted as "when non-metallic inclusions or other harmful elements in the steel are responsible, either directly or indirectly, for lowering fabrication capability or in-service properties or requirements, then the steel is not clean, but when there is no such effect, then the steel can be considered to be clean, irrespective of the number of amount, type, size of distribution of non-metallic inclusions and harmful elements". "Clean steel" aims to adapt to users' processing and process of using and is a concept of material engineering. Because of the different processing of different products, the performances required and corresponding clean steel are different. Different products ("high-end" products and bulk ordinary steel products) all have requirements of economical cleanliness and are associated with meaning of relevant "clean steel".

3.2 Economical Cleanliness

Economical cleanliness is the cleanliness which corresponds to the market competitiveness. Economical cleanliness is oriented by the market demands, with economic efficiency and market competitiveness of manufacturer (users) and suppliers (steel companies). There are two implications of "economical cleanliness": Economical cleanliness means that, for steel plants, the products can be produced with high efficiency, low cost and stable quality control. For users, the steel products could meet all the requirements for the fabrication and service and the property of the steel products should be stable and homogeneous. They should be delivered to users on time and the price should be reasonable.

Economical cleanliness is a concept of consensus jointly developed by steel plants and users on the basis of the combination of multiple technologies and integrations.

3.3 Clean Steel Platform

The term of platform, as so called, should be a system group of technologies with basic, common and integrated, it must be the optimization and combination of many technical modules.

The clean steel platform must be a system group of technologies of basic and common integrate technologies to produce clean steel with high efficiency, low cost consistently.

From the viewpoint of technical progress, the strategy of "platform" is an integrated technology, aiming at setting up a group of multi-target optimized technical package.

Due to different processing and applications of different uses of steel, the cleanliness, cost/price and batch size are also different, the clean steel platform models of different types of steel will also be different. For example:

—clean steel platform for strip;

—clean steel platform for plate;

—clean steel platform for common long products;

—clean steel platform for alloying steel long products;

—clean steel platform for seamless tubes;

—clean steel platform for stainless flat products.

Constructing different kinds of clean steel platforms, the common concepts and theory should be followed, and characteristics and products requirements of different kinds should be displayed as well.

4 System Boundaries and Compositions of High Efficiency, Low Cost Clean Steel Platform

4.1 "Boundaries"

As for the clean steel platform, the boundary should start from molten iron, through hot mental pretreatment, steelmaking, secondary refining, continuous casting till the optimization and innovation of billet/slab output, reasonable match and nonlinear coupling, as well as the expectation to the achievements, which include economical cleanliness, production efficiency, low cost, high quality stability and market competitiveness.

4.2 How to Construct Clean Steel Platform-Technical Integration System

The clean steel platform is the dynamic operation system established by optimization and integration of many technical models. The dynamic operation system will concern engineering design, production control and management. From the point of optimization and integration of process technology, the connotation of clean steel platform should covers a series of basic support technology and dynamic-orderly logistics operation integration technology.

That is:

(1) Analyze-optimized technologies of hot mental pretreatment (scrap/solid mental classification, processing technology);

(2) High efficiency-long campaign BOF (EAF) steelmaking technology;

(3) Speedy-coordinated secondary metallurgical technology;

(4) High efficiency-constant CC technology;

(5) Optimized-simplified "process network" technology;

(6) Dynamic-orderly mass flow control technology.

It can be considered, that the first four technologies of above mentioned six ones are of supporting ones and the optimized-simplified "process network" technologies (such as reasonable layout, etc.) are the integrated technologies (Fig. 1).

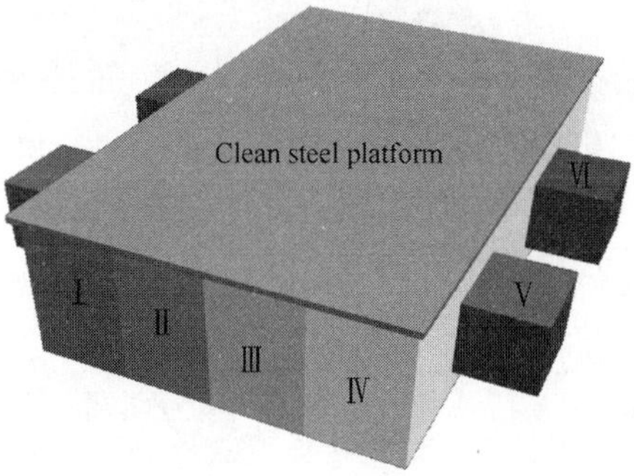

Fig. 1　High efficiency-low cost clean steel platform technology

Ⅰ—Analyze-optimized technologies of hot metal pretreatment; Ⅱ—High efficient-long campaign BOF steelmaking technology; Ⅲ—Speedy-coordinated secondary refining technology; Ⅳ—High efficient and constant C. C. technology; Ⅴ—Optimized-simplified "process network" technology; Ⅵ—Dynamic-orderly mass flow control technology

"Process network" means the structure of matter-energy-time-space, which combines with "resource flow", "nodes" and "connectors" and it is a static integrate frame. The dynamic-orderly mass flow control technology (for example, dynamic control system of mass flow) reflects the integrate "program" of dynamic operation. Last two belong to integrated technologies.

So, it should be stressed that all supporting technologies, such as hot metal pretreatment-BOF-secondary refining-continuous casting, should be integrated by optimized-simplified "process network" and dynamic orderly matter flow control technologies, building up a dynamic-orderly, high efficiency, low cost, stably operating, integrate "platform" of group technologies (Fig. 2).

If only having basic supporting technology and lacking of integrating technology, or the integrating technology is unreasonable, it is hard to construct ideal clean steel platform (Fig. 3, Fig. 4).

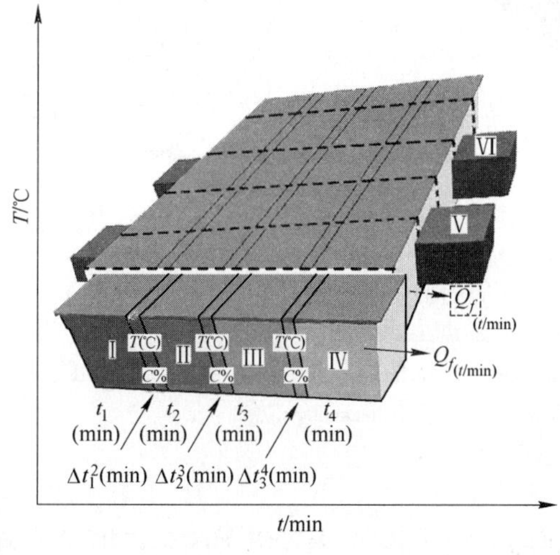

Fig. 2　Dynamic-orderly compact-continuous schematic diagram of clean steel platform

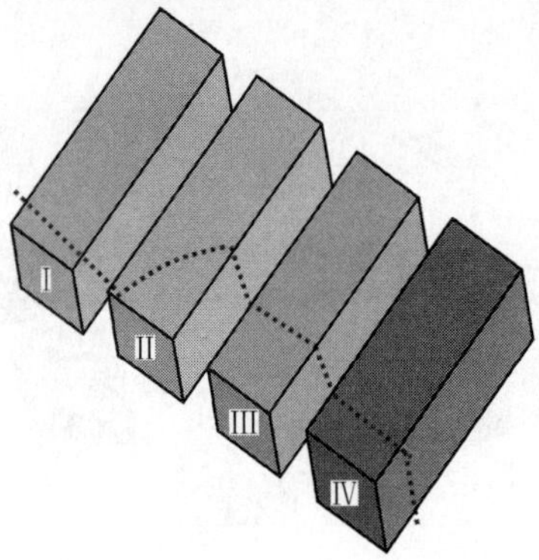

Fig. 3 Schematic diagram of steel making plant only with basic support technology and lack of integrating technology

Ⅰ—Analyze-optimized technology hot mental pretreatment; Ⅱ—High efficiency-long campaign BOF technology; Ⅲ—Speedy-coordinated secondary metallurgical technology; Ⅳ—High efficiency-constant CC technology

During the engineering design and production control, the platform is an integration technology which involves production technology system, information SW system and operation management system (Fig. 5).

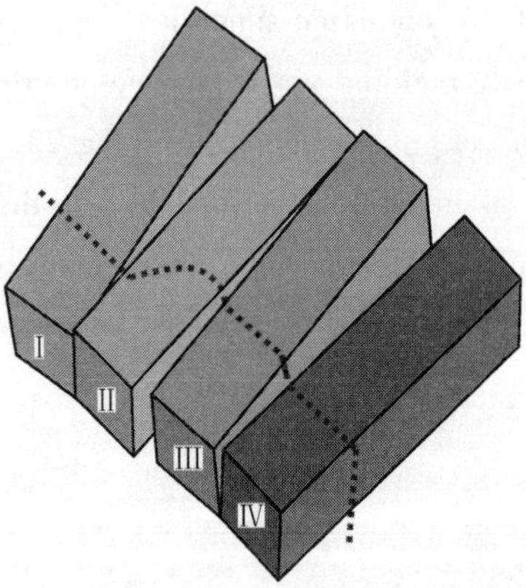

Fig. 4 Schematic diagram of steel plant only with basic support technology and imperfect integration technology

Ⅰ—Analyze-optimized technology hot mental pretreatment; Ⅱ—High efficiency-long campaign BOF technology; Ⅲ—Speedy-coordinated secondary metallurgical technology; Ⅳ—High efficiency-constant CC technology

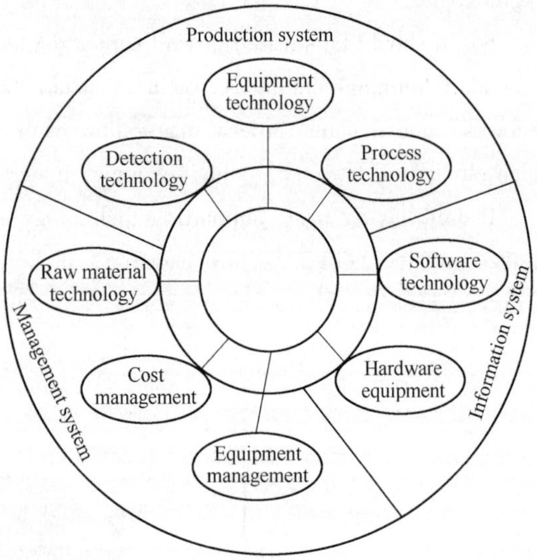

Fig. 5 Systems involved by clean steel platform

5 Dynamic Operation of Clean Steel Production Platform

In order to acquire the multi-objective optimization effectiveness above, dynamic operation process, as well as its efficiency and stability of the platform system must be paid attention to.

5.1 "Dynamic-orderly-synergetic-stable" is the Guiding Principle for the Integration Operation of Each Procedure Unit

Four basic supporting technologies of the platform are also the four main procedures of the steel production, each having their connotations of operation space and time respectively. But they are different nodes of the network layout of steel-making workshop process operation, and they must have all kinds of direct and indirect interfaces and time-space relationship with other nodes in the whole operation process. In order to make the whole process network run dynamically, the operation of each node must meet the target requirements of the whole process operation. The target requirements contain the amount of mass flow, material characteristics, i. e. the composition range of steel, cleanliness, temperature, time, etc. The operation should be dynamic-orderly-synergetic-stable in accordance with the preset program, which is the basic guiding principle. Meanwhile, only with dynamic-orderly-synergetic-stable operation, the operation efficiency and quality of each procedure/node can be optimized.

To make the convergence between the procedures synergetic and stable, the space layout should meet the requirement of orderly and synergetic firstly, which is one of the basic requirements of newly built or existing steel plants; and effective measures should be taken to eliminate all kinds of unstable phenomena in the operation of the process network.

Synergetic-stable operation is the core of the dynamic operation of the high efficiency and low cost clean steel platform, and high efficiency-constant speed casting technology is the source of dynamic-orderly operation.

5.2 Time Factor

Time has a comprehensive impact on energy consumption, material consumption, quality, cost and environment. In the dynamic operation of clean steel platform, the dynamic operation process is developed along the time axis. In order to achieve the multi-objective optimization of high efficiency, low cost and economical cleanliness, the "continuity" along the time axis of each procedure unit is always pursued. In details:

—Continuity of time process, that is quasi continuation/continuation along the time axis of production mass flow;

—Compact of time process, that is, time required by the whole manufacturing process is shorter and shorter;

—Orderly of time process, that is the order, rhythm and stability of the dynamic operation in each manufacturing procedure/device;

—Synergetic of the process, that is the coupling effect and speed of the function and efficiency of upstream and downstream procedures, and some related devices, or its coupling recovery while meeting destruction in the dynamic operation of mass flow.

It can be seen that time has a comprehensive impact on the survival and development of steel plants, especially in the process of information technology and business intelligence are more and more popular in steel plants, the research and dynamic management of time is the basic work through the whole manufacturing process to master the total information.

6 An Example of Clean Steel Platform Operation—Building Bar/Line Products

No. 2 steel making-rolling mill of a certain steel plant is specialized in the building long products. The production process is as follows: hot metal ladle de-slagging (de-sulfurization will be processed while [S] > 0.035%), quick blowing of 55t converter (oxygen blowing intensity 4.4m^3/(t · min), oxygen blowing time 11 ~ 12min/heat), ladle bottom argon bubbling technology (intensity of argon bubbling 0.006Nm^3/(min · t)), high efficiency-constant speed continuous casting technology (regular time, regular temperature, regular quality, CCM: stable liquid steel level in tundish, stable mold liquid steel level, constant casting speed ~2.2m/min); the laminar operation model of BOF-blowing argon device-CCM-reheating furnace-rolling mill was adopted with ladle full sealing technology, accurate and reliable weighting measurement system of raw materials and informationization-mass flow system, so that the achievements are achieved as follows.

The whole process is hot metal ladle de-slagging - 55t BOF steel making-bottom Ar bubbling - 6 × 165mm × 165mm billet caster-billets direct hot charging-walking beaming reheating furnace-bar rolling mill-cooling bed-cutting-counting-packaging-listing, the total time consuming of it is ~102 minutes (Table. 1, Fig. 6, Fig. 7).

Table 1 Time scheduling of No. 2 steel making-rolling workshop

Procedures	Start time/min	Working time/min	Interval time/min
Hot metal from torpedo into ladle	0	3	16
Ladle de-slagging	3	2	17
Ladle lifting	5	2	17
Hot metal charging	7	2	17
BOF blowing	9	15	4
BOF tapping	24	3	16
BOF Slag splashing	27	4	15
Ladle bottom Ar bubbling	24	8	16
Ladle lifting	32	8	11
Ladle waiting on the turret	40	3	16
Ladle turret time	43	1	18
Casting time	44	19	0
Billets from caster to reheating furnace	63	2	17
Reheating time	65	20	0

Continued

Procedures	Start time/min	Working time/min	Interval time/min
Rolling time	85	1	19
Cooling bed	86	12	8
Cutting	98	1	19
Counting	99	1	19
Packaging	101	2	18
Listing	102	1	19

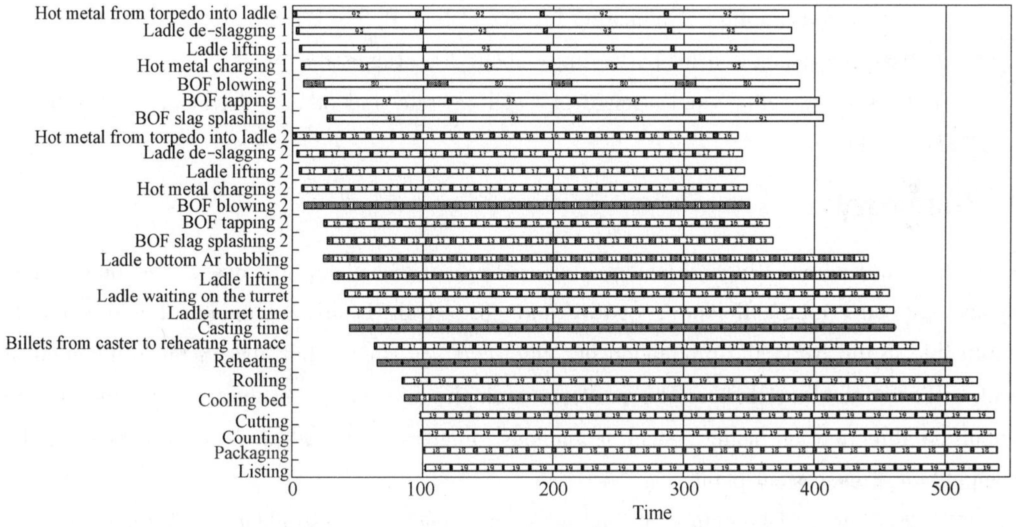

Fig. 6　Dynamic GANNT diagram in the No. 2 steelmaking-rolling workshop

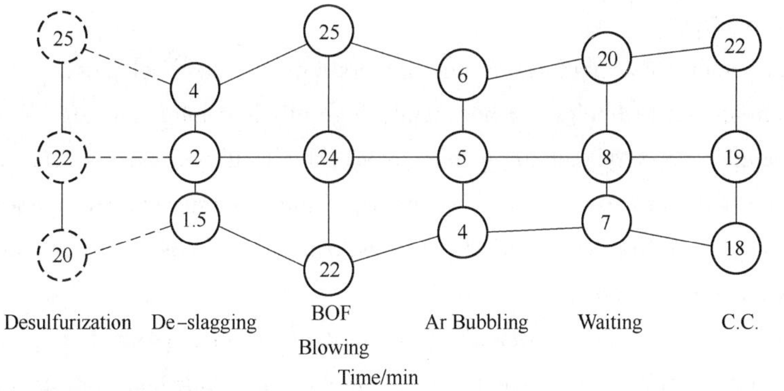

Fig. 7　Nonlinear interaction "flexible chain" resonance operation diagram in the No. 2 steelmaking-rolling workshop

The cleanity of building bar/line is as follows:

(1) [O] ≤490 ppm (486 ~ 386 ppm), [S] ≤0.027% (0.022% ~ 0.027%), [P] ≤0.017% (0.014% ~ 0.017%).

(2) Tapping temperature of 55t BOF: 1635 ~ 1655℃;

lime consumption: 39kg/t;

oxygen consumption: 52.56m^3/t;
tapping-tapping: 22 ~ 25min;
steam recovery: 89kg/t in BOF;
energy consumption for the steel making workshop: −18.92kgce/t.

(3) Casting speed of the 165mm × 165mm billet: about 2.2m/min;
caster effective operating rate: above 96%;
single-stream output: 225000 tons/a.

(4) Billet direct hot charging ratio (DHC): >90%;
DHC temperature: 800 ~ 850℃, with the highest 900℃;
energy consumption of reheating furnace: about 0.57GJ/t;
energy consumption for bar rolling: about 30.44kgce/t.

(5) Tensile strength, yield strength, stretching rate and other performances of different size bars are stable.

7 Summary

(1) The construction of high efficiency, low cost clean steel platform is one of the common key technology concerning efficiency, quality and cost. It is basic and universal and not only applicable in the R&D and production of "high-end" products, but also in the production of bulk ordinary steel products. The platform of high efficiency, low cost clean steel is the important direction of modern steel technology progress and has great significance on the competitive of each steel plant.

(2) Further understanding of high-efficiency and low cost clean steel manufacturing platform should be deepen, including the concept, definition, boundary, connotation and dynamic operation. It should related to not only the quality and technologies, but also economic and market.

(3) The clean steel platform is the integration of 6 technologies, such as analysis-optimized pretreatment technology of hot metal, high efficient-long campaign BOF technology, rapid-coordinated secondary metallurgy technology, high efficient-constant C. C. technology, optimized-simplified "process network" technology and dynamic-orderly operating mass flow control technology. And the evaluation index should not only focus on the results, but also the process of dynamic operation.

(4) The research of high efficiency, low cost clean steel production platform not only involves the production and management of the steelmaking workshop, but also the academic research field (process engineering and dynamic operation) and theory and methods innovation of engineering design (theory and method of dynamic-precision design).

The integrated theory and method of high efficiency and low cost clean steel platform is the binding point of metallurgical process engineering and material engineering.

(5) Different types of high efficiency, low cost clean steel platform should combine with the corresponding rolling process and iron making process so that high efficiency, low cost clean steel manufacturing system would come into being.

Recent Developments of Chinese Steel Industry since the New Century*

Abstract Solid foundation for the development of Chinese steel industry has been made through production process adjustments since 1990s. Since the new century, the rapid development has been realized in Chinese steel industry driven by domestic market demands and further revamping. In 2009, the crude steel output in China shared about 46.55% of the whole world. The steel products structure and the share of flat products and pipes were improved. The steel product quality for automobiles, railways, bridges and ships was improved greatly. At the same time, the specific energy consumption per ton steel has been reduced gradually. The environment protection indicators have also been improved. However, the share of EAF steel is still very low in recent years, only 10% ~12%.

The year of 2006 was the first year of the 11th Five Year Plan in China. Chinese steel industry was positioned as a domestic oriented industry. A great amount of export of the steel products was restricted. With the progress of enterprise grouping in Chinese steel industry, there were 11 enterprises with capacity of over 10 million tons, which total crude steel output shared about 48.5% of China in 2009. In order to reduce the environmental load of the central cities and eliminate the backward technologies and equipments, new generation steel plants such as Jingtang steel and Bayuquan steel, have been built at deep-water ports in Bohai Bay, which would be the circular economy pilot region.

Since the new century, the Chinese steel industry has been developed rapidly, and the scale has been expanded gradually. This is beyond expectation.

1 Overview on Development of Chinese Steel Industry

As the economic development is still in the middle stage of industrialization and China has over

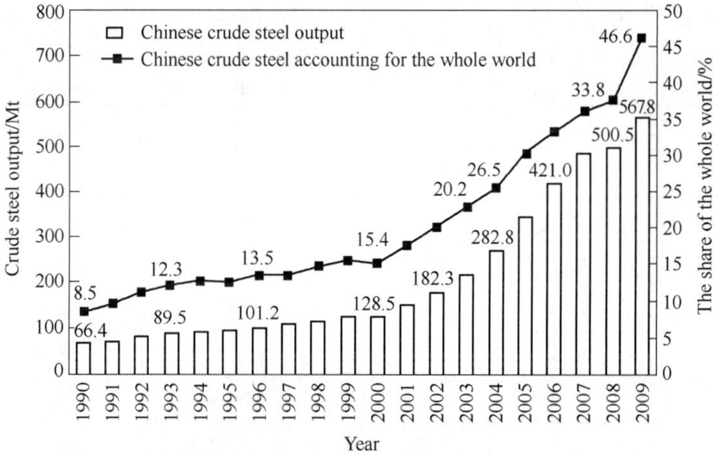

Fig. 1 The crude steel output in China and its share in the whole world from 1990 to 2009
(Source: Data from WSA statistics)

---

* Reprinted from *the 12th Japan – China Symposium on Science and Technology of Iron and Steel*, 2010: 11 ~ 18, Nagoya, Japan.

1.3 billion population, domestic market plays an important role in driving steel demand. Since 1996 Chinese crude steel output exceeded 100 Mt/a, it has continued to maintain rapid growth during the 14 years. Particularly since the new century, the average growth rate of crude steel production has reached 18.5% annually. And Chinese crude steel output reached 567.84 million tons in 2009, accounting for 46.55% of the whole world (Fig. 1).

The annual crude steel output per capita increased from 101.39kg in 2000 to 425.43kg in 2009 (Table 1). In fact, China has become the largest steel producer and consumer.

Table 1 Annual output of crude steel, pig iron and apparent consumption of steel products in China from 2000 to 2009

Year	2000	2001	2002	2003	2004	2005	2006	2007	2008	2009
Annual output of crude steel /Mt · a^{-1}	128.5	151.63	182.25	222.34	282.8	355.79	421.02	489.71	512.34	567.84
Annual apparent consumption of steel products/Mt · a^{-1}	127.22	158.88	191.43	242.41	280.30	333.09	367.76	411.59	429.55	535.09
Annual output of pig iron /Mt · a^{-1}	131.01	155.54	170.79	202.31	241.91	331.00	407.55	471.42	469.29	543.75
Output of world crude steel /Mt · a^{-1}	848	850	904	970	1069	1142	1244	1328	1304	1199
Share of Chinese Crude Steel output of the whole world/%	15.15	17.84	20.16	22.92	26.45	30.86	33.98	37.26	38.36	46.55
Crude steel output in China per capita/kg	101.39	118.81	141.88	172.05	217.56	269.50	321.54	374.55	378.79	425.43

The rapid expansion of Chinese steel industry was mainly driven by huge investments in fixed assets, besides technical factors. From 1990 to 1999, total investment in fixed assets in

Table 2 Total investment in fixed assets in China and Chinese steel industry from 1990 to 2009

Year	Investment in fixed assets in China /billion yuan	Investment in Chinese steel industry /billion yuan	Share of steel industry/%	Year	Investment in fixed assets in China /billion yuan	Investment in Chinese steel industry /billion yuan	Share of steel industry/%
1990	445.1	12.7	2.86	2000	3261.9	36.7	1.12
1991	527.9	16.3	3.09	2001	3689.8	50.6	1.37
1992	758.2	21.5	2.84	2002	4350.0	70.4	1.62
1993	1182.9	32.7	2.76	2003	5556.7	145.3	2.62
1994	1592.6	45.4	2.85	2004	7047.7	192.1	2.73
1995	1944.5	56.8	2.92	2005	8877.4	258.3	2.91
1996	2366.0	55.0	2.32	2006	10999.8	264.2	2.40
1997	2530.0	44.5	1.76	2007	13732.4	261.7	1.91
1998	2845.7	40.9	1.44	2008	17229.1	324.9	1.89
1999	2171.9	38.3	1.76	2009	22484.6	320.6	1.43
合计	16364.8	364.1		合计	97229.4	1924.8	

Source: China Statistical Yearbook, China Iron and Steel Statistics, Data of 2009 was from Statistics Bullet in 2009.

China was about 16.36 trillion yuan, while from 2000 to 2009 it quickly reached 97.23 trillion yuan, which was about 5.94 times as much as the previous decade. Corresponding investment in steel industry was 362.1 billion yuan in the period of 1990 ~ 1999, it rapidly reached 1.92 trillion yuan in the period of 2000 ~ 2009, which was about 5.29 times as much as the previous decade. Particularly in 2009, the investment of fixed asset in China was up to 22.48 trillion yuan, which stimulated the domestic apparent steel products consumption with over 100 million tons more than that of 2008 (Table 2).

Steel products are mainly used in construction, machinery manufacturing, light industry, automobile industry, shipbuilding, container manufacturing and etc.. Since 2007, the demands of automobile industry have been increased rapidly (Table 3), the share of automobile steel was close to 8%.

Table 3 The steel products consumption ratio of major consuming industries in China from 2001 to 2009 (%)

Year	Construction	Machinery	Light industry	Automobile	Shipbuilding	Container
2001	59.02	15.63	12.65	4.12	1.29	1.06
2002	55.00	15.03	10.36	3.76	1.15	0.92
2003	52.35	15.51	9.11	4.69	1.08	1.38
2004	55.19	16.28	9.12	4.69	1.32	1.31
2005	52.37	15.88	8.18	4.78	1.33	1.36
2006	53.12	15.54	7.55	4.82	1.56	1.25
2007	54.20	17.95	7.12	5.22	2.28	1.10
2008	54.40	18.00	7.00	5.60	2.70	1.30
2009	54.10	16.50	5.40	7.90	3.50	—

2 The Technological Progress of Chinese Steel Industry

In 1990s, the 6 key/common technologies have been applied and deployed in countrywide, such as continuous casting, PCI technology, BF campaign elongation technology, continuous rolling, energy conservation and BOF slag splashing technology. The technological structure upgrading of Chinese steel plants has been realized with the timely and orderly strategic investments. Meanwhile, the specific investment of steel works has been reduced significantly because of the localization of equipment manufacturing.

Since the new century, the techno-economic indexes of Chinese steel industry have been improved (Table 4), especially in energy-saving, BF productivity, CC ratio, yield of rolled products and so on, through further promoting the steel production process optimization, enhancing on flat mills constructing, much revamping on energy conservation.

Table 4 Evolving of techno-economic indexes of Chinese steel industry from 2000 to 2009

Year	Specific energy consumption /tce① · t⁻¹	PCI /kg · t⁻¹	Coke ratio /kg · t⁻¹	BF productivity /t · (m³ · d)⁻¹	BOF campaign (heats)	CC ratio /%	yield of rolled products/%
2000	0.92	117	437	2.15	3500	86.97	92.48
2001	0.88	122	422	2.34	3526	89.44	94.01
2002	0.82	126	417	2.46	4386	93.03	94.19
2003	0.77	118	430	2.47	4631	96.19	94.92
2004	0.76	116	427	2.52	5218	98.35	94.98
2005	0.74	120	412	2.64	5647	97.51	95.37
2006	0.65	134	397	2.71	6824	98.53	95.45
2007	0.63	136	396	2.74	8558	98.69	95.32
2008	0.63	134	400	2.63	9233	98.85	95.30
2009	0.62	—	—	—	—	—	—

Source: China Iron and Steel Statistics, Data for 2009 was from the report of CISA.

Note: 1. Data after 2000 was for key steel enterprises; 2. Electricity conversion factor was 0.404 kgce/(kW · h) before 2006, 0.1229 kgce/(kW · h) from 2006 to 2009.

①1tce (1 ton coal equivalent) = 29.26 GJ.

The specific energy consumption per ton steel in China has been reduced since 1980s (Fig. 2). Especially since the new century, the specific energy consumption per ton steel has been still reduced continually, because of the deployment of CDQ, dry de-dusting of BF gas and BOF gas, power generation, water conservation and so on.

From 1990 to 2000, Chinese steel production was increased by almost double, while total energy consumption was increased by only 31%. From 2000 to 2005, steel production was increased by 174.2%, corresponding total energy consumption was increased by 120.4%.

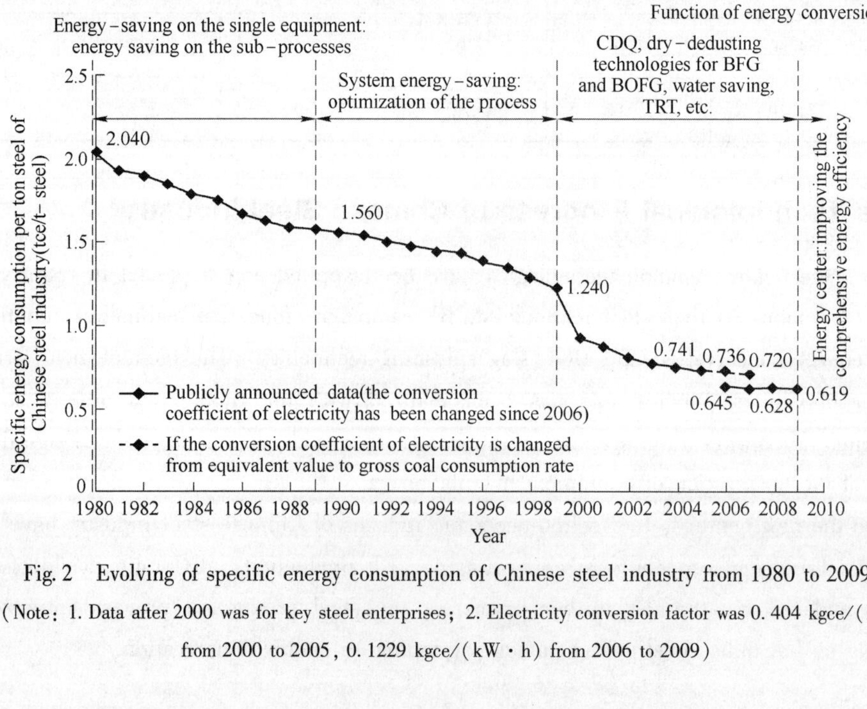

Fig. 2 Evolving of specific energy consumption of Chinese steel industry from 1980 to 2009

(Note: 1. Data after 2000 was for key steel enterprises; 2. Electricity conversion factor was 0.404 kgce/(kW · h) from 2000 to 2005, 0.1229 kgce/(kW · h) from 2006 to 2009)

As capita water resources in China is not rich, fresh water-saving has been put on the agenda of Chinese steel industry since the new century. Fresh water consumption per ton steel has been reduced year by year through emphasizing on water-saving technologies, water recycling and water treatment technologies. The fresh water consumption per ton steel of key steel enterprises has been reduced from 25.24 m^3/t in 2000 to 4.43 m^3/t in 2009 (Fig. 3).

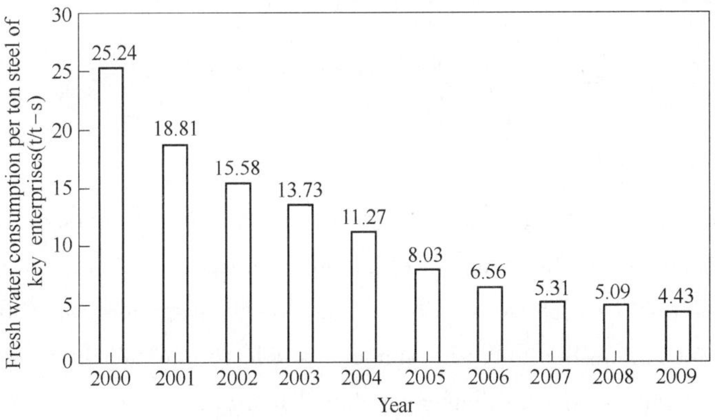

Fig. 3 Evolving of fresh water consumption per ton steel of key steel enterprises from 2000 to 2009
(Source: China Iron and Steel Statistics, Data for 2009 was from report of CISA)

Since the new century, China has paid much attention to investment and development on flat products and pipes production. The share of long products, flat products, pipes has been changed, the share of long products has been reduced gradually, while the share of flat products and pipes was increased accordingly (Table 5).

Table 5 Output of steel products and share of long products, flat products, pipes from 2000 to 2007

Year	2000	2001	2002	2003	2004	2005	2006	2007
Output of steel products/$Mt \cdot a^{-1}$	118.62	146.52	173.61	212.62	263.86	325.90	390.77	455.63
long products/$Mt \cdot a^{-1}$	73.45	92.35	108.77	131.13	158.44	187.83	217.59	249.99
Flat products/$Mt \cdot a^{-1}$	34.41	40.79	48.76	60.02	81.42	109.45	135.35	161.28
Pipes/$Mt \cdot a^{-1}$	9.34	11.38	13.10	17.70	22.07	26.14	35.52	42.24
Share of long products/%	61.92	63.03	62.65	61.67	60.05	57.63	55.68	54.87
Share of flat products/%	29.01	27.84	28.09	28.23	30.86	33.59	34.64	35.40
Share of pipes/%	7.87	7.77	7.54	8.32	8.36	8.02	9.09	9.27

In order to meet the demands of automobile industry, energy industry and power transmission technology, new steel products for automobiles, gas pipelines, hydraulic power stations, electric material, bridges and other users have been developed, it can be mass supplying and forming sizeable capacity.

The quality of automobile flat products has been improved at Baosteel, WISCO, Ansteel and other steel plants. Especially at Baosteel, the production of automobile flat products reached 4.192 million tons in 2009, which includes grade 05 exposure panel 0.822 million tons and high-strength steel 0.846 million tons.

Silicon steel has also been developed rapidly at WISCO, Baosteel, Ansteel, TISCO and other steel plants since 2006. WISCO and Baosteel have made significant progress in oriented silicon steel, including the Hi-B level and the production increased significantly (Table 6). But yet the hot-rolled silicon steel sheet should be eliminated with capacity about 0.6 Mt/a in 2009.

Table 6 Chinese silicon steel production statistics in China from 2006 to 2009 (kt/a)

Year	2006	2007	2008	2009
Cold-rolled electrical steel	2635	3549	3835	3928
Include: Non-oriented	2434	3277	3496	3507
Oriented	201	272	339	421
Hi-B	0.6	20.1	55.4	145.0
Hot rolled silicon steel	1050	1080	720	600
Sum (include hot rolled)	3685	4629	4555	4528

For constructing a 9102 km gas pipeline in length, the total steel products consumption of X80 grade steel is about 4 million tons, of which for main line is 2.9 million tons with diameter of ϕ1219 mm and thickness of 18.4 ~ 26.4 mm. Steel consumption of X80 grade steel for branch line is about 1.1 million tons with diameter of ϕ1016 mm and thickness of 15.3 ~ 26.4 mm, and the X70 grade steel with diameter of ϕ914 mm and thickness of 13.1 ~ 23.6 mm is also used for branch line. Baosteel, Ansteel, WISCO, Shougang, Jiangsu Shagang, TISCO, Maanshan Steel and Wuyang Steel could achieve mass supply now.

Driven by the demand of railway construction in recent years, Panzhihua Steel, Baotou Steel, Ansteel, WISCO have made great efforts to upgrade the rail beam rolling mills and finishing line to produce the railway track with strength of 1000 MPa and 100 m in length for the demand of the high-speed (200 ~ 350 km/h) railway engineering.

In the field of thin slab continuous casting-rolling process, there are 12 production lines with capacity over 30 million tons annually in China. It is shown that the advantages of thin slab casting-rolling process are mainly in the energy saving, to produce high strength hot rolled sheets, hot rolled sheets ≤ 2 mm and so on.

3 Development of Chinese Steel Plants

Since the new century, the production scale and product mix of steel plants in China has achieved a new development. The main characteristics are that the scale of steel plants is expanded rapidly and the production capacity of the flat products is increased rapidly. At the same time, over-production has been occurred, and the backward process, equipment and products has been also existed yet.

Although the EAF steel production in China has reached over 60 Mt/a, but the share of EAF steel is only 10% ~ 12% in recent years.

In 2000 and 2001, Baosteel was the only one company with annual production over 10 million tons. However, there were 11 steel companies (groups) with production over 10 million tons in 2009, the total steel production reaching 275 million tons, accounting for 48.5% of Chinese crude steel production (Table 7).

It should be pointed out that the pace of steel enterprise grouping is not fast and there are still many difficulties. Baosteel, WISCO, An-Ben Steel, Heibei Steel, Shandong Steel, Jiangsu

Table 7 List of Chinese steel companies (groups) with a capacity over 5 Mt/a from 2000 to 2009

(Mt/a)

No.	2000	2001	2002	2003	2004	2005	2006	2007	2008	2009
1	Baosteel 17.74	Baosteel 19.14	Baosteel 19.48	Baosteel 19.87	Baosteel 21.41	Baosteel 22.73	Baosteel 22.50	Baosteel 28.58	Baosteel 35.40	Hebei Steel 40.24
2	Ansteel 8.81	Ansteel 8.79	Ansteel 10.07	Ansteel 10.18	Ansteel 11.33	Tangshan Steel 16.08	Tangshan Steel 19.10	An-Ben Steel 23.59	Hebei Steel 33.30	Baosteel 38.87
3	Shougang 8.03	Shougang 8.25	Shougang 8.17	WISCO 8.44	WISCO 9.31	WISCO 13.05	Ansteel 15.30	Jiangsu Shagang 22.89	WISCO 27.70	An-Ben Steel 37.36
4	WISCO 6.65	WISCO 7.09	WISCO 7.55	Shougang 8.17	Shougang 8.48	Ansteel 11.90	Jiangsu Shagang 14.60	Tangshan Steel 22.75	Jiangsu Shagang 23.30	Shandong Steel 31.22
5			Benxi Steel 6.21	Benxi Steel 7.20	Magang Steel 8.03	Jiangsu Shagang 10.46	WISCO 13.80	WISCO 20.19	Shandong Steel 21.80	WISCO 30.34
6			Magang Steel 5.38	Tangshan Steel 6.08	Tangshan Steel 7.66	Shougang 10.44	Jinan Steel 11.20	Magang Steel 14.17	Ansteel 16.00	Jiangsu Shagang 26.39
7			Tangshan Steel 5.07	Maanshan Steel 6.06	Jiangsu Shagang 7.55	Jinan Steel 10.43	Magang Steel 10.90	Shougang 12.86	Magang Steel 15.00	Shougang 17.29
8			Panzhihua Steel 5.00	Panzhihua Steel 5.34	Hualing Steel 7.13	Laiwu Steel 10.34	Laiwu Steel 10.80	Jinan Steel 12.12	Shougang 12.20	New Wuan Steel of Hebei 16.71
9				Baotou Steel 5.25	Jinan Steel 6.87	Magang Steel 9.65	Shougang 10.50	Laiwu Steel 11.70	Hualing Steel 11.30	Magang Steel 14.83
10				Hualing Steel 5.19	Handan Steel 6.80	Hualing Steel 8.45	Hualing Steel 9.91	Hualing Steel 11.12	Baotou Steel 9.80	Hualing Steel 11.81

Continued

No.	2000	2001	2002	2003	2004	2005	2006	2007	2008	2009
11				Jinan Steel 5.05	Laiwu Steel 6.58	Handan Steel 7.34	Benxi Steel 7.60	TISCO 9.29	TISCO 9.20	Baotou Steel 10.07
12				Jiangsu Shagang 5.02	Benxi Steel 5.49	Baotou Steel 7.02	Baotou Steel 7.50	Anyang Steel 9.00	Anyang Steel 9.00	TISCO 9.46
13				Handan Steel 5.00	Baotou Steel 5.43	Benxi Steel 6.51	Anyang Steel 7.00	Baotou Steel 8.84	Panzhihua Steel 7.50	Anyang Steel 8.50
14					Panzhihua Steel 5.43	Panzhihua Steel 6.19	Panzhihua Steel 6.80	Handan Steel 8.33	Rizhao Steel 7.50	Jianlong Steel: 8.38
15					Anyang Steel 5.24	Anyang Steel 5.80	Jiuquan Steel 6.60	Jianlong Steel: 7.61	Benxi Steel 7.40	Jiuquan Steel 7.59
16						Jiuquan Steel 5.65	Handan Steel 6.40	Jiuquan Steel 7.37	Jiuquan Steel 6.90	Guofeng Steel 7.58
17						TISCO 5.39	TISCO 6.30	Panzhihua Steel 6.64	Jianlong Steel 6.50	Beitai Steel 6.88
18						Jianlong Steel 5.01	Jianlong Steel 6.00	Beitai Steel 6.41	Beitai Steel 6.40	Jinxi Steel 6.83
19							Liuzhou Steel 5.40	Rizhao Steel 6.18	Guofeng Steel 6.10	Taifu Steel 6.74
20							Guofeng Steel 5.20	Nanjing Steel 5.95	Nanjing Steel 5.70	Xinyu Steel 6.71

Continued

No.	2000	2001	2002	2003	2004	2005	2006	2007	2008	2009
21							Xinyu Steel 5.10	Liuzhou Steel 5.80	Tonghua Steel 5.40	Nanjing Steel 6.50
22								Xinyu Steel 5.640	Xinyu Steel 5.30	Pingxiang Steel 6.36
23								Guofeng Steel 5.23	Sanming Steel 5.10	Tiantie Steel 5.55
24										Sanming Steel 5.43
25										Tonghua Steel 5.19
26										Zhongtian Steel 5.11
Sum of the above steel companies	41.23	43.27	66.93	96.85	122.74	172.44	208.51	272.26	293.8	368.48
Share of Chinese steel output/%	32.09	28.54	36.72	43.56	43.40	48.47	49.52	55.60	57.34	64.89

Shagang, Shougang and other steel groups have been built in different situation, which would be better for improving market competitiveness, rational division between different steel works, rational distribution and avoiding blind and disorder investment.

4 New Generation Integrated Steel Plants in Coast Region

Since the new century, a plan to build coastal steel bases has been proposed. The first is to build Jingtang steel as a joint venture of Shougang steel and Tangshan Steel in Caofeidian, Bohai Bay, Hebei province. The second is Zhanjiang Steel in Guangdong province as a joint venture of Baosteel and Guangdong province. The third is Fangcheng Steel in Guangxi province as a joint venture of WISCO and Guangxi province. In addition, Bayuquan steel has also been built at Yingkou by Ansteel for strip and plate producing. Jingtang Steel has been almost completed. Zhanjiang Steel and Fangcheng Steel are still at the stage of preparation because of the influence of international financial crisis.

Jingtang Steel is located along the coast of Bohai Bay, where the sea depth is 25 ~ 35m and wharfs could be built for 0.25Mt ore carrier. At Jingtang Steel, there are two blast furnaces of 5500 m^3, one steelmaking workshop, two hot strip mills and three tandem cold strip mills. The annual production capacity is around 9 ~ 10 Mt. The main design idea is:

—fousing on dynamic-orderly, quasi continuous-compact macroscopic operation of ferrogenious flow in the whole production process.

—fousing on the simple-compact layout design for optimization of process network.

—fousing on the optimization of "interface technique", including multi-function ladle instead of torpedo.

—building a clean steel production platform of 9 ~ 10 Mt/a which composed of $4 \times KR_{d[S]} - 2 \times BOF_{d[Si-P]} - 3 \times BOF_{d[C]} - 3 \times RH + 2 \times CAS + 1 \times LF - 3 \times CCM$;

—fousing on making full use of secondary energy added by steam coal, and to form high efficiency energy flow network to realize near "zero" emission of gases and steam;

—building eco-industrial park at Caofeidian to form circular economy pilot region.

5 Summary

Chinese steel industry has been achieved obvious progress since the opening and reforming policy for over 30 years. However the positioning of Chinese steel industry should be seriously considered. China is a large country with 1.3 billion population and a developing national economy in an all-round way, industry, agriculture, commerce and etc.. Chinese steel industry should be positioned as a domestic oriented industry because of the restriction by raw material and energy resource and environmental capacity. China needs import and export of steel products, but the amount of export should be limited. Chinese steel industry should not be an export oriented.

In the future, Chinese steel industry would pay much attention to following aspects, such as total capacity limitation, structural adjustment, eliminating backward technologies, equipment and products, promoting energy saving and improving environment. Chinese steel plants should not only produce steel products, but also have the function of energy conversion and waste treatment to make "green" steel and "recyclable" steel.

Analysis and Dynamic Integration of Steelmaking Production Process*

Abstract This paper reviewed the technological progresses and its development trend of the steelmaking process, and discussed the essence and characteristics of dynamic integration for the steelmaking process from a viewpoint of metallurgical process engineering (MPE).

The essence of steelmaking process is the dynamic integration structure of the process with different types, functions and space-time scales. And it was embodied with the integration and unity of microcosmic operation mechanism and macroscopic synergetic operation.

There are two rules for dynamic integration. One is the individual procedure with batch running should be adapted to the individual procedure with continuous/quasi-continuous running. The other one is the individual procedure with batch running should be guided by the individual procedure with continuous/quasi-continuous running. More attention must be paid to the space-time factor (for example, lay out, etc..), and the effective integration method is to couple dynamic operation of all the procedures of the steelmaking process at the time axis. In a word, the target is to build a dynamic operation system, with the integration of element (individual procedure/device) -structure (process structure) -function-efficiency.

Totally, the aim of the integration of different technologies and devices in the steelmaking process is to build a production process with dynamic-orderly, synergistic-continuous, which means to build different types of clean steel production platform with professional high-efficiency and low cost.
Key words analysis, dynamic integration, steelmaking production process, metallurgical process engineering

1 Introduction

The steel manufacturing process is a complex system which consists of unit procedures with various structures and functions. For a long time, unit procedures in steelmaking process had been characterized by slow-pace, mutual-waiting and random-linked (such as open hearth furnace and ingot casting). The evolution of steel manufacturing process since 1950s indicates that the application of rapid (batch) running BOF, sequence CC, especially the emergence of full CC steel works, has a crucial promoting effect on the evolution and optimisation of whole steel industry. The production efficiency and continuous degree of steelmaking process is promoted by BOF and CC, and a full CC steel works is a reflection of dynamic-orderly, synergistic-continuous production process. Fig. 1 shows the schematic diagram of the evolution of BF-BOF-Hot rolling process.

---

* Reprinted from *The* 5th *International Congress on the Science and Technology of Steelmaking* (ICS2012), Dresden, Germany.

Optimisation of the set of one certain procedures' functions will often change the functions of upstream and downstream procedures and then originates the analysis-optimisation of the set

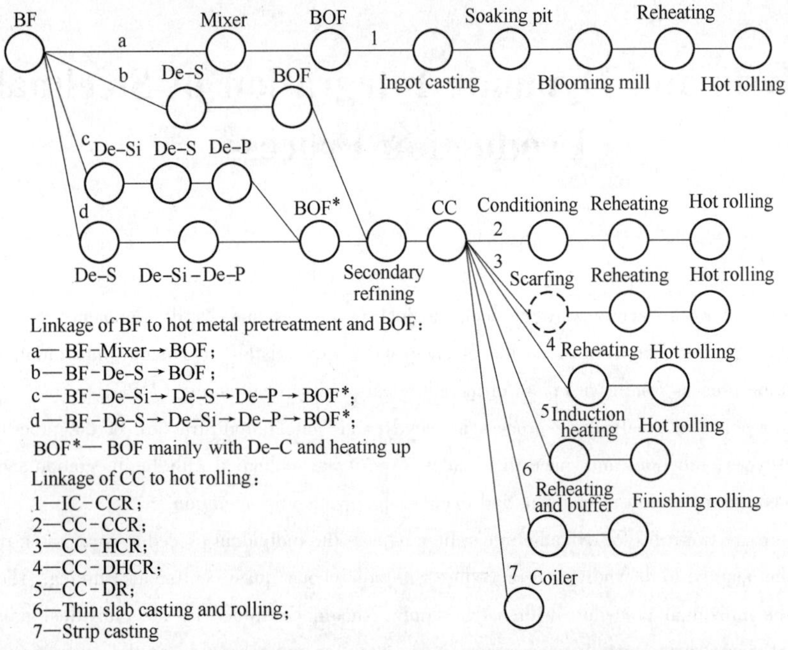

Fig. 1 Evolution of steel manufacturing process

of procedures' functions. The change of relations between the neighboring procedures even among much more procedures will be brought inevitably at the same time, so the coordination-optimisation of the set of procedures' relationship of the whole process system should be further reformed. Based on analysis-optimization of procedures' functions and coordination-optimization procedures' relations, metabolism of procedures/devices is taking place, new procedures/devices emerge (such as hot metal pretreatment, secondary refining and continuous casting) and old procedures eliminate (such as mixers, open hearth furnace and ingot casting), resulting in the realization of integration-optimization of the set of procedures/devices in the process system. Fig. 2 shows the schematic diagram of concept of analysis-integration of steel manufacturing process.

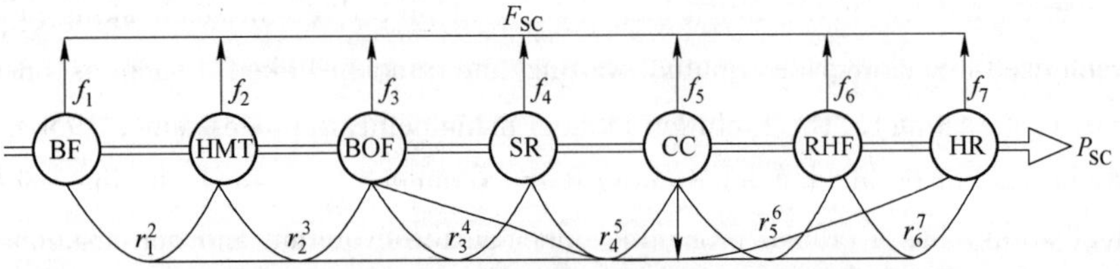

Fig. 2 Schematic of concept of analysis-integration of steel manufacturing process

BF—blast furnace; HMT—hot metal pretreatment; BOF—basic oxygen furnace;

SR—secondary refining; CC—continuous casting;

RHF—reheating furnace; HR—hot rolling

Since 1970s, especially after the emergence of full CC steel works, the steel manufacturing process had been changed from batch-operated, mutual-waiting and random-linked to continuous/quasi-continuous step by step, i. e. individual procedure with batch running adapted to the one with continuous/quasi-continuous running. The main direction of steel works structural adjustment is that the process become continuous/quasi-continuous, the time-space structure of production procedure become more compact, and the product become cleaner. However, theoretical study had been restricted in molecular/atomic reaction and structure efficiency of procedures/devices in the past years, so it is necessary to study on analysis-integration-optimization and dynamic operation of steel manufacturing process on the system level, because the manufacturing process is a carrier of steel works, a platform of product manufactory, and a framework of information communication. The dynamic-integrated operation of steel manufacturing process is a new proposition of modern metallurgy.

2 Connotations of Steelmaking Production Process and Essence of Dynamic Operation

2.1 Boundary and Connotations of Modern Steelmaking Production Process

A modern steelmaking production process is a dynamic operation process which covers transportation and pretreatment of hot metal, operation of steelmaking furnace, secondary refining, continuous casting and orderly output of slabs.

The analysis-integration of steelmaking production process is focusing on the oxidation-heating-cleaning-alloying-solidification-shaping of ferruginous material flow. Steelmaking production process is an opening, dynamic operating system, not an isolated system. And it expresses both the concept of mass-energy-information and time-space.

2.2 Physical Essence of Dynamic Operation in Steel Manufacturing Process

The physical essence of dynamic operation in steel manufacturing process is that: Ferruginous matter flow which is driven (transportation or movement) and affected (chemically or thermally) by energy flow, dynamically and orderly operated in a certain process network (such as layout) according to some programs (Fig. 3). Thermodynamically, the steel manufacturing process is an opening, non-equilibrium, irreversible complex system which consists of unit procedures with various structure-functions through nonlinear coupling.

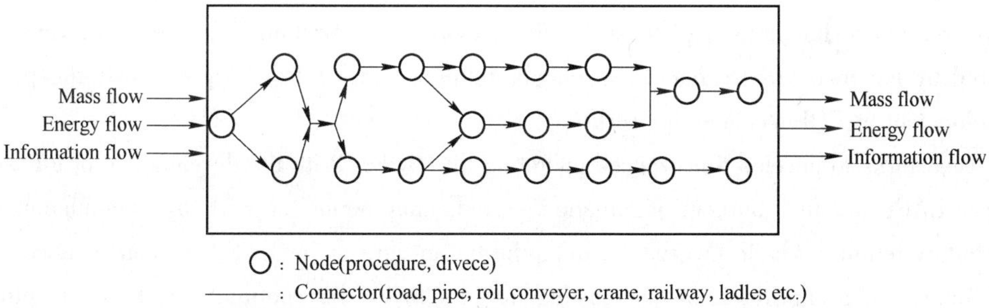

Fig. 3 Sketch of conceptions and elements in steel manufacturing process

3 Evolution and optimization of Steelmaking Production Process

3.1 General Tendency

Because of the emergence of full CC steel works, open hearth furnace was eliminated and BOF/EAF began to blossom for its strong competitiveness. Research on fast-paced operation and stability of BOF/EAF were carried out, and functions analysis-integration of BOF/EAF was concerned by the following rules:

—Distributing functions of procedures and developing new devices to meet dynamic requirements based on physical chemistry of metallurgical reactions.

—Improving the layout of steelmaking work-shops to form a smooth, collaborative, continuous/quasi-continuous material flow network.

—Constructing a element-structure-function-efficiency optimized dynamic operation system by information optimized.

Thus, functions of BOF were analyzed (Table 1).

Table 1 Function Analysis of BOF

Metallurgical function	Hot metal pretreatment	BOF	Secondary refining
Desiliconization	⊙ ←	○	
Desulphurization	⊙ ←	○	→ ◎
Dephosphorization	⊙ ←	◎	
Decarburization	◎ ←	⊙	- - → ⊙ (*)
Heating-up		⊙	→ ◎
Degassing		◎	→ ⊙
Inclusions modification		○	→ ⊙
Deoxidation		○	→ ⊙
Alloying		◎	→ ⊙
Cleaning	⊙ ←	◎	→ ⊙

Note: ⊙—Main procedure for realizing the function; ◎—Next important procedure for realizing the function;
○—Degenerated function in this procedure; *—For ultra low carbon steel, vacuum decarburization is more important

It can be seen that functions of BOF have been optimized as high-efficiency decarburization, fast heating, moderate dephosphorization and waste energy (gas, steam) recovery. Other functions (such as desulfurization, deoxidization, cleaning, alloying) are shared by hot metal pretreatment, secondary refining and tundish. Fig. 4 shows the process development of BOF steelmaking workshop.

EAF turns to develop a fast-paced operation like BOF. With the development of ultra-high power EAF, oxy-fuel burner, elimination of reduction period of EAF by combination with secondary refining (ladle furnace, et al), the tap-to-tap time of EAF has been reduced to 45 ~ 60min, which fulfills sequence casting and improves the continuity of EAF-CC process (Fig. 5).

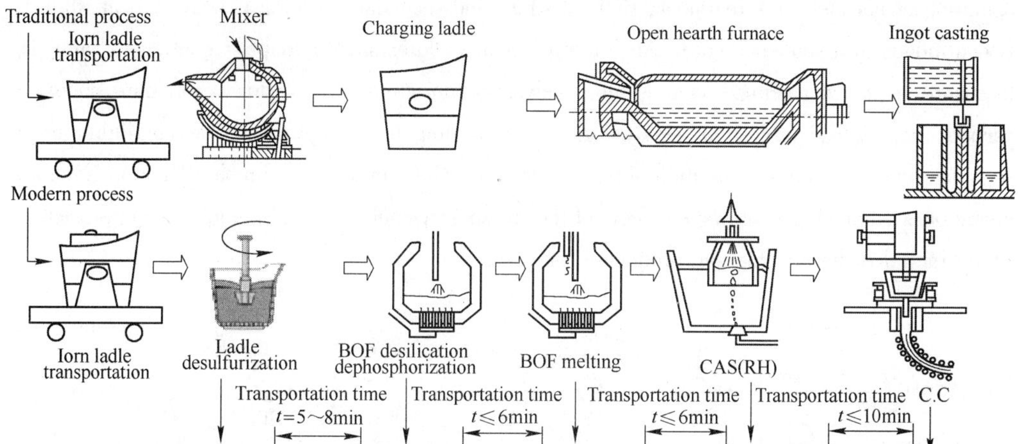

Ladle desulfurization:

Item	Starting	Ending
T/℃	1380	1350
[C]/%	4.5	4.5
[S]/%	0.040	0.003
[P]/%	0.090	0.090
[Si]/%	0.42	0.40
Treatment time/min		
30~35		

BOF desilication dephosphorization:

Item	Starting	Ending
T/℃	1340	1330
[C]/%	4.5	3.5
[S]/%	0.003	0.007
[P]/%	0.090	0.030
[Si]/%	0.42	–
Operation time/min		
20~22		

BOF melting:

Item	Starting	Ending
T/℃	1295	1660
[C]/%	3.5	0.04
[S]/%	0.007	0.006
[P]/%	0.030	0.008
Operation time/min		
28~32		

CAS(RH):

Item	Starting	Ending
T/℃	1600	1580
[C]/%	0.04	0.04
[S]/%	0.006	0.006
[P]/%	0.008	0.008
Operation time/min		
20~22		

C.C:

Item	Starting	Ending
T/℃	1555	1550
[C]/%	0.04	0.04
[S]/%	0.006	0.006
[P]/%	0.008	0.008
Operation time/min		
35~40		

Fig. 4 Process development of BOF steelmaking workshop

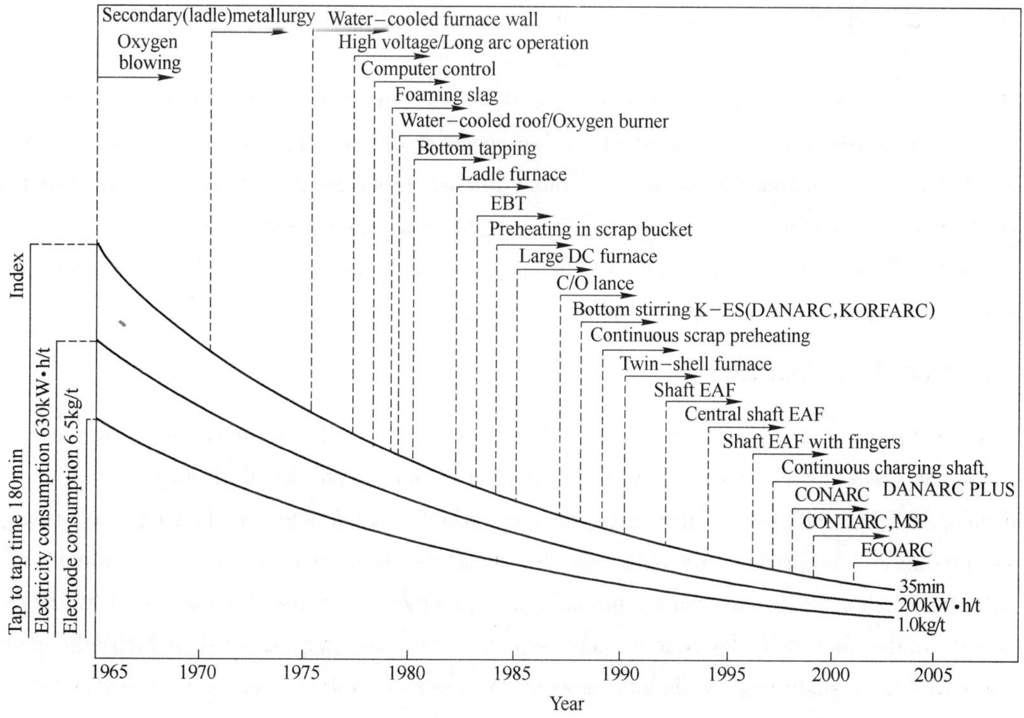

Fig. 5 Development of modern EAF smelting technologies

In steelmaking production process, sequence casting is a core of dynamic operation, source of dynamic-orderly, expression of continuation/quasi-continuation and compact. That is because the operation of hot metal pretreatment, BOF (EAF), and secondary refining is heat by heat while CC is continuous in a sequence shift. All intermittent procedures should adapt to continuous procedure to ensure sequence casting. As a result, analysis-optimization of procedures' functions should be carried out for the purpose of shortening operation time and adapting to the continuity of the sequence casting, forming an intermittent/intermittent/intermittent/continuous dynamic integrated operation system. Fig. 6 shows a scheme of the running dynamics of steel manufacturing process, in which included the steelmaking production process.

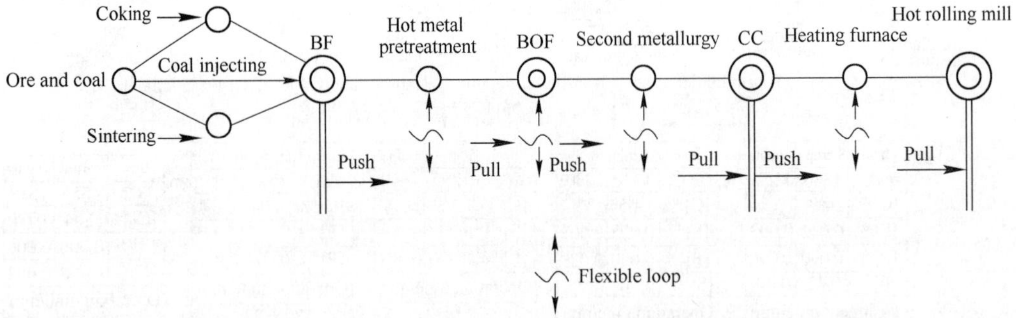

Fig. 6 Diagram of pushing force, buffering loop and pulling force in steel manufacturing process

3.2 Continuous Casting (CC)

As the dynamic-orderly source of steelmaking process, CC has a developing direction of high-constant casting speed (a proper constant casting speed for a certain steel grade). For example, 150mm × 150mm billet caster has a casting speed of 2.4 ~ 3.0m/min, while 90 ~ 100mm thin slab caster 5.5 ~ 7.0m/min, 230mm slab caster 1.4 ~ 2.0m/min. In order to meet the requirements of high-constant casting speed of CC, a series of new technologies are developed, such as tundish metallurgy, rapid tundish replacement, electro-magnetic brake, electromagnetic stirring, liquid core reduction, long time sequence casting, and so on. The functions of CC can be expressed as efficiency solidification processing, optimized forming vessel, energy saving device and terminal metallurgical reactor.

3.3 Hot Metal Pretreatment

Hot metal pretreatment has shared some of the features of BOF. There are two different types of hot metal pretreatment: One is the common type of hot metal desulfurization, which has developed a high-efficiency "former de-slagging/desulfurization/later de-slagging" operation. For producing long products for buildings, hot metal desulfurization is unnecessary when [S] ≤0.035%, but de-slagging cannot be omitted. The other one is the combination of hot metal desulfurization and BOF desilication/depho-sphorization, and majorly used in high-efficiency fast-paced large-scale strip production process. The second type is effectively utilized in some steelmaking workshops in China, Japan and South Korea to produce clean strip with high-efficiency and low cost, rather than ultra-low phosphorus steel.

In order to meet the requirement of hot metal pretreatment as well as energy saving, the way of hot metal transportation was changed. Mixers were eliminated and torpedoes were questioned. Recently in China, hot metal transportation by rail or road and direct pretreatment in hot metal ladles has made a great progress. As a result, temperature loss of hot metal is cut down (30 ~ 50℃ less than torpedoes), desulfurization efficiency is improved, and [S] could be easily reduced to ≤0.002%.

3.4 Basic Oxygen Furnace (BOF)

Owing to the analysis-optimization, the functions of BOF have been simplified to quick decarburization, fast heating, gas/steam recovery and dephosphorization. In China, BOF 's oxygen supply rate has been up to 3.2 ~ 4.5 Nm^3/ (t · min) in many cases, so that tap-to-tap time of BOF has been shorten to 25 ~ 36 min.

The BOF campaign is important to CC's high-efficiency production. The average campaign of BOF in China has been up to 8000 ~ 10000 heats. Thanks to high-efficiency of CC, functional simplification and speeded-up of BOF and elongation of BOF campaign, the annual output of BOF has achieved 12000 ~ 15000 t/t capacity.

Technically and economically, it's unreasonable to build BOF bigger and bigger. For the future development of BOF, its efficiency and campaign should be improved, so as to coordinate with the production of continuous caster and rolling mill. Therefore, a reasonable capacity of BOF should be chosen for specialized steelmaking workshops, for instance, 250 ~ 300t BOFs (or 230 ~ 250t, if KR desulphurization-BOF* desilication/dephosphorization is used) should be adopted for strip products, while 120 ~ 150t BOFs for thin slab casting and 60 ~ 80t BOFs for building long products.

3.5 Secondary Refining

Besides of cleaning and alloying, secondary refining has developed to a coordinating-buffering unit between steelmaking furnace and caster to fulfill sequence casting. Therefore, the operation time of secondary refining should take less time than steelmaking furnace and CC, so that it can coordinate and buffer the production pace of the whole process. The development trend of secondary refining is that Ar bubbling and RH is the major secondary refining device for BOF process (LF and VD can be adopted for low sulfur products like seamless tube and plate), while LF and VD/RH for EAF process.

3.6 Steel Ladle

In modern steelmaking workshops, the functions of steel ladles can be expressed as liquid steel container and transporter, metallurgical reactor and temperature/time coordinator. The movement of steel ladles is accompanied with the mass flow and energy flow in steelmaking workshops. Much attention should be paid to campaign, quantity, turnaround rate and thermal state of steel ladles. It is inappropriate to have too many ladles in a steelmaking workshops, normally, 3 ~ 4 ladles are sufficient for each steelmaking furnace. Ladle stamping, especially empty ladle stamping, and accelerating ladles' turnaround rate can effectively reduce tapping temperature drop of liquid steel to 40 ~ 50℃, which is helpful to lower the tapping temperature of steelmaking furnace.

4 High-efficiency Low Cost Clean Steel Platform (HLCP) — Dynamic Integration

To ensure the dynamic-orderly continuous-compact operation of steel manufacturing process, the physical essence of the open system's dynamic operation should be taken into consideration, i. e. the concept of "flow", "process network" and "operation program" should be constructed, so that the batch-running procedures and continuous/quasi-continuous-running procedures would be integrated. The aim of integration is to produce different types of clean steel with high-efficiency low cost in a certain quantity, so that to build a high-efficiency low cost clean steel platform with specified products (such as flats, coils, long products, seamless tubes, stainless steel strips and so on), i. e. to establish a dynamic integration system of steelmaking production process.

The high-efficiency low cost clean steel platform is the dynamic operation system established by optimisation and integration of many technical models. The dynamic operation system will concern on engineering design, production control and management.

Different steel products require different cleanliness, however, from the view point of optimization and integration of process technology, the connotation of clean steel platform should cover a series of basic support technology (4 procedures), optimized simplified "process network" and dynamic-orderly logistics operation integration technology. That is:

(1) Analyze-optimized technologies of hot metal pretreatment (scrap/solid metal classification, processing technology);

(2) High-efficiency long campaign BOF (EAF) steelmaking technology;

(3) Speedy-coordinated secondary metallurgical technology;

(4) High-efficiency and constant speed CC technology;

(5) Optimized-simplified "process network" technology;

(6) Dynamic-orderly mass flow control technology.

"Process network" means the structure of matter-energy-time-space, which combines with "resource flow", "nodes" and "connectors" and it is a static integrate frame, including the optimization of nodes number, connect method, distance, path and so on. The dynamic-orderly mass flow control technology (for example, dynamic control system of mass flow) reflects the integrate "program" of dynamic operation. Last two belong to integrated technologies.

Fig. 7 shows the schematic diagram of high-efficiency low cost clean steel platform technology. It can be seen that 4 basic support technologies would be sufficient for trial production of clean steel in small scale, while the other 2 integrated technologies would be indispensable for production of high-efficiency low cost clean steel in large scale.

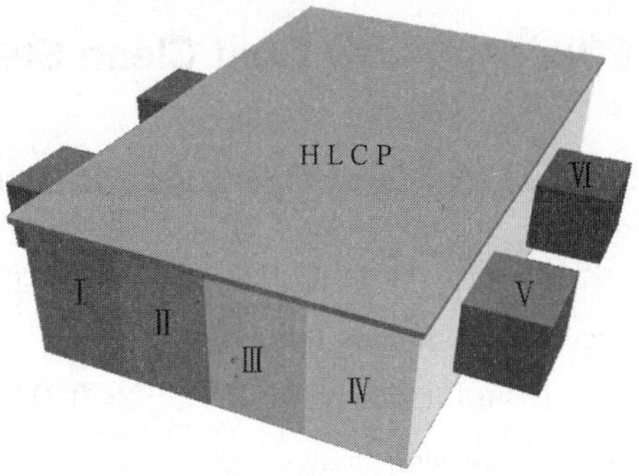

Fig. 7 High-efficiency low cost clean steel platform technology

Ⅰ—Analyze-optimized technologies of hot metal pretreatment; Ⅱ— High-efficiency and long campaign BOF steelmaking technology; Ⅲ—Speedy-coordinated secondary refining technology; Ⅳ—High efficient and constant speed C. C. technology; Ⅴ—Optimized-simplified "process network" technology; Ⅵ—Dynamic-orderly mass flow control technology

5 Time Management Chart vs. Dynamic Operation

In order to ensure the synergy, stability and continuity/quasi-continuity of clean steel platform, it is necessary to arrange and optimize all the dynamic operation of different procedures of the steelmaking process on the time axis. The nonlinear coupling of procedures/devices by accordance-synergy can make the dynamic operation of steel manufacturing process run continuously for an expected long time.

The rules for dynamic integration are that the individual procedure with batch running should be adapted to the individual procedure with continuous/quasi-continuous running, and the individual procedure with batch running should be guided by the individual procedure with continuous/quasi-continuous running.

A dynamic Gantt chart can clearly shows the mutual selection/adjustment of units-procedures-process and dynamic-orderly continuous-compact integration process of multi-procedure and multi-factor coupling on the time axis (Fig. 8).

The synergy of procedures/devices with different functions and different pace in steel manufacturing process can be realized by formulating a dynamic Gantt chart, so that the synergy, stability and continuity/quasi-continuity of the whole steelmaking production process are achieved.

It's an effective way of technology integration to design and implement dynamic Gantt chart of steel-making production process.

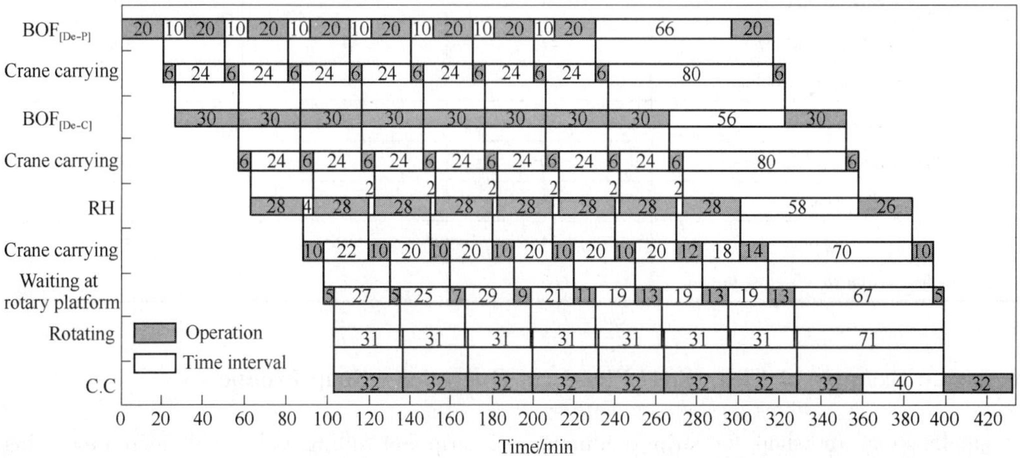

Fig. 8 Dynamic Gantt chart of $BOF_{[De\text{-}P]}$ – $BOF_{[De\text{-}C]}$ – RH – CC process, as an example of nonlinear effect, batch operation adopted to continuous operation

6 Practice of High-Efficiency Low Cost Clean Steel Platform (HLCP)

6.1 An Example of Clean Steel Plat-form Operation—Building Long Products

No. 2 steelmaking-rolling workshop of a certain steel plant is specialized in the building long products. The production process is shown as follows:

—Hot metal pretreatment: Desulfurization while [S] > 0.035%, and hot metal ladle de-slagging while [S] <0.035% at each heat.

—BOF: 55t. Oxygen blowing intensity: 4.4 $Nm^3/(t \cdot min)$. Oxygen blowing time: 11 ~ 12min/heat. Tap-to-tap time: 22 ~ 25 min. Tapping temperature: 1635 ~ 1650℃. [O]: 386 ~ 486 ppm. [S]: 0.022% ~0.027%. [P]: 0.014 % ~0.017 %.

—Secondary Refining: Ladle bottom Ar bubbling. Ar bubbling intensity: 0.006 $Nm^3/min \cdot t$. Bubbling time: 8min.

—CC: 165 mm × 165 mm, 6 stream with casting speed 2.15 m/min. Single-stream output: 225000 t/a;

—Ladle: 3 ladles each BOF and 10 ladles for 3 BOFs.

Distance between CC and reheating furnace: 81m, DHC temperature: 800 ~ 850℃.

The whole process is hot metal ladle de-slagging-55t BOF steelmaking-bottom Ar bubbling-6 × 165mm ×165mm billet caster-billets direct hot charging, the total consuming time is ~65 minutes (Table 2).

Table 2 Time scheduling of No. 2 steelmaking-rolling workshop

Procedures	Start Time/min	Working Time/min	Interval Time/min
Hot metal from torpedo into ladle	0	3	16
Ladle de-slagging	3	2	17
Ladle lifting	5	2	17
Hot metal charging	7	2	17
BOF blowing	9	15	4
BOF tapping	24	3	16
BOF Slag splashing	27	4	15
Ladle bottom Ar bubbling	24	8	16
Ladle lifting	32	8	11
Ladle waiting on the turret	40	3	16
Ladle turret time	43	1	18
Casting time	44	19	0
Billets from caster to reheating furnace	63	2	17

6.2 An Example of Clean Steel Plat-form Operation—Strip Products

A steelmaking workshop for strip production, 2 strip hot-rolling mills and deep processing system were constructed in a certain steel plant. The production process is as follows:

—2 ×5576m^3 BFs.

—Hot metal is contained in 300t hot metal ladles and transported on railway and NO torpedo is used. Transportation time: about 20min.

—Hot metal desulfurization is carried out in 4 ×300t KR devices. Hot metal desulfurization temperature: above 1380℃. Treatment time: 30 ~35min. Treatment result: more than 90% of hot metal [S]≤0.002 %.

—Desilication and dephosphorization in 2 ×300t BOFs, Treatment result: [P]≤0.03 %, [C] 3.2 % ~3.4 %. Operation time: 20 ~22 min.

—Decarburization and heating up in 3 × 300tBOF. Gas recovery: ~90 m^3/t. Steam recovery: 92.6 kg/t, Tapping temperature: ≤1680 ℃. Operation time: 28 ~32 min.

—Secondary refining in RH, CAS or LF.

—3 slab casters: Slab thickness: 230 mm, Metallurgical Length: 43.2 m, casting time: 35 ~40 min.

—Online ladle turnaround time: ~150 min.

Fig. 9 shows the analysis of high-efficiency fast-paced steel manufacturing process:

—BF-CC Time: 200 ~220min (Hot metal pretreat-ment-CC time: 180 ~200 min).

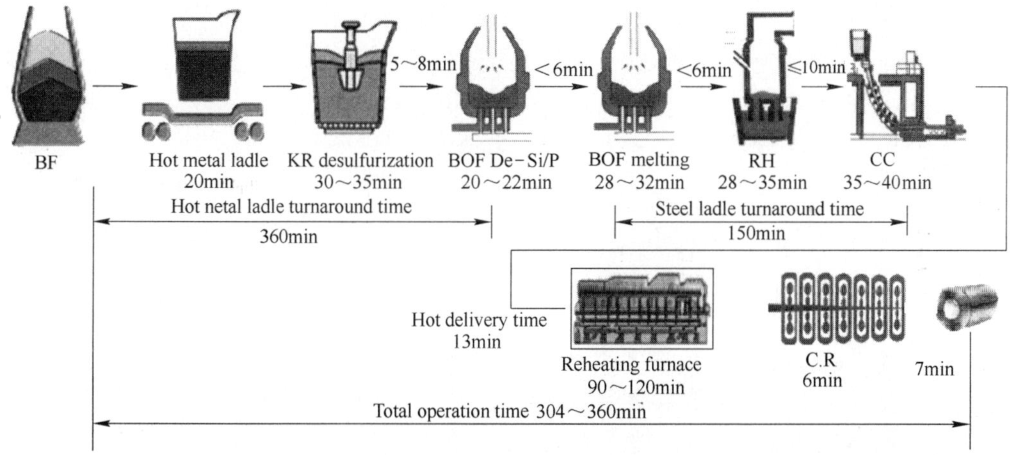

Fig. 9 Analysis of high-efficiency fast-paced steelmaking production process for strip products

7 Summary

Owing to the application of basic oxygen furnace (BOF), continuous casting (CC), and so on, the analysis-optimization of the function of individual procedures came up, the coordination-optimization of the relationships among different procedures emerged, and finally the reconstruction-optimization of the steelmaking process has been formed.

Driven by the development and popularization of full CC steel works, the operation way of each individual procedure within steelmaking process is changed from batch and random running to continuous operation for realizing the sequence casting.

The aim of the integration of different technologies and devices in the steelmaking production process is to build a production process, with dynamic-orderly, synergistic-continuation, which means to make the different products types of professional high-efficiency and low cost clean steel production platform.

There are two rules for dynamic integration. One is the individual procedure with batch running should be adapted to the individual procedure with continuous/quasi-continuous running. The other one is the individual procedure with batch running should be guided by the individual procedure with continuous/quasi-continuous running.

The essence of steelmaking production process is the dynamic integration structure of the process with different types, different functions and different space-time scales.

报刊篇

从“3R”原则到“五要素集成”
——对有效实施循环经济的认识*

经济发展和环境保护是传统社会发展模式中的一对固有矛盾，导致了对可持续发展的战略性反问。为了解决这个矛盾，各国政府和环保组织提出了一系列发展模式和战略，其中循环经济是国际社会推进可持续发展战略的一种优选模式。发展循环经济的基本思路是：借鉴自然生态系统进化原理，按照自然规律（包括物质不灭、能量守恒和生态规律等）利用自然资源和环境容量而重构的经济系统。20 世纪 90 年代以来，发展循环经济已成为国际社会发展的一大趋势。

1 重视循环经济的经济属性

传统经济发展模式是由“资源—产品—污染排放”所构成的物质单向线性流动的开环式经济。循环经济则是一种建立在物质不断循环利用基础上的经济发展模式，要求经济活动应按照自然生态系统的模式，组织成一个“资源—产品—资源再生”的闭环反馈式循环过程，以期实现“最佳化的生产、最适度的消费、最少量的废弃”。循环经济倡导的是一种与环境、社会和谐发展的经济发展模式。

发展循环经济有利于化解由于采取传统经济发展模式而引起的环境和发展之间的尖锐冲突。可见，实施循环经济是发展经济的重要途径，必须高度重视其经济属性。循环经济不是为循环而循环，循环不是目的，经济上不可行的“循环”价值不大。解决环境与经济发展之间矛盾最好的处理方式，是将矛盾作为一个经济问题来研究和对待，无论采取什么样的措施，这应是一个基本的出发点。

2 从“3R”原则到“五要素集成”

实施循环经济应该以物质利用“减量化（Reduce）、再利用（Reuse）和再循环（Recycle）”为原则，实现资源、能源的有效利用，降低环境负荷，其目的是促进经济社会的可持续发展。应该指出的是，所谓“3R”只是原则，并不是实现循环经济过程中的全部要素。循环经济是有成本的经济，实施循环经济需要技术、投资和运行成本；实施循环经济的主体是各种不同类型的经济单元（企业），企业的存在不能离开资金流动。因此，实施循环经济也是建立在资金流动基础上的。实施循环经济不仅要注意成本、资金要素，而且还必须注意连接物质、能量循环利用在“时间－空间”配置上的可能性和合理性。在各类循环过程中，物质、能量的有效利用不能脱离时间、空间要素，没有时间、空间概念的循环过程是难以想象的。所以说，循环经济是以“3R”为

* 原发表于《中国冶金报》，2006－1－12(5)。

基本原则，并在一定条件下将物质、能量、时间、空间、资金等五要素有效地整合在一起的经济发展模式，见图1。

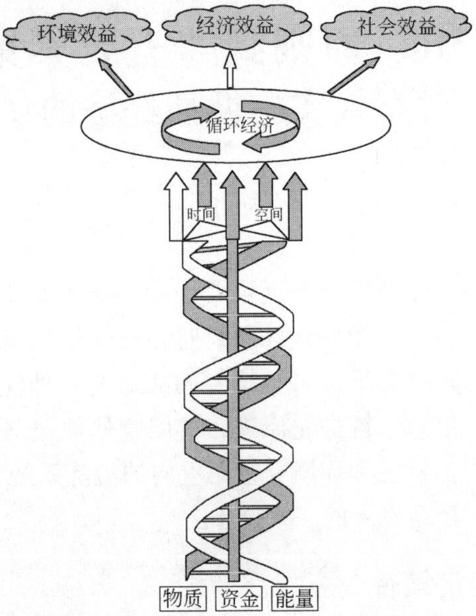

图1　从“3R”出发到“五要素”优化集成——有效地实施循环经济

实施循环经济必须以技术进步、集成创新为重要支撑手段，使物质、能量消耗符合“3R”原则，否则很难实现环境负荷的降低。推动循环经济也需要社会伦理的规范和支撑，以及相关法律、法规的管制和引导。在实施、推进循环经济的过程中，必须注意到对循环经济而言，发展经济仍是主导性的，经济的合理性是物质、能量以及废弃物循环利用的边界条件。循环经济首先是经济，是建立在物质、能量以及排放、废弃物循环流动基础上的有“时间－空间”和成本概念的经济。经济效益的大小是循环经济的目标函数，而物质、能量等的有效、合理循环是途径。推进循环经济必须充分重视环境效益、社会效益与经济效益的协同，并择其易行者先行之。

3　正确协调实施循环经济过程中的“技术－经济”因素

在不同条件下，循环经济的实施有赖于以下“技术－经济”因素的协调：物质/能源（包括排放物、废弃物等）循环链的延伸、扩展及其转换/利用效率的合理性；物质/能源循环通量的大小，必须具有一定的循环通量，才能具有可行性；物质/能量在循环过程中的经济合理性；物质/能量在循环过程中“时间－空间”因素的集成性（否则将影响能源转换效率或物质循环效率以及运输费用、储存费用等）。推行循环经济要根据上述诸因素，充分论证其“技术－经济”的可行性，并择易先行、择优先行。

在不同国家和地区及其不同的经济发展阶段，在实施循环经济的过程中，对“3R”的权重是不同的。在我国当前的情况下，首先应该着重的是各行各业在经济活动中的“减量化（Reduce）”问题。源头削减是主要的，其权重很大，量大面广的节能降耗和资源节约是有效地推动循环经济发展的必要基础，应该在“减量化”的基础上同时推进“再利用”“再循环”。这是我国当前的国情，这不同于日本、德国等工业化国家。

因此，我国在实施循环经济的途径上不能完全照搬别国的方法。

4 流程制造业是推行循环经济的重要切入点

我们应该以忧患意识和可持续发展的观点来促进循环经济的实施，一定要有紧迫感，但又必须认识到实施循环经济是一个过程，不能操之过急、急于求成；要找准推动循环经济的切入点，从能够办到的地区、产业、企业入手，扎扎实实地大力推进。

应该看到，流程制造业（包括冶金、化工、建材、石化等）生产过程的特点是：输入生产工序源头的是自然资源，这些资源、能源通过功能不同的工序串联作业、协同（集成）运行，生产出大量的产品、副产品作为生产资料或生活资料，同时产生了大量的排放物和废弃物。在国民经济中，流程制造业消耗了大量的自然资源，在制造产品的过程中产生了大量的、不同形式的排放物和废弃物，由此带来较高的环境负荷。与此同时，随着理念的转变、技术的进步，流程制造业存在着“3R”的巨大潜力，不同流程制造业之间有时存在着互为依存的产业生态链关系，也存在着消纳和处理社会大宗废弃物的潜力。在我国推进新兴工业化道路的进程中，流程制造业既是支柱产业、基础产业，同时也应是推进循环经济的优先切入点，见图2。

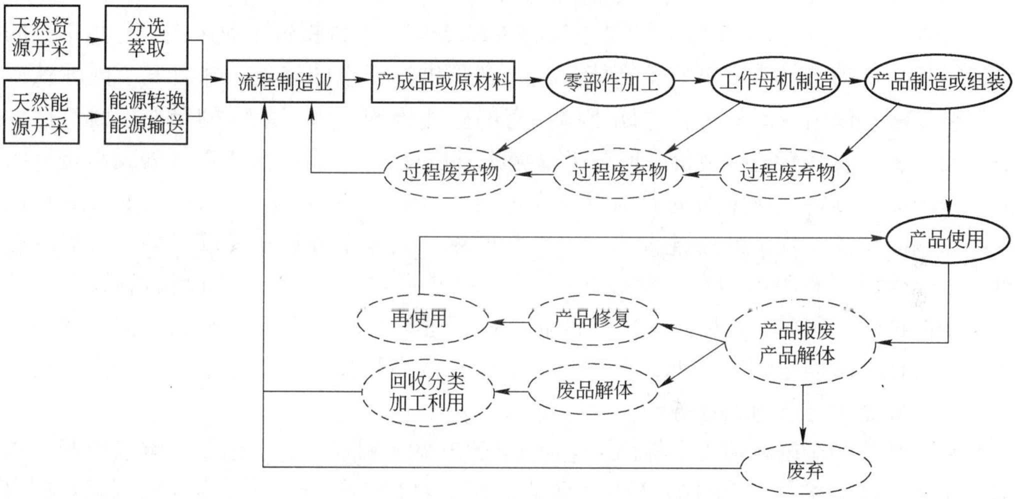

图2 钢铁企业的生态工业链与循环经济

发挥钢厂生产流程的三大功能　率先切入循环经济
——关于中国钢铁工业战略性任务的初步探讨*

中国钢铁工业从20世纪90年代崛起过程中，技术进步起到了决定性的作用，其中特别是6项共性技术（连铸技术、PCI技术、高炉长寿技术、棒线材连轧技术、转炉溅渣护炉技术、流程系统综合节能技术－淘汰落后工艺）发挥了技术进步的核心带动作用。与此同时，由于上述工艺装备的国产化和与之相应的有序投资，中国钢产量不仅突破1亿吨大关，还实现了钢产量在10年间成倍增长，技术经济指标明显改善，吨钢投资额明显降低。总之，20世纪90年代中国钢铁工业立足国情取得了较为健康的发展，并且为其后的自主快速发展积累了经验，奠定了基础。

进入21世纪后的前5年，特别是2003～2005年，中国钢铁工业出现了意想不到的快速增长。看来已经明显出现了产能过剩、产品供过于求的迹象，并引发了国际铁矿石价格暴涨，而国内钢材价格急剧下降，有的企业出现了增产增亏的局面。面对这样的局面，钢铁业界有的指望价格回升（这当然可以理解），有的指望钢材表观消费继续上升……而国际钢铁业则高度警惕中国成为钢铁产品（包括钢材、钢坯、生铁等）的净出口国。现在，我国已经进入“十一五”时期，其基本方针是要按照科学发展观办事，提倡建设“资源节约环境友好型社会”，这必将对“十一五”时期的钢铁工业产生深刻的影响。同时，也要求中国钢铁业界进行理性思考，明确自身的定位，寻找健康的、可持续发展道路。当前，明确产业定位，依靠科技进步增强市场竞争力，适应可持续发展是十分紧迫的任务。

刚刚结束的全国科技大会提出了16个字的基本方针：“自主创新、重点跨越、引领未来、支撑发展。”其中核心是自主创新。国家对自主创新也做了专业的阐明：即自主创新包括原始创新，集成创新和引进、吸收再创新，而不是仅指原始创新。实际上，我国20世纪90年代钢铁工业技术进步的历程也印证了引进、吸收再创新和集成创新的重要性和有效性。

由鉴于此，对中国钢铁业的发展问题进行战略性研究和钢铁业的科技进步进行整体性研究是理性思考后提出的必然课题。

作为对中国钢铁工业自身定位而言，以下3点是值得注意的：

（1）钢铁工业是中国工业化进程中的基础产业，钢铁材料是建设现代化国家的物质基础；

（2）钢铁工业作为典型的流程制造业，应成为发展循环经济的优化切入口，从而适应科学发展观的要求；

（3）中国钢铁工业应是满足内需为主的产业，这是由于钢铁工业是高能耗、高资

---

* 原发表于《世界金属导报》，2006－3－7（A01）。

源消耗、高运输负荷的产业，不宜提倡钢铁产品大进大出、两头在外，因此，不应作为出口导向型产业来发展。某些钢铁产品的进口不会对国民经济发展全局产生重大不良影响。

作为中国钢铁工业科技进步整体性研究的重要前提之一，就是要研究钢铁生产（制造）流程的社会－经济功能，现在已经能够比较清楚地看出：钢铁工业的特点是流程制造业，钢铁制造（生产）流程不仅具有钢铁（产品）制造功能（这一功能应该包括产量规模、生产效率、生产成本、产品质量、品种规格、过程排放污染控制等方面），同时还应具有能源转换功能和废弃物消纳、处理并再资源化的功能。能源转换功能包括了提高能源转换效率和节能，生产过程中余能、余热的充分回收利用，例如CDQ、TRT、CCPP和煤气－煤粉发电、蒸汽热量的充分回收等，甚至包括大规模制氢。废弃物消纳处理再资源化功能是钢铁企业实现环境友好、可持续发展的主要支点之一，其中包括了各种来源的废钢处理、废塑料处理、含铁尘泥处理、废水与污水处理、废轮胎处理等。

钢铁企业通过其生产流程三类功能的充分发挥，可以较好地适应循环经济，扩大经营业务链，发展多种经营，安排人员就业，在提高企业经济效益的同时，得到环境效益和社会效益。因此，充分研究、开发钢铁制造流程的三大功能，应是钢铁科技进步整体研究的核心问题，也是今后技术改造投资的重点方向之一。培育和建设具有新一代钢铁制造流程的新型钢厂应是今后发展过程中的重要内涵。增强市场竞争力和可持续发展能力，率先切入循环经济是中国钢铁工业的战略性任务。

让循环经济融入钢铁制造新流程*

钢铁产品作为一种重要结构材料及功能材料的地位会不会发生重大变化，这是人们不断进行讨论和分析的问题。

1 钢铁是工业生产“必选”材料

根据工业界对材料性能要求提出评价因素的权重分析，强度、变形、断裂、热特性以及综合性能仍是对材料的主要要求（见图1）。通过比较各种工程材料在强度、断裂韧性以及不同材料在不同温度下的强度值可见，至少在现有条件下，钢铁材料在上述重要评价因素方面都表现出相应的优势。今后，价格便宜、容易回收、对环境影响相对友好、节能、节材等因素成为评价材料的主要指标。在这些评价因素方面，钢铁材料也表现出了相应的优势。

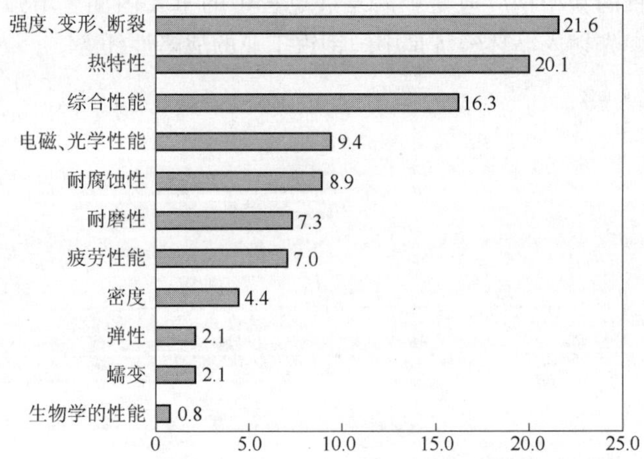

图1 工业上重要的材料性能要求评价（总分100）

材料的循环使用对节能以及环境的影响，也是一个重要的评价因素。图2显示出了钢铁、玻璃、纸、铝、塑料等主要材料的回收利用率，可见钢铁材料的回收利用率明显高于其他材料。近20年来，全球废钢年产生量大致在3.5亿吨上下波动，2002年世界废钢产生量已达3.73亿吨。利用废钢作为再生资源与从铁矿石提取铁素资源相比，对节省天然矿物资源和节能具有十分重要的价值，就能源消耗而言，可节能36%左右。2002年世界粗钢产量达到了9.02亿吨，其相应消耗的铁素资源中废钢约占36.5%（3.73亿吨）、生铁约占59.5%（6.08亿吨）、直接还原铁（DRI/HBI）约占4.0%（0.41亿吨）。

* 原发表于《中国冶金报》，2006-11-30(5)。

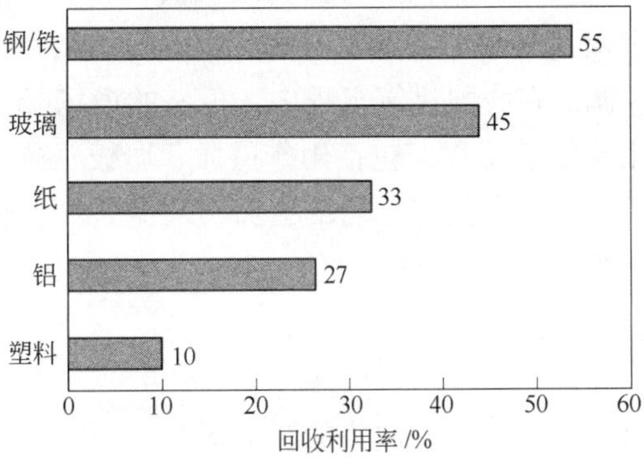

图 2　各种材料的回收利用率

综上所述，钢铁材料的综合优异性能，在世界主要基础工业和基础设施中乃至居民的日常消费中仍是不可替代的。从成本上看，钢铁材料的竞争优势也是显而易见的。从结构材料的成本比较可知，若按材料的单位强度计，钢的成本仅为铝、陶瓷、炭素材料的 1/4 ~ 1/5。

另外，用于制钢的铁矿石原料储量大、易开采，钢材易于加工，加之良好的可再生利用性等原因，因此，在可以预见的未来，钢铁材料仍将是全球性的主要基础材料，钢铁将继续对全球经济发展和社会文明进步起到积极的支撑作用，对于国民经济正在高速发展的中国而言尤其如此。进入 21 世纪，国际钢铁业都在关注钢铁材料的地位和作用，发表了许多评估性的观点，各国意见一致，其中有代表性的是美国钢铁学会的结论——钢铁仍是不能不用的“必选”材料。

2　钢结构产业前景广阔

钢材在不同制造业中的消费情况如表 1、表 2 所示。从两个表中可以看出，建筑业钢材消费量每年都有所增加。

表 1　有关制造业用钢消费量占全国钢材当年消费量的比例　　（%）

年份	建筑	机械	汽车	农用车	造船	铁路	石油	家电	集装箱	合计
1998	50.35	11.54	3.64	2.40	1.35	2.50	1.20	2.72	1.34	77.04
1999	51.77	13.11	3.58	2.25	1.07	2.21	0.98	2.66	1.39	79.02
2000	55.99	15.27	3.80	1.96	1.22	2.14	0.99	2.75	1.76	85.88
2001	57.94	15.47	4.12	1.42	1.29	1.87	1.10	2.50	1.06	86.77
2002	53.67	14.03	4.65	1.12	1.15	1.53	1.48	2.32	0.92	80.87

表 2　2002、2003 年我国钢材消费领域构成

年　度	总消费量	建筑	机械	轻工	汽车	造船	铁道	石化	集装箱
2002 年/万吨	19143	10870	2872	2030	737	182	242	234	320
比重/%	100	56.78	15.00	10.60	3.85	0.95	1.26	1.22	1.67
2003 年/万吨	24241	14920	3044	2310	980	266	258	241	342
比重/%	100	61.55	12.56	9.53	4.04	1.10	1.06	0.99	1.41

注：1. 2003 年数据来源于统计公报和各种统计快报数。

2. 2002 年与 2003 年钢材总消费量为扣除重复统计后的钢材实际消费量。

安装容易、施工周期短、抗震性好、投资回收快、环境污染小、可循环利用是钢结构的优点，与钢筋混凝土相比，它还具有高、大、轻的独特优势。钢结构产业发展潜力较大，市场前景广阔。在我国建筑工程中，板材的市场开发应引起重视，特别是彩涂钢板，85%以上用于建筑工程，包括用作屋面、墙板、楼板等。因此建筑用彩涂板、镀板以及中厚板的应用开发具有相当的潜力。大型构件、轻钢结构、网架等也有相应的市场，有待进一步开发。

3 钢铁制造流程的三大功能

由于钢铁生产是以铁－煤化工为源头的制造流程，不难看出钢铁厂生产流程应该（特别是高炉—转炉长流程）有3种功能（见图3）。

一是钢铁产品制造功能：将原料和能源转化为质量好、成本低、环境负荷小且能够满足用户不断变化要求的钢材，供社会生产和生活消费，这是钢铁企业的基本功能。与此关联的还有钢厂的合理规模、生产效率、质量、品种、排放等命题。

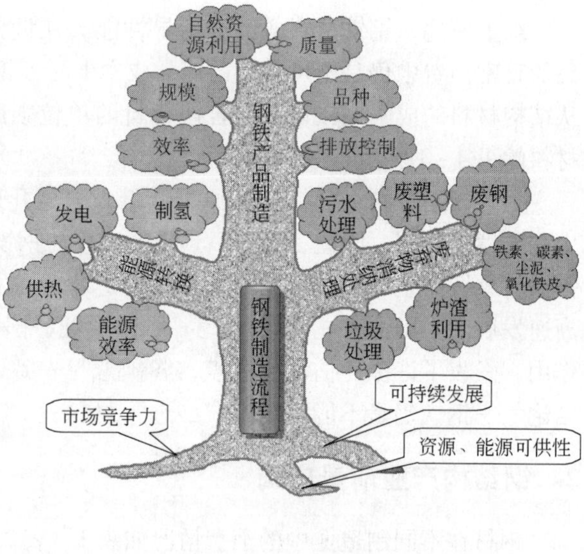

图3 钢铁制造流程功能拓展示意图

二是能源转换功能：高炉—转炉流程是铁－煤化工过程，也是将煤炭通过冶金流程转换为热能、电能、可燃气、蒸汽等能源的过程。现在最好的高炉—转炉—热轧生产流程，也还有38%左右的能源未被钢铁生产过程充分回收利用。其中，提高能源转换效率是需要关注的。能源转换功能还应包括从焦炉煤气中制取氢气的命题。

三是废弃物消纳—处理和再资源化功能：钢铁制造流程还可以循环利用钢厂内部的副产固体废弃物（渣、尘、泥等），并处理大量的社会废弃物，如废钢、废塑料、废轮胎、社会垃圾及社区废水和污水等。

4 新一代钢铁制造流程与工业生态链

我国新世纪钢铁制造流程研究的重点目标是要在21世纪的时代背景下，自主集成生产平材（及其深加工产品）的大型钢铁联合企业的工艺流程和装备，以支持新一代钢铁基地（例如曹妃甸钢厂等）建设和现有钢厂改造；在流程整体优化的基础上使我国钢厂再节能15%～20%，使钢的使用效率提高5%～15%，解决若干高附加值产品的开发和创新问题。新世纪钢铁制造流程不仅具有良好的钢铁产品制造功能，而且还具有能源转换功能、废弃物处理—消纳和再资源化功能，推动钢厂融入循环经济的进程中去（见图4、图5）。

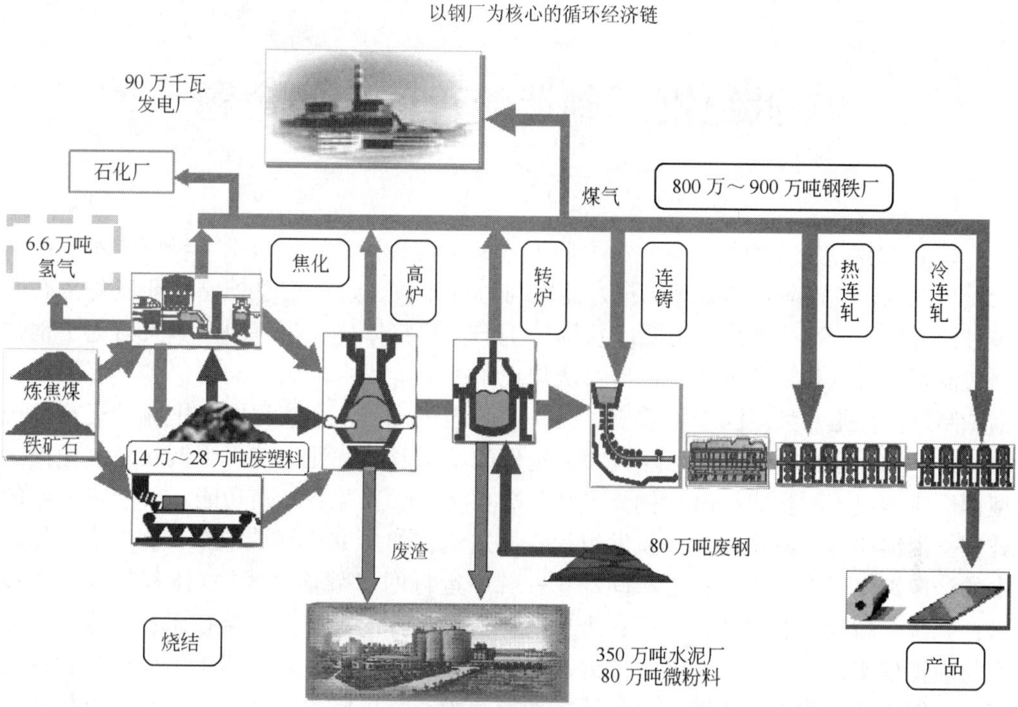

图4　年产800万～900万吨钢铁联合企业的制造流程及其关联产品

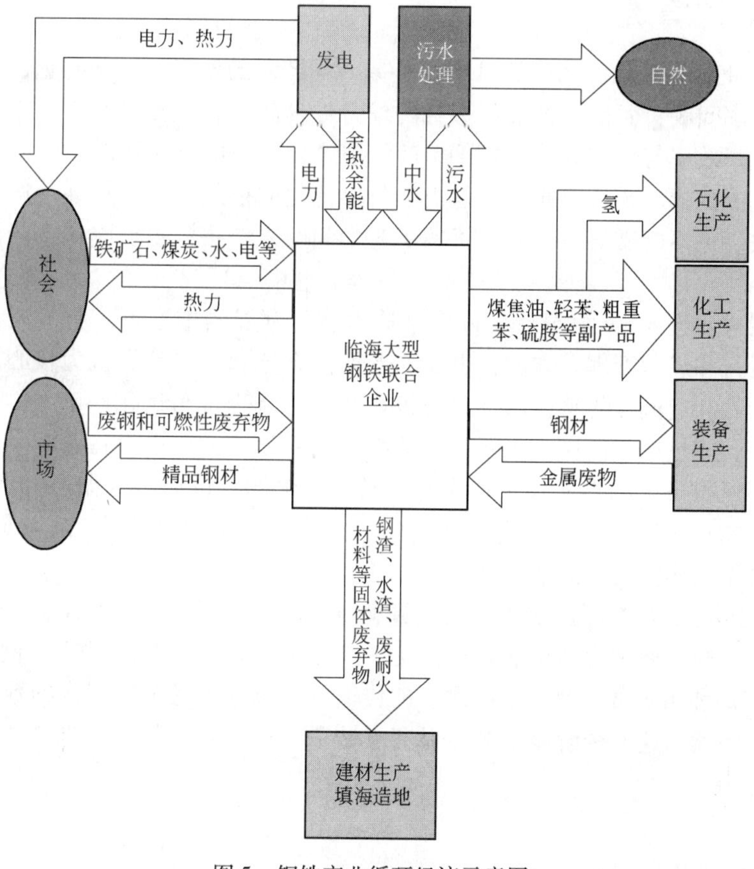

图5　钢铁产业循环经济示意图

21世纪钢厂制造流程优化的命题*

21世纪钢铁工业面临的是一种最新形式的综合性挑战，它包括了经营成本、产品质量与性能、生产效率与合理规模、能耗与过程排放、过程信息控制、环境与生态等多目标群优化。这些挑战，主要应从钢厂生产流程整体优化来解决。本文讨论了钢铁制造流程的特点和物理本质，指出：从物理角度上看，由性质不同的诸多工序组成的钢铁制造流程是一种多因子物质流，按一定的程序，在一个流程网络中流动运行的现象，是一种耗散过程。提出了现代大型钢厂的结构及其优化趋势，强调在新世纪内大型钢厂应体现3种功能：(1) 钢铁产品制造功能；(2) 能源转换功能；(3) 废弃物的处理—消纳和再资源化功能。新世纪钢铁制造流程的研究内涵应包括：高效率、低成本的洁净钢生产平台技术；工序间动态—有序运行的“界面技术”；流程工程集成技术；系统、高效的能源转换技术；废弃物再资源化技术；产业链接技术；流程物理模型与虚拟现实技术。总之，要通过钢铁制造流程的研究开发，拓宽钢厂生产流程的功能——钢铁产品的制造功能、能源转换功能和废弃物再资源化功能——增强市场竞争力和可持续发展能力。

1 命题的时代背景

21世纪钢铁企业面临的挑战已不仅是单一的产品的质量、性能问题，也不仅是产量和生产效率问题，而是一种最新形式的综合性挑战：它包括了经营成本、产品质量与性能，生产效率与合理规模、能耗与过程排放、过程信息化控制、环境与生态等多目标群优化的挑战。要认识并解决这类多目标优化的挑战，不能从某一产品的材料学问题来解决，也不能靠某一工艺装置的工艺学问题来解决；主要应从生产流程整体优化来解决。

流程制造业进入21世纪后，在信息技术蓬勃发展的推动下，制造流程的工程设计、生产运行和经营管理等方面，也面临着如何充分利用以计算机为核心的信息技术的机遇，钢铁制造流程的整体信息化应该是在制造流程重组优化基础上的信息化，应该是物质流、能量流、信息流之间互动的综合信息化。钢厂也面临环境–生态问题的挑战以及如何积极主动地实现工业生态化转型的命题，进而融入循环经济社会中去。这些命题不能只从某一产品的研究来解决，也不能只从某一装置的工艺学问题来解决，只能从流程工程学的层面上来解决。

20世纪以来，冶金学经历了从技艺到科学的转变。对钢铁工业而言，这个转变还只是经历了只知道通过变动化学成分、温度、压力以调节“单元操作”（例如脱硫、脱氧、脱碳等）和粗知装置及工序层次上的传输过程原理及其相应层次的数学模拟两个发展阶段。当然，这两个阶段（即基础科学阶段、技术科学阶段）都是具有里程碑意义的。

---

* 原发表于《世界金属导报》，2006-11-21(A04)。

应该想一下，对冶金－材料学科命题而言，实际上存在着自下而上的从原子（分子）、工序、装置（反应器等）到工厂的制造工艺流程和自上而下的从市场到各类钢铁产品的需求过程，甚至还存在着从自然生态－环境－工厂－制造过程－产品－循环利用等自上而下的需求过程，这些都交汇在工厂级制造工艺流程层面上（见图1）。可以看出，需要仔细研究冶金流程的本质和运行规律。当前，冶金知识的发展正面临着一场新的挑战和变革。这一场新变革的动因是由于已有的理论知识和方法难以对冶金制造流程的动态－精准设计、运行过程的智能化调控等方面实现定量化、动态－有序化；同时，已有的基础科学、技术科学理论知识和方法还不能使信息技术、环境生态概念充分、有效地进入到钢厂的生产流程中去。因此，是不是应该把原子－反应/转变过程－装置－流程－产品－环境－生态联系起来统一思考呢？看来，在不同层次、不同尺度上存在着开放的、远离平衡的、不可逆的复杂流程系统的结构性问题（见图2），这对21世纪的科学认识是一种共性的挑战，是带有共同性的命题。可以清楚感觉到在进行基础研究时，要放宽视野，把不同尺度、不同层次的科学问题进行统一研究。要搞清不同尺度、不同层次上的科学认识，并把不同尺度、不同层次的问题关联起来（甚至耦合起来）才能逐步进入角色。

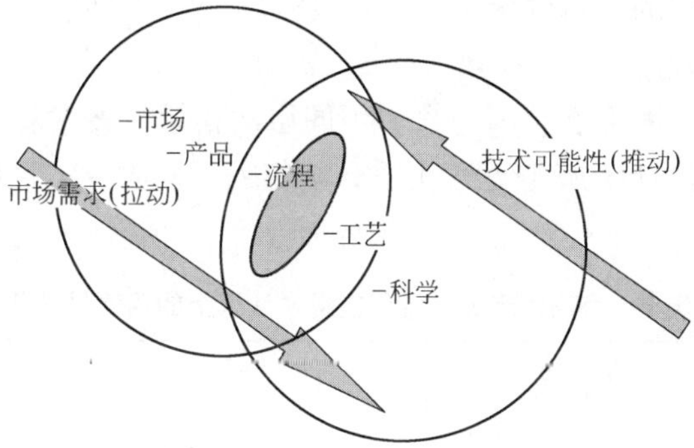

图1　科学发展、市场因素与流程工程

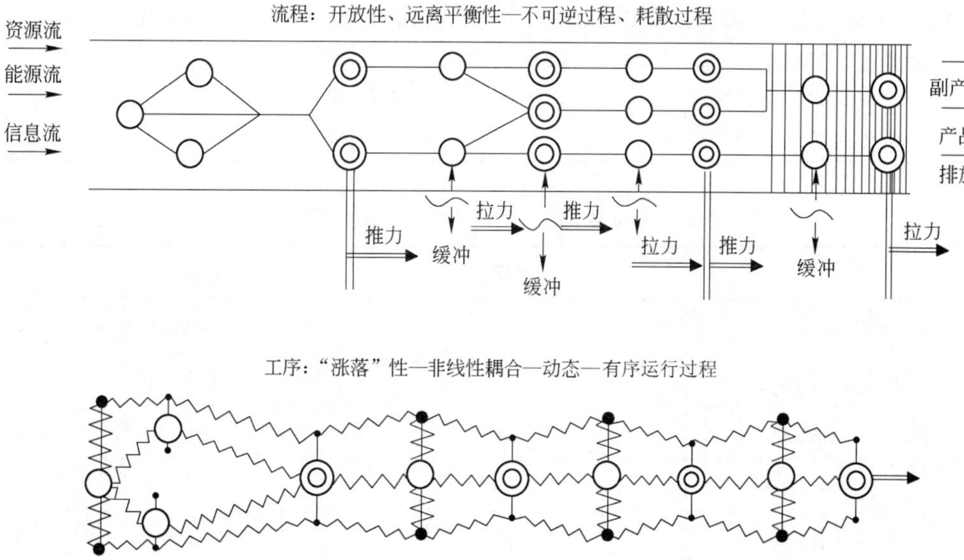

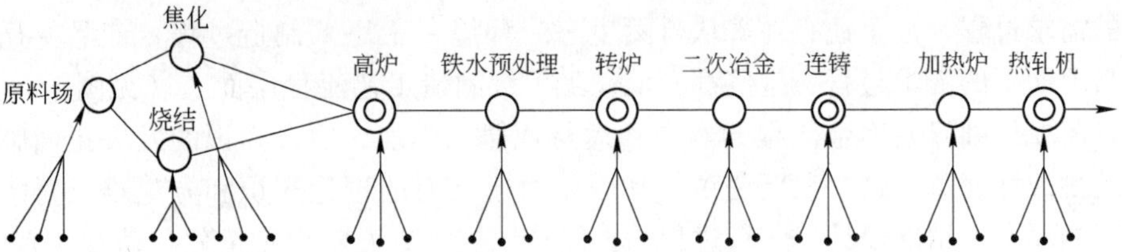

图2 制造流程－单元工序－单元操作之间集成－解析、转化—耦合关系

从市场需求和科学学科发展两个侧面上看，迫切需要进行钢铁制造流程的研究和开发，并实现科学－产品－市场－环境的统一。

2 关于冶金－材料学科的发展

钢厂属于流程制造业，其生产运行过程不同于机械制造、汽车制造等离散型生产方式。钢厂的生产运行过程实际上是从原子/分子层次（包括原子/分子间相互发生化学反应，原子相互之间的空间位置排列形式及其转变等）到整个制造工艺流程的集成组合和集成运行的过程。

其中：从科学的角度上看，则包含着不同层次科学、技术和工程问题的耦合和集成（见表1）。从动态运行的信息角度上看，则应是不同时－空尺度信息的数字化集成（见表2）。

表1 钢铁生产工艺流程在科学认识上的层次性分析

科学性质分类	研究尺度	研究方法		层次	设定的系统特征	控制
		白箱	黑箱			
基础科学	原子/分子	原子/分子	系统背景	微观	孤立系统：与外界没有物质、能量交换，可逆过程——平衡状态	－/PLC
技术科学	场域/装置	场域/装置	分子/流程	中(介)观	开放系统：与外界有物质和能量交换	PLC/MIS
工程科学	流程/复杂系统	流程/工序关系	分子/场域	整体/系统	开放系统：与外界有物质和能量交换，不可逆过程——远离平衡态	MIS/CIMS

表2 不同层次的过程及其时－空尺度范围

过 程	时间尺度/s	空间尺度/m
分子/电子	$<10^{-5}$	$<10^{-10}$
流体力学与传递	$10^{-3}\sim10^{1}$	$10^{-9}\sim10^{1}$
化学反应及催化剂	$10^{-5}\sim10^{3}$	$10^{-11}\sim10^{-2}$
反应器	$10^{-4}\sim10^{4}$	$10^{-3}\sim10^{2}$
工厂(流程)	$>10^{4}$	$>10^{1}$

从冶金-材料学科的发展角度上，要开展多层次-多尺度的整体性基础研究，也就是要开展从原子/分子尺度到钢厂整体尺度上协同-耦合的整体性基础研究——工程科学问题。

钢厂的制造流程既有整体性基础研究的工程科学问题，也有工程开发问题（见表1、表2、图2）。钢厂制造工艺流程还具有对各种工艺技术、工序/装置的集成性平台作用。

产品将在很大程度上决定制造流程，但反过来，制造流程确定后，就蕴涵着不同层次、多种因素的耦合-集成性和发挥多种功能的平台性。

制造工艺流程将涉及钢厂的结构与功能。并将引导钢厂发展模式的取向。新世纪钢铁工业（流程制造业）的进一步发展有赖于这类大尺度-多层次问题的解决。其中既包括了工程理论问题、工程设计问题，又包括了生产技术问题、运行调控问题和环境—生态问题等内容。

制造工艺流程对于相应的流程制造业而言具有根本重要性，随着时代的进步，文明的发展，应该用新理念、新思维来研究新一代的制造流程。

3 钢厂制造流程运行的概念与要素

钢厂制造流程生产运行的概念可以抽象为铁素物质流在能量流的驱动和作用下，按照设定的程序，沿着总平面图等时-空边界（流程网络），进行不同形式（连续、准连续、间歇）的动态运行。

从钢厂制造过程运行要素分析看，钢厂制造流程的运行实际上存在着三种要素，即流、流程网络和运行程序。其中，流是泛指在开放的流程系统中运行着的各种形式的资源（包括物质、能源等）或事件（例如氧化、还原反应，传热、传质、传动量，形变、相变等）随着时间-空间的变化过程；流程网络实际上是某种为了适应将开放系统中的资源流通过结点（是指各种工序、装置等）和连接器（包括输送器具、输送方式和输送路径等）整合在一起的物质-能量-时间-空间结构。这种流程网络要能够适应流的运行，特别是要适应生产过程中物质流运行的动态-有序、连续-紧凑的运行规则。运行程序则可看成是各种形式的序和规则、策略、途径等的集合，实际上也体现了优化的信息流。具体在钢铁冶金制造流程中，这些要素的含义如下：

3.1 流程网络

它是某种为了适应在开放的流程系统中将资源流、结点和连接器整合在一起的物质-能量-时间-空间结构。这个结构要求有静态的合理性，特别是体现在空间结构方面（例如总平面布置等），更重要的是要能适应资源流在动态运行过程中可以体现出动态-有序性、可连续性和紧凑性。

此处所谓的资源流包括了输入的原料流（包括各种辅料）、能源流及其相应的信息流等，也包括了运行过程中的物质流、能量流以及相应的信息流，还有输出的产品流、副产品流和各类排放流及其相应的信息流等（见图3）。

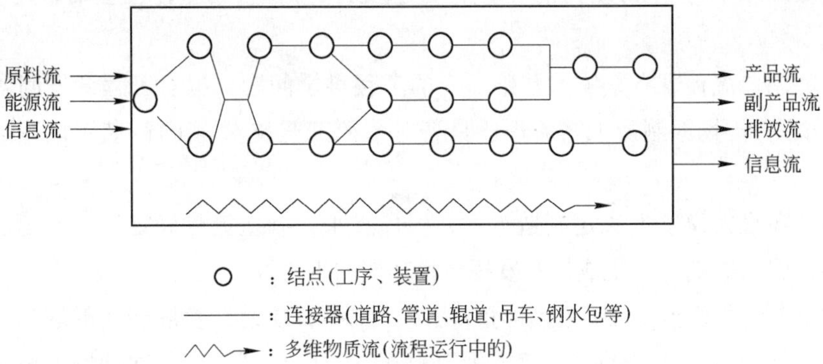

图3　制造流程的概念与要素示意图

所谓的结点则是包括了在流程网络中的各类功能不同的工序、装置，例如高炉、转炉等。而连接器是指结点与结点连接的手段、方式、装备等，例如管道、辊道、铁路、吊车、各类车辆、钢水包、铁水罐等。因此，也可以将流程网络看成是结点、连接器的优化配置及其组成的时－空边界。

若流程网络不合理，往往易导致运行过程流的行为在时间因素方面的无序化或是不时出现混沌状态进而引起流程运行调控程序（信息）的被动与混乱。这样，必将引起物质流、能量流耗散的增加。可见冶金制造流程的动态－有序运行不仅取决于工序、装置各自运行的有序性、相对稳定性，而且也受到流程网络（平面布置图等）的影响、制约或促进。

3.2　流

流是泛指在开放的流程系统中运行着的各种形式的资源（包括物质、能量和信息）的数量、状态、性质随时间－空间的变化过程，对冶金流程而言，流是一类多因子（多维）流，包括了化学组分因子、物理相态因子、几何形状因子、表面性状因子、温度或能量因子、空间或距离因子、时间或时序因子等。这种多因子流在生产工艺流程中表现为运行、调控过程中的多维性。多维性体现在流程运行过程中物质状态转变、物质性质控制和与之相关的物质流管制过程中的物质流－能量流－信息流复合在制造流程中的物质流中。

3.3　程序

制造流程运行的程序可以看成是各种形式的序和规则、策略、途径的集合。序包括了无序和有序，也包括了对某一因子的次第排列。有序的形式又包括了功能序、空间序、时间序以及时空序等的有序化。而规则来自不同的要求、不同外部环境条件以及流程自身整体功能要求，例如运行连续化、紧凑化等，就是规则的主要体现。序和规则的结合就反映出对制造流程中多维物质流的总体调控策略和具体运行途径。

4 钢铁制造流程的功能和目标

4.1 钢厂制造流程结构的进展

为了大批量、经济地制造钢铁产品，钢厂的制造流程不断发生演变与革新，特别是不少单元工序在工艺上、装备上革命性变革的推动下（例如氧气转炉、钢水精炼、铁水预处理、大型电炉、连续铸钢、连续轧制等先进工艺、装备的发展和贝塞麦转炉、托马斯转炉、平炉、小电炉、混铁炉、模铸、初轧机、开坯机等工艺、装备的相继被淘汰），使得钢厂制造流程发生了巨大的变化。在连铸以前的上游工序呈现出分步解析-集成的趋势，连铸以后的下游工序则呈现出精简-紧凑的趋势，连铸工序则以高拉速-恒拉速，甚至近终型为发展方向，而制造工艺流程则在整体上呈现动态-有序运行和连续/准连续-紧凑化的趋势。

4.2 钢厂制造流程的功能拓展

由于钢厂制造流程的结构和工艺技术特性，使以铁矿石为源头的钢厂（生产流程）具有以下特点：

（1）资源密集、能耗密集。在钢铁联合企业内，每吨钢将消耗0.6~0.8t标煤、1.50~1.55t铁矿石、80~150kg废钢、3~6t新水；由此形成了大量的物质、能量的输入与输出；

（2）生产规模大、物流吞吐大。现代化钢厂的基本级别大致地分为年产钢800万~1000万吨（大规模全薄板型），600万~800万吨（薄板、中板综合型），300万~400万吨（中等规模平材型）及100万~200万吨（棒线材型）等级别；由此伴随着巨大的资金流。

（3）制造流程工序多、结构复杂。由此可形成若干产业链接关系，因而必然涉及时-空因素；

（4）制造流程中伴随着大量物质和能量排放，并形成了复杂的环境界面，其中蕴含着减量化、再利用、再资源化（3R）的可能性。

钢厂的上述特点，特别是物质、能量、资金、时间、空间等五因素的高度集中，启发了对钢厂功能拓展的思考，结合钢铁工业环境保护、清洁生产、绿色制造等研究进程的演变（见图4），我们认识到在未来的发展过程中，钢厂由于其制造流程的特点，应该具有三类功能——钢铁产品制造功能、能源转换功能和排放物、废弃物处理—消纳和再资源化功能（见图5），并通过功能的拓展融入循环经济社会中去（见图6）。

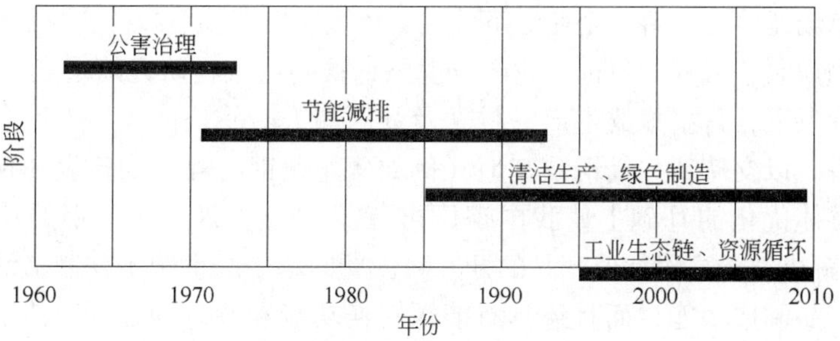

图4 钢铁工业环境保护的发展进程示意图

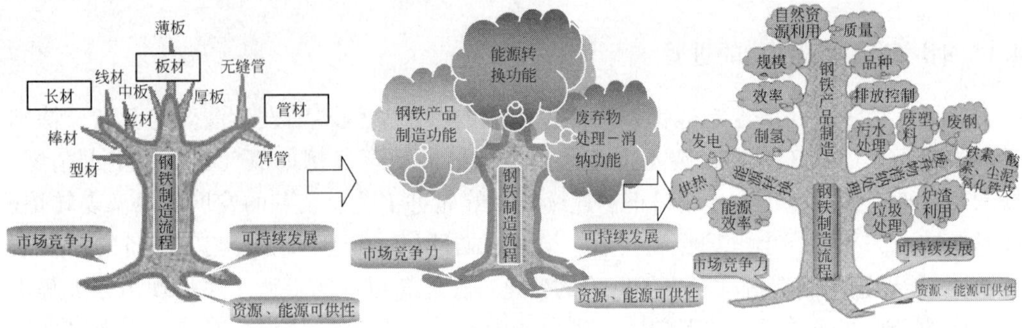

图5 钢厂生产流程功能的演变趋向

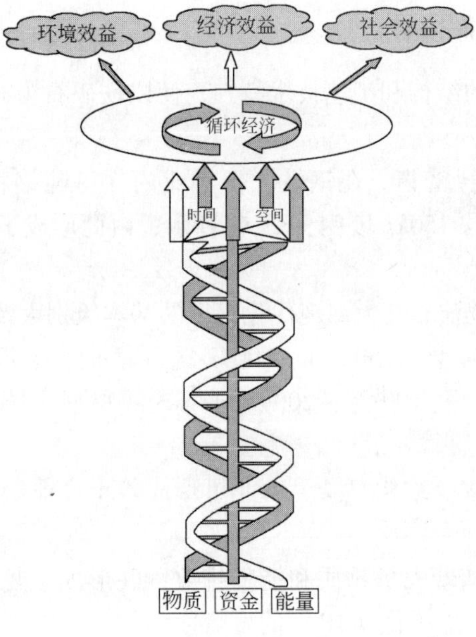

图6 从“3R”出发到“五要素”优化集成——有效地实施循环经济

4.3 钢铁制造流程的目标

研究新世纪钢铁制造流程的目标是通过新世纪流程的整体集成优化来解决流程系统的功能优化、结构优化和效率优化。进而在更大尺度上解决不同类型钢铁企业的结构－模式和市场竞争力，解决企业经济效益、环境－生态效益和社会效益的统一。

新世纪钢铁制造流程的目标：我国新世纪钢铁制造流程研究的重点目标是要在21世纪的时代背景下，自主集成生产平材（及其深加工产品）的大型钢铁联合企业的工艺流程和装备，以支持新一代钢铁基地（例如曹妃甸钢厂等）的建设和现有钢厂的改造。在流程整体优化的基础上使我国钢厂再节能15%～20%，使钢的使用效率提高5%～15%，解决若干高附加值产品的开发和创新问题。新世纪钢铁制造流程不仅具有良好的钢铁产品制造功能，而且还具有能源转换功能和废弃物处理—消纳和再资源化功能，推动钢厂融入循环经济的进程中去（图7）。

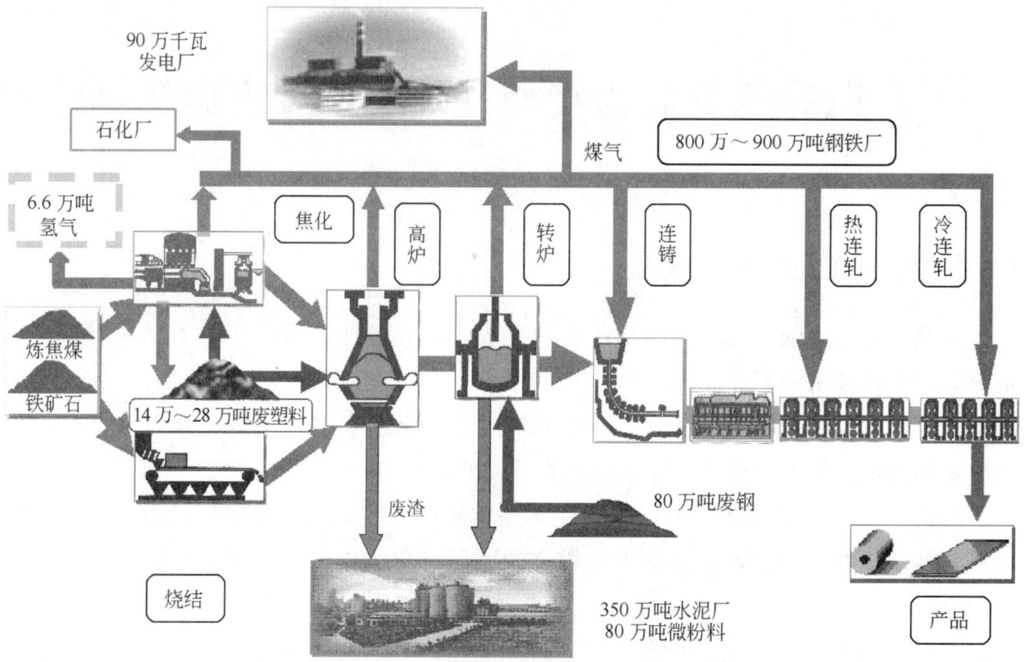

图 7　年产 800 万～900 万吨钢铁联合企业的制造流程及其关联产品

5　新世纪钢铁制造流程研究的内涵

由于钢铁制造流程是由功能各异的不同工序串联起来、集成运行的系统，所以新世纪钢铁制造不可能也不必要对每一工序的工艺、装置全部进行替代性的更新，来重新构筑完全不同于现有制造流程的新流程。所谓新世纪钢铁制造流程应是建立在若干现有先进工艺、装备的基础上，与新开发的工艺、装备以及新开发的“界面技术”集成起来，而重新构筑的工艺制造流程。其重点是：

（1）共性平台技术：例如高效率、低成本的洁净钢生产技术平台等。

（2）动态 - 有序运行的界面技术：即工序之间、车间之间衔接匹配、协同、缓冲技术等，例如高炉—转炉之间的界面技术，炼钢—连铸之间的界面技术，连铸—热轧之间的界面技术，热轧—冷轧之间的界面技术等。

（3）流程工程集成技术：例如流程网络（平面图等）的合理配置技术，若干关键装备的创新设计和制造技术，物质流 - 能量流 - 信息流动态 - 有序的信息调控技术等。

（4）系统、高效的能源转换技术：例如 CDQ、TRT、CCPP 等发电技术，能源梯级利用技术，甚至包括万吨级制氢技术等。

（5）废弃物资源化利用技术：包括废钢、废塑料、废轮胎等废弃物的消纳、处理等。

（6）产业链接技术：包括钢厂 - 水泥厂 - 发电厂 - 石化厂 - 化工厂 - 造船 - 集装箱制造 - 物流业等循环经济示范区的建设。

（7）流程物理模型和虚拟现实技术：包括钢厂流程动态—有序运行的物理本质研究以及建立在动态优化模型、信息技术和可视化技术等基础上的虚拟现实等。

总之，新世纪钢铁制造流程的研究开发，要体现创新的精神，要拓展钢厂功能，实现钢铁产品制造功能、能源转换功能和排放物、社会废弃物消纳—处理和再资源化功能。

以绿色发展为转型升级的主要方向*

1 中国钢铁工业的发展概况

钢铁工业为中国国民经济的快速发展并成为世界制造业大国作出了巨大贡献，也是国家的支柱性主导产业。钢铁产品的国内市场满足率基本上达到98%以上。近10年来，电工钢、汽车用钢、油气管线钢等重要产品的供给有明显突破，有力地支撑了相关产业的快速发展，保障了国家重点工程建设的顺利实施。

钢铁生产与消费概况。自1996年中国粗钢年产量突破1亿吨以后，由于生产流程中的共性关键技术得到解决并且大力推进装备国产化，中国粗钢产量快速增长，特别是2000年以后，发展势头越发迅猛。2012年，中国粗钢产量为2000年的5.58倍，人均粗钢产量约为534千克；生铁产量为2000年的5.02倍；钢材表观消费量为63682万吨，约为2000年钢材表观消费量的4.85倍。

在过去的30年中，中国的钢材消费与GDP总量同步增长（见图1），而且明显地受到投资的拉动。1990～2000年，中国钢铁工业投资共计4008亿元；2001～2010年，钢铁工业投资剧增，达到22375亿元，为前者的5.58倍。在此基础上，2011～2012年，钢铁工业新增投资达到9173亿元，加剧了产能过剩的矛盾。

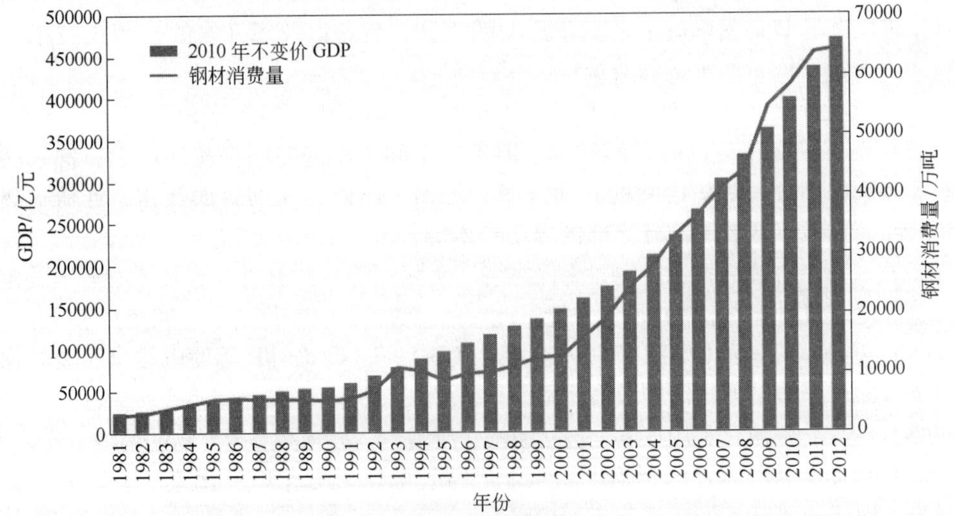

图1 1981～2012年中国钢材消费量与GDP总量变化情况

---

* 原发表于《中国冶金报》，2013-10-31(1)。

新世纪以来，中国钢材的构成比例有了较大的变化，长材比由 2000 年的 61.92% 降到 2012 年的 46.64%，板带比由 2000 年的 29.01% 提高到 2012 年的 42.85%，管材比变化不明显，约为 8% ~9%。在一些高端产品的生产方面，变化较为突出的是电工钢、管线钢和汽车用钢，2000 年以来发展迅猛（见图 2 ~图 5）。

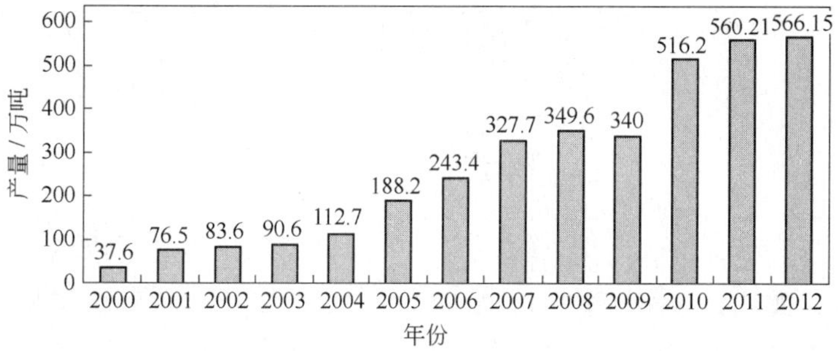

图 2　2000 ~2012 年中国冷轧无取向硅钢产量

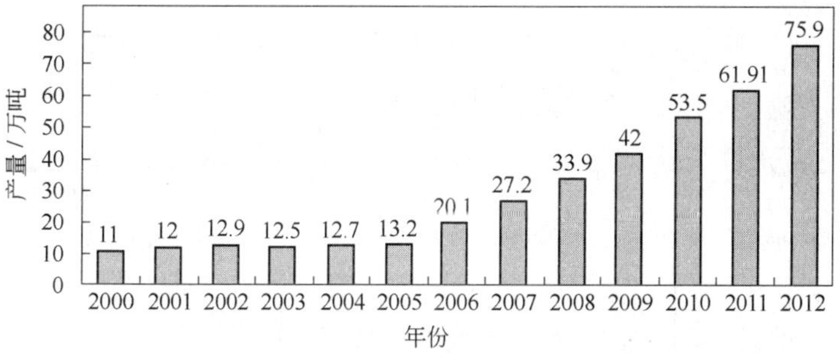

图 3　2000 ~2012 年中国冷轧取向硅钢产量

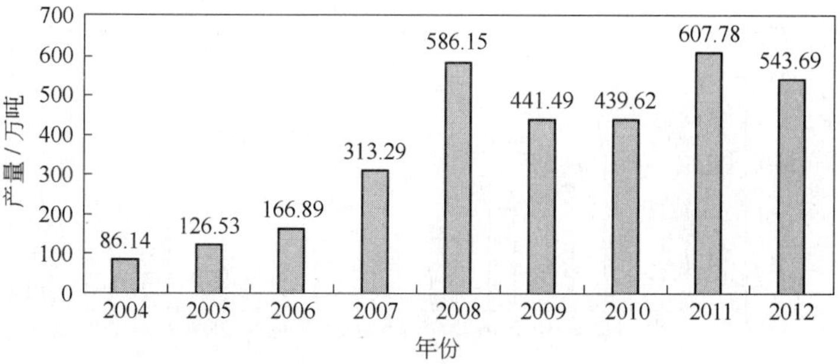

图 4　2004 ~2012 年中国油气管线钢产量

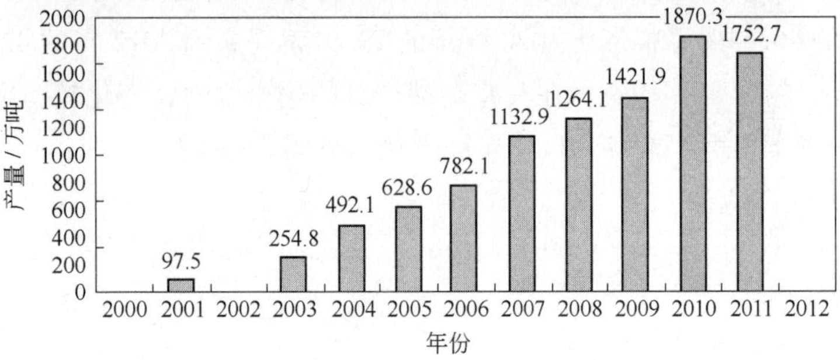

图5　2000～2012年中国汽车板产量

钢铁工业技术进步情况。新世纪以来，中国钢厂的技术进步快速推进，技术经济指标不断改善，能耗、水耗等指标持续优化。全连铸已成为新厂建设和老厂改造的不二选择，二次冶金、板材生产快速发展。同时，干熄焦、高炉干法除尘、转炉干法除尘、高炉TRT发电、蓄热式加热炉、工业水的循环利用等技术被广泛地推进，重点钢厂的吨钢能耗、水耗逐步降低（见图6和图7）。此外，高炉焦比、喷煤量、转炉炉龄、连铸比、钢材综合成材率等技术经济指标均有所提高（见表1）。

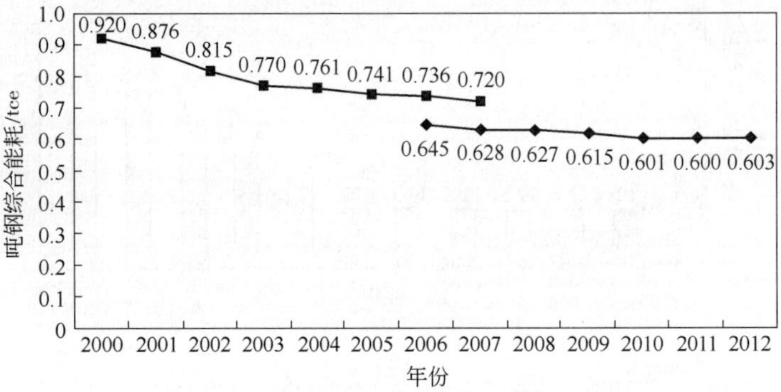

图6　2000～2012年重点大中型钢铁企业吨钢能耗量变化

（2000年以后仅为重点大中型钢铁企业的统计数据。2000～2005年电力折算系数为0.404kg标煤/（kW·h）；2006～2010年电力折算系数为0.1229kg标煤/（kW·h））

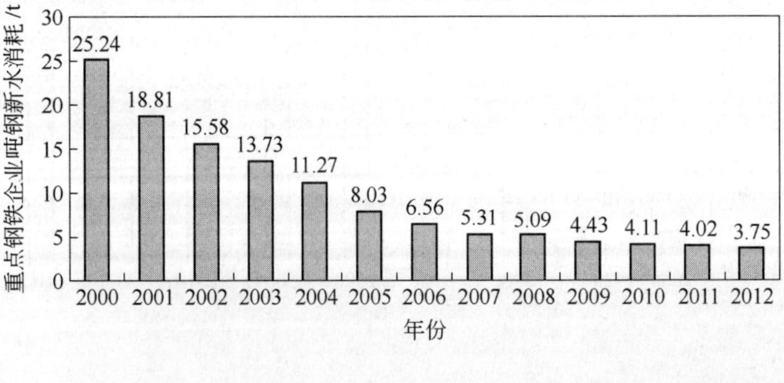

图7　2000～2012年重点大中型钢铁企业吨钢耗新水变化

表 1　2000～2011 年中国钢铁工业技术经济指标变化

年份	吨钢综合能耗/tce·t^{-1}	高炉喷吹煤粉/kg·t^{-1}	高炉入炉焦比/kg·t^{-1}	高炉利用系数/t·(m^3·d)$^{-1}$	转炉炉龄/炉	连铸比/%	重点企业综合成材率/%
2000	0. 920	117	437	2. 15	3500	86. 97	92. 48
2001	0. 876	122	422	2. 34	3526	89. 44	94. 01
2002	0 . 815	126	417	2. 46	4386	93. 03	94. 19
2003	0. 770	118	430	2. 47	4631	96. 19	94. 92
2004	0. 761	116	427	2. 52	5218	98. 35	94. 98
2005	0. 741	120	412	2. 64	5647	97. 51	95. 61
2006	0. 645	134	397	2. 71	6824	98. 53	95. 45
2007	0. 628	136	396	2. 74	8558	98. 69	95. 32
2008	0. 627	134	400	2. 63	9233	98. 85	95. 3
2009	0. 615	145	374	2. 62	9435	99. 38	96. 08
2010	0. 601	149	369	2. 59	10427	99. 47	96. 1
2011	0. 600	148	376	2. 63	11882	99. 39	96. 04

钢材进出口的变化。新世纪以来，随着国内板材产能的快速发展，钢材进口量逐年减少，钢材出口量逐步增长（见图 8）。2005 年，中国由钢材净进口国转变为钢材净出口国。2007 年是我国钢材、生铁、铸坯等产品出口最多的一年。该年净出口钢材 5158 万吨，这些出口量相应地消耗了大约 7600 万吨铁矿石、4100 万吨标煤（折合 5700 万吨煤炭）。

铁矿石、废钢的进口情况。由于生铁、粗钢产量快速增长，我国铁矿石进口量大

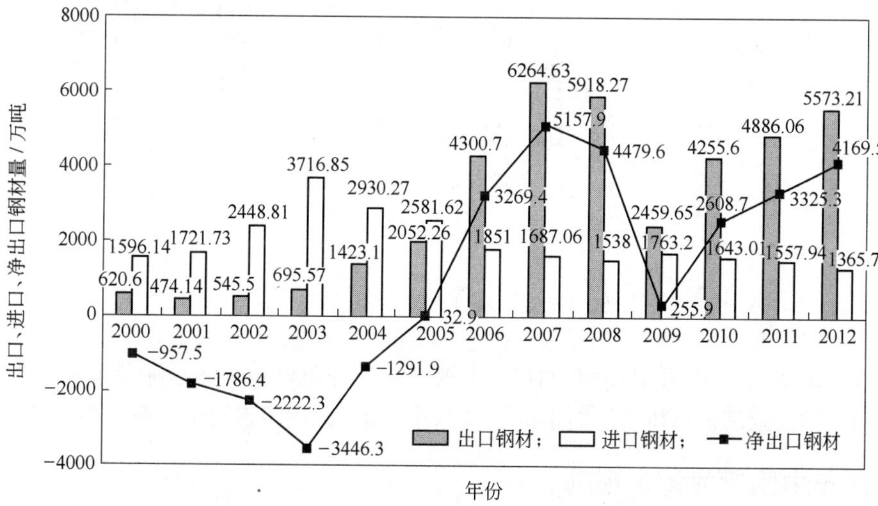

图 8　2000～2012 年我国钢材进出口情况

幅增长，由2000年的7000万吨增加至2012年的74350万吨，铁矿石进口依存度由34.46%提高到68.21%。而随着国际铁矿业垄断格局的确立以及国际金融资本的介入，新世纪以来，铁矿石价格暴涨，形成了矿价暴利。2012年，我国进口铁矿石的平均价格约为2001年的6倍（见图9）。

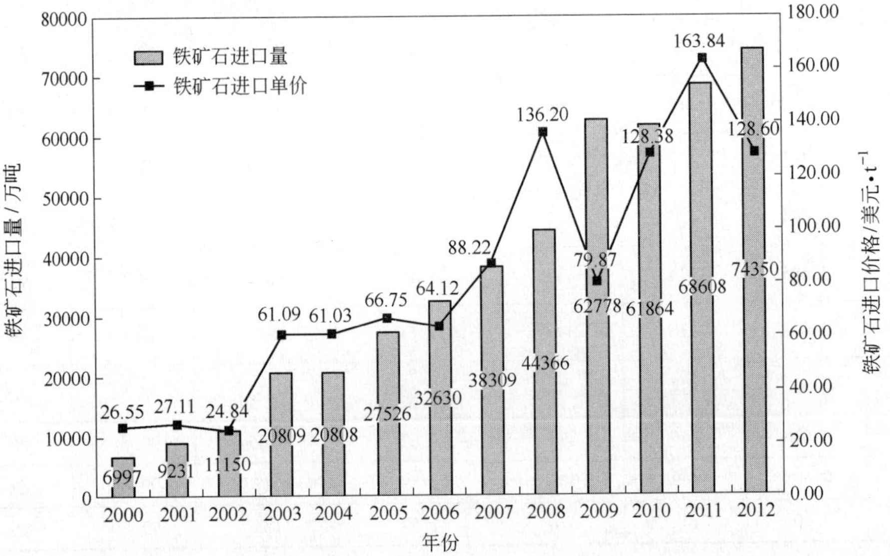

图9　2000~2012年中国铁矿石进口情况

中国钢铁工业使用废钢的总量很大，2011年的废钢消耗量约为9100万吨，但是吨钢的废钢单耗很低，只占13%~14%。相应地，电炉钢比也逐年降低，2006年以来仅占粗钢总产量的10%左右（2000年以来我国电炉钢产量见图10）。

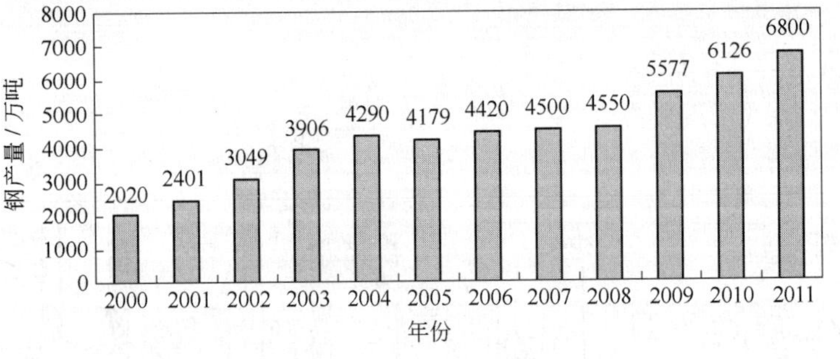

图10　2000~2011年中国电炉钢产量

令人忧虑的是，中国钢铁工业面临着上游铁矿石等原燃料价格暴涨及下游需求下降、钢铁产能过剩导致的钢材价格不断走低的"双重夹击"，逐步走向全行业亏损的境地。

2　2020年中国钢材需求预测

中国钢铁工业基本上已经走完了高速增长期。随着国民经济产业结构的调整、中西部开发和城镇化建设的推进，中国钢材需求量将维持一个大的数量并进入"平台期”。由表2、表3的数据可见，按GDP增长预测，2015年，中国钢材需求量为6.9～7.1亿吨，2020年为6.8～7.3亿吨；按投资增长预测，2015年，中国钢材需求为6.9～7.4亿吨,2020年为6.9～7.4亿吨。两者数据较为接近。2015年折合粗钢需求为7.3～7.5亿吨，2020年为7.2～7.8亿吨。

表2 按GDP增长预测2020年我国钢材需求情况

项 目		GDP年均增速		
		情景1	情景2	情景3
2013～2015年GDP年均增速/%		7.0	7.5	8.0
2016～2020年GDP年均增速/%		6.5	7.0	7.5
按GDP预测	GDP钢材消费强度/kg·万元$^{-1}$	钢材消费需求量/亿吨		
2012年	136.2	6.441	6.441	6.441
2013年	130.7	6.616	6.647	6.678
2014年	124.8	6.761	6.824	6.887
2015年	118.6	6.872	6.969	7.067
2016年	112.1	6.916	7.047	7.179
2017年	105.3	6.924	7.087	7.254
2018年	98.5	6.895	7.091	7.291
2019年	91.9	6.851	7.079	7.313
2020年	85.7	6.807	7.067	7.335

表3 按投资钢材消费强度预测2020年我国钢材需求情况

项 目		GDP年均增速		
		情景1	情景2	情景3
2013～2015年GDP年均增速/%		7.0	7.5	8.0
2016～2020年GDP年均增速/%		6.5	7.0	7.5
按投资预测	投资钢材消费强度/kg·万元$^{-1}$	钢材消费需求量/亿吨		
2012年	193.8	6.441	6.441	6.441
2013年	189.9	6.658	6.689	6.720
2014年	184.2	6.810	6.874	6.938
2015年	177.8	6.929	7.026	7.125
2016年	170.7	6.979	7.110	7.244
2017年	163.0	6.991	7.156	7.324
2018年	154.8	6.965	7.163	7.365
2019年	147.1	6.937	7.167	7.405
2020年	139.7	6.907	7.170	7.442

由此可见，中国钢铁工业已经并仍将在一段时期内存在产能过剩、设备开工率不足的局面，同时将面临企业间恶性竞争、经济效益低下的后果，不少企业已经处于亏损状态，值得高度警惕，并在总结成果的同时，对发展战略进行必要的反思。

3 对中国钢铁工业发展的反思

由于我国钢铁业曾长期处于产品供不应求、长期处于“投资饥渴”的环境下，业内普遍存在着“做大做强”的动力，特别是在近些年宽松的货币供应背景下，竞相扩大产能。如今，这种无序扩张的后果已经显现，进行战略反思、思考调整结构、转型升级迫在眉睫：在发展观上，不顾客观情况变化，一味追求规模扩大，盲目“做大做强”，产能冲动可能导致“做大做僵”；在业绩观上，追求一时的短期经济效益，不经咨询、论证或不顾咨询意见盲目追求“精品化”，引起高端产品的无序竞争，供大于求，后果不佳；在市场观上，企图一个企业“包打天下”，把全国市场看成是对一家企业的市场，导致产品万能化，销售半径过长，物流费用增加，区域环境恶化；不肯主动淘汰落后产能、落后产品，都认为先主动淘汰吃亏。当然，对淘汰落后产能和产品而言，有企业因素，也有社会因素，但这是不可回避的问题，被动不如主动，主动可以先得活路。

4 钢铁生产过程的物理本质与钢厂功能拓展

长期以来，人们往往只是从产品的角度来评价钢厂，时常指责钢厂的环境和生态问题。面对当前的形势，科学地认识钢铁生产流程动态运行的物理本质和全面地评价钢厂的功能十分必要。

从物理角度看，钢铁企业的生产过程实质上是物质、能量以及相应的信息在合理的时空尺度上流动、演变的过程，其动态运行过程的物理本质是：物质流（主要是铁素流）在能量流（长期以来主要是碳素流）的驱动和作用下，按照设定的“程序”（例如生产作业指令等），沿着特定的“流程网络”（例如总平面图等）动态、有序地运行，并实现多目标优化。钢厂生产运行的目标不应只局限在钢材产品上，其优化的目标应包括产品优质、低成本，生产高效顺行，能源使用效率高、能耗低，排放少、环境友好等。

从钢铁制造流程动态运行的物质本质出发，可以清楚地看到钢铁制造流程的功能是：铁素流运行的功能——低成本、高效率、洁净化的钢铁产品制造功能；能量流运行的功能——高效率、清洁化的能源转换功能，以及与剩余能源相关的废弃物消纳处理功能；铁素流与能量流相互作用过程的功能——实现过程工艺目标以及与此相应的废弃物消纳处理功能，进而推进循环经济。

5 合理对策与选择

当前乃至今后相当长的一段时期内，中国钢铁业将面临产能过剩、产量过剩的困局，并将面临债务、就业、环境、生态等方面的严峻压力。控制产出总量、淘汰不合理的产能、节能减排、清洁生产、降低成本、注意价格分析是当前全行业发展经营过程中必须注意的头等大事。

钢铁业未来的发展方向是构筑集成的、多元的、绿色的产业体系，这可以通过加强支撑性的支柱（资源能源可持续供应、人才、成本、效率、环境等）和拓展性的平台（市场合理占有、功能拓展、效率提升、质量改进、品种拓展、价值链延伸、社会服务等），来增强企业的综合竞争力和可持续发展能力。

具体来看，钢铁工业要压缩过剩产能，淘汰落后产品、落后工艺和装备、落后生产线，以绿色化作为产业升级的主要方向；重视资源的可供性和价格的演变趋势；重视能源的充分利用、减排，特别是能量流的网络化高效利用，进一步提高系统的能源效率；重视所有钢铁产品的低成本、高效率的洁净钢生产平台的构建；重视钢铁产品的质量、性能与功能的时代适应性，研发战略性新兴产业所需的钢材，特别是能源、交通、动力、海洋等用钢，提倡冶金过程工程与材料工程相结合的产品研发思路和方法；重视钢厂相关产业链的延伸与合理时空尺度内循环经济园区（工业生态园区）的构建与经营；重视人力资源综合素质的提高，强调“德才兼备”，不断学习、不断创新；特别要重视战略型高级人才的培养；重视市场容量的演变及其区域变化趋势，防止区域内同业间过度的恶性竞争。

作为支撑钢铁业发展的冶金工程学（包括科学、技术、工程与设计、管理等），要重视研究如下问题，以问题带动学科发展，促进学科交叉：深入开展对钢铁生产流程动态运行的物理本质的研究，探索动态过程中物质流、能量流和信息流的集成理论；重视钢厂动态运行过程中“流”“流程网络”“运行程序”的研究，以及对钢铁企业的结构、功能、效率的影响；重视以网络化整合、程序化协同为重要手段（集成创新的措施），提高钢厂流程的设计水平和生产过程的运行效率；重视新技术、新装备开发、设计、制造并通过多层次、多尺度、多因子集成优化，有效地、动态地“嵌入”到钢铁生产流程中；高度重视全厂性、全流程层级上能量流研究及其网络化整合，提高能源效率，进一步从流程总体上推动节能减排；高度重视信息流在钢铁生产流程中的贯通和与物质流、能量流优化相结合的信息有效调控性研究；高度重视具有综合知识素质的精英人才、卓越工程师、战略科学家的培养、训练与使用；高度重视关于环保、生态、气候变化等时代责任和社会伦理命题的战略性对策研究。上述有关冶金工程学的一系列研究，将有助于未来钢铁工业发展方向的判断和竞争活力的源头性探索。

总之，国际钢铁工业已是成熟工业，中国钢铁工业经过了新世纪以来的快速发展，也面临着改变发展方式和产业结构调整、企业结构升级的命题。这是一类在复杂时代背景下的复杂性命题，应该从发展战略层面上综合分析，以绿色化发展作为产业转型升级的主要方向，重视产业结构的调整升级和企业结构的顶层研究、顶层设计，解决产业层面、企业层面的复杂性命题，获得新的市场竞争力和可持续发展能力。

哲学篇

关于工程与工程哲学的若干认识*

工程哲学需要对工程活动进行理性的分析和探讨，这不但是哲学家的任务，而且也是工程师的任务。工程设计人员、施工建设人员、生产技术人员、工程管理人员特别是工程决策人员，不但需要有专业知识，而且应该有工程哲学思维能力，这是搞好现代工程应当具备的基本素质。本文对工程的定位和特征进行了探讨，提出要从“自然－科学－技术－工程－产业－经济－社会”的“知识链”和“价值链”的“网络”中来认识工程的本质和把握工程的定位，并从六个方面讨论了工程哲学研究的主要内容。

工程是现代文明、社会经济运行和社会发展的重要组成部分和综合体现。我国社会主义经济建设的一个重要任务就是进行各种各样的、种类不同的、规模不同的工程项目的建设及其生产运行。工程活动是重要而复杂的社会实践过程，从工程“内部”看，工程活动包括了许多方面的内容，从“外部”看，工程与科学、技术、经济、社会存在着复杂的相互关系；所以，工程意识、工程理念、工程决策、工程管理、工程技术、工程伦理、工程教育等，已经越来越成为企业界、学术界，尤其是政府部门日益关注的一类焦点问题。工程决策（特别是重大工程决策）的正确与否不仅影响地方和地区的发展，而且会对全局发生影响，影响社会发展的进程，甚至影响人类的未来和命运。我国在以往的工程建设中积累了丰富的经验，同时也存在一些教训，总结历史经验需要有哲学思维；当前我国人民以全面建设小康社会为目标正在进行空前规模的工程建设，为了搞好这些工程建设及其生产运行需要树立工程的新理念，这就需要有哲学思维。就是说，现实的需要和形势的发展都向我们提出了把工程问题提升到哲学高度来认识，要求对已有的工程进行理性的反思，要求对工程的本质和规律进行探讨，这是时代的要求，也是学者、企业家和工程师应该担负的责任，意义重大而深远。

根据我的观察和体会，虽然许多现场从事生产运行或是专门从事设计、建设的工程技术人员有丰富的、具体的工作经验，但往往缺乏对工程活动和工程概念的整体理解和本质把握。如果对工程的认识仅仅停留在经验认识的层面上而没有上升到理论认识的层面上，那往往是难免在工程实践过程中出现种种盲目性或盲从现象的。工程师需要有科学－技术方面的知识和经济、社会方面的知识，而又要学会哲学思维。然而工程哲学对广大工程师甚至哲学家而言，是生疏的、不太清晰的和有待开垦的处女地。鉴于科学家和哲学家已经开拓出了科学哲学这个领域，工程师也应该而且也可能和哲学家一起开拓出工程哲学这个领域。工程哲学就是要对工程活动进行理性的分析和探讨，这不但是哲学家的使命，而且也是工程师的使命。工程设计人员、施工建设人员、生产技术人员、工程管理人员特别是工程决策人员，不但需要有专业知识，而且应该

* 原发表于《工程研究——跨学科视野中的工程》，2004(10)：1～4。

有工程哲学思维能力，这是搞好现代工程应当具备的基本素质。下面谈谈对几个问题的一些认识。

1 工程的定位和特征

提出工程哲学，首先要弄清的一个问题是：什么是工程？这是我们不能回避、必须回答的问题，也是工程哲学得以建立的理论“基点”和出发点。

首先，我们应当对工程作广义和狭义的区分。广义的工程是把人类的一切活动看做工程，包括社会生活的许多领域，如211工程、“五个一”工程、安居工程、希望工程、引智工程、下岗再就业工程等。狭义的工程是指与生产、建设活动密切联系、运用自然科学理论和现代技术原理才能得以实现的活动，如：“三峡建设工程”、“神舟五号”工程、“南水北调”工程等。看来，当前所探讨的工程哲学中工程，应主要是面向狭义的工程。

要对工程进行“定位”，有两个方面是很重要的。一个方面是从科学、技术、工程“三元论”角度所界定的工程：科学是以发现为核心的人类活动，科学是对自然的本质及其运行规律的探索、发现、揭示和归纳，讲求真善美，追求真理；技术是以发明创造为核心的人类活动，技术是发明方法、装置、工具、仪器仪表等，讲求巧，追求构思与诀窍；工程是以构建、运行及集成创新为核心的人类活动，工程是按照社会需要设计造物，构筑与协调运行，讲求价值，追求一定边界条件下的集成优化和综合优化。另一个方面是从工程与生产、实践的相互关系中所界定的工程：工程就是包含了设计和制造运行活动在内的生产实践活动。李伯聪教授在《工程哲学引论》中对这两个方面都有专门论述。我赞成从这两个方面认识、分析和“定位”工程。

我认为定位工程，是否还应有第三个方面——把前两个方面统一起来在更大的“尺度”来观察，这就是从“自然－科学－技术－工程－产业－经济－社会”的“知识链”和“价值链”的“网络”中来认识工程的本质和把握工程的定位。工程的实施，一方面是以科学、技术的知识作为支柱群，经过集成优化成为集成的工程平台；另一方面是以一系列集成的工程平台作为推动产业、经济发展的支柱、支柱群，进而构成社会发展的平台。我认为透过这样一个大尺度的认识和分析，也许可以较为准确地把握工程在人类实践活动中的定位。工程是将相关知识集成起来转化为直接生产力的枢纽和集成体，“工程科学技术在推动人类文明的进步中一直起着发动机的作用”，“科学技术是第一生产力，工程科技是第一生产力中的一个最重要的因素”。

对于工程的特征，似可概括为以下几个方面：

(1) 工程是有原理的。一方面任何一个工程的实施都有其自然科学原理的根据，是一定的科学理论的体现，特别是复杂的关键性技术、技术群的应用和集成，更是这样。另一方面，工程不是技术和装备的简单堆砌和拼凑，工程在集成过程中有其自身的理论、原则和规律，这往往是一类更大时－空尺度上的工程科学问题。

(2) 工程是有特定目标、注重过程、注重效益的。工程项目都有其特殊对象、有明确的目标要求、有科学的设计步骤、实施阶段和合理的资金投入过程。工程的成本、质量、效率是工程的生命所在。

(3) 工程是通过建造实现的。工程项目是要通过具体的设计、制造和建设等实施过程来完成的。要把工程的目标确定好、工程项目设计好、建设好、运行好，取得好的效益，不是一件容易的事情，是一个复杂的构建和运行过程。不论是建房、造船、修桥、筑路，都是要通过合理的工序、工艺和工期来完成的。

（4）工程是要与环境协调一致的。工程的实施和运行，都会对自然生态系统产生一定的影响，工程和环境构成了互相作用的关系，必须充分考虑到工程活动可能引起的环境问题，以人为本，努力使工程与环境、生态协调一致。

（5）工程是在一定边界条件下集成和优化，一个工程往往有多种技术、多个方案、多种路径可被选择。这种选择，最终是由需求者主体的价值趋向所决定的。如何利用最小的投入获得最大回报，取得良好的经济效益、环境效益和社会效益，这就要求工程努力实现在一定边界条件下的综合集成和多目标优化。在工程的设计、施工和生产、运行过程中，努力寻求和实现“在一定边界条件下集成和优化”是一个核心的命题。

2 工程哲学研究的主要内容

工程哲学以工程为研究对象，工程哲学把现代人类的主要实践方式之一——工程活动，提升到了哲学理论的高度来加以认识和研究。它要研究工程的特点和本质，工程在社会中的地位和作用，要通过对现代工程与工程活动的哲学研究，来透视人的本性和工程活动的本质，研究工程的发展规律，研究工程对自然、对经济、对人类和社会的作用和影响，研究工程对文明进程、社会发展和人类生存状态的作用和影响。在哲学领域中已经有科学哲学和技术哲学这样的哲学分支，看来工程哲学应该是与科学哲学、技术哲学相并列的一个新的哲学分支。

工程哲学研究的主要内容应该包括以下几个方面：

第一，工程的定义、范畴、层次、尺度问题。给工程下一个可以普遍认同的定义或许是困难的，但这毕竟是工程哲学的起点，必须给予高度关注。在认识和理解工程时可以有不同的角度，哲学家、科学家与工程专家对工程的理解存在一定的差异是很自然的；工程的决策者、管理者与实施者、运行者对工程的理解也会有某些不同。此外，关于公众理解工程的角度也是一个重要问题。工程哲学涉及许多范畴，《工程哲学引论》一书中提出了 50 多个应该研究的范畴，这些的确都是值得深入研究的问题。我认为我们不但应该研究工程的定义和范畴方面的问题，而且还应该研究基础科学、技术科学和工程科学、工程技术之间在知识层次和物质 - 能量 - 时间 - 空间尺度上的关系。基础科学、技术科学和工程科学、工程设计、工程实践往往在对象的尺度上是有衔接又有明显不同的，必须重视研究“不同层次”“不同尺度”之间的关系及其“耦合”问题。这样有助于对工程的科学观和哲学观的深化和融合。

第二，工程活动在社会活动中的位置和工程发展规律的问题。我们应该在“自然 - 科学 - 技术 - 工程 - 产业 - 经济 - 社会”的“知识链”“时 - 空链”和“网络”中认识和把握工程的位置。对科学和技术来说，工程往往发挥“集成”的作用；对产业和经济来说，工程往往是“基层单元”和“构成单元”，产业是由相同类型的工程单元及相关的工程单元“集聚 - 关联”而形成的。产业是“整体”概念，工程是“个体”概念。而经济则是诸多产业的集成和总和。政治、经济、文化则是构成人类社会的基本要素。应该注意研究“工程链”“工程群”和“工程网络”等方面的问题。在这些“链”和“网络”中，工程与技术、工程与产业的关系最密切、最直接，是我们首先应当探讨和把握的重点问题。当然，工程设计、运行、控制等方面也存在着工程科学、工程哲学的研究和探索的命题。

第三，关于工程理念、决策和实施问题的理论分析和哲学研究。工程问题，往往被局限地认为仅仅是工程技术和资金之间的问题，是经济效益问题。当然，对工程而言，经济效益是非常重要而必须关注的；然而，也应该考虑到工程问题在很大程度上是个创新问题。这突出表现在工程的理念、决策和实施上。在工程理念上包括创新思维、创新途径、创新方法、创新的时机等方面，是有许多值得研究、开发的思维领域和具体内涵的。其中，对于工程集成创新理念和工程集成的“帅才”人物的特殊重要性还缺乏进行专门研究。工程哲学的灵魂是理论联系实际，在工程哲学领域中，绝不能忽视对工程理念和工程决策问题的研究。

第四，工程伦理、工程美学问题的研究。当人们注意到工程与社会之间的相互关联、相互影响时，必然会涉及工程伦理问题，工程伦理是值得重视并有很大研究价值的领域。工程中不但有伦理问题，而且有美学问题，这些对工程的优化和集成性而言都是需要进行研究的问题。

第五，重大工程案例分析和工程史研究。案例分析和工程史研究是工程哲学的“基础性”工作之一。比如国外的曼哈顿工程、阿波罗登月工程，我国的三峡工程、铁路提速工程、宝钢建设工程等，都是可以作为案例进行专题研究的。我们不仅要从工程哲学的角度总结成功工程的经验，也要分析失败工程的教训。重大工程案例分析和工程史研究应该成为开展工程哲学研究的切入点之一。

第六，工程教育和公众理解方面的问题。工程是要靠各种工程人才来决策、设计、实施和运行的，而工程人才是要通过工程教育的途径进行培养的，因而工程教育的重要性是不言而喻的；可是从工程实践的要求来看，当前的工程教育所存在的问题也是很多的，例如传授知识的局限性、就事论事、就局部论局部、缺乏认知和创新能力方面的教育等，应该研究如何改革工程教育的问题。从促进社会公众对工程概念、工程重要性的理解方面看，还应该努力进行工程基本知识的普及工作。在适当时候也可以考虑编写面向工科大学生和社会各界人士的各种普及读物和适当的教材。

3　努力推动工程哲学研究

工程活动是社会存在和发展的基础，现代化过程在很大程度上也是进行现代工程建设和工程现代化的过程。工程活动不仅包括了技术的集成与优化，而且是自然、经济、文化、环境等因素综合作用的社会发展进程。工程活动大多是进行直接物质创造的活动，工程活动的本质是集成技术要素和其他要素实现优化的价值目标，其“结果”是直接的物质财富，它不但直接关系到“工程主体”的利益而且关系到社会许多方面的利益。工程要实现最佳决策，必须要有符合社会发展和科技进步的工程理念和工程意识作支撑。“以人为本”的理念是工程伦理的一个基本理念，工程建设必须重视“以人为本”，而不能片面强调“以物为本”。

中国要走新型工业化发展道路，这个任务是需要通过许许多多工程项目的决策、选择、设计、建造、运行来落实和实现的。最近中央又提出了科学发展观，我们要在科学发展观指导下选择工程项目、设计工程项目、进行工程建设、搞好生产运行，在当前的形势下，大力推动工程哲学的研究，推进对工程活动的跨学科研究和多学科研究是非常重要的。

生产、制造是人类最根本的社会实践，这是一种有意识的能动性活动。工程哲学是植根于社会实践的哲学，是崇尚理论联系实际的哲学，也是引领工程实践方向的哲学。

工程实践需要哲学指导，哲学也需要面向工程实践，更需要拓展新的研究领域。要使工程哲学健康、顺利的发展，必须有工程界、哲学界和其他方面专家、学者的共同努力和协同研究，应该把对工程活动的哲学研究和跨学科理论研究（多学科理论研究）结合起来。工程哲学是“理论联系实际的哲学”，工程哲学的发展必须走“哲学界和工程界结合和联盟”之路。工程哲学的发展和繁荣不仅是哲学的巨大进步，同时也必将推动相关知识学科的进步和繁荣。

工程、工程科学与工程管理*

某一特定工程是由某一或某些专业技术为主体和与之配套的通用、相关技术，按照一定的规则、规律所组成的，为了实现某一（或某些）工程目标的组织、集成活动。

因此，工程的一般表述应是一系列决策、设计、构建和运行活动，其结果又往往可以具体地体现为特定形式的技术集成体。从某种角度上看，工程具体表现为相关或系列的技术的不同集合；或者说，工程的内涵与技术的内涵有某种程度上的同质性和关联性，技术是工程的基础或单元，工程是相关技术的集成过程和集合体。

工程的内涵常常与特定产品、特定的制造流程、特定企业或特定产业相联系，工程活动与产业活动具有不可分割的内在联系；人们很容易把工程概念与特定产业工程联系起来。

工程的实质内涵之一就是某种形式的科学应用（即对基础科学、技术科学的应用）；另外，由于工程是特定形式的技术集成过程和技术集成体，这种集合、集成的过程，本身也蕴涵着科学问题——工程科学。因此，工程不应简单地表述为“科学的应用”，也不是相关技术的简单堆砌、拼凑，工程在其对技术集成的过程中存在着更大时-空尺度的工程科学方面的学问。

工程科学是从工程实践中所遇到的事物和现象的深入观察和思考开始，通过对各类事物、各种技术、各种现象的分析、研究，进而探索、归纳、揭示工程系统内部隐藏的某种贯穿始终的、带有普遍性的、朴素的真理与美感。

研究工程科学需要具有坚实而宽阔的学科理论基础和丰富的实践经验，充分的想象力，敏锐的判断力，用独特的视野和方法去认识工程系统的本质和运行规律，去追求蕴藏在复杂的、丰富多彩的工程系统中的内在真理和美感。这种美感是体现在工程现象的多样性内部隐藏的规律的同一性，是事物不停地运动演化过程中某些物理量和几何量的对称性和相对不变性，是外部绚丽多彩现象下的内在简单性。包括工程科学在内的科学的美是属于理性的美，都是主要通过事物共同遵循的结构（例如开放系统的耗散结构）和运行规律（例如追求动态—有序和过程耗散“最小化”）表现出来的美。艺术对美的理性认识是通过感性表达出来的，而科学则以客观世界作为对象，它注重的是客观事物之间的关系和相互作用，是它们运动变化的内在规律。科学对美的感性认识通过理性表达出来。

统括起来看，工程科学所追求的真理和美感包括了探求和发现工程系统中呈现出来的客观事物或现象的本质和运动规律，各种由简单到复杂和由复杂到简化的现象的内在规律，各种不同类型事物的结构演化过程中某些物理量和几何量的对称性及其运动变化的永恒性，各种不同类型事物（或现象）表现演化的多样性和内在简单性，各种不同类型事物运动的连续性、协调性、节律性和对称性等。

对于工程科学的观察、研究方法而言，应该是有别于基础科学的研究方法的，这

---

* 2005年1月于长沙。

是由于在一定领域内两者研究的时-空尺度、质-能量纲是有所区别的，多数基础科学范畴内研究过程一般是从识别过程的细节着手，像电脑扫描那样，扫过所有的细节，才能得出整体的图像。然而，工程科学范畴内的研究方法，一般应该从研究工程的整体特征开始，然后通过解析-集成、集成-解析等反复优化过程不断完善和补充细节，进而获得对整体特征的本质及其运动规律的更深入的认识。在这种识别过程的方法上科学家、工程专家应该向艺术家学习；艺术家早就清楚地认识到，要深入描述整体，必须先识别整体，然后补充细节。画家只要寥寥几笔，就能抓住对象的特征，不仅神似，而且形似，甚至入骨三分，可谓“画龙画虎还画骨”。

由于工程不能脱离“集成”，因此，工程科学往往必须突破还原论方法的局限，需要通过解析-集成的方法，对工程过程系统中不同单元、不同尺度行为之间的关联性及其运行机理进行研究；从不同单元的行为当中归纳出微观机理与宏观现象、整体结构-功能之间的关系。进而，研究复杂工程系统中结构形成的机理与演变规律，研究复杂工程系统结构与行为的关系，研究系统“突变”及其调控等方面属于工程科学层次上的学问。

我们应该在“自然-科学-技术-工程-产业-经济-社会”的“知识链”“时-空链”和“网络”中认识和把握工程和工程科学的范畴。对科学和技术来说，工程往往发挥“集成”的作用；对产业和经济来说，工程往往是“基层单元”和“构成单元”，产业是由相同类型的工程单元及相关的工程单元“集聚-关联”而形成的。工程科学应该注意研究“知识集成链”和“工程构成网络”等方面的物理本质和内在规律。在这些“链”和“网络”中存在着许多工程科学的命题和学问，这是工程科学应当探讨和把握的重点问题。同时，也必然会逐渐搞清在工程系统中基础科学、技术科学和工程科学之间的相互依存关系，并构建起集成的知识框架（图1）。

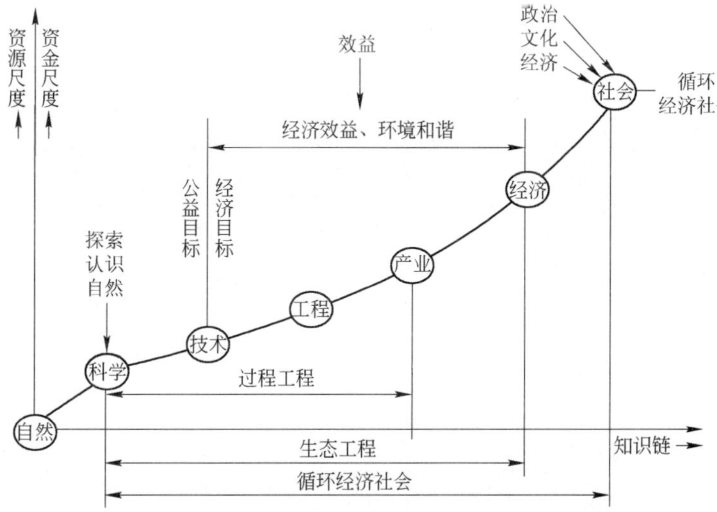

图1　知识链与资源、资金尺度扩展过程的关系

人们很容易注意到工程是处在自然与社会的中间环节，特别是作为特定的技术集成体位置和转化为特定产业的现实生产力的位置上，因此工程不仅要注意技术集成的结果以及集成过程中的客观规律，而且也必须注意工程在实现其现实生产力过程中所涉及的决策、设计、构建、组织、运行过程中，关联到的资源、资金、人力、环境、

信息等方面合理程度，因此必将引起特定的管理问题——工程管理。

工程管理是围绕着工程活动产生、发展的一系列特定管理活动和学问，包括了决策管理、计划管理、设计管理、施工管理、生产技术管理、产品管理和产业管理等，这些管理学问构成了特定的工程管理学。一般而言，工程管理学具有与各种技术特征、产品特征、企业特征特别是产业特征强烈相关的管理学问，工程管理往往是工程技术、工程科学和管理方法、管理科学交叉、融合的结晶，工程管理科学是工程科学和管理科学的交叉和集成。

工程管理是指：为了实现预期的目标（群），有效地利用各类资源，对工程进行的决策、计划、组织、指挥、协调与控制。一般而言，工程管理具有系统性、综合性和复杂性。由于工程具有技术集成性和产业相关性，所以，工程管理也必然具有与技术、产业相连的特殊涵义。显然，工程管理不同于一般管理。

建立工程界和哲学界的联盟，共同推动工程哲学的发展*

这次会议是由中国自然辩证法研究会工程哲学委员会、中国工程院管理学部、中国科学院研究生院工程与社会研究中心主办，中国航天科技集团承办的，首先让我代表会议主办单位欢迎大家参加这个研讨会。

2002年，李伯聪教授出版了《工程哲学引论》一书，他把这本书送给了徐匡迪院长和我。徐匡迪院长和我交换意见时，认为研究工程哲学很重要并符合时代发展，我们都很赞成和支持开展工程哲学的研究。2004年1月，我和李伯聪、丘亮辉、赵建军联名向中国自然辩证法研究会建议成立工程哲学专业委员会。2月5日，在朱训理事长的支持下，经过中国自然辩证法研究会常务理事会批准，决定成立“中国自然辩证法研究会工程哲学专业委员会”筹备组，由我负责筹备工作。中国工程院徐匡迪院长对于开展工程哲学研究非常重视，非常支持。去年6月，在中国工程院举行了一个关于工程哲学的研讨会，徐匡迪院长，七八位中国工程院和中国科学院院士以及自然辩证法界的八九位专家参加了座谈会，会议开得很成功。徐匡迪院长明确指出：“工程哲学很重要。工程里充满了辩证法，值得我们去思考和挖掘。我们应该把对工程的认识提高到哲学的高度，要提高工程师的哲学思维水平。”并且强调：“工程需要有哲学支撑，工程师需要有哲学思维。”去年12月，根据徐匡迪院长的建议，中国工程院召开了以工程哲学为主题的工程科技论坛，与这个论坛同时还召开了第一次全国工程哲学会议，会议期间正式成立了中国自然辩证法研究会工程哲学专业委员会。

工程哲学委员会的成立是我国工程哲学发展中的一件大事，因为它标志着我们已经形成了一个全国性的、有组织的学术团体，并酝酿推荐了理事和选举了理事长、副理事长。工程哲学在体制化方面迈出了重要的一步。

目前，在工程哲学领域，我们已经有了以下几个方面的成果和进展。

第一，我们已经开始建立起工程界和哲学界的联盟，已经建立了一个全国性的学术团体—— 工程哲学委员会；已经开始召开系列性的学术会议，去年召开了第一次全国工程哲学会议，今年9月下旬将在上海举行第二次学术会议。

第二，已经有了“专门”的“学术研究机构”——中国科学院研究生院在2003年成立了“工程与社会研究中心”，希望今后能有更多的院校也建立类似的研究机构。

第三，我国已经在“工程哲学”或“工程与社会发展”方向招收硕士和博士研究生，吉林大学、南昌大学招收了硕士研究生，中国科学院研究生院招收了博士研究生。今年吉林大学将毕业一位“工程哲学”方向的硕士，这是我国在“工程哲学”方向培

* 原发表于《自然辩证法研究》，2005(9)：56～58。此文为殷瑞钰2005年5月9日在全国“工程与社会”研讨会开幕式上的讲话。

养的第一个硕士。今后我们还要在这个方向招收和培养更多的研究生。

第四，我们已经在这个领域发表了一些论文，开始出版学术著作。科学院研究生院、西安交通大学、中央党校、北京师范大学等单位都有学者发表了一些有一定分量的论文；《自然辩证法研究》和“中国人民大学书报资料《科学技术哲学》”已经开始开辟“工程哲学”栏目，在我国党政干部中有很大影响的“学习时报”也已经组织发表“工程哲学”专题的系列性文章。

我国的工程哲学在这几年发展势头很好，有了很好的开端，我们甚至有理由说我国工程哲学的发展已经引起国际同行的重视，这不是偶然的，而是有其深层原因和现实基础的。

一定的哲学理论是对一定的现实生活的实践活动的反思，例如，科学哲学理论是对科学活动的哲学概括和哲学反思。我们看到，“科学哲学”发展水平高的国家常常也是“科学”水平高的国家，两者有着密切的联系，当然这里不是说两者存在着“完全一致”的关系。同样地，一个国家的工程哲学与其工程实践之间也会存在着类似的关系和联系。

目前我国各地都有数量可观的工程项目——大大小小、类型多样的工程——在进行着，我国还建成了或正在建设一些特大型的工程项目——例如三峡工程、神舟五号、西气东送、青藏铁路、南水北调工程等，其中有些工程更是世界上首屈一指的工程。我国不是世界上科学最发达的国家，但我们却可以在一定意义和一定程度上说，目前我国是世界上工程实践丰富多彩的国家——至少可以说是全世界工程活动正反面经验最丰富的国家之一，这就是我国的工程哲学之所以有条件走在世界先进行列的深刻时代背景和现实基础。

中国工程院杜祥琬副院长在去年 12 月工程哲学论坛的讲话中说：“过去几十年间，在我国大量工程活动中，既有成功的经验，也有失败的教训，这是一笔宝贵财富。”“现在迫切需要的是让人们更自觉、更系统、更科学地以正确的哲学观指导工程活动。”“在全面建设小康社会的中国存在着对工程哲学的迫切的客观需求，存在着发展和运用工程哲学的肥沃土壤。”

马克思说：“哲学家们只是用不同的方式解释世界，而问题在于改变世界。”哲学界往往轻视甚至完全忽视对生产实践和现代工程问题的哲学思考和哲学研究，这在某种程度上可能阻碍了哲学家开拓工程哲学的尝试和研究的步伐。中国哲学家和中国工程界应该以马克思主义哲学为指导，突破传统哲学的束缚，奋发有为地走上开拓工程哲学这个新领域的光明大道。

虽然我们在工程哲学方面已经取得了一定的成就，但我们也要清醒地认识到：我们目前仅仅迈出了第一步，也是非常初步的，开拓工程哲学这一新领域的路还很长，特别是与我国全面建设小康社会的要求相比，必须十分努力地工作，争取在“理论研究”和“现实影响”两方面都取得更大的成绩和进展。

工程哲学的队伍要扩大，工程师和哲学家联盟要加强，视野要更开阔，研究要更深入，要理论联系实际，要努力取得更丰硕的成果。

为了推动工程哲学和跨学科“工程研究”（engineering studies）领域的学术发展，中国科学院研究生院已经申请举办一次以“工程与社会”为主题的香山会议，这个申请已经得到了批准。

经过和几位同事初步商量认为，可以在香山会议上提出和讨论以下三个中心观点和思想。

（1）工程是科学技术转化为现实生产力的主要纽带，工程创新是创新活动的主战场。

科学、技术和工程既有密切联系同时又有区别，工程绝不是科学和技术的简单应用，工程有其集成创新性及复杂的运行机制的特性。我认为，在“自然－科学－技术－工程－产业－经济－社会”的复杂网络中，工程占有集成和枢纽性的地位。工程活动是现代社会的基本活动方式，工程活动塑造了现代社会的物质面貌。科学技术的第一生产力作用主要是通过工程活动，特别是工程的集成过程而发挥作用的，无疑工程应是自主集成创新活动的重要战场。

应该如何认识科学发现、技术创新和工程创新的关系？这是一个大问题。工程应是自主集成创新活动的重要战场和重要领域，我们希望在这次香山会议上能够对这个问题有更进一步的和深入的研究和讨论。

（2）工程应该而且可以塑造可持续发展的未来，工程造福人民，要让公众更多地理解工程。

（3）建立工程界和哲学社会科学界的联盟，在落实科学发展观的过程中要树立新的工程观和工程理念，开拓工程哲学和跨学科工程研究的新边疆。

对于工程哲学研究和许多其他问题的研究来说，需要研究和明确“工程是什么”或“什么是工程创新”的问题，因为这是一个前提性、基础性的问题，应该有深入地研究。

中国工程院工程管理学部曾经对这个问题进行过讨论，我们目前的认识是：某一特定工程是由某一（或某些）专业技术为主体和配之相关的通用技术，按照一定的规则、规律所组成的，为了实现某一（或某些）工程目标的组织、集成活动。因此，工程的过程一般表述应是：确立正确的工程理念和一系列决策、设计、构建和运行活动，其结果又往往可以具体地体现为技术的集成过程和集成体。从某种角度上看，工程具体表现为相关或系列的技术的不同集合，或者说工程的内涵、技术的内涵有某种程度上的同一性和关联性，技术是工程的基础或单元，工程是相关技术集成过程和集合体。工程的内涵常常与特定产品、特定的制造流程、特定企业或特定产业相联系，工程活动与产业（经济）活动具有不可分割的内在联系，人们很容易把工程概念与特定的产业工程联系起来。

徐匡迪院长提出我们应该树立新的工程理念，汪应洛院士提出我们应该研究工程观的问题，这都是应该深入研究的重要问题。

工程建设活动是全面建设小康社会的物质基础，全面建设小康社会要求我们必须树立新的工程理念。什么是我们需要和应该树立的新的工程理念？什么是工程观？我们应该树立什么样的工程观？能否说时代的发展已经向我们提出了树立与新型发展观相适应的“新型工程观”和“新型工程理念”的要求？应该怎样认识和概括“新型工程观”？“新工程观”和“以往的工程观”有何不同？树立新工程观的作用和意义？这些都是需要认真和深入研究、讨论的问题。

以上谈到了我们准备在香山会议上提出的三个“中心议题”，它们是否妥当？是否准确全面？还有哪些基本观点应该补充进来？希望大家多提宝贵意见，希望大家畅所欲言，发表自己的意见和看法。

徐匡迪院长对工程哲学很重视，他明确指出：工程管理学部要从哲学的高度，以工程哲学为突破口，把中国工程院工程管理学部的工作提高到新阶段。我们工程院管理学部已经讨论了今年的工作，今年我们要做三件事。

(1) 要举办一次“工程与工程哲学”论坛的学术活动，时间定在2005年9月28日，地点在上海。

(2) 要写一本书——《工程哲学》，这本书要能够集中工程界和哲学界的智慧，写成一本有开拓性的著作，一本面向工程界，受工程界欢迎，对工程界有帮助、有启发的著作，同时对哲学界也有帮助、有启发的著作。我们也希望这本书能够成为一本在高等学校进行教学的参考书或教材，在培养工程后备人才方面发挥重要作用。我们希望借这个会议的机会听取大家对如何编写这本书所提出的意见和建议，包括对于这本书中所应该提出、所应该研究和所应该分析的“各种问题”（可以具体到“章”或“节”的内容甚至“标题”）的意见和建议。

(3) 要组织、造就和培养一支工程哲学的专家、学者队伍，特别是年轻一代、中年一代的专家、学者队伍。

我们的工作虽然是刚刚起步，但意义重大，任重道远。对于工程，我们不但要进行哲学角度的研究，而且要对工程进行跨学科和多学科的研究，我们还要逐步开展国际学术交流工作，要努力使我们的工作年年都有进步，有发展。我们不但要努力争取在理论上不断取得新进展、新突破，而且要理论联系实际，要使工程哲学在我国工程建设的实践中发挥作用，在全面建设小康社会的过程中发挥作用，同时，促进工程哲学的队伍也在这个过程中成长、壮大。

构建和谐社会与工程创新
——关于工程与工程创新的认识*

1 关于“科学-技术-工程-产业”知识链

人类的发展过程实际上是依靠自然、适应自然、认识自然和适度改造自然的过程，在此基础上通过发展和提高生产力，逐步构建起现代人类社会。在认识自然、发展社会生产力的过程中，人类积累了有关科学、技术、工程、产业等方面的知识，而构成了一系列知识链和知识网络。

在认识到“工程科技是人类文明进步的发动机”的今天，进一步讨论一下科学、技术、工程、产业的本质及其相互之间的关系，对认清其哲学范畴、经济意义、社会价值应该是有帮助的。

（1）关于科学的本质与含义：科学是研究自然界和社会事物的构成、本质及其运行规律的系统性、规律性的知识体系。科学的目的与价值在于探求真理，弄清自然界或现实世界的事实与规律，求得人类知识的增长。因此，科学的特点是研究与探索、分类与归纳、发现与开拓，是对自然界和世界上客观存在的诸多事物的构成、本质与运行规律的揭示和更为逼真的描述。

（2）关于技术的本质与含义：技术也是一种特殊的知识体系，现代技术往往是运用科学的原理、科学方法结合某些巧妙的构思和经验，开发出来的工艺方法、生产装备、仪器仪表、自动控制系统以及新产品等，这是一类经过“开发”“加工”的知识、方法与技能体系。技术是需要更多的资金开发出来的有经济目的、社会目的的知识系统。技术的特点在于突出发明与创新。与科学不同，技术在很大程度上有其经济属性和产业特征。而科学（特别是基础科学）则注重的往往是公共知识、公共目标。

（3）关于工程的本质与含义：工程可以看成是以一种核心专业技术或几种专业核心技术加上相关配套的专业技术所构成的集成性知识体系。工程的开发或建设，往往需要比技术开发投入更多的资金，是有很明确的特定经济目的或特定的社会服务目标的。工程往往表现为某种生产作业线，某种工程设施系统，各种工业、农业、交通业、通讯业等的设施网等。因此，工程既有很强的、集成的知识属性，同时具有更强的产业经济属性。

（4）产业的本质与含义：产业是社会生产力发展到相当水平后，建立在各类专业技术、各类工程系统基础上的各种行业的专业生产、社会服务系统。例如各类制造业、各类交通运输业、农林业、水利业、通讯业等。产业是经济范畴内的一种专门系统，它是由同类的或相似的工程专业体系和相关的工程技术相互组织、集合而成的。不同产业都有其专门的产业知识体系，所谓“隔行如隔山”。产业的目标主要是效益和公众

---

* 原发表于《科学中国人》，2006(5)：21~25。

利益，其经济性或社会公益性非常明显。

（5）关于知识链及其关系：从知识意义上讲，“科学－技术－工程－产业”是一种相关的知识链。当然不能理解为一种简单的线性链，往往是很复杂的知识链，甚至是多层次的知识网络，相互之间有着丰富多彩、复杂多变的关系（图1）。

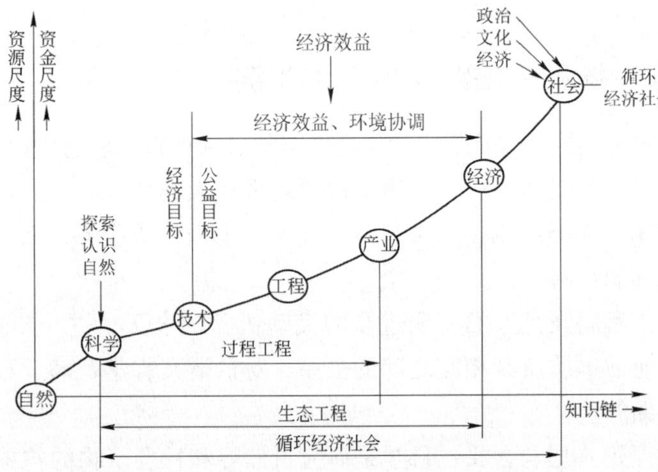

图1　知识链与资源、资金尺度扩展过程的关系

如果要从经济角度上看分界，则科学（特别是基础性研究的科学）应是一种对自然界和社会本质及其运行规律的探索与发现，并不一定要有直接的、明确的经济目标，实际上是一种将资金转化为知识的过程，其主要评价原则是基于对发现、揭示和学术原创性的承认。而技术、工程、产业则有着明显的经济目标或社会公益目标，在很大程度上是为了获得经济效益或改善人民的物质文化生活水平。技术、工程、产业的研究、开发，必将联系到市场、资源、资金、成本、利润、环境等基本要素。这是将资金通过对技术知识、工程知识、产业知识的开发并转化为现实生产力，以求得更大经济效益、社会效益的过程。因此，不难看出：技术、工程、产业与经济的关联程度远高于科学与经济的关联程度；而且，越是在经济快速发展时期，特别是国民经济产业结构调整时期，经济发展对工程（技术）创新的需求越高。

2　关于工程、工程科学与工程管理

工程既有与技术的关联性又有与产业、经济的关联性，工程往往是将知识集成地转换为现实生产力的关键环节。因此，有必要对工程的内涵进一步讨论、研究。

2.1　工程是什么?

某一特定工程是由某一（或某些）专业技术为主体和与之配套的通用、相关技术，按照一定的规则、规律所组成的，为了实现某一（或某些）工程目标的组织、集成活动。从哲学的角度上看，工程活动的核心标志是构筑一个新的存在物，在工程活动中各类技术的集成过程是围绕着某一新的存在物——在一定边界条件下优化构成的集成体。

因此，工程活动的过程一般表述应是确立正确的工程理念和一系列决策、设计、构建和运行活动，其结果又往往具体地体现为特定形式的技术集成体。从某种角度上看，工程具体表现为相关或系列的技术的不同集合；或者说，工程的内涵与技术的内涵有某种程度上的同质性和关联性，技术是工程的基础或单元，工程是相关技术的集成过程和集合体。

工程的内涵常常与特定产品、特定的制造（工艺）流程、特定企业或特定产业相联系，工程活动与产业活动具有不可分割的内在联系；人们很容易把工程概念与特定产业工程甚至和经济、环境、人文等因素联系起来（图2）。

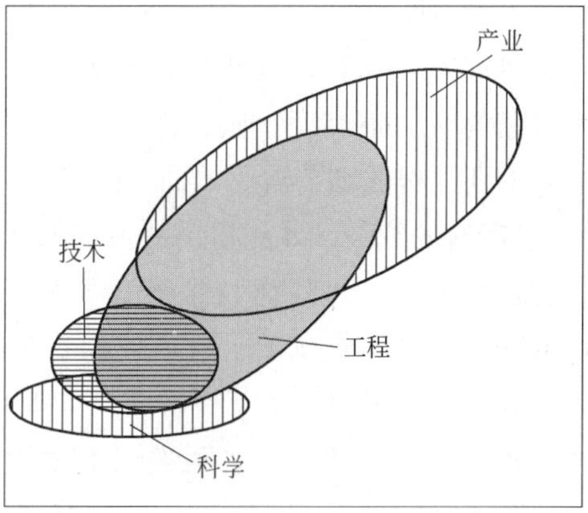

图2　工程与技术、产业之间的关系

工程的实质内涵之一就是某种形式的科学应用（即对基础科学、技术科学的应用）；另外，由于工程是特定形式的技术集成过程和技术集成体，这种集合、集成的过程，本身也蕴涵着科学问题——工程科学。因此，工程不应简单地表述为“科学的应用”，也不是相关技术的简单堆砌、拼凑，工程在其对技术集成的过程中存在着更大时－空尺度上的工程科学方面的学问。

2.2　关于工程科学

工程科学是从工程实践中所遇到的事物和现象的深入观察和思考开始，通过对各类事物、各种技术、各种现象、各种事件的分析、研究，进而探索、归纳、揭示工程系统内部隐藏的某种贯穿始终的、带有普遍性的、朴素的真理与美感。

研究工程科学需要具有坚实而宽阔的学科理论基础和丰富的实践经验，充分的想象力，敏锐的判断力，善于用独特的视野和方法去认识工程系统的本质及其合理构成和运行规律，去追求蕴藏在复杂的、丰富多彩的工程活动中内在的真理和协同的美感。这种美感是体现在工程现象的多样性内部隐藏的规律的同一性（例如从简单到复杂，再从复杂到集成简化等），是事物不停地运动演化过程中某些物理量和几何量的对称性和相对不变性，是外部绚丽多彩现象下的内在简单性。包括工程科学在内的科学的美是属于理性的美，都是主要通过事物共同遵循的结构（例如开放系统的耗散结构）和运行规律（例如追求动态 - 有序和过程耗散“最小化”）表现出来的美。与艺术对美的理性认识是通过感性表达出来有所不同，科学（包括工程科学）则以客观世界作为对象，它注重的是客观事物之间的关系和相互作用，是它们运动变化的内在规律。科学对美的感性认识通过理性表达出来。

统括起来看工程科学所追求的真理和美感包括了：

——探求和发现工程系统中呈现出来的客观事物或现象的本质和运动规律；

——各种由简单到复杂和由复杂到简化的现象的内在规律；各种不同类型事物的结构演化过程中某些物理量和几何量的对称性及其运动变化的永恒性；

——各种不同类型事物（或现象）表现演化的多样性和内在简单性；

——各种不同类型事物运动的连续性、协调性、节律性和“突变”性等。

对于工程科学的观察、研究方法而言，应该是有别于基础科学的研究方法的。这是由于在一定领域内两者研究的时 - 空尺度、质 - 能量纲是有所区别的，多数基础科学范畴内研究过程一般是从识别过程的细节着手（即一般都是用“还原论”的认知方法），像电脑扫描那样，扫过所有的细节，才能得出整体的图像。然而，工程科学范畴内的研究方法，一般应该从研究工程的整体特征开始，然后通过解析 - 集成、集成 - 解析等反复优化过程不断完善和补充细节，进而获得对整体特征的本质及其运动规律的更深入的认识。在这种识别过程的方法上科学家、工程专家应该向艺术家学习；艺术家早就清楚地认识到，要深入描述整体，必须先识别整体，然后补充细节。画家只要寥寥几笔，就能抓住对象的特征，不仅神似，而且形似，甚至入骨三分，可谓“画龙画虎还画骨”。

由于工程不能脱离“集成”，因此，研究工程科学在方法上往往必须突破“还原论”方法的局限，需要通过解析 - 集成的方法，需要善于识别复杂系统的合理构成和动态运行过程，对工程过程系统中不同单元、不同尺度行为之间的关联性及其运行机理进行研究；从不同单元的行为当中归纳出微观机理与宏观现象、整体结构 - 功能之间的关系。进而，研究复杂工程系统中结构形成的机理与演变规律；研究复杂工程系统结构与行为的关系；研究系统性质“突变”及其调控等方面属于工程科学层次上的学问。

2.3 关于工程管理

人们很容易注意到工程是处在自然与社会的中间环节，特别是作为特定的技术集成体位置和转化为特定产业的现实生产力的位置上。因此工程不仅要注意技术集成的结果以及集成过程中的客观规律，而且也必须注意工程在实现其现实生产力过程中所涉及的理念、决策、设计、构建、组织、运行过程中，关联到的资源、资金、人力、环境、信息等方面合理程度，因此必将引起特定的管理问题——工程管理。

工程管理是围绕着工程活动产生、发展的一系列特定管理活动和学问，包括了决策管理、计划管理、设计管理、施工管理、生产技术管理、产品管理和产业管理等，这些管理学问构成了特定的工程管理学问。一般而言，工程管理学问具有与各种技术特征、产品特征、企业特征特别是产业特征强烈相关的管理学问，工程管理往往是工程技术、工程科学和管理方法、管理科学交叉、融合的结晶，工程管理科学是工程科学和管理科学的交叉和集成。

工程管理是指：为了实现预期的目标（群），有效地利用各类资源，在正确的工程理念指导下，对工程进行决策、计划、组织、指挥、协调与控制的活动与过程。一般而言，工程管理具有系统性、综合性和复杂性。由于工程具有技术集成性和产业相关性，所以，工程管理也必然具有与技术、产业相连的特殊涵义。显然，工程管理不同于一般管理。

3 工程创新是创新活动的主战场

工程架起了科学发现、技术发明与产业发展之间的桥梁，是产业革命、经济发展和社会进步的强大杠杆。在建设创新型国家战略的实施过程中，工程创新应是一个关键性环节，工程是诸多知识转化为现实生产力的集成性创新环节。

（1）工程是现实的、直接的生产力，是创新活动的主战场。科学、技术转化为现实生产力的功能一般都要通过工程这一环节。科技成果的转化、技术创新的体现，归根结底都需要在工程活动中“实现”并检验其有效性、可靠性。从经济发展和社会进步的历史和现实中可以看出，对于一个国家、地区、产业、企业而言，工程创新是创新活动的主战场。一个国家，如果不能在这个“主战场”上取得实实在在的进展，其经济和社会的发展速度必然迟缓，甚至徘徊不前。

在国际上，我们看到：在过去的几十年中，有些国家（例如英国等）尽管拥有大量的科研理论成果，但由于缺乏有效的工程转化（更具体地讲，由于科学研究、技术开发与经济在很大程度上相分离），结果使科学研究成为“孤立”的行为，这是造成这些国家经济发展缓慢的原因之一。与此同时，有些国家（例如日本、韩国等）虽然其科研理论成果不如英国多，诺贝尔奖获得者也没有英国多，但它们在工程转化上效率高，在战后不长的时间内实现了崛起，可以看出日本的国力明显高于英国。

在国内，不少方面也存在着科学研究、技术开发与工程创新、经济发展缺乏协调性、统一性，所谓的“两张皮”现象。这必然导致科技成果转化率低。造成这种现象的原因是复杂的，其中重要原因之一是缺乏工程创新是创新活动的主战场意识。或者是理论上是认识到了，但在实践上存在困难或偏差。

看来，在建设创新型国家的进程中，一个最关键的衡量指标就是看我们在工程自主集成创新这个主战场上取得了什么样的成就和进展，因为建设创新型国家的目的是为了提高整个国家的综合竞争力和实现可持续发展能力。

（2）实现新型工业化的过程是一个不断进行工程创新的过程。纵观世界各国工业化、现代化的发展进程，可以得到一个重要结论：工程创新是一系列技术进步及其集成性创新的体现，工程创新直接决定着国家、地区的发展速度和进程。

然而，对一个国家、地区乃至产业、企业而言，工程创新是“一波”又“一波”不断创新的过程，应该看到“不断创新”是个过程，而不是“突破一点，全面解决，一劳永逸”。

回顾中国现代史，可以看到，中国工业化的进程也是通过“一波”又“一波”的技术进步和工程创新的过程而取得进展的，例如20世纪50年代的“156项”建设工程，继而是以“两弹一星”为代表的自主工程创新，改革开放后，通过引进、消化、吸收、再国产化等工程再创新活动，我国工业化、现代化的进程逐步走向正轨，并得到快速发展。这些经验告诉我们：中国现代化的过程要走上轨道，并得到快速发展，必须是立足在“一波”又“一波”的“集群性”的工程创新上，而不能停留在单一技术的突破或是个别理论问题的解决上，否则工业化、现代化主战场的问题很难收到实效，而“两张皮”的现象继续存在，新型工业化道路也会受到影响。

（3）工程创新事关建设全面小康社会的大局。建设全面小康社会的实施过程包括了丰富多彩的内容，其中最引人注目的内容之一就是要在全国各地规划、设计和建设成千上万、大大小小的各类工程项目；也可以说全面建设小康社会离不开大大小小、各种类型的工程活动——特别是一些大型和特大型工程项目的建设。为了这些工程的效益、效率和竞争力，在实施、实现过程中，必须强调突出工程创新。

工程创新不是少数工程技术人员的事，也不是局部地区、个别企业的事，工程创新（特别是工程创新理念）应是全国、全社会、全民的事情，涉及创新意识和激情，它是直接关系到建设小康社会全局的大事。

工程创新包括了丰富的内涵。首先是工程理念创新、工程发展战略创新，工程理念和发展战略直接关系到国家经济发展格局，应该看到，现在的工程理念、工程战略正是塑造未来国家面貌的，所以各类工程特别是大型、特大型工程的实施，不能就事论事，不能因循守旧，更不能为了一时的“增长”而复制落后，而是要强调技术升级、产品换代，强调综合利用好各类自然资源和社会资源，强调市场竞争力和可持续发展能力。要在各类工程活动中善于通过综合集成，构成工程创新的理念和具体发展战略。进而研究发展规划（包括各类项目计划）和实施步骤，然后，才有新一代设计、新一代制造技术、新一代控制技术、新一代的工厂、新一代产品等。

这种工程创新理念是反映科学发展观的，是实现和谐社会的重要体现，因而是事关建设全面小康社会大局的。

4 关于工程创新的特点和规律的讨论

要大力提倡工程创新，应该认识和掌握工程创新的特点和规律。虽然在现实情况下每项工程都有各自的具体情况和特色，但从总体上看，工程创新作为一种概念而言，还是有一些共性的特点和规律的。简要讨论如下。

（1）工程创新是集成性创新。工程的本质和基本特点在于“系统性”“复杂性”“集成性”和“组织性”。工程不是单纯的“科学的应用”，也不应是相关技术的简单堆砌和剪贴拼凑；各类优秀的工程追求的是在对所采用各类技术的选择和集成过程中、对各类资源的组织协调过程中，追求集成性优化，构成优化的工程系统，因此，工程创新的重要标志体现为“集成创新”。

工程的集成创新往往体现在两个层次上：

第一个层次是技术要素层次，工程创新活动需要对多个学科、多种技术在更大的时-空尺度上进行选择、组织和集成优化。这就是说工程不可能只依靠单一技术，在进行工程创新时，如果只有单项的技术创新成果，而缺乏与之相配合的相关技术的协同支撑，就不能达到预期的工程效果，甚至可能酿成工程失败。因此，在工程创新活动中，必须高度重视集成性的创新，特别是自主集成创新，才能真正收到“创新”的实效。

第二个层次是要在工程创新活动中，把技术要素和经济、社会、管理等要素进行在一定边界条件下的优化集成。在工程活动中，常常涉及人、物质流、能量流、信息流等方面的问题，这是由于各类工程活动不仅是技术活动方面的集成优化，而且必须在工程总体尺度上对技术、市场、产业、经济、环境、社会以及相应的管理进行更为综合的优化集成。也许可以说，工程活动实际上是在一定社会、经济条件下对诸多要素的集成和优化的过程，某一工程往往有多种技术、多个方案、多种实施路径可供选择，工程创新就是要在发展理念、发展战略、工程决策、工程设计、施工技术和组织、生产运行优化等过程中，努力寻求和实现“在一定边界条件下的集成和优化”，这应是一个核心思想和命题。反言之，工程创新并不一定依靠基础科学层面上的“原始性”创新。

（2）工程创新既要重视“突破性”的创新，也要重视渐进性、积累性的创新。在工程创新活动中，根据创新的“性能”和“程度”也许可以划分为“突破性”创新（或“革命性”创新）和“渐进性”创新（或“积累性”创新）两大类型。

在实践中，“突破性”创新显得特别引人注目，因为其中体现了高妙的才智和巨大的价值。当然应该高度重视。然而，在另一方面，更多的工程创新是通过“渐进性”的积累、改进过程实现的。在创新过程中，由于工程具有集成优化的特征，“渐进性”创新（或“积累性”创新）具有非常重要的作用和意义。

在这个日臻完善的集成优化过程中，如果单个来看，很多进步都不具备特别振奋人心之处，但是集成优化达到一定水平后，也会出现“更新”“改型”“换代”的创新成果（图3）。

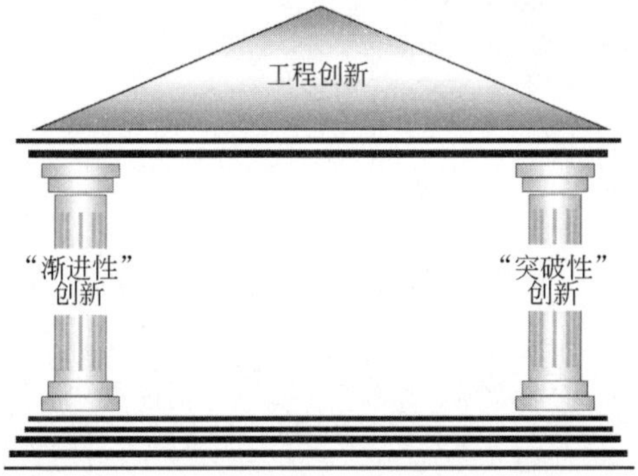

图3　工程创新的形式

因此，在强调开展工程创新活动上，必须正确认识和处理好“突破性”创新和“渐进性”创新的意义和价值，这既是一个“理论问题”，同时，又是一个需要在理念和政策层面上把握好的“现实问题”。

（3）在不同专业、不同类型的工程中，工程创新的特点和表现形式会有所不同。工程的特点是系统性、复杂性、集成性。同时，工程的类型又是多种多样的，不同专业、不同地区、不同国家、不同历史发展阶段的工程，具有不同的“边界条件”；因此，虽然都应该强调工程创新，但在创新方法、创新的表现方式和具体特点上却是有所不同的。例如航天工程、基因工程领域的工程创新和土木建筑、水利水电领域的工程创新的表现形式和创新特点显然会有很大差别。在认识、管理、评价不同类型的工程创新时，应该有不同的工程创新评估体系和专业指标体系，不应该用一种模式、一张表格来机械地衡量，否则可能会出现某些误导性的认识出现，甚至使工程创新沦为形式主义或“空洞的口号”。

5 结语

在全面建设小康社会的过程中，要把提高自主创新能力作为调整经济结构、转变增长方式、提高国家整体竞争力的中心环节，把建设创新型国家作为面向未来的重大战略，这是一项重要国策。对我国全面建设小康社会而言，工程与工程创新是事关全局的大事，深刻认识工程的本质和特点，是搞好工程创新的认识基础，深入分析科学－技术－工程－产业之间的异同及其关系，是推进社会生产力发展的重要认识途径。理论与实践都可以证明，工程是将知识转化为直接生产力的关键环节，工程崇尚集成创新特别是自主集成创新，工程创新是我国现代化征程中的主战场。

《工程哲学》及其基本观点*

1 国际范围内工程哲学研究的现状

工程活动是现代社会存在和发展的基础，它不但涉及人与自然的关系而且必然深刻涉及人与人的关系、人与社会的关系。在人类的工程活动中内在地存在着许多深刻、重要的哲学问题。可是，在以往很长的时期中，工程师们往往“忽视”了工程中的哲学问题；另外，哲学家们也常常“忘记”了工程活动也是哲学研究的对象，这就造成了哲学对工程的“遗忘”。这种状况在哲学学科中的集中反映就是虽然科学哲学早就成为了一个影响巨大的、受到科学界和哲学界共同关注的哲学分支学科，而工程哲学却一直仍然处于“胚胎期”中，没有形成一门独立的学科。

这种状况在21世纪初开始出现了“史无前例”的变化——特别值得注意的是在工程界和哲学界两个方面都出现了变化。

在工程界方面，在21世纪之初，中国工程院、美国工程院、英国皇家工程院不约而同地关注了工程哲学的开拓和研究。中国工程院于2004年组织了工程哲学座谈会（徐匡迪院长参加了这个座谈会），后来又在工程科技论坛中组织了3次（包括这一次）规模较大的工程哲学报告会。美国工程院工程教育委员会中成立了工程哲学指导委员会。英国皇家工程院从2006年3月开始组织了系列性的工程哲学研讨会。

在哲学界方面，在21世纪之初，中国、美国、英国、荷兰等国都有一些哲学专家重视研究工程中的哲学问题，并开始写作和出版工程哲学、工程方法论等方面的哲学论著。2002年，我国的李伯聪教授出版了《工程哲学引论》，美国MIT的布希列里教授在欧洲出版了《工程哲学》。2004年，中国自然辩证法研究会工程哲学专业委员会正式成立，这是世界上第一个以工程界和哲学界“联盟”为特征的工程哲学领域的专业学术组织。2006年，美国的“哲学与工程计划小组（The Philosophy and Engineering Planning Group）”在MIT的“工程系统部（Engineering Systems Division）”召开了一次学术会议研究“工程与哲学”方面的问题，会上决定今年10月在荷兰召开一次“哲学与工程研讨会（Workshop on Philosophy & Engineering）”，会议的主题是“工程迎接哲学，哲学迎接工程（Engineering Meets Philosophy, and Philosophy Meets Engineering）”。

以上情况表明：对工程哲学的研究在21世纪之初开始进入了一个崭新的阶段，这是一件意义重大的事情。工程界和哲学界互相疏远、很少往来的状态应该逐渐结束了。工程哲学主张：工程师应该学习一些哲学，工程师必须树立正确的工程理念和工程观、必须有哲学头脑和哲学思维；哲学家应该学习一些工程知识，哲学家必须面向工程、理解工程，必须使哲学理论扎根于工程实践和使哲学理论联系工程实际。

当前的事实是：中国是世界上工程投资规模最大、工程活动类型最丰富多彩的国家。我国不但在工程实践中积累了丰富的经验，而且也有许多深刻的教训，这些经验

* 此文为殷瑞钰在2007年工程哲学论坛上的讲话。

和教训都迫切需要从哲学高度进行分析和总结。我们有马克思主义哲学作指导，有大规模工程实践作基础，我国有发展工程哲学的迫切需要，我国理应在工程哲学的开拓和研究中走在世界的前列。

2 《工程哲学》一书撰写的缘起、过程和特点

2.1 缘起和过程

2004年中国工程院正式立项研究工程哲学，课题组决心通过深入地研究讨论撰写一本具有开拓性的工程哲学著作。2005年初，北京和西安的专家分别提出了两个初步的“写作大纲”，随后又专门召开了一次小型会议研讨本书的“大纲”问题。2005年5月，在由中国自然辩证法研究会、中国工程院管理学部、中国科学院研究生院主办，中国航天科技集团承办的全国“工程与社会”研讨会上，集思广益，进一步讨论了关于《工程哲学》的撰写大纲问题。同年9月，在由中国自然辩证法研究会工程哲学委员会举办、宝钢集团和上海大学协办的全国工程哲学年会上，原则上确定了本书的撰写大纲。2005年12月20~21日，中国工程院第四次工程前沿“工程哲学”研讨会在北京香山饭店召开。在这次会议上，对所拟定的《工程哲学》大纲再次进行了认真、仔细的讨论，对大纲进行了反复修改，确定由工程界和哲学界人士共同参与写作，并基本确定了人员分工和写作进度。2006年，在分工写作的基础上，我们先后召开了3次讨论会研究和讨论本书初稿、二稿和修改稿中的各种问题。11月，全部书稿分为“两组”分别在北京和西安两地召开了局部统稿会。2007年1月18~22日，在宝钢集团的支持下，本书课题组在上海宝钢宾馆召开了全书统稿会。3月19~21日在北京钢铁研究总院召开了全书的定稿会。本书所有章节都是经过反复思考、研究、讨论的结果，文稿的修改至少有六七次（包括大的修改），有的章节甚至反复修改达十余次。

2.2 《工程哲学》的特点

《工程哲学》一书主要有以下几个特点：（1）这是第一本由工程专家、工程管理专家、哲学专家经过认真对话、交流、合作研究而撰写的工程哲学著作；（2）虽然作者达十余人，但经过历时三年的反复研讨，它不是一本论文集，而是一本有本身系统性的、开拓性的理论著作；（3）本书在写作时特别注重面向工程师，在文风上努力把本书写成“在理论上有一定的深度和高度，但文风绝不晦涩，能够使工程师‘读得懂，感兴趣’”的工程哲学著作；（4）最重要的是本书在理论上提出了一系列新的学术观点。

3 《工程哲学》一书的基本观点

3.1 对工程的若干基本认识

地球世界是物质的，而且是不断演变的。在地球的演变过程中，出现了生命现象，形成了不同的生物物种，继而进化出人类。人类出现后，逐步形成了社会，同时也有了人类文明。人类的生存、繁衍、人类的各种活动以及人类文明的演进和发展，是先从依靠自然、适应自然开始，再发展到认识自然，后来甚至出现了“征服自然”的活动，在试图“征服自然”的过程中人类遭到了自然的“报复”“惩罚”，于是在深入认

识和感受自然的过程中，人们又再回归到深入认识自然、认识自己，遵循自然规律，合理、适度地依靠自然、改造自然。这就是改造世界、和谐发展。

从上述历史发展过程看，地球世界的演进，形成了“自然－人－社会”三元，一切活动、一切知识都与这“三元”有关。工程活动也与“自然－人－社会”三元有关。自然是出发点，在原始社会阶段，诸如有巢氏、燧人氏、伏羲氏、神农氏等，都是蕴含着工程作为生产力的标志的。工程在不同时期都是直接生产力，工程（和技术）是先于科学出现的。有巢氏构木为屋、掘土为穴，燧人氏时期钻木取火等活动就是工程活动，而当时人们并不知道其原理，不知道什么是科学。实际上，即使现代社会的许多活动过程中，也未必一定是科学先于工程的。在历史进程中工程一直是直接生产力。在现代，科学、技术要形成大规模的、直接的生产力，工程化仍然是一个关键环节。

从认识逻辑角度上看，认识、揭示自然界、社会事物的构成、本质及其运行规律的是科学。可以简括地说，科学的特征，是研究自然界和社会事物的构成、本质及其运行变化规律的系统性、规律性的知识体系。科学活动的主要特征可以归纳为探索、发现。

技术活动是一种为了创造价值的特殊的知识体系，体现着巧妙的构思和经验性知识。而现代技术往往是运用科学原理、科学方法并通过运用某种巧妙的构思和经验，开发出来的工艺方法、工具、装备和信息处理－自动控制系统等“工具性”手段。技术必须是可实践的、有效的、创造价值的。技术活动的特征可以归纳为发明、创新。

工程活动的特征，从知识角度上看，工程活动可以看成是以某一种核心专业技术或某些（几种）核心专业技术加上相关的专业技术以及其他相关的非技术性知识所构成的集成性知识体系。工程不仅需要知识，还特别强调集成、组织和实践性的构建过程，从而实现工程的价值，也就是体现为直接生产力。工程活动的特征可以归纳为集成与构建。

产业的特征：产业是社会生产力发展到相当水平以后，建立在各类专业技术、各类工程系统基础上的各种行业性的专业生产、社会服务系统。产业活动的特征是行业性、效益性。

综上所述，从现代知识意义上看，“科学－技术－工程－产业”之间存在着若干相关的知识链（知识网路）。这当然是从逻辑关系上链接起来的，不是历史－时序性的过程。也可以看出，工程与产业的关系更紧密。从历史唯物主义、社会哲学和经济学的角度来看，工程一直是直接生产力。

3.2 工程的内涵

工程是人类运用各种知识（包括科学知识、经验知识，特别是工程知识）和必要的资源、资金、装备等要素并将之有效地集成－构建起来，以达到一定的目的——通常是得到有使用价值的人工产品或某些服务的有组织的社会实践活动。在工程活动的概念中，有两个方面的内涵是应该特别强调的：一是它具有知识的特点，包括科学、技术的内涵，当然其中也包含着工程科学、工程技术和工程管理，要在正确的工程理念的引导下，将这些知识转化为现实生产力；二是工程是一种有计划、有组织、有目的的人工活动，其宗旨是向社会提供有用的产品和服务，创造出相应的物质财富、经济效益或社会效益。

某一特定工程是由某一（或某些）专业技术为主体和与之配套的通用、相关技术，按照一定的规则、规律所组成的，为了实现某一（或某些）工程目标的组织、集成活动。从哲学的角度上看，工程活动的核心标志往往是构筑一个新的存在物，在工程活动中各类基本要素和各类技术的集成过程是围绕着某一新的存在物——在一定边界条件下优化构成的集成体——而展开的。从根本上说，工程活动是一种既包括技术要素又包括非技术要素的系统集成为基础的物质实践活动。

工程的内涵包括工程理念和一系列决策、设计、构建和运行、制造、管理等活动的组织、集成性过程，其结果又往往体现为特定形式的技术集成体及其相关人工产品或某些服务。从哲学角度上看，工程活动的核心标志往往是构筑一个新的存在物，即在一定边界条件下优化构成的集成体。

从“思维与现实”的关系看，科学、工程、艺术对应着“发现”“创造”“想象”的思维，表达了三种不同类型的“思维”与“现实”的关系。科学“发现”集中体现了思维与现实的“反映性”关系；工程“创造”集中体现了从思维出发去构建新的现实，是“构建性”关系；艺术“想象”集中体现了通过思维去虚构某些图景，是“虚构性”关系。工程思维与现实世界相互关联的核心是“设计性”和“实现性”的关系，工程思维的突出特点是“集成创新性”和“集成构建性”。

3.3 工程活动与工程哲学

工程活动是社会存在和发展的基础，是人类能动性的最重要、最基本的表现方式之一。现代工程不但塑造了而且还在继续不断地改变现代社会的物质面貌。我们不但必须努力认识自然、思考自然，而且必须努力认识工程、思考工程，认识和掌握工程活动的性质、特征和运动、发展的规律。

在工程活动中，不但体现着人与自然的关系，而且体现着人与社会的关系。我们应该在“自然－人－社会”的三元关系中认识和研究工程活动（见图1），而不能仅仅把工程活动简单地看作是“单纯技术活动”或“单纯经济活动”。

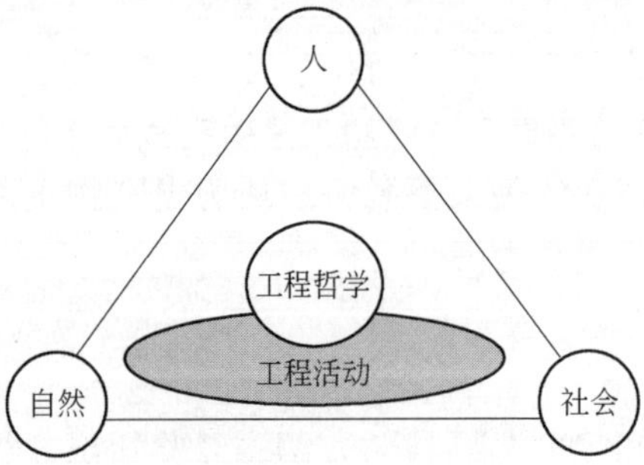

图1 工程活动在“自然－人－社会”三元系中的位置

工程活动是包含了许多方面和要素的、人类改变物质世界的实践活动（本书不讨论“社会工程”），它不但是工程学、经济学、社会学、管理学等学科研究的对象，它也是哲学分析和研究的对象。以工程作为哲学分析和研究的对象，这就形成了工程哲学。马克思说：“哲学家们只是用不同的方式解释世界，而问题在于改变世界。”从本质上看，工程哲学就属于马克思所说的“改变世界”的哲学。

工程哲学是现代哲学中一个新兴起的哲学分支，它的研究对象是各类物质性的工程活动，它的灵魂是“理论联系实际”。人类社会丰富而深厚的工程实践活动——特别是我国当前空前规模的工程建设和实践活动——是促使工程哲学形成和推动工程哲学发展的最深厚的基础和动力。

3.4 《工程哲学》的基本观点

第一，哲学与工程是任何社会不可或缺的两项基本活动，工程哲学就是沟通工程和哲学的桥梁。如果说哲学是时代精神的精华，那么工程就具体体现了人类赖以生存的物质文明。在推动和谐社会的建设进程中，哲学研究要着重在工程活动中反思并贯彻“人的全面发展”和终极关怀的精神；工程需要思考在哲学层面实现从“征服自然观”到“和谐工程观”的理念变迁。通过建立哲学界和工程界的联盟关系，共同研究工程哲学，将有利于工程哲学学科在建设和谐社会中发挥自己独特的作用。哲学界和工程界应该携手合作，推动建设和谐社会。

第二，科学、技术与工程“三元论”是工程哲学得以成立的基础。“三元论”认为，科学、技术和工程是三类既有密切联系又有本质区别的活动。科学活动是以探索发现为核心的活动，技术活动是以发明革新为核心的活动，工程活动是以集成建构为核心的活动。人们既不应把科学与技术混为一谈，也不应把技术与工程混为一谈。工程并不是单纯的科学的应用或者技术的应用，也不是相关技术的简单堆砌和剪贴拼凑，而是科学要素、技术要素、经济要素、管理要素、社会要素、文化要素、制度要素、环境要素等多要素的集成、选择和优化。“三元论”明确承认科学、技术与工程存在密切的联系，而且突出强调它们之间的转化关系，强调“工程化”环节对于转化为直接生产力的关键作用、价值和意义，强调应该努力实现工程科学、工程技术、工程管理和工程实践之间的有机互动与统一。

第三，从知识层面看，工程位于“科学－技术－工程－产业－经济－社会”的“知识链条”和“知识网络”中的重要位置，工程是知识转化为现实生产力过程中的关键环节。对于科学和技术来说，工程发挥集成的作用，而这种集成还有赖于工程科学的指导和支撑。对产业和经济来说，工程是构成单元，各类相关工程的关联、集聚就形成了各种不同的产业。因此，在现代工程活动中，需要在相关知识“网络链接”的大背景中，研究和总结工程活动中所遇到的各类事物和现象，揭示其中隐藏的带有普遍性的工程规律，发展工程科学。

第四，工程是直接生产力，工程创新是创新活动的主战场。工程架起了科学发现、技术发明与产业发展之间的桥梁，是促进产业革命、经济发展和社会进步的强大“杠杆”。各种类型的创新成果、知识成果的转化，归根结底都需要在工程活动中“实现”并据此检验其有效性与可靠性。工程创新的目标就是通过工程理念、工程决策、工程设计、施工技术和生产运行、控制管理等方面的创新，努力寻求和实现在一定边界条件下的集成和优化。可以说，工程创新具有广泛的关联度和综合显示度，工程创新的状况往往直接决定着国家、地区、产业、企业和有关单位的发展水平和发展进程。

第五，在工程实践中，既要重视突破性的工程创新，也要重视渐进性的工程创新。突破性的工程创新往往立足于基础科学层面的原创发现，体现着高超的才智和重大的突破，因而显得特别引人注目。然而，多数工程创新却并不依赖于基础科学层面的原始创新，而是通过知识、技能、经验等的渐进性积累、综合集成、逐步改进和加以完善来实现的；这类创新通过积累效应和集成效应同样可以产生重大的经济社会效果和历史性影响。因此，在工程创新活动中，必须正确认识突破性的工程创新和渐进性的工程创新的意义和价值，正确评价和处理好两者之间的关系。

第六，要高度重视工程思维与工程方法的研究。与注重理论理性的理论思维相比，工程思维是构建性思维、设计性思维和实践性思维，体现的主要是实践理性。与注重想象和虚构的艺术思维相比，工程思维也具有想象性，但强调的是目标想象性和可实践的过程。工程思维也追求美、弘扬美，但这种美是通过工程活动变成现实后可以实实在在感受到的美。与科学思维和艺术思维一样，工程思维中也渗透着价值追求，但工程思维所追求的价值目标更加具有综合性，往往是知识价值与经济价值、社会价值、环境价值、人文价值等的融合。工程思维渗透到工程理念、工程系统分析、工程决策、工程设计、工程构建、工程运行以及工程价值评价等工程活动的各个环节之中，从而在很大程度上决定着工程的成败和效率。

第七，工程理念和工程观是人们关于工程活动所形成的总体观念和基本观点，它渗透到工程活动的全过程，并深刻影响着工程战略、工程决策、工程规划、工程设计、工程建构、工程运行以及工程管理的各个阶段、各个环节。只有从工程理念和工程观的高度重新审视各类工程，才能创造出更加美好的工程和世界。近代以来，工程往往被不恰当地视为人类“征服”自然、改造自然的活动，对工程活动可能产生的长期的、多方面的生态效应和各种风险估计不足，缺乏工程对社会结构的影响以及社会对工程的促进和约束作用的系统研究，因而不能全面把握工程与自然、工程与社会之间的互动关系。这种“征服自然”的工程理念已经对工程实践产生了严重的负面影响。新的工程理念和工程观要求工程活动要建立在遵循自然规律和社会规律的基础上，遵循社会道德、社会伦理以及社会公正、公平的准则，坚持以人为本，环境友好，促进人与自然、社会的协调发展。

第八，工程应该以为公众服务为目的，因而，公众应该理解和参与工程。工程直接关系到大众的利益和社会福祉，工程决不是也决不能成为一个被专家垄断的领域，工程活动必须得到公众的理解，也必须有公众的参与。公众作为重大工程创新的利益相关者，有权参与有关工程创新的决策和实施过程。社会应鼓励公众真正作为有资质的行动者，介入重大工程的决策、设计和价值评价过程，从而促成重大工程决策的科学化、民主化，从根本上将未来可能发生的利益冲突尽量解决在工程实施之前，并使可能产生的负面影响尽量消灭在萌芽之中。

第九，需要将工程哲学的新观念落实到工程人才的培养过程中。工程人才和科学人才是两种不同类型的人才，各有其特点和成长规律，绝不能简单地按照培养以自然科学中基础研究为目标的科学人才的思路和方法去培养工程人才，应该认识和掌握工程人才成长的特点与规律。与此相关，应高度重视并充分发挥工程师的作用，采取有力措施，提高工程师的社会声望和待遇，使工程师成为对青少年有吸引力的职业。

第十，理论联系实际是研究工程哲学的灵魂。案例研究在工程哲学研究领域有着特别重要的作用。案例研究可以成为直接沟通理论与实践的桥梁，它不但可以成为抽象理论的“落实”过程，同时又可以成为实现理论“起飞”的“基地”。

钢铁制造流程与哲学思考*

1 关于中国传统学术思考方式的特点

中国传统思考方式的特点是：强调并习惯于整体地观察、思考问题，即整体观；注重从发展演化上观察、思考问题，按照事物演化和随时间变化上分析问题，即动态观；特别注意通过整体的动态变化现象，探求事物的本质，深入地、辩证地来探索、研究事物的本质，即本质观。

诺贝尔奖获得者普利高津认为："中国传统的学术思想是着重研究整体性、自然性，研究协调与协同，现代科学的发展更符合中国的哲学思想"。

中国传统学术思想最突出的特点是整体观，也就是要把握总体，整体地观察、分析事物。中国素有"天人合一"的学术观点，就是说：人同自然界是一体的。也可以推论为客观世界是一个整体，是一体的；主观世界是一体的；主观世界和客观世界也是一体的。整体观强调的是总体上认识事物，处理问题，这是认识问题、解决问题的关键（图1）。

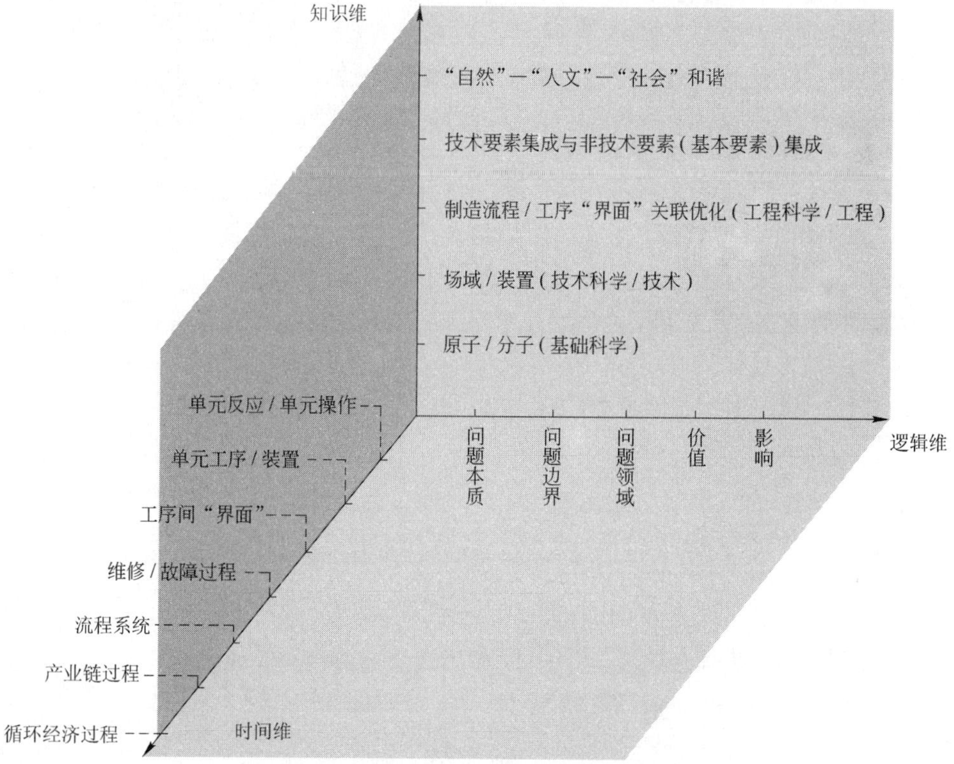

图1 钢铁制造流程中科学-技术-工程之间的耦合集成

* 此文为殷瑞钰在2007年中国金属学会炼钢专业委员会会议上所作的报告。

中国传统学术思想在突出整体观的同时，十分强调动态观。也就是不仅要重视总体和全局，而且注意总体、全局的构成单元及单元之间的联系，以及它们在运动过程中随时间变化而产生的变化——动态变化（图2）。实际上事物的整体是系统，系统的要素有二：一是要有基本的“元素”，二是“元素”之间要发生联系。因此，观察、思考事物不仅要重视其整体，而且要重视其构成“元素”之间的联系。这种联系是运动的、变化的，不是静止不动的，更不是僵死的。因此，对于某一事物而言，一定要研究其动态变化的规律，因此，必须要有动态观（图3）。

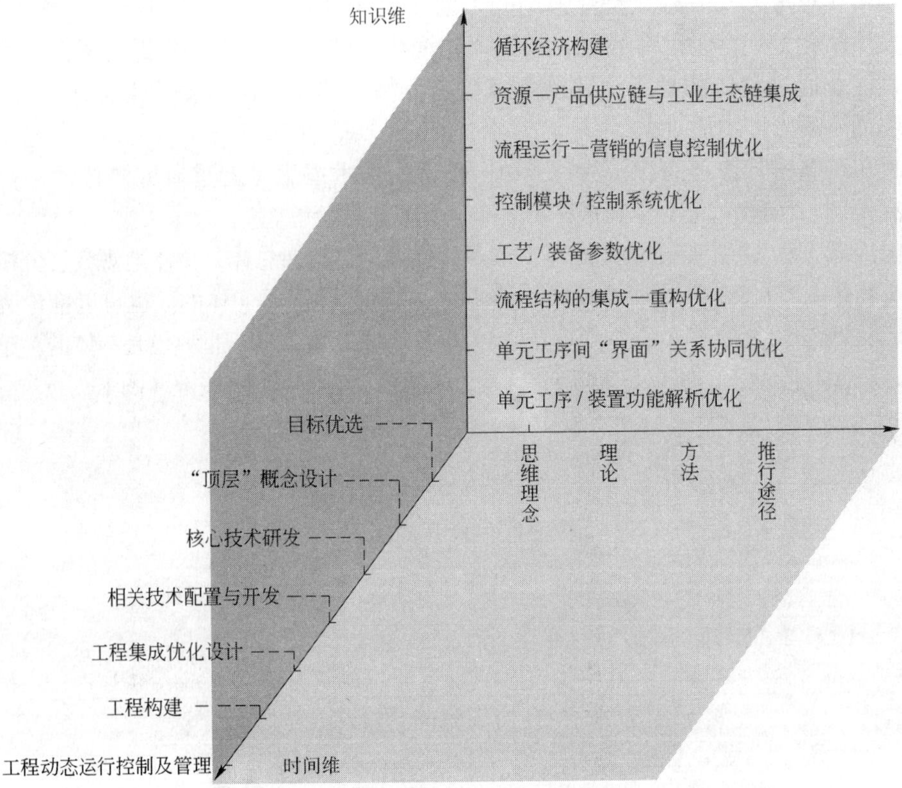

图2　钢铁制造流程中工程－设计－动态运行的控制集成

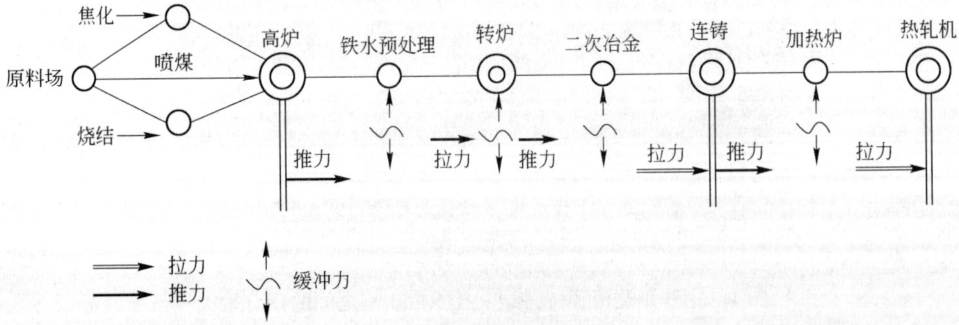

图3　钢厂生产流程运行过程中的“推力”－“缓冲活套”－“拉力”解析

本质观也是中国学术思想的一个鲜明特点。观察思考问题，研究分析事物，不仅要注意整体性、动态性，而且要通过观察、研究其表象，进而深入探索，追根问底，发现其本质。任何事物都是有层次的，不同层次有不同的本质，这是由于在不同层次上“元素”不同，“元素”之间的联系不同，从而在不同层次上形成了不同的结构，出现了不同的本质。例如：氧元素，从分子层面上看，氧气与臭氧不同，从原子层面上看，都是氧原子，结构不同引起了本质（性质）的不同。研究、发现事物的本质，就是要探索事物的组成“元素”、结构、性质和运动规律（图4）。

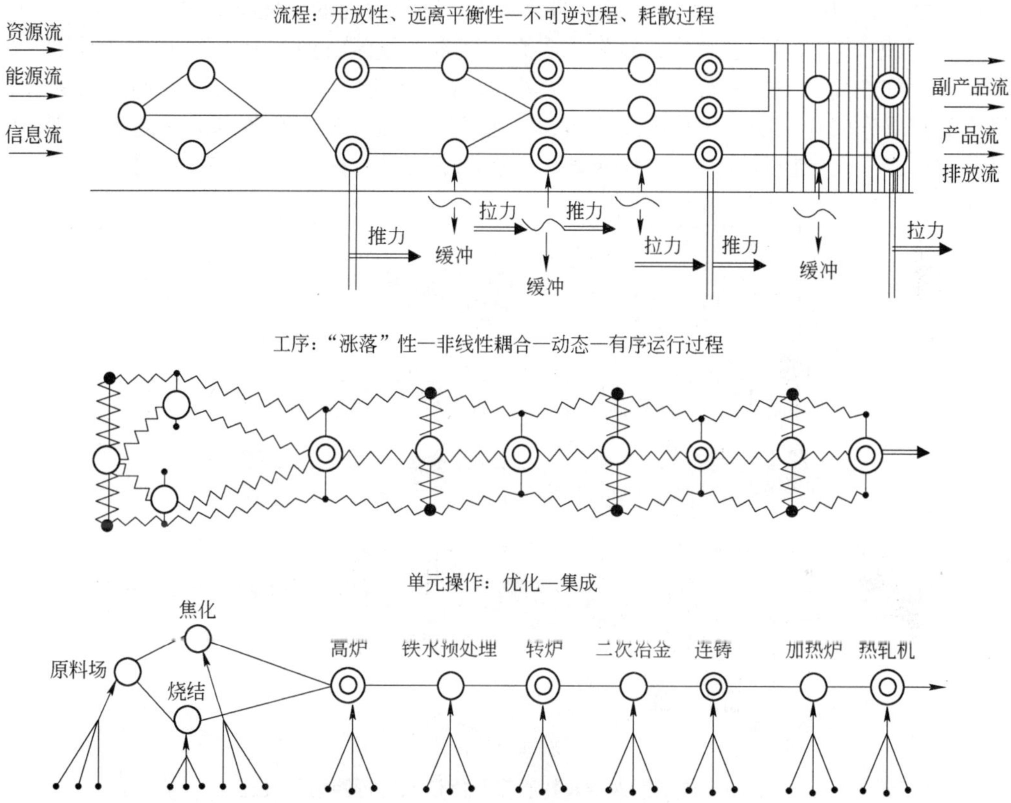

图4　制造流程－单元工序－单元操作之间集成－解析关系

2　流程制造业制造流程的一般特征

制造流程往往特指在工业生产条件下由不同工序和不同装备所组成的制造过程的整体集成系统。对于流程工业的制造流程而言，其一般特征是：

某一被加工制造的物质流（主体），在能量流的驱动和作用之下（即能量作为动力、工具或作用介质）按照特定的程序在流程网络中（如平面图、流程图等），作动态－有序的运行，完成各项物理/化学的转换/转变，达到预期各项工程－技术指标的多目标优化。其中存在着一系列的理论和方法问题，值得研究。

制造流程是各项工艺技术和装备（即工序/装置）组成的动态系统。这类动态系统中，物质流、能量流在信息流的控制下，在不同工序（过程）和工序之间的“界面”（过程）中，按照设定优化的时间－空间“步长”作动态－有序运行，以期逐步趋向连续化/准连续化，协同化，紧凑化。从热力学上看，这是一类非平衡、不可逆的开放热力学系统，即耗散系统，追求的目标是过程中物质、能量的耗散“最小化”。从流程运行动力学上看，流程运动的特点是“流”“程序”和“流程网络”三要素的动态集成运动。

3　钢铁制造流程运行的本质与功能

钢铁制造流程运行的本质是：不断动态地输入的铁素物质流（如铁矿石、废钢、铁水、钢水、铸坯等）在动态输入的能量流（主要是碳素流）的驱动和作用之下，按照特定的程序（如功能序、空间序、时间序和运行规则等），在“流程网络”中作动态有序的运行。从某种角度上看就是牛顿力学的一种表现形式，即“一定质量的物体”在“力”的作用之下，“物体”的位置沿着特定的“曲线”随着时间的变化而变化。

在“流程”的运行过程中，铁素物质流和碳素能量流时而在流程工序中“耦合”在一起（例如在高炉中铁矿石与焦炭、煤粉等同时在炉内运行、反应等），时而铁素流与能量流又有所分离（例如高炉炉内反应后，铁水与高炉煤气分别有各自的流向等）；因此，又分别形成了铁素物质流的“流程网络”和能量流的“流程网络”（图5～图7）。

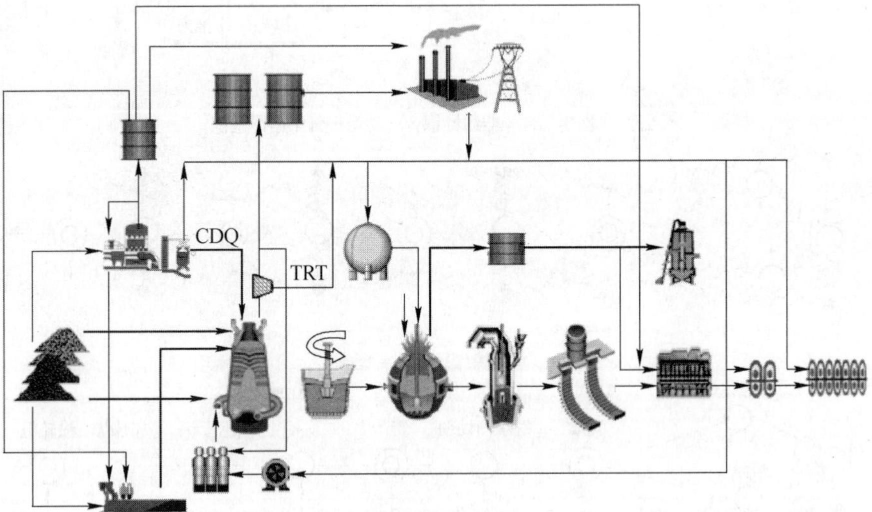

图5　典型钢铁企业物质流及能量流运行网络与轨迹

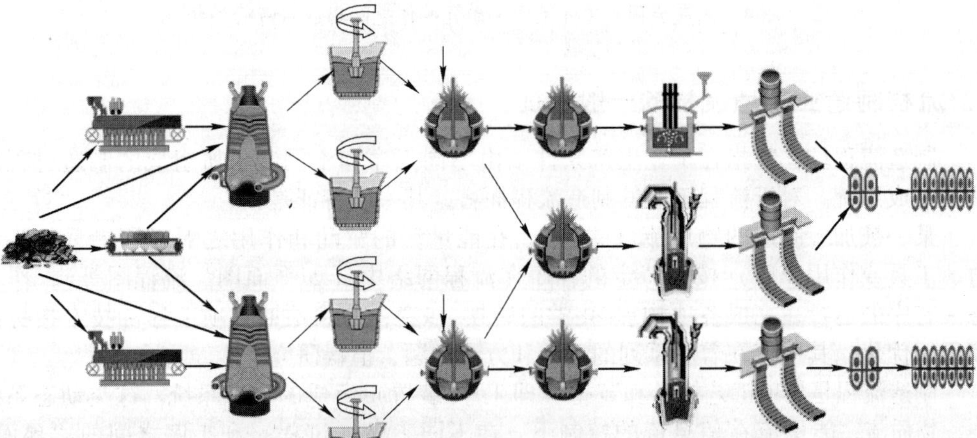

图6　曹妃甸钢铁厂物质流（铁素流）运行网络与轨迹

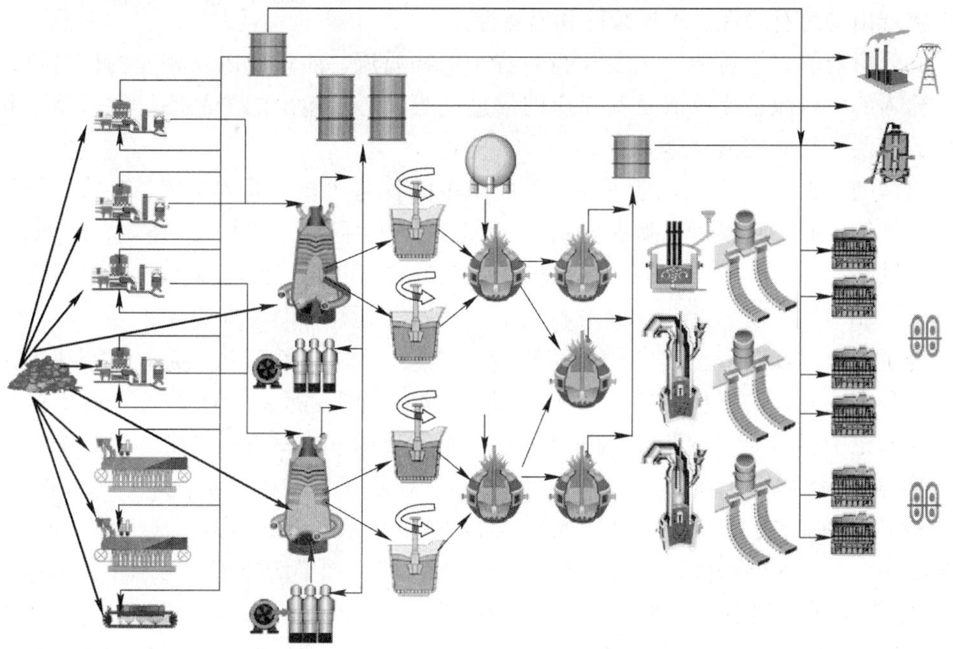

图7　曹妃甸钢铁厂能量流（碳素流）运行网络与轨迹

从钢铁制造流程运行的本质来看，不难分析出钢铁制造流程应该具有3种功能（图8），即：

——钢铁产品制造功能；

——能源转换功能；

——社会大宗废弃物处理—消纳和再资源化功能。

图8　钢铁制造流程的关联度和渗透力

4　关于“流程网络”

“流程网络”是为了适应将开放系统中的“资源流”通过“结点”和“连接器”整合在一起的物质－能量－时间－空间结构。这个结构要求有静态的合理性特别是体现空间结构（例如结点数、连接方式、总平面布置等），更重要的是要求在动态运行过程中体现出动态有序性、可连续性和紧凑性。

此处所谓的“资源流”就是运行过程中的物质流、能量流以及相应的信息流，包括了输入的原料流、能源流及其相应的信息流等，还有输出的产品流、副产品流和各类排放流及其相应的信息等。

所谓的“结点”则是包括了在流程网络中的各类功能不同的工序、装置，例如高炉、转炉等。而“连接器”则是指结点与结点的连接手段、方式、装备等，例如管道、辊道、铁路、吊车、各类车辆、钢水包、铁水包等。因此，也可以将“流程网络”看成是由“结点”、“连接器”来优化配置“资源流”运行的时-空边界。

为了追求钢铁制造流程中物质流耗散的“最小化”，铁素物质流的“流程网络”应是一种有向图，希望构成符合“准连续/连续-协同-紧凑”规则的“最小树”图形。在图论中，认为“树”是图与网络中一个重要的基本概念，“树”是一个连通且无“回路”（指初级“回路”）的图。如果一个图无回路，则称为“树”“森林”（图9）。对某一图而言，是一个点和边的交错序列，其中从 n_i 到 n_1 可以构成一条“路”，在这条路中，如果所经历的点不重，则称为“初级路”；如果所经历的边不重，则称为简单“路”。如果在图中，一条至少包含一条边并且 $n_i = n_l$ 的 $|n_i, n_l|$ 路，则称为“回路”。该“回路”中的点不重，则称为“初级回路”；该“回路”中的边不重，则称为“简单回路”（图10）。由于不希望在流程中有铁素流的内部“返回”，也就是不希望构成铁素流的“回路”（指的是内部返回“回路”，不是指钢厂从外部“环境系统”中废钢返回），因此，铁素物质流在钢铁制造流程追求的是遵循“最短有向路”“最大流”的原则，以实现“最小费用流”。

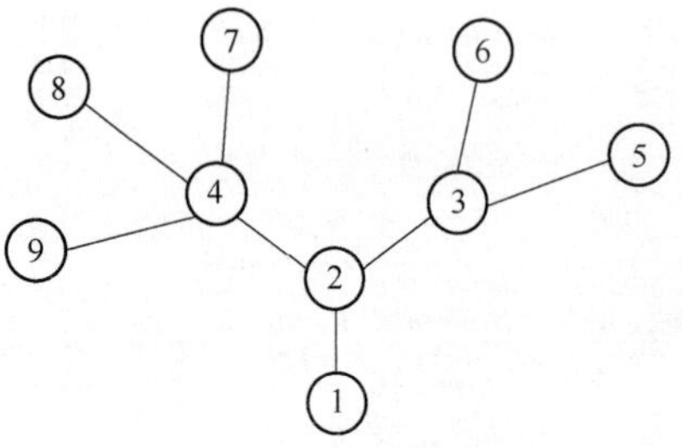

图9 树的示意图
（图是由点的集合和连接点集中的某些点对的连线所构成的）

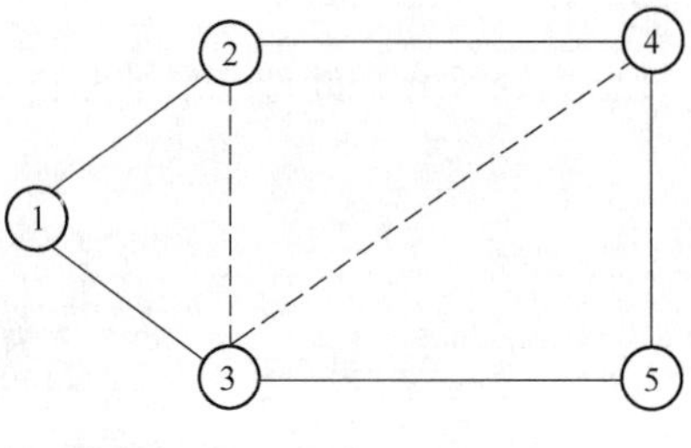

图10 初级回路示意图（1、2、4、5、3、1）和简单回路示意图（1、2、3、4、5、3、1，点3重复，边不重）

能量流（主要是碳素流）在“流程”中遵循的原则与铁素流相比则有所不同。能量流首先追求高效率的“转换”“转化”，同时又重视“余能”的及时-充分利用甚至循环利用；因此，能量的“流程网络”，是属于另一种有向图，追求构成一种及时转换、充分回收利用，甚至循环利用的有“回路”的网络。当然，希望尽可能是“初级回路”，以期实现最大的㶲效率。

5 关于程序与信息

程序是流程运行的要素。简单地讲，程序包括了序、运行规则和策略。编制程序是为了使流程的运行过程通过信息控制以实现动态-有序、连续-紧凑运行。

研究程序首先要研究流程静态结构中功能序、空间序，进而研究动态结构中功能序、时间序和时－空序。

所谓“序”包括了无序和有序，也包括了对某一因子的次第排列。有序的形式又包括了功能序、空间序、时间序以及时空序等。

对于钢厂的制造流程而言，其工艺过程的功能序是其最为基本的特征。一般而言，钢厂往往是由原料/能源储存分类，焦化、烧结（球团）、炼铁、炼钢、精炼、连铸、加热、热轧、冷轧、表面处理等工序组成，这在很长时间以来成为“规则”。但是从本质上看，这个工艺过程中，存在着许多矛盾或是不合理之处。例如炼铁是某种程度的过“还原”（渗碳很多），炼钢是某种意义上的过“氧化”（需要脱氧），似有不合理之嫌，但这样做有利于制造流程大规模顺行生产，权宜采用，这就是策略。又如炼钢过程中脱碳、脱磷反应之间在热力学上有矛盾，脱磷、脱硫反应之间在热力学上也有矛盾，炼钢的“氧化”气氛与脱硫反应之间也有矛盾……因此，有必要将工艺过程中的各工序的功能进行解析－优化，找出在制造流程中各工序最适合的功能和不适合的功能。同时，通过开发新的“界面技术”，促进工序之间联系关系的协调－优化，最终追求制造流程整体性的重构－集成－优化，实现流程整体动态－有序、连续－紧凑运行，达到“耗散最小化”。因而钢厂流程经过长期演化和集成，不断得到革新（图 11）。

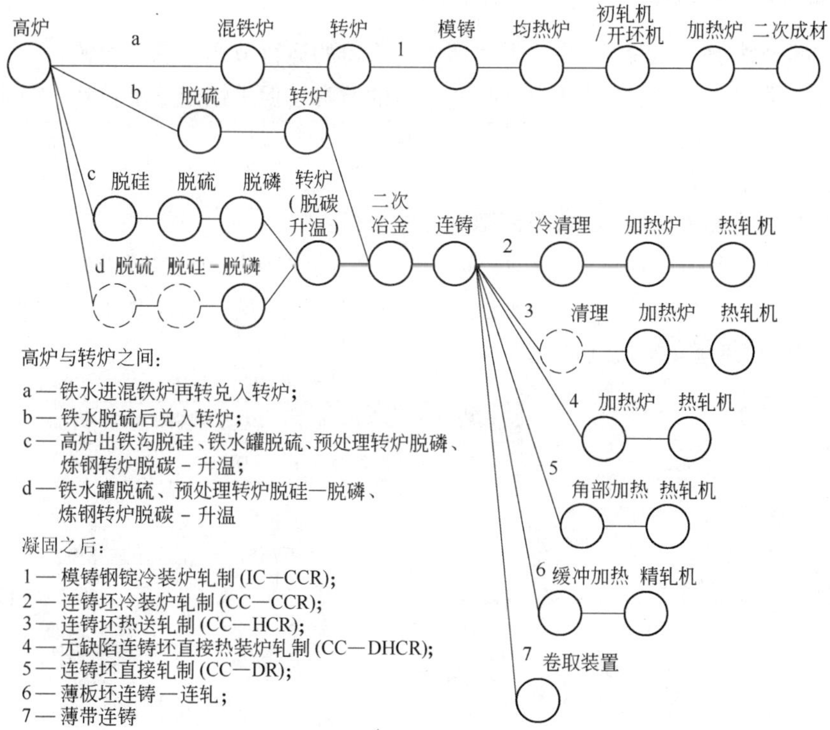

图 11　20 世纪 50 年代以来钢铁生产流程的演进

其中：包括了高炉大型化、熟料技术、转炉替代平炉、连铸取代模铸、连轧取代往返式轧制、超高功率电炉取代“老三段”电炉，铁水罐、鱼类罐取代混铁炉，连铸坯热送、热装取代冷装等。

现在仅以高炉—转炉之间热铁水“全三脱”处理为例说明合理安排功能序的意义和价值。

5.1 部分铁水“三脱”预处理与全量铁水“三脱”预处理目标

（1）部分铁水“三脱”预处理：超低磷钢、超纯净钢；

（2）全量铁水“三脱”预处理：高效率、低成本的洁净钢“平台”。

全量铁水“三脱”预处理的8个目标：

1）建立起高效、低成本的洁净钢生产平台，提高产品竞争力；

2）可以使用较高含P的矿石，铁水含磷可以提高到0.1%～0.15%，有利于降低矿石采购成本（澳矿含磷量将进一步提高）；

3）有利于脱碳转炉使用锰矿，还原成钢水［Mn］，基本不用或少用Fe－Mn，可以降低合金成本，避免Fe－Mn增C、增P；

4）脱碳转炉渣可为脱磷转炉使用，并少加石灰；

5）脱磷转炉渣可以不经水化处理，直接使用于筑路等；

6）加快转炉（大型）冶炼节奏，适合于现代高拉速板坯铸机匹配运行，提高生产效率；

7）有利于运行过程时间紧凑，实现节能；

8）改善和提高超低碳钢的可浇性（即一支浸入式水口可浇铸的钢水吨位t/SEN）。

5.2 与连铸运行的关系

（1）部分铁水“三脱”：往往干扰精炼—连铸的运行节奏，忽快忽慢；

（2）全量铁水“三脱”：适应高拉速连铸的节奏，促进恒定速度拉坯，效率高、质量稳定。

对平面布置图的影响：

（1）部分铁水“三脱”：对平面图有一定要求；

（2）全量铁水“三脱”：不仅对平面图有严格的空间集成配置要求，而且有严格的时间节奏要求；全量铁水“三脱”预处理严格要求物流通量－能源效率（温度制度）－空间－时间的四维优化集成（图12）。

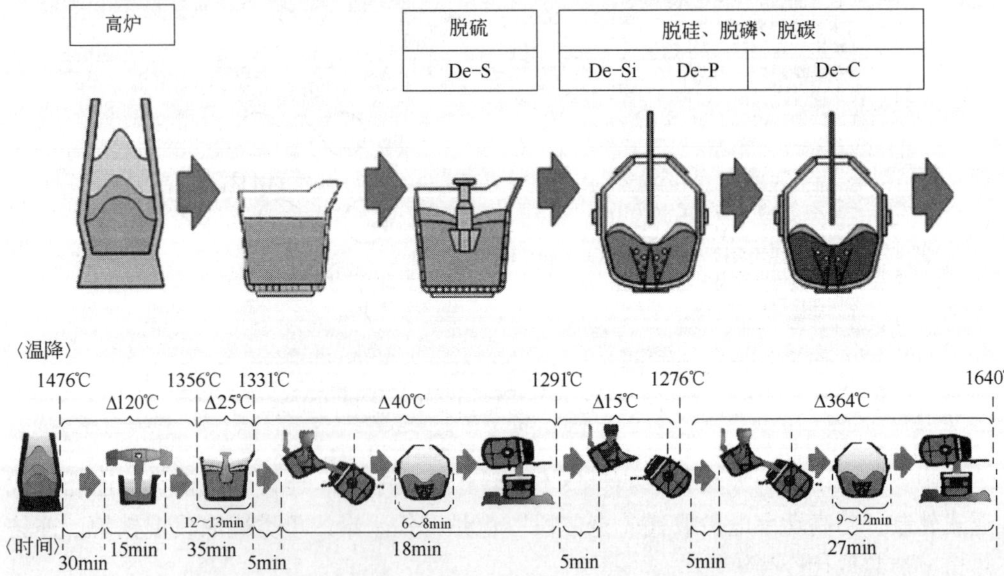

图12　全量铁水全“三脱”示意图

5.3 空间序

根据流程中各工序/装置的功能序安排，随之而来的就是工序/装置的空间序安排。空间序的排列，一般而言就决定了钢厂制造流程的静态结构。也就是说，钢厂中每一个工序/装置及其相互之间的连接方式，都应根据其功能及其与相邻工序/装置之间衔接－匹配关系、缓冲－协调关系，确定其合理的空间序和空间位置。即空间序和空间定位既包括了单元工序/装置在总图上的“点定位”，又包括了工序/装置及其连接路线的多工序、多装置的“面定位”。这将直接地体现在钢厂总图和车间平面布置图，也将涉及工序/装置的容量、数量以及功能等方面的参数。“点定位”和“面定位”又叫做工序、装置的布局，这是钢厂静态结构中的关键问题，也就说明了由“空间序”“空间位置”所构成的“流程网络”是“流”在流程中动态－有序、连续－紧凑地运行的基础性框架。

5.4 时间序

时间体现了物质（物质流）存在和运动过程的长短，体现了客观事物运动变化过程的周期性及其循环的规律。在钢厂生产工艺流程中，时间是流程中物质流动态－有序、连续－紧凑的集中体现（图 13）。在流程运行过程中，时间首先体现为与功能序、空间序相对应的时间序、甚至时－空序，这是流程动态运行结构重要参数，时间往往是自变量，同时又体现为目标值。若要以动态－有序、连续－紧凑为流程物质流运行的总体目标，则钢厂生产工艺过程中诸多重要的基本变量都应在流程运行的时间轴上同步耦合。这些重要的基本变量包括了：化学组分因子、物理相态因子、温度/能量因子、几何形状因子、表面性状因子、空间/位置因子、时间－时序因子等。

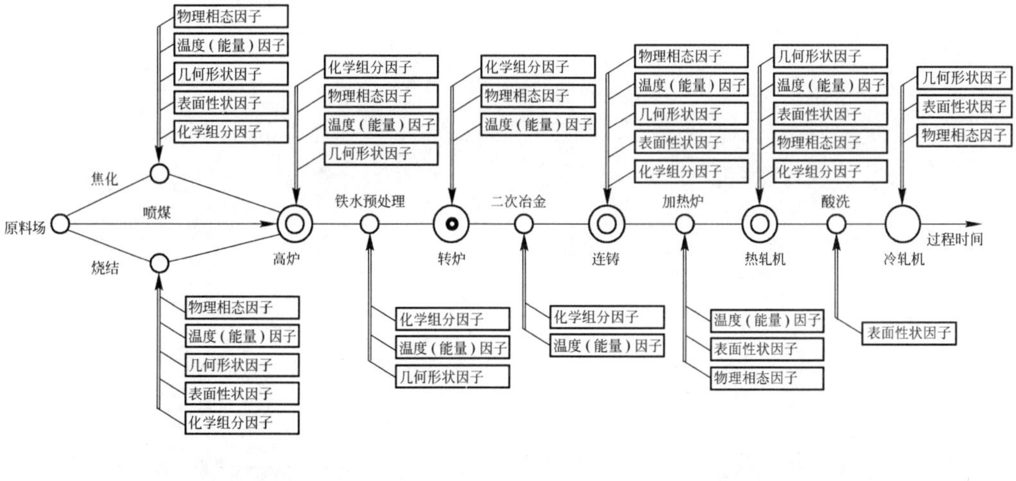

图 13 钢铁生产流程中各工序重要相关因子与时间轴耦合的示意图

（由于总平面图一经确定，则空间/位置因子不再变化，因此本图中无该因子）

在时间轴实现多因子耦合，从时间的表现形式来看，包括有时间序、时间点、时间域、时间位、时间周期、时间节奏、时间频等表现方式。

综上所述，钢铁制造流程层面上的序、规则、策略都会表现为不同的信息，问题是如何认识这些信息，获得这些信息，处理－分析这些信息，并对这些信息进行调控与优化，这是编制钢厂制造流程动态－有序、连续－紧凑地运行“程序”的基础。

6 “艺术”与工程

“艺术”是指一切带有创造性的而且带有鲜明的个性的活动和工作。现代工程活动可以看成是以某一或某些（几种）核心专业技术结合相关的专业技术以及其他相关的非技术性知识所构成的集成性知识体系。旨在构建起大规模、专业性、持续化的生产系统或社会服务系统。由于工程体现了诸多技术性知识优化集成过程，其艺术性就应蕴含在集成过程中的工程科学上。例如流程运行的物理本质与功能，流程运行动力学等方面深入研究及其工程体现。由于工程集成过程将集中体现在一个新的存在物——工程集成体，这个工程集成体，应该体现特定的“工程美”。例如结构美、动态运行美(运动美)、视觉美、环境美等。因此工程从工程构思、工程设计、工程运行和制造、工程管理，都应该崇尚“艺术”，追求“艺术”。也就是要追求创新，追求完美，追求因地、因时的鲜明个性。

7 结语

新世纪的钢铁工业要高度重视钢铁制造流程的研究开发：

（1）流程是钢铁企业运行的根本；

（2）流程是产品开发的集成平台；

（3）流程是循环过程的核心；

（4）流程是信息贯通的物理框架；

（5）流程是工程科学研究的新命题。

哲学视野中的工程*

摘　要　从历史唯物史观的考察来看：工程是在人类生存、发展过程中的一项基本实践活动，工程在不同历史时期一直是直接生产力。工程活动是先于科学活动出现的。有关自然的知识和活动应分为科学、技术、工程三元，科学活动的主要特征是“探索”“发现”，技术活动的主要特征是“发明”“创新”，工程活动的主要特征是“集成”“构建”。从现代知识意义上看，“科学－技术－工程－产业”之间存在着相关的知识链（知识网络），工程与产业的关系更直接、更紧密。

工程是人类为了维持生存、繁衍和发展，为了建设“家园”及美好地“生活”而进行的实践活动，是人类智慧的凝聚和所追求“理想”的一种体现。从哲学视野看，工程活动的成果往往体现为构筑一个新的存在物，即在一定边界条件下优化构建起来的集成体。工程集成包涵了诸多技术要素的集成，也包括了技术要素与经济、社会、管理等方面的基本要素在一定条件下的优化－集成。

在21世纪的背景条件下，工程是创新活动重要领域，也应是哲学思考的新领域，哲学的超越和工程的超越存在着诸多“交集”和“并集”，因而，工程需要哲学，哲学要面向工程，工程界与哲学界互动，是中国工程哲学兴起的特点。

关键词　工程　哲学思考　工程哲学

1　从唯物史观的考察来看，工程一直是直接生产力

在地球的演变过程中，出现了生命现象，形成了不同的生物物种，继而进化出人类。人类出现后，逐步形成了社会，同时也有了人类文明。人类的生存、繁衍，人类

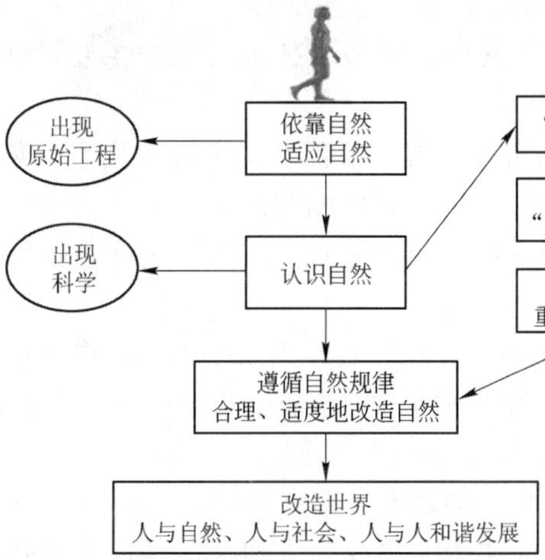

图1　人类的活动及其演进和发展历程

* 原发表于《西安交通大学学报（社会科学版）》，2008，28(1)：1～5。

的各种活动以及人类文明的演进和发展，是先从依靠自然、适应自然开始（在这一时期就出现了一些原始工程），再发展到认识自然（这时才出现了科学），后来甚至出现了“征服自然”的想法，在试图“征服自然”的过程中，人类遭到了自然的“报复”“惩罚”，于是在深入认识和感受自然的过程中，人们又再回归到深入认识自然，认识、反思人自己的行为，遵循自然规律，合理、适度地依靠自然、改造自然（图1）。这就是改造世界、和谐发展。

从上述历史发展过程看，地球世界的演进，形成了“自然－人－社会”三元，一切活动、一切知识都与这“三元”有关。工程活动也与“自然－人－社会”三元有关(图2)。自然是出发点，在原始社会阶段，诸如有巢氏、燧人氏、伏羲氏、神农氏等，都是蕴含着原始形式的工程作为生产力的标记。人类在漫长的历史进程中，工程在不同时期都是直接生产力，工程是先于科学出现的。有巢氏构木为屋、掘土为穴，燧人氏时期钻木取火等活动就是原始的工程活动，而当时人们并不知道其原理，不知道什么是科学。可见，工程是人类生存、发展历史过程中的一项基本实践活动；是人类为了改善自身生存、生活条件，并按照当时对自然的认识，而进行的物质性实践活动。在人类历史进程中，工程一直体现为直接生产力。即使在现代，科学、技术要形成大规模的、直接的生产力，仍然离不开工程化这个关键环节。

从认识逻辑的角度上看，认识、揭示自然界、社会事物的构成、本质及其运行规律的是科学。可以简括地说，科学活动的特征，是研究自然界和社会事物的构成、本质及其运行变化规律的系统性、规律性的知识体系。科学活动的主要特征可以归纳为探索、发现。

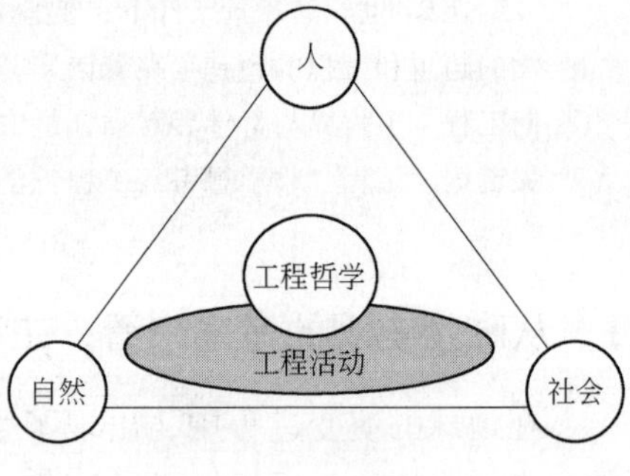

图2　工程活动在“自然－人－社会”三元系中的位置

技术活动是一种特殊的知识体系，体现着巧妙的构思和经验性知识。而现代技术往往是运用科学原理、科学方法并通过运用某种巧妙的构思和经验，开发出来的工艺方法、工具、装备和信息处理－自动控制系统等“工具性”手段。技术活动的主要特征可以归纳为发明、创新。

工程活动的特征，从知识角度上看，工程活动可以看成是以某一或某些（几种）核心专业技术结合相关的专业技术以及其他相关的非技术性知识所构成的集成性知识体系。旨在建立起大规模、专业性、持续化的生产系统或社会服务系统。工程活动的主要特征可以归纳为集成与构建。

产业的特征：产业是社会生产力发展到相当水平以后，建立在各类专业技术、各类工程系统基础上的各种行业性的专业生产、社会服务系统。产业活动的特征是行业性、效益性。

综上所述，关于自然的知识和活动方面应分为科学、技术和工程“三元”。从现代知识意义上看，“科学－技术－工程－产业”之间存在着若干相关的知识链（知识网络）(图3)。这当然是认识逻辑上的链接关系，不是历史－时序性的传承过程。也可以看出，工程与产业的关系更直接、更紧密。对于不同时期的人类社会而言，工程一直是直接生产力。

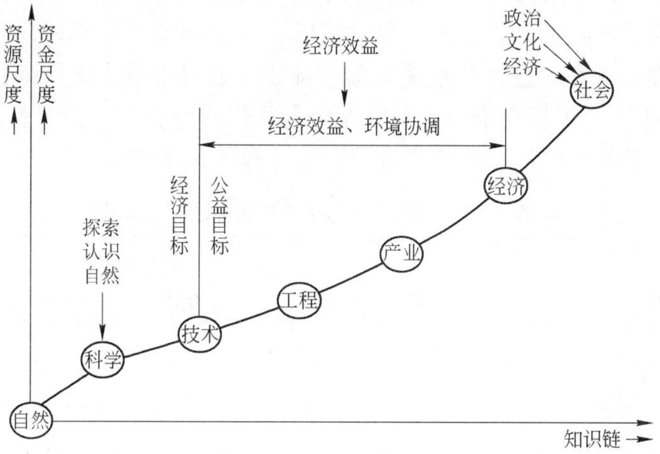

图3　知识链的构成与资源、资金尺度扩展过程的关系

2　认识工程的本质、内涵，工程哲学应运而生

工程是人类为了维持生存、繁衍，为了建设“家园”，更为美好地“生活”而进行的实践活动，是人类智慧的凝聚和所追求“理想”的一种体现。从总体上看，工程的内涵包括工程理念和一系列决策、设计、构建和运行、管理等活动的组织、集成性过程，其结果又往往体现为特定形式的技术集成体（图4）。从哲学角度上看，工程成果的核心标志往往是构筑一个新的存在物，即在一定边界条件下优化构建起来的集成体。

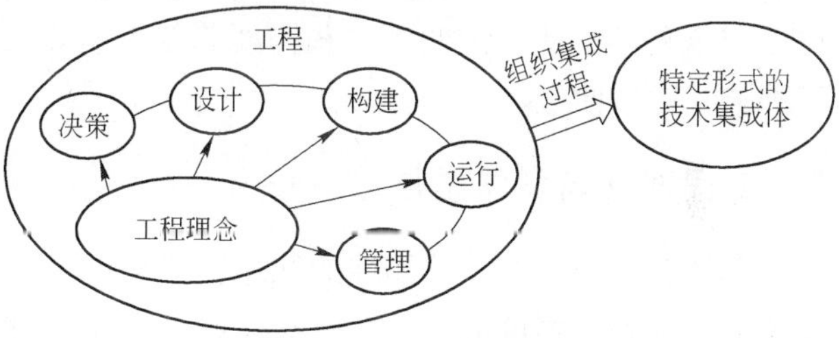

图4　工程活动内涵

从根本上说，现代工程活动是技术要素和非技术要素的集成系统，是一种物质性的实践活动。技术要素构成了工程的基本内涵，非技术要素构成了工程的边界条件。工程一般是技术的动态系统，工程包含着多种技术单元的系统集成过程与系统集成体（图5）。

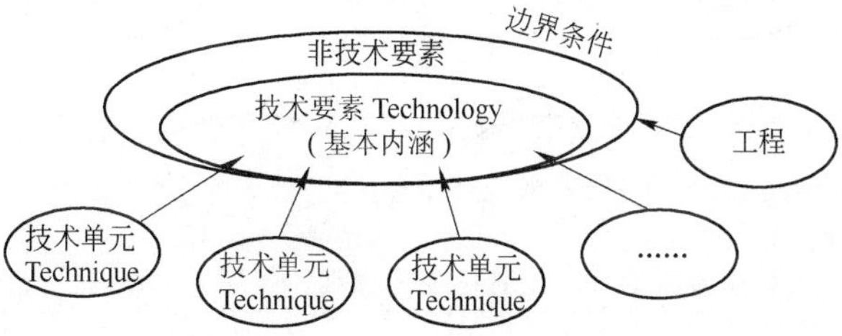

图5　工程活动的要素及其系统的构成

从“思维与现实”的关系看，科学、工程、艺术对应着“发现”“集成”“想象”

的思维，表达了三种不同类型的“思维”与“现实”的关系。科学“发现”集中体现了思维与现实的“反映性”关系；工程“集成”集中体现了从思维出发去构建新的现实，是“构建性”关系；艺术“想象”集中体现了通过思维去虚构某些图景，是“虚构性”关系（表1）。工程思维与现实世界相互关联的核心是“设计性”和“实现性”的关系，工程思维的突出特点是“集成创新性”和“集成构建性”。

表1　科学－工程－艺术对应的“思维特征”与现实的关系

形　式	科学	工程	艺术
思维特征	发现	集成	想象
表现形式	理论	实体	作品
思维与现实的关系	反映性	构建性	虚构性

在认识工程的过程中，人们可以读出自然，读出人生，读出社会，读出“知行合一”“和谐发展”“和谐生存”的辩证关系。

哲学是在人们对自然、对社会以及对人自己的认识，刨根问底、反复追问、追求理想的过程中产生的。理想是对现实的反问，是对未来目标的向往或追求。在新世纪的背景下，要思考哲学，工程应是一块新疆域，一层新境界。工程应是哲学思考的重要对象之一。而对工程而言，急需要用哲学的思维来武装和提升。因为哲学的一个重要目标是思考或展示未来“生活”的新境界；而工程的一个基本宗旨，就是努力构建和实现未来“生活”的新境界。从这一意义上讲，哲学的超越和工程的超越是存在着许多交集和并集的，因此，工程需要哲学，哲学要面向工程，工程界与哲学界互动，工程哲学应运而生。

3　工程理念与科学发展观

理念就是理想的、总体性的观念，理念凝聚并支配着诸多具体的观念。工程理念凝聚并支配着工程价值观、工程系统观、工程社会观、工程生态观、工程伦理观和工程文化观等（图6）。

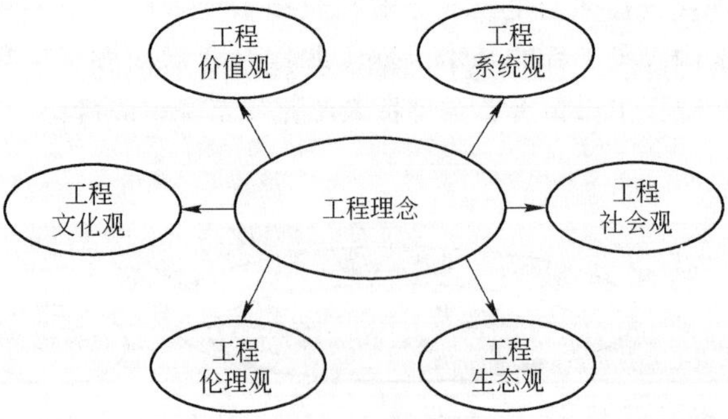

图6　工程思维凝聚并支配着各类工程观，体现了工程的核心价值观

各类工程活动都是自觉或不自觉地在某种工程理念的支配下进行的。不同的工程理念必然会影响到工程发展战略、工程决策、工程规划、工程设计、工程建设、工程运行及其管理的各个阶段、各个环节。正确的工程理念必须建立在顺应客观规律——

包括各种自然规律、经济规律和社会规律等——的基础上，同时，工程理念必须体现正确的价值观。因此，工程除了要体现技术进步、经济效益，还必须重视环境-生态效益，遵循社会道德、伦理和社会公正、公平等准则。当前工程活动中出现的诸多矛盾和问题，其根源之一在于工程理念上出了问题。工程理念的内涵是十分丰富的，它的具体内容包括着不同的层次和不同的方面，特别是：

——以人为本，人与自然、社会和谐发展；

——资源节约、环境友好、循环经济和可持续发展；

——要素优选、组合和集成优化；

——追求不断创新与工程美感；

——设计、构建和运行过程中物质-能量-时间-空间因子的动态-有序化和信息化等。

这些工程理念体现了以人为本，人与自然、人与社会和谐发展的核心理念；也体现了工程的系统观、工程的生态观、工程的多元价值观和工程的社会观等。树立正确的工程理念是在工程领域落实科学发展观的根本所在。

4 工程创新是创新活动的主战场

工程是连接科学发现、技术发明和产业发展之间的桥梁，是实现产业革命、经济发展和社会文明进步的强大杠杆（图7）。

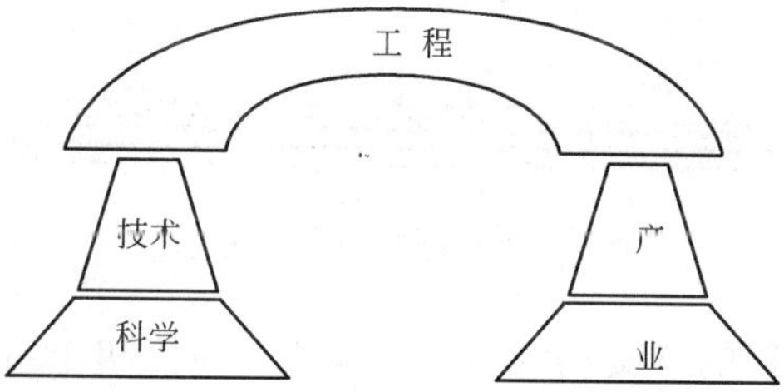

图7 现代工程是连接科学、技术与产业的桥梁

21世纪以来，我国每年用于各类工程的投资已达数万亿到十多万亿元人民币之巨，在全国各地开展了大大小小规模不等、专业不同的工程活动；由于工程是现实的、直接的生产力，工程创新无疑应是创新活动的主战场。我国实现新兴工业化的过程是一个不断进行工程创新的过程；工程创新事关建设全面小康社会、和谐发展的大局。

强调工程创新的重要意义在于凸显工程创新的价值观、系统观和多层次、多尺度、多因素的集成创新。应该看到，大时空尺度的工程系统是21世纪创新活动的重要对象，这些都是跨学科、跨领域的综合性工程问题，应该引起高度重视，而且迫切需要工程哲学的引导。

工程创新具有以下特点和规律：工程创新是集成性创新，这包括技术层面上的集成创新，也包括技术要素与经济、社会、管理等基本要素在一定条件下的优化集成（图8）。对于工程创新而言，既要重视“突破性”创新，也要重视“渐进性”、“积累性”创新（图9）；还应该注意不同时代背景、不同地区、不同类型的工程，有不同的创新特点和创新形式，不可能只有一种创新模式。

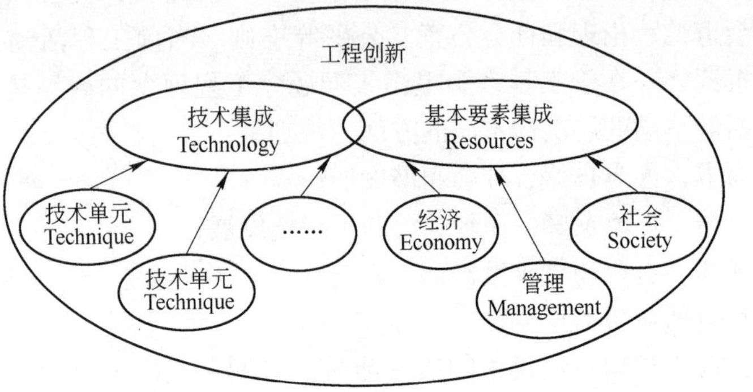

图 8　工程创新的内涵

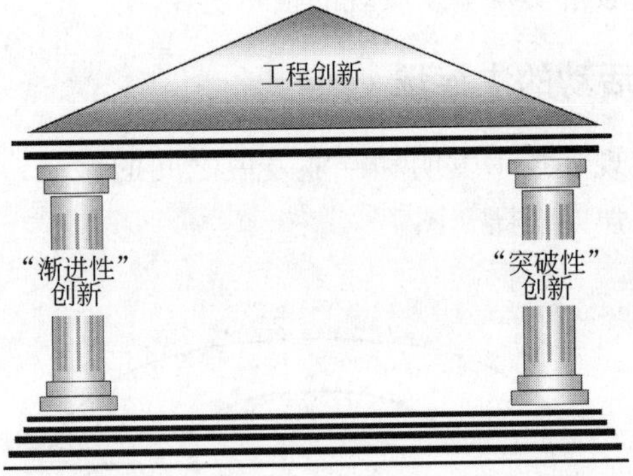

图 9　工程创新的形式或途径

社会各界应该对工程的意义和价值、工程师的地位和作用、工程教学的特点和方向予以足够的重视。我们需要一些学者去研究哥德巴赫猜想，我们更需要以詹天佑、侯德榜、茅以升、钱学森等为代表的各行各业的工程大师来促进在工程—技术领域中创新性建设、创新性活动。工程创新主战场呼唤着未来创新型的新一代工程师的成长，呼唤着高等院校加强工程人才的培养。我国正在进行的宏大的工程实践活动迫切需要工程哲学。

5　《工程哲学》的基本观点

中国工程院组织了有关院士和工程管理专家、哲学家开展了"工程与工程哲学"的课题研究，作为研究成果，于 2007 年 7 月出版了《工程哲学》一书，其基本观点简述如下：

第一，哲学与工程是任何社会不可或缺的两项基本活动，工程哲学是沟通工程和哲学的桥梁。

第二，科学、技术与工程"三元论"是工程哲学得以成立的基础。

第三，从知识层面看，工程位于"科学－技术－工程－产业－经济－社会"的"知识链"和"知识网络"中的重要位置，工程是知识转化为现实生产力过程中的关键环节。

第四，工程是直接生产力，工程创新是创新活动的主战场。

第五，在工程实践中，既要重视突破性的工程创新，也要重视渐进性的工程创新。

第六，要高度重视工程思维与工程方法的研究。

第七，工程理念和工程观是人们关于工程活动所形成的总体观念和基本观点，它渗透到工程活动的全过程，并深刻影响着工程战略、工程决策、工程规划、工程设计、工程建构、工程运行以及工程管理的各个阶段、各个环节。

第八，工程应该以为公众服务为目的，因而，公众应该理解和参与工程。

第九，需要将工程哲学的新观念落实到工程人才的培养过程中。

第十，工程哲学是实践哲学，理论联系实际是研究工程哲学的灵魂。

Engineering in the Field of Vision of Philosophy

Ruiyu Yin

(Head Office of Steel Research Institute, Beijing, 100081, China)

Abstract Through a study on materialist conception of history, it is indicated that engineering is a basic practical activity during humanity existence and development, and always a direct productivity at different historical periods. The engineering activity appeared before science activity. It is also believed that the related natural knowledge and activity should be divided into three components of science, technology and engineering.

The main character of the science activity is "exploration" and "discovery", the main character of the technology activity is "invention" and "innovation", the main character of the engineering activity is "integration" and "construction". From a point of view of modern knowledge, a related knowledge chain (knowledge network) exists among science – technology – engineering – industry. The relationship between engineering and industry is more direct and close.

The engineering is a practical activity of humanity for maintaining existence, multiply and development, and constructing "homeland" and "living" well, and is also an embodiment of human wisdom and seeked "ideal". From a point of view of philosophy, the result of the engineering activity usually embodies in constructing a new existence, i. e. an integrator of optimized construction under a certain boundary condition. Engineering integration contains various technical element integration, and also contains optimization – integration of technical element and basic elements of economics, society and management under a certain condition.

Under a condition of new century, engineering is an important field of innovation activity, should be a new field of philosophy consideration. Surpass of philosophy and engineering exists various "intermingling" and "merging". Therefore, engineering needs philosophy, philosophy needs to be faced engineering. An interaction of engineering and philosophy is a feature rised in the Chinese engineering philosophy. This paper also briefly introduces a basic view of book *Engineering Philosophy*.

Key words engineering, field of vision of philosophy, engineering philosophy

工程演化论初议*

摘　要　工程演化论是一个新的研究课题和新的研究领域，工程哲学的深入发展和经济社会发展的现实都提出了研究工程演化论的要求。文中分析了“演化”“演化论”“工程”和“工程演化论”这几个基本概念及相关问题，指出工程演化论研究中应包括“理论研究”和“实例研究”两大方面的内容，前者包括对工程演化的过程、路径、方向、动力、机制、约束条件等问题的研究，后者的重点是研究具体行业领域中工程的演化问题，文章最后阐述了研究工程演化论的目的和意义。

关键词　工程　演化论　工程演化论

1　引言

从物理的观点来看地球世界，其基本事实特征是：地球世界是由物质、能量、时间、空间、生命以及与之相应的信息组成的。它们不断地运动着，不断地相互作用着，不断地演变着。

地球世界演变的基本进程是：从地球的自然界演变出发，出现了生命现象，继而呈现出生物多样化，并进化出人类。人类文明进步形成了人类社会。因此，从哲学的视野看，地球世界是不断进化的，各类活动都是环绕着“自然－人－社会”三元展开的。地球的演变包括了自然、生物、人类、人类社会等内涵，自然、生物、人类、人类社会都是演化、演进、演变着的。在地球世界的演化过程中，人类的知识、能力和理念也是不断演变、演化着的。

哲学应该是对世界本质、规律和人生意义等根本性问题的反复追问过程和对各类事物、各类活动不断追求更为确切的理性认识的学问，并以此指导、规范人们的各类实践活动。在这一命题的笼罩下，各类事物、各类活动的演化不仅是科学研究的课题，也应该是哲学必须加以关注的课题。

2　关于工程活动与知识

2.1　关于工程活动及其演化的认识

工程活动是人类依靠自然、适应自然、认识自然和适度改变自然，构建美好家园、不断提高生活质量的实践活动。在人类的发展史中，工程一直是直接生产力。因此，工程发展史就是直接生产力发展的历史，而工程演化论就是关于生产力演化的理论。在时间尺度上，演化论研究的基本内容是特定事物在“长时段”中的发展特征和转化规律。从“长时段”来看，人类生产力的发展经历了四个阶段，发生了三次“生产力革命”：劳动创造了人（史前时期、渔猎活动、原始生产力）、农业生产力时期（农业

* 原发表于《工程研究——跨学科视野中的工程》，2009，1(1)：75～82。

的产生，出现了第一次生产力革命浪潮，形成农业经济社会）、工业生产力时期（工业革命，出现了第二次生产力革命浪潮，形成工业社会）、知识生产力时期（信息革命，正出现第三次生产力革命浪潮，逐步走向知识经济和知识社会）。在上述历史演变轨迹中，都体现着生产力水平的演变和更替，并直接地体现为工程形式的演化。其中，既包括了技术要素的转变和技术集成形式的演进，也包括资源要素、资金要素、土地要素、劳动力要素等基本生产要素的配置特征、规模和组织、管理等方面的不断演化。

在生产力发展的基础上，特别是在出现国家之后，工程演化和发展的历史与国家的兴衰历史之间出现了密切的联系。因而，工程演化中蕴含着丰富多彩的地域（国家）和文化（风俗、风格）色彩。

总之，工程活动体现着自然界与人工界要素配置上的综合集成和与之相关的理念、决策、设计、构建、运行、管理等的演化过程。

工程活动特别是工程理念体现着价值取向。也可以理解为：工程的本质是工程集成系统动态运行的功能体现与价值体现的统一。也可以说，工程是对相关技术进行选择、综合而集成为相关技术群，并通过基本要素的优化配置而构建起来的有结构、有功能、有效率的体现价值取向的工程系统与工程集成体。工程功能的体现应包括适用性、效率性、可靠性、安全性以及环保性等价值。

如果说工程是相关技术的动态集成运行系统，那么技术（特别是先进技术）则往往是工程的基础和元素。技术的本质可以理解为对客观事物运动机理的理解和经过巧妙构思的再加工，从而获得新的“工具性”手段并实现与价值本质的统一。技术的性质、功能包括了创造性、创新性、发明性、诀窍性、有效性、稳定性等。

技术和工程都不是唯真理导向的，两者都存在着权衡、选择、构建、运行、演化等出自价值影响的导向。现代技术、现代工程需要基础科学、技术科学和工程科学的支持和引导。相比之下，科学的本质则可以理解为对事物及其运动的本质、构成、运动规律的探索、发现并追求与真理本质的统一，科学不一定是唯价值导向的。

科学（包括“工程科学”）对工程的推动是重要的，其推动的机制和作用也有一个历史发展的过程。在知识经济和知识社会中，“研究和开发”（R&D）的作用成为了一个核心性的问题。这里所谓的“研究和开发”，其基本性质既不同于那些“一般性的基础科学研究”，也不同于那些“脱离市场前景的发明专利申请”。在知识经济社会中，这类研究与开发应是由工程价值和市场定向的技术性、经济性和社会性的先导活动或推动工程创新的过程。

2.2　有关自然知识的演变与演进

“自然界不是仅仅存在着，而是生成着并消灭着”。人类与自然的关系应该是依靠自然、适应自然、认识自然和适度改造自然的过程，在这个过程中人们通过各类事物和各类活动，不断获得知识，不断积累知识，不断加工知识，不断转化知识。从与自然有关的活动和知识的历史进程看，自原始社会开始就出现了原始工程与原始感知，进而出现了原始技术与具有时代特征的技术发明。经过技术改进、技术发明以及工程化集成等活动过程，人们对自然、对知识进行不断探索、不断深化、不断发现，进而出现了近代、现代的技术知识、工程知识和自然科学。这里指的自然科学包括了基础科学、技术科学和工程科学。换一个视角看，如果从自然一维出发，其认识的逻辑进程应是：科学是认识自然的构成、本质和运动规律的知识（特别是基础科学），其特点是真理取向的。技术是根据自然界的诸多事实和事实变化机理的性质、功能，而开发、发明出来的“工具性”“手段性”知识，技术是为了实用的，是价值取向的，技术的发展则相应地产生了技术科学。工程是在一定资源配置条件下，通过诸多技术的有效集成、动态运行和管理而形成的体现价值的特定系统，工程通过设计、运行、管理等过程，特别是对技术的动态集成过程，逐步产生出工程科学、工程技术和工程管理等知识。

3 关于演化论

3.1 关于演化与演化论

诸事万物，不论是宇宙、星球、生物、人类和人类社会以及与之相关的事件始终是运动着、演化着的。存在与演化是不可分割的。演化论认为自然界“不是既成事物的集合体，而是过程的集合体”。演化是不能脱离过程的，实际上演化就意味着过程。过程一定关联到时间-空间等因素，过程是有边界条件的。演化有时更是在边界条件发生变化时产生并加速或是停止的，因此演化必然与环境有关，环境必然关联到物质、能量、生命和信息。在边界条件相对稳定时，演化过程的形式大多是渐进式的；而在边界条件发生变化而达到某一临界值时，演化过程的形式有可能是突变式或跨越式的。

对演化概念的理论表述是值得重视的。基于上述讨论，可以看出，对演化的理解是基于运动、要素、过程、系统、功能、效果以及理念等关键词。演化可以理解为从一种形态向另一种形态的转化。演化是一种活动过程，演化源于万物诸事都有运动的本性，运动必然联系到一些要素（或基本参数），而且运动必然是过程，特别是以时-空参数为共同特征的过程。运动过程在环境的促进/制约下，将各种相关要素集成（集合）起来，构成一种有序、有效的系统，这些具有特定性质的系统会发挥特定的功能、效果。由于功能、效果不同，这些系统必然要面对自然选择和/或人工选择，从而决定其生存、发展或淘汰。在演化的过程中，人们对演化的认识理念也随之发生演化。对演化概念、内涵、认识理念的深化、丰富与集成归纳，引发了不同领域的演化论研究。

演化论必然联系到认识论，皮亚杰创立了发生认识论。他认为：“研究各种认识的起源，从最低形式的认识开始，并追踪这种认识向以后各个水平的发展情况，一直追踪到科学思维并包括科学思维”。他强调：“这种认识论首先是把认识看作是一种连续不断的建构。”这当然也蕴含着演化及其过程。

3.2 关于生物（自然）进化论

生物（自然）进化论是由达尔文提出的，在其著名的《物种起源》中有详细的论述。进化（evolution）[1] 是指生物在遗传、变异与自然选择作用下的演变发展。达尔文的生物进化论是阐述生物物种的产生和淘汰过程的理论。生物进化论有三大证据：比较解剖学、古生物学和胚胎发育重演律。

---

[1] 英文中“evolution”一词翻译成汉语时，可以译为“进化”或“演化”。由于“生物进化论”已经是约定俗成的术语，同时在汉语中“进化”和“演化”的语义不尽相同，严复在翻译赫胥黎的名著《天演论》中就曾经指出，演化应该包括：“进化”与“退化”两重含义。本文在不同情况下也就酌情分别使用“进化”或“演化”这两个汉语术语了。

生物（自然）进化论的机制可以概括为两个过程：第一步是随机的变异、突变，第二步是自然环境的选择。其结果往往是有利的差异或强势变异的个体得到保存——生存、延续，而那些有害的变异或弱势差异的个体毁灭——淘汰。这就反映着“自然选择”和“适者生存”。中国人译成“物竞天择，适者生存”。

达尔文揭示出的生物（自然）进化过程并不是按照“自然阶梯”不断走向完美的过程，不是只沿着某一分支的特征不断进化、完善，而是随机变异，适应环境，从而在生物谱系上呈现出不断分枝状变化的过程。达尔文在其进化理论中完全抛弃了目的性因素，他把自然界的变化完全看作是一个“自然过程”。

工程是人工过程，总的看来，工程是不断演变、逐步进化的。但是，从某些工程实践中可以看出，工程也并不一定是不断走向完美的。生物进化过程对工程的人工过程演化研究应具有隐喻、参考价值。

3.3 关于演化过程的机制及其哲学理解

人们基本上都认同多样性（包括变异、创新、新奇等）、遗传性（复制、延续）和环境选择原则是进化（演化）过程的机制。

多样性就类似于生物学中的变异，表征地看，一个相关的个体群成员是异质的；遗传性则是一种复制机制，以确保个体群中个体的形式和行为的时间（历史）延续性；环境选择原则即某些个体的特质能够更好地适应各种变化着的环境，使这些个体终于在诸多个体群的竞争中胜出并可以延续生存、繁衍。

从生物学的角度看，达尔文理论体系的三块最重要的“基石”是生存斗争、自然选择和物种进化这三个生物学概念。但是，如果从哲学的角度分析，这三个生物学概念可以分别“对应于”三个重要的哲学范畴：对立面的斗争（矛盾统一）、选择（自然选择、人工选择）和发展（运动、演化）。

4 工程演化论

4.1 为什么要研究工程演化论

工程活动是人类依靠自然、适应自然、认识自然和适度改变自然，构建美好家园、不断提高生活水平和质量的实践活动。工程是不断演化、不断发展的，工程的“演化性”决定了必须研究“工程演化论”问题。

工程哲学要想深入发展，如果不同工程史的理论研究结合起来，工程哲学的水平就无法继续提高，视野就不能更加开阔。于是，这就要求从工程哲学角度进行工程演化论研究。

从历史学领域的研究现状和进展情况来看，国内外在“科学史”和“技术史”这两个学科的研究中都取得了巨大进展，在理论上对科学的演化和技术的演化问题进行了许多研究，成果颇丰。可是，相比之下，人们对工程史的研究就相形见绌了。研究工程史的学术著作寥若晨星，对工程演化问题的专门研究更是一个理论研究的“空白区”，很少有人涉足。这就是说，历史学领域的现状也从另外一个角度提出了填补“工程演化论”这个空白的要求。

把以上两个方面结合起来，可以清楚地看出，工程哲学和工程史研究这两个方面都提出了开拓“工程演化论”这个新方向和新领域的迫切要求——这就是开拓工程演化论这个新研究领域的主要理论背景。

4.2 工程演化的哲学认识

工程活动体现着自然界与人工界在要素配置方面的综合集成和与之相关的理念、决策、设计、构建、运行、管理等过程。工程活动特别是支配工程活动的工程理念体现着不同历史时期、不同文明传统、不同地域、不同国家的价值取向。工程活动的形式、内涵、范围是不断演化的，特别是随着技术进步和社会需求的扩大，其资源的投入量、技术的复杂性、知识的集成性以及产出的效率和对环境的影响都发生了巨大的变化。

工程和技术的进步（演化），以及环境、生态的变化，不断对哲学提出新课题，推动着哲学的不断发展（包括本体论、认识论、方法论等），随之先后出现了科学哲学、技术哲学、工程哲学和社会哲学等哲学分支的萌生和发展。哲学是理解和协调人与自然、人与社会、人与历史、人与文化、人与他人关系的学问。哲学因其对问题思考的总体性、根本性和普遍性而对工程和技术施加影响并产生作用——指导选择和构建、指导判断推理、反思得失、追求完美，促使工程和技术不断演化、不断创新、不断进步。

从不同视野、不同视角观察问题，认识的结果会是有差异的。从恰当的视角和宽阔的视野出发观察研究问题，有利于对客观事物的洞察，有利于正确判断其内部机理和选择。从哲学的视野研究工程演化、技术进步，不同于只从自然维度出发来研究有关技术、工程的知识进化。从哲学视野研究工程演化和技术进步，对推动经济发展和社会进步特别是贯彻落实科学发展观，有着直接的现实意义。

从哲学视野研究工程演化问题，必须从“自然－工程－社会”三元互动关系中加以展开。在研究过程中，不但要特别重视分析自然和环境对工程的影响和制约关系，而且要特别重视社会经济需求、制度创新、社会因素等对工程演化的影响和制约关系。

4.3 关于工程的集成性认识

工程的本质是集成与构建。对于工程的集成性，有必要从如下方面深化认识：

从自然知识特别是技术层面看，工程是物质－能量－时间－空间－（生命）－信息等方面基本物理量的动态集成。这种集成应该包括判断、权衡、选择、优化、形成交集、并集等内涵和形式。

从认识逻辑思维层面看，工程实践的过程应是先识别事物的整体，在此前提下，对事物整体进行解析，继而选择出薄弱环节进行优化，萌发新生环节的构建，导致落后环节的淘汰，再通过重构性的集成优化，最终实现事物整体性进化——工程演化。

从产业发展和具体工程项目层面上看：工程的集成性应以技术层面诸要素、诸单元的解析－协同－集成优化为基础，进而使之与其他基本要素（资金、资源、土地、劳力、环境等）进行综合集成优化，从而有利于项目－企业的市场竞争力和可持续发展能力，促进产业发展并服务于社会公众。

然而，从哲学层面上看，工程是在“自然－人－社会”三元体系中存在、发展或被淘汰的。工程应该通过上述诸多方面的集成和优化，促进工程与自然、工程与人、工程与社会之间的和谐、共赢——既能造福人类，报效社会，同时又不伤害自然或补益于自然。

4.4 关于技术进化

巴萨拉（Geoge Basalla）在其《技术发展简史》一书中提出："整个人造物世界的主旋律是延续性。"简陋的石器技术为以后复杂技术提供了遗传变异之母。但是，如果技术仅仅只有延续性，它就不可能有发展，更不会产生多样性的技术世界。就像变异是产生大千生物世界的根本原因一样，在技术世界里，创新是技术发展的重要因素。至于技术创新的动因，则是心理因素、知识因素和社会经济、文化因素相互作用的结果。心理因素主要来自于人类的想象力；知识因素主要来自于技术的传播、实践知识和科学知识的影响；社会经济因素包括市场需求、劳动力匮乏和专利制度等刺激；文化环境主要指影响技术创新的各种文化观念和行为规范。

在选择机制上，生物（自然）进化与技术进步是有本质区别的，生物（自然）进化是自然选择的结果，带有很强的随机性；技术进步更多的是人为选择的结果，带有很强的目的性。

可以认为技术进步的核心机制是：继承（延续）→创新（变异）→选择（特别是时代性的人为选择）。技术进步的表现形式是渐进式进步→跳跃式进步→渐进性进步→跳跃式进步……的历史发展过程。

陈昌曙、远德玉在《技术选择论》中指出：技术是在社会、市场的竞争中获得被选择的资格的。近代的蒸汽机技术、内燃机技术、电子技术、转炉炼钢技术等，都不是轻易被人们所重视的，每一项都曾被认为是不可选用或难以选用的，都是经过竞争较量，才取得被选择的资格，从而有了今日的技术发展。

肖峰认为："正是技术具有变异与被保留、渐进、积累和延续性等'进化'特质，才赋予了技术进步的合理性。"

4.5 工程演化与集成创新、系统创新

演化和创新是工程本身的内在要求，这是由于每个工程遇到的边界条件特别是时代特征是不同的，同时它需要的技术要素和非技术要素也往往是不完全相同的，因此，不同工程（特别是工程设计、施工方式）之间不可能完全照抄不变，而是必然会发生演变、演化。如果工程照抄不变，或是生搬硬套、张冠李戴，则往往会导致歧化、退化、落后而在竞争过程中被淘汰。因此，工程设计的正确路线和大方向应该是通过演变、进化而实现工程的系统创新、模式创新。然而，这是一个过程，需要一定的时－空过程，需要集成－耦合的知识和智慧，而这些都不可能建立在没有实践、没有理论的基础上。

可见，在工程实践（包括工程设计、工程建造、工程运行、工程管理等）过程中，不断进行着不同层次、不同尺度、不同学科之间的知识交叉融合和综合集成，这正是工程创新的动力和灵魂所在。作为工程创新的基本内涵，演化－集成－创新是一个重要过程，而集成创新对工程创新具有重要意义。

5 工程演化论的主要研究内容、方法和意义

5.1 工程演化论的主要研究内容

工程演化论是一个内容丰富、问题众多、意义重大、前景广阔的研究领域。工程

演化论中需要研究的问题很多，大体来看，其研究内容可以粗略地划分为两个大的方面：理论研究方面和实例研究方面。

5.1.1 工程演化的理论研究

在工程演化的理论研究中，以下问题是应该首先加以关注的：

（1）工程演化的基本过程、演化路径和发展方向。工程是人工过程，总的看来工程是不断演变、逐步进化的。在研究工程演化问题时，首先需要搞清楚工程演化的基本过程、演化路径和发展方向，需要分析和研究工程演化中“渐进与革命”“进化与退化”“分叉与汇合”等复杂的相互关系和过程。

（2）工程演化的前提、动力、机制和约束条件。研究演化论的目的，不但在于认识历史现象和演化路径，而且更在于发现深层的演化规律。这就要求我们必须具体揭示演化的前提、动力、机制和约束条件。

（3）工程的微观演化、中观演化和宏观演化及其相互作用。正像经济活动中存在着微观经济和宏观经济之分一样，在工程活动中也存在着微观工程活动（企业和项目层面上的工程）、中观工程活动（行业、产业和工程集群层面上的工程）和宏观工程活动（地区、国家和全球范围和规模的工程）的区别和联系，因此，需要对各个层面的工程分别进行研究，在此基础上进一步联系起来进行综合研究。

5.1.2 工程演化的实例研究

工程演化论领域中必须把“演化的一般理论研究”和“演化的实例研究”结合起来。一方面，工程演化论的“一般理论”必须有工程演化的实例作支撑；另一方面，工程演化的实例研究又需要有工程演化的一般理论作指导。两者是相互渗透、相互促进的关系。

虽然一般地说，在一般“工程哲学”和“工程演化论”领域都必须重视对“案例”或“实例”的研究，但由于工程演化论是更加具有实证性的研究，而“工程哲学”往往更加注重“抽象思辨”的方面，这就使得“实例研究”在工程演化论领域的作用和意义要超过“案例研究”在“工程哲学”中的地位和作用。

由于工程演化可以划分出微观、中观、宏观三个“层次”，相应地，在进行实例研究时，也需要注意研究微观、中观、宏观三个“层次”上的工程演化案例。在工程演化论研究中，不仅要涉及典型工程、典型企业的演变和发展，而且要分别研究不同行业（例如钢铁冶金、铁路运输、水利工程、机械工程、通信、石油化工行业等）和不同国家（英国、德国、美国、日本等）的工程在演化路径、机制等方面的异同关系；需要既揭示不同行业和不同国家的共性和规律，又揭示不同行业和不同国家的不同个性和自身特点。

5.2 工程演化论的研究方法

工程演化论作为工程哲学研究的深化，其研究的思想进路或研究方法大体可以包括如下几个方面：

（1）工程的一般发展史研究；

（2）特定产业工程（专业工程）的进化史研究；

（3）生物进化论和工程演化论之间的隐喻关系和类比研究；

（4）工程演化的实例分析研究；

（5）工程演化的历史进程与逻辑进程的比较研究；

(6) 外界环境变化（知识的、经济的、资源的、生态的变化等）对工程演化的促进与制约机制研究。

5.3 研究工程演化论的目的、意义

工程演化论研究是《工程哲学》研究的延伸和深化，既有理论意义又有实用目标。

从理论上看，研究工程演化论，就是基于历史发展进程和逻辑思维进路相结合的思路，探索、开拓工程哲学研究的新领域，试图对不同时期、不同地域、不同形态的工程进行归纳、概括、总结，从中研究工程演化的本质、机制、特征和规律，从而可以更深入地理解工程的价值和合理模式。同时，从另一侧面上看，从工程维度出发研究工程演化论，有助于研究和充实广义进化论理论，从而为工程创新、技术创新、知识创新、制度创新、工程管理创新提供理论支持。

从实用目标看：

(1) 研究工程演化可以为结构调整、产业升级和转换经济增长方式提供合理性判断，有助于对现实的工程活动提供决策判断的依据、有助于贯彻落实科学发展观。

(2) 研究工程演化规律有助于对工程活动、工程评价及其相关政策提供建议。研究工程演化还可以对不同产业、不同企业乃至设计研究单位的技术进步的方向，并对工程科学和技术科学的研究方向提供战略性导向。

(3) 研究工程演化的过程、动力、机制和规律，可以为各类工程管理活动特别是工程决策、工程构建和工程运行过程中的工程管理提供导向性对策。

(4) 研究工程演化论可以为工程教育特别是高级工程技术人才和高级工程管理人才的在校教育或是继续教育提供学习的理论框架。

On Evolutionary Theory of Engineering

Ruiyu Yin

(Central Iron & Steel Research Institute, Beijing, 100081, China)

Abstract Evolutionary theory of engineering is a new research field. Both the advancement of philosophy of engineering and economic and social development call for researches on such theory. This author analyzes some fundamental concepts such as evolution, evolutionary theory, engineering and evolutionary theory of engineering, and points out that the research on evolutionary theory of engineering should include theoretical and practical researches, the former includes studies on such issues as process, orientation, dynamics, mechanism and restrictions of engineering evolution in general, while the latter includes studies of the evolution of specific engineering at industry level. Finally, the paper discusses the objectives and significance of the evolutionary research on engineering.

Key words engineering, evolutionary theory, evolutionary theory of engineering

工程与工程哲学*

1 引言

从物理的观点来看地球世界，其基本事实特征是：地球世界是由物质、能量、时间、空间、生命以及与之相应的信息组成的。它们不断地运动着，不断地相互作用着，不断地演变着。

地球世界演变的基本进程是：从地球的自然界演变出发，出现了生命现象，继而呈现出生物多样化，并进化出人类。人类文明进步形成了人类社会。因此，从哲学的视野看，地球世界是不断进化的，各类活动都是环绕着“自然－人－社会”三元展开的（图1）。地球的演变包括了自然、生物、人类、人类社会等内涵，自然、生物、人类、人类社会都是演化、演进、演变着的。在地球世界的演化过程中，人类的知识、能力和理念也是不断演变、演化着的。

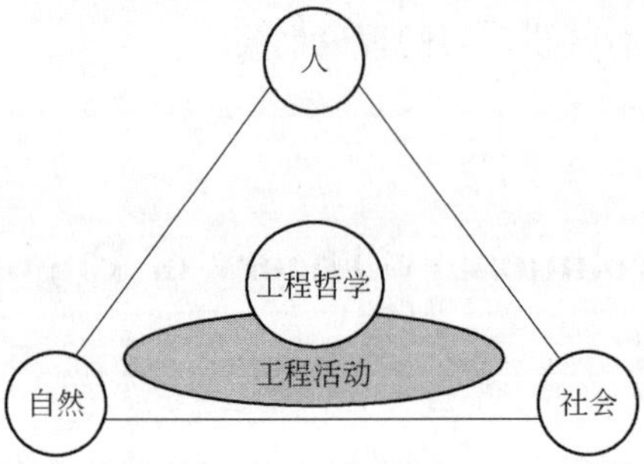

图1　工程活动在“自然－人－社会”三元系中的位置

哲学应该是对世界本质、规律和人生意义等根本性问题的反复追问过程和对各类事物、各类活动不断追求更为确切的理性认识的学问，并以此指导、规范人们的各类实践活动。在人类的发展历程中，工程始终是一项基本的实践活动，而且从历史角度上看，工程是先于技术和科学出现，工程应该是哲学必须关注的命题。工程哲学是实践哲学的重要领域。

2 工程的本质与特征

工程是人类有组织、有计划利用各种资源和相关要素创造和构建人工实在的实践活动。

---

* 此文为殷瑞钰在2009年成都召开的《工程管理论坛》上的讲话。

2.1 工程的本质和工程活动的标志

工程的本质可以被理解为各种资源与工程相关要素的集成过程、集成方式和集成模式的统一。

这可以从3个方面解析：第一，它是工程要素集成方式，这种集成方式是与科学相区别，与技术相区别的一个本质特点。第二，工程要素是技术要素和非技术要素（基本经济要素）的统一体，这两类要素是相互作用的，其中技术要素构成了工程的基本内涵，非技术要素也是工程的重要内涵。两类要素之间是关联互动的。第三，工程的进步既取决于基本内涵所表达的科学、技术要素本身的状况和性质，也取决于非技术要素所表达的一定历史时期社会、经济、文化、政治等因素的状况。

从哲学的视角看，工程活动的核心是构建出一个新的存在物。工程活动中所采用（集成）的各种技术始终围绕着一个新的存在物展开，所以构建新的存在物是工程活动的基本标志（图2）。

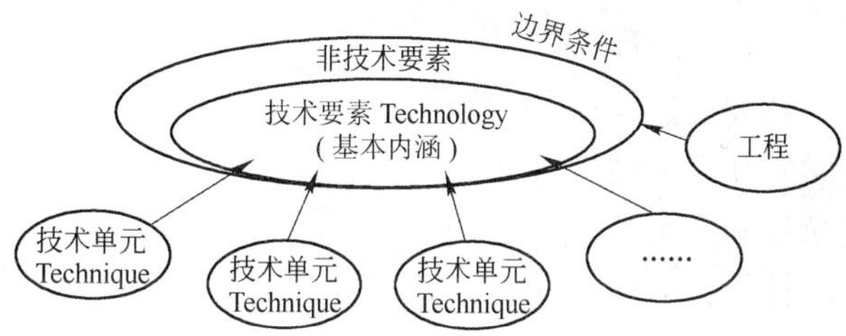

图2　工程活动的要素及其系统的构成

社会、经济发展不能脱离物质性的工程活动。工程活动有两端，一端是自然（包括资源等）与知识，另一端是市场与社会（图3）。工程立足自然，运用各类知识，实现市场价值（经济效益）和社会价值（和谐发展、可持续发展）。

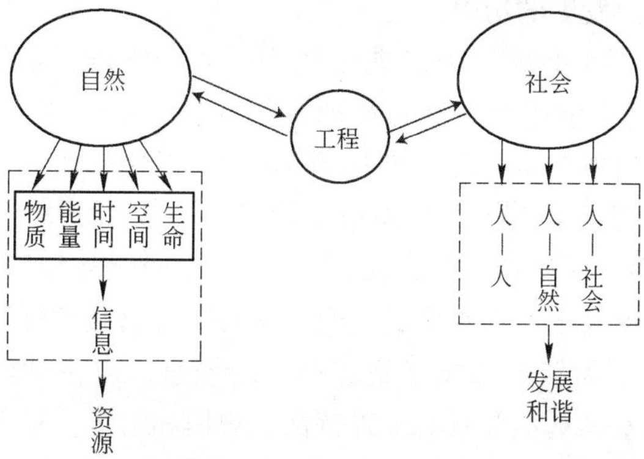

图3　工程与自然、社会的关系

工程是直接生产力，而且是各类相关技术的动态集成系统。科学发现、技术创新一般都要通过工程这一动态集成系统，转化为直接生产力，进而通过市场、通过社会体现其价值（包括增值、就业、利润、文明进步、环境友好等）（图4）。

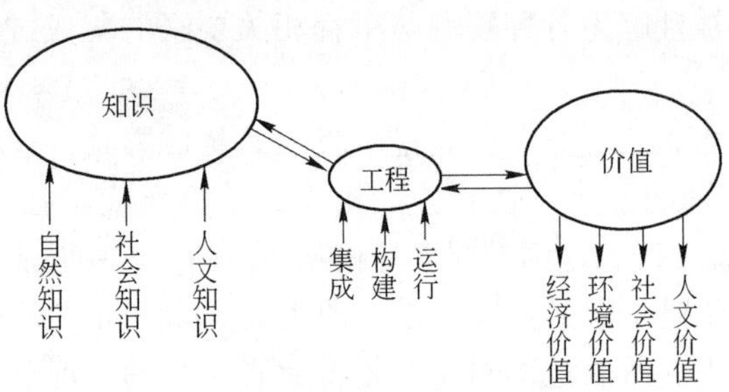

图4　知识通过工程产生价值

2.2　工程的基本特征

从工程活动的基本构成和基本过程看，工程和工程活动具有如下基本特征：

（1）工程的建构性和实践性；

（2）工程的集成性和创造性；

（3）工程的科学性和经验性；

（4）工程的复杂性和系统性；

（5）工程的社会性及公众性；

（6）工程的效益性和风险性。

3　工程活动与知识

3.1　关于工程活动及其演化的认识

工程活动是人类依靠自然、适应自然、认识自然和适度改变自然，构建美好家园，不断提高生活的实践活动。在人类的发展史中，工程一直是直接生产力。因此，工程发展史就是直接生产力发展的历史。

从历史过程来看，人类生产力发展史经历了4个阶段，发生了3次“生产力革命”：劳动创造了人（史前时期，渔猎活动，原始生产力）；农业生产力时期（种植、畜牧等农业的产生，出现了第一次生产力革命浪潮，形成农业经济社会）；工业生产力时期（工业革命，出现了第二次生产力革命浪潮，形成工业社会）；知识生产力时期（信息革命，正出现第三次生产力革命浪潮，逐步走向知识经济和知识社会）。在上述历史演变轨迹中都体现着生产力水平的演变和交替，并直接地体现为工程形式的演化，其中既包括了技术要素的转变和技术集成形式的演进，也包括资源要素、资金要素、土地要素、劳动力要素等基本要素的配置特征、规模和组织、管理等方面的不断演化。

在生产力发展的基础上，特别是在出现国家之后，工程演化和发展的历史与国家的兴衰历史出现了密切的联系。因而，工程演化中蕴含着丰富多彩的地域（国家）、文化（风俗、风格）色彩。

总之，工程活动体现着自然界与人工界要素配置上的综合集成和与之相关的理念、决策、设计、构建、运行、管理等演变过程。

工程活动特别是工程理念体现着价值取向。也可以理解为：工程体现了工程集成系统动态运行的功能及其价值的统一。也可以说，工程是对相关技术进行选择、整合而集成为相关技术群，并通过基本要素的优化配置，构建起来的有结构、有功能、有效率地体现价值取向的工程系统、工程集成体。工程功能的体现应包括适用性、效率性、可靠性、安全性、环保性等价值。

如果说工程体现了相关技术的动态集成运行系统，那么技术（特别是先进技术）往往是工程的单元和要素。

技术的本质可以理解为对客观事物运动机理的理解和经过巧妙构思的再加工，从而获得新的“工具性”手段，并实现与价值本质的统一。技术的性质、功能包括了创造性、创新性、发明性、诀窍性、有效性、稳定性等。

技术和工程都不是唯真理导向的，两者都存在着权衡、选择、构建、运行、演化等出自价值影响的导向。现代技术、现代工程需要基础科学、技术科学和工程科学的支持和导向。

科学的本质则可以理解为对事物及其运动的本质、构成、运动规律的探索、发现并追求和真理本质的统一，科学不一定是唯价值导向的。

科学（包括“工程科学”）对工程的推动是重要的，其推动的机制和作用也有一个历史发展的过程……在知识经济和知识社会中“研究和开发”（R&D）的作用成为了一个核心性的问题。所谓“研究和开发”，其基本性质既不同于那些“一般性的基础科学研究”，也不同于那些“脱离市场前景的发明专利申请”。在知识经济社会中研发（R&D）应是对工程的价值和市场定向的技术性、经济性和社会性研究的先导活动或推动过程。

3.2 有关自然知识的演变与演进

“自然界不是仅仅存在着，而是生成着并消灭着”。人类与自然的关系应该是依靠自然、适应自然、认识自然和适度改造自然的过程，在这过程中人们通过各类事物和各类活动，不断获得知识，不断积累知识，不断加工知识，不断转化知识。

从与自然有关的活动和知识的历史进程看，自原始社会开始就出现了原始工程与原始感知，进而出现了原始技术与不同时代特征的技术发明。由于经过技术改进、技术发明以及工程化集成等活动过程，人们对自然、对知识不断探索、不断深化、不断发现，出现了近代、现代技术知识，工程知识和自然科学。这里指的自然科学包括了基础研究科学、技术科学和工程科学。

换一个视角看，如果从自然一维出发，其认识的逻辑进程应是：科学是认识自然的构成、本质和运动规律的知识（特别是基础科学），其特点是真理取向的。技术是根据对自然界的诸多事物和事物变化机理的性质、功能的深入理解，进而通过巧妙的构思而开发、发明出来的“工具性”手段的知识，技术是为了实用的，是价值取向的；技术的发展则相应地产生了技术科学。工程是在一定资源配置条件下，通过诸多技术的有效集成、动态运行和管理而体现特定价值的集成系统（图5）。工程通过决策、设计、构建、运行、管理等过程，特别是对技术的动态集成过程，逐步产生出工程科学、工程技术和工程管理等知识。

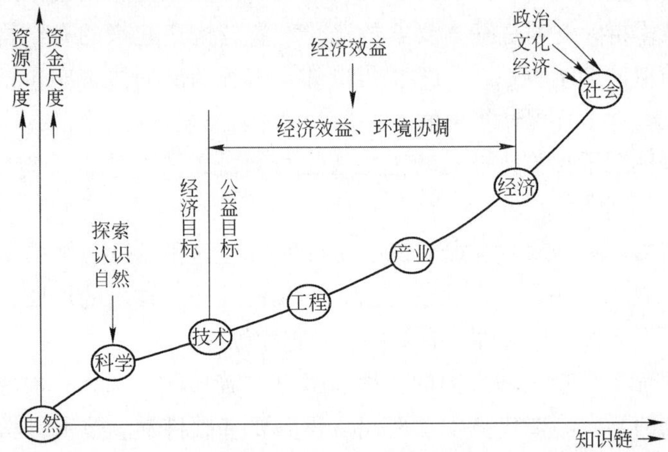

图 5　知识链的构成与资源、资金尺度扩展过程的关系

4　工程与技术

在近代历史的维度上，存在着科学 - 技术 - 工程的一般跃迁和发展规律。因此，工程与技术的关系更为直接和明显，同时也更为复杂。

4.1　技术是工程的基本要素

工程和技术密切相关。技术是工程活动的基本要素，若干技术的系统集成便构成了工程的基本形态。工程是集成建构新的存在物的活动或结果，是不同形态的技术要素的系统集成，是核心专业技术和相关支撑技术的有序集成。技术一般是存在于一定的物化过程或者工程构建运行过程的活动中。

技术作为工程的要素具有以下特点：第一，个别性、局部性。技术总是工程中的一个子项或个别部分。第二，多样性、差别性。工程中诸多技术有着不同的地位，起着不同的作用，它们之间往往存在着不同的功能。第三，不可分割性。实际上，不同的技术作为工程构成的基本单元，在一定的环境条件下，以不可分割的集成形态构成工程整体。

尽管这些技术往前追溯还可以分解成若干项子技术，但是，作为构成工程的基本单元而言，对其无限分解意义不大，重要的是在于有序、有效的合理集成，并形成一个有效的结构 - 功能形态。

4.2　工程是技术的优化集成

构成某一工程的诸多技术要素之间有核心专业和相关支撑技术之分。工程作为技术的集成则具有以下特征：第一，集成统一性。工程是诸多技术及其相互关联中产生的整体，因此，不管在相对于工程存在的环境还是相对于技术关联的系统，工程都以统一体出现。第二，协同性。工程至少是由两个或两个以上的技术复合而成，不同技术之间具有相互协同关系——协同性。第三，相对稳定性。工程都是技术的有序、有效集成，不是简单加和，其结构和功能在一定条件下必须具有相对稳定性。

工程活动不能理解为单纯的技术活动，而是技术与社会、经济、文化、政治及环境等因素综合集成的产物，它是一种自然科学知识、社会科学知识以及人文学科知识综合集成建构的活动。

相对于工程而言，技术活动是“工具性”“手段性”活动，其任务是发明一项方法，创制一种工具，创造一种手段等。工程活动是一种集成、综合性的活动，把各种技术手段集成起来，构建一类动态运行网络及运行程序，获得一种特定的结构去实现整体性的功能。

5 工程与产业

现代化的产业形态是建立在各类专业技术、各类工程系统基础上的各种行业性的专业生产或社会服务系统。工程与产业的关系是既相区别又相联系。

产业可以理解为同类工程和相关的工程的集合。工程则是产业的组成单元或基础。

5.1 工程是产业发展的基础

在当今世界，工程活动已经成为现代社会生产实践活动的主要形式。现代工程活动具有大规模、巨系统、中长期、高投入、高科技含量的特点，有时会对自然生态环境产生重大影响，工程活动已经成为国民经济产业发展的基本内容，构成了产业发展的基础。

国民经济中的产业活动大多表现为工程建造与工程运行的过程和结果。某种类型的工程活动表现为相应的产业形态，甚至还可以造就某种新型的产业。产业的特征往往以工程活动的内涵为表征，通常包含了产业工程设计、制造活动、运行活动在内的系统的生产和服务活动。工程活动作为一种产业活动是国民经济的基本架构。工程活动的质量、水平和规模表征着产业发展的层次和竞争能力。

工程活动作为产业发展的基本内容，它推动着经济结构的升级换代，深刻地影响着人类生活的各个方面，塑造了现代文明的基本特征。

5.2 产业生产是标准化、可重复运作的工程活动

工程活动和产业生产活动之间是存在区别的。工程活动的核心是模式建造，而且这种模式是前所未有的，超越存在并创造存在的，其本质特征是创造性、集成建构性。产业生产活动是以经济效益或公益服务为最终目的的，其活动的过程是以生产出为社会大众所认可的生活用品或生产资料为基本途径，因此，必须高度重视标准化、可重复性。只有实行标准化生产，才能提高生产效率、服务效率和经济效益；只有可重复性生产才能持续不断地提供和满足日益增长的社会需求，发挥产业系统的社会经济功能。

在现代社会化大生产中，标准化是一个十分重要的概念，正是因为标准化，生产活动的可重复才成为可能，在某种意义上，标准化和可重复性是对一个概念的不同阐释。今天，人们越来越形成一个共识，标准化是促进生产技术进步的重要手段。现代社会化的大生产规模越来越大、技术要求越来越高、分工越来越细、协作越来越广泛，要把为数众多的部门相互有机地组织起来，获得最佳的社会经济效益，标准化是重要途径。

标准化的源头就是工程活动在创造新的存在物时，所制定的符合科学理论、自然条件、技术水平、社会价值等要素的复合性技术规定。

6　工程思维方式的基本性质和主要特征

6.1　工程思维的科学性

在工程思维与科学思维相互关系问题上，一方面，必须承认两者有密切联系；另一方面，又要承认两者有区别。

有些实际工作者忽视现代科学理论对工程思维的指导作用，认为“抽象”“空洞”的理论与工程实践风马牛不相及，是“两回事”，在他们的心目中，只有经验才是最重要的，科学是可有可无的，这种认识否认了科学性在现代工程思维方式中核心地位的观点显然是不对的。另外，有些人简单化地认为“工程是科学的应用”，这种观点实际上是有意无意地把工程思维“归结为”或“还原为”科学思维，这种观点也是不恰当的，不符合实际的。

“工程思维具有科学性”这个命题绝不意味着承认工程思维是科学思维的一个“子集”或科学思维的一种“特殊表现形式”。

从逻辑上看和从语义分析上看，承认“工程思维是具有科学性的思维”和承认“工程思维和科学思维是两种性质不同的思维方式”两者是没有矛盾的。

从理论角度看，工程活动是技术要素和非技术要素的“集成”，而所谓“集成”，其核心含义就意味着它既不是简单的归纳又不是逻辑的演绎。

工程思维和科学思维的联系主要表现在两个方面。从“正”的方面看，科学思维为设计师和工程师的工程思维提供了一定的理论指导和方法论的启发。这种科学理论的指导或引导作用在“高科技工程”领域得到了最突出和最充分的表现。从“负”的方面看，科学规律为设计师和工程师的工程思维设置了对于工程活动中存在“不可能目标”和“不可能行为”的“严格限制”。

工程思维与科学思维的区别突出地表现在以下几个方面。

首先，工程思维是价值定向的思维，而科学思维是真理定向的思维。科学思维的目的是发现真理、探索真理、追求真理，而工程思维的目的是满足社会需要、创造更大的价值（包括各种社会价值和生态价值在内的广义价值而不仅是狭义的经济价值）。

第二，工程思维是与具体的“个别对象”联系在一起的“殊相”思维，而科学思维是超越具体对象的“共相”思维。科学思维以发现普遍的科学规律为目标，这就决定了它是以“共相”（普遍性、共性）为灵魂和核心的思维。

第三，从时间和空间维度看，工程思维必然是与思维对象的具体地点和具体时段联系在一起的思维，即具有“当时当地性”特征的思维；而科学思维则不受思维对象的具体时间和具体空间约束，即具有对“具体时空”的“超越性”。

6.2　工程思维的逻辑性与“艺术性”

工程思维必须有逻辑性。艺术家在进行文艺创作时，他们的思维是可以“不顾逻辑”的，小说和电影中出现的许多违背逻辑的情节有时甚至会大受文艺批评家的赞赏。

可是，从另外一个方面分析和研究工程思维方式的特点，又会发现工程思维与艺术思维也有相同之处，工程思维中也有堪称“艺术性”的方面。

工程思维的艺术性不但表现在工程思维需要有想象力上，更表现在工程思维常常需要工程的决策者、设计师、工程师表现出“思维个性”、追求“工程美”上面。正像艺术家思维的“（艺术）个性”是艺术活动的“艺术性”的核心一样，卓越的设计师在工程思维中往往也要闪耀出“（设计）个性”的火花和光辉。

6.3 工程思维的运筹性和集成性

在工程活动中，工程活动的主体需要运用一定的工程设备、通过一定的工艺流程或一定的工程手段才能实现工程活动的目标。

工程目的是必须通过操作才能变成现实的，离开了实际的作业和操作，工程过程就只能停留在图纸阶段而不能把图纸变成现实。由于操作是工程活动的基本内容，这就使工程思维成为了“目的－工具性”思维、“设计－运筹性”思维，这使它与“原因－结果性”“反映－研究性”的科学思维有了很大不同。

由于工程活动是技术因素、经济因素、管理因素、社会因素、审美因素、伦理因素等多方面的集成，这就决定了工程思维也必然是以集成性为根本特点的思维方式。集成性的成功和失败往往成为决定工程思维成败的首要关键。

6.4 工程思维的可靠性、可错性和“容错性”

任何工程都是具有一定程度的风险性的，世界上不可能存在没有任何风险的工程。工程活动当然要寻求成功，可是工程活动却有可能暗藏着失败的因素，因此，在工程思维中必然要涉及可靠性、可错性和“容错性”。

由于客观方面存在着许多不确定性因素，再加上主观方面人的认识中必然存在一定的缺陷和盲区，这就使工程思维不可避免地要有应对风险性和不确定性的思维。工程决策者、设计者、管理者必须对此保持清醒的认识，要有防范意识，并高度注意工程的可靠性。

工程思维也应是具有可错性的思维。工程思维必须面对可能出现的可错性和安全性、可靠性的矛盾，在工程设计、工程构建和工程运行中如何将这对矛盾统一起来，这就成为了推动工程思维方式发展的一个内部动因。这个矛盾从一定意义上看是永远也不能完全解决的，但工程思维却“执意”地、坚持不懈地企图找出一条尽可能好的处理这个矛盾的方法和途径。

为了提高工程思维和工程活动的可靠性，设计工程师和生产工程师往往要加强对工程“容错性”问题的研究。所谓“容错性”就是指在出现了某些错误的情况下工程系统仍然能够继续“正常”地运行。

“容错性”概念正是设计工程师和生产工程师在研究可靠性和可错性的对立统一关系中提出的一个新概念，而“容错性”方法也已经成为了设计工程师和生产工程师为提高工程的可靠性、体现工程的可错性而经常采用的一个重要方法。

7 工程超越与哲学超越——工程哲学应运而生

工程是人类为了维持生存、繁衍，为了建设“家园”，更为美好地“生活”而进行的实践活动，是人类智慧的凝聚和所追求“理想”的一种体现。从总体上看，工程的内涵包括工程理念和一系列决策、设计、构建和运行、管理等活动的组织、集成性过程，其结果又往往体现为特定形式的技术集成体（图6）。从哲学角度上看，工程成果的核心标志往往是构筑一个新的存在物，即在一定边界条件下优化构建起来的集成体。

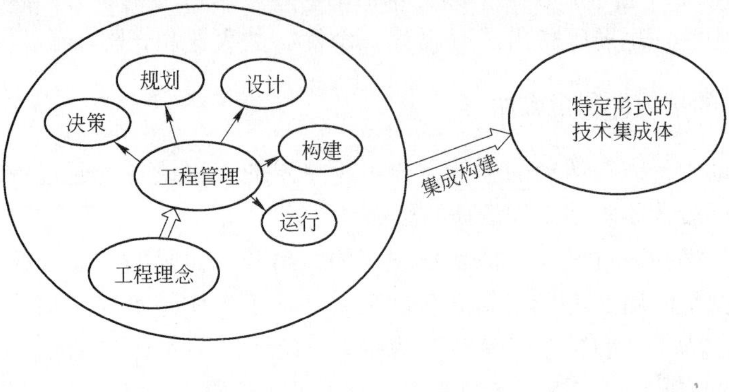

图6　工程的内涵

在我国社会经济的发展进程中，要高度重视对工程的研究。实践已经证明：从科学发现、技术发明到市场、商品，从知识转化为直接生产力、现实生产力，其关键在工程化的集成与构建，在于通过工程化环节实现产业化。这是解决科技与经济建设两张皮的纽带，也是自主创新的主战场。

从“思维与现实”的关系看，科学、工程、艺术对应着“发现”“集成”“想象”的思维，表达了三种不同类型的“思维”与“现实”的关系（表1）。科学“发现”集中体现了思维与现实的“反映性”关系；工程“集成”集中体现了从思维出发去构建新的现实，是“构建性”关系；艺术“想象”集中体现了通过思维去虚构某些图景，是“虚构性”关系。工程思维与现实世界相互关联的核心是“设计性”和“实现性”的关系，工程思维的突出特点是“集成创新性”和“集成构建性”。

表1　科学－工程－艺术对应的“思维特征”及其与现实的关系

项　目	科　学	工　程	艺　术
思维特征	发现	集成	想象
表现形式	理论	实体	作品
思维－现实关系	反映性	构建性	虚构性

可见，在认识工程的过程中，人们可以读出自然，读出人生，读出社会，读出“知行合一”“和谐发展”“和谐生存”的辩证关系。

哲学是在人们对自然、对社会以及对人自己的认识，进行刨根问底、反复追问、追求理想的过程中产生的。理想是对现实的反问，是对未来目标的向往或追求。在新世纪的背景下，要思考哲学，工程应是一块新疆域，一层新境界。工程应是哲学思考的重要对象之一。而对工程而言，急需要用哲学的思维来武装和提升。因为哲学的一个重要目标是思考或展示未来“生活”的新境界；而工程的一个基本宗旨，就是努力构建和实现未来“生活”的新境界。从这一意义上讲，哲学的超越和工程的超越是存在着许多交集和并集的，因此，工程需要哲学，哲学要面向工程，工程界与哲学界互动，工程哲学应运而生。

科学发展观与工程哲学

——“工程哲学”系列学术活动及其持续深化

在人类发展过程中，工程是直接生产力，推动着社会发展。工程活动是现代社会存在和发展的基础，它不但涉及工程与科学、技术之间的关系，而且也涉及人与自然的关系、人与人的关系、人与社会的关系。因此，在工程活动的过程中，充满着工程管理。工程管理学部成立后不久，院士们感到有必要加强工程管理过程中的基础理论研究。有感于工程活动中内在地存在着许多深刻、重要的哲学问题，特别需要以哲学思维来把握工程活动的本质和规律，并以此来引导工程管理、工程思维，由此取得了开展工程哲学研究的共识。

工程哲学是21世纪以来国际上研究的新领域、关注的新热点，我国哲学界、工程界、教育界比较早地研究了这个新方向。自2004年以来，中国工程院先后组织了有关院士和自然辩证法研究会的哲学家合作开展了一系列以工程哲学为主题的理论研究和学术活动，重点研究了4组问题：(1) 如何认识和把握工程的本质和特征；(2) 工程创新及其在国家创新体系中的位置；(3) 工程理念、工程观和工程思维；(4) 工程的演化特征和工程演化的动力、机制和路径。得出了10条基本观点：

(1) 工程哲学是沟通工程和哲学的桥梁；

(2) 科学、技术、工程是三种不同类型的人类活动，三者既有本质区别同时又有密切联系；

(3) 工程位于“科学－技术－工程－产业－经济－社会”的“知识链条”和“知识网络”的中心位置，工程是知识转化为现实生产力过程中的关键环节；

(4) 工程是直接生产力，工程创新是创新活动的主战场，工程架起了科学发现、技术发明与产业发展之间的桥梁；

(5) 在工程实践中，既要重视突破性的工程创新，也要重视渐进性的工程创新；

(6) 工程理念和工程观是人们关于工程活动所形成的总体观念和基本观点，渗透到工程活动的全过程，深刻影响工程战略、工程决策、工程运行和工程管理；

(7) 要高度重视工程思维和工程方法问题；

(8) 工程是不断演化的，必须深入研究和揭示工程的演化动力、机制、路径；

(9) 理论联系实际是研究工程哲学的灵魂；需要把工程哲学的新观念落实到工程教育和工程人才的培养过程中；

(10) 工程应以为公众服务为目的，因而，应该让公众理解和参与工程。

在合作研究的同时，先后举行三场工程科技论坛分别为：(1) 2004年12月在北京举办的“工程哲学”(工程科技论坛第33场)。此次论坛是旨在向学界介绍工程哲学的研究与发展，让社会更多的人了解工程哲学、关注工程哲学。指出工程是直接生产力、现实生产力，工程活动是经济建设的主战场。工程的特征是“集成与构建”，这有别于科学和技术。工程将直接与自然、社会、人发生联系，工程改变着世界。深入认识工程活动的本质和发展规律十分必要。在这次会议上，院士、专家们一致呼吁要重视工程哲学研究，落实科学发展观。(2) 2005 年 9 月在上海举办的“科学发展观与工程哲学”(工程科技论坛第 39 场)。时任院长徐匡迪院士出席会议并做了重要讲话。此次论坛旨在提高工程界哲学思维的能力和素质，促进工程哲学的发展，普及工程哲学的思想，树立工程的新理念。(3) 2007 年 7 月在西安举办的“工程哲学与和谐社会建设”(工程科技论坛第 64 场)。论坛期间经过三年研究撰写的《工程哲学》一书举行了首发式。此外，2007 年 11 月 5 日，中国工程院、中国科协和中国自然辩证法研究会在北京联合举办了工程与工程哲学研讨会。徐匡迪院长、邓楠书记、周济部长在研讨会上分别致辞。会议主要围绕贯彻落实十七大精神，探讨了工程与工程哲学、工程哲学与科学发展观、工程哲学与工程教育、工程哲学与新型工程师培养等重大理论和实践问题。为了推进工程哲学的研究在我国的深化与普及，中国工程院工程管理学部还组建了《工程哲学》讲师团，赴部分企业、高校宣讲《工程哲学》，并结合实际组织研究与讨论。四次宣讲会分别在大庆油田、宝钢集团、中国石化工程建设公司、长江三峡集团公司举办。宣讲活动受到了企业和工程界的热烈欢迎，得到了很高的评价，取得了期望的效果。此外，有的院士还在北京、上海、香港、沈阳、哈尔滨、南京、唐山、合肥等地的高校举办了专题报告会，产生了强烈反响。

中国工程院开展的一系列以工程哲学为主题的学术活动。一方面在工程哲学的学科建设方面取得了开创性进展，在工程界和哲学界产生了较大的反响，为此，中国自然辩证法研究会也给予高度重视，专门成立了工程哲学委员会，每两年有一次全国性的学术活动，推动了工程哲学的研究；另一方面工程管理学部组织的多次以工程哲学为主题的论坛和研讨会，积累了大量的工程哲学研究成果，并在有关院士、专家近三年的潜心研究下，于 2007 年 7 月出版了《工程哲学》一书，该书为我国的工程活动、工程管理的理念和工程建设提供了科学的认识论、方法论，为切实搞好各种工程特别是重大工程具有一定的指导意义。该书出版后，受到了很多工程科技工作者的欢迎，也引起了很多企业管理者的重视。该书由于企业、高校的需要，迅速进行了第二次印刷。

工程哲学的研究得到了中国工程院领导和院士们的高度重视和大力支持。在我国工程哲学的兴起和发展过程中，中国工程院领导（宋健、徐匡迪、周济等）和中国自然辩证法研究会的领导（朱训等）高度重视并支持了工程哲学的研究工作。徐匡迪院长两次出席论坛并发表重要讲话，同时对《工程哲学》一书的写作给予了大力指导，并亲自撰写了长篇序言。工程管理学部一直将工程哲学研究作为学部的理论探索和基础建设，共有 26 名院士（包括工程管理学部院士 21 名，其他学部及科学院院士共 5 名）积极支持并直接参与工程哲学的理论研究和案例研究以及工程论坛等方面的学术活动，体现出了高度的积极性和责任感，现正在进一步拓展工程演化规律的理论和案例研究。

科学发展观中的工程哲学*

在人类发展过程中，工程是直接生产力，推动着社会发展。工程活动是现代社会存在和发展的基础，它不但涉及工程与科学、技术之间的关系，而且也涉及人与自然的关系、人与人的关系、人与社会的关系。因此，在工程活动的过程中，充满着工程管理。

工程哲学是21世纪以来国际上研究的新领域、关注的新热点。我国哲学界、工程界、教育界比较早地研究了这个新方向。在我国工程哲学发展进程中，中国工程院成为了一支最重要的推动力量。1994年中国工程院成立后，于2000年成立了工程管理学部。管理学部成立后，院士们感到必须加强对工程和工程管理问题的基础理论研究。由于工程活动中必然内在地存在着许多深刻、重要的哲学问题，认识工程活动的本质和规律离不开哲学思维，由此取得了对开展工程哲学研究的共识。

在工程哲学的兴起和发展过程中，中国工程院领导（宋健、徐匡迪、周济等）和中国自然辩证法研究会的领导（朱训等）高度重视和大力支持了工程哲学的研究工作。在最近几年中，我们主要通过以下4种方式大力开展和推进我国工程哲学的进展。

一是召开各种形式和类型的学术会议。2004年，中国工程院管理学部召开了工程哲学高层研讨会。这次会议在我国工程哲学发展进程中发挥了重要作用和影响。从2004年起，在工程院的工程科技论坛系列中多次召开“工程哲学”报告会，使其成为了总结工程哲学研究最新进展、推进我国工程哲学不断进步的重要方式。与上述报告会相呼应和相配合，我们还召开了四届全国性学术研讨会（今后将每两年召开一次全国性学术会议）。

二是通过科研项目和出版学术著作推动基础理论研究。2004年中国工程院立项研究“工程哲学”，于2007年出版了学术著作《工程哲学》。2008年起，中国工程院立项研究“工程演化论”，出版“同名”的学术著作。这两个课题的研究和两本学术著作的出版，最集中地反映了我国工程哲学的最新进展和在此领域达到的理论水平。

三是组织学术团体，推动工程哲学研究的制度化进程。

四是努力推动工程哲学的传播和普及。中国工程院组织的院士和自然辩证法研究会的哲学家合作开展了一系列以工程哲学为主题的理论研究和学术活动重点研究了四组问题：如何认识和把握工程的本质和特征；工程创新及其在国家创新体系中的位置；工程理念、工程观和工程思维；工程的演化特征和工程演化的动力、机制和路径。得出了10条基本观点：

（1）工程哲学是沟通工程和哲学的桥梁。

（2）科学、技术、工程是三种不同类型的人类活动，三者既有本质区别同时又有密切联系。

（3）工程位于“科学—技术—工程—产业—经济—社会”的“知识链条”和“知

* 原发表于《中国科技奖励》，2011（5）：6~7。

识网络”的中心位置，工程是知识转化为现实生产力过程中的关键环节。

（4）工程是直接生产力，工程创新是创新活动的主战场，工程架起了科学发现、技术发明与产业发展之间的桥梁。

（5）在工程实践中，既要重视突破性的工程创新，也要重视渐进性的工程创新。

（6）工程理念和工程观是人们关于工程活动所形成的总体观念和基本观点，渗透到工程活动的全过程，深刻影响工程战略、工程决策、工程运行和工程管理。

（7）要高度重视工程思维和工程方法问题。

（8）工程是不断演化的，必须深入研究和揭示工程的演化动力、机制、路径。

（9）理论联系实际是研究工程哲学的灵魂，需要把工程哲学的新观念落实到工程教育和工程人才的培养过程中。

（10）工程应以为公众服务为目的，因而，应该让公众理解和参与工程。

在合作研究的同时，先后举行三场工程科技论坛。2004 年 12 月，在北京举办的第一届全国工程哲学年会旨在向学界介绍工程哲学的研究与发展，让社会更多的人了解工程哲学、关注工程哲学。会上指出，工程是直接生产力、现实生产力，工程活动是经济建设的主战场。工程的特征是“集成与构建”，这有别于科学和技术。工程将直接与自然、社会、人发生联系，工程改变着世界。深入认识工程活动的本质和发展规律十分必要。在这次会议上，院士、专家们一致呼吁要重视工程哲学研究，落实科学发展观。2005 年 9 月，在上海举办的科学发展观与工程哲学论坛，旨在提高工程界哲学思维的能力和素质，促进工程哲学的发展，普及工程哲学的思想，树立工程的新理念。2007 年 7 月，在西安举办的“工程哲学与和谐社会建设”。论坛期间为经过三年研究撰写的《工程哲学》一书举行了首发式。

此外，2007 年 11 月 5 日，中国工程院、中国科协和中国自然辩证法研究会在北京联合举办了工程与工程哲学研讨会。会议主要围绕贯彻落实十七大精神，探讨了工程与工程哲学、工程哲学与科学发展观、工程哲学与工程教育、工程哲学与新型工程师培养等重大理论和实践问题。为了推进工程哲学的研究在我国的深化与普及，中国工程院工程管理学部还组建了工程哲学讲师团，赴部分企业、高校宣讲工程哲学，并结合实际组织研究与讨论。

中国工程院开展的一系列以工程哲学为主题的学术活动。一方面在工程哲学的学科建设方面取得了开创性进展，在工程界和哲学界产生了较大的反响，为此，中国自然辩证法研究会也给予高度重视，专门成立了工程哲学委员会，每两年举办一次全国性的学术活动，推动了工程哲学的研究；另一方面工程管理学部组织的多次以工程哲学为主题的论坛和研讨会，积累了大量的工程哲学研究成果，并在有关院士、专家近三年的潜心研究下，于 2007 年 7 月出版了《工程哲学》一书，徐匡迪亲自撰写了长篇序言，该书为我国的工程活动、工程管理的理念和工程建设提供了科学的认识论、方法论，为切实搞好各种工程特别是重大工程具有一定的指导意义，受到了很多工程科技工作者的欢迎，也引起了很多企业管理者的重视。

工程管理学部一直将工程哲学研究作为学部的理论探索和基础建设内容，共有 26 名院士积极支持并直接参与工程哲学的理论研究、案例研究以及工程论坛等方面的学术活动，体现出了高度的责任感，现正在进一步拓展工程演化规律的理论和案例研究。

工程与工程演化*

工程活动是人类依靠自然、适应自然、认识自然和适度改变自然，构建美好家园、不断提高生活的实践活动。在人类的发展史中，工程一直是直接生产力。因此，工程发展史就是直接生产力发展的历史，工程演化论就是关于生产力演化的理论。

1 关于工程

工程是人类有组织、有计划利用各种资源和相关要素创造和构建人工实在的实践活动。

1.1 工程的本质和工程活动的标志

工程的本质可以被理解为利用各种资源与相关基本经济要素，构建一个新的存在物的集成过程、集成方式和集成模式的统一。

这可以从3个方面解析：第一，工程是各种要素的集成方式，这种集成方式是与科学相区别、与技术相区别的一个本质特点。第二，工程所集成的要素是包括了技术要素和非技术要素（主要是基本经济要素）的统一体，这两类要素是相互作用的，其中技术要素构成了工程的基本内涵，非技术要素也是工程的重要内涵。两类要素之间是相互关联、相互制约、相互促进的（图1）。第三，工程的进步既取决于基本内涵所表达的科学、技术要素本身的状况和性质，也取决于非技术要素所表达的一定历史时期社会、经济、文化、政治等因素的状况。

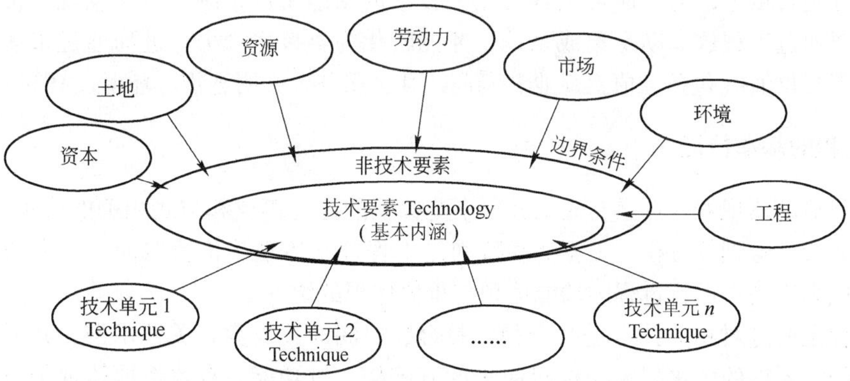

图1　工程活动的要素及其系统的构成

社会、经济发展不能脱离物质性的工程活动。工程活动有两端，一端是自然（包

* 此文为殷瑞钰在长沙工程哲学年会上所作的报告。

括资源等）与知识，另一端是市场与社会。工程立足自然，运用各类知识，实现市场价值（经济效益）和社会价值（和谐发展、可持续发展）（图2、图3）。

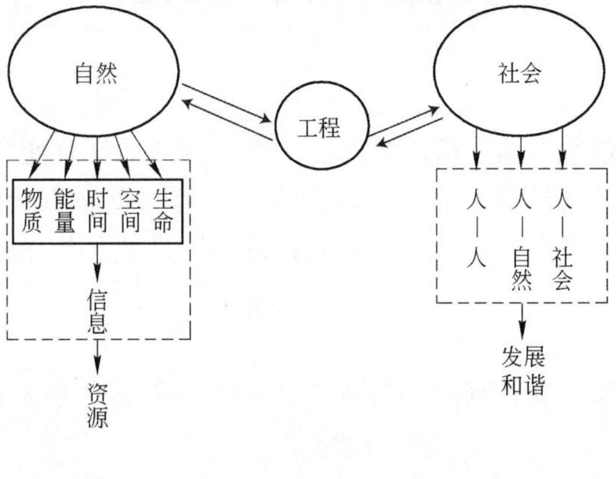

图2　工程与自然、社会的关系

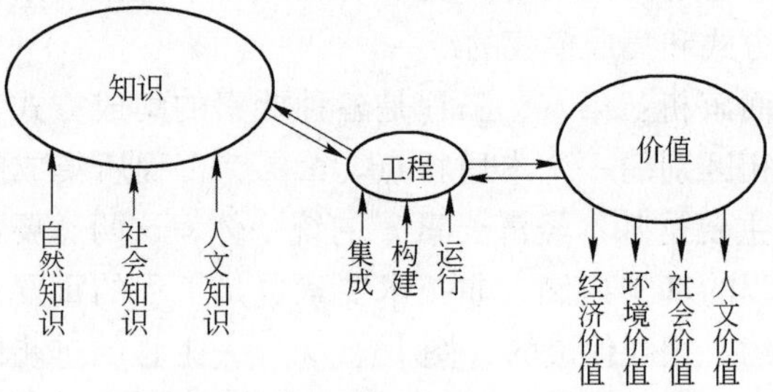

图3　知识通过工程产生价值

工程是直接生产力，而且是各类相关技术的动态集成系统。科学发现、技术创新一般都要通过工程这一动态集成系统，才能转化为直接生产力，进而通过市场、通过社会体现其价值（包括增值、就业、利润、社会服务、文明进步、环境友好等）。

1.2　工程的基本特征

工程活动体现着自然界与人工界要素配置上的综合集成和与之相关的决策、设计、构建、运行、管理等过程。工程活动特别是工程理念体现着价值取向。工程的特征是工程集成系统动态运行过程的功能体现与价值体现的统一。

工程是经过对相关技术进行选择、整合、协同而集成为相关技术群，并通过与相关基本经济要素的优化配置而构建起来的有结构、有功能、有效率地体现价值取向的工程系统、工程集成体。工程功能的体现应包括适用性、效率性、可靠性、安全性、环保性等价值。工程体现了相关技术的动态集成运行系统，技术（特别是先进技术）往往是工程的基本要素。

技术的本质可以理解为对客观事物运动机理的理解和经过巧妙构思的再加工，从而获得的“工具性”手段，并实现与价值目标的统一。技术的性质包括了创造性、创新性、发明性、诀窍性、有效性、稳定性等。技术和工程都不是唯真理导向的，两者都存在着权衡、选择、构建、运行、演化等出自价值目标的导向。现代技术、现代工程需要基础科学、技术科学和工程科学的支撑和导向。

科学的本质则可以理解为对各类事物及其运动的本质、构成、运动规律的探索、发现并追求和真理的统一，科学不一定是唯价值导向的。在现代，科学（特别是“工程科学”）对工程的推动是重要的，其推动的机制和作用也有一个历史发展的过程……

在知识经济社会中“研究和开发”（R&D）的作用成为了一个核心性的问题。所谓“研究和开发”，其基本性质既不同于那些“一般性的基础科学研究”，也不同于那些“脱离市场前景的发明专利申请”。在知识经济社会中研发（R&D）应是工程价值和市场定向相结合的技术性、经济性和社会性的先导活动或推动过程。

1.3 对“工程”模型的思考

工程是在特定自然和社会条件下，相关技术群和诸多基本经济要素组合–集成在一起的系统。其中，技术集成系统体现着相关的、但又功能不同的异质技术群（不同的技术模块）通过动态–有序的集成过程所形成的特定结构及其动态运行的特征；而且，这一特定的技术集成系统必须要与特定的自然、社会条件下诸多经济基本要素（例如资源、土地、资本、劳动力、市场、环境等），互相协同作用，并通过构建和运行，形成工程系统并产生特定的、预期的功能和价值。

从图4可以看出：工程是以一系列相关的但又功能不同的技术模块集成起来的，技术模块及其动态–有序的集成系统对工程起着基本要素的作用；然而，技术集成系统必须和基本经济要素合理地配置在一起，并通过互动–协同–集成–演进等过程才能形成功能，产生价值，进而对自然、对经济、对社会产生正面影响或是负面影响。

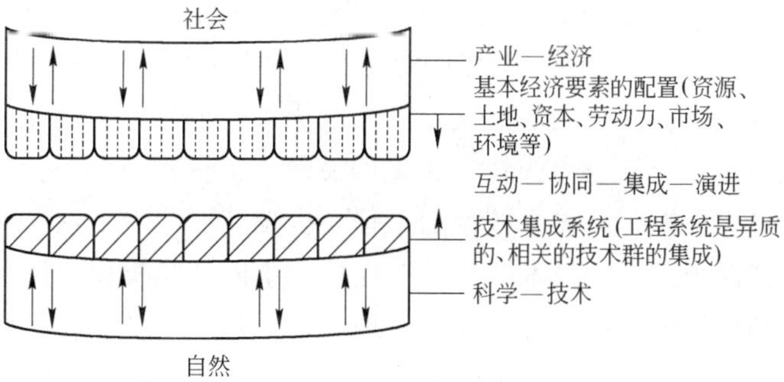

图4 工程的内涵及其要素与集成

在“工程”的模型构建的过程中，其逻辑程序应包括：确立正确的工程理念—建立符合时代需要集成理论与方法（集成优化和演变创新）—设计与构建（结构–效率–功能的获得并优化）—动态运行与管理（多目标的优化选择与权衡）—开展生命周期评估—深化工程对自然—社会环境的适应性与演变性的认识（拓展正面影响，避免负面影响）。

现代工程的理念，应体现自然–人–社会之间和谐发展，包括自然–工程–社会之间可持续发展。

工程与工程演化体现着：

——价值与战略的取向；

——具体发展路径的选择与取舍；

——对自然－社会－人文系统的适应性、选择性和进化性。

1.4　工程中的技术要素

从工程的构成模型中，可以看到工程与技术的区别和相互之间的复杂关系，因而有必要对工程中的技术要素进一步讨论。

（1）技术是工程的基本要素。工程和技术密切相关。技术是工程活动的专业组成要素（基本内涵），若干技术的系统集成便构成了工程的基本形态。工程是集成建构新的存在物的活动或结果，是不同形态的技术的系统集成，是核心专业技术和相关支撑技术的有序集成。技术一般存在于一定的物化过程或者工程构建、运行过程中。

技术作为工程的专业组成要素具有以下特点：第一，个别性、局部性。技术总是工程中的一个子项或个别因素。第二，多样性、异质性。工程中诸多技术有着不同的性质，起着不同的作用，它们之间往往存在着不同的功能，可以说，在工程（系统）中诸多技术就功能而言具有多样性和异质性。第三，不可分割性。不同的技术作为工程构成的基本单元，在一定的环境条件下，以相互关联、不可分割的集成形态构成工程整体。技术只有有效地、合理地“嵌入”到工程系统中去，才能得到有效应用和发展，并对工程系统的结构进化、升级发挥推动作用。

技术作为构成工程的基本单元而言，对其无限分解并非完全必要，在一定时限范围内或在一定环境条件下，技术对工程而言，重要的是在于有序、有效的合理集成，并形成一个有效的结构－功能形态。

（2）工程是相关技术模块群的优化集成。构成某一工程的诸多技术模块之间有核心专业技术和相关支撑技术之分。工程作为技术模块群的集成体具有以下特征：第一，集成统一性。工程是诸多技术模块及其相互关联中产生的整体，因此，不管在相对于工程存在的环境还是相对于技术模块群关联的系统，工程都以统一体出现。第二，协同性、功能性。世界上没有“无”技术的工程，也没有“只有一项”技术的工程，工程至少是由两个或两个以上的技术模块整合而成，不同技术模块之间具有相互协同关系并形成一定的结构形式，在运行过程中体现其协同性、功能性。第三，相对的结构稳定性。工程是相关的、异质的技术模块群的有序、有效集成，工程不是几个技术模块的简单加和，而是有相对稳定的结构的，工程的结构及其整体运行功能在一定条件下必须具有相对稳定性。

工程是对诸多相关的、异质的技术的优化集成。对工程而言，技术是基本内涵，十分重要，但是，工程活动不能理解为单纯的技术活动，而是技术与社会、经济、文化、政治及环境等因素综合集成的产物，它体现着自然科学知识、社会科学知识以及人文学科知识综合集成和建构的过程和活动。

相对于工程而言，技术活动是“工具性”“手段性”的，其任务是发明一项方法，创制一种工具，创造一种手段等，技术是工程的基本要素。工程活动是一种集成、综合性的活动，把各种技术手段集成起来，组织构建一类动态运行系统及其运行程序，获得一种特定的工程结构去实现整体性的功能。工程是相关技术模块群的优化和集成。

1.5 工程与产业

现代化的产业形态是建立在各类专业技术、各类工程系统基础上的各种行业性的专业生产系统或社会服务系统。工程与产业的关系是既相区别又相联系的。

产业可以理解为同类工程、相关工程及其市场领域的集合。工程则是产业系统的组成单元或基础。

（1）工程是产业发展的基础。在当今世界，工程活动已经成为现代社会生产实践活动乃至生活过程的主要形式。现代工程活动具有大规模、巨系统、中长期、高投入、高科技含量的特点（例如大型工、矿企业，交通运输系统，通讯、信息系统等），往往会对自然生态环境和社会生活方式产生重大影响，工程活动已经成为国民经济发展和社会文明发展的基本内容，同时，工程也构成了产业发展的基础和组成单元。

国民经济中的产业活动大多表现为工程建造与工程运行的过程和结果。某种类型的工程建造和运行形式表现为相应的产业形态，甚至还可以培育并发展为某种新型的产业。产业的特征往往以工程活动的内涵为表征（例如冶金工业、化学工业、机械工业、石油工业、纺织工业、交通运输业等），通常包含了产业工程设计、制造活动、运行活动、服务活动、市场活动等在内的、系统的生产和服务活动。工程活动作为一种产业活动是国民经济的基本架构。工程活动的质量、水平和规模、效率表征着产业发展的程度和竞争能力。

工程活动作为产业发展的基础，它不仅支撑着产业生存、发展，还进一步推动着经济结构的升级换代，深刻地影响着人类生活的各个方面，塑造了现代文明的基本特征。

（2）产业生产、运行是标准化、可重复运作的工程活动。现代社会化大生产的规模越来越大、技术要求越来越高、分工越来越细、协作越来越广泛，要把为数众多的环节、部门相互有机地组织起来，获得最佳的社会经济效益，标准化是不可或缺的必由之路。

在现代社会化的工程活动中，标准化是一个十分重要的概念，正是因为标准化，诸多工程所进行的生产、运行的可重复性和效率提高才得以广泛实现，在某种意义上，标准化和可重复性是对一个概念的不同阐释。今天，人们越来越形成一个共识，即对当代工程和产业而言，标准不仅是促进工程、技术进步的重要手段，而且取得对标准研究、制定的控制权已成为国际竞争和占领产业制高点的一项工作，标准的制定往往引导着产业发展的方向和路径。

标准化的源头就是工程活动在构建新的存在物时，所制定的符合科学理论、自然条件、技术集成要求、社会价值等要素的统一性、复合性的技术规定。因此，在工程活动中要高度重视标准化和工程设计规范化。

2 关于演化

2.1 演化的概念和定义

存在与演化是不可分割的。演化论认为自然界“不是既成事物的集合体，而是过程的集合体。”演化是不能脱离过程的。实际上，演化就意味着过程。演化过程不仅涉及物质、能量、生命以及相应的信息，还关联到时间-空间等因素；进一步讲，过程是有边界条件的。在边界条件（外界环境）发生变化并达到一定临界状态后，演化过程将加速、减慢或停止。因此，演化必然与环境有关。一般而言，当边界条件（外部环境条件）相对稳定时，演化过程的形式大多是渐进式的，而在边界条件（外部环境条件）发生变化而且达到某一临界值时，演化过程的形式有可能是突变或跨越式的。

对演化概念的理解是基于运动、要素、过程、系统、边界条件、功能、效果以及理念等关键词。演化的定义可以理解为从一种存在形态向另一种存在形态的转化过程。演化是一种活动过程，演化源于万物诸事都有运动的本性，运动必然是过程，运动必然联系到一些要素（或是基本参数），特别是时间 - 空间参数。在一定环境条件的促进/制约下,事物（系统）运动的过程中将各种相关要素以新的方式集成（集合）起来，构成另一种有序、有效的系统（事物），而新的有序、有效的系统，具有特定的结构、性质并发挥特定的功能，产生特定的效果。由于功能、效果不同，这些系统（事物）必然要面对人工选择或是自然选择，从而决定其生存、发展或淘汰、灭绝。

在研究演化的过程中，人们对演化的认识也随之发生演化。对演化概念、内涵、定义等认识在逐步深化、丰富并进行集成、归纳，拓展为不同领域的演化研究。

2.2 演化过程及其特征

从历史的、宏观的角度上看，事物的演化过程具有连续性和不可穷尽性。各类事物演化过程始终在不断进行着，而且将不断地延展出去，具有总体的宏观连续性。这也可以认为是“发展原则”。

正如恩格斯在谈到历史的发展时指出的：“我宁愿把历史比作信手画成的螺线，它的弯曲绝不是很精确的。历史从看不见的一点徐徐开始自己的行程，环绕着这一点缓慢地盘旋移动”。他还指出：“自然界不是循着一个永远一样的不断重复的圆圈运动，而是经历着实在的历史。”恩格斯在这里指出的：“它的弯曲不是很精确的”，而且“不是循着一个永远一样的不断重复的圆圈运动，”这些观点确切地描述了这种宏观连续性的特点——既有连续性又有转折性，即有时由于外界环境条件的变化而使渐进的、连续的演化过程中出现某种类型的“拐点”。其实也意味着事物在历史的宏观发展（演化）过程中，存在着连续与非连续的统一。

从具体物质的、逻辑的角度上看，演化过程具有连续性和非连续性在特定环境下统一的特征。即事物演化过程既有连续性，例如表现为遗传性、继承性和渐进性；又有非连续性，例如表现为变异性、突变性和跃迁性。这是由于事物发展演化的动力是事物内部的矛盾运动和/或事物（系统）和外部环境条件相互对立矛盾不断地斗争（相互作用、相互影响等），而导致相互转变或向更高形式转变才推动事物（系统）的演化和发展。这可以被认为是“物质统一原则”。

可见，演化过程中连续和非连续是在特定外界环境条件下的统一，既取决于事物（系统）的内因（自重组），又取决于外因（环境对事物的选择和事物对环境的适应）。在某种意义上看，这也是“发展原则”（竞争、演变）和“物质统一原则”（选择、适应）相结合所产生的结果。

3 工程演化

工程作为一个人工系统在其历史发展进程中充满着演化的过程。

3.1 工程演化的历史脉络

人类社会的演进与生产力发展（工程演化的标志）之间有着密切的关系。不同社会历史时期的劳动目的、劳动对象、劳动工具、劳动方式、劳动组织，特别是生产力、生产关系发生了明显的变化、演进，同时也出现了相应的淘汰落后过程。从人类社会的生产力发展进程——工程演化过程来看，在原始社会、农业社会，由于当时生活、生产的需要，人们主要集中在解决工具问题（例如从石制工具，到青铜工具，再到铁制工具），实际上是解决初级材料的生产问题，而该时期的动力就是人力和畜力，因此生产方式只能是以农业和手工业为主的小规模生产。产业革命以蒸汽机的发明为标志，解决了几十马力、几百马力动力源的获得问题，促进了大规模工业生产方式的形成，带动了纺织、机械制造、铁路、造船、钢铁、桥梁、运河开凿、水坝建设、化工、房屋建筑等工程体系的发展……实际上是以动力工程的突破，带动了金属材料、化工材料、建筑材料、矿业资源开发、油气资源开发、交通运输和相关的机械制造等物质性工程和产业的蓬勃发展。

在物质材料、动力能源的工程和技术得到较好的发展的基础上，需要解决的信息问题、系统问题就相应突现出来了。电子计算机的发明、发展和广泛应用引起了信息革命，带动了通讯工程、网络化工程、数字化工程以及与之相关的新能源工程、新材料工程的发展。进而将进一步导致生物信息、生命工程的蓬勃发展，生物工程、基因工程、新医药工程等新型工程、新兴产业正孕育着巨大的生产力发展前景。

在人类社会发展进程中，物质性工程演化过程经历了由以工具－材料性工程为主要引领的工程推动阶段，到以动力－能源性工程为主要引领的工程系统推动阶段，再到以信息－网络性工程为主要引领的工程系统推动阶段，并又正在进入以生命－智能性工程为主要引领的工程系统推动阶段。当然，这只是一个工程、产业演化的发展脉络，实际上在每一时期，与物质材料－动力能源－信息－生命等相关的工程之间都是有不同程度、不同形式的发展，并且是相互需要、相互促进、相互制约的；例如机械工业、造船工业、铁路运输工业的发展，相应也促进了对钢铁产量的需求和钢材质量的提高，内燃机、汽车、航空等工业的兴起，对石油工业的发展有着强烈的拉动作用……只不过是在不同历史时期内它们之间相互关系、相互促进、相互制约的程度、方式和引领带动的关系有所不同而已。

3.2 工程演化和技术进步

纵观物质性工程的演化脉络，技术和技术进步是基本要素和重要推动力，技术是物质性工程中绝对不可缺少的要素。对物质性工程而言，没有不需要技术的工程，也没有只有一种技术的工程，工程体现着不同种类技术的集成。任何物质性工程都需要一定的技术手段作为基础性条件，没有技术，工程活动很难迈开步伐。

在讨论工程演化中的技术和技术进步时，应该先对技术的发展过程进行区分（此处不讨论与原始时代相对应的手艺或农耕时代的作坊式技艺，而是指工业革命后对应于工厂规模化生产的技术），大体上可以从技术的形成－发展过程将技术的状态区分为两类：一种是实验室技术或研发中的技术，这种技术一般不太成熟，较难直接“嵌入”到工程系统中去；另一种是工程化了的技术（工程技术），可以直接地、相对顺利地“嵌入”到工程系统中。可见，在工程活动中直接发挥重要作用的技术是工程技术。然而，实验室技术、研发中的技术往往具有发明、创造性，具有源头性，也是必须重视的，当然还需要经过“工程化”的适应性转化过程，才能在相关的工程系统中发挥作用。因此，对技术进步而言，不仅需要重视实验室技术、研发过程中的技术，而且必须高度重视它们在不同条件下的“工程化”转化，才能在工程活动中使技术具有实用价值，才能真正体现技术进步的活力。

在不同产业（行业）的工程系统中，工程技术以其性质和功能来看，往往可以分为专业技术和相关支撑性技术两类。

在工程演化的历史进程中，不同产业（行业）的工程演化既受到专业技术的渐进性和/或突变性进步的影响，又受到相关支撑性技术的渐进性和/或突变性进步的影响。而且由于不同技术之间也还存在着相互选择、配套整合、互动适应等关系，所以技术进步的方式不仅以单体技术进步的形式出现，而且也有以互动的、网络化集成形式出现的。

在工程实践中，某些技术进步有时也会有不确定性，即具有成功与失败两种可能性。这种现象的出现，一方面是由于技术特别是单体技术对工程及其环境的适应性，另一方面是由于工程从价值、目标出发对技术路线和技术进步的选择。可见，单元技术特别是新技术模块要接受工程系统出自价值目标的选择，并通过配套整合 - 互动协同 - 集成进化等机制“嵌入”到工程的系统中，随之出现了不同形式工程的演化现象，这种工程演化可以是渐进性的，也可以是跃迁性的。

在选择技术或新技术的过程中，要高度重视“壁垒”与“陷阱”这一哲学命题。一般地说：“壁垒”是看得见的障碍（例如技术的难度等），“陷阱”则是看不见的危险（例如由于采用了新技术引起全流程、全过程的结构失衡，导致工程系统的效率降低等）。在工程活动选择和采用技术、新技术过程中遇到的“壁垒”和“陷阱”是多种多样、错综复杂的。在工程活动中选择技术特别是新技术为的是克服技术“壁垒”，满足工程目标的要求，但同时也要防止形形色色的“陷阱”。

工程演化与技术进步有着十分紧密的关联，技术进步是工程演化的重要推动力，而反过来工程系统的目标需求（例如市场需求、竞争力需求、可持续发展需求等）也对技术的发明、开发和应用有着强烈的拉动作用、引导或限制作用，因为工程是直接生产力的综合体现，工程直接体现价值、直接关联市场。

3.3 工程演化与集成

工程出自价值目标，通过选择、整合、互动、协同、演化等过程将诸多相关的 - 异质的技术群集成在一个工程系统中，并进而通过与基本经济要素综合集成在一起，对工程系统展开决策、规划、设计、构建、运行和管理。对工程而言，技术集成是其中一个重要的环节，这往往出现在工程设计和工程系统的动态运行过程中。

应该指出，只是将诸多技术一般性地拼凑、捆扎在一起不能称之为集成，只有当诸多技术经过选择 - 搭配 - 整合、互动 - 协同 - 优化等机制，使诸多技术相互之间以最合理的结构形式结合在一起，形成一个由适宜的技术模块组成的、相互优势互补的、匹配协同的“有机体”，这样的过程才能称为“集成”。

在工程发展的历史进程中，特别是工程的演化过程中，人们不难看出工程演化也体现着相关的 - 异质的技术群的集成性演化。

工程的集成性演化不仅应该从其技术集成性的视野上来认识其演化，而且必须从技术集群和基本经济要素在一定社会、自然边界条件下集成优化的视野上来认识其演化。在工程活动中，必然会涉及人群、物质流、能量流、信息流、资金流以及环境、生态等方面的问题；因此，还必须在工程总体尺度上对技术、市场、同业竞争者、产业（行业）、资本、土地、资源、劳动力、环境、文化以及各个环节中相应的管理等因素进行更为综合的集成优化。也许可以说，工程活动实际上体现着在一定社会、自然条件下对构成其要素的集成性演化的过程。

工程演化（工程创新）与其要素集成（和集成性优化）有着很强的关联性。

3.4 工程演化与时间之矢的不对称性

时间之矢是不可逆的。

经济、社会的历史发展过程鲜明地反映出工程活动的时间之矢不对称性。在这一过程中，既可以看到科学技术进步的鲜明印记，又可以看到工程集成系统的进步、进化现象，也可以看到与之相应的淘汰退化现象。总的看来演化过程中展现出产业结构的更替、升级。

——一批先进技术的进化导致一批落后技术的淘汰；

——一批先进企业（工程系统）的新建（进化），导致一批落后企业（落后的工程系统）的淘汰（退化）；

——一批先进产业（工程类型、工程系统）的新生（进化），与此相应一批落后产业的淘汰、消失（退化）。

不仅如此，还可以从工程演化的时间之矢的不对称性中看出这样一种规律：即随着时代的发展和各类知识的进步、涌现，工程演化（进化、淘汰等）的速度、进程将变得越来越快，工程演化的形式也越来越丰富多彩。

工程演化与产业结构优化*

摘　要　工程是人类有组织、有计划、有目的地利用各种资源和基本经济要素构建和制造人工实在的活动，是直接生产力。工程是在特定的自然和社会条件下，相关技术群和诸多基本经济要素组合－集成在一起的动态系统。其中，技术集成系统体现着相关、但又功能不同的异质技术群（不同的技术模块）通过动态有序的集成过程所形成的特定结构及其动态运行的方式；而且这一特定的技术集成系统必须要与特定的自然、社会条件下诸多基本经济要素的合理配置（如资源、土地、资本、劳动力、市场、环境等）互相协同作用，通过设计、构建和运行，形成工程系统，并产生特定的、预期的功能和价值。工程与科学、技术、产业有着密切的联系，但又有所不同。对经济及其结构而言，工程是微观单元，产业是中观层次单元，而由不同产业构成的产业结构则处于宏观层次。工程是不断演化的，工程演化推动着产业的发展和产业结构的调整，甚至出现产业革命。

关键词　工程　演化　产业结构　优化

1　前言

工程作为一种基本的活动是在“历史－现实－未来”的时间长河中不断演化的。在人类社会的历史进程中，工程、产业和产业结构都是不断演化的。当前的产业结构是历史演化的结果，而当前现实中的产业结构也正在发生变化，走向未来。工程演化的过程不是“杂乱无章”的，而是有规律可循的，其重要表现形式和重要结果之一就是产业结构调整。

工程演化的理论不但要解释工程演化的历史轨迹，阐释当前的现实状况从何而来，而且要观察和分析当前的演化形势和发展趋势，要能够帮助人们认识“现实要向哪个方向发展”，要把握发展趋势和未来前景。未来的演化路径当然不可能是历史路径简单地“线性外推”，工程演化论研究不能只回顾过去而不观察现在，而且必须研究未来的发展。工程演化论研究应该成为研究产业结构调整问题的重要理论根据之一。

2　工程是直接生产力

2.1　什么是工程

工程是人类有组织、有计划、有目的地利用各种资源和相关要素构建和制造人工实在的活动，是直接生产力。

更具体地讲，工程是人类运用各种知识（包括经验知识、科学知识、技术知识特别是工程集成知识）和必要的资源、土地、资金、劳动力等基本要素，将之有效地集成－构建为具有使用价值的人工物的（人工产品或有效的服务）、有组织的社会实践

---

* 原发表于《中国工程科学》，2012，14(3)：8～14。

活动。

在工程活动的概念中，有两个方面的内涵应该特别强调：

（1）工程具有知识的特点包括技术、科学的内涵，当然其中也包含着工程科学、工程技术和工程管理，要在正确的工程理念引导下，通过集成的手段将这些知识转化为现实生产力。

（2）工程是有计划、有组织、有价值目标的人工活动，因而有组织、管理的特点，其实质是要实现向社会提供有用的人工产品和某些服务，制造出相应的物质财富（造物过程），并获得经济效益和社会效益。

2.2 工程活动与基本经济要素

工程活动必然涉及基本经济要素的配置（包括资本、土地、资源、劳动力等），工程还要善于通过有序、有效的系统组织、管理和实践，构建出新的人工存在物（或新的系统）。总而言之，在认识工程时，不能简单地将工程看成是“科学的应用”，更不能把工程看成只是对基础科学的“直接”“简单”应用。

工程是指在一定边界条件下，即在客观自然、经济社会、人文要素和信息环境下，对技术要素与非技术要素的选择、集成、构建、运行、管理。

2.3 工程与科学、技术、产业之间的关系

2.3.1 工程

工程的特征，从知识角度上看，工程活动可以看成是以某一或某些（几种）核心专业技术结合相关的专业技术以及其他相关的非技术性知识所构成的集成性知识体系。旨在建立起大规模、专业性、持续化的生产系统或社会服务系统。工程活动的特征是集成、构建。

2.3.2 科学

从认识逻辑的角度上看，认识、揭示自然界、社会事物的构成、本质及其运行规律属于科学范畴。可以简括地说，科学活动的特征是研究自然界和社会事物的构成、本质及其运行变化规律的系统性、规律性。科学活动的主要特征是探索、发现。

2.3.3 技术

技术是一种特殊的知识体系，体现着巧妙的构思和经验性知识。而现代技术往往是运用科学原理、科学方法并通过运用某种巧妙的构思和经验，由此开发出来的工艺方法、工具、装备和信息处理—自动控制系统等“工具性”手段。技术活动的特征是发明、创造。

2.3.4 产业

产业是社会生产力发展到相当水平以后，建立在各类专业技术、相关工程系统基础上的各种行业性的专业生产、社会服务系统。产业的特征是行业性、效益性。

工程与技术、科学既有区别又紧密相关，不同历史条件下，工程－技术－科学和产业之间的关系是在演变的。在现代，科学和技术（特别是“工程科学”和“工程技术”）对工程的推动是重要的，其推动的机制和作用也有一个历史发展的过程，并且直接或间接地推动着工程、产业和产业结构的调整、升级。

对经济及其结构而言，工程是微观单元，产业是中观层次的单元，而由不同产业

构成的产业结构则处于宏观层次。

3　工程的本质和模型

3.1　工程的本质

工程的本质可以被理解为利用各种知识资源与相关基本经济要素，构建一个新的人工物的集成过程、集成方式和集成模式的统一，如图1所示。

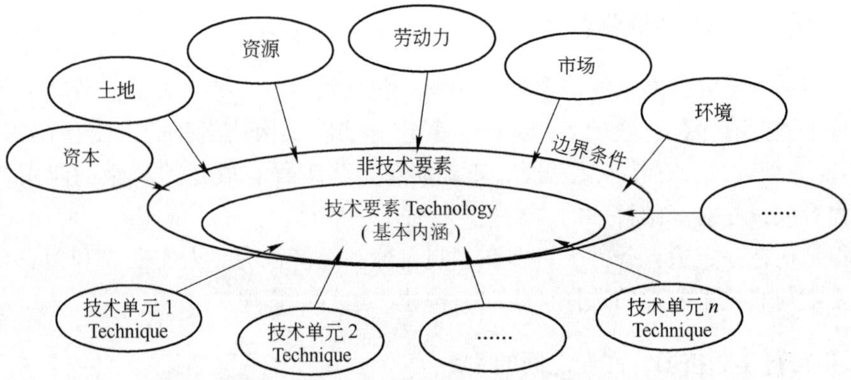

图1　工程活动的要素及其系统的构成

这可以从3个方面解析：

第一，工程是各种要素的集成方式，这种集成方式是与科学相区别、与技术相区别的一个本质特点。即工程集成的目的重在形成直接生产力。

第二，工程所集成的要素是包括技术要素和非技术要素（主要是基本经济要素）的统一体，这两类要素中，技术要素构成了工程的基本内涵，非技术要素也是工程的重要内涵。两类要素之间是相互关联、相互制约、相互促进的。

第三，工程的进步既取决于基本内涵所表达的科学、技术等知识要素本身的状况和性质，也取决于非技术要素所表达的一定历史时期中社会、经济、文化、政治等因素的状况。

从哲学的视角看，工程活动的核心是构建出一个新的人工存在物（如一个建筑物、一个工厂、一条道路等）。工程活动中所采用（集成）的各种技术（特别是专业核心技术）始终围绕着构建一个新的存在物的需要而展开，所以构建新的人工物是工程活动的基本标志。可见工程活动直接地体现为生产力。

社会、经济的发展不能脱离物质性的工程活动。工程活动有两端，一端是自然（包括资源等）与知识，另一端是市场与社会。工程立足于自然，运用各类知识和基本经济要素，转化为直接生产力，实现市场价值（经济效益）和社会价值（和谐发展、可持续发展），如图2、图3所示。

工程是直接生产力，而且是各类相关技术的动态集成系统。科学发现、技术发明一般都要通过工程这一动态集成系统，才能转化为直接生产力，进而通过市场、社会体现其价值（包括增值、就业、利润、社会服务、文明进步、环境友好等）。

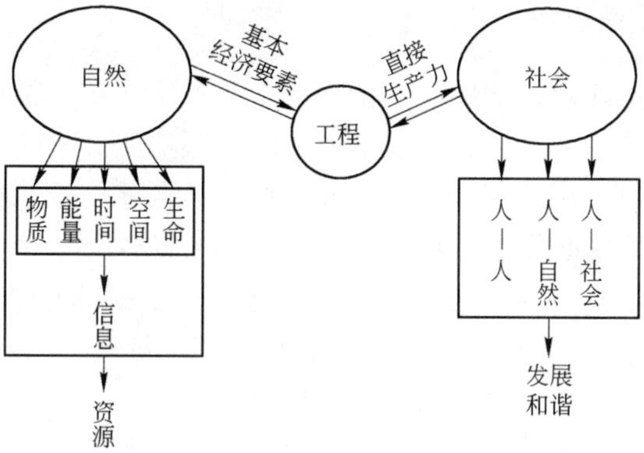

图2　工程与自然、社会的关系

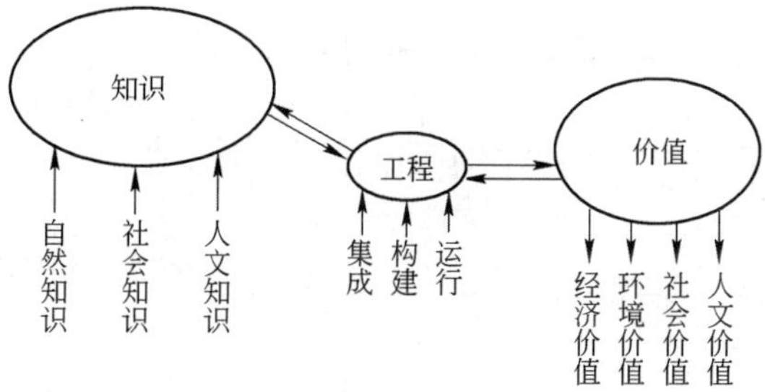

图3　知识通过工程产生价值

3.2　工程的基本特征

工程活动体现着自然界与人工界要素配置上的综合集成和与之相关的决策、设计、构建、运行、管理等过程。工程活动特别是工程理念体现着价值取向。工程的特征是选择、集成与建构，并体现为工程集成系统动态运行过程的功能体现与价值体现的统一。

工程是经过对相关技术进行选择、整合、协同而集成为相关技术群，并通过与相关基本经济要素的优化配置而构建起来的有结构、有功能、有效率地体现价值取向的工程系统、工程集成体。工程功能的体现应包括适用性、效率性、可靠性、安全性、环保性等。工程体现了相关技术的动态集成运行系统，技术（特别是先进技术）往往是工程的基本要素。

技术的本质可以理解为对客观事物运动机理的理解和经过巧妙构思的再加工，从而获得的“工具性”手段，技术模块通过“嵌入”工程系统而实现价值目标。技术的性质包括创造性、发明性、诀窍性、有效性、稳定性等。技术和工程都不是唯真理导向的，两者都存在着权衡、选择、构建、运行、演化等出自价值目标的导向。现代技术、现代工程需要基础科学、技术科学和工程科学的支撑和导向。

科学的本质则可以理解为对各类事物及其运动的本质、构成、运动规律的探索、发现并追求与真理的统一，科学不一定是唯价值导向的。

3.3 对“工程”模型的思考

工程是在特定自然和社会条件下，相关技术群和诸多基本经济要素组合-集成在一起的系统。其中，技术集成系统体现着相关的、但功能又不同的异质技术群（不同的技术模块）通过动态有序的集成过程所形成的特定结构及其动态运行的方式；而且，这一特定的技术集成系统必须要与特定的自然、社会条件下诸多经济基本要素合理配置（如资源、土地、资本、劳动力、市场、环境等）互相协同作用，并通过设计、构建和运行，形成工程系统并产生特定的、预期的功能和价值。

从图4可以看出：工程是以一系列相关但又功能不同的技术模块集成起来的，技术模块及其动态有序的集成系统对工程起着基本要素的作用；然而，技术集成系统必须和基本经济要素合理地配置在一起，并通过互动-协同-集成-演进等过程才能形成功能，产生价值，进而对自然、经济、社会产生正面或是负面影响。

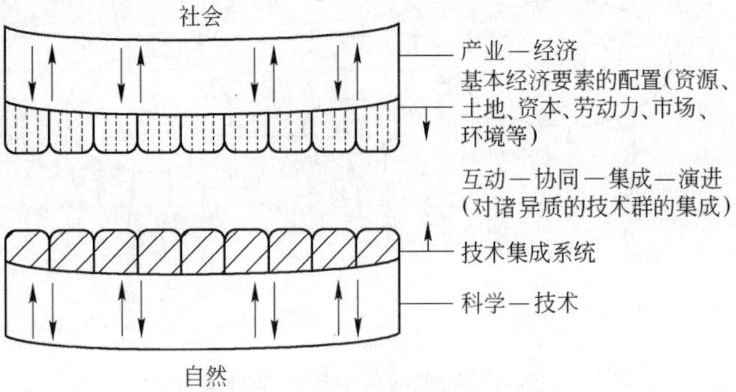

图4 工程集成的模型

在“工程”模型集成、构建的过程中，其逻辑程序应包括确立正确的工程理念—建立符合时代需要集成理论与方法（集成优化和演变创新）—设计与构建（结构—效率—功能的获得并优化）—动态运行与管理（多目标的优化选择与权衡）—开展生命周期评估—深化工程对自然—社会环境的适应性与演变性的认识（拓展正面影响，避免负面影响）。

现代工程的理念，体现着自然-人-社会之间和谐发展，特别是自然-工程-社会之间可持续发展。

工程与工程演化体现着价值与战略的取向，具体发展路径的选择与取舍，对自然-社会-人文系统的适应性、选择性和进化性。

4 工程演化的过程是产业结构调整、优化的过程

在人类历史上，对社会经济起主导作用的工程、产业经历了一个不断更替的演变过程，“新兴工程”与主导性、战略性新兴产业成为新时代生产力的主要象征。人类历史的进展反映着工程、产业的演化，工程-产业的演化推动着经济、社会、文明的进步、发展。

4.1 工程演化的过程趋势

人类社会的演进与生产力发展（工程演化的标志）之间有着密切的关系。不同社会历史时期的劳动对象、劳动工具、劳动方式、劳动目的、劳动组织都是演变的，特别是生产力、生产关系发生了明显的变化，同时也出现了相应的淘汰落后过程。从人类社会的生产力发展进程——工程演化过程来看，在原始社会、农业社会，由于当时生活、生产的需要，人们主要集中在解决工具问题（如从石质的工具到青铜工具，再到铁制工具），实际上是解决初级材料的生产问题，而该时期的动力就是人力和畜力，因此生产方式只能是采集、狩猎和以农业和手工业为主的小规模生产。产业革命以蒸汽机的发明为标志，解决了几十马力、几百马力动力源的获得问题，促进了大规模工业生产方式的形成，带动了纺织、机械制造、铁路、造船、钢铁、桥梁、运河开凿、水坝建设、化工、房屋建筑等工程体系的发展。这一阶段，实际上是以动力工程的突破（这是前沿性"潮头"），带动了金属材料、化工材料、建筑材料、矿业资源开发、油气资源开发、交通运输和一系列相关的机械制造等物质性工程和产业的蓬勃发展（这是产业发展"大潮"的巨大载体）。

在材料物质、动力能源的工程和技术得到较好发展的基础上，需要解决的信息问题、系统问题就相应突现出来了。电子计算机的发明、信息网络的发展和广泛应用引起了信息革命（这是又一波前沿性"潮头"），带动了计算机工程、通信工程、广播电视工程等以及与之相关的新能源工程、新材料工程的发展（这是新兴产业发展"大潮"的巨大载体）。进而将进一步导致生物信息、生命工程的蓬勃发展，生物工程、基因工程、新医药工程、健康工程等新型工程、新兴产业作为载体具有巨大的生产力发展前景。

可见，在人类社会发展进程中，物质性工程演化过程经历了以工具－材料性工程为主要引领的工程推动阶段，到以动力－能源性工程为主要引领的工程系统推动阶段，再到以信息－网络性工程为主要引领的工程系统推动阶段，并正在进入以生命－智能性工程为主要引领的工程系统推动阶段。当然，这只是一个工程、产业演化的发展脉络，实际上在每一时期，与物质材料－动力能源－信息－生命等相关的工程之间都有不同程度、不同形式的发展和升级，并且彼此之间往往是相互需要、相互促进、相互制约的。例如，机械工业、造船工业、铁路运输工业的发展，也相应地促进了对钢铁产量的需求和钢材质量的提高，内燃机、汽车、航空等工业的兴起，对石油工业的发展有着强烈的拉动作用；只不过是在不同历史时期内它们之间相互关系、相互促进、相互制约的程度、方式和引领带动的关系有所不同而已。

4.2 产业结构调整过程中"潮头"与"大潮"的结合

从上述工程演化的过程趋势可以看出，人类社会在产业结构调整、升级的过程中，往往有一些"前沿"性的技术和工程作为结构调整升级的潮流中的"潮头"，起带头作用（如铁器、蒸汽机、电动机、内燃机、计算机、网络等）带动整个"工程大潮""产业大潮"的"高涨"与"前进"。如果"潮头"的力量不够大，不能带动"大潮"汹涌澎湃地前进，那么这些"前沿技术""前沿工程"，就未必能发展成为战略性新兴产业；可见战略性新兴产业不能孤立地从技术上看，而是要从新兴产业的兴起及其与原有产业结构之间的带动、升级和相互作用关系，综合地判断。作为战略性新兴产业不仅是本身具有"前沿性技术"和"新兴工程"的内涵，具有巨大的经济价值、社会价值，而且还应该兼具对已有的基础产业、传统产业的发展具有带动、升级的作用，这样才具有战略性、带动性。

5 工程演化的动力模型

在分析工程演化的动力机制时，必须注意不同类型的“力”（推力、拉力、制动力、筛选力）以及它们之间的互动关系（见图5）。

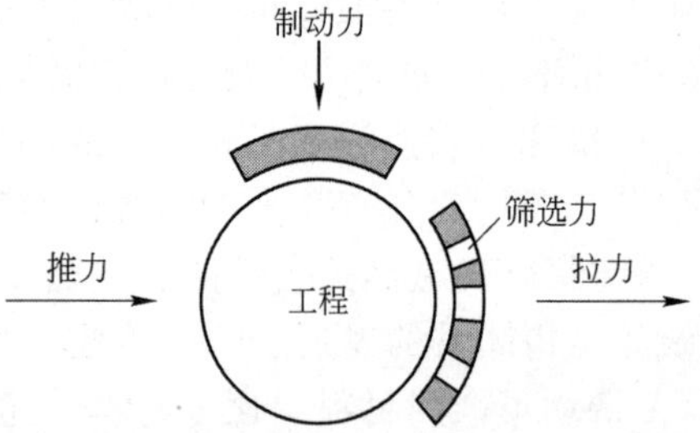

图5 工程演化动力系统的“力学”模型示意图

在图5中，工程演化的“动力系统”由“4种类型”的力量——推力、拉力、制动力、筛选力构成。“制动力”的含义类似于“阻力”，但在强调的重点上，其具体含义又与“阻力”的含义有一定的差异。而“筛选力”则兼有“特定性质”的“演化条件”与“选择力量”的含义。在理解和解释工程演化的动力类型和动力关系时，不但需要注意发现、阐明和分析在工程演化中存在哪些不同的动力类型和动力关系，更要注意这些类型不同的、形形色色的具体动力 的相互作用，特别是要注意这些动力形成了一个“动力系统”，要从“系统观点”认识和理解工程演化的动力问题。需要特别强调的是，提出以上“模型”的“意图”是要为工程演化的动力问题显示一个“动力系统”的简明“系统图像”，而不是企图更方便地用它作为一个工具去绘制一个“诸多动力要素”的“汇总表”。图6进一步指出了工程演化动力系统中不同类型“力”的具体内容。

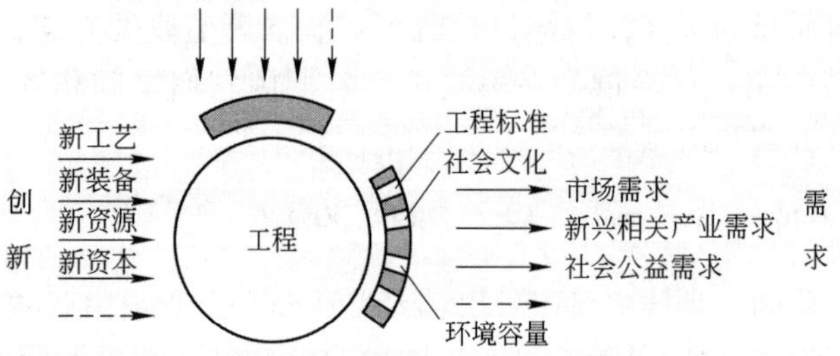

图6 工程演化动力系统的“解析”模型

工程演化的动力系统是由许多动力成分构成的，在认识和分析“动力系统”时，既不能把“动力系统”当做一个“混沌的整体”，造成“迷雾中看花”的结果；也不能“只见树木不见森林”，只见个别动力要素而不见动力系统的整体及其结构。

在分析工程演化的动力系统时，必须全面分析和把握“4种类型”的力量——推力、拉力、制动力、筛选力的互动关系，而不能仅仅关注某种类型中的“某一个”或

“某几个”作用力，而忽视其他类型“动力”的作用和影响。如果上述动力系统中“力”的关系失衡，将会引起资源、环境的瓶颈性制约，会引起供过于求或供小于求的市场失衡，甚至会引起通货膨胀现象等。

6 工程演化与技术进步

6.1 工程演化与技术的作用

纵观工程的演化脉络，技术和技术进步是基本因素和重要推动力，技术是工程中绝对不可缺少的要素。对物质性工程而言，没有不需要技术的工程，也没有只有一种技术的工程，工程体现着相关的、异质的、不同种类技术的集成。任何物质性工程都需要一定的技术手段作为基础性条件，没有技术，工程活动很难迈开步伐。

在讨论工程演化中的技术和技术进步时，应该先对技术的发展过程进行区分（此处不讨论与原始时代相对应的手艺或农耕时代的作坊式技艺，而是指工业革命后对应于工厂规模化生产的技术），大体上可以从技术的形成—发展过程将技术的状态区分为两类，一种是实验室技术或研发中的技术，这种技术往往具有原创性但一般不太成熟，较难直接“嵌入”到工程系统中去；另一种是工程化的技术（工程技术），可以直接地、相对顺利地“嵌入”到工程系统中。可见，在工程活动中直接发挥重要作用的技术是工程技术。然而，实验室技术、研发中的技术往往具有发明、创造性，具有源头性，是必须重视的；当然还需要经过“工程化”的适应性转化过程，才能在相关的工程系统中发挥作用。因此，对技术进步而言，不仅需要重视实验室技术、研发过程中的技术，而且必须高度重视它们在不同条件下的“工程化”转化，才能在工程活动中使技术具有实用价值，才能真正体现技术进步的活力。

在不同产业（行业）的工程系统中，工程技术以其性质和功能来看，往往可以分为专业技术和相关支撑性技术两类，例如，对于纺织工业而言，纺纱、织布、印染等技术属于专业技术，而动力技术、运输技术、通风技术、土建技术就是相关支撑性技术；又如在钢铁工业中，炼铁、炼钢、轧钢等技术是专业技术，而鼓风、制氧、起重、动力、运输等则是不可或缺的相关支撑技术。在工程演化的历史进程中，不同产业（行业）的工程演化既受到专业技术的渐进性和（或）突变性进步的影响，又受到相关支撑性技术的渐进性和（或）突变性进步的影响。而且由于不同技术之间也还存在着相互选择、配套整合、互动适应等关系，所以技术进步的方式不仅以单体技术进步的形式出现，而且也有以互动、网络化的集成形式出现。

在工程实践中，某些技术进步有时也会有不确定性，即具有成功与失败两种可能。这种现象的出现，一方面是由于技术特别是单体技术对工程及其环境的适应程度不同，另一方面是由于工程从价值、目标出发对技术路线和技术进步的选择不同。可见，单元技术特别是新技术模块要接受工程系统出自价值目标的选择，并通过配套整合—互动协同—集成进化等机制“嵌入”到工程的系统中，随之出现不同形式工程的演化现象，这种工程演化可以是渐进性的，也可以是跃迁性的。

6.2 技术的选择

在工程活动中，对新技术的选择、采用十分重要，而且往往具有升级换代的标志性。而所选择的新技术，不仅包括新的专业技术，也包括相关支撑技术中的新技术，这种相关支撑技术中的新技术包括控制—管理技术、动力技术、装备技术、环保技术等。总之，工程系统对新技术的选择、采用和对落后技术的淘汰应该以全流程、全过程的视野来审视，权衡、判断后再正确地选择、采用。

在选择技术或新技术的过程中，要高度重视“壁垒”与“陷阱”这一哲学命题。一般地说，“壁垒”是看得见的障碍（如技术的难度等），“陷阱”则是看不见的危险（如由于采用了新技术引起全流程、全过程的结构失衡，导致工程系统的效率降低等）。在工程活动选择和采用技术、新技术过程中可能会遇到的“壁垒”和“陷阱”是多种多样、错综复杂的。在工程活动中选择技术，特别是新技术为的是克服技术“壁垒”，满足更高、更新工程目标的要求，但同时也要防止形形色色的“陷阱”。例如，要防止个别新技术的“孤立”领先，要注意防止相关技术不配套、不协同而引起的技术集成性不佳的系统“陷阱”等。因此，在工程活动中要防止盲目追求局部的、个别技术的“孤立”先进，即盲目追求跨越“壁垒”，而导致不知不觉地跌入“陷阱”，这种“陷阱”可能来自技术进步（新技术）本身（如不稳定、不可靠等），也可能由于工程系统中各类技术之间的不配套、不协同等。

总的看来，工程演化与技术进步有着十分紧密的关联，技术进步是工程演化的重要推动力，反过来，工程系统的目标需求（如市场需求、竞争力需求、可持续发展需求等）也对技术的发明、开发和应用有着强烈的拉动作用、引导或限制作用，因为工程是直接生产力的综合体现，工程直接体现价值、直接关联市场。

7 关于新时代产业结构调整的背景、特征与方向

随着我国以投资拉动、出口拉动为主的国民经济高速发展，在国力明显增强、国民生活水平日益改善的同时，一些深层次矛盾和问题日益凸显，人口、资源和环境、生态等瓶颈制约因素突现出来，前一时期的经济发展方式面临着不平衡、不协调、不可持续的严峻挑战，而且是复杂形势下的复杂命题。此时在经济社会发展全过程和各领域加速推动变革，通过战略性变革，坚定地、积极地转变经济发展方式，已是当务之急。

工程是不断演化并动态发展的，这是历史性的规律。工程演化包括突破性的技术创新、集成创新，及其与基本经济要素合理配置等内涵，工程演化的具体体现是产业结构优化和企业升级换代。不同类型、不同产业工程演化是相互关联、相互依存、相互制约的，这必将导致国民经济的结构变化和转变发展方式。

当前加快转变经济发展方式，首先要把经济结构战略性调整作为主要目标；要把建设资源节约型、环境友好型社会作为重要的切入点；要把保障和改善民生作为根本出发点和落脚点。

遵循工程演化的规律，突出工程科技创新，推动产业结构调整和优化。当前中国产业结构的调整，必须从历史和当前国际上产业升级的脉络中进行思考、选择和定向。与信息、生物、生命有关的、以革命性技术为基础的战略性新兴产业应属引领性的、方向性的前沿“潮头”，也是新的经济增长点。与此同时，在信息、生物、生命工程和各种类型的节能、减排技术的推动和辐射影响下，原有的基础性产业的优化升级（如形成现代农业、现代能源工业、现代流程制造业、先进加工制造业、现代交通运输业、现代服务业等）则是全国产业结构调整和优化的庞大载体；其中，淘汰落后产品、落后工艺、装备和落后产业也是产业结构升级的重点。

以上述两方面为基础，积极发展合理区域范围内的产业生态园区，推动以物质链、能量链、资金链、信息链相关联的循环经济发展，也是产业结构优化，促进不同类型企业升级换代、合理增长的重要战略措施。

面临当前复杂环境下，产业、企业作为市场竞争单元，复杂性命题不能靠单打一的方法，不能靠解决单一目标的路径来解决全面性的问题；应该靠综合集成的理论和方法，以调整结构、拓宽功能、提高效率和延伸产业链作为战略措施，解决多目标优化问题。

新时代要求发展新的生产力，新的生产力来自技术－工程创新，其形式包括颠覆性的技术创新和战略性的集成创新。

这些创新应融入到工程体系中，都必须以产业的形式体现出来，才能真正成为现实的、直接的生产力。

当前，信息产业、生命（生物）产业等作为前沿的“潮头”，正在带领、渗透、关联到基础性产业的革新、优化，形成新型结构的产业“大潮”，推动社会经济发展，实现可持续发展、和谐发展。

8 结语

工程是不断演化的，演化既包括进化，也有退化，这导致了新兴工程、新兴产业的产生、落后生产力的淘汰，并推动着产业结构的调整，甚至出现产业革命。

在当代社会系统中，进化永远是一种明亮的希望，而退化永远是一种忽隐忽现的威胁。没有哪个系统产生出来就注定会永远进化，淘汰落后是不可避免的。转变发展方式、调整产业结构是必须面临的挑战。

Engineering Evolution vs Industrial Framework Optimization

Ruiyu Yin

（Central Iron and Steel Research Institute，Beijing，100081，China）

Abstract Engineering is a human activity to construct and create artificial entity in a well－organized，planned and purposeful way by means of various resources and basic economic elements. Engineering is the direct productivity. Engineering is a dynamic system which is combined and integrated with related technology groups and a crop of basic economic elements under certain natural and social conditions. Technology integration system embodies the specified frame and dynamic operating ways formed by the dynamic and ordered integrating process of related but varied heterogeneous technology groups. This system must be allocated properly to and has a harmonious interaction with basic economic elements under certain natural and social conditions，such as resource，labor，land，capital，market and environment，and so on. They will form an engineering system and produce the specific and desired function and valued by being designed，constructed and operated. Engineering has the close relation but some difference with science，technology and industry. From the point of economy and its structure，engineering is the micro－unit，industry is the meso－unit，and industrial framework which is made of different industries is the macro－unit. Engineering is evolving constantly. The engineering evolution propels forward the industrial development and the adjustments of industrial framework，even if the appearance of industrial revolution.

Key words engineering，evolution，industrial framework，optimization

关于工程本体论的认识*

摘　要　从不同视角、观点出发分析、观察工程，会有不同的图景和认识。人们不仅需要从要素观点认识工程，更需要认识和把握工程的“本根”，研究工程本体论问题。工程本体论认为不能把工程看作科学或技术的衍生物、派生物或依存物，工程有其不可否认的作为“本体”的地位。工程是直接生产力。工程活动现实地塑造了自然的面貌、人和自然的关系，现实地塑造了人类的生活世界和人本身。工程本体论不同于自然本体论，因为它突出了工程活动是人类有目的的改变自然的活动；它也不同于西方哲学中的神学本体论，因为它突出了工程活动的人本性质而否定了那种神学本体论观念。

关键词　工程　工程本体论　生产力　自然本体论　神学本体论

1　从工程界和哲学界的互动谈起

工程是社会生活中最常见、最基础的实践活动，人们都在不同程度上接触或参与其中。可是，由于多方面的原因，长期以来，工程界和哲学界很少有对话、思想交流、互动和合作，双方颇为隔膜。在这种情况下，要想对工程进行深入的哲学反思实在是难乎其难的事情。

许多工程界的有识之士在感到需要深入认识并真正反思工程的“真面目”时，往往情不自禁地想起苏轼的著名诗句“不识庐山真面目，只缘身在此山中”，并对之产生思想上的强烈共鸣，感到了学习哲学的强烈愿望。另外，哲学界也有人被禅宗的思路所深深触动：“佛法在世间，不离世间觉。离世觅菩提，恰如求兔角。”正像禅师坚信“佛法在世间”一样，哲学家也应该相信“哲学在世间”，“哲学在工程之中而绝非在工程之外”，从而产生了从哲学上探究工程的强烈愿望。在工程界和哲学界的互动中，工程哲学应运而生了。

目前，我国已经是举世公认的工程大国，在各种门类的工程活动中取得了辉煌成就，同时也有深刻的教训。改革开放以来，我国工程界通过史无前例的工程实践，对有关工程活动的诸多问题有了新的理解、领悟和理论反思。工程实践经验和理论反思必然要升华和结晶为新的理论观点、理论命题——包括新的哲学观点和命题。另外，正如马克思所说，真正的哲学是时代精神的精华，“哲学家们只是用不同的方式解释世界，而问题在于改变世界。”我国哲学工作者沿着马克思指引的方向研究哲学，面向作为改变世界方式的工程活动进行哲学研究，也顿觉豁然开朗。我国的工程师、工程科学家、工程管理专家和哲学家相互学习，相互启发，密切合作，面向工程实践这个理论宝藏深入进行理论挖掘和理论开拓，开拓了工程哲学这个新领域，先后出版了《工程哲学》和《工程演化论》，初步总结了我国工程师、工程科学家、工程管理专家和哲学家对工程哲学的许多问题的认识。

工程活动有极其悠久、漫长的历史。人类社会形成以来，工程活动一直存在，并

* 本文合作者：李伯聪。原发表于《自然辩证法研究》，2013，29(7)：43～48。

且不断发展，演化。随着经济发展、社会演变，工程的目标、内涵、形式、结构、功能不断地演进着。同时，人类的工程知识和对工程的认识也在不断演进。在工程哲学正式形成后，对有关工程活动的许多重大问题有了一些崭新的认识，原先对工程的某些经验型、习惯性、习焉不察的认识和命题改变和升华为理论性、反思性观点和命题。

工程哲学的探索和研究是一项任重道远、意义重大的任务，它必然要在艰难、长期的过程不断深入和不断发展。目前，这个探索工作和历程还只是刚刚开了个头，有待继续深入研究的问题还有许多。特别是，在《工程哲学》和《工程演化论》两书中尚未涉及工程本体论问题，留下了一定的缺憾。

随着对工程哲学问题研究和思考的不断深入，特别是适逢《工程哲学》修订的机会，我们进一步讨论和思考了有关工程本体论的一些问题，有了一些新的思考和认识，求教于工程界和哲学界的人士。

2 从不同观点看工程

“横看成岭侧成峰，远近高低各不同。”从不同视角、观点出发分析、观察工程，必然会有不同的图景，不同的认识。

从经济观点出发来看工程，会认识到投资是工程活动的基本要素，物质性的工程活动（包括物质性构建活动，物质性的生产、制造活动，物质性的传输活动等）是经济运行的具体承载实体，是实体经济的主要内容和主要形式。

从产业观点出发来看工程，会认识到工程是产业的组成单元，相关的、相同类型的工程实体（工厂、企业等）是产业的细胞。工程往往具有产业特征。不同类型的工程可以形成不同的产业（农业、畜牧业、林业、矿业、流程制造业、装备－产品制造业、交通运输业、信息传输业、医疗保健业等）。

从技术观点出发来看工程，会认识到工程是技术的集成体，技术知识、技术方法、技术手段、技术设备是工程活动的必不可少的前提和基础。相关的而且不同性质、不同功能的技术群，在结合资本等要素后，通过工程系统集成在一起而转化为具体的、现实生产力。一个单项技术不能构成工程，工程也不可能只用一种技术构成。技术是工程的构成要素，技术必须动态地、有序地嵌入到工程系统中（包括工程设计过程、建造过程、生产制造过程、运输传送过程、信息传递过程、维修过程、故障诊断治疗过程等），才能发挥各项技术的功能和效率。一方面，技术是工程的基础；另一方面，工程设计、工程活动中又必然要根据“工程的需要”，在不同的技术路线、技术设备等之间进行必要的选择和建构，简而言之，工程还要选择技术和建构技术。工程在选择技术要素时，不能单纯以技术要素本身的先进性为唯一标准，而是要以“工程目的”和“工程整体要求”为基本的选择标准。

从科学观点出发来看工程时，首先会发现两者的不同。科学是真理取向的，工程（包括技术）则是功效、价值取向的。科学的特征是探索、发现事物的构成、本质及其运动的规律。科学活动的任务不是有新发明，而是要发现已经现实存在的客观事物的规律。科学发现可以通过技术－工程转化生产力，但不少科学活动的目标，并不一定是为了转化为现实生产力。从历史上看，原始社会就有工程活动，而科学活动只有短短几千年的历史。在历史上的很长时期内工程活动并不依赖科学原理的发现，甚至第一次产业革命也不是科学理论“推动”的结果。第一次产业革命之后，工程与科学的关系紧密化了，工程活动应用科学原理的自觉性日益增强；与此同时，工程也对科学提出不少新问题、新方向；科学与工程的相关性、相互渗透、相互促进、相互作用性日益加强，这是无人反对也无可否认的。但特别是在二次世界大战后变得流行的若干观点却是值得重新斟酌的。一是许多人在谈到科学时往往是指基础科学，而对于工程活动来说，虽然基础科学也在发挥重要作用，但与工程设计、过程建造、工程运行等工程活动更贴近、更直接的科学基础却是技术科学和工程科学。二是无论在西方还是在东方，许多人都习惯性地把工程成就混同为或“归结为”科学成就（例如把美国、俄国、中国在航天工程中的成就归结为航天科学的成就），有意无意地否认工程人才是与科学人才不同的另外一类人才，工程师和科学家是两类不同的社会角色。

从资源观点出发来看工程，会认识到特定的资源条件是工程活动的必不可少的前提和基础，在物理学上“没有价值区别”的“物质”在工程活动中成为了负载价值的、用途不同的“资源”，并且地球上资源的分布是不均匀、不均衡的，资源条件的约束和资源开发是工程活动的重要内容之一。工程活动的资源观和自然科学的物质观在趋向、取向、志趣、旨趣、意义、内容上都是迥然不同的。

3 关于工程的其他观点和工程本体论观点

从以上种种不同观点看工程无疑是重要的和必要的，离开了这些观点和分析方法，对工程的认识就会虚无化，空洞化，片面化。可是，如果对于工程只有这些“要素观”的影像和观点，对于工程认识就难免“表面化”“现象化”。在认识工程时，人们更需要有能够超越上面谈到的种种具体观点的能力，必须能够认识和把握工程的“根本”。

在认识事物时，人们不但需要运用“普通相机”从不同角度进行“平面拍照”，而且需要运用“3D”技术进行立体显示，利用“X 光”进行“深度透视”，并在此基础上进而认识和把握事物的内在本质，掌握事物构成和运动的根本。换言之，在认识事物时，不但需要有关于事物的种种“要素观”和“影像观”而且需要有认识事物的“本根观”。

具体到工程哲学领域和对工程的认识上，人们不仅需要从要素或现象观点认识工程，更必须认识和把握工程的根本。

怎样才能认识事物的根本、工程的根本呢?

张岱年在《中国哲学大纲》指出中国古代哲学有所谓“本根论”，而西方哲学有所谓本体论（ontology)，两者有相通之处，也有歧异之处。在哲学领域，不同的哲学家对本根论和 ontology 的解释颇有意见纷纭之处，本文将不多讨论有关本体论的哲学争议。

在谈到本体这个概念时，李泽厚说他的理解是，“所谓‘本体’不是 Kant（康德）所说与现象界相区别的 noumenon，而只是‘本根’‘根本’‘最后实在’的意思。”我国也有其他学者在理解本体概念时持类似的见解。我们认为，在工程哲学领域研究本体论问题时也可以采取类似的观点，即把本体论理解为关于事物存在的本根的哲学探讨，把工程本体论界定为对于“工程本根”或“工程本体”问题的哲学探讨。

4 工程哲学必须重视研究工程本体论问题

上文已经谈到，在认识工程活动时，必须重视从经济、技术、科学等不同视角看工程。对于具体的工程活动而言，这些从不同的具体视角在认识不同的具体工程活动时，其重要程度或权重是不同的，必须要能够既重视把握各个不同视角认识的互补性、全面性，又必须能够区分在不同条件下的主次关系、主从关系，能够突出在具体条件下的“最重要”的观点。

那么，在区别了上述不同观点的权重后的那个“最重要”的观点是否就等于对工程的本根或本体的认识呢？

答案是否定的，因为在具体情况下的“最重要”的观点在不同情况下是难免发生变化的，不能把它等同于对本根或本体问题的认识。在认识工程时，人们不但需要由各个不同视角的认识进而达到更全面、更整体性的认识，而且还需要从多视角的、“全面”的认识达到“知本”的认识。

工程哲学必须重视研究工程本体论问题。如果不能认识工程本体，不能从工程自身产生、发展、演变过程的事实出发，认识工程活动的本根，那就不可避免地会出现种种误解或片面性认识。

应该怎样认识工程的本体或工程的本根呢？研究工程本体问题的意义和重要性何在呢？

《工程哲学》一书中虽然没有明确涉及本体论范畴，但已经直接指出工程是现实的、直接的生产力，指出可以把工程的本质理解为利用各种资源、知识与相关的基本经济要素构建一个新的人工存在物的集成建造过程、集成建造方式和集成建造模式的总和。把这个对工程的基本看法和工程本体论范畴联系起来，结合起来，就会看到工程活动是社会存在和发展的基础，它具有本体的位置而不是依附的位置。换言之，从哲学角度认识工程，必须肯定工程有其深刻的、基础性的本体性质和含义。

在认识工程时，应该特别注意和重视从工程本体出发分析研究有关工程的范畴、概念、特征、内涵、定义、边界和思维逻辑。“工程本体”是一个基本立足点和出发点，它将从根本上有助于对工程有更全面、更客观、更深入本质、更具规律性的认识。

工程的本体论观点和依附论观点是迥然不同的。前者认为工程具有本体地位或本根地位，必须坚持从工程自身出发认识工程，而后者却认为工程仅仅具有依附或派生位置。

为了更深入地认识工程，迫切需要立足于工程本体论深入研究有关工程的范畴、概念、要素、特征、内涵、定义、边界、演化以及方法学等问题，并且通过对这些问题的研究而深化工程界和哲学界的合作。

5 从工程本体论看工程

在现代科学形成之后——特别是二次大战之后——一种把工程看做是“科学的应用”的观点在国际范围内逐渐流行起来。

虽然这种观点有明显的历史漏洞，在理论上也有待商榷，但它却成为了世界范围的主流性观点。

所谓历史漏洞是指如下情况：在人类历史上，现代科学只有几百年的历史，而人类的工程活动却有二三百万年的历史，现代科学形成之前的工程显而易见地不可能是科学的应用。

应该承认，在现代科学形成之后，这个问题变得复杂起来。第一次产业革命之后，确实有许多现象似乎在表明工程活动必须依靠知识，而工程知识又似乎是从科学知识派生出来的。可是，深入的分析和研究却证明事实并非如此。1990 年，美国工程师文森蒂出版了《工程师知道什么以及他们是如何知道的》，1997 年该书获得了 ASME 国际历史与传统中心的工程师历史学家奖。该书通过对航空技术和工程知识的实例分析阐明了不能认为工程知识是科学知识的派生知识。如果考虑到工程活动的目的性和社会意义等问题，那种把工程简单地看做是“科学的应用”的观点就更不能成立了。

可是，从传播学的观点看，文森蒂的这本著作并未在“社会舆论”上产生多大影响。那种把工程看做是“科学的应用”的观点不但仍然根深蒂固，甚至可以说“皮毛未损”。于是，陈昌曙教授在2002年特意撰文分析和批评那种“认为技术不过是科学的应用，工程不过是技术的应用”的观点。但那种把工程看做是“科学的应用”似乎至今仍然未受到真正的触动。

从理论上看，那种把工程看做是“科学的应用”观点的实质和要害是否定工程的本根性地位，把工程置于派生或衍生的位置上，如果不从工程本体论高度认识问题，则那种把工程看做是“科学的应用”观点的流行就是不可避免的。

工程本体论认为工程活动绝不是派生性的而是本根性的。工程活动是人类为了生存、繁衍、发展而产生、发展和不断演化的，是现实的、直接的生产力，工程活动是社会存在和发展的物质基础，没有工程活动，人类就不可能生存。

人类不但从事工程活动，而且从事科学、艺术、宗教等其他形式的活动。工程本体论不但要回答工程活动的最根本性质的问题，而且要从根本上——而不是从具体内容和细节上——回答工程活动和其他若干重要活动类型的相互关系（本文只涉及工程与科学的关系）问题。工程本体论需要通过研究工程与自然的相互关系、工程活动与人类的其他活动方式的相互关系而显示、呈现何以工程具有本体的位置。

从工程本体论出发看问题，就是要承认：虽然不能否认工程与科学、技术有着紧密联系，但不能因此就认为工程依附于科学，必须强调对工程而言，技术是其基本的内涵，科学是其知识性的重要支撑因素，工程有其不可否认的作为“本体”的地位，而不能把工程看做是科学或技术的衍生物、派生物或依存物。

恩格斯说：“马克思发现了人类历史的发展规律，即历来为繁茂芜杂的意识形态所掩盖着的一个简单事实：人们首先必须吃、喝、住、穿，然后才能从事政治、科学、艺术、宗教等”。可以看出，那种“把工程说成是科学的应用”的观点就正是那些“繁茂芜杂的意识形态”的具体表现形式之一。

应该注意的是，对工程的本根观和工程的要素观不是绝对排斥的关系。工程活动的集成性决定了工程的本根观和要素观是对立统一和融贯性的关系。

在工程的集成性中体现了本根之“一”和要素之“多”的对立统一。所谓集成绝不等于若干要素的拼凑或随机组合。工程作为人类的一项物质性的集成建构活动，工程不但涉及思想、价值、知识方面的因素，而且必然涉及资源、资本、土地、设备、劳动力、市场、环境等要素，而且要对这些知识、工具、手段和要素进行选择、整合、互动、集成在一起，才能进行有结构、可运行，有功能、有价值的工程实体，体现为直接生产力。

工程的本根地位决定了工程既离不开其组成要素而又必须对其要素依据一定的价值目标和价值标准进行选择和集成，而工程的选择机制、建构机制、集成机制就是联系工程本根论和要素论的桥梁。

如果有了关于工程本体地位的自觉认识和关于工程本根观与要素观的相互关系的明确认识，有关工程的许多问题以及那个“不识庐山真面目，只缘身在此山中”的问题就容易解决了。在工程的实践过程中，工程实践者在认识和处理工程和其他因素的关系时就可以采取“以工程为主”的“拿来主义”方法了。在初级水平上，这种“拿来主义”可以表现为简单的、粗放式、装配式的“拿来”，表现为简单的模仿和组装，这种形式的“拿来”有时确实也是必须和必要的（例如发展中国家引进发达国家的技术等）；但高级形式的“拿来”就要表现为在“拿来之后”再进行具有创新性的有机集成了。真正优秀的工程都必然是对诸多要素——技术要素（包括传统技术与先进可靠的技术）、资源要素、资本要素（包括人力资本、资金等）、市场等要素等——合理选择，有序、有效地动态集成的结果。

上文中的“拿来主义”是对选择机制和建构机制的一种通俗性表达，如果要在严格的意义上或需要更准确地表达和阐述时，特别是在研究那种高级形式的集成时，就不宜使用“拿来主义”这个术语了，因为这里实际上体现着并具有了集成创新的“新灵魂”。

应该注意，所谓原始创新在基础科学理论范围和技术或工程范围中是有不同标准和不同含义的。在技术和工程领域中，在有些情况下，如果在集成过程中创造了具有高度创造性的组合、协同、集成工艺或崭新产品，例如钢铁工业中的连铸连轧、医疗用的CT机、军事上的巡航导弹等，那也确实可以被视为技术和工程领域中的原始创新。

在认识拿来主义和拿来方法或选择机制时，应该注意，“拿来”的东西，作为要素，消化后，就有了新的工程存在形式。尤其是，究竟应该“拿”什么，需要选择什么，是要由工程这个“主体”来决定的。被选择的东西究竟有何种价值以及价值的大小，也是由工程主体、工程标准和工程需要来进行判断、决定的，而不是单纯由“被选择者”所谓的自身价值、科学价值来决定的。

如果明确了对于工程的本根观和要素观的区别和相互关系，则对于工程创新活动也可以有准确清晰的认识了。工程的本根观告诫人们必须以生产力标准为工程创新活动的根本标准，而不能以要素观视野中所谓科学理论或技术发明意义上的原始创新为唯一的创新标准和创新途径。对于工程活动，必须在高度重视革命性创新的同时，还应高度重视改进型、消化型、集成型的创新。

从工程本体论出发来认识和分析工程活动的特征，工程活动就是通过选择 - 集成 - 建构而实现在一定边界条件下要素 - 结构 - 功能 - 效率优化的人工存在物——工程集成体。工程活动的这些过程及其结果，就使工程体现为现实生产力、直接生产力。

综合以上认识，我们是否可以有关于工程的更具体地概括和阐述：工程是人类有目的、有计划、有组织地运用知识（技术知识、科学知识、工程知识、产业知识、社会 - 经济知识等），有效地配置各类资源（自然资源、经济资源、社会资源、知识资源等），通过优化选择和动态的、有效的集成，构建并运行一个“人工实在”的物质性实践过程。工程活动是一个实现现实生产力的过程。作为工程及其过程的内在特征是集成和构建。集成、构建是指对构成工程的要素进行识别和选择，然后经过整合、协同集成为一种有结构的动态体系，并在一定条件下发挥这一工程体系的效率、效力和功能。工程活动集成、构建的目标是为了实现要素 - 结构 - 功能 - 效率的协同 - 持续的优化，但工程活动的实际过程和效果往往是非常复杂的。在认识和评价工程问题时，不但必须重视目的问题，而且必须高度重视对工程过程及其效果、后果问题的研究。

6 归结

综上所述，工程本体论是工程哲学研究中的重要问题，以上关于工程本体论的分析和认识可以概括为以下几个观点：

（1）本体论在哲学中是根本问题之一，工程本体论是关于工程的本源、基质和本根的哲学探讨。所谓工程本体论，就是要从人类生存与发展的角度看工程，特别是要阐明工程活动在人类的生存、社会的发展以及人与自然关系、人与社会关系的建构和重建上所具有的根本性的地位和作用。

（2）从工程本体论观点看，工程活动是一项最基础、最重要的人类活动。工程现实地塑造了自然的面貌、人和自然的关系，现实地塑造了人类的生活世界和人本身，塑造了社会的物质面貌，并且具体体现了人与人之间的社会联系。工程活动是人类的生存和发展的基础；作为生产力，工程活动是社会发展的基本推动方式和力量。工程本体论强调的是工程作为现实生产力而具有的本体地位，这种本体论观点由于突出了工程活动是人类有目的改革自然的活动而不同于西方哲学中的自然本体论或物质本体论，由于突出了工程活动是以人为本的活动而不同于西方哲学中的神学本体论。工程本体论强调了工程活动的广义价值和根本性价值。

（3）工程本体论是科学－技术－工程“三元论”哲学观点的理论基础。工程本体论认为，工程有自身存在的根据，有自身的结构、运动和发展规律，有自身的目标指向和价值追求。不能简单地将工程看成是科学或技术的衍生物、派生物。

（4）从本体论出发看工程，就是要确认工程的本根和主体位置，从直接生产力的评价标准出发，在认识和处理工程与科学、技术的相互关系时，以工程为主体，强调以工程为主体的选择、集成和建构过程和效果，高度重视选择－集成－建构的特征和机制。

（5）不能把工程看做是凝固不变的事物，工程是不断演变、进化的，无论渐变、突变都有推动力、拉动力、制动力、筛选力的互动－合力作用。工程的本体论研究和工程演化论研究也是有密切的内在联系的。

On Engineering Ontology

Ruiyu Yin[1], Bocong Li[2]

（1. Central Iron and Steel Research Institute, Beijing, 100081, China;
2. College of Humanities and Social Sciences, University of Chinese Academy of Sciences, Beijing, 100049, China）

Abstract From different perspectives, engineering appears different views. It is not only necessary to view engineering in a phenomenal way or in an elemental way, but also necessary to view it in an ontological way. From ontological perspective, engineering is not a derivative of science and technology or a dependence of science and technology. Engineering has an ontological position in the field of philosophy. Engineering is direct productive forces. Engineering shapes the lineaments of Nature and the relationship between man and nature. Engineering shapes human life and man himself. Engineering ontology is different from the ontology of matter because it highlights engineering activity as purposeful activity for the sake of changing the world. Engineering ontology is different from the theological ontology, because it highlights engineering activity as the human essence and denies the divine existence.

Key words engineering, engineering ontology, productive forces, ontology of matter, theological ontology

附录

附录1 著　　作

1.《钢的质量现代进展》（上、下篇），冶金工业出版社，1995 年。
2.《中国钢铁工业的崛起与技术进步》，冶金工业出版社，2004 年。
3.《冶金流程工程学》（第 1 版），冶金工业出版社，2004 年。
4.《工程哲学》（第一版 ），高等教育出版社，2007 年。
5.《冶金流程工程学》（第 2 版），冶金工业出版社，2009 年。
6.《Metallurgical Process Engineering》，Springer 和冶金工业出版社，2011 年。
7.《工程演化论》，高等教育出版社，2011 年。
8.《冶金プロセス工学》，黒崎播磨株式会社，2012 年。
9.《工程哲学》（第二版），高等教育出版社，2013 年。
10.《冶金流程集成理论与方法》，冶金工业出版社，2013 年。

附录2 获奖情况

1. 主编的《钢的质量现代进展》（上、下篇），1997 年获国家新闻出版署第八届全国优秀科技图书一等奖，1998 年获国家冶金局（原冶金部）科技进步一等奖（证书号：1998－012－1）；均为第一完成人。
2. “高效方坯连铸系统技术的研究”，1998 年获国家冶金局（原冶金部）科技进步一等奖（证书号 1998－007－1），1999 年获国家科技进步二等奖（证书号：10－2－006－01，）；第一完成人。
3. 2000 年，“熔融还原技术基础研究”获冶金进步一等奖（证书号：2000－115－1－1）；第一完成人。
4. 2000 年，获由中国工程院颁发的“第三届光华工程科技奖”。
5. 2008 年，获由何梁何利基金会颁发的“何梁何利科技进步奖”。
6. 2010 年，所著《冶金流程工程学》获得第三届中华优秀出版物奖。
7. 2012 年，获得“魏寿昆冶金奖”。
8. 2012 年，获得全国优秀科技工作者荣誉。

跋

时光匆匆，与殷瑞钰院士相识已有27年之久。回想有幸在他麾下这些年的往事，历历在目，不胜感慨。他的大家风范和专业精神无时无刻不影响着我，他的真知灼见和言传身教让我终身获益。他既是我的老领导，更是我忘年的良师益友。得知前辈在80华诞之际出版文选，喜悦之情油然而生，斗胆特撰短文以示祝贺。

殷瑞钰院士治学严谨、德高望重，是享誉世界的冶金专家。他长期在钢铁企业、科研单位和国家产业部门从事生产技术、科学研究和科技管理工作，主持过多项重大冶金工艺技术的研发、工程实践和产业化推广，为推动我国冶金行业技术进步做出了不可磨灭的贡献。他在企业的发展战略、投资战略、财务管理、技术管理等方面积累了丰富的实践经验，并进行理论上的总结与升华，以促进我国钢铁企业建立现代企业制度和管理升级。他长期致力于推动钢铁工业的结构调整、流程优化和生产装备现代化，并潜心工程哲学领域的研究，为实现我国钢铁工业绿色制造和可持续发展孜孜奋斗。

殷瑞钰院士的突出贡献之一，是在20世纪90年代担任冶金工业部主管科技和生产的副部长时，主持了钢铁工业连铸技术推广应用这一关键工作。经过不懈努力，仅用了十年时间就使全国大多数大、中型钢铁骨干企业实现了全连铸化，从而使我国的连铸比从14%猛增到87%以上，大大缩小了我国钢铁工业与世界先进水平的差距，也大幅度提高了钢材收得率，使整个钢铁生产过程发生了革命性变化，促进了中国钢铁工业的崛起。1996年中国粗钢产量逾亿吨，跃居世界第一，并在此后一直位列世界第一产钢大国。与此同时，吨钢能耗也大幅降低，被国际钢铁界认为是一个奇迹。

进入21世纪，中国钢产量的快速提升，企业面对市场竞争力和可持续发展的双重挑战。殷瑞钰院士又把目光聚集到钢铁工业绿色制造和可持续发

来。他认为，应对这样复杂、深刻的挑战，重要的对策之一就是要以工

识推动钢厂结构的调整和优化。经过多年的潜心研究，他将钢铁

过去建立在还原论方法基础上的被分割成的炼铁、炼钢、

铸锭（坯）和轧钢等孤立式封闭系统，升华到“钢铁生产是由物质流、能量流与信息流集成、配置与交互作用合理转换的结果”这一理论高度，归纳总结钢厂工艺流程的物理本质和工程逻辑并在此基础上提出了新一代钢铁生产流程应具有的三大功能：低成本、高效率、洁净钢产品制造功能，清洁高效的能源转换功能，吸纳消融大宗社会废弃物和无害化处理功能。他提出了钢铁工业资源节约型和环境友好型生产理念，形成了冶金流程工程学理论，并在国内一些新建的大型钢铁公司设计、建设、运行中进行实践，改变了我国钢铁厂设计照抄、照搬国外工厂的传统模式，将钢铁厂建造由传统的单体生产装置的产能静态“拼图”，改为流程优化、动态精准设计和集成，对中国钢铁工业的调整升级具有重大意义。

今年适逢殷瑞钰院士80华诞，我们编辑、整理殷瑞钰院士在钢铁技术、科技管理和工程哲学方面的文章，出版《殷瑞钰文选》。由于殷瑞钰院士著述甚丰，编辑整理并非易事，在尽可能保持著述原貌的基本原则下，按照主题将全部著述分为5个部分，即科技篇、演讲篇、外文篇、报刊篇、哲学篇。《殷瑞钰文选》既是对殷瑞钰院士研究成果的总结和展示，也是对中国钢铁工业由小到大，逐步走向钢铁强国的历史进程的印证。文集的问世，对系统研究中国钢铁工业工程技术和科学管理成果具有重要指导意义。

在《殷瑞钰文选》出版之际，祝殷瑞钰院士健康长寿，阖家幸福，愿先生学识播撒四方，广济天下！

2014年6月6日